大型地下水封石洞油库建设关键技术集成创新

Integrated Innovations of Key Technology for Construction of Large-Scale Crude-Oil Reserve Underground Water-Curtaining Caverns Project

李友生　陆宝麒　著

中国石化出版社

内容提要

本书以国内第一座大型地下水封石洞油库工程建设为背景，全面客观地对大型地下水封石洞油库建设关键技术集成创新进行了梳理、总结，并加以系统阐述。

全书共分7章，从技术、方法、理论、管理创新四个方面阐述了12个攻关课题的研究成果。内容全面、系统，信息丰富，观点新颖，提出了许多宝贵的观点、理念。

本书可供从事水封储油、储气洞库工程的勘察、设计、施工、监测、监理、建设管理的技术、管理人员参考使用，也可供交通、市政、水利水电、军工相关专业的技术、管理人员以及大专院校相关专业师生参考。

图书在版编目(CIP)数据

大型地下水封石洞油库建设关键技术集成创新/李友生，陆宝麒著.
—北京：中国石化出版社，2016.5(2022.2重印)
ISBN 978-7-5114-4063-1

Ⅰ.①大… Ⅱ.①李… ②陆… Ⅲ.①地下储油-油库-建设-研究 Ⅳ.①TE822

中国版本图书馆CIP数据核字(2016)第111584号

中国石化出版社出版发行

地址:北京市东城区安定门外大街58号
邮编:100011 电话:(010)57512500
发行部电话:(010)57512575
http://www.sinopec-press.com
E-mail:press@sinopec.com
北京中石油彩色印刷有限责任公司印刷
全国各地新华书店经销

*

787×1092毫米16开本35.25印张779千字
2016年5月第1版 2022年2月第2次印刷
定价:150.00元

《大型地下水封石洞油库建设关键技术集成创新》

编审委员会

主要参编单位

中国石化集团公司工程部

某国家石油储备基地有限责任公司

山东大学

清华大学

上海凯泉泵业(集团)公司

北京东方新星石化工程股份有限公司

海工英派尔工程有限公司

中国电建集团中南勘测设计研究院有限公司

中国安能建设总公司

中石化第十建设有限公司

中石化工程定额管理站

序

随着中国经济的持续快速发展，我国已成为仅次于美国的世界第二大石油消费国。但是我国目前石油储备能力却远远落后于西方发达国家，与亚洲的日本、韩国相比也存在很大差距。为此，我国政府做出了建立国家石油储备体系的决策，并启动了战略石油储备工程建设。

该石油地下水封洞库工程是我国第一个大型地下水封石洞油库工程，百万立方米以上库容的大型地下水封石洞油库建设是一项复杂的系统工程，在我国尚属首次。

面对复杂的攻关任务，中国石化高度重视，成立攻关组，制定自主创新计划，组织以参建单位为创新主体、产学研结合的项目集成创新体系，以项目驱动创新，集聚各种创新要素，开发形成了“大型地下水封石洞油库建设关键技术集成创新”成果，并在工程应用上取得了很好效果，也获得了较好的经济效益和社会效益。

该书是大型地下水封石洞油库关键技术集成创新研发的总结，从技术创新、方法创新、理论创新、管理创新不同角度阐述了12个攻关课题的研发成果，是关于大型地下水封石洞油库建设关键技术集成创新的第一本专著，它将对未来该领域的建设起到重要推动作用。

希望出现更多理论与实践相结合的成果，进一步促进大型地下水封石洞油(气)库的发展。

中国工程院院士 钱七虎

2015年11月28日

前 言

地下水封石洞油库具有安全、环保、低碳、节省建设用地、节省建设投资等优点，是具有高度战略安全的石油储备库。

某大型石油地下水封洞库工程历经38个月的建设，现已投入运行。

经过建设与运行实践的检验，充分证明许多关系到大型地下水封石洞油库建设的关键技术已被我们突破，一些难题已被我们攻克，我们可以与世界上少数国家在这一领域比高低、论伯仲。

在中国石化攻关组领导下，由该国储基地地下水封洞库工程建设项目部牵头组织，联合清华大学、山东大学等课题研发单位，集中了具有深厚理论基础和丰富经验的勘察、设计、施工、科研、管理等方面的专业人员，在总结12个攻关课题创新成果的基础上，本着“突出重点、注重特色、凝练创新、总结提高”的原则，编写了这部专著。

本书作为大型地下水封石洞油库关键技术集成创新的第一部专著，分为七章、二十八节，第一章由某国家石油储备基地有限责任公司、山东大学编写，第二章由某国家石油储备基地有限责任公司、清华大学、中石化工程定额管理站编写，第三章由山东大学编写，第四章由清华大学编写，第五章由北京东方新星石化工程股份有限公司、英派尔工程有限公司、中国电建集团中南勘测设计研究院有限公司编写，第六章由中国安能建设总公司、清华大学、中石化第十建设公司编写，第七章由上海凯泉泵业(集团)公司、海工英派尔工程有限公司、某国家石油储备基地有限责任公司编写。

在历经四年研究、开发、应用基础上反复总结、提炼完成的这部专著，主要阐释了大型地下水封石洞油库工程集成创新的思路、创新体系以及“四个方面”的创新成果，我们希望成为推动大型地下水封洞库建设技术更新、更大发展的宝典。

在编著过程中，得到该国家石油储备地下水封洞库工程院士专家咨询组、某国家石油储备基地有限责任公司、山东大学、清华大学、上海凯泉泵业(集团)公司、北京东方新星石化工程股份有限公司、海工英派尔工程有限公司、中国电建集团中南勘测设计研究院有限公司、中国安能建设总公司、中石化第十建设公司、中石化工程定额管理站、中国石化出版社等众多单位领导的支持及专家、学者的帮助，在此谨致衷心的感谢。

中国岩石力学与工程学会理事长、中国工程院钱七虎院士为本书作序，这是对我们的鼓励和鞭策，我们一定再接再厉、创新不止、再创佳绩。在此向钱七虎院士表示最诚挚的感谢!

由于水平有限，书中难免有缺失、错误，敬请读者不吝斧正。

张克华

2015 年 11 月 30 日

目　录

第一章 绪 论

第一节 大型地下水封石洞油库概述

1.1 大型地下水封石洞油库建设的战略意义

石油是国家的经济命脉，是现代工业的“血液”。稳定的石油供给是经济与社会可持续发展的重要保障，是国家生存和发展的重要战略资源，对保障国家经济和社会发展以及国防安全有着不可估量的作用。

目前我国石油资源不足，原油产量不能满足经济高速发展需求，供需矛盾日益突出，石油对外依存度不断增大。1993 年起，我国就已成为石油和石油产品净进口国。国家能源局 2015 年统计数据表明，我国石油年总消耗量为 5.43 亿吨，其中年进口量为 3.28 亿吨，对外依存度达到 60.6%。根据我国石油需求增长幅度，预计到 2020 年我国石油年需求总量将超过 7 亿吨，其中 2/3 需依靠进口。因此，国际石油价格波动将对我国经济影响越来越大。与此对比，2012 年我国只有 35 天的石油储备量，这不但与美国和日本等发达国家差距非常明显，而且与国际能源组织建议的 90 天相去甚远，也与我国的世界第二大经济体的实力明显不相匹配，使得我国在应对国际政治、经济和军事动荡时面临挑战。此外，我国能源安全还存在资源争夺日益激烈、海上石油运输通道控制薄弱、地缘政治形势复杂、周边国家军事渗透威胁等不利因素。

为了稳定我国石油供应，我国政府已重点部署战略石油储备，合理规划建设能源储备设施，以便建立强大的国家战略石油储备体系。在石油储备体系建设中，世界上地质条件适宜的国家均趋向于建造地下储油洞库。由于深埋于地下，雷击、恐怖袭击、常规武器攻击均难以得手，这使得地下洞库具有地上库无法比拟的安全性。节约用地是建设地下洞库的突出优势，地下洞库的地面设施占地面积仅为地上库的 1/10 左右。地下洞库的另一重要优势是节省投资和运营费用。据测算，以 $300 \times 10^4 m^3$ 库容计，地下洞库比地上库节省 6 亿 ~7 亿元建设投资，运营费仅为地上库的 2/3 左右。作为地下库的一种，水封式地下石洞油库具有地域适应性强、库存规模大、易扩建和占地面积少等优点，已经成为国内外石油储备的主要选择和重点发展方向。

2003 年起，国家发改委和国家能源局组织有关单位和专家从环保、安全、节约土地资源、降低工程造价等方面，开展了国内地下盐穴储油库以及花岗岩地下水封储油库的选址、建设方案研究等前期调研工作。研究结果表明，在我国可以找到不少适合建设大型地下水封石洞油库的地质构造地点，我国已批准建设的四座地下水封石洞油库均靠近大吨位进口原油码头及大型石化基地，交通便利，方便运输。2013 年 7 月，在烟台举行的“地下水封式能源洞库修建关键技术高端研讨会”上，与会专家一致认为：推广应用地下水封能源洞库具有战略上的必要性和紧迫性。因此，大规模建造地下水封石洞油库是我国战略石油储备体系建设的重点发展方向。

1.2 地下水封石洞油库的发展历史、现状和前景

1.2.1 地下水封石洞油库的发展历史

早在西班牙内战期间(1936—1939 年)，瑞典政府为了安全储备军用和民用燃油，对石油储备方式提出了新的要求，储存方式从地上转移到了地下岩洞中。为了将燃油安全无泄漏地储存于地下，瑞典岩石力学和石油储备之父 Hageman 提出石油产品应该储存在处于水下的混凝土容器中，并于 1938 年为其想法申请了专利。他的想法第一次将水作为封存介质引入到地下石油存储，并预示着石油储存“瑞典法”的到来。1939 年瑞典人 Jansson 申请了一项储油专利，其取消了之前常用的混凝土钢衬，石油直接储存在位于地下水位以下的不衬砌岩洞中。这就是后来著名的石油储存“瑞典法”。但是，因为 Jansson 的储油原理过于简单而很少有人敢于应用，所以 10 年以后该方法才被用于实践。在这十年间最主流的方法是 20 世纪 40 年代普遍采用的储罐(内部有钢衬的混凝土圆柱形储罐)，其相比于最初建于地下岩洞中的自立式钢罐，可以更加有效地利用岩洞空间，并且可以采用更加薄的 4 ~ 8mm 钢板进行衬砌。但是因为建造条件的限制，每个单罐的容积都不大于 $1 \times 10^4 m^3$。

1948 年在 Harsbacka 由一座废弃的长石矿改造而成的储油库首次储油标志着第一次将大量的石油储存于无腐蚀和泄漏风险的地下非衬砌岩洞中。1949 年另一位瑞典人 Edholm 提出了类似的水封式储油的专利，并于 1951 年在 Stockholm 郊外的 Saltsjobaden 建造了容积为 $30m^3$ 的实验洞库。1951 年 6 月向洞库内注入 $17.6m^3$ 汽油，一直储存到 1956 年 6 月。实验结果表明：无汽油渗漏到围岩中，也未发生汽油挥发泄漏，储存的汽油的品质未发生任何改变。

1951 年以后水封式储油技术迅速发展，1952 年投入使用的建于 Goteborg 的 SKF 所属的储油库，是非衬砌地下水封式储油洞库的第一次商业应用。实践证明“瑞典法”不仅可以用来建造战略性的防爆轰储库，而且在合适的水文地质条件下也是最经济的储油方法。20 世纪 60 ~ 70 年代中期，是地下储油的繁盛期，期间出现了许多新技术用来满足不同油品的地下储存，既能储存原油、液化石油气，也能储存燃料油。由于缺乏高效的排水设施，早期储油洞库普遍采用变动水床储油法，潜水泵的出现使得固定水床储油法得以实现。储油理论发展的同时，岩土工程施工技术也在不断发展，这使得储油岩洞容积从最初 50 年代的 $1 \times 10^4 \sim 2 \times 10^4 m^3$，发展到 70 年代的数十万立方米。受 1973 年石油危机的影响，瑞

典的石油需求量急剧下降，使得新建的储库都转向石油气和天然气的储存。同期地下储油洞库在世界各国开始发展和建造，有建造于花岗岩和片麻岩中的储油岩洞，如法国、芬兰、挪威、瑞典、日本、韩国等；有利用巨厚的盐岩层建造大型盐穴储油库，如美国、加拿大、墨西哥、德国、法国等；还有利用废弃的矿井储存柴油或原油，如沙特、南非等。日本于1986年开始建造地下水封储油洞库，先后建成久慈、菊间、串木野三个地下储油洞库，总容积达到$500\times10^4m^3$。韩国建造原油地下储存洞库总容积达到$1830\times10^4m^3$，2006年年底在韩国全罗南道丽水市建成了世界最大储量地下储油库，其石油总储量可达4900万桶。印度2007年年底在Visakhapatnam建成了世界上最深的地下液化石油气(LPG)储库，平均埋深162m，最深部分196m，总储量达$12\times10^4m^3$。

我国于1973年在黄岛修建了国内第一座容积为$15\times10^4m^3$的地下水封石洞油库。同期我国又在浙江象山建成了第一座地下成品油库，但容积仅为$4\times10^4m^3$，储存0号和32号柴油。本世纪初在汕头、宁波建成了两个地下LPG洞库，每座洞库的储量都超过$20\times10^4m^3$。

1.2.2 地下水封石洞油库的研究现状

(1)水封理论和水封性评价方面

自20世纪30年代末，国际上已开展了地下石洞油库水封机理方面的研究工作，20世纪70~80年代，众多学者及科研单位对水封机理的试验与数值模拟进行了大量研究，并成功应用于商业与军用石油储备。

在地下洞库水封性研究方面，Aberg(1977)最早对水幕压力和储库储存压力的关系进行了研究，并提出了垂直水力梯度准则：在忽略重力、摩擦力和毛细力影响的前提下，该准则认为只要垂直水力梯度大于1，就可以保证储库的密封性。Goodall(1986)在Aberg的基础上对该准则进行了扩展，认为只要保证沿远离洞室方向，所有可能渗漏路径上某段距离内水压不断增大，就可以实现洞库的水封。Suh(1986)认为在非衬砌岩洞中保证储存气体不发生泄漏的充分条件是垂直水力梯度大于等于0即可，而不是之前提出的大于等于1，并且给出了详细的理论分析过程。在国内，高翔、谷兆棋(1997)以人工水幕在不衬砌地下储气洞室工程中的应用为例，分析了人工水幕的发展、基本原理、设计施工以及运行效果，总结了挪威人工水幕设计施工的经验，提出了若干条保证水封条件的水幕设计准则。杨明举与关宝树(2001)结合我国第一座地下储气洞库工程，对水封式地下储气洞库的原理及设计进行了论述。通过数值模拟方法对地下水封洞库从理论上进行了分析探讨，为我国地下储气洞库工程的发展、设计和施工提供了理论依据。李仲奎等(2005)讨论和分析了不衬砌地下洞室在能源储存中的密封措施及关键指标等问题。许建聪和郭书太(2010)采用有限差分法研究了地下水封储油洞库涌水量。时洪斌和刘保国(2010)系统研究了某地下水封洞库水封条件。李术才等(2012)以国内首个大型地下水封石洞油库工程为背景，基于流固耦合理论，采用离散单元法，在室内试验和现场监测的基础上，结合参数反分析理论，对大型地下水封石洞油库节理、裂隙岩体应力-渗流耦合性质进行了分析，获得了大型地下水封石洞油库水封性和稳定性特征。

（2）稳定性分析与评价方面

在地下水封石洞油库修建中，由于节理、裂隙、夹层等软弱结构面的存在，形成了岩体的不均匀、各向异性、不连续等特性，进而影响洞室施工期及运行期围岩的稳定性，从Hagema教授提出地下不衬砌水封式储油技术专利以来，国内外学者在储油洞室群稳定性方面开展了一系列的科学研究，并取得了一定成果。

Sturk和Stille（1995）以Zimbabwe Harare的非衬砌地下储油洞库为例总结了洞库设计建造过程中遇到的问题，重点集中在水文地质和围岩稳定性方面。连建发等（2004）结合辽宁锦州大型地下水封LPG洞储工程，对地下水封储气洞库的特殊性、岩体的完整性参数、岩体质量以及围岩的稳定性等方面进行了深入研究，将大型ANSYS有限元数值模拟技术引入到地下水封油气库围岩稳定性评价中，丰富了地下洞室开挖后围岩稳定性评价的可视化手段。王芝银等（2005）对大型地下储油洞室进行了黏弹性稳定性分析，给出了考虑岩体流变特性时油库的变形规律特点，并对大型地下洞库的强度及长期稳定性进行了分析评价。徐方等（2006）将分形理论应用到青岛某地下水封石油储备库的工程分析中，详细论述了分形理论在洞库围岩渗透性和稳定性方面的应用。吕晓庆等（2012）在地下水封石洞油库建设过程对围岩变形进行监测，通过监测结果对围岩稳定性进行分析。于崇、李海波（2012）对大型地下石油储备库洞室群围岩稳定性及渗透性开展了研究。朱华等（2012）通过现场调查，按照块体理论找寻可能形成的块体，然后确定块体的滑移方式，最后利用现场调查的各项参数计算块体稳定性系数，评价地下水封石洞油库围岩的稳定性。

（3）勘察设计技术方面

目前我国大型地下水封石洞油库的勘察技术处于探索研究阶段，勘察除采用工程钻探、工程地质测绘、水文地质调查、工程物探等传统工程勘察、测试方法外，还可以采用先进的智能电视成像技术。

按照目前诸多学者研究结论可知，地下水封石洞油库设计宜分为两个阶段：基础设计阶段和详细设计阶段。在基础设计阶段，根据水文、地质勘察结果，对洞库的详细位置布置、各结构物的详细尺寸等进行设计。在详细设计阶段，可在基础设计基础上结合实际施工勘察及监测数据，对基础设计内容进行动态优化，动态设计贯穿整个洞库施工过程，即做到施工全过程的动态设计。从20世纪90年代开始，动态设计方法便在各国地下工程修建中获得广泛的应用，诸多学者也更加重视甚至大力倡导动态设计方法，这使得动态设计的原理广泛扩展，并陆续被许多规范认同，如欧洲规范、中国规范等。20世纪90年代铁道行业与科研院校共同研制的“隧道工程计算机信息化设计、施工管理系统”是依据施工中量测位移而开发的动态设计施工科研成果。

在理论研究方面，杨明举等（2001）结合我国第一座地下储气洞库工程，对水封式地下储气洞库的原理及设计进行了论述，通过数值模拟方法对地下水封洞库从理论上进行了分析探讨，为我国地下储气洞库工程的发展、设计和施工提供了理论依据。Masset和Loew（2010）发现了隧道涌水量对岩体性质的依赖性，指出在特定的地质条件下，岩石类型或岩性的确定对隧道涌水量预测具有重要影响。Zarei等（2011）指出，准确获取工程地点的地质构造可以提供有关岩体水力特性的信息，并直接影响到隧道涌水量。杨明举等(2011)以某水封洞库工程为例，围绕洞室群应力应变规律与设计优化研究主题，从影响洞室群应力应变特征的因素出发，对某洞库区岩体结构与力学性质和初始地应力场进行了深入的分析，并以此为基础，针对洞室间距和开挖方案，采用 FLAC3D 数值模拟软件开展了洞室群应力应变规律与设计优化研究。

(4)施工技术方面

地下水封石洞油库的施工，一般采用大型机械旋挖和凿岩机等设备，但由于岩石的质量较好，机械开挖的速度往往不能满足建设进度的要求，所以目前大部分是采用站爆法开挖油库洞室。由于地下各种洞室布置紧密，错综复杂，因此爆破不仅对本洞造成震动影响，而且对邻洞以及上层水幕巷道的影响也尤为突出，因此对岩体爆破设计及其围岩稳定性的分析具有重要的指导意义。Lee 等(1996，1997)以韩国的不衬砌地下石油储库为例详细分析了地下水封储库设计和建设过程中的各种问题，其中主要分析了洞室掌子面推进和爆破对围岩应力和变形状态的动态影响。最近 20 年起爆器材发展较快，使得起爆技术发生了根本改变，目前广泛采用非电接力式起爆网路，可以将一次大规模爆破分成数十数百段单响起爆，能够严格控制起爆单响药量。在国内，地下水封石洞油库的爆破技术可借鉴我国西部大开发中水电建设的相关经验。我国在西部大开发中兴建了许多巨型、大型水电站，在地下厂房的施工、监测、安全控制等方面积累了丰富的经验，可作为大型地下水封石洞油库建设的参考。

近年来国内外喷射混凝土技术以它简便的工艺，良好的支护效果在工程领域内得到了广泛应用，而研究凝结时间可调、工作性良好、长期性能稳定的微膨胀抗渗防裂高性能喷射混凝土，已成为现代喷射混凝土发展的主要趋势。目前喷射混凝土性能主要依靠的仍然是不同原材料配合、良好的施工工艺以及后期完整的养护过程来保证，为了使喷射混凝土具有优异的力学特性和优良的耐久特性，需要在上述方面加深研究。喷射混凝土除了强度特性(包括抗压强度和与基面的粘结强度)外，最重要的是耐久性能，其中包含收缩特性、抗渗性能、抗冻性能等。王钧等(2014)通过理论分析、现场试验和数值计算等方法，研究在保证喷射混凝土基本工作性能、基本物理力学性能的前提下，努力提高其抗渗能力以及粘结强度，降低喷射混凝土的收缩率，从整体上提高喷射混凝土的长期耐久性能，为地下水封洞库喷射混凝土的长期服役提供可靠保障。高志华和何真等(2014)针对某地下水封石洞油库的工程背景，通过室内试验研究了作为地下水封洞库主洞室永久层喷射混凝土的工作性能、强度及收缩性能。

在超长水平钻孔偏斜控制研究方面，由于岩土预应力锚杆的偏斜精度对于岩土锚固工程的整体力学效应和使用效果有重大影响，因此现有的成果主要体现在对岩土预应力锚固孔的成孔精度控制方面。针对水幕孔精度控制的研究，目前还没有足够的经验积累。岩土预应力锚固领域的现有标准和要求，可以作为水幕孔钻孔偏斜控制的重要依据。如美国后张预应力混凝土协会(PTI)主编的《岩土预应力锚杆指南》规定，锚杆孔入口端与预定方位的偏差不应超过 ±2°；英国 BSI 制订的《岩土锚杆的实践规范》(1989)规定，锚杆钻孔在任意方向最大偏差角应不超过±2.5°，或偏斜量不大于钻孔长度的1/30；日本建筑学会制订的《岩土锚杆设计施工规程（指南）》（2001）规定，锚杆钻孔方向的允许偏差为±2°；国际预应力混凝土协会（FIP）编制的岩土锚杆规范规定，钻孔入口点与锚杆轴线的倾角允许偏差应不超过±2.5°，钻孔在任何长度上偏离轴线的允许偏差应不大于钻孔长度的1/30；我国国标《锚杆喷射混凝土支护技术规范》（GB 50086—2001）规定，预应力锚杆的钻孔方位与锚杆设计预定方位的偏差不应超过±3°。国内近20年来，长尺寸的预应力锚杆在边坡、大型地下水封石洞油库中的应用日益普遍，工程建设对长钻孔的偏斜控制技术要求日益提高。在这方面，尤以水利水电系统取得的技术进步较为显著，如三峡永久船闸高边坡锚固工程，长35~45m对穿锚索的钻孔在任意方位的偏斜度达到钻孔长度的1%（优良）和2%（合格），长度为40~60m的端头锚索的钻孔偏斜精度为钻孔长度的2%；中国水电1478联营体在广西龙滩电站地下厂房长17.5~42.75m的对穿锚索钻孔施工中，取得了钻孔偏斜度0.8%的好成绩。但是，相比水电锚索，水幕钻孔深度大、施工边界小，如何在狭长水幕巷道内有效控制超长水平钻孔偏斜率是水幕孔施工的难题之一。

（5）重大设备国产化方面

大型潜没油泵是大型石洞油库中的关键设备，由于该泵功率大，技术要求、可靠性、安全性要求高，所以制造难度大，国际上能设计制造该类泵的厂家不多，其中有代表性的厂家有：德国KSB、美国FLOWSERVE、挪威的Framo等。在课题攻关组准备研制之前，中国还没有厂家能制造出完全满足要求的大型潜没油泵。潜没油泵的主要技术难度体现在：1）标准问题：设计、检验制造要求完全满足美国石油学会（API610）标准、美国机械工程师协会（ASME）Section Ⅷ的要求，材料满足美国材料实验协会（ASTM）及相当标准要求，电气安全满足国际电工委员会（IEC）标准要求，这些标准有些与中国标准一致，有些与中国标准存在很大差别，比中国标准高，国内企业要按国外标准进行设计、制造、检验，有一定的难度；2）潜没油泵由于输送的介质为原油，在诸如黏度、传热系数等物理性态上与水有很大区别，其电机的传热设计和一般潜水电泵差别很大；3）潜没油泵可能工作在爆炸危险性区域为0区和Ⅰ区的场所，所以对电气隔爆安全提出了较高的要求；4）由于安装维护难度大，因此尽可能延长泵组使用周期便成了需要克服的技术难题。

当前，油气回收技术主要有吸收法、吸附法、冷凝法、膜分离法和氧化燃烧法5种。国内外学者在油气回收技术领域的研究探索已有50年的历史，并拥有一系列比较成熟的技术。现有的油库油气回收装置通常是基于活性炭吸附法或专用吸收剂吸收法建造而成。郭鸿飞和张健中等（2013）介绍了吸附法油气回收装置常见的几种油气吸附量计量方式，包括利用进气流量和浓度计量吸附量及利用进气和排气流量计算吸附量，阐述了不同计量方式的工作原理、吸附量计算方法以及各自的优缺点，给出了各方法在实际运行中出现的问题和应对的措施。杨森等（2014）认为水封洞库项目原油油气回收不宜采用冷凝法和膜分离法，宜采用吸收+吸附（活性炭吸附、真空再生、原油吸收）方法，给出了该方法的吸收油量、切换时间、再生压力等主要工艺参数的确定方法，并介绍了吸附罐、吸收塔、真空泵等主要工艺设备以及关键仪表等的设计和选用。

1.2.3 地下水封石洞油库的前景

随着经济持续快速发展和社会不断进步，我国石油消费不断增加，石油进口量逐年增大。受资源限制，未来我国石油对外依存度还会进一步提高，石油安全形势不容乐观，建立国家石油储备体系刻不容缓。针对以上形势，我国政府做出了建立国家石油储备体系的战略决策，并提出要按照“安全可靠、经济高效、反应快速、应急面广”的原则建设石油储备基地。

在国家石油战略储备体系建设中，地质条件适宜的国家均趋向于建造地下储油洞库，例如，美国战略石油储备的70%以上、韩国战略石油储备的80%以上以及北欧挪威、瑞典等国家多采用地下库储备。而作为地下库的一种，水封式地下石洞油库以其显著优点已经成为国内外石油储备的最佳选择和重点发展方向。我国目前正在建造的四大地下洞库，均采用水封形式。

2003年，国家能源局组织有关单位对地下水封储油库选址进行了实地调研等工作。调研结果表明我国沿海地区有很多地质条件较好，适合大规模的建设地下油库的地点。此外，通过我国第一个大型地下水封洞库的建设，我国已在地下水封洞库勘察、设计、施工和管理等方面积累了一定的经验，因此，建造大型地下水封石洞油库已成为水到渠成之事。

目前我国油品储备量已经不能适应现代化和经济发展的需要，所以建设一批高质量的地下水封石洞油库，与我国石油储备的战略紧密相关，可以有效保证国家的能源安全，具有重要的战略意义和广阔的前景。

1.3 地下水封石洞油库的基本组成和原理

1.3.1 基本组成

地下水封石洞油库储存的基本结构主要由地上工程和地下工程组成，地上工程为地下石洞油库的辅助工程，主要包括储运、供电、油气回收、污水处理、制氮、给排水、消防等设施。

地下工程由储油洞室、水幕系统、竖井、施工巷道等组成。储油洞室是储油的主要结构，洞室长度根据可用岩体范围、储油库规模、储油洞室的组数等来确定，一般为500~1000m。储油洞室的走向一般与最大水平地应力平行，或交角尽量地小。要综合考虑埋深、地应力大小、围岩条件、断面形状等因素，确保洞室之间岩体有足够宽度的非破坏区，可通过数值模拟计算确定，一般取洞室跨度的1.5~2.0倍。施工巷道包括斜坡道和联络道。斜坡道主要是满足掘进过程中石渣外运、通风、施工用水及照明动力电线的铺设、排水及施工人员通行、地下混凝土工程及设备安装工程施工的需要；根据施工机具外形，爬坡能力并结合洞库埋深地质情况，综合考虑后确定断面形状和坡度。联络道在施工期间，主要用于不同储油洞室施工时的联络，以便共用斜坡道，洞库建成投入使用后联络道将为储油洞室的一部分。

水幕系统由水幕巷道和水幕孔构成，水幕巷道距离储油洞室高度取30m为宜，断面可采用4m×4m矩形带圆角，或4.5m×5.0m直墙圆拱；水幕孔直径80~120mm，孔间距10~20m之间，布孔长度以能包络储油洞室为目的确定，可以几十米至上百米。根据水幕孔排列方向不同，可分为水平水幕孔和垂直水幕孔两种。水平水幕孔一般在在洞库顶部上方一定距离处设置，以保证洞库上部始终有人工水幕层，其施工工艺主要为从水幕巷道底板上方1.5m处向两侧水平或斜向打水幕孔，通过水幕孔中一定的压力水，在洞库顶部形成人工水幕层。当同一油库储存不同油品时，为了使不同洞室间的不同油品不能相互渗透，则往往在储有不同油品的不同洞罐间设置垂直水幕孔，其施工方法主要为在水幕巷道底板，两个储油洞罐之间打垂直水幕孔，通过在垂直水幕孔中注入一定压力水将两洞罐分隔开来。竖井主要用于原油进、出作业和监控仪表，进出的所有管道均通过竖井将储油洞室与地面相连。

1.3.2 基本原理

地下水封石洞油库储油技术是指在地下水位以下的岩体中由人工挖掘形成的一定形状和容积的洞室中储存各种石油产品的技术。地下岩洞储油应具备两个条件：1)密封；2)具有一定的强度，以保证油品不渗不漏，不易挥发。

图1-1为地下水封石洞油库储油原理示意图。地下水封洞库一般修建在具有稳定地下水位以下的岩体中。洞室开挖前，地下水通过节理裂隙渗透到岩层的深部，并完全充满岩层中的空隙。当储油洞库开挖形成后，周围岩石中的裂隙水向被挖空的洞室流动，并充满洞室。在洞室中注入油品后，油品周围会存在一定的压力差，因而在任一油面上，当裂隙中水的渗透压力大于储存介质压力时，所储介质不会从裂隙中渗出。同时利用油比水轻以及油水不能混合的性质，流入洞内的裂隙水则沿洞壁汇集到洞底部的泵坑内，由潜水泵抽出。

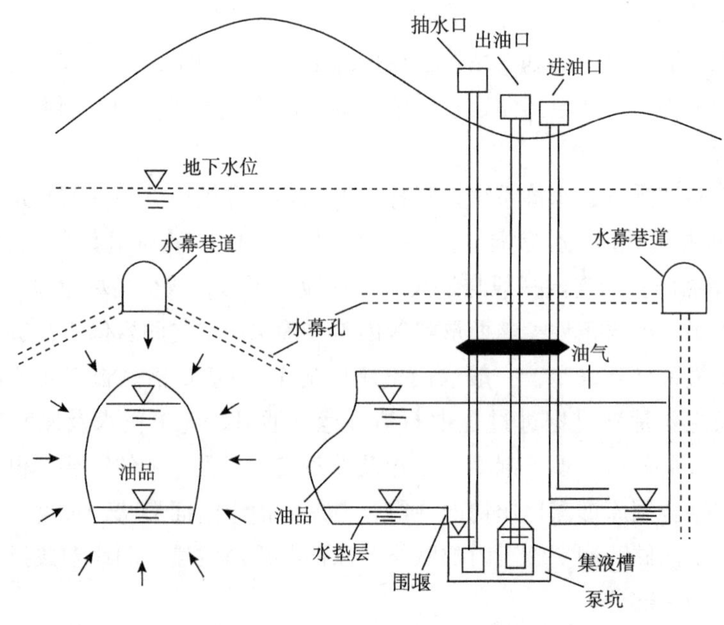

图1-1 地下水封石洞油库储油原理示意图

第二节 我国首个大型地下水封石洞油库建设概况和集成创新计划

2.1 我国首个大型地下水封石洞油库建设概况

该地下水封石洞油库工程是国家石油储备二期工程项目之一，是国内首个大型地下水封石洞油库工程，以储备低凝点进口原油为主，设计总库容量为 $300\times10^4m^3$。该地下水封石洞油库工程分为地上工程和地下工程两个单项工程。项目地下工程为工程主体—洞罐储油设施，地上工程为辅助生产设施。地下工程布置主要根据工程地质及水文地质等各种条件，选择适宜建设地下洞罐的位置，地上工程布置在地下工程所在山体南面坡脚下比较平缓的丘陵地带，地下工程立体图如图 1-2 所示。

(1)储油洞罐

该工程共 9 个主洞室，每 3 个洞室之间通过连接巷道相连组成 1 个洞罐，分为 A、B、C 三个洞罐。中间无施工巷道的两相邻洞室之间净间距为 30m，中间有施工巷道的两相邻洞室之间净间距为 59m。主洞室设计长度为 484 ~ 717m 且各不相同，洞室选用直边墙圆拱洞，跨度 20m，高度 30m。3 个洞罐的容积分别为 $95\times10^4m^3$、$105\times10^4m^3$、$135\times10^4m^3$，共计 $335\times10^4m^3$。按 0.95 装量系数储油，则库容为 $318\times10^4m^3$。

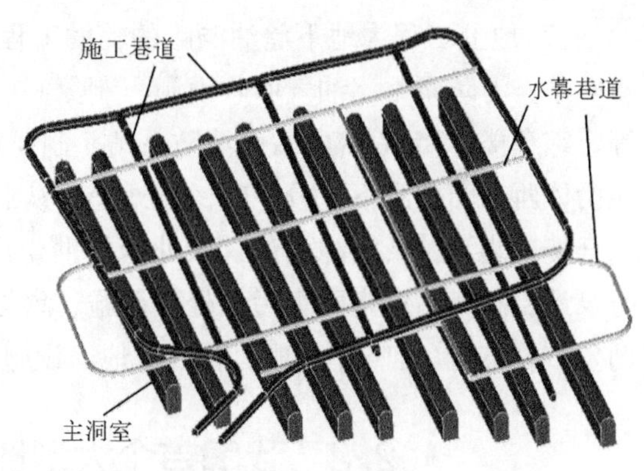

图 1-2 工程立体图

(2)水幕系统

洞罐上方设置水平水幕系统。水幕巷道截面宽 5m，高 4.5m。垂直于水幕巷道，每隔 10m 钻一孔径 120mm 的水幕孔，孔长覆盖至储油洞室壁以外 10m。A 组洞罐上部水幕为 A 区，分 A1 ~ A7 等 7 个分区，B 组洞罐上部水幕为 B 区，分 B1 ~ B7 等 7 个分区，C 组洞罐上部水幕为 C 区，分 C1 ~ C8 等 8 个分区。

(3)施工巷道

施工巷道主要为满足建设过程中施工机具和人员通行、石渣外运、施工期通风、给排水、电缆敷设以及支护材料运输的需要。根据施工车辆外形尺寸和爬坡能力，结合洞库埋深要求和地质情况综合考虑后确定：横截面宽度为 8.5m，高度为 7.5m，坡度为 8% ~10%。

(4)工艺竖井

进出油库的原油、油气、排水管道及其仪表、电缆等均通过工艺竖井与地面相连。下部为钢筋混凝土密封塞，井口为钢筋混凝土盖板。

原油的输转和裂隙水的排出，均采用潜没泵。为满足潜没泵的安装要求，在工艺竖井对应的主洞室底板上设有泵坑。每个洞罐设两个竖井，其中一个竖井中布置进油管道和注水管道，该竖井直径为3m；另一个竖井中布置出油管道、排水管道及电缆等，该竖井直径为5m。

(5)密封塞

根据储存原油的要求，竖井及施工巷道密封塞必须满足以下条件：要完全密封，不泄漏气液，不能使大量的地下水渗漏到洞罐内，确保其严密性。要有足够的强度和刚度，除承受静载(自重、设备、管道、检修荷载或静水力)外，还要承受来自内部的动荷载(按1000kN/m^2)。按四边嵌固的弹性板进行设计。施工巷道密封塞厚8m，竖井密封塞厚分别为5.5m、4m。

(6)监测孔与监测设施

沿地下洞罐四周设置12个监测孔，每边3个，孔径130mm。监测库区地下水质和地下水位的变化情况。

(7)地上工程为地下储油洞罐的辅助工程。主要包含：综合楼(含中心控制室)、35kV变电站、消防泵站、油气回收设施、制氮站、污水处理设施、洞罐区变电所、现场机柜室等。综合楼、35kV变电站、消防泵站、制氮站、污水处理设施及热水站均布置与油库所在山体西南面山脚下比较平整的场地上。从北向南由高及低分三排布置，依次为：北面为综合楼、热水站及消防水池，该处为辅助生产设施区的最高处；中间为35kV变电站、消防泵站、制氮站；南面为污水处理设施、事故水池，处于库区最低处，便于污水回收。辅助生产设施区(含竖井、地面管线等地面设施)占地面积约为13.4公顷。

2.2 我国首个大型地下水封石洞油库建设关键技术集成创新计划的形成

2.2.1 大型地下水封石洞油库建设关键技术集成创新意义

根据国家战略石油储备规划，我国二期和三期石油储备基地采用地下水封石洞油库形式将是一个趋势，开展大型地下水封石洞油库建设关键技术集成创新将有力地保障我国战略石油储备规划的顺利实施。

地下水封洞库储油工程源于瑞典，由于其相对于地上大型油罐具有更环保、更安全、节约土地资源、降低工程造价等优点，世界数十个国家已建成200余座地下水封洞库，其基本理论和施工技术日趋完善。在国内，众多学者和相关单位也开始进行了地下水封石洞油库的研究。

我国第一个大型地下水封石洞油库库容$300\times10^4m^3$。大型地下洞室群施工具有地质条件复杂、周期长、不可预见风险因素多等特点，是一项复杂的系统工程，涉及多学科、多专业的交叉整合。目前我国还没有具有自主知识产权的大型地下水封石洞油库建设成套技术，大型地下水封洞库建设在我国尚属全新的领域，许多关键技术均有待于系统和深入研发、攻关创新，使我国大型地下水封洞库的建设走出一条健康发展的道路。

虽然国外在水封石洞油库建设方面积累了大量可供借鉴的经验，但是我国刚刚起步，由于地质条件的复杂性，必须认真做好相关理论和关键技术的研究、开发。在我国第一个大型地下水封石洞油库工程建设中结合工程实践，把室内试验与现场试验紧密结合，开展系统深入的研究，达到理论创新、管理创新、技术创新、工艺创新，依托工程建设进行成果转化，从而形成具有自主知识产权的大型地下水封石洞油库建设关键技术集成，为我国地下水封石洞油库建设打下坚实的基础，为其发展做出贡献。

2.2.2 主要成果和创新

(1)项目管理创新

在总部项目协调领导小组的直接领导下，采用建设项目部负责的工程设计(E)+设备采购(P)+施工建设(C)+监理+第三方技术监测(服务)的管理模式，形成了在建设项目部统一协调下，勘察、设计、施工、监理、监测各负其责、“六位一体”的建设团队。组织开发了洞库项目管理信息系统(简称 DKPMS)，建成了一个科学量化、切实有效的项目管理支持系统，提高了洞库建设项目管理水平。着力培育了“和谐、诚信、创新、超越”的建设团队文化，培养了“肩负使命、报效祖国、建设洞库示范工程”的理念，并贯穿于项目建设的全过程。通过地质巡查和地质会商，使各参建单位地质工作、地质信息更好地为动态设计、动态施工服务。综合在线监测监控系统和生产过程自动化系统，形成了综合防灾救援平台，最大限度地消除了安全隐患，将可能的事故危害降到最低。研究了计价依据的编制原则、专业册划分和列项、子目步距划分、工作内容的组合深度、使用说明的编写规定等工作内容，编制了《大型地下水封石洞油库竖井安装和系统试验工程预算定额》。

(2)水封性评价与控制技术创新

研究了大型地下水封石油洞库水封方式适用条件，提出了水幕系统设计原则，建立了水幕系统连通性分析方法，揭示了水幕孔间距对水封性影响特征。建立了基于地下水动力学、等效连续介质流固耦合理论和离散介质流固耦合理论的大型地下水封石油洞库水封性评价方法体系，论证了该地下水封石油洞库水幕系统设置必要性，揭示了边界条件、地质因素和施工过程对洞库水封性影响特征，优化了该地下水封石油洞库水幕系统设计。提出了洞库岩体水文地质分类方法，提出了洞库水封性风险评价与控制方法。研究了洞库围岩循环荷载下疲劳力学特性，建立了循环荷载下岩体疲劳本构力学模型，分析了不同工作模式下该地下水封石油洞库运行期水封性特征，揭示了工作模式与洞库运行期水封性关系，提高了地下水封石油洞库的运行安全。

(3)大型密集洞室群稳定性综合判识技术创新

基于项目地质信息、监测信息动态数据库平台，开发了大型密集地下水封洞库群围岩稳定综合判识动态系统，并应用于该地下水封洞库的施工期全过程。揭示了地下水封石洞油库区域地应力场分布规律，并将地应力反馈分析结果应用于主洞室开挖。利用分形盒维数、Hurst 指数进行施工巷道收敛监测数据的分析，综合得到库区围岩完整性的变化规律以及库区围岩在断面开挖稳定后的松动程度演变规律。基于收敛位移及多点位移计的数据进行了松动圈参数的反馈分析，并将反馈分析结果运用到主洞室围岩开挖中。利用简单块体分析程序 Unwedge 对主洞室的中下部围岩不稳定块体进行了分析，进一步研究了该软件使用的特殊情况和边界条件的处理，扩展开发了软件的应用范围，对主洞室支护设计、施工的动态调整和优化决策提供了技术支撑。

(4)勘察与动态设计技术创新

针对大型地下水封洞库的特点和勘察要求，以传统手段和方法为基础，结合现代数字摄像技术、电子传感技术对地下水封洞库勘察方法和手段进行了创新。按照施工安全和运行稳定的要求，提出了针对岩体质量和导水性两个基本方面及基于地下水流场控制的施工期岩体水文地质分类方法，引入洞室尺寸修正系数，综合反映了洞室尺寸和施工扰动的影响；建立了岩体导水性评价体系，在分析岩体完整性的同时，创新性地将结构面的连通率、张开度、优势结构面产状及其与洞室轴线的位置关系纳入评价标准，使得对地下渗流场控制因素的分析更加全面。综合分析了该大型地下水封洞库工程中已揭露围岩情况和对掌子面前方岩体状态的预报，基于水文地质分类方法，对该工程中的主洞室和工艺竖井的围岩进行了重新判别，根据设计要求，对部分围岩进行预注浆和后注浆，并采用地质雷达和压水试验对注浆效果进行检验，结果表明注浆效果良好。以洞库项目管理信息系统(DKPMS)和洞库动态设计辅助数字平台系统(DKDAP)为桥梁和纽带，实现了大型地下水封石洞油库动态设计的信息化、智能化、科学化，成功的在施工巷道试验段、工艺竖井、主洞室等部位创新运用动态设计方法，并取得了良好的效果。

(5)施工技术创新

将初始地应力场、渗流场及水幕孔渗透压力等因素作为数值计算的初始条件，对爆破的动力过程进行了模拟。提出了大型水封洞室群开挖不同保护对象随爆心距变化的爆破振动安全控制标准，并根据施工安全控制需要，提出了设计和校核标准。在地下水封洞室群开挖过程中严格按设计要求进行了施工，对爆破振动危害进行有效控制；搭建了爆破管理信息平台，有助于工程管理者科学有效地对爆破作业流程进行管理；采用新一代信息技术中的物联网及具有陀螺仪定位的远程微型动态记录仪，并结合爆破管理信息系统以及随距离变化的爆破安全控制标准，研发了一套爆破远程自动化监测预警系统。提出了基于功能组分协同匹配设计方法、适应地下水封油库工程特殊需要的低回弹、高黏聚、喷射致密高性能喷射混凝土胶凝材料体系；提出了低收缩、高抗裂高性能喷射混凝土设计制备技术；提出了大型地下水封原油洞库高性能喷射混凝土耐久性提升技术；形成了大型地下水封原油洞库高性能喷射混凝土制备与应用成套技术。首次提出了小空间全套超长水平钻孔优化配置，包括气动滑移跟进式钻杆定心装置，潜孔钻机运行参数监测仪和数显系统等，提高了超长水平钻孔的造孔精度，解决了工况条件劣势超长钻孔极易偏斜的技术难题。根据本工程长水平孔造孔施工经验，总结出了一套针对长水平深孔钻孔施工工艺及施工方法。

(6)关键设备国产化创新

国内首次研发了大功率高电压油浸式潜没油泵，采用大量先进的研究手段进行了分析计算，在分析计算的同时进行了试验验证。设计中首次利用水力平衡和电磁平衡的方法来平衡泵组产生的轴向力，提高了轴承运行的可靠性。首次将兼具有冷却润滑回路作用的导电管结构应用到电泵中。

第二章　项目管理创新

第一节　项目管理模式与技术创新

1.1　管理模式

1.1.1　组织机构

在中国石化总部项目协调领导小组的直接领导下，采用建设项目部负责的工程设计(E)+设备采购(P)+施工建设(C)+监理+第三方技术监测(服务)的管理模式，石油化工工程质量监督总站行使工程质量监督，工程监理单位实施全过程监理控制，第三方技术监测(服务)单位实施现场监控量测、地质超前预报和围岩稳定性综合判识。在建设项目部统一组织下，勘察、设计、施工、监理、监测各司其责，形成“六位一体”的建设团队，安全、有序、优质地建设好洞库工程。

1.1.2　第三方技术监测(服务)

作为国内第一个大型地下水封石洞油库工程，为了保证工程建设安全、质量，引进第三方技术监测(服务)单位，由清华大学、山东大学派出技术监测(服务)机构，通过现场监控量测、地质超前预报、围岩稳定性综合判识等工作，对工程进行第三方技术监测(服务)。

1.2　管理制度

1.2.1　管理制度体系

建设项目部从抓制度建设这一关键性基础工作入手，建立项目管理体系，编制发布《项目管理手册》等管理制度、文件，并进行宣贯、学习，为项目规范管理奠定了基础。

根据项目特点，建立项目质量管理体系、编制发布《项目质量管理手册》。建立项目HSE管理体系，编制发布《项目HSE管理手册》。由于工程地处山地，山林防火工作也需重点防范。另外，山上施工时发现毒蛇，防蛇毒工作也被列为安全工作之一。在《项目HSE管理手册》的基础上，又编制发布了《山林防火手册》、《防蛇毒手册》及《防洪度汛计划》等专业性管理文件。

在危险源辨识基础上，编制了《工程施工生产安全应急预案》、《工程供电、供水应急预案》等六项应急预案。

施工过程中，陆续完善、细化了《爆破安全管理办法》、《安全用电管理办法》、《竖井施工安全管理规定》等制度。

1.2.2 地质会商制度

根据地下工程动态设计、动态施工贯穿于建设全过程的特点，为正确解决动态设计、动态施工中对新揭露地质现象的认识，组织制定了《地质会商制度》。

通过地质会商，实现各参建单位的地质工作、地质信息工作更好地为动态设计、动态施工服务，提高施工勘察、现场监控量测、地质超前预报、围岩稳定性综合判识工作效率，使地质会商制度化、常态化。

为把地质会商会议开的更好，由监理每周组织一次地质联合巡查，勘察、设计、施工、监理、监测单位共同参加，为提高地质会商会议质量准备好第一手资料。通过地质巡查和地质会商，实现各参建单位地质工作、地质信息更好地为动态设计、动态施工服务。

1.3 项目管理信息系统的开发及应用

为使项目管理规范、有序、高效，以信息化提升项目管理水平，自项目策划阶段就组织开发洞库项目管理信息系统(DKPMS)，建立一个科学量化、切实有效的项目管理支持系统，以提高洞库建设项目管理水平。

经过几年的运行，系统功能符合项目建设实际需要，达到了系统开发目标要求。在推动 DKPMS 的使用过程中，对项目各参建方进行各类系统应用培训，使得所有用户都能够熟练使用 DKPMS。

为确保 DKPMS 数据录入及时、准确，由系统管理员每周进行数据稽核，对系统录入的数据进行检查，没有及时录入的督促录入，数据有误的及时督促修改，保证了系统数据的及时性、真实性和完整性。

同时鼓励用户发现问题，提出建议，对使用过程中发现的问题及时反馈及进行补充、完善，还扩充了功能模块。最终形成合同管理、财务管理、设计管理、风险管理、施工管理、质量管理、沟通管理和 HSE 管理等八大功能模块。

1.4 HSE 及质量管理

1.4.1 安全与职业卫生的全过程控制

根据国家法律、法规、标准，对建设项目进行安全与职业卫生全过程控制。针对地下工程施工特点，为降低开挖、爆破、运渣过程产生的有害气体和粉尘对洞挖作业人员的健康损害，在个人劳动保护配备上，采取了强制性管理，要求施工单位必须为所有施工作业人员无偿配备合格的防尘口罩，达到和提高保护作业人员身体健康的基本条件。同时为施工人员配备常规应急药品、防蛇毒药品、防暑降温药品，做到防患于未然，有效地防止事故发生。

1.4.2 注重环境保护与生态文明

作为国内第一个大型地下水封洞库工程，建设项目部清醒地认识到资源与环境的重要性，尤其重视环保工作，把环境保护作为贯彻落实科学发展观，促进工程建设的重点，针对不同时期的环保工作重点采取过硬措施，主动打好环境保护攻坚战。

地下工程施工产生废水采取沉淀后循环利用的方式，最大程度地减轻了对周边环境的影响。竖井口采用喷雾降尘法，减少对周边环境的影响。

1.4.3 全过程质量控制

为贯彻落实国家《质量振兴纲要》和“百年大计，质量第一”质量方针，按照 GB/T 19000—2000《质量管理体系》，制定了“质量第一，持续改进，以建设国家石油储备大型地下石洞油库示范工程为己任”的项目质量方针和“工程质量符合相关标准、规范要求，符合设计技术条件要求，竣工技术文件达到有关标准、规范要求；单位工程评定合格率 100%，主体质量达到优良，创部优工程，争创国优工程”的总体质量目标。从建立统一的项目质量管理体系入手，制定发布《项目质量管理手册》，并明确了建设单位、设计单位、监理单位、施工单位、勘察和第三方技术服务各自的质量职责和质量控制要素。

制定《安全质量奖励考核办法》，月末检查讲评，季度末总结考核奖励，同时督促各参建单位建立了安全质量奖惩考核绩效机制。

1.5 文化建设及人才培养

自施工准备阶段，在各层次的交流、会谈、会议上均把项目建设的重要意义予以明确，统一参建单位不同层面人员的思想，对项目建设指导思想、管理模式进行深入理解，得到全体参建员工的接受、支持、响应与配合，以积极主动的心态参与建设活动。以建设国家石油储备示范工程为己任的思想深入人心，把建设示范工程、样板工程、优质工程目标牢固树立起来，主观能动性激发出来，工作热情高涨起来，将责任意识、紧迫意识不断提高。

项目实施过程中着力培育“和谐、诚信、创新、超越”的建设团队文化，培养“肩负使命、报效祖国、建设洞库示范工程”的理念，并将之贯穿于项目建设的全过程。

以项目为依托，与山东大学联合举办地下工程在职硕士研究生班，培养了一批精通大型地下水封石洞油库工程建设的管理、设计、施工等方面的专业技术、管理人才。

第二节　全生命周期一体化数字平台

2.1　全生命周期一体化数字平台概述

地下水封石洞油库动态设计辅助数字平台系统(简称 DKDAP)是以国家石油储备地下水封石洞油库工程为背景的创新项目，初衷是为工程建设期间的动态设计与动态施工提供一个数据共享与图形展示的公用平台，供会商和讨论使用。覆盖工程勘探、设计、施工等环节的过程控制与风险识别，职能部门分类管理，文档共享以及班组生产管理等，涵盖地下水封石洞油库工程建设与运行管理的数字信息，为全生命周期的一体化数字平台。本平台系统源代码完全是自主开发，无任何外援软件集成和拼装，确保工程数据信息安全和系统稳定、可靠。

该地下水封石洞油库工程具有洞室数量多、规模大、工程地质和水文地质环境复杂等特点。由于地质环境具有隐蔽性和不确定性，增加了地下水封石洞油库施工过程中发生突变性地质灾害的控制难度，而对于地下工程大量复杂信息的掌握并应用于动态反馈将有助于这些难题的解决。因此，研究开发地下水封石洞油库动态设计与施工综合辅助数字平台，不仅对实现复杂洞室群动态设计、动态施工和动态安全控制等具有重要工程意义，确保工期节点完成，而且对中国油气地下储备库的建设过程控制、精细管理和安全运行，全面提升中国油气储备库建设的信息化水平具有重要示范效应。

DKDAP 以基于知识的管理与控制(KMC)为核心，将洞库不同阶段的静态和动态数据信息，在数字化技术层面上进行融合加工，开发数量众多、针对性强的人工智能与专家系统和分析模型作为安全评估和风险识别的工具，为洞库建设过程和运行控制提供实时决策支持。

DKDAP 采用数据库、数据融合加工分析模型库、专家评估与风险识别模型库动态信息采集系统、用户交互界面五级架构。数据库在充分研究洞库结构的基础上，深入挖掘工程结构数据之间的内在联系，抽象并整合出工程特征参数和动态信息特征，完全取消图形存储，消耗存储空间极小，数据查询响应极快；数据融合加工分析模型库对数据库存储的特征数据进行各种应用加工，为计算分析、专家评估与风险识别模型库以及用户界面提供特征数据、派生数据以及图形数据；专家评估与风险识别模型库利用数据库内的静、动态数据和信息，实时进行施工安全评估与风险识别、施工进度监控，及时提出施工安全预警及进度预警；动态信息采集系统采用人工和自动化方式收集施工过程中的各种实时信息，包括地下水位、围岩变形、洞室断面收敛、洞室空气质量、水幕水压试验数据、班组生产数据等；用户交互界面采用 WEB 网页，结合当前最新的网络图形技术，不仅无需在用户计算机上安装程序，而且同时可以利用用户计算机的 GPU 并行快速显示图形。

DKDAP 建成了地下工程建设中的数据库信息，内容涵盖了工程的勘探、设计、施工、安全监测、运行与管理等方面的工程元素，全数字化结构将复杂的图形数据和分析模型进行了多方位优化，凸显分析快速计算、图形快速生成和显示的特点。开发过程中得到了地下水封石洞油库建设单位、相关参建单位和工程现场人员的全力支持，使系统平台的开发和验证同步进行，及时发现和修正改进使用中遇到的问题，不断完善与工程同步成长，为工程建设的过程控制和决策提供具有实用价值的支持和服务。

2.1.1 DKDAP 基本架构

DKDAP 以 KMC 为核心，采用 WEB 人机交互界面，为工程参建各方提供数据输入、信息融合、预测预警服务。DKDAP 基本架构如图 2-1 所示。

WEB 人机交互界面提供输入输出和人机交互服务，包括数据导入与输入界面(结构数据、过程数据、监测信息、设计参数、计算工况、施工信息、围岩稳定综合判识数据等)、自动化监测系统管理界面、参数化设计与计算服务界面、查询浏览可视化界面等。所有用户界面均有详细的提示信息引导，便于用户自学习。

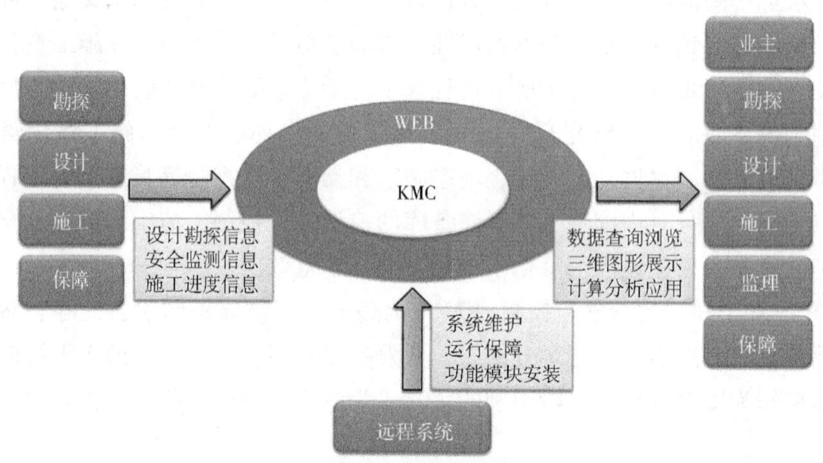

图 2-1 DKDAP 基本架构

KMC 是数据库与各种分析计算模型与工具的集合，如图 2-2 所示。数据库用于存储工程特征数据和动态过程数据，如图 2-3 所示。计算模型与工具是基于知识的管理与控制，利用人工智能及专家系统对多种相关信息进行融合，对洞室结构进行安全评估，对施工过程进行风险识别，为工程建设过程决策提供支持。人工智能及专家系统具有自学习的功能，可以随着信息的积累逐步提高评估和预测的精度。数据加工分析模型可以在工程特征数据和过程数据的基础上，挖掘数据内在联系，派生新的数据，以及生产 3D 空间结构图形数据等。自动化监测与智能控制自动收集各种监测信息，并根据监测信息结合评估模型，对设备进行控制。

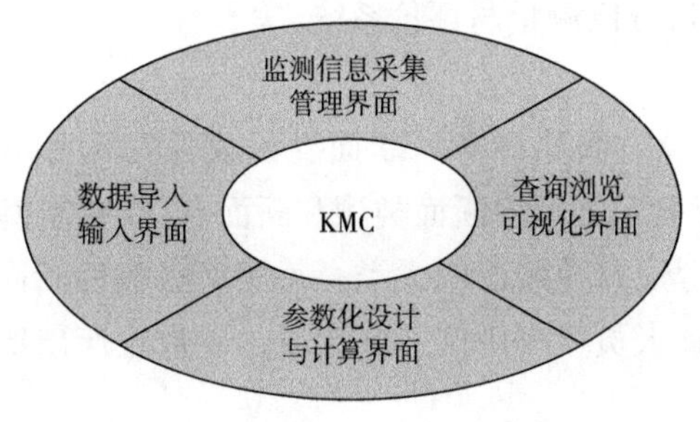

图 2-2　KMC 基本架构

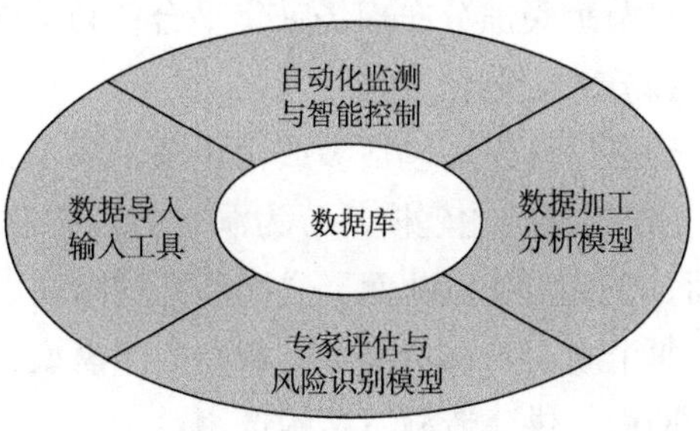

图 2-3　数据库系统

综上所述，DKDAP 从收集工程建设中各个环节的数据信息着手，充分利用计算机技术、网络技术、数据库技术、人工智能及专家系统，面向工程实际需求，研发相应的模型与工具，对工程项目的各种信息进行采集、存储、加工、计算处理及辅助决策支持，提高工程建设的科学管理水平。系统平台以模块化形式汇集勘探、设计、现场监控量测等第一手资料，结合专用的快速计算分析模块，实现施工过程中洞室群安全监控与预警，为动态设计、动态施工提供基础平台，实现施工过程循环控制。

2.1.2　DKDAP 功能

DKDAP 具有五大功能模块（简称 5Ds），分别为：动态勘探（DE）、动态设计（DD）、动态施工（DC）、动态安全控制（DS）及动态运行（DO）。

（1）动态勘探（DE）

动态勘探从简化前期现场工作量着手，利用地形和断层出露等地面信息，建立 3D 数字地形和数字断层，在人工智能模型的协助下，提出勘探孔位置和相应深度的建议，并预测孔内断层经过位置，以提高前期现场勘探效率，缩短野外工作时间。

随着勘探孔的建设，孔内的岩层、岩体质量、岩脉等数据逐步输入到平台，DE 将逐步改进数字断层模型，并建立 3D 数字地质模型和水文模型。

施工期间随着开挖揭露，不断丰富的岩体质量、岩脉、节理等信息使得数字断层模型、数字地质模型以及水文模型逐步学习，提高模型准确度。

与传统的 3D 模型不同，DE 的数字断层模型和地质模型采用空间数据插值技术建立平面剖切面，而不是传统的图形相交算法，不仅极大提高了运算速度，也可以给出更详细的数据信息，提高工作效率。例如 3D 数字地质模型可以方便地给出洞室沿线岩体质量分布，数字断层模型可以给出洞室穿越处的桩号等。

为便于现场勘探信息的采集，DE 的功能包括：1）离线式智能手机版 WEB 现场岩体质量评价平台。用户使用手机在现场逐条输入岩体质量 Q 评价指标，系统自动计算出岩体 Q 值供勘探人员现场会商时参考，经确定后存入手机，待返回办公室联机后，直接上传到 DKDAP，再打印出岩体质量评价表供签字存档；2）离线式手机勘探孔水位信息采集系统。在勘探孔安装水位自动采集设备，利用手机短信进行远程数据采集并上传到 DKDAP。勘探孔 XZ2、XZ3 已运行近一年，水位变化较快时，每天采集两次数据，系统设备运行稳定；3）节理裂隙分布现场采集平台；4）岩体质量分区测量与评价系统。

（2）动态设计（DD）

动态设计模块包括参数化建模、洞室断面应力简化计算、断面支护设计与调整等部分。DD的参数化建模部分为洞室的最小设计元素，如洞室断面类型和断面。DD具有基础断面、交叉与加宽断面、全断面开挖断面以及分层开挖断面四大类，每类又有数种断面轮廓，每个断面轮廓均配置有断面生产模型，设计人员可利用这些模型通过参数生产出所需要的断面，供建造洞室结构选用。

DD生产的断面具有图形元素属性和计算分析属性。前者用于组装成洞室结构，以检查各洞室相互之间的关系，便于调整各洞室轴线的位置，大大节省利用AUTOCAD进行3D建模的繁琐。后者则用于生成计算分析模型，避免计算分析时的二次建模。

DD的洞室断面应力简化计算部分可对设计人员选择的需要分析的断面，自动提取洞室结构、埋深以及岩体质量等相关信息，根据拟定的分块、分层开挖顺序模拟断面开挖过程，以得到断面应力随开挖的转变过程和分布范围，为支护设计提供依据。

支护设计与调整部分根据洞室断面的典型尺寸、岩体质量、应力分布等信息，采用人工智能模型系统初选支护型式、推荐支护参数，供设计人员选择。再根据施工后实测锚杆应力、围岩变形、支护收敛变形等信息进行综合分析，提出支护参数调整建议，供设计人员参考。

DD的水幕系统设计部分根据设计人员输入的水幕孔的直径、孔深、孔距等参数，快速生成水幕孔，并允许设计人员成组调整孔距和孔深，以适应不同的部位。

因此，DD是设计人员的一个减轻劳动强度的有力工具，可协助设计人员快速实现其想法，便于多方案比较。

DD功能包括：1）基于洞室轮廓的断面生产模型；2）洞室断面参数化建模；3）水幕孔参数化布置与批量调整；4）支护图形参数化建模；5）洞室类型设计；6）洞室断面设计；7）洞室设计；8）沿程支护设计；9）水幕孔分组设计；10）水幕孔调整；11）监测站设计；12）结构断面轮廓设计。

（3）动态施工（DC）

动态施工模块包括洞室工作面施工计划、断面开挖与支护工法、安全监测、开挖安全控制与进度预警等部分。

DC的洞室工作面开挖计划部分根据洞室结构、沿线岩体质量、临近工作面影响因素等，以资源均衡配置为原则，拟定工作面开挖计划，供施工设计工程师参考。对于确定的工作面，评估施工强度，制定日工作计划，并据此编制周计划、月计划以用于施工进度动态控制。然后根据班组生产记录动态调整计划。

断面开挖与支护工法部分根据实际采用的工法和安全监测信息，分析评估有效性、以及对临近工作面的影响或受临近工作面的影响等，提出工法改进建议。

安全监测部分实时获得洞室围岩、支护等反馈信息，是动态调整的基础。这部分包括已安装传感器的管理、数据采集、安全风险识别等。

开挖安全控制与进度预警部分根据当前实际进度，结合3D断层模型和地质模型、工作面施工计划，动态监控开挖遭遇断层的时间和评估施工进度的符合性，及时提出开挖安全预警和进度预警。

DC功能包括：1)开挖工作面管理；2)班组管理；3)班组人员管理；4)班组设备管理；5)班组生产交班记录；6)工作岗位设置；7)工作部门设置与管理/科室设置与管理/班组设置与管理；8)文档管理；9)生产计划及其调整系统等。

(4)动态安全控制(DS)

动态安全控制模块是洞库施工期动态安全风险控制系统，包括空气质量监控、爆破影响区管理、人机动态监控、非稳定区域识别等。

空气质量监控部分监控洞室群各节点的空气压力和污染负荷，结合人工智能模型，对每一次爆破产生的污染物进行跟踪分析，预测洞室群内空气质量，并以不同颜色在预警图形上对各洞段进行标记，为通风设施运行提供依据，也可以自动控制通风设备的启闭。

爆破影响区管理包括爆破影响范围界定、避爆区域识别与引导、中控室监控与爆破硬件互锁等，旨在强化爆破过程控制。

人机动态监控为施工人员和机械设备的位置监控，采用主动闭锁的方式，只要爆破影响区内有施工人员或机械设备，爆破指令主动闭锁，不能下达。而在无主控室爆破指令情况下，现场爆破开关按钮不起作用，以达到爆破安全控制的目的。

非稳定区域识别部分采用人工智能模型对监测信息进行分析评估，识别洞室非稳定围岩区域、非稳定支护区域，并在预警图形上进行标识，提请注意。

DS采用WiFi局域网为地下水封石洞油库提供全方位通讯，包括语音通讯、数据传输以及视频监控，避免使用公共网络带来的工程数据安全隐患。其中人机定位采用WiFi指纹技术，洞内可实现3~5m的定位精度，并实现洞内和洞外统一定位。

(5)动态运行管理(DO)

动态运行管理模块是洞库运行期动态风险识别与调控系统，包括监测系统、风险评估、调控方案、减灾预案等。

监测系统为运行期自动化监测系统，包括环境监测(地下水水位和水质、溢出气体、水幕系统压力等)、结构安全监测、储物容量监测等，为风险评估和储物管理提供基础数据。

风险评估包括环境影响风险评估和结构安全风险评估。前者对储物的泄漏与逃逸、地下水环境等进行风险评估，后者对洞室结构安全风险进行识别，以期达到早期识别、早应对，减少环境和结构成灾因素。

调控方案是基于监测信息和风险评估结论制定的洞库运行方案，包括洞库内压力调节、水幕系统工作压力调节等。可采用自动化控制的方式直接进行控制。

减灾预案是经多方研究讨论共同制定的、经过审批的在特殊条件下的减灾预案，DO将根据实际监测和评估的结论，在紧急状况下自动显示相应的应急预案，提醒运行人员选择。

2.2 动态勘探

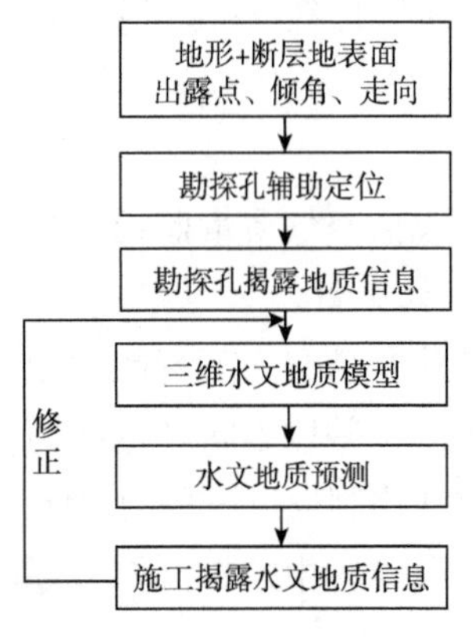

地形+断层地表面
出露点、倾角、走向
勘探孔辅助定位
勘探孔揭露地质信息
三维水文地质模型
修正
水文地质预测
施工揭露水文地质信息
图 2-4　动态勘探流程图

勘探人员将地表面断层出露点及倾角走向输入 DKDAP 平台，根据平台生成的地形及断层等三维模型，辅助确定勘探孔的位置。再将勘探过程中获得的地层及岩性等信息输入平台，生成三维地质及水文模型。这时可根据已有的勘探信息进行水文地质预测。根据施工过程中揭露的水文及地质信息，重新修正之前的地质水文模型，为下一步的动态勘探提供技术辅助，流程图如图 2-4 所示。图 2-5 为利用 DKDAP 平台进行断层数据输入的界面。图 2-6 为根据输入的断层数据，平台自动计算出断层在空间中的延展形态图。

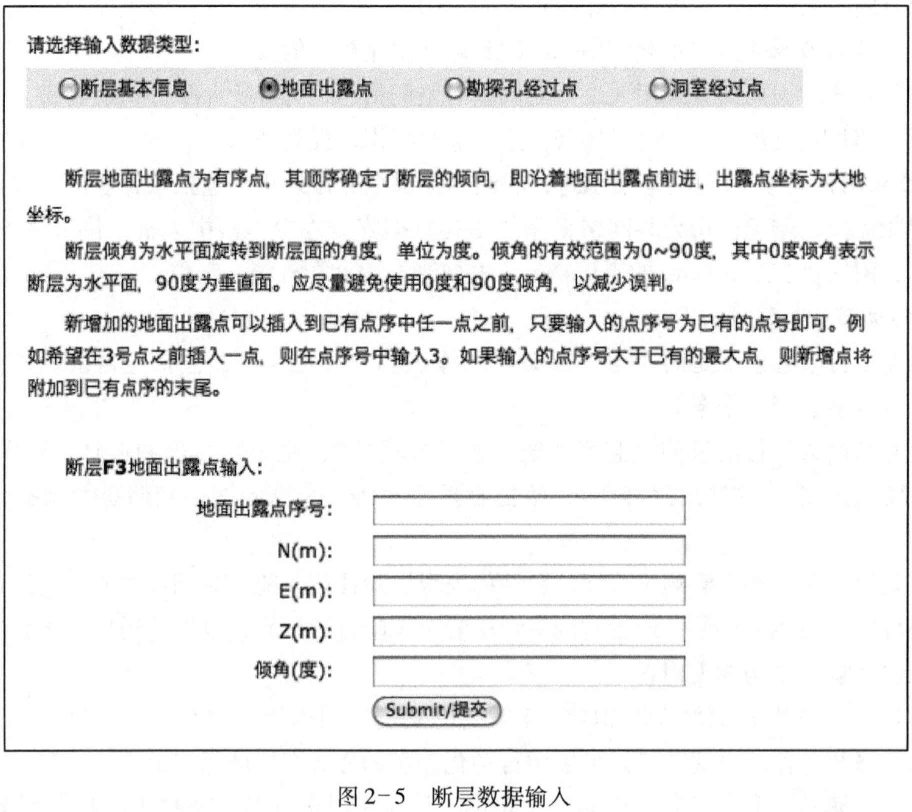

请选择输入数据类型:
断层基本信息
地面出露点
勘探孔经过点
洞室经过点
断层地面出露点为有序点，其顺序确定了断层的倾向，即沿着地面出露点前进，出露点坐标为大地坐标。
断层倾角为水平面旋转到断层面的角度，单位为度。倾角的有效范围为0~90度，其中0度倾角表示断层为水平面，90度为垂直面。应尽量避免使用0度和90度倾角，以减少误判。
新增加的地面出露点可以插入到已有点序中任一点之前，只要输入的点序号为已有的点号即可。例如希望在3号点之前插入一点，则在点序号中输入3。如果输入的点序号大于已有的最大点，则新增点将附加到已有点序的末尾。
断层F3地面出露点输入:
地面出露点序号:
N(m):
E(m):
Z(m):
倾角(度):
Submit/提交
图 2-5　断层数据输入

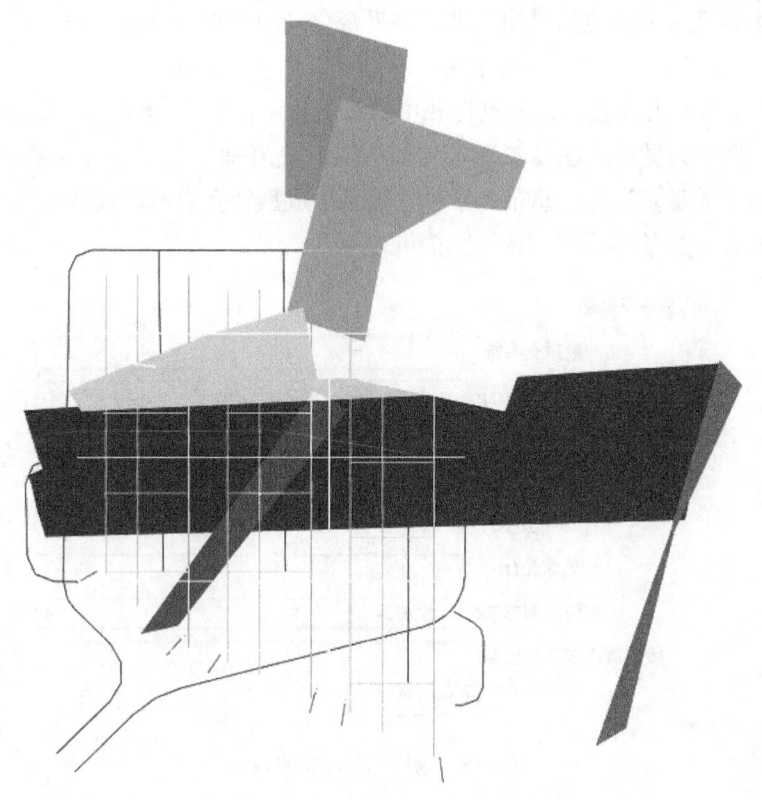

图 2-6　项目区地形动态展示

2.2.1　动态辅助勘探孔定位

勘探初期，勘探人员针对关心的地下断层的形态确定勘探孔的位置。当地表面有断层出露时，将断层出露点及倾角走向输入 DKDAP 平台中。同时，勘探人员可以根据平台中展示的地形情况，选取地理位置较好的地方作为备选钻孔点，如图 2-7 所示。

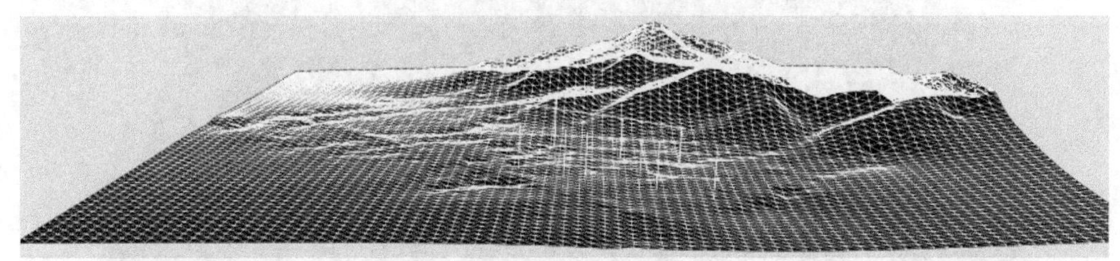

图 2-7　项目区地形动态展示

综合考虑地形及断层因素，离断层底部在地面投影较近的位置可以作为勘探孔的建议位置。

2.2.2　动态生成三维水文地质模型

随着勘探工作的深入，勘探孔中地质及水文信息逐步揭露，借助 DKDAP 平台动态生成三维水文地质模型。具体过程如下：1）先将已有勘探孔的坐标位置输入平台中（见图 2-

8)；2)再将勘探孔中的水位信息输入平台，平台自动拟合出地下水水位面三维模型供勘探人员参考(见图2-9)；3)将勘探孔中揭露的岩石风化层数据输入平台中(见图2-10)，平台会根据输入的勘探孔位置信息及勘探孔中岩石风化层信息自动计算出项目区地下岩石分层三维模型，勘探人员可以在动态展示界面中实时查看地下岩层分布形态(见图2-11)；4)将勘探孔岩石质量及岩脉信息录入平台，则会生成勘探孔岩石质量及岩脉分层三维动态展示图供勘探人员参考(见图2-12、图2-13)。

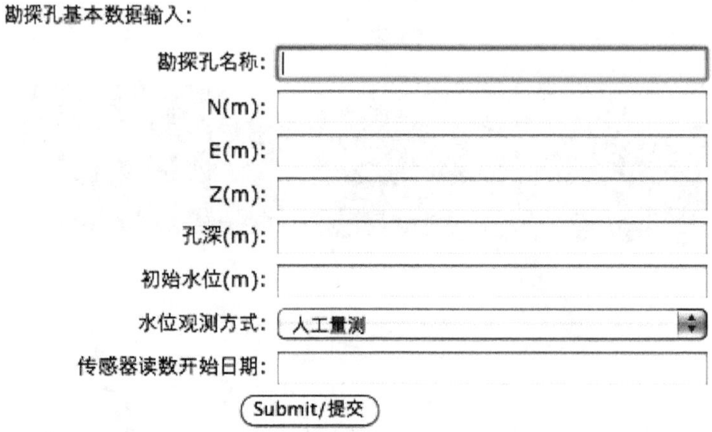

勘探孔基本数据输入:

勘探孔名称:

N(m):

E(m):

Z(m):

孔深(m):

初始水位(m):

水位观测方式: 人工量测

传感器读数开始日期:

Submit/提交

图2-8　勘探孔基本信息输入

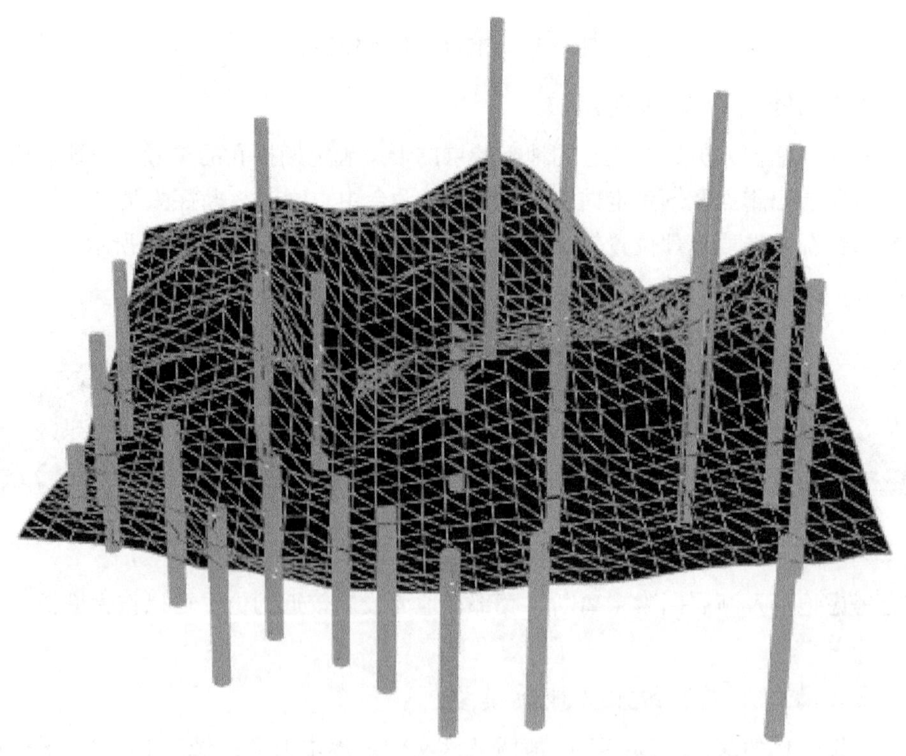

图2-9　地下水水位面动态展示

勘探孔岩石分层输入必须遵循两点：

1.各个勘探孔必须输入对应的岩石类型；

2.各个勘探孔输入的岩石类型分布自顶至底必须一致。

勘探孔**ZK001**的岩体与风化程度分层数据输入界面如下所示。

序号	岩石分层参数	数据
1	岩层名称	✓ -请选择岩石分层名称-
2	埋深(m)	

Submit

地下水水位
砂土
残积砂质粘性土
残积砾质粘性土
砾石
碎石
全风化二长花岗岩
强风化二长花岗岩
中风化二长花岗岩
微风化二长花岗岩
未风化二长花岗岩

图 2-10　勘探孔岩石风化层数据输入

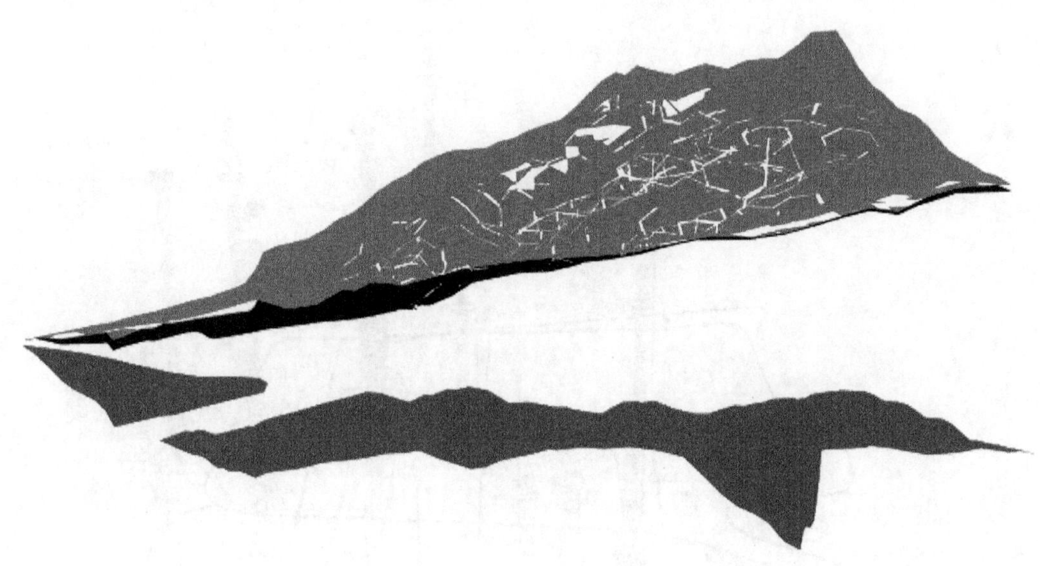

图 2-11　项目区地下岩石分化层动态展示

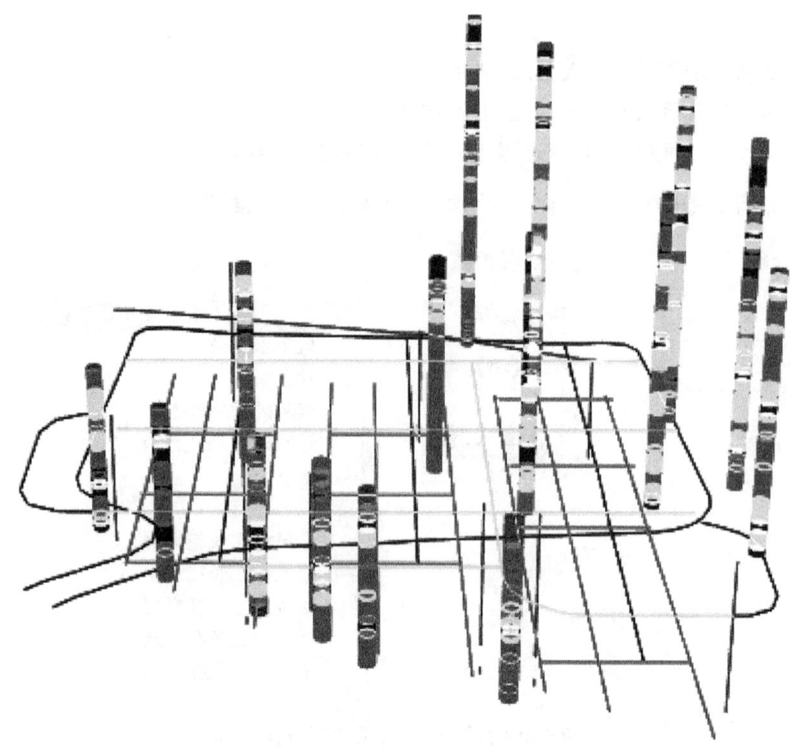

图 2-12　勘探孔岩石质量分层动态展示

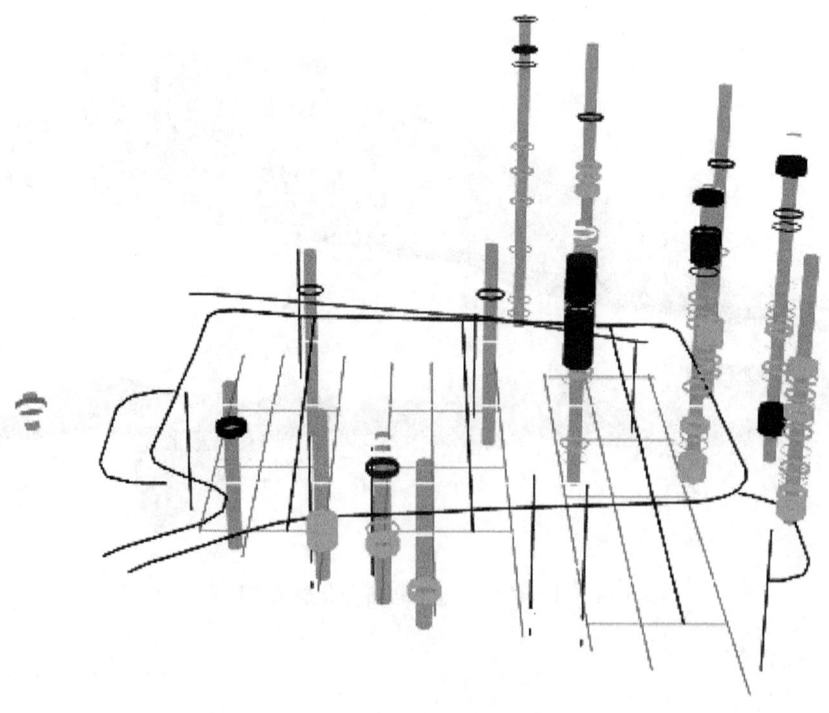

图 2-13　勘探孔岩脉分层动态展示

2.2.3 水文地质预测

根据以上形成的三维水文地质模型，可以在平台中进一步利用这些数据进行数字预测（见图 2-14）。具体包括：

断层F3预测：

勘探孔通过点	洞室通过点

洞室通过点

No	洞室名	桩号（m）
1	洞室1	0+399.497
2	洞室2	0+398.166
3	洞室3	0+396.063
4	洞室4	0+369.465
5	洞室5	0+368.134
6	洞室6	0+366.031
7	洞室7	0+328.433
8	洞室8	0+327.102
9	洞室9	0+324.998

图 2-14　断层数字预测

（1）断层预测

DKDAP 平台的断层数字预测功能，原理是利用勘探数据建立的三维地质模型和洞室空间模型，将断层假设为无限大平面切割项目区勘探孔与洞室，计算它与勘探孔和洞室的交点。洞室轴线按洞室底部中心轴计算。这样可以预测出断层在什么位置会与洞室存在交点，以及在勘探孔中哪些位置存在断层揭露的可能性较大，进而辅助勘探人员准确定位岩心及洞室中断层揭露的位置。如图 2-15 所示。

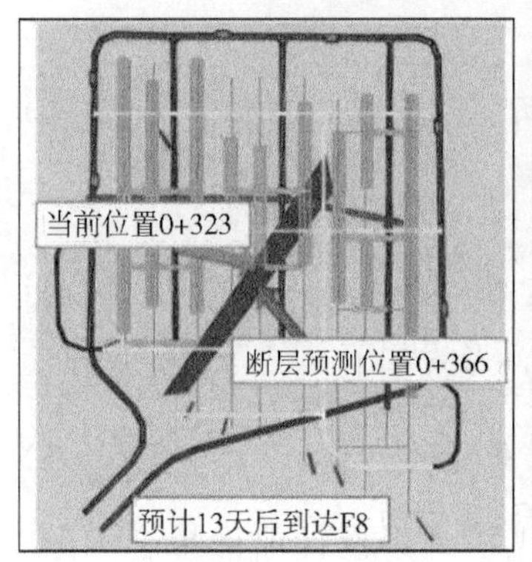

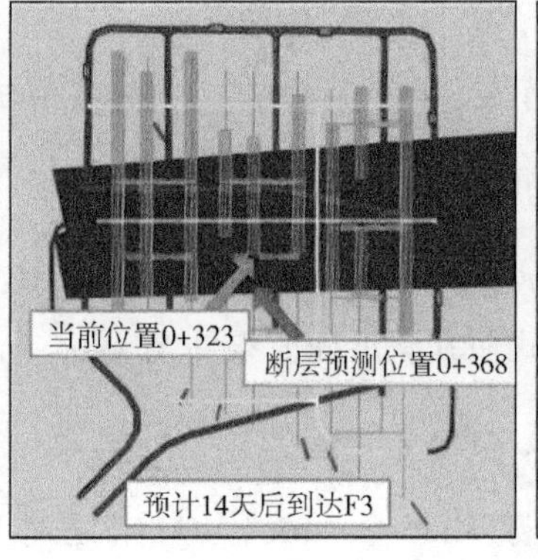

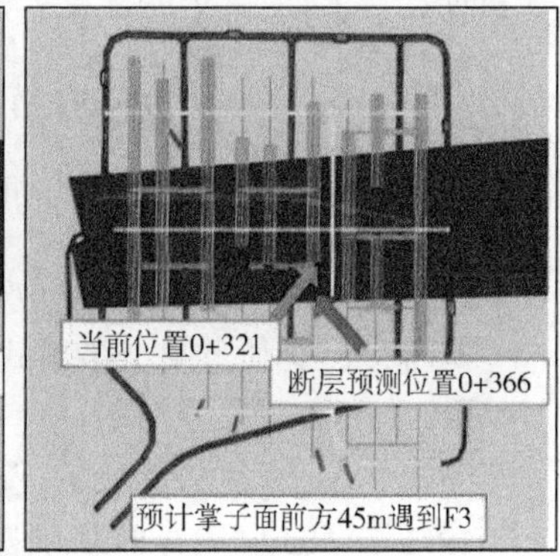

图 2-15　施工进度与断层相对位置

在施工过程中再结合施工进度预测等数字化手段，则能为工程施工控制带来有效的帮助。例如，根据 DKDAP 7 月 5 日施工进度显示：5#主洞室 1 号工作面已施工到 0 + 323 位置，6#主洞室 1 号工作面的施工进度为 0 + 321 位置。结合平台的施工进度预测及断层数字预测功能，5#主洞室 1 号工作面约两星期左右会遇到 F8、F3 断层，桩号位置约在 0 + 366 和 0 + 368 处；6#主洞室 1 号工作面掌子面前方 45m 左右会遇到 F3 断层。

(2) Q 值预测

本工程在岩石质量评价体系中采用了巴顿的 Q 系统分项指标评价法，这种方法的优势在于：1)详细地描述了节理的粗糙度和节理的蚀变程度，并把地下围岩的分类与支护结合起来，可以为洞室施工推荐细致的岩石支护类型；2)将岩石的应力也作为 Q 系统中的一项参数；3) Q 值范围为 0.001 ~ 1000，据此将岩体分为 9 级，对岩体的描述更加细致。

如果能够充分合理地利用 Q 值，则能为工程勘探、设计和施工等提供方便。目前提出利用施工勘探过程中已获得的勘探孔和洞室的 Q 值，运用有效的计算方法，预测出洞室开挖前端的 Q 值，为接下来的设计和施工提供有意义的参考值和建议，并对开挖前端的岩体进行准确评估和开挖面前端危险岩石预警，保障地下水封石洞油库施工人员和机械的安全，以帮助工程人员应对可能出现的开挖不利状况。

根据勘探人员采集并导入平台的 Q 值数据后，采用三维插值算法进行开挖面前端三维空间 Q 值预测，首先试用了一系列传统的三维空间差值算法，发现拟合结果并不理想，而且函数构造过程比较困难，在多元情况下并非总是有解。经过和勘探人员的研究分析，发现本工程 Q 值具有空间分布相对散乱，分布间距长、范围广等特点，传统的三维差值算法并不能很好解决这类问题。故引进了对空间散乱数据插值具有良好效果的径向基函数插值法。确切的说，径向基函数就是这样的函数空间：给定一个一元函数 $\phi:R \to R$，在定义域 $x \in R^d$ 上，所有形如 $\phi(x-c)=\phi(\|x-c\|)$ 及其线性组合张成的函数空间，称为由函数 ϕ 导出的径向基函数空间。径向基函数插值就是给定径向函数 $\phi:R \to R$，对于一组多元散乱数据 $\{x_i, f_i\}_{i=1}^{n} \in R^d \otimes R$，寻找如下形式的函数：

$$S(x) = \sum_{i=1}^{n} \lambda_i \phi(\|x - x_i\|), x \in R^d \tag{2-1}$$

满足插值条件 $S(x_i)=f_i$，即：

$$\sum_{j=1}^{n} \lambda_j \phi(\|x_i - x_j\|) = f_i, \ i = 1, \ \cdots, \ n \tag{2-2}$$

有时，还会加上一个多项式使其满足插值条件 $S(x_i)=f_i$，形式如下：

$$\sum_{j=1}^{n} \lambda_j \phi(\|x_i - x_j\|) + \sum_{|\alpha| < \gamma} b_\alpha x_i^\alpha = f_i \tag{2-3}$$

1971 年 Hardy 用径向基函数 Multi-Quadric(MQ)来处理飞机外形设计曲面拟合问题，这种方法将多元问题转换为一元问题，形式简便构思巧妙，取得了非常好的效果。随后 Trotter 等人将径向基函数插值法应用在大地测量学领域，Shaw 和 Lynn 将径向基函数应用在水文学领域，Krohn 用径向基函数法进行重力地形校正都取得了良好的效果。到 20 世纪

90 年代，径向基函数法在地球物理学、测绘学、地质与采矿及数字地形模型等诸多方面得到了广泛的应用。经 Madych 和 Nelsony 证明，用径向基函数的 MQ 作插值，总是得到最小半范数误差。

应用径向基函数对本工程的岩石质量进行预测时，在测试期间发现径向基函数在插值范围较小，插值节点较少的情况下，插值效果良好。但当插值范围逐渐扩大，插值节点逐渐增多的情况下，插值结果收敛性并不理想。究其原因是径向基函数法形成的系数矩阵主元偏小或者为零，当插值节点增多，插值范围扩大的情况下，系数矩阵病态化的可能性增加，会造成差值结果的不稳定性。

近期，研究出一种适用于本工程特点的空间插值算法，该算法巧妙的利用了空间有限元的部分思想，但并没有采用复杂的网格划分方法，而是结合强大的数据库功能对指定宽度范围内的节点进行快速搜索，然后利用空间插值算法快速计算出指定节点处的 *Q* 值。这种方法速度快，插值结果稳定，测试阶段已经取得了良好的效果，待进一步验证后即可应用于 DKDAP 平台。

2.2.4 施工揭露动态修正地质模型

施工过程中勘探数据的不断增加，可以用来修正和细化三维地质模型，为进一步的动态勘探，动态设计和动态施工提供良好的数据保障。

例如，2009 年 6 月《工程基础设计阶段地质详勘工程岩土工程勘察报告》中关于断层 F3 的勘探数据如表 2-1、表 2-2 所列。

表 2-1　F3 断层地面出露点及倾角

N	E	Z	倾角/(°)
100783.354	209289.597	172	57
100045.492	208647.283	108	57

表 2-2　F3 断层勘探孔揭露表

勘探孔编号	断层揭露深度	岩石质量
ZK004	303.45 ~ 304	Ⅳ
ZK006	285.85 ~ 287.06	Ⅳ
ZK007	211 ~ 214.2	Ⅴ

将以上数据输入 DKDAP 平台可以直观的看到 F3 断层的空间位置及其与项目区洞室的关系，如图 2-16 所示。

将以上勘探孔及洞室开挖揭露的 F3 断层数据输入 DKDAP 平台中，可以看到 F3 断层的空间形态(如图 2-17 所示)。

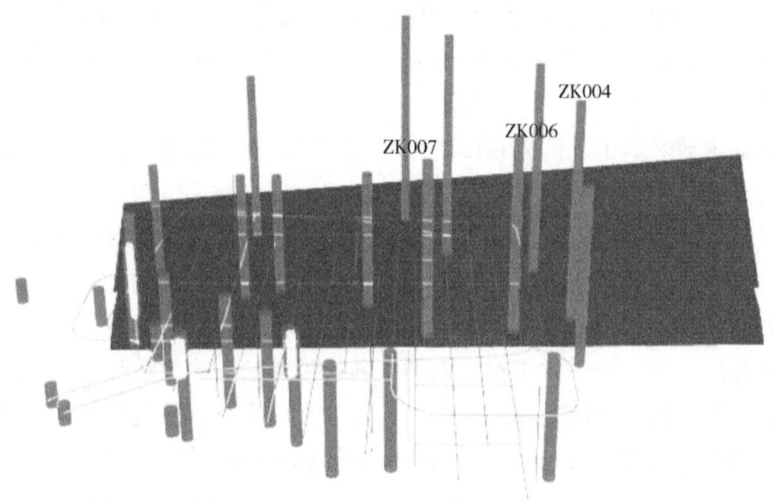

图 2－16　F3 与已知勘探孔及洞室位置关系图

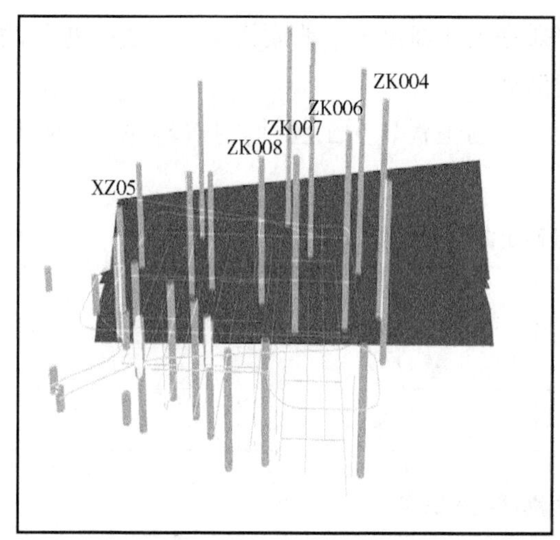

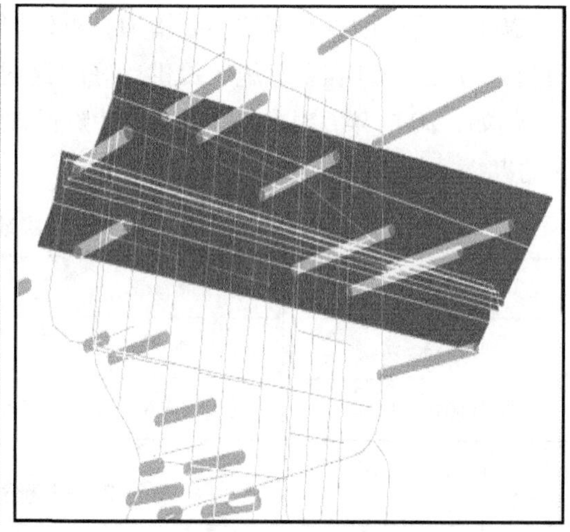

图 2－17　F3 与勘探孔及洞室位置关系图

从图 2－17 中可以看到增加了洞室开挖揭露的断层数据之后，断层形态发生了改变，在局部出现了明显的弯折，与自然界断层的实际形态并不吻合。这说明有限的勘探数据要想精确描绘出断层的实际形态难免会存在一定的误差。所以采用数字化的分析手段对断层做进一步的修正。

由于工程进展当中需要对 F3 断层进行重点关注，故勘探人员在平台生成的地质及断层动态展示图的辅助下，确定出需要在一些特定位置增加新的勘探孔以更加精确的描绘 F3 断层。并且随着洞室开挖揭露，在 2011 年 8 月的勘探报告《F3 断层总结报告》中描述了当时勘探孔及洞室中的断层揭露，见表 2－3。

表 2-3　2011 年 8 月 F3 断层勘探孔揭露表

勘探孔编号	揭露断层深度/m	岩石质量等级
ZK004	302.8～304.0	Ⅳ
ZK006	284.0～194.0	Ⅴ
ZK007	211.3～213.0	Ⅴ
ZK008	64.0～69.0	Ⅲ
XZ05	110.0～130.0	Ⅲ～Ⅳ

表 2-4　F3 断层洞室开挖揭露表

洞室名称	断层揭露桩号	岩石质量等级
①施工巷道	0+448.0～0+503.0	Ⅲ2
②施工巷道	0+864～0+874	Ⅲ2
⑥施工巷道	0+64.0～0+68.0	Ⅳ

表 2-5　F3 断层勘探孔及洞室开挖揭露位置表

勘探孔或洞室名称	断层揭露深度或桩号	岩石质量等级
ZK004	259.0	Ⅳ
ZK006	264.0	Ⅳ
ZK007	211.0	Ⅴ
ZK010	130.2	Ⅴ
①施工巷道	0+503	Ⅲ2
⑥施工巷道	0+64	Ⅳ

将勘探孔和洞室开挖揭露的岩石质量进行分析，选择出其中岩石质量等级为Ⅲ2 类、Ⅳ类和Ⅴ类的岩石位置作为断层可能的位置经过点，将其输入到 DKDAP 平台中，观察断层的形态变化。经过分析对比发现，当采用表 2-5 中数据作为断层经过点时，断层的形态比较平顺，较为符合断层的实际形态：

数据输入平台后可看到 F3 断层的空间形态如图 2-18 所示。从图中可以看到，经过修正后的断层减小了有限勘探过程中存在的误差，使其形态更加平顺，从而更符合断层的实际形态，这也为后期动态设计和动态施工提供了可靠保障。

其实，在勘探及洞室开挖过程中，各种地质、水文、施工、结构等现象是一个统一的综合体，其中各个因素之间存在着密切的联系，相互影响又相互制约。通过数字化的方法找出并分析利用这些内在的联系，可以为工程带来指导和帮助。

如图 2-19 所示，从 DKDAP 平台中的勘探孔水位观测数据界面中可以发现 XZ2 勘探孔的水位历时变化曲线经历了明显的三个下降阶段。

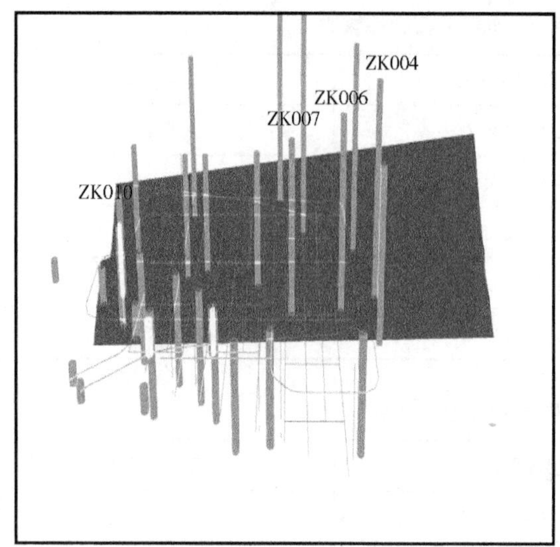

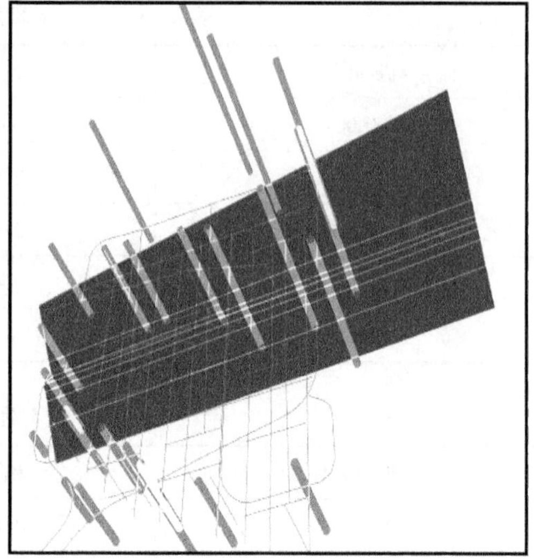

图 2-18 F3 断层洞室开挖修正图

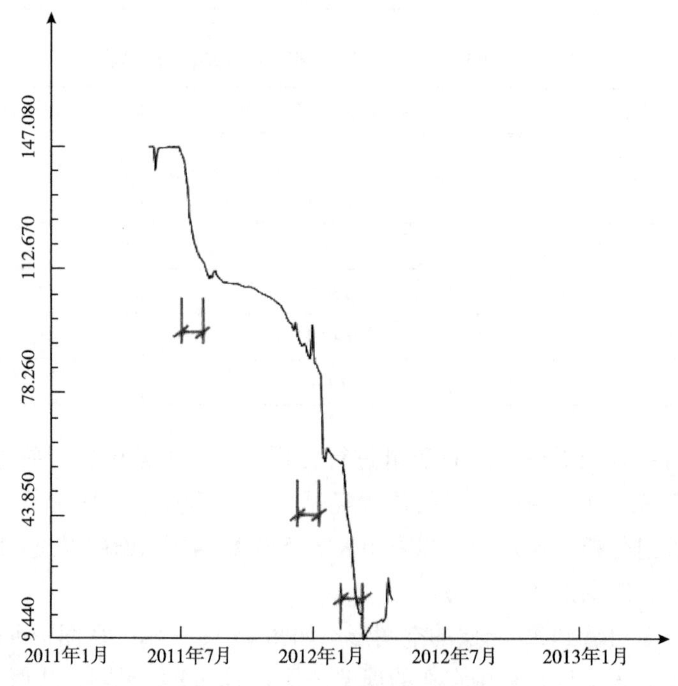

图 2-19 XZ2 水位历时曲线图

查询数据列表可以发现这三个时期的变化如下：

1)2011/05/22 ~2011/08/11，水位约从 147m 下降到 110m；

2)2012/01/03 ~2012/01/15，水位约从 86m 下降到 58m；

3)2012/02/05 ~2012/03/09，水位约从 58m 下降到 9.4m。

为了分析这三个时期水位剧烈下降的原因，继续在平台中查询地质勘探孔与洞室的位置关系。图 2-20 为 XZ2 与洞室相对位置平面图。以图中的相对位置关系为基础，可以从平台中查询到 XZ2 距离周围最近的洞室有如下关系：

1)XZ2 距离通风巷道侧壁最近的距离为 56. 224m；

2)XZ2 距离①施工巷道侧壁最近的距离为 56. 426m；

3)XZ2 距离 3#主洞室侧壁最近距离为 20. 176m；

4)XZ2 距离① - ①连接巷道侧壁最近距离为 30. 792m。

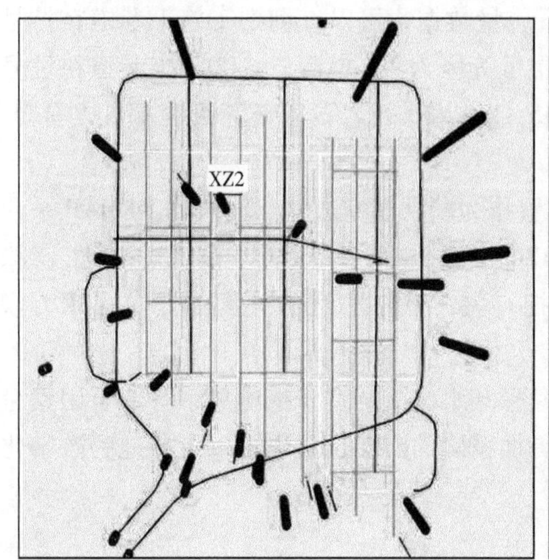

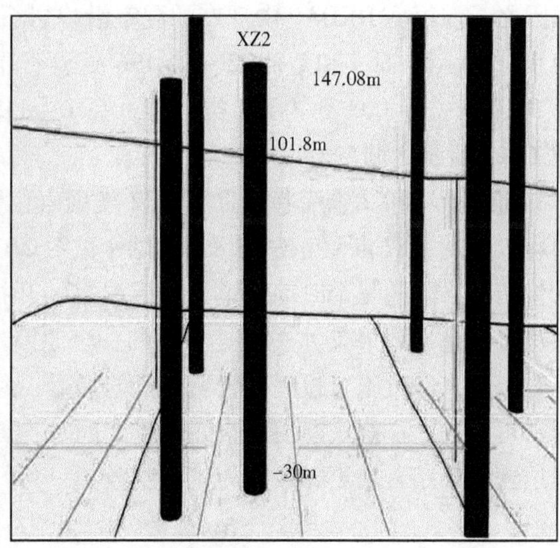

图 2-20　XZ2 与洞室相对位置平面图

继续查询这三个时段洞室的开挖进度，可以发现：

1)2011/05/22～2011/08/11，此时间段通风巷道正开挖至 XZ2 附近，如图 2-21(a)所示；

2)2012/01/03～2012/01/15，此时间段①施工巷道及① - ①连接巷道正开挖至 XZ2 附近，如图 2-21(b)所示；

3)2012/02/05～2012/03/09，此时间段 3#主洞室正开挖至 XZ2 附近，如图 2-21(c)所示。

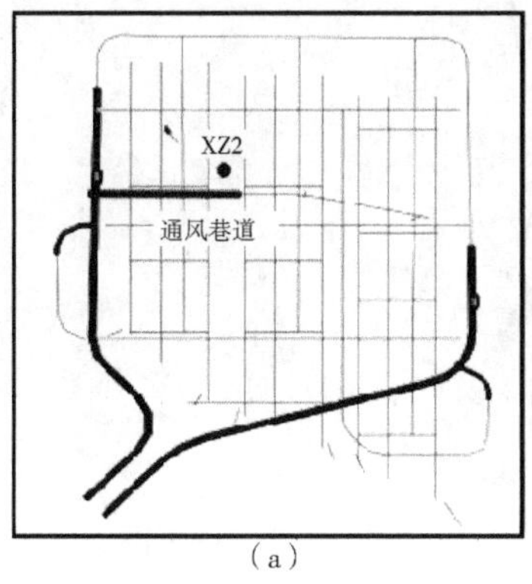

(a)

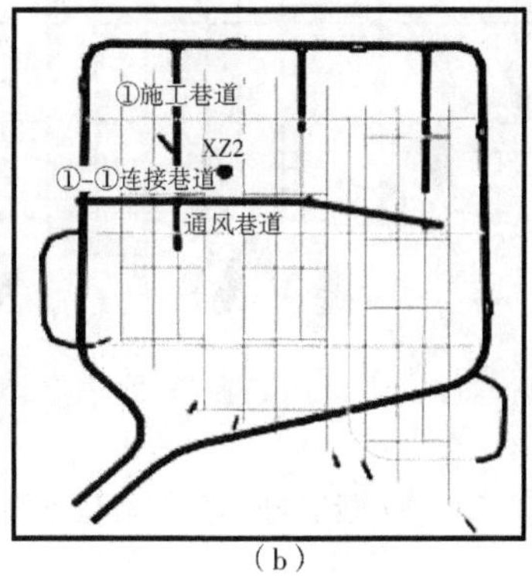

(b)

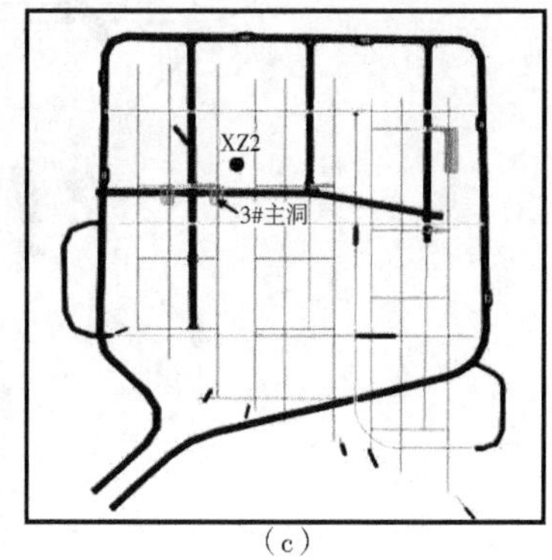

(c)

图 2-21　XZ2 附近洞室开挖情况

从以上分析可以看出，地下水封石洞油库的开挖明显的导致了其附近勘探孔中水位的下降。为了进一步分析 XZ2 水位随开挖过程不断下降的原因，继续利用 DKDAP 平台中已有数据进行分析。从断层控制点信息查询界面中可以看到 F7 断层位置距离 XZ2 非常近，这是根据 F7 地面出露点及其倾角向下延伸形成的数字模型，如图 2-22 所示。

如果 F7 断层在地面以下存在一定的扩展，那么其很有可能也是造成 XZ2 水位下降的原因之一。根据 DKDAP 中现有的洞室沿程岩石质量数据，可以查询到①施工巷道在桩号为 0 +580 ~0 +665 和 1 +192 ~1 +196 处岩石质量等级为Ⅲ1 类围岩，②施工巷道在桩号为 0 +985 ~1 +008 处为Ⅲ2 类围岩，在 1 +455 ~1 +485 处岩石质量等级为Ⅲ1 类围岩。图 2-23 所示为洞室沿程质量等级图。

将以上①和②施工巷道Ⅲ1，Ⅲ2 类围岩位置作为断层洞室通过点输入到 DKDAP 平台中可以发现：F7 断层正好与 XZ2 切割(见图 2-24)，并且经过 1# ~9#主洞室。因此，XZ2 水位明显下降的三个时期除了和附近洞室的开挖有关，另外 F7 断层的经过形成了水力联系也可能是导致 XZ2 水位快速下降的一个原因。

综上，经过施工过程中岩石质量的揭露，勘探孔水位与洞室开挖的关系等综合因素考虑，可以进一步修正断层的空间位置。同时，更加精确的断层位置也可以更好地为数字化断层预测利用，来更有效的为工程服务。

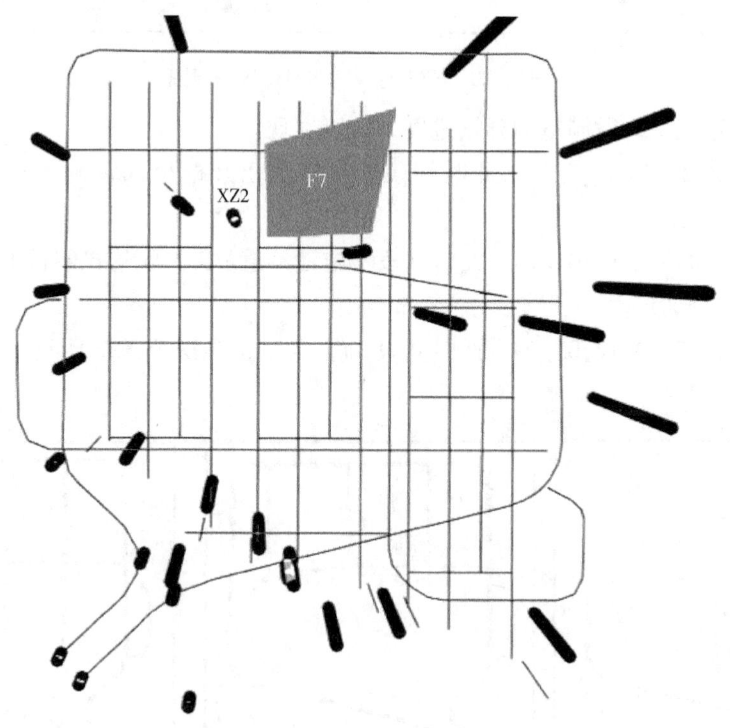

图 2-22　F7 断层与 XZ2 相对位置图

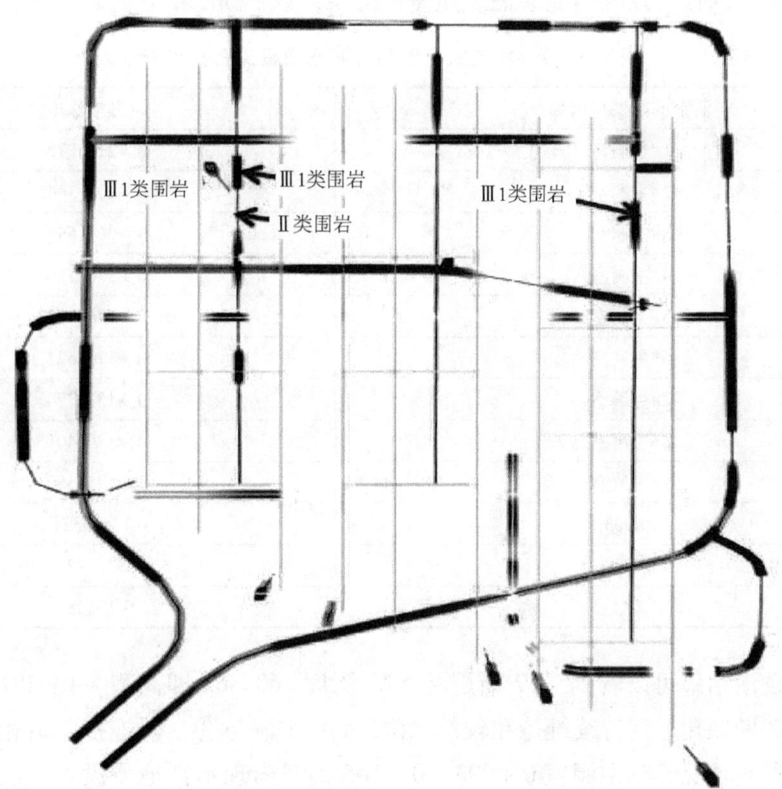

图 2-23　洞室沿程质量等级图

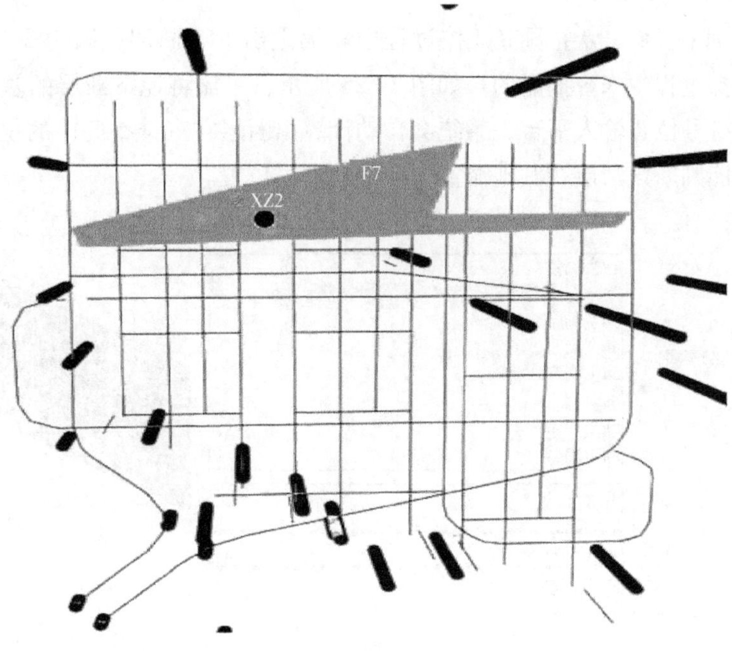

图 2-24　F7 断层地下延伸位置图

再结合平台的数字预测功能验证上述修正结果，数字预测结果如表2-6所示。

表2-6　F7断层数字预测与洞室及勘探孔交点表

洞室或勘探孔名称	桩号或深度
1#主洞室	0+210.718
2#主洞室	0+208.344
3#主洞室	0+204.594
4#主洞室	0+176.746
5#主洞室	0+174.372
6#主洞室	0+170.622
7#主洞室	0+131.774
8#主洞室	0+129.401
9#主洞室	0+125.650
ZK003	134.337
ZK009	33.389
XZ2	-13.281

从数字预测结果可以看到，F7断层在XZ2深度160.361即高程-13.281m处经过该勘探孔。XZ2勘探孔近期持续维持在较低水位，4号主洞与③-①连接巷道相交位置附近出现渗水较严重情况，8#主洞室0+093~0+105揭露出现不良地质段等，从以上分析推测得出的F7断层经过位置正好与这些位置吻合。

2.2.5　施工揭露增加地下断层

2012年8月在2#、3#主洞室开挖过程中新揭露出F11断层，因为没有地表出露点，所以在前期勘探过程中未曾揭露的。如图2-25所示，只需将地下断层的基本信息及洞室中揭露断层的桩号位置输入平台，系统会自动计算出断层在三维空间中的位置，并可以利用断层预测功能判断该断层在其他洞室中可能的经过位置。

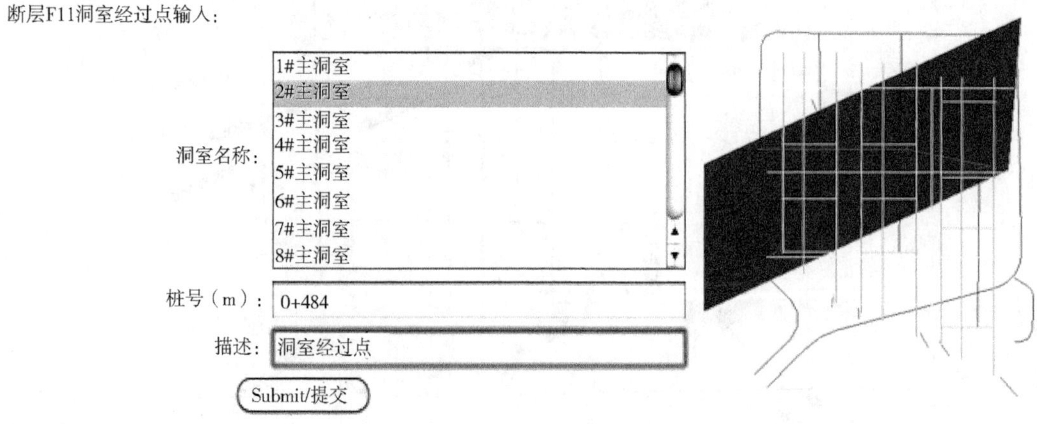

图2-25　新增地下断层输入及展示

2.3 动态设计

动态设计的核心是根据工程反馈信息及时调整设计方案，对应于解决工程中出现的问题，然后再反馈再调整这样一个循环，最终实现问题的最优化解决。DKDAP平台根本属性之一是动态制造设计元素的机器。通过参数化的输入方式，自动生成最基本的设计元素，再将这些元素组装成所需要的图形、结构、甚至具有快速力学分析的属性。DKDAP平台动态设计的理念如图2-26所示。

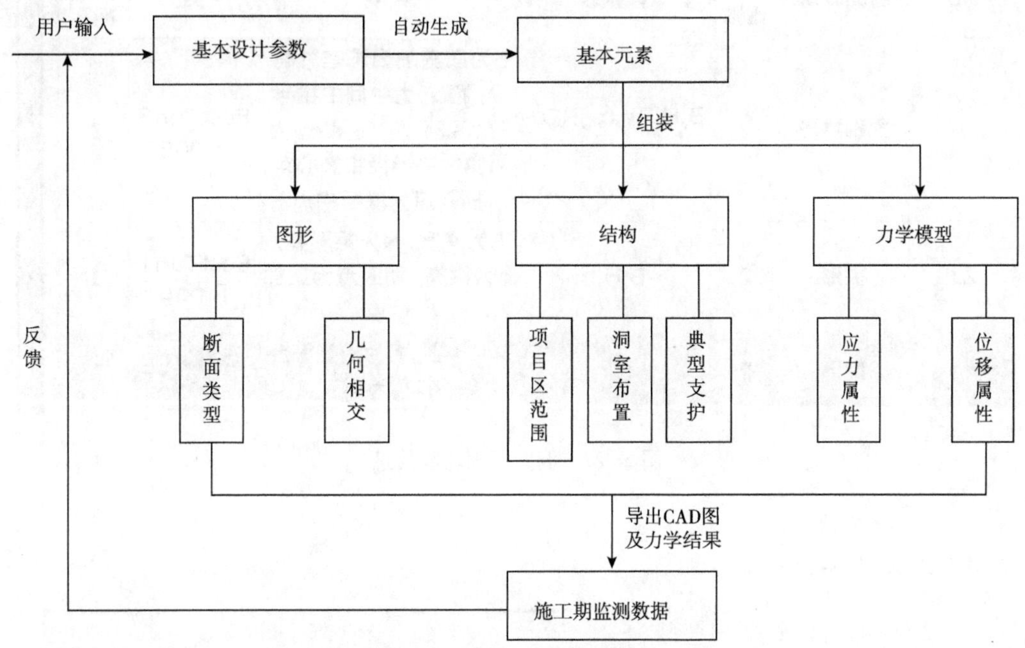

图2-26　洞室断面参数信息

2.3.1　参数化生成设计元素

DKDAP平台采用新的设计理念，抽象出基本设计元素中的参数，设计人员只需输入对应的参数值即可完成初步设计。

(1)洞室断面轮廓设计

将复杂的洞室断面抽象成基本断面类型，每个断面类型由几个参数控制，设计人员通过定义最基本的断面轮廓名称及参数，即可产生断面轮廓，作为设计的基本元素，如图2-27所示：

(2)洞室类型设计

根据洞室的功能进行分类，输入与洞室结构及重要性相关的参数，以及桩号信息。图2-28为洞室类型设计输入界面。

iMPT现有**4**个断面类型：

基础断面	交叉与加宽断面	全断面开挖断面	分层开挖断面

基础断面目前共有**4**个断面轮廓：

No	断面轮廓	坐标维数	参数表	说明	图	生效标志
1	主副拱形	2	$B,H,R_1,\alpha_1,R_2,\alpha_2$	B为底宽，H为洞室总高，R_1 和α_1 为中间主拱半径和圆心角，R_2 和α_2 为两侧付拱半径和圆心角，插入点为底部中点	SectTun3R.png	1
21	拱形	2	B,H,h	B为底宽，H为矩形高，h为拱高，插入点为底部中点	SectTun1R.png	1
41	圆形	2	R,n	R为半径，n为沿圆等分数，圆心为插入点	SectCircle.png	1

图 2-27　洞室断面轮廓信息

洞室类型基本数据输入：

洞室类型名称：	
洞室ESR：	
桩号维数：	
桩号计算坐标：	
施工开挖方式：	全断面开挖
显示颜色：	1

图 2-28　洞室类型设计输入界面

(3)洞室断面设计

如图 2-29 所示为用于洞室断面设计的输入界面，包括输入断面的位置、轮廓，及确定断面尺寸等信息。

数据输入后，如图 2-30 所示，可通过数据查询页面即可查看洞室断面及尺寸信息。

洞室断面设计用于生产断面数据。断面位置是该断面的标识，应简洁且便于引用。选择的断面轮廓应符合相应的洞室类型。

基础断面为洞室结构断面，确定洞室的基本断面尺寸。

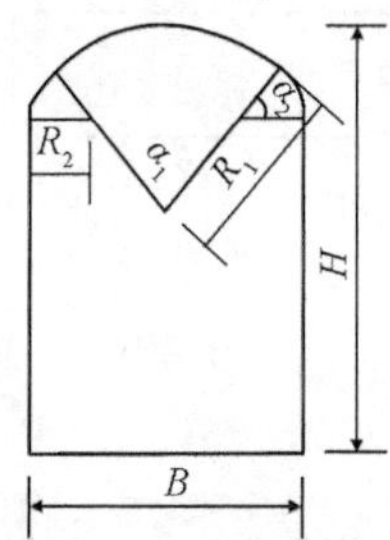

主洞室-基础断面输入：

图 2-29　洞室断面参数输入

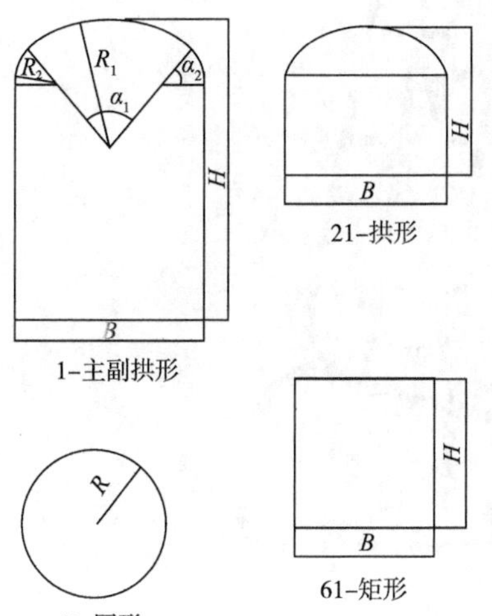

主洞室共有23个洞室断面尺寸：

No	断面位置	断面轮廓	断面类型	尺寸/mm
1	主洞室，高30m	主副拱形	基础断面	20000，30000，13000，81，4442，49.5
2	主洞室上层中导洞开挖,层厚8.5m	主副拱上层中导洞开挖	分层施工开挖面	1，12000，21500
3	主洞室上层左右分幅开挖，层厚8.5m	主副拱上层左右分幅开挖	分层施工开挖面	1，12000，21500
4	主洞室中层中导洞开挖，层厚9.5m	主副拱中下层中导洞开挖	分层施工开挖面	1，9500，12000，12000
5	主洞室中层左右分幅开挖，层厚9.5m	主副拱中下层左右分幅开挖	分层施工开挖面	1，9500，12000，12000
6	主洞室下层中导洞开挖，层厚9.5m	主副拱中下层中导洞开挖	分层施工开挖面	1，9500，12000，2500
7	主洞室下层左右分幅开挖，层厚9.5m	主副拱中下层左右分幅开挖	分层施工开挖面	1，9500，12000，2500

图 2-30　洞室断面参数信息

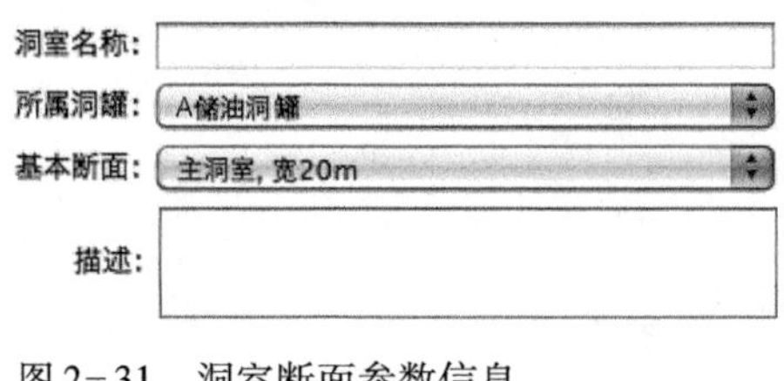

图 2-31　洞室断面参数信息

(4)洞室设计

洞室设计用于定义洞室名称、所属洞罐、基本断面等。其后可以根据洞室轴线设计和洞室断面进行组装得到洞室长度和开挖量。图 2-31 为洞室断面参数信息。

2.3.2　动态支护设计

(1)典型支护形式确定

在可行性研究与初步设计阶段，平台会结合用户输入的洞室岩石质量、洞室断面型式及跨度等信息，对顶拱和边墙进行计算，分别给出建议的支护类型参数，如锚杆长度、间距等。设计人员根据设计规范及标准对不同工况下的支护类型进行计算，如锚杆应力计算，围岩稳定性计算等，然后根据计算结果修正平台给出的初步建议支护类型参数。修正完成之后，这些支护类型将作为典型支护类型被确定下来并存放在平台中，供施工期动态生成沿程支护类型使用。

(2)施工期动态匹配支护方案

在施工过程中，勘探人员及时输入洞室沿程岩石质量等级参数。平台结合不同洞段的断面信息，洞室跨度信息，岩体质量信息等如图 2-32、图 2-33 所示。然后，根据初期由设计人员确定后的典型支护类型，通过计算自动将各种典型支护类型进行组装，匹配出各个施工断面上需要的支护型式，并可以导出 CAD 图纸供设计及施工人员使用。

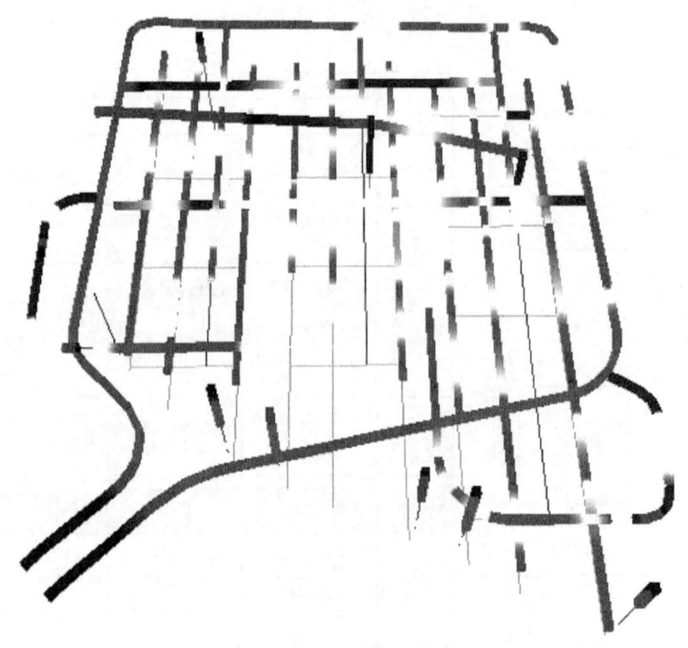

图 2-32　洞室沿程岩石质量图

洞室沿程支护输入

依据设计资料，按照洞室功能，本项目区共有8个洞室类型：

主洞室	连接巷道	水幕巷道
施工巷道	通风巷道	工艺竖井
通风竖井	泵坑	

主洞室共有9个：

1#主洞室	2#主洞室	3#主洞室	4#主洞室
5#主洞室	6#主洞室	7#主洞室	8#主洞室
9#主洞室			

洞室1共有4个洞室沿程支护：

No	桩号/m	支护类型	备注
1	0+000.000	D2, IV2围岩	0
2	0+010.000	start point	2
3	0+030.000	D3, V围岩	3
4	0+050.000	D1, IV1围岩	0

图 2-33　洞室沿程支护型式匹配

(3)典型支护形式改进

对于洞室，其监测数据如锚杆应力、支护变形等，又可作为动态修正支护型式设计参数的依据，对之前的典型支护型式设计参数进行重修正。这样，随着施工的进行，典型支护型式可以动态不断改进，再动态的应用于前方洞室沿程支护型式匹配中，实现了动态设计全过程的循环。图 2-34 为几种典型支护类型图。

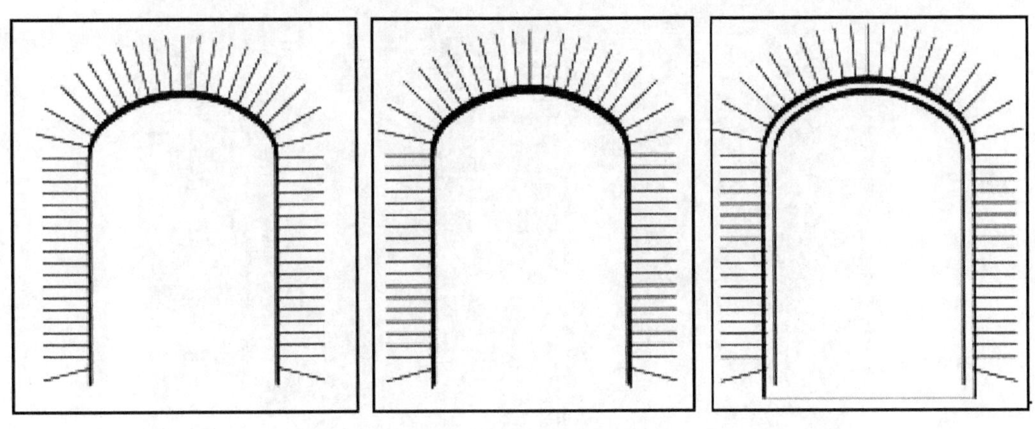

图 2-34　几种典型支护类型图

2.3.3　项目区域范围

设计人员根据项目区域范围动态调整项目区地面红线，只要在输入界面将有序点按逆时针方向顺序输入平台，则项目区红线将自动生成到三维动态地形模型中。图 2-35 为项目区域范围输入界面，图 2-36 为项目区域范围红线动态展示图。

项目区域范围输入

项目区域内地形呈北高南低，洞口附近地面海拔高程(1956黄海高程)为 81.0m，北部山顶海拔高程为350.9m。

项目区高程范围的顶部直接采用地面地形，最高高程约海拔360m，底部高程取主洞室底部以下20m，即最低高程约海拔－70m。

为便于分析计算，本平台系统统一采用局部坐标显示数据。X轴垂直于主洞室轴线，由西向东；Y轴平行于主洞室轴线，由南向北；Z轴同高程。

项目区域红线位置：

No	N/m	E/m	Z/m
1	99771.4	208521	81
2	99771.4	208573	82
3	99726.3	208689	78
4	99726.2	208764	70
5	99871.6	208764	91
6	99899.2	209358	86
7	100703	209288	200

请选择数据输入方式：

⊙ 新增数据　　○ 修改已有数据

项目区域红线地面点为有序点，顺序方向为逆时针方向，即沿着地面点前进，项目区域位于左手侧。

地面点坐标为大地坐标，单位为m，取3位小数。平面坐标系统采用青岛城建大地坐标，高程采用1956黄海高程。

新增加的地面点可以插入到已有点序中任一点之前，只要输入的点序号为已有的点号即可。如果输入的点序号大于已有的最大点，则新增点附加到已有点序的末尾。

项目区红线输入：

地面点序号：

N/m ：

E/m ：

Z/m ：

Submit/提交

图 2-35　项目区域范围输入

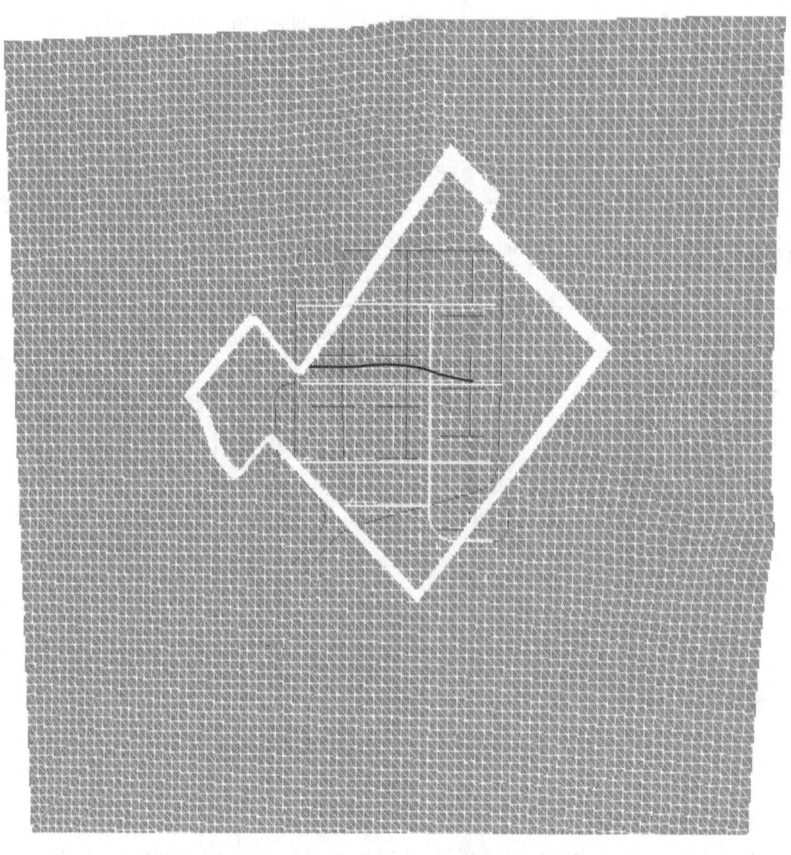

图 2-36　项目区域范围红线动态展示图

2.3.4　水幕孔设计

设计人员输入水幕孔的直径、孔深、孔距等参数，系统自动布置水幕孔，设计人员调整设计参数，则布置图即刻重新生成，如图 2-37 所示。

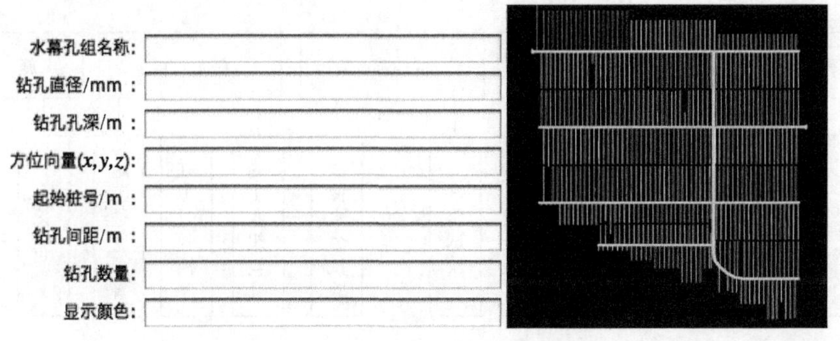

图 2-37　水幕孔输入及展示图

2.3.5　力学分析及反馈

第三方技术监测(服务)人员利用部分平台数据进行快速分析计算，将计算结果反馈于设计人员。设计人员根据反馈及时调整设计方案，再将调整后的参数输入平台，形成动态设计的良性循环，力学分析页面如图 2-38 所示。

本工程共设置**9**个职能部门:

DKDAP	业主	勘探	设计
施工	监理	监测	第三方
运行管理			

第三方职能部门已设置**7**个文档类型:

计算分析成果	咨询周报	咨询月报	咨询报告
咨询季报年报	创新报告	参考文献	

计算分析成果目前共有**6**个文件:

No	文件名称	上传日期	上传用户
1	9d500S1.png	2013/04/28 08:52:59	邹静
2	9d500D.png	2013/04/28 08:39:00	邹静
3	9d700G.png	2013/04/28 08:38:39	邹静
4	9d650D.png	2013/04/28 08:38:14	邹静
5	9d600D.png	2013/04/28 08:37:33	邹静
6	9d550D.png	2013/04/23 08:41:02	邹静

图 2-38　计算成果分析页面

2.4　动态施工

DKDAP 遵循的设计理念是用动态设计方案对施工期的地质、支护、水幕、进度、安全进行全面支持。设计人员根据施工期的反馈数据动态调整设计方案，指导下一步施工。流程图如图 2-39 所示：

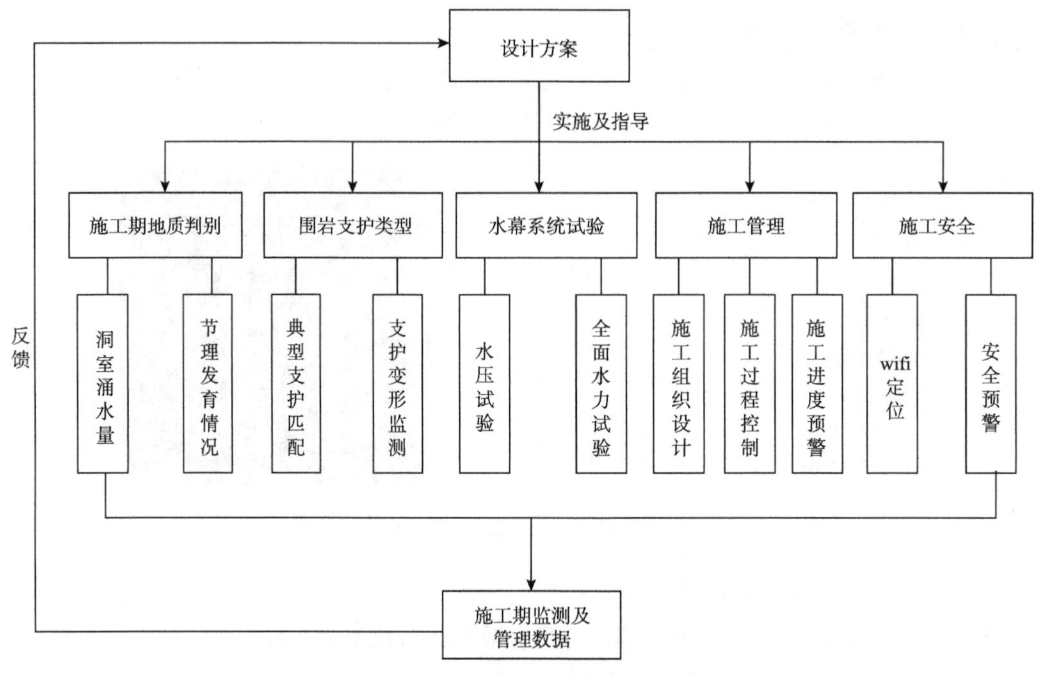

图 2-39　动态施工流程图

2.4.1　施工期水文地质等信息

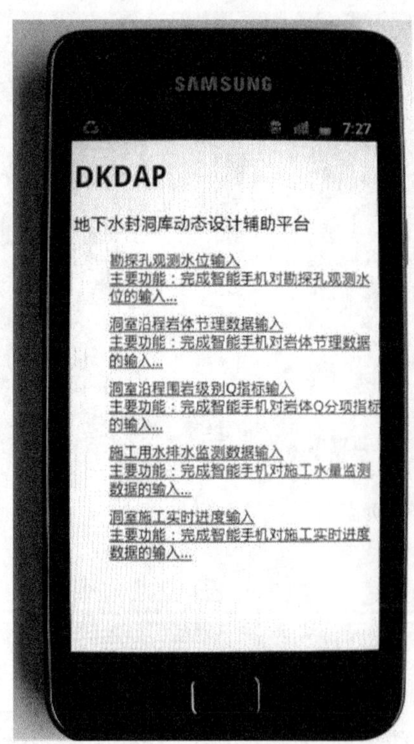

图 2-40　DKDAP 手机 WEB 平台

用户将施工过程中揭露的洞室水文地质等信息输入 DKDAP 平台，平台进行数字化处理后，可以配合工程人员进行动态决策与动态调整。

常规中，勘探人员需要记录的各种勘探信息庞大而复杂，工作环境恶劣，DKDAP 智能手机版 WEB 应用平台可以方便勘探人员及时采集录入数据，如图 2-40 所示。利用手机平台在现场离线状态下将各种勘探信息一次性录入，如岩石 Q 指标、勘探孔观测水位、施工用水排水量等，到驻地后通过 Wifi 一键导入数据库，免去了勘探人员重复记录、重复输入数据的工作量。

例如，各洞段节理裂隙倾向及形态各异，信息量庞大，勘探人员想要从记录中总结出某洞段的优势节理及其倾向，需将海量数据录入专业软件并进行归类分析，最后出图。整个过程耗时耗力，操作难度大，灵活性差。在勘探过程中将这些大量复杂的信息进行及时的记录，并快速的计算及绘制出优势节理的产状及洞段节理玫瑰图，将会为施工及设计人员及时调整方案，应对洞段中不同的地质构造具有很大的意义。

利用 DKDAP 手机 WEB 平台，勘探人员只需在洞室中携带手机，就可以及时方便的一次性录入数据，回到驻地后将原始数据一键导入平台数据库后，立即可以在 DKDAP 洞室沿程岩体优势节理统计中查看到勘探人员所关心的优势节理倾向、平均倾角及平均宽度等，如图 2-41 所示。

2号水幕巷道优势节理统计结果共**5**组，如下所示。

序号	统计段中心桩号/m	统计段节理数目	优势倾向/(°)	平均倾角/(°)	平均宽度/mm	最大涌水量/(mL/min)
1	0+375.500	12	164	44	0	0
2	0+425.500	18	154	54	0	0
3	0+475.500	15	13	79	0	0
4	0+525.500	15	23	76	0	0
5	0+566.000	15	214	88	0	0

图 2-41　洞室沿程优势节理统计表

同时可以清晰查看到各洞段优势节理的玫瑰图，玫瑰图半径的大小反应了该洞段存在节理数量的多少，玫瑰瓣的指向反应了优势节理的产状如图 2-42 所示。

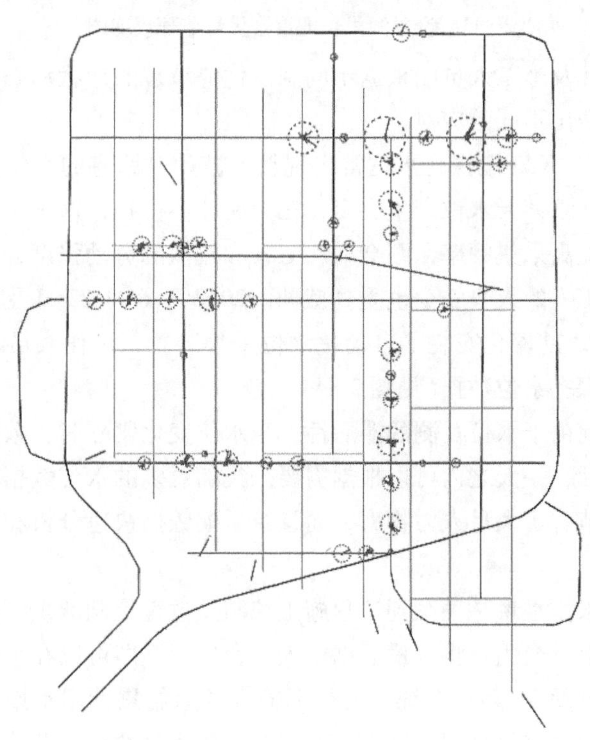

图 2-42　洞室沿程分段优势节理玫瑰图

根据工程所关心的不同位置，随时设置节理统计段长度，平台则会立即计算优势节理并重新绘制优势节理玫瑰图如图 2-43 所示。

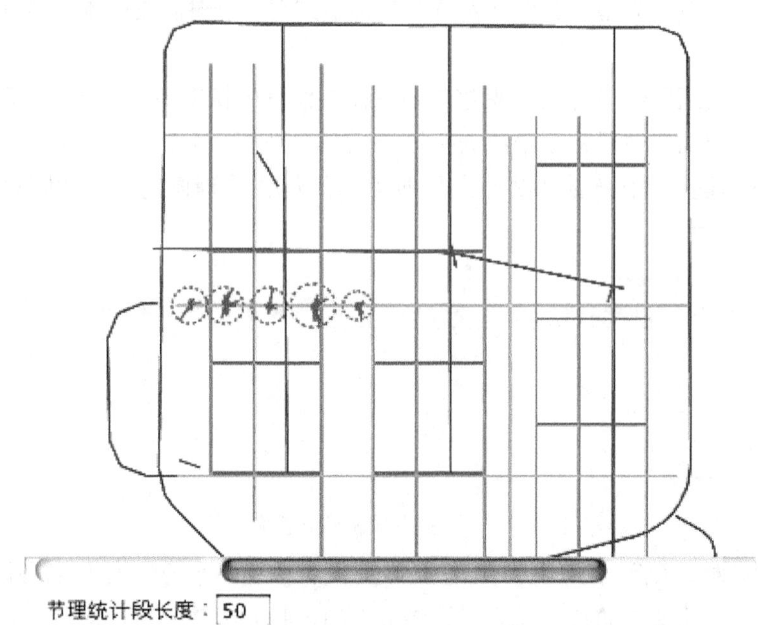

图 2-43　设置洞段长度重绘优势节理玫瑰图

综上，勘探、设计及施工人员能根据不同洞段优势节理的产状动态调整施工方案，对不同的洞室地质构造做出不同的应对。

施工过程中，XZ2、XZ3 勘探孔水位常出现较大波动，原有的水位数据采集方案为每三天人工采集一次。如果某天水位产生突变，三天后才会得知，这种滞后无疑会给制定应对措施带来困难。若提高采集频率，则会增加工人和机械的劳动强度，对于地势险峻，气象环境恶劣的地区，工人的人身安全也受到威胁。2012 年 6 月 22 日及 9 月 7 日，平台人员在分别在 XZ2 和 XZ3 勘探孔安装了自动化水位采集装置，工作人员可随时随地通过发送短信的方式读取勘探孔水位数据(见图 2-44)。

从曲线看出，之前由于水位观测的滞后性，当水位变化剧烈时，数据有明显的不连续性。采用自动化监测后，一天之内可以根据需要采集随意多的水位数据，保证了数据的及时、准确及连续性，节省了大量人力物力，而且给后期数据快速分析和提供应对措施带来了保障。

施工期洞室的用水排水量是关系到工程施工控制及过程控制的重要因素之一，需要每天定时监测两次或以上。当用户将水量数据录入平台后，立即可以在平台上查看到用水排水量曲线及其数据，见图 2-45。系统平台根据输入的原始累计用水排水量数据，自动计算出工作人员所关心的洞室每日用水排水量及洞室的涌水量数据，并绘制出曲线图供工作人员参考分析，如图 2-46 所示。

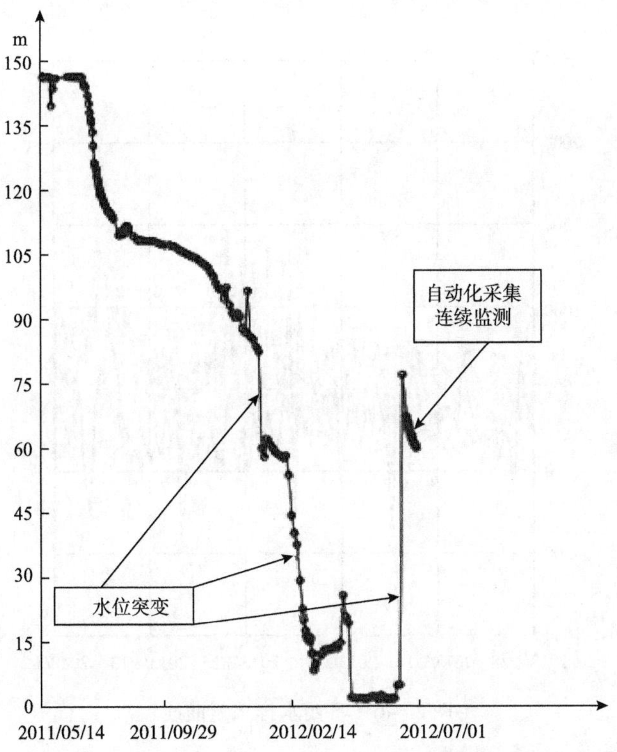

图 2-44　XZ2 水位采集数据对比

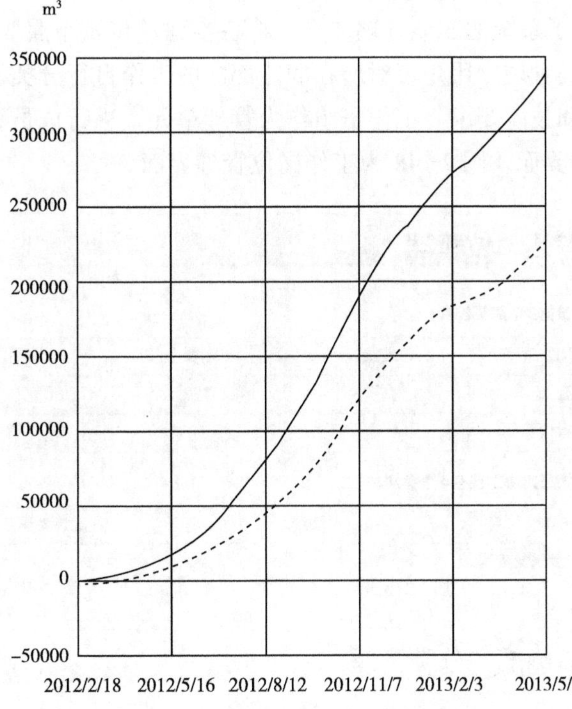

图 2-45　施工累计用水排水量数据及曲线

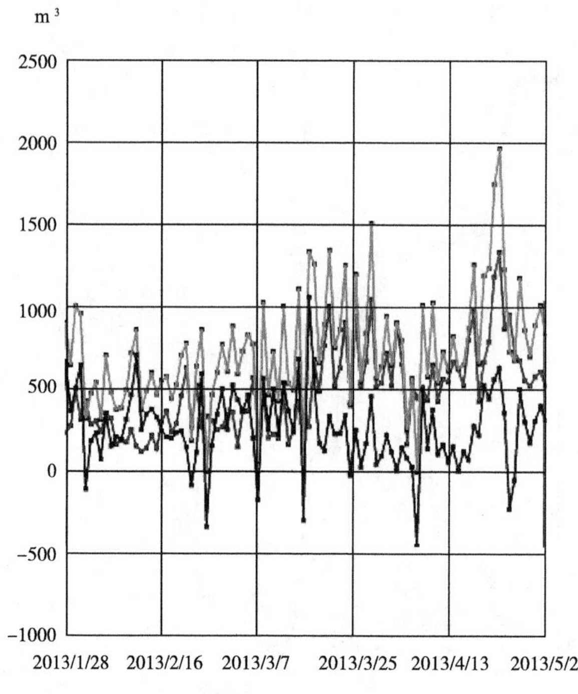

图 2-46　日用水排水量曲线

2.4.2　施工管理

(1)职能部门管理

DKDAP 平台设置了系统的职能管理体系，将各参建单位及下属职能部门、工作岗位、成员、设备等进行分类管理。用户可对所在职能部门的工作自行分类，并规定各工作职能需要具备的资质文件和技能要求。工作班组作为管理单元，进行成员管理、设备管理。图 2-47 为职能部门管理界面，图 2-48 为工作岗位管理界面。

参建单位管理

本工程共设置**9**个职能部门：

DKDAP	业主	勘探	设计
施工	监理	监测	第三方
运行管理			

您所在的**第三方**部门已有**4**个参建单位：

清华围岩	清华通风	武汉英思
北京天地有源		

职能部门分类管理

请选择信息类型：

○ 文档类型	○ 工作岗位	◉ 工作班组	○ 班组成员	○ 班组设备

参建单位已组建9个施工队：

综合1队	综合2队	综合3队	综合4队
综合5队	综合6队	综合7队	综合8队
综合9队			

综合1队工作班组基本信息：

负责人：虎子

电话：12345678

组建时间：2013/05/07

解散时间：2013/05/31

图 2-47　职能部门管理

工作岗位设置

某地下洞库已设置13个工作岗位：

No	岗位	描述	级别	数量	剩余
1	总经理	0	1	1	0
2	副总经理	0	1	2	0
3	总经理助理	0	2	1	0
4	办公室主任	项目办公室	2	1	0
5	办公室副主任	项目办公室	2	1	1
6	办公室秘书	项目办公室	4	1	0
7	部门经理	中层	3	8	1
8	部门副经理	1	3	8	6
9	档案管理员	0	4	2	0
10	业务主管	0	4	25	5
11	生产运行员工	0	5	50	50
12	项目建设员工	0	5	50	49
13	司机	0	5	2	0

图 2-48　工作岗位管理

(2)班组生产管理

班组生产管理的作用是以参建单位进行工作岗位管理，工作部门管理，工作部门成员与设备管理，文件管理，绩效考核等。图 2-49 为绩效考核管理情况。

(3)施工组织设计

根据项目开始制定的施工组织设计，平台自动预测出年工程量，月工程量，从数据上对计划的合理性提出建议。图 2-50 为洞室工作面计划输入及查询界面。

(4)施工过程控制

施工过程控制的目的是防止进度失控，平台将施工进度及工程量精确到天，及早发现进度滞后。周计划、月计划、年计划根据每天的进度动态计算剩余量，严密控制施工进度。

绩效考核管理

某地下洞库已设置11个工作岗位：

No	岗位	描述	级别	在岗人数	权重	限本部门
1	总经理	0	1	1	40	0
2	副总经理	0	1	2	40	0
3	总经理助理	0	2	1	30	0
4	办公室主任	项目办公室	2	1	30	0
5	办公室秘书	项目办公室	4	1	30	1
6	部门经理	中层	3	7	30	1
7	部门副经理	1	3	2	30	1
8	档案管理员	0	4	2	30	1
9	业务主管	0	4	20	30	1
10	项目建设员工	0	5	1	30	1
11	司机	0	5	2	30	1

图 2-49　绩效考核管理

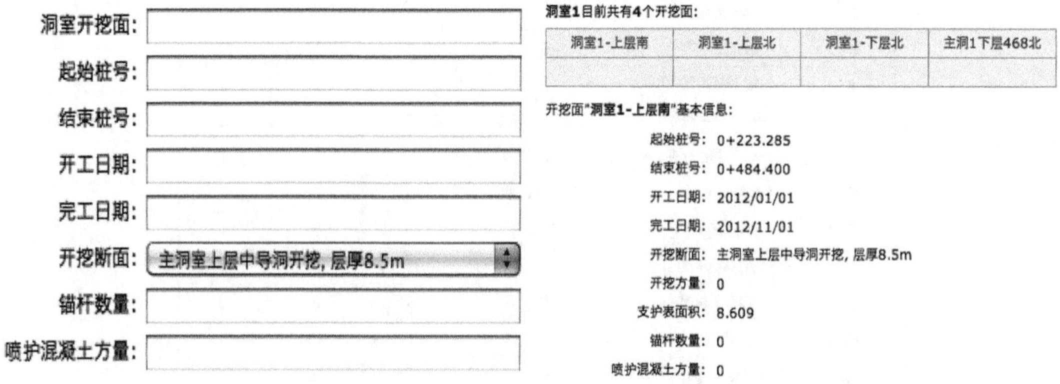

洞室开挖面：

起始桩号：

结束桩号：

开工日期：

完工日期：

开挖断面：主洞室上层中导洞开挖，层厚8.5m

锚杆数量：

喷护混凝土方量：

洞室1目前共有4个开挖面：

洞室1-上层南	洞室1-上层北	洞室1-下层北	主洞1下层468北

开挖面"洞室1-上层南"基本信息：

起始桩号：0+223.285

结束桩号：0+484.400

开工日期：2012/01/01

完工日期：2012/11/01

开挖断面：主洞室上层中导洞开挖，层厚8.5m

开挖方量：0

支护表面积：8.609

锚杆数量：0

喷护混凝土方量：0

图 2-50　洞室工作面计划输入及查询

施工人员将施工工作面输入平台，并及时查询当前活动工作面，如图 2-51 所示。施工进度的录入精确到工作面上每一班组，如图 2-52 所示。洞室开挖进度可通过图 2-53 所示的洞室开挖进度形象动态展示图一览无遗。

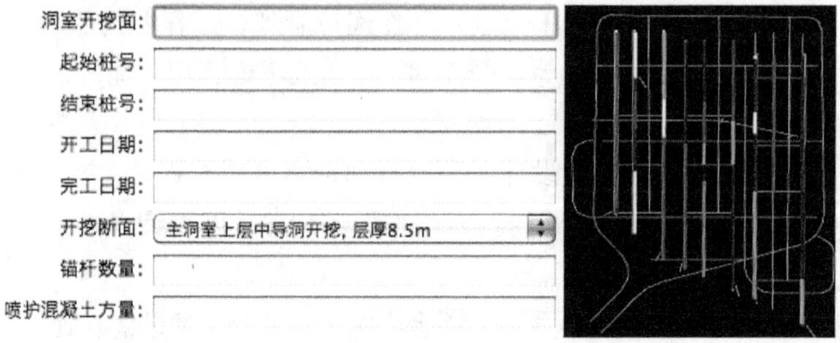

洞室开挖面：

起始桩号：

结束桩号：

开工日期：

完工日期：

开挖断面：主洞室上层中导洞开挖，层厚8.5m

锚杆数量：

喷护混凝土方量：

图 2-51　洞室开挖工作面输入及展示

洞室施工班组生产交班记录

依据设计资料、按照洞室功能、本项目区共有**8**个洞室类型:

主洞室	连接巷道	水幕巷道
施工巷道	通风巷道	工艺竖井
通风竖井	泵坑	

主洞室共有9个:

1#主洞室	2#主洞室	3#主洞室	4#主洞室
5#主洞室	6#主洞室	7#主洞室	8#主洞室
9#主洞室			

洞室1目前共有**2**个开挖面:

洞室1-下层北	主洞1下层468北		

请选择信息类型:

◉ 开挖进度　○ 锚杆安装　○ 混凝土喷护

开挖面**洞室1-下层北**的开挖进度共有**1**个交班记录:

No	日期	班组	方量	桩号/m	其他
1	2013/05/07 10:32:38	综合1队	34	120,110,100	上次出渣完成:2013/05/06 10:32:51,钻爆时长:4,爆破时间:2013/05/07 10:3

请选择数据输入方式:

◉ 新增数据　○ 修改已有数据

洞室施工班组生产以洞室开挖面与班组为单元输入，然后打印出生产报表签字存档。数据提交后，只有您单位的高级管理员才能对数据进行修改。

洞室1-下层北开挖进度输入:

施工班组: 综合1队
日期:
开挖方量:
中导洞桩号:
左侧桩号:
右侧桩号:
上次出渣完成时间:
钻爆时长(hh:mm):
爆破时间:
干扰时长(hh:mm):
干扰原因:

Submit/提交

图 2-52　班组生产交班记录输入

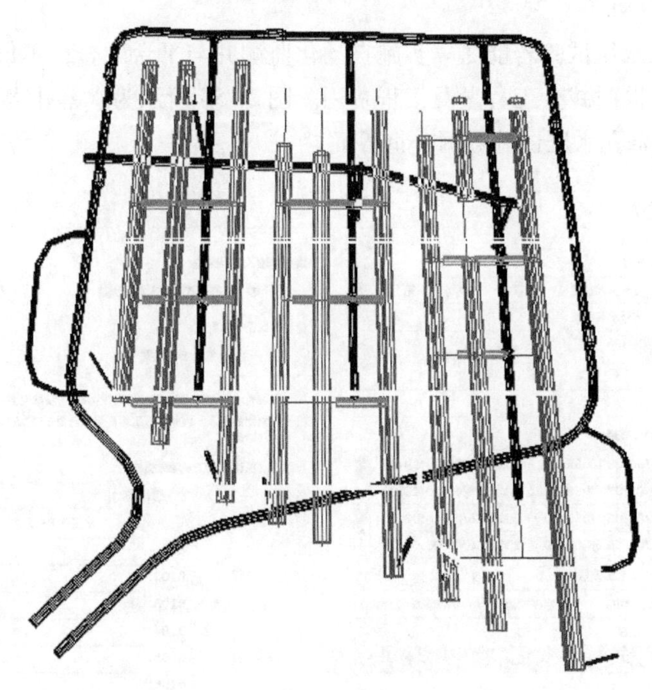

图 2-53　洞室开挖进度形象动态展示图

(5)施工进度预测及预警

平台会根据各洞室的长度及最近一时间段内的施工进度自动计算出洞室日开挖进尺量，再与洞室开挖工作面计划进行对比，预测出该洞段的预计完工日期，如图 2-54 所示。图 2-55 为施工期预警信息。当系统预测出的洞室完工日期超出原本工作面计划的日期时，则会发出预警信息，提醒工作人员若以当前的进度开挖下去，会逾期多少天才能完工。

工作面**洞室6-上层南**的施工进度数据共**3**个，如下所示。

序号	时间	进度	已完工长度(m)	剩余长度(m)	日平均进度(m)	预计完工日期
1	2012/07/05 16:18:18	0+321.000	122.715	338	1.572	2013/02/05 15:07:49
2	2012/06/08 08:00:17	0+278.000	79.715	381	3.136	2012/10/07 19:31:48
3	2012/05/25 07:18:13	0+234.000	35.715	425	0.755	2013/12/09 05:08:46

图 2-54　洞室施工进度预测

预警信息

请输入查询的起始时刻(yyyy/mm/dd hh:mm:ss)：2012/06/14 16:03:25 确认

序号	时间节点	主题	详细内容
1	2012/07/05 16:18:18	洞室开挖进度	洞室5-上层南计划完工日期2012/09/12，根据本次日均进尺预计完工日期2012/10/04，逾期21天，请注意.
2	2012/07/05 16:18:18	洞室开挖进度	洞室1-上层南计划完工日期2012/07/01，根据本次日均进尺预计完工日期2012/07/10，逾期9天，请注意.
3	2012/07/05 16:18:18	洞室开挖进度	洞室5-上层北计划完工日期2012/08/17，根据本次日均进尺预计完工日期2012/09/29，逾期42天，请注意.
4	2012/07/05 16:18:18	洞室开挖进度	洞室7-上层2南计划完工日期2012/09/05，根据本次日均进尺预计完工日期2013/03/21，逾期196天，请注意.
5	2012/07/05 16:18:18	洞室开挖进度	2号施工巷道计划完工日期2012/06/25，根据本次日均进尺预计完工日期2012/07/31，逾期35天，请注意.

图 2-55　施工期预警信息

2.4.3　施工期水幕试验

施工期水幕孔水压试验若能尽早实施自动化监测并与平台融合，不仅可以提高监测数据的及时准确性，同时减少工程量及工程费用。图 2-56 所示为水幕孔水压试验输入界面。图 2-57 所示为水幕孔水压试验数据查询界面。

图 2-56　水幕孔水压试验输入界面

水幕孔水压试验

依据设计资料，本项目区共有5条水幕巷道：

1号水幕巷道	2号水幕巷道	3号水幕巷道
4号水幕巷道	5号水幕巷道	

2号水幕巷道共有6组水幕孔：

A3	A4	B3	B4
C3	C4		

水幕孔组A3共有20个水幕孔：

A301	A302	A303	A304	A305	A306
A307	A308	A309	A310	A311	A312
A313	A314	A315	A316	A317	A318
A319	A320				

水幕孔A316共有139个试验观测数据：

No	观测日期	水压(MPa)	累计进水量(L)	时段流量(L/M)
1	2012/12/25 12:00:00	0.25	170728	0
2	2012/12/24 12:00:00	0.25	170728	0.008
3	2012/12/23 12:00:00	0.2	170717	0.547
4	2012/12/22 12:00:00	0.45	169930	0.932
5	2012/12/21 12:00:00	0.3	168588	0
6	2012/12/20 12:00:00	0.3	168588	0
7	2012/12/19 12:00:00	0.3	168588	0
8	2012/12/18 12:00:00	0.3	168588	0

水幕孔A316水压试验过程线：

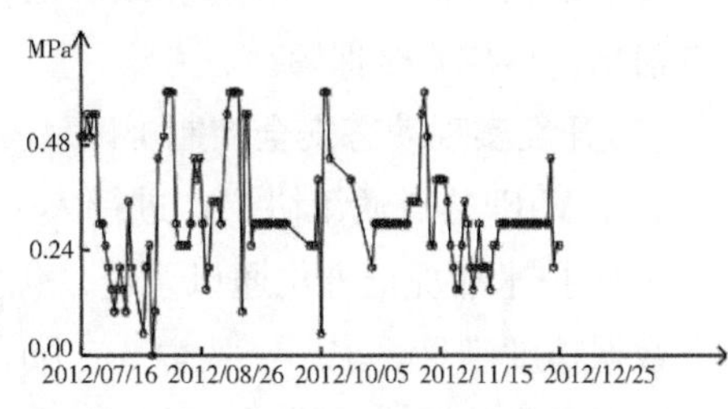

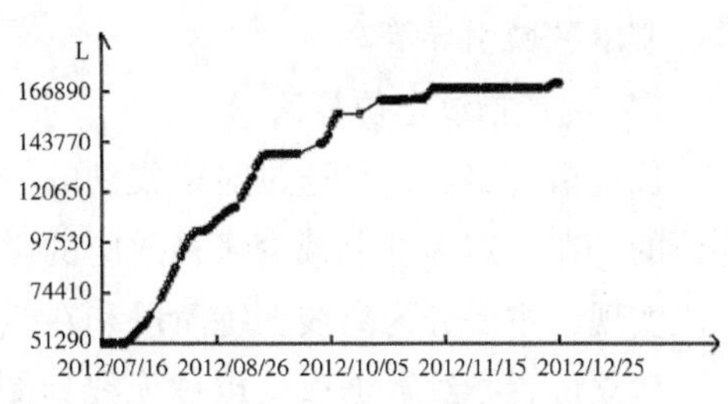

图 2-57　水幕孔水压试验数据查询界面

2.4.4　施工期安全控制

为了保障施工期的安全，平台开发利用 WiFi 网络通讯技术实现施工过程安全控制。利用该技术，实现洞室内人员车辆定位，爆破预警，避爆区域提示等功能。

(1) WiFi 网络技术

WiFi 技术——全称 Wireless Fidelity，即无线保真技术，该技术目前可使用的标准有 3 个：IEEE802. 11a、IEEE802. 11b 和 IEEE802. 11g。其中，802. 11a 标准在 5. 8 GHz 频段上工作，最高带宽可达 54mbps；802. 11b 标准在 2. 4 GHz 的免费频段上工作，最高带宽为 11mbps；802. 11 g 标准也在 2. 4 GHz 的免费频段上工作，但是传输速率可达 54mbps，并且可向下兼容 802. 11b 标准，是目前无线产品使用最广泛的标准。这 3 种标准在信号较弱或有干扰的情况下，其带宽会自动调整，能有效地保障网络的稳定性和可靠性，并且方便与现有的有线以太网络整合，组网灵活，成本较低。该技术具有覆盖范围广、有效距离长、传输速度快、可靠性高及工作效率高等优点。

(2) 利用 WiFi 网络技术

利用 WiFi 通讯的无线网络技术，开发实现动态安全(DS)控制保障。WiFi 是一种可以将个人电脑、手持设备(PDA、手机)等终端以无线方式互相连接的技术。手机、PDA 或手提电脑等设备可以不用接线，直接利用 WiFi 功能通过无线路由器接入互联网上网。

Android 智能手机具有用户众多、使用方便、自带 WiFi 等优点，所以选择 Android 手机作为开发客户端的平台。服务器分为手机小型数据库和 WEB 服务器，由于手机的计算和存储能力有限，所以选择 WEB 服务器。

Android 系统的手机作为通讯终端，在洞周边快速捕捉路由信号，获得 IP 地址和信号强度传输给服务器，采用位置指纹算法进行人员及机械设备的定位，建立数据库，创建参考点信息，形成安全保障。

(3)开发实现动态安全控制屏障

利用 WiFi 热点通讯协议，进行人员、机械设备扫描定位；

WiFi 技术捕捉全方位通讯系统，包括监测系统、视频监控；

数据精度满足要求，一般以 3 ~5m 范围；

数据通讯传播快、时时上传；

避爆区域引导等。

(4)位置指纹定位算法

位置指纹定位，是通过对采集到的信号强度与数据库中储存的信号特征进行对比实现定位的。在一定程度上减少多径效应的影响，提高抗干扰能力。位置指纹定位算法分 2 个阶段实现，主要分为离线训练阶段和在线定位阶段；

建立位置指纹数据库：也称无线地图(Radio Map)。把采集到的信号输入数据库。定位的精度取决于数据库中数据的准确性，数据越准确，定位效果越好，见图 2-58。

利用 Android 手机在待定位的地方测得 AP 的信号强度和物理地址，再通过相应的匹配算法，根据实测数据与储存在 RadioMap 中的数据进行对比。

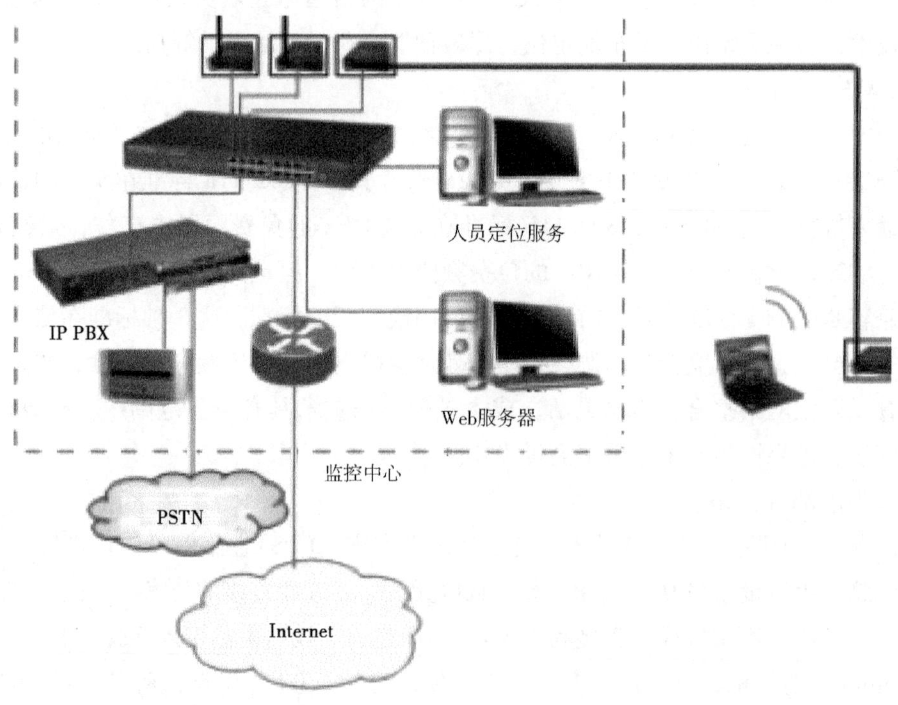

图 2-58　无线通讯系统示意图

第三节　施工风险评价与控制

3.1　施工风险管理组织体系设计

3.1.1　风险管理小组

(1)风险管理小组的组成

相比于其他地下工程，大型地下水封石洞油库施工具有场地集中、多条洞室平行密集布置、挖空率高、施工资源密集、洞挖强度高和不衬砌等特点。由于项目参与方众多，各专业之间存在着既相互矛盾又相互依存的复杂关系，施工过程中参与各方之间(业主、设计、施工、监理、地质勘察、第三方监控量测等)以及各工种之间产生了大量界面，使风险管理工作更为复杂。

鉴于以上特点，决定了项目建设管理单位在项目正式实施前，应根据项目实际情况策划系统、科学的全过程风险管理，制定科学合理的风险管理实施方案，明确风险管理责任主体，规范管理程序，使各专业的任务、责任界面处于可控状态，以确保项目全过程的控制。

在风险管理活动中，参建各方、各专业都有各自的知识、经验优势，同时不可避免的具有相应的局限性和弱点；而国内对工程安全风险管理咨询评估的从业单位和人员没有明确的资质管理，许多工程实践中安全风险评估工作还停留在由院校科研单位以科研项目的形式承担，对于工程安全风险咨询评估工作的内容、质量评价标准、咨询工作的责任认定、从业人员资格认定等都没有统一的管理，使得工程安全风险管理水平参差不齐，且存在对洞库项目本身认识的局限性。可以肯定，单凭参建的任一方或专业安全管理咨询公司，是无法完成地下洞库施工阶段风险管理任务的。

如图 2-59 所示，建立由业主方及参建各方为主体、辅以专业安全风险管理人员组成的“风险管理小组”是必要的、切实可行的。“风险管理小组”各方，可充分发挥各自专业优势，及时建立起一套针对性强、操作性好的风险管理制度，结合工程的进展，共享工程风险管理信息，对工程进行动态、实时风险管理。

(2)风险管理小组的职责

1)制定风险管理规划、制度、管理办法和实施细则；

2)建立风险管理体系并在实践中持续改进；

3)制定重大风险应对方案并监控其实施过程；

4)编制全面风险报告；

5)编制风险管理考核办法；

6)协调参建各方开展风险管理工作，明确风险管理要点；

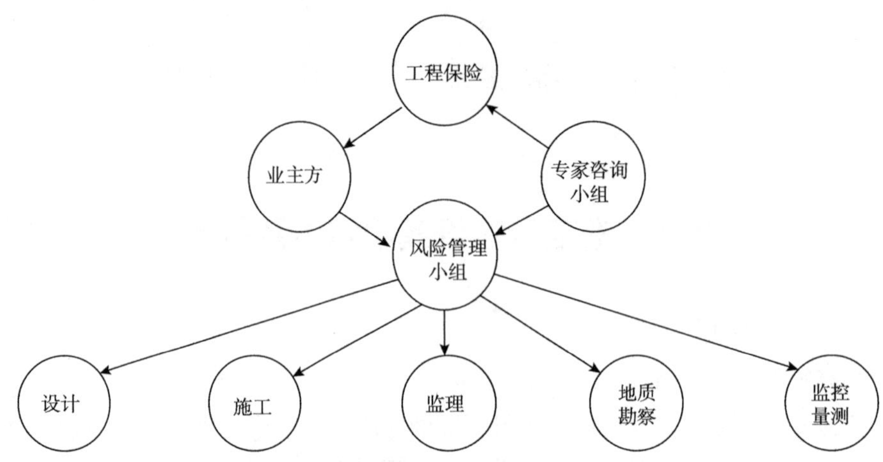

图 2-59　风险管理小组的组成

7）组织对风险控制失效造成损失或不良影响的事件进行调查处理。

（3）风险管理小组工作流程

风险管理小组要对工程施工期各种风险进行统一、集中的识别、排序和控制，需要建立科学的全面风险管理流程，保证全面风险管理工作的有序性和有效性。风险管理小组工作流程如图 2-60 所示，其主要工作有：

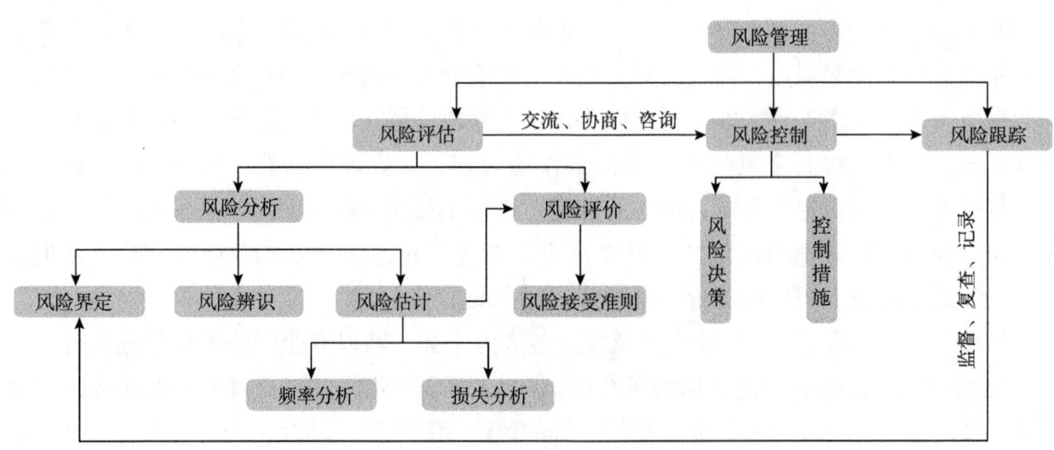

图 2-60　风险管理小组工作流程

1）收集风险管理初始信息。收集风险管理初始信息是风险管理的首要环节，其目的在于能及时发现面临的各种风险，为风险评估提供依据。

2）进行风险评估。风险评估，是对所收集的风险管理初始信息及重要业务流程进行的风险评估，具体包括风险识别、风险分析和风险评价三个步骤，其目的在于查找和描述企业风险，评价所识别出的各种风险对企业实现目标的影响程度和风险价值，给出风险控制的优先次序等。

3）制定风险管理策略。制定风险管理策略，就是根据内外条件，对所识别出的各种风险，按照所给出的优先次序，确定风险偏好、风险承受度和风险管理有效性标准，选择适当的风险承担、风险规避、风险转移、风险转换、风险对冲、风险补偿和风险控制等风险管理工具，确定风险管理所需要的人力与物力资源的配置原则。

4）提出和实施风险管理解决方案。提出和实施风险管理解决方案，就是根据所制定的风险管理策略，针对各类风险或各项重大风险制定风险解决方案，及时对风险管理策略进行具体落实。

5）风险管理的监督与改进。风险管理小组的风险管理重点是对重大风险的识别、分析与控制。因此，应该以重大风险、重大事件、重大决策和重要施工方案为重点，对上述各项风险管理工作实施情况进行监督，并且采取有效的方法对其有效性进行检验。根据监督和检验结果，对所存在的问题加以改进。

3.1.2 各方职责及作用

（1）业主方

施工阶段，风险的主要承担者是施工单位。业主方应积极协助施工单位开展工程风险管理工作，检查施工单位的风险管理计划落实情况，核准施工单位的风险控制措施，对施工中的风险进行动态的跟踪管理。在风险管理工作中业主方的工作内容有：

1）根据工程特点及相关要求，制定风险评估和风险管理工作实施办法；

2）督导设计单位进行设计阶段风险评估工作；

3）督导施工单位开展施工阶段风险评估工作；

4）负责对高度和极高的风险等级进行审查；

5）必要时委托相关专业机构进行风险监测；

6）检查、监督、协调、处理评估工作中的有关问题。

（2）设计方

虽然设计方的风险主要集中在项目初期的设计阶段，但是由于设计参数选取不正确、设计错误、设计不细致、设计造成施工不便等风险所引起的地下工程的损失往往也是相当巨大的。

设计人员在设计阶段初期就应采用工程全生命周期的设计理念，充分考虑工程施工阶段的风险，采取优化措施，将可预见的风险降低至最低程度。同时，在工程施工过程中，设计方应根据施工阶段的监测数据反馈信息以及实际施工情况来不断优化设计方案，努力做到信息动态反馈设计。在风险管理工作中设计方的工作内容有：

1）制定设计阶段风险评估工作实施细则；

2）进行设计阶段的风险评估工作；

3）提出风险评估结果，纳入设计文件；

4）向施工单位进行有关风险的技术交底和资料交接；

5）参与施工期间的风险评估；

6）根据风险监测结果，提出风险处理意见。

（3）施工方

在项目施工阶段，施工单位要不断修正和落实之前制定的风险管理计划，建立起一套实时、动态的风险预警体系，与业主共同开展风险评估和管理工作。在编制和评审各项工序的施工组织设计时，除了关注技术方案的可行性之外，还要重点关注各工序风险点辨识的全面性以及风险控制措施的充分性。

在关键工序施工之前，施工单位还可以通过邀请有关专家对施工方案进行现场审查和把关，通过专家们的丰富经验来降低后续施工中的风险。

在施工过程中，施工单位应该结合地下工程的特点，对工程进行动态的风险管理。根据工程的进展情况，对工程的风险进行重新的辨识和评估，并提出相应的动态风险管理措施。施工期间定期对施工人员进行风险管理培训，重视对各分包商的安全与技术交底工作，确保各分包商内部交底到位，使各级施工人员对地下工程的风险点以及应急预案做到心中有数。在风险管理工作中施工方的工作内容有：

1)制定施工阶段风险评估工作实施细则；

2)进行施工阶段的动态风险评估工作；

3)根据风险评估结果提出相应的处理措施，报业主批准后实施；

4)在施工期间对风险实时监测，定期反馈，随时与相关单位沟通；

5)根据风险监测结果，调整风险处理措施。

(4)监理方

监理是地下工程风险管理体系中不可或缺的一员，它是受业主委托对工程的质量、安全、进度及投资进行全面监督和控制的一方。在风险管理工作中监理方的工作内容有：

1)审查施工单位的施工方案，评估施工单位风险管理实施情况；

2)施工前，应检查施工方风险预防措施是否到位；

3)纠正现场违反风险管理的行为；

4)对第三方监测数据进行监理；

5)审查施工方的应急预案，并检查演练落实情况；

6)协调各方关系，起到桥梁作用；

(5)施工期地质勘察

施工期地地质勘察应完成以下工作：

1)地质调查。包括地层地质、地质构造、水文地质、岩脉等。地质调查是施工期地质灾害预报不可或缺的基础；

2)长距离超前地质预报；

3)短距离超前地质预报。通过地质雷达、超前钻孔、掌子面分析等工作验证长距离超前地质预报的结果；

4)掌子面围岩类别的判识，验证超前地质预报的结果，为超前预报方法的调整提供参考，同时为开挖方法和支护类型的选择提供依据。

(6)第三方监控量测

监控量测是指在地下工程施工过程中，对围岩及支护结构体系的相关稳定状态进行监测，以了解和掌握围岩稳定状态及支护结构体系可靠程度，确保洞室施工安全和结构的长期稳定性，为洞室施工中围岩级别变更、支护参数调整、修正及优化设计提供依据，是实现信息化设计与施工不可缺少的一项工作。

监控量测工作的具体目的和意义如下：

1）确保施工安全。根据监测的围岩及支护结构体系动态信息，及时评价围岩及支护结构体系的稳定性状态，用以指导施工，确保施工安全。

2）修正及优化设计。通过对监测的围岩及支护结构体系动态信息进行综合分析，其信息反馈结果用以检验和修正、优化施工前的预设计。

3）弥补理论分析的不足。采用现场实测的结果与理论分析结果进行检验，弥补理论分析的不足，掌握地层和支护结构体系的变位及受力信息，以便采取相应的施工技术措施，比如改变施工方法、调整开挖步骤等，以避免出现施工事故。

4）对工程施工可能产生的环境影响进行全面的监控，判断项目施工对周围环境的影响程度，寻求预防的方法。

5）量测数据和资料是处理工程合同纠纷的重要依据。可以防止承包商采用虚假的资料和数据隐瞒工程质量真相，找到工程质量问题的根源所在，并在业主与承包人索赔纠纷时提供确凿的证据。

6）积累资料。通过施工监控量测，了解该工程客观条件下所表现出来的一些地下工程施工规律和特点，为今后类似工程或工法本身的发展提供借鉴，以提高地下工程的设计和施工水平；并为项目运行后的养护与维修提供可靠的原始数据。

（7）工程保险

投保建设工程保险，即转移风险。从整个社会的角度上看，保险人的出险理赔仍然是一种社会资源的损失。这种损失如能降低和减少，将给整个社会带来真正的效益。因此建设工程风险管理只有在保险方及其风险管理咨询单位的参与下才是一个真正完整的体系。

建设工程保险投承保双方以及工程建设其他参与各方对建设工程实施的全过程、全方位、各个环节进行管理和控制，遏制事故萌芽，以达到降低出现概率和减少损失的目标。为提高保险公司在建设工程中的地位，保险公司应在施工图设计阶段就开始介入，与风险管理机构共同对建设工程进行质量安全风险管理。

3.2 施工风险识别

3.2.1 施工风险分析基本理论

（1）风险认识

风险的概念最早出现在 19 世纪末的西方经济领域中，目前已广泛应用于经济学、社会学、工程科学、环境科学和灾害学等领域。但是，迄今为止，学术界对风险尚未有一个统一的定义。不同的学术和应用背景，对风险的表述各不相同，尽管不同的学者对风险的认识和定义有所不同，但总体上都是围绕不利事件、发生概率和可能产生的损失等几个问题展开的，其核心都可以表述为以下四种形式：

1)数值风险。即把风险视为给定条件下各种可能结果中较坏的结果。

2)概率风险。即把风险视为给定条件下各种可能结果中较坏结果出现的可能性。

3)总体风险。即把风险视为给定条件下可能结果与其发生概率的某种综合。

4)方差风险。即把风险视为给定条件下各种可能结果之间的差异，这种差异可通过可能结果、可能结果发生的概率或总体风险来描述。

风险具有下列本质属性：(a)隶属性；(b)危害性；(c)并协性；(d)偶然性。工程风险的发生具有五项基本要素：行为主体、行动、收益、潜在损失和非利性。其中行为主体和行动属于主观要素或人为要素，取决于决策者或管理者的方案选择；利益和潜在损失属于客观要素或物质要素，取决于系统或工程项目的形式选择；非利性是后者作用于前者的一种效应。

从认识论的角度看，风险可以分为真实风险、统计风险、预测风险和察觉风险。真实风险也就是真实的不利后果事件，这类风险完全由未来环境发展所决定；统计风险事实上是历史上不利后果事件的回归，这类风险由现有的可以利用的数据加以认识；预测风险是对未来不利后果事件的预测，这类风险可以通过对历史事件的研究，在此基础上建立系统模型，从而进行预测；察觉风险是一种人类直觉的判断，这类风险是由人们通过经验、观察、比较等来察觉到的。

(2)风险分析基本原理

风险分析是在认识风险发生规律的基础上，对风险发生的可能性及其可能造成的后果(损失)进行定性或定量的分析和评价，以便采取正确的风险管理方法、技术和手段，进行风险应对与监控，对风险实施有效的控制和妥善的管理，实现以最小的成本获得最大安全保障的效能。所谓“成本”，是指风险分析研究对象的人力、物力、财力和资源的投入；所谓“最大安全保障”，是指将预期的损失减少到最低限度以及一旦出现损失获得补偿的最大保证。

风险分析的内容主要包括风险识别、风险估计和风险评价三个方面，且这三个方面的内容构成一个完整的整体，相辅相成，缺一不可。

风险识别又称风险辨识，是从系统的观点出发，对系统中存在的可能不利因素、可能失事形式、失事可能原因及失事可能造成的后果加以识别。

风险估计就是对风险进行量测，是在风险识别的基础上，通过对所收集的大量的信息资料加以分析，运用各种方法、技术和手段，对风险发生的概率及其后果做出定量或定性的估计，从而为系统风险综合评价提供科学依据。

风险评价就是在风险识别和风险估计的基础上，建立风险评价模型，依据国家或行业的风险评价标准，对风险进行综合评价，确定其整体水平、可接受程度及严重程度等，以便进行风险应对。

风险评价与风险评估不同。风险评价是在风险识别、风险估计的基础之上对各种潜在风险进行等级评定的过程，而风险评估在风险识别的基础之上对各种潜在风险进行对比分析、重要性排序的过程。

风险分析的方法很多，其原理和特点各不相同，在应用中有着各自的优缺点和适用范围。目前常用的风险分析方法可分为三类：定性分析法、定量分析法、综合分析法。

1）定性分析法。定性分析法亦称“非数量分析法”，主要是依靠分析人员较高的专业知识、丰富的实践经验及主观判断和分析能力，对所获取的信息进行分析判断，然后经过总结、归纳，得出分析结论。使用这类方法，要求分析人员具有在信息不完备情况下洞察事物本质的能力。定性分析法的优点是不受数据信息的限制，可以借助分析人员较高的专业知识、丰富的实践经验及主观判断和分析能力，避免或减少因数据信息不足而产生的局限性，适用性较强，应用广泛；其缺点是分析结果受分析人员的主观影响较大，易带有个人偏见和片面性，且难以量化。

常用的定性分析法有：专家评议法、专家调查法、失效模式和后果分析法等。

2）定量分析法。定量分析法又称“数值分析法”，是一种以试验数据或统计数据为依据，通过建立数学模型，运用数学计算或数值分析方法对风险进行量化分析的方法。定量分析法的优点是完全以试验或统计数据为依据，通过科学的数学计算来实现风险分析，消除了主观因素的影响，结果客观、严密，具有较强的可靠性和科学性；其缺点是分析结果完全依赖于原始数据的完备性、数学模型的精确性和分析方法的合理性，且分析过程较为复杂。

常用的定量分析法有：蒙特卡洛模拟法、等风险图法、神经网络方法、主成分分析法等。

3）综合分析法。综合分析法是一种将定性分析法和定量分析法相结合的一种风险分析方法，介于定性分析法和定量分析法之间，兼有两者的共同特点。常用方法有：故障树分析法、事件树分析法、原因—结果分析法、影响图法、风险评价矩阵法、模糊综合评判法等。

3.2.2 施工风险发生机理

大型地下水封石洞油库施工风险孕险环境的形成，主要源自施工过程中，大量不确定性和复杂性的存在，主要表现为：1）建设场地工程地质与水文地质等自然条件的不确定性和复杂性；2）建设工程决策、组织与管理的复杂性；3）内在环境的不确定性和复杂性。

（1）工程地质、水文地质条件的不确定性和复杂性。主要表现为：1）不良地质段可能影响围岩的稳定性；2）洞室遇大规模断层，会出现大量渗水甚至突水；3）沿海洞库库址区可能出现的洪水倒灌。

（2）工程决策、组织与管理的复杂性。建设工程的决策、组织与管理贯穿于工程的规划、设计、施工和运行等一系列过程与环节中，是建设工程风险形成的主观因素。从工程立项规划开始，工程建设选址、工程的设计与施工技术方案决策、工程的施工组织管理、施工安全和质量管控、技术人员的人为判断或操作失误等，每项中都存在一定风险因素，工程决策和管理水平决定工程内在孕险因素是否最终发生风险。

（3）施工技术、设备和操作的不确定是工程风险发生的导火索，即风险的致险因子。

地下洞库工程建设中，施工队伍、机械设备、操作技术水平等对工程的建设风险都有直接的影响。由于工程施工技术方案与工艺流程复杂，且不同的工法有不同的适用条件，贸然采取某种方案、技术和设备，如果出现设备类型与水文、地质和边界条件不匹配，机械设备发生停机、故障或失效，势必会导致施工风险事故的发生。同时，整个工程的建设周期长、施工环境条件差，施工人员很容易发生人为不良操作或操作失误，进一步加剧各种风险事故的发生的可能性和风险损失后果。

(4)内在环境因素的不确定性和复杂性。地下洞库洞室(竖井)数量多、布置密集、平面立体交叉部位多；交叉作业多，相互干扰大；开挖强度大，车流量大，交通安全压力大。

3.2.3 施工风险识别

(1)风险识别基本原理

大型地下水封石洞油库施工风险识别，指在认识其施工风险发生机理的基础上，从系统的观点出发，全面分析施工全过程涉及的各个方面，运用各种风险识别方法对各种潜在的风险因素和风险模式进行筛选、分类的过程。风险识别的目的在于将复杂的风险问题分解为若干直观、便于分析和控制管理的要素，为风险估计、风险评价及风险应对奠定基础。施工风险识别主要解决以下问题：

1)施工期间潜在的主要风险因素有哪些；

2)这些风险因素可能引起哪些风险模式。

施工风险识别应遵循以下原则：(a)科学性原则；(b)系统性原则；(c)主成分性原则；(d)动态性原则。

(2)风险识别流程

施工风险识别包括收集与分析信息、风险因素识别、风险模式识别、建立初步风险清单、风险筛选和编制风险识别报告等过程。

1)收集与分析信息。对工程施工所涉及的相关信息的收集与分析，包括：(a)工程建设场地工程地质条件、水文地质条件、自然环境条件及人文与社会区域环境条件等信息；(b)工程规划、可行性分析及工程地质勘查等资料；(c)工程建设场地周边建(构)筑物(包括地下管线、民防设施、道路等)的工程信息资料；(d)类似工程风险事故或相关数据。在收集与分析信息的同时，还需对信息的可靠性和可信性进行判断，为风险识别提供参考依据；

2)风险因素识别。在系统分析工程建设基本信息资料的基础上，对工程建设目标、阶段、活动和周边环境中存在的各种风险因素进行分析；

3)风险模式识别。在施工风险因素识别的基础上，结合工程建设的实际情况，对施工阶段可能发生的工程事故及损失模式进行分析判断；

4)建立初步风险清单。在风险因素识别和风险模式识别的基础上，以表单列出各种潜在的主要风险因素、风险事件和损失模式；

5)风险筛选。对初步列出的各种潜在的风险因素、风险事件和损失模式作进一步的分析筛选，确定主要的风险因素、风险事件和损失模式；

6)编制风险识别报告。对确定的风险因素和风险模式，按照一定的原则进行列表分类，汇总成风险清单，形成风险识别工作的成果。

3.3 施工风险评估

3.3.1 风险评价的基本原理

施工风险评价是指在风险识别和风险估计的基础之上，建立综合考虑风险概率和风险后果的风险评价模型，依据相关的风险接受准则和评价标准，对系统风险进行分析评价，判断系统风险是否可以接受，为风险应对与监控提供科学依据，以确保工程项目顺利进行。施工风险评价包括系统整体风险水平评价和个体风险水平评价两方面的内容。

施工风险评价应遵循以下原则：1)科学性原则。2)全面性原则。3)目标性原则。

施工风险评价是进行施工风险分析的重要环节，通常包括以下几个步骤：

(1)制定风险接受准则与等级评价标准。即在全面调查的基础之上，制定与经济社会发展水平相适应的风险接受准则与等级评价标准，为风险评价提供依据。

(2)建立风险评价模型。即依据施工风险分析的目标，建立能够全面反应施工风险概率和风险后果的风险评价模型。

(3)个体风险评价。即从风险概率和风险后果两个方面，对施工期可能风险事件进行评价。

(4)整体风险评价。即在各风险事件评价结果的基础上，综合考虑各风险事件的共同作用，对施工期的整体风险进行评价。

(5)评价结论。即根据风险评价结果表，对施工风险进行综合考虑与全面衡量，形成风险综合评价结论，为风险应对与决策提供科学依据。

常用的风险评价方法有：综合评价法、层次分析法、灰色关联度法、模糊综合评判法、等风险图法、风险矩阵法等。

(1)综合评价法。综合评价法分三步进行：首先，识别与评价对象相关的风险因素、风险事件或发生风险的环节，列出风险调查表；其次，请有经验的专家对可能出现的风险因素或风险事件的重要性进行评价；最后，综合整体的风险水平。

(2)层次分析法。层次分析法基本思路是：评价者将复杂的风险问题分解为若干要素，并将这些要素按照支配关系建立起一个描述风险系统功能和特征的有序的递阶层次结构；然后，在同一层次要素之间按一定的比例标度进行两两比较，由此构造出判断矩阵，以确定每一层次中各要素对上层要素的相对重要性；最后，在递阶层次结构内进行合成，从而得到不同方案的风险水平，为方案的选择提供决策依据。层次分析法常用于不同方案综合风险水平的评价，难以对某一确定方案的风险水平进行评价。

(3)灰色关联度法。灰色关联度法是基于灰色系统理论的一种综合评价方法，其基本思想是：先由样本资料确定一个最优参考序列，然后通过计算各样本序列与该参考序列的关联度对评价目标进行综合评价。灰色关联度法适合对“外延明确，内涵不明确”的对象进行评价，具有一定的客观性。

(4)模糊综合评价法。模糊综合评价法是以模糊数学为基础，应用无量纲的隶属度和模糊变换原理进行风险评价的一种多因素评价方法。其基本思路是：首先，确定风险因素集，建立模糊综合评价评语集，并求解各被评价因素对各个评语等级的隶属度；然后，确定各被评价因素对评价对象权重，建立模糊矩阵进行模糊综合评价。模糊综合评价法采用无量纲的隶属度进行模糊变换，能够较好地解决多因素、多层次复杂问题的评判，适用范围广泛。

(5)等风险图法。等风险图法是一种定性与定量相结合的风险评价方法，包括失败概率和失败后果两个因素。等风险图法将已识别的风险分为低、中、高三类：低风险指对系统目标仅有轻微不利影响，发生概率小于0.3的风险；中等风险指影响系统目标实现，发生概率介于0.3～0.7的风险；高风险指对系统目标的实现有非常不利影响，发生概率大于0.7的风险。等风险图法是应用风险系数来评价系统风险水平。

(6)风险矩阵法。在采用风险矩阵法进行风险评价时，首先对风险概率和风险后果进行等级划分；然后建立风险评价矩阵，并按风险接受准则对风险矩阵中的单元格进行风险等级划分；最后根据风险概率等级和后果等级在风险矩阵中对应的单元格进行风险评价。

3.3.2 风险接受准则

在风险分析中，风险接受准则表示在规定的时间内或系统的某一行为阶段内可接受或可管理的风险水平，反映了社会、公众或个人等主体对风险的接受程度。风险接受准则直接决定了工程中各项风险需采取的管理控制措施，在进行风险评价时必须预先制定。

根据工程风险的基本分类，影响风险接受准则的因素有：安全(包括工程人员伤亡和第三方人员伤亡)、经济(与事故有关的经济损失，包括直接经济损失、第三方经济损失和工期损失等)和环境(包括周边区域环境影响损失和社会信誉损失)三个方面。

目前，国内外风险接受准则研究过程中，通常按照风险主体的不同，将风险接受准则分为个人风险接受准则、社会风险接受准则和环境风险接受准则三类，分别对应个人风险、社会风险和环境风险。

(1)个人风险。个人风险是指在某一特定位置长期生活的未采取任何防护措施的人员遭受特定危害的频率。一般而言，此处的特定危害指死亡。个人风险具有高度的主观性，主要取决于个人偏好；同时，个人风险具有自愿性，根据人们从事活动的特性，可以将风险分为自愿和非自愿两类。自愿的风险是可以控制的，非自愿的风险是不可以控制的。相对于非自愿风险而言，较高的自愿性风险更易为人们所接受。

(2)社会风险。社会风险用于描述某项事故发生后，特定人群遭受伤害的概率和伤害之间的相互关系。与社会风险相关的事故对社会的影响程度大，容易引起社会的关注。可接受的社会风险准则应足够低，以便于在可预见的将来所有的符合风险准则的项目、活动等不会对现有的社会风险造成很大的增加。

(3)环境风险。环境风险是指各种生产活动可能对环境造成的影响。环境风险与个人风险、社会风险不同，这是因为环境暴露于各种活动中，各种活动都有可能对环境造成影响。

风险接受准则的制定是一项复杂、困难且有争议的问题。在制定风险接受准则时，除了要考虑经济损失、人员伤亡等可量化指标外，还需要考虑很多难以量化的因素，如潜在的环境损失、人员健康损失或社会公众影响损失等。目前，确定风险接受准则时应遵循的通用的基本原则有：

(1)不接受不必要的风险，接受合理的风险，只要合理可行，任何重大危害的风险都应努力降低；

(2)如果一个事故可能对社会造成较严重的影响，应该努力降低此事故发生的概率，即降低社会风险。

(3)比较原则，该原则是指新系统的风险与已经接受的现存系统的风险相比较，新系统的风险水平至少要与现存系统的风险水平大体相当。

(4)最小内因死亡率原则，该原则是指新活动带来的危险不应比人们在日常生活中接触到的其他活动的风险有明显的增加。

目前，风险接受准则的制定方法主要有：ALARP 准则、风险矩阵法、AFR 值法、PLL 值法、FAR 值法、VIIH 值法、ICAF 值法及社会效应优化法等。常用的风险接受准则的四个风险等级见表 2-7。

表 2-7　风险接受准则

风险等级	接受准则	处理措施
低度	可忽略	此类风险较小，不需采取风险处理措施和监测
中度	可接受	此类风险次之，一般不需采取风险处理措施，但需予以监测
高度	不期望	此类风险较大，必须采取风险处理措施降低风险并加强监测，且满足降低风险的成本不高于风险发生后的损失
极高	不可接受	此类风险最大，必须高度重视并规避，否则要不惜代价将风险至少降低到不期望的程度

3.3.3　风险分级排序

风险等级标准是风险接受准则的外延和深化，是划分风险等级进行风险评价的依据，它通过定性、定量或定性与定量相结合的指标对系统的风险状态进行等级划分，从而为决策者和风险管理者进行风险决策和针对性的风险应对提供依据。

施工风险等级评价标准的制定应遵循以下原则：1)科学性原则；2)综合性原则；3)一致性原则；4)定性指标与定量指标相结合的原则。

风险等级评价标准包括风险概率等级评价标准和风险损失等级评价标准。依据施工风险等级标准评价的原则，参考我国有关条例、标准，制定施工风险概率等级标准及损失等级标准(见表 2-8～表 2-14)。

表 2-8 事故发生概率等级标准

概率范围	中心值	概率等级描述	概率等级
>0.3	1	很可能	5
0.03~0.3	0.1	可能	4
0.003~0.03	0.01	偶然	3
0.0003~0.003	0.001	不可能	2
<0.0003	0.0001	很不可能	1

注：①当概率值难以取得时，可用频率代替概率。

②中心值代表所给区间的对数平均值。

表 2-9 经济损失等级标准

后果定性描述	灾难性的	很严重的	严重的	较大的	轻微的
后果等级	5	4	3	2	1
经济损失/万元	>1000	300~1000	100~300	30~100	<30

注："~"含义为包括上限值而不包括下限值，以下各表均同。

表 2-10 人员伤亡等级标准

后果定性描述	灾难性的	很严重的	严重的	较大的	轻微的
后果等级	5	4	3	2	1
人员伤亡数量/人	$F>9$	$2<F\leqslant 9$ 或 $SI>10$	$1\leqslant F\leqslant 2$ 或 $1<SI\leqslant 10$	$SI=1$ 或 $1<MI\leqslant 10$	$MI=1$

注：F 为死亡人数；SI 为重伤人数；MI 为轻伤人数。

表 2-11 工期延误等级标准

后果定性描述	灾难性的	很严重的	严重的	较大的	轻微的
后果等级	5	4	3	2	1
延误时间 1（控制工期工程）（月/单一事故）	>10	1~10	0.1~1	0.01~0.1	<0.01
延误时间 2（非控制工期工程）（月/单一事故）	>24	6~24	2~6	0.5~2	<0.5

表 2-12 相对等级标准

后果定性描述	灾难性的	很严重的	严重的	较大的	轻微的
相对经济损失/‰	>10	3~10	1~3	0.1~1	<0.1
相对工期延误时间/%	>10	4~10	1.5~4	0.3~1.5	<0.3
第三方相对经济损失/%	>10	3~10	1~3	0.5~1	<0.5

表 2-13　环境影响等级标准

后果定性描述	灾难性的	很严重的	严重的	较大的	轻微的
后果等级	5	4	3	2	1
环境影响描述	永久的且严重的	永久的但轻微的	长期的	临时的但严重的	临时的且轻微的

表 2-14　风险等级标准

后果等级 / 概率等级		轻微的	较大的	严重的	很严重的	灾难性的
		1	2	3	4	5
很可能	5	高度	高度	极高	极高	极高
可能	4	中度	高度	高度	极高	极高
偶然	3	中度	中度	高度	高度	极高
不可能	2	低度	中度	中度	高度	高度
很不可能	1	低度	低度	中度	中度	高度

3.3.4　风险估计的基本原理

施工风险估计，就是在施工风险识别的基础之上，对风险识别报告中的各项风险进行量化分析和描述，求得各主要风险因素对工程的不利影响。

施工风险估计的具体内容包括以下两个方面：

(1)估计可能风险事件在施工期发生并造成损失的概率大小；

(2)估计可能风险事件在施工期发生造成的后果大小。

施工风险估计应遵循以下原则：1)科学性原则；2)全面性原则；3)实用性原则；4)数值化原则。

常用的风险估计方法有客观估计、主观估计和合成估计，与之对应的三种风险分别是客观风险、主观风险和合成风险。

(1)客观估计。客观估计是根据大量的试验数据和历史资料，利用数理统计方法加以处理，从而得出风险发生概率和损失后果程度的一种估计方法。常用的客观估计方法有概率分析法、趋势分析法、灰色预测法和蒙特卡洛模拟法等。客观估计因具有较好的理论基础，其估计结果更具说服力，容易为人们所接受，但是在实际应用中，往往因其较高的应用条件而受到限制。

(2)主观估计。主观估计是决策者或相关专家根据收集到的有限信息及长期积累的经验，进行合理的逻辑推理、判断、综合，从而得出风险发生概率和损失后果程度的一种估计方法。常用的主观估计方法有专家会议法、德尔菲法和专家系统分析法等。主观估计缺乏严密的科学理论依据，且易受个人主观因素的影响。但在缺乏数据信息的情况下，依据诸多专家的专业知识、经验和主观判断亦可以做出较好的估计。

(3)合成估计。合成估计是将客观估计和主观估计结合起来的一种估计方法，介于客观估计和主观估计之间。合成估计的实质是对客观估计和主观估计所获得的信息进行不断地综合反馈、协调的动态过程。常用的合成估计方法有主观估计量化法、概率分布计算法、概率树法、外推法等。合成估计克服了客观估计中常见的信息量不足的困难，同时减少了主观估计中个人因素的影响，增加估计的可靠性。

3.3.5 风险发生概率估计

在对风险概率的认知中，风险事件发生的概率和风险损失发生的概率往往被视为同一概念，这种理解是存在误区的。风险事件发生的概率仅仅是对某一风险事件发生的可能性的一种描述，并不能反映出这种可能性对风险损失发生的可能性的贡献；而风险损失发生的概率是在风险事件发生的情况下对损失发生的可能性的一种描述。从概率的统计意义上，可以认为风险损失发生的概率是风险事件发生条件下风险损失的条件概率。

施工风险概率问题的实质是客观概率与主观概率问题。客观概率是在基本条件不变的前提下，对类似事件进行多次观察，统计每次观察的结果和各种结果发生的频率，进而推断出类似事件发生的可能性；主观概率指人们凭借经验主观推断而得出的概率，是人们对特定事件发生可能性的信念(或意见、看法)的合理测度。主观概率和客观概率在数学上没有本质的区别，但在对其基本意义的理解上却具有显著的差别。客观概率论者认为概率是系统的固有的客观性质，是在相同条件下进行重复试验的频率极限；而主观概率论者认为概率是观察者而非系统的性质，是观察者对系统处于某种状态的信任程度。对于洞库工程，由于其单体性的特点，不同的工程面临的风险具有很大的差异，收集的工程事故资料也往往不易满足风险规律统计的大量性和相似性要求。因此，在施工风险识别、估计和评价各个阶段中的风险概率，其本质均为主观概率。

专家调查法采用匿名发表意见的方式，即专家之间不得互相讨论，不发生横向联系，通过多轮次调查专家对问卷所提问题的看法，经过反复征询、归纳、修改，最后汇总成专家基本一致的看法，作为预测的结果。

专家调查法施工风险概率合成估计一般包括以下步骤：

(1)设计专家调查表。调查表是获取专家意见的工具，是进行信息分析与预测的基础。调查表设计的好坏，直接关系到预测的效果。

(2)组成专家小组。为了使调查结果具有普遍的一致性，专家小组的成员组成要尽可能包括设计、施工、咨询、科研及工程管理等领域的专家。

(3)发出第一轮调查表，汇总整理第一轮答复意见。

(4)反复发送调查表，汇总答复并考察其变化和收敛情况，直至取得满意的收敛。

(5)对专家的意见进行综合处理。

3.3.6 风险损失估计

从工程风险研究的角度看，风险后果是指潜在风险事件对系统既定目标产生的不良影响。洞库工程施工风险后果即在工程施工期可能遭受的经济、建设工期、结构耐久性、人员健康安全、社会信誉及生态环境等的不利影响。

(1)经济损失。经济损失的构成为直接经济损失、间接经济损失、自身结构构件损坏损失、固定资产损坏损失(机械、设备、车辆、仪器等)、流动资产损坏损失(原材料、半制成品、产成品)、现场救护与清理费用、因施工风险事故而导致的停工引起的经济损失、其他间接经济损失。

(2)工期损失。工期损失的构成为因现场救护与清理延误的工期、因停工延误的工期、因加固或重建延误的工期。

(3)人员健康损失包括人员死亡损失、人员伤残损失。

3.4 施工风险控制

3.4.1 风险监测及信息管理

风险监测包括技术层面和管理层面的风险监测。关于技术层面的风险监测主要要求如下：风险监测一般通过超前地质预报、监控量测和现场观察、检查等手段随着施工进程密切跟踪已识别的风险，识别新的风险，进行风险分析与评估，风险处理措施的评价与调整。应及时对超前地质预报成果进行分析，提前识别地质风险因素，评价断层、岩溶、岩脉等风险因素对工程的影响及其相应设计文件措施是否符合风险处理要求，上报相关管理部门。

对评估为中度及以上等级的风险，应制定风险监测实施方案。风险监测实施方案应明确风险监测的主要内容(施工监测、工况和环境巡视、作业面状态描述、风险处置过程和发展趋势等)、采用的监测方式或手段和主要风险因素及其判别指标。风险监测应有详细记录，每天上报相关管理部门。定期向相关管理部门提交风险监测成果报告。

风险监测成果报告应在汇总相关风险数据基础上对下述内容进行说明：

(1)工程项目风险处理措施是否按计划正在实施，实施效果如何，是否需要制定新的风险处理措施；

(2)对工程项目施工环境的预期分析以及对工程项目整体目标的实现可能性的预期分析是否仍然成立；

(3)工程项目风险的发展变化是否与预期的一致；

(4)已识别的工程项目风险哪些已发生、哪些正在发生、哪些可能后来发生；

(5)是否出现了新的风险因素和新的风险事件。

对于存在突水(泥、石)、塌方、大变形、洞口失稳等突发性风险事件且风险等级评估为中度及以上的洞室，应实施风险的预警、响应及信息报送机制，对风险进行监测 。图2-61为项目风险管理流程图。

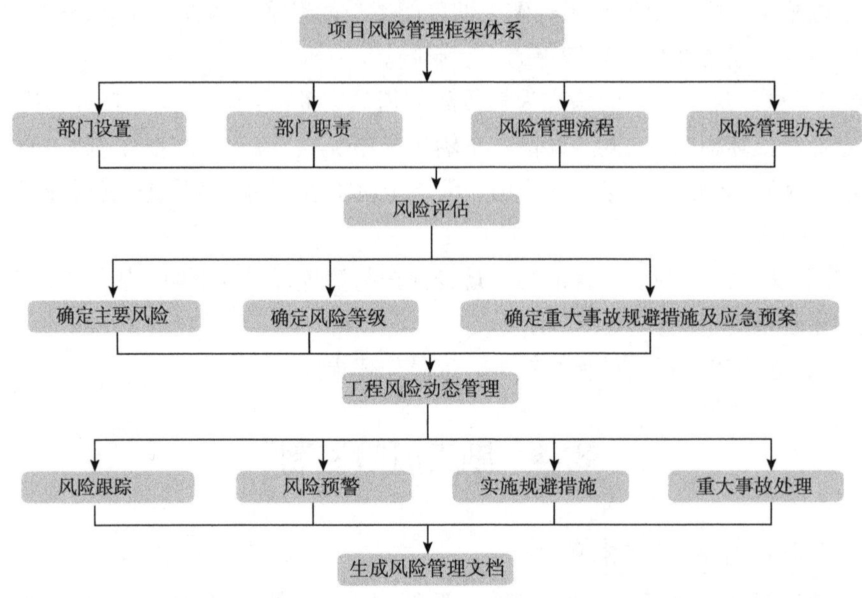

图 2-61　项目风险管理流程图

3.4.2　风险分析与预警

建立风险事件关键指标管理。通过分析风险成因，找出关键成因，分析确定导致风险事件发生时该成因的定性描述或具体数值，确定关键指标。根据关键风险指标，建立风险分级预警系统。预警分为Ⅰ级(特别严重)、Ⅱ级(严重)、Ⅲ级(较严重)和Ⅳ级(一般)。

跟踪监测关键指标数据和变化趋势，一旦达到预警状态，系统立即启动相应预案，组织处理。

预警状态期间，施工单位应及时向相关单位报告监测、处理情况，设计应及时调整风险处理措施，由项目管理机构组织相关单位进行风险决策和组织实施。

解除风险预警状态应由施工单位提交消警报告，经监理确认后报送建设项目部审批。

3.4.3　风险处置

风险控制方案包括技术和内部控制方案，技术方案包括各种风险预案、超前地质预报和监控量测预案、动态施工处理措施和关键施工技术预案、关键风险指标监测预案、信息收集、反馈和快速反应等预案。对于风险发生概率大、后果损失严重的风险事件，控制方案的确定应当在专家组集思广益的基础上，重点从总结已有施工技术方案在处理事故成效、成本及对工期的影响方面进行论证决策。

3.5　施工风险处置应急预案

3.5.1　应急预案体系的构成

应急预案应形成体系，针对各级各类可能发生的事故和所有危险源制订专项应急预案和现场应急处置方案，并明确事前、事发、事中、事后的各个过程中相关部门和有关人员的职责。

(1)综合应急预案。综合应急预案是从总体上阐述事故的应急方针、政策，应急组织结构及相关应急职责，应急行动、措施和保障等基本要求和程序，是应对各类事故的综合性文件。综合应急预案由风险管理小组负责编制。

(2)专项应急预案。专项应急预案是针对具体的事故类别、危险源和应急保障而制定的计划或方案，是综合应急预案的组成部分，按照综合应急预案的程序和要求组织制定，并作为综合应急预案的附件。专项应急预案由风险管理小组各成员单位负责编制。洞库施工期专项应急预案可分为自然灾害类(暴雨、雷电、台风等)、地质灾害类(塌方、冒顶、滑坡、突水突泥等)、施工生产安全施工类(交通事故、火灾事故、爆破施工事故、脚手架施工事故、工程机械设备故障及伤害、触电、高处坠落事故等)。

(3)现场处置方案。现场处置方案是针对具体的场所或设施、岗位所制定的应急处置措施。现场处置方案应根据风险评估及危险性控制措施逐一编制，做到事故相关人员应知应会，熟练掌握，并通过应急演练，做到迅速反应、正确处置。现场处置方案由风险管理小组各成员单位负责编制。

3.5.2 应急预案编制

(1)编制准备。编制应急预案应做好以下准备工作：1)全面分析工程危险因素，可能发生的事故类型及事故的危害程度；2)排查事故隐患的种类、数量和分布情况，并在隐患治理的基础上，预测可能发生的事故类型及事故的危害程度；3)确定事故危险源，进行风险评估；4)针对事故危险源和存在的问题，确定相应的防范措施；5)客观评价本单位应急能力；6)充分借鉴国内外同行业事故教训及应急工作经验。

(2)编制程序。风险管理小组根据预案类别或风险分级指定相关参建方编制预案。成员单位收到编制任务后，成立以单位主要负责人为领导的应急预案编制工作小组，明确编制任务、职责分工，制定工作计划。收集应急预案编制所需的各种资料(包括相关法律法规、应急预案、技术标准、国内外同行业事故案例分析、本单位技术资料等)。在危险因素分析及事故隐患排查、治理的基础上，确定可能发生事故的危险源、事故的类型和后果，进行事故风险分析，分析事故可能产生的次生、衍生事故，形成分析报告，分析结果作为应急预案的编制依据。针对可能发生的事故，按照有关规定和要求编制应急预案。

(3)应急预案评审与发布。内部评审由编制单位主要负责人组织进行。外部评审由风险管理小组组织相关专家组织审查。评审后，按规定报有关部门备案，并经建设单位主要负责人签署发布。

3.5.3 应急预案的培训与演练

各专项应急预案编制完成后，参建各方组织全体人员进行培训，使所有与事故有关人员均掌握危险源的危险性、应急处置方案和技能。培训完成后，由风险管理小组(应急指挥部)组织进行应急演练，并及时对演练效果进行评估和总结，维护更新，实现持续改进。

3.6 地下水封石洞油库综合防灾救援平台

3.6.1 系统结构

大型地下水封石洞油库综合防灾救援平台是在三维可视化建模平台上，集成在线监测监控系统和生产过程自动化系统。一方面通过射频识别技术，实时感知地下洞室环境，进行监测预警，最大限度地消除安全隐患；另一方面通过三维模拟仿真和系统分析，科学高效地进行预案演练、应急救援与调度指挥，将事故危害降到最低。图2-62、图2-63分别为该系统框架图和系统功能结构图。

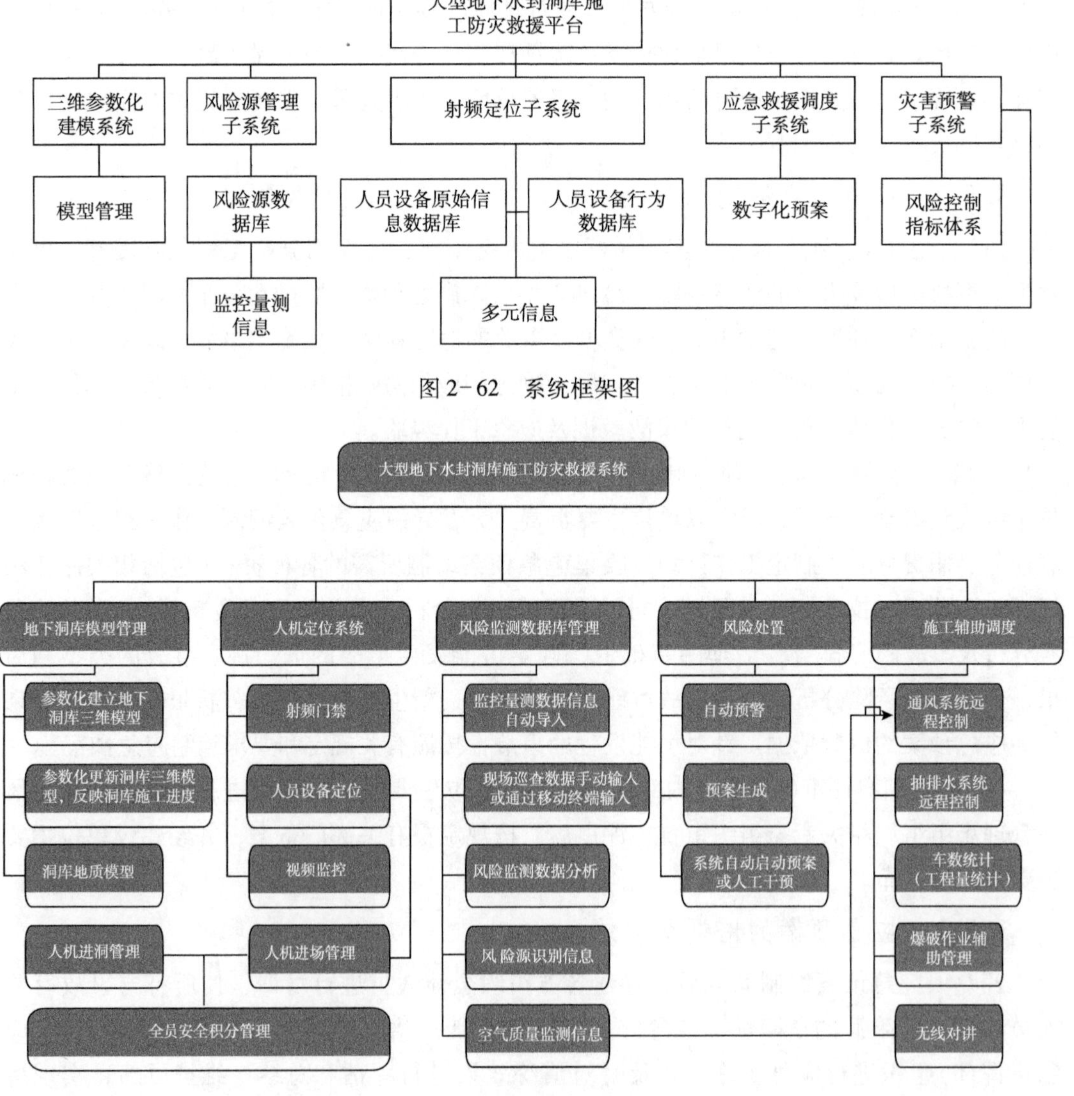

图2-62 系统框架图

图2-63 系统功能结构图

3.6.2 平台功能

综合防灾救援平台具有以下功能系统：地下洞室三维模型管理系统、人员设备定位管理系统、风险源管理系统、灾害预警子系统、应急救援调度指挥子系统和施工调度指挥子系统。其具体工作内容包括：

(1)地下洞室三维模型管理子系统

根据地下洞库工程施工特点，本系统实现了地下洞室的参数化三维建模，同时可根据施工程序和施工进度，输入参数更新洞库模型，实时反映工程建设的实际情况。

(2)人员设备管理子系统

1)人员设备进场管理。洞库场区进行封闭式管理，限制无关人员和设备进入施工场地，避免发生事故，造成无法预计的损失。参与洞库工程建设的人员和设备进场，按照进场管理流程管理，以规范用工管理，避免不适合从事地下洞库施工人员或设备进行场区，引起不必要的风险。

2)人员设备进出洞管理。门禁系统应用射频识别技术，可以实现持有效电子标签的车不停车，方便通行又节约时间，提高洞口的通行效率，同时对车辆出入进行实时的监控，结合车辆设备数据库，进行工程量统计分析。人员进洞前，在进场安全教育的基础上，分专业、工种进行岗前安全教育，并发放工序“安全作业提示卡”和“质量控制要点卡”，熟知卡片内容后发放电子标签，方可进洞。

3)洞室内人机定位。对遍布洞室的人员设备进行实时监测，使管理人员能够随时掌握洞室施工人员的运动轨迹，以便于进行合理的调度管理。一旦发生意外事件，救援人员可根据该系统所提供的数据、图形，迅速了解有关人员的位置情况，及时采取相应的救援措施，提高应急救援工作的效率。图 2-64 为人员设备进场管理流程图，其主要功能如下：(a)井下人员实时动态跟踪监测，位置自动显示。(b)人员在指定时间段所处区域及运动轨迹回放。(c)人员考勤，查询统计进出洞情况。(d)对指定区域人员进行搜寻和定位，以便及时救护。(e)为防止误操作，电子标签设置了 A + B 双键同时按下时向系统发出求救信号。

4)安全文化建设内容包括：(a)建立稳定可靠、标准规范的安全物质文化。如安全的作业环境、安全的工艺过程、安全的设备控制过程等。(b)建立符合安全伦理道德和遵章守纪的安全行为文化。如通过多渠道，使员工在掌握安全知识的基础上，熟练掌握各种安全操作技能，并能严格按照安全操作规程进行操作。(c)建立健全切实可行的安全管理(制度)文化。建立健全安全管理机制，即建立起各方面各层次责任落实到位的高效运作的安全管理网络；建立起切实可行、奖惩严明的劳动保护监督体系。建立健全安全规章制度和奖惩制度，使其规范化、科学化、适用化，并严格执行。(d)建立“安全第一、预防为主”的安全观念文化。通过多种形式的宣传教育，提高员工的安全生产意识，包括应急安全保护知识、间接安全保护意识和超前安全保护意识，并进行安全知识教育培训。进行安全伦理道德教育，提高员工的责任意识，使其自觉约束自己的行为，承担起应尽的责任和义务。

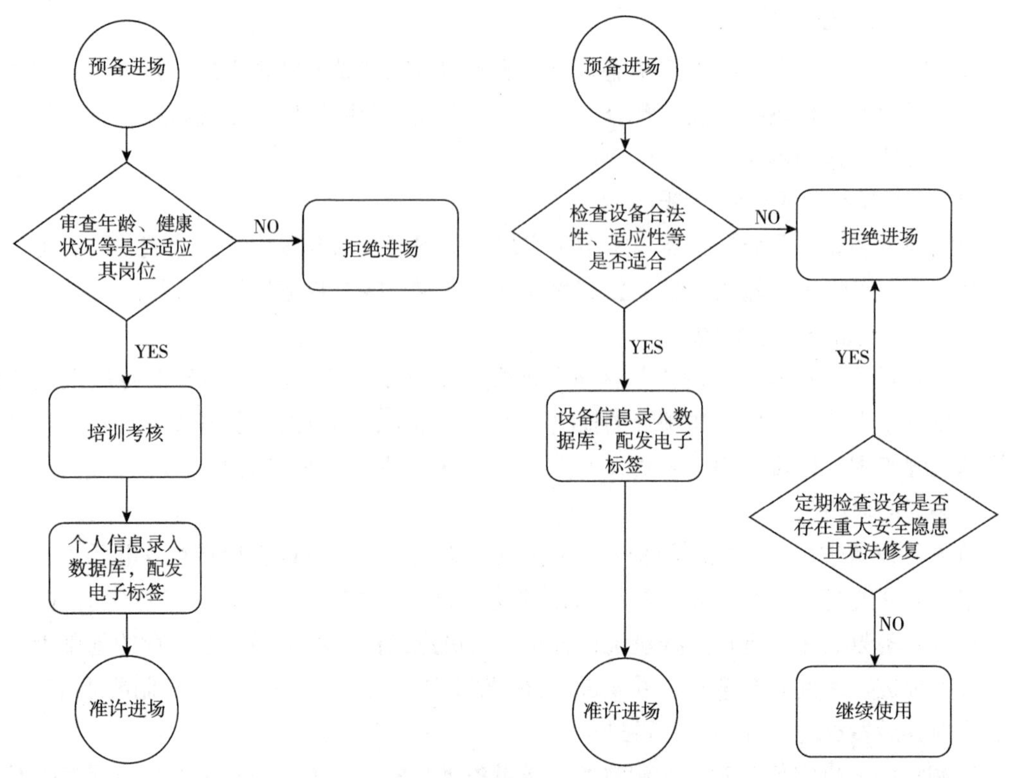

图 2-64　人员设备进场管理流程

如图 2-65，为使安全文化建设的内涵深入每个建设者的内心，利用人员进场时建立的人员数据库，建立一个“全员安全积分管理系统”。通过这个系统，将参与项目建设的所有现场人员纳入安全积分管理，对不安全行为(通过定位监控、视频监控、现场巡查等方式获得信息)进行处罚(扣减积分并罚款)，并将违章行为录入数据库；对促进安全文化建设的行为进行奖励(加分并发奖金)，并利用群发短信或 LED 屏公布等形式将结果及时公布。每月对积分等于大于 100 分者予以奖励；积分介于 60 ~ 100 分之间的，进行安全培训；积分少于 60 分者予以换岗或清退出场，对年度积分最高的员工予以物质和精神奖励。对各类安全管理信息通过多种形式进行公示，使全员参与到项目的安全管理活动中来。

通过对违章行为记录数据库进行分析统计，明确下一年度的安全管理工作的重点。实施过程中，可将人员根据其在安全管理活动中的职责和作用进行分类、分层次，执行相应的安全行为积分标准。

通过该系统，可使每个人切实感受到安全管理关系到自己的切身利益，形成“人人讲安全，人人要安全”的氛围。

(3)风险源管理子系统

监测数据采集与分析子系统包括无线传感数据管理系统、历史路径记录系统、巷道监测数据管理系统。在主要巷道、洞室、安全限制区域，铺设无线传感接收器、巷道环境无

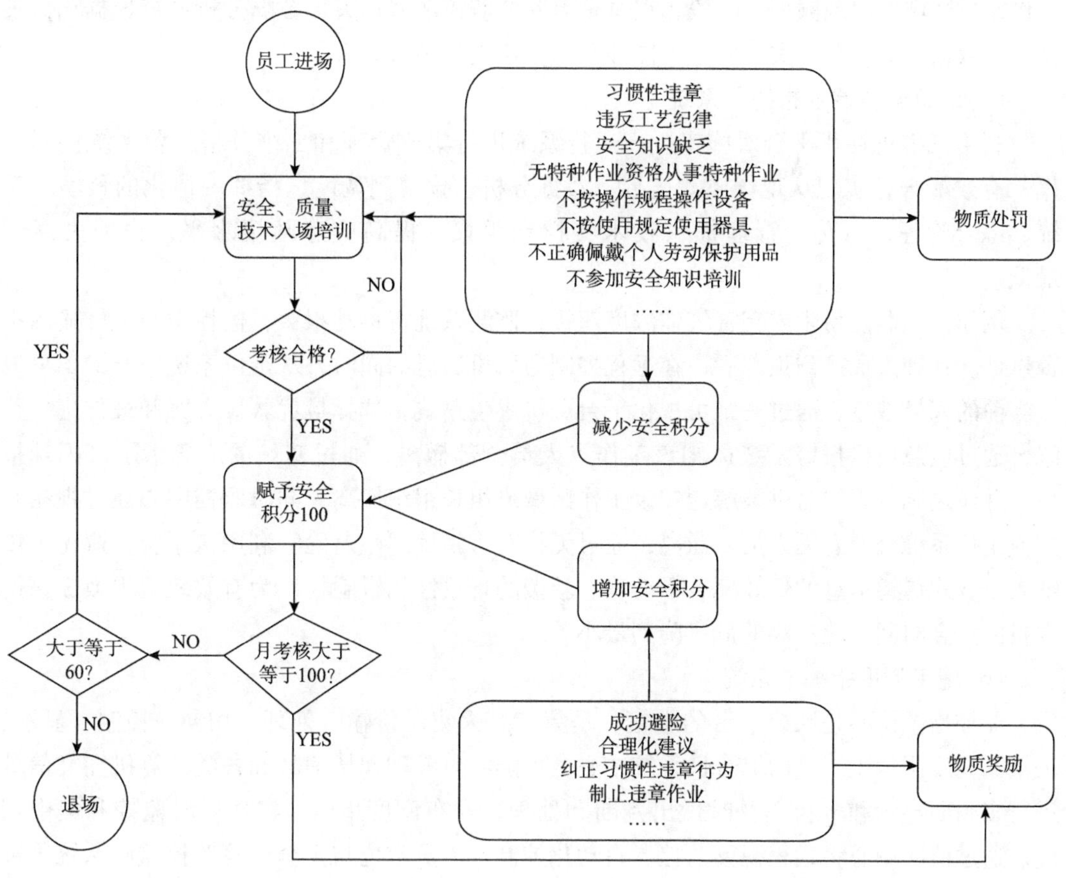

图 2-65　全员安全积分管理

线传感器，记录经过人员及设备信息，所有信息通过数据总线传输至主机数据库，实现无线传感数据采集管理。根据射频卡预设级别管理，严格控制非权限人员进入敏感限制区域，保证安全生产以及责任的落实。若人员越权限强行进入，系统将给予报警。历史路径记录系统记载井下人员及设备的运动情况，对入井工作时间进行统计，模拟人员跟踪定位，历史路径对灾害事故原因分析有很重要的作用。巷道监测数据管理系统，根据无线传感器记录的巷道数据，二十四小时实时监控巷道，对巷道参数发生异常区域进行安全预警，防止井下人员进入危险区域，有效预防灾害的发生。

(4)灾害预警子系统

灾害预警子系统包括异常报警系统，灾害报告系统和预警通讯系统。对于洞内参数出现异常，系统对异常区域、异常类别进行报警，风险管理小组现场调查，排除安全隐患。灾害报告系统对于灾害发生原因、发生区域、发生时周边人员、设备情况统计分析，生成系统分析报告反馈。预警通讯系统在异常报警后启用，及时联络洞内人员，通知安全撤离或灾害规避，保证人员、设备的损失最小化。灾害分析系统包括传感数据分析系统，定位数据分析系统，灾害数据分析系统。传感数据分析系统分析洞内监测数据，分析异常区域及可能引发灾害类别；定位系统对洞内人员、设备的历史数据进行分析，分析人员、设备工作密集区域，出现频率、时段，提供重点安全监控区域；灾害数据分析系统根据相似灾害历史数据，分析总结灾害发生可能性，为决策提供参考。

(5)应急救援调度指挥子系统

利用三维可视化平台对施工生产运行系统进行集成管理和三维分析，各系统协同工作、有效配合，实现从现场监测监控、数据分析、预警到调度、指挥一体化的科学、系统、综合管理，为安全管理提供技术支撑和手段，提高应急救援水平，将损失降到最低。

例如，当洞内粉尘或有害气体浓度超标，监测系统将自动报警，监控中心大屏显示报警事件。管理人员接到报警后，在远程控制通风机通风的同时，从定位系统中查询出事地点当前的人员数量，通过三维可视化平台分析逃生路线，选择最优救援方案和最佳逃生路线，通过应急广播报警系统通知该工作点人员全部撤离，通过基站的应急指示灯闪烁报警，并通过洞内无线对讲系统通知该工作区域班组长组织撤离，同时监控中心通过视频监控或定位系统查看有无人员未撤离，通过无线对讲指挥逃生避险。利用该系统，避免了传统人工方式传递信息的低效率、不准确、救援的盲目性和冒险性，为有效地组织救援赢得宝贵的黄金时间，使灾难的危害降到最小。

(6)施工调度指挥子系统

监控指挥中心是系统平台的中枢，是集信息采集、传输、处理、切换、控制、显示、决策、调度指挥于一体的综合性系统中心，可随时对各种现场信号和各类计算机图文信号进行多画面显示和分析，及时做出判断和处理，发布调度指令，实现实时监控和集中调度。通过监控中心将远程视频监控、自动化控制、人员定位与安全风险监控监测系统等视频信号和计算机信号在大屏幕上显示，通过操作台进行远程调度指挥。

1)通风自动化控制。通过实时监测风压、风量、通风机功率、轴承温度、电机绕组温度以及通风机开停、反风等状态信号，随时了解风机的运行状况以及地下洞库的风量、空气温度、空气中氧气、CO等含量，并实时上传到计算机进行数据分析处理，根据生产需要随时远程操纵预警、控制风机开停，在满足生产需风的同时最大限度地节约通风能耗，降低通风费用。

2)排水自动化控制。通过在集水井安装超声波液位计，排水管道安装电磁流量计、电动阀等仪器，对排水系统的液位、流量等指标综合监控，实现排水泵房的无人值守和自动排水。

3)洞库开挖爆破作业辅助功能。针对施工爆破作业频繁、平行洞室及立体交叉洞室的爆破作业与其他作业相互交叉的实际情况，建立施工爆破管理系统。将人员设备定位系统传输的数据，实时表现在地下建筑物三维模型中，直观的掌握各掌子面作业情况，分析爆破影响范围内的人机是否已撤离到安全区域，决定爆破作业是否实施。通过布置在洞室中的音频广播，协助现场安全员进行爆破警戒。

4)地下洞室开挖强度大，车流量大，交通压力大。为降低交通事故发生的概率，通过车辆设备配备的射频标签，实时监控洞内车速，超速车辆的信息实时在监控系统显示并进行记录，系统通过洞室内的广播系统对超速车辆的驾驶员进行提醒。

5)施工进度统计分析功能。通过车辆射频电子标签监控采集的信息和车辆基本信息数据库，实时分析各工作面开挖(出渣车)和支护(砼罐车)施工的工程量完成情况，分析施工资源的配备情况。

第四节　地下水封石洞油库计价体系

4.1　石洞油库计价体系现状

作为国内第一个大型地下水封石洞油库，尚没有确定其工程造价的专项计价依据，此次建设的第一个大型地下水封洞库工程造价的确定是借用《中国石化石油化工工程计价体系》中的预算定额和概算指标、水电建筑工程概算定额及地方建筑工程预算定额来确定的。为了科学地评估大型地下水封洞库工程造价的准确性，为后续开工建设的地下水封洞库提供可执行的计价依据，按照攻关小组的安排，开展大型地下水封石洞油库工程计价体系研究工作。

在研究工作开展过程中，国家能源局于2012年5月组织编写完成了《国家石油储备地下水封洞库工程项目初步设计概算编制方法(试行)》(送审稿)，经过对其分析，并进一步分析工程项目安装和建筑工程的实际情况，结合对《大型地下水封石洞油库建设关键技术集成创新》中其他课题组研发内容的分析，认为安装工程中的主要项目在现行的石化、石油行业预算定额中属于缺项内容，于2012年6月提出了调整大型地下水封石洞油库工程计价体系研究内容的意见，调整研究内容后的工作成果包括二项：《大型地下水封石洞油库竖井安装和系统试验工程预算定额》、《大型地下水封石洞油库竖井安装和系统试验工程计价应用软件》，此二项研究工作成果是对《国家石油储备地下水封洞库工程项目初步设计概算编制办法(试行)》(NB/T 1004—2012)和现行石油化工行业工程计价体系的补充完善。

4.2　研究方法

(1) 安排工程造价专业人员进驻现场，开展全过程的工程造价现场调研与服务工作。

(2)组织参与此项研究工作的专业技术人员深入现场开展调研。

(3) 在开展调研、分析工作的基础上，组织专业人员编写研究工作《技术统一规定》和《专业细则》，确定计价依据的编制原则、专业册划分和列项、子目步距划分、工作内容的组合深度、使用说明的编写规定等工作。

(4)根据工程进展情况，组织专业人员按照研究工作《技术统一规定》和《专业细则》要求，与施工企业研讨基础数据统计格式和统计要求，开展基础数据统计工作。

(5)全过程收集与计价依据研究工作相关的基础资料。

(6)按照研究工作计划，由各参与研究单位选派专业技术人员集中开展工作。

(7)完成《大型地下水封石洞油库竖井安装和系统试验工程预算定额》初稿，并进一步修改完善。

(8)开展《大型地下水封石洞油库竖井安装和系统试验工程计价应用软件》研发工作。

4.3 研究主要过程与成果

4.3.1 基础数据统计分析工作

在计价依据编制研究工作中，基础数据是研究工作的基础，计价依据编制研究工作的基础数据来源有三个：一是工程现场统计数据；二是工程现场实测数据；三是工程建设经验数据。

《大型地下水封石洞油库工程计价体系研究》中关于施工基础工序的人工、材料、施工机械台班消耗主要靠现场统计工作获得；其他，如工作准备时间、工作间歇时间、工种交叉时间的取定就要根据现行定额、指标编制工作中所确定的原则，结合工程现场实际情况进行计算分析确定。

在完成大量数据统计的基础上，编写《技术统一规定》和《专业细则》所确定的计价依据专业册划分、列项、子目步距划分、工作内容的组合深度等情况进行分类计算分析，最终完成定额各子目工料机消耗量的取定。

4.3.2 编写《技术统一规定》和《专业细则》

编写《技术统一规定》和《专业细则》时，针对与计价依据研究工作相关的工程条件、劳动组织、工作效率、机具配备等有关情况深入现场开展调研，组织专业人员开展了下述工作：研究计价依据的编制原则、专业册划分和列项、子目步距划分、工作内容的组合深度、使用说明的编写规定等工作内容。

4.3.3 编写完成《大型地下水封石洞油库竖井安装和水幕系统试验工程预算定额》

根据地下水封洞库工程特点，通过对现有技术经济资料的分析，研究人员经过集中开展研究工作阶段，完成《大型地下水封石洞油库竖井安装和水幕系统试验工程预算定额》的编写。

本定额是完成规定计量单位分项工程计价所需的人工、材料、施工机械台班的消耗量标准，是编制施工图预(结)算的依据，是实行工程招投标时编制标底和报价的依据，是实行工程量清单计价参考依据，也是编制概算指标的基础。

本定额与《石油化工安装工程费用定额》(2007 版)及相应的动态调整文件配套执行。

本章小结

1)在建设项目部统一组织下，形成了“六位一体”的建设团队，即建设、勘察、设计、施工、监理、第三方技术监测(服务)各负其责，保证了此次石油地下水封洞库工程的建设安全性、有序性和优质性。组织制定了《地质会商制度》，为正确解决动态设计、动态施工中对新揭露地质现象的认识，提供制度上的保障。

2)研发了具有自主知识产权的地下水封石洞油库全生命周期一体化数字平台。该平台具有五大功能模块，分别为动态勘探(DE)、动态设计(DD)、动态施工(DC)、动态安全控制(DS)和动态运行(DO)。该平台覆盖工程勘探、设计、施工建设等环节的过程控制与风险识别，职能部门分类管理，文档共享以及班组生产管理等，涵盖地下水封石洞油库工程建设与运行、管理的数字信息。为地下水封石洞油库“动态勘察、动态设计、动态施工”建设新理念提供了重要保障。

3)组织开发项目管理信息系统(DKPMS)，建立一个科学量化、切实有效的项目管理信息化支持系统，使项目管理规范、有序、高效，以信息化提升项目管理水平。

4)成立了风险管理小组。分析了地下水封石洞油库施工风险因素、发生机理以及对风险识别并进行风险评估。针对风险发生的概率提出施工风险控制及风险处理应急预案。

5)在三维可视化建模平台上建立了综合防灾救援平台，该平台集成在线监测监控系统和生产过程自动化系统，一方面通过射频识别技术，实时感知地下洞室环境，进行监测预警，最大限度的消除安全隐患，另一方面通过三维模拟仿真和系统分析，科学高效的进行预案演练、应急救援与调度指挥，将事故危害降到最低。

6)编制完成了《大型地下水封石洞油库竖井安装和水幕系统试验工程预算定额》。

第三章　水封性评价与控制关键技术

第一节　水幕系统设计、测试与优化方法

地下水封石洞油库建设在我国刚刚起步，缺少成熟的规范与工程先例，而其核心技术——水幕系统设计与测试理论与方法仍处于经验积累阶段。水幕系统设计与测试是地下水封石洞油库建设的关键技术，水幕系统合理与否事关整个洞库建设成败。在水封设计与测试技术方面，国外开展较早，并取得了成熟的设计经验，但均以专有技术形式进行保护。从已有文献看，对水幕系统设计原则以及水幕系统连通性现场试验与判断方法等方面研究成果的介绍鲜见报道。

结合我国首个大型地下水封石洞油库工程，采用岩体力学和渗流力学基本原理，较为系统地分析了水文地质条件对水封方式选用、水幕系统布置和连通性判断的影响，提出了水幕设计基本原则和改进的连通性测试方法。研究成果可为地下水封石洞油库水幕系统设计提供重要依据，并为岩体渗流力学特性研究提供工程实例。

1.1　水幕系统设计

1.1.1　设置水幕系统原因

地下水封石洞油库的储油功能建立在以下三个基础条件上：1)石油相对密度小于水；2)石油遇水不分解，不溶解；3)洞库周围水压大于洞内油压。其中前两个条件是石油的物理化学性质所天然具备的，而第三个条件有赖于工程具体条件。油库密封是通过地下水往洞内渗透实现的，地下油库必须建在稳定地下水位线以下适当深度，以保证油库周围的地下水压力大于洞内储存介质的压力。

根据工程水文地质条件，可以选择自然水封或人工水封方式。自然水封即采用自然地下水进行储油的方式，适用于稳定水位高、地下水补给充沛地区；而人工水封方式则需采用人工施作水幕系统进行储油的方式，适用于稳定水位低、地下水补给贫乏地区使用。在具体工程实践中，水封方式的选用需通过工程水文地质条件评价。

1.1.2　水幕孔布置方式

(1)原理与基本布置方式

水幕孔是水幕系统的核心组成部分。水幕孔需能最大程度地连接岩体中结构面，使得

水幕系统的水能最大程度补给至洞库周围岩体，从而在库区周围形成一个稳定的地下水位，达到洞库密封性所需条件。因此，水幕孔布置方式与岩体中优势结构面产状密切相关。理论上，水幕孔布置方位与结构面垂直时，水幕孔补给效果最好。考虑到实际情况，工程实践中常采用以下几种基本的布孔方式：水平布置、竖直布置和倾斜布置(见图3-1)。图3-2为韩国Pyungtaek储气库水幕系统布置图，采用了水平布置方式。图3-3为挪威Torpa空压蓄能储气库水幕系统布置图，采用了倾斜布置方式。根据具体工程地质情况，有些洞库也采用两种方式复合的方法布孔。

(2)不同布孔方式适用条件

若岩体中优势结构面倾角较陡(如图3-4所示)，则水平水幕孔可以最大程度地与结构面相连，从而起到充分补给洞库围岩的作用；相反，若岩体中优势结构面倾角较缓(如图3-5所示)，则竖直方向水幕孔可最大程度与结构面相连，起到补给洞库围岩的作用。若岩体中结构面倾角中等，则需考虑倾斜布孔或复合式布孔方案。

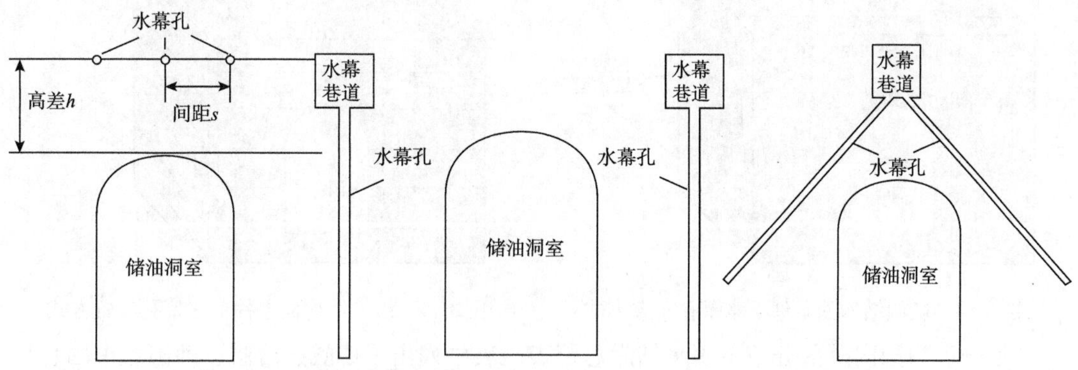

图3-1 水幕孔基本布置方式(自左而右分别为水平、竖直和倾斜布置)

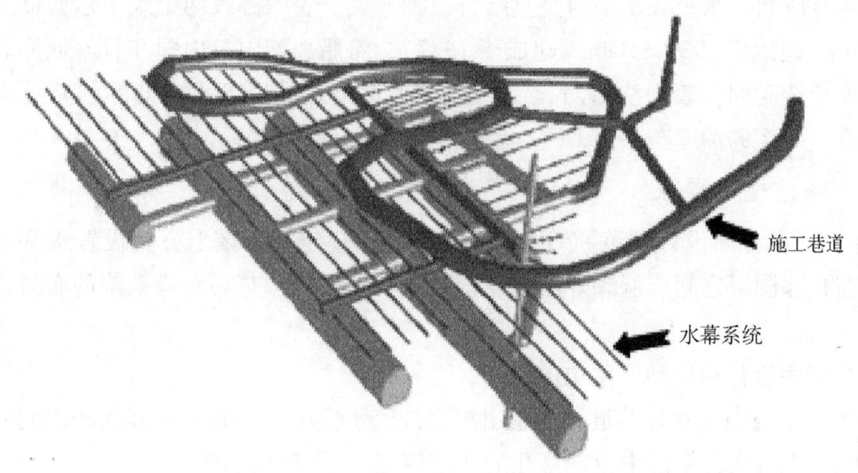

图3-2 韩国Pyungtaek储气库水幕系统布置图

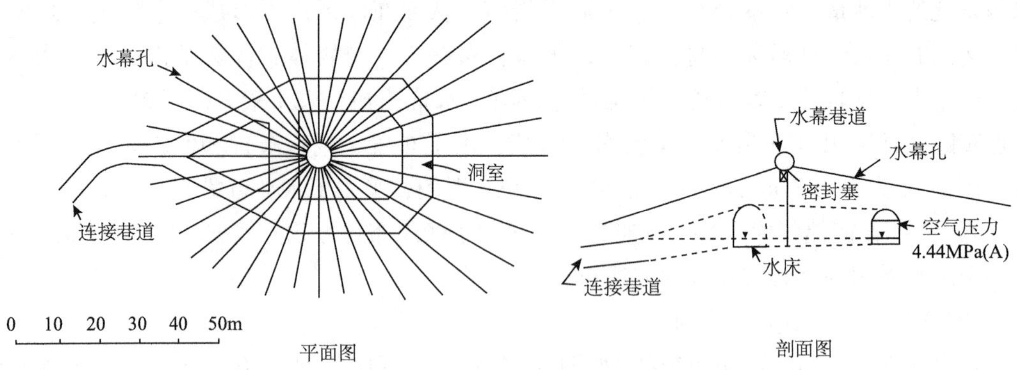

图3-3　挪威 Torpa 空压蓄能储气库水幕系统布置图

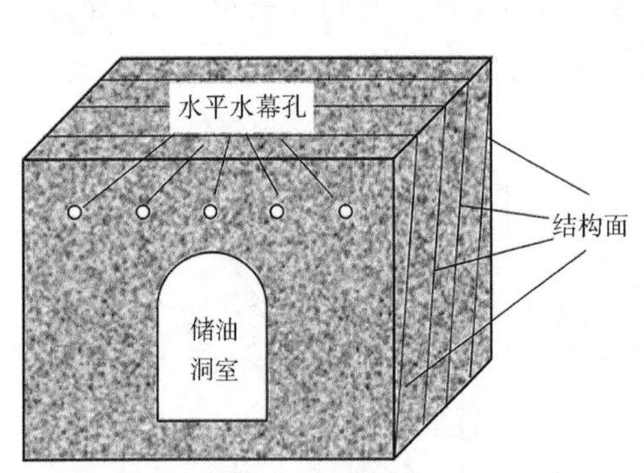

图3-4　陡倾结构面条件下水幕孔布置方式

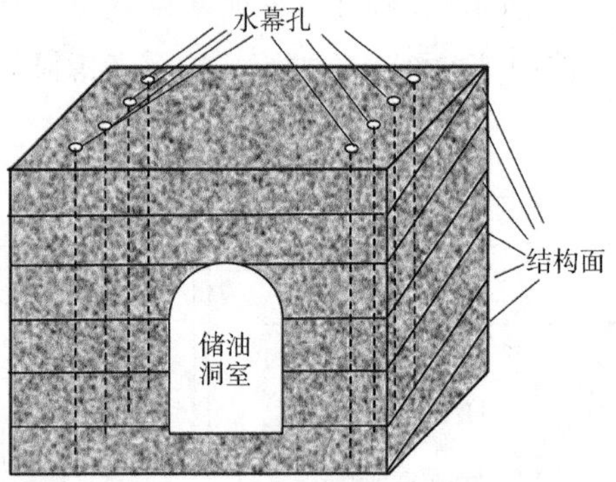

图3-5　缓倾结构面条件下水幕孔布置方式

表3-1为国内外部分地下水封储库总览表。表中列出了挪威、希腊、韩国、中国、日本五个国家地下水封储库基本情况。储存物主要含压缩空气、液化石油气、原油等。水幕孔布置方式含有倾斜、水平和水平与竖直结合三种方式。表中挪威两个地下水封储库建造时间较早(Torpa 建成于 1989，Rafnes 建成于 1977)，希腊、韩国、中国和日本储库均晚于挪威两个储库建造时间。表中注重对比了使用水平水幕孔的地下水封储库水幕孔设计参数。从表中看，此次的油库与韩国 U-2 规模相当，设计参数接近。

1.1.3　现行规范要求

《地下水封石洞油库设计规范》(GB 50455—2008)规定，洞罐上方宜设置水平水幕系统，必要时在相邻洞罐之间或洞罐外侧应设置垂直水幕系统，并对水幕系统的布置做出具体规定：

1)应满足洞库设计稳定地下水位的要求；

2)水平水幕系统中，水幕巷道尽端超出洞室外壁不应小于 20m，水幕孔超出洞室外壁不应小于 10m。垂直水幕系统中，水幕孔的孔深应超出洞室底面 10m；

3)水幕巷道底面至洞室顶面的垂直距离不宜小于 20m；

4)水幕巷道断面形状宜采用直墙拱形，断面大小应满足施工要求，跨度及高度不宜小于 4m；

5)水幕孔的间距宜为 10 ~ 20m，水幕孔的直径宜为 76 ~ 100mm。

表 3-1　国内外部分地下水封储库总览表

储库位置	储存物	容积/万 m^3	岩性	水幕孔间距/m	水幕孔长度/m	与储室高度差/m	布置方式	备注
挪威 Torpa	压缩空气	1.4	泥砂岩	—	—	—	倾斜	
挪威 Rafnes	液化石油气	10	花岗岩	—	—	—	倾斜	
希腊 Perama	汽油、石油	20	灰岩	20	约 50	12	水平	
韩国 Pyongtaek	液化石油气	22.4	片麻岩	10	100 ~ 120	25	水平、竖直	扩建工程
韩国 K-1	汽油	23.1	花岗岩	12	100 ~ 120	15	水平	
韩国 L-1	液化石油气	30	安山岩	10	100 ~ 110	25	水平	
韩国 U-2	原油	429.3	闪长岩	7, 14	110	20	水平	
中国汕头	液化石油气	20.6	花岗岩	10	100	20	水平	
中国珠海	液化石油气	40	花岗岩	10	32 ~ 79	31.2	水平	
中国宁波	液化石油气	50	凝灰岩	10	100	10	水平	
中国某地	原油	300	片麻岩	10	97 ~ 110	25	水平	
日本 Kuji	原油	175	花岗岩	—	—	—	—	设置了水幕系统，参数不详
日本 Kikuma	原油	150	花岗岩	—	—	—	—	设置了水幕系统，参数不详
日本 Kushikino	原油	175	安山岩	—	—	—	—	部分水封

注：—表示此项不详。

1.1.4　水封方式选择

为了确定此次地下水封石洞油库水封方式，对库区水文地质条件进行了评价。评价分以下两个方面：(1)地下水赋存情况调查；(2)稳定水位预测。

根据水文地质情况调查，库区地下水以孔隙潜水和裂隙潜水形式赋存。孔隙潜水赋存于表层第四系松散地层中，而裂隙潜水可分为浅层的网状裂隙水和深层的脉状裂隙水。孔隙潜水与浅层网状裂隙水接受大气补给，但由于地势较陡，降水入渗补给地下水量相当少(入渗系数仅为 0.073)。深层脉状裂隙水主要赋存于断层破碎带内，总体水量较少。库区地下水以大顶子至灵雀山一线作为分水岭，向南北两侧流动。因地下水水力梯度较大，地下水径流较通畅。因此，由于缺少稳定的地下水补给来源，洞库建成后地下水自然补给量十分有限。

为了准确预测油库稳定水位，在详细勘察地质资料和室内试验基础上，研究人员采用了等效连续介质理论等多种方法对油库自然水封条件下水位变化情况进行了研究。研究结果均显示油库长期运行条件下油库周围水力梯度小于1，不能满足油库水封要求。

综合上述分析，该地下水封石洞油库库区地下水自然补给量有限，长期稳定水位低于洞室拱顶，运行条件下水力梯度小于1，不满足自然水封条件。为了保证油库的长期运行，需采用人工水幕方式确保油库的水封性。

1.1.5 水幕布置方法

根据详细勘察阶段地质资料，库区周围主要发育有四组结构面：第一组产状为65°～75°∠70°～80°；第二组产状为83°～88°∠75°～82°；第三组产状为112°∠56°；第四组产状为136°～143°∠74°～85°。

水幕巷道内倾角大于60°的陡倾结构面约占总数的67%。因此，洞库水幕巷道高程处围岩结构面多为陡倾，结构面产状与图3-6所示情况类似。在此条件下，采用水平水幕孔是适合的。为保证水封效果，水幕孔长度超出洞室范围10m。

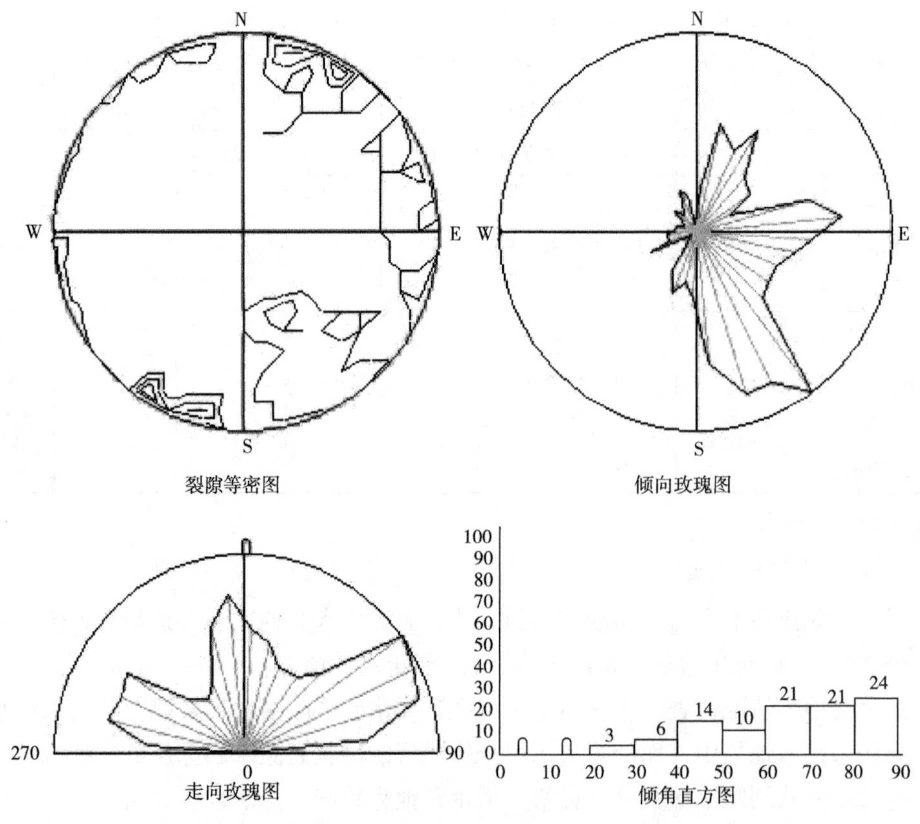

图3-6 水幕巷道内统计结构面产状

地下水封石洞油库设计储存压力为0.1MPa，理论上水幕系统至少高于主洞室拱顶10m，为安全起见，水幕孔与主洞室高差增至26.5m，确保储库不泄露。水幕孔间距初步设计为10m，具体实施过程中，根据下文介绍的水幕孔连通试验测试结果进行调整。图3-7为油库水幕孔设计示意图。

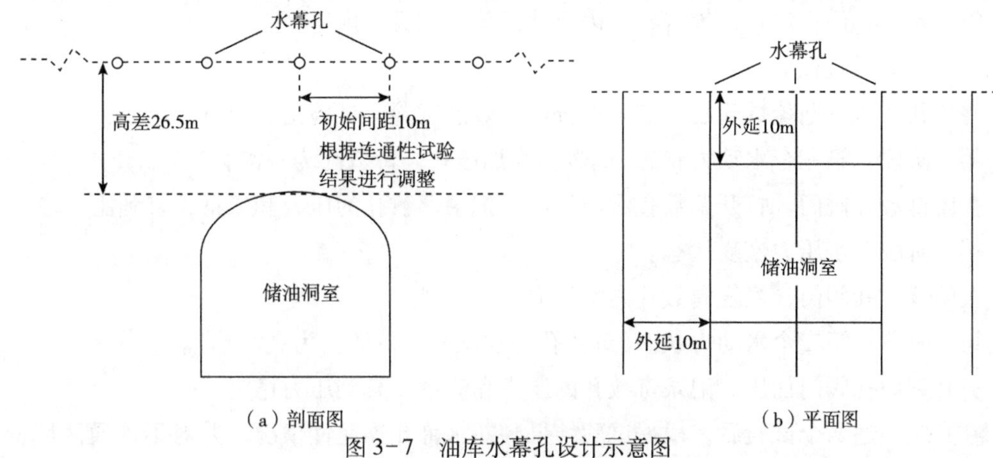

（a）剖面图　　（b）平面图

图 3-7　油库水幕孔设计示意图

1.2　水幕连通性测试

1.2.1　测试方法

为了测试水幕孔之间的连通性，需开展单孔注水—回落试验和分区有效性试验。单孔注水—回落试验用于测试水幕所在位置初始静水压力，而分区有效性试验则用于测试分区内水幕孔之间的连通性。其中，单孔注水—回落试验获得的初始静水压力将作为分区有效性试验的依据。本节选取 A2 区水幕孔注水—回落试验和有效性试验进行分析。

(1)试验设备

本区水幕孔长度为 94.5m，孔径为 120mm。造孔设备选用英格索兰 MZ165 型锚索钻机，配备了高锰钢材质钻杆。钻孔过程中为提高钻机定位精度，增加了侧向、后向液压支撑装置以及数显调平装置。根据成孔后测量结果，水幕孔竖向偏差不大于 5m。水幕孔试验设备主要包括孔口橡胶栓塞，压力表、流量计和相关管路及闸阀，如图 3-8 所示。压力表精度为 0.05MPa，流量计精度为 0.1 L。

图 3-8　现场连通性测试系统

(2)试验步骤

1)单孔注水—回落试验

单孔在成孔后，尽快进行注入－回落试验。试验主要步骤为：

第一阶段：孔内注水，注满后关闭栓塞，持续记录孔内压力，直至稳定；

第二阶段：对钻孔进行加压，所加压力为稳定孔内压力加上 0.3 ~0.5MPa，加压过程中记录压力和流量；

第三阶段：停止注水，等待钻孔内自然回落，记录孔内压力。

2)分区有效性试验

在单孔注水—回落试验后，需开展分区有效性试验，试验由三个阶段组成：

第一阶段：第一个水动力状态(偶数孔为加压孔，奇数孔为观测孔)。

关闭奇数孔阀门，打开偶数孔阀门加压。记录偶数孔的压力和流量，直到压力稳定。

第二阶段：水压力恢复状态。

关闭偶数孔阀门，恢复偶数孔内水压力。

第三阶段：第二个水动力状态(奇数孔为加压孔，偶数孔为观测孔)。

打开奇数孔阀门加压。记录奇数孔的压力和流量，直到压力稳定。

在完成上述两个试验后，根据试验结果判断水幕孔连通性情况，并对不连通区域增加水幕孔。

1.2.2 试验结果与分析

(1)注水—回落试验结果与分析

据试验数据分析，可将注水—回落曲线分为以下三种类型：

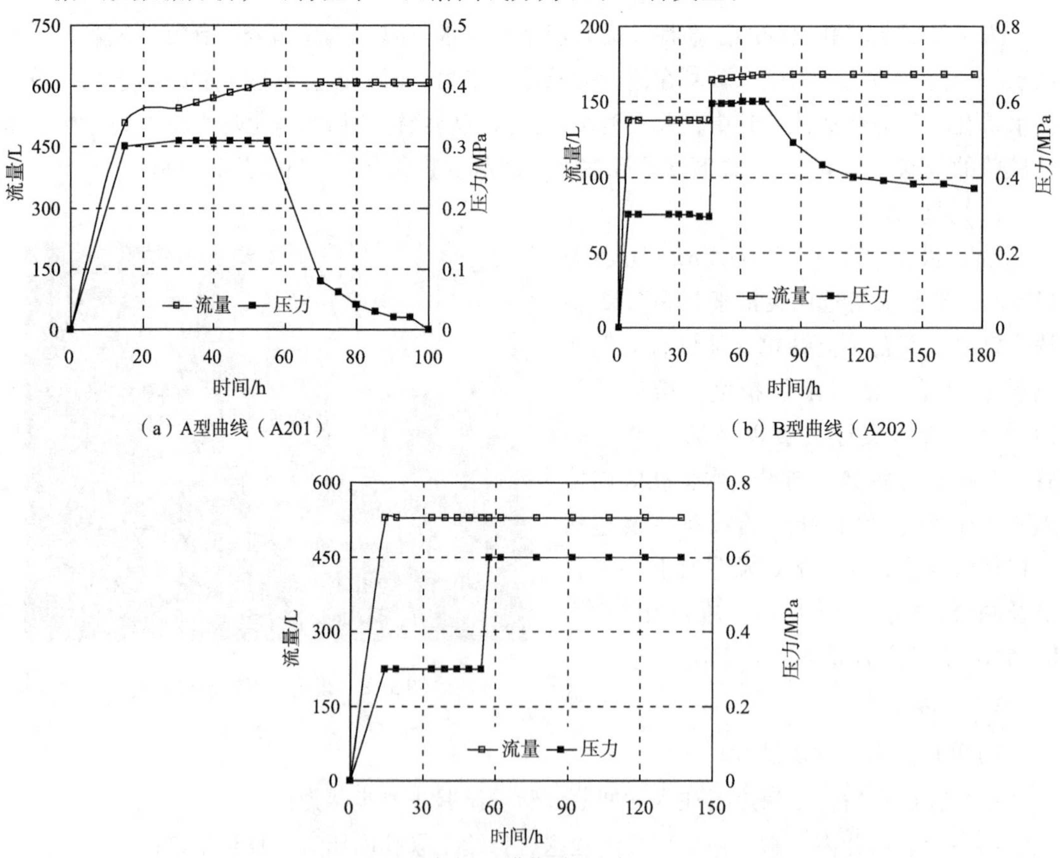

(a) A型曲线（A201）

(b) B型曲线（A202）

(c) C型曲线（A205）

图3-9 注水—回落试验典型水幕孔压力-时间、流量-时间关系

A 型曲线回落压力为零[图 3-9(a)]。此类水幕孔孔壁围岩节理裂隙发育，透水能力强，在回落阶段，水快速渗流至岩体，引起压力下降为零。

B 型曲线回落压力为小于注水压力，但不为零[图 3-9(b)]。此类水幕孔孔壁围岩节理裂隙较发育，透水能力较强，在回落阶段，水缓慢渗流至岩体，引起压力下降。

C 型曲线回落压力等于注水压力[图 3-9(c)]。此类水幕孔孔壁完整性良好，不透水，注水阶段压力上升时间短，速度快，在回落阶段压力基本无变化。

水幕孔成孔及注水回落试验过程中，水幕孔所在位置水压力变化过程如图 3-10 所示，包括四个阶段。未开挖条件下水幕孔所在位置水压力为初始静水压力；水幕孔开挖后，扰动了原来的地下渗流场的分布，水幕孔所在位置水压力降为零，水幕孔附近区域水压力分布不规律，距离水幕孔较远，未受开挖影响区域水压力按静水压力分布；水幕孔注水后，水幕孔的水压力超过初始静水压力；注水阶段完成后，水幕孔水压力回落，直至达到稳定状态，稳定之后的水压力又重新恢复到了初始静水压力。因此，水幕孔最终回落的恒定水压力即为初始静水压力。

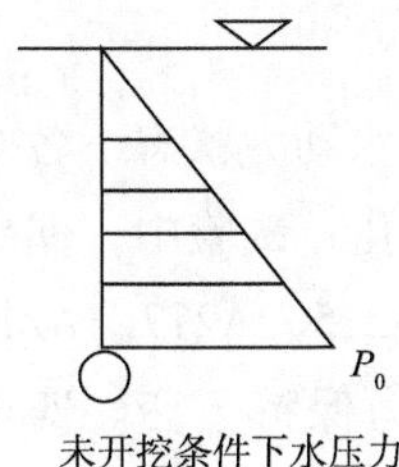

未开挖条件下水压力

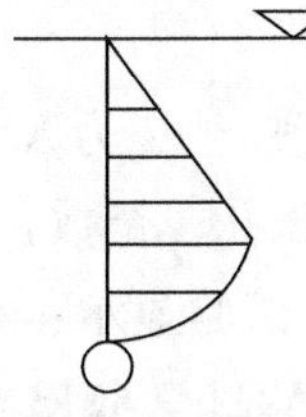
开挖后水压力分布

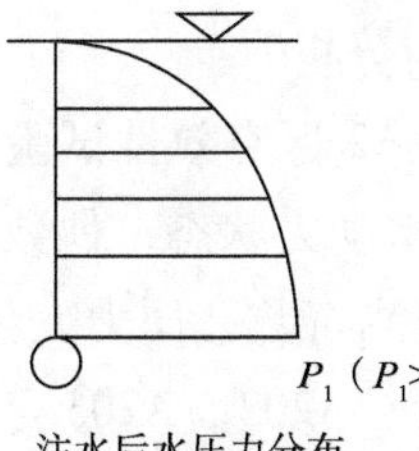

注水后水压力分布

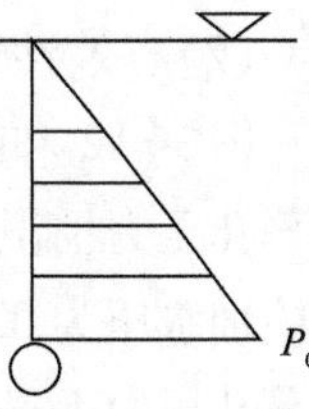

回落后水压力分布

图 3-10　水幕孔水压力变化图

表 3-2 为 A2 区水幕孔透水情况与初始静水压力表。图 3-11 为初始静水压力分布情况，从图中看，受库区渗流场分布影响，水幕孔处静水压力分布表现出不均匀与不连续特征。水幕孔 A210 初始静水压力最大，为 0.6MPa，而 A201、A213、A214、A215 处初始静水压力为 0MPa。总体来看，水幕孔 A202～A212 之间初始静水压力较高，而 A213～A215 之间初始静水压力为零。

表 3-2　A2 区水幕孔注水回落试验结果

编号	透水情况	初始静水压力/MPa	编号	透水情况	初始静水压力/MPa
A201	透水	0	A211	不透水	0.47
A202	透水	0.37	A212	透水	0.31
A203	不透水	0.27	A213	透水	0
A204	透水	0.12	A214	透水	0
A205	不透水	0.57	A215	透水	0
A206	不透水	0.59	A216	透水	0.43
A207	透水	0.12	A217	透水	0
A208	透水	0.36	A218	透水	0.55
A209	不透水	0.55	A219	透水	0.05
A210	不透水	0.60	A220	透水	0.46

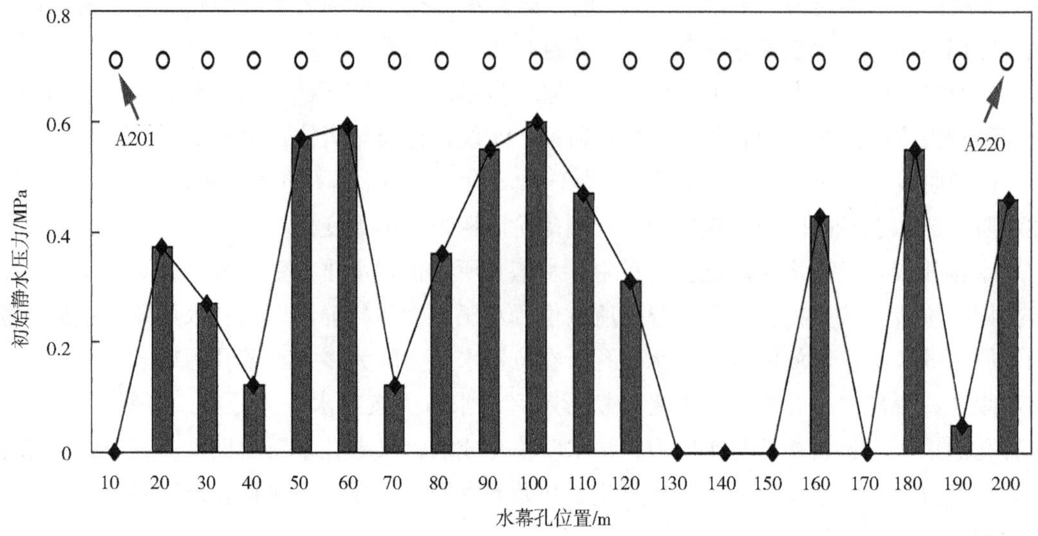

图 3-11　A2 区初始静水压力分布

(2)有效性试验结果与分析

图 3-12 和图 3-13 为 A2 区有效性试验结果。图 3-12 为 A2 区第一水动力状态下各个水幕孔压力情况。在第一水动力状态，偶数孔为加压孔，奇数孔为观测孔。试验中，偶数孔施加水压为 0.6MPa，观测奇数孔压力变化情况。试验显示：A207、A215、A217、A219 水幕孔压力上升，而 A201、A203、A205、A209、A211、A213 中水压力保持不变。四个压力上升孔的增压均在 0.4MPa 以上。

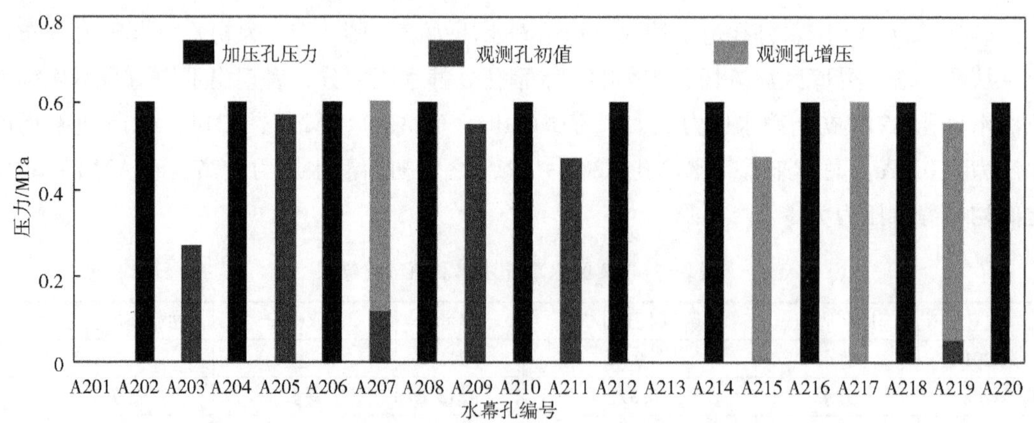

图 3-12　第一水动力状态时水幕孔压力状态

图 3-13 为 A2 区第二水动力状态下各个水幕孔压力情况。在第二水动力状态，奇数孔为加压孔，偶数孔为观测孔。试验中，奇数孔施加水压为 0.6MPa，观测偶数孔压力变化情况。试验显示：A208、A212、A214、A216 水幕孔压力上升，而 A202、A204、A206、A210、A218、A220 中水压力保持不变。其中，水幕孔 A208 增压最小，为 0.1MPa，其他 3 个水幕孔增压在 0.4MPa 左右。

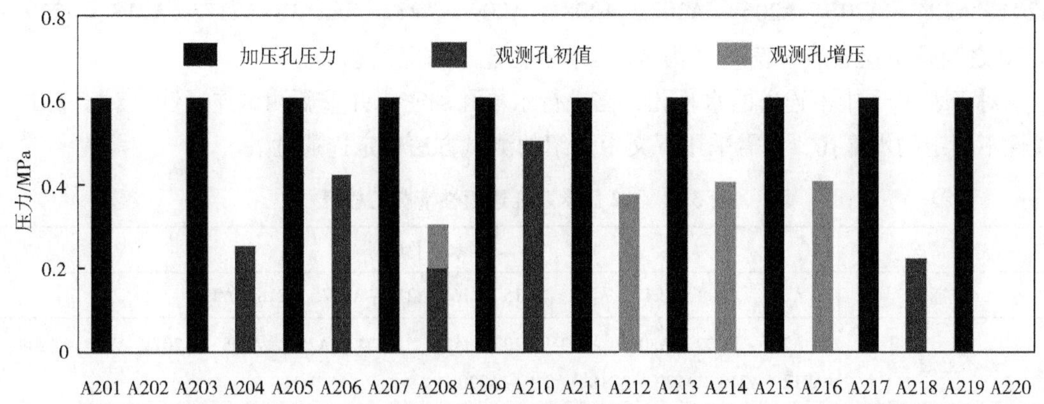

图 3-13　第二水动力状态时水幕孔压力状态

(3)连通性判断

水幕连通性判断应综合单孔 - 注水回落试验和分区有效性试验进行。对某些水力联系较明显的水幕孔，可直接根据有效性试验结果，判断相邻水幕孔之间连通性。若相邻两个水幕孔在分区有效性试验两个水动力状态下相互之间均有水力联系，则两个孔之间是连通的。由此可判断：A207 - A208、A215 - A216、A216 - A217、A218 - A219 是连通的。

对于相邻水幕孔初始静水压力均为零情况需特别关注。在两个水动力状态，水幕孔 A213、A214、A215 中观测孔中水压均没有上升。由于这些水幕孔孔壁围岩较为破碎，因此在有效性试验中，这些水幕孔孔内水并不是充满的，只有相邻孔渗透进入孔内水量足够大时，才能引起压力上升。从上述分析可知，A213 - A214、A214 - A215 之间连通性也无法判断。

同时，需要考虑初始静水压力与加压孔压力之间关系影响，水幕孔 A209、A210、A211 初始静水压力均接近 0. 6MPa，而在有效性试验中加压孔压力均为 0. 6MPa，因此，在两个水动力状态，水幕孔 A209 与 A210 及 A210 与 A211 之间水力梯度约为零，因此无法判断相互之间的连通性。由于同样原因，A205 - A206 之间连通性也无法判断。此外，A211 - A212 之间在第一水动力状态时，A212 为加压孔，A211 为观测孔，由于 A212 初始静水压力接近 0. 6MPa，因此第一个水动力状态时，A212 与 A211 之间水力梯度较小，因此 A211 没有观测得到压力上升；但第二个水动力状态，由于 A211 初始静水压力较低，A211 加压至 0. 6MPa 后，A211 与 A212 之间水力梯度变大，故 A212 观测到压力上升。因此 A211 - A212 之间是连通的。

与此不同，若初始静水压力为零的水幕孔与初始静水压力不为零的水幕孔相邻的情况则可判断连通性。如，水幕孔 A201 初始静水压力为零，而水幕孔 A202 初始静水压力不为零，在有效性试验第二个水动力状态，A201 加压 0. 6MPa，而水幕孔 A202 中压力不上升，因此，水幕孔 A201 - A202 之间不具有连通性。

除此之外，由于在有效性试验中没有显示出水力联系，水幕孔 A202 - A203、A203 -

A204、A204 - A205、A206 - A207、A208 - A209、A212 - A213、A217 - A218、A219 - A220之间是不连通的。表3-3为A2区水幕孔连通情况汇总表。

对于表3-3中不连通的水幕孔，需进行水幕孔加密，并重新测试连通性；对于表中连通性不确定的水幕孔，则需采用下文中介绍的测试方法确定连通性。

表3-3　A2区水幕孔连通性情况汇总表

连通情况	水幕孔编号
连通	A207 - A208、A211 - A212、A215 - 216、A216 - A217、A218 - A219
不连通	A201 - A202、A202 - A203、A203 - A204、A204 - A205、A206 - A207、A208 - A209、A212 - A213、A217 - A218、A219 - A220
不确定	A205 - A206、A209 - A210、A210 - A211、A213 - 214、A214 - A215

(4)测试方法讨论

1)特殊情况水幕孔有效性测试方法

(a)零初始静水压力水幕孔有效性测试方法

以A213、A214、A215为例，在第一水动力状态试验中A214孔的水压力一直为0。若采用定流量方法，需要A213和A215中水大量渗透至A214，才能使得A214中水压力上升。但岩体渗透系数普遍较低，实现上述条件需要极长时间。为了较快确定A213 - A215是否存在水力联系，推荐采用定压力方法。如图3-14所示，先向A214孔注水，保持孔内压力为0.1MPa，记录A214孔内单位时间内的流速变化；再向A213、A215孔内注水，保持孔内稳定压力为0.6MPa，然后观测A214孔内流速变化；若发现A214孔内注入流速减小，则说明A213 - A215是连通的。

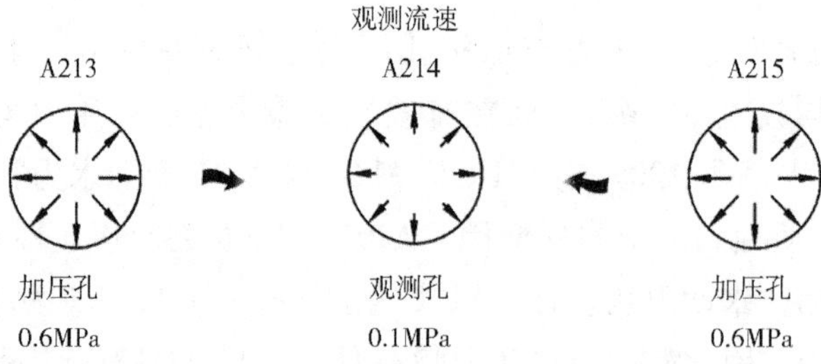

图3-14　零初始静水压力水幕孔有效性测试方法

(b)高初始静水压力水幕孔有效性测试方法

以水幕孔A209、A210、A211为例，三个水幕孔初始静水压力分别为0.55MPa、0.60MPa、0.47MPa，若在A209和A211仍施加0.6MPa压力，则两个孔压力增量仅有0.13MPa，在此压力增量作用下，A209和A210与A210的水力梯度偏小。A210中水压力不会明显上升。此种条件下，可增加注水压力方法进行测试。如图3-15所示，向A209、A211孔内注水压力稳定在0.8～1MPa，然后观测A210孔内压力变化；若发现A210孔内压力增大，则说明相邻孔之间是连通的。

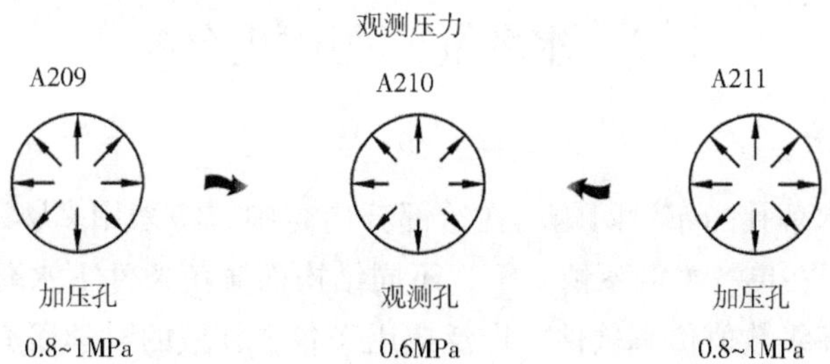

图 3-15　高初始静水压力水幕孔有效性测试方法

2)改进的水幕连通性测试方法

根据上述分析，提出如下改进的水幕连通性测试方法(见图 3-16)：

(a)单孔注水 - 回落试验。根据回落压力与注水压力关系，将水幕孔分为三类。A 型：回落压力为零；B 型：回落压力小于注水压力但不为零；C 型：回落压力等于注水压力。试验中注水压力要大于初始静水压力，初始静水压力可根据库区渗流场分布情况大体估算。

(b)分区有效性试验。对于 A 型水幕孔，采用定压力法测量其与相邻水幕孔连通性；对于 B 型和 C 型水幕孔，采用定流量测量其与相邻水幕孔连通性，测量时加压孔压力应高于初始静水压力 0.2 ~0.5MPa。根据流速与压力变化情况，判定连通性。

对不连通部位，进行加密，并重复(1)与(2)，直至所有相邻水幕孔连通。

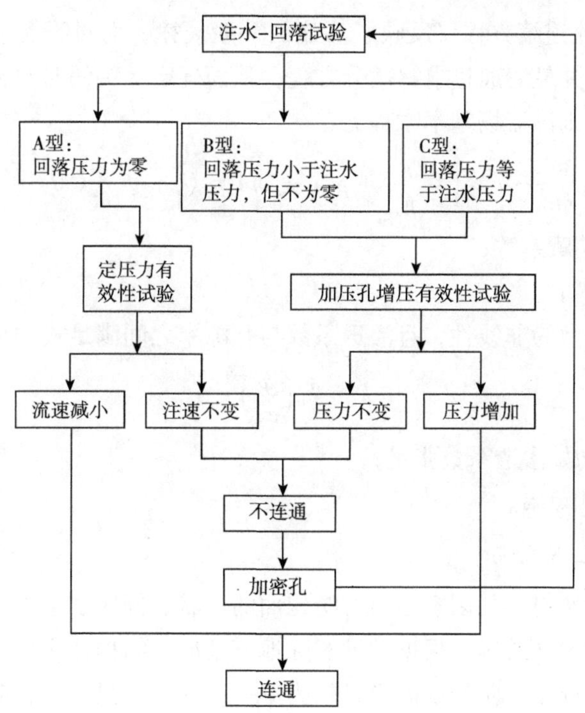

图 3-16　改进的水幕连通性测试方法流程图

1.3 水幕孔间距优化分析

1.3.1 分析方法

本节主要讨论水幕孔的布设问题。在这部分内容中，将采用多物理场耦合软件 COMSOLMultiphysics 分析在单一主洞室情况下，不同结构面倾角条件下水幕孔的合理间距。该软件是一款大型的高级数值仿真软件，广泛应用于各个领域的科学研究以及工程计算，其以有限元法为基础，通过求解偏微分方程(单场)或偏微分方程组(多场)来实现真实物理现象的仿真。用数学方法求解真实世界的物理现象，COMSOLMultiphysics 以高效的计算性能和杰出的多场双向直接耦合分析能力实现了高度精确的数值仿真。COMSOL 中定义模型非常灵活，材料属性、源项、以及边界条件等可以是常数、任意变量的函数、逻辑表达式、或者直接是一个代表实测数据的插值函数等。

假设地下水渗流服从 Darcy 定律，孔隙水压力表示的 Darcy 公式为：

$$v_i = -\frac{1}{\gamma_w}k\frac{\partial(p+\gamma_w z)}{\partial x_i} \tag{3-1}$$

式中 k——介质渗透系数；

p——水压力；

γ_w——水的重度；

z——位置水头。

Darcy 定律和渗流连续方程仅反映了渗流的一般规律，而对于含水岩层，必须考虑边界条件和初始条件，并最终通过求解微分方程，从而确定水头的时空分布。同时结合多孔介质有效应力原理，则渗流场基本方程为：

$$S_a\frac{\partial p}{\partial t} + \nabla\cdot\left[-\frac{k}{\gamma_w}\nabla(p+\gamma_w z)\right] = Q_s - \varphi\frac{\partial}{\partial t}(\nabla\cdot u) \tag{3-2}$$

式中 S_a——介质储藏系数；

φ——孔隙率。

岩体介质渗透系数为非线性，且渗透系数与孔隙率之间满足式(3-3)：

$$k = k_0\left(\frac{\varphi}{\varphi_0}\right)^3 \tag{3-3}$$

式中 k_0——介质初始渗透系数张量；

φ_0——初始孔隙率。

1.3.2 计算工况分析

影响地下洞库的水封性的因素主要有结构面的产状、间距、连通率、粗糙度、张开度以及水幕孔间距、布设方式等。根据油库实际地质情况，结构面主要为陡倾结构面，结构面间距、连通率、粗糙度、张开度固定且较为单一，在这里只讨论在陡倾结构面和缓倾结构面下，隙宽和水幕孔间距这两种因素对水封性的影响。针对结构面倾角的不同，分为水平水幕孔和竖向水幕孔进行讨论，水幕孔间距分为 5m、10m、20m、30m，隙宽分为

0.1mm、0.01mm、0.001mm 进行计算分析。

1.3.3 水平水幕孔模型建立及结果分析

在陡倾结构面条件下，如之前所述，布设水平水幕孔是合理的，模型考虑运行期单一主洞室上方布设水幕孔情况，模型的主体为长 340m，宽 100m，高 185m，主洞室距模型上边界 55m，主洞室跨度 20m，纵向 30m，高 30m，水幕孔在主洞室正上方 25m 处，水幕孔直径 150mm，长 50m。考虑主洞室上方 120m 范围内水幕孔的布设情况，如表 3-4 所示。油库水幕巷道内结构面产状多数为倾角大于 60°的陡倾结构面，模型中结构面共四组，倾角取 80°，为贯通结构面，间距为 25m。模型初始条件按初始静水压力分布，即

$$P_0 = \rho g h$$

边界条件如下：模型所有边界为不透水边界，主洞室按充满油时的油压分布即

$$P = \rho g h$$

油的密度为 0.85 g/cm^3，拱顶处为大气压即 0.1MPa，水幕孔压力为 0.8MPa。

表 3-4 水平水幕孔间距布设

水幕孔间距/m	水幕孔个数
30	5
20	7
10	13

(1) 水平水幕孔间距 30m 模拟结果分析

在主洞室上方 25m 处，120m 的范围内布设水幕孔，水幕孔间距 30m，共 5 个。模型三维图见图 3-17。根据隙宽的不同，模拟结果如图 3-18 ~ 图 3-20 所示。图 3-18 ~ 图 3-20 为在不同隙宽下垂直主洞室轴线方向水压力分布图，主洞室周围上部压力较小，拱顶周围压力为 0.1MPa 左右，水幕孔水压力影响范围在水幕孔周围 20m。从图中可以看出，水幕孔间距相对较大，压力影响范围小，主洞室周围水压力部分区域大于外界水压力，不能满足水封性要求，图 3-21 为隙宽 0.1mm 的速度矢量图，从图中更明显的看出，主洞室上部区域箭头外指，表明油压大于周围水压，水幕孔 30m 间距条件下，是不能满足水封要求的。

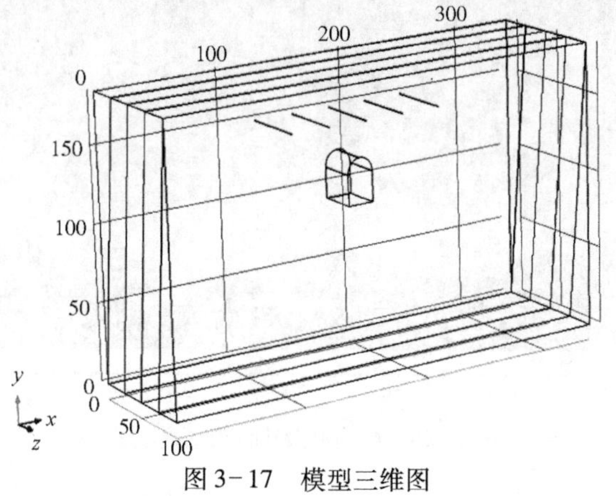

图 3-17 模型三维图

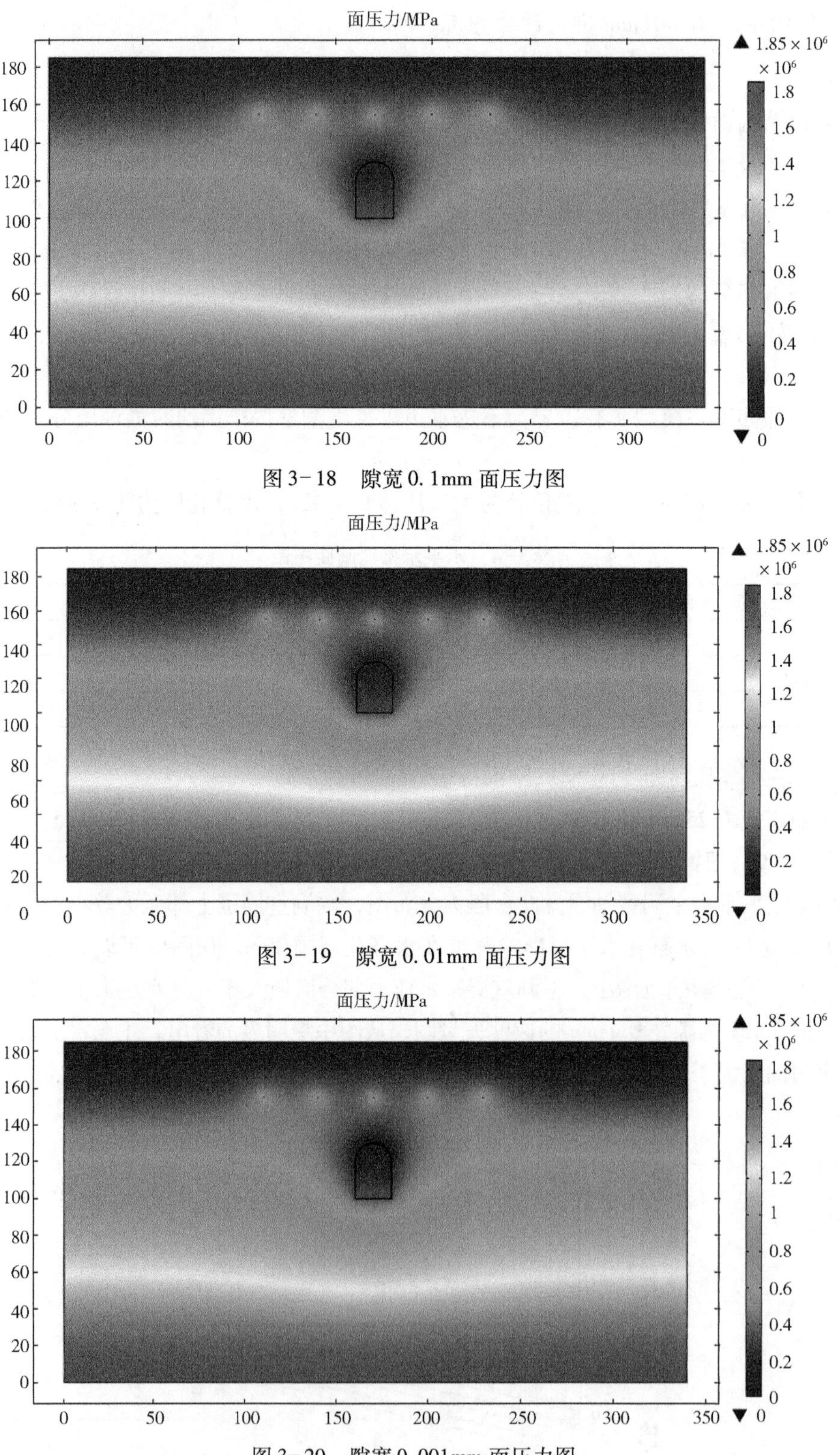

图 3-18　隙宽 0.1mm 面压力图

图 3-19　隙宽 0.01mm 面压力图

图 3-20　隙宽 0.001mm 面压力图

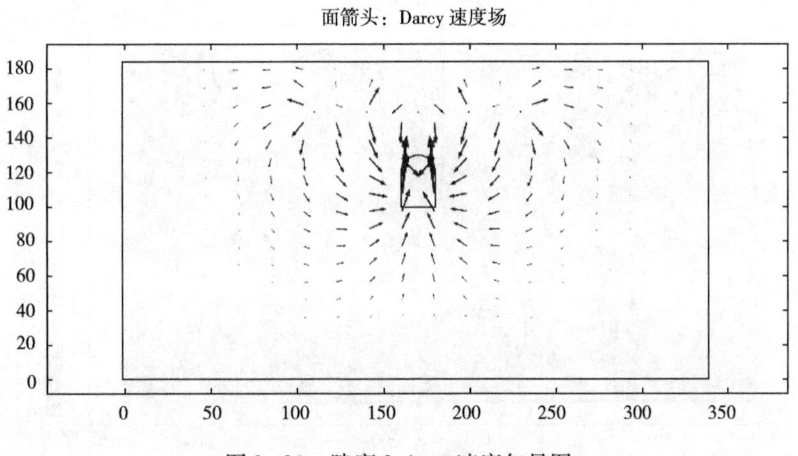

图 3-21　隙宽 0.1mm 速度矢量图

分析不同隙宽对水压力分布的影响，提取主洞室拱顶至水幕孔的压力数据，绘制隙宽与水压力关系曲线如图 3-22 所示，三条曲线分别代表了不同的隙宽影响，其中横坐标代表主洞室拱顶至水幕孔的距离(同下面曲线图)。从图中结果可以看出，隙宽越大，导水能力越强，水压力越大。从图中可以看出，隙宽相差十倍的情况下，压力差为 0.02MPa。因此在结构面发育较好的地方，水幕孔可适当加大间距。

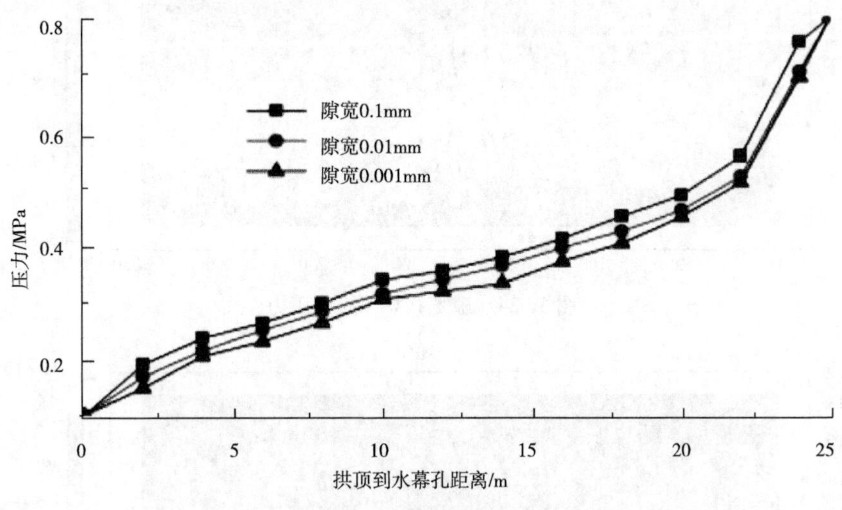

图 3-22　不同隙宽下压力分布图

(2)水平水幕孔间距 20m 模拟结果分析

在主洞室上方 25m 处 120m 的范围内，水幕孔间距 20m，需布设水幕孔 7 条。计算结果如图 3-23 ~ 图 3-25 所示。图 3-23 ~ 图 3-25 是在不同隙宽情况下垂直主洞室方向面压力图，从图可以看出，相比 30m 间距的水幕孔分布，间距 20m 条件下，水幕孔水压力影响范围扩大，主洞室油压明显小于四周水压力。图 3-26 为隙宽 0.1mm 的速度矢量图，从图中可以看出，水流方向均为指向主洞室方向，表明在这种条件下，水封条件可以得到满足。

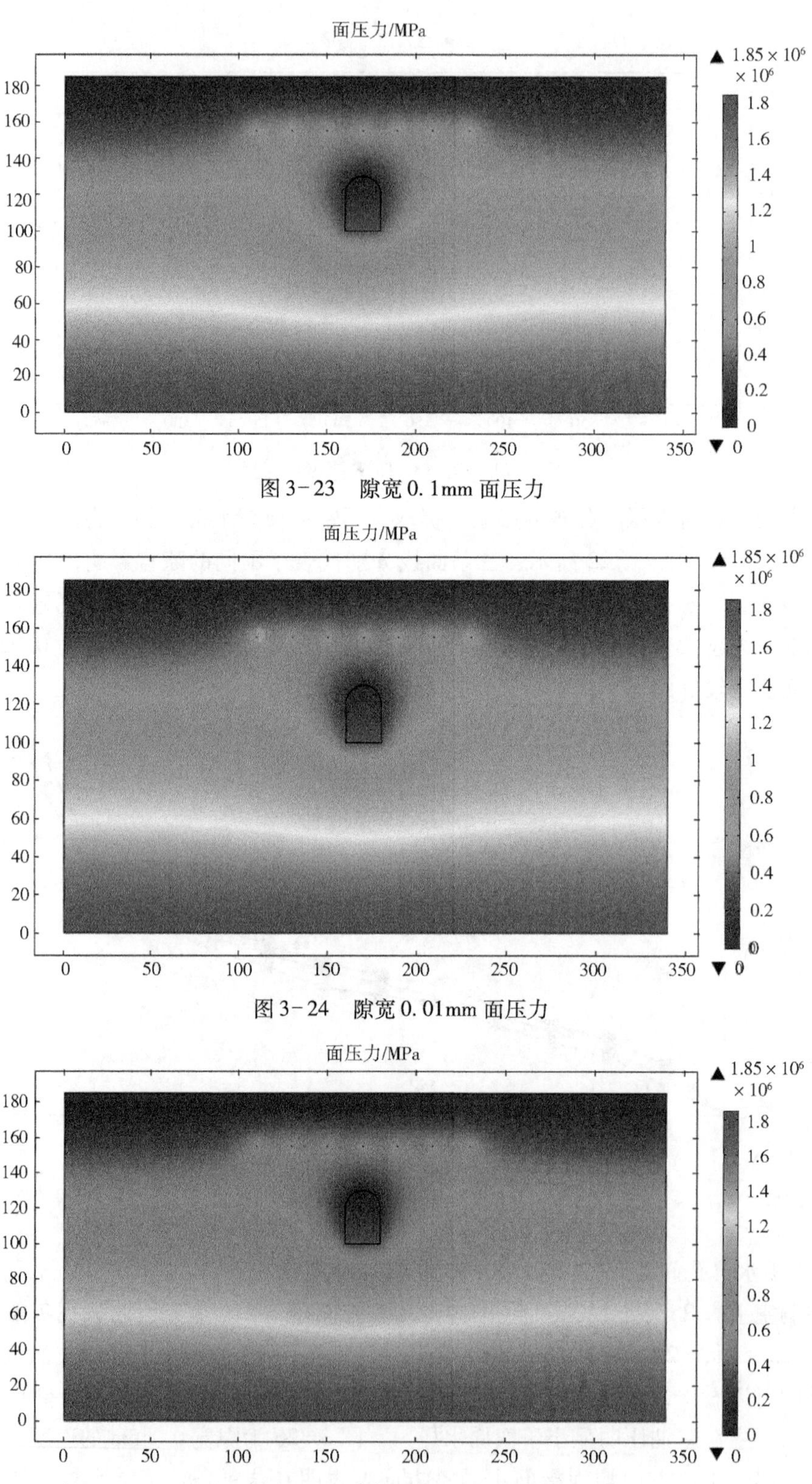

图 3-23　隙宽 0. 1mm 面压力

图 3-24　隙宽 0. 01mm 面压力

图 3-25　隙宽 0. 001mm 面压力

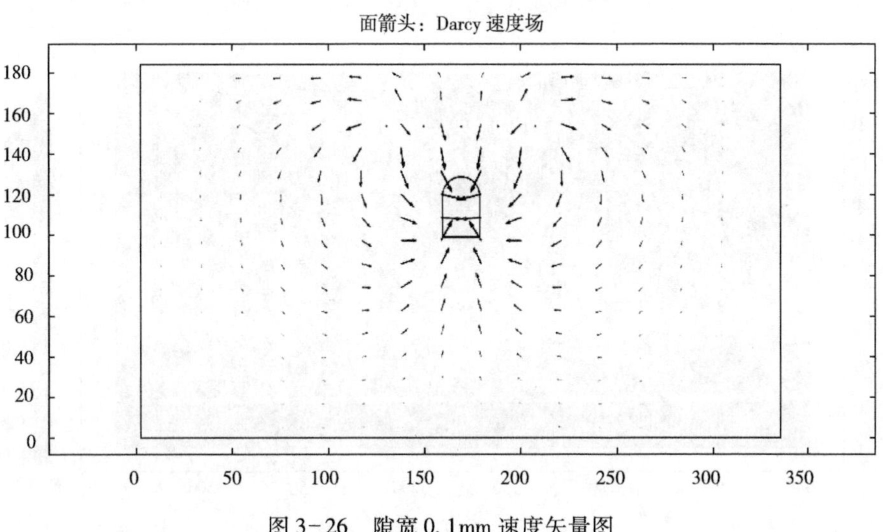

图 3-26 隙宽 0.1mm 速度矢量图

(3)水平水幕孔间距 10m 模拟结果分析

在主洞室上方 25m 处，120m 范围内布设水幕孔，间距 10m，共 13 个。模拟结果如图 3-27～图 3-29。对比间距 20m、30m 的水幕孔模拟结果，间距 10m 的水幕孔影响范围更为明显，在主洞室周围形成更大的水压力影响区域，此种工况是水封效果最好的一种。各水幕孔之间形成统一水压力 0.65MPa，由近及远水压力消散，主洞室周围区域水体水压力由 0.6MPa 减小为 0.3MPa，主洞室拱顶及上部边墙水压力相对较小，底板水压力最大。主洞室近场区域有明显的水力变化梯度，在远场，水压力分布为初始静水压分布。从速度场图 3-30 可以看出，水幕孔水流方向为向四周流动，水洞室流入水流方向主要为拱顶及四周边墙。

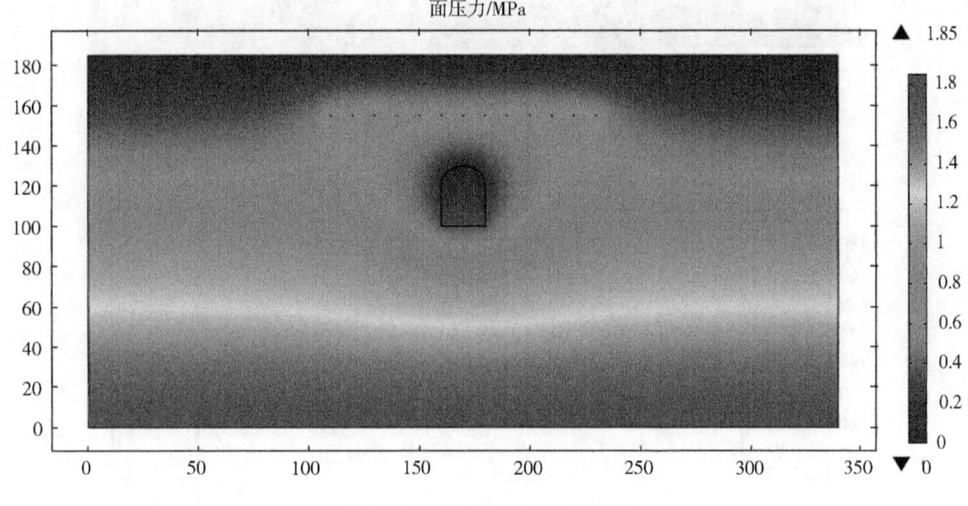

图 3-27 隙宽 0.1mm 面压力

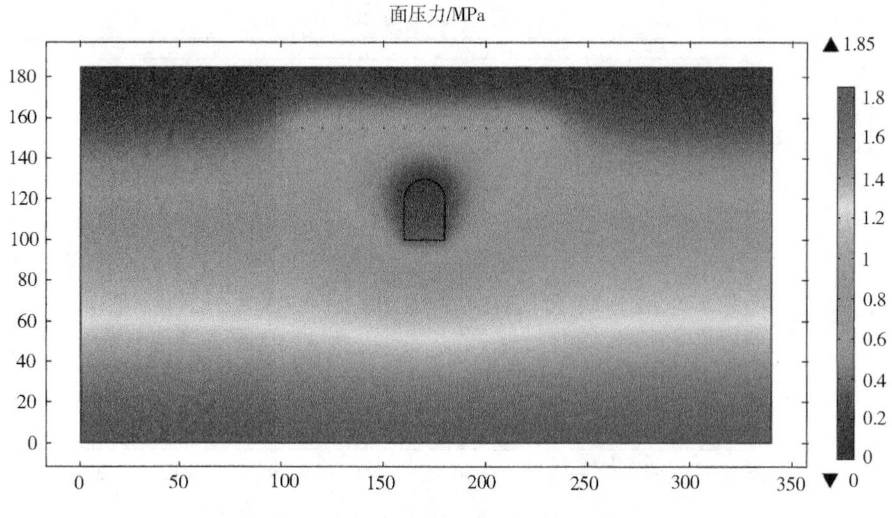

图 3-28　隙宽 0.01mm 面压力

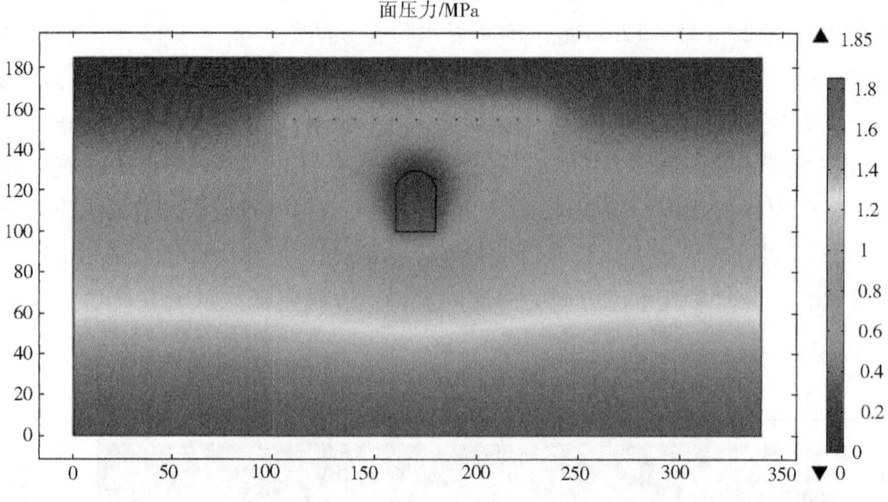

图 3-29　隙宽 0.001mm 面压力

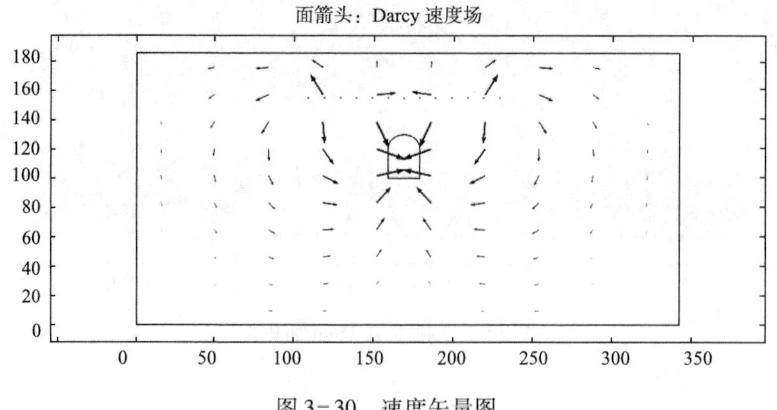

图 3-30　速度矢量图

(4)相同隙宽条件下，水幕孔间距对水压力分布的影响

图 3-31 ~ 图 3-33 所示为相同隙宽条件下，不同水幕孔间距对水压力的影响，隙宽依次为 0.1mm、0.01mm、0.001mm 时，水幕孔间距越大，压力值越小，其中水幕孔间距 10m 和 20m 相差最大，水幕孔间距 20m 和 30m 压力差较小。在隙宽 0.1mm 条件下，水幕孔间距 10m 和 20m 压力差最大为 0.2MPa，水幕孔间距 20m 和 30m 压力差最大为 0.08MPa。在隙宽 0.01mm 条件下，水幕孔间距 10m 和 20m 压力差最大为 0.18MPa，水幕孔间距 20m 和 30m 压力差最大为 0.1MPa。在隙宽 0.001mm 条件下，水幕孔间距不同，压力差相近，均为 0.15MPa。水幕孔间距为 10m 和 20m 时满足水封条件，间距 30m 时不满足水封条件，水幕孔间距的临界值应当在 20m 与 30m 之间。

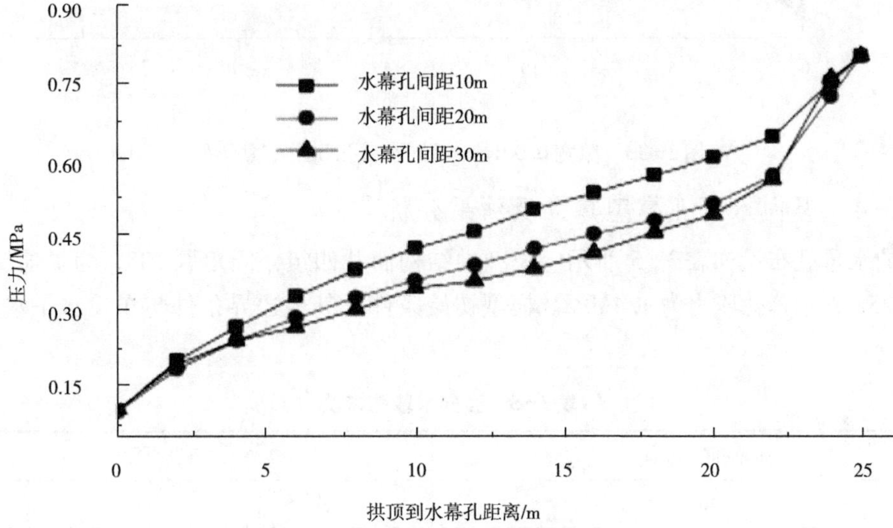

图 3-31　隙宽 0.1mm 不同水幕孔间距压力分布

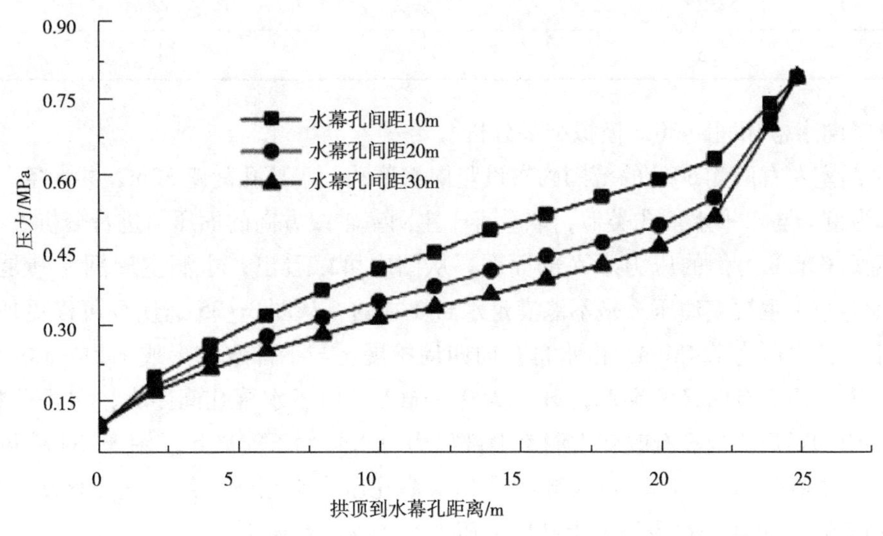

图 3-32　隙宽 0.01mm 不同水幕孔间距压力分布

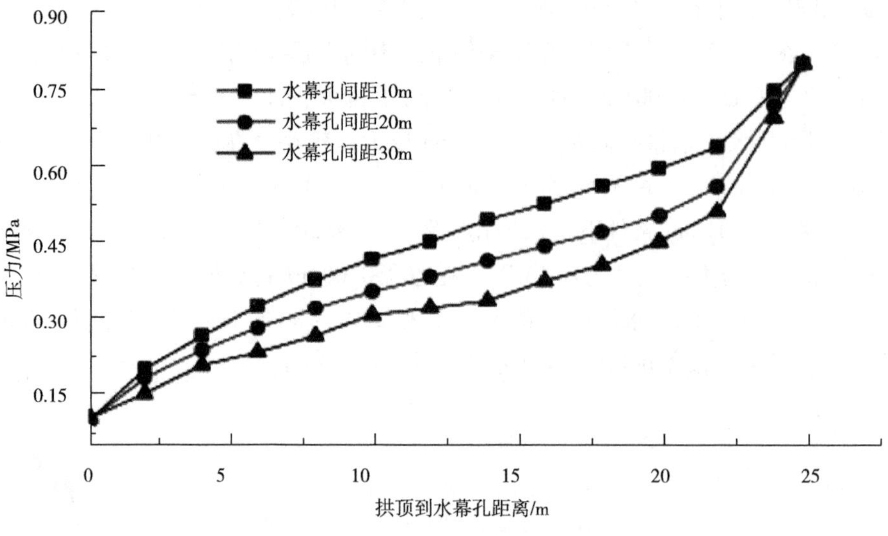

图 3-33　隙宽 0.001mm 不同水幕孔间距压力分布

1.3.4　竖向水幕孔模型建立及结果分析

竖向水幕孔布设如表 3-5 所示，模型中结构面共四组，倾角取 10°，为贯通结构面，间距为 25m，水幕孔压力为 1.4MPa。模型初始条件及其他边界条件与布设水平水幕时条件相同。

表 3-5　竖向水幕孔布设

水幕孔间距/m	水幕孔个数
30	6
20	8
10	14
5	26

(1)竖向水幕孔间距 30m 模拟结果分析

在主洞室左右两侧 60m 的范围内布设竖向水幕孔，水幕孔间距 30m，共 6 条。以隙宽 0.01mm 为例。与水平水幕孔类似，取垂直于主洞室轴线方向的面压力进行分析。图 3-34 为以隙宽 0.01mm 为例的压力水平剖面图。从图中可以看出，主洞室周围尤其是上部区域，水压力小于主洞室油压，是不能满足水封要求的，从图 3-35 速度场可以更加明显地看出。水幕孔水压为 1.4MPa，由水幕孔向四周扩展，与下部水体形成 1.2MPa 的水压力。水幕孔上方水压力有明显的突起，升至为 0.65MPa，由于水幕孔间距大，水幕孔数目少，水幕孔水压的影响范围没有改变主洞室上部压力，水封性不能满足。图 3-34 中可以看出水幕孔压力影响范围小，间距过大导致个各水幕孔压力无法形成统一压力区域。从图 3-35 中可以看出，主要是在主洞室上部区域压力大于外部水压力。

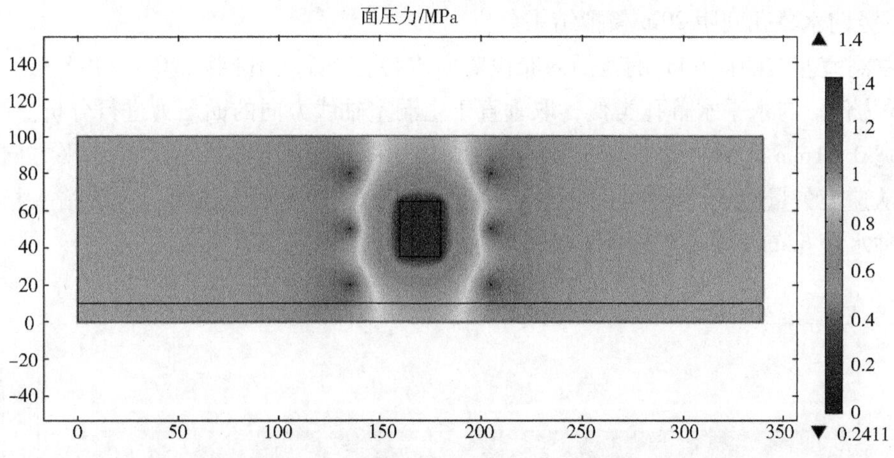

图 3-34 隙宽 0.01mm 水平向压力面图

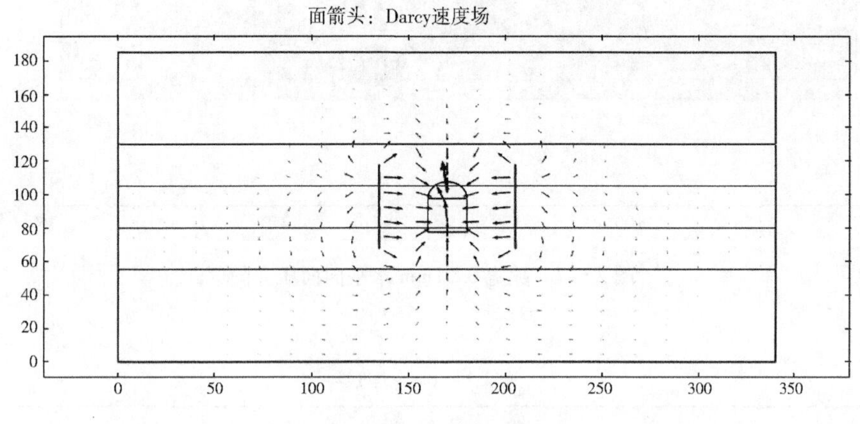

图 3-35 速度矢量图

隙宽与水压力的关系曲线如图 3-36 所示，从图中数据可以看出，隙宽越大，压力越大，相比水平水幕孔压力变化较小，压力差约为 0.01MPa。主洞室边墙压力为 0.15MPa。

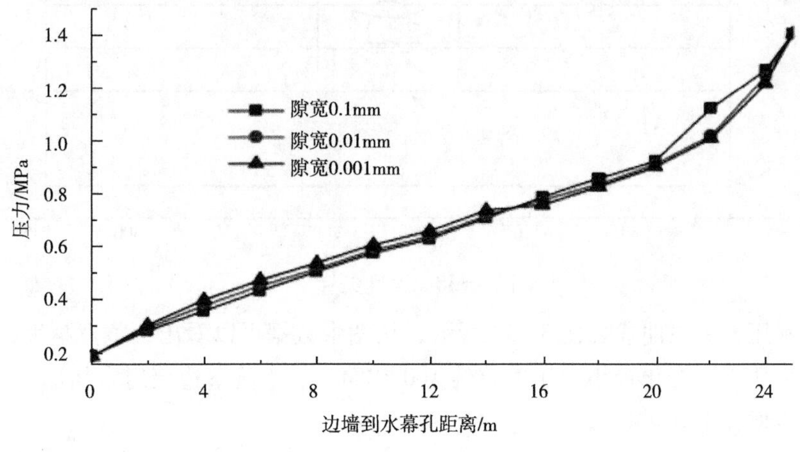

图 3-36 不同隙宽下压力分布图

(2)竖向水幕孔间距 20m 模拟结果分析

在主洞室左右两侧 60m 的范围内布设竖向水幕孔，水幕孔间距 20m，共 8 条。以隙宽 0.01mm 为例。与水平水幕孔类似，取垂直于主洞室轴线方向的面压力进行分析。图 3-37 为以隙宽 0.01mm 为例的水平向压力剖面图，相比图 3-34 水幕孔压力在水平方向影响范围变大从速度矢量图 3-38 中明显看出，外界水压力大于主洞室压力，速度箭头指向主洞室，这种水幕孔布设方式是符合水封要求的。

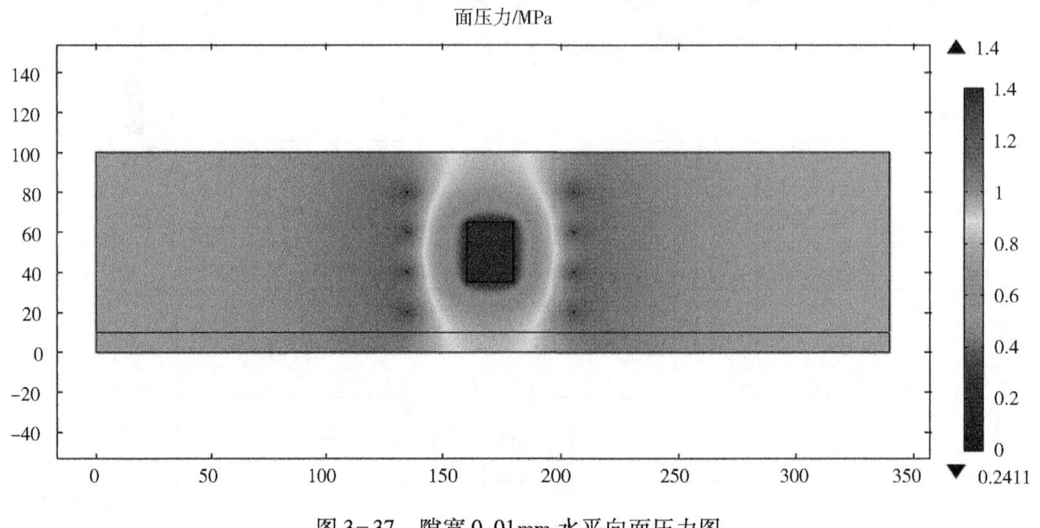

图 3-37　隙宽 0.01mm 水平向面压力图

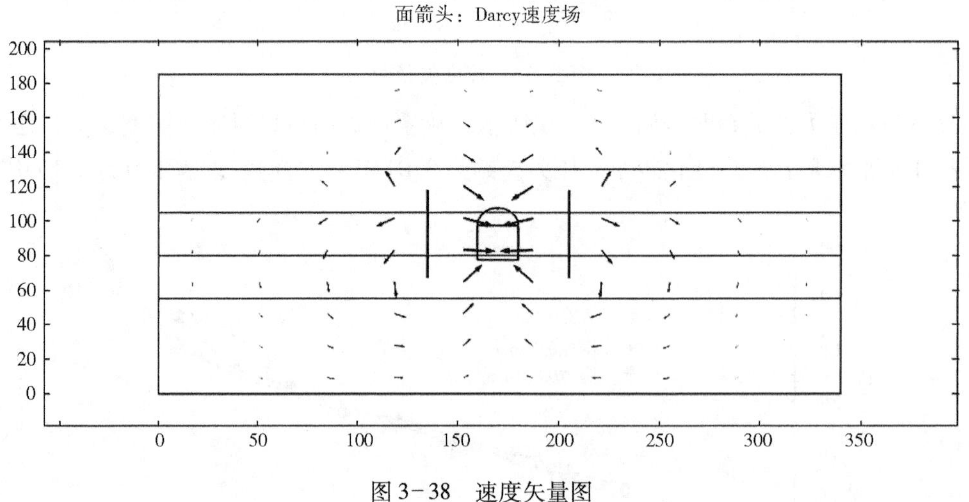

图 3-38　速度矢量图

隙宽与水压力关系曲线如图 3-39 所示，从图中数据可以看出，隙宽越大，压力越大，相比水平水幕孔压力变化较小，压力差约为 0.01MPa。主洞室边墙压力相比于 30m 间距的水幕孔，压力增大至 0.2MPa。

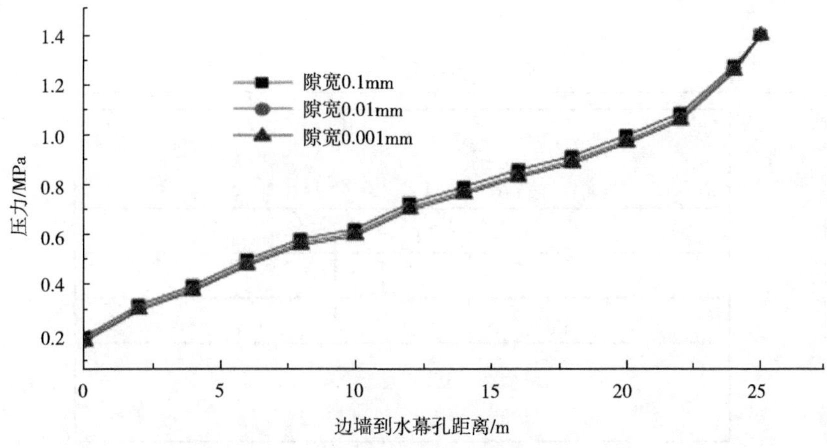

图 3-39　不同隙宽下压力分布图

(3)竖向水幕孔间距 10m 模拟结果分析

在主洞室左右两侧 60m 的范围内布设竖向水幕孔，水幕孔间距 10m，共 14 条。以隙宽 0. 01mm 为例。在水幕孔近场区域，水压力发生变化，在远场区域，水压力按初始渗流场分布，不受水幕孔和主洞室的影响。从图中可以看出，主洞室周围水压力大于主洞室油压，在水幕孔压力影响区域内，距离主洞室越远，压力越大，在竖向，水幕孔影响范围大约在图中纵坐标 133m 处。图 3-40 为以隙宽 0. 01mm 为例的水平向压力剖面图，水幕孔压力在水平方向影响范围进一步增大，在主洞室外围形成椭圆形压力包络。从速度矢量图 3-41 中明显看出，外界水压力大于主洞室压力，速度箭头指向主洞室，这种水幕孔布设方式是符合水封要求的。

隙宽与水压力的关系曲线如图 3-42 所示，从图中数据可以看出，隙宽越大，压力越大，相比水平水幕孔压力变化较小，压力差约为 0. 01MPa。主洞室边墙压力为 0. 2MPa。

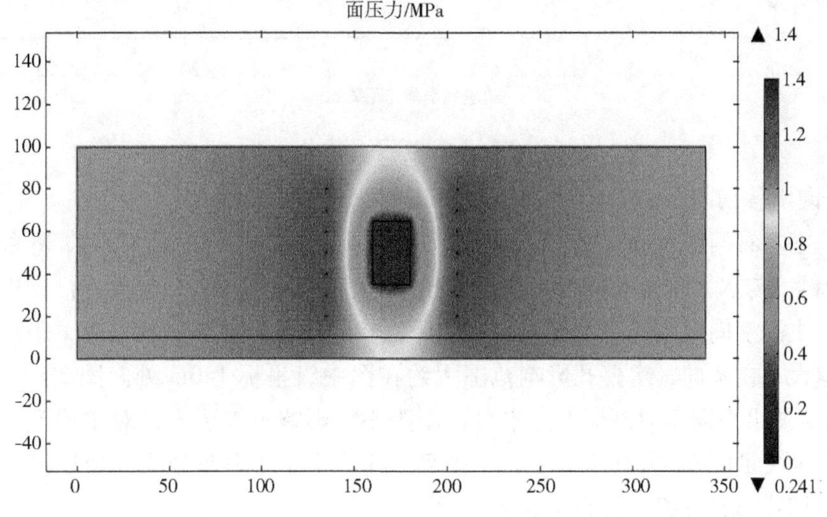

图 3-40　隙宽 0. 01mm 水平向压力面图

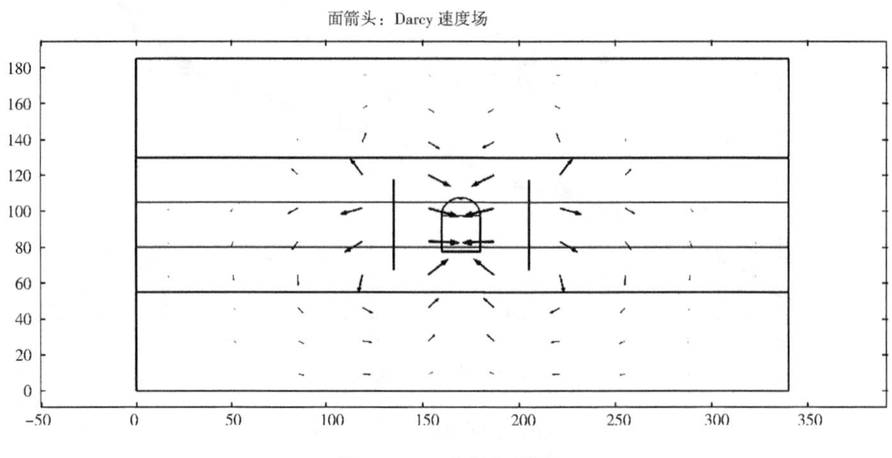

图 3-41　速度矢量图

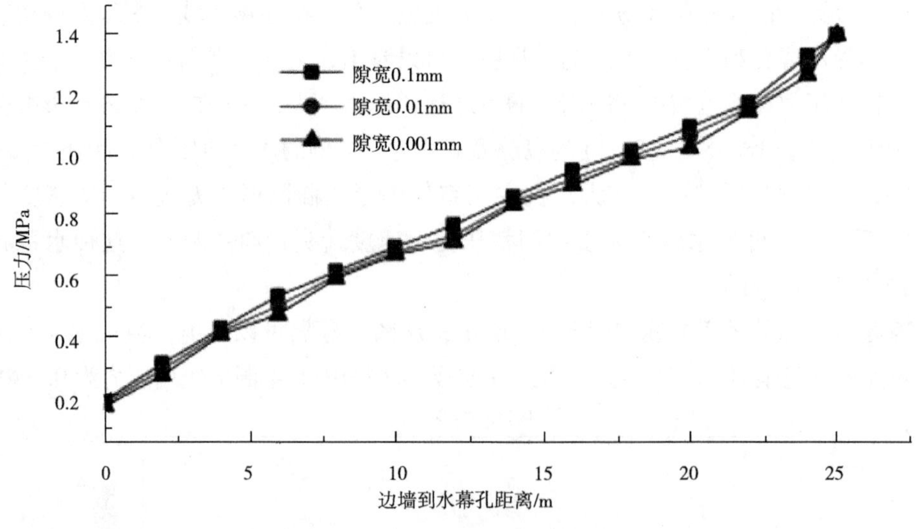

图 3-42　不同隙宽下压力分布图

(4)竖向水幕孔间距 5m 模拟结果分析

在主洞室左右两侧 60m 的范围内布设竖向水幕孔，水幕孔间距 5m，共 26 条。以隙宽 0.01mm 为例。与水平水幕孔类似，取垂直于主洞室轴线方向的面压力进行分析。从图中可以看出，主洞室周围水压力大于主洞室油压，在水幕孔压力影响区域内，距离主洞室越远，压力越大，在竖向，水幕孔影响范围大约在图中纵坐标 140m 处。图 3-43 为以隙宽 0.01mm 为例的水平向压力剖面图。水幕孔间距小，影响范围更大，对主洞室的水封效果最好。从速度矢量图 3-44 中明显看出，外界水压力大于主洞室压力，速度箭头指向主洞室，这种水幕孔布设方式是符合水封要求的。

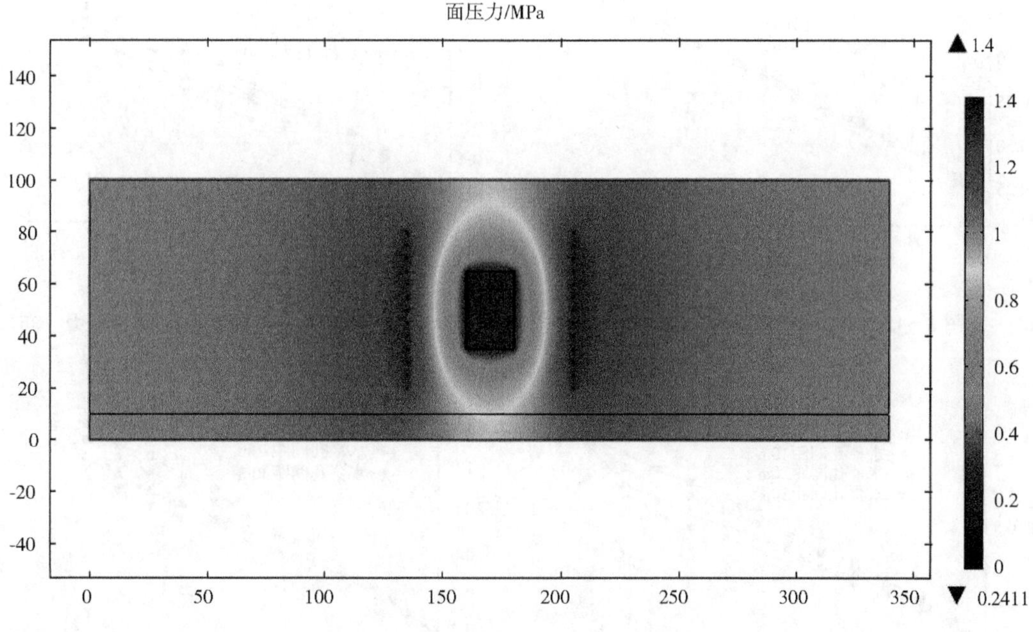

图 3-43　隙宽 0.01mm 水平向压力面图

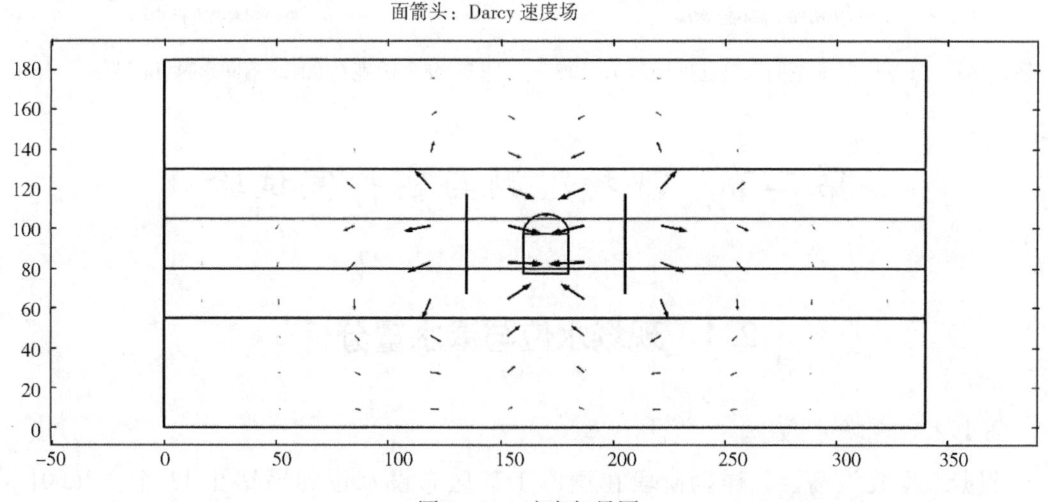

图 3-44　速度矢量图

隙宽与水压力的关系曲线如图 3-45 所示，从图中数据可以看出，隙宽越大，压力越大，相比水平水幕孔压力变化较小，压力差约为 0.01MPa。主洞室边墙压力为 0.375MPa。

(5)相同隙宽条件下，水幕孔间距对水压力分布的影响

根据计算结果，得出相同隙宽条件下，不同水幕孔间距的压力分布图如图 3-46 ~ 图 3-48 所示。相比水平水幕孔布设情况来看，竖向水幕孔在隙宽相同条件下，水幕孔间距越大，压力越小，但是相邻间距的水幕孔压力差较为均一，大致为 0.1MPa。

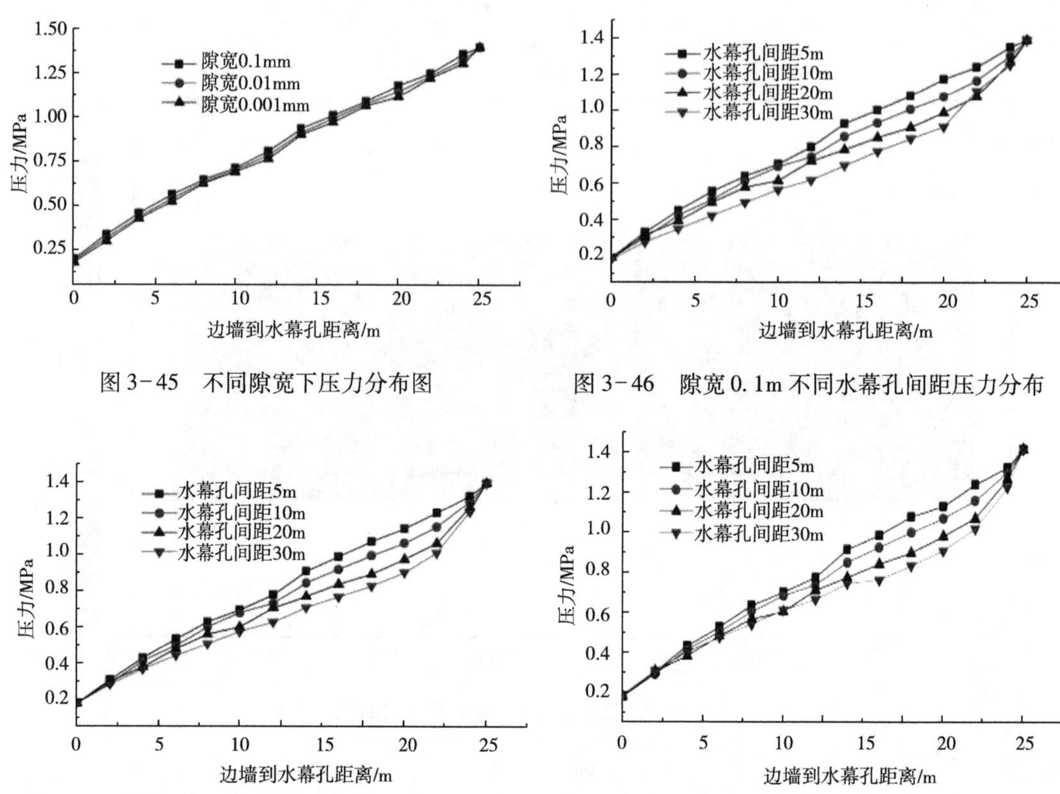

图 3-45　不同隙宽下压力分布图

图 3-46　隙宽 0.1m 不同水幕孔间距压力分布

图 3-47　隙宽 0.01m 不同水幕孔间距压力分布

图 3-48　隙宽 0.001m 不同水幕孔间距压力分布

第二节　现场观测与实验室试验

2.1　现场水位与渗水量分析

2.1.1　现场水位

根据工程建设需要，详勘阶段在洞库工程区布设水位观测钻孔 13 个：ZK001 ~ ZK013。为了更好掌握洞库区水位变化情况，后期新增水文钻孔 7 个：XZ1 ~ XZ7。钻孔所在的位置如图 3-49 所示。初始静止水位高程为 2010 年 3 月 26 日钻孔静止水位，其中 ZK007、ZK011、ZK012、ZK014、ZK015 当前水位为封堵前的静止水位，在此不作分析。图 3-50 为水文孔的初始水位高程、2012 年 3 月 24 日、2012 年 6 月 28 日、2012 年 12 月 13 日与 2013 年 4 月 25 日水位高程的对比图。从图中可以看出，库址区钻孔水位标高最大值为水文孔 ZK004，高程为 211.54m，最低高程为水文孔 XZ03，高程为 2.14m。观测期内，ZK001、ZK004、ZK005、ZK006、ZK009、XZ04、XZ05 孔水位已基本稳定；ZK003、ZK008、ZK013、XZ02、XZ03 孔水位下降相对较大，需引起注意并加强观测。

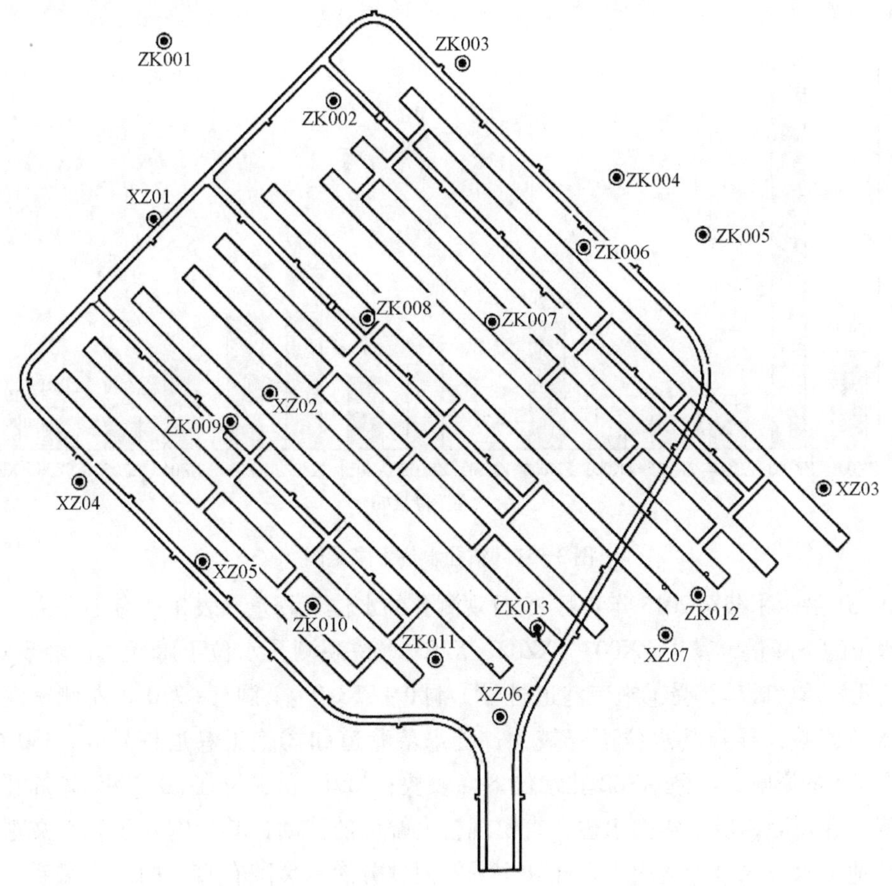

图 3-49　钻孔分布图

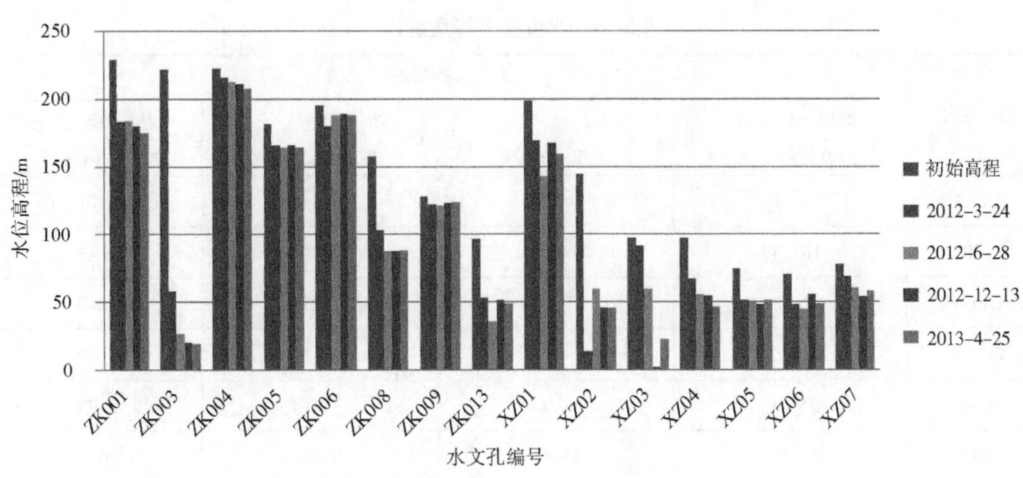

图 3-50　水位孔高程分布图

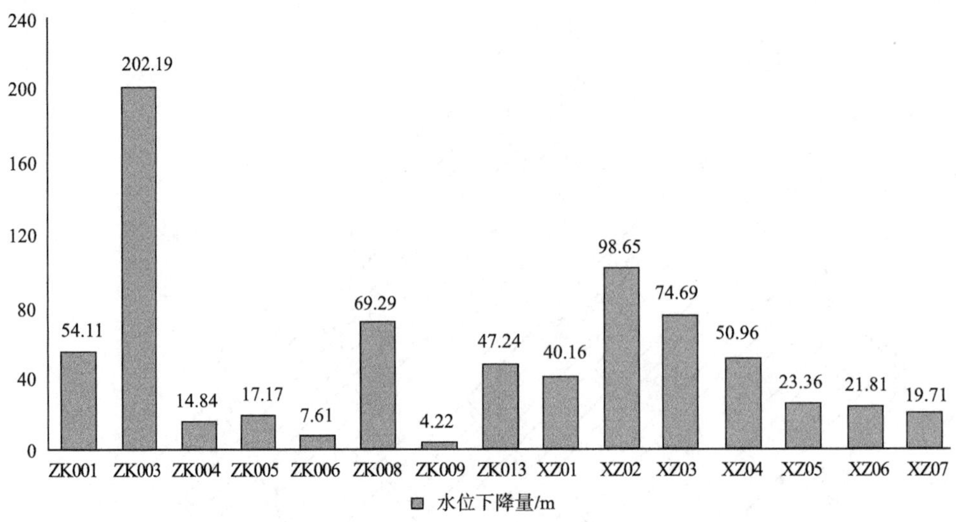

图 3-51　钻孔水位下降量图

图 3-51 展示了截至 2013 年 4 月 25 日观测孔的水位下降量，表 3-6 统计了各个水位孔中地下水位的下降量，其中 ZK003、XZ02、XZ03 水位观测孔水位下降较大。经现场勘查，ZK003 钻孔岩体较破碎，受①施工巷道桩号 1 洞 0 + 753. 9 ~ 1 洞 0 + 770. 3 左侧壁潮湿、渗水、滴水的影响，导致其水位下降较大；受水幕巷道和③施工巷道桩号 0 + 330. 0 ~ 0 + 367. 0 段滴水的影响，导致 XZ02 孔水位下降较快；XZ03 孔水位在 2012 年 12 月开始出现剧烈下降，在观测期后半年内水位一直出现较大幅度的波动，其原因在于该水文观测孔控制区域的地下水与水幕巷道内水幕孔和主洞室内部分渗水裂隙有直接的水力联系。水幕孔因施工原因暂时停止时，水位大幅度下降，而水幕孔正常注水时，水位可回升。

表 3-6　水位孔下降量统计

钻孔编号	水位下降量/m			
	2010 - 3 - 20 ~ 2012 - 3 - 24	2012 - 3 - 25 ~ 2012 - 6 - 28	2012 - 6 - 29 ~ 2012 - 12 - 13	2012 - 12 - 13 ~ 2013 - 4 - 25
ZK001	46. 1	- 0. 84	3. 84	5. 01
ZK003	163. 58	31. 38	6. 8	0. 43
ZK004	7. 08	3. 09	1. 27	3. 40
ZK005	15. 91	1. 7	- 1. 53	1. 09
ZK006	15. 38	- 7. 56	- 1. 14	0. 93
ZK008	54. 72	15. 44	0. 03	- 0. 90
ZK009	5. 89	0. 23	- 1. 16	- 0. 74
ZK013	42. 96	17. 87	- 15. 64	2. 05
XZ01	29. 89	26. 67	- 24. 99	8. 59

续表

钻孔编号	水位下降量/m			
	2010-3-20~2012-3-24	2012-3-25~2012-6-28	2012-6-29~2012-12-13	2012-12-13~2013-4-25
XZ02	130.92	-45.84	13.57	0
XZ03	5.39	32.35	57.99	-21.04
XZ04	30.57	11.36	1.05	7.98
XZ05	23.36	1.47	1.24	-2.71
XZ06	22.74	2.92	-10.88	7.03
XZ07	8.72	8.25	6.8	-4.06

2.1.2 渗水量分析

近些年来，随着隧道等地下工程的大量兴建，地下工程岩体渗流特性研究取得了显著进展。研究人员采用了经验公式、数值计算和现场实测等方法获得了地下工程渗水量规模与空间分布特征。

为掌握洞室渗水量情况，开展了主洞室渗水量现场实测统计工作。统计对象为各主洞室、密封塞以下施工巷道和连接巷道揭露的主要渗水部位。统计以施工勘察地质资料和施工验收资料为主要数据来源。为方便统计，将各部位渗水形态以点状、线状和面状进行分类。通过数据统计，获得了各洞室及施工/连接巷道揭露后验收后渗水量大小以及空间分布情况。根据上述数据，估算了洞库储油区渗水量统计理论上限值、运行期渗水量，并讨论了洞库渗水量控制标准。

(1)统计方法

根据具体情况，将渗水状态分为点状、线状、面状三种类型：

- 点状是指离散点处渗水；
- 线状是指在同一结构面上有多个渗水点；
- 面状是指某一区域有多个渗水点，且不成线状。

渗水量分两次统计：第一次为开挖后揭露渗水量，统计范围为9个主洞室上层、施工巷道和连接巷道，数据来自施工勘察地质素描图；第二次为验收渗水量，统计范围为9个主洞室上层，来源于上层验收渗水量数据。

(2)统计结果

1)开挖后揭露渗水量

表3-7为开挖后揭露渗水量统计表。表中根据渗水形态列出了各个主洞室及施工/连接巷道渗水部位数量与渗水量。图3-52和图3-53分别为点状、线状和面状渗水部位数量与渗水量直方图。统计范围内，点状渗水部位为76个，总渗水量为25.6L/min；线状23个，总渗水量为13.8L/min；面状84个，总渗水量为24.5L/min。

表 3-7　开挖后揭露渗水量统计表 L/min

洞室及巷道	点状		线状		面状		合计
	个数	渗水量	个数	渗水量	个数	渗水量	
1#主洞室	7	0.35	3	5.425	3	4.5	10.275
2#主洞室	4	0.72	2	0.24	3	0.15	1.11
3#主洞室	3	0.055	1	0	7	0.73	0.785
4#主洞室	6	0.8165	2	0.655	5	0.205	1.6765
5#主洞室	4	3.79	3	0	5	4.076	7.866
6#主洞室	9	0.6995	2	0.109	9	0.625	1.4335
7#主洞室	11	8.621	1	0.1	7	0.554	9.275
8#主洞室	8	1.047	0	0	6	0.24	1.287
9#主洞室	9	4.4095	3	4.623	7	4.831	13.8635
施工巷道	15	5.17	6	2.7	32	8.662	16.532
合计	76	25.6785	23	13.852	84	24.573	64.1035

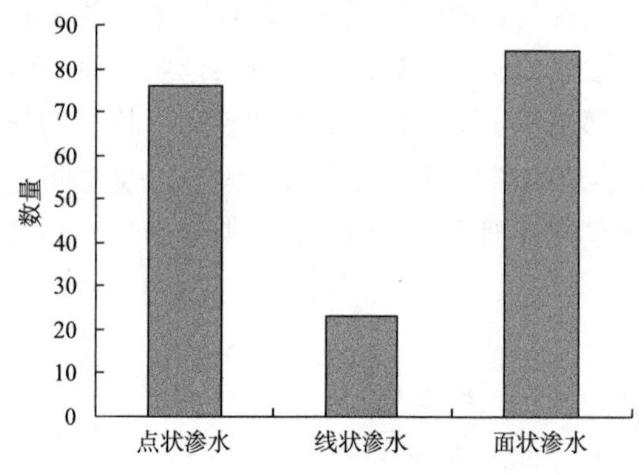

图 3-52　点状、线状和面状渗水部位数量

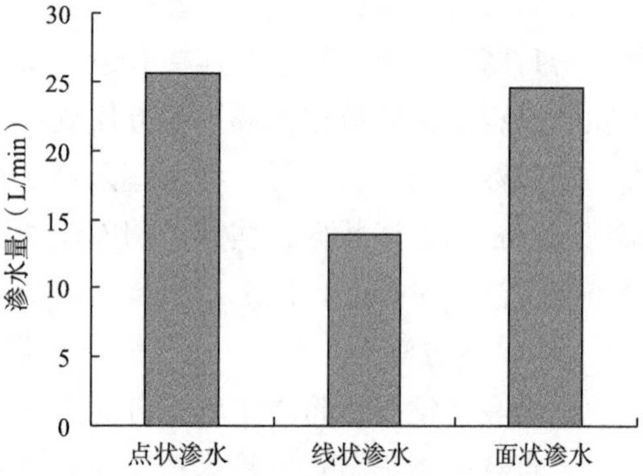

图 3-53　点状、线状和面状渗水量

图 3-54 为各洞室和施工巷道/连接巷道渗水量分布图。统计数据显示：1#、5#、7#、9#主洞室以及施工/连接巷道渗水量较大，在 7～16L/min，而 2#、3#、4#、6#、8#主洞室渗水量均小于 2L/min。各部分渗水量总和为 $92m^3$/天，其中主洞室渗水量 $68m^3$/天。

表 3-8 为渗水量分布情况。表中分别统计了各洞室渗水量小于 0.5L/min、大于等于 0.5L/min 但小于 2L/min、大于等于 2L/min 但小于 5L/min、大于等于 5L/min 四种情况下点状、线状和面状渗水部位。图 3-55 为渗水量分布情况图。从表和图中看出，渗水量大于等于 5L/min 的共有 1 点、1 线、1 面，其渗水量占总渗水量的 26.5%；渗水量大于等于 2L/min 但小于 5L/min 的共有 2 点、1 线、3 面，其渗水量占总渗水量 33.3%；上述 3 点、2 线、4 面渗水量占总渗水量 59.8%。

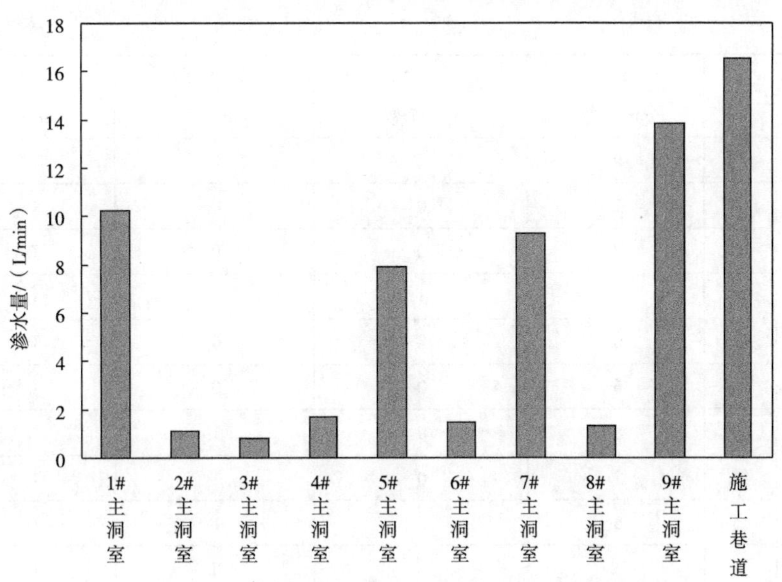

图 3-54　各洞室及施工/连接巷道渗水量分布图

表 3-8　开挖后揭露渗水量分布

洞室及巷道		<0.5L/min 个数	[0.5，2)L/min 个数	[2，5)L/min 个数	≥5L/min 个数	合计
1#主洞室	点	7	0	0	0	7
	线	2	0	0	1	3
	面	1	1	1	0	3
2#主洞室	点	3	1	0	0	4
	线	2	0	0	0	2
	面	3	0	0	0	3
3#主洞室	点	3	0	0	0	3
	线	1	0	0	0	1
	面	7	0	0	0	7
4#主洞室	点	5	1	0	0	6
	线	1	1	0	0	2
	面	5	0	0	0	5
5#主洞室	点	1	2	1	0	4
	线	3	0	0	0	3
	面	3	1	1	0	5
6#主洞室	点	9	0	0	0	9
	线	2	0	0	0	2
	面	9	0	0	0	9

续表

洞室及巷道		<0.5L/min 个数	[0.5, 2)L/min 个数	[2, 5)L/min 个数	≥5L/min 个数	合计
7#主洞室	点	9	1	0	1	11
	线	1	0	0	0	1
	面	7	0	0	0	7
8#主洞室	点	7	1	0	0	8
	线	0	0	0	0	0
	面	6	0	0	0	6
9#主洞室	点	8	0	1	0	9
	线	2	0	1	0	3
	面	6	0	1	0	7
施工巷道	点	12	3	0	0	15
	线	3	3	0	0	6
	面	29	2	0	1	32
合计	点	64	9	2	1	76
	线	17	4	1	1	23
	面	76	4	3	1	84

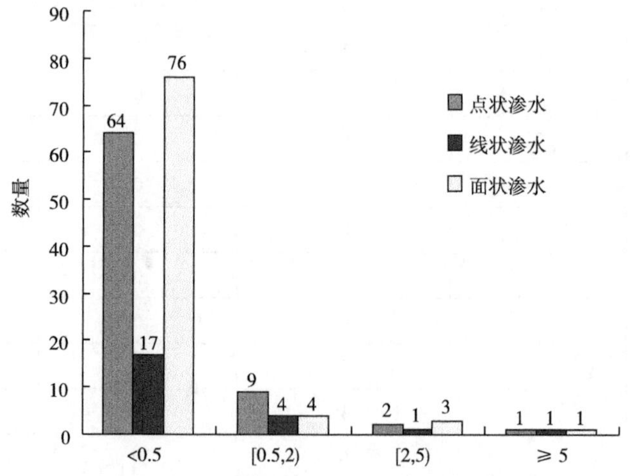

图 3-55　各洞室及施工/连接渗水量分布图

图 3-56 为渗水量大于等于 5L/min 的渗水部位分布情况。7#主洞室 0 + 350 处揭露有一渗水点，渗水量为 7L/min；1#主洞室 0 + 376 处揭露有一导水结构面，渗水量为 5L/min；2#施工巷道有一面状渗水部位，渗水量为 5L/min。图 3-57 为大于等于 2L/min 但小于 5L/min 的渗水部位分布图。点状渗水部位出现在 5#主洞室 0 + 098、9#主洞室 0 - 043，渗水量分别为 2.7L/min 和 4.23L/min。线状渗水部位出现在 9#主洞室 0 + 550，渗水量为

4.27L/min。面状渗水部位出现在1#主洞室0+380～0+400、5#主洞室0+160～0+180、9#主洞室0+660～0+880，渗水量分别为3L/min、2.7L/min和4.5L/min。

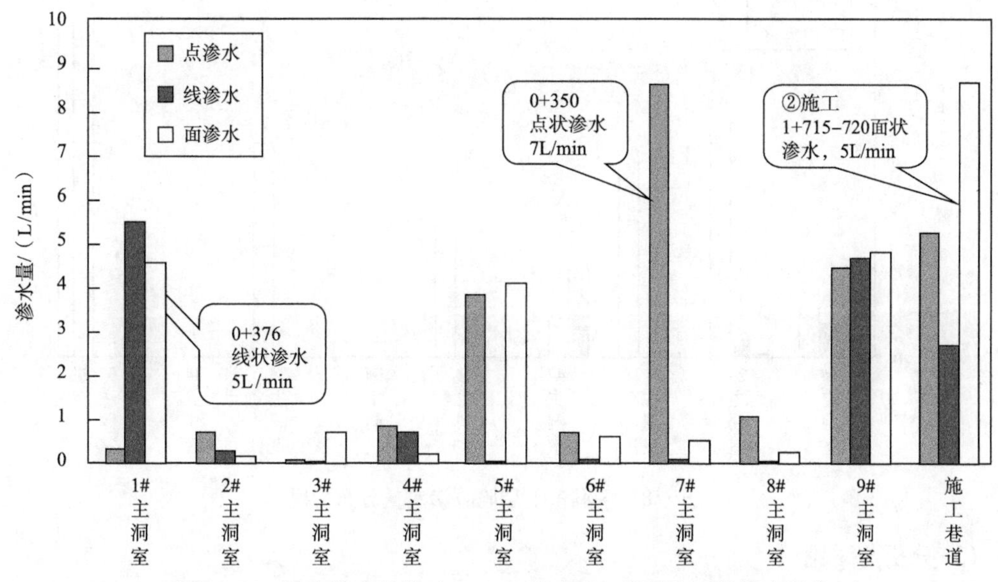

图3-56　渗水量大于等于5L/min的点状、线状和面状渗水部位

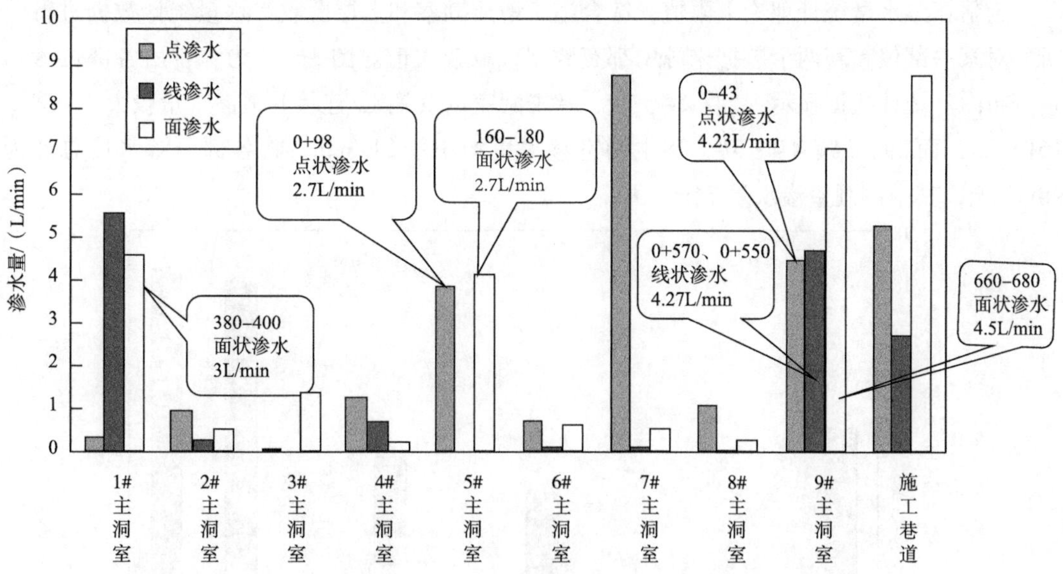

图3-57　渗水量大于等于2L/min但小于5L/min点状、线状和面状渗水部位

2）验收渗水量

图3-58为各洞室上层验收时渗水量统计分布图。统计范围为开挖揭露后渗水量较大而需采取灌浆处理部位，统计数据为处理后结果。数据显示：2#、3#、7#、9#主洞室灌浆部位处理后渗水量在1～2L/min，而1#、4#、5#、6#、8#主洞室灌浆部位处理后渗水量均小于1L/min。所有主洞室上层灌浆部位经处理，渗水量降为12m^3/天。

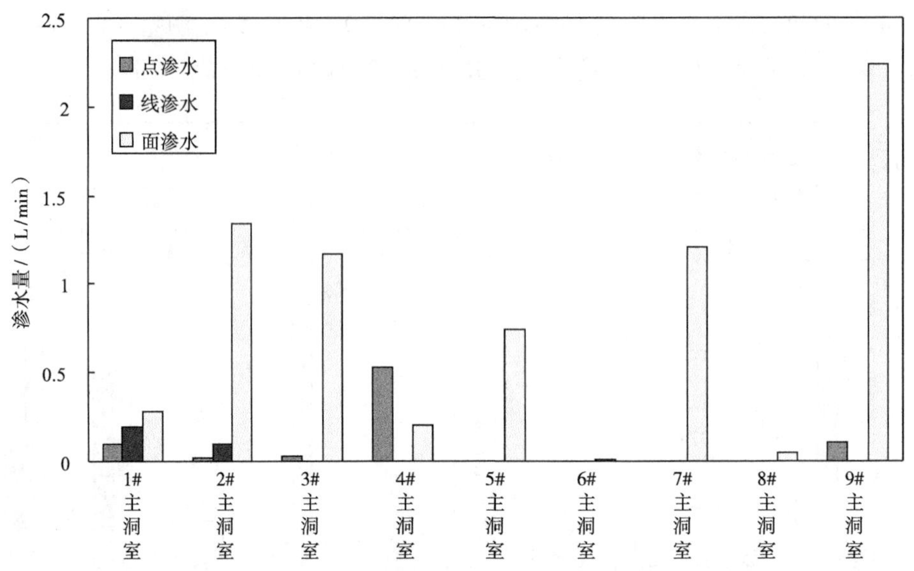

图3-58　主洞室上层验收渗水量分布情况

(3)分析与讨论

1)渗水量统计理论上限值

为估算渗水量统计理论上限值，综合施工地质勘察和上层验收渗水量统计数据进行分析，对某一部位，若两个数据来源中都有数据，取较大值。图3-59为综合后各部位渗水量分布图。统计数据显示：1#、5#、7#、9#主洞室以及施工/连接巷道渗水量较大，在8～16L/min，而2#、3#、4#、6#、8#主洞室渗水量均小于3L/min。将各部分渗水量总计为98m^3/天，其中主洞室渗水量74m^3/天。

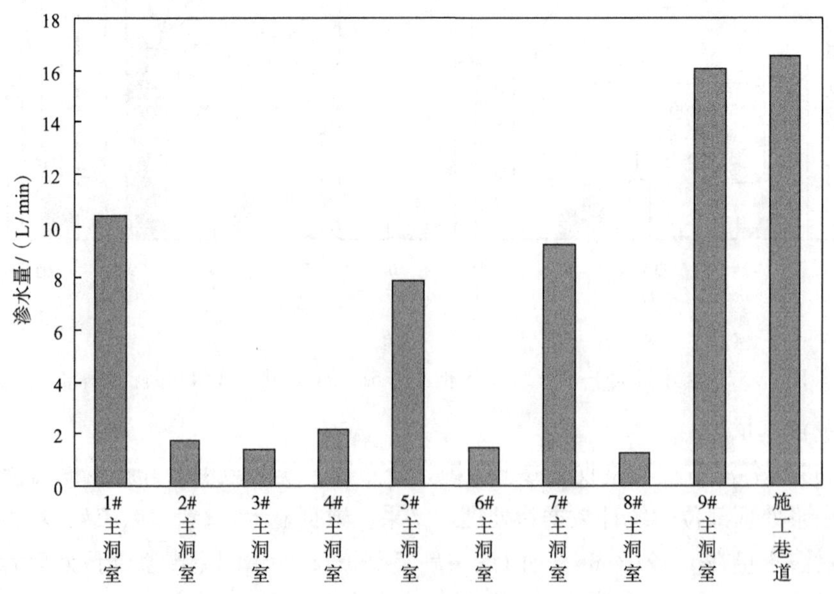

图3-59　主洞室及施工巷道渗水量统计理论上限值分布情况

2）运行期渗水量

目前洞库渗水量约为59m³/天，考虑以下因素会影响运行期渗水量：

- 水位变化：运行期水位低于当前水位；
- 运行期储油：油压使得水力梯度减小；
- 中下层开挖：开挖后暴露面增大。

其中，前两个因素会使得渗水量降低，而第三个因素会引起渗水量增加。由于主洞室平行布置，渗水主要通过洞室拱顶和底部发生（所有边墙之中，1#主洞室右边墙与9#主洞室左边墙为主要渗水通道，其他边墙由于补给路径过长，渗水量可以忽略）。因此中下层开挖后渗水量最多增加1倍。综合上述因素考虑，洞库运行期渗水量应不超过120m³/天。

3）洞库储油区渗水量控制验收标准

根据上述统计，储油区上层共有点状渗水部位为76个、线状23个、面状84个，且渗水量分布不均，多数部位渗水量较小，只有少数部位渗水量较大。中下层开挖，暴露面增加1倍，假设渗水部位也增加1倍，大体储油区共有点状渗水部位为200个、线状50个、面状200个。

洞库运行期渗水量设计值为300m³/天，假设点、线和面状渗水量各占4/9、1/9和4/9，则点均渗水量为133m³/天，线均渗水量为34m³/天，面均渗水量为133m³/天。

为确保渗水量达标和降低运行费用，将上述标准提高3倍：控制点渗水量为220L/天，线渗水量为220L/天，面渗水量为220L/天，即可满足要求。由此可见，目前2L/天/m² 的控制标准是有调整余地的。

此外，由于目前渗水量控制标准是面均（L/天/m²），此种分类方法适用于面状渗水，而不适用于点状和线状，因此在实施中不易操作。建议根据渗水形态制定标准。

（4）结论与建议

通过对主洞室渗水量统计，可以得到以下结论：

1）洞库储油区（含主洞室和密封塞以下施工巷道和连接巷道）开挖揭露渗水部位中，点状渗水部位为76个，总渗水量为25.6L/min；线状23个，总渗水量为13.8L/min；面状84个，总渗水量为24.5L/min。储油库总渗水量为92m³/天，其中主洞室渗水量68m³/天。

2）在所有开挖揭露渗水部位之中，渗水量大于等于5L/min的共有1点、1线、1面，占总渗水量的26.5%；渗水量大于等于2L/min但小于5L/min的共有2点、1线、3面，占总渗水量33.3%；上述3点、2线、4面渗水量占总渗水量59.8%。

3）洞库储油区渗水量统计理论上限值为98m³/天，其中主洞室渗水量74m³/天；根据统计渗水部位数量，目前2L/天/m² 渗水量控制验收标准是有调整余地的。

由于目前渗水量控制标准是针对面状渗水，不适用于点状和线状，因此在实施中不易操作。建议根据渗水形态制定标准。

2.2 洞库围岩三轴剪切试验

2.2.1 试验方法

为了研究库区花岗岩的力学性质，开展了常规三轴试验。本试验采用 RLW－1000 岩石三轴流变仪(见图 3－60)，选定围压分别为 3MPa、6MPa 和 10MPa。岩样为现场钻孔取芯，在室内进行切割磨光，加工尺寸为直径 54mm、高度 100mm，装备就绪试样如图 3－61 所示。

图 3－60　岩石三轴流变仪

图 3－61　准备就绪的试样

2.2.2 试验结果及分析

试样 1－4 在围压 3MPa 作用下，轴向应力加载到 89.7MPa 时破坏，试样沿软弱结合面发生破坏，主破坏面角度为 70°；试样 1－5 在围压 6MPa 作用下，轴向应力加载到 124.5MPa 时破坏，主破坏面角度为 65°；试样 1－6 在围压 10MPa 作用下，轴向应力加载到 152.6MPa 时破坏，主破坏面角度为 70°。

以试样 1－5 为例，其破坏情况如图 3－62 所示。轴向应力(q)－轴向应变(ε_A)曲线和体积应变(ε_V)－轴向应变(ε_A)曲线分别如图 3－63 和图 3－64 所示。

图 3－62　试样 1－5 破坏情况

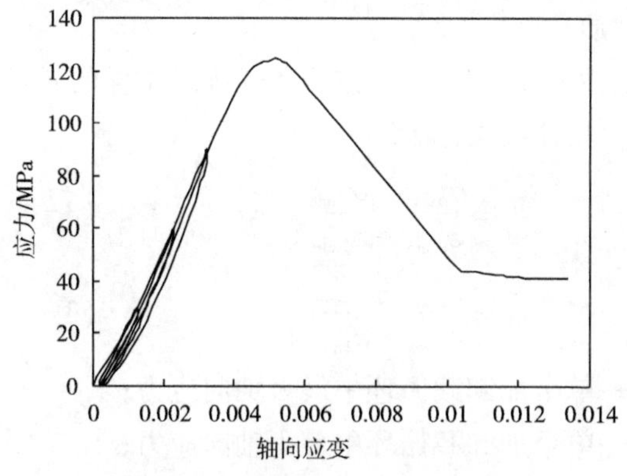

图 3-63　试样 1-5 轴向应力与轴向应变关系曲线

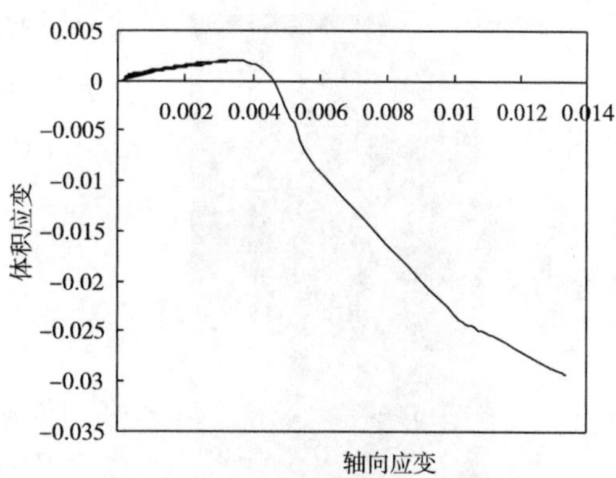

图 3-64　试样 1-5 体积应变与轴向应变关系曲线

试验结果详情如表 3-9 所示。

表 3-9　三轴试验结果详情表

编号	密度/(g/cm³)	围压/MPa	峰值强度/MPa	峰值轴向应变	峰值径向应变	残余强度/MPa	弹性模量/GPa	泊松比
1~4	2.606	3	89.7	0.0048	-0.0091	32.3	21.9	0.63
1~5	2.571	6	124.5	0.0056	-0.0035	41.0	28.7	0.23
1~6	2.620	10	152.6	0.0062	-0.0049	—	36.6	0.19

(1)应力-应变关系和体积变化特征

由图 3-63 和图 3-64 所示：1)在围压为 6MPa 下，试样峰值强度和残余强度分别为 124.5MPa 和 41.0MPa，表现出显著的应变软化现象；2)试验过程中，试样体积先缩小后增大，在轴向应变为 0.0035 时，试验开始出现剪胀现象。

结合试样的应力-应变曲线和体积应变-轴向应变曲线，试验过程中试样的变形过程大体可分为三个阶段：a)初始压密阶段：该阶段内，随着应力水平增加试样体积缩小，试样表现为应变硬化现象；b)硬化剪胀阶段：该阶段内，随着应力水平增加，试样体积增大，试样表现为应变硬化现象；c)软化剪胀阶段：该阶段内，试样出现软化现象，但体积持续增加。

从微观角度考虑，第一阶段内，试样受剪压密导致试样体积减小；而在第二阶段内，由于试样中微裂纹萌生和延伸引起试样体积增大；而在第三阶段，试样中裂纹贯通引起了试样体积增大，同时由于破裂面的出现，试样表现为应变软化现象。从上述分析不难看出，虽然试样在峰值处出现宏观破裂面，但是试样中裂纹是从剪胀开始处萌生，并逐渐扩展，因此围岩的完整性从剪胀出现处开始受到破坏。试样 1-4 和 1-6 反映了洞库围岩在所施加围压条件下，均表现出了应变软化和剪胀等性质，且剪胀程度随围压升高而降低。

说明：由于 1-4 试样是含有软弱结合面的试样(见图 3-65)，在试验过程中，试样沿软弱结合面破坏，因此泊松比大于 0.5。

图 3-65　试样 1-4 破坏情况

(2)弹性性质

主要是通过每个加卸载循环按照下式确定试样的弹性模量和泊松比，具体结果见表3-9。

$$E = \frac{\sigma_{1max} - \sigma_{1min}}{\varepsilon_{1max} - \varepsilon_{1min}} \tag{3-4}$$

$$\upsilon = \frac{\varepsilon_{3max} - \varepsilon_{3min}}{\varepsilon_{1max} - \varepsilon_{1min}} \tag{3-5}$$

式中　σ_{1max}——单个加卸载循环中最大轴向应力；

σ_{1min}——单个加卸载循环中最小轴向应力；

ε_{1max}——最大轴向应力对应的轴向应变；

ε_{1min}——最小轴向应力对应的轴向应变；

ε_{3max}——最大轴向应力对应的径向应变；

ε_{3min}——最小轴向应力对应的径向应变。

(3)塑性性质

以轴向应力 σ_1 为纵坐标，围压 σ_3 为横坐标绘制 $\sigma_1 \sim \sigma_3$ 最佳关系曲线(直线)，如图 3-66 所示，峰值强度对应的黏聚力 C，内摩擦角 φ 按下式求解：

$$C = \frac{\sigma_c(1 - \sin\varphi)}{2\cos\varphi} = 11.1\text{MPa} \tag{3-6}$$

$$\varphi = \arcsin\left(\frac{k-1}{k+1}\right) = 52.9° \tag{3-7}$$

式中　C——岩石的黏聚力(MPa)；

φ——岩石的内摩擦角(度)；

σ_c——$\sigma_1 \sim \sigma_3$ 最佳关系曲线纵坐标的应力截距(MPa)；

k——$\sigma_1 \sim \sigma_3$ 最佳关系曲线的斜率。

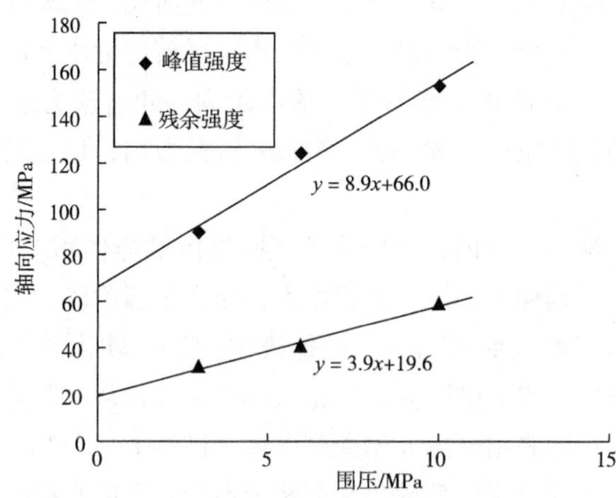

图 3-66　试样轴向应力与径向应力最佳关系曲线

同理，残余强度对应的黏聚力和内摩擦角如下：

$$C' = \frac{\sigma_c(1 - \sin\varphi')}{2\cos\varphi'} = 5.0\text{MPa} \tag{3-8}$$

$$\varphi' = \arcsin\left(\frac{k-1}{k+1}\right) = 36.3° \tag{3-9}$$

因为试样1－6发生突变破坏，此处以轴向应力－轴向应变曲线突变拐点处的轴向应力记为试样的残余强度。

通过试验可知常规三轴试验中，试样的变形过程大体可分为三个阶段：初始压密阶段，硬化剪胀阶段和软化剪胀阶段。第一阶段内，试样受剪压密导致试样体积减小；在第二阶段内，由于试样中微裂纹萌生和延伸引起试样体积增大；而在第三阶段，试样中裂纹贯通引起了试样体积增大，同时由于破裂面的出现，试样表现为应变软化现象。因此，虽然试样在峰值处出现宏观破裂面，但是试样中裂纹是从剪胀开始处萌生，并逐渐扩展，因此围岩的完整性从剪胀出现处开始受到破坏。

通过常规三轴试验得到试样最大抗压强度的黏聚力为11.1MPa和内摩擦角52.9°；残余强度对应的黏聚力5MPa和内摩擦角36.3°。

2.3 结构面剪切－渗流耦合试验

裂隙岩体性质试验是获得岩体渗流力学和流固耦合性质的重要手段，也是进行地下水封石洞油库水封性评价的重要内容。依托工程岩体进行了结构面剪切－渗流耦合试验，分析了裂隙法向变形和切向变形对岩体裂隙力学和渗透性质的影响。

2.3.1 试验方法

(1)试验设备

本试验台参照国内外现有技术和设备，应用全数字伺服控制器、传感器技术、比例积分微分(PID)控制技术和机械精细加工技术等软硬件技术开发而成的。整体由轴向加载框架、横向加载机构、轴向和横向蠕变控制系统、渗流子系统、剪切盒及数控系统组成，如图3－67所示。

图3－67　剪切渗流耦合试验系统示意图

本试验系统克服了以往传统剪切试验机的缺点，能适应各工况条件下结构面的变形特点，能在不同边界条件下对试件进行剪切渗流耦合试验。在法向方向上，试验台有三类可控边界条件：恒定法向应力、恒定法向位移、恒定法向刚度；平行节理剪切方向，可施加剪切力或位移，渗透压力。在三种边界和荷载条件下可进行一系列试验：剪切试验，渗透试验，闭合应力－渗透耦合试验，剪切应力－渗透耦合试验，剪切渗流流变试验和辐射流试验等。

(2)试验设备技术指标

试验机关键技术指标主要体现在垂直加载单元、水平加载单元及其伺服控制部分，渗流加载单元及其伺服稳压系统。试验台主要技术指标如下：

垂直加载单元和水平加载单元，最大荷载均达600kN，测量控制精度达到示值的±1%；垂直和水平向伺服控制部分，荷载最小和最大加载速率分别达0.01kN/s和100kN/s，位移最小和最大加载速度(位移控制)速率分别达0.01mm/min和100mm/min，位移控制稳定时间为10天，其测量控制精度达到示值的±1%；渗透压力伺服稳压系统(稳态法和瞬态法)，最大水压力(渗透压力)能达3MPa，渗透压力稳压时间为10天，水的流量测量量程最小和最大分别为0.001ml/s和2ml/s，相关测控精度达示值的±1%；渗透试验密封剪切盒，上下剪切盒剪切位移达到沿渗流方向试件长度的25%，仍能保持剪切盒密封，并在进水口和出水口分别设置流量测量装置，可精确测量不同水压下的流量；试验机有足够的刚度，保证机架刚度大于等于6MN/mm。试验机较高的性能指标使其能够进行高渗透压力、高荷载或高刚度等边界条件下的岩石结构面剪切渗流耦合试验。

(3)试验步骤

为了充分研究岩体裂隙的渗透特性，选取工程区典型的岩块制作试件，将采集的岩样加工成标准尺寸岩块，如图3-68所示，表面光滑度达到0.8mm，然后应用万能压力机将其劈裂成岩石机构面试件，如图3-69所示。应用三维激光扫描仪和Z2计算方法，计算结构面粗糙面值(*JRC*)。试件为配称裂隙或非配称裂隙，上下两部分，每部分尺寸为200mm(水渗透方向)×100mm(渗透宽度)×100mm(高度)。

试件预制完成后，将试件浸入水容器中一周左右时间，以使裂隙试件充分饱和并排除岩石空隙中的空气。将充分饱和的裂隙试件、密封圈、剪切盒装配完整后，把其放入加载框架，连接剪切臂和控制系统等。安装完毕后，先进行剪切盒和连接管线充水排气，再连接渗透加压系统。预施加初始法向荷载，即可进行渗透水压加载、法向加卸载和切向剪切加载。

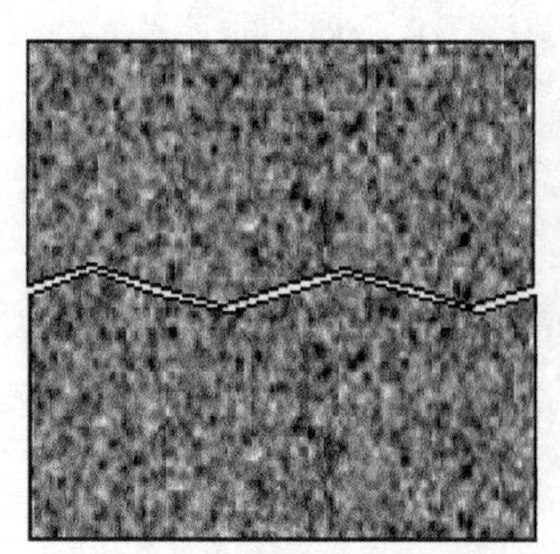
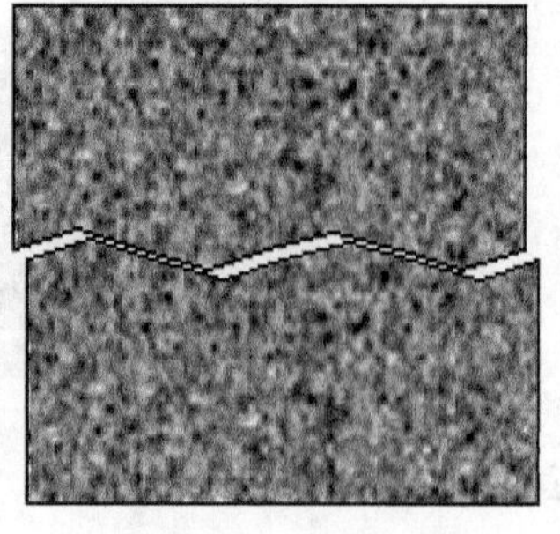
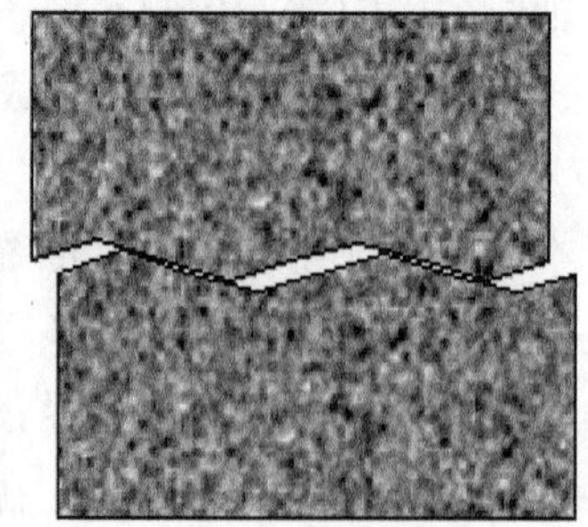

图3-68　试件示意图

图 3-69　试件劈裂

(4)试验工况

具体试验工况如表 3-10 所示。

表 3-10　试验工况

试验工况	试件编号	粗糙度(*JRC* 值)	边界条件	
			初始法向应力/MPa	法向刚度/GPa·m^{-1}
恒定法向刚度边界	J1	1.5	—	7.5
	J2	5.5	—	7.5
	J3	11.0	—	7.5
	J4	12.0	—	7.5

部分岩石裂隙试件如图 3-70 所示，试验中试件装配如图 3-71 所示。采用恒定法向刚度边界条件。恒定法向刚度的控制，是根据测量得到的法向应力与法向变形计算的法向刚度值作为控制参数反馈给控制器来实现控制。

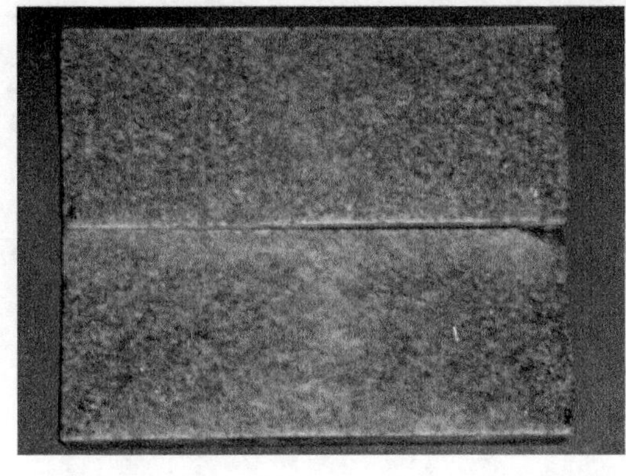

图 3-70　岩石试件图

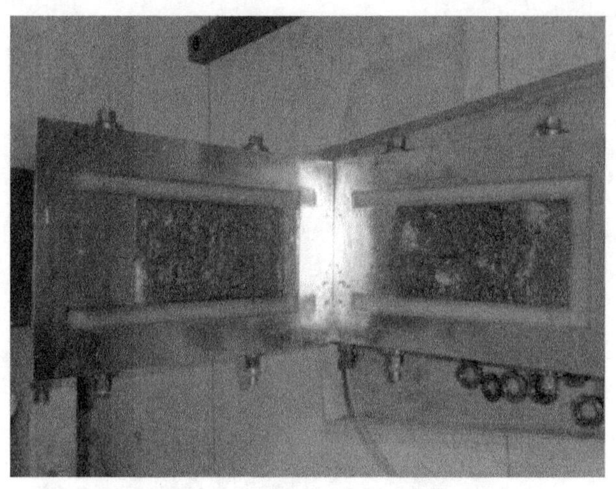

图 3-71　试件装配图

2.3.2　试验结果分析

(1)剪切应力和剪切位移结果

图 3-72 为试验中试件 J1 - J4 剪切应力和剪切位移关系曲线。观察试验曲线，发现剪切过程中，剪切位移在 2mm 以内时，剪切应力与剪切位移呈近似线性关系，并很快地增加到峰值；随后随着剪切位移的增加，剪切应力在峰值后变化相对较小，趋于平稳；剪切应力在达到峰值后的变化趋势与结构面粗糙度相关，*JRC* 值越大试件峰后强度越大。

(2)法向位移和剪切位移关系

图 3-73 为试验中试件 J1 - J4 法向位移和剪切位移关系曲线。观察试验曲线，发现随剪切位移的增加，法向位移逐渐增大，最后曲线趋于平缓，说明试样均发生了剪胀。法向位移的大小与结构面粗糙度相关，*JRC* 值越大试件法向位移越大。

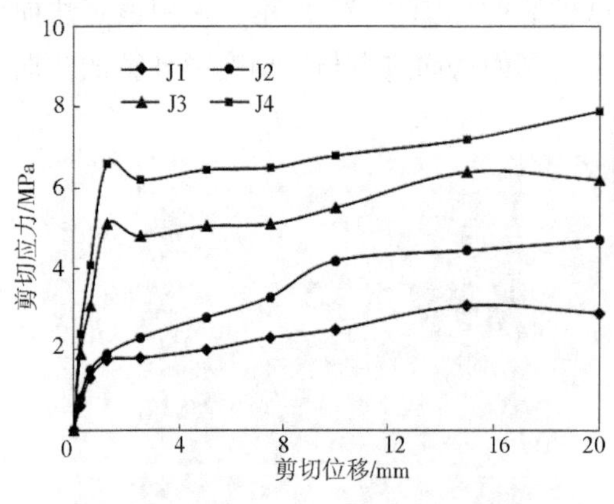

图 3-72　法向刚度条件下裂隙试件试验结果

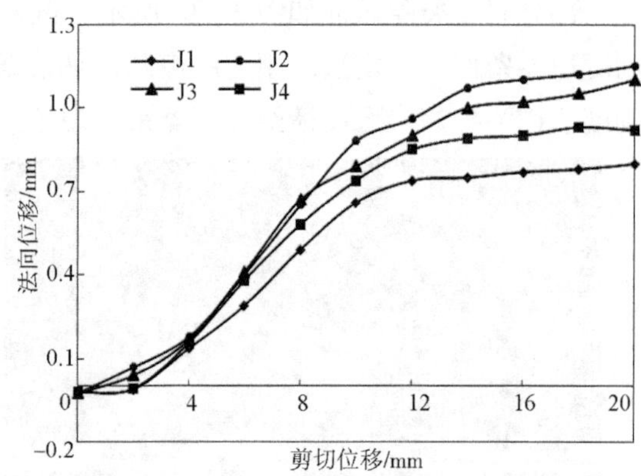

图 3-73　法向刚度条件下裂隙试件试验结果

(3)结构面渗透特性

剪切渗流耦合试验中，根据试验条件和测得的试验数据，应用立方准则来计算反求各个试验试件的水力开度，来描述节理渗透特性的变化规律。立方准则可以表示为：

$$Q = \frac{g}{v}\frac{we^3}{12}i \tag{3-10}$$

式中 Q——水的渗流量；

g——重力加速度；

e——水力开度；

v——动黏度系数；

w——流动区域宽度；

i——量纲一的单位水力梯度。

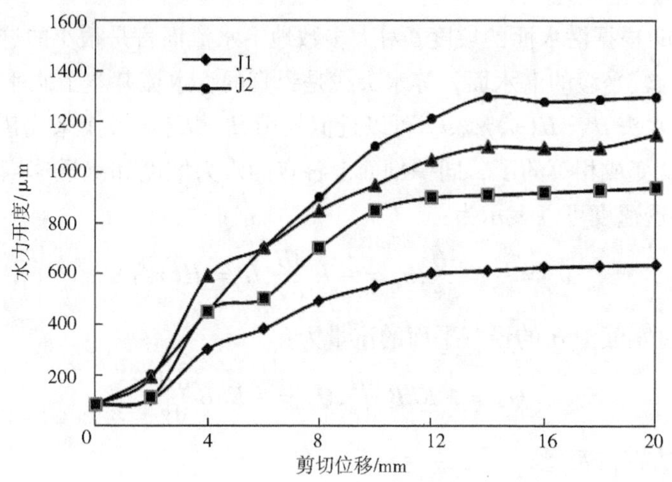

图 3-74　水力开度－剪切位移曲线

图 3-74 为试验中试件 J1－J4 水力开度值随剪切位移的变化曲线。从曲线可以看出，变化过程可分为两个阶段。在第一阶段，剪切位移小于 10mm 时，剪切位移引起结构面剪胀，随剪切位移增加结构面水力开度值迅速增加；在第二阶段，剪切位移大于 10mm 后，随剪切位移继续增加，结构面剪胀变小，结构面水力开度变化变缓，几乎不在发生变化，达到残余水力开度值。图中还显示：残余水力开度与结构面粗糙度相关，随着 *JRC* 值的增加，残余水力开度变大。

第三节　水封性评价

3.1　水动力学方法的洞库水封性评价

在地下水封石洞油库建设中，地下水渗流场的变化关系到水封效果。因此，进行地下水渗流场的时空演化研究，对于保证洞库水封性具有重要意义。本节主要采用地下水动力学理论，进行地下水封石洞油库工程渗流场时空演化特征研究。借助 VisualMODFLOW 分析软件，结合现场试验数据分析，采用裂隙岩体渗透张量，建立三维地下水数值模拟模型，预测不同施工进程时地下水位的变化。

3.1.1 基本原理

地下水动力学是研究地下水在地层中运动规律的科学。针对不同类型的地下水运动情况，通过建立不同偏微分方程进行描述。在地下水动力学潜水运动中，通常情况下潜水面不是水平的，如潜水含水层中存在着流速的垂直分量。潜水面本身又是渗流区的边界，随时间而变化，它的位置在有关渗流问题解出来以前是未知的，为了较方便地解决这类问题就引出了 Dupuit 假设。

1863 年 Dupuit 根据潜水面的坡度 θ 对大多数地下水流而言是很小的这样一个事实，提出如下假设：对比较平缓的潜水面，等水头线是铅直的，水流基本上水平，忽略渗透速度的垂直分量 V_z，水头 $H=H(x,y,z,t)$ 可以近似地用 $H=H(x,y,t)$ 来代替。此时在铅直剖面上各点的水头就变成相等的了，同一剖面上各点的水力坡度和渗透速度都是相等的。此时 x，y 方向的渗透速度可以表示为：

$$v_x = -K\frac{\mathrm{d}H}{\mathrm{d}x}, v_y = -K\frac{\mathrm{d}H}{\mathrm{d}y}, H = H(x,y) \tag{3-11}$$

相应地，通过宽度为 B 的铅直平面的流量为：

$$Q_x = -KhB\frac{\mathrm{d}H}{\mathrm{d}x}, Q_y = -KhB\frac{\mathrm{d}H}{\mathrm{d}y} \tag{3-12}$$

式中　Q_x——x 方向的流量；

　　h——潜水含水层的厚度。

运用 Dupuit 假设可以推到出非均质含水层，Boussinesq 方程的表达形式：

$$\frac{\partial}{\partial x}\left(Kh\frac{\partial H}{\partial x}\right) + \frac{\partial}{\partial y}\left(Kh\frac{\partial H}{\partial y}\right) + W = \mu\frac{\partial H}{\partial t} \tag{3-13}$$

式中　K、μ——潜水含水层的渗透系数、给水度；

　　W——含水层单位时间、单位面积上的垂直补排量，补给为正，排泄为负。

若不用 Dupuit 假设，Boussinesq 方程的一般形式：

$$\frac{\partial}{\partial x}\left(K\frac{\partial H}{\partial x}\right) + \frac{\partial}{\partial y}\left(K\frac{\partial H}{\partial y}\right) + \frac{\partial}{\partial z}\left(K\frac{\partial H}{\partial z}\right) = \mu_s\frac{\partial H}{\partial t} \tag{3-14}$$

式中 μ_s 为贮水率。

对各向异性介质如把坐标轴取得与各向异性的主方向一致，则有

$$\frac{\partial}{\partial x}\left(K_{xx}\frac{\partial H}{\partial x}\right) + \frac{\partial}{\partial y}\left(K_{yy}\frac{\partial H}{\partial y}\right) + \frac{\partial}{\partial z}\left(K_{zz}\frac{\partial H}{\partial z}\right) = \mu_s\frac{\partial H}{\partial t} \tag{3-15}$$

在确定方程中有关参数的值和渗流区范围、形状以后，再确定方程的定解条件。所谓定解条件包括边界条件和初始条件，是实际问题的特定条件。因此所求某个渗流问题的解，必然是这样的函数：一方面要适合描述该渗流区地下水运动规律的偏微分方程(或方程组)，另一方面又要满足该渗流区的边界条件和初始条件。地下水流问题中边界条件一

般有三种类型：Dirichlet 条件、Neumann 条件和混合边界条件。当上述所有参数条件确定后，便可以采用解析法、数值法或者模拟法求解数学模型。

3.1.2 洞库围岩渗透系数的获取

(1)洞库围岩渗透系数

为了获得洞库工程区岩体渗透性，详细勘察阶段采用了 3 种现场试验方法：1)提水及恢复试验；2)注水消散试验；3)压水试验。试验过程及数据分析严格按照地下水封洞库岩土工程勘察规范要求。为了便于直观地展示试验结果，将试验数据进行了整理分析，绘制成渗透系数分布图。提水及恢复试验结果如图 3-75 所示，渗透系数大于 1.0×10^{-3}m/d 的有 13 个样本，在 5.0×10^{-4} ~ 1.0×10^{-3}m/d 之间有 4 个，在 1.0×10^{-4} ~ 5.0×10^{-4}m/d 之间的有 10 个，在 5.0×10^{-5} ~ 1.0×10^{-4}m/d 之间的有 3 个样本。消散试验结果如图 3-76 显示，渗透系数在 1.0×10^{-4} ~ 5.0×10^{-4}m/d 之间有 2 个，在 5.0×10^{-5} ~ 1.0×10^{-4}m/d 之间的有 2 个，小于 5.0×10^{-5}m/d 的有 3 个样本。压水试验结果如图 3-77 所示，渗透系数在 5.0×10^{-4} ~ 1.0×10^{-3} m/d 之间有 4 个，大于 1.0×10^{-3}m/d的有 45 个样本。洞库围岩渗透系数一般在 1.0×10^{-5} ~ 1.0×10^{-3}m/d 之间，具有一定不确定性。

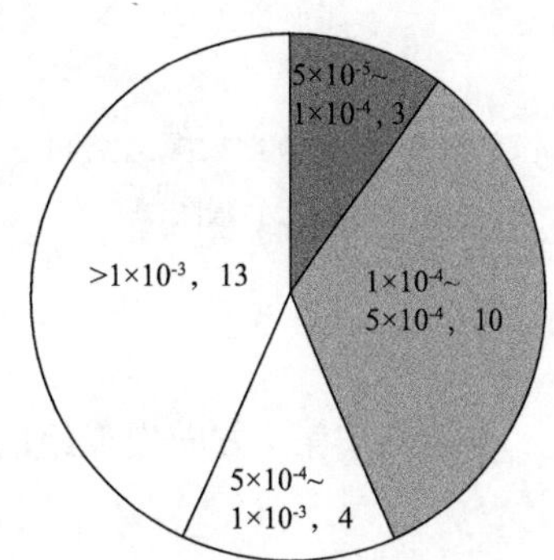

图 3-75 提水及恢复试验测得渗透系数分布图(m/d)

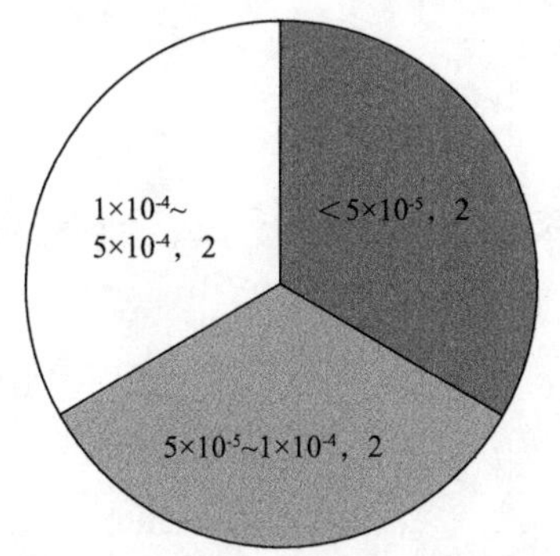

图 3-76 注水消散试验获得渗透系数分布图(m/d)

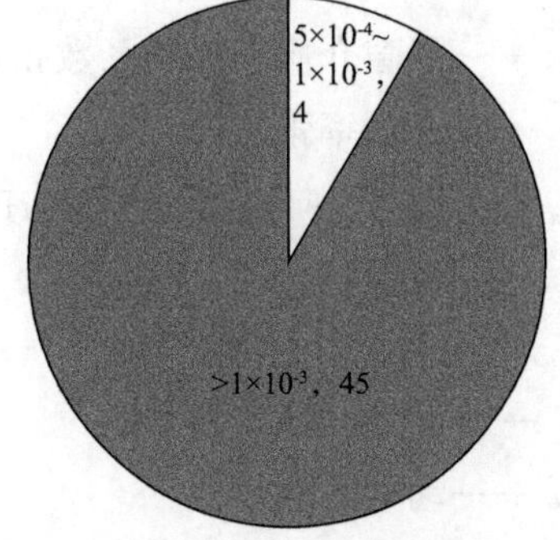

图 3-77 压水试验获得渗透系数分布图(m/d)

从试验结果分析，压水试验测得的渗透系数较其他两种方法偏大。原因是由于压水试验中水压较高，导致围岩中裂隙开启，从而围岩渗透系数偏大。此外，提水及恢复试验和消散试验主要在工程岩体表层部位开展，而表层受风化影响较为严重，因此测得的渗透系数偏高。综合分析，选用 1.0×10^{-4}m/d 作为洞库围岩渗透系数基准值较为适宜。

(2)洞库围岩渗透张量

试验测得的渗透参数是等效各向同性的，在试验的基础上采用渗透张量方法计算洞库围岩渗透系数。

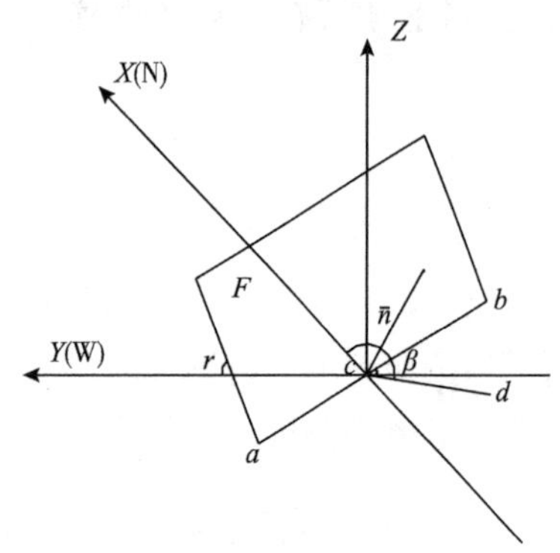

图 3-78　节理裂隙面空间方位示意图

根据地下水封石洞油库岩土工程勘察报告，依据区内相似、区间相异原则，可将洞库围岩划分五个区。I 区结构面主要走向为 NW345°；Ⅱ区为过渡区，近南北方向结构面较多，并出现优势方向 NE45°，受 F3 和 F8 断层影响，该区亦出现较多 NW300°结构面；Ⅲ区主要为近南北方向和 NE45°结构面；Ⅳ区主要为 NE45 ~ 60°结构面；而 V 区主要为 NW330 ~ 345°结构面。总体趋势为自西北逆时针旋转，结构面存在自 NW 逐渐向 NE 变化趋势。

选取坐标 x 轴与地理北极（N）方向一致，y 轴指向西（W），以 β 表示该裂隙面倾向方位角，以 γ 表示该裂隙面倾角，如图 3-78。则根据扩展的达西公式：

$$\bar{\mu} = -\left[\frac{\bar{\bar{K}}}{\mu}\right]\nabla p \tag{3-16}$$

可推导出第 i 方向裂隙组的渗透张量公式如下：

$$\bar{\bar{K}} = (\bar{\bar{K}})_i = \frac{b_i^3 s_i}{12}\begin{bmatrix} (1-\alpha_{xi}^2) & -\alpha_{xi}\alpha_{yi} & -\alpha_{xi}\alpha_{zi} \\ -\alpha_{yi}\alpha_{xi} & (1-\alpha_{yi}^2) & -\alpha_{yi}\alpha_{zi} \\ -\alpha_{zi}\alpha_{xi} & -\alpha_{zi}\alpha_{yi} & (1-\alpha_{zi}^2) \end{bmatrix}$$

$$\bar{\bar{k}} = \bar{\bar{K}} \times \frac{\rho g}{\mu} \tag{3-17}$$

式中　$\bar{\bar{k}}$——裂隙介质的渗透系数张量；

$\bar{\bar{K}}$——渗透率张量；

α_{xi}、α_{yi}、α_{zi}——第 i 方向裂隙组隙面法向的方向余弦，$\alpha_{xi} = \cos\beta\sin\gamma$，$\alpha_{yi} = \cos\gamma\sin\beta$，$\alpha_{zi} = \cos\gamma$；

s_i——第 i 组裂隙的密度；

b_i——第 i 组裂隙的隙宽；

μ——动力黏滞系数。

根据公式及现场测试数据，计算洞库分区渗透张量主值见表 3-11。

表 3-11　各向异性渗透系数计算值

区域	渗透系数/（m/d）		
	K_{xx}	K_{yy}	K_{zz}
I 区	2.7×10^{-4}	4.6×10^{-4}	2.3×10^{-4}
Ⅱ区	4.8×10^{-4}	2.2×10^{-4}	3.2×10^{-4}
Ⅲ区	1.1×10^{-4}	5.1×10^{-4}	6.8×10^{-4}
Ⅳ区	2.8×10^{-4}	1.6×10^{-4}	1.9×10^{-4}
V 区	4.9×10^{-4}	2.5×10^{-4}	2.5×10^{-4}

3.1.3 水文地质概念模型的建立

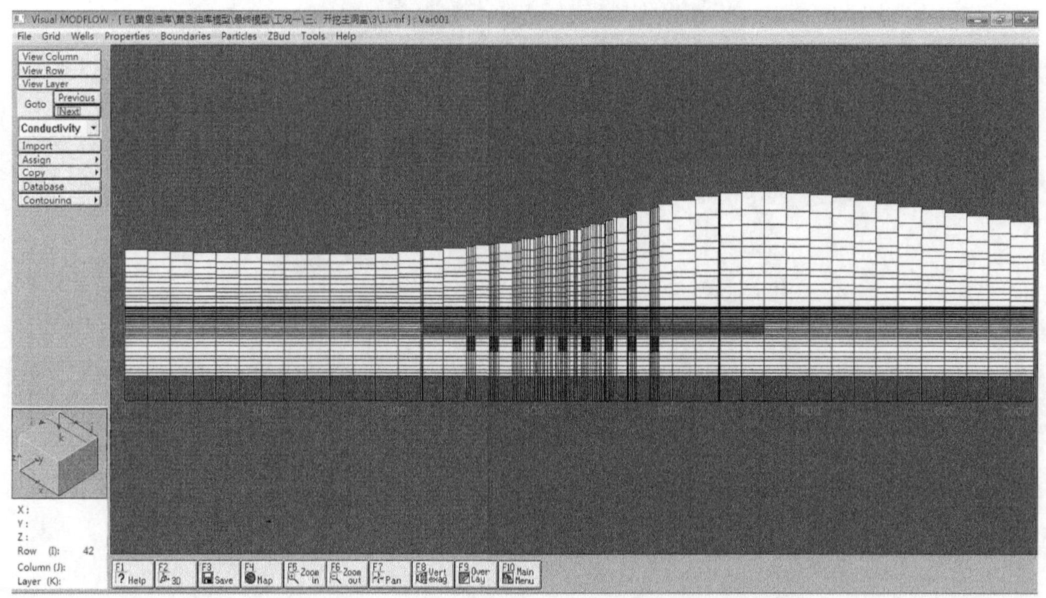

图3-79 研究区域水文地质概念模型剖面图

为建立研究区的地下水流数值模型，首先要对实际水文地质条件加以概化，建立水文地质概念模型。根据油库实际水文地质条件，充分考虑地下水系统的完整性和独立性，因此将研究范围确定为2000m×2500m×450m，如图3-79。根据研究区域地层分布及地下水系统特征，在垂向上将地层结构概化为两层，含水层360m，不透水层90m。

模型区剖分为50m×50m×3m的有限差分网格，单元均为矩形单元。在断层及巷道处细化网格。根据水文地质资料，模型北边界为不透水边界，东、西、南边界局部为定水头边界。地表接受降雨入渗。根据试验得出数据和计算分析的渗透系数，采用渗透系数各向同性和各向异性两种模型进行计算。图3-80为各向同性模型三维立体图，图3-81为各向异性三维模型立体图。

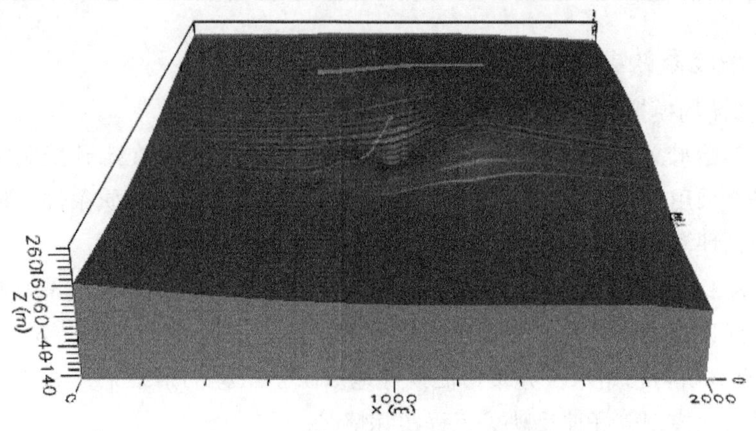

图3-80 各向同性模型立体三维图

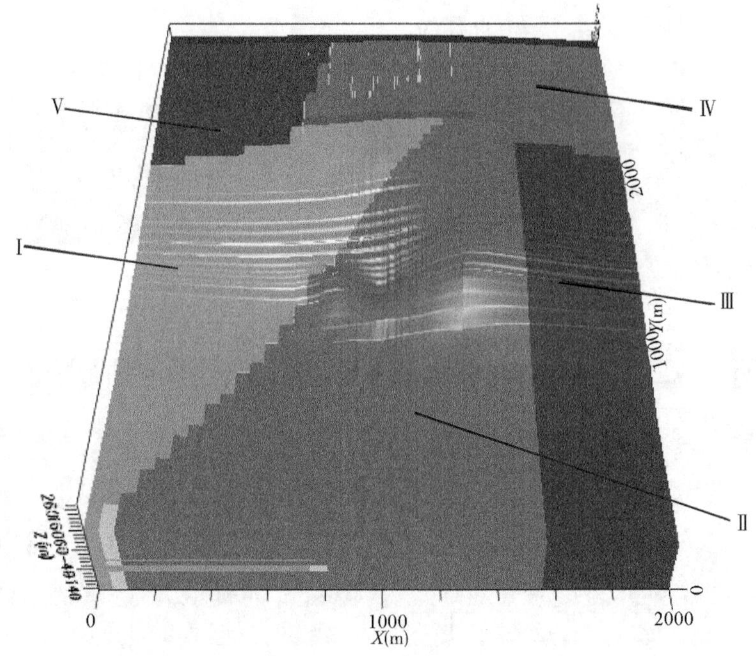

图 3-81　渗透系数分区后的三维立体图

借助 VisualmODFLOW 开展洞库工程渗流场演化规律的研究。根据工程需要，模拟方案包括四个部分，见表 3-12。

表 3-12　数值模拟方案

模拟方案	研究内容
初始渗流场模拟	模型校核
施工巷道和水幕巷道开挖过程中渗流场模拟	模拟开挖过程中渗流场的变化，并与监测数据进行对比分析
主洞室分步开挖渗流场模拟	预测洞室开挖引起的地下水位改变
洞库运行期模拟	评价水幕系统

3.1.4　渗透系数各向同性模型的检验与校正

(1)初始渗流场模拟

根据库区初始水文地质资料，建立三维水文地质模型，模拟在未开挖洞室的条件下库区初始渗流场，采用各向同性模型进行模型校核。根据初始水文地质条件，地下水走势与山体坡度一致，埋深较浅，按潜水处理。采用稳定流进行数值模拟。

图 3-82 为工程勘察获得的洞库工程区初始水位分布情况。图 3-83 为采用上述方法和参数计算的库区初始水位分布情况。需要说明的是，图 3-82 与图 3-83 中正北方向夹角约为 45°。计算所得初始水位分布特征较好地反映了工程勘察结果，因此说明所建立的区域水文地质概念模型较好地反映了工程实际情况。

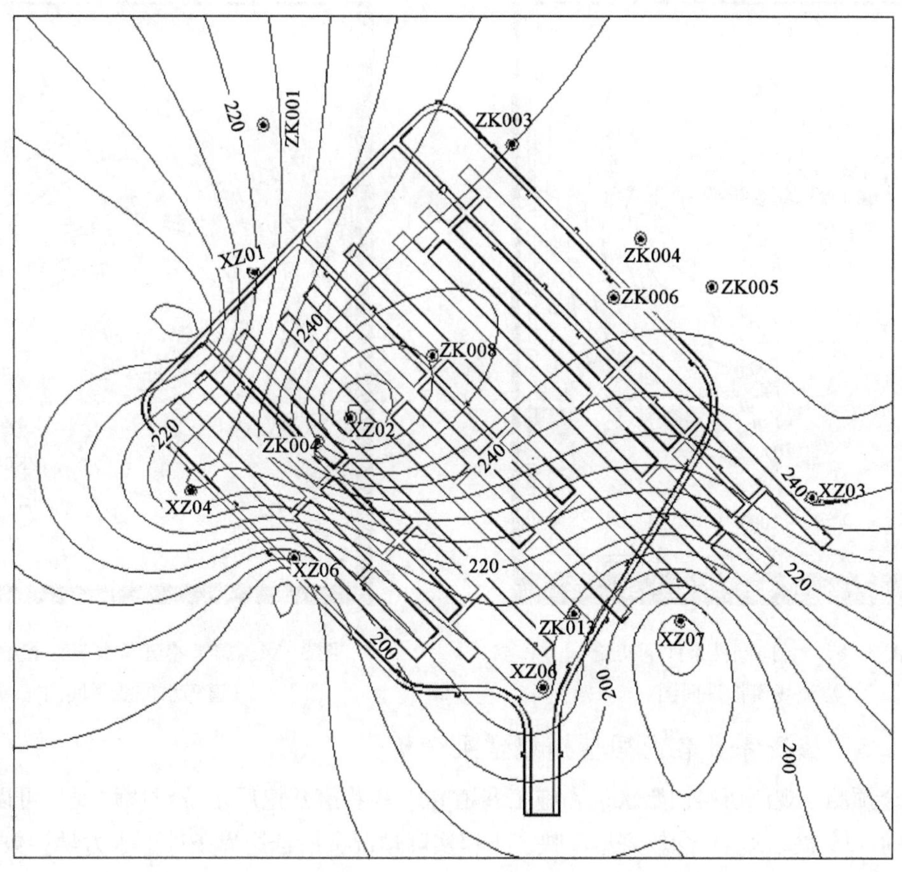

图 3-82　实测初始水文图

(2)施工巷道和水幕巷道开挖过程中渗流场的变化

在初始水位模拟结果符合实际情况后，模拟施工巷道和水幕巷道开挖后，渗流场的变化，并与实测钻孔水位进行对比分析。图 3-84 为施工巷道及水幕巷道开挖后巷道等水位线平面图。施工巷道和水幕巷道的开挖导致库区水位下降，在洞库区域形成了较为明显的水位下降漏斗。图中巷道所在位置的水头高程相对较小，而离巷道越远的位置水头高程越大，在图 3-84 中展示了施工巷道和水幕巷道开挖后，水文孔 ZK001、ZK003、ZK004、ZK009 所在位置及其水位情况，表 3-13 为巷道开挖完后水文孔水头高程的实测值和模拟计算值的对比表，虽然表中计算值和实测值之间存在一定的误差，但计算结果整体上反映了水文观测结果。

表 3-13　水文孔的实测水位与计算水位值

钻孔编号	实测水位/m	模拟计算水位/m
ZK001	213.5	210
ZK003	85.43	90
ZK004	220.24	190
ZK009	123.47	120

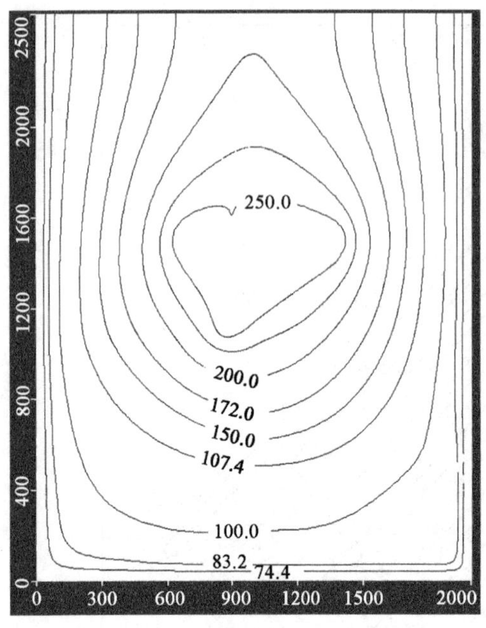

图 3-83　各向同性条件下初始渗流场模拟平面图

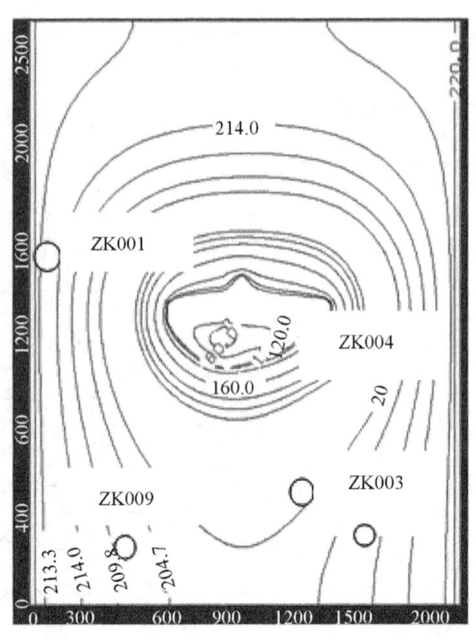

图 3-84　施工巷道及水幕巷道开挖后巷道等水位线平面图

3.1.5　渗透系数各向同性模拟结果分析

综合预测与观测所得初始水位和施工巷道和水幕巷道开挖后水位对比情况，可以判断：所建立的区域水文地质概念较好地反映了工程实际情况，所选边界条件、水力学参数与实际较为温和。据此，本节将应用上述模型、边界条件和参数进行主洞室开挖渗流场预测研究。

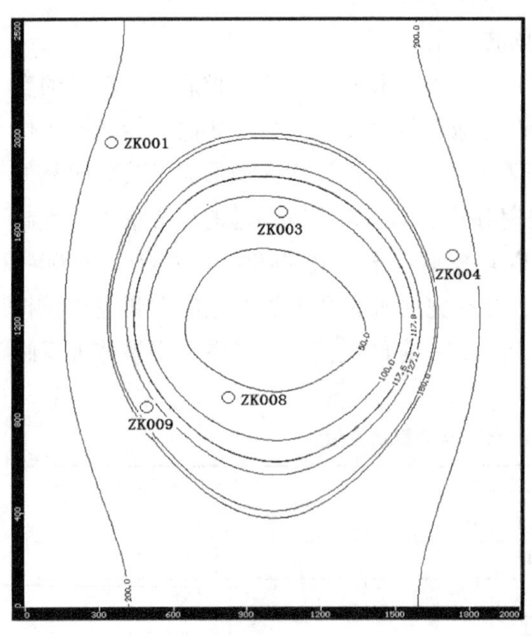

图 3-85　主洞室开挖第一层等水位线平面图

考虑到实际情况，研究中假设主洞室按高度由高而低，分三层独立开挖，分别分析每层开挖后工程区水位变化情况。

图 3-85 ~ 图 3-87 分别为开挖主洞室第一、第二、第三层后库区水位平面图。与图 3-84 相比，主洞室的开挖引起了地下水位的进一步下降，且随着开挖规模变大，水位下降幅度增加。表 3-14 为水位孔 ZK001、ZK003、ZK004、ZK008、ZK009 在开挖主洞室第一层、第二层、第三层的水位值，随着主洞室的开挖各孔的水位高程逐渐变小，开挖完主洞室后 ZK001、ZK003、ZK004、ZK008、ZK009 孔的水位分别下降了 50m、62m、47m、98m、21m。

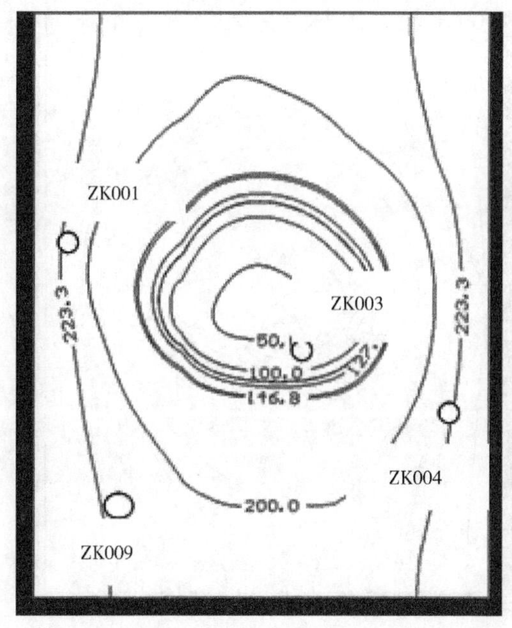

图 3-86　主洞室开挖第二层等水位线平面图

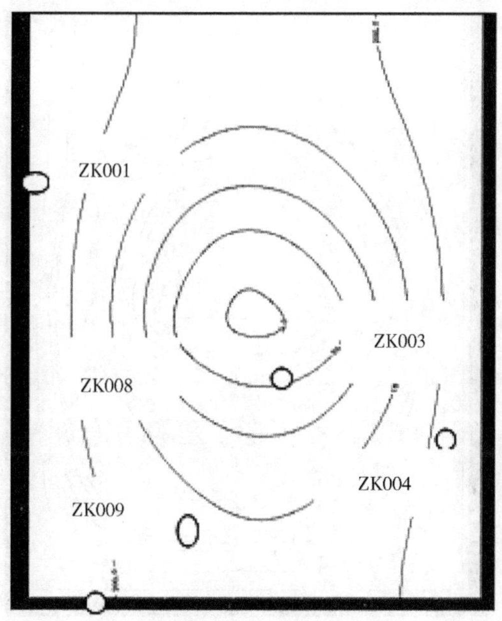

图 3-87　主洞室开挖第三层等水位线平面图

表 3-14　分步开挖主洞室后的水位值

钻孔编号	初始水位/m	第一层水位/m	第二层水位/m	第三层水位/m
ZK001	230	200	190	180
ZK003	222	80	70	60
ZK004	222	185	183	175
ZK008	160	80	70	62
ZK009	126	115	113	105

3.1.6　渗透系数各向异性模型的检验与校正

(1)初始渗流场模拟

根据渗透张量计算结果，采用渗透系数各向异性模型进行模拟。初始渗流场模拟结果见图 3-88。同样实测水文图与模拟结果平面图轴线方向有 45°夹角。

由图 3-83 和图 3-88 可以看出，渗透系数各向同性与各向异性这两种不同条件对初始等水位线的分布影响较大。由于基岩裂隙在空间上的分布具有明显的方向性，导致裂隙介质的渗透系数呈现出强烈的各向异性，因此采用各向异性裂隙岩体渗透张量计算结果较为合理，其初始渗流场分布与实测水文图比较吻合，下面将按施工进度按各向异性进行模拟分析。

(2)施工巷道和水幕巷道开挖过程中渗流场的变化

模拟施工巷道和水幕巷道开挖一年后，渗流场的变化，并与实测钻孔水位作对比。图 3-89 为开挖施工巷道和水幕巷道一年后洞库渗流场平面图。

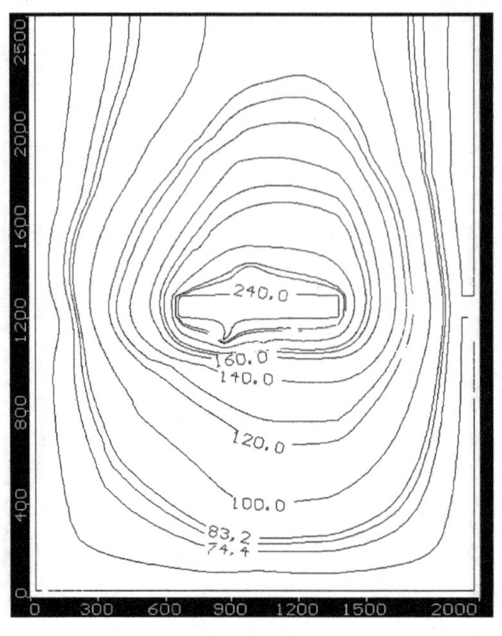

图 3-88　各向异性条件下初始渗流场模拟平面图

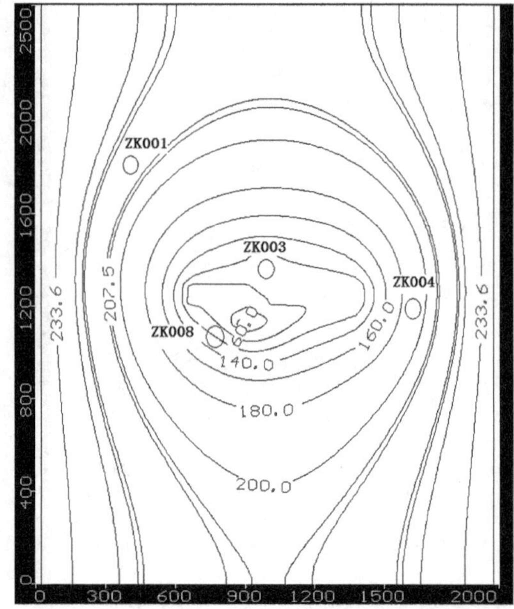

图 3-89　施工巷道及水幕巷道开挖后巷道等水位线平面图

巷道的开挖导致库区水位下降，在洞库区域形成了较为明显的水位降落漏斗，巷道所在位置的水头高程相对较小。同时在图中也展示了施工巷道和水幕巷道开挖后，水文孔ZK001、ZK003、ZK004、ZK008、ZK009 所在位置及其水位情况。表 3-15 为巷道开挖完后水文孔水头高程的实测值和模拟计算值的对比表，模拟结果与实测数据较吻合，更进一步验证了模型的合理性。

表 3-15　水文孔的实测水位与计算水位值

钻孔编号	实测水位/m	模拟计算水位/m
ZK001	213.5	210
ZK003	85.43	90
ZK004	220.24	190
ZK008	88.3	85

3.1.7　渗透系数各向异性模型模拟结果分析

(1)主洞室分步开挖渗流场数值模拟

根据工程实际情况，主洞室由高而低分三层独立开挖。采用非稳定流进行模拟，分别模拟每层开挖后渗流场的变化情况，模拟时段取为一年。

图 3-90、图 3-91、图 3-92 分别为开挖主洞室第一、第二、第三层后库区渗流场平面图。与主洞室开挖前渗流场进行比较，主洞室的开挖引起了地下水位的进一步下降，且随着开挖规模变大，水位下降幅度增加。随着开挖时间的变化，主洞室区域地下水位由 50m 逐步降低至 0m。

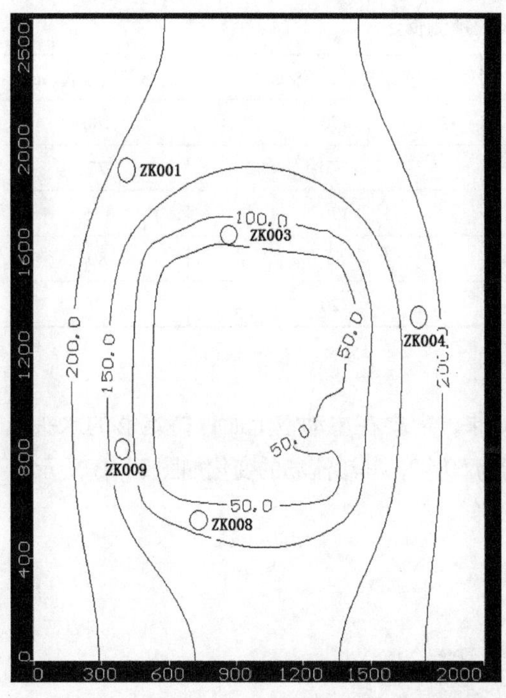

图 3-90　主洞室开挖第一层等水位线平面图

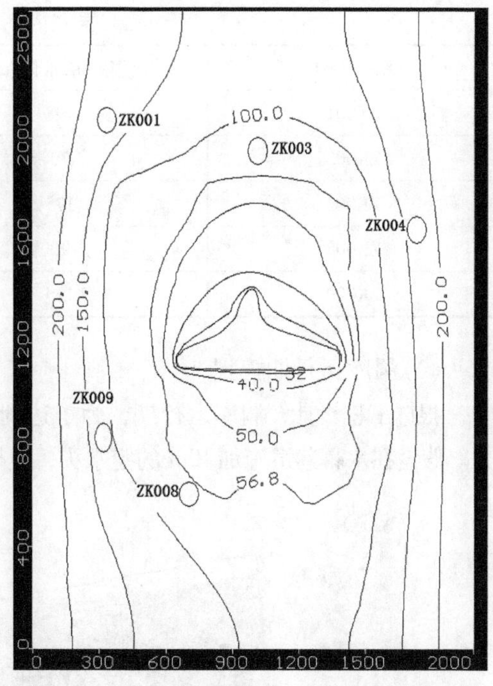

图 3-91　主洞室开挖第二层等水位线平面图

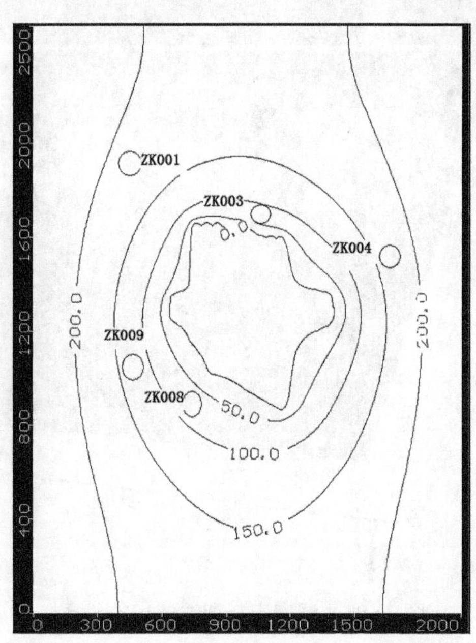

图 3-92　主洞室开挖第三层等水位线平面图

表 3-16 为水位孔 ZK001、ZK003、ZK004、ZK008、ZK009 在开挖主洞室第一层、第二层、第三层的预测水位值，随着主洞室的开挖各孔的水位高程逐渐变小，开挖完主洞室后 ZK001、ZK003、ZK004、ZK008、ZK009 孔的水位分别下降了 50m、62m、57m、80m、16m，水位的预测对下一步施工具有一定的理论指导作用。

表 3-16 钻孔水位预测值

钻孔编号	第一层水位/m	第二层水位/m	第三层水位/m
ZK001	198	170	180
ZK003	70	75	75
ZK004	175	170	165
ZK008	90	65	80
ZK009	125	120	110

(2)洞库运行期模拟

根据工程设计，洞库运行期，为了达到水封效果，需要在主动室上面保持足够的水头压力。假设在水幕巷道施加 10m 的定水头，模拟时间为 50 年，其渗流场的变化如图 3-93 所示。

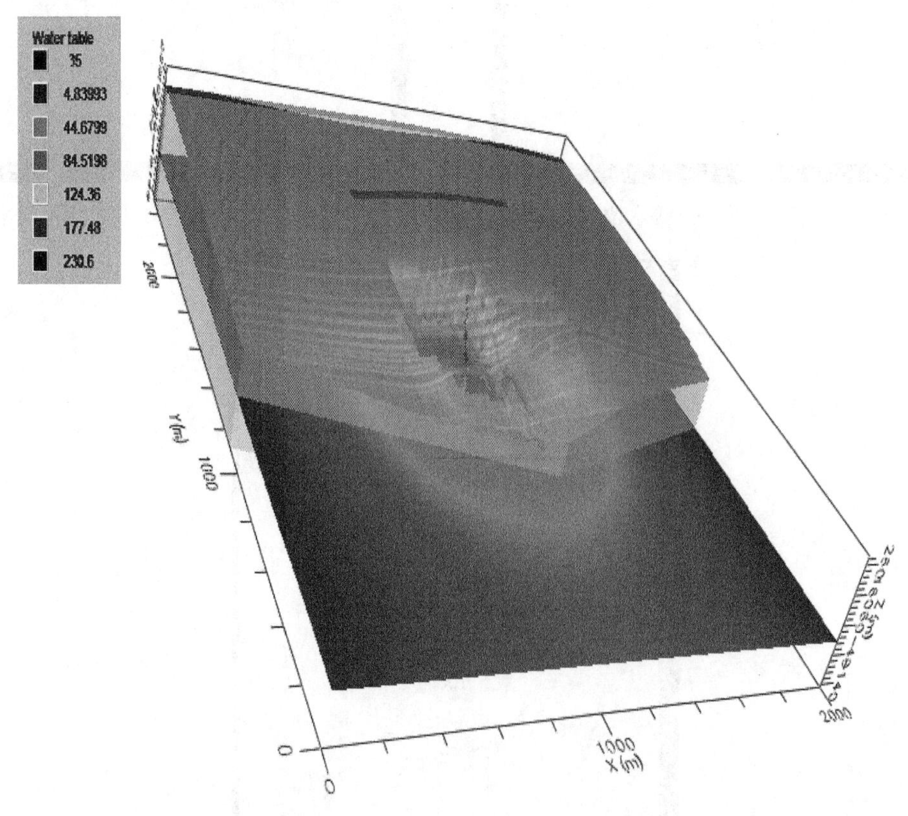

图 3-93 洞库运行期渗流场三维图

图中凹陷区为洞室所在区域，由图中可以看出，50 年后油库水位水头高程保持在 35m 左右，满足水封洞库的要求，可以保证了油库的正常运行。以上模拟结果显示，如果不设置水幕巷道系统，不施加水封压力，不能保证水封效果，由此验证了水封系统的必要性。

3.1.8 分析结论

根据数值模拟研究可以得出如下结论：

(1)建立洞库区水文地质概念模型，利用观测数据进行参数反演和模型校正，所建数值模型能较好地反映工程实际情况，解决了地下洞库由于空间范围广，时间跨度大所带来的难题，很好地预测了地下渗流场的变化规律。

(2)按照施工顺序模拟了在各施工阶段地下渗流场的时空演化规律。主洞室分层开挖渗流场预测中，ZK001、ZK003、ZK004、ZK008、ZK009孔的水位分别下降了50m、62m、47m、98m、21m，主洞室出现水位为0的区域。在渗流场的预测过程中，其数据又动态地反映了水位的变化。

(3)通过对运行期，水幕巷道充水之后渗流场的模拟分析，验证了水封效果及设置水封系统的必要性。

3.2 等效连续介质方法的洞库水封性评价

地下水封石洞油库可根据工程水文地质条件，选择自然水封或人工水封方式。由于地下水封储油技术在我国刚刚起步，还缺少成熟的设计规范，如何选取水封方式亟待研究。同时，由于地下水与岩体相互作用，岩体的体积变形对于地下水封石洞油库的水封性具有重要影响。但已有研究中，在水封性研究中多采用地下水动力学理论，不能反映围岩变形的评价。而采用流固耦合分析理论，考虑围岩变形条件下对洞库自然水封性进行评价的研究还不多见。

本节主要采用等效连续介质流固耦合理论，进行地下水封洞库水封性评价。具体研究过程中，根据问题特点，采用有限单元法进行自然地下水和人工水幕条件下洞库水封性评价。

3.2.1 等效连续介质流固耦合理论基本原理

洞室开挖引起地应力的释放，导致径向应力的减小和切向应力的增大。当洞室开挖在地下水位以下进行时，地下水与洞室围岩将发生相互作用：应力状态改变引起的围岩体积变化导致地下水压力的变化，而地下水压力的变化反过来又将影响围岩的应力状态。地下水压力与围岩应力状态的相互作用可通过有效应力原理得到反映。研究中采用了非饱和孔隙介质渗流-应力耦合理论。根据该理论，当孔隙介质中地下水压力变为负值时，介质变为非饱和状态，渗透系数随之减小。

在分析中，洞室围岩被视为各向同性的等效连续孔隙介质，洞库开挖引起的应力和地下水耦合作用采用大型商业软件——ABAQUS分析。在ABAQUS中，控制方程推导思路与三维固结理论控制方程推导思路基本一致。在推导时，主要使用了以下几种方程：平衡方程、几何方程和连续方程和物理方程。为了建立流体相和固体相的联系，采用了非饱和流达西定律。平衡方程中变量为总应力，物理方程中变量为有效应力，为了建立平衡方程和物理方程的联系，ABAQUS采用了非饱和流三维有效应力原理。

流体在孔隙介质中的流动采用考虑饱和度影响的达西定律描述，该定律如下式所示：

$$sn_e\mathbf{v} = -\mathbf{k}gradH \tag{3-18}$$

式中 s——饱和度；

n_e ——流体可通过的有效孔隙度；

$\mathbf{v}$——流体流动速度；

$\mathbf{k}$——渗透张量；

H ——总水头。

式(3-18)左边采用流体流动速度 $\mathbf{v}$，而非渗透速度 $\mathbf{v}_s$。饱和情况下，两者存在关系 $\mathbf{v}_s = n_e\mathbf{v}$。在非饱和状态，有效应力原理表示为：

$$\sigma'_{ij} = \sigma_{ij} + \alpha\delta_{ij}[\chi u_w + (1-\chi)u_a] \tag{3-19}$$

式中 σ'_{ij}——有效应力；

σ_{ij} ——总应力；

α ——比例系数，对岩石材料可取为 1；

δ_{ij} ——Kronecker 符号；

χ ——与饱和度有关，通常可假定 $\chi = s$；

u_w ——地下水压力；

u_a ——孔隙气压力。

由式(3-18)和式(3-19)，结合平衡方程、几何方程、物理方程和连续方程可获得非饱和渗流-应力耦合问题的控制方程，再利用边界条件即可求解非饱和渗流-应力耦合问题。

3.2.2 研究方法

本节中采用有限单元法分析平面应变渗流-应力耦合问题，进行了自然状态下和人工水幕条件下洞库水封性评价。

(1)有限元网格

由于洞库洞室长度 500～600m，远大于洞室截面尺寸 20～30m，可视为平面应变问题求解。9 个洞室从左向右依次展开，研究范围选取了左右侧洞室(即 1#和 9#主洞室)各外延 1000m，上至地表，下至距洞室底板 400m 的岩体。1 号罐由 1#～3#主洞室组成，2 号罐由 4#～6#主洞室组成，而 3 号罐由 7#～9#主洞室组成。在研究中，采用 8 节点二次平面应变单元离散研究范围，如图 3-94 所示。离散过程中，在洞室和水幕巷道周围加密划分了网格。

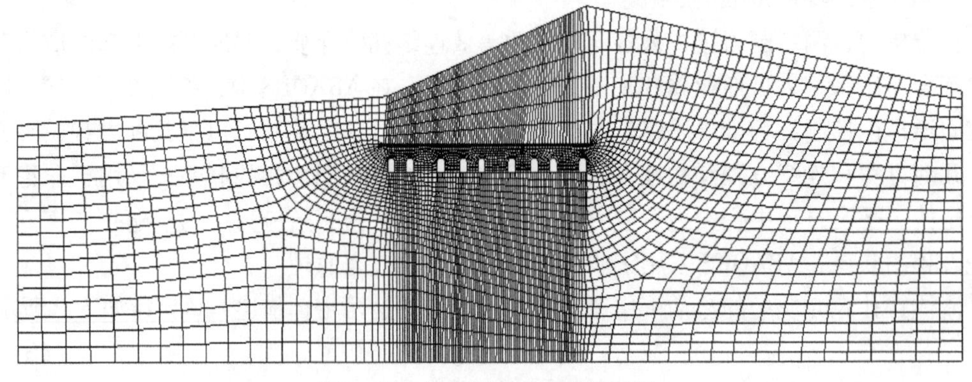

图 3-94 洞库平面应变模型网格

(2)边界条件

分析中，固体相边界条件指定如下：模型左右侧边界横向位移为零，下方边界横向和纵向位移均为零，地表为自由位移边界，洞室开挖后洞壁为自由位移边界条件。流体相边界条件指定如下：左右侧和下方边界为压力边界条件，允许地下水自由出入边界面；上方为零流量边界；洞室开挖完毕后洞壁地下水压力为零，储油后洞壁地下水压力为200kPa。在设置人工水幕系统条件下，水幕巷道网格节点处地下水压力指定为30kPa。为有无水幕对洞库水封性影响，共开展了2个工况的数值分析，具体情况如表3-17所示。

表3-17　工况详情表

工况	洞室排水条件	开挖顺序	有无水幕
工况1	排水	同步开挖	无
工况2	排水	同步开挖	有

(3)初始条件

由于该大型不衬砌地下水封石洞油库地表为山丘地形，因此岩体中初始地应力和地下水压力分布在同一高程并不相同。为合理模拟地表起伏情况下岩体中的初始地应力场和地下水压力场，采用ABAQUS中用户子程序SIGINI和UPOREP进行处理。在用户子程序中，按照各单元埋深，指定初始地应力场和地下水压力场。其他两个方向初始地应力设置参考了地应力测试数据，横向侧压力系数取为1.5，纵向侧压力系数取为2.5。图3-95(a)为考虑地表起伏情况下获得的初始竖向应力分布情况，图3-95(b)为初始地下水压力分布情况。图中可以看出，初始地应力和地下水压力分布与地表起伏情况相关；在同一高程埋深较大部位，初始地应力和地下水压力比其他部位高。在三维模型中，对初始地应力场和地下水压力场根据地表起伏情况做同样处理。

(4)本构模型和参数

根据现场试验结果，描述介质连通性的渗透系数$1\times10^{-3}\sim1\times10^{-5}$m/d范围内取值，其中，多数区域内岩体渗透系数为$1\times10^{-4}$m/d。地下水压力与饱和度之间关系采用线性描述：当地下水压力为零时，饱和度为1；当地下水压力为-5MPa时，饱和度为0.9。渗透系数与饱和度之间也采用简单的线性关系描述：饱和度为0.9时的渗透系数是饱和度为1时的0.9倍。参数测试结果表明，上述非饱和孔隙介质参数只影响非饱和岩体中饱和度及渗透系数的分布情况，对其他分析结果影响有限。

洞库围岩主要为完整性较好的花岗岩，故采用弹塑性本构模型描述洞库岩体的力学性质。弹性通过岩体的弹性模量和泊松比定义。考虑到尺寸效应，参考相关研究成果，岩体弹性模量取为17.1GPa，泊松比取为0.21。取对应于剪胀起始点摩擦角作为屈服摩擦角，即摩擦角为25°，初始黏聚力为2.5MPa，剪胀角取为20°。对照试验数据，硬化参数取值如下：当黏聚力为2.5MPa时，等效塑性应变为0；当黏聚力为5MPa时，等效塑性应变为0.01。

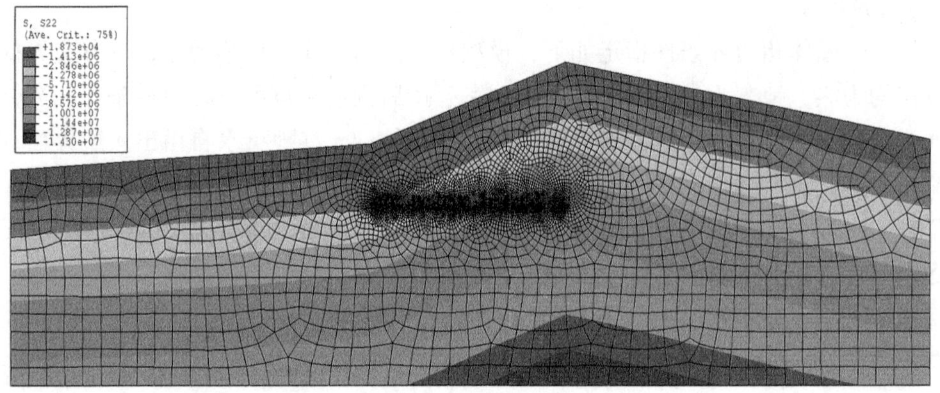

(a) 初始竖向应力分布图

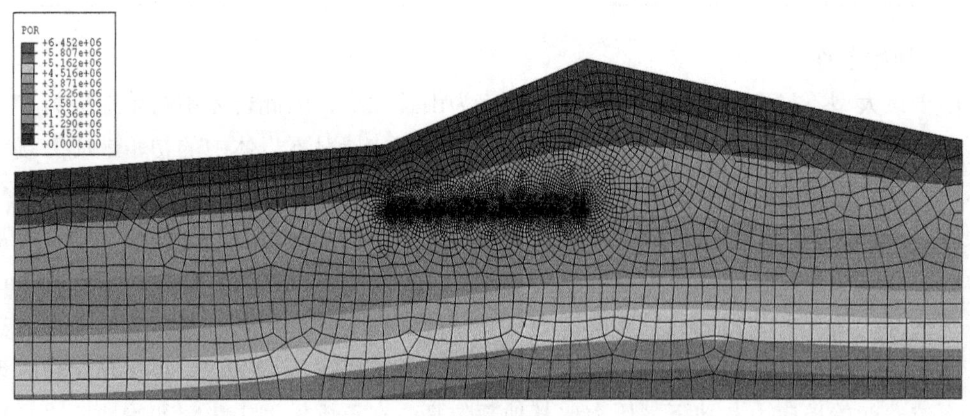

(b) 初始地下水压力分布图

图 3-95 洞库初始应力场合地下水压力场分布图

(5)分析步骤

在设置水幕系统条件下(即工况 2)，分析采用以下五步进行：

1)初始地应力平衡。采用用户子程序生成初始地应力场和地下水压力场。

2)洞库开挖。洞库开挖通过去除洞库单元实现，整个开挖过程持续 3a。

3)施加水幕压力。参考设计水幕压力设为 30kPa，通过在洞壁壁节点施加地下水压力实现，施加后，水幕压力持续作用到分析结束。

4)洞库储油。参考设计值，储油压力取为 200kPa，通过在洞壁壁节点施加地下水压力实现。

5)洞库运行。储油后洞库在水幕压力为 30kPa 和储油压力为 200kPa 下稳定运行 50a。

在自然地下水条件(即工况 1)，即不设置水幕系统条件下，不进行第 3 步分析。

3.2.3 水封方式选用分析

水封洞库实现水封的基本条件为洞壁地下水压力大于洞库内压。根据工程地质条件，水封方式可分为自然水封和人工水封两种方式。自然水封即采用自然地下水进行储油的方式，适用于稳定水位高、地下水补给充沛地区；人工施作水幕系统进行储油的方式，适用于稳定水位低、地下水补给贫乏地区使用。

为了确保洞库工程安全，实际设计中往往预留一定压力储备。挪威防火防爆局要求储库拱顶的静水压力必须高于储压20m水头压力，而日本《有关岩洞储油库的位置、结构及设备的技术标准的运用(基础)》则规定储库拱顶的静水压力必须高于储压15m水头压力。根据上述水封原理，水封洞库周围地下水位存在一个临界高程，若地下水位高程高于临界高程，则洞库储油(气)不会发生泄漏，反之则会发生泄漏。根据Aberg准则，要实现对洞室的水封，洞室上方垂直水力梯度应不小于1。具体工程实践中，水封方式的选用需通过工程水文地质条件进行评价，以验证地下水位、水力梯度及渗水量等因素是否符合水封条件。

(1)自然水封性

图3-96(a)～(c)为自然地下水条件下洞库周围3a、10a和50a后地下水压力分布图。洞库的开挖引起了洞库上方地下水位的下降，随着时间的增加，水位越来越低。由于排水路径较短，洞库左侧地下水位下降较快，导致左侧水力梯度大于右侧。5a后，2#主洞库上方地下水位下降至+10.1m，洞壁拱顶处出现自洞库流向围岩的流水量，即洞库开始出现泄漏；此后，3#、4#、1#、5#、6#、7#主洞室陆续出现泄漏现象；13a后，8#主洞室上方地下水位下降至+13.3m，洞壁出现负涌水量状况，洞库开始泄漏；而50a后，只有9#主洞室没有出现泄漏现象。

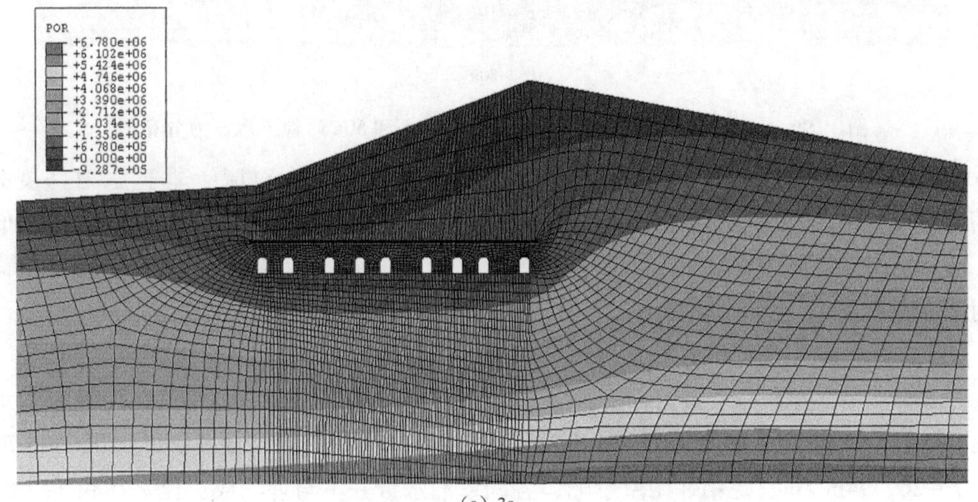

(a) 3a

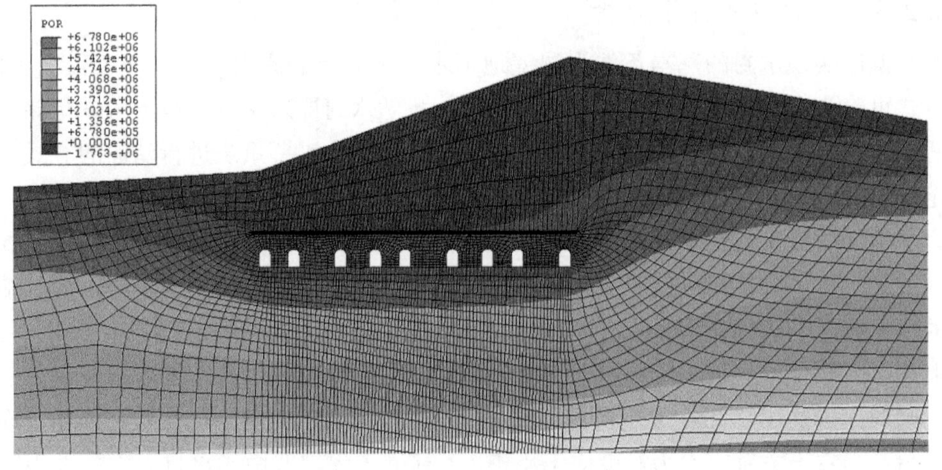

（b）10a

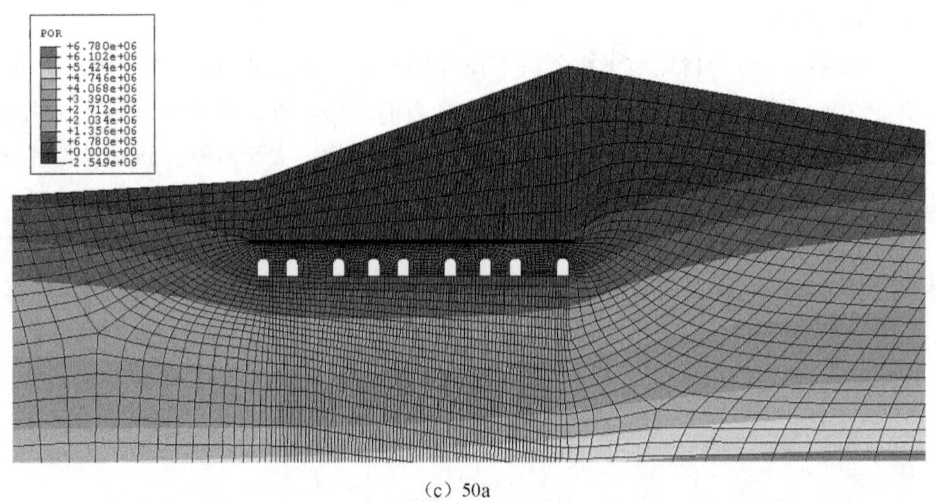

（c）50a

图3-96　自然地下水条件下洞库周围3a、10a和50a后地下水压力分布图

图3-97为5#主洞室上方50a后地下水压力分布曲线。对应于垂直水力梯度为1的情况，图中给出了仅自重作用下地下水压力分布曲线。对比两条地下水压力分布曲线，可以发现在自然地下水条件下，洞库上方的垂直水力梯度小于1，因此不能满足水封要求。

(2)人工水幕系统水封性

图3-98为设置水幕系统条件下各洞室3、10、50a后涌水量直方图。9#主洞室涌水量最大，3、10、50a后分别为19、67、259m^3/m；4#主洞室涌水量最小，3、10、50a后分别为7、26、94m^3/m。受相邻洞室影响，各洞室涌水量并不与埋深成正比。1#和9#主洞室只有一侧受其他洞室影响，所以涌水量比附近洞室大。

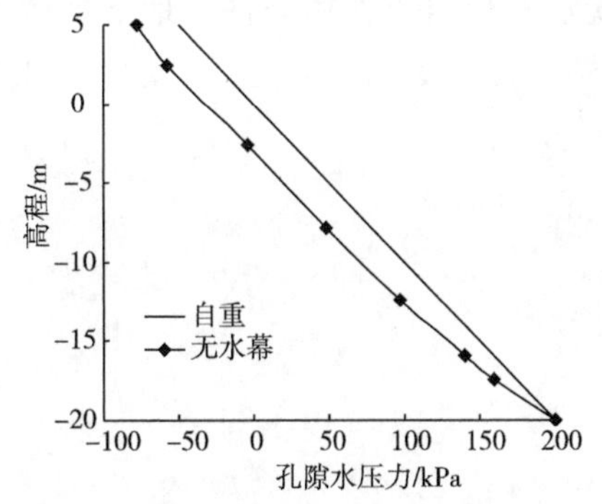

图 3-97　自然地下水条件下 5#主洞室上方 50a 后地下水压力分布曲线

涌水量/（m³/m）
洞室编号
3 a
10 a
50 a

图 3-98　各洞室涌水量直方图

图 3-99(a)和(b)分别为设置水幕系统后，洞库周围 10a 和 50a 后地下水压力分布图。从图中看，设置水幕系统后，洞库上方地下水位稳定在水幕巷道处。

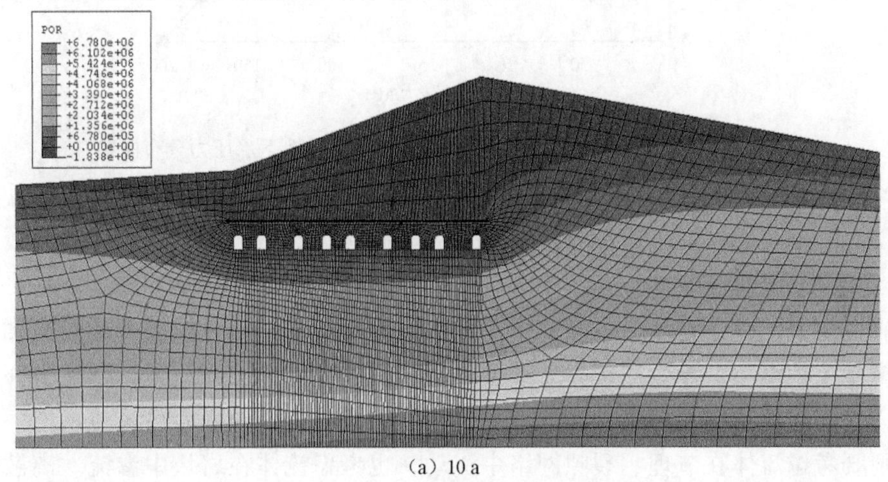

（a）10 a

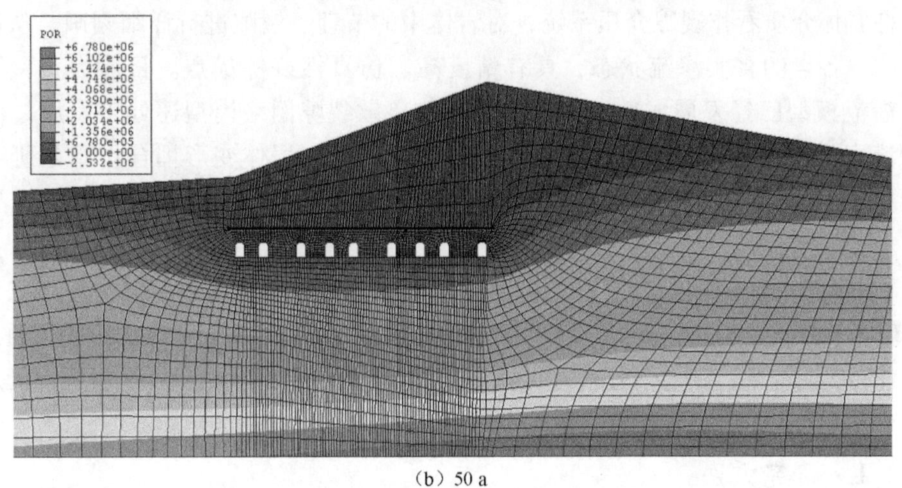

（b）50 a

图 3-99　设置水幕系统后洞库周围 10a 和 50a 后地下水压力分布图

图 3-100 给出了 5#主洞室上方围岩设置水幕系统后和仅自重作用条件下地下水压力分布曲线。设置水幕系统后，洞室上方围岩垂直水力梯度大于 1，满足了水封条件，可以实现洞库的水封。

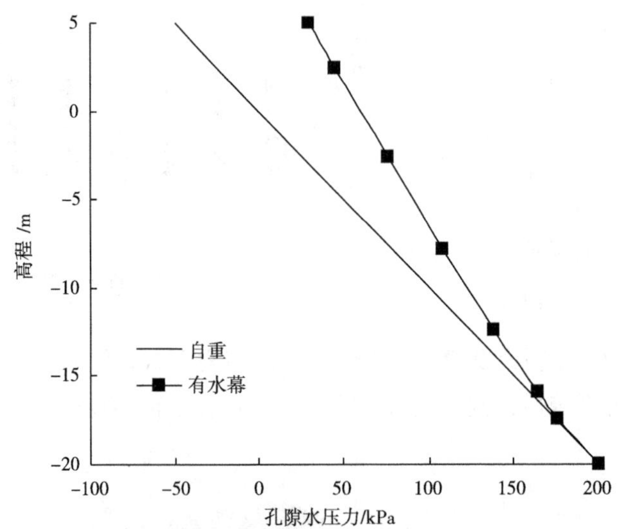

图 3-100　设置水幕系统后 5#主洞室上方 50a 后地下水压力分布曲线

3.3　离散介质方法的洞库水封性评价

目前，节理、裂隙岩体渗流模型主要有等效连续介质模型、双重介质模型和离散裂隙网络模型 3 种类型。等效连续介质模型将岩体看作等效连续介质体，不考虑介质的各向异性，采用的物理变量为各个场的平均值，不能反映岩体中真实的渗流状态。双重介质模型则既考虑流体在节理、裂隙网络中流动，也考虑流体在岩块中渗流。离散裂隙网络模型将岩体介质看作裂隙介质系统，对岩体中的节理、裂隙进行详细刻画，从而可以得到岩体中各点的真实渗流状态，具有精度高、仿真性好等优点。目前为止，等效连续介质渗流模型已经发展成熟，而双重模型和离散裂隙网络模型还处于发展之中。从岩体渗流力学发展趋势来看，离散介质网络渗流及其与岩体变形耦合作用是研究的焦点，如何考虑不连续面对岩体流固耦合特性的影响，是一个值得探讨且富有挑战性的课题。

将采用离散介质流固耦合理论分析洞库水封性。结合地下水封石洞油库施工巷道施工，在现场监控量测和水位观测基础上，分析施工巷道开挖对钻孔水位的影响，通过对比模拟结果和实测结果，获得了可靠的节理裂隙岩体参数；在此基础上，分析了有无水幕巷道条件下地下水封石洞油库的水封性。

3.3.1　研究方法

UDEC 是美国 ITASCA 公司开发的基于离散单元法的数值分析应用程序，它是利用显式差分法为岩土工程提供精确有效分析的工具(显式差分法的最大优势是它能为不稳定物理过程提供稳定解，并且其可以追踪记录破坏过程和模拟结构的大范围破坏)，它用于模拟非连续介质(如岩体中的节理裂隙等)承受静载或动载作用下的响应。UDEC 主要用于岩石边坡的渐进破坏研究及评价岩体的节理、裂隙、断层、层面对地下工程和岩石基础的影响。UDEC 对研究不连续特征的潜在破坏模型是十分理想的工具。

UDEC 的计算过程如图 3-101，一般包括前处理(建立模型)、计算器求解(迭代平衡、变化分析)和后处理(数据提取和分析)。前处理中，需要根据实际情况切割块体，生成网格模型；定义材料本构模型，并指定材料参数；最后需要给出模型的边界条件和初始条件。计算器求解过程需要求解器不断迭代，直至两次迭代产生的误差小于规定值。后处理过程则是将提取计算结果和分析的过程。

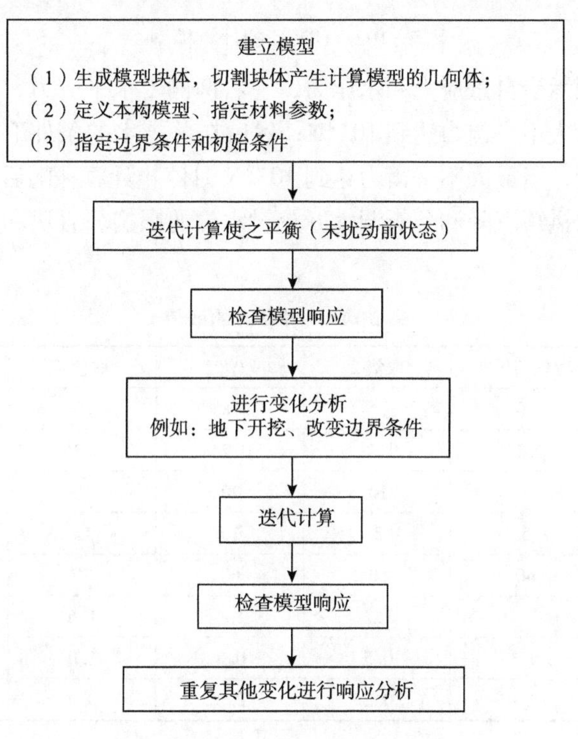

图 3-101　UDEC 的计算过程

3.3.2　洞库岩体性质参数影响性分析

本节利用施工巷道施工过程中的水位观测数据，分析施工巷道开挖对地下水位影响。根据监测结果，选取 ZK011 和 ZK005 附近岩体作为研究对象。模拟结果和监测结果较为接近，计算所使用参数较为合理。

(1)离散单元模型

建立 200m × 100m 的二维模型，模型采用不同节理裂隙参数进行离散，根据离散情况，单元数目略有变化，约为 300 万个。巷道尺寸参照油库施工巷道尺寸设置，宽为 7m，高为 8m。模型如图 3-102 所示。

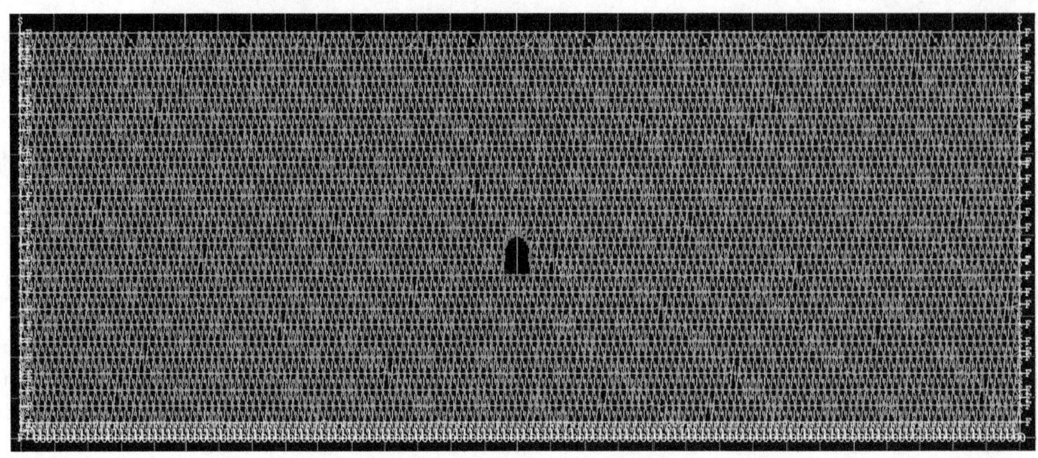

图 3-102　UDEC 的计算模型一

初始状态时模型承受自重应力和水压力，左右两侧受水平应力，首先在稳态状态下计算初始平衡，使其最大不平衡力达到 10^{-5}N；然后在关掉水的条件下开挖施工巷道即删除施工巷道所在的单元，当最大不平衡力达到 10^{-5}N 时停止计算；随后在瞬态状态下计算洞室开挖一段时间后的拱顶沉降和分析洞室开挖对水位的影响。岩块和节理的各参数取值如表 3-18 所示。

表 3-18　各参数的取值

参数	取值 1	取值 2	取值 3	取值 4	取值 5	取值 6
弹性模量/GPa	10	14	18	20		
泊松比	0.20	0.22	0.24	0.26		
法向刚度/(GPa/m)	1	10	20	30		
切向刚度/(GPa/m)	5	8	10	15		
节理倾角/(°)	40	50	60	70	80	
节理间距/m	1.0	1.2	1.4	1.6	1.8	2.0
初始隙宽/mm	0.3	0.5	0.8	1.0		
残余隙宽/mm	0.1	0.2	0.3	0.5		

(2)模拟 ZK011 孔断面

根据相关实验数据和参考文献资料，选取钻孔 ZK011 附近岩体节理裂隙模型参数如表 3-19 所示。

表 3-19　工程岩体物理力学参数

岩性	密度/(kg/m³)	弹性模量/GPa	泊松比	黏聚力/MPa	摩擦力/(°)
花岗岩	2700	22.5	0.23	2	40

图 3-103 为 ZK011 孔所在剖面的洞室拱顶沉降的实际观测值，从图中可知：洞室开挖后，随时间的推移拱顶沉降逐渐增大，且增长速率逐渐变小，20 天后拱顶沉降趋于稳

定，其值趋于 2. 5mm，洞顶沉降值在规范容许的范围内。

图 3－104 为加支护时拱顶沉降的计算值随时间的变化曲线图，其整体变化趋势与图 3－103基本一致；在软件计算中，洞室开挖完后将会产生较大的拱顶沉降，时间对位移的影响相对较小，拱顶位移很快达到稳定。

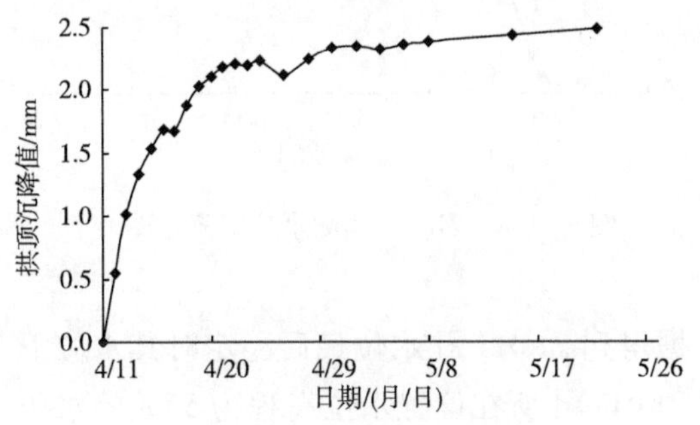

图 3－103　拱顶沉降实测值曲线图

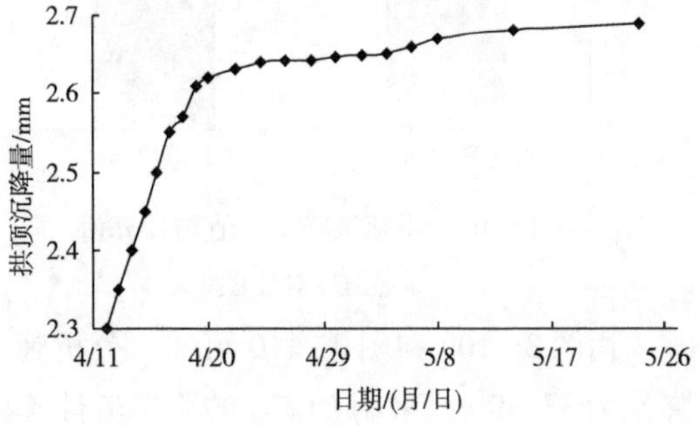

图 3－104　加支护时拱顶沉降计算值曲线图

图 3－105 表示不加支护时拱顶沉降计算值随时间变化图，由图中得出不加支护时拱顶沉降随着时间沉降量越来越大，且增长速率越来越大，最后拱顶位移达到 45mm，则超过规范的容许值，以致导致拱顶破坏，这也说明了支护的必要性，所以在洞室开挖完后应及时给予支护，特别是围岩节理发育、稳定性较差或岩体较破碎的位置，防止洞顶掉块。

分析图 3－106、图 3－107 可知：在支护的情况下，拱顶沉降的实测值在达到稳定时为 2. 49mm，计算值为 2. 69mm，计算值与实测值存在一定的误差。拱顶沉降计算值与实测值存在误差的原因有两方面：一是在计算模型的假定与实际情况存在出入，参数取值与实际岩层可能存在误差，而参数的选取对于拱顶沉降的计算结果的影响又极为敏感；二是观测数据在采集过程中存在误差。

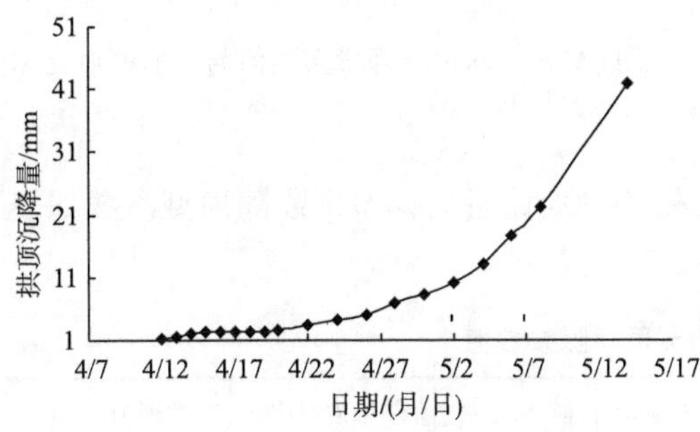

图 3－105　不加支护时拱顶沉降计算值曲线图

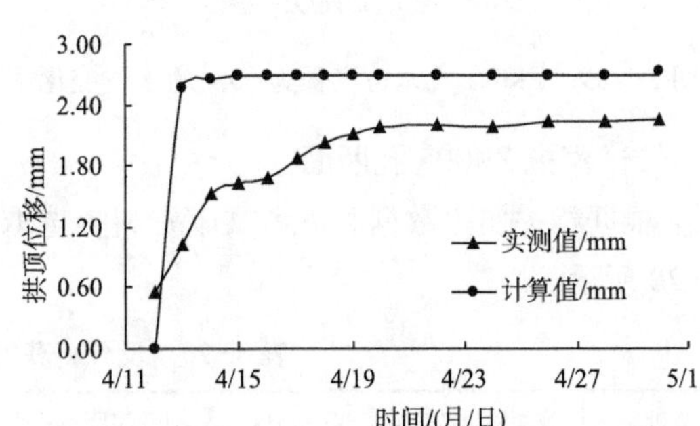

图 3－106　拱顶沉降实测值与计算值(加支护)曲线图

图 3－108 为 ZK011 孔的实测水位下降量随时间变化的关系曲线图，分析曲线可知：从 2011 年 4 月 1 日开始，随着时间的推移，ZK011 孔的水位下降量越来越大，到 7 月后水位趋于稳定，其中在 4 月 15 日到 4 月 25 日期间水位变化相对较大，这是由于在此期间①施工巷道正好开挖到 ZK011 孔所在的剖面，所以水位下降量较大。

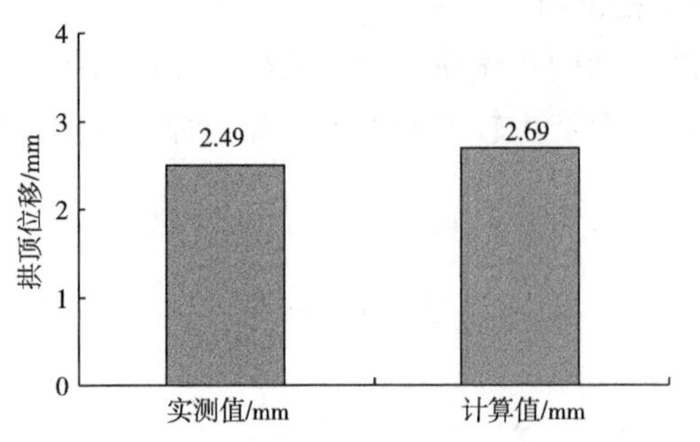

图 3-107　拱顶沉降实测值与计算值（加支护）对比图

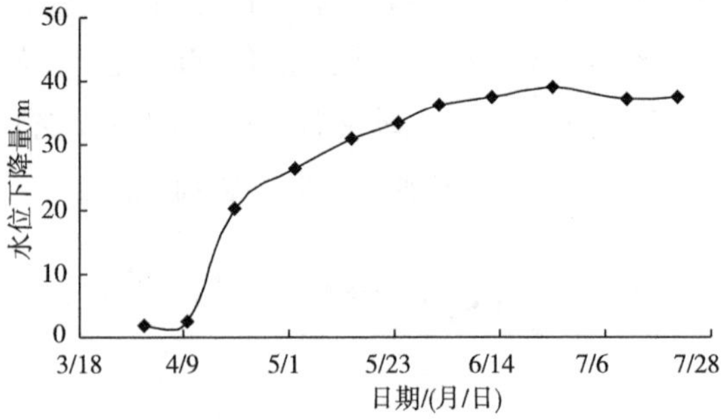

图 3-108　ZK011 实测水位下降量图

由图 3-109 和图 3-110 可知：分析观测数据得到 ZK011 孔水位最后稳定时其水位下降量为 37.69m，采用 UDEC 的稳态流计算得到 ZK011 孔所在位置水位高程为 55m 的水压力为 1.542×10^5Pa，则其水位下降量为 39.58m。水位下降量的计算值与实测值存在误差的原因有两方面，一是观测数据在采集过程中存在误差；二是在计算模型的假定与实际情况存在出入，参数取值与实际岩层可能存在误差，而参数的选取对于拱顶沉降的计算结果的影响极为敏感。

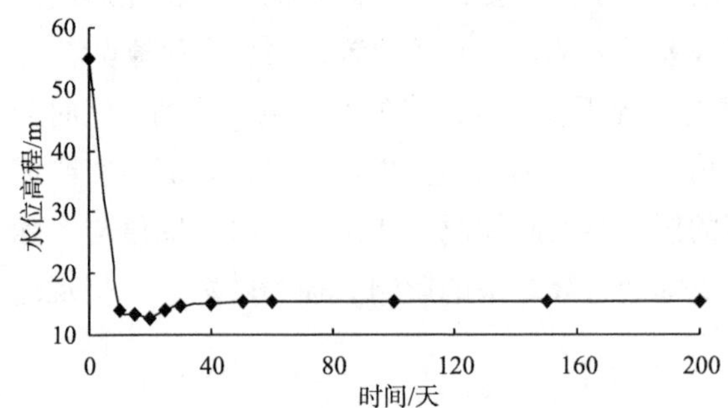

图 3-109　ZK011 孔水位高程为 55m 的水位变化图

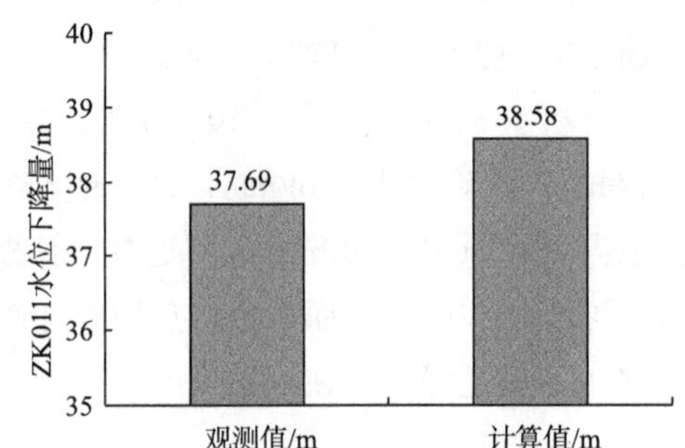

图3-110　水位下降量实测值与计算值对比图

（3）模拟 ZK005 孔断面

根据相关实验数据和参考文献资料，选取钻孔 ZK005 附近岩体节理裂隙模型参数如表 3-20 所示。

表 3-20　反分析获得的节理裂隙参数值

节理组	剪切刚度/GPa	法向刚度/GPa	间距/m	隙宽/mm	倾角/(°)	黏聚力/MPa	摩擦力/(°)
1	7	10	4	1	60	0.1	20
2	7	10	8	0.5	0	0.1	20

图 3-111 为 ZK005 孔所在剖面的洞室拱顶沉降的实际观测值，从图中可知：洞室开挖后，随时间的推移拱顶沉降逐渐增大，且增长速率逐渐变小，20 天后拱顶沉降趋于稳定，其值趋于 2.5mm。

图 3-112 为拱顶沉降实测值与计算值(加支护)对比图，通过对比可知：拱顶沉降的实测值在达到稳定时为4.22mm，而拱顶沉降的计算值为5.01mm，拱顶沉降的计算值大于实测值。拱顶沉降计算值与实测值存在一定的误差，拱顶沉降计算值与实测值存在误差的原因有两个方面，一是由于空间效应，监测值只能反映围岩变形过程的其中一部分，而计算值则反映的是围岩变形的全部过程；二是岩块和节理参数取值与实际岩体可能存在误差，而参数的选取对于拱顶沉降的计算结果的影响又极为敏感。

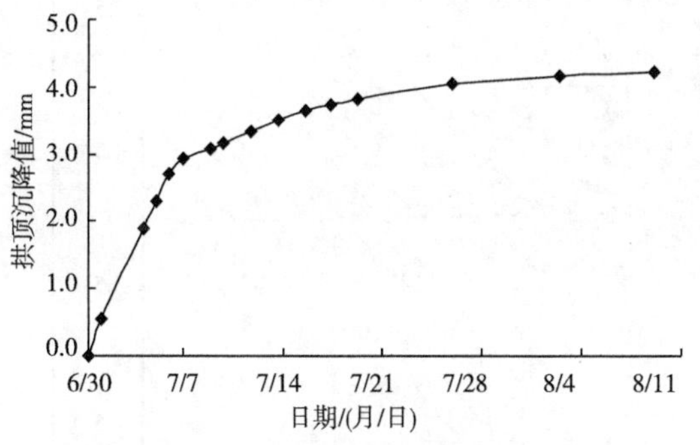

图 3-111 拱顶沉降实测值曲线图

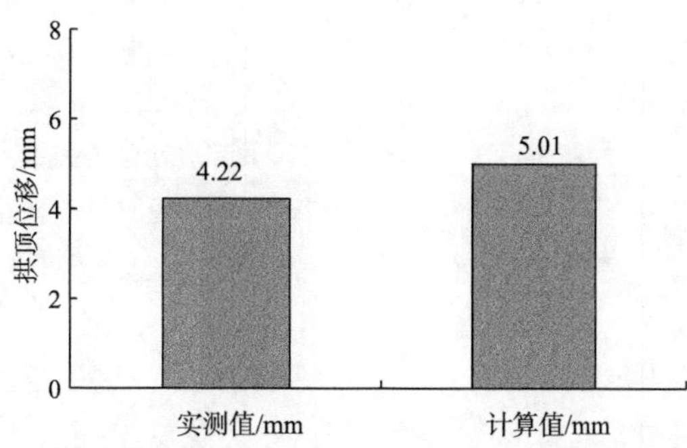

图 3-112 拱顶沉降实测值与计算值(加支护)对比图

图 3-113 为 ZK005 孔水位高程为 30m 的水位变化图，图 3-114 为水位下降量实测值与计算值的对比图。由图 3-113 和图 3-114 可知：分析观测数据得到 ZK005 孔水位最后达到稳定时其水位下降量为 12.43m，采用 UDEC 的稳态流计算得到 ZK005 孔所在位置水位高程为 30m 的水压力为 132kPa，水位下降量约为 2.8m。计算值与实测值存在误差的原因有两方面，一是在计算模型的假定与实际情况存在出入，参数取值与实际岩层可能存在误差；二是观测数据在采集过程中存在误差。

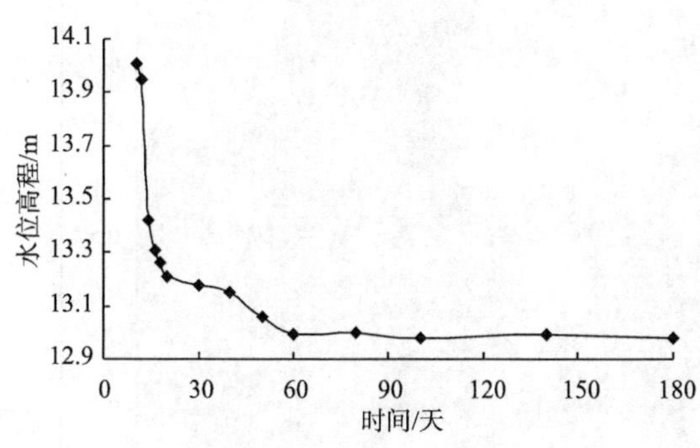

图 3-113 ZK005 孔水位高程为 30m 的水位变化图

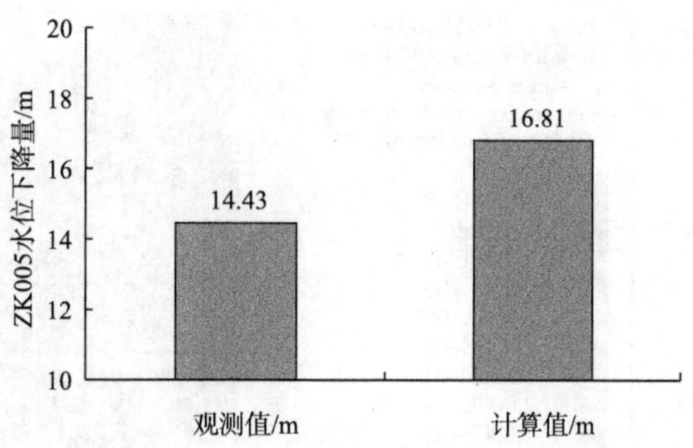

图 3-114 水位下降量实测值与计算值对比图

(4)位移、应力、应变、水压力图

图 3-115 为洞库开挖后洞周的位移矢量图，箭头表示围岩位移的方向，图中很清楚的反应了位移的方向与大小，拱顶位移方向向下，洞底位移方向向上，洞壁两侧位移向洞中心变化。

图 3-116 为 y 方向的应变图，图中展示：距洞室边缘的距离越大应变越小，洞室边缘的应变最大。拉应变主要集中于拱顶和底板位置，而压应变主要集中于边墙。

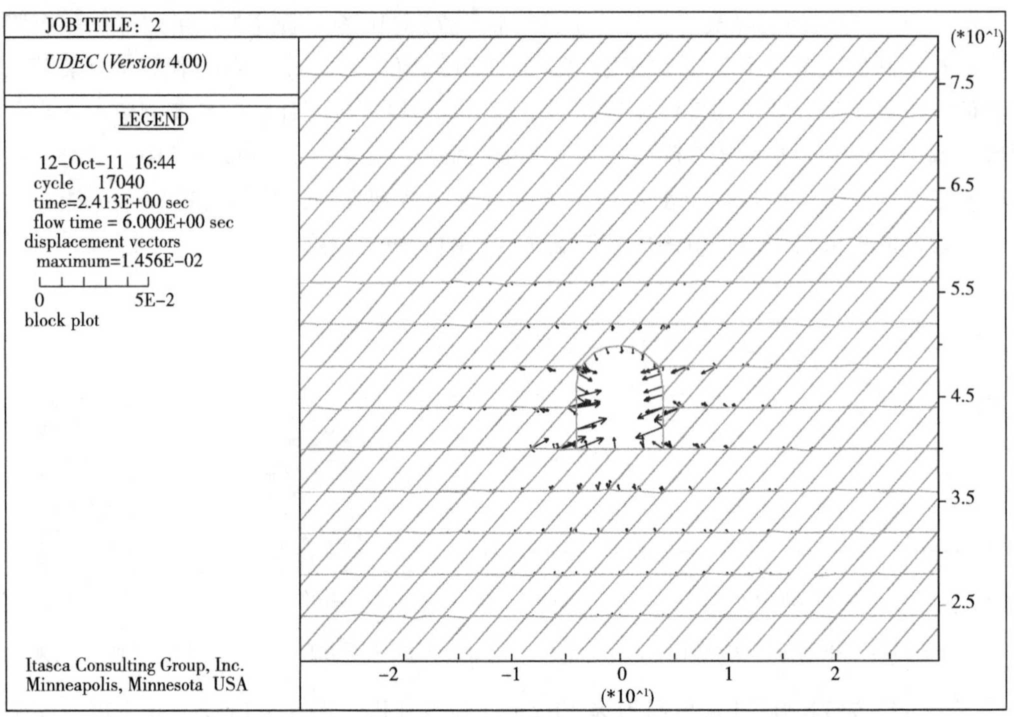

图 3-115 位移矢量图

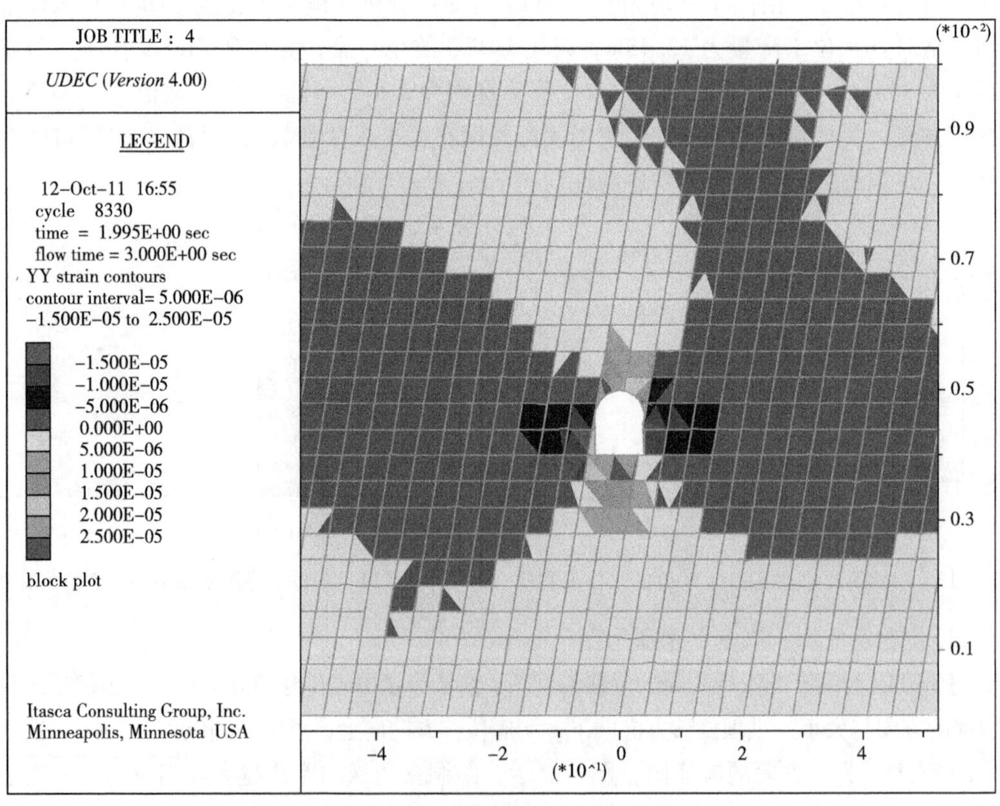

图 3-116 洞室开挖后应变云图

图 3-117 为 y 方向的应力图。洞室边缘一定区域的应力由于洞室的开挖而发生变化，洞室的开挖导致洞室周围应力的释放，相对初始应力而言洞室附近的应力变小，且距洞室边缘的距离越大的位置的应力变化越小。

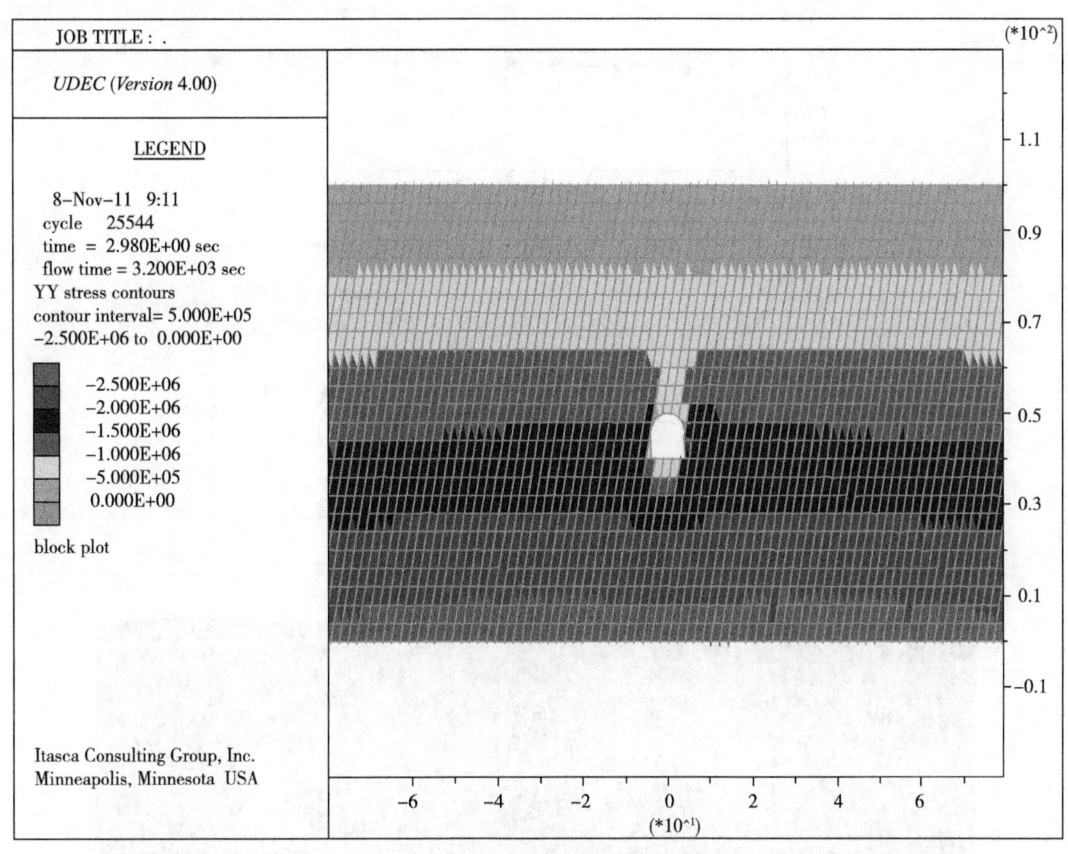

图 3-117 应力图

图 3-118 分别展示了水平应力、竖直应力、法向应力和切向应力与离左边墙距离的关系曲线，可将关系曲线划分为 3 区：（Ⅰ）区为巷道开挖而产生的松动圈，其范围约为 3.5m，由于隧道围岩较好，巷道开挖后没有加支护，由于离散元本身所具有的特性导致巷道开挖后靠近左边墙的岩块产生相对移动，所以越靠近左边墙其应力越小；（Ⅱ）区为扰动区，其范围约为 18m，图 3-118 上图中展示在此区内法向应力和切向应力逐渐减小，图 3-118 下图中展示在此区内水平应力增大而竖向应力逐渐减小；（Ⅲ）区为未扰动区即原场，水平应力和竖向应力逐渐趋于初始应力，以法向应力为主，而切向应力趋于 0。

图 3-119 为洞室开挖后洞室周围的水压力分布图，洞室开挖后洞室周围的水压力呈漏斗分布，且地下水压力随着距左边墙的距离越大而增大，这是由于洞室开挖后，水通过节理裂隙流向洞室，从而导致水位的下降，且洞顶位置水位下降量最大，距洞室越远水压力变化越小，水位下降量越小即洞室开挖对水位的影响越小。

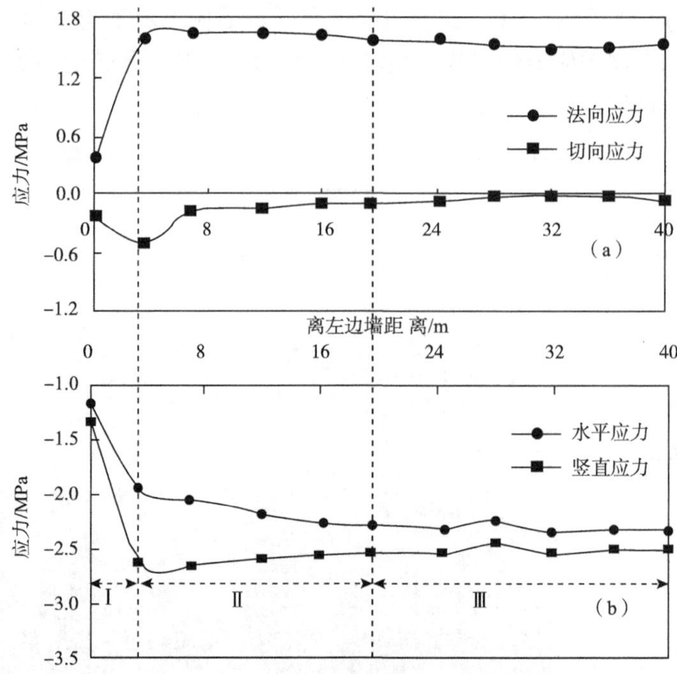

图 3-118　应力与距左边墙距离的关系曲线

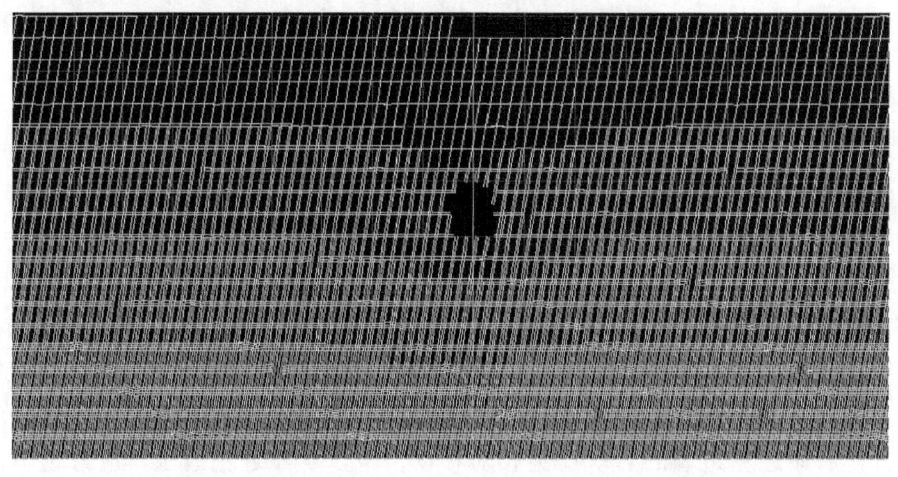

图 3-119　水压力分布图

3.3.3　水封性评价

(1)评价方法

研究区域范围如下：x 轴取值为 0～600m，y 轴最高点取值 260m。计算单元大约有 1200 万个，模型中包括 2 个施工巷道、水幕巷道、9 个主洞室和断层，从左到右依次为 9#主洞室到 1#主洞室。计算中模型底面静止不动，采用固定铰支座模拟；地表处假定为自由边界；左右两个侧边界不受剪应力作用，采用滑动铰支座，竖直方向不受约束，可以产生竖向位移；假定模型上下边界不透水，左右边界受线性水压力并透水，模型如图 3-120 所示。

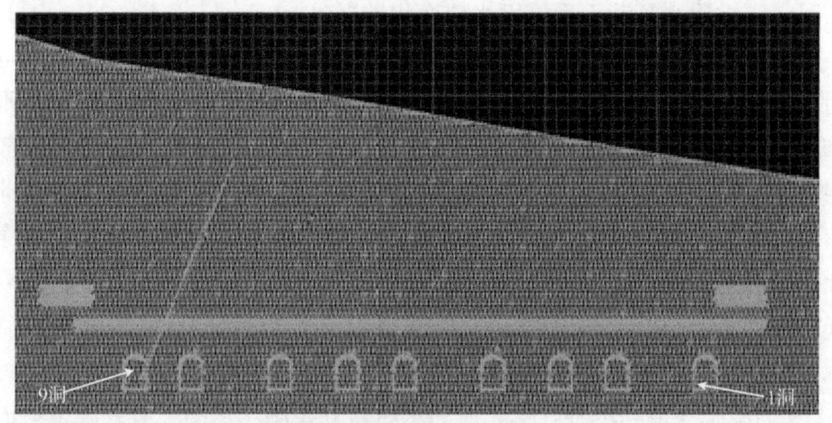

图 3-120　UDEC 的计算模型二

(2)工况一：不设水幕巷道时洞库水位变化情况

按表 3-20 中的参数，不设水幕巷道，进行计算。分析步骤如下：1)初始平衡；2)开挖主洞室，删除 9 个洞室所在的单元；3)瞬态下计算洞室开挖对拱顶沉降和水位的影响，设置时间步长为 7200s，计算时间为 1 年半。图 3-121 为初始平衡后水位状态。如图 3-122 为不设水幕时开挖主洞室后洞室水压力分布图。从图中可以看出，若不设水幕巷道，地下水位不能达到洞库的水封效果要求，为了安全考虑应设计水幕巷道。

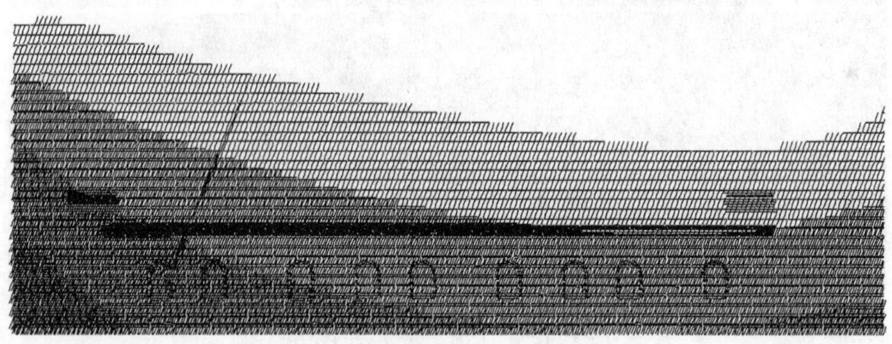

图 3-121　初始状态水位

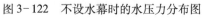

图 3-122　不设水幕时的水压力分布图

(3)工况二：设置水幕巷道后洞库水位变化情况

工况二设置了水幕巷道，在 UDEC 计算过程中，包括如下几步：(a)先算初始平衡使其最大不平衡力达到 10^{-5}N；(b)在关掉水的条件下开挖施工巷道和水幕巷道即删除施工巷道所在的单元，当最大不平衡力达到 10^{-5}N 时停止计算；(c)随后在瞬流状态下计算洞室开挖对拱顶沉降和水位的影响，设置时间步长为 7200 秒，计算时间为 1 年半；(d)待(c)计算结束后向水幕巷道中注水，设置注水压力为 50kPa，在瞬流状态下计算 1 个月；(e)最后开挖主洞室，在关掉水的条件下删除 9 个主洞室所在的单元，当最大不平衡力达到 10^{-5}N 时停止计算；(f)在稳流状态下计算洞室开挖对拱顶沉降和水位的影响。图 3-123 为工况二模型。

图 3-124 为施工巷道和水幕开挖完后的水压力分布图。从图中看到施工巷道和水幕巷道的开挖导致水位的下降，但水幕巷道仍处于水位线以下。图 3-125 为开挖施工巷道和水幕巷道后向水幕巷道注水后的地下水压力分布图。对比图 3-124 可知向水幕巷道中注水后，洞库的整体水位都上升，特别是水幕巷道附近的水位。图 3-126 为采用稳态计算开挖水幕巷道并注水后再开挖主洞室得到的水压力分布图。

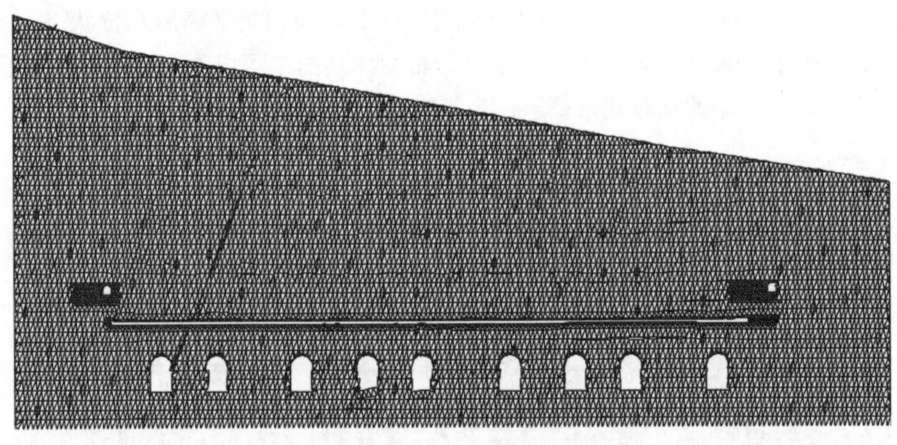

图 3-123　工况二完成后的模型

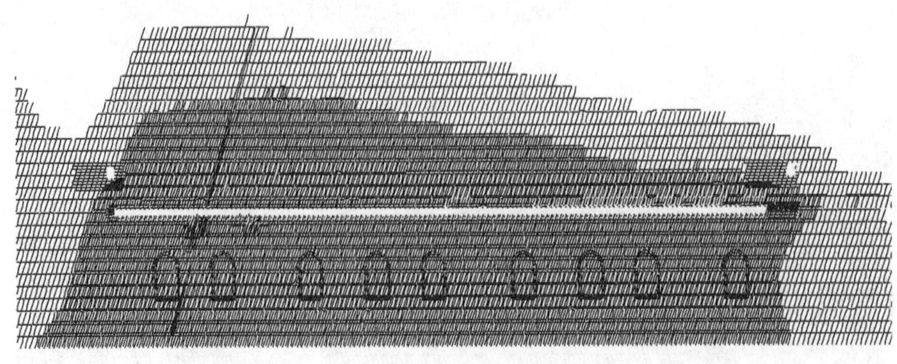

图 3-124　施工巷道和水幕开挖完后的水压力分布图

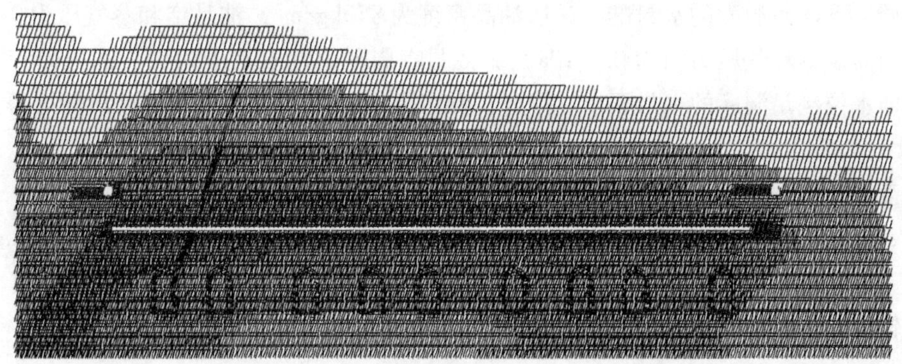

图 3-125　向水幕巷道注水后的水压力分布图

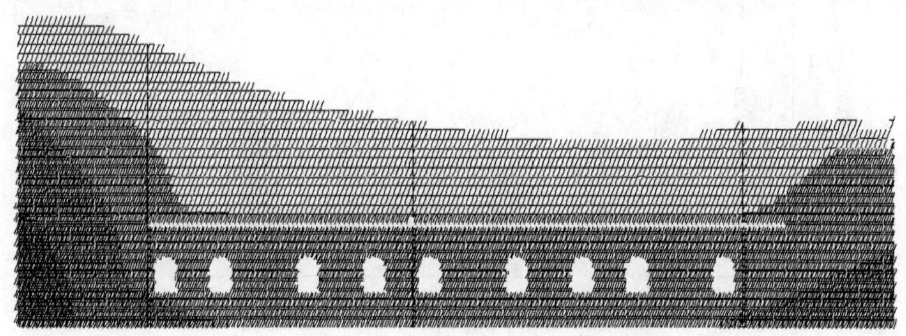

图 3-126　开挖主洞室后的水压力分布图

1)水封性分析

图 3-127 为 9 个主洞室拱顶的水压力分布直方图，图中显示两侧的主洞室顶部的水压力相对较高些，其地下水压力值约为 0.6～0.7MPa，而 4#和 5#主洞室顶部的水压力相对小一些，但相差不大。

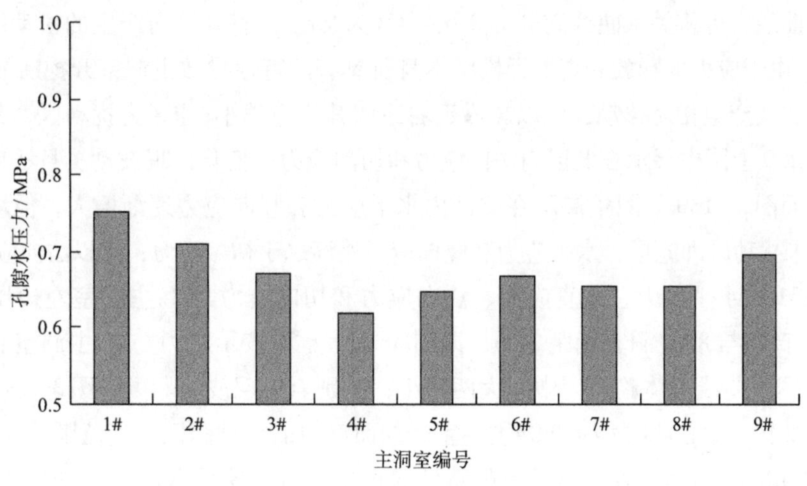

图 3-127　主洞室拱顶水压力

按照地下水封洞库的水封准则，取油品密度为850kg/m^3，油品饱和蒸气压为0.1MPa，则洞内油品及饱和气压力约为0.4MPa，那么洞库周围的地下水压力大于洞内储存介质的压力，即水位满足洞库的水封要求。因此，在考虑水幕条件下，洞库的水封性可得到满足要求。

2)变形分析

图3-128为9个主洞室拱顶沉降直方图，1～9#主洞室的拱顶沉降值分别为12.06、12.91、13.85、10.83、11.39、13.25、12.65、12.42、22.29mm，其中9#主洞室由于埋深相对较大，应力水平较高，所以其拱顶位移较大。

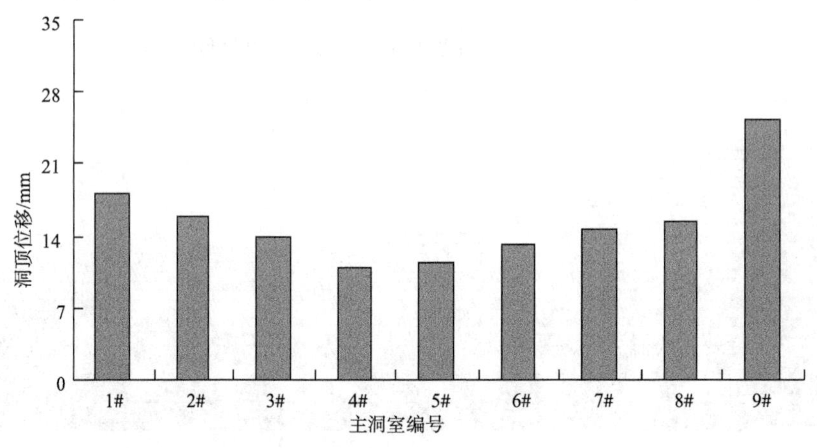

图3-128　主洞室拱顶位移

根据相对位移控制标准，脆性围岩埋深50～300m条件下，相对位移允许值约为0.1%～0.2%，因此20m洞宽条件下，拱顶沉降值约为20～40mm，说明拱顶沉降满足位移控制标准，洞室整体是稳定的。

图3-129分别展示了水平应力、垂直应力、法向应力和切向应力与离9#主洞室右边墙距离的关系曲线，可将关系曲线划分为3区：Ⅰ区为9#主洞室开挖而产生的松动圈区，其范围约为6m，由于应力的释放和离散元模型本身所具有的特性导致主洞室开挖后靠近9#主洞室右边墙的岩块产生相对移动，所以越靠近右边墙其应力越小；Ⅱ区为扰动区，其范围约为23m，图3-130上图中展示在此区内法向应力和切向应力的变化出现波动，且法向应力大于切向应力，而图3-130下图中展示在此区内水平应力和竖向应力逐渐增大，但增大幅度减小；Ⅲ区为未扰动区即原场，水平应力和竖向应力逐渐趋于初始应力，且以法向应力为主。

图3-131为水平应力、垂直应力、法向应力和切向应力与8#主洞室左边墙距离的关系曲线，由于7#与8#主洞室相距30m，即图3-131也可表示应力与7#主洞室右边墙距离的关曲线，图中曲线总体趋势为中间大两边小，个别点出现波动。可将图3-131中的关系曲线划分为2区：(Ⅰ)区为7#和8#主洞室开挖而产生的松动圈区，其范围约为6m，由于应力的释放和离散元模型本身所具有的特性导致主洞室开挖后靠近8#主洞室左边墙和7#主洞室右边墙的岩块产生相对移动，所以越靠近8#主洞室左边墙和7#主洞室右边墙，水

平应力、竖向应力、法向应力和切向应力越小；（Ⅱ）区为扰动区，其范围约为 6～24m，由于 7#和 8#主洞室的开挖，洞室附近应力释放，导致应力重新分布，洞室和洞室之间产生应力叠加区即为此区域，所以图中展示的应力曲线在个别点上发生突变。

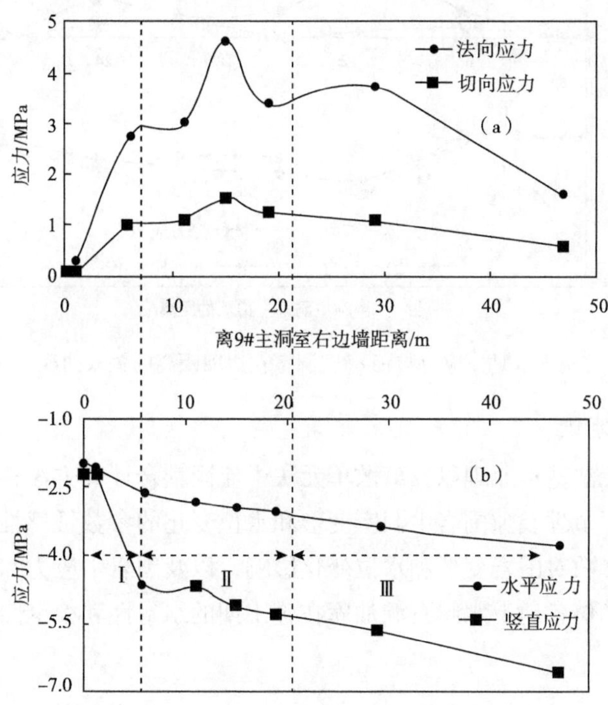

图 3-129　应力与距 9#主洞室右边墙距离的关系曲线

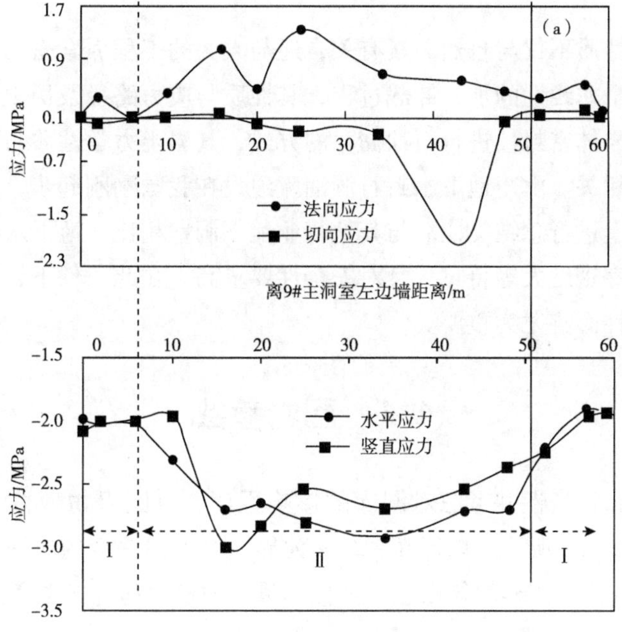

图 3-130　应力与距 9#主洞室左边墙距离的关系曲线

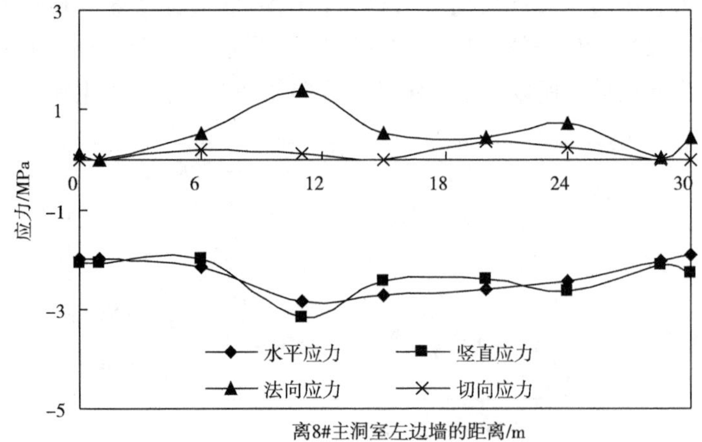

图 3-131　应力与距 8#主洞室左边墙距离的关系曲线

3.3.4　分析结论

介绍了离散单元法基本原理以及离散单元法中流固耦合计算方法；在室内试验和现场观测基础上，开展了节理裂隙围岩中洞室变形和水位变化的参数敏感性分析，获得了裂隙岩体力学和水力学参数对围岩变形和水位变化影响，以及围岩中应力和地下水压力分布规律；开展了国家石油储备地下水封石洞油库在施工期的水封性和稳定性研究。

第四节　水封性施工过程力学特征

地下工程围岩性质不仅与自然因素有关，还与人为的工程因素密切相关。地下工程的施工，对围岩是一个非线性的加、卸载过程，其性质与应力路径及历史相关。地下水封石洞油库是利用饱水岩体密封性进行石油储存的方式，其岩土力学性质与施工过程中排水条件和开挖顺序密切相关。由于地下水封石洞油库建设在我国刚刚起步，其岩土力学性质分析很难从工程经验上进行总结类比。与其他行业地下洞室相比，地下水封石洞油库具有水位高、不衬砌、洞室密度大等特点，且对安全性要求高。在此条件下，研究洞库围岩的施工过程对洞库水封性影响尤为重要。

4.1　围岩参数

根据试验成果，按岩性并考虑对洞库的影响程度，对围岩物理力学参数进行分类统计，统计结果如表 3-21 所示。以标高 +20m 为界，将不同深度的花岗片麻岩试样进行分别统计。表 3-21 为饱和试样块体密度、弹性模量、泊松比和抗剪强度值。

表 3-21 石洞油库工程围岩物理力学参数

类别	块体密度/(g/cm³)	弹性模量/GPa	泊松比	抗剪强度指标	
				凝聚力/MPa	摩擦角/(°)
+20m 以上	2.64	48.3	0.18	8.14	58.79
+20m 以下	2.63	52.7	0.19	10.17	71.14

按照《工程岩体分级标准》(GB 5218—94)对该区域岩体分级，在洞库影响范围内各级岩体所占百分比如表 3-22 所示。在该分级中，Ⅰ级围岩稳定性最好，Ⅴ级围岩稳定性最差。由该表可以看出，洞库围岩多为Ⅱ级和Ⅲ级，整体稳定性较好。

表 3-22 洞库围岩各级岩体所占百分比

岩体级别	各级岩体百分比/%
Ⅰ	8
Ⅱ	56
Ⅲ	21
Ⅳ	8
Ⅴ	7

4.2 分析方法

4.2.1 数值模拟

为分析排水条件和开挖顺序对洞库水封性和稳定性影响，共开展了 4 个工况的数值分析。本节中的网络模型、本构模型、边界条件及围岩参数同 3.2 节相同。流体项边界条件指定如下：左、右侧和下方边界为压力边界条件，允许地下水自由出入边界面；上方为 0 流量边界；在排水工况下洞室开挖完毕后洞壁地下水压力为 0，不排水工况下洞壁为 0 流量边界。工况具体情况如表 3-23 所示。

表 3-23 工况详情表

工况号	洞室排水条件	开挖顺序
1	排水	洞罐 A→洞罐 B→洞罐 C
2	排水	洞罐 C→洞罐 B→洞罐 A
3	不排水	洞罐 A→洞罐 B→洞罐 C
4	不排水	洞罐 C→洞罐 B→洞罐 A

4.2.2 分析步骤

在施工过程影响研究中(即工况 1 ~4)，分析采用以下两步进行：

(1)初始地应力平衡。采用用户子程序生成初始地应力场和地下水压力场。

(2)洞库开挖。洞库开挖通过去除洞库单元实现，每个洞罐历时 1 年，整个开挖过程持续 3 年。

4.3 研究结果及分析

4.3.1 渗流场

图 3-132(a)~(d)分别为工况 1~4 下洞库开挖完毕后周围地下水压力分布图。由于在工况 1、2 分析中，允许地下水流入洞库，洞库周围地下水压力下降明显，而工况 3、4 中，洞库周围地下水压力变化不大。同为排水条件，但由于开挖顺序不同，工况 1、2 地下水压力分布也不相同。

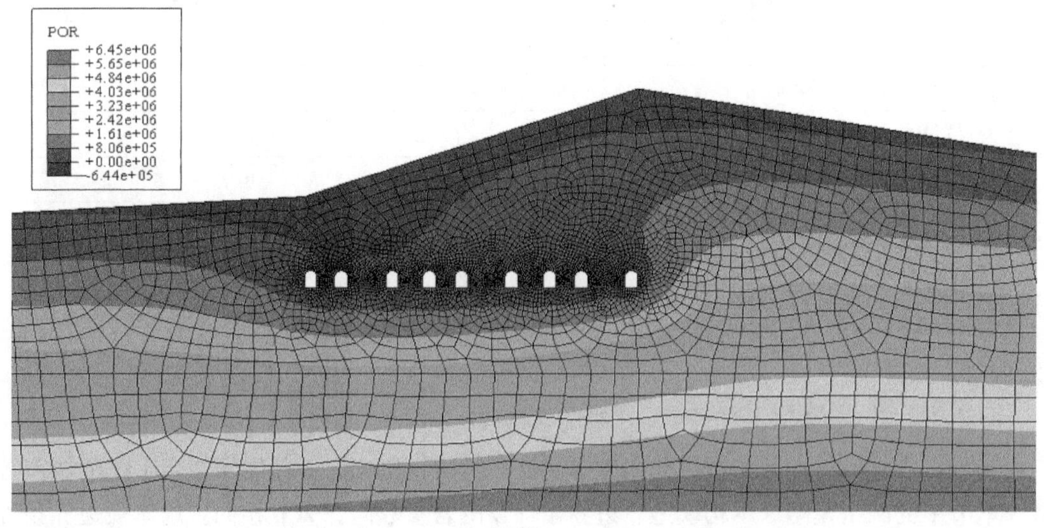

(a) 工况1

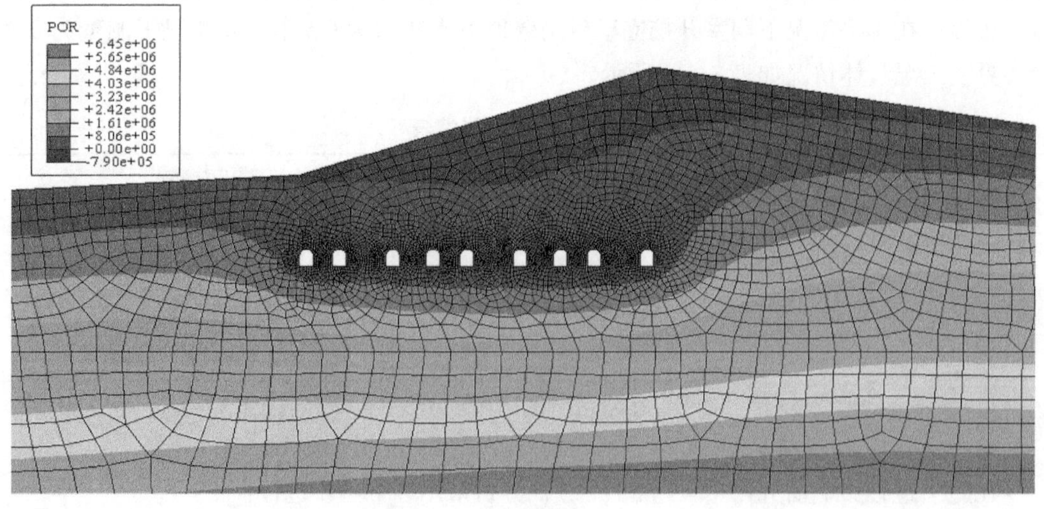

(b) 工况2

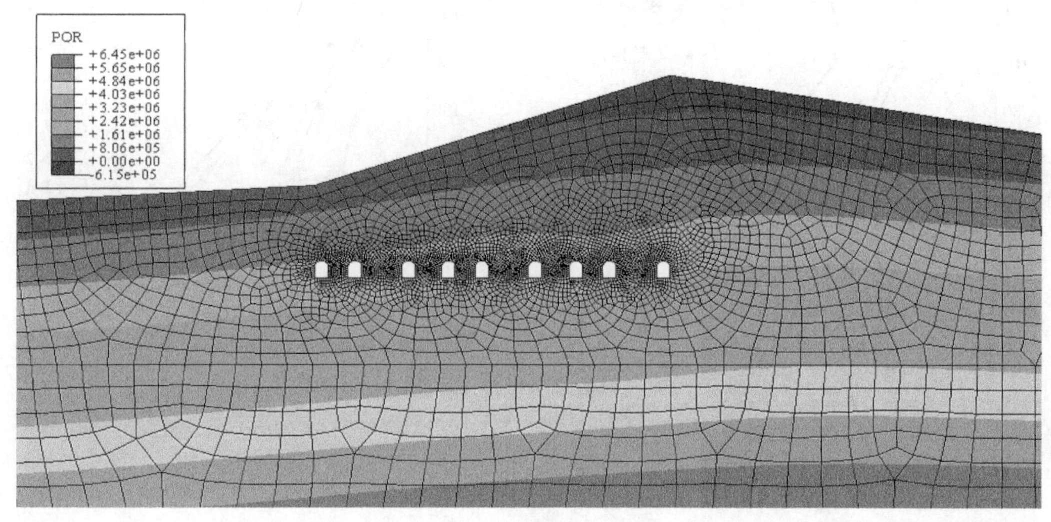

（c）工况3

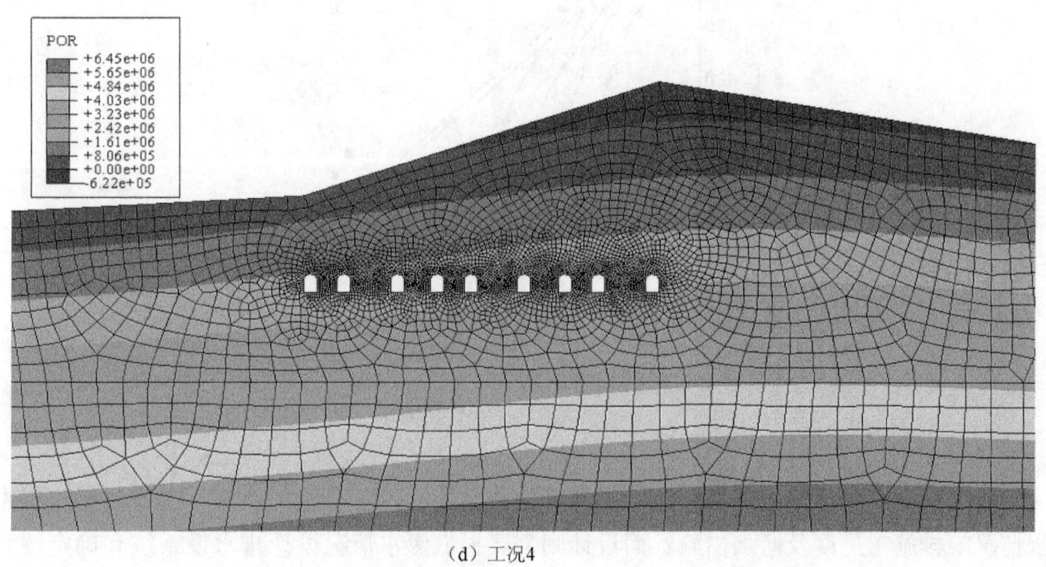

（d）工况4

图 3-132　不同工况下洞库开挖完毕后地下水压力分布图

图 3-133(a)～(c)分别为 1、4 和 9#主洞室在工况 1 和工况 2 下洞室上方地下水压力变化图。图例“工况 1－1”表示工况 1 中洞室开挖后 1a 后地下水压力分布曲线。由于开挖顺序不同，洞室上方地下水压力的变化规律不同。在工况 1 下，随着开挖的进行，1#主洞室上方地下水压力首先变小，其次是 4#主洞室，最后为 9#主洞室。在工况 2 下，变化顺序正好相反。开挖完毕后，工况 1 和工况 2 下各洞室上方地下水压力分布也不相同。从水封效果上看，自右向左开挖优于自左向右开挖。

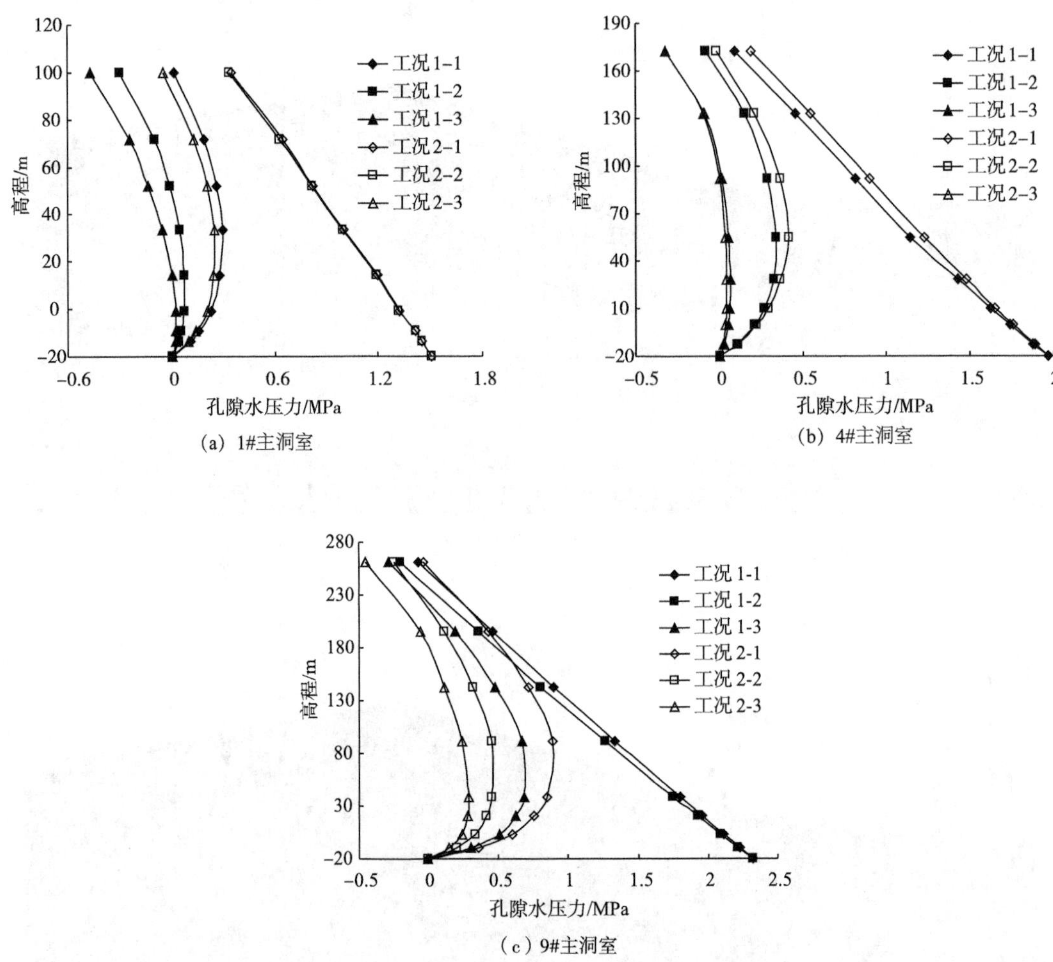

图3-133　1#、4#和9#主洞室工况1、2下周围地下水压力变化图

4.3.2　渗水量

渗水量是高水位区地下工程设计中重要的参数之一。对于施工而言，需要根据工程渗水情况安排施工进度及堵水措施；而设计则需要根据渗水情况设计排水设系统和确定围岩注浆加固范围。

图3-134为工况1和2下不同时期内洞库单位长度渗水量立方图，由于先开挖地下水压力较高的洞罐，工况2中洞库渗水量大于工况1。由此看出，开挖顺序的不同，会引起洞库周围地下水压力分布和渗水量的不同。

根据各个洞室总渗水量，可以确定各个洞室施工期单位长度渗水速率在0.005～0.016m^3/m/d之间，运行期单位长度渗水速率在0.005～0.014m^3/m/d之间。在水动力学中，地下洞室的最大渗水量和正常渗水量常采用大岛洋志和佐藤邦明经验公式分别进行估算。大岛洋志公式表示为：

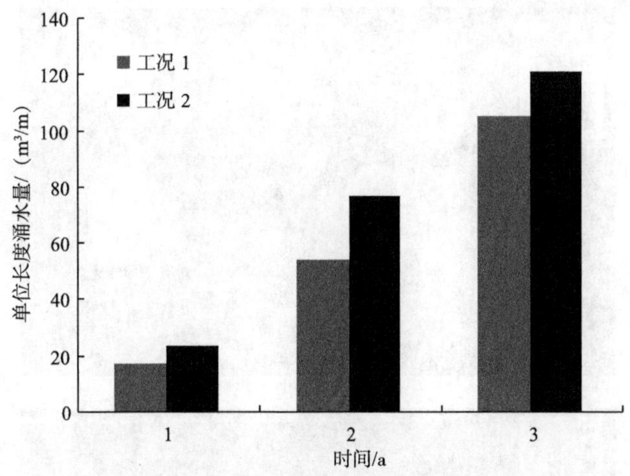

图 3-134 工况 1 和 2 下不同时期内洞库单位长度渗水量

$$q_0 = \frac{2\pi k(H - r_0)m}{\ln\left[4\frac{(H - r_0)}{d}\right]} \tag{3-20}$$

式中 q_0——洞身通过含水体的单位长度可能最大渗水量；

k——渗透系数；

H——含水层中原始静止水位至地下工程底板距离；

r_0——洞室横截面等效圆半径；

m——转换系数，一般取 0.86；

d——洞室横断面等效圆直径。

该巷道相关参数取值如下：k 为 5×10^{-5}m/d，H 取平均值，为 280m，r_0 为 27.6m，d 为 53.2m，将上述参数带入大岛洋志公式计算得单位长度最大渗水量为 0.023m³/d。

佐藤邦明公式表示为：

$$q_s = q_0 - 0.584\varepsilon k r_0 \tag{3-21}$$

式中 q_s——洞室单位长度正常渗水量；

ε——系数，一般取为 12.8；

其他符号同上。

将各参数带入佐藤邦明公式计算得单位长度正常渗水量为 0.021m³/d。比较本文计算结果与经验公式估算结果，可以发现经验公式估算值大于计算结果，这是由于经验公式并没有考虑水位下降及相邻洞室之间影响，而在数值计算中考虑了水位下降及相邻洞室之间的影响作用。

4.3.3 稳定性

图 3-135(a)~(d)分别为工况 1~4 洞库开挖完毕后 7#~9#主洞室塑性区分布图。由于根据围岩剪胀性质选取屈服参数，等效塑性应变反映了围岩屈服后体积增加情况，可视为度量围岩松动程度的物理量。工况 1、2 下松动圈范围小于工况 3、4。值得注意的是，工况 2~4 中，7#、8#主洞室周围松动区范围出现了连通现象，将影响洞室的密闭性。

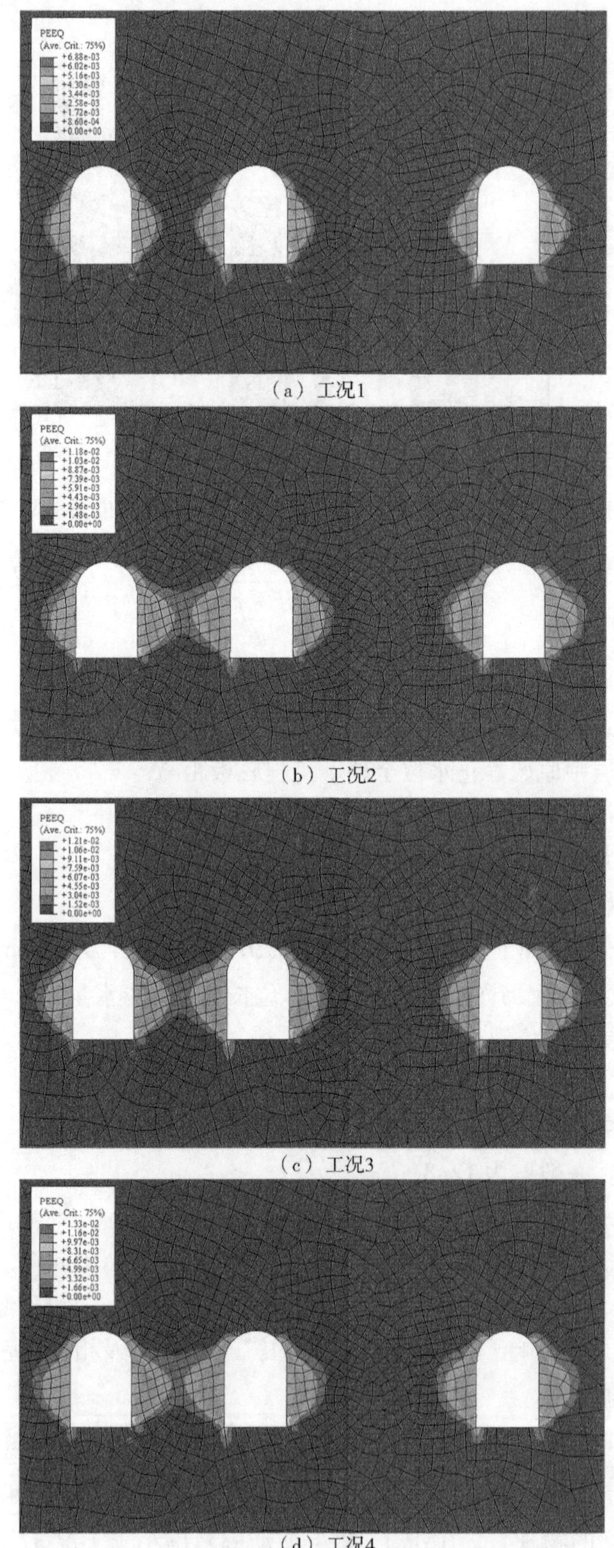

（a）工况1

（b）工况2

（c）工况3

（d）工况4

图 3-135　工况 1～4 下洞库开挖完毕后 7#～9#主洞室塑性区分布图

图 3-136 为工况 2、4 下 7#主洞室右侧边墙有效应力路径与剪胀线关系图。图中数字为节点距洞壁距离。由于开挖顺序不同，洞室边墙有效应力路径不同。在排水条件下，开挖引起有效应力路径向左上移动，且较为集中；在不排水条件下开挖引起有效应力路径向上移动，且较为分散，有效应力路径的不同导致屈服区不同，亦即松动范围不同。

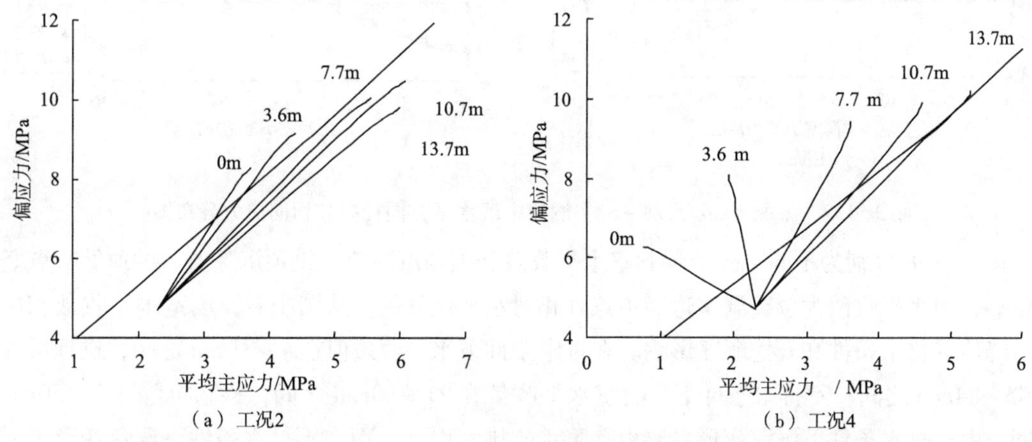

图 3-136　工况 2、4 下 7#主洞室边墙内各点有效应力路径与剪胀线关系

图 3-137(a) ~ (d)分别为工况 1 ~ 4 下沿 7#、8#主洞室中墙水平方向轴向和切向应力分布图。图例中 R 表示轴向应力，T 表示切向应力，'0 ~ 3'分别表示初始状态、开挖 1 ~ 3 年后。各种工况下，轴向应力和切向应力直到 3 号洞罐开挖时才出现应力调整现象。洞罐开挖引起径向应力的减小和切向应力的增大。工况 1、2 下，洞壁表面径向应力为 0；而由于地下水压力的存在，工况 3、4 下洞壁处径向应力变为拉力。因此，在偏应力相同条件下工况 3、4 下洞室围岩平均有效主应力较小，因此，松动范围也较大。此外，在不排水条件下，松动范围出现了连通现象。

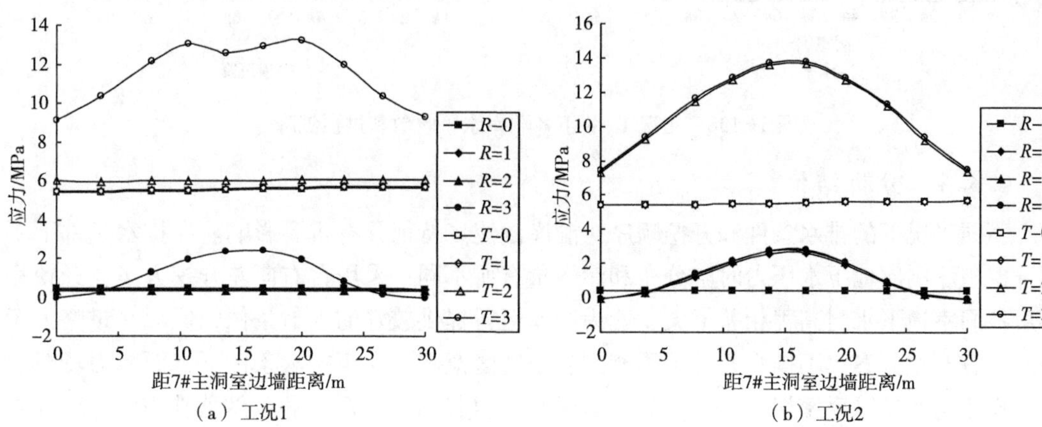

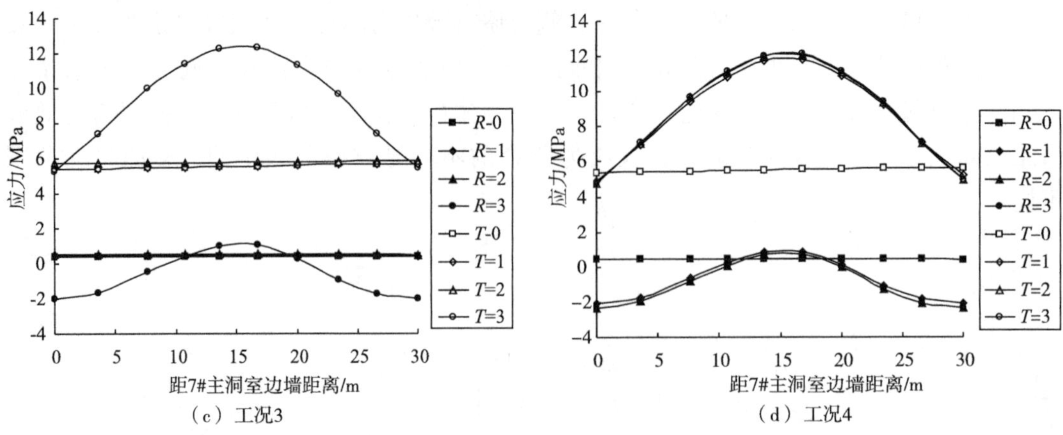

（c）工况3　　（d）工况4

图 3-137　工况 1-4 下 7#~8#主洞室中墙水平方向径向和切向应力分布图

图 3-138 分别为不同工况下各洞室水平收敛和拱顶沉降值。拱顶沉降值为拱顶处节点竖向位移，而水平收敛为位于洞室边墙中点处相对水平位移值。从图中看，洞室水平收敛和拱顶沉降值受排水条件和开挖顺序影响。在排水条件下水平收敛值在 4~31mm 之间，拱顶沉降在 45~84mm 之间；不排水条件下，洞室水平收敛在 21~80mm 之间，拱顶沉降在 9~50mm 之间。由于排水条件下洞室变形主要由孔隙水的排水引起，而在不排水条件下洞室变形主要受临空面大小影响，因此，在工况 1、2 下，洞库水平收敛值小于拱顶沉降值，而在工况 3、4 下，水平收敛值则大于拱顶沉降值。同时，洞室水平收敛和拱顶沉降也与开挖顺序有关。

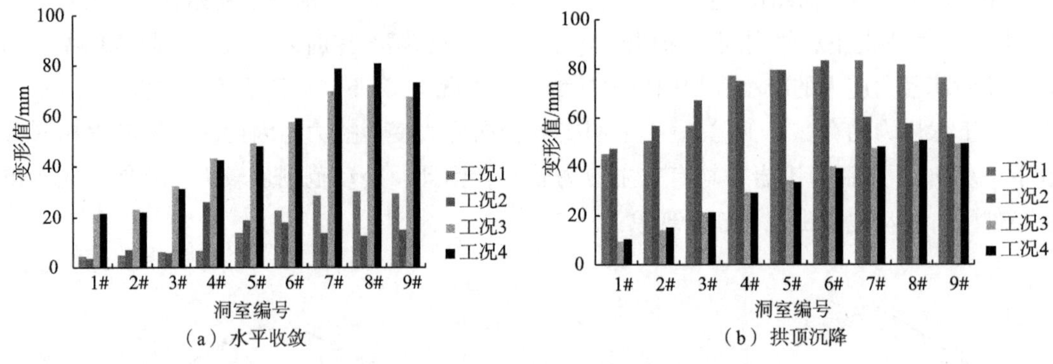

（a）水平收敛　　（b）拱顶沉降

图 3-138　工况 1~4 下各洞室水平收敛和拱顶沉降

4.3.4　分析结论

不同工况下的排水条件和开挖顺序对洞库渗流场特征具有重要影响。在排水条件下不同开挖顺序洞库地下水压力时空分布和渗水量有所不同；采用自右向左开挖方案，开挖完毕后各洞室地下水封高程相差不大，能为洞库运行提供较好的水封条件，但渗水量略大于自左向右开挖方案；不排水条件下洞壁围岩松动区范围远大于排水条件下，而应力场时空分布规律与开挖顺序密切相关。各洞室由于开挖引起的拱顶沉降和收敛值在 10~80mm 之间。由于变形机制不同，排水条件下洞库围岩拱顶沉降大于水平收敛，而不排水条件下洞库围岩水平收敛大于拱顶沉降；在相同排水条件下围岩变形与开挖顺序有关。

第五节　运行期水封性预测

地下水封石洞油库通过地下水在围岩中流动实现洞库密封性，建成后地下水封石洞油库在运行期间受到注、取油循环荷载作用，在此条件下，开展循环荷载作用下围岩疲劳力学特性及其对洞库水封性和稳定性影响研究尤为重要。

本节主要通过依托工程岩石循环荷载试验，建立了循环荷载下岩体疲劳本构力学模型，揭示了荷载循环对围岩屈服面影响规律，并分析在不同工作模式下地下水封石洞油库运行期水封性特征，揭示了工作模式与洞库运行期水封性关系，研究成果可为地下水封石洞油库的安全运行提供参考。

5.1　洞库围岩疲劳力学模型

5.1.1　花岗岩疲劳力学本构模型

国内外学者对循环荷载作用下岩石的强度准则、变形特征、损伤演化和疲劳破坏机制等进行了研究，并取得了大量研究成果。这些研究成果有助于了解循环荷载作用下岩石变形特征及其疲劳破坏规律。然而直接将所提模型应用到具体工程中的研究还不多见。因此，在常规运动硬化疲劳力学模型基础上，提出适用于岩石的疲劳力学模型。与常规运动硬化疲劳模型相比，该模型可以考虑平均主应力对岩石屈服性质的影响，更适合于岩石疲劳性质的描述。

(1)应变分解

由塑性理论，应变按以下方式分解：

$$\dot{\varepsilon} = \dot{\varepsilon}^{el} + \dot{\varepsilon}^{pl} \tag{3-22}$$

式中 $\dot{\varepsilon}$ 为总应变，$\dot{\varepsilon}^{el}$ 为弹性应变，$\dot{\varepsilon}^{pl}$ 为塑性应变。

材料弹性变形可用下面线性公式定义：

$$\sigma = D^{el} : \varepsilon^{el} \tag{3-23}$$

式中 D^{el} 为四阶弹性张量，σ 为二阶应力张量，ε^{el} 为二阶应变张量。

(2)屈服准则

岩土材料屈服性质与围压有关。为了描述岩石材料疲劳性质，提出如下与平均主应力有关的疲劳力学模型。其屈服准则为

$$f(\sigma - \alpha) = \sigma^0(p) \tag{3-24}$$

式中 $p = \dfrac{(\sigma_1 + \sigma_2 + \sigma_3)}{3}$，$a$ 为滞回应力，$\sigma^0(p)$ 为屈服应力。即屈服不但与材料的偏应力有关，且与平均主应力有关。$\sigma^0(p)$ 具体形式可根据不同材料取用不同的函数形式。$f(\sigma - \alpha)$ 定义如下：

$$f(\sigma-\alpha)=\sqrt{\frac{3}{2}(S-\alpha^{dev}):(S-\alpha^{dev})} \tag{3-25}$$

式中　α^{dev}——回滞偏应力；

S——偏应力张量。

(3)流动法则

假设为相关联流动法则，塑性应变为

$$\dot{\varepsilon}^{pl}=\frac{\partial f(\sigma-\alpha)}{\partial\sigma}\dot{\bar{\varepsilon}}^{pl} \tag{3-26}$$

其中 $\dot{\bar{\varepsilon}}^{pl}$ 为等效塑性应变率，$\dot{\bar{\varepsilon}}^{pl}=\sqrt{\frac{2}{3}\dot{\varepsilon}^{pl}:\dot{\varepsilon}^{pl}}$。

(4)硬化准则

定义硬化准则为

$$\dot{\alpha}=C\dot{\bar{\varepsilon}}^{pl}\frac{1}{\sigma^{0}}(\sigma-\alpha)-\gamma\alpha\dot{\bar{\varepsilon}}^{pl}+\frac{1}{C}\alpha\dot{C} \tag{3-27}$$

其中 C 是初始运动硬化模量，γ 为运动硬化中塑性模量变化速率，C 和 γ 可以通过循环荷载试验数据得到；σ^0 为塑性应变的函数。当 γ 为零时

$$\dot{\alpha}=C\dot{\bar{\varepsilon}}^{pl}\frac{1}{\sigma^{0}}(\sigma-\alpha)+\frac{1}{C}\alpha\dot{C} \tag{3-28}$$

即为运动硬化的线性模型。

$$\sigma^{0}=\sigma|_{0}+Q_{\infty}(1-e^{-b\bar{\varepsilon}^{pl}}) \tag{3-29}$$

其中 $\sigma|_0$ 为塑性应变等于零时的屈服应力，Q_∞ 为屈服应力的最大变量，b 为塑性应变发展过程中屈服应力的变化速率。

5.1.2　洞库花岗岩疲劳力学模型参数

研究人员开展了围岩循环加卸载试验，试验结果见文献(王者超等 2013)。试验详情如表 3-24 所示。

表 3-24　试验详情表

试样	峰值强度/MPa	围压/MPa	峰值偏应力/MPa						
			1	2	3	4	5	6	7
1-1	110.4	3	15	30	50	80	30	110	30
1-2	120.0	6	30	60	90	30	120	30	—
1-3	106.4	10	30	60	90	30	120	—	—

对试样 1-1 试验数据进行拟合，试样在轴向应力为 30MPa 时处于剪缩范围内，轴向应力为 50MPa 时处于剪胀范围内，因此取 40MPa 为初始屈服应力，即 $\sigma|_0=40\text{MPa}$。拟合函数为 $\sigma^0=39+130(1-e^{-1007\bar{\varepsilon}^{pl}})$，拟合曲线如图 3-139 所示。

对试样 1-2 试验数据进行拟合，试样在轴向应力为 30MPa 时处于剪缩范围内，轴向应力为 60MPa 时处于剪胀范围内，因此取 40MPa 为初始屈服应力，即 $\sigma|_0=40\text{MPa}$。拟

合函数为 $\sigma^0 = 39 + 124(1 - e^{-1317\bar{\varepsilon}^{pl}})$，拟合曲线如图 3-140 所示。

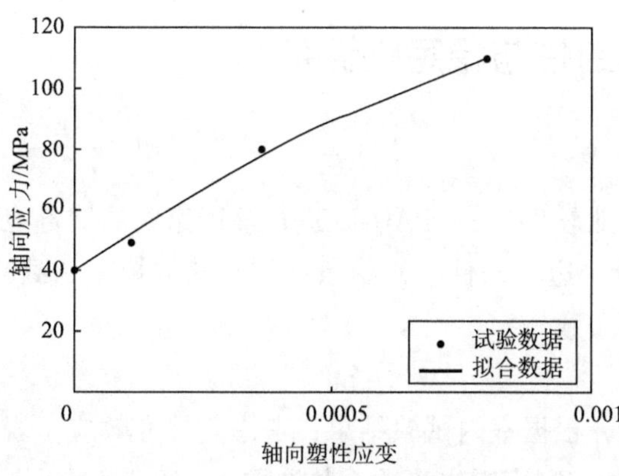

图 3-139　轴向应力与轴向塑性应变关系曲线

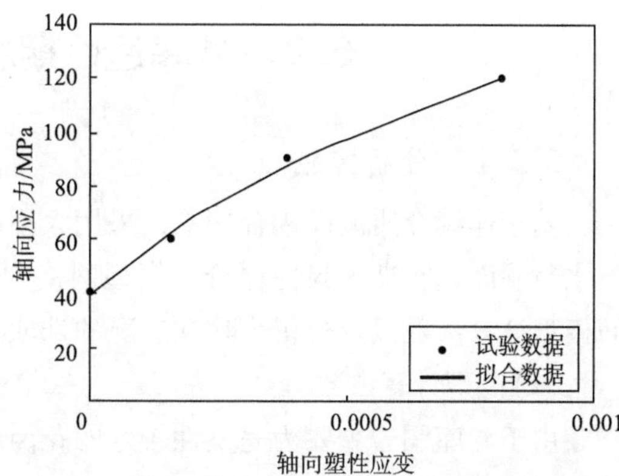

图 3-140　轴向应力与轴向塑性应变关系曲线

对试样 1-3 试验数据进行拟合，因为试样在轴向应力为 30MPa 时已经出现剪胀，所以取 20MPa 为初始屈服应力，即 $\sigma|_0 = 20\text{MPa}$。拟合函数为 $\sigma^0 = 18 + 106(1 - e^{-716\bar{\varepsilon}^{pl}})$，拟合曲线如图 3-141 所示。

因为试样 1-3 在轴向应力为 30MPa 时已经出现剪胀，没有普遍代表性，因此取试样 1-1 与试样 1-2 数据进行分析。取试样 1-1 与试样 1-2 计算结果的平均值，则 $\sigma|_0 = 39\text{MPa}$，$Q_\infty = 127\text{MPa}$，$b = 1161$。用得到的模型参数进行拟合并与试验数据进行对比，结果如图 3-142。从图可知，该模型参数可以较好的反应试样在循环荷载作用下的变形特征。

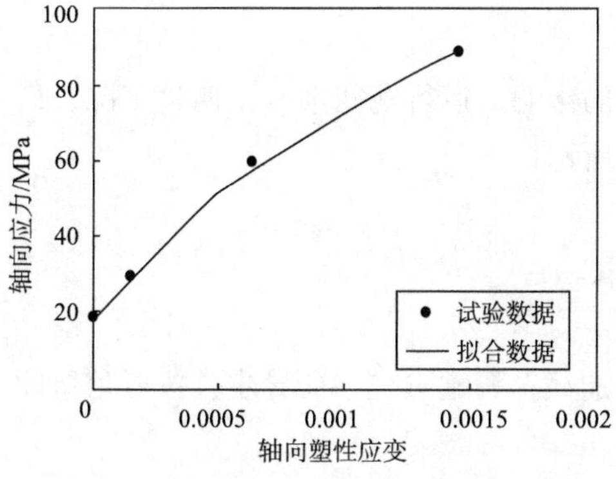

图 3-141　轴向应力与轴向塑性应变关系曲线

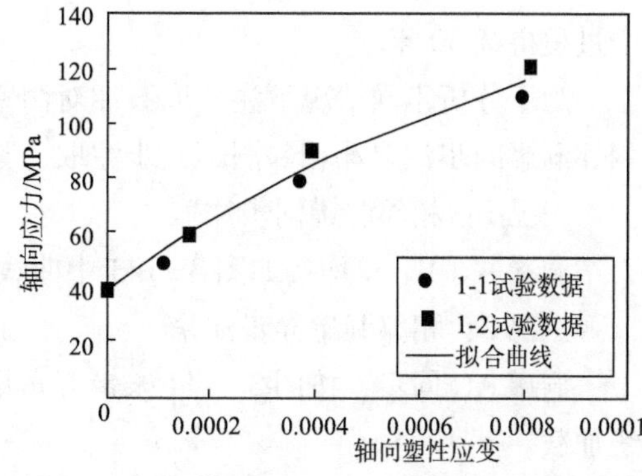

图 3-142　模型参数拟合曲线与试验数据曲线对比

在 ABAQUS 提供的运动硬化疲劳力学模型基础上，提出适用于洞库围岩的疲劳力学模型 $f(\sigma - \alpha) = \sigma^0(p)$。流动法则继续采用 ABAQUS 中流动法则即 $\sigma^0 = \sigma|_0 + Q_\infty(1 - e^{-b\bar{\varepsilon}^{pl}})$。通过试验数据拟合分析得到则 $\sigma|_0 = 39\text{MPa}$，$Q_\infty = 127\text{MPa}$，$b = 1161$。用得到的模型参数进行拟合并与试验数据进行对比，结果表明该模型参数可以较好的反应试样在循环荷载作用下的变形特征。与已有模型相比，该模型可以考虑平均主应力对岩土材

料屈服性质的影响，更适合于岩土材料疲劳性质的描述。

5.2 洞库运行期水封性与稳定性评价

5.2.1 分析方法

基于连续介质流固耦合理论，采用大型商业软件——ABAQUS 进行该国家石油储备地下水封洞库运行期水封性评价。模型网格划分、边界条件、初始条件均与建立模型一致，而模型计算参数以及分析步骤和工况的选取不一致。

(1)模型计算参数

由于洞库围岩主要为完整性较好的花岗岩，根据室内试验结果，考虑到尺寸效应，岩体弹性模量取为5GPa，泊松比取为0.18。此外，洞库围岩渗透系数选取 1×10^{-4}m/d，围岩的饱水密度取为 2.78×10^{3}kg/m^{3}，孔隙比取为0.6%。

(2)分析步骤与工况的选取

考虑到洞库建设的实际情况，分析分为六步进行：

1)初始地应力和地下水压力平衡。取用用户子程序生成初始地应力场和地下水压力场；

2)开挖水幕巷道，使地应力和地下水压力自动平衡；

3)水幕巷道注入水，保持水头不变，使地下水压力达到平衡；

4)开挖主洞室，洞库开挖通过去除洞库单元实现，在此过程中允许地下水通过洞库库壁流入洞库。由于洞库基本不取用支护措施，故在模拟中洞库洞壁节点力指定为零；

5)主洞室开挖完成后，再次平衡地应力和地下水压力，耗时3年；

6)运行期稳定性分析，在洞室周边作用注取循环荷载0.5MPa，每4年一个循环，整个过程持续50年。

为了分析不同情况下注、取石油对洞室稳定性的影响，运行期间选取了两种工况，即相邻洞罐同步注取和相邻洞罐异步注取，具体如下所示：

工况1：相邻洞罐同步注取。

洞罐A、B、C均按如图3-143中曲线同步注取。

工况2：相邻洞罐异步注采

洞罐AC同步，按图3-144未带五角星的曲线加载；洞罐B与AC异步，按五角星曲线加载。

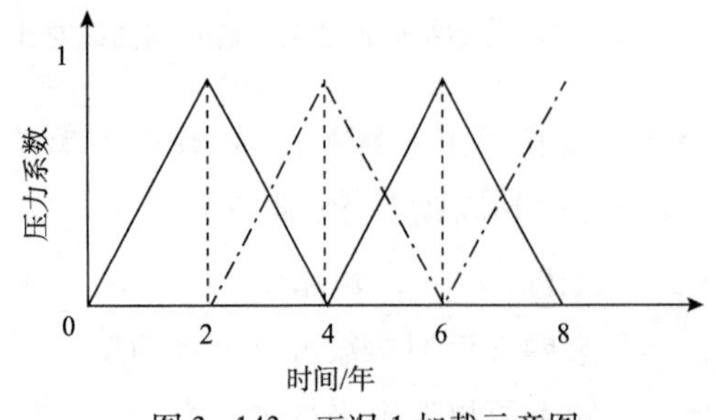

图3-143　工况1加载示意图

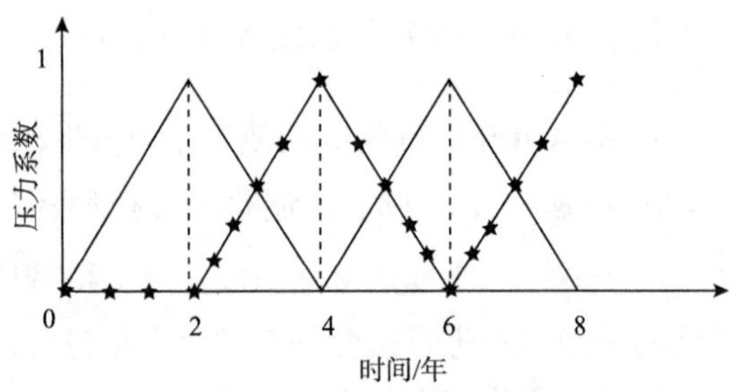

图3-144　工况2加载示意图

5.2.2 分析结果

(1)同步注取条件下分析结果

1)稳定性

选取1、4、7和9#主洞室为主要分析对象，选取洞室拱顶A，拱肩B、C，直墙中点D、E，拱脚F、G以及底板中点H作为研究关键点，各关键点在主洞室分布位置如图3-145所示。

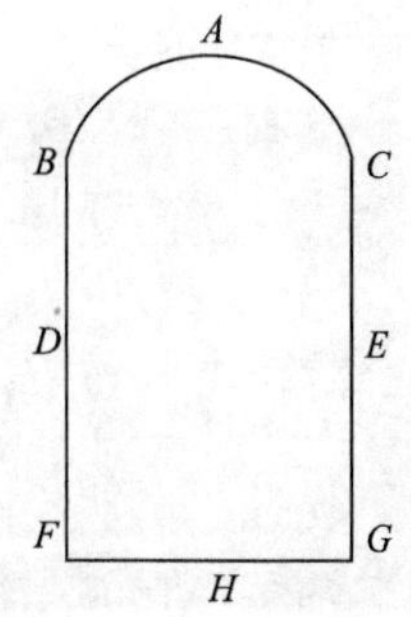

图3-145 关键点分布示意图

选取1、4、7和9#主洞室为主要分析对象，在工况1情况下拱顶沉降变化情况如图3-146所示。

主洞室开挖的3年后1#、4#、7#和9#主洞室拱顶沉降分别为9.38、15.38、21.21和20.22mm；23年后拱顶沉降分别为9.58、11.49、24.19和24.21mm；53年后拱顶沉降分别为9.42、11.43、24.40和24.60mm。在50年的循环注取过程中1#和4#主洞室拱顶沉降基本不变，而7#和9#主洞室拱顶沉降逐渐增大；7#增加了15.4%，9#增加了21.7%；说明随着埋深的增加受循环注取的影响越大。由图得到，主洞室开挖卸荷引起的沉降量约占全部沉降量的80%。

工况1情况下水平收敛变化情况如图3-147所示。

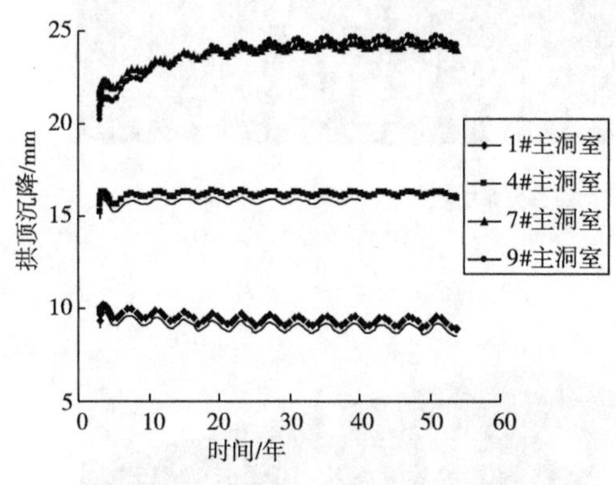

图3-146 工况1各洞拱顶沉降时程曲线

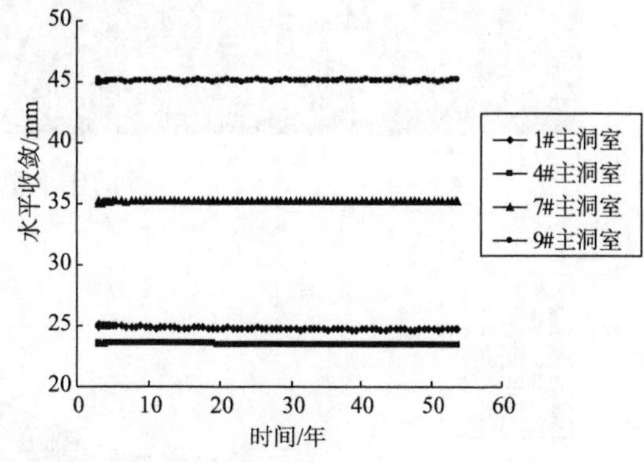

图3-147 工况1各洞水平收敛时程曲线

主洞室开挖的3年后1#、4#、7#和9#主洞室水平收敛分别为24.93、23.41、34.99和44.92mm；23年后水平收敛分别为24.70、23.42、35.17和45.04mm；53年后水平收敛分别为24.66、23.40、35.17和45.03mm。在50年的循环注取过程中各个主洞室水平收敛基本不变。综合来说，从位移大小来看，随着埋深的增加，洞库位移逐渐变大。但位移值均较小，说明洞库围岩稳定性较好。

图3-148(a)~(c)分别为洞库围岩3年、23年和53年后竖向位移分布图。

洞库围岩3年、23年和53年后水平位移分布图如图3-149(a)~(c)所示。

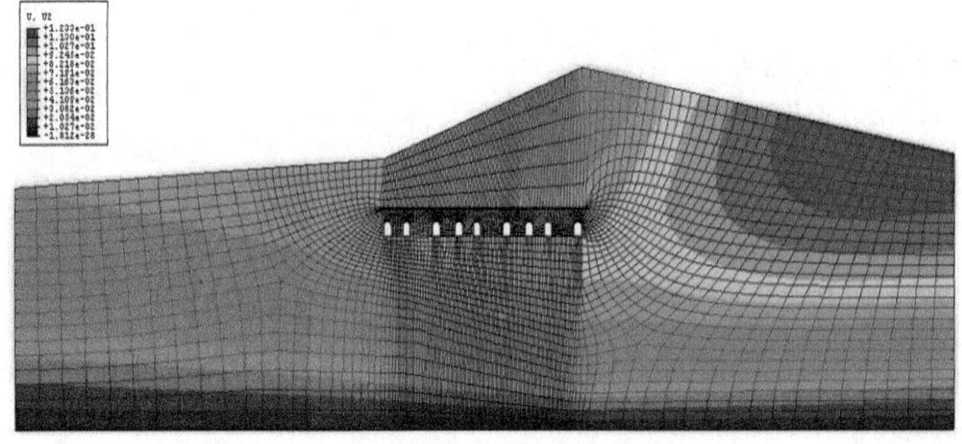

（a）3年后洞库竖向位移分布图

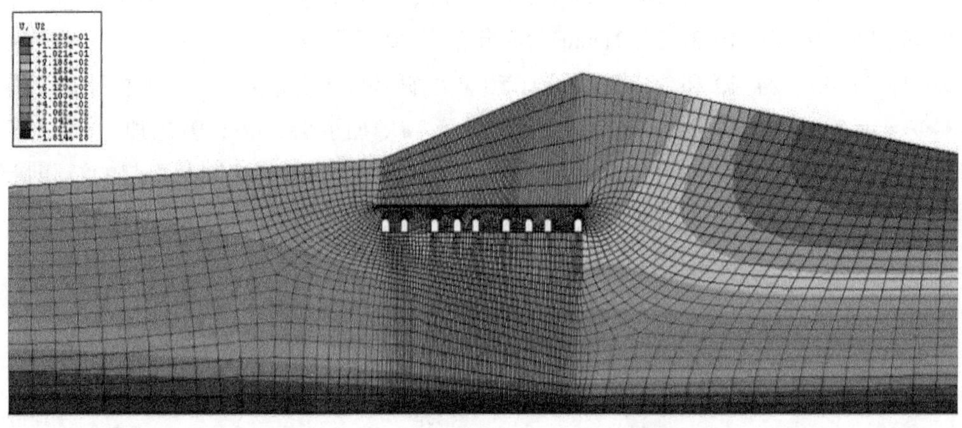

（b）23年后洞库竖向位移分布图

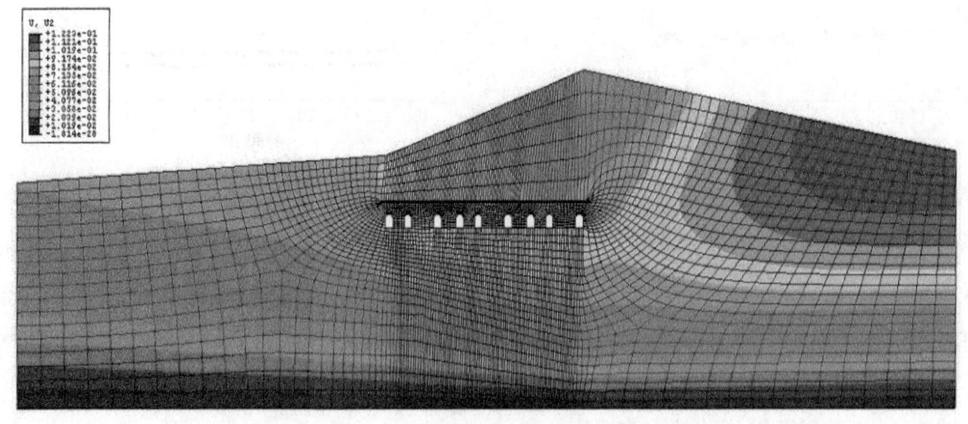

（c）53年后洞库竖向位移分布图

图 3-148　洞库围岩竖向位移分布图

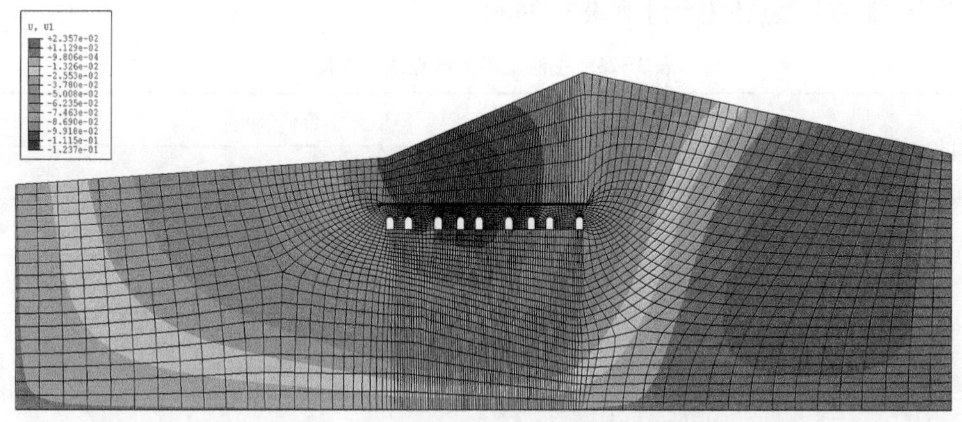

（a）3年后洞库水平位移分布图

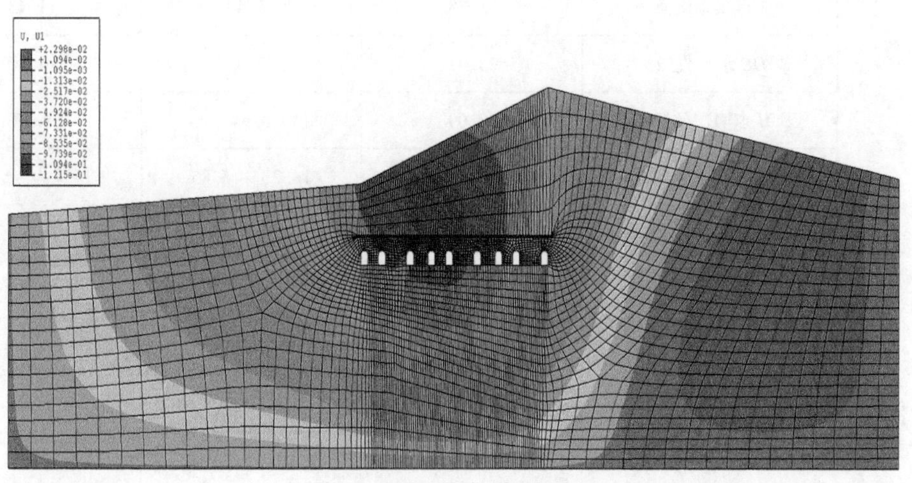

（b）23年后洞库水平位移分布图

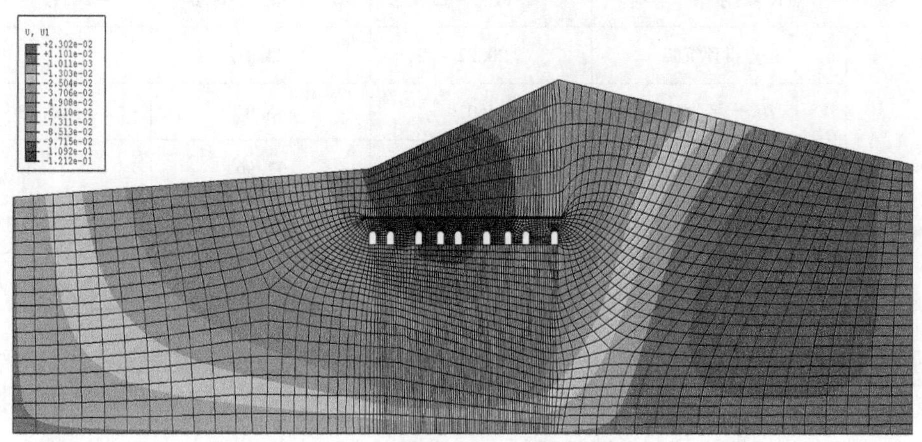

（c）53年后洞库水平位移分布图

图 3-149　洞库围岩水平位移分布图

各个主洞室关键点位移大小如表 3-25 所示。

表 3-25　主洞室各关键点位移详情表

主洞室编号	关键点	位移/mm		
		3 年	23 年	53 年
1#	A 点拱顶沉降	9.38	9.58	9.42
	DE 水平收敛	24.93	24.70	24.66
	H 点竖向位移	3.35	3.06	3.19
	B 点位移（水平，竖向）	25.73，−2.90	28.41，−3.29	28.88，−3.16
	C 点位移（水平，竖向）	4.46，−15.62	15.40，−15.64	15.84，−15.46
4#	A 点拱顶沉降	15.38	11.49	11.43
	DE 水平收敛	23.41	23.42	13.40
	H 点竖向位移	10.09	8.94	8.99
	B 点位移（水平，竖向）	15.1，−4.68	14.2，−5.85	14.7，−5.71
	C 点位移（水平，竖向）	−9.53，−10.3	−15.50，−15.4	−5.97，−15.3
7#	A 点拱顶沉降	21.21	24.19	24.60
	DE 水平收敛	34.99	35.17	35.17
	H 点竖向位移	11.88	15.24	15.07
	B 点位移（水平，竖向）	15.84，−5.12	9.55，−15.96	10.1，−8.15
	C 点位移（水平，竖向）	−2.61，−15.1	−2.36，−14.0	−2.31，−14.2
9#	A 点拱顶沉降	20.22	24.21	24.60
	DE 水平收敛	44.92	45.04	45.03
	H 点竖向位移	20.34	11.96	11.64
	B 点位移（水平，竖向）	4.93，−4.71	15.30，−8.47	15.87，−8.84
	C 点位移（水平，竖向）	−39.77，−15.33	−31.49，−15.1	−31.92，−15.5

图 3-150 为洞库围岩塑性区分布图。由于根据围岩剪胀性质选取屈服参数，等效塑性应变反映了围岩屈服后体积增加情况，可视为度量开挖引起的围岩松动程度的物理量。由图可知，在整个分析期间其塑性区面积较小，说明洞室稳定性较好。由于洞库注取油压较低，整个运行期塑性区范围基本保持不变。值得注意的是，6#、7#和 8#主洞室周围松动区范围出现了连通现象，将会影响洞室的密封性。

（a）3年后洞库塑性区分布图

（b）23年后洞库塑性区分布图

（c）53年后洞库塑性区分布图

图 3-150　洞库围岩塑性区分布图

综合来说，从位移大小来看，随着埋深的增加，洞库位移逐渐变大。但位移值均较小，说明洞库围岩稳定性较好。注采循环荷载对深埋洞室位移的影响比较明显，这是由于深埋情况下围岩受到的应力较大，更接近循环荷载试验中剪缩区与剪胀区分界线的“门槛值”。

2）水封性

在主洞室上下左右各选取一点来研究洞库地下水压力的变化情况，各点在位置如图3-151所示。

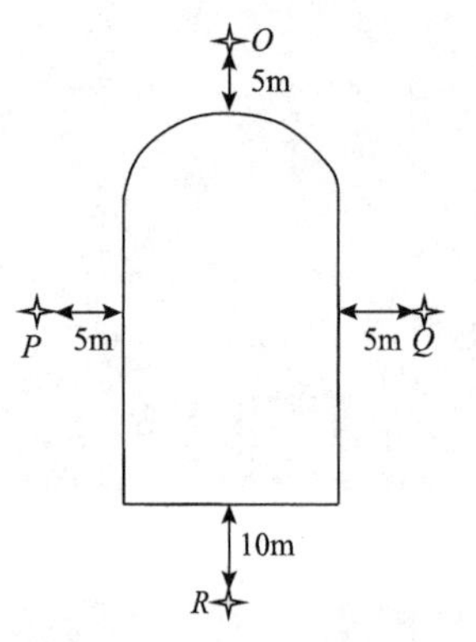

图3-151　关键点分布示意图

图3-152(a)～(d)分别为代表性主洞室地下水压力变化曲线，图3-153(a)～(b)分别为3年、23年和53年后库区地下水位变化曲线。由图可知，随注取荷载作用地下水压力有较大的起伏，注油时地下水压力增大，反之减小。随着时间的增加，地下水压力基本保持稳定(此处不考虑降雨补给)，说明库区的渗流场和水封性维持良好。与3年时相比，23年和53年时9#主洞室上方水位有较为明显的下降，说明设置水幕巷道是必要的，若没有将导致洞库水封失效。

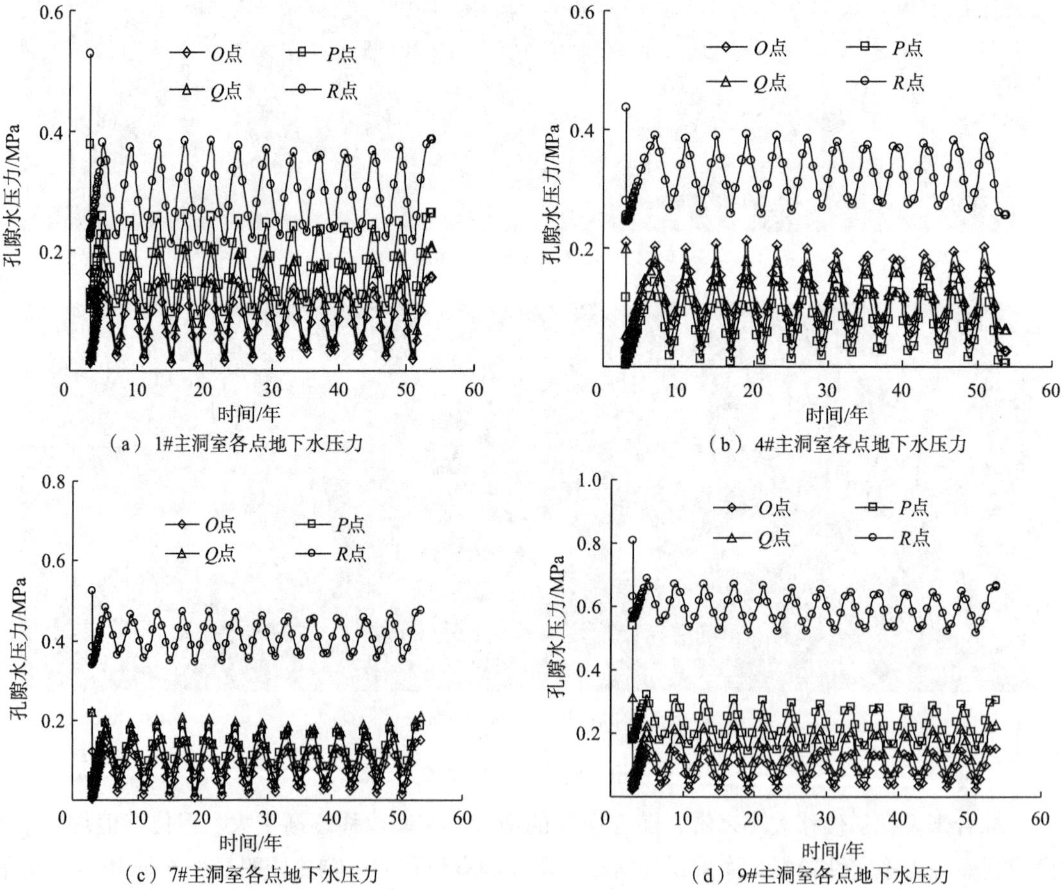

（a）1#主洞室各点地下水压力

（b）4#主洞室各点地下水压力

（c）7#主洞室各点地下水压力

（d）9#主洞室各点地下水压力

图3-152　工况1各主洞室地下水压力变化时程曲线

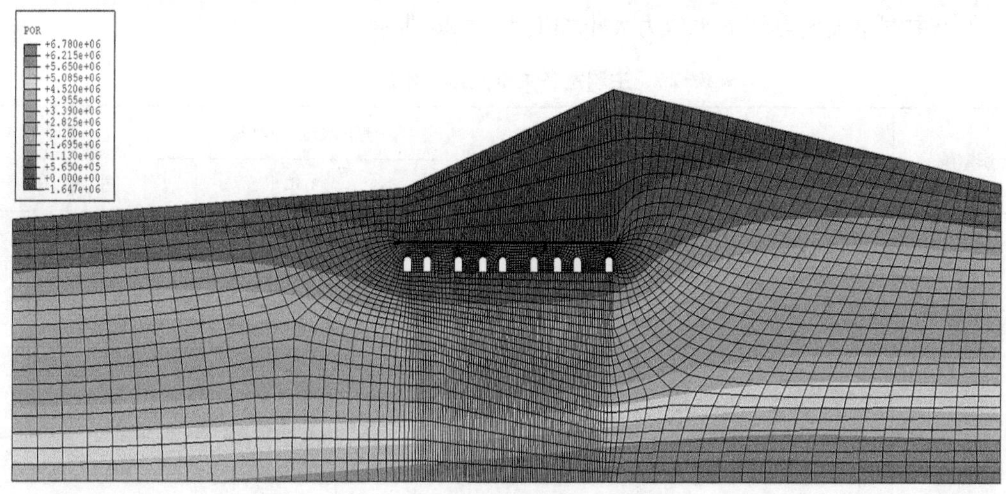

（a）3年时洞库地下水位分布图

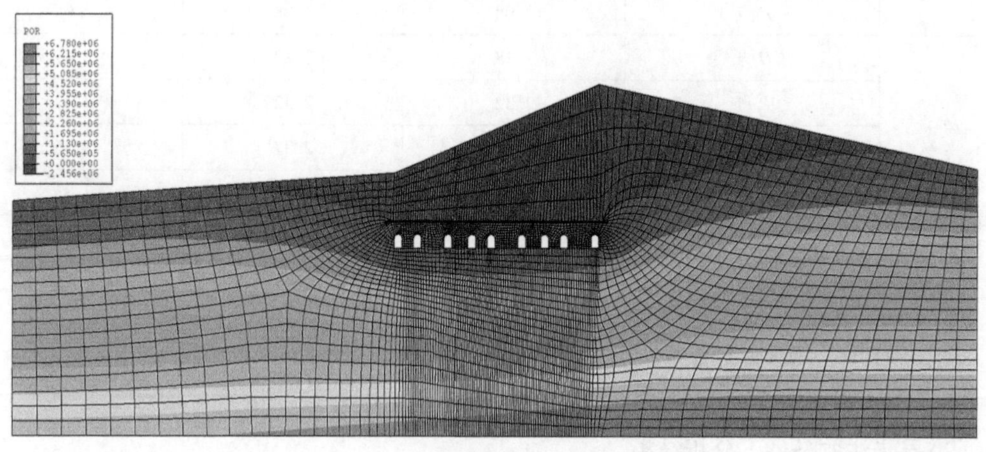

（b）23年时洞库地下水位分布图

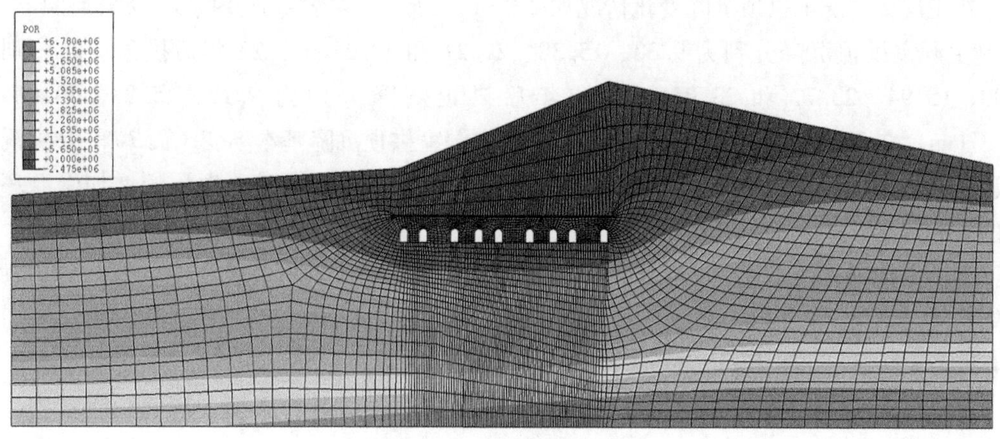

（c）53年时洞库地下水位分布图

图 3-153　洞库地下水位分布图

各个主洞室关键点地下水压力大小如下表3-26所示。

表3-26　主洞室各关键点地下水压力详情表

主洞室编号	关键点	地下水压力/MPa		
		3年	23年	53年
1#	*O*点	1.46	1.46	1.46
	*P*点	1.58	1.58	1.58
	*Q*点	1.71	1.70	1.70
	*R*点	1.73	1.73	1.73
4#	*O*点	1.85	1.84	1.84
	*P*点	2.00	1.99	1.99
	*Q*点	2.09	2.08	2.08
	*R*点	2.08	2.08	2.08
7#	*O*点	2.18	2.17	2.17
	*P*点	2.32	2.32	2.32
	*Q*点	2.37	2.37	2.36
	*R*点	2.32	2.33	2.33
9#	*O*点	2.29	2.29	2.29
	*P*点	2.45	2.45	2.45
	*Q*点	2.35	2.38	2.38
	*R*点	2.24	2.29	2.29

(2)异步注取条件下分析结果

1)稳定性

在工况2情况下拱顶沉降变化情况如图3-154所示，主洞室开挖的3年后1#、4#、7#和9#主洞室拱顶沉降分别为9.38、15.38、21.21和20.22mm；23年后拱顶沉降分别为9.30、15.94、23.77和23.95mm；53年后拱顶沉降分别为9.17、15.93、24.00和24.37mm。在50年的循环注取过程中1#和4#主洞室拱顶沉降基本不变，而7#和9#主洞室拱顶沉降逐渐增大；7#增加了13.1%，9#增加了20.5%；说明随着埋深的增加受循环注取的影响越大。

工况2情况下水平收敛变化情况如图3-155所示。主洞室开挖的3年后1#、4#、7#和9#主洞室水平收敛分别为24.93、23.41、34.99和44.92mm；23年后水平收敛分别为24.71、23.50、35.23和45.05mm；53年后水平收敛分别为24.67、23.48、35.23和45.05mm。在50年的循环注取过程中各个主洞室水平收敛基本不变，说明洞库围岩稳定性较好。

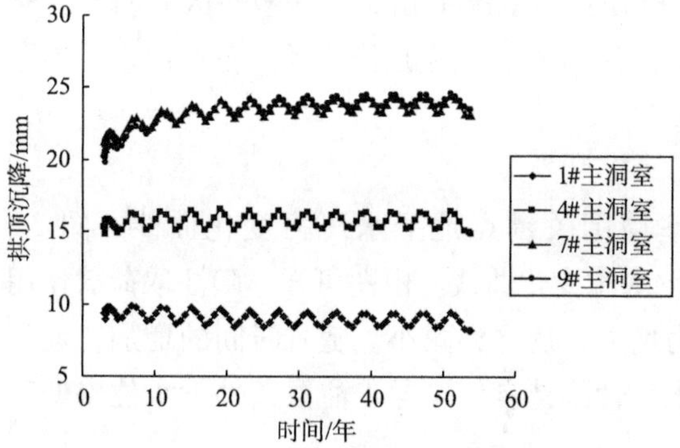

图 3-154　工况 2 各洞拱顶沉降时程曲线

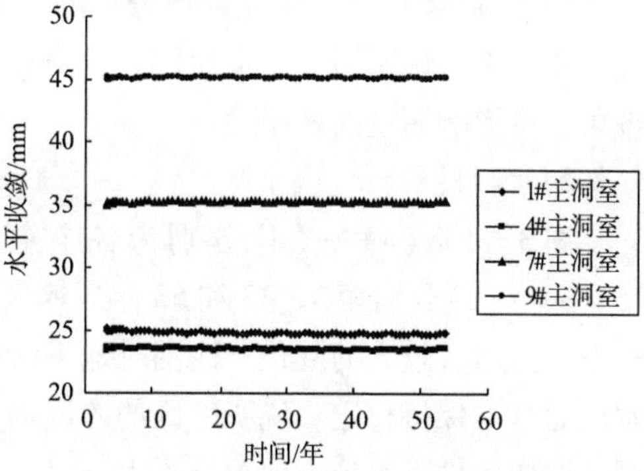

图 3-155　工况 2 各洞水平收敛时程曲线

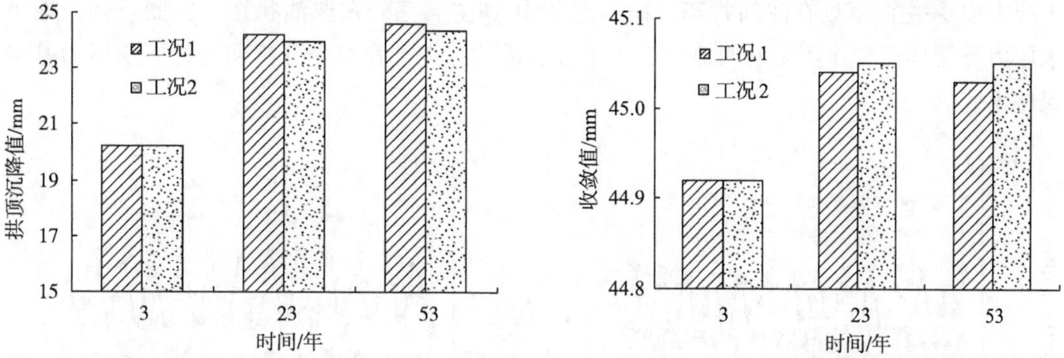

（a）两种工况下拱顶沉降直方图

（b）两种工况下水平收敛直方图

图 3-156　两种工况下 9#主洞室位移直方图

图 3-156(a)～(b)分别为两种工况下 9#洞室拱顶沉降和水平收敛直方图。由图可知，与工况 1 相比，工况 2 的拱顶沉降略小，这说明同步注取石油对库区围岩竖向位移影响较大；工况 2 的水平收敛小于工况 1，说明异步注取石油对库区围岩水平收敛影响较大。

图 3-157　洞库围塑性区分布图

图3-157为53年后塑性区分布图。由图可知：与工况1相比，其塑性区无明显变化且面积较小，说明洞室稳定性较好。同样，6#、7#和8#主洞室周围松动区范围出现了连通现象，将影响洞室的密闭性。

2)水封性

图3-158(a)~(d)分别为各个主洞室周围关键点地下水压力变化曲线，图3-159(a)~(c)分别为3、23和53年后库区地下水位变化曲线。由图可知，随注取荷载作用地下水压力有较大的起伏，注油时地下水压力增大，反之亦减小。随着时间的增加，地下水压力基本保持稳定，说明库区的渗流场和水封性维持良好。异步注取条件下水位略低于同步注取条件下水位，但差异不大。

图3-160为两种工况下4#主洞室 R 点地下水压力大小直方图。图中23年和53年时，工况1中4#主洞室处在注油状态，而工况2中4#主洞室处在取油状态。由图可知，地下水压力受循环荷载作用影响明显，由于水幕巷道的存在，在整个分析期间地下水压力基本保持不变。

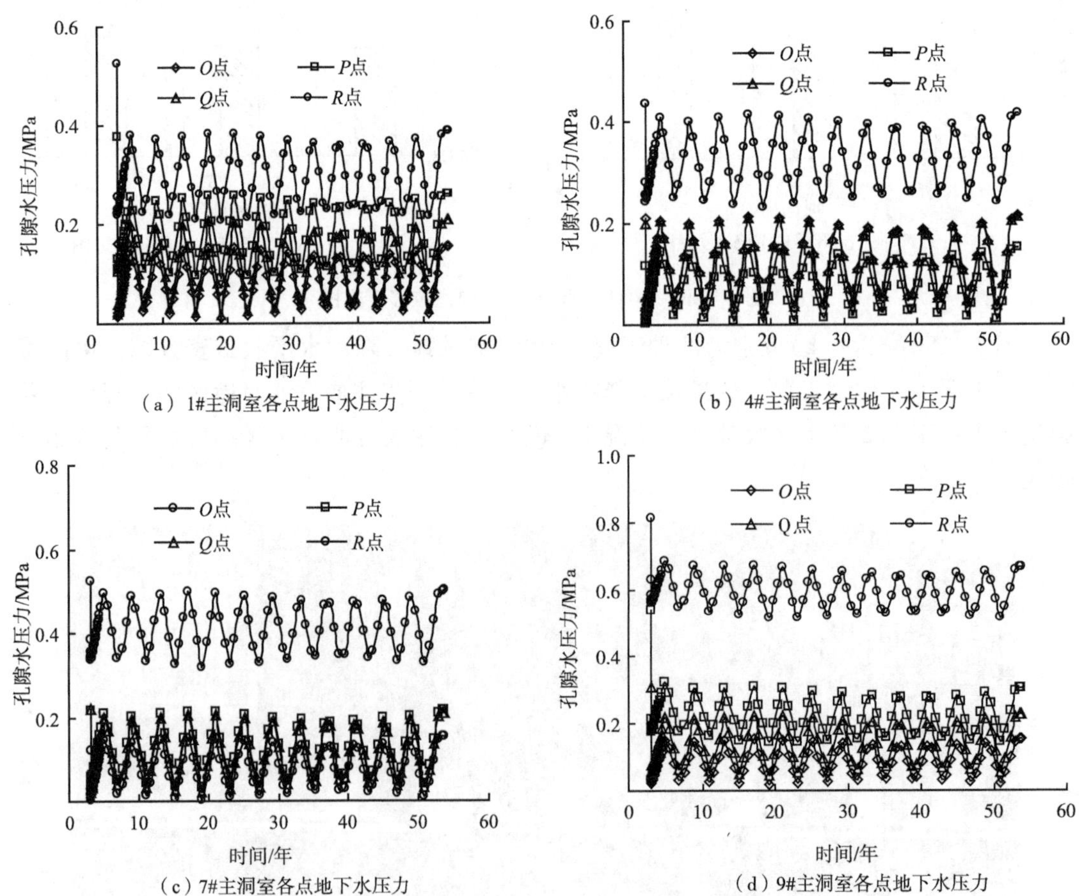

(a) 1#主洞室各点地下水压力

(b) 4#主洞室各点地下水压力

(c) 7#主洞室各点地下水压力

(d) 9#主洞室各点地下水压力

图3-158　工况二各主洞室地下水压力变化时程曲线

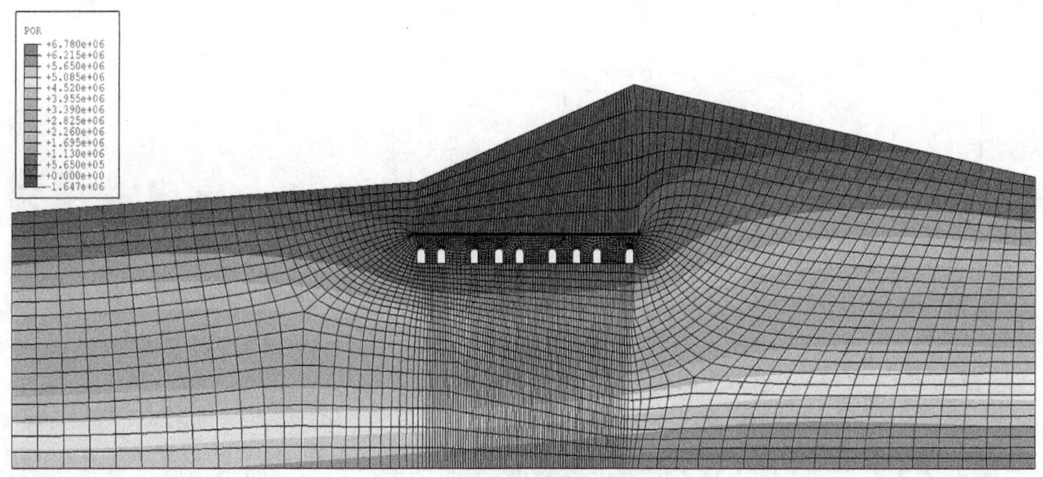

（a）3年时洞库地下水位分布图

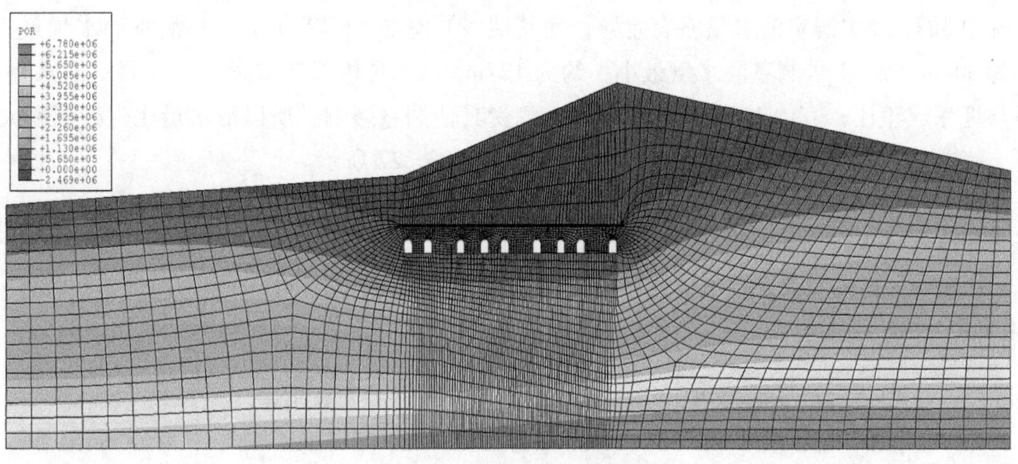

（b）23年时洞库地下水位分布图

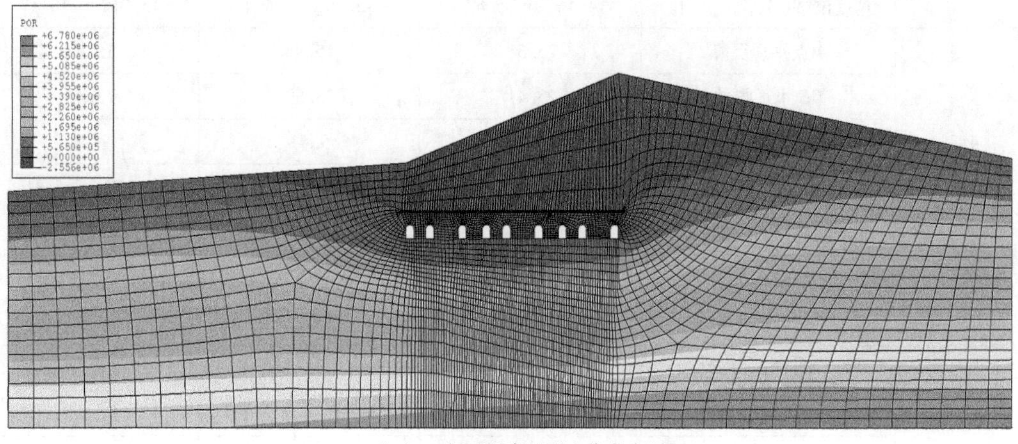

（c）53年时洞库地下水位分布图

图 3－159　洞库地下水位分布图

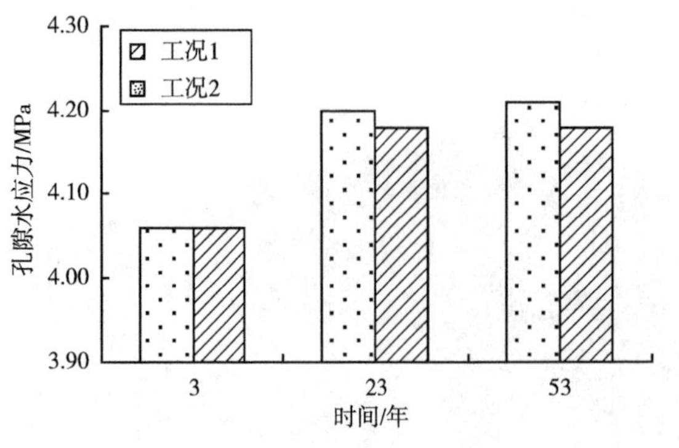

图 3-160 两种工况下 4#主洞室 R 点地下水压力直方图

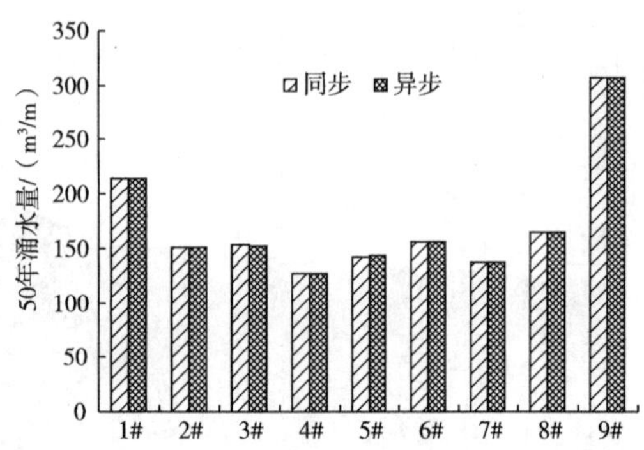

图 3-161 两种工况下各主洞室每延米 50 年涌水量

图 3-161 为两种工况下各主洞室每延米 50 年涌水量对比图。涌水量通过对各个洞室洞壁节点流量求和计算得到。两种工况对比，工况 2 中洞库总涌水量略大于工况 1，两种工况中 3#与 5#主洞室涌水量略有差异，而其他各洞室涌水相差不大。9#洞室涌水量最大，约为 307m^3/m；4 号洞室涌水量最小，约为 127m^3/m。受相邻洞室影响，各洞室涌水量并不与埋深成正比，其中 1#和 9#洞室只有一侧受其他洞室影响，所以涌水量比附近洞室大。

工况 2 情况下各个主洞室关键点位移大小如表 3-27 所示。

表 3-27 主洞室各关键点位移详情表

主洞室编号	关键点	位移/mm		
		3 年	23 年	53 年
1#	*A* 点拱顶沉降	9.38	9.30	9.17
	DE 水平收敛	24.93	24.71	24.67
	H 点竖向位移	3.35	3.30	3.41
	B 点位移（水平，竖向）	25.73，-2.90	28.27，-3.05	28.68，-2.95
	C 点位移（水平，竖向）	4.46，-15.62	15.26，-15.4	15.71，-15.19
4#	*A* 点拱顶沉降	15.38	15.94	15.93
	DE 水平收敛	23.41	23.50	13.48
	H 点竖向位移	10.09	9.41	9.40
	B 点位移（水平，竖向）	15.10，-4.68	14.05，-5.38	14.57，-5.31
	C 点位移（水平，竖向）	-9.53，-10.3	-15.69，-10.81	-15.15，-10.78
7#	*A* 点拱顶沉降	21.21	23.77	24.00
	DE 水平收敛	34.99	35.23	35.23
	H 点竖向位移	1188	15.57	15.53
	B 点位移（水平，竖向）	15.84，-5.12	9.76，-15.50	10.31，-15.72
	C 点位移（水平，竖向）	-21.14，-15.1	-23.46，-13.62	-22.91，-13.84

续表

主洞室编号	关键点	位移/mm		
		3 年	23 年	53 年
9#	A 点拱顶沉降	20.22	23.95	24.37
	DE 水平收敛	44.92	45.04	45.05
	H 点竖向位移	20.34	11.18	11.84
	B 点位移(水平，竖向)	4.93，-4.71	15.44，-8.2	8.0，-8.6
	C 点位移(水平，竖向)	-39.77，-15.33	-31.37，-10.86	-31.81，-15.25

工况 2 情况下各个主洞室关键点地下水压力大小如表 3-28 所示。

表 3-28 主洞室各关键点地下水压力详情表

主洞室编号	关键点	地下水压力/MPa		
		3 年	23 年	53 年
1#	O 点	1.46	1.46	1.46
	P 点	1.58	1.58	1.58
	Q 点	1.71	1.70	1.70
	R 点	1.73	1.73	1.73
4#	O 点	1.85	1.71	1.72
	P 点	2.00	1.85	1.85
	Q 点	2.09	1.91	1.92
	R 点	2.08	1.93	1.94
7#	O 点	2.18	2.17	2.17
	P 点	2.32	2.29	2.28
	Q 点	2.37	2.37	2.36
	R 点	2.32	2.31	2.30
9#	O 点	2.29	2.29	2.29
	P 点	2.45	2.45	2.45
	Q 点	2.35	2.38	2.38
	R 点	2.24	2.29	2.29

根据各个洞室运行期总涌水量，可以确定各个洞室单位长度涌水速率在 0.007 ~ 0.017m^3/m/d 之间。根据本文 4.3 节中大岛洋志公式和佐藤邦明公式分别计算的单位长度最大渗水量为 0.023m^3/d 和 0.021m^3/d。可以发现经验公式估算值大于计算结果，这是由于经验公式是针对单个洞室且没有考虑水位下降及其循环内压影响，而在数值计算中考虑了水位下降、相邻洞室之间的影响以及循环内压影响的作用。

第六节　水封性风险评价

地下工程具有投资大、施工周期长、施工项目多、施工技术复杂、不可预见风险因素多等特点，因此地下工程建设是一项高风险建设工程。由于规模大、技术和管理力量难以充分保证等客观原因，加上对地下工程安全风险的认识不客观、风险管理不科学和风险管理的投入不到位等主观原因，所以对地下工程建设安全风险管理研究具有必要性和紧迫性。

大型地下水封石洞油库群规模巨大，布置复杂，地下水丰富，工程地质和水文地质条件具有不确定性，选择安全、经济、合理的施工方法具有较大难度，特别是主洞室的设计具有大跨度、高边墙的特点，仅爆破影响就是非常重要的风险因素，且在整个工程的规划、设计施工到运行阶段均有较多的不安全因素存在，非常有必要通过施工期库区围岩情况综合判识研究进行施工设计到运行的动态优化，实施全过程的风险管理，保证施工过程的安全、经济和高效，可为今后更大规模的类似工程积累经验，因而具有重要的工程指导意义。

基于工程属性研究的基础上，主要对工程风险发生机理、风险评估、风险管理控制以及地下工程水封性风险、控制方面进行了风险的评价，根据风险值的大小，划分了不同的风险等级区域，提出了风险控制的相应措施，结合水封性风险控制的具体案例，阐述了水封风险的控制方法。

6.1　风险因子辨识

工程风险是指工程项目在规划、设计、施工及运行期等各个阶段可能遇到的不安全因素。风险的概念包括两个重要组成部分，即风险事件发生的可能性以及事件潜在的风险损失。

通常风险函数可定义为

$$R=f(p,\ c)$$

其中 R 为风险值，f 为该风险事件可能出现各类风险事故的概率，c 为该风险事件出现各类风险事故的后果指数。

具体到地下水封石油洞库，在洞室正常施工过程中，如果某种因素的存在足以导致承险体系统发生各类直接或间接损失的可能性，那么就存在风险，而风险所引发的致使岩体整体或局部失稳、水封性能失效的后果就称为风险事故。

地下水封洞库工程施工期间，洞库稳定性和水封性都存在大量不确定因素。由于这些因素的存在，使得工程可能发生各类风险事故。一旦发生事故，就可能对整个工程安全、进度、质量和周围环境等造成重大影响。风险辨识是工程风险管理的重要内容，是工程风险管理系统的基础。结合地下工程建设实际情况，一般按照工程进度划分为五个阶段，包括：规划阶段、工程可行性研究阶段、设计阶段、招投标阶段和施工阶段。主要针对施工阶段洞库稳定性和水封性风险管理相关内容，对风险因子进行辨识。

从技术角度，施工期安全风险主要来源于设计、施工、勘察等技术环节。在系统分析施工期安全风险类型、发生原因和系统筛选基础上，综合国内外学者的理论研究和意见咨询，根据工程建设实际情况，辨识出地下水封石油洞库施工期安全主要风险因子。表3-29为水封性风险因子。

表3-29 洞库施工期水封性风险因子详情表

风险来源	主要风险因子
结构	库址区降水量、洞室埋深、水幕巷道布置、水幕孔布置、水幕注水压力等
施工	爆破方案、锚杆布设方式、喷混厚度、注浆效果等
地质	水位、结构面密度、优势结构面产状、结构面张开度、断层破碎带等

6.2 水封性风险评估

6.2.1 评估方法

地下水封洞库水封性风险评估是施工可行性的重要依据，洞室开挖过程中，由于裂隙的全面揭露而导致地下水位急剧下降，进而对洞库水封效果产生影响，是可能发生的潜在风险事故。工程自施工前期的地质勘查灾害评估到地下水位下降对水封性影响的过程风险评估均采用综合赋权专家评分法，分三阶段进行。

初步评估是对岩体水文地质与工程地质条件(孕险环境)的评估，最主要的是确定不良地质因素和水文地质条件。因素集包括8个因素，分别是不良地质段的大小、地下水位的变化规律、开挖段岩体的岩性、可溶岩的不良接触带、岩层的产状、地形与地貌、岩体类别、岩体裂隙的大小及分布。初步评估同时从属于勘察、设计与施工三个阶段，是勘察阶段地质灾害分级评估的一种方式，也是施工前期制定设计方案、进行合理性判断的半定量理论基础。

二次评估是对潜在风险的环境、致险因子的评估，可以作为施工期间判断施工程序科学性的理论依据。根据勘察单位提供的岩体水文地质资料及施工设计要求，制定超前地质预报、监控量测与施工方案；上传电子版资料报审，风险评估组进行风险二次评估；业主、监理、风险评估组审核方案是否满足施工许可条件。开始施工后，施工单位每日上传施工动态信息；监测单位对监控量测数据及时整理、上传，为安全施工提供依据，禁止各类风险事故的发生；同时，勘察单位对于地下水位变化趋势在日常监测的基础上做出分析，杜绝水封性风险因素的蔓延。

动态评估是对孕险环境、致险因子、风险控制与管理反馈信息的综合评估，因素集包括地质、力学、施工、风险反馈多种信息：即根据隧道开挖揭露地质及超前预报和地下水位的动态信息，且将监控量测反馈数据作为施工风险控制因子输入评估模型，及时调整水幕孔布置方案、施工组织安排。

具体评估程序参照三阶段评估汇总表3-30。

表3-30　三阶段评估汇总表

评估程序	评估方法	评估内容	评估目的
初步评估	现场试验、详勘、物探、地应力测试	初步评价洞库整体水封性条件	根据初步评估资料制定合理的设计方案，是判断施工组织合理性的半定量理论基础，为排水和注浆设计提供初步数据
二次评估	远距离超前地质预报(TSP)、施工勘察、地质会商会议	评价洞库局部水封性条件	利用开挖洞室已揭露的地质、水文信息结合动态设计有效的指导工程安全施工。为排水和注浆优化设计提供依据
动态评估	短距离超前地质预报(地质雷达)，监控量测、施工勘察、现场水幕孔单孔注水回落试验、有效性试验	评价洞室具体部位渗透特性	结合动态评估时对地下水位变化以及地质情况的分析，指导动态施工，为动态设计、动态施工提供依据

6.2.2　评估流程

1)初步评估：初步通过详勘、物探等手段对施工前期的水文地质条件、不良地质体、地层岩性、可溶岩与非可溶岩接触带、地形地貌、岩层产状、层面与层间裂隙有了初步的掌握，并得到了工程初始水位；根据岩体渗透系数对施工过程中注浆量和涌水量有了大概的估计。例如详勘时描述的F3断层，在洞室开挖过程中揭露的实际地质情况与其基本吻合，起到了降低安全风险的作用。

2)二次评估：根据地下洞室开挖揭露的围岩情况、水位日常监测数据以及水压力试验评估局部水封性条件。例如：在临近⑥施工巷道与③水幕巷道交叉部位的开挖过程中出现了稳定性较差的围岩，对③水幕巷道的施工、支护起到预引作用；②施工巷道施工至②-①连接巷道发现有夹断泥层岩脉。根据节理走向，空间上长大裂隙的延伸对相邻主洞室的围岩状况起到了预判作用，有利于指导工程施工。

3)动态评估：根据现场水幕孔试验数据分析得出各水幕孔之间连通性以及各孔的渗透系数，利用动态评估结果优化水幕孔间距；根据地下水位变化明确其原因，及时采取措施。例如：①水幕巷道内水幕孔的间距在无法满足水封性要求的前提下，按照设计要求，采取加密水幕孔的措施来满足水封性要求；9#主洞室0+500桩号，根据地质雷达预报分析，前方围岩稳定性仍比较差，在风险评估后按照设计要求必须采用加强支护；③-①连接巷道0+020~0+030桩号有集中渗水区域，采用后注浆对其进行处理，保证地下洞库水封性的良好。

地下洞库水封性三阶段评估程序实施流程见图3-162。

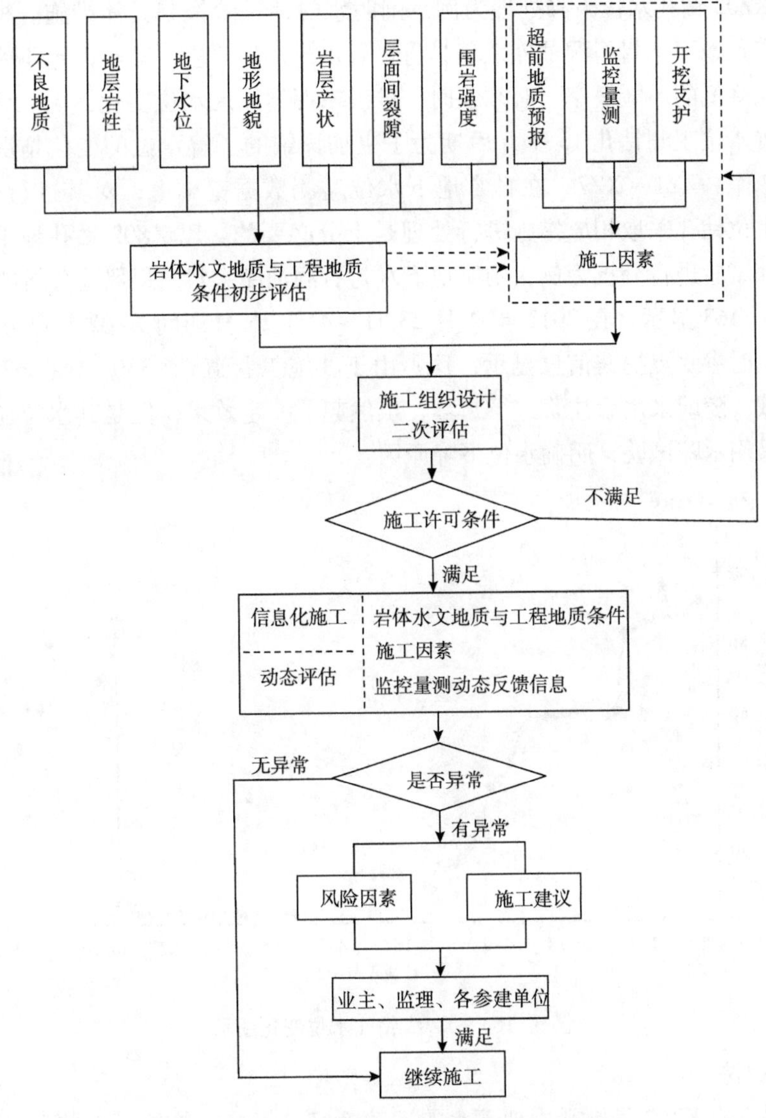

图 3-162　洞库水封性三阶段评估实施流程图

6.3　水封性风险控制

水封性风险控制方法如表 3-31 所示：

表 3-31　水封性风险控制方法

水封性风险类型	控制方法	工程案例
地下水力联系明显	利用详勘以及实际揭露渗水点进行查找	ZK03 钻孔水位下降处理
地下水力联系复杂	利用水文试验确认渗水区域，然后进行后注浆封堵	XZ02 钻孔水位下降处理
地下水力渠道联系多样	利用水文试验多点角度分析	XZ03 钻孔水位下降处理

在此以 XZ02 钻孔水位下降处理为例，阐明水封性风险控制具体措施。根据工程建设需要，为了满足地下水封石洞油库工程具有良好水封性的要求，减小因地下水位下降而导致水封性效果降低的风险概率，必须及时、准确掌握洞库区水位变化情况。详勘阶段在洞库工程区布置水位观测钻孔 13 个，后期为了更加详细的了解水位的变化情况，又增设了水位观测孔 7 个：XZ1 ~ XZ7。在日常地下水位监测数据基础上，对其进行分析、整理，进而对异常水位钻孔采取相应措施进行处理是十分必要的。以 XZ02 钻孔地下水位下降为例，采用示踪试验进行分析为例，阐明地下水封石洞油库水封效果风险分析的必要性。

根据图 3-163 显示，在 2012 年 2 月 23 日 ~4 月 26 日期间 XZ02 钻孔水位下降比较快，根据施工时渗水点揭露信息显示，这是由于③施工巷道 0 + 330 ~ 0 + 367 段有比较严重的渗水区域，随即采用后注浆进行封堵，虽然起了一定效果，但是其水位还是处于下降趋势，决定采用示踪试验，明确水位下降原因。

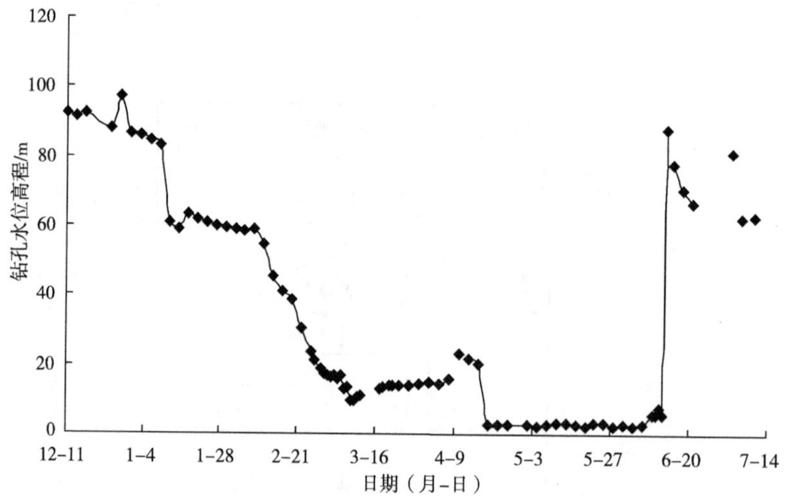

图 3-163　XZ02 钻孔水位变化图示

(1)试验方法

为了尽快查明 XZ02 号钻孔内地下水的运动途径，粗略估算地下水的运动速度和洞室内裂隙的连通情况，以便及时采取封堵措施，保证 XZ02 钻孔的水位维持在设计要求的高度以上，满足洞库水封要求。

在 XZ02 号钻孔内首先投入示踪剂，再往孔内灌入一定量的清水，增加水压力，以期加速孔内地下水的流动；并在① - ①连接巷道内选择的 9 处渗水点，①施工巷道内 3 处渗水点，3#主洞室内选择 1 处渗水点，③施工巷道 7 处渗水点，③ - ①施工巷道内选择 5 处渗水点，③ - ②施工巷道内选择 1 处渗水点；密切注意上述渗水点的渗水情况。

试验过程：如图 3-164 所示，将由示踪剂配置的液体倒入 XZ02 钻孔内并往 XZ02 钻孔内注入清水，至标高 96.32m，1 小时后观察各渗水点均无异常情况，以后每隔 1 小时观察一次；在试验开始后第 8 个小时，③ - ①连接巷道开始出现淡绿色荧光剂渗出；其后 5 个小时左右，③ - ①连接巷道出现荧光剂液体颜色变浓；次日凌晨进洞继续观察③ - ①连接巷道淡绿色荧光剂渗出区域，发现荧光剂液体颜色未变，并且观测其他渗水点，无新增荧光剂的渗水区域，试验跟踪直至③-①连接巷道内荧光剂液体渗水点颜色变淡，水量减小，直至逐渐消失，由此明确 XZ02 钻孔水位下降的原因。

(2) XZ02 钻孔水位示踪试验分析

1) 图 3-164 和图 3-165 显示：③-①连接巷道桩号 0+020～0+030 节理组渗水与 XZ02 号钻孔内地下水有直接水力联系，且流速约 4.1m/h。

图 3-164　XZ02 钻孔现场示踪试验

图 3-165　XZ02 钻孔示踪试验效果

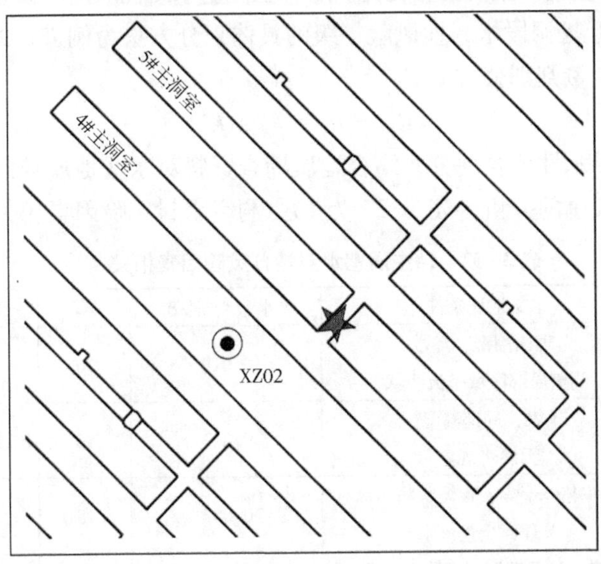

图 3-166　图中五角星所在位置为 XZ02 钻孔渗水示踪剂出露点

2) 经过示踪试验明确水位下降原因，采用后注浆的方式对渗水区域位置进行注浆堵水处理后，XZ02 钻孔水位下降趋势得到抑制，且在持续降水的影响下，钻孔水位有了一定上升。由此说明，后注浆对于集中渗水区域的控制效果显著。

3) 对渗水集中区域完成后注浆，观察 XZ02 钻孔水位变化，虽然由于试验时进行注水后，其监测水位值与实际值有差异，但是经过长时间观测发现；XZ02 钻孔水位下降趋势得到抑制，并且随着②水幕巷道水幕孔的充水，XZ02 钻孔得到补水，水位出现了明显上升，由此说明：利用示踪试验查明水位下降原因，进而采取相应措施以满足设计水位要求，有效的降低了水封性风险事故的发生。

6.4 水封性风险等级区域划分

此次所建地下水封石油储备库作为我国首批在建的大型地下储油工程，洞室水封性评价的理论尚不成熟，同时工程特点决定了洞室水封性研究较之于围岩稳定性研究更为重要。目前，岩体分级标准都是以围岩稳定性的评价为切入点，选用岩体完整性作为评价指标，基本忽略了水文地质因素的影响。

针对地下水封洞库工程自身的特点，在充分研究国内外岩体分级标准的基础上，考虑到岩体导水性的影响，将结构面张开度、连通率、产状及其洞室尺寸修正关系引入导水性评价标准，建立针对地下水流场评价的多指标岩体水文地质分级方法，进行水封性风险等级区域的划分，在施工过程中采取相应的措施对于保证水封性能具有重要意义。

(1)水封性风险因素权重分析

根据本工程水封性风险因素的全面分析，按照风险控制流程以及开展的风险三阶段评估结果，结合上述水文地质分类对水封性影响的理论研究，施工过程中对围岩水文地质条件的具体揭露，加上各洞室涌水量的数据对比，对各主洞室水封性风险因素相关权重进行分析。

以 1#主洞室各开挖洞段水封性风险等级的具体划分方法为例进行详细描述：分别按照岩体导水性的定性定量判别公式

$$R_p = K_v + K_j + K_\mu \tag{3-30}$$

进而得出岩体导水性综合评分，结合地质勘查资料对水文地质揭露情况的描述，进行水封性各风险因素权重的分析，表 3-32 为 1#主洞室水封风险因素相关属性详细表。

表 3-32　1#主洞室水封性各风险因素相关属性

洞室桩号	水文地质条件	渗水量/(m^3/d)	K_v	K_j	K_μ	R_p
0+000~0+080	节理面潮湿，渗水，侧壁局部区域呈流线状	0.018	10	8	12	30
0+080~0+200	干燥，局部潮湿，无渗水现象	0.012	16	12	10	38
0+200~0+230	整体干燥，含泥状物节理面少量渗水	0.005	18	15	14	47
0+230~0+260	干燥、局部潮湿，有滴水现象，在节理面附近渗水严重	0.014	14	10	12	36
0+260~0+450	岩脉密集，整体有些渗水，局部滴水，呈线状线水	0.021	8	11	9	28
0+450~0+484	整体干燥、节理面局部潮湿，无渗水现象	0.006	17	14	15	41

(2)水封性风险分级

根据稳定性风险分级研究可知，水封性风险同样是不良事件发生可能性和潜在破坏程度的产物。在各风险因素权重研究的基础上，根据工程风险分析理论将定性判断转化为量化指标，最终得到1#主洞室各洞段最终水封性风险计算值，见表3-33。

表3-33 1#主洞室各洞段水封性风险值

洞室桩号	潜在风险事故	事故影响程度	C	$P/\%$	R
0+000～0+080	开挖面长时间渗水，存在地下水位逐渐下降的隐患	局部性的注浆处理，特定区域超出预料风险	4	5	20
0+080～0+200	局部节理面的渗水可能导致相应水幕孔水量的减少	对满足水封性能基本无影响	1	8	8
0+200～0+230	不存在水封性风险事故	对满足水封性能无影响	0.5	1	0.5
0+230～0+260	整体对地下水位的影响很小	需要对局部进行注浆处理，影响资金性投入	2	5	10
0+260～0+450	该洞段整体涌水严重，由于裂隙的连通，导致其它洞室水位下降严重	需要整体进行注浆处理，严重影响影响施工进度	8	6	48
0+450～0+484	无渗水现象，对相应水幕孔的水量变化影响较小	对施工进度和水封性能基本无影响	0.8	5	4

根据各洞段风险值大小，进行水封性风险等级区域划分，选取1#、3#、9#主洞室。如图3-167～图3-169所示：Ⅰ级为蓝色区域，Ⅱ级为红色区域，Ⅲ级为黄色区域，Ⅳ级为绿色区域。

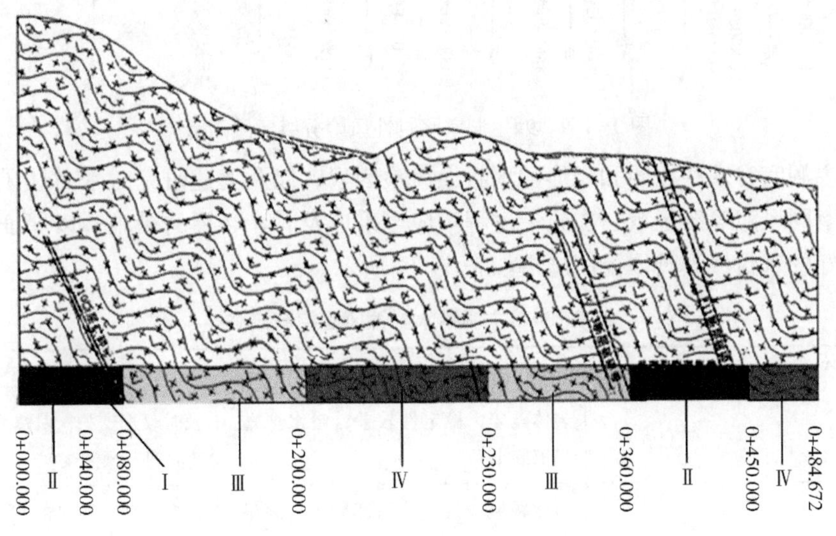

图3-167 1#主洞室水封性风险分级区域图示

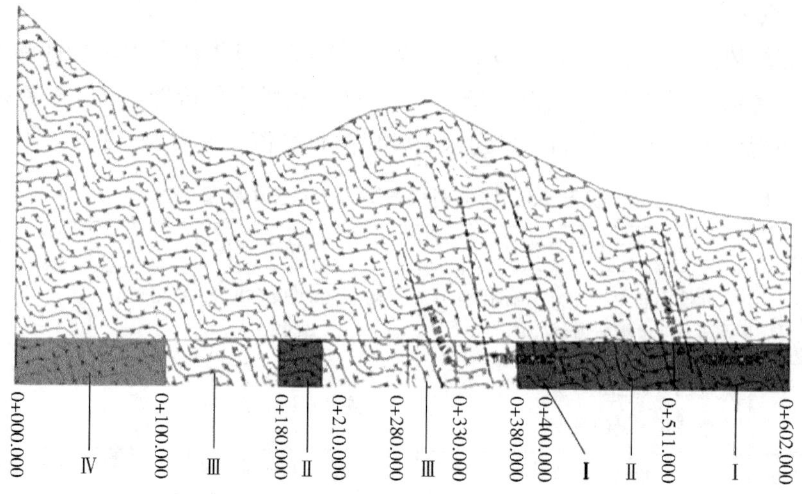

图 3-168　3#主洞室水封性风险分级区域图示

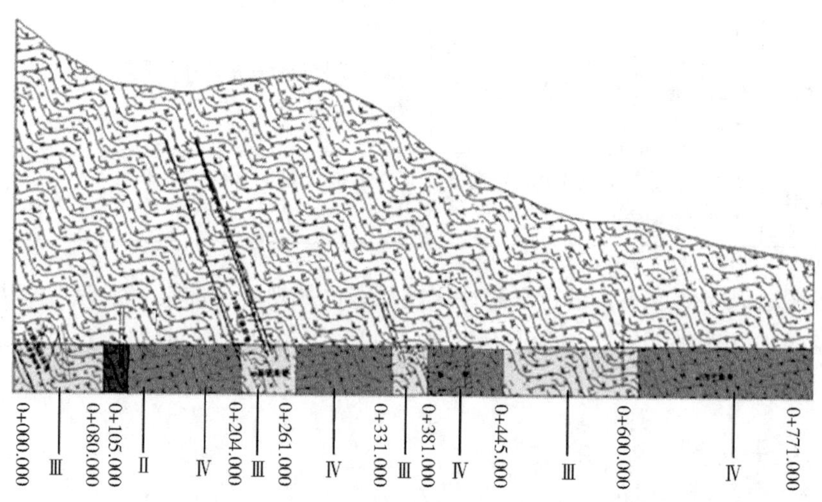

图 3-169　9#主洞室水封性风险分级区域图示

针对主洞室客观存在的和隐形的水封性风险因素，以及上述研究对水封性风险值的计算，针对不同风险等级区域，在施工过程中应当采取及时、必要的措施，以保证洞库安全施工和良好的水封性，具体控制施措如表 3-34 所示。

表 3-34　主洞室水封性风险控制措施

风险等级	区域颜色	工程与水文地质特征	控制措施
Ⅰ级	蓝色	岩体破碎，稳定性较差，渗水严重，局部滴水	及时跟进支护，对渗水量较大破碎带进行预注浆
Ⅱ级	红色	岩体裂隙较发育，局部破碎，潮湿，局部渗水	注意不良地质段的支护，加强渗水裂隙的注浆封堵

续表

风险等级	区域颜色	工程与水文地质特征	控制措施
Ⅲ级	黄色	岩体裂隙稍发育，局部节理面接合较差，潮湿	注意对洞室渗水量的及时监测
Ⅳ级	绿色	岩体节理裂隙未发育，稳定性较好，无渗水，干燥	加强局部不稳定块体的监测

第七节　大型地下水封石洞油库洞罐气密试验

7.1　洞罐气密试验

原油洞罐气密试验必备条件包括以下三个方面：

(1)洞罐相关工程及仪表设施

1)原油洞库中要进行气密试验的洞罐的地下工程全部施工完成，并经验收合格；

2)原油洞罐的安装工程(包括管道、设备、仪表等)全部完成，并经验收合格；

3)原油洞罐的罐容测量及标定工作完成；

4)气密试验用的测量和检测仪表、仪器和设备等安装完毕，并且符合相关要求。

(2)施工资料准备

1)施工图纸、各类试验报告、各类过程资料；

2)检测类报告：压力传感器检定报告(测洞库压力)、温度传感器校准报告(测洞库温度)、压力计校准报告、温度计校准报告及液位计校准报告。

(3)试验介质准备及试验压力

原油洞罐气密试验介质采用空气。

原油洞罐的设计压力为0.1MPa，原油洞罐气密试验压力为原油洞罐设计压力的1.05倍，即0.105MPa。

7.2　气密试验流程及设备

7.2.1　试验流程

原油洞罐气密试验流程见图3-170。首先进行水幕系统全面水力试验，了解各个洞罐中渗透情况和水幕渗透情况，然后再对整个原油洞罐区进行气密试验。具体过程如下：

(1)施工巷道及水幕巷道注水

利用施工巷道内供水管及水幕系统供水管道向施工巷道内注水，使①、②施工巷道及水幕巷道内注水标高不低于+36.5m，由水幕系统水位监测井内射频导纳液位计测量。

(2)工艺竖井注水

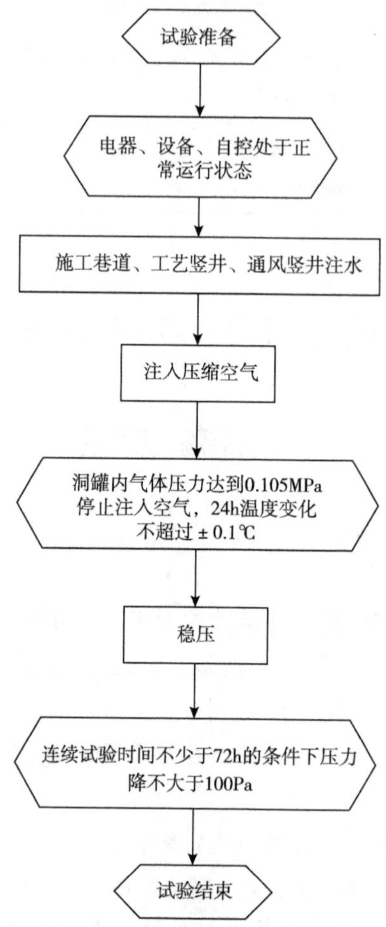

图3-170 原油洞罐气密试验流程图

利用工艺竖井口 *DN*50 水管向工艺竖井内注水，注水标高不低于+36.5m(膨润土上约26.5m)，由工艺竖井内射频导纳液位计测量。

(3)通风竖井注水

利用在高程120m两个储水罐接水管到2#、3#通风竖井口往井里注水，注水标高不低于+36.5m，由人工测量。

(4)原油洞罐注入压缩空气

利用制氮站空压机分别向A、B、C组洞罐注入压缩空气，制氮站内设置了一台空气压缩机C-0601-01，设计排气量200Nm^3/min，设计排气压力≥0.80MPa(表压)，排气温度≤45℃。利用该空气压缩机、氮气管道150-GN01及与其连接的 *DN*100 氮气支管、向洞罐内注入压缩空气。在制氮站内增加 *DN*200 的旁通线绕过制氮机组。为解决支管管径较小问题，在氮气主管150-GN001与工艺竖井 *DN*200 洞罐氮气置换管道200-GN003之间增加临时 *DN*150 跨接管线及阀门。通过该跨接线、*DN*200 洞罐氮气置换管道和洞罐进

油管道 *DN*600/DN500，同时向洞罐内注入压缩空气。洞罐内气体压力达到试验压力 0.105MPa(g)时，停止注入压缩空气。

待注入洞罐内压缩空气气温下降稳定后，再向洞罐内注入空气，直至洞罐内气体压力稳定在试验压力，同时温度稳定在洞内长期温度时，结束降温补气阶段。在洞罐注入压缩空气和降温补气阶段利用工艺竖井管道标准压力计，测量洞罐空气压力。

7.2.2 试验设备

气密试验采用的主要设备有离心式空气压缩机、流量计等。

7.3 气密试验监测物理量、仪器及精度

气密试验过程中需要对洞罐内气体的压力、温度，洞罐内液体的压力、温度，竖井口的大气压力，水幕巷道内的水液位进行测量，测量的仪器及仪器的精度如表 3-35 所示。

表 3-35 气密试验监测物理量、仪器及精度

序号	仪表、仪器和设备名称	仪表、设备位号	数量	型号及技术要求	监测物理量
1	标准压力计		3 套	带有标定证书和数字显示功能，具有在试验压力下重复 50Pa 的性能	安装在出油竖井口洞罐油气管道上，测量洞罐内气体压力
2	洞罐多点温度计	TE－1101/TE－1201/TE－1301	3 套	型号：#USAN764D14870 2680，测量范围：0～80℃，精度：＜ ±0.1℃	测量洞罐内气体和液体温度
3	洞罐界位计	LdT－1101/1102 LdT－1201/1202 LdT－1301/1302	6 套	型号：#UEAV854M21A9 * A * W，测量范围：0～37m，精度：≤ ±0.4mm	测量洞罐内水液位
4	洞罐界液位计	LT－1103/1203/1303 LT－1104/1204/1304	6 套	型号：#UEAX854M21A9 * A * W，测量范围：0～37m，精度：≤ ±0.2mm	测量洞罐泵坑内水液位
5	数字气压计		1 套	测量精度为 20Pa	放置在竖井口，测量大气压
6	射频导纳液位计	LT－1105/1205/1305 LT－1106/LT－1206/1306 LT－1307/1308	8 套	型号：UP01020130－722－0，测量范围：0～100m，精度：±1%F.S	6 套安装在工艺竖井内，2 套安装在仪表监测井内，测量工艺竖井内密封水液位和水幕巷道内水液位
7	双金属温度计	TG－3105	1 块	测量范围：0～100℃，精度：1.5%F.S	测量空压机出口压缩空气温度

7.4 气密试验数据分析及修正

7.4.1 气密试验数据测量

(1)原油洞罐充气升压阶段

在原油洞罐充气升压阶段记录下列数据:

1)原油洞罐油气管道上标准压力计读数(指示原油洞罐内气体的压力);

2)从数字气压计读取大气压;

3)空压站内压缩空气管道上温度计读数;

4)原油洞罐内多点温度计温度读数;

5)原油洞罐内液位计读数;

6)原油洞罐内界位计读数。

(2)原油洞罐充气压力稳定阶段

原油洞罐充气压力稳定阶段是指在洞罐内气体温度相对稳定(每天温度变化不超过+0.1℃)的条件下,将洞罐内气体压力增大到洞罐试验压力0.105MPa。

在原油洞罐充气压力稳定阶段记录下列数据:

1)原油洞罐油气管道上标准压力计读数(指示原油洞罐内气体的压力);

2)从数字气压计读取大气压;

3)原油洞罐内多点温度计温度读数;

4)原油洞罐内液位计读数;

5)原油洞罐内界位计读数;

6)原油洞罐排出裂隙水的体积等。

7.4.2 气密试验数据分析及修正

气密试验在A、B、C三个洞罐同时进行。试验过程中,如果温度、液位有变化,则应采用温度折算的办法来修正压力变化,按理想气体状态方程进行修正。

试验过程中,还应考虑溶入水中的空气量,该部分空气量按表3-36进行计算。

表3-36 空气在水中的平衡溶解量

温度/℃	0	5	10	15	20	25	30
平衡溶解量/(mg/L)	37.55	32.48	28.37	25.09	22.40	20.16	18.14
平衡溶解量/(mL/L)	29.18	25.69	22.84	20.56	18.68	17.09	15.04

修正后的压力降不大于100Pa(可根据试验测量数据、计算结果分析确定)时,判定原油洞罐气密试验合格。也可在试验完成后由专家分析试验数据,计算温度、水位和气体溶解度三个因素影响洞室压力的变化量及修订后的压力,给出试验结果是否合格。

图3-171为某洞罐温度-时间关系,试验一般分为三个阶段:

(1)压缩阶段：在此阶段，压缩空气不断注入洞罐。由于压缩气体的注入，气体不断被压缩，洞罐内气体压力不断上升，而气体温度下降。

(2)稳压阶段：在此阶段，洞罐内气体压力已达到设计要求，但由于温度逐渐下降，需要不断补充压缩空气以维持气体压力。

(3)试验阶段：经过稳压阶段，其他压力和温度相对稳定，可以进入洞罐气密性试验阶段。在此阶段，通过传感器不间断测量，获得洞罐内气体压力和温度值。

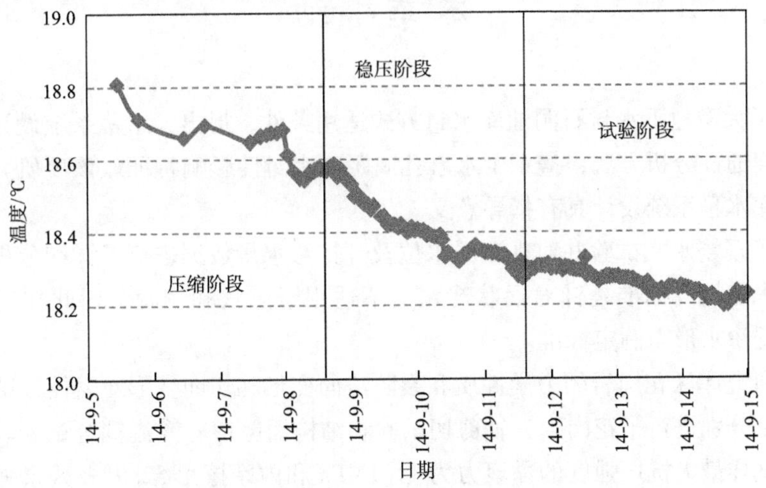

图 3-171　某洞罐气密性试验中温度－时间关系

图 3-172 为试验阶段洞罐内气体压力与时间关系曲线。图中还给出了满足气密性试验要求的允许气体压力变化值范围。允许气体压力变化值通过试验过程中压力、温度和体积测量的不确定性估计。由于洞罐内气体温度变化、气体溶解等因素，需要采用对实测压力进行修正。图中显示，在气密性试验过程中，所测得气体压力变化值在允许变化值范围内，因此洞库的气密性可以得到保障。

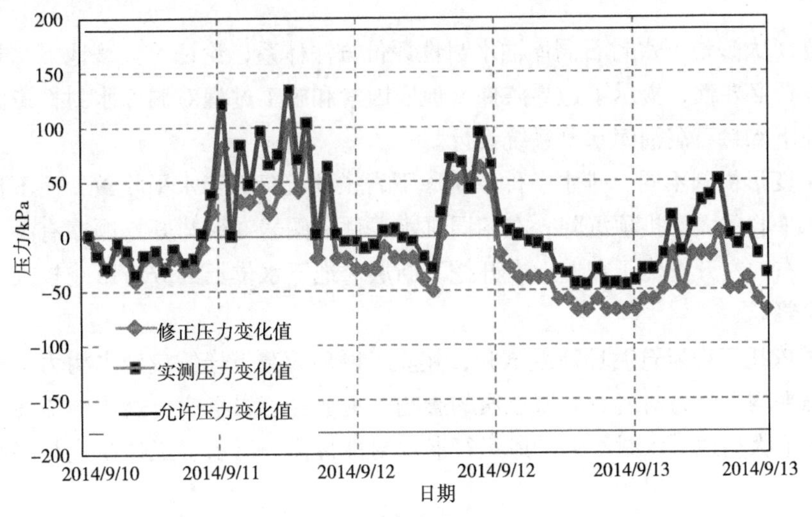

图 3-172　试验阶段洞罐内气体压力与时间关系曲线

7.4.3 气密试验结论

原油洞罐气密试验过程中，A、B、C 三组洞罐内气体压力都达到试验压力 0.105MPa 后，连续试验时间不少于 72h 的条件下，压力降不大于 100Pa(可根据试验测量数据、计算结果分析确定)时，判定原油洞罐气密试验合格，准予验收。

本章小结

1)研究了大型地下水封石洞油库水封方式适用条件，提出了水幕系统设计原则，建立了水幕系统连通性分析方法，揭示了水幕孔间距对水封性影响特征。该项研究对大型地下水封石洞油库水幕系统设计具有指导意义。

2)开展了现场水文试验并对观测的水位及开挖渗水量数据进行了详细分析。分析显示由于目前渗水量控制标准是针对面状渗水，不适用于点状和线状，因此在实施中不易操作。建议根据渗水形态制定标准。

3)为了研究库区花岗岩的力学性质和裂隙法向变形和切向变形对岩体裂隙力学和渗透性质的影响，分别进行了花岗岩三轴剪切试验和结构面剪切－渗流耦合试验。通过常规三轴试验得到试样最大抗压强度的黏聚力为 11.1MPa 和内摩擦角 52.9°；残余强度对应的黏聚力 5MPa 和内摩擦角 36.3°。结构面剪切－渗流耦合试验发现剪切位移在 2mm 以内时，剪切应力与剪切位移呈近似线性关系，并很快地增加到峰值；随后随着剪切位移的增加，剪切应力在峰值后变化相对较小，趋于平稳；剪切应力在达到峰值后的变化趋势与结构面粗糙度相关，*JRC* 值越大试件峰后强度越大；随剪切位移的增加，法向位移逐渐增大，最后曲线趋于平缓，说明试样均发生了剪胀。法向位移的大小与结构面粗糙度相关，*JRC* 值越大试件法向位移越大；残余水力开度与结构面粗糙度相关，随着 *JRC* 值的增加，残余水力开度变大。

4)建立了大型地下水封石洞库油水封性评价方法体系，论证了大型地下水封石洞油库水幕系统设置必要性，揭示了边界条件、地质因素和施工过程对洞库水封性影响特征，优化了大型地下水封石洞油库水幕系统设计。

5)由于变形机制不同，排水条件下洞库围岩拱顶沉降大于水平收敛，而不排水条件下洞库围岩水平收敛大于拱顶沉降；在相同排水条件下围岩变形与开挖顺序有关。从水封效果上看，自右向左开挖优于自左向右开挖。断层对地下水位场的分布影响较大，施工中对断层及时注浆。

6)通过依托工程岩石循环荷载试验，建立了循环荷载下岩体疲劳本构力学模型，该模型可以考虑平均主应力对岩石屈服性质的影响，更适合于岩石疲劳性质的描述。分析在不同工作模式下大型地下水封石洞油库运行期水封性特征，揭示了工作模式与洞库运行期水封性关系。

7)对工程风险发生机理、风险评估、风险管理控制以及地下工程水封性风险、控制方面进行了风险的评价，根据风险值的大小，划分了不同的风险等级区域，提出了风险控制的相应措施，结合水封性风险控制的具体案例，阐述了水封风险的控制方法。

8)根据施工现场实际情况，首先进行水幕系统全面水力学试验，了解各个洞罐中渗透情况和水幕渗透情况，然后再对整个原油洞罐区进行气密试验。并详细给出了洞罐气密试验的流程和所需设备，气密试验中监测的物理量、仪器及精度。

第四章　大型密集洞室群稳定性综合判识关键技术

第一节　地下水封洞库稳定性综合判识指标体系及平台开发

基于项目部地质信息、监测信息动态数据库平台，开发了大型密集地下水封洞库群围岩稳定综合判识动态系统，并应用于该地下水封洞库群的施工期全过程。系统以岩土工程数值分析软件及合理的目标函数和智能优化算法为内核，实时获取数据库中地质和监测动态信息，通过时间－空间双系列反馈分析和考虑渗流作用的块体稳定分析，得出围岩稳定综合判识结果，提交网络平台，达到快速反应目的，为该地下水封洞库项目在施工期实现信息化设计和施工的闭环控制机制提供技术支持和服务。在洞库群开挖完成后，还进行了时效信息反馈分析，确定洞库群最终稳定期限，为运行期的长期监测和稳定性评价分析提供基础。研究内容包括：

(1)在最新网络软件平台上，开发大型密集地下水封洞库群围岩稳定综合判识动态系统，确定合理的优化目标函数及优化方法，提出围岩破坏模式的动态识别、复核与实时工程措施(开挖和支护)调控方法，实现信息化设计和施工的闭环控制。

(2)依据现场最新得到的洞室群围岩类别、岩体结构及力学参数，以及围岩在不同深度处的变形特性，以此反馈初始地应力场的分布函数。

(3)通过反馈分析，建立地下洞室施工过程中的动态二、三维模型，为施工期的稳定和运行期长期稳定性分析及预测提供数值模型基础。

(4)建立现场监测信息收集、数据处理分析辅助系统，开发系统的全局搜索功能，对非监测部位围岩变形与应力超限风险进行评估。

(5)完善围岩稳定评价系统，建立预警预报机制，对开挖过程中的围岩不稳进行预测预报，并提出相应的应急预案。

(6)利用提出的破损区围岩演化时程模型，通过反馈分析建立洞室二三维数值模型，分析预测洞库围岩长期稳定性。

(7)建立地下水封洞库群围岩稳定综合判识动态系统与洞库管理信息系统 DKPMS、洞库动态设计平台 DKDAP 主系统的接口程序，为洞库工程质量安全风险管理提供围岩稳定评价技术支持。

大型水封石洞油库由于工程本身的复杂性，其评价指标体系并非是单一模式而是交错纵横的网络形式。基于岩石力学理论与弹塑性力学理论，结合分形理论进行分析，开发了回弹测试围岩分类的简易快速量化测试方法，并直接应用于施工过程。评价系统中包括了连续介质和不连续块体介质两种力学分析，并进行了松动圈围岩性质演化模型的研究、变化趋势和背景信息的分形分析。研究框架如图 4-1 所示。

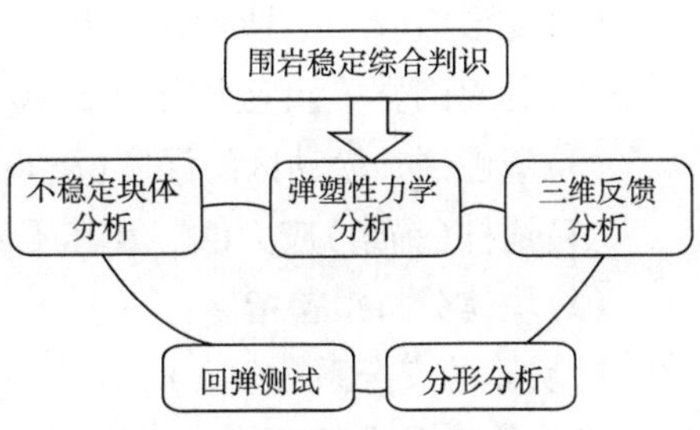

图 4-1　地下水封洞库稳定性综合判识平台开发研究框架

依据的数据包括设计、勘察资料，以及现场的各种监测数据和揭露的地质信息，具体的分析评价指标如 1.1 节所示。1.2 节给出了大型密集地下水封洞库群围岩稳定综合判识软件系统的开发及应用情况；1.3 节给出了综合判识系统中对块体分析技术的改进；1.4 节给出了系统建模的快速构建方法；1.5 节给出了综合判识系统中新引入的围岩破损区演化的时效模型及在 FLAC3D 中的实现。

1.1　围岩稳定综合判识评价的基本指标体系

围岩稳定综合评价指标体系可见图 4-2。根据以往经验和围岩实际稳定情况，采取整体评判与局部评判相结合，连续介质与非连续介质相结合的原则。综合围岩应力、变形情况以及块体和支护稳定指标，来量化洞室整体稳定状况和欠稳定的程度。先对各指标进行评判再通过相关运算，将其转化一个标量系数。最后综合各指标，得到一个对洞库围岩稳定状况和程度综合评判的系数。

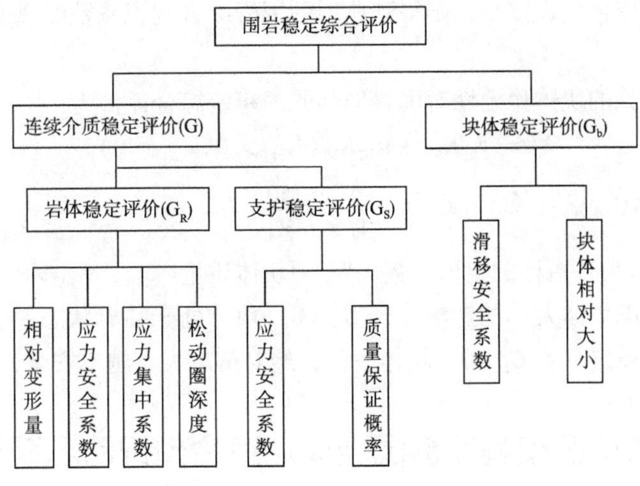

图 4-2　围岩稳定综合评价的指标体系

相关的指标项目包括：

(1)变形值(K_1)、收敛速率及其分形盒维数；

(2)洞周围岩单元应力安全度(K_2)、应力集中度(K_3)；

(3)塑性区、松动区的深度(K_4)；

(4)锚杆(锚索)应力值、及其质量概率保证(K_5)；

(5)块体分析报警指标：

1)块体的安全系数(K_{b1})；

2)块体的大小(K_{b2})。

洞室岩体整体稳定综合判识指标 G 完整的计算式如下：

$$G = \sum_{i=1}^{N=5} w_i K_i \tag{4-1}$$

式中，$w_1 \sim w_5$ 为各指标的权重系数。若 $G=0$ 表示围岩处于临界状态，若 $G>0$ 表示围岩稳定，且值越大越稳定；若 $G<0$ 则表征围岩失稳，绝对值越大越不安全。

工程在中低地应力地区，其岩爆问题并不显著，同时实际监测表明大部分支护受力较小。因此，实际数值计算操作时保留第一、二两项，其他项目只在需要的时候作针对性分析。设定围岩稳定综合评判系数 G 的计算方式如下：

$$G = \eta_1\left(1 - \frac{U}{U_{\max}}\right) + \eta_2(F_s - 1) \tag{4-2}$$

$$F_s = \begin{cases} \left(c\cos\phi - \dfrac{\sigma_1 + \sigma_3}{2}\sin\phi\right) \Big/ \left(\dfrac{\sigma_1 - \sigma_3}{2}\right) \\ \dfrac{\sigma_t}{f_t} \end{cases} \tag{4-3}$$

其中，由变形相对值 $U/U_{\max}$ 和代表破损程度的安全系数 F_s 两项组成，对应的权重值 η_1 为 0.975，η_2 为 0.700，洞周最大变形量参考监测标准，将许可值 $U_{\max}$ 设定为 60mm。以红色表示危险而蓝色代表安全，则得到典型的围岩综合判识系数 G 等值线图如下节图 4-18。

由块体分析得到的块体稳定性对围岩局部的的稳定综合评价为：

$$G_b = w_{b1}K_{b1} + w_{b2}K_{b2}(K_{b1} > 0, w_{b2} = 0) \tag{4-4}$$

$$G_b = \left(\frac{K_b}{1.5} + \frac{50}{W_b}\right) / 2 \tag{4-5}$$

式中，$w_{b1} \sim w_{b2}$ 为各指标的权重系数，W_b 为块体质量(kg)。$K_{b1}>0$，$w_{b2}=0$ 仅在块体失稳的情况下才考虑块体大小的影响。若 $G_b=0$，块体处于临界状态；若 $G_b>0$，块体稳定，且值越大，越稳定；若 $G_b<0$，块体失稳，绝对值越大，越不安全，危害越大。

1.2 大型密集洞库群围岩稳定综合判识动态系统开发

此系统的开发是在原有自行编制的地下水电站大型洞室群反馈分析系统基础上，结合该地下水封石洞油库的特点和需要进行的。

1.2.1 综合判识动态系统的运行模式和模块划分

新系统全面调整了主体模块调用关系和计算流程，不仅优化了系统的操作界面，启动了监测数据库的生成工作，还完善了反馈分析系统的功能模块。该系统担负了项目主要洞室的正、反演双向分析工作，先后用于洞室开挖初期的原始地应力反馈分析，施工巷道开挖期围岩稳定性校核和对监测信息结论的验证，主洞室开挖期围岩稳定性校核和预测预警。系统的自动分析功能提高了上述工作效率，使分析成果(以综合判识工作简报形式)迅速上传到工程管理信息平台 DKPMS，为工程信息化动态设计和动态施工提供了技术支持。其运行模式和模块见图 4-3 ~ 图 4-4。

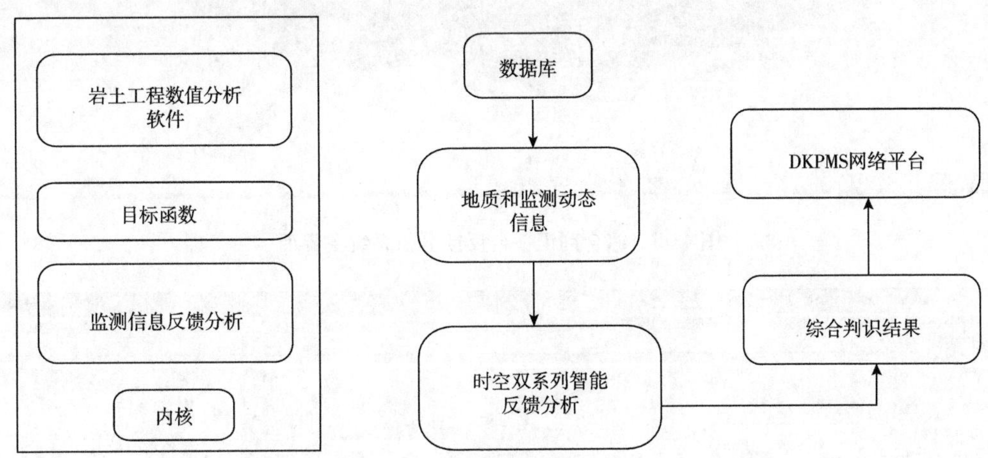

图 4-3　大型密集地下水封洞库群围岩稳定综合判识动态系统运行模式

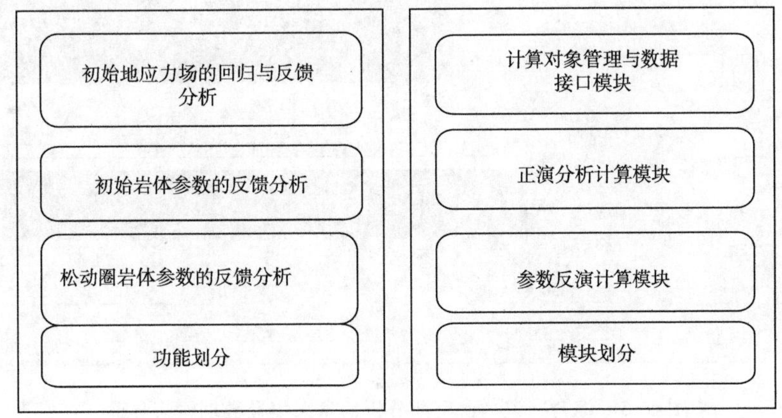

图 4-4　大型密集地下水封洞库群围岩稳定综合判识系统功能与模块

1.2.2 水封洞库群围岩稳定综合判识系界面设计

综合判识平台反馈分析系统运行主界面如图 4-5 所示，信息采集及数据输入界面如图 4-6 所示。

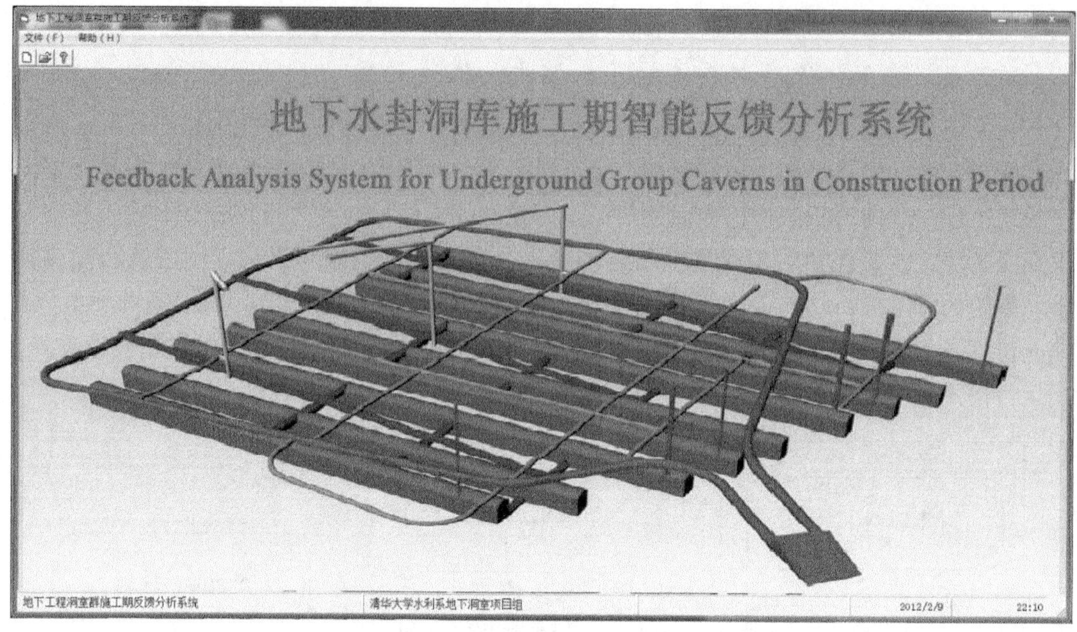

图 4-5　综合判识平台反馈分析系统主界面

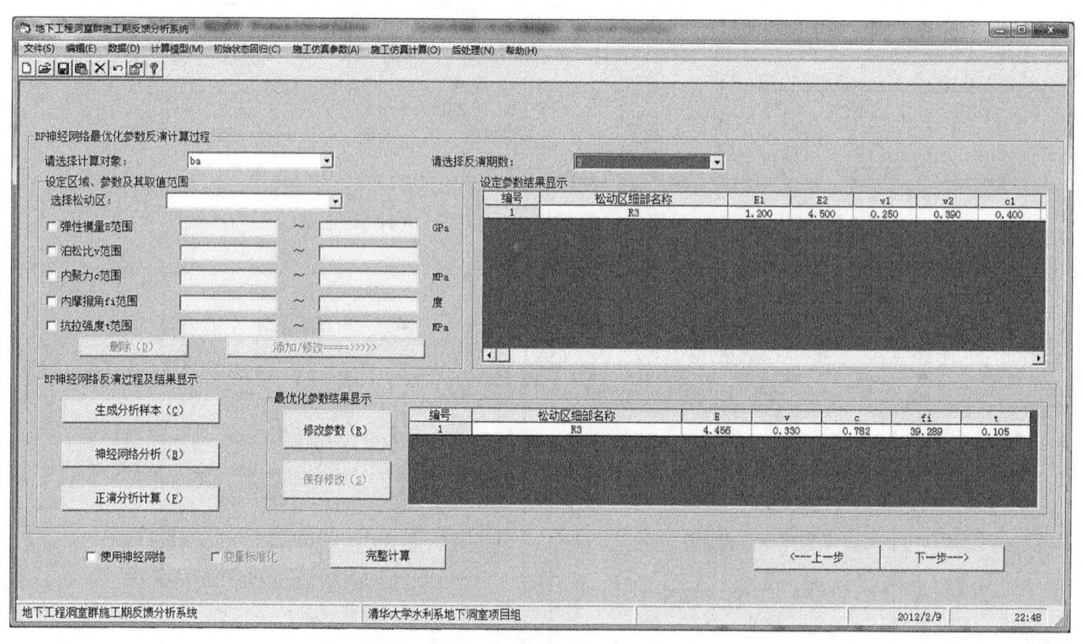

图 4-6　综合判识平台反馈分析信息采集及数据输入界面

1.2.3　洞室围岩松动圈参数反馈分析实例

该系统既可以进行地下洞室群二维分析，也可以进行三维反馈分析，图 4-7 给出了①施工巷道 0+920 断面(单宽三维)围岩松动圈参数二维数值分析模型和反馈分析结果。由于施工巷道长度大而断面较小，基本满足平面应变条件，在监测断面处截取单宽洞段进行模拟，即可以用三维软件进行二维问题的分析计算，从而缩小解题规模，加快分析速度提高效率。以该断面的位移监测数据和实际围岩揭露情况为基础，通过反馈分析系统求得松动圈厚度1m左右，并确定其材料参数的折减幅度。

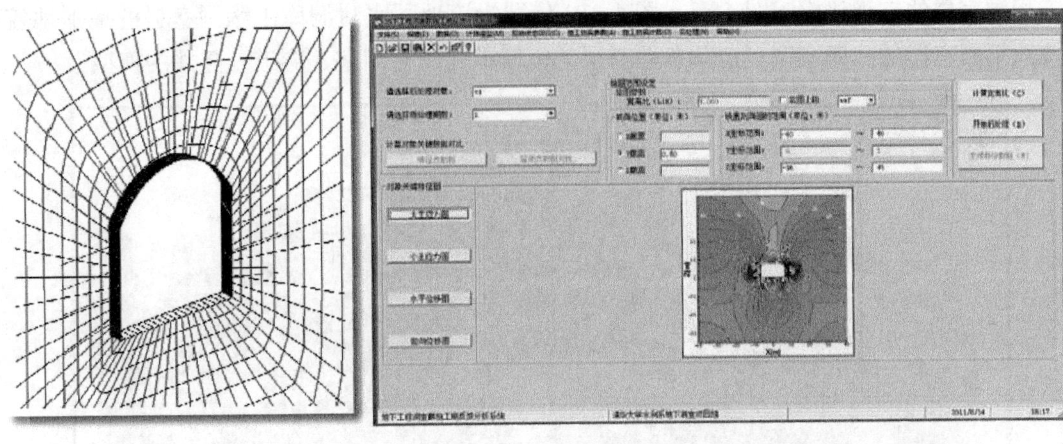

图4-7 ①施工巷道0+920断面围岩松动圈参数二维数值分析模型和反馈分析结果

表4-1给出了①施工巷道0+920断面(单宽三维)围岩松动圈参数二维反馈分析结果与监测结果的对比。

表4-1 ①施工巷道0+920断面围岩松动圈参数反馈分析结果

松动圈参数反馈分析结果

	弹性模量/GPa	泊松比	黏聚力/MPa	摩擦角/(°)	抗拉强度/MPa
原值	4.45	0.25	0.8	43	0.45
反馈值	4.45	0.33	0.782	38.289	0.105

测线收敛值反馈分析结果

	测线/mm	测线/mm	测线/mm	拱顶沉降/mm
测量值	8，708	11.988	12.156	12.48
试算值	7.49	10.98	10.97	11.14
反馈值	8.68	11.83	11.82	11.61

1.2.4 地下水封石洞油库洞室群三维数值模拟计算分析

该国家石油储备地下水封洞库工程是国内第一个大型地下水封石洞油库，设计总库容300万m^3。地下工程为原油洞罐区，主要包括储油主洞室9个、水幕巷道5条、工艺竖井6个，还有施工巷道6条、通风巷道一条和通风竖井3个。从地下洞室布置看，具有规模大、洞室多、布置密的特点；洞室纵横、大小相贯、平竖相接，因而有150多个结构交叉结点。地下工程总开挖长度约15937m，总开挖方量约370万m^3。

从工程地质看，库址区有F2、F3、F7、F11、F12等对洞室群影响较大的断层及其影响带、节理、岩脉等不良地质段的分布，开挖断面多变，竖井、平道、斜道相互交错。

该地下水封洞库工程的上述地质情况的复杂性和地下结构的复杂性都为该项目的三维数值建模带来极大困难。但经过不懈努力和攻关，终于比较准确地完成了该地下水封洞库工程洞室群的三维建模。图 4-8 ~ 图 4-10 分别为该地下水封洞库工程洞室群的地形地貌及地下洞室群的几何模型、地质条件断层结构模型和所有洞室、隧道、竖井的模型。

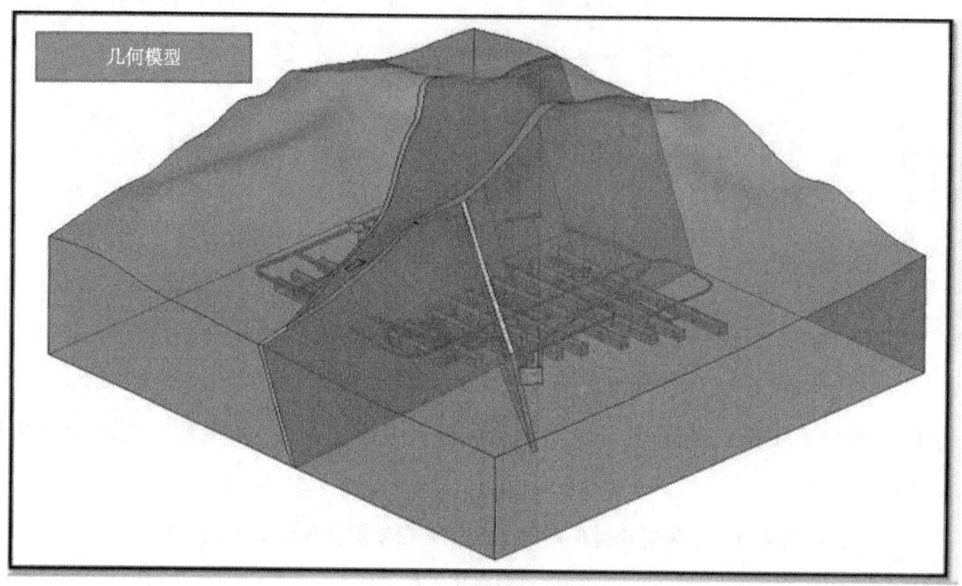

图 4-8　地下水封洞库工程洞室群的地形地貌及地下洞室群的几何模型

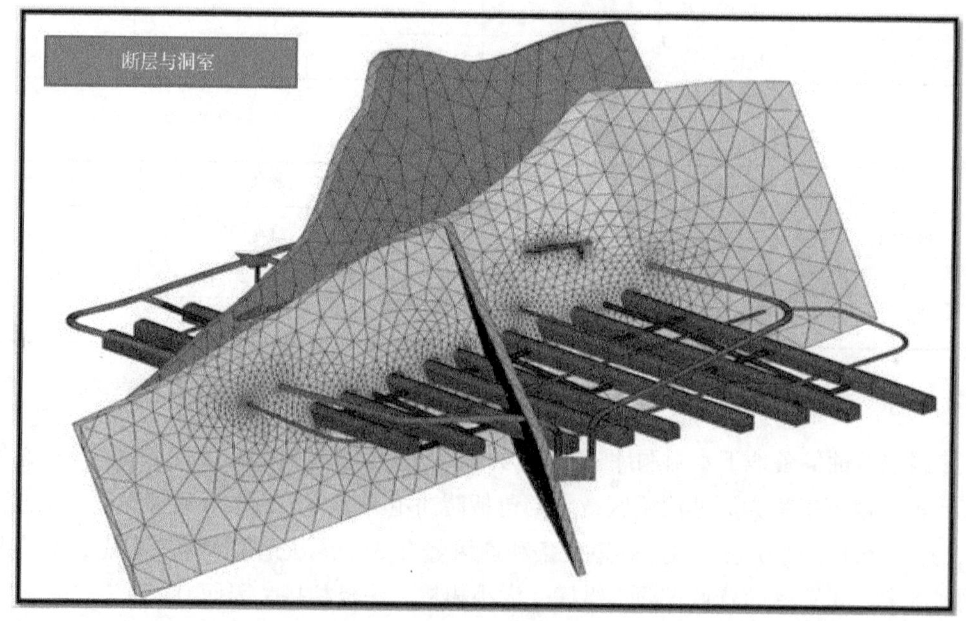

图 4-9　地下水封洞库工程洞室群的地质构造及地下洞室群的数值网格模型

图 4-11 ~ 图 4-14 分别为地下水封洞库工程洞室群的地应力实测值非线性回归结果，工程区域三维初始地应力场回归结果的主应力分布云图；图 4-15 ~ 图 4-17 为开挖完成后主洞室 7#、8#、9#的洞周位移场云图和矢量图、①水幕巷道轴线剖面主洞室洞周屈服区分布图，主洞室 7#、8#、9#的洞周锚杆受力分布图以及综合判识指标分布图。需要说明的是，整体三维模型生成和计算是按照原设计图纸和详勘地质信息建立及进行的，后期施工中揭露的地质信息和洞室布置设计调整，由于施工进度的快速要求，不可能重建整体三维模型进行计算，均采用局部三维模型子结构方法进行关注部位的三维反馈分析计算，在局部位置与整体三维计算结果有所不同。局部计算结果都反映在按期提交的简报、月报中，应该说更为准确些。

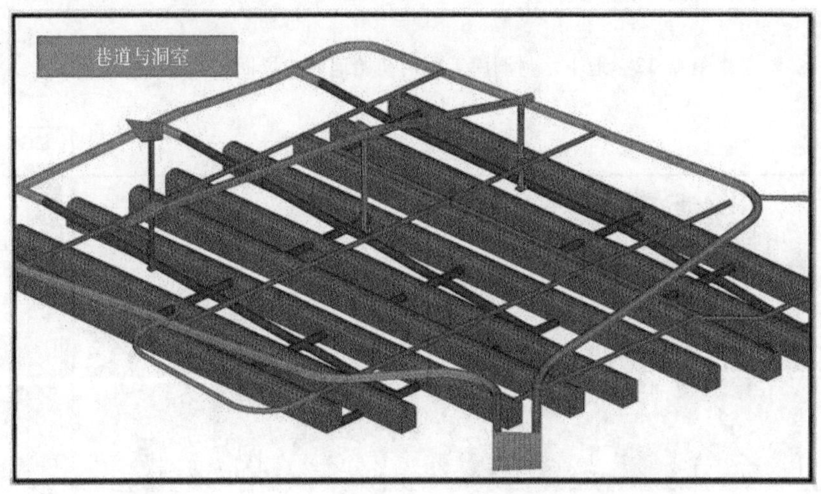

图 4-10　地下水封洞库工程的巷道、竖井及洞室模型

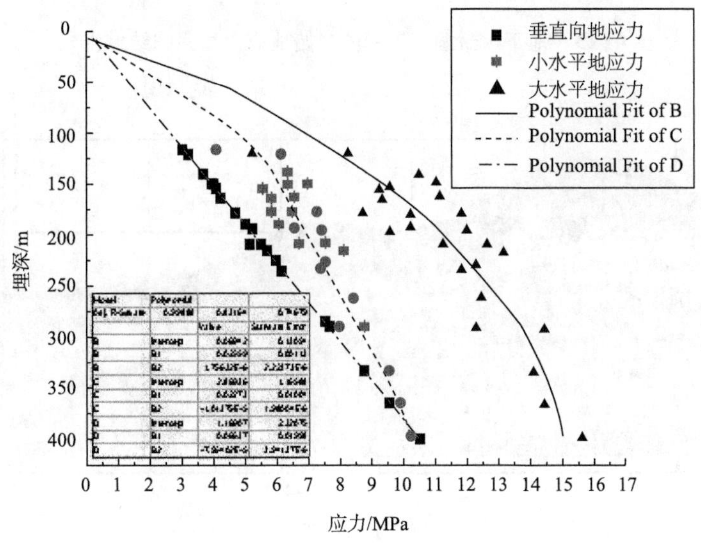

图 4-11　地下水封洞库工程的初始地应力场实测结果回归分析

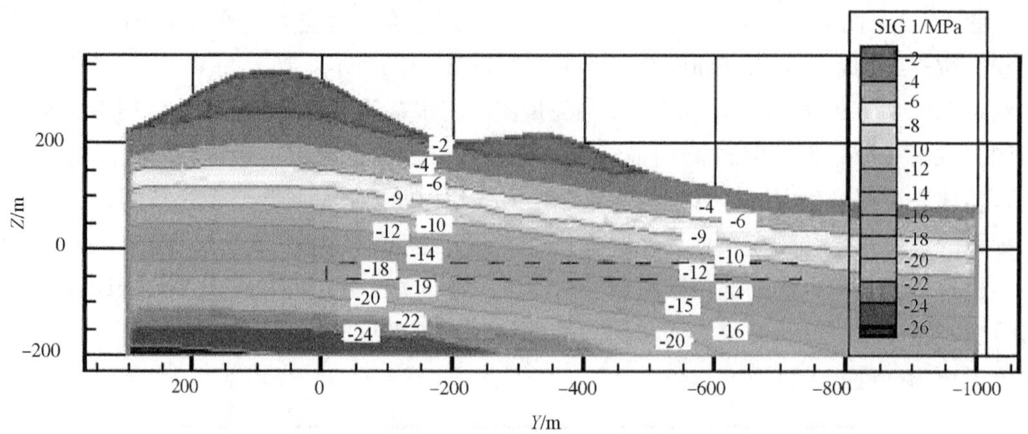

图 4-12　地下水封洞库工程的初始地应力场回归结果(σ_1)

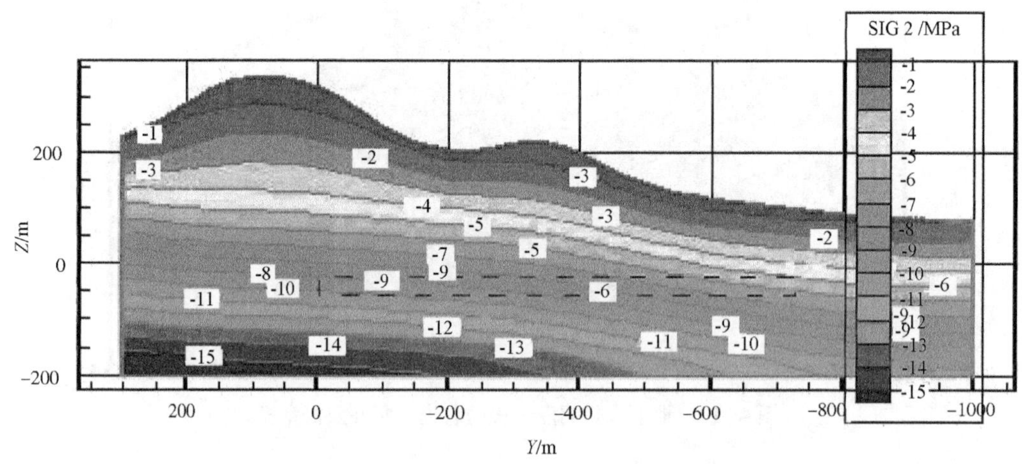

图 4-13　地下水封洞库工程的初始地应力场回归结果(σ_2)

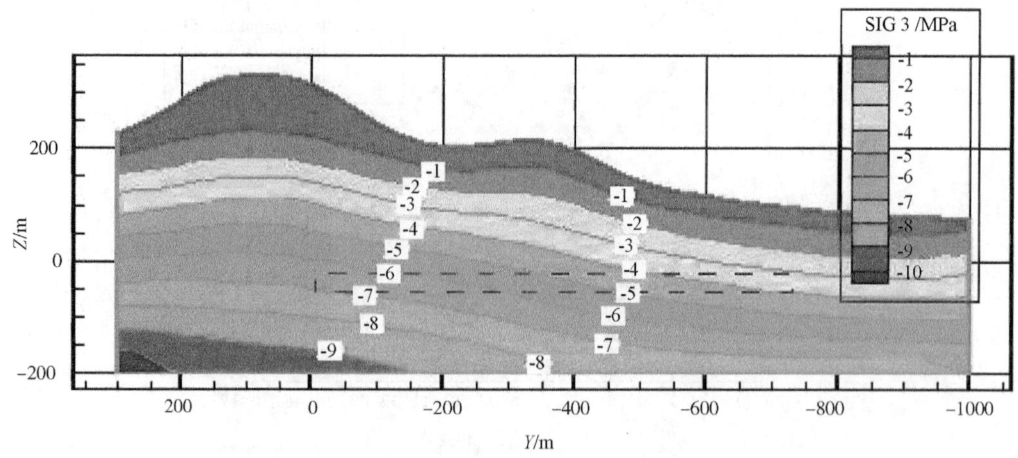

图 4-14　地下水封洞库工程的初始地应力场回归结果(σ_3)

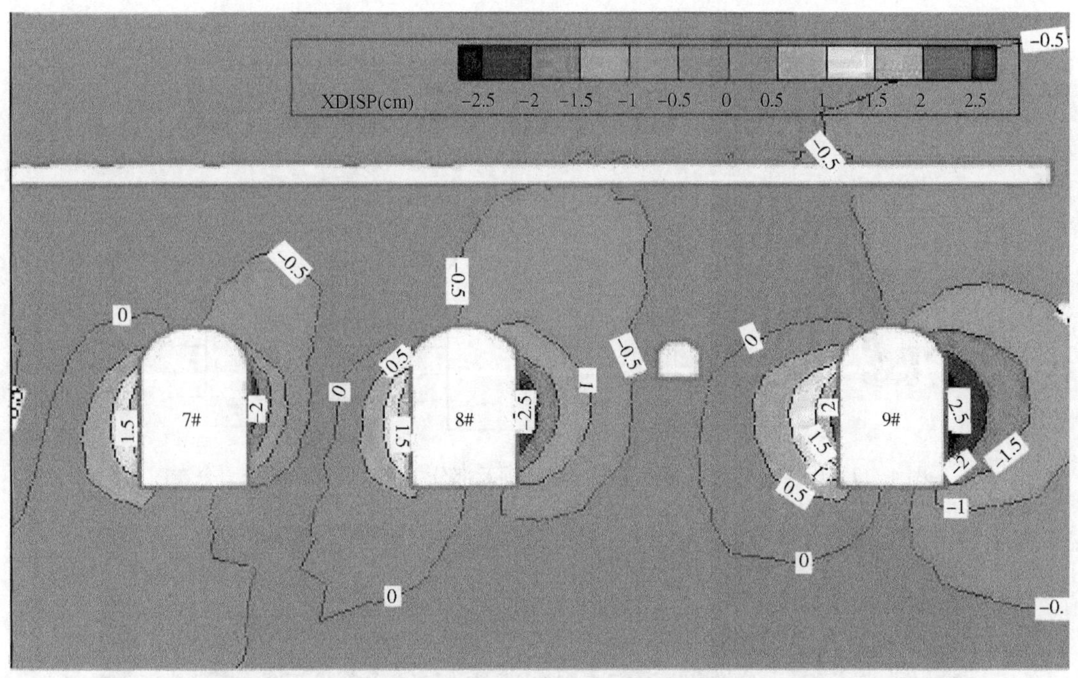

图4-15　沿①水幕巷道剖面部分主洞室洞周位移场云图

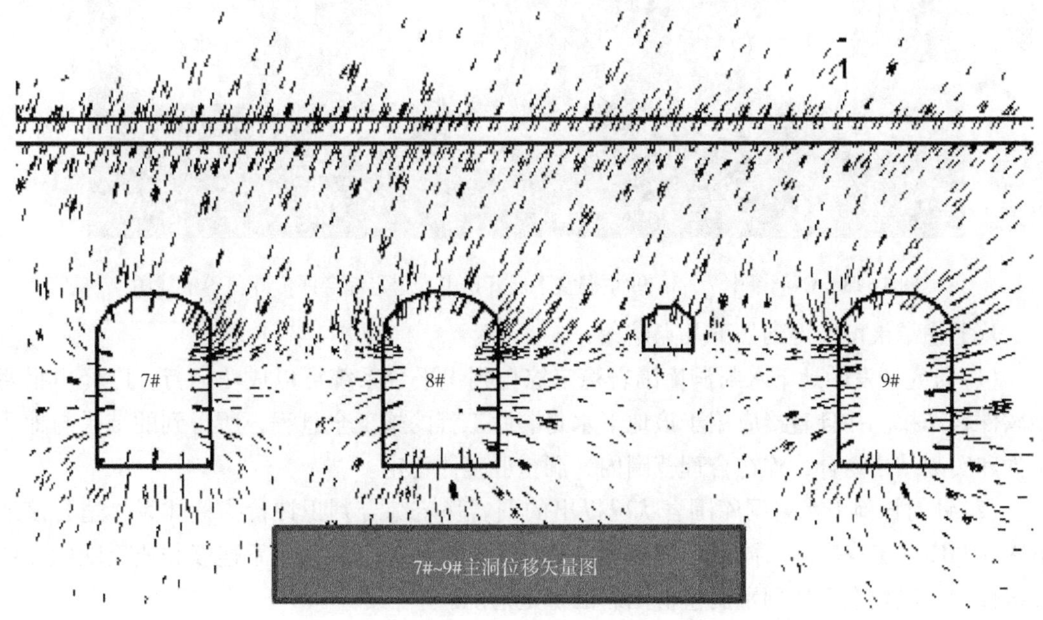

图4-16　沿①水幕巷道剖面部分主洞室洞周位移矢量图

①水幕巷道洞轴线剖面上，破坏区和锚杆受力情况：

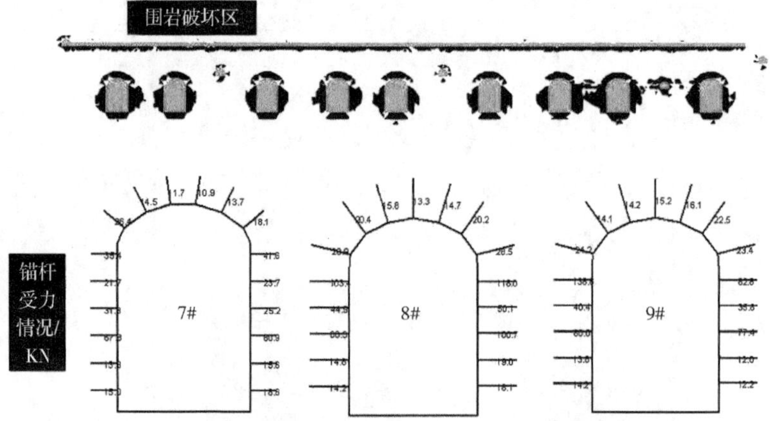

图 4-17　沿①水幕巷道剖面围岩屈服范围及部分主洞室洞周锚杆受力分布图

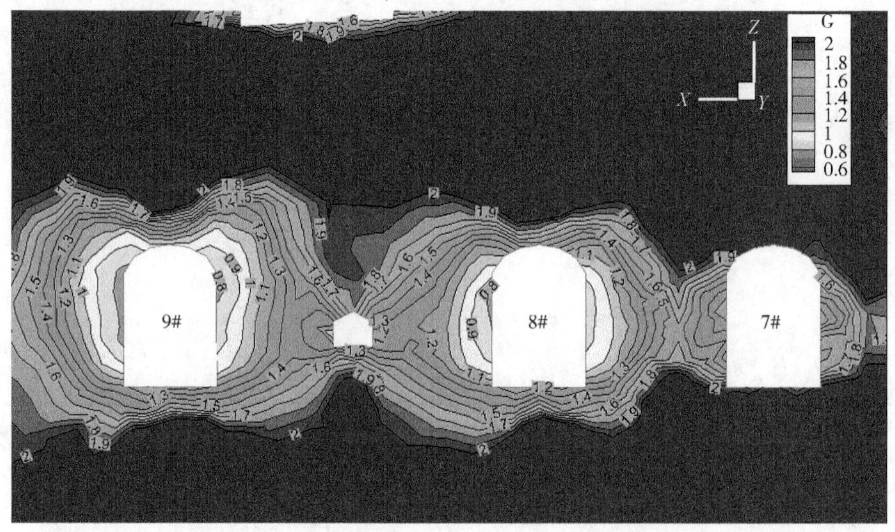

图 4-18　C#洞罐中 7、8、9#主洞室下层开挖围岩稳定综合评价 G 值等值线图

从上述结果可以得到如下几点结论：

(1)研究开发的地下水封洞库围岩稳定综合判识平台系统可以成功运行，已经申报两项软件著作权。并且直接应用于该地下水封洞库工程的施工全过程，所得到的结果与地质条件和实测结果吻合，均在合理范围内，洞室群整体稳定。

(2)针对该地下水封洞库围岩状况提出的围岩稳定综合判识评价指标体系，适合该地下水封洞库的工程实际，同时考虑连续介质反映的整体稳定性，与不连续介质反映的局部稳定性，可以较全面地判别洞室群围岩的稳定情况。

(3)通过跟随施工全过程的反馈分析，建立了较准确的地下洞室施工过程中动态的二、三维模型，反馈回归出较为准确的初始地应力场以及洞周松动区动态参数演化模型，为施工期的稳定和运行期长期稳定性分析及预测提供了数值模型基础。

(4)与工程管理系统平台配合，及时上传综合判识分析评价及预警预报信息，为信息化设计、信息化施工提供了技术支持。

(5)与 DKPMS、DKDAP 主系统的数据接口主要通过人工上传实现，尚未自动完成，是系统开发进一步的工作。

1.3 综合判识系统中对块体分析技术的改进

1.3.1 块体理论简述

块体理论最早是由石根华博士在 20 世纪 70 年代提出。1985 年石根华博士和其导师 R E. Goodman 教授共同编著的《Block Theory and Its Application to Rock Engineering》一书出版，标志着块体理论体系的正式形成。目前，块体理论已成为地下洞室、边坡和坝基等工程岩体稳定分析的一种有效方法，在世界各国和地区得到了广泛的研究和应用。

经典块体理论首先假定结构面为平面且贯穿整个研究区域，引出半空间的概念，视块体为几组结构面和临空面半空间的交集，建立块体分类体系，如图 4-19；其次对不同产状的结构面进行平移，建立块体的数学抽象模型——锥体，并进一步区分出块体锥、节理锥、开挖锥和空间锥的概念，进而提出块体有限性定理(Finiteness Theorem)和块体可动性定理(Removability Theorem)。设 JP 为裂隙锥、EP 为开挖锥、SP 为空间锥、BP 为块体锥，则可给出两个定理的简洁表述：

有限性定理：$JP \cap EP = \Phi$ 或 $BP = \Phi$ 且 $BP = JP \cap EP$ (4-6)

可动性定理：$JP \neq \Phi$ 且 $JP \cap EP = \Phi$ (4-7)

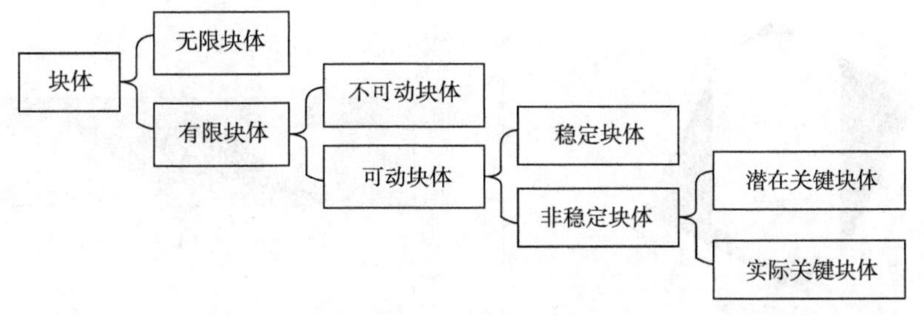

图 4-19 块体分类体系

这两个定理已由石根华给予了严格的数学证明，故也称为石氏定理，是块体理论的核心。在此基础上运用全空间赤平投影和矢量计算法可对边坡、隧洞等的可动块体进行快速有效的识别和判断；然后假定刚性块体沿软弱结构面脱离或剪切滑移，在主动力合力的作用下，即可确定相应块体的滑动模式；最后根据结构面的内摩擦角识别出真实的关键块体。

为了理论的完备性，经典块体理论假定结构面为无限大的平面，然而在实际工程中岩体结构面往往复杂多样，形状各异，大小不同，位置不定，并且实际上也很难得到结构面的全部信息；当然经典块体理论关于块体的刚性滑移模型的假定也是对现实岩体的高度抽象，实际工程岩体的物理力学特性复杂，往往表现出弹塑性特征，而且块体失稳模式多样，滑移只是最常见的一种失稳形式之一。但即使如此块体理论和方法仍不失为一种较为有效的不连续介质分析方法。

1.3.2 关于 Unwedge 程序

Rocscience 系列 Unwedge 程序是 E. Hoek 教授基于石根华块体理论而开发的，该程序被设计成一种快速的、互动的、简单的开发工具。它假定结构面相切形成的块体为四面体，即由三组结构面和开挖临空面组成，主要考虑块体的重力及结构面的力学性质。另外假定结构面为平面，岩体的变形仅为结构面的变形，结构体为刚体；结构面贯穿研究区域，每次参与组合的结构面为三组。如图 4-20 所示，Unwedge 会自动生产最大可能的楔形块体，并计算出安全系数。块体有三种破坏方式，即直接跨落、沿单面滑动及沿双面滑动。

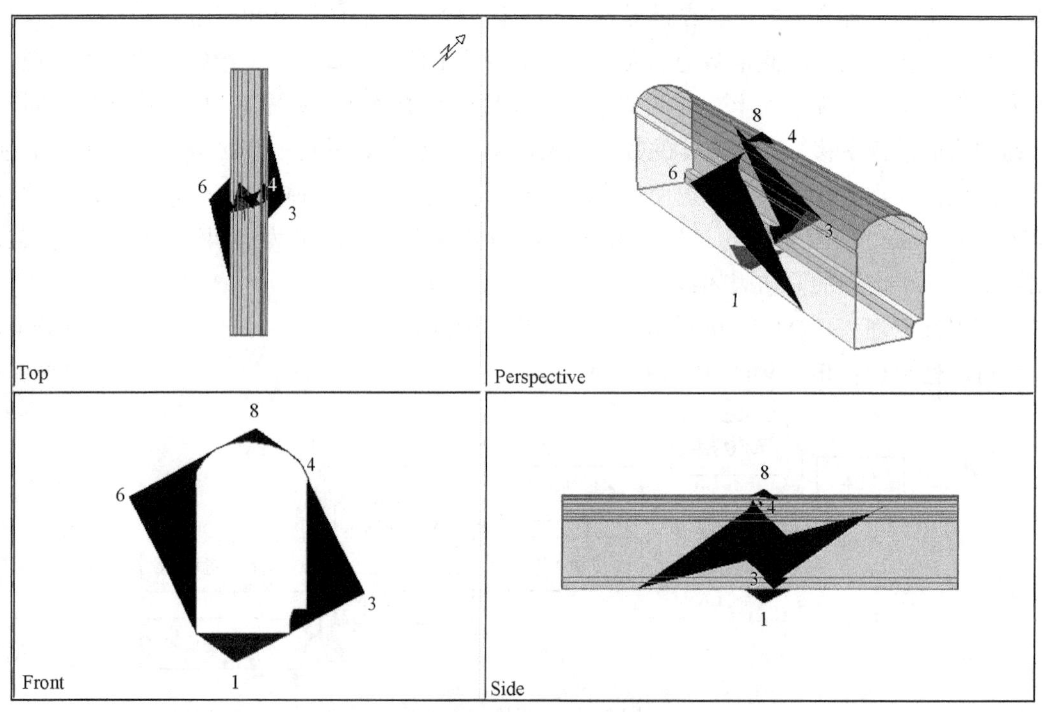

图 4-20　洞室三组节理组合方式

需要说明的是这些楔形体为给定几何条件下所能形成的最大楔形体，通常确定这些楔形体的计算，其前提认为不连续面是普遍存在的，换句话说，岩体中任何地方都存在不连续面，并且在分析中假设节理、层面和其他结构面是平面状的并且是连续的。这些条件意味着找到的总是所能形成的最大楔形体，其结果通常被认为是保守的，因为现实岩体中形成的楔形体的尺寸会受到结构面的长度及间距的限制，若认为最大的楔形体不可能形成时，软件 Unwedge 能将楔形体缩小到更实际的尺寸。软件 Unwedge 适用于坚硬和半坚硬岩层中。

1.3.3 关键计算参数的选取

(1)初始地应力

地质详勘中关于初始地应力的实测资料表明，最大地应力在水平向大致为N70°W，与主洞库洞轴线的夹角为25°左右。在Unwedge程序中，现场地应力的选项允许考虑现场的实际初始地应力对楔形体安全系数的影响，通常这样有增大楔形体安全系数的趋势。在默认考虑了地应力的情况下，楔形体安全系数大于等于不考虑地应力情况下的楔形体安全系数。所以从最不利工况出发，不考虑地应力将导致楔形体安全系数比较小。

(2)结合面的强度

结构面现场实验的结果显示，块体分析结构面参数取值考虑两种工况：1)最不利工况，即所有结构面的结合强度都考虑成基本上为零的小值；2)按较为真实的情况，即按地质素描图的描素，对结合面的结合强度假定，假定取值见表4-2。

表4-2 计算采用的岩体力学参数

结合面素描	内摩擦角/(°)	内聚力/MPa
结合好	25.0	0.1
结合好~一般、结合一般、结合一般~差	15.0	0.05
结合差	5.0	0.001

(3)主洞室裂隙水压估算

裂隙水压是块体分析的关键参数之一，将对块体稳定的安全系数有很大影响。按照水幕孔高程为5m考虑，主洞室洞周块体分析中的裂隙水头可达到25~55m，对应的水压力达到0.24~0.54MPa，有比实际情况偏大的可能。水幕系统中虽然安装了大量渗压计，但由于裂隙渗流的复杂性且具有离散特征，难以直接测定形成块体的每条裂隙中的水压。然而，对于渗压较大的情况，有时却可以从现场的射流现象获取附近裂隙水压的估计数值。

2013年3月份，4#主洞室南端拱顶一锚杆孔，在水幕正常运作时长时间稳定地喷射水柱，正好可以用于裂隙水压的估计。估算时先将水流视为质点流的平抛运动，如图4-21所示，可如下推导出孔口流速的计算式。

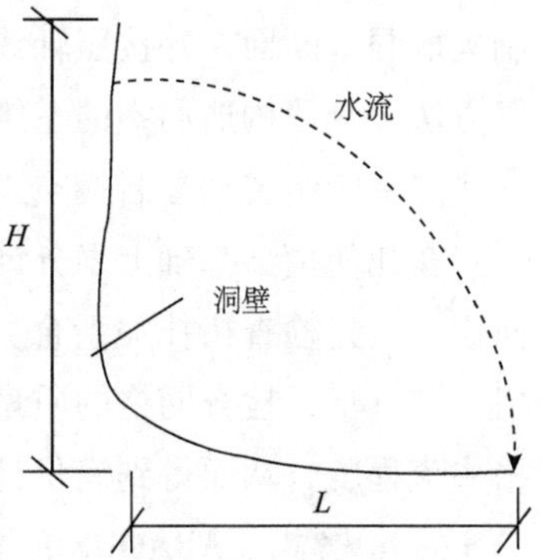

图4-21 水压估计计算图示

再假定孔内一定深度处质点速度为0，而到孔口断面处加速到v。两处断面附加水头差为0，设定孔口处水压P下降为0，则可如下推演得到水压与流速的计算式：

$$P = \frac{v^2}{2g}\gamma \tag{4-8}$$

拱顶高度H取8.5m而喷射距离L为10.0m，代入上式得到水压的估计值为3~5m之间。当然这只能用在渗流较明显的部位，如果渗水沿壁面流下，则只能假定裂隙面出露边缘渗压为零，然后按照块体的尺度推测内部滑动面上的渗压。

1.4 库区数值计算模型的快速构建方法

1.4.1 模型构造流程与方法

为了充分考虑库区洞室群的洞群效应，围岩稳定综合判识要由整体计算模型完成。然而由于大型洞室群构造的复杂性，建立三维计算模型并不是一项简单的工作。不仅需要建立完整、及时的三维几何模型，还需要以此为基础划分计算用的三维网格。由于数值计算对几何模型的要求远不止于三维视觉效果，划分数值计算网格时也存在规模巨大、内部构造复杂等难题。此外，三维反馈分析还需要满足动态设计的需要，切实地适应实际的洞室结构和开挖支护变动情况。因此，构造了如图 4-22 所示的大型洞库快速数值建模技术。

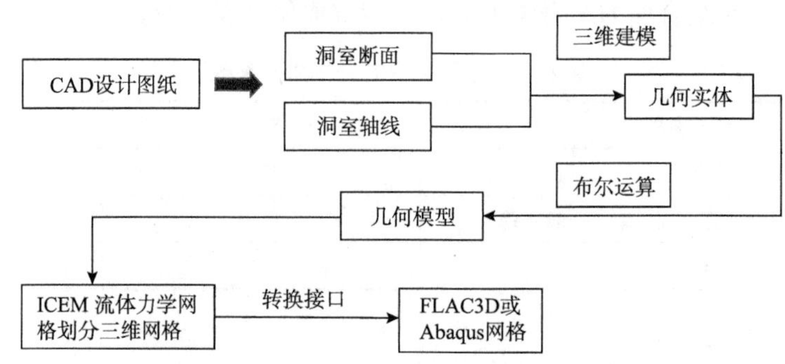

图 4-22 大型洞库库区数值建模成套技术

本项成套技术主要分为两大部分：

建立库区完整的三维几何模型。根据设计或者施工单位的 CAD 图纸，按图形比例绘制提取洞室断面，并按照轴线的关键点建立三维多段线。然后，采用“放样”或者“拉伸”等方法，分段构造洞室的三维几何模型。最后，在围岩几何模型中使用布尔运算的方式，完成洞室的组装和围岩掏空工作，使用 sat 格式导出即可用于下一步的网格划分。

在几何模型基础上划分计算网格。由 ANSYS 附属的网格划分工具“ICEM CFD”载入几何模型，先检查拓扑关系合并的点线面构造，再设定各部件的网格尺度参数初步划分网格。进一步，检查网格的质量查找畸变、粗糙的部位，在对应的部位采用曲面密度控制网格稀疏程度，从而得到满足计算要求的网格。该网格可以直接导出为多种格式，包括 ANSYS 的 in 格式、ABAQUS 的格式，由各自软件分别导入即可开始数值计算。而要导入 FLAC3D 通常需要在 ANSYS 等计算软件中调用脚本输出为 FLAC3D 文件。

本方法相比常规数值模型构造方法，具有如下特点：

1）几何模型的断面和轴线直接由 CAD 图纸抽取，进而利用三维 CAD 技术建立几何模型，省略了常规的几何建模过程而速度大幅加快。

2）AutoCAD 具备高效率、且高准确度的布尔运算功能。不仅相比其他工具所处理的模型复杂度更高，而且计算的偏差更小并且基本不会产生错误。尤其可以批量、快速、可靠地完成布尔运算，足以适应绝大部分洞室群的构造要求。

3) ICEM CFD 对几何模型的适应能力强，足以包容众多细小的偏差和错误，降低了对几何模型的要求。此外，该工具划分复杂几何模型网格速度较快，而且能够自动完成多次网格优化。

1.4.2　库区整体计算模型的构造

受揭露的地质情况和施工进度安排的影响，对库区的多处洞室构造作了调整，为此需要重新建立整体计算模型。这一过程中需要完成诸多复杂的操作，主洞室缩断面部位的构造最为复杂。按照常规方法由于缺乏准确的定位和布尔运算能力，需要在较大范围内重做洞室的组装和切割计算。不过，本构建方法引用 AutoCAD 作布尔运算，只要在局部范围内作简单的运算即可完成。因而，缩断面部位的建模过程既有足够复杂度，也最能表现相对常规方法的优势所在，适合作为本建模方法的实际案例。

具体几何模型构造过程可见图 4-23 ~ 图 4-24，从设计图纸分段建模、模型组装三个方面展示了构造过程。几何模型的构建结果可见图 4-25，包括绝大部分洞室。数值计算模型构造结果则可见图 4-26，共有 30 万余个节点和 188 万个四面体单元。

为简化问题数值模型中对地质情况作了简化处理，诸多断层中只保留横穿洞库的主断层 F3。进一步，跟据动态设计与主洞室施工进展情况动态修改模型，在 3#主洞室和 5#主洞室南端加了设缩断面段，并延伸 C#洞罐主洞室北端的长度、缩减了 5#主洞室南端的长度。

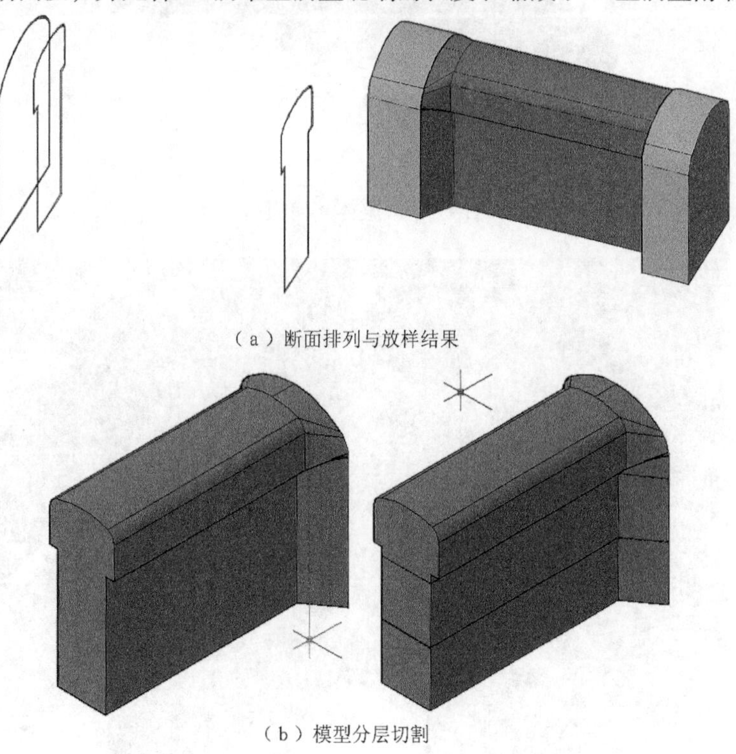

（a）断面排列与放样结果

（b）模型分层切割

图 4-23　5#主洞室 0 +430 ~0 +472 缩断面段建模结果

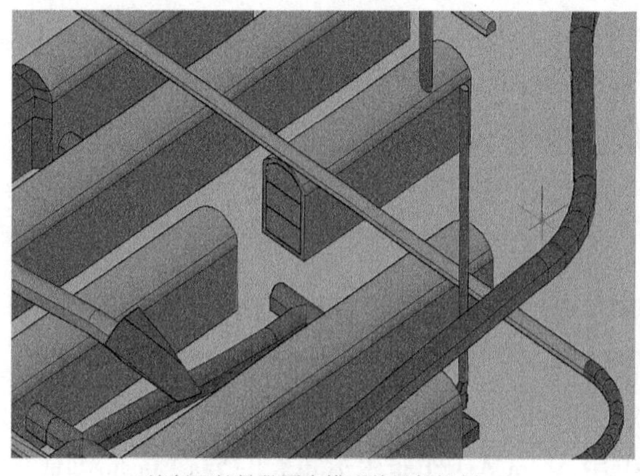

(a)缩断面桩号段原有模型的局部切割

(b)缩断面桩号段的组装

图 4-24　5#主洞室 0+430~0+472 缩断面段组装结果

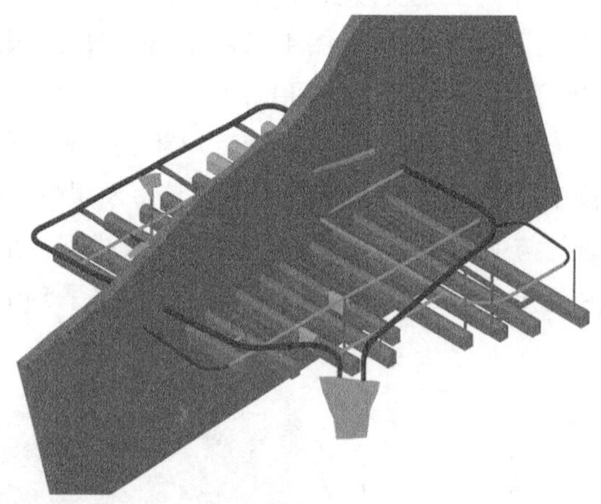

图 4-25　整体几何模型

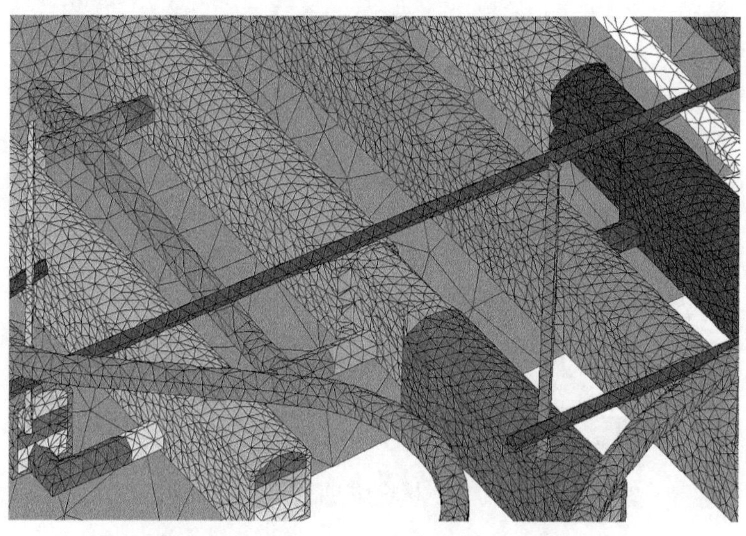

图 4-26　计算模型

1.5 围岩破损区演化的时效模型

洞室围岩长期稳定与洞周围岩松动圈的长期演化相关。洞周围岩松动圈的演化涉及到围岩由线弹性→非线性弹性→塑性→损伤及局部化→非连续→破坏的全过程，参考岩盐地下油气储库的时空双系列等效流变分析方法，推导了如下基于广义塑性位势理论的流变本构模型。

1.5.1 黏弹－黏塑性流变本构模型建立

流变本构模型按照元件模型理论由：代表弹性变形的弹簧(胡克体)、描述黏性变形的黏壶(牛顿体)和塑性流动的摩阻片(St. Venant 体)，各种组合来描述材料的各种复杂变形特征。不过，理想塑性流动在岩土工程中并不多见，随材料塑性变形的积累常会出现应变强化和应变软化，因而传统的 St. Venant 体描述塑性变形已经不能满足需求。

考虑到材料黏塑性变形(不可逆变形)难以分离出塑性和不可逆黏性部分，并且两种变形也互相影响。因此，将二者统一用黏塑性变形来表示，引出一种非定常 St. Venant/圣维南体(图 4-27 中圆圈中的元件)，并与传统 St. Venant/圣维南体和 Newton/牛顿体组合成复合型黏塑性体(图 4-27 中虚线框中的组合元件)。该模型中塑性变形由非定常 St. Venant/圣维南体的屈服条件控制，不可逆粘性变形则由传统 St. Venant 体的长期强度条件控制。此外，材料瞬时弹性性质由 Hooke/胡克体表征，黏弹性性质由 Kelvin/开尔文体(由 Hooke/胡克体和 Newton/牛顿体并联而成)表征，一维剪应力条件下的流变模型具体如图 4-27。

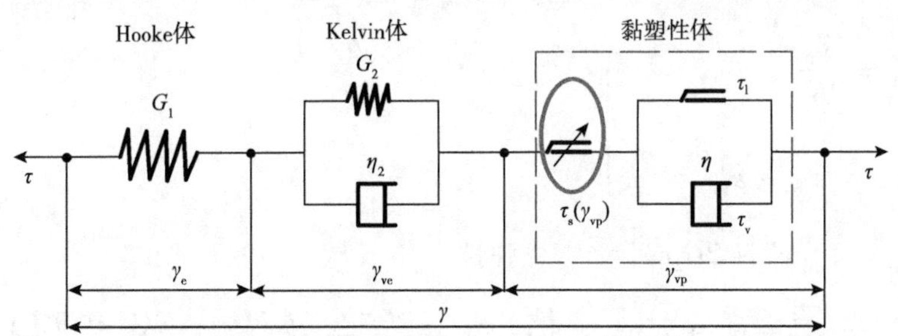

图 4-27 剪应力作用下的一维模型

弹性变形的 Hooke/胡克体具有如下本构方程：

$$\gamma_e = \frac{\tau}{G_1} \tag{4-9}$$

黏弹性变形为 Kelvin/开尔文体具有如下本构关系：

$$\tau = \eta_2 \dot{\gamma}_{ve} + G_2 \gamma_{ve} \tag{4-10}$$

黏塑性变形也属于不可逆塑性变形，假设黏塑性变形满足塑性流动方式且与应力历史相关，则黏塑性变形的率型本构关系可以定义为：

$$\dot{\gamma}_{ve} = \alpha \frac{\partial Q}{\partial \tau} = \frac{\partial Q}{\partial \tau}\left(\dot{\lambda}\langle \tau - \tau_s \rangle + \frac{\langle \tau - \tau_1 \rangle}{S\eta}\right) \tag{4-11}$$

其中$\langle * \rangle$为开关函数：$\langle * \rangle = */2 + | * |/2$，当$\langle \tau - \tau_s \rangle$时，材料发生塑性屈服，

有塑性变形产生；当$\langle \tau - \tau_1 \rangle > 0$时，材料应力状态超过长期强度，发生不可逆黏性变形，屈服强度τ_s是塑性变形历史的函数，即

$$\tau_s = \tau_s\left(\int_0^t \dot{\gamma}_{ve} \mathrm{d}t\right) \tag{4-12}$$

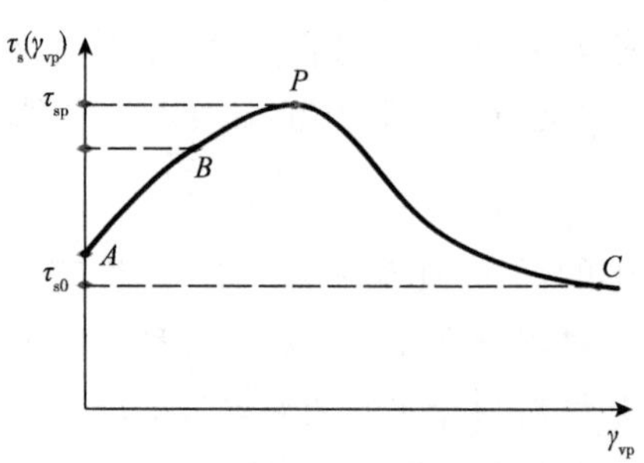

图 4-28　屈服强度τ_s与塑性应变的关系

屈服强度随塑性变形增加先增大再减小直到残余强度，从式可以看出：若当前应力状态τ小于当前屈服强度而大于长期强度，在随后一段时间里会出现等速黏塑性蠕变。蠕变速率大小为式(4-10)的右端第二部分，黏塑性变形持续等速增长，屈服强度τ_s也随之先增大到峰值再减小（见图4-28）。当τ_s减小到$\tau - \tau_s > 0$时，由再次屈服引起塑性变形。若应力状态始终保持τ不变，而持续增长的黏塑性变形会使得屈服强度τ_s持续下降，$\langle \tau - \tau_s \rangle$逐渐增大，就相当于在黏塑性体内部对塑性元件持续加载。这个过程的黏塑性变形速率为式(4-11)，描述加速黏塑性变形过程即加速蠕变阶段发生蠕变破坏。由此对黏塑性本构关系的定义符合人们对长期强度的认识。

将上述一维本构关系映射到三维条件下，可以得到如下本构方程：

$$\begin{cases} \dot{e}_{ij} = \dot{e}_{ij}^{e} + \dot{e}_{ij}^{ve} + \dot{e}_{ij}^{vp} \\ \dot{\varepsilon}_{vol} = \dot{\varepsilon}_{vol}^{e} + \dot{\varepsilon}_{vol}^{vp} \end{cases} \tag{4-13}$$

$$\begin{cases} \left.\begin{array}{l} \dot{e}_{ij}^{e} = \dfrac{\dot{s}_{ij}}{2G_1} \\ \dot{\varepsilon}_{vol}^{e} = \dot{\varepsilon}_{vol} - \dot{\varepsilon}_{vol}^{p} = \dfrac{\dot{\sigma}_m}{K} \end{array}\right\} \quad \text{弹性} \\ s_{ij} = 2\eta_2 \dot{e}_{ij}^{ve} + 2G_2 e\, e_{ij}^{e} \qquad \text{黏弹性} \\ \left.\begin{array}{l} \dot{\varepsilon}_{vol}^{vp} = \dot{\varepsilon}_{11}^{vp} + \dot{\varepsilon}_{22}^{vp} + \dot{\varepsilon}^{v}p_{33} = \left[\dot{\lambda}\langle F\rangle + \dfrac{\langle q - q_1\rangle}{\eta}\left(\dfrac{\partial Q}{\partial \sigma_{11}} + \dfrac{\partial Q}{\partial \sigma_{22}} + \dfrac{\partial Q}{\partial \sigma_{33}}\right)\right] \\ \dot{e}_{ij}^{vp} = \dot{\varepsilon}_{ij}^{vp} - \dfrac{1}{3}\dot{\varepsilon}_{vol}^{vp}\sigma_{ij} = \left(\dot{\lambda}\langle F\rangle + \dfrac{\langle q - q_1\rangle}{\eta}\right)\dfrac{\partial Q}{\partial \sigma_{ij}} - \dfrac{1}{3}\dot{\varepsilon}_{vol}^{vp}\sigma_{ij} \end{array}\right\} \end{cases} \tag{4-14}$$

其中F为屈服函数，$\lambda\langle F\rangle$为塑性因子，q为当前应力状态下的广义剪应力，q_1为当前静水压力和罗德角对应的长期强度。假设长期强度满足长期强度参数对应的屈服条件，并认为材料不能被无限压缩，静水压力下岩石材料不可能发生稳态蠕变。上两式构成三维条件下的围岩流变模型率型本构方程。

1.5.2　黏弹－黏塑性流变模型的蠕变方程

上面的本构方程整合起来可以表示为：

$$\dot{e}_{ij} + \frac{G_2}{\eta_2}e_{ij} - \dot{e}_{ij}^{vp} - \frac{G_2}{\eta}e_{ij}^{vp} = \left(\frac{1}{2\eta_2} + \frac{G}{2G_1\eta_2}\right)s_{ij} + \frac{\dot{s}_{ij}}{2G_1}$$

$$\dot{\varepsilon}_{vol} - \dot{\varepsilon}_{vol}^{vp} = \frac{\dot{\sigma}_m}{K} \tag{4-15}$$

其中 $\dot{e}_{ij}^{vp}$ 应是沿应力路径的积分，不能显式写出其表达式。假设该模型从 $t=0$ 时刻开始受常应力 $\sigma_{ij}^0 = \sigma_m^0\delta_{ij} + s_{ij}^0$ 作用，根据荷载水平分三种种情况讨论该模型的蠕变性质。

第一种情况：$F_q(\sigma_{ij}^0) \geqslant 0$ 且 $q - q_1 < 0$。模型不发生塑性变形，式(4-15)化简为：

$$\begin{cases} \dot{e}_{ij} + \dfrac{G_2}{\eta_2}e_{ij} = \left(\dfrac{1}{\eta_2} + \dfrac{G_2}{G_1\eta_2}\right)s_{ij}^0 \\ \dot{\varepsilon}_{vol} = 0 \end{cases} \tag{4-16}$$

对上式从 $0 \sim t$ 积分并考虑初始条件，可得：

$$\begin{cases} e_{ij} = \dfrac{s_{ij}^0}{2G_1} + \dfrac{s_{ij}^0}{2G_2}\left[1 - \exp\left(-\dfrac{G_2}{\eta_2}t\right)\right] \\ \varepsilon_{vol} = \dfrac{\sigma_m}{K} \end{cases} \tag{4-17}$$

总应变为：

$$\varepsilon_{ij} = \frac{\sigma_m}{3K}\delta_{ij} + e_{ij} = \frac{\sigma_m^0}{3K}\delta_{ij} + \frac{s_{ij}^0}{2G_1} + \frac{s_{ij}^0}{2G_2}\left[1 - \exp\left(-\frac{G_2}{\eta_2}t\right)\right] \tag{4-18}$$

说明应变随时间推进按指数形式增长，当 $t\to\infty$ 时，总应变为：

$$\varepsilon_{ij\infty} = \frac{\sigma_m^0}{3K}\delta_{ij} + \frac{s_{ij}^0}{2G_1} + \frac{s_{ij}^0}{2G_2} \tag{4-19}$$

式(4-18)反映的时效关系可由下图4-29说明，其中横坐标为时间，纵坐标为剪应变。从图4-29中可以看出，该模型可以描述瞬时弹性变形、衰减型黏弹性蠕变变形、弹性后效，总变形最终趋于式(4-19)的结果。

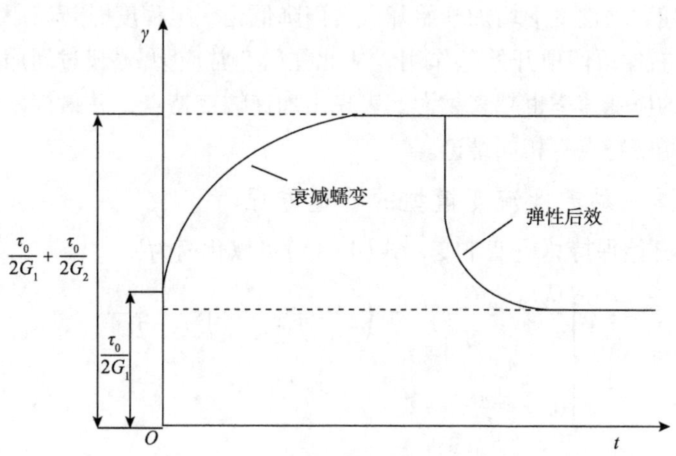

图4-29　剪应变～时间关系曲线

第二种情况：$F_q(\sigma_{ij}^0) < 0$ 且 $q - q_1 < 0$。模型不发生随时间变化的黏塑性变形，这种情况比第一种情况多一部分瞬时塑性变形，其本构关系可以表达为：

$$\begin{cases} e_{ij} = c_1 + \dfrac{s_{ij}^0}{2G_2}\left[1 - \exp\left(-\dfrac{G_2}{\eta_2}t\right)\right] \\ \varepsilon_{vol} = \dfrac{\sigma_m^0}{K} + \varepsilon_{vol}^{vp} \end{cases} \tag{4-20}$$

其中 c_1 为 $t = 0$ 时刻的瞬时变形(包括弹性和塑性，由于塑性变形与应力历史相关，不能写成显式格式，ε_{vol}^{vp} 也一样)，该式的时效变形特征与第一种情况一致，也能描述衰减型黏弹性蠕变变形和弹性后效。

第三种情况：$F_q(\sigma_{ij}^0) \geqslant 0$ 且 $q - q_1 \geqslant 0$ 。模型既发生瞬时弹、塑性变形，也发生黏弹性变形和黏塑性变形，对式(4-15)的偏应变部分从 $0 \sim t$ 积分可得：

$$\begin{aligned} e_{ij} &= c_1 + c_2\left[1 - \exp\left(-\frac{G_2}{\eta_2}t\right)\right] \\ &+ \frac{\langle q^0 - q^1\rangle}{\eta}\left[\frac{\partial Q}{\partial \sigma_{ij}} - \frac{1}{3}\left(\frac{\partial Q}{\partial \sigma_{11}} + \frac{\partial Q}{\partial \sigma_{22}} + \frac{\partial Q}{\partial \sigma_{33}}\right)\sigma_{ij}\right]t \\ &+ \int_0^t \dot{\lambda}\langle F\rangle\left[\frac{\partial Q}{\partial \sigma_{ij}} - \frac{1}{3}\left(\frac{\partial Q}{\partial \sigma_{11}} + \frac{\partial Q}{\partial \sigma_{22}} + \frac{\partial Q}{\partial \sigma_{33}}\right)\sigma_{ij}\right]dt \end{aligned} \tag{4-21}$$

其中，总剪应变由瞬时变形(右端第一项)、衰减蠕变(右端第二项)、等速蠕变(右端第三项)和不确定项(右端第四项)组成。

即便系统受常应力 $\sigma_{ij}^0 = \sigma_m^0\sigma_{ij} + s_{ij}^0$ 作用，右端第三项也会持续产生黏塑性变形，使材料强度参数持续发生变化。其先增大到一定程度(峰值强度对应的塑性变形)后开始减小，屈服条件也随之发生变化。常应力 σ_{ij}^0 在 $t = 0$ 时满足屈服条件；当 t 开始增加后屈服条件提高，常应力 σ_{ij}^0 退回到新屈服面内不再产生瞬时塑性变形，式(4-21)右端第四项等于0。此时，蠕变变形由第二项和第三项控制，表现为从衰减蠕变到等速蠕变过渡。

当材料参数随黏塑性变形增加开始降低，当降低到一定程度时新屈服面重新回到常应力 σ_{ij}^0 所在位置，右端第四项开始起作用。从此往后，常应力 σ_{ij}^0 超过屈服面的程度 $\langle F\rangle$ 越来越大，可提供的应变速率也越来越大。表现出加速蠕变特点，并最终发生蠕变破坏。对塑性体积扩容的蠕变特点有相同结论。

1.5.3 黏弹－黏塑性流变模型的松弛方程

假设从 $t = 0$ 开始保持总应变不变，式(4-15)可以化简为：

$$\begin{cases} \dfrac{G_2}{\eta_2}e_{ij}^0 - \dfrac{G_2}{\eta_2}e_{ij}^{vp0} = \left(\dfrac{1}{2\eta_2} + \dfrac{G_2}{2G_1\eta_2}\right)s_{ij} + \dfrac{\dot{s}_{ij}}{2G_1} \\ 0 = \dfrac{\dot{\sigma}_m}{K} \end{cases} \tag{4-22}$$

该式为一阶线性微分方程，其解为：

$$\begin{cases} s_{ij} = C_1\exp\left(-\dfrac{G_1 + G_2}{\eta_2}t\right) + \dfrac{2G_1G_2}{G_1 + G_2}(e_{ij}^0 - e_{ij}^{vp0}) \\ \sigma_m = C_2 \end{cases} \tag{4-23}$$

可见偏应力随着时间增长逐渐降低，最终趋于一稳定值，球应力不发生应力松弛。

1.5.4 本构模型的增量形式

围岩流变本构模型增量形式，可表达如下式：

$$\begin{cases} \Delta e_{ij} = \Delta e_{ij}^{e} + \Delta e_{ij}^{ve} + \Delta e_{ij}^{vp} \\ \Delta e_{ij}^{e} = \dfrac{\Delta s_{ij}}{2G_1} \\ \Delta \varepsilon_{vol}^{e} = \Delta \varepsilon_{vol} - \Delta \varepsilon_{vol}^{vp} = \dfrac{\Delta \sigma_m}{K} \\ \overline{s_{ij}} \Delta t = 2\eta_2 \Delta e_{ij}^{ve} + 2G_2 \overline{e_{ij}^{ve}} \Delta t \\ \Delta \varepsilon_{vol}^{vp} = \left(d\lambda \langle F \rangle + \dfrac{\langle q - q_1 \rangle}{\eta} \Delta t \right)\left(\dfrac{\partial Q}{\partial \sigma_{11}} + \dfrac{\partial Q}{\partial \sigma_{22}} + \dfrac{\partial Q}{\partial \sigma_{33}} \right) \\ \Delta e_{ij}^{vp} = \Delta \varepsilon_{ij}^{vp} - \dfrac{1}{3}\Delta \varepsilon_{vol}^{vp}\delta_{ij} = \left(d\lambda \langle F \rangle + \dfrac{\langle q - q_1 \rangle}{\eta} \Delta t \right)\dfrac{\partial Q}{\partial \sigma_{ij}} - \dfrac{1}{3}\Delta \varepsilon_{vol}^{vp}\delta_{ij} \end{cases} \tag{4-24}$$

第四个等式——黏弹性部分有两个参数定义如下：

$$\begin{cases} \overline{s_{ij}} = \dfrac{1}{2}(s_{ij}^{N} + s_{ij}^{O}) \\ \overline{e_{ij}} = \dfrac{1}{2}(e_{ij}^{ve,N} + e_{ij}^{ve,O}) \end{cases} \tag{4-25}$$

上标 N 和 O 分别代表 $t+\Delta t$ 时刻和 t 时刻的值。将式(4-25)代入式(4-24)的第四个表达式，可以得到 $t+\Delta t$ 时刻的 e_{ij}^{ve} 为：

$$e_{ij}^{ve,N} = H_1\left(\frac{s_{ij}^{N} + s_{ij}^{O}}{2}\Delta t + H_2 e_{ij}^{ve,O} \right) \tag{4-26}$$

$$\begin{cases} H_1 = \dfrac{1}{2\eta + G_2 \Delta t} \\ H_2 = 2\eta_2 - G_2 \Delta t \end{cases} \tag{4-27}$$

将式(4-26)代入式(4-24)的第一个表达式，可以求出新时刻的偏应力张量表达式：

$$s_{ij}^{N} = \frac{1}{H_3}\left[\Delta e_{ij} - \Delta e_{ij}^{vp} + (1 - H_1 H_2) e_{ij}^{ve,O} + H_4 s_{ij}^{O} \right] \tag{4-28}$$

$$\begin{cases} H_3 = \dfrac{1}{2G_1} + \dfrac{H_1 \Delta t}{2} \\ H_4 = \dfrac{1}{2G_1} - \dfrac{H_1 \Delta t}{2} \end{cases} \tag{4-29}$$

由式(4-24)的第三个表达式可得 $t+\Delta t$ 时刻的平均应力为：

$$\sigma_m^{N} = \sigma_m^{O} + K(\Delta \varepsilon_{vol} - \Delta \varepsilon_{vol}^{vp}) \tag{4-30}$$

式(4-28)与式(4-30)构成完整的应力应变增量关系，其中 $t+\Delta t$ 时刻的 $e_{ij}^{ve,O}$ 即为 t 时刻的 $e_{ij}^{ve,N}$，可以在 t 时刻由式(4-26)获得，因此除新时刻的应力外，两式中的未知数仅有

黏塑性应变张量 Δe_{ij}^{vp} 和 $\Delta\varepsilon_{vol}^{vp}$ 。

在主应力空间中，可以按如下方式定义 $t+\Delta t$ 时刻的试应力：

$$\begin{cases} s_i^{NI} = \dfrac{1}{H_3}\left[\Delta e_i + (1 + H_1 H_2) e_i^{ve,0} + H_4 s_i^0\right] \\ \sigma_m^{NI} = \sigma_m^0 + K\Delta\varepsilon_{vol} \end{cases} \tag{4-31}$$

那么 $t+\Delta t$ 时刻的真实应力可以表示为：

$$\begin{cases} s_i^N = s_i^{NI} - \dfrac{\Delta e_i^{vp}}{H_3} \\ \sigma_m^N = \sigma_i^{NI} - K\Delta\varepsilon_{vol}^{vp} \end{cases} \tag{4-32}$$

统一成主应力形式：

$$\begin{aligned} \sigma_i^N &= s_i^{NI} + \sigma_m^{NI} - \frac{\Delta e_i^{vp}}{H_3} - K\Delta\varepsilon_{vol}^{vp} \\ &= \sigma_i^{NI} - \frac{\Delta e_i^{vp}}{H_3} - K\Delta\varepsilon_{vol}^{vp} \end{aligned} \tag{4-33}$$

黏塑性应变张量 Δe_{ij}^{vp} 和 $\Delta\varepsilon_{vol}^{vp}$ 由式(4-24)的第五和第六个表达式确定，很明显，Δe_i^{vp} 和 $\Delta\varepsilon_{vol}^{vp}$ 分四种情况计算：

(1)当 $\langle F\rangle < 0$ 且 $q - q_1 < 0$ 时，Δt 增量步中没有发生塑性变形：

$$\begin{cases} \Delta\varepsilon_{vol}^{vp} = 0 \\ \Delta e_i^{vp} = 0 \end{cases} \tag{4-34}$$

式(4-31)所得的试应力即为真实应力。

(2)当 $\langle F\rangle \geqslant 0$ 且 $q - q_1 < 0$ 时，Δt 增量步中只发生瞬时塑性变形，没有发生黏塑性变形，有：

$$\begin{cases} \Delta\varepsilon_{vol}^{vp} = d\lambda\langle F\rangle\left(\dfrac{\partial Q}{\partial\sigma_1} + \dfrac{\partial Q}{\partial\sigma_2} + \dfrac{\partial Q}{\partial\sigma_3}\right) \\ \Delta e_i^{vp} = d\lambda\langle F\rangle\dfrac{\partial Q}{\partial\sigma_i} - \dfrac{1}{3}\Delta\varepsilon_{vol}^{vp} \end{cases} \tag{4-35}$$

其中 $d\lambda\langle F\rangle$ 为塑性因子，由一致性条件求出参照与塑性修正的方法。

(3)当 $\langle F\rangle \geqslant 0$ 且 $q - q_1 > 0$ 时，Δt 增量步中既发生瞬时塑性变形也发生黏塑性变形，此时黏塑性应变增量为：

$$\begin{cases} \Delta\varepsilon_{vol}^{vp} = \left(d\lambda\langle F\rangle + \dfrac{\langle q - q_1\rangle}{\eta}\Delta t\right)\left(\dfrac{\partial Q}{\partial\sigma_{11}} + \dfrac{\partial Q}{\partial\sigma_{22}} + \dfrac{\partial Q}{\partial\sigma_{33}}\right) \\ \Delta e_{ij}^{vp} = \Delta\varepsilon_{ij}^{vp} - \dfrac{1}{3}\Delta\varepsilon_{vol}^{vp}\delta_{ij} = \left(d\lambda\langle F\rangle + \dfrac{\langle q - q_1\rangle}{\eta}\Delta t\right)\dfrac{\partial Q}{\partial\sigma_{ij}} - \dfrac{1}{3}\Delta\varepsilon_{vol}^{vp}\delta_{ij} \end{cases} \tag{4-36}$$

将式(4-36)代入式(4-32)中，由式(4-32)确定的新应力状态满足屈服条件 $F=0$，由此可以获得塑性因子 $d\lambda\langle F\rangle$，进而计算出黏塑性应变增量，再由式(4-32)计算出新时刻的应力状态，这个过程与第二种情况的处理方式相同；

(4)当$\langle F\rangle<0$且$q-q_1>0$时，Δt增量步中只发生黏塑性变形，此时黏塑性应变增量由下式直接计算：

$$\begin{cases}\Delta\varepsilon_{vol}^{vp}=\dfrac{\langle q-q_1\rangle}{\eta}\left(\dfrac{\partial Q}{\partial\sigma_{11}}+\dfrac{\partial Q}{\partial\sigma_{22}}+\dfrac{\partial Q}{\partial\sigma_{33}}\right)\Delta t\\ \Delta e_{ij}^{vp}=\Delta\varepsilon_{ij}^{vp}-\dfrac{1}{3}\Delta\varepsilon_{vol}^{vp}\delta_{ij}=\dfrac{\langle q-q_1\rangle}{\eta}\dfrac{\partial Q}{\partial\sigma_{ij}}\Delta t-\dfrac{1}{3}\Delta\varepsilon_{vol}^{vp}\delta_{ij}\end{cases}\tag{4-37}$$

将计算的黏塑性应变增量代回式(4-32)即可获得$t+\Delta t$时刻的新应力。

以上定义的模型命名为UEVP(Uni-elasto-visco-plastic)，在VC++环境下编程在FLAC3D中实现，程序的计算流程可见图4-30。

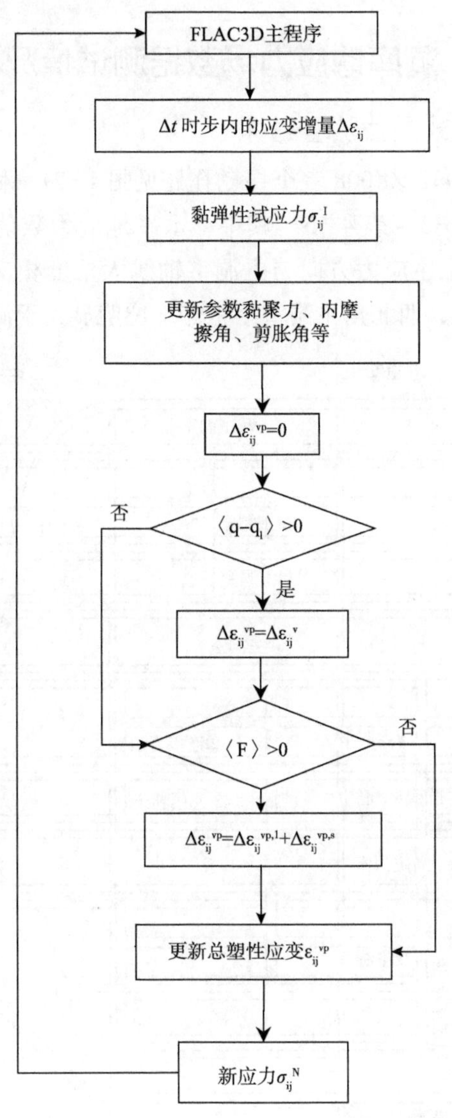

图4-30　围岩等效流变本构模型执行流程图

第二节　地下水封石洞油库区域地应力场分布规律

地应力尤其是水平地应力的大小与分布规律，是主洞室开挖数值模拟的基础数据之一。尽管详勘阶段已经做了水压致裂法的测试工作，但是鉴于数目较少及其对竖向主应力的假定，很有必要由变形监测数据来反算地应力的实际大小。目前已全面进入顶层开挖阶段，分析施工方案对围岩稳定的具体影响，并以此为基础优化施工方案，或者为施工措施提供建议，是一项不仅可行而且紧迫的工作。

2.1　洞库地应力场数据测试情况

2.1.1　详勘阶段水压致裂法测量结果

详勘阶段在 ZK002、ZK006、ZK008 三个探勘孔处见图 4-31，做了水压致裂法地应力测量，所得测量结果可见表 4-3 ~ 表 4-5。其中，水平地应力数值基本上在竖向应力的 1.5 倍 ~2.0 倍之间，最大水平主应力方向与主洞室轴线大角度相交。从洞室高程范围 -20 ~ -50m 内的应力数值来看，西北角主洞室小桩号部位明显大于洞室中部。

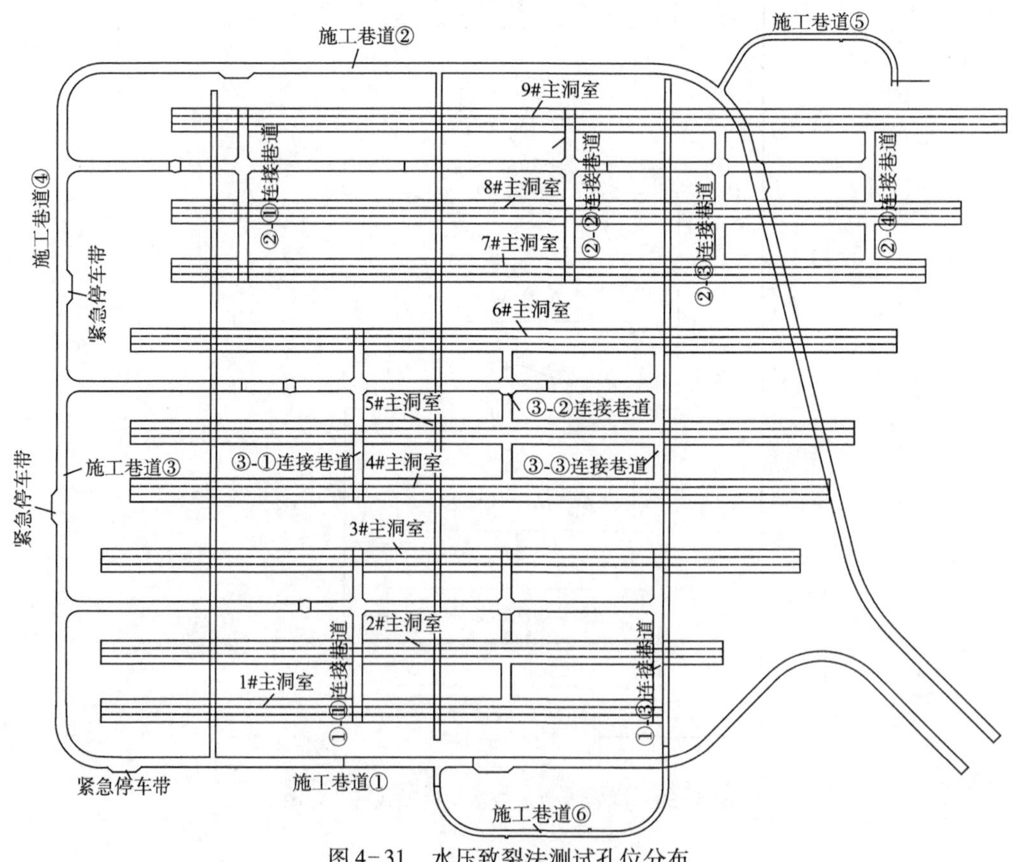

图 4-31　水压致裂法测试孔位分布

表 4-3　ZK002 地应力测试结果

ZK002	埋深/m	高程/m	大主应力 σ_H/MPa	中主应力 σ_h/MPa	垂直地应力 σ_v/MPa	破裂方向
1	152.3	181.78	9.57	6.38	4.01	
2	179.4	154.68	10.33	6.45	4.73	N58°W
3	196.6	137.48	9.59	6.65	5.19	
4	233.5	100.58	11.89	7.36	6.16	
5	288.5	45.58	12.38	7.88	7.62	N73°W
6	333.6	0.48	14.16	9.52	8.81	N84°W
7	365.0	-30.92	14.45	9.87	9.64	
8	399.2	-65.12	15.69	10.31	10.55	

注：第 7 行测点位于主洞室开挖范围内。

表 4-4　ZK006 地应力测试结果

ZK006	埋深/m	高程/m	大主应力 σ_H/MPa	中主应力 σ_h/MPa	垂直地应力 σ_v/MPa	破裂方向
1	155.80	103.07	9.26	5.63	4.11	N62°W
2	164.70	94.17	9.35	5.84	4.24	
3	177.30	81.57	8.75	5.85	4.71	
4	191.80	67.07	10.22	6.11	5.06	
5	209.40	49.47	11.23	6.71	5.53	N85°W
6	228.10	30.77	12.27	7.55	6.02	
7	261.10	-2.23	12.49	8.36	6.89	
8	290.60	-31.73	14.47	8.77	7.67	

注：第 8 行测点位于主洞室开挖范围内。

表 4-5　ZK008 地应力测试结果

ZK008	埋深/m	高程/m	大主应力 σ_H/MPa	中主应力 σ_h/MPa	垂直地应力 σ_v/MPa	破裂方向
1	117.42	50	5.22	4.15	3.1	
2	120.47	46.95	8.25	6.18	3.18	N70°W
3	141.23	26.19	10.45	6.38	3.73	
4	149.82	17.6	11.03	6.96	3.95	N76°W
5	161.6	5.82	11.15	6.58	4.27	
6	179.47	-12.05	11.83	7.26	4.74	
7	196.38	-28.96	12	7.43	5.21	
8	209.39	-42	12.62	7.55	5.23	N80°W
9	215.39	-47.97	13.18	8.11	5.68	

注：第 7、8 行测点位于主洞室开挖范围内。

2.1.2 顶层开挖阶段测井机器人测量结果

施工巷道完成开挖、主洞室顶层开始开挖之时，为进一步测量地应力场的分布情况，项目部邀请葛润修院士的深井地应力测试机器人课题组，到洞库现场如图4－32所示在洞壁向围岩凿钻孔，放入测试机器人进行了地应力的全量测试。

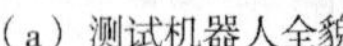
（a）测试机器人全貌

（b）插入测试机器人的情形

图4－32　深井地应力测试机器人测量地应力情况

这两个测点中，测点一也即8#主洞室端部围岩较完整测得了结果，而测点二也即③－③巷道侧壁由于围岩破碎未测得结果。所得测量结果经过计算处理和校核后，与水压致裂法反演地应力场结果对比可见表4－6。由于数据处理采用求解矛盾方程，提供了“最小值”和“推荐值”两组值。

表4－6　地应力全量变换结果的修正值

数据类型	σ_x/MPa	σ_y/MPa	σ_z/MPa	τ_{xy}/MPa	τ_{yz}/MPa	τ_{xz}/MPa
最小值	9.16	6.79	5.79	-0.71	-1.81	1.65
推荐值	10.45	7.62	6.54	-0.77	-2.01	1.78
水压致裂法测试值	12.56	11.76	9.64	-2.26	—	—

根据上面所地应力全量计算结果，可从现场地应力测试报告得到如下结论：

（1）垂直主洞室轴线方向上的水平应力接近竖向主应力，整体正应力水平要低于水压致裂法20%～30%。

（2）xz竖直平面内存在较大的剪应力。其数值大小接近竖向应力，可能与山体的埋深和区域构造特点有关，呈现出北部翘起、南部下降的趋势。

（3）地应力分布存在较明显的南北分区。结合③－③连接巷道测试时应变释放很小的情况，可以认为库区南部的地应力基本为自重应力，数值较北部有很大的差异。究其原因，可能与F3断层的隔断作用有关。

2.2 地应力反馈分析的方法、流程与结果

整个反馈工作根据工程经验简化为水平地应力系数 λ 的计算，也即求取水平地应力与竖向应力的比值。目前大体上是掌子面进尺 3m 时开始观测，因此建立三维数值模型作计算分析，如图 4-33 所示在掌子面进尺一个 3m 循环后清零位移场。也就是采用进尺 3m 以后的收敛值，利用位移增量作水平地应力系数的反演。

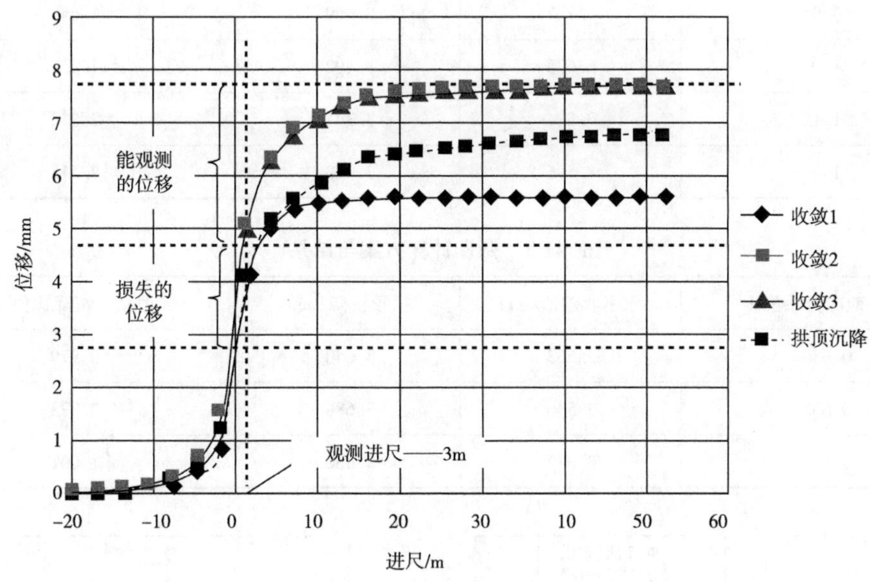

图 4-33　反馈参数的位移量选取

具体的反馈操作流程如图 4-34 所示，水平地应力系数 λ 取初始值为 0.5，迭代的过程见表 4-7，而最后确定数值的过程见表 4-8。其中得到的变形指标以及收敛、沉降比值与水平地应力系数的关系图示，可分别见图 4-35 和图 4-36。

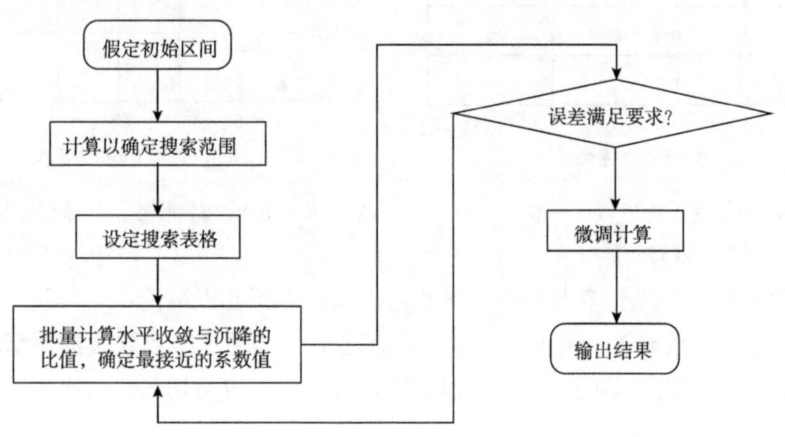

图 4-34　水平地应力系数反演流程

表 4-7　批量计算方案与结果

水平地应力系数 λ	水平收敛值/mm	拱顶沉降/mm	收敛、沉降比值 η
0.5	2.635	3.889	0.678
0.6	3.358	3.670	0.915
0.7	4.094	3.570	1.147
0.8	4.887	3.482	1.404
0.9	5.722	3.469	1.649
1.0	6.636	3.402	1.951
1.1	7.584	3.397	2.233
1.2	8.596	3.413	2.518

表 4-8　微调计算方案与结果

水平地应力系数 λ	水平收敛值/mm	拱顶沉降/mm	收敛、沉降比值 η
0.630	3.562	3.640	0.979
0.633	3.586	3.684	0.973
0.640	3.632	3.630	1.001

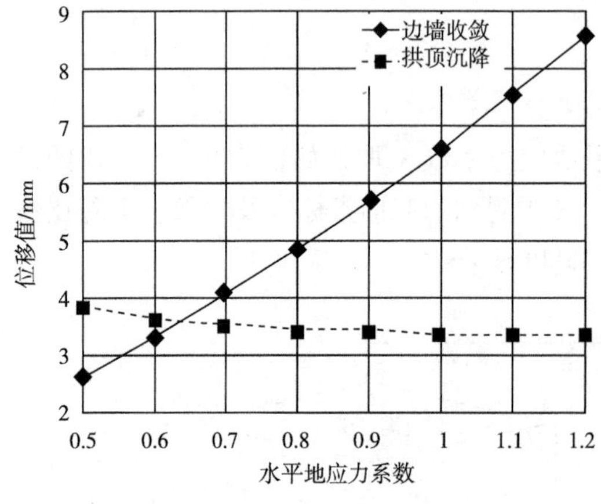

图 4-35　变形指标与水平地应力系数的关系图

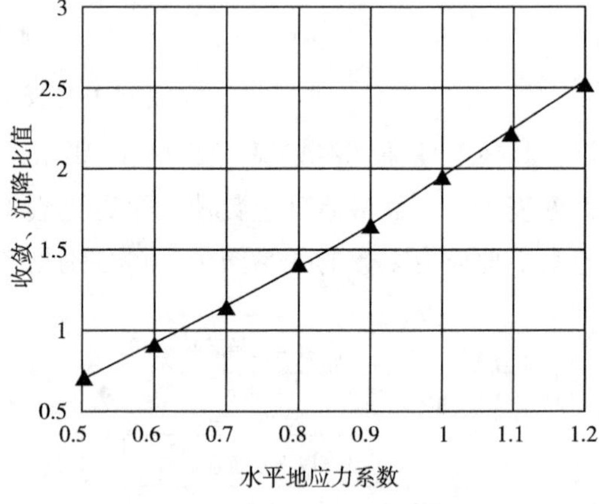

图 4-36　收敛、沉降比值与水平地应力系数的关系图

综合水平地应力反馈计算与分析，最终可以得到以下几点结论：

(1)水平地应力系数 λ 为 0.640。构造应力远小于详勘水压致裂法的测量数值，其对洞室围岩稳定的影响比预期的小很多，但是还是大于自重应力场的应力水平，不宜在动态设计与施工中忽略其影响。

(2)洞室拱顶沉降主要由竖向应力(也即自重应力)控制。水平应力的变化虽能在一定程度上影响其数值大小，但是 λ 从 0.5 变化到 1.2 拱顶沉降仅减少 10% 左右。

(3)洞室边墙变形受水平应力影响显著。λ 从 0.5 变化到 1.2，只增加 1.4 倍，水平收敛数值却增加约 2.2 倍，其增速已经超越水平应力的增加速度。

需要说明的是，本节地应力反馈分析中，采用了围岩位移监测数据，并采用了简单弹塑性力学模型，分析中未考虑塑性参数变化对反馈结果影响。

2.3 地应力反馈分析结果在主洞室开挖分析中的应用

将上面地应力成果应用到主洞室顶层分步开挖计算，得到顶层开挖中导洞和扩挖以后的围岩变形与破坏情况如图 4-37 所示。从图中可以总结得到如下结论：

主洞室顶层开挖主要对拱顶的围岩稳定产生影响，但对中导洞边墙围岩有一定程度的扰动。中导洞开挖后拱顶变形释放过半，该处保持围岩稳定是顶层开挖的关键。扩挖之前边墙的围岩变形较小，而扩挖以后边墙围岩压应力上升却反而趋向稳定。

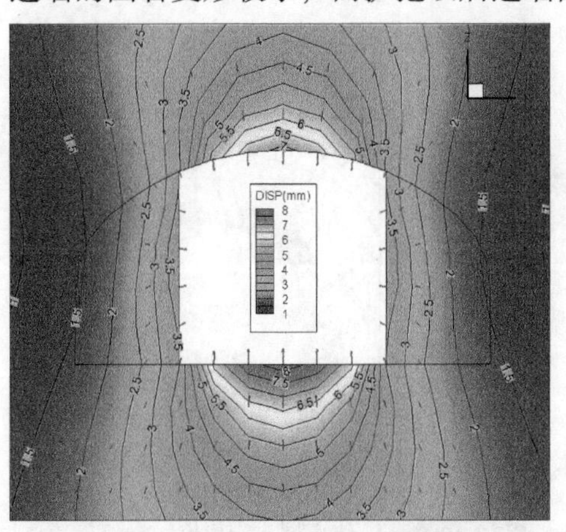

(a) 中导洞开挖后的围岩位移场

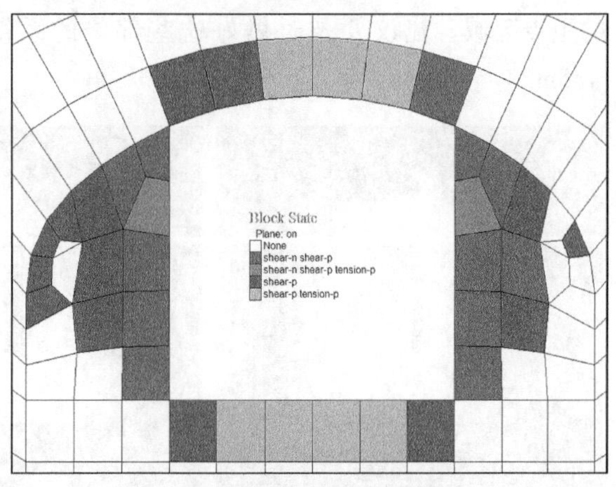

(b) 中导洞开挖后的围岩破坏情况

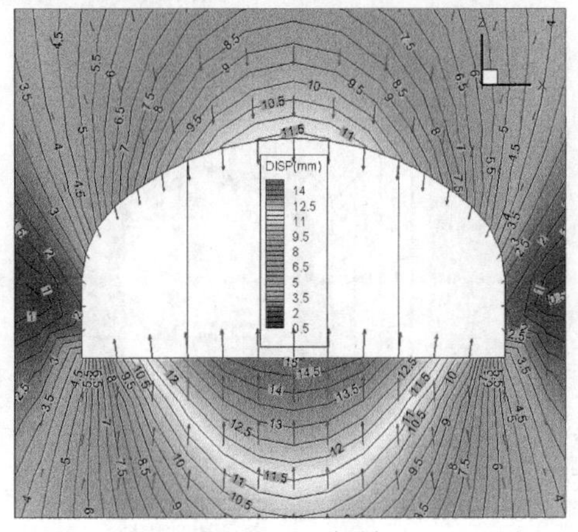

(c) 顶层扩挖后的位移场

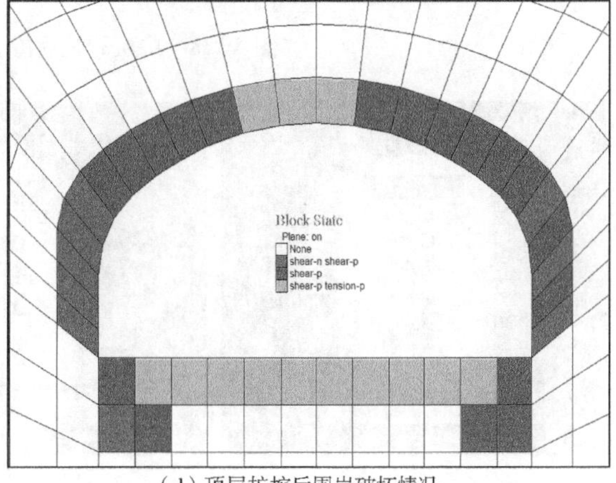

(d) 顶层扩挖后围岩破坏情况

图 4-37 顶层开挖过程中围岩的变形与破坏情况

根据这些结果，我们建议：中导洞暴露时间不宜过长。在Ⅲ1 类围岩的情况下，导洞掌子面与扩挖掌子面的距离最好不超过 30m。遇到中导洞边墙破碎、渗水甚至渗水情况时，宜采取长度 3.0m 的锚杆及时随机锚固。

将水平地应力反馈成果进一步分别应用到主洞室中层和下层开挖的分析过程来，得到对应的围岩变形与破坏情况如图 4-38 和图 4-39 所示。综合这两个图形可以得到以下两点结论：

(1)中层开挖主要造成其边墙下部围岩的松动和破坏，对拱顶围岩稳定状态的影响很小。具体在上下层交界处往下 7～8m 范围内，洞周的位移增幅最大超过 8mm，并在 4～5m 深度内形成应力松弛的围岩松动破坏区。

(2)下层开挖主要造成其边墙下部围岩的松动和破坏，对拱顶围岩稳定状态的影响可以忽略。在中下层交界处往下 7～8m 范围内，洞周的位移增幅最大超过 10mm，并在 4～5m 深度内形成应力松弛的围岩松动破坏区。

因此，顶层与中层以及中层与下层交界处，是中层和下层施工过程中围岩变形和破坏的重点区域。建议要及时做好这些部位的系统支护，Ⅲ1 类围岩时其锚杆长度不宜短于 5m。

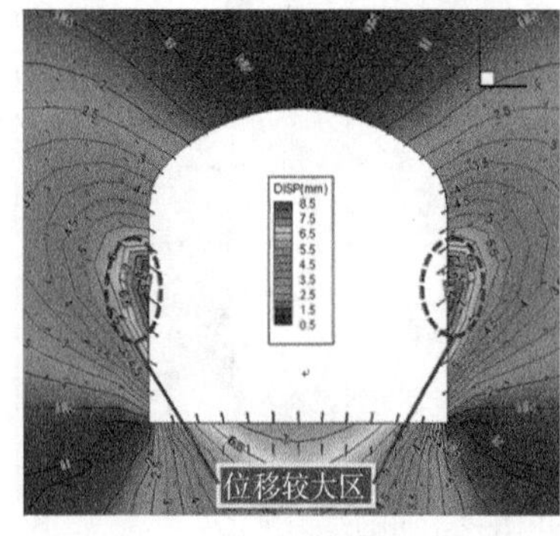

(a) 位移增量

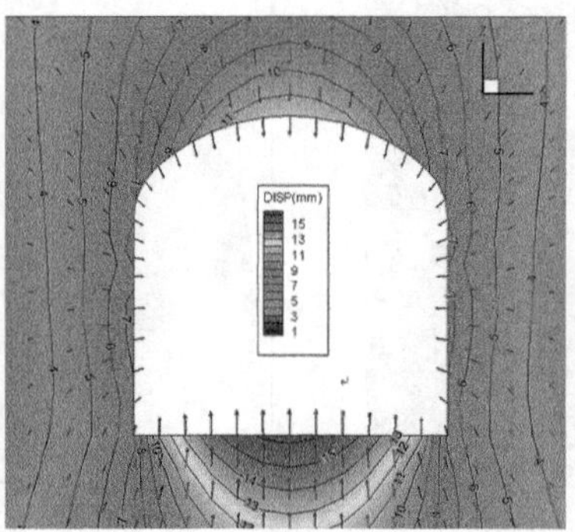

(b) 累计位移

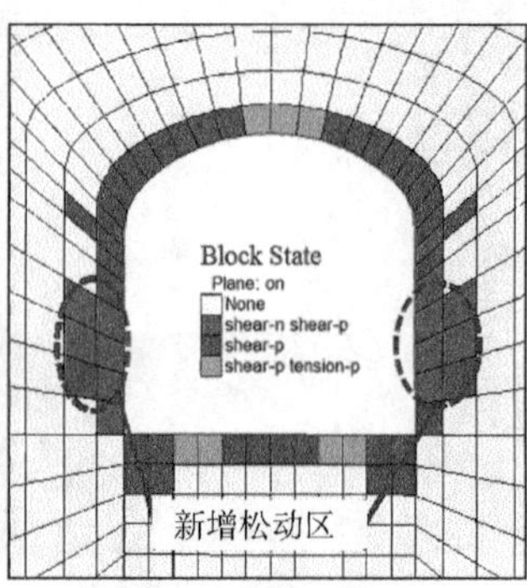

(c) 围岩的破坏情况

图 4-38　中层开挖后围岩的变形与破坏情况

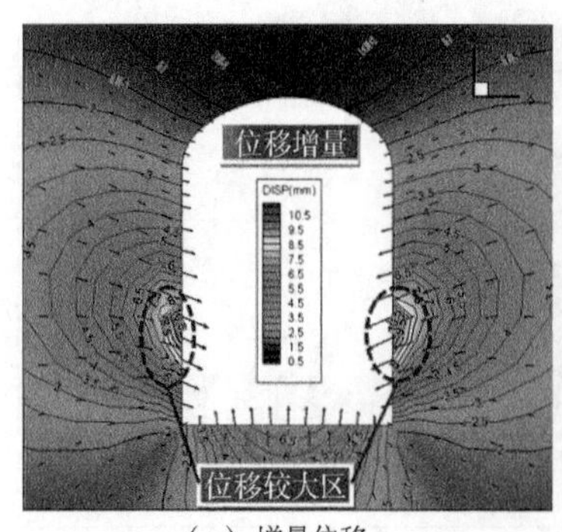

(a) 增量位移

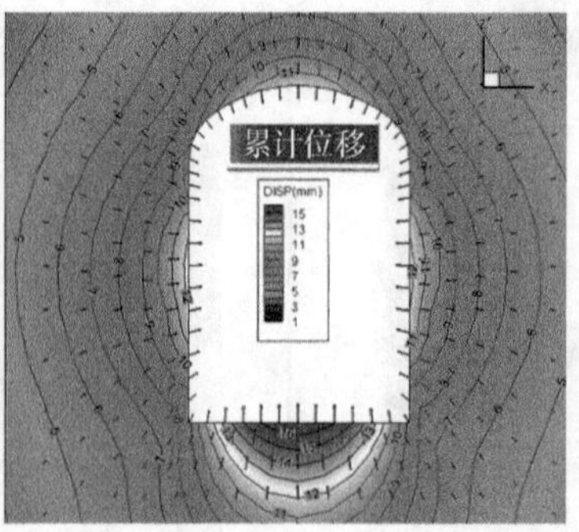

(b) 累计位移

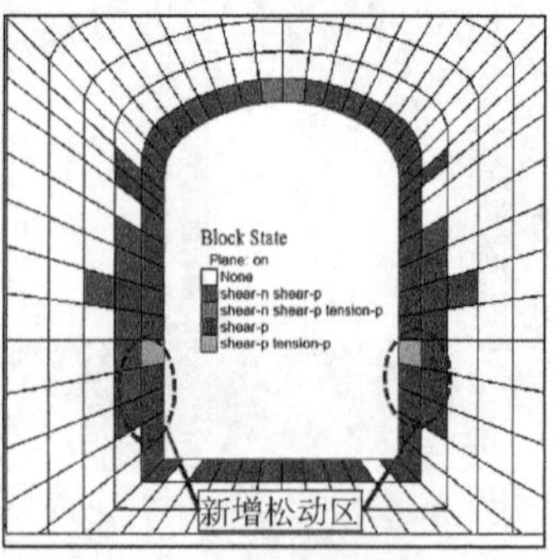

(c) 围岩破坏场

图 4-39　下层开挖后围岩的变形与破坏情况

第三节　地下水封洞库施工监测大数据分析的创新方法

洞库开挖从施工巷道到主洞室，为了监控围岩稳定状态，实施了变形、锚杆应力等多种类型的监测，也进行了松动圈测试等多种测试。所得数据类型和数量都较为丰富，反馈分析采用多点位移计的变形数据。为了充分利用大量的监测数据，我们对这些大数据的分析方法进行了新的尝试抽取其中的有益信息，以此辅助计算分析直至优化设计与施工方案。其中，最典型的例子主要有以下三项：

(1)施工巷道收敛监测数据的分形特征分析

2012 年 1 月以后，连接巷道和水幕巷道①、②开挖施工接近尾声，随后各主洞室的顶层进入开挖阶段。利用已经揭露的围岩资料，为施工提供预报进而为动态设计提供支持，已经具备了基本条件。以往所作的围岩分级尽管已经比较详细，但毕竟勘探钻孔有限，地质构造在空间分布上变化较频繁，所以还不能准确反映每一洞段的准确情况。

而巷道断面的收敛监测结果直观地反映了围岩的真实变形情况，其中综合了裂隙、节理、地下水等因素的复杂影响。不过，由于测量断面设置和仪器安装的滞后性，开挖当时的弹性变形常常难以测量，实际上不可能测定完整的断面位移收敛曲线。分形作为一种能从某一方面反映自然界本质规律的数学工具，以其强大的抽象能力可以克服这一不利情况，从不完整的数据中获得围岩变形性能的相关规律。如果以大量的监测断面数据计算为基础，在巷道轴线甚至洞库区平面上做变化趋势分析，可能为主洞室围岩变形性能的推测提供一条有效途径。

据此在主洞室开挖的实际范围内，剔除埋深较浅的早期监测断面，选择如图 4-40 所示的监测断面作为分析对象。其中，共计有 40 余个施工巷道断面、30 余个水幕巷道断面，基本上覆盖了主洞室的开挖范围。我们对这些算例提供了一年多的庞大数据，利用分形方法进行了分析，总结了宏观规律，为洞库的宏观布置提供了高层次优化方案。

(2)主洞室收敛监测数据的关键点变形分解

2012 年年初主洞室进入顶层开挖以后，在顶层设置了十多个收敛监测断面。其中，在拱顶和拱肩和边墙之间设置了 7 条测线，虽然可以测定点之间距离变化量，却难以直接刻画拱肩、边墙等关键点的变形。而数值分析结果表明，顶层扩挖时拱肩是顶部稳定的关键部位，层间交界处是中下层开挖时围岩稳定的关键部位，求解这些特征变形对于监控主洞室的围岩状态非常有意义。

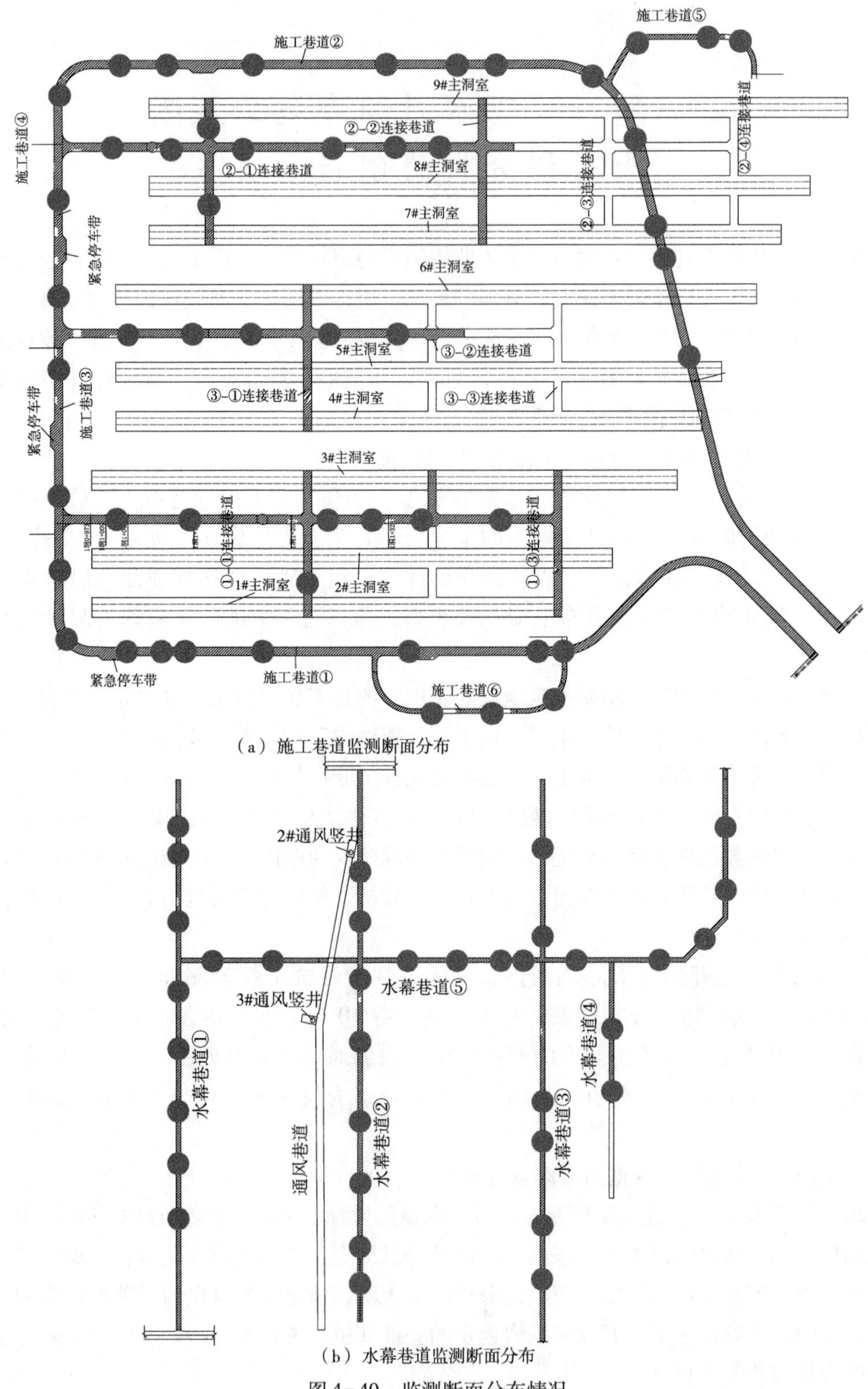

（a）施工巷道监测断面分布

（b）水幕巷道监测断面分布

图 4-40　监测断面分布情况

(3) 主洞室松动圈测试数据分析

主洞室松动圈反馈分析结果是否合乎实际，通常难以由现场测试结果来校核。基于超声波速的松动圈测试通常仅能确定深度，以往难以为实际材料参数情况确定提供依据。不过，如果按照百分比简化松动圈材料参数的变化，根据波速与材料参数的对应关系，可将松动圈测试结果用于参数的对照。

3.1 洞库监测方案及其常规数据分析

3.1.1 洞库监测方案

为了全面监测洞库稳定性，布置了横穿 9 个主洞室 3 条测线、共 27 个监测断面(如图 4-41 所示)。每个断面布置洞周围岩收敛变形、拱顶沉降、内部位移、围岩松动圈、锚杆应力和接触应力等监测项目。图 4-42 是洞周围岩收敛与沉降观测布置图和多点位移计测点布置图，图 4-43 为锚杆应力计、围岩松动圈测点与接触应力测点布置图。监测采用的仪器和频率可见表 4-9。

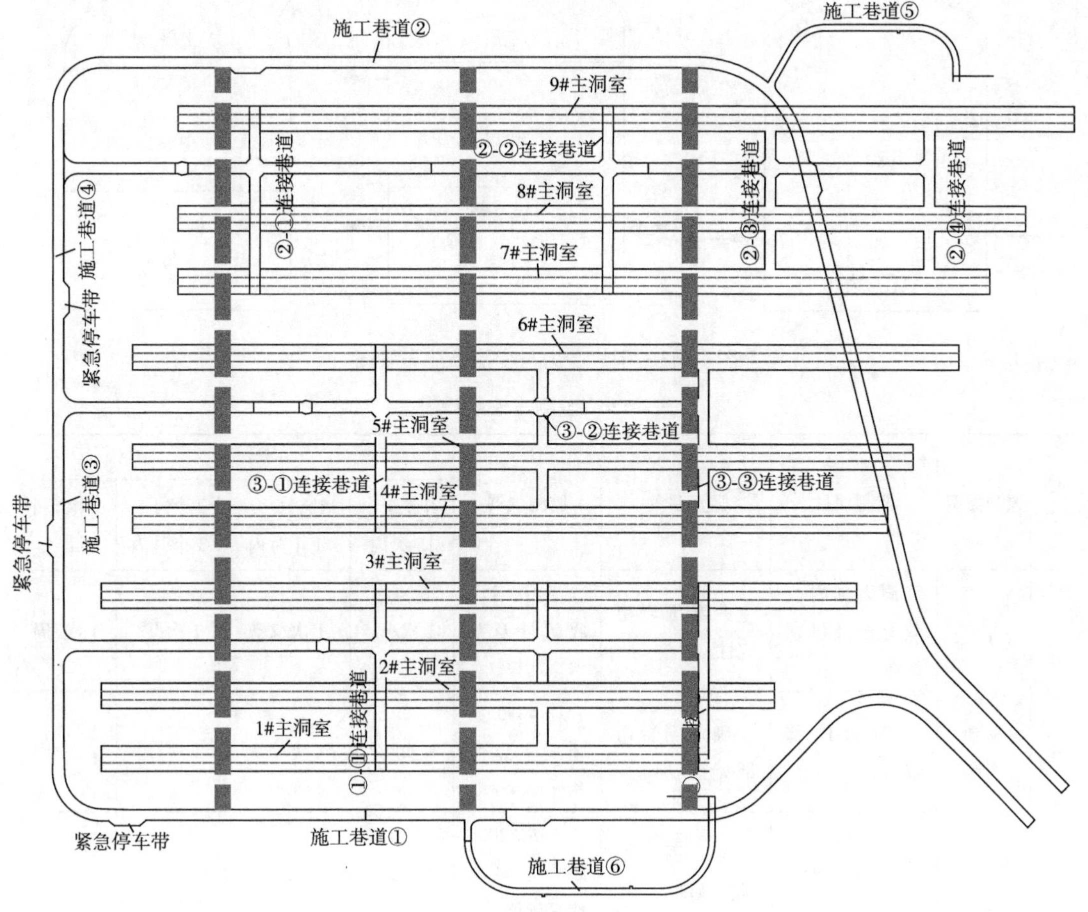

图 4-41　洞库主洞室监测断面布置图

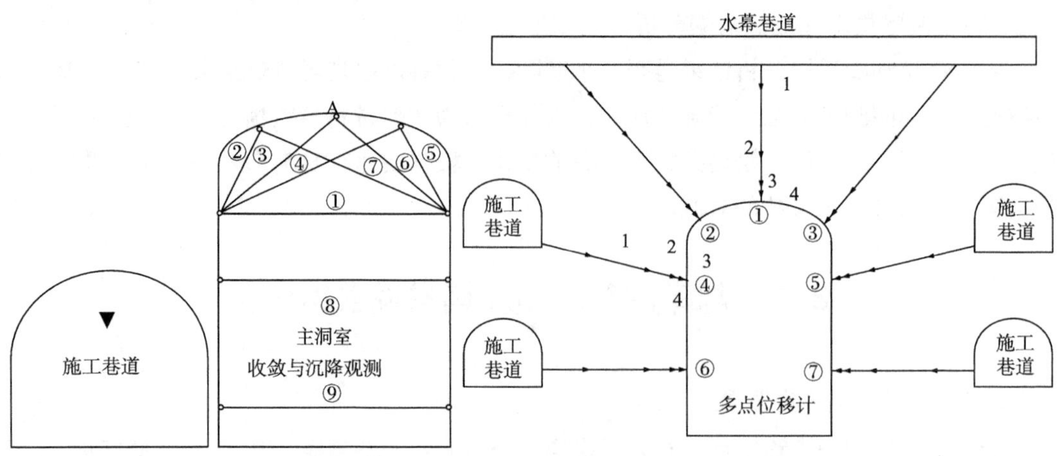

图 4-42　洞室监测断面测点、测线布置图

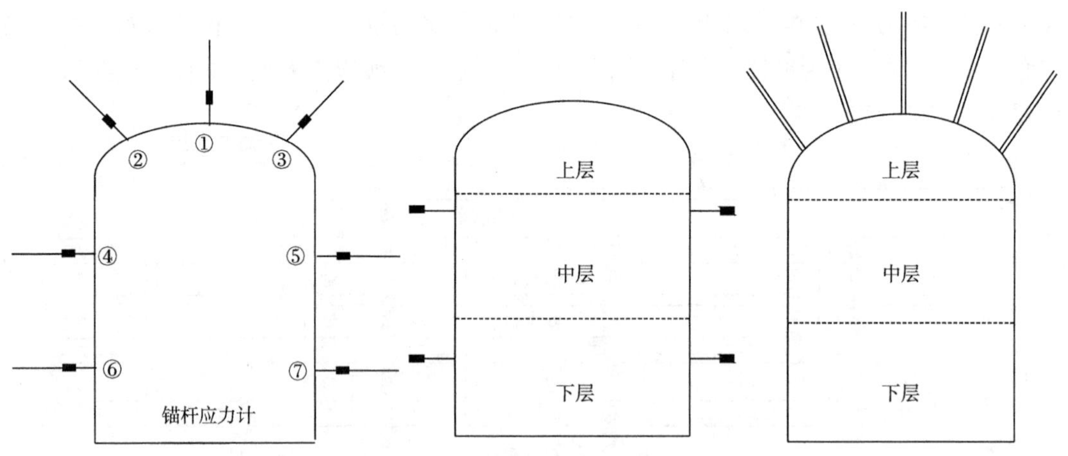

图 4-43　围岩受力与变形监测布置图

表 4-9　监测方法统计表

序号	监测类型	监测项目	监测目的	监测仪器	量测频率			
					开挖 1～15 天内	开挖 16 天～1 个月内	开挖 1～3 个月内	开挖 3 个月以后
1	围岩变形	洞周围岩收敛变形及拱顶沉降	判断围岩稳定性	数字钢尺收敛计及莱卡全站仪	1 次/天	1 次/2 天	1 次/周	1 次/周
		围岩内部位移	确定围岩内部变形范围	GK4450 振弦式多点位移计	1 次/天	1 次/2 天	1 次/周	1 次/周
		围岩松动圈	测定围岩松动圈范围	UCE2000 超声波多功能探测仪	无	无	无	无

续表

序号	监测类型	监测项目	监测目的	监测仪器	量测频率			
					开挖1~15天内	开挖16天~1个月内	开挖1~3个月内	开挖3个月以后
2	洞室围岩与支护相互作用情况	锚杆应力	监测锚杆受力状况，检验锚杆设计参数	MG-25A振弦式锚杆应力计	1次/天	1次/2天	1次/周	1次/周
		接触应力	监测喷射混凝土与围岩之间的接触力	TJ-22差阻式接触应力计	1次/天	1次/2天	1次/周	1次/周

3.1.2 监测结果与分析

3.1.2.1 洞周围岩收敛变形及拱顶沉降

地下洞室开挖后对不同断面监测值进行了统计，洞周变形可见表4-10、拱顶沉降可见表4-11。表4-10中，Ⅰ、Ⅱ、Ⅲ级围岩中的收敛值大部分介于4~8mm区间内，大于8mm的收敛值多分布于Ⅳ级围岩中；表4-11中，Ⅰ、Ⅱ、Ⅲ级围岩中的，沉降值大部分介于3~6mm之间，Ⅳ级围岩中沉降值平均分布于6~9mm和8~12mm区间中。数据表明主洞室围岩变形较小，支护受力良好；随着围岩质量逐渐变差，围岩收敛值和拱顶沉降值逐渐变大。

表4-10 洞周围岩收敛变形监测断面分布表

围岩等级 \ 收敛值/mm	<4	4~8	8~12
Ⅰ、Ⅱ	2	5	0
Ⅲ	2	8	2
Ⅳ	0	1	3
总计	4	14	5

表4-11 拱顶沉降监测断面分布表

围岩等级 \ 沉降值/mm	<3	3~6	6~9
Ⅰ、Ⅱ	1	8	0
Ⅲ	1	7	4
Ⅳ	0	1	1
总计	2	16	5

3.1.2.2　内部位移与松动

围岩内部位移进行监测统计情况况可见表4-12。典型洞室松动圈范围如图4-44所示，1#主洞室0+100断面和2#主洞室0+190断面围岩松动范围分别为1.2~1.6m和1.3~1.65m左右。

表4-12　多点位移计监测断面分布表

围岩等级 \ 位移/mm	<1	1~3	3~5	>5
Ⅰ、Ⅱ	18	6	1	4
Ⅲ	22	7	2	2
Ⅳ	0	0	1	1
总计	40	13	4	7

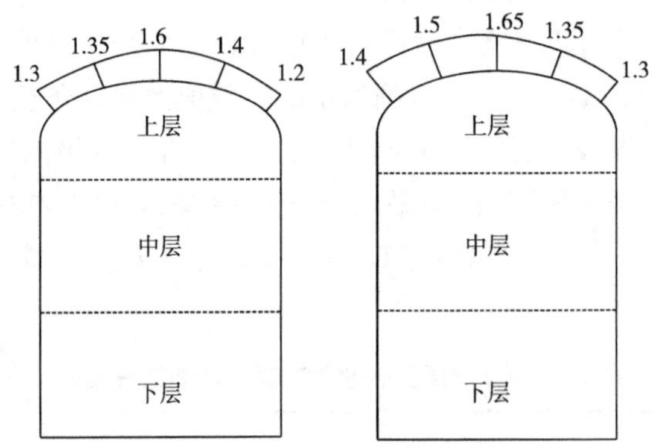

图4-44　主洞室松动圈范围图示

3.1.2.3　锚杆应力

洞库锚杆的应力监测结果分布情况如表4-13。Ⅰ、Ⅱ、Ⅲ级围岩中大部分小于50MPa；Ⅳ级围岩中，50%的锚杆应力值大于80MPa；锚杆应力值大部分小于50MPa共有21支，占总数的72%。以上数据表明：随着围岩级别的增加，锚杆应力值也随之增加，围岩质量会影响锚杆的受力。

表4-13　锚杆应力计监测断面分布表

围岩等级 \ 锚杆应力/MPa	<50	50~80	80~100	>100
Ⅰ、Ⅱ	7	0	0	0
Ⅲ	11	5	0	0
Ⅳ	3	0	1	2
总计	21	5	1	2

由于洞库主洞室跨度大、边墙高，两侧及上下层围岩性可能不一致。表现在锚杆应力上如图4-45，在同一断面上可能一侧大于另一侧，拱顶明显大于中下部。

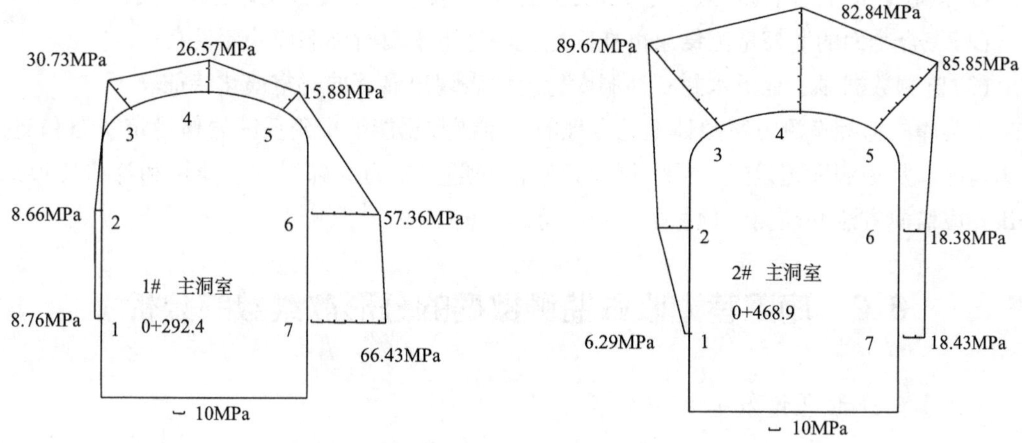

图4-45　监测断面锚杆应力监测值

8#主洞室0+425.9断面锚杆应力值最大，应力值为195.84MPa、围岩等级为Ⅳ级。由图4-46所示，洞室左边墙中、上层锚杆应力值较大，说明此处围岩变形较大。对比勘察报告可知，此处有断层带穿过，断层区周围有较大破碎带、节理面蚀化严重，有白色高岭土充填、结合差，导致作用于锚杆上应力较大。

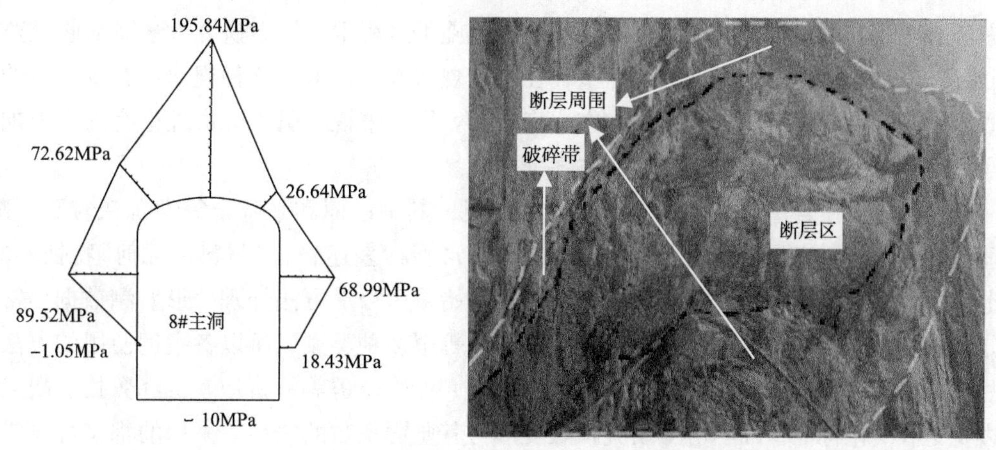

图4-46　8#主洞室0+425.9监测断面锚杆应力监测值示意图

3.1.2.4　接触应力

监测洞库喷射混凝土与围岩的径向接触应力，可用于判断喷混支护效果及洞库稳定性。3#主洞室0+570断面接触应力监测值在0.1MPa左右。7#主洞室0+480断面的TJc7-3监测峰值为0.421MPa，是断面其他测点监测值的4倍多，对比地勘资料发现，在TJa7-3接触应力计位置围岩有夹泥、周围有松散破碎带，其中岩石挤压产生变形造成接触应力增大。最近的多点位移计亦有明显反应，说明接触应力可准确反映洞室围岩稳定性。

3.1.3 结论与建议

监测数据分析结果表明：

(1)该地下水封石油洞库围岩变形和支护受力较小、岩体稳定性良好、设计支护方案合理。

(2)综合全面的监控量测结果可准确地反映地下水封石油洞库稳定性特征。

(3)监测数据显示地下水封石油洞库稳定性表现出显著的时空演化特征。

本洞库的监控量测方案整体上是合理的，监测数据能够准确反映岩体稳定状态和支护受力情况。从该洞库建设经验看，洞库稳定性问题主要为局部塌方、掉块和片帮等形式，提出相应监测方法并预测、预警是一个亟待解决的问题。

3.2 施工巷道收敛监测数据的分形盒维数的分析

3.2.1 分形理论及盒维数简介

分形理论也即“分形几何学”，是近五、六十年发展起来的高阶数学门类，已在诸多学科领域得到广泛应用。“分形”——非整数维度概念的萌芽，早期研究可以追溯到19世纪晚期，其完整的理论由美籍法国数学家B. B. Mandelbort提出。他在1967年指出自然界中广泛存在无限自相似现象，于1975年首次引入“分形”(Fractal)一词，其后出版了一系列著作从而确立了这一新的数学分支。

分形理论的核心思想在于：普遍存在的“无限自相似”特征。这种数学手段显然可以用于提炼事物的内在特征。而在某大型洞室群工程施工过程中，笔者研究大量断面收敛监测变形数据时，发现其波动程度在无序中存在某种规律性。也即，这种规律性有着一定的自相似特征，所以可以引入分形理论和方法来分析。简单来说，引入分形理论有助于增加解决问题的速度，能提升寻求问题解决方案的深度。

分形几何学在岩土力学方面应用已较为广泛，其中以谢和平院士等学者在岩石裂隙、节理分布方面的研究最有代表性。与其以二维分形指标表述岩石“材料 - 几何”特征不同，岩土工程领域中从20世纪90年代开始，已经开始采用分形方法处理变形监测数据。常见的分形维数有容量维数、信息维数以及关联维数等很多种类型，所以各案例使用的方法也有些差异。其中，一些案例关注曲线的起伏程度，如管志勇等分析地基沉降数据、胡显明等边坡变形演化特征、陆明心等研究顶煤变形与其坚固系数的关系，采用的都是容量维数之一的盒维数。而另一些案例则重点在曲线的整体变化趋势，如吴中如、潘卫平使用关联维数分析边坡稳定，李业学、刘建锋采用Hurst指数处理地下洞室的相对变形，还有樊晓一以多重分形方法分析滑坡位移。

3.2.2 一维盒维数的计算方法与含义分析

盒维数计算的过程见图4-47，盒维数的计算思路：先给作为分析对象的时程曲线划分方形的背景网格，然后计算曲线有效覆盖的方格数N_δ与尺寸δ的分形维数(如图4-48所示)。具体的计算公式如下式4-38所示：

$$\text{Dim}BF = \lim_{\delta \to 0} \frac{\lg(N_\delta)}{-\lg\delta} \text{ 即 } N_\delta(F) = \delta^{-\text{Dim}BF} \tag{4-38}$$

该维数表达的是复杂物体占有空间的有效性，即为复杂形体不规则性的量度，故而可以测定监测时程曲线的波动程度。因为目的在于刻画曲线的起伏程度，所以无需像文献中一样，在变形与时间的二维平面内统计盒子数。也即，去掉时间数据只求取变形一个维度的盒子数，详细的算法与证明可见文献。如果假定变形数据范围的等分数为 m，则盒子数计算方法大致步骤可简述如下：

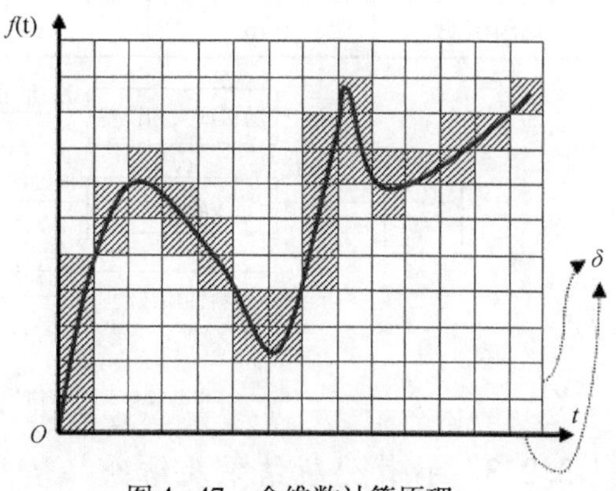

图 4-47　盒维数计算原理

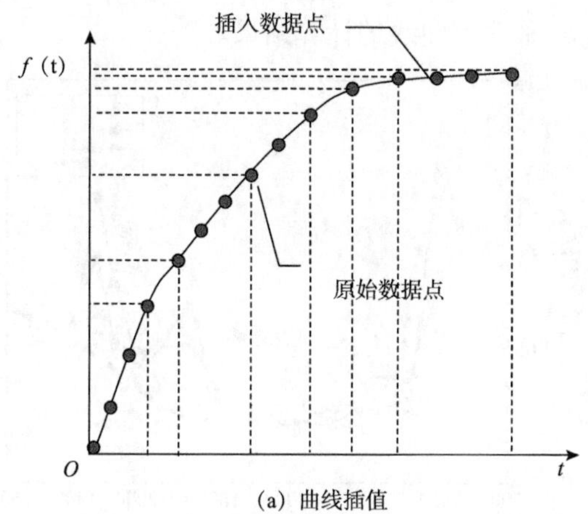

(a) 曲线插值

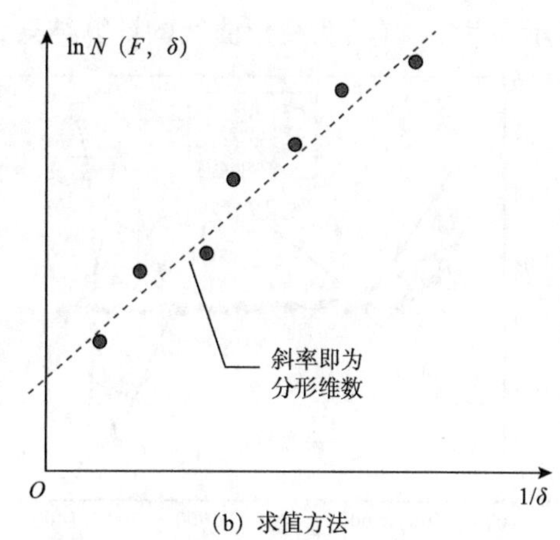

(b) 求值方法

图 4-48　盒维数计算图示

(1)将变形数据 $\{U_i\}$ $(i=1, \cdots, n)$ 细化插值成数组 $\{\overline{U}_j\}$ $(j=1, \cdots, m)$，其中 $m \gg n$。

(2)将数组 $\{\overline{U}_j\}$ $(j=1, \cdots, m)$1 等分 $[1<\log2(m)-1]$，将盒子数赋予零值。

(3)从逐一截取片段 $[\overline{U}_{i\times l-1} \quad \overline{U}_{i\times l}]$ $(i=0, \cdots, m/l)$，求取最大值 $\overline{U}_{\max}$ 和最小值 $\overline{U}_{\text{m}}$in，盒子数累增 $[\overline{U}_{\max}/\delta]-[\overline{U}_{\min}/\delta]$ [尺度 $\delta = l/(U_{\max} - U_{\min})$]。

从理论上讲，细分数量 m 越大计算得到的盒维数准确，但是对应的计算量也会急剧增加，反复试算后确定为 219。由此，编制 Matlab 程序，得到 W－M 分形模型下的维数校核结果见表 4-14，可以看到程序的计算精度可以满足工程需要。

如图 4-49 分析监测时程曲线波动性的原因，通过逐项排除方法可知——分形盒维数的物理意义是：岩体平均块体尺度的大小。盒维数越大围岩平均块体尺度越小，围岩的均质性也即完整性越差。

表 4-14　W-M 分形模型的盒维数算法校核结果

理论分形维数	1.1	1.2	1.3	1.4	1.5
计算分形维数	1.165	1.221	1.297	1.373	1.451

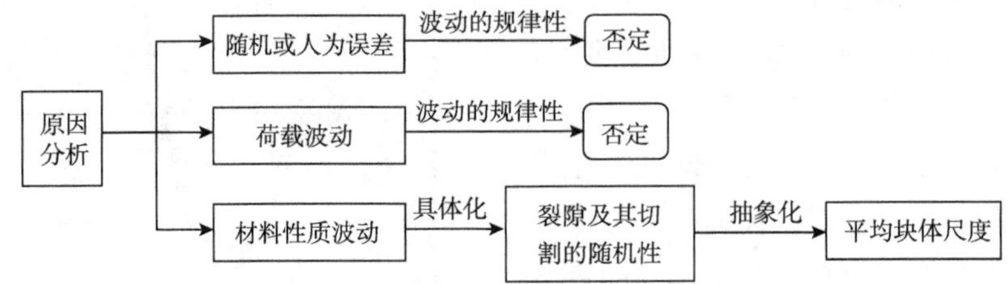

图 4-49　监测时程曲线波动原因分析

3.2.3　计算分析结果及结论

施工巷道①、②各监测断面变形数据的盒维数计算结果，分别如图 4-50 和图 4-51 所示。其中，(a)为变形曲线的计算结果，而(b)是速率曲线的计算结果。

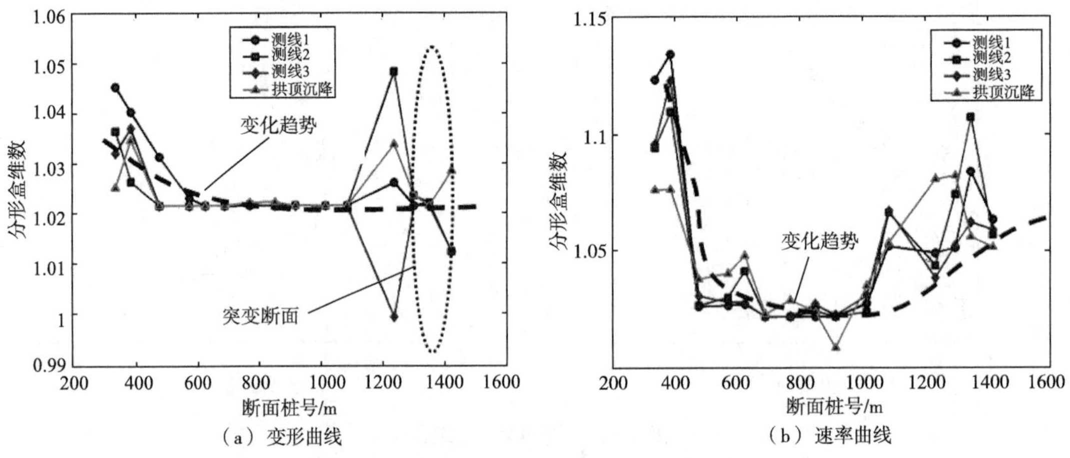

（a）变形曲线　（b）速率曲线

图 4-50　施工巷道①分形盒维数计算结果

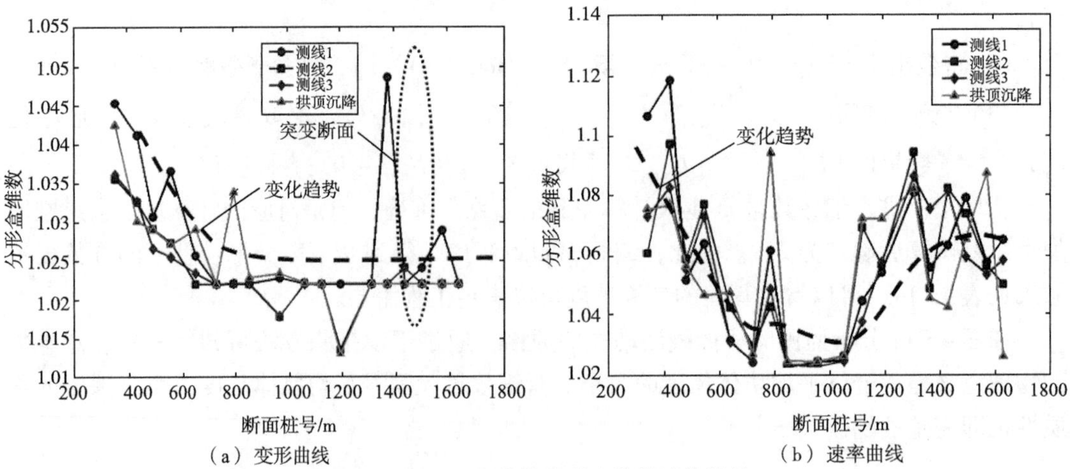

（a）变形曲线　（b）速率曲线

图 4-51　施工巷道②分形盒维数计算结果

由上面盒维数计算的结果和图形分析，如图4－50、图4－51所示最终得到以下几点结论：

(1)施工巷道①、②中监测断面的盒维数，在平行主洞室轴线方向上随着主洞室桩号的减少而减小。也即，库区围岩的完整性随着主洞室桩号的增加而逐渐弱化。

(2)施工巷道①、③、④、②连线上监测断面的盒维数，在垂直主洞室轴线方向上从1#主洞室走向9#主洞室逐渐增加。从而，库区围岩的完整性随着主洞室编号的增加(也即由东南向西北方向)而逐渐好转。

(3)①、②水幕巷道上监测断面的盒维数变化规律较为复杂，从1#主洞室走向9#主洞室①水幕巷道轴线上盒维数略有增加，而②水幕巷道轴线上的盒维数则略有减小。

(4)变形曲线与速率曲线的分形盒维数变化规律相似，但速率曲线盒维数的变化幅度远比变形曲线明显。

综合起来，得到库区围岩完整性的变化规律(见图4－52)：沿着主洞室轴线方向上随着桩号的增加而好转，垂直于主洞室轴线方向上随着洞室编号的增加而有所劣化。总体来说，主洞室小桩号区域围岩完整性较好，而主洞室大桩号区域的围岩完整性较差。即使是埋深增加围岩完整性的基本规律也不会本质变化，这点从目前1#、3#、9#主洞室大桩号施工揭露的情况基本吻合。

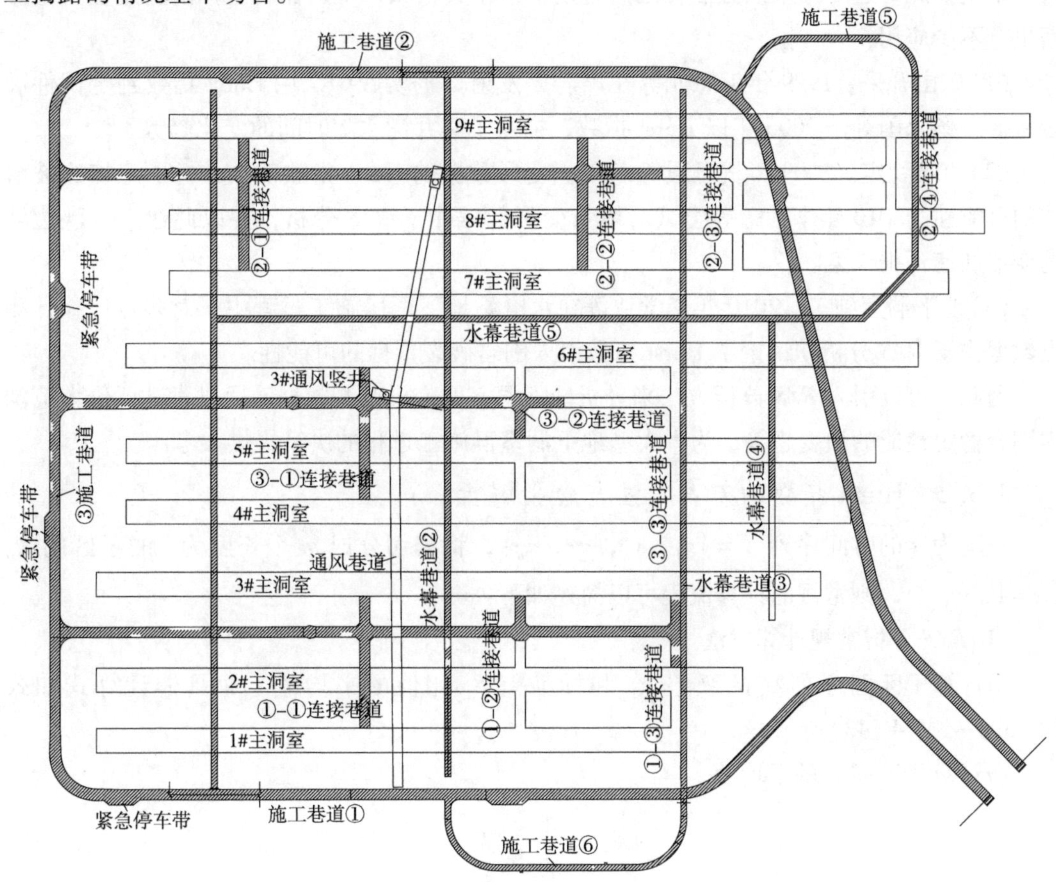

图4－52　分形盒维数分析得到的库区围岩完整性演变规律

3.3 施工巷道收敛监测数据的 Hurst 指数分析

3.3.1 *R/S* 分析法及 Hurst 指数简介

R/S 分析法即重标极差分析方法，于 1951 年由英国水文学家 H. E. Hurst 首次提出，该方法源于其对尼罗河水位涨落规律的研究。其以时间序列数据为输入项，计算分析其各元素在时序上的相关性，适宜于处理复杂的非线性动力系统。

H. E. Hurst 在长达 40 年的研究水库水量变化的过程中发现：水位涨落是一种长程时间相关的随机过程。也即，前面发生的事件会对后面将发生的事件产生影响，其计算结果 Hurst 指数就是衡量影响程度的统计指标。在随后的 20 世纪 60 年代，分形几何理论的创立者 Mandelbrot 做了理论证明，并将其扩展到一般的随机信号分析。1963 年 Mandelbrot 把 *R/S* 分析法推广到更一般的随机时间序列的分析，在 1968 年与 Van Vess 一起推广了分数布朗运动的类型。此后，*R/S* 分析法被应用到多个学科领域，其中在股票、期货的价格波动分析中尤为广泛，至今仍占有重要地位。

不仅如此，近十年来该方法在国内岩土工程相关领域，特别在岩土体的稳定性判定方面也有不少应用：

(1)矿山开采。1999 年王恩元等在煤岩声发射数据实践中，用 Hurst 指数判定试件破裂特征。杨永国等于 2006 年以 Hurst 指数，描述了竖井涌水随时间的变化趋势。

(2)边坡稳定。2009 年贺可强等以累积变形数据的 Hurst 指数值，分析了三峡边坡滑移的可能性。2010 年李远耀等尝试对增量变形数据作了 *R/S* 分析，并以此建立三峡边坡的变形加速预报模型。

(3)地下洞室施工。2010 年李学业等在水电站地下厂房施工过程中，对多点位移计测点数据作了 *R/S* 分析，讨论了 Hurst 指数引入围岩破裂判据的可能性。

因此，可以引入 *R/S* 分析方法来分析地下洞室的变形监测数据。通过尝试评价大范围内围岩稳定性能的演变趋势，为本大型地下洞室群施工过程的决策提供参考。

3.3.2 Hurst 指数的基本算法与含义解析

长度为 n 的时间序列 $X=\{x_1, x_2, \cdots, x_n\}$，将其切分成 m 个长度为 1 的子区间 X_α $(\alpha=1,\cdots, l)$，则常规的计算流程可以简述如下：

(1)*R/S* 分析常规计算方法

即计算子区间序列$\overline{X_\alpha}$的级差 R_{I_α} 和标准差 S_{I_α} 比值的平均值$\overline{X_\alpha}$，具体计算式如式(4-39)~式(4-43)所示：

1)计算子区间X_α的平均值：

$$\overline{X_\alpha} = \frac{1}{l}\sum_{i=1}^{l} X_{\alpha,i} \tag{4-39}$$

2)由上面求得的子区间 X_α 的平均值，计算其各元素的累计离差值 $Y_{\alpha,k}$：

$$Y_{\alpha,k} = \sum_{i=1}^{k} (X_{\alpha,i} - \overline{X_\alpha})(k = 1,\cdots,l) \tag{4-40}$$

3)计算子区间 X_α 的极差 R_{I_α}

$$R_{I_\alpha} = \max(Y_{\alpha,i}) - \min(Y_{\alpha,i}) \tag{4-41}$$

4)计算子区间 X_α 的标准差 S_{I_α}

$$S_{I_\alpha} = \sqrt{\frac{1}{l}\sum_{i=1}^{l}(X_{\alpha,i} - \overline{X_\alpha})^2} \tag{4-42}$$

5)由各子区间 X_α 的极差与标准差比值 $R_{I_\alpha}/S_{I_\alpha}$，平均求得 R/S 分析的最终结果。

$$R/S = \frac{\sum_{i=1}^{m} R_{I_\alpha}/S_{I_\alpha}}{m} \tag{4-43}$$

(2)改进算法

上面提到的经典算法当数据序列存在明显的跳跃和平台时，可能使计算 R/S 值时由于标准差 S 为零而失效。因此，本文引入 Matlab 编制的 Hurst 指数改进算法，具体如下共分为 6 个步骤。其中，修改了标准差 S 的计算对象，并将 R/S 值变换为数组长度 l 与其标准差 S 的乘积而避免了计算失效，但 l 的值必须取定为 ln(n)的整数下限。

1)为整数参数赋初始值 $m \Leftarrow 1, l \Leftarrow n$ 。

2)将数据序列 X 复制到数据序列 Y。

$$Y = X \tag{4-44}$$

3)计算数据序列 X 的标准差 Y:

$$S = \sqrt{\frac{1}{l}\sum_{i=1}^{l}(Y_{\mathrm{i}} - \overline{Y})^2} \tag{4-45}$$

4)求取原数据序列的 R/S 值

$$R/S = l \tag{4-46}$$

5)将数据序列 Y 中每相邻两个元素相加，取平均值得到新的数据序列 X:

$$X_k = (Y_{2k} + Y_{2k+1})/2 \quad (k = 1,\cdots,l/2) \tag{4-47}$$

6)令 $l \Leftarrow l/2$、$m \Leftarrow m \times 2$，如果 $l > 1$ 跳到步骤(2)循环运行，否则退出循环。由对应的 m 和 R/S 序列，求取对数斜率即得 Hurst 指数(具体将在下面介绍)。

该方法计算量减少一半且计算过程更稳定，但是从文献情况看实际工程应用较少。故而，需要将其与常规算法做对比分析，用批量的实际算例来确定其有效性。

(3)Hurst 指数含义解析

根据 Hurst 指数的数值大小，有三种不同类型的含义:

1)$H=0.5$，表明着原时间序列是一个随机序列，即过去的增量与未来的增量不相关。这通常属于概率统计学的研究对象。

2)$0.5 < H < 1.0$，表明着原时间序列是一个持久性序列，即过去的增量与未来的增量正相关。该序列具有长程相关性;

3)0 < H < 0.5，表明着原时间序列是一个反持久性序列，即过去的增量与未来的增量负相关，该序列具有突变跳跃逆转性。

根据 H. E. Hurst 的研究，自然界很多现象的 H 值大于 0.5，表明它们普遍具有混沌分形特征。从工程经验看，通常变形监测时程数据的主要变化趋势就是收敛，因此其 Hurst 指数值应该大于 0.5。并且从数值上看，Hurst 指数越大收敛持续的时间越长，也即时程曲线收敛的速度越慢。也即，Hurst 指数在数学上与变形收敛速度呈负相关关系，其对应的分形维数则代表变形的收敛速度。

而从力学理论角度看：变形曲线的收敛速度取决于荷载和围岩性质。通常施工情况下，在较大范围的区域内，围岩材料性质的演变才是影响变形收敛速度的主要因素。具体而言，线弹性情况下洞室断面变形快速完成，但由于围岩不断松动、裂隙逐渐演化，实际围岩变形收敛过程要缓慢的多。所以，Hurst 指数在力学上对应着开挖后围岩的流变速度（也即围岩的松动程度），Hurst 指数越大对应的围岩松动程度也就越明显。需要指出的是，其中既包括围岩的蠕变特征，也包含了围岩的塑性特征。

3.3.3 计算分析结果及结论

施工巷道①、②各监测断面变形数据的 Hurst 数计算结果，分别如图 4－53 和图 4－54 所示。

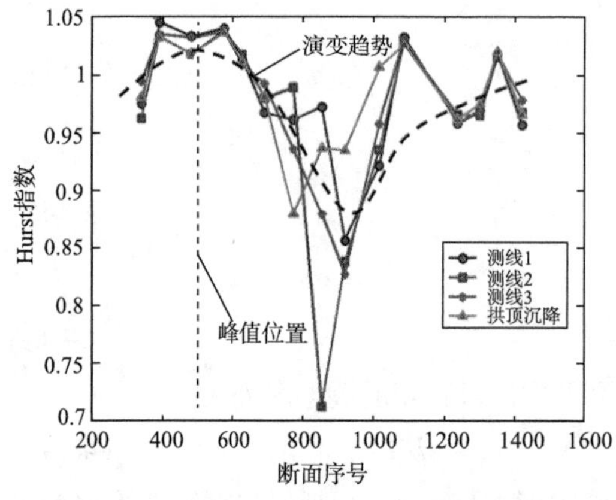

图 4－53 施工巷道①的 Hurst 指数计算结果

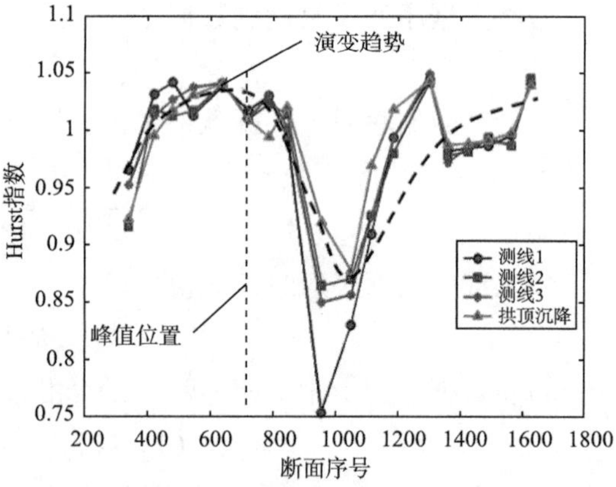

图 4－54 施工巷道②的 Hurst 指数计算结果

从上面的 Hurst 指数分析成果可知，变形监测时程数据具有明显的混沌分形特征。并且还可以进一步得到如下几点结论：

施工巷道①、②监测断面在平行主洞室方向上，Hurst 指数随着主洞室桩号的减少先增加后减少，在 F3 断层附近取得极大值。

施工巷道①、③、④、②监测断面在垂直主洞室轴线的方向上，从 1#主洞室走向 9#主洞室 Hurst 指数逐渐增加。

①、②水幕巷道上监测断面的 Hurst 指数的变化规律较为复杂。①水幕巷道上指数数值随着主洞室编号的增大而增大，而②水幕巷道上的 Hurst 指数数值反而减少，其演变速

度随着掌子面的推进快速降低。

变形曲线与速率曲线的 Hurst 指数变化规律也较为相似，其中速率曲线 Hurst 指数的变化幅度大于变形曲线。

从而，结合 Hurst 指数与围岩时变性质的对应关系，得到库区围岩在断面开挖稳定以后的松动程度演变规律如图 4-55：沿主洞室轴线方向上在 F3 断层附近最显著，而在垂直于主洞室轴线方向上绕 F7 断层呈现顺时针切变特征——上盘区负相关、下盘区正相关。

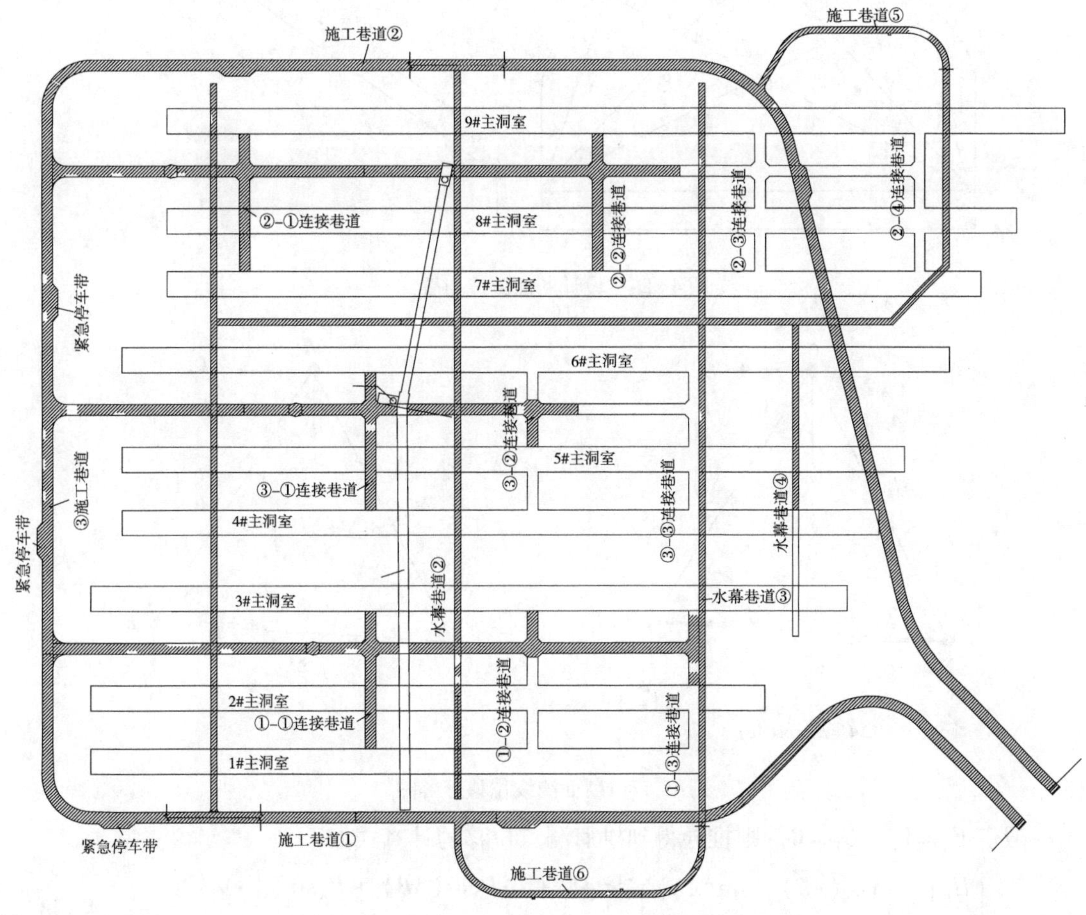

图 4-55　Hurst 指数分析得到的围岩松动程度的空间变化特征

3.4　主洞室监测变形值的分量计算

洞库工程主洞室顶层开挖实践表明：当围岩条件不是很好时，拱肩是围岩不稳定的关键部位。尽管设计监测方案中对其已经有所考虑，但是收敛测线直接测定的是相对位移，并未给出各个测点的变形分量。为了实现对洞室关键点变形值的直接监控，需要以顶层变形监测方案为基础，推导出各测点的变形分量的估算式。

(1)计算公式的推导

典型的主洞室顶层设计断面测线布置方式如图4-56，各测线的位移分解图示可见图4-57。其中，Δl 表示某条测线的收敛值，r 为左侧测点水平变形占测线收敛值得比例，而 U 表示水平位移、V 表示竖向位移。

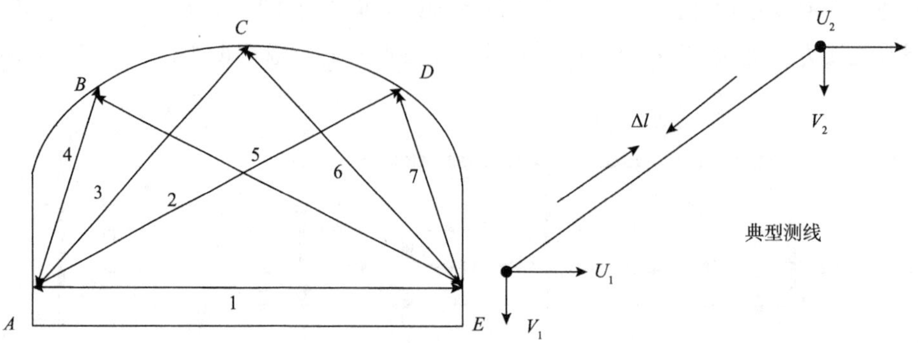

图4-56　设计断面测线布置图

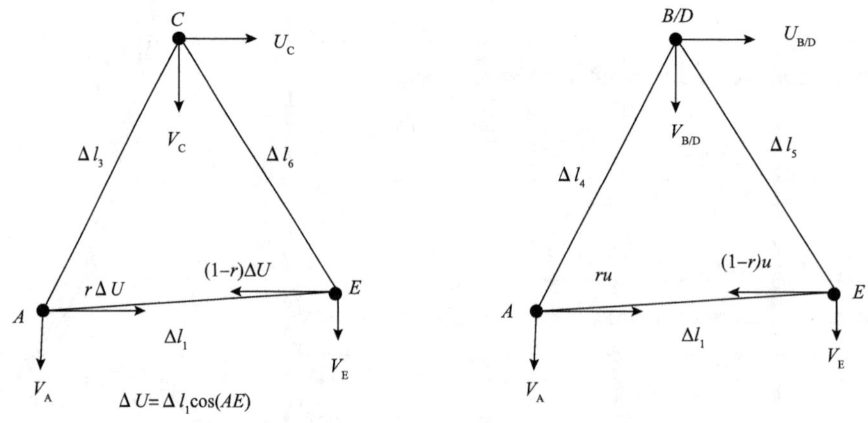

图4-57　断面测线位移分解图

假定 $V_A=V_E$、$U_C=0$，则推导得到拱肩测点位移的计算式如下：

$$\begin{bmatrix} U_B \\ V_B \end{bmatrix}=\begin{bmatrix} \cos(\overrightarrow{AB}) & \sin(\overrightarrow{AB}) \\ \cos(\overrightarrow{EB}) & \sin(\overrightarrow{EB}) \end{bmatrix}^{-1}\begin{bmatrix} \Delta l_4+r\Delta U\cos(\overrightarrow{AB})+V_A\sin(\overrightarrow{AB}) \\ \Delta l_6+(1-r)\Delta U\cos(\overrightarrow{EB})+V_E\sin(\overrightarrow{EB}) \end{bmatrix} \quad (4-48)$$

$$\begin{bmatrix} U_D \\ V_D \end{bmatrix}=\begin{bmatrix} \cos(\overrightarrow{AD}) & \sin(\overrightarrow{AD}) \\ \cos(\overrightarrow{ED}) & \sin(\overrightarrow{ED}) \end{bmatrix}^{-1}\begin{bmatrix} \Delta l_2+r\Delta U\cos(\overrightarrow{AD})+V_A\sin(\overrightarrow{AD}) \\ \Delta l_7+(1-r)\Delta U\cos(\overrightarrow{ED})+V_E\sin(\overrightarrow{ED}) \end{bmatrix} \quad (4-49)$$

式中 r、V_A、V_E 由下式求得

$$\begin{bmatrix} r \\ V_A \\ V_E \end{bmatrix}=\begin{bmatrix} 0 & 1 & -1 \\ 1 & -\sin(\overrightarrow{AC}) & 0 \\ -\cos(\overrightarrow{EC})\Delta U & 0 & \sin(\overrightarrow{EC}) \end{bmatrix}^{-1}$$

$$\begin{bmatrix} \dfrac{\Delta l_1 - \Delta U\cos(\overrightarrow{AE})}{\sin(\overrightarrow{AE})} \\ \Delta l_2 - V_C\sin(\overrightarrow{AC}) \\ \Delta l_3 - V_C\sin(\overrightarrow{EC}) - \Delta U\cos(\overrightarrow{EC}) \end{bmatrix} \tag{4-50}$$

得到各点位移的分量值后，可据此较为直观地判定洞室各部位变形特征，并可与反馈分析结果直接对比。

(2)顶层计算实例及其结论

依据上述计算式编写 Matlab 源程序代码，对主洞室现有 5 个测点监测数据(2012 年 10 月 30 日)进行估算(表 4-15)。

由下表可得：

1)右侧边墙的水平变形略大于左侧。左侧边墙水平变形的最大值为 3. 981mm，平均值为 2. 668mm；右侧边墙水平变形的最大值为 4. 718mm，平均值为 2. 858mm；左拱肩水平变形的最大值为 2. 227mm，平均值为 0. 679mm；

2)拱肩竖向变形大于水平变形。左拱肩竖向变形的最大值为 8. 272mm，平均值为 3. 686mm；右拱肩水平变形的最大值为 1. 338mm，平均值为 0. 678mm；右拱肩竖向变形的最大值为 12. 856mm，平均值为 4. 408mm；拱顶沉降的最大值为 4. 7mm，平均值为 3. 793mm。

其原因可能在于：因为洞周附近竖向地应力占优，或者结构面方向偏近洞室轴线。此外根据变形的方向特征，建议在锚杆施工过程中严格控制锚杆方向。

表 4-15　主洞室顶层 5 个测点监测断面估算结果

部位	左边墙水平变形/mm	右边墙水平变形/mm	左拱肩水平变形/mm	左拱肩竖向变形/mm	右拱肩水平变形/mm	右拱肩竖向变形/mm	拱顶沉降/mm
1#主洞室 0 +99. 4	1. 563	-3. 137	-0. 163	-5. 517	-1. 338	-5. 053	-4. 100
1#主洞室 0 +294	2. 209	-3. 291	-0. 649	-3. 639	-0. 749	-3. 452	-3. 900
2#主洞室 0 +99. 4	3. 090	-2. 409	0. 499	-5. 020	-0. 078	-5. 179	-4. 100
2#主洞室 0 +294	3. 558	-2. 242	0. 090	-4. 306	-0. 122	-4. 854	-4. 500
3#主洞室 0 +99. 4	1. 661	-3. 239	-0. 209	-5. 641	-1. 042	-4. 703	-3. 300
3#主洞室 0 +294	3. 981	-4. 718	2. 187	-8. 272	0. 667	-12. 856	-4. 500
3#主洞室 0 +475. 4	2. 283	-3. 117	-0. 095	-1. 446	1. 387	-2. 576	-3. 000
4#主洞室 +74. 4	2. 151	-3. 649	-0. 374	-3. 671	0. 821	-3. 325	-3. 500
4#主洞室 0 +268. 9	3. 086	-2. 614	-1. 261	-3. 064	-0. 360	-4. 961	-3. 900
6#主洞室 0 +99. 4	3. 388	-2. 012	0. 319	-2. 296	0. 536	-2. 057	-3. 700
6#主洞室 0 +294	2. 452	-3. 447	0. 840	-2. 748	0. 839	-2. 240	-3. 600
8#主洞室 0 +294	3. 589	-0. 911	2. 227	-1. 893	0. 779	-2. 137	-2. 600
8#主洞室 0 +99. 4	3. 488	-4. 209	-1. 585	0. 736	0. 115	-4. 185	-4. 700
9#主洞室 0 +294	1. 662	-2. 137	-0. 651	-4. 496	-0. 725	-4. 673	-3. 900
9#主洞室 0 +488. 4	1. 853	-1. 747	-0. 037	-2. 547	0. 613	-3. 866	-3. 600

3.5 主洞室松动圈测试结果分析

2012 年 10 月底，1#、2#、3#、9#主洞室顶层完成松动圈声波测试(如图 4－58 所示)。虽然结果中可大致判断松动圈的深度，但不能直接用于基于三维数值计算的反馈分析。根据测试成果，得知主洞室松动圈实际深度在 1.5 ~2.0m 之间，由此设定松动圈深度为 1.6m 和 2m，对围岩松动圈材料参数的弱化程度(简称弱化程度)作出估算。从而，可为数值计算材料参数选择提供参考，也可用于洞室稳定性评价估计。

估计的思路可见图 4－59，根据松动圈超声波测试原理，与围岩性质与波速的对应关系，可由松动圈内波速的下降幅度来估计其弱化程度。根据 3#主洞室 0＋160 桩号松动圈声波测试结果，估计得到围岩参数弱化程度如下。由 3#主洞室 0＋255 桩号松动圈测试结果，估计得到围岩参数弱化程度如下。从而，得到假定松动圈深 2m 和 1.6m 时，主洞室松动圈弱化程度估计结果汇总分别见表 4－16 ~ 表 4－19。

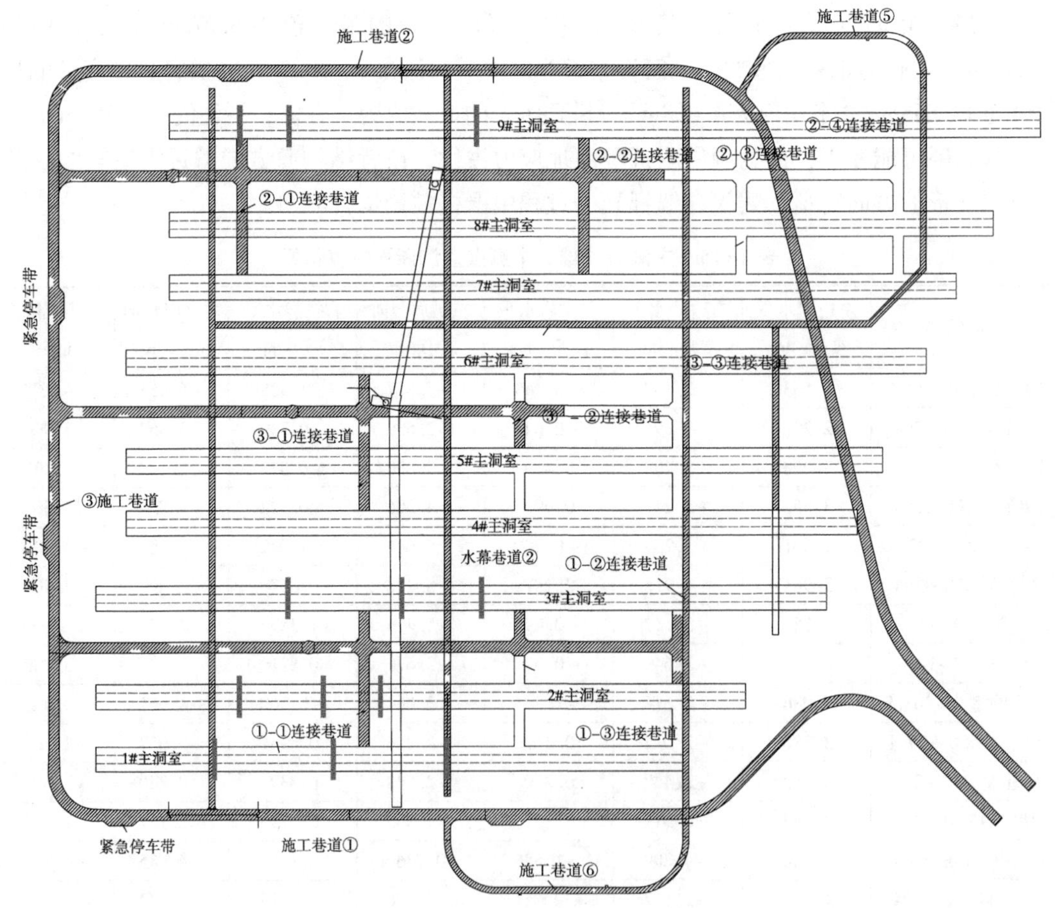

图 4－58　松动圈测试部位分布

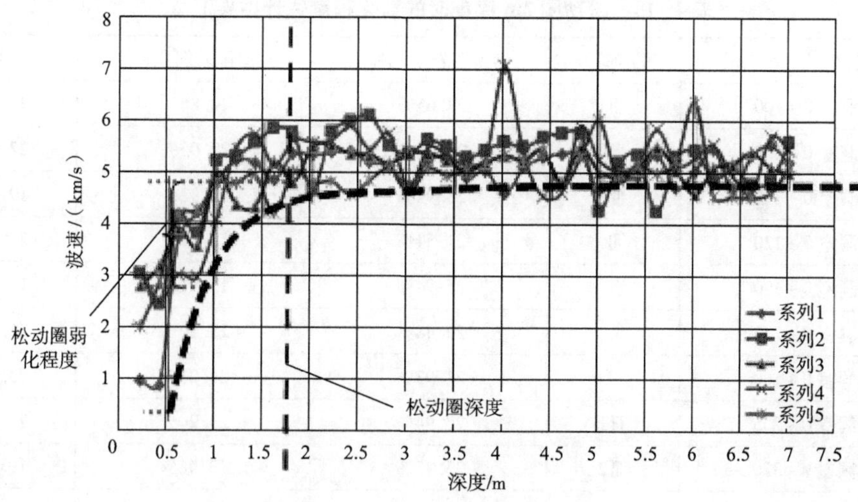

图 4-59　松动圈弱化程度估计原理

表 4-16　3#主洞室 0+160 桩号松动圈弱化程度估计结果

2m 深度	钻孔 1	钻孔 2	钻孔 3	钻孔 4	钻孔 5
内部波速/(km/s)	5. 109	5. 317	5. 196	5. 363	5. 027
松动区波速/(km/s)	3. 703	4. 402	4. 018	3. 973	3. 977
弱化程度	27. 53%	17. 20%	22. 66%	25. 93%	20. 88%
拱顶围岩弱化程度	21. 93%	拱肩围岩弱化程度	24. 21%	平均弱化程度	23. 07%
1. 6m 深度	钻孔 1	钻孔 2	钻孔 3	钻孔 4	钻孔 5
内部波速/(km/s)	5. 108	5. 350	5. 181	5. 363	4. 995
松动区波速/(km/s)	3. 540	4. 198	3. 852	3. 810	3. 947
弱化程度	30. 69%	21. 54%	25. 65%	28. 95%	20. 98%
拱顶围岩弱化程度	25. 38%	拱肩围岩弱化程度	25. 83%	平均弱化程度	25. 61%

表 4-17　3#主洞室 0+255 桩号松动圈弱化程度估计结果

2m 深度	钻孔 1	钻孔 2	钻孔 3	钻孔 4	钻孔 5
内部波速/(km/s)	5. 263	4. 505	5. 308	5. 494	5. 073
松动区波速/(km/s)	3. 803	3. 502	4. 443	4. 160	4. 127
弱化程度	27. 75%	22. 26%	16. 29%	24. 28%	18. 65%
拱顶围岩弱化程度	20. 94%	拱肩围岩弱化程度	23. 20%	平均弱化程度	22. 07%
1. 6m 深度	钻孔 1	钻孔 2	钻孔 3	钻孔 4	钻孔 5
内部波速/(km/s)	5. 215	4. 532	5. 317	5. 449	5. 038
松动区波速/(km/s)	3. 776	3. 298	4. 245	4. 067	4. 133
弱化程度	27. 59%	27. 24%	20. 17%	25. 35%	17. 96%
拱顶围岩弱化程度	24. 25%	拱肩围岩弱化程度	22. 78%	平均弱化程度	23. 52%

表 4-18 松动圈 2m 深度时的弱化程度估计结果汇总

断面位置(弱化深度 2m)	围岩等级	拱顶围岩弱化程度	拱肩围岩弱化程度	平均弱化程度
1#主洞室 0+100	Ⅱ	23.65%	20.86%	22.25%
1#主洞室 0+198	Ⅲ1	23.06%	22.05%	22.56%
1#主洞室 0+292	Ⅲ2	25.94%	13.92%	19.93%
2#主洞室 0+120	Ⅱ	21.54%	25.17%	23.35%
2#主洞室 0+190	Ⅲ2	25.94%	13.92%	19.93%
2#主洞室 0+237	Ⅲ1	24.48%	28.30%	26.39%
3#主洞室 0+160	Ⅱ	21.93%	24.21%	23.07%
3#主洞室 0+255	Ⅲ1	20.94%	23.20%	22.07%
3#主洞室 0+320	Ⅲ2	25.75%	13.46%	19.60%
9#主洞室 0+60	Ⅱ	23.66%	26.82%	25.24%
9#主洞室 0+100	Ⅲ1	27.31%	25.02%	26.16%
9#主洞室 0+255	Ⅲ2	35.62%	25.71%	30.67%

表 4-19 松动圈 1.6m 深度时的弱化程度估计结果汇总

断面位置(弱化深度 1.6m)	围岩等级	拱顶围岩弱化程度	拱肩围岩弱化程度	平均弱化程度
1#主洞室 0+100	Ⅱ	28.88%	25.16%	27.02%
1#主洞室 0+198	Ⅲ1	28.22%	23.39%	25.80%
1#主洞室 0+292	Ⅲ2	31.39%	17.50%	24.44%
2#主洞室 0+120	Ⅱ	26.33%	26.73%	26.53%
2#主洞室 0+190	Ⅲ2	31.39%	17.50%	24.44%
2#主洞室 0+237	Ⅲ1	29.87%	31.78%	30.83%
3#主洞室 0+160	Ⅱ	25.38%	25.83%	25.61%
3#主洞室 0+255	Ⅲ1	24.25%	22.78%	23.52%
3#主洞室 0+320	Ⅲ2	31.59%	15.09%	23.34%
9#主洞室 0+60	Ⅱ	26.92%	28.06%	27.49%
9#主洞室 0+100	Ⅲ1	32.97%	28.95%	30.96%
9#主洞室 0+255	Ⅲ2	39.67%	28.05%	33.86%

最终，就松动圈参数弱化程度，可以得到如下两点结论：

(1)1#、2#、3#、9#主洞室围岩的松动圈弱化程度在 20% ~30% 之间，平均值约为 25%。

(2)左拱肩的弱化程度略大于右拱肩。

(3)在Ⅲ2 类围岩情况下，拱肩的弱化程度明显低于拱顶。拱顶围岩弱化 30% ~40%，而拱肩弱化要比之小 10%。

3.6 监测资料的蠕变性分析

3.6.1 挖掘不利条件中的有利时机

由于炸药厂恶性事故停止炸药供应，从2013年5月底到6月底，一个多月的时间内洞室无法进行爆破开挖，严重影响了施工进度，产生不利影响。但认识到正是因为开挖停止了，这期间发生的围岩变形主要与时间因素相关而与开挖卸荷无关，能从客观上反映岩体的流变特性。对此，根据该段时间内的监测数据的变化情况，从洞周围岩体的流变性能角度进行了分析，从不利条件中挖掘出有利因素加以利用，为日后洞室的长期稳定性提供了参考。

岩体作为一种复杂的地质体，流变特性是其重要的力学特性之一。从唯象的观点来看，岩石(体)属非均质、不连续、各向异性的流变介质。在长期荷载的作用下，工程岩体的应力应变状态、变形破坏特征均随时间而不断发生变化，即具有显著的时间效应。研究岩体的流变特性对于合理解释岩体工程的时效力学行为，掌握其应力和变形规律，评价岩体与工程结构物的长期稳定和运行安全等皆具有十分重要的意义。许多大型岩体工程项目，其服务年限都在几十年甚至上百年的时间，在工程设计中不仅要考虑施工期的安全，而且要确保在日后长期运行过程中的安全。因此，开展岩体流变性质的研究往往成为大型岩体工程项目的一项重要研究内容。

岩体的流变性是指岩体在外界荷载、温度等条件下呈现出与时间有关的变形、流动和破坏等性质，主要表现在弹性后效、蠕变、松弛、应变率效应、时效强度和流变损伤断裂等方面。其中，蠕变是岩体流变最基本也是最重要的性质，也是岩体地下工程产生大变形乃至失稳的重要原因之一。工程实践表明，地下隧道工程在竣工数十年后仍可出现蠕变变形和支护结构开裂等现象，尤其是在软岩中成洞的地下工程由于围岩显著的流变性给结构设计、施工工艺带来了一系列特殊问题。如奥地利的Tanern公路隧道穿越软岩地段的部分洞壁围岩变形速率最大可达20cm/d，最大变形量为120cm，洞壁变形收敛时间达到300~400d；座落在法国英丹和巴东纳什之间的弗雷儒斯公路隧道由于页岩流变导致洞壁收敛变形达400mm以上；我国经过对首批用新奥法施工的隧道如下坑、南岭、吴庄、望岭、岭前等所作的2~6年监测发现，这些隧道的内衬应力和变形均在逐年上升。

3.6.2 蠕变的类型和特点与影响因素

岩体的流变特性主要表现为蠕变，岩体蠕变是指在恒定荷载的情况下，总应变随时间发展而增长的现象。

蠕变随时间的延续大致分3个阶段，如图4-60所示。

第一阶段($a-b$)：减速蠕变阶段。应变增加，但是应变速率随时间增加而减小，此时围岩主要处于塑性变形阶段。

第二阶段($b-c$)：等速蠕变阶段。应变增加，应变速率基本保持不变，此时，围岩处于稳定塑性流变阶段。

第三阶段($c-d$)：加速蠕变阶段。此阶段出现在应力超过岩体蠕变极限应力的条件下，特点是应变速率随时间增加而增加，并最终导致失稳破坏。在地下工程中必须采取合适的支护手段，避免围岩出现加速蠕变阶段，促使围岩保持稳定。

遗憾的是，等速蠕变阶段何时进入加速蠕变阶段，学术界依然难以从理论上给出完美的解答。所以，当岩体进入等速蠕变阶段，就要预警，加强监测和支护。

根据应变与时间关系的不同，蠕变可以分为两种类型(见图4-61)：1)稳定蠕变——低应力状态下发生的蠕变，只经历第一阶段蠕变(减速蠕变阶段)，后期应变趋于恒定；2)不稳定蠕变——较高应力状态下发生的蠕变，应变随着时间增加持续增长，可能经历蠕变的三个阶段。

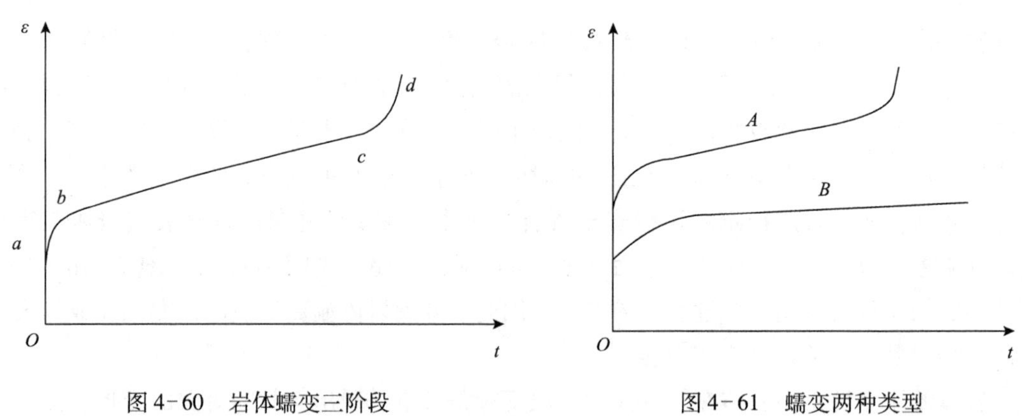

图4-60 岩体蠕变三阶段

图4-61 蠕变两种类型

影响蠕变的因素很多，包括地应力条件、岩体性质、结构面性质、温度、含水量等诸多方面。如果不考虑温度因素并将后几项影响因素统一归为岩体性质，则蠕变的影响因素可以简化为应力条件和岩体性质。

当地应力水平相对于材料强度较低的情况下，岩体一般表现为蠕变速率的迅速持续衰减，只有在应力水平达到或超过某一限值时，岩体的应变速率才维持在某一常值或持续增大，并很快导致岩体的破坏。

需要指出的是，蠕变能够改变岩体的性质。由于岩体受力变形时存在内部组织结构的变化和损伤，故蠕变过程中岩体的力学性能发生改变，表现在岩体的弹性模量、长期强度等随时间而降低，所以要采取加固措施阻止岩体无限制的变形。

根据一段时间内的监测数据的变化情况，对洞周围岩体的流变性能进行了初步分析。在此分析结果的基础上，进一步采用 FLAC^{3D} 分析软件，对岩石流变模型参数进行了反馈分析。说明采用三参量 H-K 模型[E_1、E_2 分别表示胡克(Hooke)模型和开尔文(Kelvin)模型中弹性元件的弹性模量，η_2 表示黏性元件的黏度系数]模拟此工程岩体的流变特性是比较适宜的。

3.6.3 监测资料的蠕变分析指标

根据位移时间曲线图的走势和位移日增量(或者称为位移增速，反应曲线斜率)的大小，对收敛计的每个测点进行分析，将其蠕变特性分为三类：

(1)位移稳定型。该类型的位移时间曲线接近水平，位移随着时间增加而基本恒定，也可能因为支护的作用而使得位移随着时间增加而减小。位移稳定型表示该测点属于稳定蠕变，安全性高。具体分类时，只要位移日增量不超过0.0028mm(对应的位移年增量是1mm，50年寿命期总变形不超过5cm)的测点都划分为位移稳定型。

(2)等速蠕变型。该类型对应典型蠕变曲线的第二阶段(等速蠕变阶段)，位移随时间增加持续增加，并且位移增速基本保持不变，此时，围岩处于稳定塑性流变阶段。等速蠕变型表示该测点属于不稳定蠕变，安全性低。如果不加强支护，随时可能进入蠕变第三阶段(加速蠕变阶段)而导致围岩失稳，所以我们对这个类型的测点提出预警。

(3)减速蠕变型。该类型对应典型蠕变曲线的第一阶段(减速蠕变阶段)，位移随时间增加而增加，但是位移增速随时间增加而减小。该阶段一般发生在从岩体开挖到之后几个月内。由于该阶段既可能转入蠕变第二阶段(等速蠕变阶段)，也可能进入位移恒定阶段，并且该阶段往往持续几个月的时间，所以对该类型的测点需要继续观察。

需要指出的是，在开挖和支护等工程扰动的情况下，上述三种类型可能互相转换。工程实践中，我们总是对等速蠕变型的区域加强支护，促使其向位移稳定型转换。

3.6.4 水平收敛和拱顶沉降监测资料的蠕变成分统计分析

2013年5月底到6月底期间，水平收敛值和拱顶沉降值进行统计分析并计算该段时间内的变化速率(位移日增量)，统计分析结果见表4-20和表4-21。其中，水平收敛位移日增量为单侧洞壁蠕变变形速率，即收敛速率的一半。

表4-20 主洞室水平收敛监测资料蠕变分析

主洞室	桩号	日期	累计收敛值/mm	位移日增量/(mm/d)	蠕变特性
1#主洞室	0+99.4	2013/5/30	6.0486	0.0061	等速蠕变型
		2013/6/27	6.3898		
	0+293.9	2013/6/2	5.8564	-0.0025	位移稳定型
		2013/6/30	5.7184		
2#主洞室	0+99.4	2013/5/31	5.6999	-0.0009	位移稳定型
		2013/6/28	5.6511		
	0+293.9	2013/6/3	6.3071	0.0042	等速蠕变型
		2013/7/1	6.5405		
3#主洞室	0+99.4	2013/6/1	6.0696	0.0049	等速蠕变型
		2013/6/29	6.3424		
	0+293.9	2013/5/30	12.2836	0.0085	等速蠕变型
		2013/6/27	12.7583		

续表

主洞室	桩号	日期	累计收敛值/mm	位移日增量/(mm/d)	蠕变特性
4#主洞室	0 +74.4	2013/6/17	5.4520	0.0000	位移稳定型
		2013/7/1	5.4520		
	0 +268.9	2013/6/3	8.3999	0.0007	位移稳定型
		2013/7/1	8.4373		
	0 +463.4	2013/6/3	2.5128	0.0000	位移稳定型
		2013/7/1	2.5128		
5#主洞室	0 +268.9	2013/6/1	6.0296	0.0000	位移稳定型
		2013/7/1	6.0296		
6#主洞室	0 +268.9	2013/6/3	5.7992	0.0116	等速蠕变型
		2013/7/1	6.4480		
	0 +463.4	2013/5/31	6.7586	0.0000	位移稳定型
		2013/6/24	6.7586		
7#主洞室	0 +038.4	2013/6/1	5.8569	0.0052	等速蠕变型
		2013/6/29	6.1466		
	0 +232.9	2013/6/1	6.2609	-0.0002	位移稳定型
		2013/6/29	6.2515		
	0 +427.4	2013/6/3	5.1229	0.0000	位移稳定型
		2013/6/24	5.1229		
8#主洞室	0 +038.4	2013/6/1	4.8175	0.0000	位移稳定型
		2013/6/29	4.8173		
	0 +232.9	2013/6/1	6.2224	0.0018	位移稳定型
		2013/6/29	6.3246		
9#主洞室	0 +038.4	2013/6/1	6.1700	0.0000	位移稳定型
		2013/6/8	6.1700		
	0 +232.9	2013/6/1	5.5271	0.0000	位移稳定型
		2013/6/8	5.5271		
	0 +427.4	2013/6/1	4.9651	0.0000	位移稳定型
		2013/6/8	4.9651		

表 4-21　主洞室拱顶沉降监测资料蠕变分析

主洞室	桩号	日期	拱顶沉降值/mm	沉降日增量/(mm/d)	沉降特性
1#主洞室	0 +99.4	2013/5/30	6.9	0.0143	等速蠕变型
		2013/6/27	7.3		
	0 +293.9	2013/6/2	4.0	0.0143	等速蠕变型
		2013/6/30	4.4		
2#主洞室	0 +99.4	2013/5/31	6.6	0.0143	等速蠕变型
		2013/6/28	7.0		
	0 +293.9	2013/6/3	7.0	0.0143	等速蠕变型
		2013/7/1	7.4		
3#主洞室	0 +99.4	2013/6/1	6.0	0.0143	等速蠕变型
		2013/6/29	6.4		
	0 +293.9	2013/5/30	6.5	0.0143	等速蠕变型
		2013/6/27	6.9		
4#主洞室	0 +74.4	2013/6/17	4.5	0.0000	位移稳定型
		2013/7/1	4.5		
	0 +268.9	2013/6/3	5.4	0.0000	位移稳定型
		2013/7/1	5.4		
	0 +463.4	2013/6/3	2.9	0.0000	位移稳定型
		2013/7/1	2.9		
5#主洞室	0 +268.9	2013/6/1	3.4	0.0000	位移稳定型
		2013/7/1	3.4		
6#主洞室	0 +268.9	2013/6/3	2.9	0.0107	等速蠕变型
		2013/7/1	3.2		
	0 +463.4	2013/5/31	2.8	0.0000	位移稳定型
		2013/6/24	2.8		
7#主洞室	0 +038.4	2013/6/1	3.8	0.0000	位移稳定型
		2013/6/29	3.8		
	0 +232.9	2013/6/1	3.6	0.0000	位移稳定型
		2013/6/29	3.6		
	0 +427.4	2013/6/3	2.7	0.0048	位移稳定型
		2013/6/24	2.8		
8#主洞室	0 +038.4	2013/6/1	2.7	0.0071	位移稳定型
		2013/6/29	2.9		
	0 +232.9	2013/6/1	4.2	0.0000	位移稳定型
		2013/6/29	4.2		

续表

主洞室	桩号	日期	拱顶沉降值/mm	沉降日增量/(mm/d)	沉降特性
9#主洞室	0 +038.4	2013/6/1	4.5	0.0143	等速蠕变型
		2013/6/8	4.6		
	0 +232.9	2013/6/1	3.2	0.0000	位移稳定型
		2013/6/8	3.2		
	0 +427.4	2013/6/1	3.2	0.0143	等速蠕变型
		2013/6/8	3.3		

从水平收敛蠕变统计来看，5 月底到 6 月底停工期间有数据更新的水平收敛测点有 20 个，位移稳定型测点有 14 个，占到总测点的 70%。其中，洞罐 A 平均蠕变速率较大，更新数据的收敛测点有 6 个，位移稳定型测点有 2 个，仅占总测点数量的 1/3。洞罐 B 平均蠕变速率较小，更新数据的测点有 6 个，位移稳定型测点有 5 个，占总测点的 5/6，仅 6#主洞室 0 +268.9 桩号变形速率较大。洞罐 C 的平均蠕变速率同样较小，有数据更新的测点 8 个，位移稳定型测点有 7 个，占到总测点的 7/8。

从拱顶沉降蠕变分析来看，拱顶沉降有数据更新的测点同样为 20 个，位移稳定型测点有 11 个，占到总测点的 55%。其中，洞罐 A 拱顶沉降在持续增加，全部 6 个测点均为等速蠕变型，速率均较为恒定。洞罐 B 拱顶沉降趋于稳定，有数据更新的 6 个测点中，位移稳定型测点占到了 5 个，仅 6#主洞室 0 +268.9 桩号速率较大。洞罐 C 拱顶沉降同样趋于稳定，有数据更新的测点有 8 个，位移稳定型占有 6 个，占总测点的 75%。

3.7 回弹测试用于施工快速量化围岩类别判识的探索

3.7.1 快速量化围岩分类对地下水封洞库的意义

岩石材料性能的现场确定对岩石力学分析有着重要意义，是研究地下洞室稳定和支护系统优化设计的重要前提。在围岩的各种性能参数中，最重要的是代表围岩质量的围岩等级，其次是围岩的强度参数(主要是抗压强度)。现有围岩等级分类方法需要综合很多项参数，常见的方法主要有：RMR(Rock Mass Rating)围岩分级法；BQ 围岩分级法；Q 分类法；以及国内 TBJ 3—85《铁路隧道设计规范》中对隧道围岩设定的分类标准等。

现有围岩分级方法，对地下工程施工前的设计起到了关键作用，是布置设计的主要依据。但在施工过程中快速应用却十分困难：

1)需要综合很多因素和参数，现场施工过程中难以快速取得。

2)定性成分太多，缺少直接量化指标，很大程度上取决于工程经验，不同地质工作者往往给出不同的分类级别。

3)所依据的由实验室岩块试件试验得到的岩石单轴抗压强度值，在工程不同部位的岩体与之相比往往有很大差距，造成分类的误差。

4)国际岩石力学学会推荐的现场点荷载试验方法，具有其方便性、快捷性，但是点荷载试验的试件是爆破后的随机岩块，无法确定它代表的围岩部位，也无法反应开挖爆破、裂隙渗流、软弱夹层存在的影响。

5)以往岩石力学领域的回弹测试方法，有些是测试对象局限于岩石或试件，有些是操作和数据处理照搬混凝土测试经验而过于复杂。这些都不符合该地下水封洞库的工程需要。

对于该地下水封石洞油库这样的地下工程，由于新揭露的洞段的支护需要由准确的围岩分类来确定，以满足和体现动态设计、动态施工的需要，所以快速量化围岩分类对该地下水封洞库的施工具有更加重要的意义。

3.7.2 采用回弹仪进行快速量化围岩分类的方法

本项研究采用回弹仪类型为N型冲击能为2.207Nm。该仪器的工作原理为：用弹簧为冲击杆存储能量，释放冲击杆以恒定能量撞击测试表面；重锤受冲击弹回时滑块回弹至最高处，与之相连的标尺测出反弹回来的距离即为回弹值。回弹仪具有轻便、灵活、价廉、不需电源、易掌握的特点，其按钮采用拉伸工艺不易脱落、指针易于调节摩擦力，是适合现场使用的无损检测的首选仪器。

(1)测区的范围与布置

首先要选择适当的测区范围。最主要的是要对围岩的变异性有足够的包容性、代表性，要能大体反映出目标岩体的性质。测区不能过小，太小反馈的信息只能局限于某个岩块而不是围岩。也不能过大，要避免工作量过大，更不能干扰施工作业(测区可能会距掌子面很近)。针对该地下水封洞库工程围岩的实际情况，确定沿洞壁取5m长度作为一个测区。点位选择在洞壁高度1～1.5m处，这种高度比较适合手持操作。

(2)测点位置的布置

选定好测区以后即可在测区中布置点位，最理想的是布置点阵测试，但为了简便起见常沿着测线均匀布置。具体方案是：在5m的测区内沿洞壁每隔0.5m布置一个点，一个测区共布置11个点。典型的案例如下图4－62所示，表示的是3#主洞室中导洞0＋221～0＋226桩号测区内的点位布置。

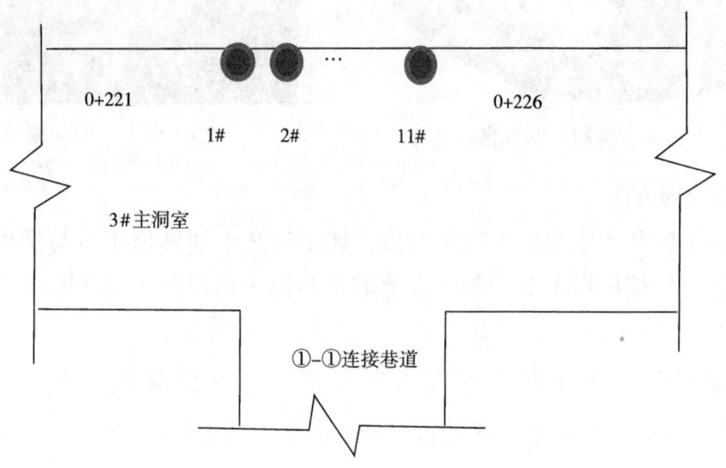

图4－62　3#主洞室0＋221～0＋226桩号回弹测区的点位布置图

为避免测点岩石很破碎、或者里面有空腔，因而根本不能反映围岩的真实情况，这时候就需要轻微调整该点点位，如可以在四周0.2m范围内进行调整。

3.7.3 回弹测试方法改进

(1)新的布点方式

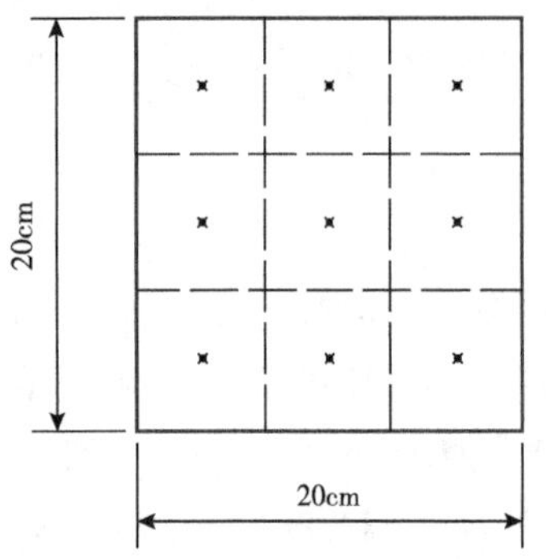

图4-63 回弹测试点划分及回弹测试位置和次数

在测试区的洞壁上划分出0.2m×0.2m的方格，沿着洞壁上0.2m×0.2m的方格内回弹要测试9次，将0.2m×0.2m的方格次每边三等分，分成9个小网格形成九宫格，在每个小网格的中心点各进行一次回弹测试，总的测试数据刚好为9次，如图4-63所示。

选好测试区域后，沿测区每0.5m布置一个测试点，每个测试点进行方格划分，进行9次回弹测试，如图4-63所示。为提高效率，我们采用不透光材料制作了一个含九宫格的圆片，其直径与强光手电筒的出光筒的直径大小一致(如图4-64所示)。使用时将圆片蒙在手电的出光筒上，便可将含有九宫格的阴影打在洞壁上。经测试当手电筒的光源与洞壁约30cm时，可在洞壁上留下边长约为20cm×20cm的九宫格阴影，用记号笔在每个方格大约的中心位置做下标记后，即可在标记处进行回弹测试，在实际现场的效果如图4-65所示。

图4-64 不透光材料制作的九宫格圆片

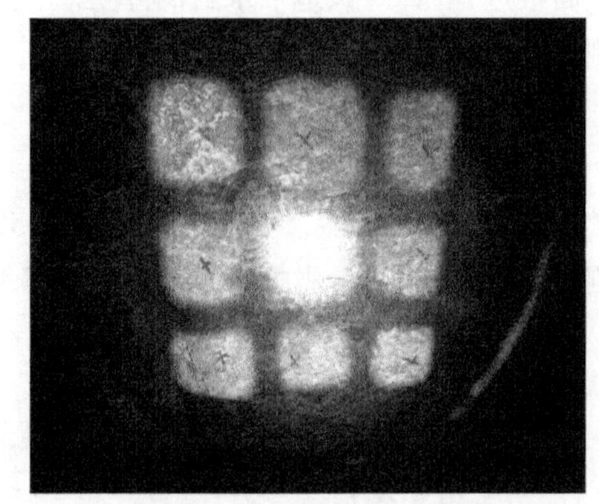

图4-65 在实际现场的效果

(2)读数与处理方法

先对每一方格的9个回弹值求取平均值，如果这9个回弹值中有与平均值相差超过7的数据，去掉这些数据后再求取剩余回弹值的平均值，以此作为该20cm×20cm区域的回弹值。

3.7.4 建立了地下水封洞库围岩回弹值与分类的量化关系

如图4-66所示，我们在洞库区域选择9个测区，约进行了5000次回弹测试。

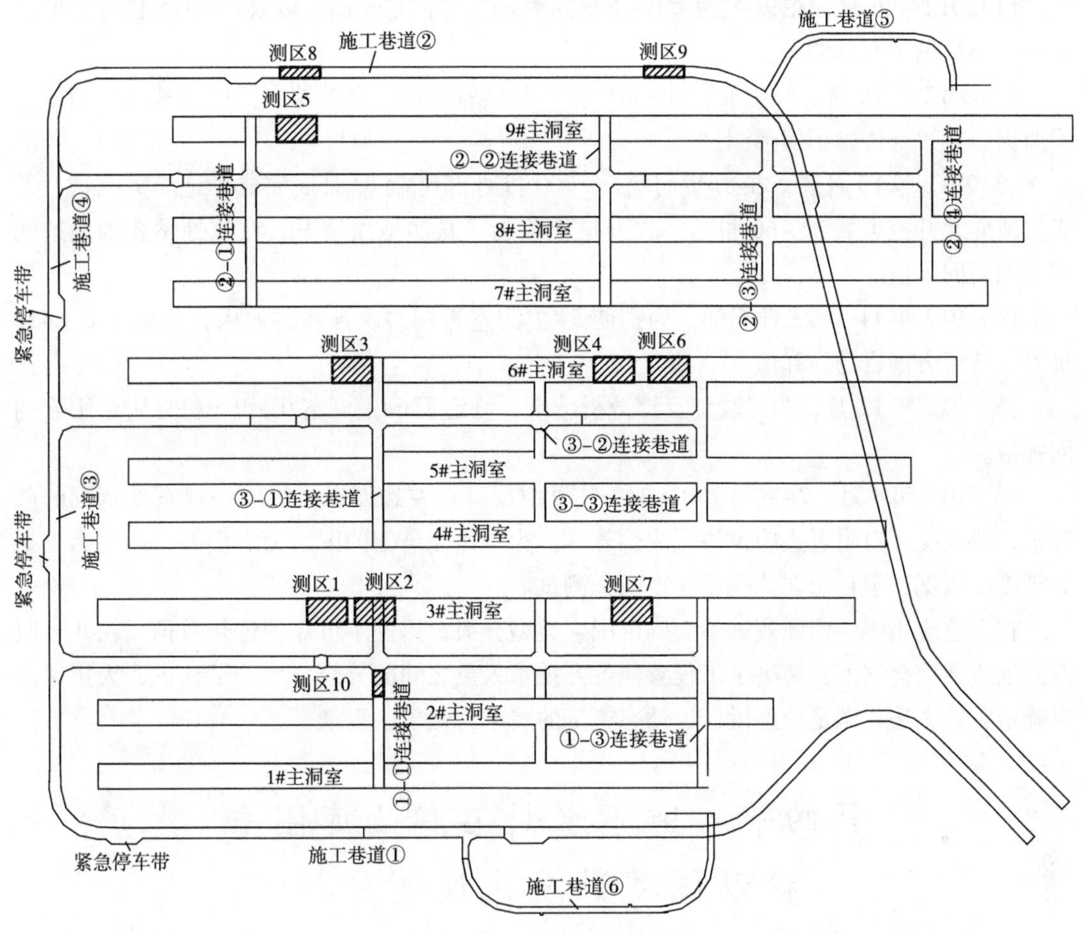

图 4-66　回弹测区分布

根据上述测试数据，以及反复与地勘工程师交换意见，并对比设计阶段的洞段岩体分类情况，进一步确认了该地下水封石洞油库围岩回弹值与围岩等级的关系如表 4-22 所示。

表 4-22　地下水封洞库围岩等级与回弹值对应关系

围岩等级	回弹值范围/mm
Ⅰ	>70
Ⅱ	60～70
Ⅲ1	50～60
Ⅲ2	40～50
Ⅳ	20～40
Ⅴ	<20

3.7.5　回弹测试在项目中多次应用

通过前期研究工作，回弹测试快速量化围岩分类方法进入实用阶段。

(1)2012 年 6 月，在 9#主洞室 0 + 503 桩号的中导洞掌子面，以及 0 + 375 桩号侧墙两个典型部位做了回弹测试。

(2)2012 年 10 月，5#主洞室 0 + 410 桩号左拱肩部位，在扩挖支护以后掉块。为了探明原因，在该部位做了回弹测试。

(3)2012 年 10 月底，在 8#主洞室 0 + 000 桩号部位在 10 月底完成了地应力测试，其后迅速向北开挖进展到 - 60 桩号。在开挖之前为了核实地质情况，在该处钻孔的周边测试了围岩回弹值。

(4)2012 年 11 月 23 日下午，为探明 5#主洞室近期多次掉块的原因，测试了 0 + 438 桩号及其后方围岩的回弹值。

(5)2012 年 12 月，为了验证反馈分析结果，测定了 6#主洞室 0 + 463 桩号附近围岩的回弹值。

(6)2013 年 4 月，2#主洞室 0 + 340 桩号中层开挖左边墙时，揭露一定宽度范围的破碎带，造成交叉口附近边墙掉块形成倒悬体。为了量化该处的围岩力学性能，从而为支护处理提供依据，项目组在此作了一次回弹测试。

在上述应用中，回弹测试值为确定围岩类型分级，提供了可靠的量化数据，在业主组织的地质会商会议上，解决了工程参建各方技术人员之间的分歧，统一了认识，为快速及时确定支护方法，满足动态设计、动态施工的要求，做出了贡献。

第四节　地下水封石洞油库围岩松动圈参数演化反馈分析

大型地下水封石洞油库围岩松动圈参数动态演化反馈分析，是综合判识工作和创新课题进入主洞室开挖阶段后的核心内容之一，其结果直接关系洞室围岩的稳定性，影响到主洞室动态设计、动态施工的调整和优化的决策。以下结合洞库工程实例进行说明和介绍，鉴于三维计算巨大的工作量，先从变形监测数据估计松动圈参数，再将之用于指导反馈分析、校核期结果。其中，以围岩松动圈材料参数降低的百分率(简称弱化程度)，来简要表述其力学性质的下降程度。如此，便于由松动圈测试结果校核围岩材料的弱化程度，同时认为强度参数同比例便于减少反馈计算的运算量，加快反馈分析速度从而达成实时保障施工安全的目的。

4.1　基于收敛位移的松动圈参数的反馈分析

如图 4 - 67(a)所示的 3#主洞室的 0 + 179 桩号处，2012 年 4 月份对中导洞断面做了收敛观测。

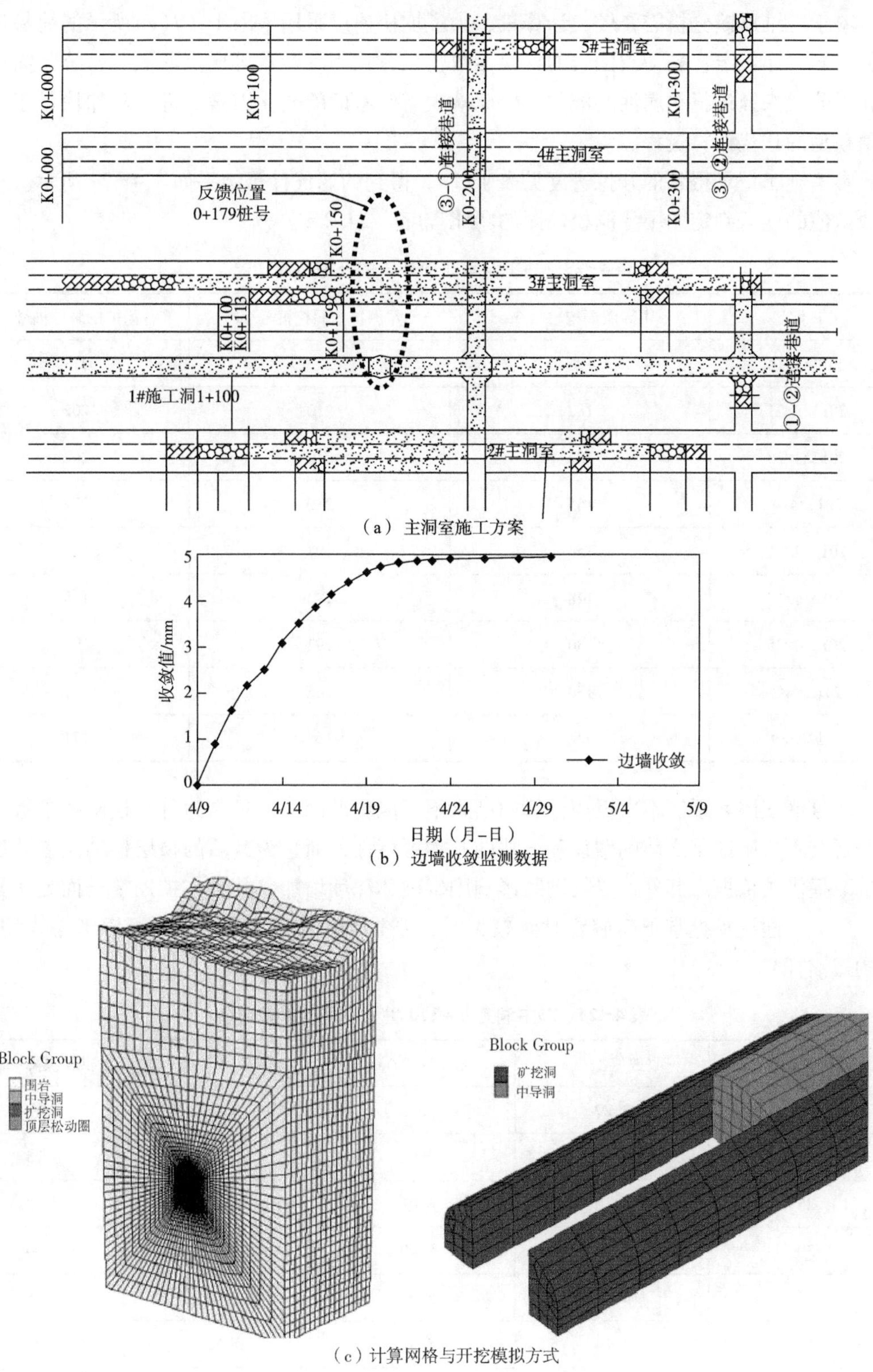

（a）主洞室施工方案

（b）边墙收敛监测数据

（c）计算网格与开挖模拟方式

图 4-67　3#主洞室 0 +170 桩号反馈分析的位置、数据以及计算网格

鉴于三维反馈分析需要较大计算量，为了加快速度采用了图 4-67(c)所示的简易计算网格。同时还假定：松动圈围岩的材料参数弱化方式为各参数等比例降低，已统一简单的弱化百分比来描述材料属性的演化。以此减少需要考虑的变化因素，进一步加快基于三维数值模型的迭代计算过程。

参考施工记录得到的开挖进度见表 4-23，得到的迭代计算结果如表 4-24 所示。从边墙收敛值的误差判定，中导洞松动圈的弱化程度为 24.2%。

表 4-23　3#主洞室北向施工的开挖实际情况

日期	中导洞洞挖桩号/m	左侧扩挖洞挖桩号/m	右侧扩挖洞挖桩号/m
2012/3/14	196	213	213
2012/3/21	182	210	202
2012/3/28	182	210	202
2012/4/4	165	210	202
2012/4/11	159	197	198
2012/4/18	148	193	198
2012/4/25	130	193	194
2012/5/2	130	185	188
2012/5/9	99	165	171

尽管诸多因素限制本次反馈计算的结果不可能更准确，但是作为首次松动圈参数的反馈分析，不仅验证了之前的假设和方法的基本可行性，而且为其后的顶层松动圈参数反馈时选取提供了依据。此外，受松动圈影响围岩破坏深度增加，并且在扩挖掌子面处尤其明显。因此，建议扩挖掌子面搁置时间较长时，要先做好临时支护工作(可以考虑采用 3m 长的短锚杆)。

表 4-24　3#主洞室 0 +170 桩号模型的计算结果

弱化程度/%	收敛值 1/mm	收敛值 2/mm	收敛值 3/mm	拱顶沉降/mm
15	3.29	5.16	5.16	3.63
20	4.17	5.56	5.56	3.75
25	5.15	6.01	6.01	3.88
30	6.26	6.49	6.49	4.00
24	4.93	5.92	5.92	3.85
23	4.74	5.82	5.82	3.83
24.2	4.97	5.93	5.93	3.86

4.2 基于多点位移计数据的松动圈参数估计

准确获取松动圈参数需要采用超声测试等探测方法，但是主洞室施工过程中受到进度等其他因素的限制，实际测试取得的数据量往往较为有限。如果能够从其他方面得到有关参数的估计值，不仅有利于反馈计算而且有利于支护参数的确定。

4.2.1 估计指标与方法的引入

如下图4-68所示引入经典的圆巷计算模型，得到围岩中某一点的径向位移计算式(4-51)。对其做估计推导忽略次要项，得到多点位移计测点读数的估计式(4-52)，并获得测点处与弹模E成反比的计算量——$u \cdot r$(即某点径向位移与据边界径向距离的乘积)。也即，如果假定多点位移计远处锚固点不移动，则多点位移计测点的$u \cdot r$的导数可以代表附近围岩的弹模值。

$$u = \frac{1+\nu}{2E}p_0\left[(1+\lambda)\frac{R_0^2}{r} - 4(1-\nu)(1-\lambda)\frac{R_0^2}{r}\cos2\theta + (1-\lambda)\frac{R_0^4}{r^3}\cos2\theta\right] \quad (4-51)$$

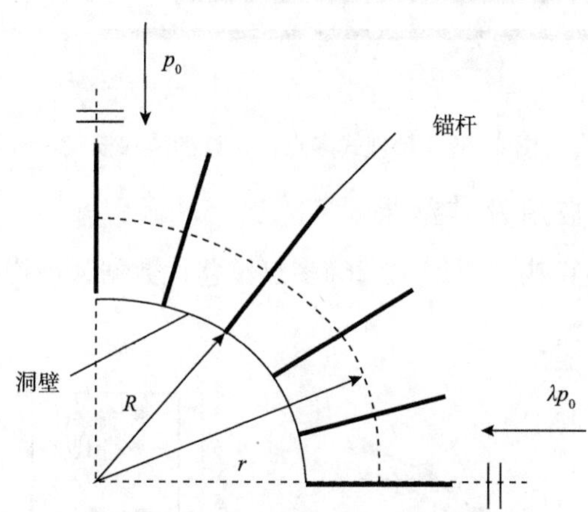

图4-68 经典圆巷的位移计算图示

$$u \propto \frac{f(1/E, R_0)}{r} = \frac{k}{r} \Rightarrow u \cdot r \propto f(1/E, R_0) = k \quad (4-52)$$

如果测线上围岩的弹模基本一致，那么$u \cdot r$值相对较大增加的测点附近，该处围岩的弹模值会大幅度减少，应该属于围岩大幅松动的区域——松动圈的范围内。因此，可以由$u \cdot r$值大幅升高的测点范围来估计松动圈参数——弱化的程度和深度。

其中，松动圈的弱化的参数最主要的是弹性模量(实质上是变形模量)，其次是强度参数。在经验的基础上为了简化问题起见，认为强度参数基本上与弹模同步弱化，用单一的弱化百分率来描述材料参数的弱化。据此，式(4-53)通过计算相邻测点处k值的差别得到弱化百分率。

$$\eta = \frac{k_{i+1} - k_i}{k_i} \times 100\% \quad (i = 1, \cdots, 3) \quad (4-53)$$

松动圈的深度即是围岩破损到不连续的区域范围，估计的幅度需要就较为准确地估计弱化的程度，通过截取弱化较深的区域来圈定松动圈的范围。由于本方法是一种基于理论理想化的估计方法，还需要做一些计算上的修正(如图4-69所示)。需要各测点位移值附加锚固点的径向位移 u_0，因为实际上各测点的读数是各点径向位移 u_i 和 u_0 的差值：

$$\Delta u_i = u_i - u_0 \qquad (i = 1,\ldots,3) \tag{4-54}$$

据此，假定围岩的弱化较为均匀，进而得到锚固点的径向位移估计算式：

$$\frac{u_0}{r_0} = \frac{\Delta u_4 + u_0}{r_1} \Rightarrow u_0 = \frac{\Delta u_4}{r_0/r_1 - 1} \tag{4-55}$$

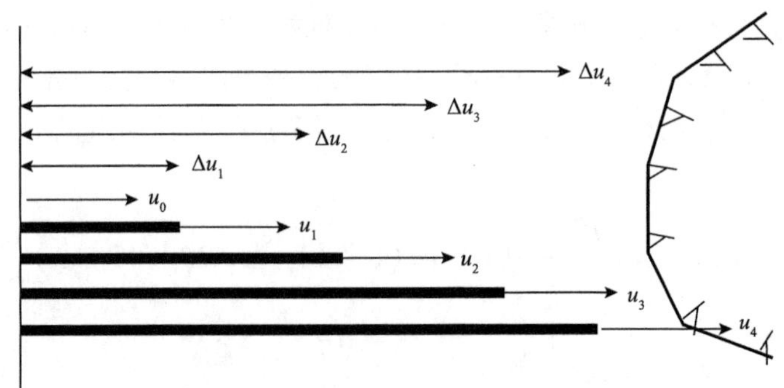

图4-69　预埋式多点位移计的位移模式

4.2.2　一些实际应用及其结果

如图4-70所示，估算典型的25#、26#多点位移计数据，最终得到围岩的弱化程度结果分别如下：

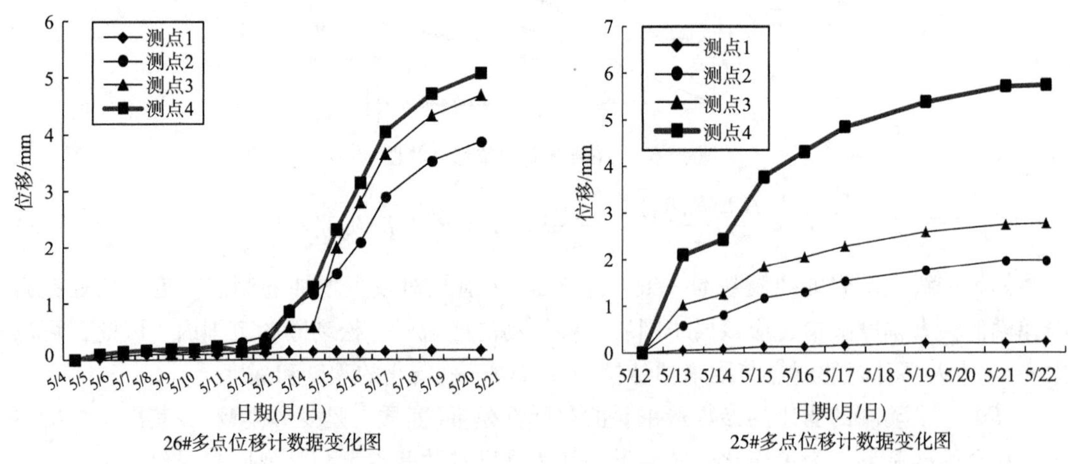

图4-70　典型多点位移计数据

(1)25#多点位移计：测点3与测点4之间-32.65%，测点2与测点3之间-7.05%，测点1与测点2之间-10.03%。5m深度范围内的平均值为11.40%，2m深度范围内折减平均值为13.45%。

(2) 26#多点位移计：测点 3 与测点 4 之间 −30.25%，测点 2 与测点 3 之间 −34.11%，测点 1 与测点 2 之间 −38.69%。5m 深度范围内的平均值为 36.47%。

据此可以认为：25#、26#多点位移计处，围岩的最大松动深度大致为 5m，并且其松动弱化有明显的层次性。具体在边墙处围岩松动深度在 1 ~ 2m 之间，而在拱顶处围岩松动深度为 5m 左右。考虑到附近存在大型裂隙的特点，可以估计该处围岩松动圈的深度在 1 ~ 2m之间，对应的弱化程度可能间于 20% ~30% 之间。不过，多点位移计只能对松动圈参数作大体估计，具体数据可以根据超声波测试最终确定。

4.2.3 进一步的修正措施

为了验证并修正上面的推导和结论，以 9#主洞室 0 + 231 桩号位置的 25#、26#、27#多点位移计为例，得到Ⅲ1 类围岩情况下变形估计值可见表 4−25。其中，既有各测点的径向位移值，也有各测点与锚固点之间的位移差值，从数值上看锚固点处的位移差值达到测点 4 位移值的 30% 左右。

表 4−25 Ⅱ类围岩情况下 9#主洞室 0 + 231 桩号多点位移计测点变形估计

编号＼位移值		测点 1/mm	测点 2/mm	测点 3/mm	测点 4/mm
径向变形	25#	1.175	1.732	2.221	2.572
	26#	2.245	2.724	2.834	2.841
	27#	1.170	1.722	2.209	2.559
与锚固点的相对变形	25#	0.508	1.065	1.554	1.905
	26#	0.623	1.102	1.212	1.219
	27#	0.500	1.052	1.539	1.889

各测点的变形值与径向距离的关系如图 4−71 所示。从图中可以看到，25#多点位移计处变形和径向距离关系基本符合前面的简化推导，也即变形与距离的倒数呈线性关系。而 26#多点位移计与假设存在较大的偏差，通过做曲线拟合可引入下式(4−56)修正径向距离，则依然能够满足先前的线性关系假设：

$$\frac{1}{\bar{r}} = -0.011 + \frac{1}{r} - \frac{12.198}{r^2} + \frac{48.551}{r^3} \tag{4-56}$$

从而可以重新修正 26#多点位移计的松动圈弱化程度估计：测点 3 与测点 4 之间——35.18%，测点 2 与测点 3 之间——32.86%，测点 1 与测点 2 之间——29.78%，5m 深度范围内的平均值为 31.24%。

与前面的估计相比平均水平相差不多，但是各层的弱化大小顺序有差异。前面最外层的弱化程度最大，而后者最内层的弱化程度最大。可见，修正的结果更要合乎实际一些。

最终，估计指标取值与测试分析结果相近，并且上面两种计算结果一致表明：洞室顶部处的围岩明显弱化，可能存在较深的裂隙或破碎带。

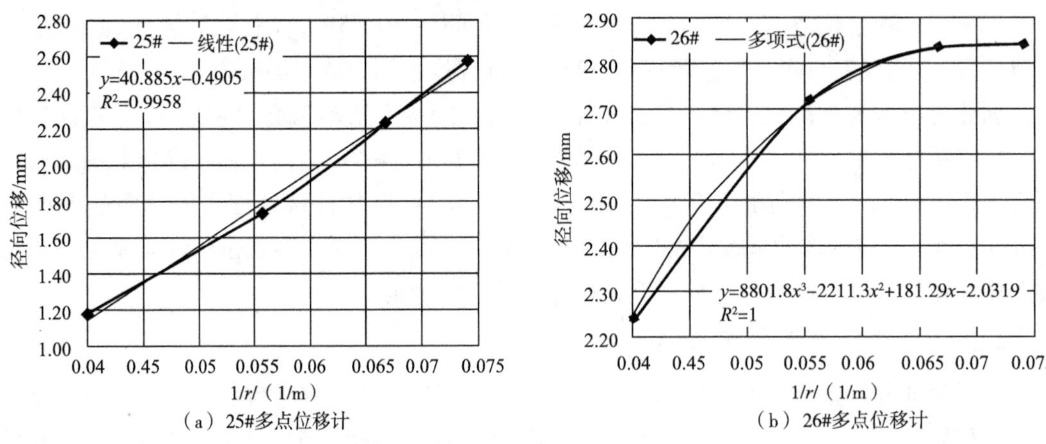

（a）25#多点位移计 （b）26#多点位移计

图 4-71 25#、26#多点位移计的位移与径向距离的关系

4.3 主洞室围岩开挖松动圈参数反馈分析应用实例

4.3.1 9#主洞室 0+231 洞段松动圈参数反馈分析

4.3.1.1 计算分析的基本方案

9#主洞室 0+231 桩号处的位置如图 4-72 所示，该位置安装有 25、26、27#多点位移计。从图 4-71 情况看可知，25#、26#多点位移计的数据趋势良好，可用于三维反馈分析。整个反馈分析的思路如图 4-73，分为三个子步骤，通过逐步分析得到最终的松动圈参数值。

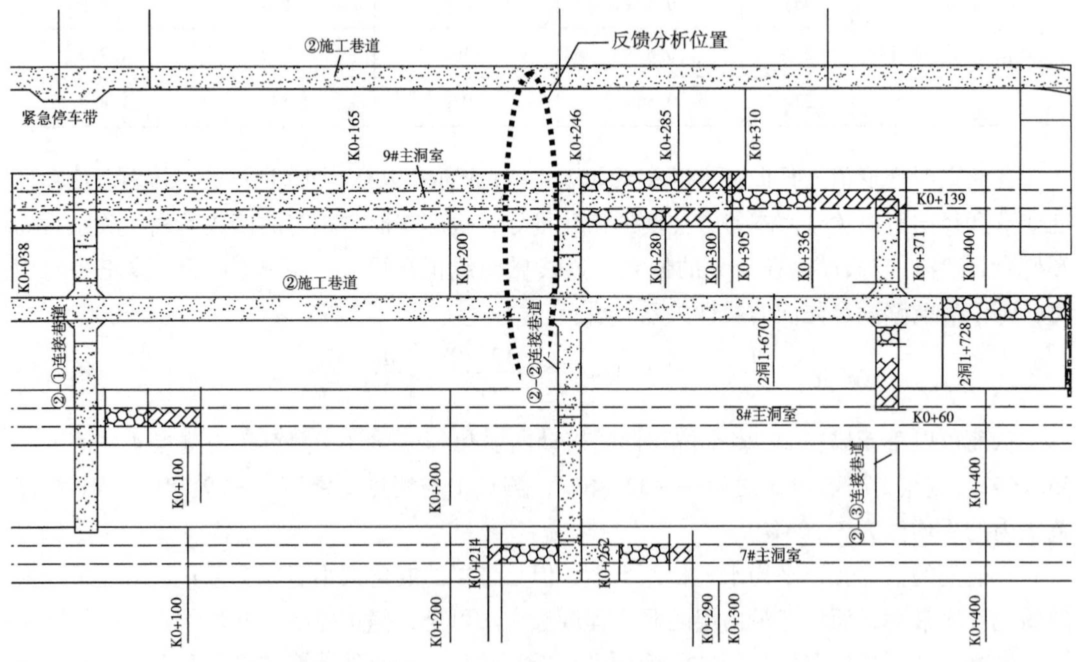

图 4-72 9#主洞室 0+231 桩号的位置

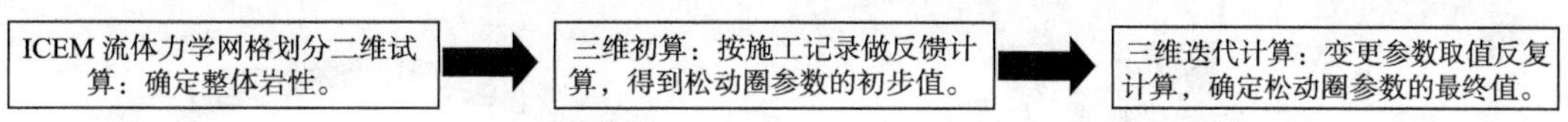

图 4-73　整个反馈分析过程的思路

(1)使用简单的二维分析计算，确定该处围岩的材料参数值。由于 0 +231 桩号处的围岩(图 4-74)较为复杂，虽然整体的情况较好但存在局部破碎带，所以到底是采用Ⅲ1 类还是Ⅱ类的围岩参数合适需要做比较分析。

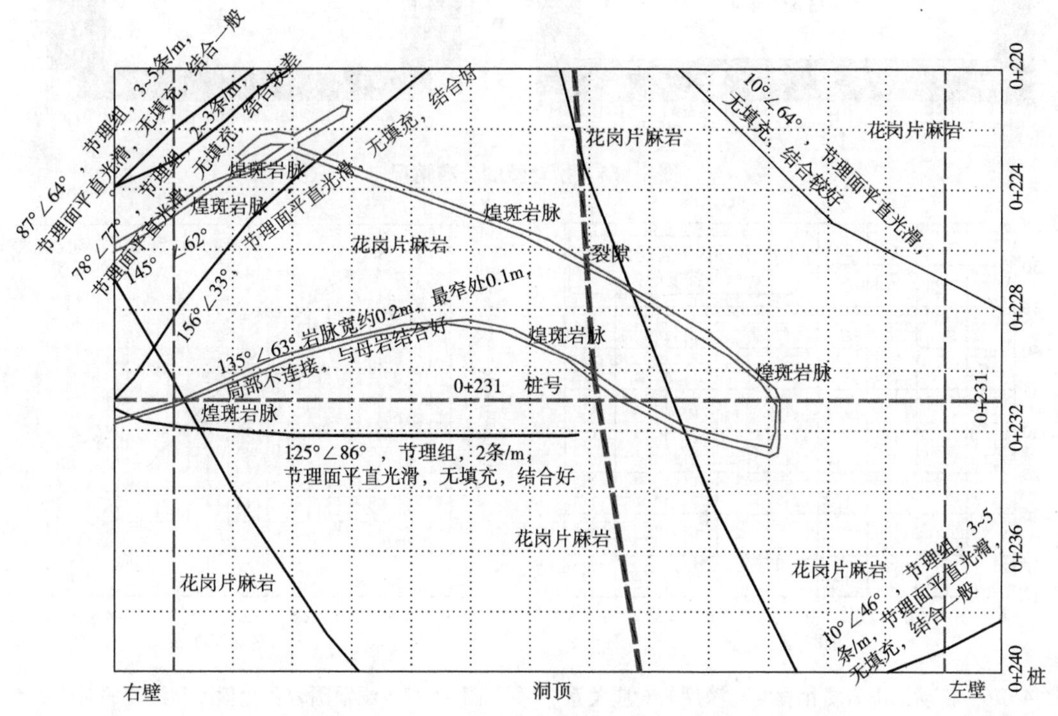

图 4-74　9#主洞室 0 +231 桩号的地质情况

(2)暂时忽略附近洞室的影响，建立简单的三维模型作初步反馈计算，获取松动圈参数的初始数值。

(3)改变松动区的围岩弱化深度值、增大水平地应力的大小，分别作三维反馈分析从中确定松动圈具体的参数值。

如图 4-74 所示，考虑到 9#主洞室 0 +231 桩号处的地质情况，考虑拱顶裂隙的影响将松动圈的分布情况可见图 4-75。

4.3.1.2　反馈分析结果

从 5m 到 2m 再到 1m 不断改变松动圈的弱化深度，得到反馈分析的结果如下图 4-76 所示。根据前期估算的松动圈弱化 32.65% 的成果，从图中得到边墙的围岩弱化深度为 1.36m。由图 4-77 得到对应的拱顶围岩弱化程度为 57%，可见拱顶处的裂隙对围岩的稳定造成了明显的影响。

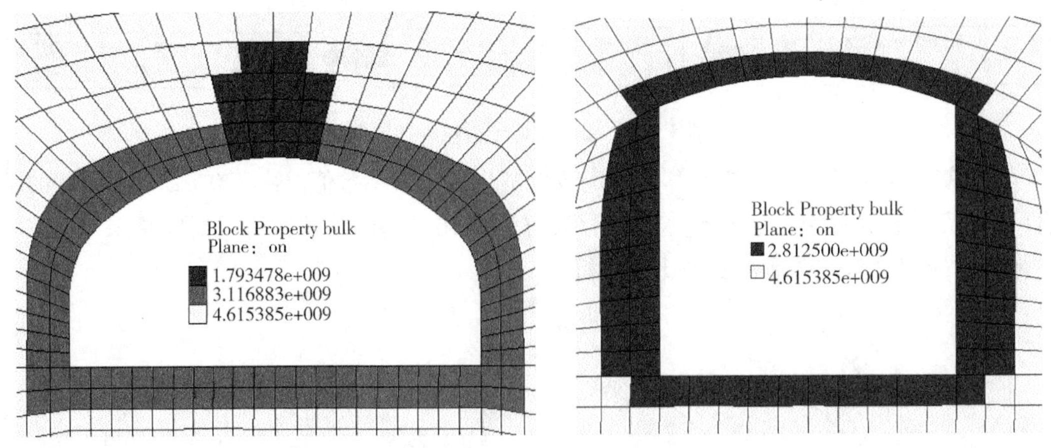

图 4-75　松动圈的分布情况

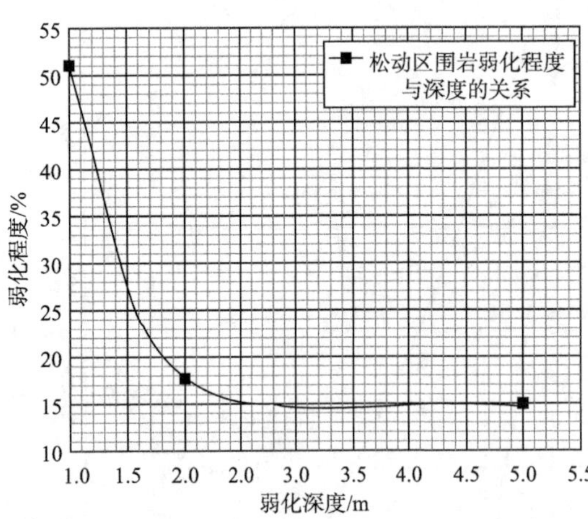

图 4-76　松动区围岩弱化程度与深度的对应关系

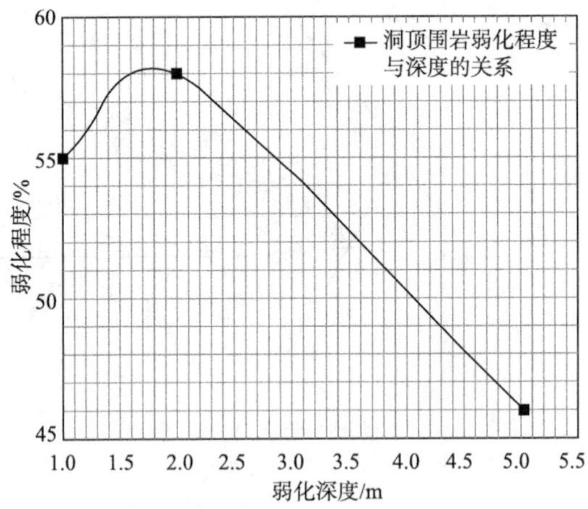

图 4-77　洞顶围岩弱化程度与深度的对应关系

考虑松动圈以后典型的围岩变形、受力情况如图 4-78 所示。从中可以看到，围岩变形不仅在拱脚处而且洞顶处变形相对较明显，具体的数值都在 10mm 左右。围岩受力的特点是在拱顶形成应力松弛区，而在边墙背后一定深度范围形成一个应力增高区。

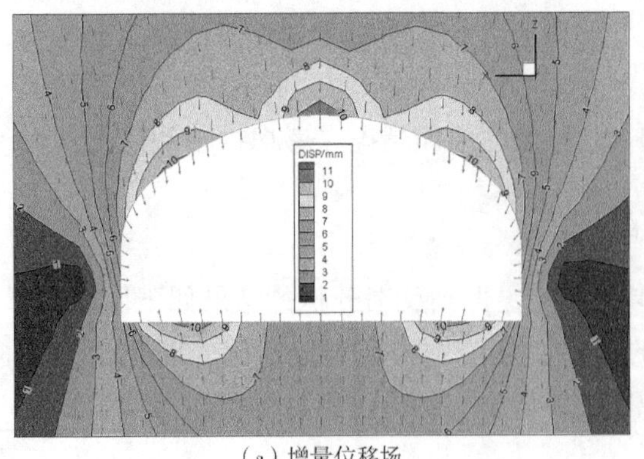

（a）增量位移场

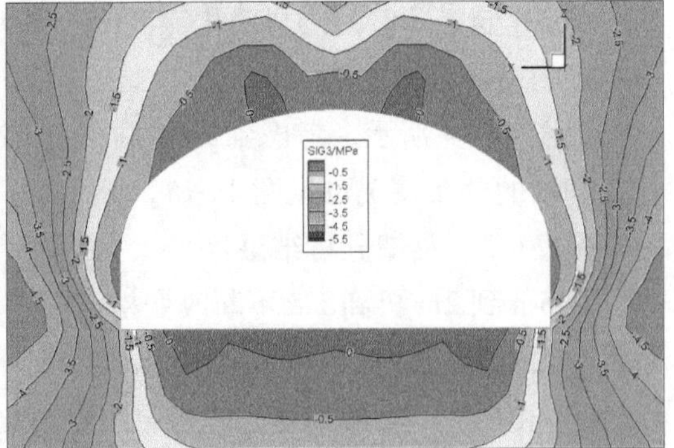

（b）最小主应力

图 4-78　9#主洞室 0 + 231 桩号的围岩变形与受力情况

考虑松动圈以后典型的围岩破损、稳定情况如图 4-79 所示。其中，围岩在拱顶部位破坏较深接近 5m，但在拱脚处较浅位于 2m 和 3m 之间。而从综合判识 G 系数的分布情况看，围岩稳定情况全断面基本稳定，只是拱顶和拱脚处的稳定状态相对偏差。综合起来，可以认为围岩松动程度较为均匀，从整体看并不是很明显。

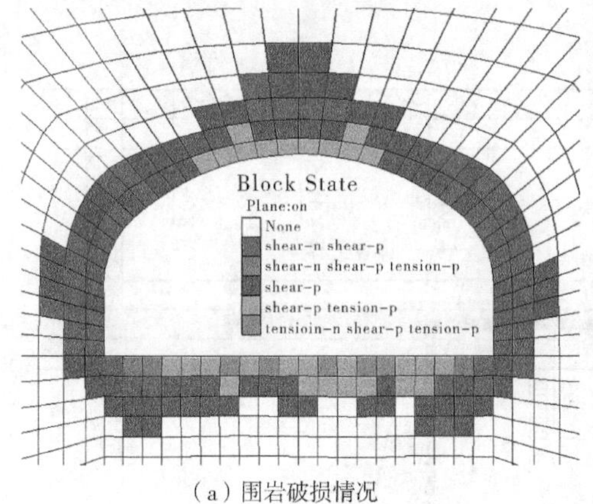

（a）围岩破损情况

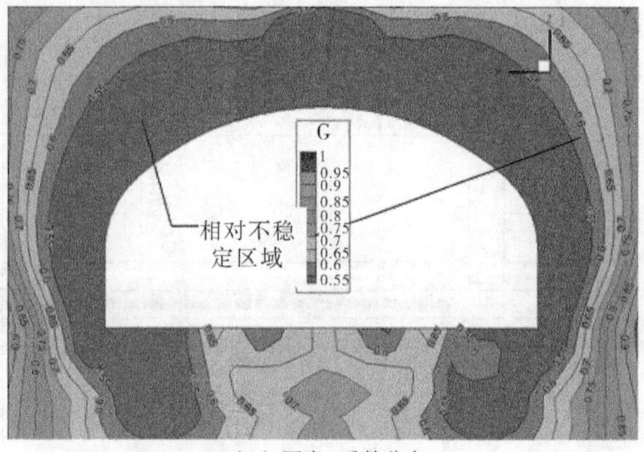

（b）围岩G系数分布

图 4-79　9#主洞室 0+231 桩号围岩的破损与稳定情况

4.3.2　6#主洞室 0+463 洞段松动圈参数反馈分析定

4.3.2.1　计算分析的基本方案

如图 4-80 所示，在 6#主洞室 0+463 部位上方，锚固有③水幕巷道底板上的 9#多点位移计。其测点数据自从 2012 年 8 月 22 日以来多次增加。截止 11 月 8 日测点 1 的读数从 5.0mm 增加到 8.669mm，变形值累计增长比例超过 50%。这表明该处围岩在此期间发生了明显的变形，根据实际情况采取跟踪式的反馈分析，具体完成了以下 4 项工作。

(1)9 月 2 日 ~9 月 8 日第一次读数增长的中导洞松动圈参数反馈分析。

(2)9 月 14 日 ~9 月 20 日第二次读数增长原因的松动圈参数反馈分析。

(3)9 月 22 日 ~9 月 27 日第三次读数增长的中导洞松动圈参数反馈分析。

(4)10 月 15 日 ~11 月 8 日第四次读数增长洞室顶层松动圈参数反馈分析。

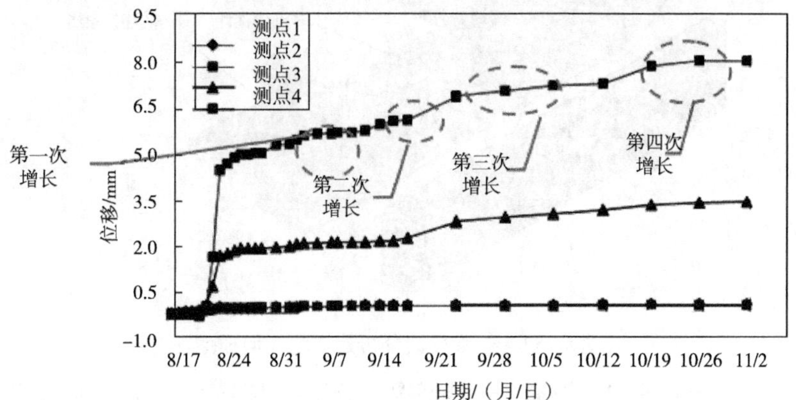

图 4-80　6#主洞室上方多点位移计监测数据变化情况

此外，还上面的反馈分析结果为依据，对6#主洞室施工中围岩的变形和稳定作一些预测，并提出一些相应的建议。

反馈分析的建模范围可见图4－81，包括6#、7#主洞室和③－③连接巷道，计算范围尺寸为宽150、长120m。建立的几何模型则如图4－82所示，该多点位移计位于6#主洞室的顶部。

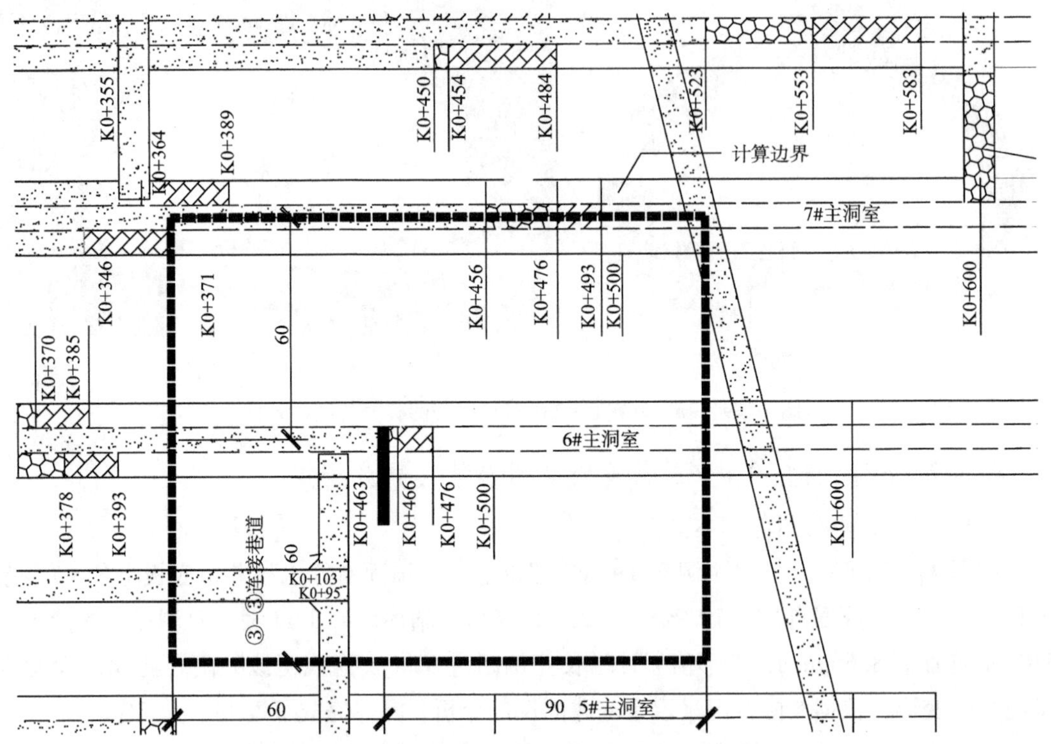

图4－81　三维反馈分析建模位置与范围

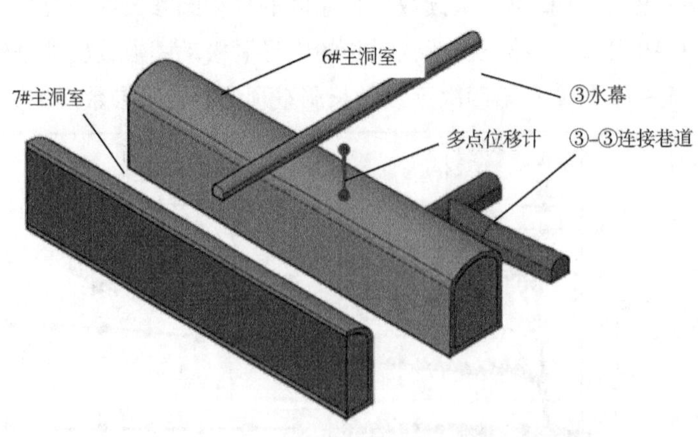

图4－82　三维反馈分析建立的几何模型

6#、7#主洞室的开挖与支护施工进展情况，分别如表4－26所示，据此可以设定具体的计算方案。

表 4-26　6#主洞室近两个月开挖和支护情况

日　期	中导洞		左侧扩挖		右侧扩挖	
	开挖桩号/m	支护桩号/m	开挖桩号/m	支护桩号/m	开挖桩号/m	支护桩号/m
2012 年 8 月 9 日	390	280	280	135	255	142
2012 年 8 月 16 日	428	390	333	255	332	211
2012 年 8 月 23 日	463	390	365	295	365	295
2012 年 8 月 30 日	466	465	370	305	378	305
2012 年 9 月 7 日	475	468	387	315	390	315
2012 年 9 月 14 日	475	475	392	350	394	350
2012 年 9 月 20 日	475	475	440	350	435	350
2012 年 9 月 27 日	475	475	460	350	460	350
2012 年 10 月 4 日	478	475	460	390	460	390
2012 年 10 月 11 日	490	475	460	440	460	408
2012 年 10 月 18 日	529	478	460	440	460	430
2012 年 10 月 25 日	547	478	467	440	467	440
2012 年 11 月 1 日	562	478	467	440	467	440
2012 年 11 月 8 日	572	478	480	467	480	467

4.3.2.2　反馈分析结果

(1)不考虑支护的反馈结果

由于前期支护进展较慢具体情况不明，因而先不考虑支护的情况下做反馈分析。计算得到的结果如表 4-27 和表 4-28 所示，而反馈过程和松动圈的弱化程度的确定可见图 4-83 和图 4-84。

其中，先假定松动圈深度为 2m，则 9 月 8 日时的围岩弱化程度为 35%。

表 4-27　7#主洞室近两个月开挖和支护情况

日期	中导洞		左侧扩挖		右侧扩挖	
	开挖桩号/m	支护面桩号/m	开挖桩号/m	支护面桩号/m	开挖桩号/m	支护面桩号/m
2012 年 8 月 9 日	429	300				
2012 年 8 月 16 日	440	300				
2012 年 8 月 23 日	456	300				
2012 年 8 月 30 日	476	300				
2012 年 9 月 7 日	476	320	364	244	346	244
2012 年 9 月 14 日	476	365	364	345	346	345
2012 年 9 月 20 日	500	385	364	345	346	345
2012 年 9 月 27 日	518	385	384	345	390	345
2012 年 10 月 4 日	535	385	421	244	427	244
2012 年 10 月 14 日	545	385	465	360	475	360

续表

日期	中导洞		左侧扩挖		右侧扩挖	
	开挖桩号/m	支护面桩号/m	开挖桩号/m	支护面桩号/m	开挖桩号/m	支护面桩号/m
2012 年 10 月 18 日	565	400	526	400	515	400
2012 年 10 月 25 日	595	440	526	440	515	440
2012 年 11 月 1 日	634	470	588	470	542	470
2012 年 11 月 8 日	648	490	608	470	582	470

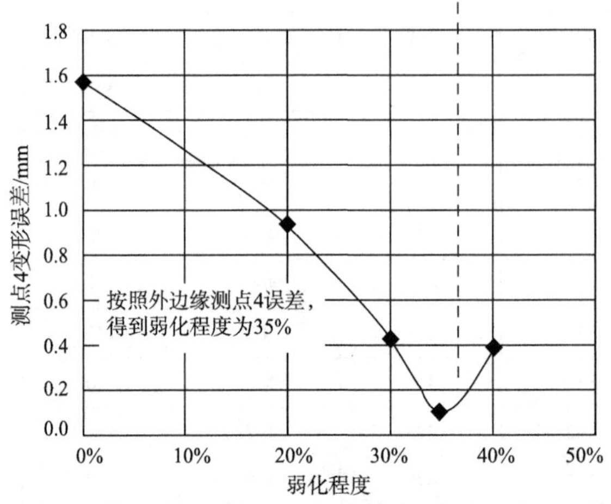

图 4-83　9 月 8 日数据的松动圈参数弱化程度确定

由表 4-28 和表 4-29 可知：在 9 月 7 日 ~9 月 20 日期间 6#主洞室主要是两侧扩挖，7 #主洞室在计算范围内主要是中导洞开挖。造成读数变化的原因可能是由扩挖造成，也可能来源于围岩力学的持续弱化过程。为了探明具体原因，先假定中导洞围岩松动圈不再弱化，而弱化扩挖后的顶层松动圈参数。反馈得到的结果如表 4-30 和表 4-31 所示，从测点 4 误差变化则可知：可以忽略扩挖对多点位移计读数的影响。

表 4-28　截止 9 月 8 日读数的反馈结果

多点位移计编号	测点 1/mm	测点 2/mm	测点 3/mm	测点 4/mm
8#	0.616	1.151	1.733	2.117
9#	1.005	2.718	4.167	6.021
10#	0.520	1.063	1.574	1.976

表 4-29　假定 9 月 20 日读数为扩挖造成的反馈过程

弱化程度/%	测点 1 误差/mm	测点 2 误差/mm	测点 3 误差/mm	测点 4 误差/mm
25.0	0.706	2.422	1.561	0.623
30.0	0.706	2.421	1.561	0.623
35.0	0.705	2.420	1.560	0.623
40.0	0.704	2.420	1.560	0.623
50.0	0.703	2.417	1.559	0.623

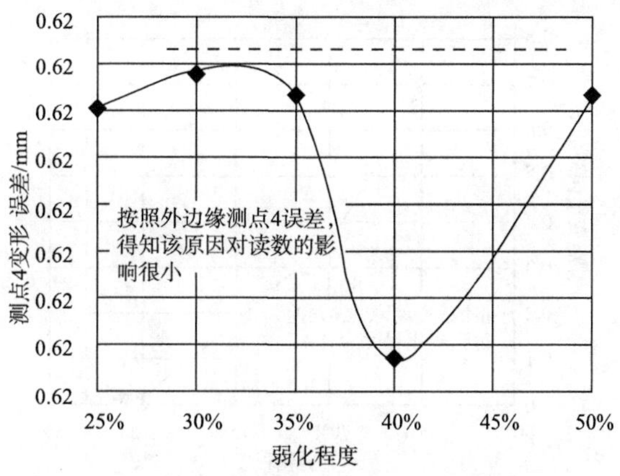

图 4-84　假定扩挖造读数增加的试算结果

由此，得到 9 月 20 日时松动圈弱化程度，如图 4-85 从 9 月 8 日的 35% 增加到 62%。

表 4-30　截止 9 月 20 日读数的反馈结果

多点位移计编号	测点 1/mm	测点 2/mm	测点 3/mm	测点 4/mm
8#	0.745	1.457	2.242	2.890
9#	1.129	3.047	4.606	6.613
10#	0.641	1.343	2.035	2.610

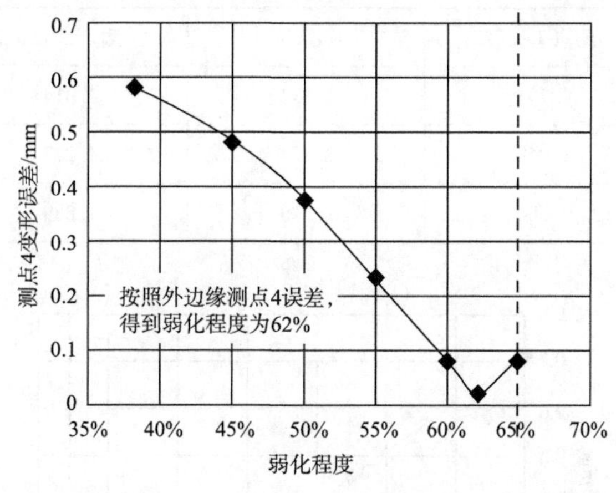

图 4-85　9 月 27 日数据的松动圈参数弱化程度确定

9 月 27 日时松动圈弱化程度有增加到 81%（图 4-86），至此从力学指标上看围岩等级从Ⅲ2 类下降到Ⅴ类。由于已经接近围岩等级的极限，到了必须考虑支护效果的时刻。

表 4-31　截止 9 月 27 日读数的反馈结果

多点位移计编号	测点 1/mm	测点 2/mm	测点 3/mm	测点 4/mm
8#	0.931	1.774	2.663	3.480
9#	1.313	3.414	5.046	7.419
10#	0.750	1.625	2.463	3.128

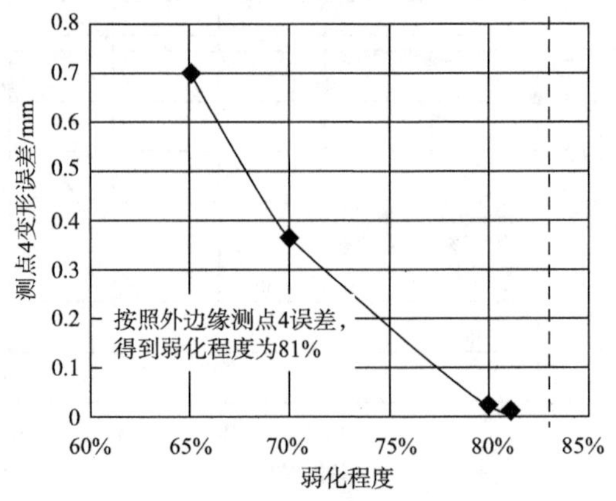

图 4-86　9 月 27 日数据的松动圈参数弱化程度确定

(2)考虑支护影响的反馈结果

考虑支护的情况下得到的反馈结果可见表 4-32 ~ 表 4-33，而反馈过程和松动圈的弱化程度的确定可见图 4-87 ~ 图 4-88。

其中，9 月 8 日时如图 4-87 所示，考虑支护效果的松动圈弱化程度为 47%，大于先前无支护情况下的 35%。

表 4-32　截止 9 月 8 日读数的反馈结果

多点位移计编号	测点 1/mm	测点 2/mm	测点 3/mm	测点 4/mm
8#	0.701	1.332	2.014	2.517
9#	1.068	2.824	4.277	6.062
10#	0.600	1.270	1.889	2.381

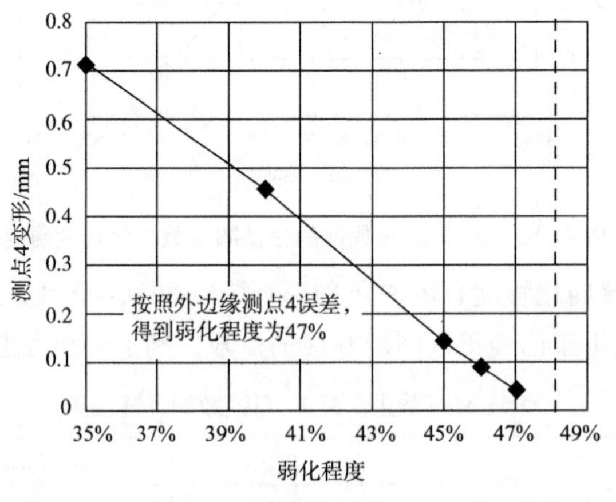

图 4-87　9 月 8 日数据的松动圈参数弱化程度确定

截止 9 月 20 日如图 4-88 所示，考虑支护效果的松动圈弱化程度增加到了 80%。

表 4-33　截止 9 月 20 日读数的反馈结果

多点位移计编号	测点 1/mm	测点 2/mm	测点 3/mm	测点 4/mm
8#	0.745	1.457	2.242	2.890
9#	1.129	3.047	4.606	6.613
10#	0.641	1.343	2.035	2.610

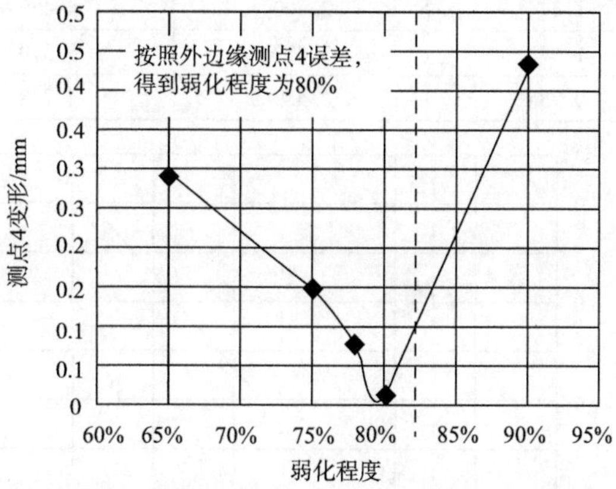

图 4-88　9 月 20 日数据的松动圈参数弱化程度确定

根据施工进度在 9 月 20 日 ~9 月 27 日期间，弱化部位可能是中导洞或者扩挖后的边墙。而结合 0 + -463 桩号附近围岩渗水破碎的现场查看结果看，读数变化的也可能根源于超过 2m 深的围岩松动。

先假定中导洞和扩挖部分的围岩松动圈同时弱化，计算得到的结果如表 4-34 项目所示。从中发现测点 4 误差变化较为有限，并且即使中导洞围岩弱化达到 98%，对应的围岩参数低于Ⅴ类依然不能收敛。因此，考虑支护效果以后可以确定，9 月 27 日的位移读数变化说明：0 +463 桩号附近深部围岩发生了较明显的松动。

表 4-34　拟合 9 月 27 日读数变化的反馈探索过程

中导洞围岩弱化程度	扩挖后围岩弱化程度	测点 1 误差/mm	测点 2 误差/mm	测点 3 误差/mm	测点 4 误差/mm
80.0%	47.0%	0.934	2.953	1.647	0.785
80.0%	60.0%	1.201	3.418	2.173	0.258
80.0%	70.0%	1.218	3.454	2.214	0.219
85.0%	60.0%	1.214	3.453	2.216	0.212
90.0%	47.0%	1.075	3.211	1.957	0.424
95%	47.0%	1.215	3.471	2.240	0.160
95%	60.0%	1.236	3.515	2.291	0.121
98%	47.0%	1.221	3.488	2.259	0.132

据此，在主洞室周边设置5m深的松动区域，从40%开始逐步弱化其围岩力学参数，得到的支护效果反馈分析过程可见表4-35～表4-36。其对应的误差变化曲线如图4-89，从中寻找极小至点可以得到：对应的围岩参数弱化程度为45%。

表4-35　截止9月27日读数的反馈结果

多点位移计编号	测点1/mm	测点2/mm	测点3/mm	测点4/mm
8#	1.244	2.700	4.455	5.652
9#	1.571	3.857	5.579	7.445
10#	0.985	2.489	4.258	5.446

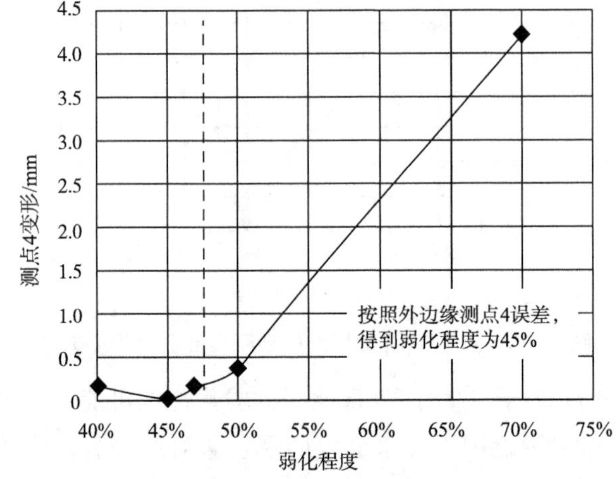

图4-89　9月27日数据的松动圈参数弱化程度确定

表4-36　截止10月11日读数的反馈结果

多点位移计编号	测点1/mm	测点2/mm	测点3/mm	测点4/mm
8#	1.444	3.016	4.936	6.188
9#	1.801	4.181	5.931	7.809
10#	1.127	2.763	4.663	5.961

11月1日反馈结果如表4-37所示，顶层的围岩参数弱化进一步降低到45%。

表4-37　截止11月1日读数的反馈结果

多点位移计编号	测点1/mm	测点2/mm	测点3/mm	测点4/mm
8#	1.600	3.857	6.649	8.878
9#	1.886	4.398	6.469	8.429
10#	1.152	3.383	6.264	8.666

根据上面的反馈结果作正演计算得到，截止11月1日6#主洞室附近断面围岩的变形和受力情况分别如图4-90和图4-91。多点位移计附近拱顶最大变形接近16mm，而边墙处的最大变形接近12mm。最大主应力集中区域外移且应力普遍减小，最大数值从7.5MPa减小到5MPa。

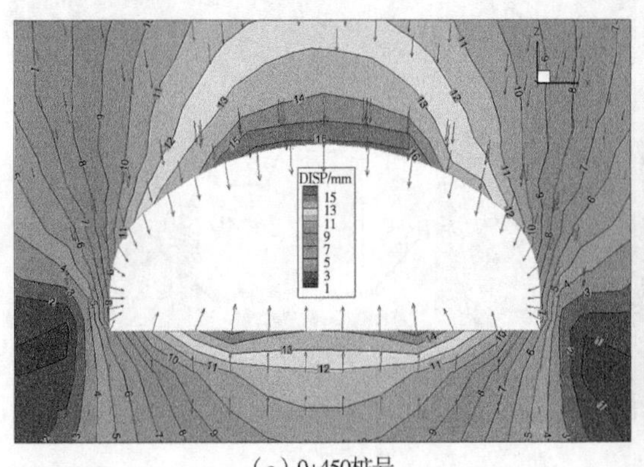

（a）0+450桩号

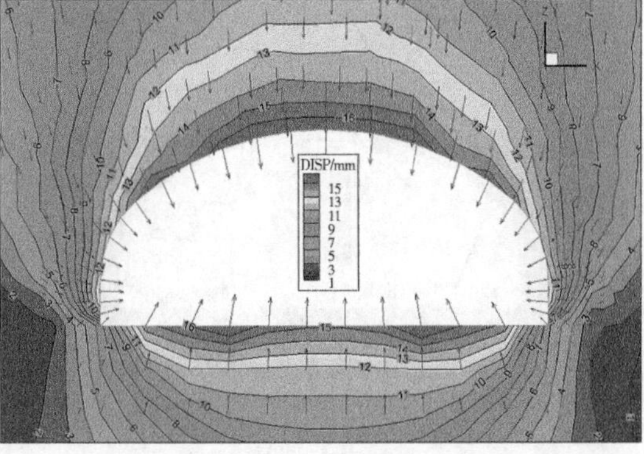

（b）0+463桩号

图 4-90　6#主洞室大桩号围岩变形情况

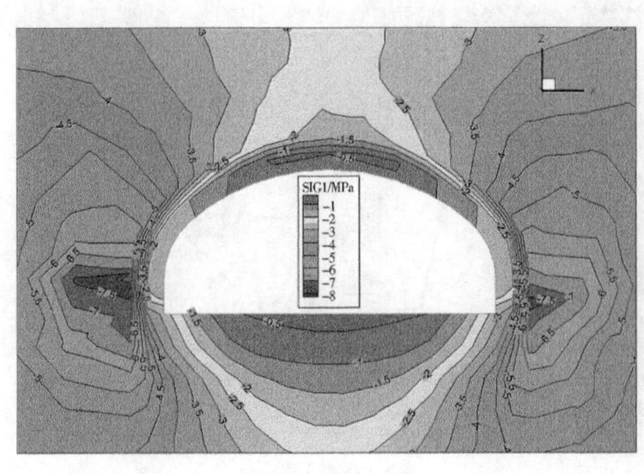

（a）0+450桩号

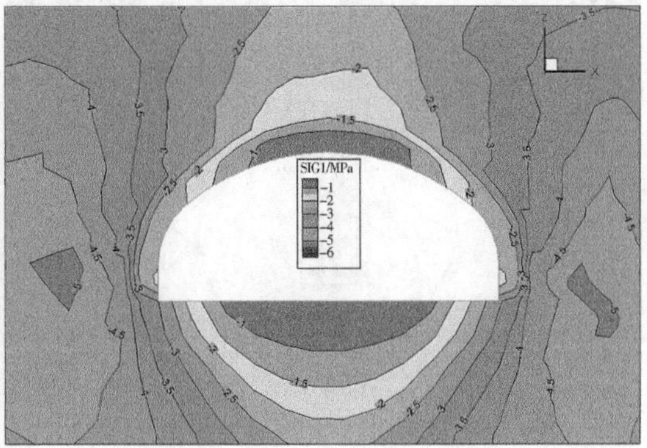

（b）0+463桩号

图 4-91　6#主洞室大桩号围岩最大主应力分布

6#主洞室 0 + 463 桩号附近围岩在扩挖前，其稳定综合判识系数 G 值分布情况如图 4-90 所示，扩挖以后的 G 值分布情况则可见图 4-91。

其中，在 9 月 27 日也即扩挖前，0 + 450 桩号拱肩、0 + 463 桩号边墙中部、0 + 475 桩号边墙偏上等部位围岩不稳定、有掉块倾向，所以需注意及时随即锚固以加固。此外，对比不考虑支护结果可知：系统支护和混凝土喷层明显改善了围岩的稳定状态（见图 4-92）。

而在 11 月 1 日 0 + 463 桩号扩挖以后，0 + 450 桩号拱肩依然是最不稳定区域，但其分布范围有所扩大。0 + 463 桩号由于围岩松动深度增加，扩挖后稳定状态大幅下降。不仅拱肩不稳定范围大于 0 + 450 桩号，而且已经支护的拱顶围岩也转变为不稳定状态。0 + 475 桩号边墙和顶部不稳定区域面积扩大且贯通，相比 1 个月以前围岩掉块倾向大大增加（见图 4-93）。

此外，11 月 1 日时由围岩稳定综合判识系数 G 值分布，评定得到的相对不稳定区域三维分布情况可见图 4-94。可以看到，拱肩依然是不稳定的关键区域。

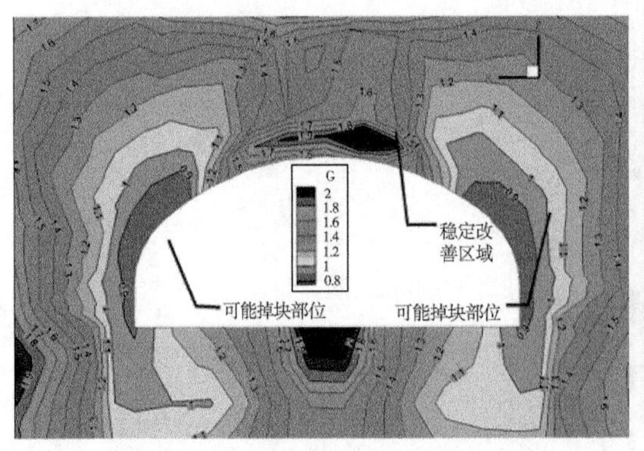

（a）0+450桩号

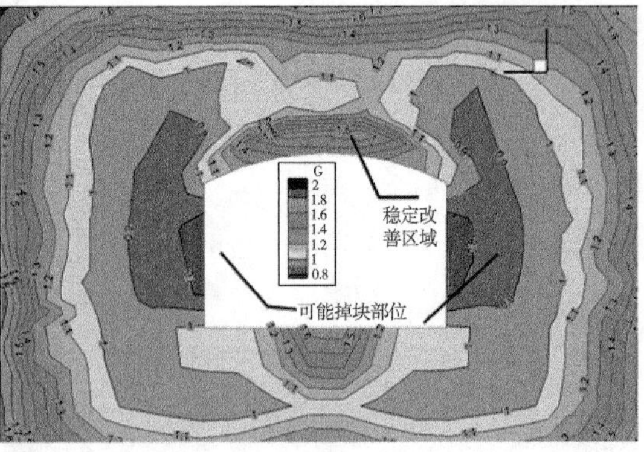

（b）0+463桩号

图 4-92　9 月 27 日 6#主洞室大桩号围岩稳定判识系数分布情况

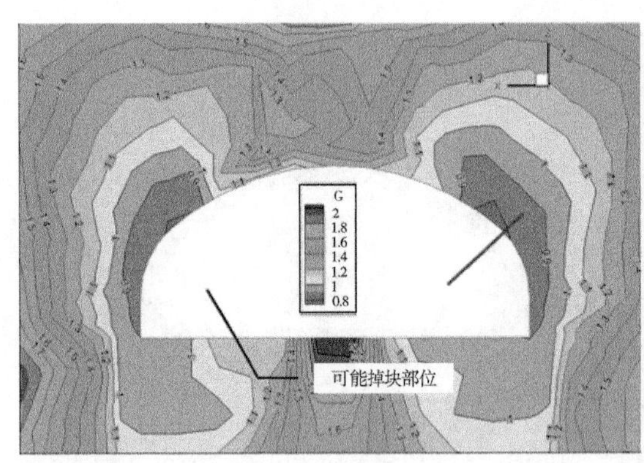

（a）0+450桩号

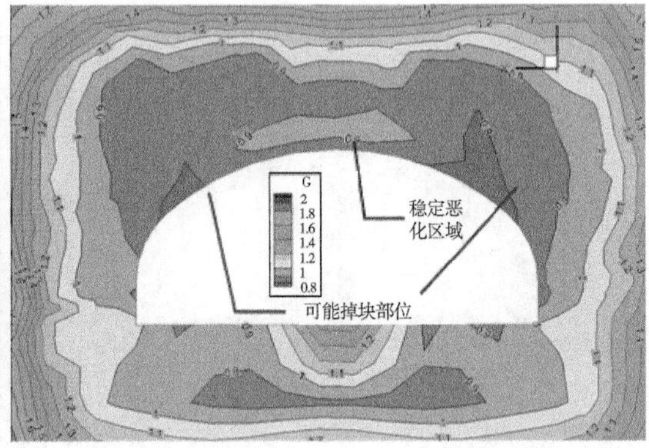

（b）0+463桩号

图 4-93　11 月 1 日 6#主洞室大桩号围岩稳定判识系数分布情况

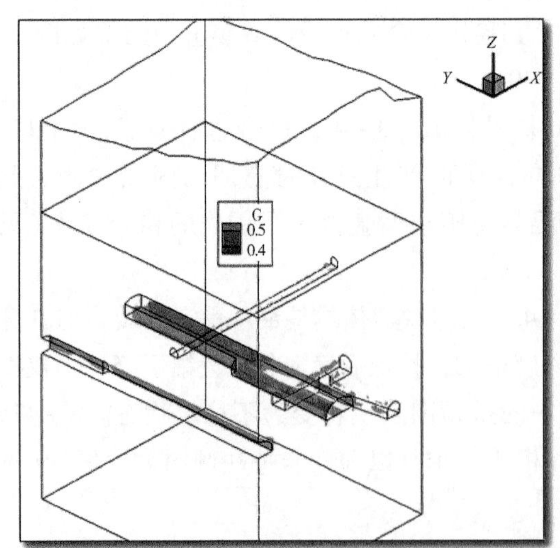

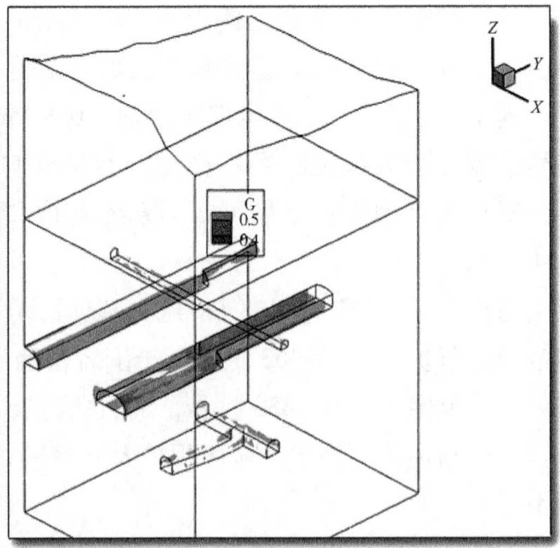

图 4-94　6#主洞室大桩号围岩不稳定区域三维判识结果

4.3.3 3#主洞室 0 + 292 洞段松动圈参数反馈分析

2013 年 5 月份 2#、3#主洞室中段进入中层开挖，如图 4-95 所示 3#主洞室 0 + 292.4 测线 3 处，多点位移计的变形先后两次产生明显的变化。延续到 5 月底时，该多点位移计各测点的读数基本符合连续介质变形的特征，可以用于松动圈参数的反馈分析。

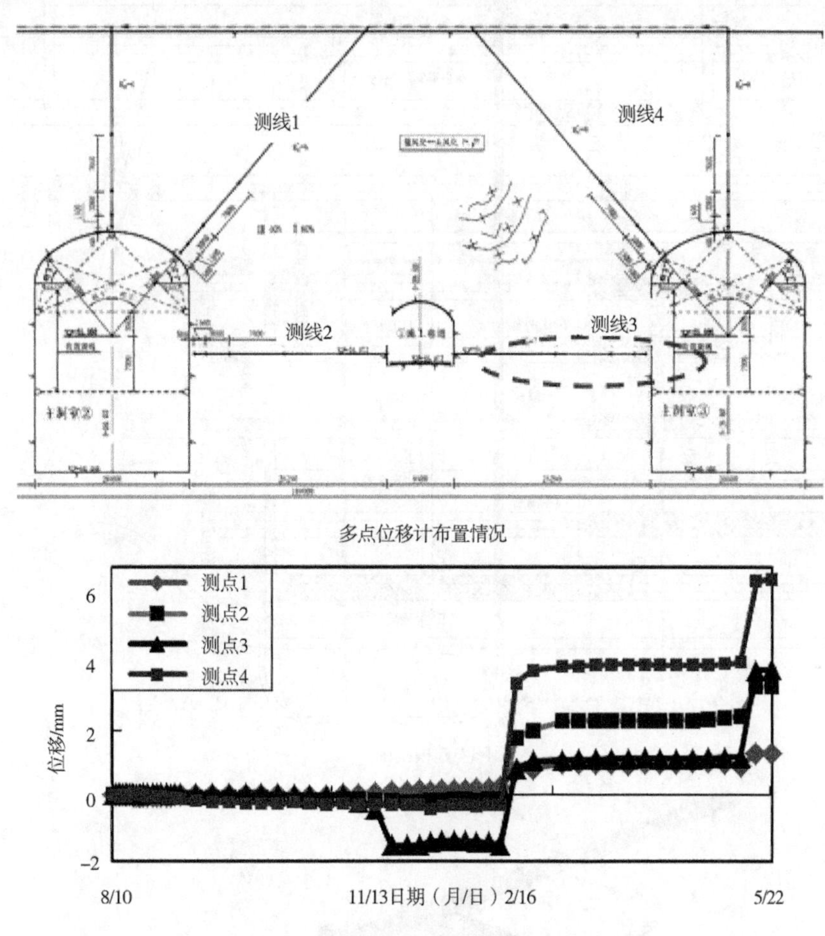

图 4-95 3#主洞室 0 + 292.4 中层开挖反馈分析监测仪器布置与读数变化情况

4.3.3.1 计算分析的基本方案

考虑到 2#、3#主洞室的连贯性，也为了预备 2#主洞室中层的反馈分析，如图 4-96(a) 划定长 260、宽 350m 的区域建立计算模型。其中构造可见如图 4-96(b) 和图 4-96(c)，包括主洞室 1 ~ 5#共 5 个主洞以及 F3 断层。

多点位移计读数的位移模式可见图 4-97，线性较为接近线性拟合以后得到二次关系。据此，估算得到该处松动圈范围为 2m，弱化程度为：松动圈范围平均为 5.8%，而测点 1 相对测点 2 弱化 23.1%。

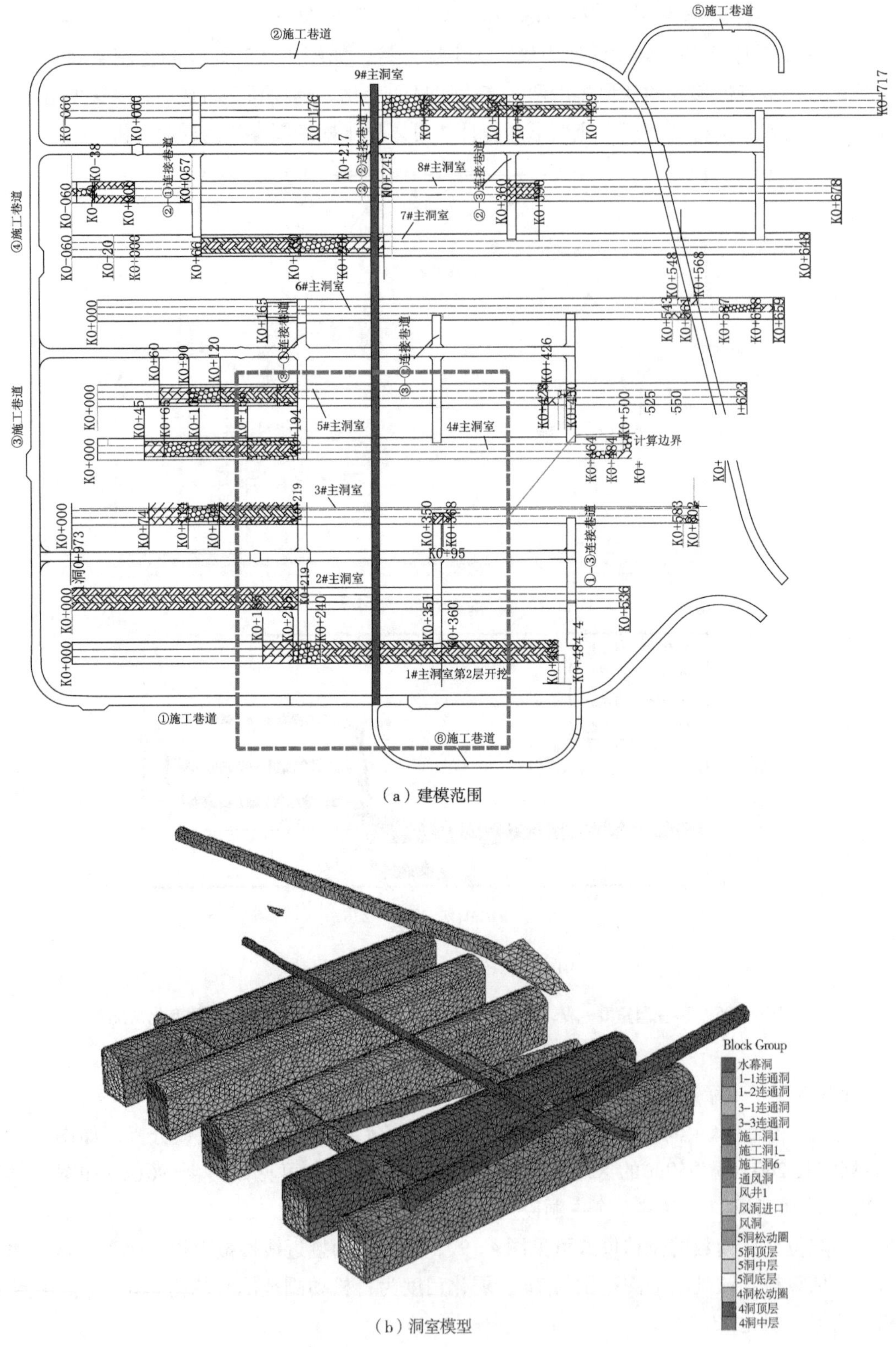
②施工巷道
⑤施工巷道
9#主洞室
8#主洞室
7#主洞室
6#主洞室
5#主洞室
4#主洞室
3#主洞室
2#主洞室
1#主洞室第2层开挖
④施工巷道
③施工巷道
①施工巷道
⑥施工巷道
计算边界
Block Group
水幕洞
1-1连通洞
1-2连通洞
3-1连通洞
3-3连通洞
施工洞1
施工洞1_
施工洞6
通风洞
风井1
风洞进口
风洞
5洞松动圈
5洞顶层
5洞中层
5洞底层
4洞松动圈
4洞顶层
4洞中层

（a）建模范围

（b）洞室模型

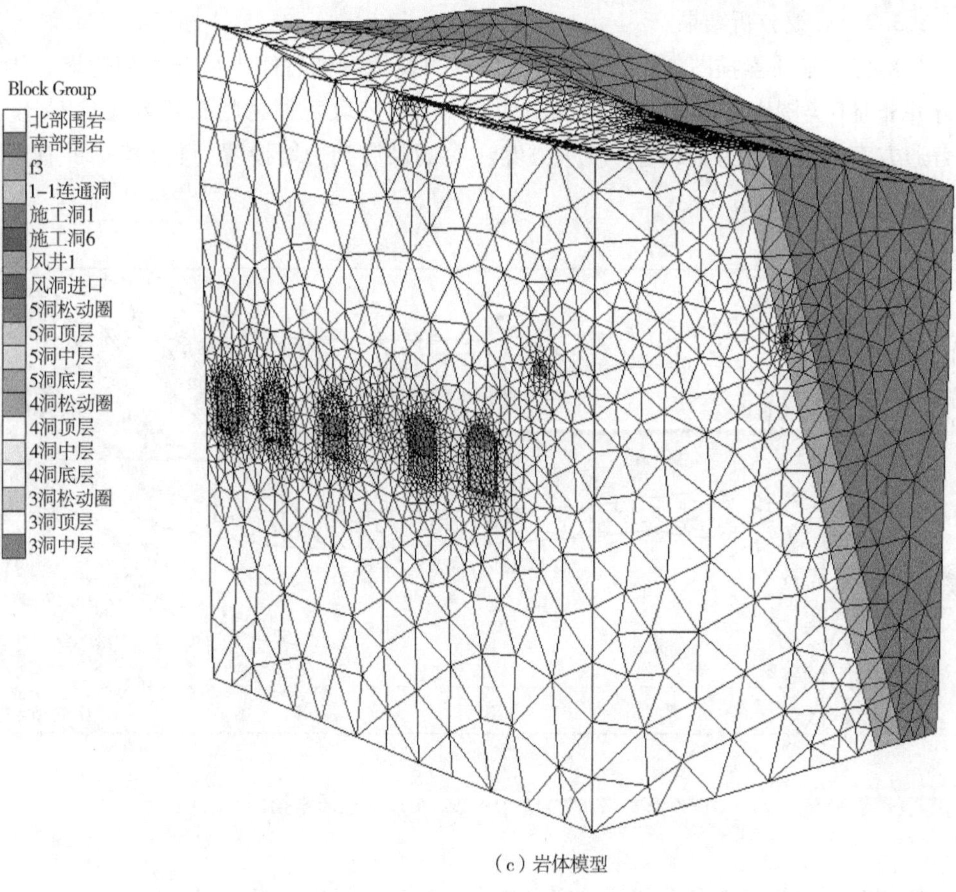

(c) 岩体模型

图 4-96　3#主洞室 0 + 292.4 中层开挖反馈分析的计算模型

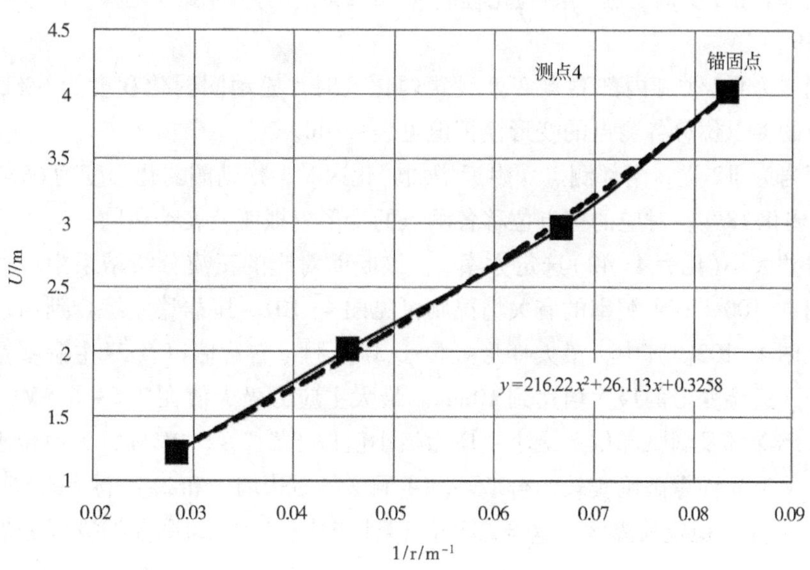

图 4-97　多点位移计位移模式拟合

4.3.3.2　反馈分析结果

计算部位的地质素描图如下图 4-98，可以明显地看到右侧拱肩开始到边墙，围岩较为破碎并非Ⅲ1 类围岩可以表述。因此，如图 4-99 采取两种材料布置方案作对比分析，其中普通方案全部设置为Ⅲ1 类，改进方案在右侧拱肩到边墙设置为Ⅲ2 类，并视情况在边墙深部作进一步弱化。

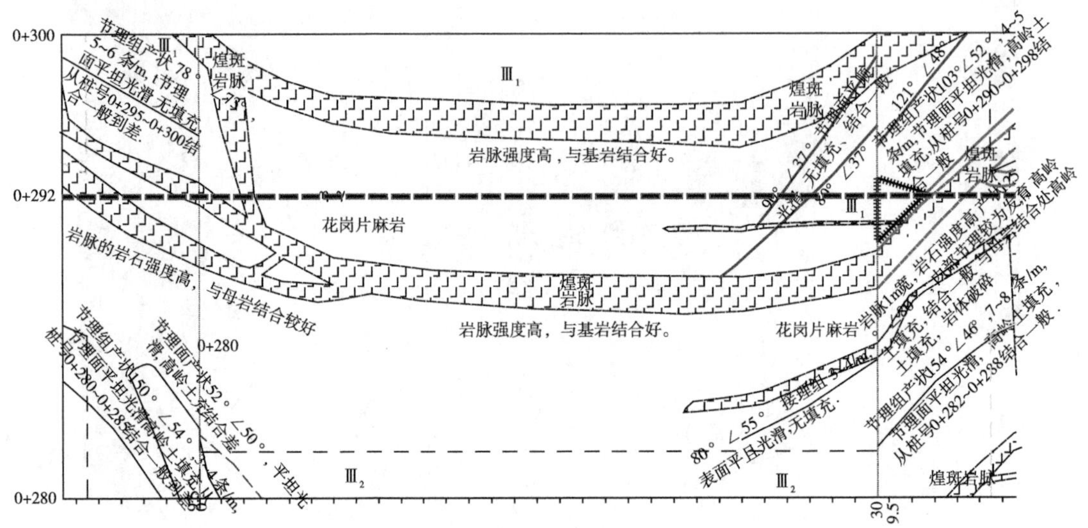

图 4-98　3#主洞室 0 + 292.4 顶层地质素描图

最终得到围岩松动圈参数如下，实测多点位移计变形可见表 4-38。

围岩全部为Ⅲ1 类时，松动圈弱化程度为 48.2%。对应的多点位移各测点的变形模拟值见表 4-39。

右侧围岩为Ⅲ2 类，内部测点 2 处设置弱化区时，松动圈弱化程度为 6%，1 区弱化 16%。对应的多点位移各测点的变形模拟值见表 4-40。

右侧围岩为Ⅲ2 类，内部测点 3 附近增加弱化区时，松动圈弱化程度为 6%，1 区弱化 12%，2 区弱化 18%。对应的多点位移各测点的变形模拟值见表 4-41。

对比误差大小(见表 4-42)选定方案 2，该断面对应的正演分析结果中，3#主洞室的情况可见图 4-100，2#主洞室的有关情况则可见图 4-101，围岩稳定综合判识系数 G 值的分布情况如图 4-102。其中，最大变形处位于 3#主洞室右边墙以及 2#主洞室左边墙的中上层结合部，边墙变形的最大值达到 10mm。最大主应力极大值在 7.5 ~ 6.5MPa 之间，位于主洞室边墙深部及洞脚部位。最小主应力极小值位于 0.2 ~ 0.0MPa，大致位于中层边墙表层，该处采取光面爆破确实较为合适。3#主洞室的右边墙中和 2#主洞室的左边墙处，分别存在 2 ~ 3m 深的稳定临界区，这与多点位移计变化和以及 2#洞室揭露围岩破碎的现象基本吻合。

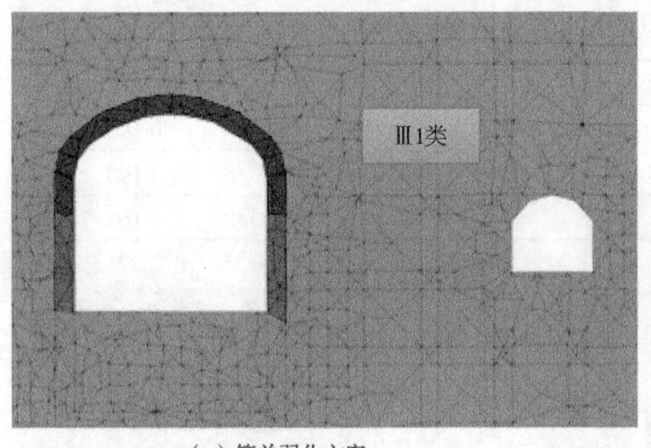

（a）简单弱化方案

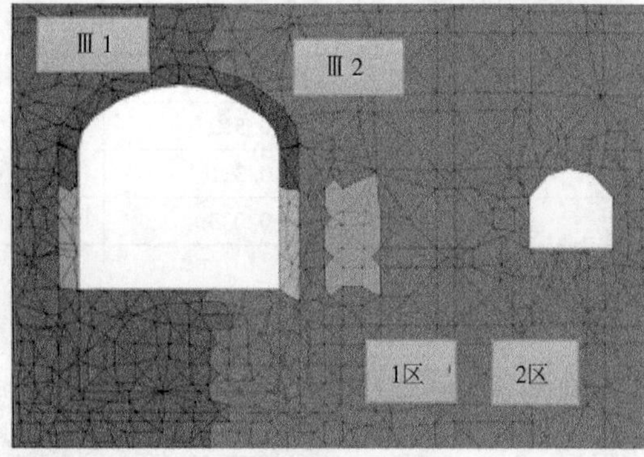

（b）改进弱化方案

图4-99 3#主洞室0+292.4中层开挖反馈分析的计算模型

表4-38 多点位移计变形实测值

	测点1/mm	测点2/mm	测点3/mm	测点4/mm
测线1	-0.041	-0.008	-0.033	-0.066
测线2	0.316	1.549	1.963	2.524
测线3	1.311	3.339	3.964	6.547
测线4	0.898	0.955	0.915	0.897

表4-39 普通弱化方案多点位移计变形模拟值

	测点1/mm	测点2/mm	测点3/mm	测点4/mm
测线1	0.711	1.180	1.388	1.553
测线2	1.044	2.583	4.302	6.497
测线3	0.799	1.771	3.200	6.582
测线4	0.458	0.947	1.165	1.364

表4-40 改进弱化方案1多点位移计变形模拟值

	测点1/mm	测点2/mm	测点3/mm	测点4/mm
测线1	0.735	1.210	1.418	1.562
测线2	0.992	2.187	3.692	5.818
测线3	0.980	2.390	4.203	6.536
测线4	0.484	1.052	1.306	1.498

表4-41 改进弱化方案2多点位移计变形模拟值

	测点1/mm	测点2/mm	测点3/mm	测点4/mm
测线1	0.730	1.205	1.414	1.558
测线2	0.975	2.166	3.670	5.796
测线3	1.278	2.630	4.339	6.643
测线4	0.466	1.023	1.276	1.474

表 4-42　三种方案多点位移计变形模拟值误差

	测点 1/mm	测点 2/mm	测点 3/mm	测点 4/mm
方案 1	0.512	1.568	0.764	0.035
方案 2	0.331	0.949	0.239	0.011
方案 3	0.033	0.709	0.375	0.096

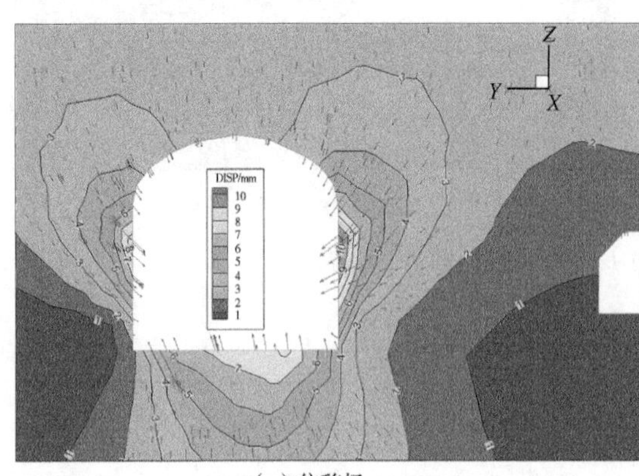

（a）位移场

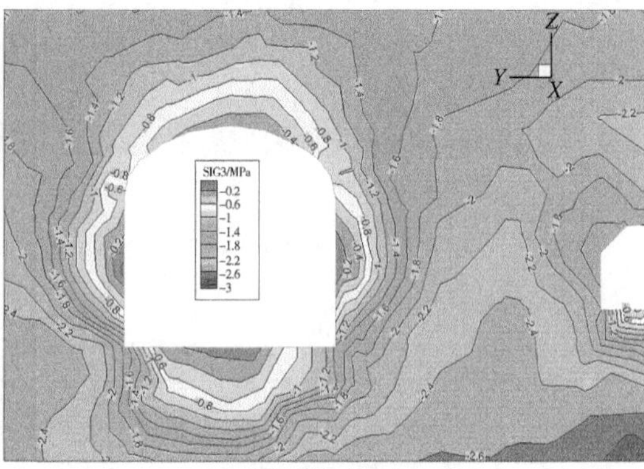

（b）最小主应力

图 4-100　3#主洞室 0 + 292.4 桩号中层开挖正演分析结果

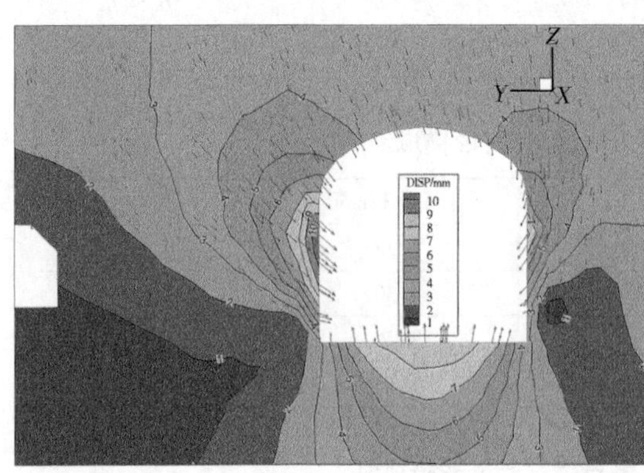

（a）位移场

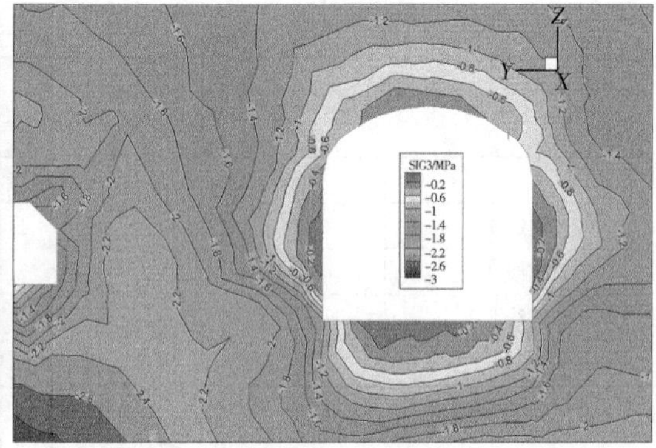

（b）最小主应力

图 4-101　2#主洞室 0 + 292.4 桩号中层开挖正演分析结果

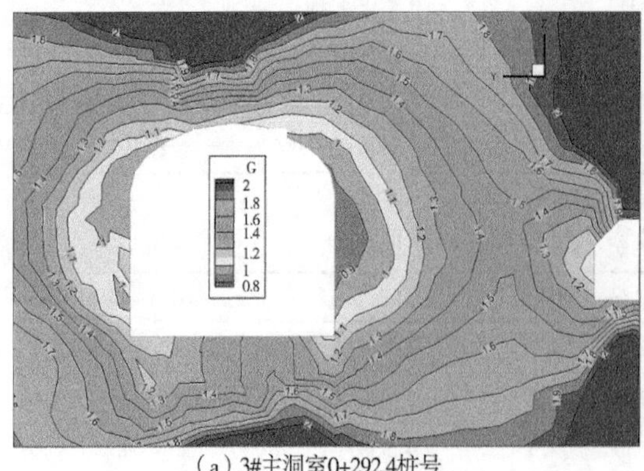

（a）3#主洞室0+292.4桩号

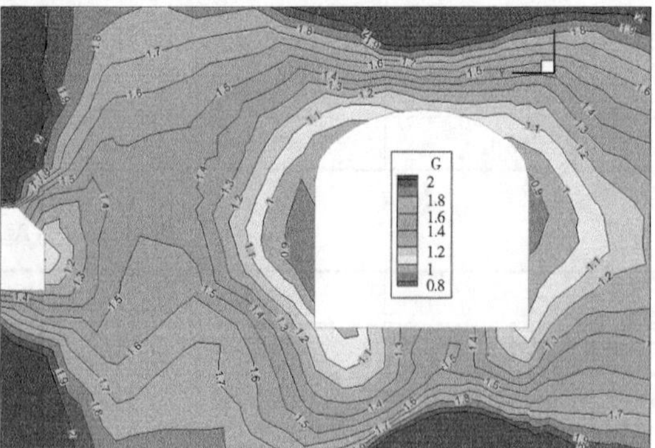

（b）2#主洞室0+292.4桩号

图 4-102　围岩稳定综合判识系数 *G* 分布情况

第五节　地下水封洞库不稳定块体分析

大型地下水封石洞油库围岩不稳定块体分析，是综合判识工作和创新课题进入主洞室开挖阶段后的另一项核心内容，尤其是主洞室的中下部开挖，其结果直接关系洞室高边墙围岩的局部稳定，影响到主洞室支护设计、施工的动态调整和优化的决策。虽然块体稳定采用了工程上较为常用的块体分析程序 Unwedge，但在使用过程中结合该工程实际情况，进一步研究了该软件使用的特殊情况和边界条件的处理，扩展开发了软件的应用范围。以下结合不同工程部位进行说明和介绍。典型的块体分析案例如下面各小节所述，从顶层中导洞到中下层开挖，贯穿了主洞室整个施工期间。

5.1　主洞室顶层开挖不稳定块体预测分析

2 月中旬主洞室全面开工在即，为了在施工过程中规避可能存在的掉块危险，推测了 3#、9#主洞室的可滑移块体情况。主要思路如图 4-103 所示，以施工巷道①、②先期地质素描图形为依据，抽取其中的关键节理和裂隙，将其延展到附近的主洞室当中。然后由节理和裂隙的分布情况，使用 Unwedge 软件推算可能的滑移块体。预测得到的中导洞开挖以后可能出现的块体情况如表 4-43 和表 4-44 所示。

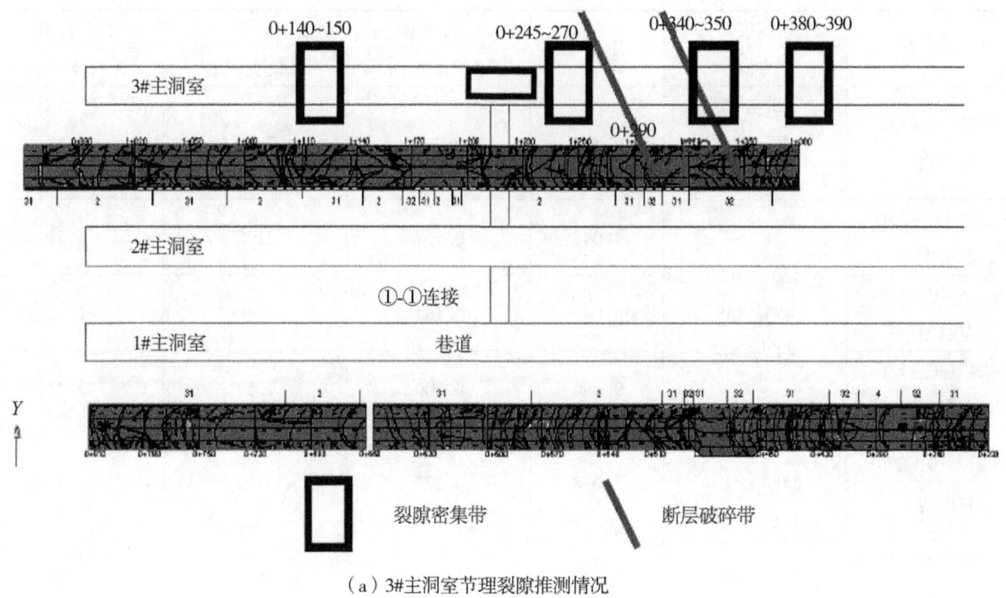

（a）3#主洞室节理裂隙推测情况

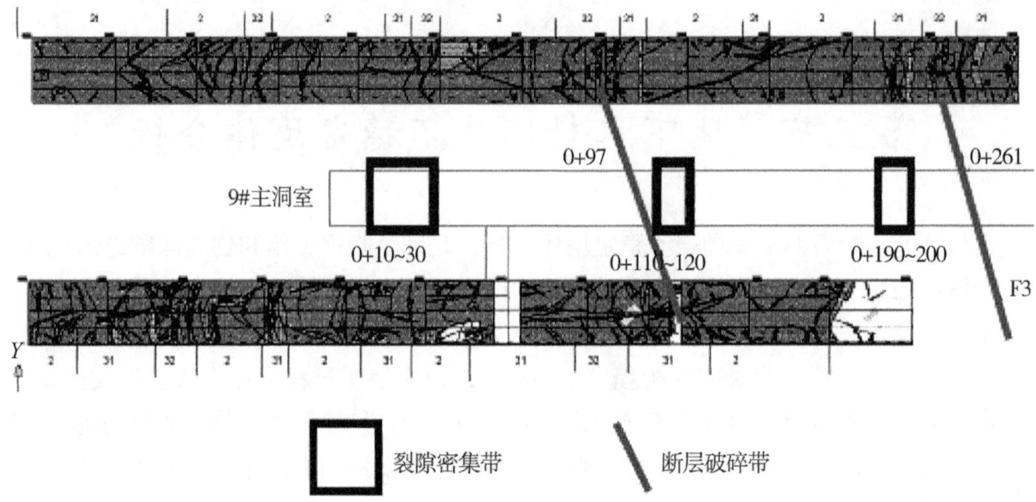

（b）9#主洞室节理裂隙推测情况

图 4-103　关键节理和裂隙扩展示意

从预测的情况看，3#主洞室、⑨中桩号越小，可能滑移块体的尺寸也就越大。预测的块体情况汇总如下表 4-43 与表 4-44 所示，其中块体质量最大达到 16.6t、最小约为 0.15t。

预测到的 3#主洞室块体较为典型，具体的情况可见图 4-104。其中小桩号部位在拱顶和边墙处存在较大的块体，建议及时做好随即锚固的工作。

表 4-43　3#主洞室中导洞不稳定块体特性及安全系数

块体位置	切割裂隙方向	质量/t	最不利工况下的安全系数		综合评价
			系统支护前	系统支护后	系统支护前
0+145~0+150 右拱肩	315°∠45° 180°∠45° 54°∠74°	16.634	0.000	7.30	-5.68
0+245~0+250 右边墙	156°∠62° 45°∠73° 305°∠51°	4.047	0.557	21.2	-1.51
0+245~0+250 左边墙		4.047	0.165	18.99	-1.78
0+245~0+250 右拱肩		9.096	0.000	7.50	-3.41
0+270~0+275 左拱肩	24°∠86° 148°∠58° 156°∠78°	3.048	0.277	31.2	-1.41
0+380~0+385 右边墙	201°∠25° 215°∠86° 150°∠62°	0.147	0.910	98.2	-0.09
0+380~0+385 左拱顶		1.595	0.098	42.1	-1.09

表 4-44　9#主洞室中导洞不稳定块体特性及安全系数

块体位置	切割裂隙方向	质量/t	最不利工况下的安全系数		综合评价
			系统支护前	系统支护后	系统支护前
0+015~0+016 右拱肩	84°∠56° 78°∠29° 136°∠73°	0.084	0.445	214	-0.40
0+015~0+018 左边墙		11.754	0.237	8.351	-4.05
0+023~0+027 右边墙	156°∠62° 45°∠73° 305°∠51°	12.734	0.892	66	-3.88
0+023~0+027 左边墙		12.736	0.125	18.99	-1.78
0+023~0+027 右拱肩		8.35	0.00	17.5	-3.19
0+115~0+117 右拱肩	34°∠67° 171°∠49° 170°∠60°	0.542	0.489	18.5	-0.51
0+116~0+118 左边墙		8.067	0.471	11.3	-2.78
0+194~0+196 左边墙	86°∠72° 60°∠45° 218°∠85°	0.15	0.153	101	-0.62
0+194~0+196 左拱肩		0.748	0.115	89	-0.83

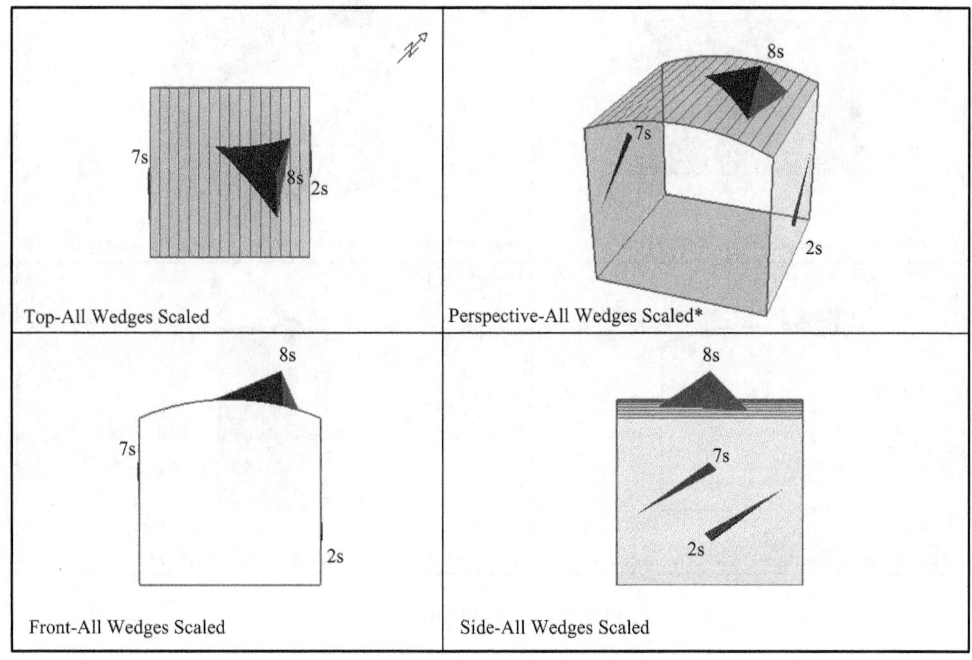

（a）3#主洞室中导洞0+145~0+150段

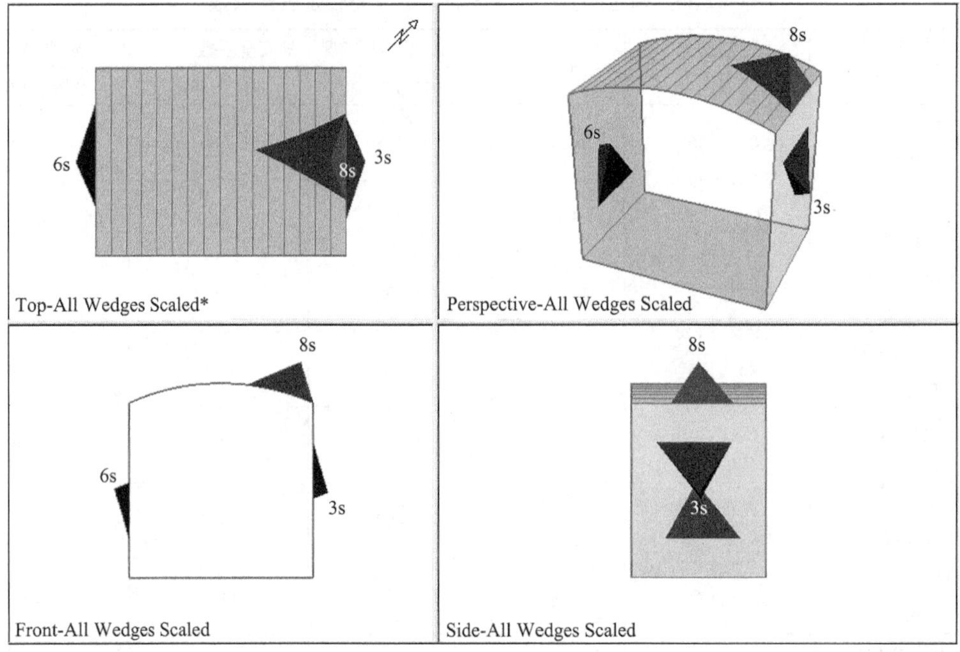

（b）3#主洞室中导洞0+245~0+250 段

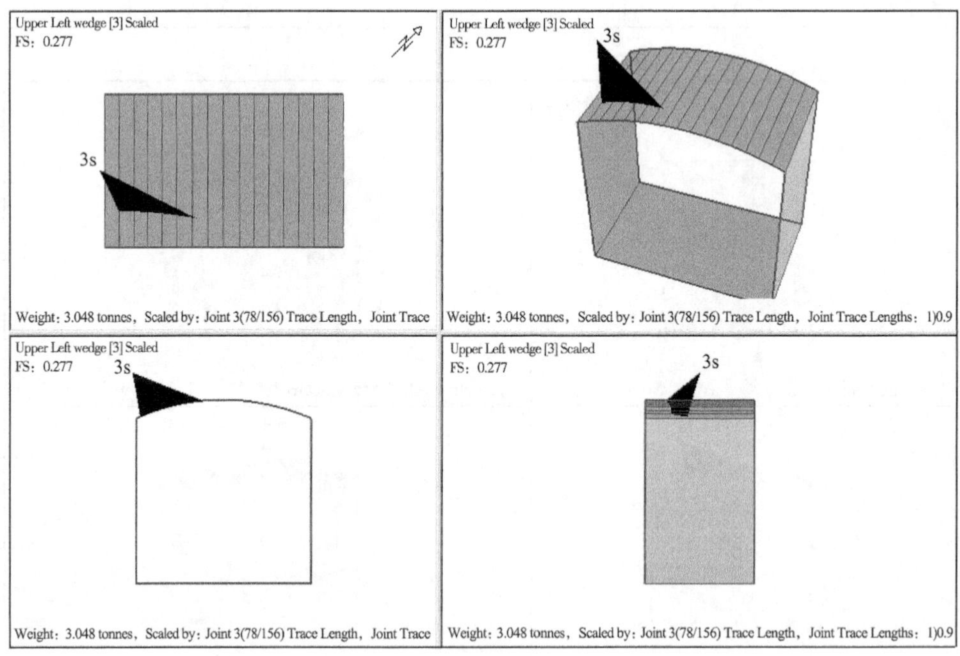

（c）3#主洞室中导洞0+270~0+275 段

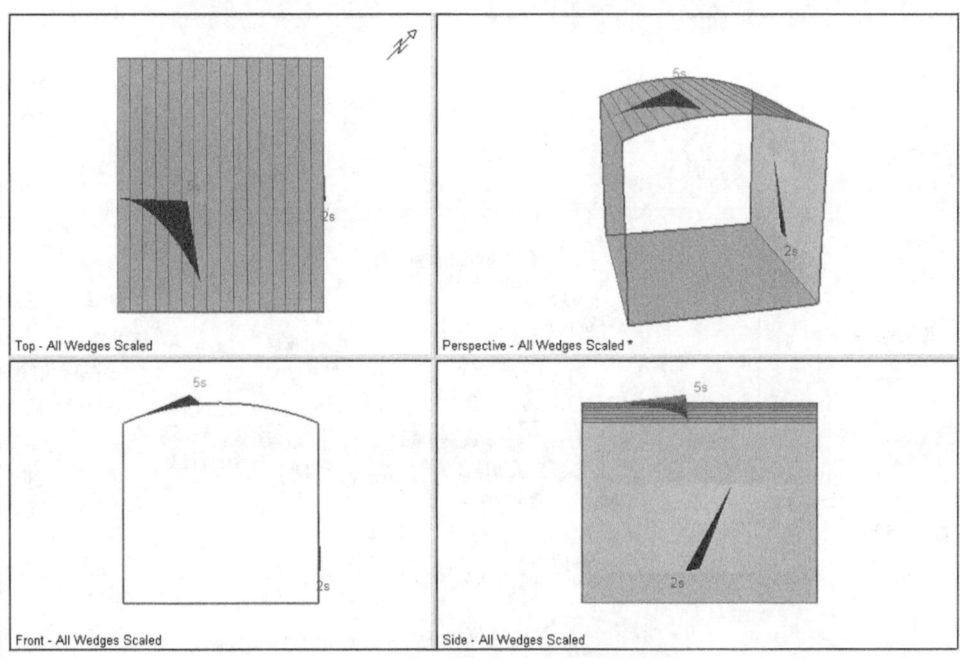

（d）3#主洞室中导洞0+380~0+385段

图 4-104　3#主洞室中导洞块体预测情况

5.2　主洞室中下层开挖不稳定块体稳定分析与预测

5.2.1　①-②连接巷道大桩号右边墙掉块处块体验算

①-②连接巷道大桩号部位通向3#主洞室，底板高程处于-40m位于①-②交叉口附近。该处右边墙如图4-105所示在开挖时已有块体掉落，截止2013年1月边墙依然渗水不止。鉴于其处于交通枢纽以及边墙局部开裂的情况，设计单位决定对其作型钢骨架加固，施工之前验算其边墙后的块体稳定性。该部位的地质情况如图4-106所示，超挖掉块处为陡立的结构面呈薄片状剥落。

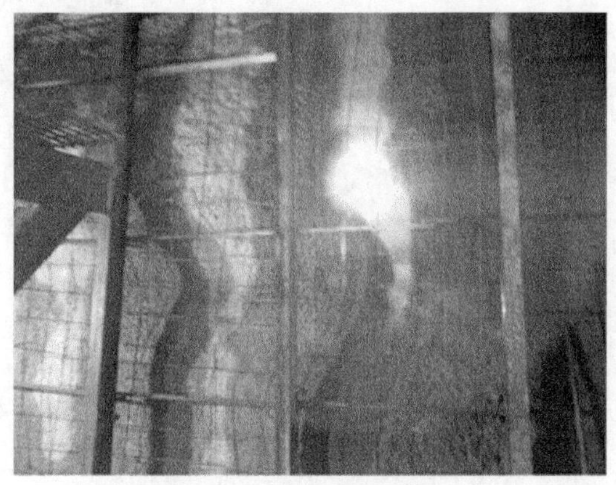

图 4-105　①-②连接巷道大桩号右边墙情况

假定结构面中充水且水压达到最大，做块体分析得到的最不利结果如下图4-107。其中，在拱顶和右边墙分别形成一块体，重量分别为26.5t和3.5t。验算已有系统支护满足稳定要求，即使不考虑型钢的支撑能力，只要控制渗水块体也能够保持稳定。

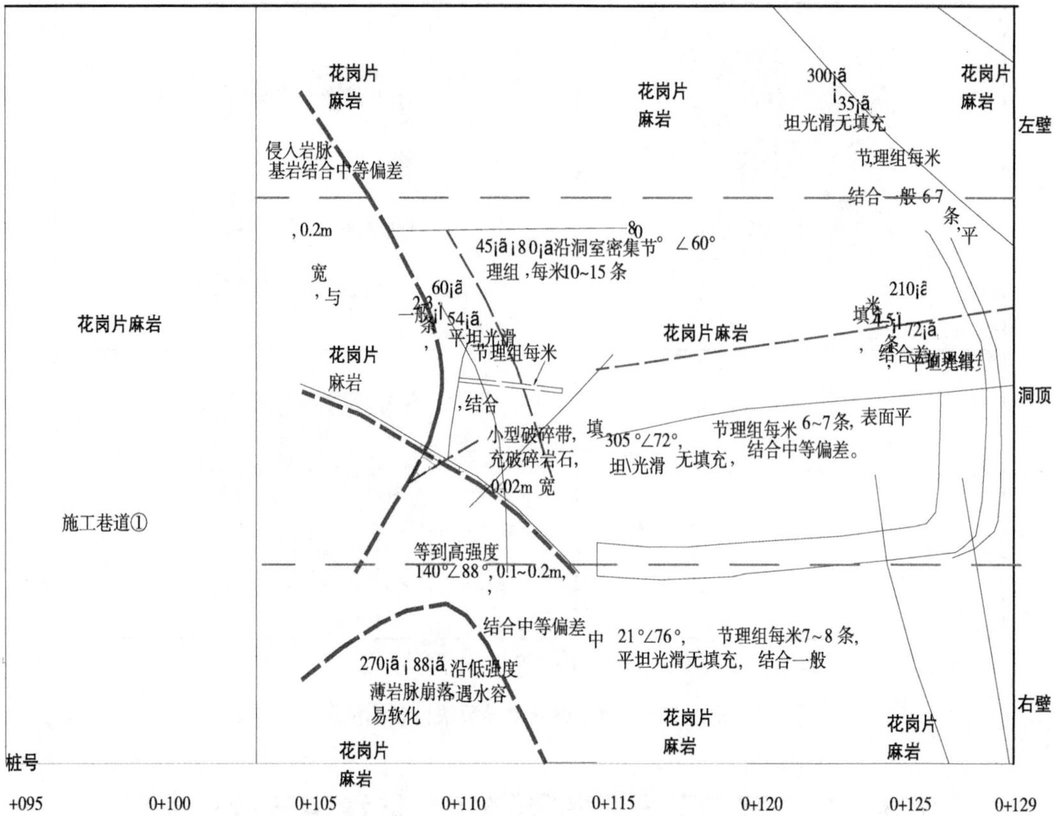

花岗片麻岩
侵入岩脉
基岩结合中等偏差
300°∠35°
坦光滑无填充
节理组每米
结合一般 6-7 条，平
左壁
45°∠80°沿洞室密集节理组，每米10~15 条
0.2m 宽，与
60°∠54°
平坦光滑
节理组每米
210°∠72°
洞顶
小型破碎带，填充破碎岩石，0.02m 宽
305°∠72°，节理组每米 6~7条，表面平坦光滑 无填充，结合中等偏差。
施工巷道①
等到高强度
140°∠88°，0.1~0.2m，
结合中等偏差
21°∠76°，节理组每米7~8 条，平坦光滑无填充，结合一般
270°∠88° 沿低强度薄岩脉崩落遇水容易软化
右壁
桩号
+095
0+100
0+105
0+110
0+115
0+120
0+125
0+129

(a)地质素描图

N
S
W
E
Tunnel
45/0
3
54/60
1
60/80
2
80/45
5
88/270
4
88/140

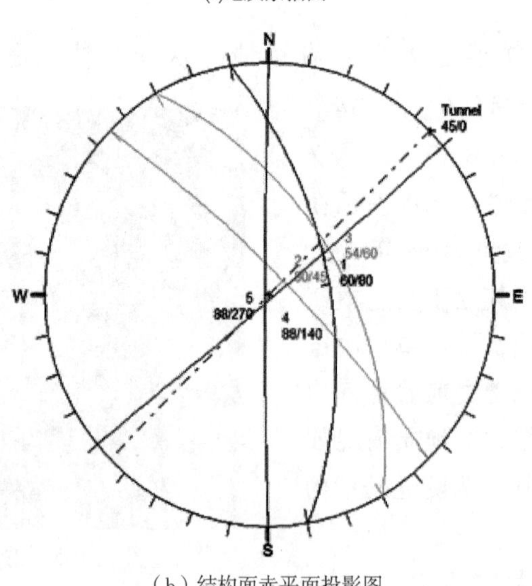

（b）结构面赤平面投影图

图 4-106　①-②连接巷道大桩号有边墙块体分析的地质情况

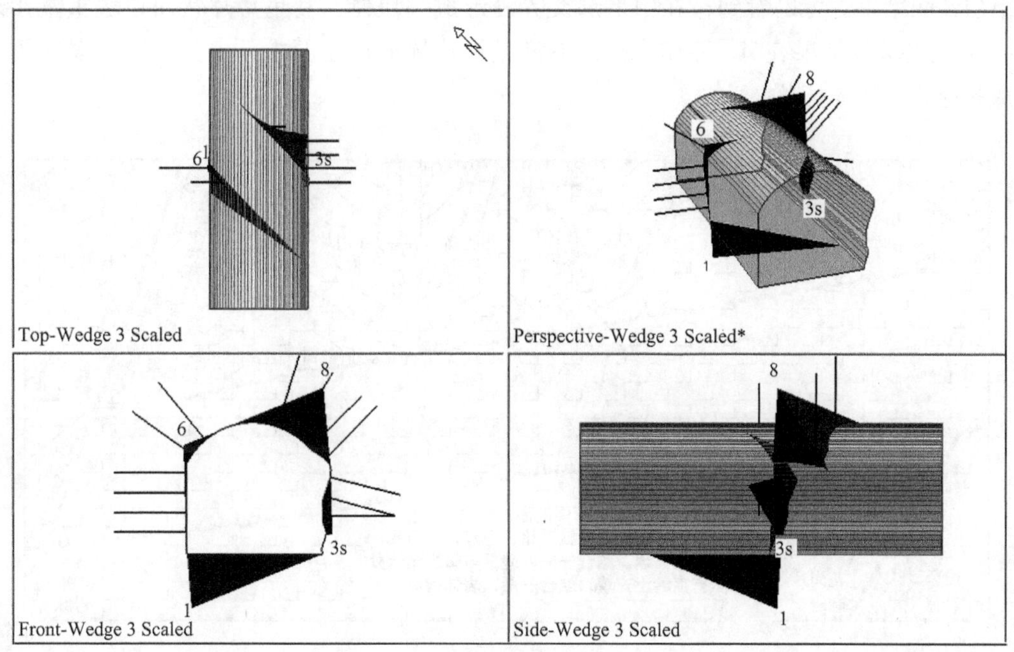

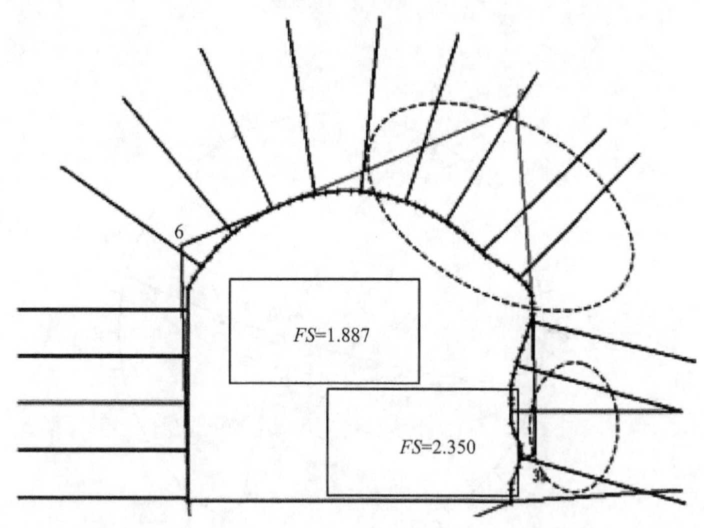

图 4-107　①-②连接巷道大桩号右边墙块体情况

5.2.2　8#主洞室 0+330 桩号右边墙掉块处块体验算

8#主洞室 0+320~0+340 桩号区段中层开挖以后，其右边墙在较大范围内发生掉块。为了校核系统支护效果对该部位做了块体分析，对应的地质素描图以及结构面赤平面投影图如图 4-108 所示。

最终中层块体分析得到最不利结果可见图 4-109，其在拱顶和右边墙分别形成一块体，经验算系统支护已能满足稳定要求。

进一步，假定下层开挖时边墙结构面基本由中层延伸下来，得到图 4-110 所示的右边墙下层预测结果。可以看到，在中下层交界处形成一块体，其呈薄片状而单块重量接近23t。安全度验算结果表明，系统支护能够满足该块体的稳定要求，主要需防止爆破震动造成超挖式的块体掉落。

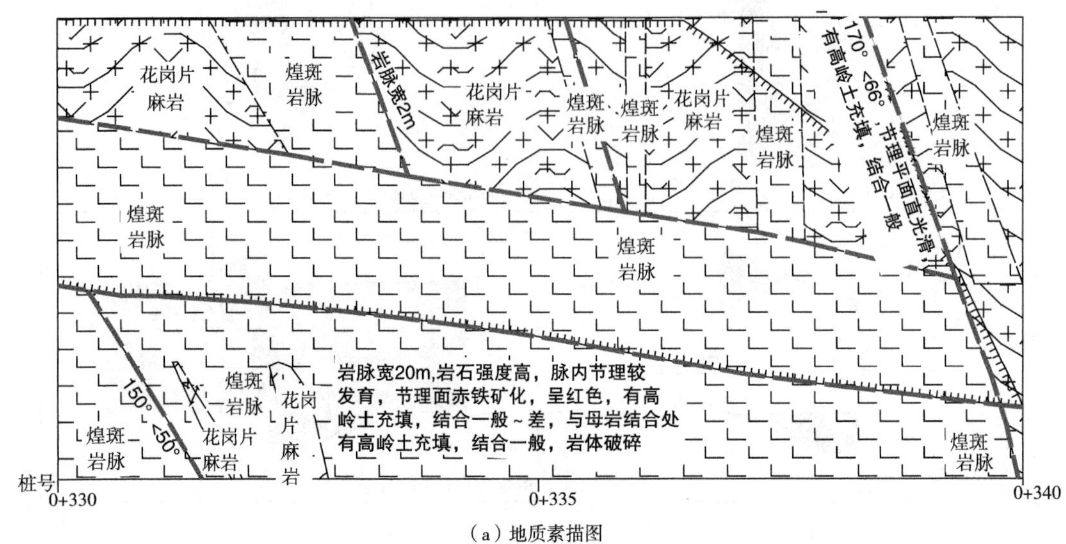

（a）地质素描图

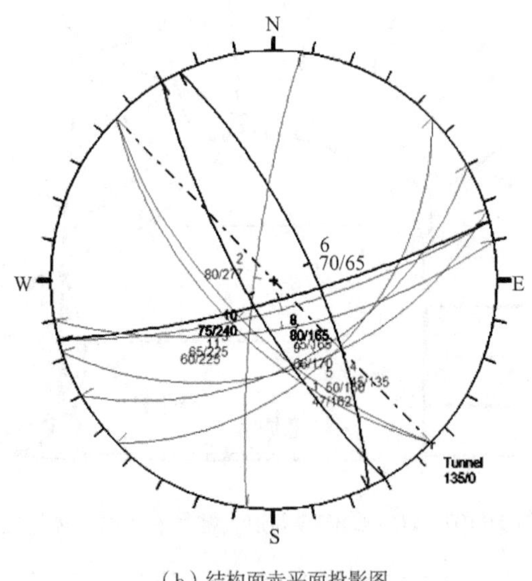

（b）结构面赤平面投影图

图4-108　8#主洞室0＋320～0＋340桩号区段中层边墙地质情况

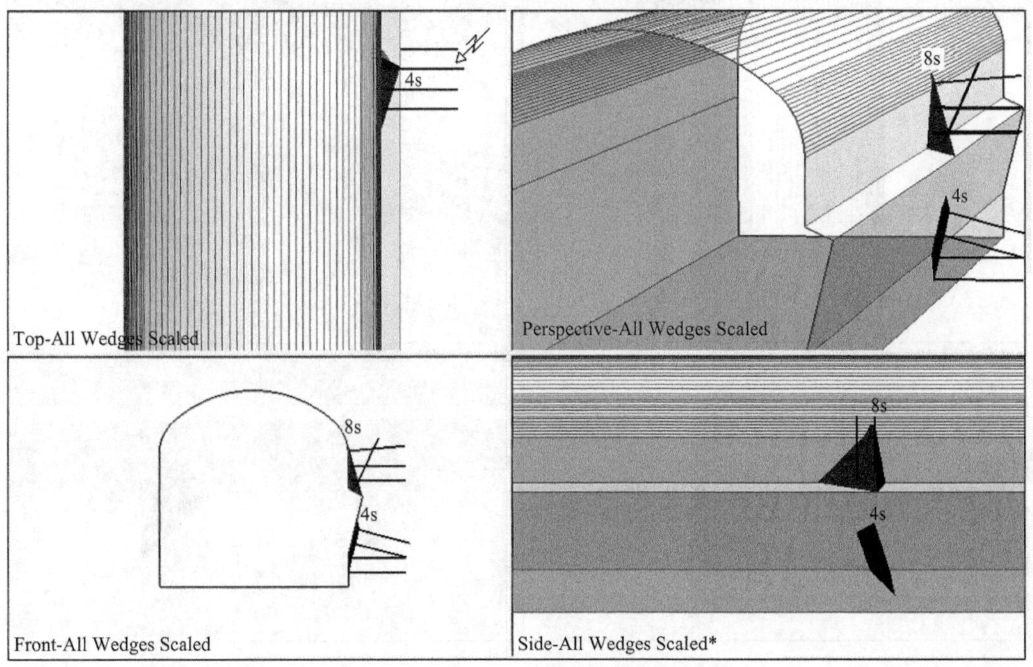

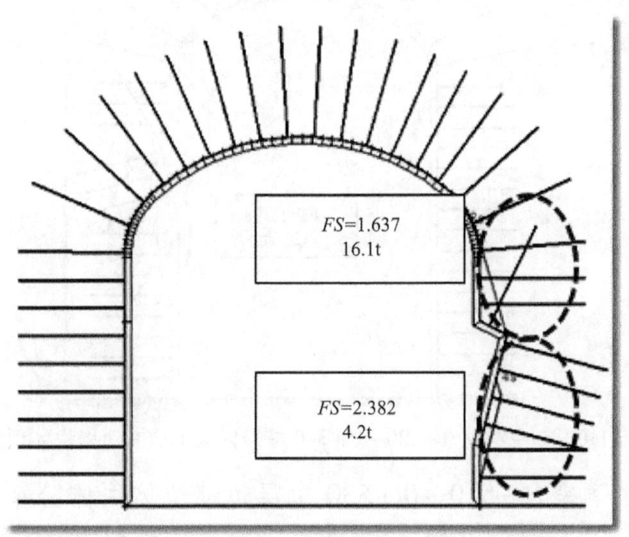

图 4-109　8#主洞室 0+320~0+340 桩号区段中层右边墙块体验算情况

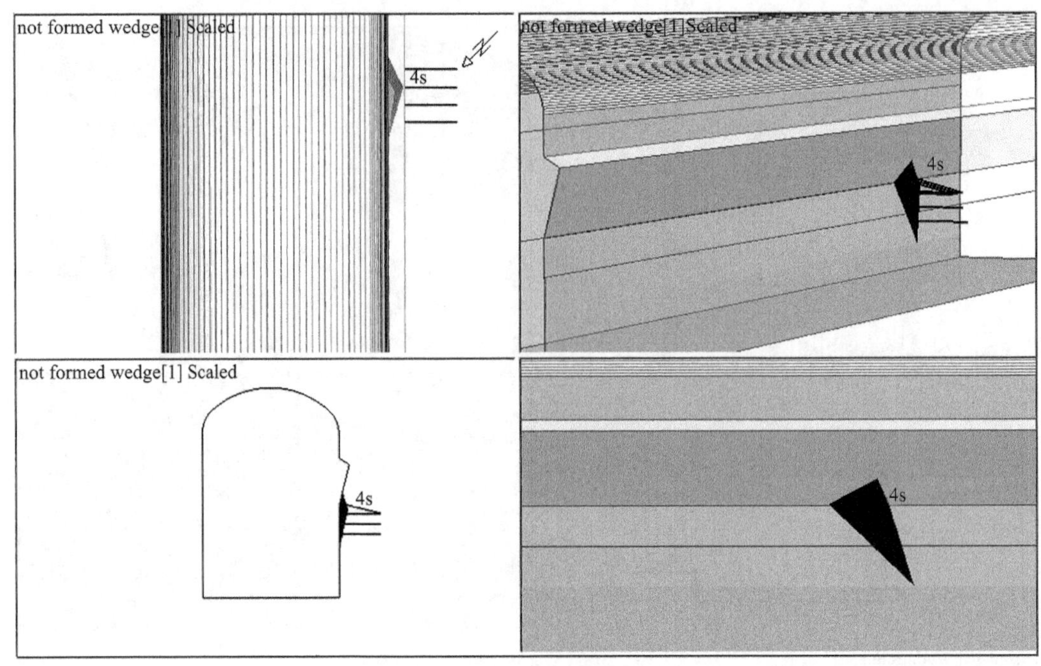

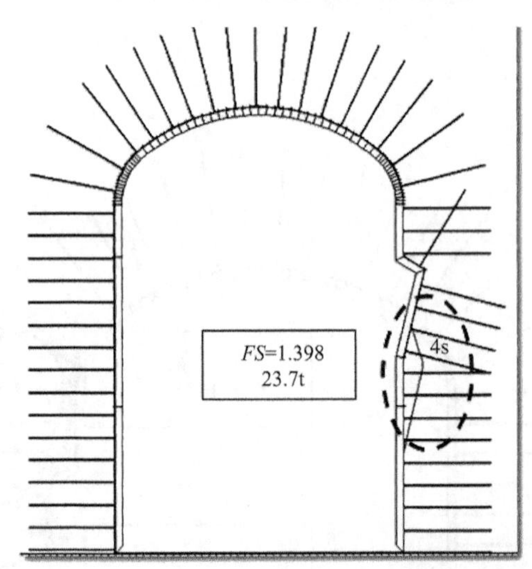

图 4-110　8#主洞室 0+320~0+340 桩号区段下层右边墙块体预测情况

5.2.3　8#主洞室 0+510~0+530 中层边墙块体块体验算

2013 年 4 月初，8#主洞室中层掌子面通过 0+510~0+530 桩号，该处附近存在岩脉、夹杂高岭土且渗水，因此就中层边墙作了块体分析。其中，0+510~0+530 桩号的地质素描图可见图 4-111，在左右边墙都有可能产生块体的结构面组合。

通过计算得到：右边墙形成的块体如图 4-112，块体重量为 24.2t，安全度为 3.957 大于 1.5，故系统支护满足稳定要求。左边墙形成的块体如图 4-113 所示，其块体重量为 19.6t，安全度为 5.540 大于 1.5，系统支护也能满足稳定要求。

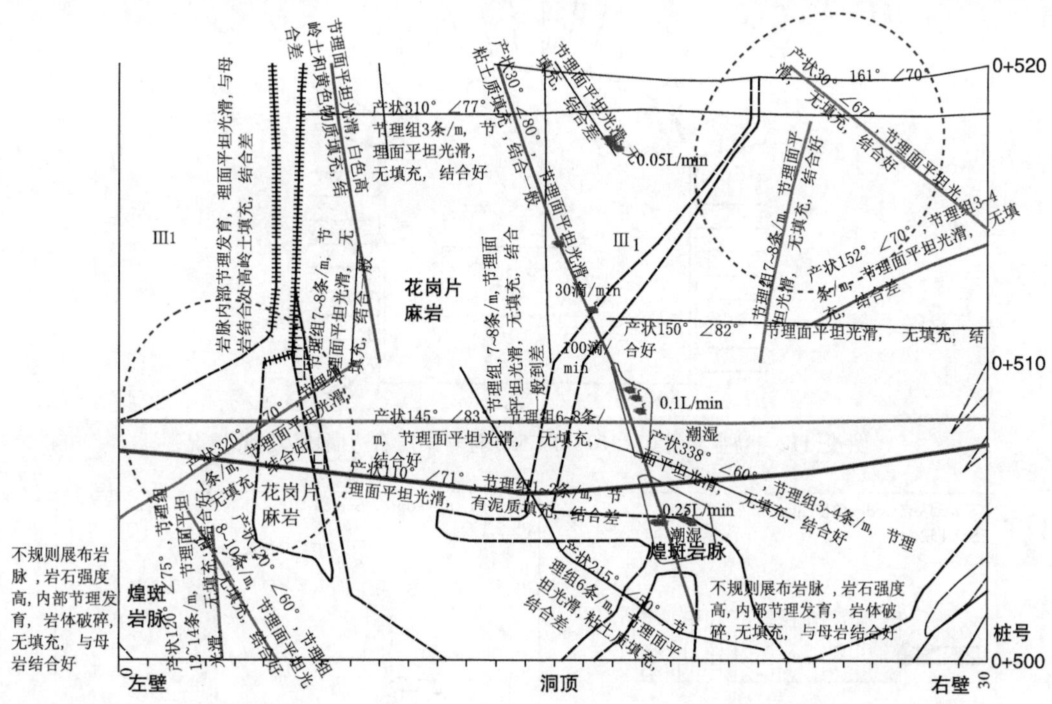

图4-111　8#主洞室0+510~0+530中上层地质素描图

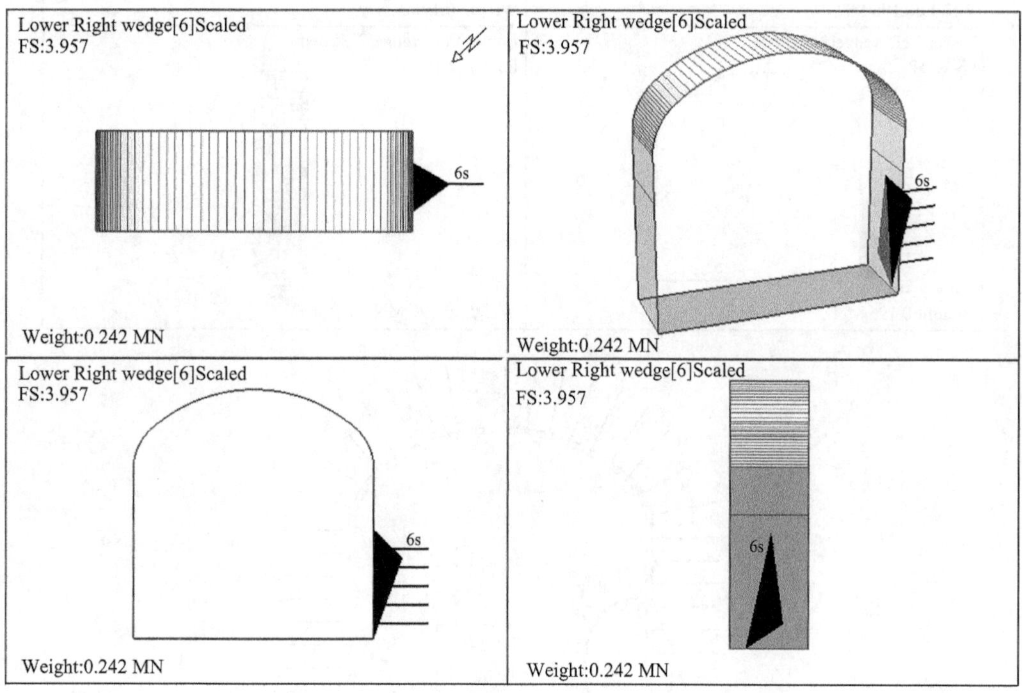

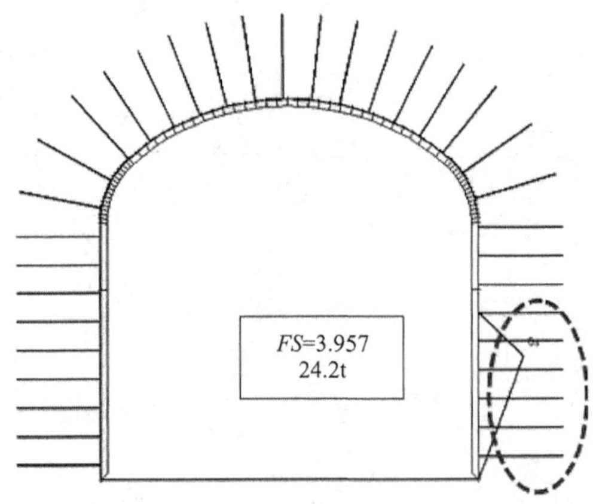

图 4-112　8#主洞室 0+510～0+530 桩号中层右边墙块体验算情况

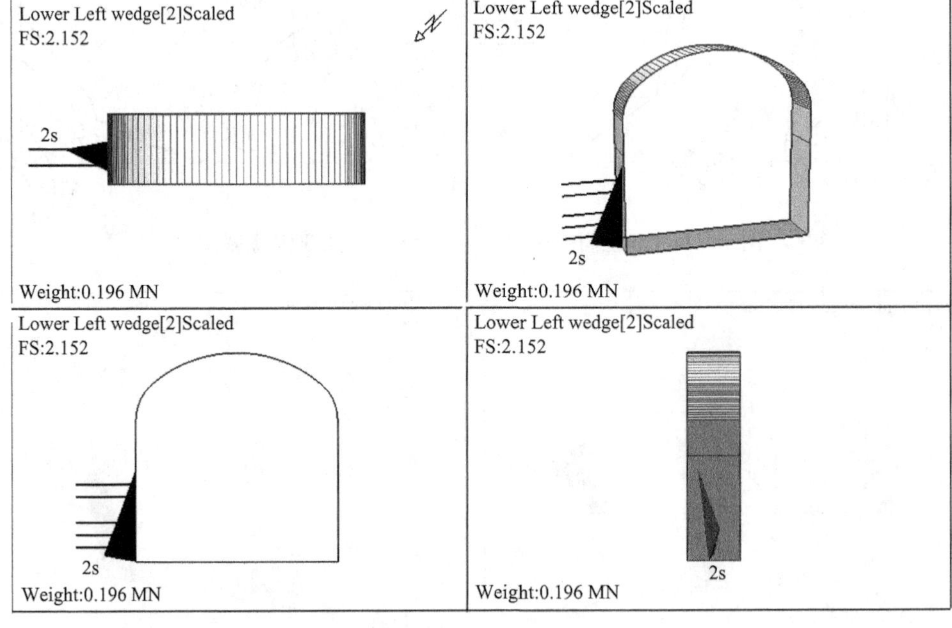

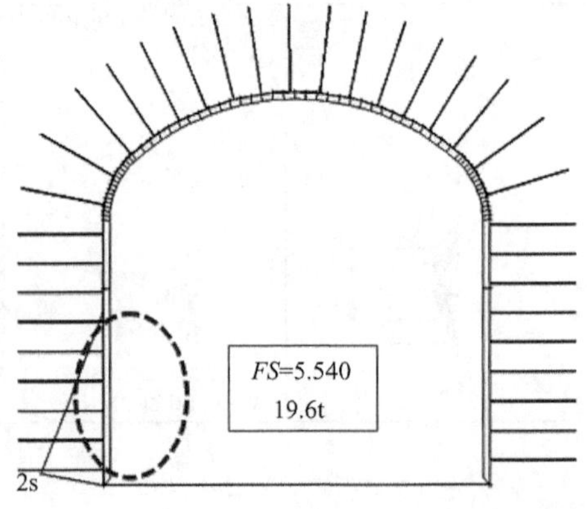

图 4-113　8#主洞室 0+510～0+530 桩号中层左边墙块体预测情况

5.2.4 7#主洞室 0+600~0+620 桩号中层边墙块体验算

2013 年 4 月中旬，7#主洞室大桩号中层开挖到达 0+600~0+620 桩号，左边墙开挖时发生块体掉落，地质素描图可见图 4-114。为了核算系统支护措施效果对其作了块体分析，验算结果如图 4-115、引用参数可见表 4-45。

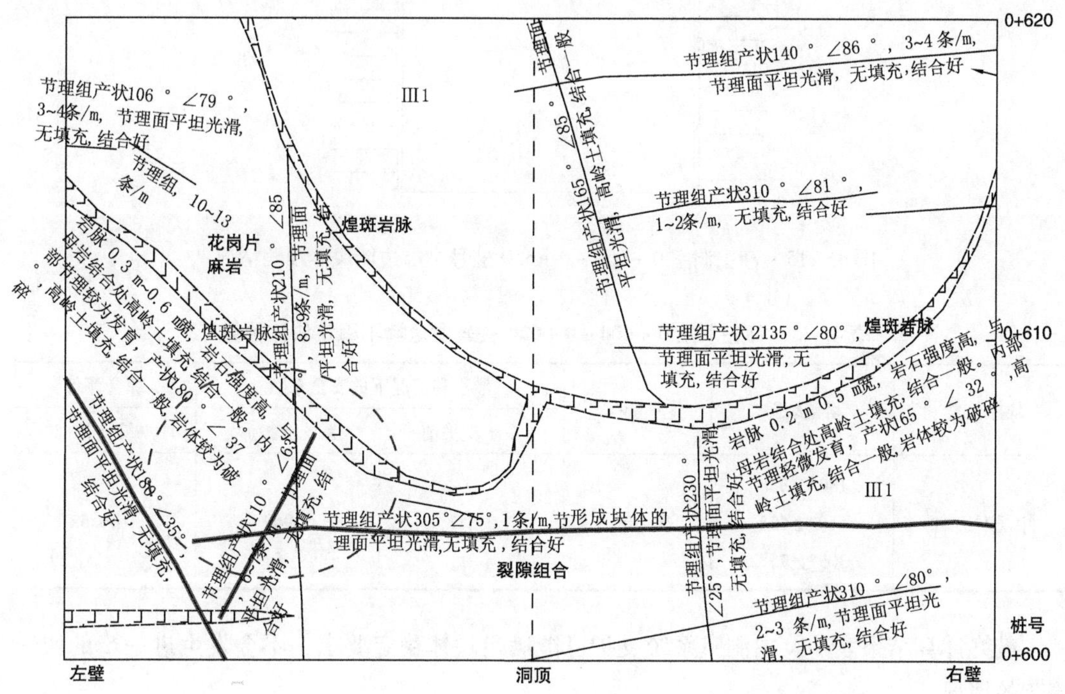

图 4-114 7#主洞室 0+600~0+620 桩号上层地质素描图

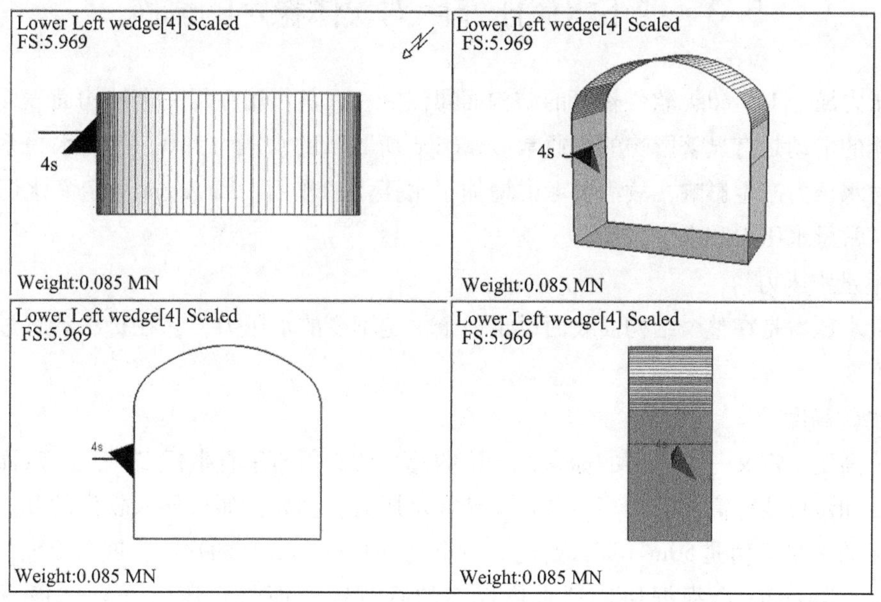

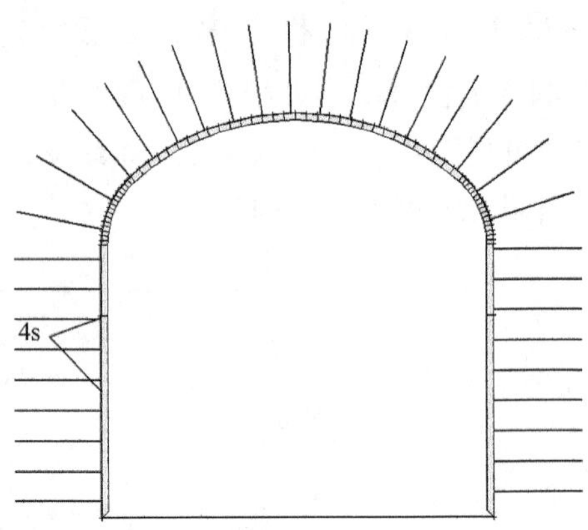

图 4-115　7#主洞室 0 +600 ~0 +620 桩号中层边墙块体预测情况

表 4-45　7#主洞室 0 +600 ~0 +620 桩号左边墙不稳定块体验算

块体位置	切割裂隙	质量/t	最不利工况下的安全系数		综合评价
			系统支护前	系统支护后	系统支护前
中层左边墙	180°∠35° 110°∠63° 305°∠75°	8.500	0.213	5.969	-46.52

最终计算结果表明，主洞室系统支护已能满足块体稳定要求，不会发生进一步的块体跨落的情况。

5.3　地下水渗压作用对块体稳定的影响

水压力属于 Unwedge 软件输入的结构面属性之一，其作用在每一个结构面表面的，因而对块体的滑动是有显著影响的。通常 Unwedge 所默认的水压力为 0，然而水封系统注水后必然对水压力产生影响，故需要考虑增加了水压力的作用。Unwedge 中定义水压力有两种方式：常量水压力和水位高度。

1）常量水压力

常量水压力是在整个结构面表面设定一个恒定不变的水压力，它在每次计算过程中保持恒定不变；

2）水位高度

水位高度是定义一个水面的标高，水位的标高值必须与垂直坐标 Z 一致，从而以洞室开挖标高和水位线标高之间的高差来自动计算水压力。例如：如果导入软件的开挖断面的最高顶点的 Z 坐标值是 50m，那么要定义一个高于此点 10m 高的水位，就需要输入水位标高为 60m。Unwedge 会根据块体到水位标高的垂直距离而将水压力计算在每一个结构面上。

我们采用第二种水压力定义方法：输入的洞室模型的拱顶标高是 -20m，考虑水封系统与主洞室拱顶的高差，输入了水位高度为0m，这样就相当于在拱顶施加了20m的水位高度，这样考虑也是偏于保守和安全的。

由此，对于8#主洞室和3#主洞室中下层部位，考虑渗透水压极其弱化作用的典型块体分析结果如下。从中可知，地下水渗透水压对集中渗水部位块体稳定影响还是十分显著的。

5.3.1 8#主洞室中层 0+480 ~ 0+500 段

8#主洞室中层0+480~0+500段洞壁地质素描图见图4-116，各结构面的赤平投影图见图4-117，表4-46为按地质描述分别对应于最不利工况和较为实际工况下各主要结构面的强度参数值表。

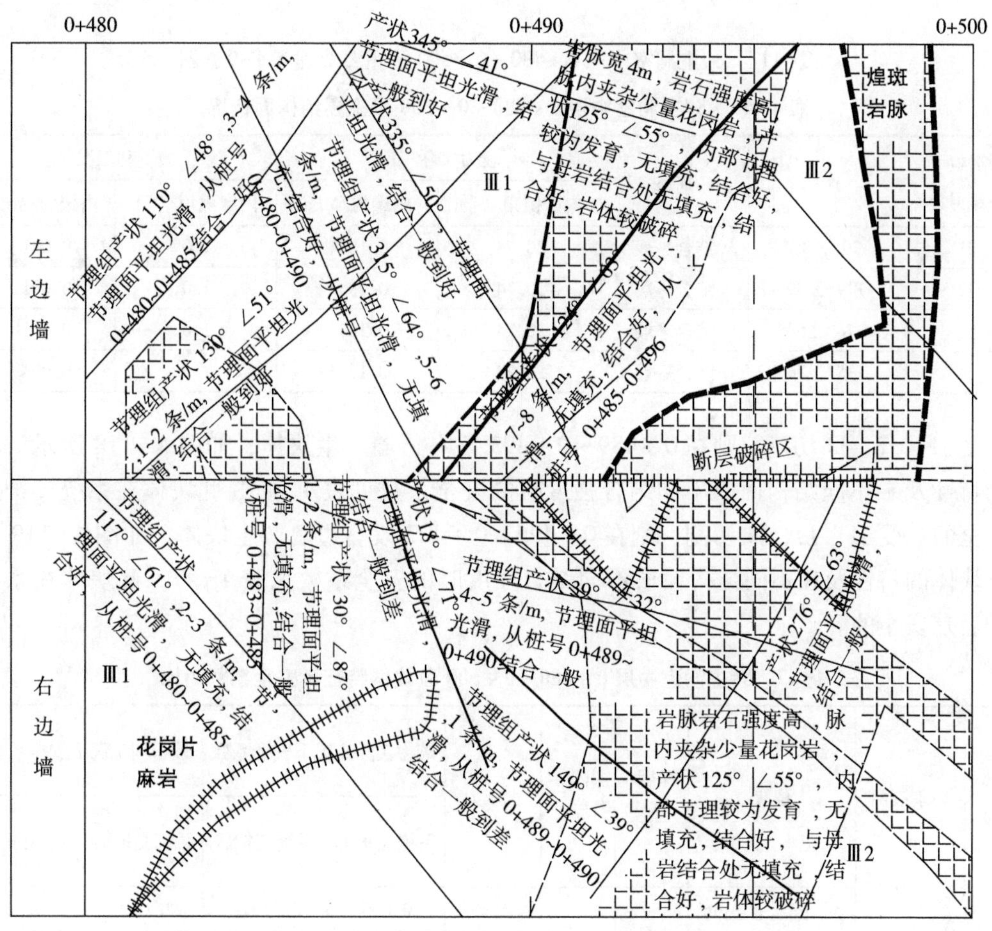

图4-116　8#主洞室中层0+480~0+500段洞壁地质素描图

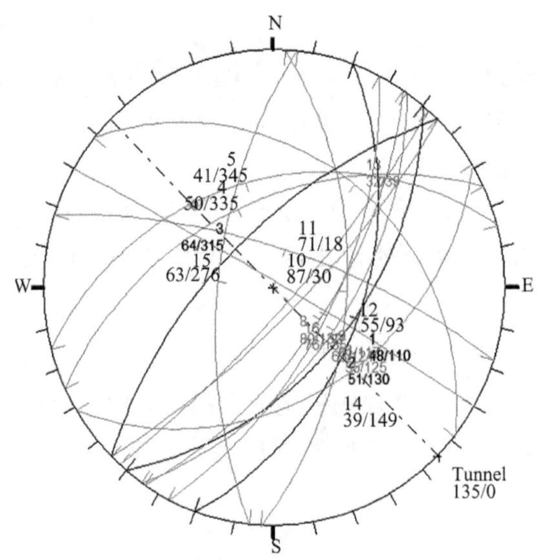

图4-117　8#主洞室中层0+480～0+500段主要节理赤平投影图

表4-46　8#主洞室中层0+480～0+500段主要结构面情况

结构面编号	产状	描述	较为实际工况		最不利工况	
			内摩擦角/(°)	内聚力/MPa	内摩擦角/(°)	内聚力/MPa
J1	39°∠32°	结合一般	20.74	0.1854	1.0	0.001
J2	149°∠39°	结合一般	20.74	0.1854	1.0	0.001
J3	276°∠63°	结合一般	20.74	0.1854	1.0	0.001
J4	135°∠76°	结合一般	20.74	0.1854	1.0	0.001

受J1、J2、J3切割，则在0+489～0+495段右边墙产生块体，如图4-118所示。块体的特性及在不同结构面取不同结合强度时的安全系数见表4-47，此块体在系统支护后是安全的。受J1、J3、J4切割，则在0+495～0+497段右边墙产生块体，如图4-119所示。块体的特性及在不同结构面取不同结合强度时的安全系数见表4-47，此块体在系统支护后是安全的。

表4-47　8#主洞室中层0+480～0+500段块体特征及安全系数对比

块体编号	切割裂隙	位置	深度/m	质量/t	水压力	较为实际工况下安全系数		最不利工况下安全系数	
						系统支护前	系统支护后	系统支护前	系统支护后
a	J1、J2、J3	0+489～0+495右边墙	2.50	18.834	考虑	0.000	3.152	0.000	3.152
					不考虑	16.173	95.602	0.112	66.608
b	J1、J3、J4	0+495～0+497右边墙	1.57	3.787	考虑	0.000	5.061	0.000	5.061
					不考虑	20.055	215.482	0.133	162.793

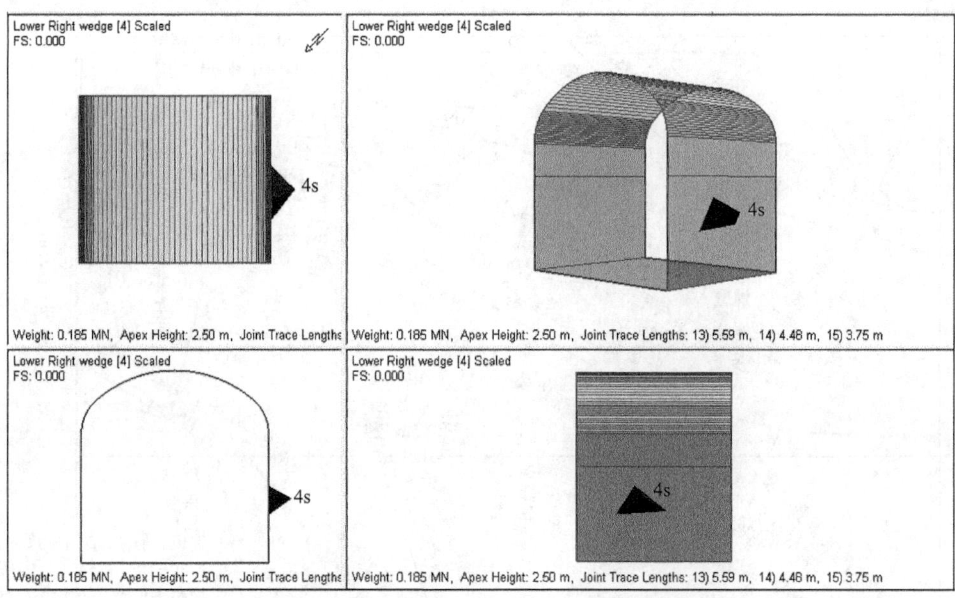

图 4-118　8#主洞室中层 0+489～0+495 段右边墙块体

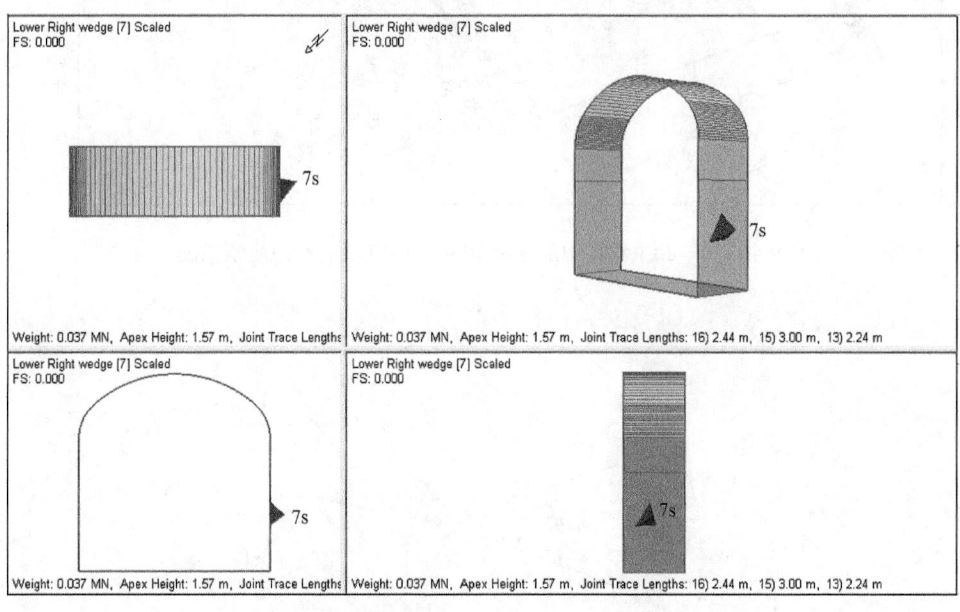

图 4-119　8#主洞室中层 0+495～0+497 段右边墙块体

5.3.2　8#主洞室中层 0+520～0+540 段

8#主洞室中层 0+520～0+540 段洞壁地质素描图见图 4-120，各结构面的赤平投影图见图 4-121，表 4-48 为按地质描述分别对应于最不利工况和较为实际工况下各主要结构面的强度参数值表。

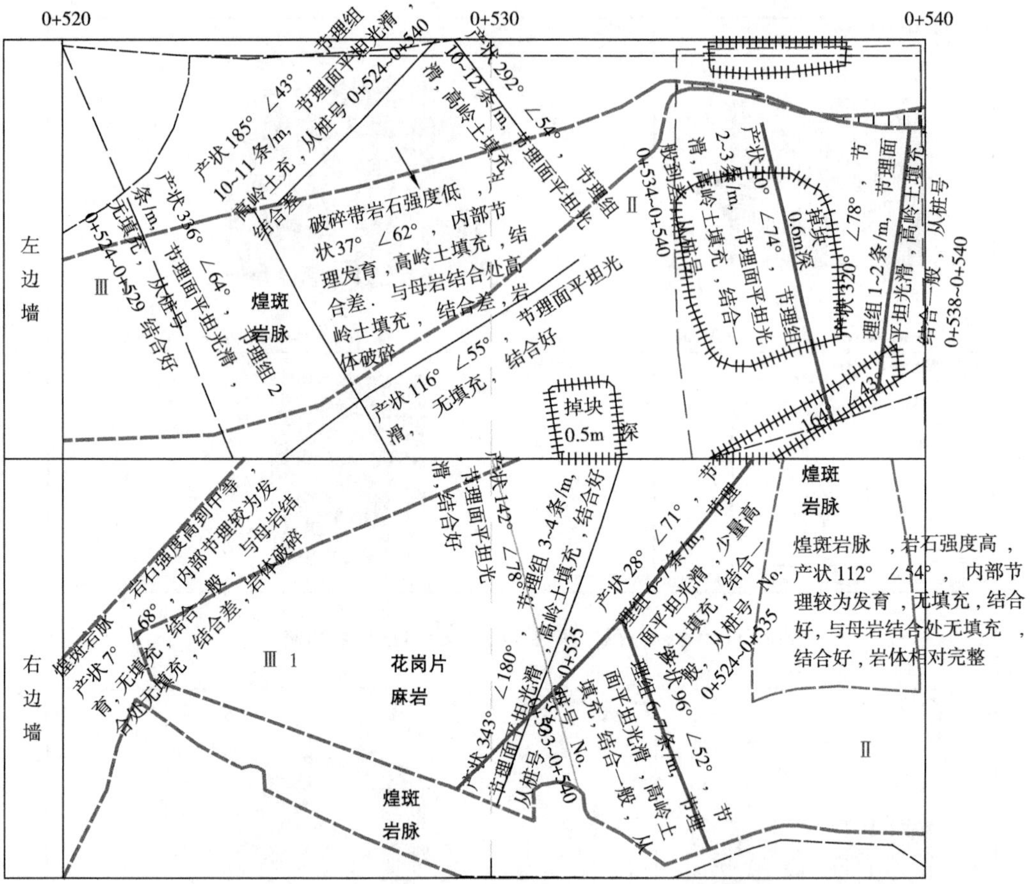

0+520 0+530 0+540

左边墙

右边墙

煌斑岩脉

产状185° ∠43°，节理组10~11条/m，节理面平坦光滑，高岭土充，从桩号0+524~0+540结合差

产状292° ∠54°，节理组10~12条/m，节理面平坦光滑，高岭土填充

产状336° ∠64°，节理组2条/m，节理面平坦光滑，无填充，从桩号0+524~0+529 结合好

破碎带岩石强度低，产状37° ∠62°，内部节理发育，高岭土填充，结合差．与母岩结合处高岭土填充，结合差，岩体破碎

产状116° ∠55°，节理面平坦光滑，无填充，结合好

掉块0.5m深

掉块0.6m深

产状10° ∠74°，节理组2~3条/m，节理面平坦光滑，高岭土填充，结合一般，从桩号0+534~0+540

产状320° ∠78°，节理组1~2条/m，节理面平坦光滑，高岭土填充，结合一般，从桩号0+538~0+540

164 ∠43°

Ⅲ Ⅱ Ⅲ 1 Ⅱ

煌斑岩脉，岩石强度高到中等，产状7° ∠68°，内部节理较为发育，无填充，结合一般，与母岩结合处无填充，结合差，岩体破碎

花岗片麻岩

产状142° ∠78°，节理组3~4条/m，节理面平坦光滑，高岭土填充，结合好

产状343° ∠180°，节理面平坦光滑，从桩号0+533~0+540

产状28° ∠71°，节理组6~7条/m，节理面平坦光滑，少量高岭土填充，结合一般，从桩号0+524~0+535

产状96° ∠52°，节理组6~7条/m，节理面平坦光滑，高岭土填充，结合一般

煌斑岩脉，岩石强度高，产状112° ∠54°，内部节理较为发育，无填充，结合好，与母岩结合处无填充，结合好，岩体相对完整

图4-120 8#主洞室中层0+520~0+540段洞壁地质素描图

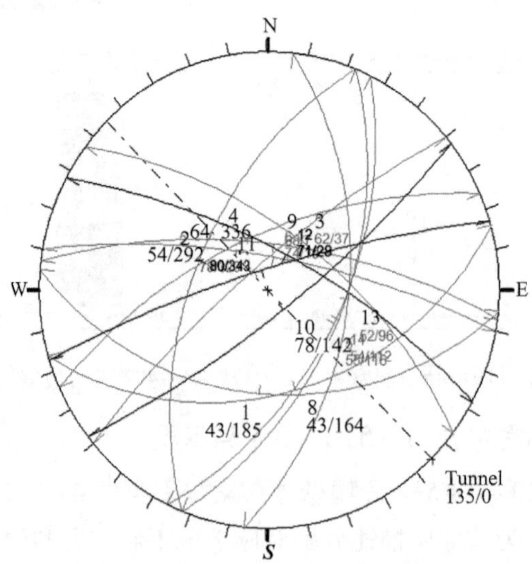

图4-121 8#主洞室中层0+520~0+540段主要节理赤平投影图

表 4-48 8#主洞室中层 0+520~0+540 段主要结构面情况

结构面编号	产状	描述	较为实际工况		最不利工况	
			内摩擦角/(°)	内聚力/MPa	内摩擦角/(°)	内聚力/MPa
J1	185°∠43°	结合差	1.0	0.001	1.0	0.001
J2	292°∠54°	结合差	1.0	0.001	1.0	0.001
J3	37°∠62°	结合差	1.0	0.001	1.0	0.001
J4	142°∠78°	结合好	25	0.2	1.0	0.001
J5	343°∠80°	结合好	25	0.2	1.0	0.001
J6	28°∠71°	结合一般	20.74	0.1854	1.0	0.001

受 J1、J2、J3 切割，则在 0+525~0+531 段左边墙产生块体，如图 4-122 所示。块体的特性及在不同结构面取不同结合强度时的安全系数见表 4-49，此块体在系统支护后是安全的。受 J4、J5、J6 切割，则在 0+529~0+532 段右边墙产生块体，如图 4-123 所示。块体的特性及在不同结构面取不同结合强度时的安全系数见表 4-50，此块体在系统支护后是安全的。

表 4-49 8#主洞室中层 0+520~0+540 段块体特征及安全系数对比

块体编号	切割裂隙	位置	深度/m	质量/t	水压力	较为实际工况下安全系数		最不利工况下安全系数	
						系统支护前	系统支护后	系统支护前	系统支护后
a	J1、J2、J3	0+525~0+531 左边墙	1.76	32.910	考虑	0.000	2.018	0.000	2.018
					不考虑	0.105	59.816	0.105	59.816
b	J4、J5、J6	0+529~0+5 右边墙	2.16	4.357	考虑	4.230	8.546	0.072	6.143
					不考虑	45.481	144.716	0.244	40.325

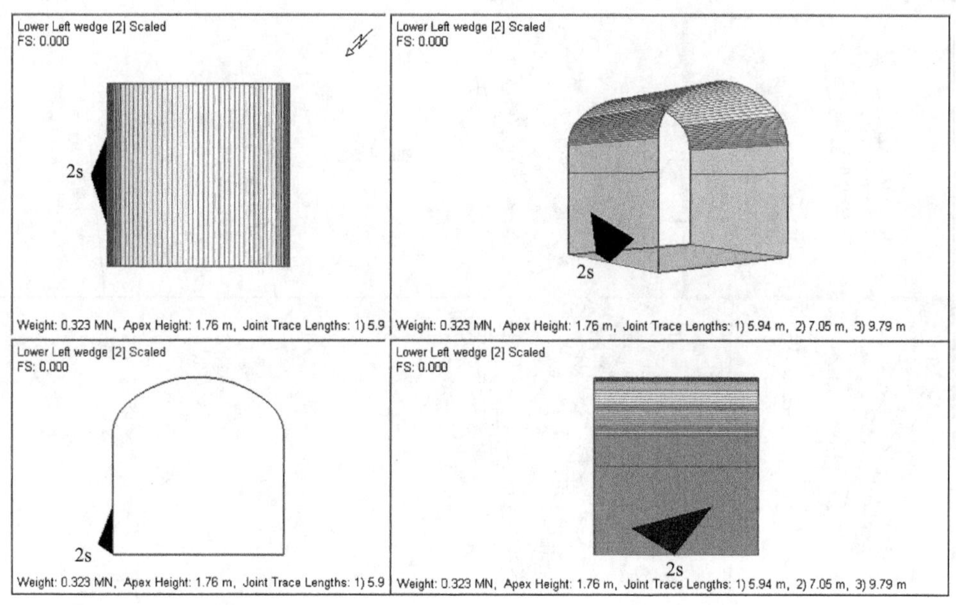

图 4-122 8#主洞室中层 0+525~0+531 段左边墙块体

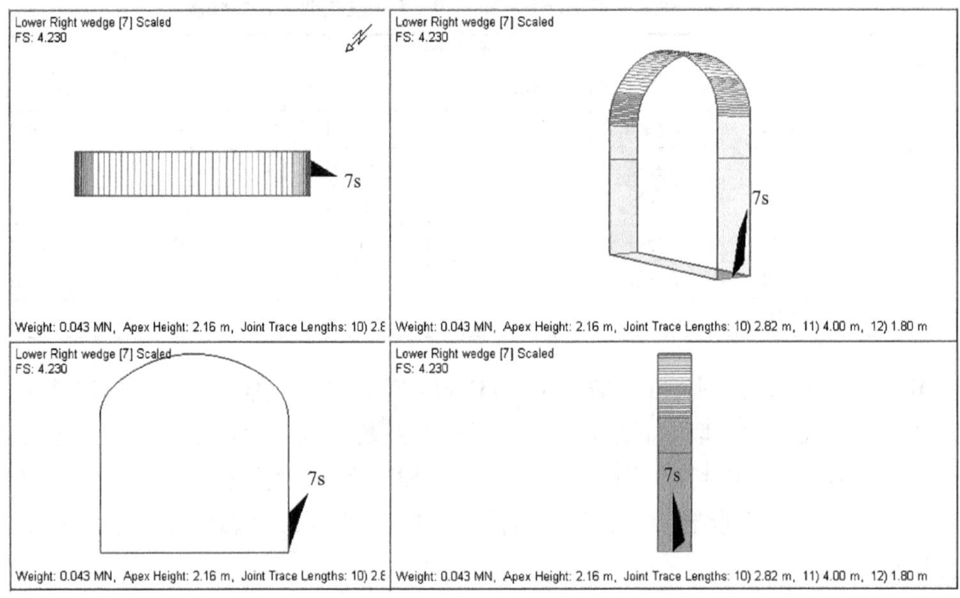

图 4-123　8#主洞室中层 0 + 529 ~ 0 + 532 段右边墙块体

5.3.3　3#主洞室中下层 0 + 580 ~ 0 + 602 段预测

3#主洞室中 1 层 0 + 580 ~ 0 + 602 段洞壁地质素描图见图 4-124，各结构面的赤平投影图见图 4-125，表 4-50 为按地质描述分别对应于最不利工况和较为实际工况下各主要结构面的强度参数值表。

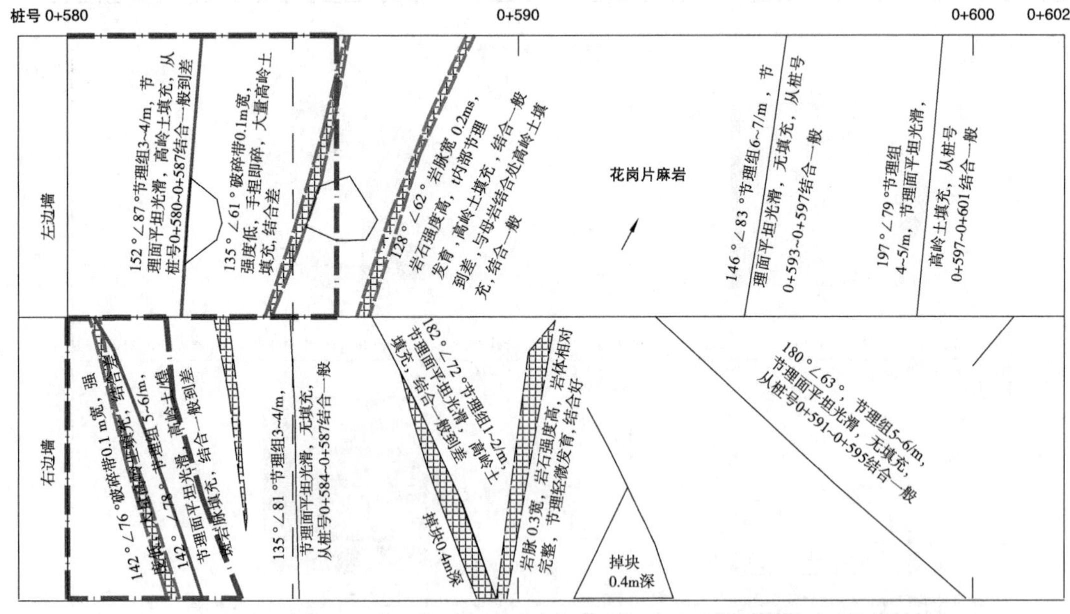

图 4-124　3#主洞室中 1 层 0 + 580 ~ 0 + 602 段洞壁地质素描图

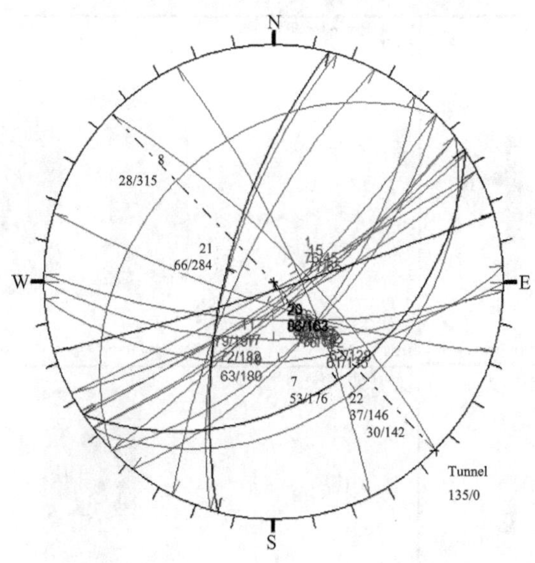

图 4-125　3#主洞室中 1 层 0 +580 ~0 +602 段主要节理赤平投影图

表 4-50　3#主洞室中 1 层 0 +580 ~0 +602 段主要结构面情况

结构面编号	产状	描述	较为实际工况		最不利工况	
			内摩擦角/(°)	内聚力/MPa	内摩擦角/(°)	内聚力/MPa
J1	45°∠76°	结合一般	20. 74	0. 1854	1. 0	0. 001
J2	296°∠73°	结合一般	20. 74	0. 1854	1. 0	0. 001
J3	152°∠87°	结合一般	20. 74	0. 1854	1. 0	0. 001
J4	163°∠86°	结合一般	20. 74	0. 1854	1. 0	0. 001
J5	284°∠66°	结合一般	20. 74	0. 1854	1. 0	0. 001
J6	146°∠37°	结合一般	20. 74	0. 1854	1. 0	0. 001

受 J4、J5、J6 切割，则在中 2 层开挖后 0 +595 ~0 +598 段右边墙中下层可能产生块体，如图 4-126 所示。块体的特性及在不同结构面取不同结合强度时的安全系数见表 4-51，此块体在系统支护后是安全的。

表 4-51　3#主洞室中下层 0 +580 ~0 +602 段块体特征及安全系数对比

块体编号	切割裂隙	位置	深度/m	质量/t	水压力	较为实际工况下安全系数		最不利工况下安全系数	
						系统支护前	系统支护后	系统支护前	系统支护后
a	J4、J5、J6	0 +595 ~0 +598 右边墙	2. 42	12. 076	考虑	0. 323	1. 985	0. 004	1. 716
					不考虑	76. 593	236. 348	0. 574	119. 535

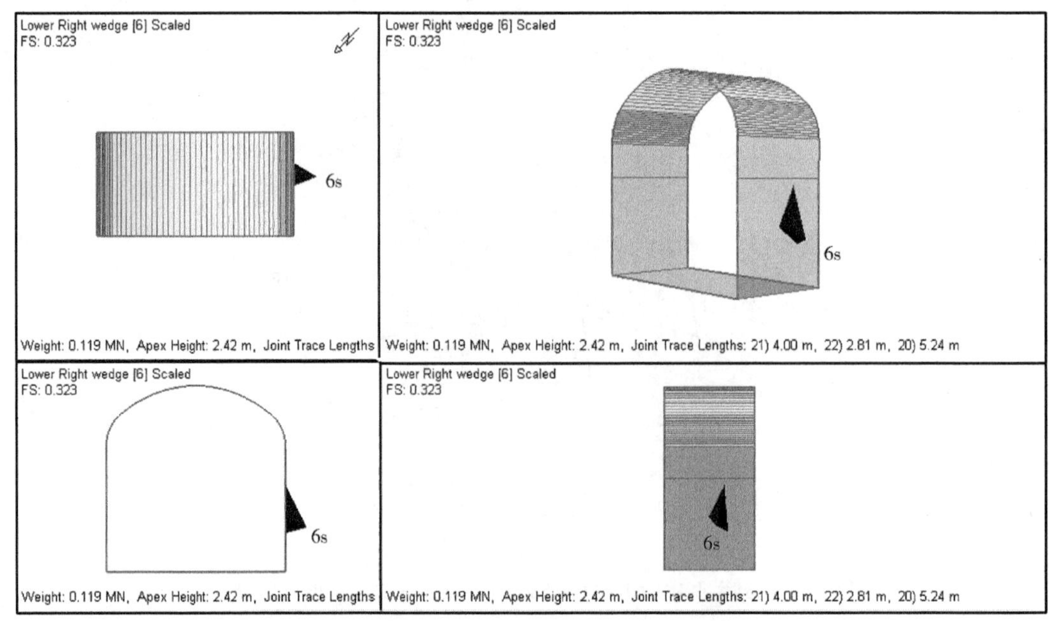

图 4-126　3#主洞室中下层 0+595~0+598 段左边墙块体

本章小结

针对我国第一个大型地下水封石洞油库工程和地质条件的特点，基于黏弹塑性力学和块体分析方法，研究了大型多层密集洞室群围岩稳定的综合判识技术，开发了“围岩稳定综合判识系统(ISES，Integrated Stability Evaluation System)”，该系统与类似软件系统相比有如下创新：(1)改进了系统评价体系，设置了既包含原有的连续介质模型，又耦合了非连续介质的块体分析综合判识指标，对地下水封洞库稳定性评价更为全面；(2)引入分形理论中的部分概念，将综合判识的范围从支护设计视野扩大到地下洞库的布置优化，扩展了动态设计的概念和范围；(3)与项目管理平台接驳，成果及时上传到业主单位洞库项目管理信息系统 DKPMS(Project Management System)平台，达到综合判识信息和成果在参建单位群体中的快速共享，加快了动态设计动态施工的循环。

开发的相关计算机软件已经申请软件著作权，并应用在石洞油库施工期的全过程中。研究工作紧跟洞库的施工进度，分析开挖围岩变形、核算支护受力，配合设计、施工单位确保了施工期洞室群的稳定。根据分析结果提出多项涉及洞库群布置、设计等涉及洞库全局性、前瞻性的优化建议，以及改善围岩支护和局部稳定优化建议，并得到实际应用，为工程项目部提出的贯彻“信息化动态设计与施工”的理念，起到了重要的技术支撑作用，为洞库整体稳定和结构的优化做出了重大贡献，为洞库的长期稳定性评价提供了依据。在确保安全施工的前提下增加洞库容积，由此获得了较为明显的经济效益。

第五章　勘察与动态设计技术创新

第一节　勘察技术与应用

大型地下水封石洞油库在我国是一种新型的油(气)储存方式，它是以地下岩体洞室为空间，以地下水渗流特性为依托来实现存储之目的。因此，岩体的稳定性、工程地质和水文地质条件是洞库体现其优势的基础和前提。但是，限于目前勘察技术水平现状以及地下岩体及地下水的复杂性，对于洞库的岩体和裂隙水条件还无法准确地探查和精确评价，只能是宏观把握和定性或半定量地分析。

大型地下水封石洞油库勘察与地面建(构)筑物的勘察工作有较大的区别，主要体现在：

1)钻孔主要在深部岩石中进行，钻孔较深，但数量较少，倾向于以较少的钻孔工作量获取足够多的岩土(水)的信息；

2)勘察方法采用综合方法，包括地面调查、物探、钻探、地质素描、孔内测试、现场和室内试验，适用于土层的原位测试方法将不再适用；

3)工程地质条件和水文地质条件同等重要；

4)勘察工作贯穿于工程建设全过程，与设计、施工紧密配合，勘察成果始终指导动态设计与动态施工。

在勘察手段和方法方面，大多仍然是传统的作业方法和手段为主。然而，传统的作业方法和手段效率较低，获得的信息量相对较少，精度较低，而目前规范规定的现场水文地质试验方法也较单一，针对性不强。因此，针对大型地下水封石洞油库的特点和勘察要求，以传统手段和方法为基础，结合现代数字摄像技术、电子传感技术对地下水封石洞油库勘察的方法和手段进行创新具有一定的现实意义和示范作用。

1.1　定向驱动导体充电确定深部断层产状

1.1.1　研究意义

对于较大规模断层，通过地面调查和地面物探方法结合钻孔验证，一般比较容易确定其产状、性质和规模。但是对于次一级断层，由于其规模受限，通常地面露头不明显，传统物探方法限于精度也无能为力。如图5-1所示，在实际工作中，钻孔常常在深处揭露破碎带，但究竟是断层，还是囊状风化、或者是岩脉挤压影响，其判定十分困难，尽管目前孔内测试方法如全景数字摄影、超声波成像等技术对孔内裂隙的判断已十分便利和精确，但在上述的破碎带，一般由于孔壁严重垮塌，使用这些方法难以扑捉到有用的信息，甚至钻孔垮塌影响到钻探的正常进行，而不得不采用水泥浆固孔，而导致信息丢失或误判。

一般情况下，当钻孔揭露破碎带，而地面无法判断而又必须要查明时，通常根据推测，在其附近另外再打一钻孔，费时、费力且工期长。因此，当钻孔在深部揭露破碎带时，需探索出一种简便的方法，即直接在孔内测试以确定破碎带的规模、产状和性质。针对传统物探方法无法准确定义破碎带规模及产状的局限性，我们开发了一项新的定向驱动导体充电法，经过反复试验改进，获得的这种物探方法是一项适用于地下水封石洞油库勘察的物探手段。

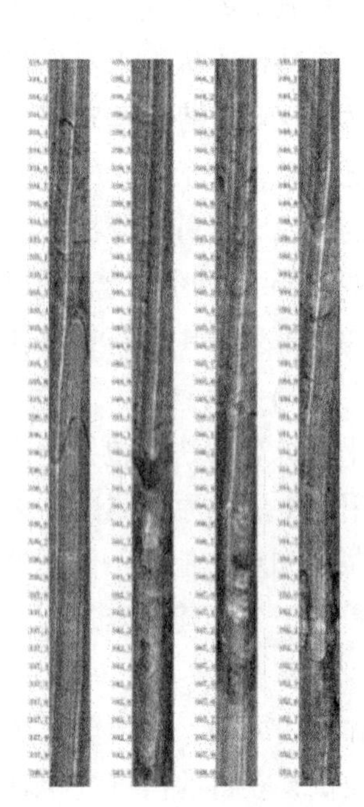

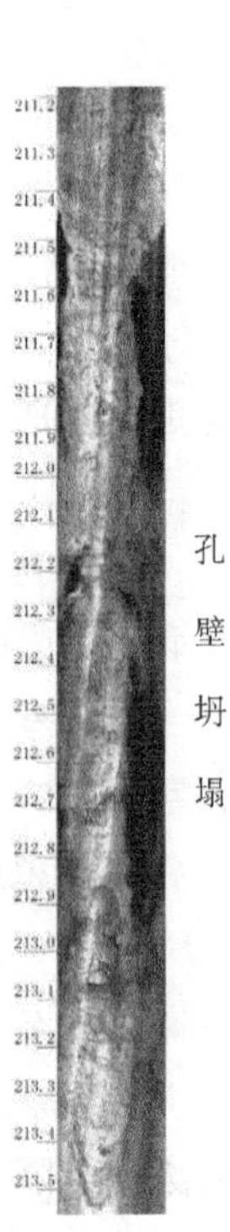

图 5-1　局部孔壁坍塌严重

1.1.2　研究思路

电阻率为零的导电体称为理想导体。当理想导体位于一般导电介质中时，向其上供电(或称“充电”)后，电流便遍及整个理想导体，然后垂直于导体表面流向周围介质。理想导体的充电场与充电点的位置无关，只决定于充电电流大小、充电导体的形状、大小、位置及周围介质的电性分布情况。

当钻孔揭露了含水层时，该含水层(包括断层、破碎带、裂隙发育带)的电阻率远低于完整基岩的电阻率，含水层可以近似地看成理想导体，当给其供电(或称“充电”)后，通过地面观测其充电场的分布情况，获取含水层的空间展布规律。定向驱动导体充电法原理如图 5-2 所示。

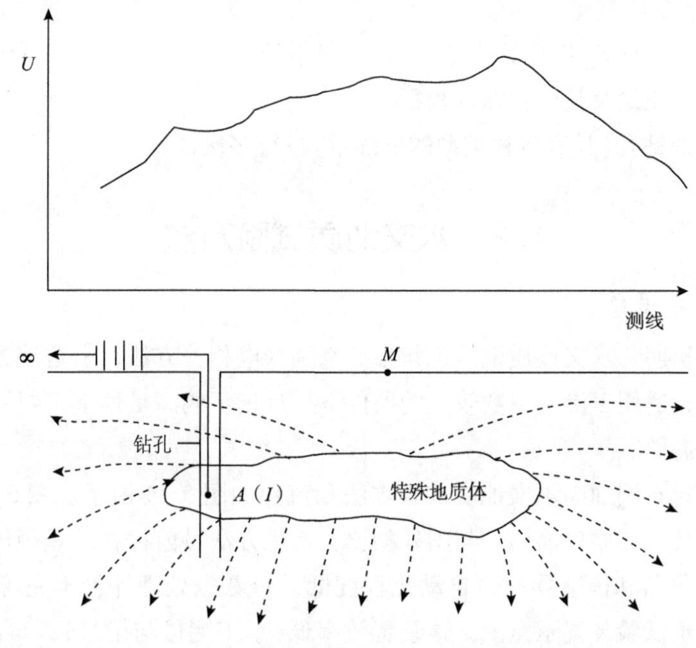

图 5-2　定向驱动导体充电法原理示意图

众多的物探方法中有一种用于矿体探查的充电法，它的原理是在深部钻孔揭露的矿体上施加电流，通过地面电位差的变化来确定矿体的产状和规模。当然，深部岩体中的含水破碎带并不能自然成为导体，但如果在钻孔中对破碎带进行分隔(定位)，然后压入盐水并沿破碎带驱动(定向)就能形成人工导体，就有可能按照充电法的思路来达到勘探目的。

1.1.3　技术方法

以工程物探理论为依据，采用现场地质调研、钻探试验、物探试验和资料分析相结合的研究方法，遵循“现场调研与钻孔分析相结合、物探试验与钻探验证相结合、工程地质与岩体力学相结合、宏观分析与微观分析相结合”的研究思路。用上述方法对库址地区的断层破碎带进行探测，结合钻孔资料，分析构造规模和产状，所得资料可用于数值模拟研究洞室埋深、走向、洞间距等问题，成为一种适宜洞库勘察的物探手段。其技术关键在于，根据野外地调判断断层破碎带的大概走向，通过定向驱动导体充电法(见图5-3)画出电剖面图，结合钻孔进行验证，对其进行正确的解译。

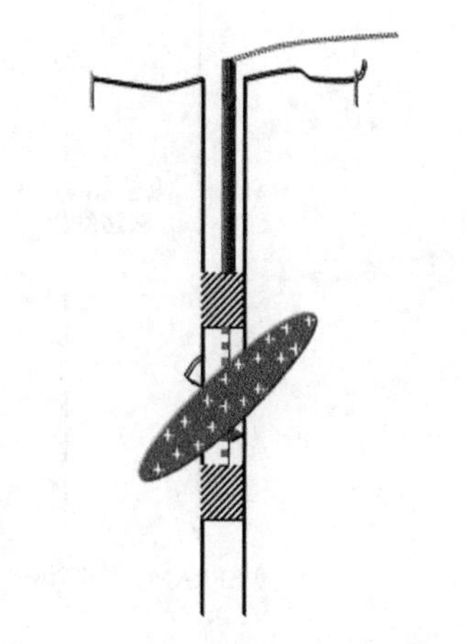

图 5-3　钻孔中定位充电示意图

1.1.4　重点与难点

1)与矿体是静态的不同，人工导体是动态的，加之天然地下水流场是运动的，需要研究其耦合作用和过程，进而确定测定时机和频度，需要修正布点和测试方法，建立新的数学反演模型。

2)受地形影响、破碎带类型(断层、裂隙密集带、多组裂隙交叉、岩脉挤压带等)影响，需要结合压水流量及其变化综合判断。

3)需要特定的钻孔(具有各种类型的破碎带)进行多次试验。

1.2 水文地质试验方法

1.2.1 研究思路

在勘察工作初期，水文地质试验工作参照水利水电相关方法，但这些方法的主要目的是用于注浆设计，适用于渗透系数较大的条件下，远远不能满足地下水封石洞油库水文地质勘察和评价的需要。

国外地下水封石洞油库水文地质试验方法和流程如图 5-4 所示。图 5-5 为常规水文地质试验仪器及其工作原理简图。与国外相比，常规方法目前存在的差距体现在以下三个方面：1)设备、仪器和传感器；2)自动化程度低；3)数据处理评价不完善。如图 5-6 所示为国内常规压水试验装置示意图，该装置效率低(手工测量与记录)，事故率高(卡住钻杆)，监测数据少且数据准确率低。

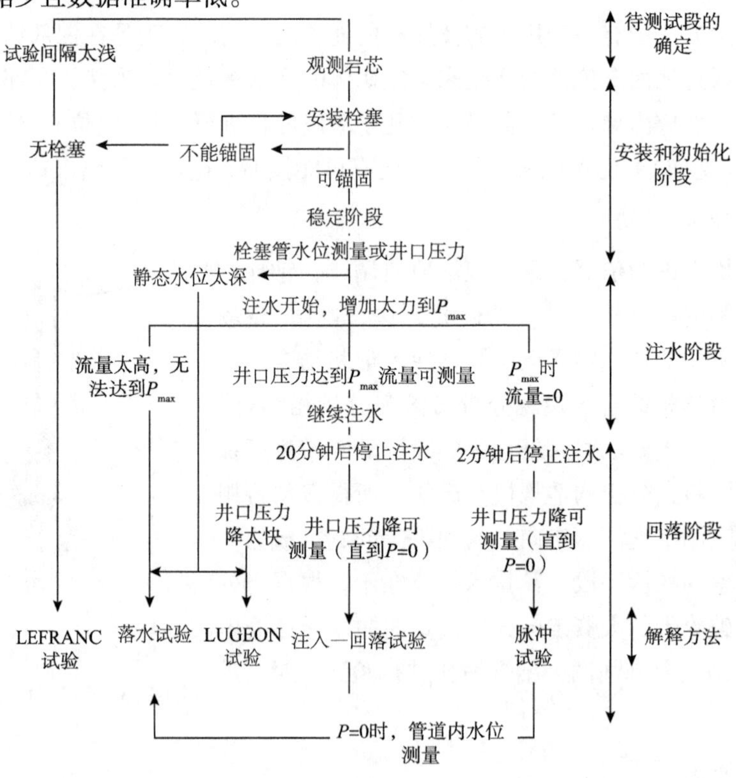

图 5-4　国外地下水封石洞油库水文地质试验方法和流程图

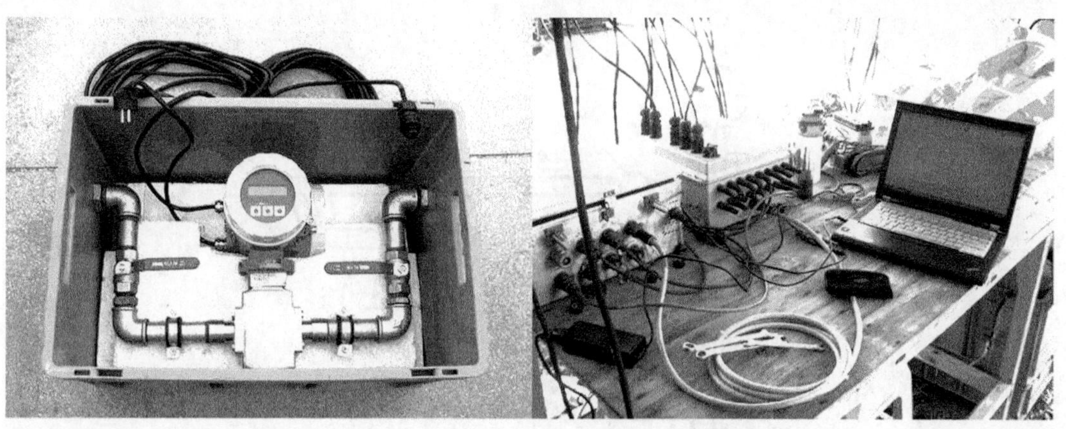

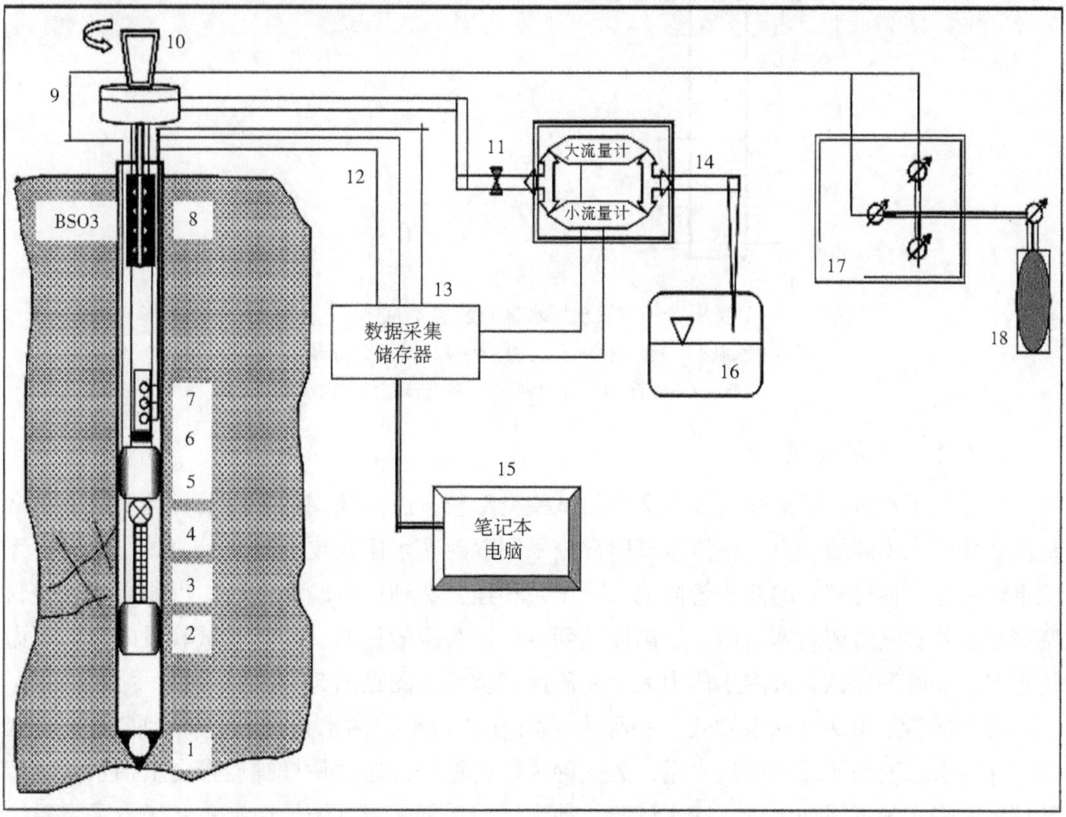

图 5-5　国外水文地质试验仪器及工作原理简图

1—底端保护器；2—下栓塞；3—花管；4—井下管状阀门；5—上栓塞；6—安全反丝接合器；
7—压力/温度探头及保护器；8—莫伊诺泵；9—栓塞/阀门加压卸压管线；10—钻机线动头；
11—流量控制阀；12—电缆数据线；13—数据采集系统；14—流量控制系统；
15—数据显示系统；16—储水池；17—压力控制系统；18—高压氧气瓶

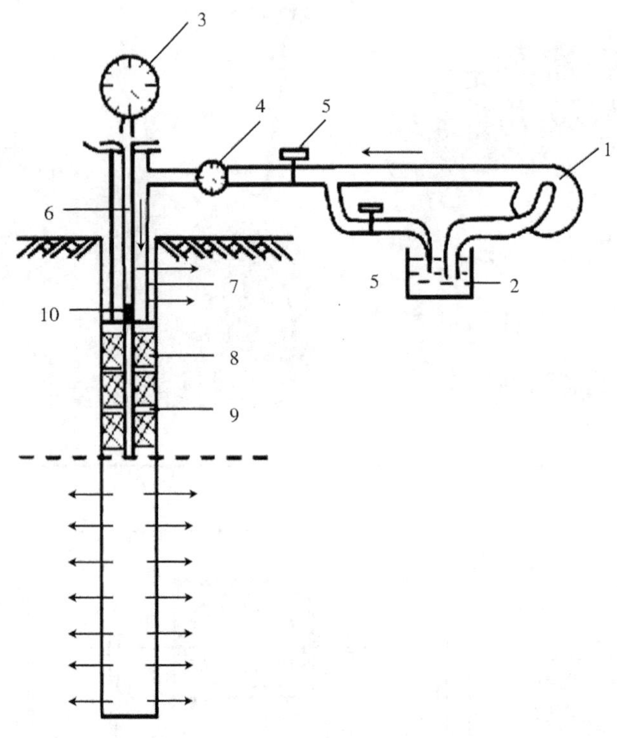

图 5-6 常规压水试验装置示意图

1—水泵；2—水箱；3—压力表；4—流量表；5—阀门；
6—内管；7—外管；8—橡皮塞；9—铁垫圈；10—送水孔

1.2.2 研究成果

针对地下水封石洞油库现场水文地质试验类型较多、试验周期长以及各类型地下水文地质参数要求不同的特点，在压水试验部分采用双封塞水压式皮囊封堵，两封塞之间由无缝钢管相连，通过密封的高压管同地表手压泵相连，在到达试验深度后，可通过水压使封塞膨胀，并实施监测封塞压力，以确保达到封堵试验段的目的。同时在试验段内放入压力传感器，准确测出试验段内水压力大小。压水试验示意图见图 5-7。

抽水试验采用两种抽水方式，一种为采用直径较小、抽水量较大的高性能变频潜水泵，通过水泵变频实现不同抽水量；另一种为螺旋钻杆，通过钻杆螺旋带向上抽水，调节钻杆钻速来实现不同抽水量。压水试验、抽水试验数据采集系统均由流量、压力采集系统和计算机组成，通过电磁流量计、压力计采集流量、压力数据，由计算机自行记录、计算数据。其中流量、压力采集系统分为普通流量、小流量计两种，并可灵活转换。注水试验、抽水恢复试验部分采用标记好的自动水位监测探头，可实现秒级别的自动水位记录。

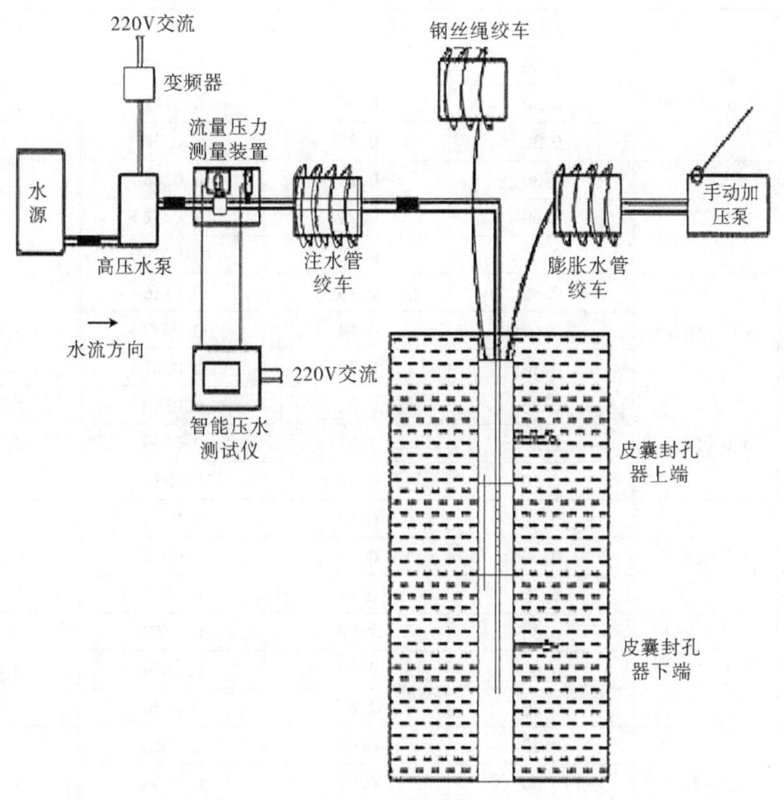

图 5-7　压水试验示意图

1.2.3　工程应用情况

1)详细勘察阶段

压水试验是在钻孔中进行的野外水文地质试验，通过压水试验，可以定性地了解地下不同深度的坚硬与半坚硬岩层的相对透水性和裂隙发育的相对程度，为评价岩体的渗透特性提供基本资料。对于低渗性裂隙岩体，可采用常规性压水试验和分段压水试验。压水试验采用分段压水试验。在试验过程中，主要是用水泵通过钻杆对试验段压入一定量的水，通过研究压力和流量之间的关系计算透水率从而换算出岩体渗透系数。

压水试验为单孔双塞压水试验，采用的仪器设备为钻孔智能压水测试仪。这种仪器可在一般的钻孔中进行分段水压试验，在地表采用微电脑控制系统进行自动控制、监测、测量、计算、显示压水试验的全过程，钻孔下采用双塞液压封堵，密封高压水管与地表控制器、水泵相连接。与传统的钻孔水压试验相比，可在终孔结束后进行测试，这样可以节省时间；探头与控制器间采用合金钻杆连接，密封性好，可以有效避免漏水现象；控制器可设置单点、多点方式进行试验，密封段长度可调整，每段试验计算机可自动记录并计算渗透参数。其部分压水试验成果见表 5-1。

表 5-1 部分压水试验成果表

钻孔编号	试段范围	压力表读数/MPa	流量 $Q/(m^3/d)$	透水率 q/Lu	渗透系数 $k/(m/d)$
ZK01	3.0~31.99	0.30	0.26	0.0207	1.74×10^{-4}
		0.60	0.30	0.0121	
		0.30	0.35	0.0276	
ZK02	3.0~24.5	0.30	0.23	0.0248	1.81×10^{-4}
		0.60	0.24	0.0132	
		0.30	0.26	0.0279	
ZK03	3.0~31.99	0.30	0.16	0.0126	8.26×10^{-5}
		0.60	0.14	0.0057	
		0.30	0.20	0.0161	
ZK04	4.0~24.5	0.30	0.32	0.0358	7.74×10^{-4}
		0.60	1.01	0.0569	
		0.30	0.48	0.0537	
ZK07	3.0~24.5	0.30	0.12	0.0124	9.57×10^{-5}
		0.60	0.13	0.0070	
		0.30	0.13	0.0140	
ZK08	2.0~31.99	0.30	1.90	0.1467	2.44×10^{-3}
		0.60	4.38	0.1689	
		0.30	2.66	0.2056	
ZK09	3.0~24.5	0.30	0.06	0.0062	1.06×10^{-5}
		0.60	0.01	0.0008	
		0.30	0.09	0.0093	
ZK10	3.0~31.99	0.30	0.01	0.0011	6.61×10^{-5}
		0.60	0.12	0.0046	
		0.30	0.03	0.0023	
ZK11	3.0~24.5	0.30	2.46	0.2651	3.45×10^{-3}
		0.61	4.75	0.2516	
		0.30	1.71	0.1845	
	3.0~8.0	0.30	0.56	0.2600	2.27×10^{-3}
		0.61	0.95	0.2164	
		0.30	0.37	0.1733	
	9.0~14.0	0.30	0.06	0.0267	1.40×10^{-4}
		0.60	0.06	0.0133	
		0.30	0.06	0.0267	
	14.0~19.0	0.30	0.03	0.0133	6.98×10^{-5}
		0.60	0.03	0.0067	
		0.30	0.04	0.0200	
ZK14	4.0~24.5	0.30	0.0014	0.0002	1.06×10^{-5}
		0.60	0.01	0.0008	
		0.30	0.0014	0.0002	

续表

钻孔编号	试段范围	压力表读数/MPa	流量 $Q/(m^3/d)$	透水率 q/Lu	渗透系数 $k/(m/d)$
ZK16	3.0～24.5	0.30	0.12	0.0124	2.55×10^{-4}
		0.60	0.35	0.0186	
		0.30	0.12	0.0124	
ZK19	3.0～31.99	0.30	0.01	0.0011	2.48×10^{-5}
		0.60	0.04	0.0017	
		0.30	0.01	0.0011	
ZK20	10.0～24.5	0.30	0.03	0.0046	1.48×10^{-5}
		0.60	0.01	0.0011	
		0.30	0.03	0.0046	
ZK21	3.0～31.99	0.30	0.13	0.0103	1.74×10^{-4}
		0.60	0.30	0.0121	
		0.30	0.01	0.0005	

2)施工勘察阶段

2013年8月22日至9月5日，利用钻孔智能压水测试仪在此次地下水封石洞油库项目XZ03号水文观测孔进行了压水试验，结合钻孔成像技术，找出了XZ03号钻孔内的主要渗漏节理与主洞室内渗漏节理的连通性，并提出处理措施建议。

2013年8月23日开始压水试验，压水试验成果见表5-2。由此可得出如下结论：

1)高程67.65～58.65、10.65～1.65、1.65～-7.35、-7.35～-16.35、-16.35～-25.35五个段次范围内渗透系数较大，为10^{-3}～10^{-2}数量级，其中高程1.65m以下渗透系数达10^{-2}数量级，为XZ03号钻孔内的主要渗漏通道。XZ03水文观测孔高程10.65～-25.35孔段与9#主洞室桩号0+655～0+685洞段渗流节理有密切水力联系，具体见图5-8。图5-9为XZ03水文观测孔高程10.65～-25.35m孔段揭露主要渗水节理。

表5-2　XZ03压水试验成果表

试验段长度（钻孔高程）/m	压力表压力 P/MPa	稳定流量 $Q/(m^3/d)$	透水率 q/Lu	渗透系数 $k/(m/d)$
76.65～67.65	1.1	0.1872	0.01	1.42×10^{-4}
67.65～58.65	1.2	2.2752	0.15	1.58×10^{-3}
58.65～49.65	1.3	0.9504	0.06	6.07×10^{-4}
49.65～40.65	1.3	0.33696	0.02	1.86×10^{-4}
40.65～31.65	1.4	1.07424	0.06	7.42×10^{-6}
31.65～22.65	1.5	0.1872	0.02	9.65×10^{-5}
22.65～13.65	1.5	0.3744	0.02	2.89×10^{-4}
10.65～1.65	1.1	18.6624	1.31	9.60×10^{-3}
1.65～-7.35	1.0	38.664	2.98	2.59×10^{-2}
-7.35～-16.35	1.0	41.5296	3.18	2.77×10^{-2}
-16.35～-25.35	1.0	41.544	3.19	3.01×10^{-2}

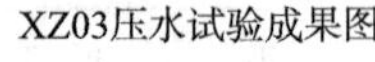

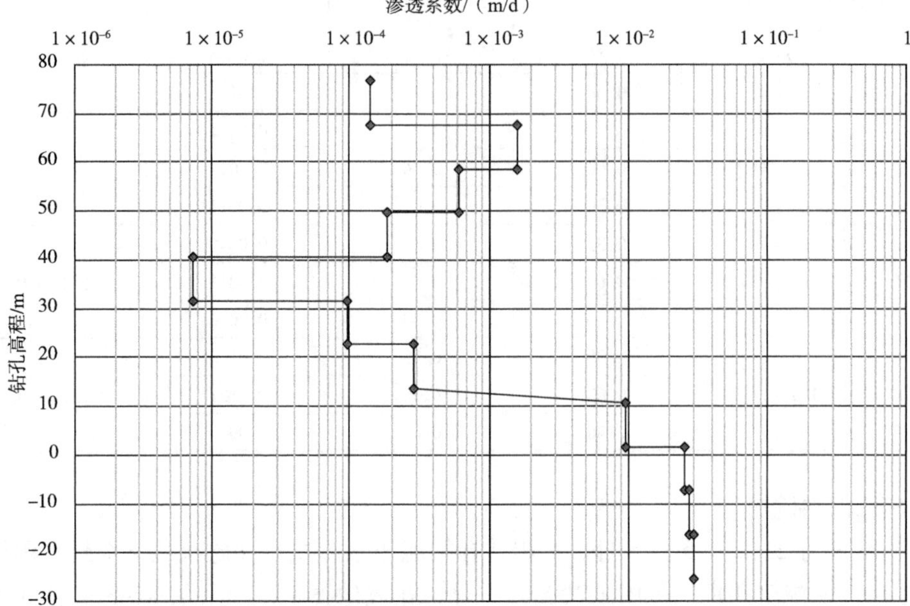

图 5-8　XZ03 压水试验成果曲线图

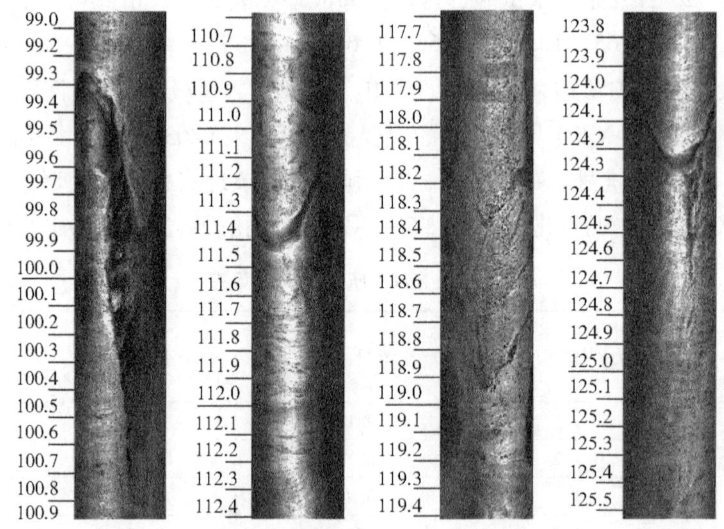

图 5-9　XZ03 水文观测孔高程 10.65 ~ -25.35m 孔段揭露主要渗水节理

3）XZ03 水文观测孔高程 76.65 ~ 67.65m 及 58.65 ~ 10.65m 范围内渗透系数较小，为 10^{-4} ~ 10^{-5}数量级。

利用该套仪器压入示踪剂溶液在渗透系数较大的高程 10.65 ~ -25.35m 孔段（渗透系数均为 10^{-2}数量级）进行示踪试验。示踪试验采用荧光素钠作为示踪剂，分 4 段进行，每段次 9m 进行压入。

根据洞内观察，示踪剂于次日在9#主洞室桩号0+655~0+685m洞段出露，其它洞室未见示踪剂出露。

综上所述，将XZ03号钻孔纳入洞库运行期水文监测孔的范围，将C7、C8区水幕孔恢复供水，检验XZ03与9#主洞室桩号0+655~0+685洞段的真实渗漏量，再决定主洞室内后注浆工艺。

1.3 数字摄影地质素描方法应用研究

在施工勘察阶段，地质超前预报是重点工作之一，常用的方法包括物探、超前钻孔和已开挖部分地质素描和推断，其中地质素描是其他二种方法的基础和前提。由于地下水封石洞油库多层结构，掌子面多、空间大，具有效率低、误差大、数据不利于保存等诸多难点。通过数字摄影地质素描仪的大量使用，既减少了现场地质素描人员的现场工作时间，也缩短了地质素描同各施工工序交叉作业的时间，这样就大大降低了施工勘察作业过程中发生职业健康、安全事故的风险，也大大提高了地下洞室综合作业的效率。

依据摄影与测量技术和计算机技术，实现现场影像采集，再通过计算机图像处理自动输出满足工程实际需要的地质素描图。

1.3.1 方法原理

以工程实用性为出发点，研究适用地质工程领域的结构面信息采集、处理方法，以实测资料验证结构面信息采集数据的可靠性及精度，并反分析误差出现的原因，对结构面信息解算算法的适用范围及精度进行评价，工程应用及成果分析。

根据实践检验，摄影地质编录系统结合部分结构面需现场量测和集中渗水点流量的监测等，能够对较大型、跨断面的节理裂隙有较好的解译结果。在该地下水封石洞油库工程施工勘察过程中进行了大量的应用，但是依然存在图像连续性差、效率低以及部分结构面解译困难等问题。为此，利用摄像技术取代照相技术来解决以上问题，以便适应大跨度、多掌子面作业条件。

研究设计了一套由车载式四个高清摄像系统（见图5-10）。对已开挖的洞室进行视频录制，用水平仪和三轴电子罗盘对初始方位进行定位，用数字编码器精确计算开挖洞室的长度，一次成形将洞室的三个90°开挖面及一个掌子面录制下来。以摄影测量理论为基础，结合数字近景摄影测量，数字图像处理、洞室几何校正还原和GIS技术，依据地质描述及编录数据的采集、管理分析和图表的基本功能来实现地质描述编录的构造线素描、产状量测、岩层产状属性数据和图形图像数据的建立与CAD成图的矢量化计算，全面提高施工地质描述、地质编录在数据采集、处理与管理方面的工作效率。

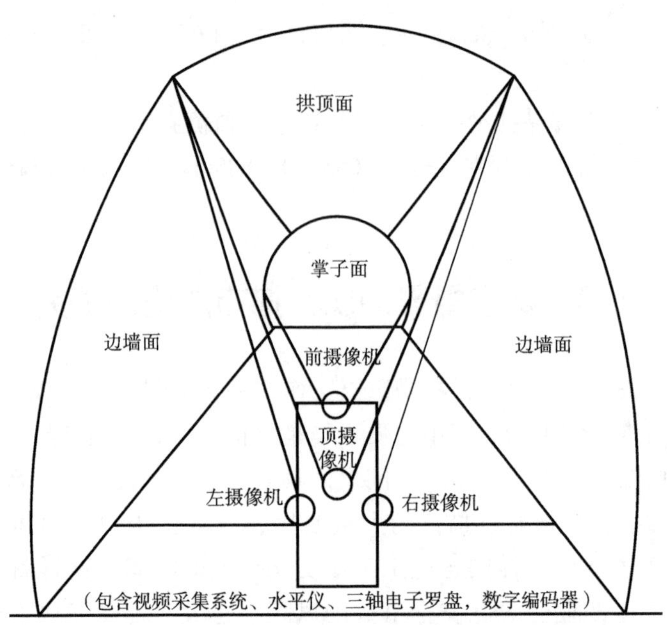

图 5-10　洞库车载高清视频三维地质描述仪示意图

1.3.2　主洞室边墙简易摄影地质素描方法

该地下水封石洞油库工程主洞室侧墙为直立、高边墙，利用主洞室侧墙平直规则的特点，针对边墙开发出一套简易的摄影辅助地质素描方法。具体操作方法如下：

1)首先利用高清相机对边墙进行图像采集。图像采集时，拍摄人员站在一侧，拍摄另一侧墙图像，拍摄时尽量垂直所拍岩壁，且尽可能保证相机处于水平状态。

2)拍摄完毕，立即将图像导入记录设备，利用绘图软件在图像上对岩性、构造、地下水等信息进行绘制标记(见图 5-11)。同时，另一名技术人员利用罗盘、尺子等工具，对现场的各种地质信息进行采集。

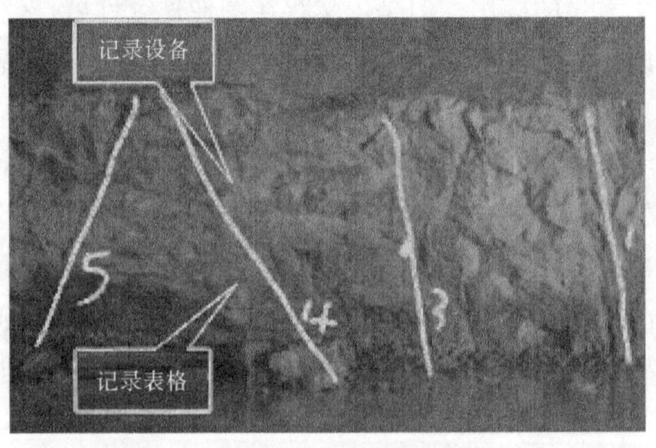

图 5-11　现场数据采集

3)将在平板电脑中绘制标记过的图像导入图像纠正软件，将采集的图像进行纠正处理，纠正由于照相视角原因导致拉升部位的图像，使得图像各区域的尺寸比例基本一致。

4)将纠正后的图像插入 CAD 绘图软件。调整照片在 CAD 中的比例，使之与绘图比例一致，将其作为底图，将现场绘制标记的岩性、构造以及现场记录的情况在 CAD 中绘制填写，以纠正后的图像作为底图来绘制素描图(见图 5-12)，最后成果如图 5-13 所示。

图 5-12　以纠正后的图像作为底图来绘制素描图

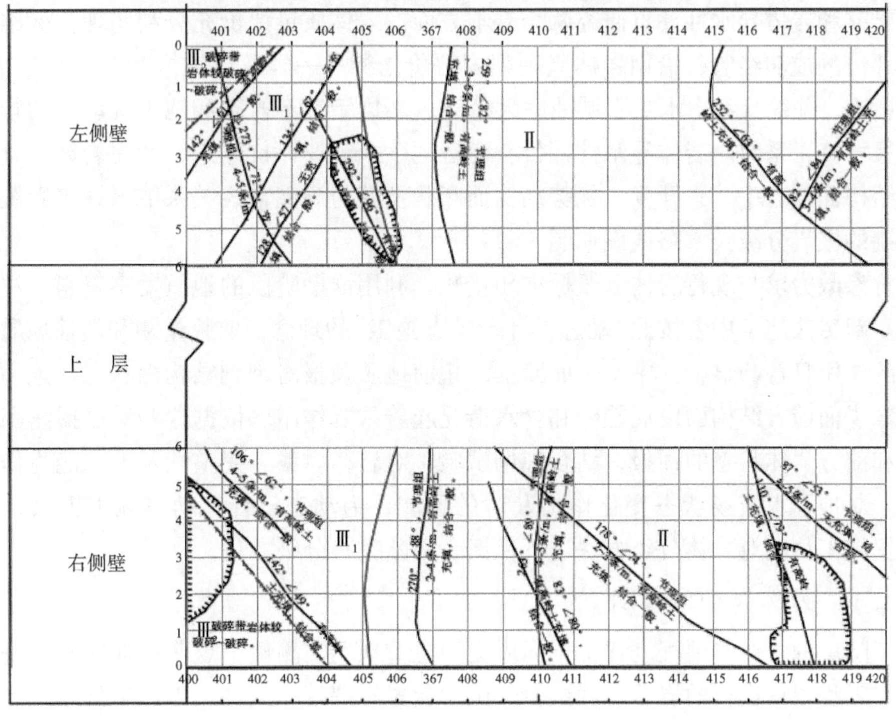

图 5-13　最后素描图成果

第二节　水文地质分类方法

现行的岩体分级标准都是以评价围岩稳定性为出发点，选用岩体坚硬度和岩体完整性作为基本评价指标，结构面产状、初始应力状态和岩体含水情况仅作为修正因素，为岩体稳定性评价服务。但是针对特殊工程，仅满足围岩稳定不能满足工程需求，需考虑工程的特殊性。大型地下水封石洞油库建设地区的岩体稳定性较好，控制地下水流场防止施工区域地下水位急剧下降，还要保证人工水幕系统稳定发挥作用，就成为施工的关键。目前现行规范对这方面指导性不强，有必要针对大型地下水封石洞油库岩体水文地质分级方法做进一步研究，给设计、施工提供更有针对性的建议。

针对该地下水封石洞油库工程的特点，参考国内外多种岩体分级标准，综合权衡岩体质量和导水性的影响，将结构面连通率、张开度、产状及其与洞室轴线关系引入导水性评价标准，建立一种针对地下水流场评价的多指标岩体水文地质分级方法，为本工程的预注浆设计、施工提供依据，以保证人工水幕系统的作用得到发挥和洞库的正常运行。

2.1　地下水封石洞油库水文地质分类方法

大型地下水封石洞油库施工期基于地下水流场控制的岩体分级方法研究，包括岩体质量评价研究和岩体导水性评价研究两个基本方面。岩体质量评价充分利用现行标准对围岩稳定性评价的成功经验，沿用岩体坚硬程度评价指标——岩石单轴饱和抗压强度 R_c 和点荷载强度 I_s，并综合考虑水封石洞油库大跨度、高边墙、不衬砌和施工扰动大的特点，引入洞室尺寸修正系数。岩体导水性评价，完善地下水流场评价体系，考虑岩体完整性的同时，将结构面连通率、张开度、优势结构面产状及其与洞室轴线关系纳入评价系统。基于流场控制的围岩分级技术路线图如图 5-14 所示。

评价参数力求与现行岩体分级标准相接轨，利用详勘阶段的地质勘察资料，注重现场实测性。新奥法施工中，按照“动态设计、动态施工”的理念，监控量测和超前地质预报在施工期的作用日益凸显，其中掌子面素描、超前地质预报对判别结构面状态、连通性、张开度及掌子面前方结构面发展趋势和含水情况起着重要作用。依据这些对已揭露围岩情况的反馈和前方岩体状态的预报，结合现场试验，对岩体质量、完整性及导水能力作出准确的判断，对地下水流场状态变化作出及时的预测，为动态设计、动态施工提供合理的建议。根据施工情况对岩体分级方法进行反馈，不断完善分级方法。

2.1.1　岩体坚硬程度评价

施工阶段的岩体坚硬程度评价指标应更加注重现场实测性。点荷载强度测试是一种简单的可在工程现场进行的岩石强度试验，试验装置易携带，试件不需加工处理，在工程实际中得到广泛应用。国际岩石力学学会试验方法委员会和我国工程岩体分级标准中都指

出，点荷载强度指标和岩石单轴抗压强度之间有着良好的相关性，并给出了相应的定量换算公式

$$R_c = 22.82 I_{s(50)}^{0.75} \tag{5-1}$$

其中 $$I_{s(50)} = I_s \times K_d \times K_{Dd}$$

式中 I_s——非标准试件的点荷载强度指数，$I_s = p/d^2$，（p 为破坏荷载）；

K_d——尺寸效应修正系数，当试件尺寸与标准试件一致时，$K_d = 1$。其他情况下，$K_d = 0.4905\text{d}^{0.4426}$，（$d$ 为非标准试件直径或最短边长，以 cm 计）；

K_{Dd}——形状效应修正系数。

$$K_{Dd} = 0.3161 e^{2.303[(D/d + \lg D/d)/2]}$$

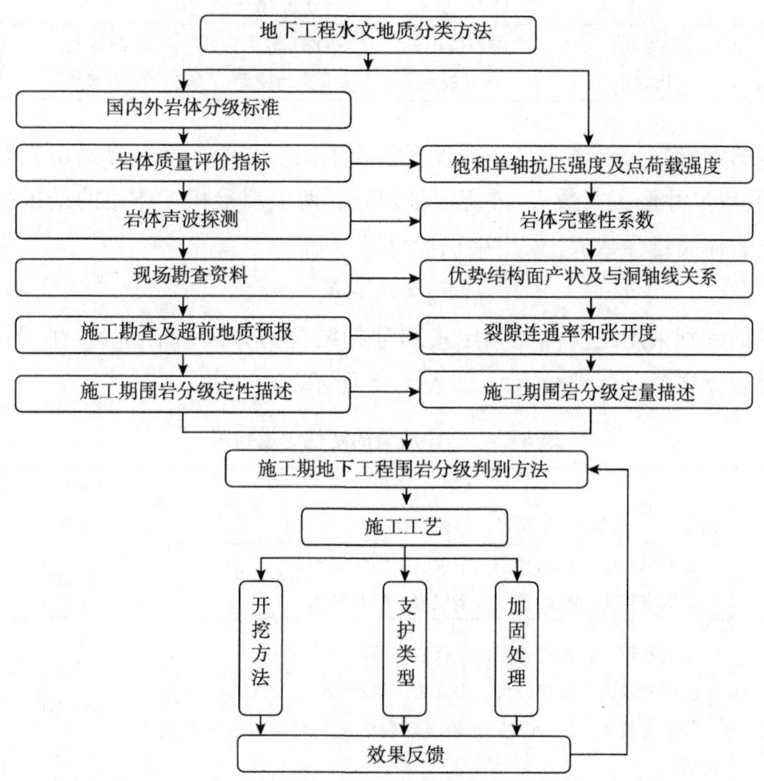

图 5-14 基于流场控制的围岩分级技术路线图

基于上式，表 5-3 列出了强度指标与岩石坚硬程度的对应关系。

表 5-3 强度指标与岩石坚硬程度的对应关系

$I_{s(50)}$/MPa	>10.5	10.5～4.0	4.0～1.5	<1.5	
R_c/MPa	>60	60～30	30～15	15～5	<5
坚硬程度	坚硬岩	较坚硬岩	较软岩	软岩	极软岩

注：①对于软岩，压头压入岩石不能产生劈裂破坏，点荷载强度不适用。

②两种强度指标选择一种进行判别即可，视现场资料情况而定。

大跨度、高边墙是大型地下水封洞室的特点之一。与一般矿山巷道和隧道更加不同的是，水封石洞油库工程一般要求不衬砌。洞室在施工阶段一般采用多层次、多断面开挖。每层开挖过程中，由于横断面非常大，岩体要经历多次扩挖，多次爆破损伤和临近掌子面的施工扰动。爆破次数和爆破强度与洞室尺寸是直接相关的。综合考虑大跨度、高边墙、频爆破、多扰动对岩体质量的影响，引入洞室尺寸修正系数 K_s。按照设计要求，将洞室尺寸修正系数分为4个级别，如表5-4所示。

表5-4　洞室尺寸修正系数 K_s

最大跨度/m	<5	5~10	10~20	>20	
边墙高度/m	<5	5~15	15~30	>30	
K_s	1.0	1.0~0.8	0.8~0.5	0.5	
定性描述	洞室小； 扰动小	洞室较小； 扰动较小	洞室较大； 扰动较大	洞室大； 扰动大	

岩体质量的评价分为岩体本身坚硬程度和施工损伤两个方面，分别用岩石单轴饱和抗压强度 R_c 和洞室尺寸修正系数 K_s 进行定量划分。两个因素相互作用的结果影响岩体的质量，故施工期岩体质量参数 R_m 采用乘积计算

$$R_m = R_c \times K_s \tag{5-2}$$

岩体质量的判别采用定性描述和定量划分相结合的方法，依据 R_m 将岩体质量分为5个等级，并对岩体质量进行评分 R_q，如表5-5所示。

表5-5　岩体质量的定性定量判别

岩体质量级别	岩体质量描述	R_m/MPa	评分 R_q
Ⅰ	洞室小，扰动小，坚硬岩，整体结构	>60	40~35
Ⅱ	①洞室较小，扰动较小，中硬岩，整体结构 ②洞室较小，扰动较小，坚硬岩，块状结构	60~45	35~25
Ⅲ	①洞室较大，扰动较大，较软岩，整体结构 ②洞室较大，扰动较大，中硬岩，块状结构 ③洞室较大，扰动较大，镶嵌碎裂结构或有软弱夹层的坚硬岩	45~20	25~15
Ⅳ	①洞室大，扰动大，软岩，整体结构 ②洞室大，扰动大，较软岩，块状结构 ③洞室大，扰动大，坚硬岩，层状碎裂结构 ④洞室大，扰动大，软硬岩互层结构	20~5	15~5
Ⅴ	散体结构或 R_c <5MPa 特软岩	<5	5~0

注：如缺少 R_c 资料，可根据表5-3中 R_c 与 I_s 的对应关系判断。

2.1.2　岩体导水性评价

大型地下水封石洞油库基于地下水流场控制的施工期岩体分级的关键在于对岩体导水

性的评价。地下水作为修正指标，已经在多种分级标准中应用。但是，评价指标一般选用对毛洞出水状态的定性描述或出水量的定量划分。总体来说，描述较为笼统，指标实测性不强。更重要的是，仔细分析多种岩体分级标准对地下水修正办法后可以看出，坚硬岩和完整性好的岩体，地下水因素的修正非常小，对松散破碎岩体和软岩的修正较明显，所做修正完全为岩体稳定性服务。

本方法的目标是对工程范围内岩体的导水性进行判别，重点是评价影响地下水流场分布和岩体渗透性的因素。很多学者已经对岩体渗流的影响因素进行了研究，如同济大学的许建聪提出了影响裂隙围岩渗流的 9 种因素，并指出每延米洞长洞室围岩破碎带的平均宽度、上覆含水体富水性、每延米洞长围岩张开裂隙的平均数量是三种主要因素。在前人研究成果基础上，根据现场实测性，提出用岩体完整性系数、结构面连通率、张开度、优势结构面产状及其与洞室轴线的位置关系对岩体导水性进行评价。

(1)岩体完整性判别

岩体完整性系数 K_v 是在参考各类岩石纵波波速等参数的基础上提出的。岩体的纵波波速不仅与岩石的矿物组成有关，更是岩体结构面发育程度、结构面性状、结构面填充情况、岩体含水状态的综合反映，是一项能定量表征岩体物理力学性质的综合性指标。

岩体完整性系数通过声波探测技术测定。声波勘测技术于 20 世纪 70 年代在工程勘察领域得到推广应用，具有技术先进、操作简便、测量范围大和适用于工程各个阶段等优点。岩体完整性系数由下式确定

$$K_v = (V_{pm}/V_{pr})^2 \tag{5-3}$$

其中，V_{pm}为岩体的纵波波速(m/s)，V_{pr}为岩石的纵波波速(m/s)。

对岩体完整性的定性描述和定量划分，如表 5-6 所示，依据 K_v 值将岩体完整性分为 5 个等级。

表 5-6　岩体完整性判别

岩体完整性描述		完整	较完整	较破碎	破碎	极破碎
K_v		>0.75	0.75~0.55	0.55~0.35	0.35~0.15	<0.15
评分	硬岩	20~16	16~12	12~8	8~4	<4
	软岩	16~12	12~9	9~6	6~2	<2

注：硬岩指 R_c >30MPa 的岩石；软岩指 R_c ≤30MPa 的岩石。

由上表可以看出，完整性较好的硬岩呈整体状结构，节理裂隙不发育，结构面连通性差，岩体的导水性小，最高评分为 20 分。随着完整性的劣化，岩体逐渐破碎，地下水的渗流通道逐步完整，流场范围不断扩大，岩体的导水性增强，完整性级别相应降低。软岩在水的作用下，岩体质量损伤较大，裂隙扩展贯通，导水性发展较快，完整性适当折减。

(2)结构面连通率判别

岩体结构面是构造应力的产物，是岩体中断层面、层理面、节理、裂隙等不连续面的总称。岩体中的不同结构面交切组合、相互连通，构成地下水的渗流通道。结构面连通率是反映结构面延伸程度和连通状况的一个重要参数，对评价工程岩体的渗透性起着关键的

控制作用。几何定义为岩体结构面在延伸方向上连通段长度之和与其延伸总长度的比值

$$K_{\mu} = \frac{l}{l+i} \tag{5-4}$$

式中 l——结构面长度；

i——岩桥段长度。

结构面连通率研究一直是工程地质和岩石力学领域的重点和难点。连通率的分析有三种方法：一是现场调查法，即从定义和工程意义出发，通过地质勘探揭露直接进行现场测量，接近工程实际，简单方便，但仅根据揭露面判断，有一定的片面性；二是概率模型估计法；三是网络模拟法。后两种方法都是基于一定假设的模拟方法，与实际有一定差距。对于施工阶段的连通率判别，现场实测和原地判别是最合理的研究方法。在新奥法施工中，越来越重视监控量测和超前地质预报的作用。其中，掌子面素描和超前地质预报不仅能对已揭露围岩情况进行反馈，更能对掌子面前方结构面的发展情况作出预报，为结构面状态及连通性的判别提供重要依据。

依据对结构面连通率的综合分析，分5级对其进行定性描述和定量划分，如表5-7所示。

表5-7 结构面连通率的定性定量判别

结构面连通性描述		低	较低	较高	高	极高
$K_{\mu}/\%$		<20	20~35	35~50	50~80	>80
评分	硬岩	15~12	12~9	9~6	6~3	<3
	软岩	12~10	10~8	8~5	5~2	<2

注：硬岩指 $R_c>30$MPa 的岩石；软岩指 $R_c\leqslant 30$MPa 的岩石。

结构面连通率低时，岩体中没有形成完整的渗流通道，渗透性差，地下水补给范围小，洞室开挖对地下水流场影响很小。随着结构面连通率增大，地下水渗流通道逐渐完善，补给范围扩大，受施工影响的地下水网范围增大，结构面连通性评价级别降低。软岩在水的长期作用下，岩体质量逐渐劣化，结构面扩展贯通，渗透性增大，评价指数适当折减。

(3)结构面状态判别

结构面的状态对岩体的渗透性有明显影响，其中结构面的张开度和填充类型的作用尤为明显。结构面的张开度是衡量渗透性的重要指标。在描述裂隙渗流的Navier-Stocks方程中，单宽流量与裂隙张开度的三次方成正比，印证了结构面张开度对岩体渗流的重要影响。张开结构面的填充物性质不同，渗透性也有很大差距。

结构面状态可根据施工期的地质勘察、掌子面素描确定。根据结构面的张开度和张开结构面填充物性质，对结构面状态进行判别，如表5-8所示。

结构面闭合或部分张开时，地下水渗流过程阻力较大，渗面的渗流通道比较畅通，但填充物对渗透性的影响作用显著。铁质硅质胶结物填充的结构面，填充密实，强度高，抗水性好，渗透性小；岩屑、砂砾等粗粒填充时，密实度较差，渗透性较大；钙质泥质填充物，抗水性差，易软化崩解，渗透性强。透性小、张开结构。

表 5-8　结构面状态的定性定量判别

<table>
<tr><td rowspan="3">结构面状态</td><td>张开度</td><td>闭合</td><td>部分张开</td><td colspan="3">微张开</td><td colspan="3">张开</td></tr>
<tr><td>W/m</td><td><0.1</td><td>0.1~0.5</td><td colspan="3">0.5~17.0</td><td colspan="3">>17.0</td></tr>
<tr><td>填充物</td><td>无</td><td>无</td><td>铁硅质</td><td>岩屑砂砾</td><td>钙质泥质</td><td>铁硅质</td><td>岩屑砂砾</td><td>钙质泥质</td></tr>
<tr><td colspan="2">评　分</td><td>10</td><td>10~8</td><td>8</td><td>7~5</td><td>4~2</td><td>5</td><td>4~2</td><td><2</td></tr>
</table>

(4)优势结构面产状判别

岩体的渗透性有明显的各向异性，地下水的渗流方向与优势结构面的产状密切相关。优势结构面的倾角直接影响开挖洞室中渗透水压及地下水流场的补给形式；结构面走向与洞室轴线夹角控制着结构面对洞室的影响规模和地下水流场受影响的范围。结构面倾角 β 和结构面走向与洞室轴线夹角 α 是工程中地下水流场分析的重要参数。

结构面产状统计方法很多，常用的是图形分析法和模糊聚类法。图形分析法有玫瑰花图、极点图和等密度图；模糊聚类法有模糊等价聚类法、模糊软划分聚类法及综合模糊聚类法，还有将图形分析法和模糊聚类法结合的综合分析方法。每种方法各有优缺点，对于施工阶段的动态岩体分级，参数更讲究现场实测性，应对已揭露围岩进行地质素描，采用图形分析法统计，结合新奥法施工中的超前地质预报，分析掌子面前方结构面走势，对结构面产状进行综合分析。

结构面倾角对地下水流场影响显著，但影响规律与其对围岩稳定性影响有所不同。稳定性评价中，高倾角结构面是有利的，但是高倾角结构面的渗流水压较大，沿埋深方向影响范围大，容易形成补给漏斗，破坏地下水流场且较难恢复；结构面倾角较小时，对稳定性不利，但是水压较小，对流场的影响仅局限在一个层面，地下水对该层面补给均匀，不会破坏整个流场。结构面走向与洞室轴线的夹角 α 对流场控制起重要作用。当结构面走向与洞室轴线大角度相交时，洞室仅横穿地下水流场的一个主要通道，对流场影响范围较小，施工处理比较简单；当结构面走向与洞室轴线接近平行时，洞室纵穿主要导水面，对流场影响范围非常大，整个洞室都受导水结构面影响，施工处理困难。

基于上述分析，对优势结构面产状进行定量判别，如表 5-9 所示。

表 5-9　优势结构面产状的定量判别

β \ α	90°~60°	60°~30°	<30°
90°~70°	11~10	6~5	<3
70°~25°	13~11	8~6	4~3
<25°	15~13	10~8	5~4

(5)岩体导水性综合判别

控制岩体导水性的四个因素相互间没有明显的制约关系，对岩体导水性的影响保持着各自的独立性。因此，进行综合判别时，导水性判别系数采用和式表达：

$$R_p = K_v + K_j + K_\mu + K_w \tag{5-5}$$

式中 R_p——岩体导水性综合评分；

K_v——岩体完整性评分；

K_j——岩体结构面产状评分；

K_μ——结构面连通性评分；

K_w——结构面状态评分。

岩体导水性的判别采用定性描述和定量划分相结合的方法，依据 R_p 将岩体导水性分为5个等级，如表5-10所示。

表5-10　岩体导水性的定性定量判别

岩体导水级别	岩体导水性描述	R_p
Ⅰ	岩体完整，结构面闭合，连通性低，优势结构面与洞轴线大角度相交	60~50
Ⅱ	岩体较完整，结构面闭合或部分张开，连通性较低，优势结构面与洞轴线相交角度较大，倾角较小	50~40
Ⅲ	①岩体较破碎，结构面闭合或部分张开，连通性较高，优势结构面与洞轴线相交角度较大，倾角较大 ②岩体较破碎，结构面微张开，铁质硅质填充，连通性较高，优势结构面与洞轴线相交角度较大，倾角较大	40~25
Ⅳ	①岩体破碎，结构面闭合或部分张开，连通性高，优势结构面与洞轴线相交角度较小，倾角较大 ②岩体破碎，结构面微张开，粗粒或泥质填充，连通性高，优势结构面与洞轴线相交角度较小，倾角较大 ③岩体破碎，结构面张开，连通性高，优势结构面与洞轴线相交角度较小，倾角较小	25~10
Ⅴ	岩体极破碎，结构面张开，连通率极高，结构面走向与洞轴线接近平行	10~0

2.1.3　水封石洞油库施工阶段岩体分级

水封石洞油库施工期基于流场控制的岩体分级方法，包括岩体质量判别和岩体导水性判别两个基本方面。考虑大型地下水封石洞油库工程的特殊性，施工阶段的岩体分级在考虑岩体质量的基础上，更侧重于对地下水流场控制的评价。因此，适当降低判别标准中岩体质量的权重，更全面的考虑影响地下水流场的多种因素，提高岩体导水性评价的权重。岩体质量判别以岩体坚硬程度为基础，综合考虑洞室尺寸和施工扰动，引入洞室尺寸修正系数；岩体导水性判别考虑岩体的完整性、结构面连通性、张开度和优势结构面的产状及其走向与洞室轴线间夹角等影响地下水渗流的因素，形成岩体导水性综合评价系数。

基于流场控制的岩体评价指数 WQ 计算式为

$$WQ = R_q + R_p = R_c \times K_s + (K_v + K_j + K_\mu + K_w) \tag{5-6}$$

依据 WQ 将岩体分为5级，相关参数及描述如表5-11所示。

基于地下水流场控制的施工期岩体分级方法采用定性描述和定量划分相结合的方式，

定性描述简介清晰，定量划分参数物理意义明确。相关参数与现行岩体分级标准相接轨，注重现场实测性。

表 5-11　岩体分级评价表

级别	定性描述		开挖后状态	WQ
	岩体质量	岩体导水性		
Ⅰ	洞室小，坚硬岩，整体结构	岩体完整，结构面闭合，连通性低，优势结构面与洞轴线大角度相交	岩体稳定，围岩干燥	100～85
Ⅱ	洞室较小，扰动较小，硬岩，整体～块状结构	岩体较完整，结构面闭合或部分张开，连通性较低，优势结构面与洞轴线相交角度较大，倾角较小	较稳定，长时间暴露可能局部掉块，局部渗水	85～65
Ⅲ1	洞室较大，扰动较大，整体～块状结构，较软岩	岩体较破碎，结构面部分微张开，连通性较高，铁硅质填充，优势结构面与洞轴线相交角度较大，倾角较大	无支护会发生小塌方，多处渗水，局部淋雨状滴水	65～55
Ⅲ2	洞室较大，扰动大，镶嵌碎裂结构或有软弱夹层，较软岩	岩体较破碎，结构面微张开，钙质泥质填充，连通性较高，优势结构面与洞轴线相交角度较大，倾角较大	无支护会发生小塌方，施工扰动可能造成大塌方，渗水，多处淋雨状滴水	55～40
Ⅳ	洞室大，扰动大，层状碎裂结构坚硬岩，块状结构软岩或软硬岩互层结构	岩体破碎，结构面微张开～张开，粗粒或泥质填充，连通性高，优势结构面与洞轴线相交角度较小	无支护时可能发生大塌方，侧壁稳定性差，多处淋雨状滴水，局部高水压涌水	40～15
Ⅴ	散体结构或 $R_c<5$MPa 特软岩	岩体极破碎，结构面张开，连通率极高，结构面走向与洞轴线接近平行	围岩无自稳能力，拱部和侧壁均易大范围塌方，多处有高水压涌水，水源持续不断	15～0

基于流场控制的岩体评价指数 WQ 采用百分制判别，描述围岩的稳定性、洞室的渗涌水状态、水压和水源补给等，根据水封洞室施工安全和运行稳定的要求，对岩体质量和导水性进行综合评价，为施工提供指导性意见。

2.2　工程应用

本节以3#主洞室为例，基于地下水流场控制的施工期岩体分类方法，根据地质雷达超前预报的分析结果，按照上表中对岩体的分类情况对主洞室的围岩进行分析。

如图 5-15(a)，探测范围内 0+174～0+158 围岩节理裂隙较发育，局部较破碎渗水，围岩稳定性较差。若按工程地质分类方法推断则围岩为Ⅲ_2类；由于该区围岩局部渗水，所以按水文地质分类方法推断该围岩为Ⅳ类。

图5-15(b)中现实出0+210~0+202范围内的围岩节理裂隙发育，岩体较破碎，局部渗水或滴水，围岩稳定性较差。按工程地质分类方法推断围岩Ⅲ$_1$类；因该区围岩局部地区有集中出水点，按水文地质分类方法推断该围岩为Ⅲ$_2$类。

从图5-15(c)中可看到0+263~0+276范围内的围岩节理裂隙较发育，岩体较破碎，围岩稳定性较差。若按工程地质分类方法推断则围岩为Ⅲ$_2$类；由于该区围岩局部出现渗水或滴水，所以按水文地质分类方法推断该围岩为Ⅳ类。由于水文地质分类方法更侧重于对地下水渗透性的评价，所以在超前地质预报中围岩若存在渗水或滴水情况，按水文地质分类方法比工程地质分类方法推断的围岩类别低一类。

按工程地质分类(现行国家岩体分类标准)和水文地质分类(基于地下水流场控制的分类方法)的方法对1~9#主洞室围岩做出了评价。以3#主洞室为例，在表5-12中分别由于水文地质分类侧重于节理裂隙的产状和围岩的渗水情况，所以在表5-12中按水文地质分类得到的围岩级别要比工程地质分类低。3#主洞室0+198~0+178范围内的围岩按水文地质分类方法，根据超前预报结果，估算其岩体评价指数$WQ=R_q+R_p$；由于洞室较大，扰动较大，则R_q取值为15~25；因岩体较破碎，结构面走向与洞室轴线小角度相交且有破碎渗水区，所以K_v取值为6~9，K_j取值为6~8，K_μ取值为5~8，K_w取值为5~7，$R_q=K_v+K_j+K_\mu+K_w=22\sim32$，所以按水文地质分类为Ⅲ$_2$类。

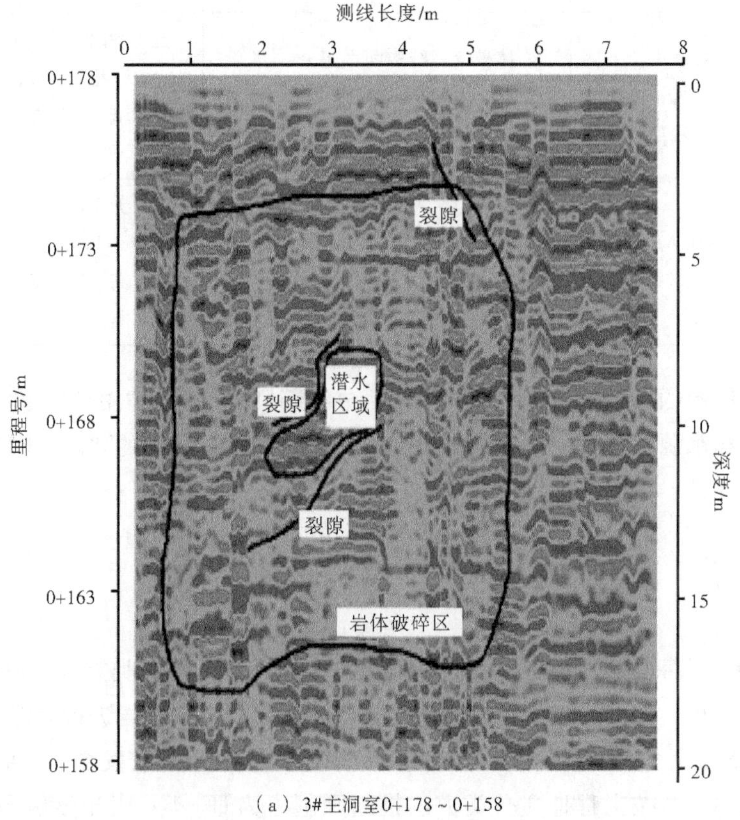

(a) 3#主洞室0+178~0+158

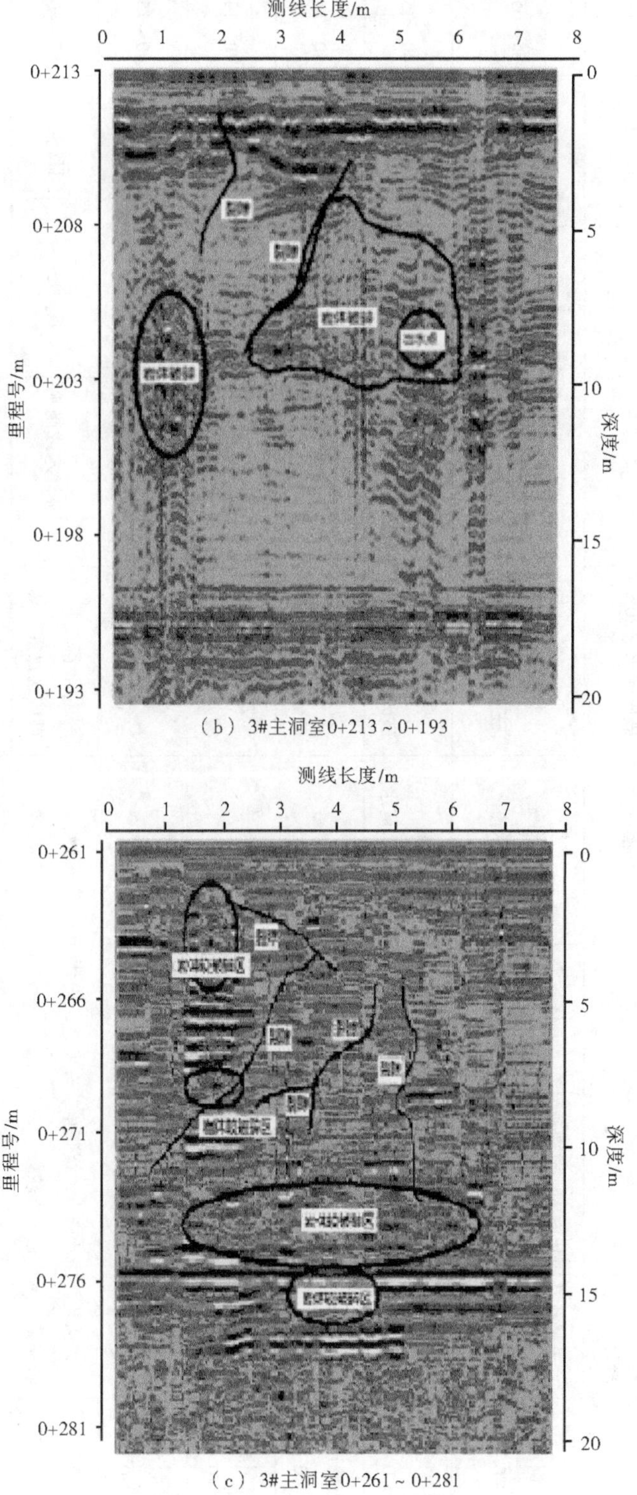

（b）3#主洞室0+213～0+193

（c）3#主洞室0+261～0+281

图 5-15　3#主洞室围岩分类

表 5-12　主洞室围岩类别对比表

主洞室桩号	施工勘察资料		超前地质预报		工程地质分类	水文地质分类	WQ
	工程地质	水文地质	围岩情况	渗水情况			
3#主洞室 0+035~0+010	未风化花岗片麻岩，节理稍发育，岩体较完整。岩脉密集发育，结合一般，围岩稳定性较好	干燥， 局部潮湿	裂隙数量较少， 破碎区比重20%	局部渗水或滴水	$Ⅲ_1$类	$Ⅲ_2$类	55~40
3#主洞室 0+055~0+035	未风化花岗片麻岩，节理稍发育，岩体较完整。岩脉密集发育，结合一般，围岩稳定性较好	干燥，潮湿， 局部线状流水	裂隙数量少， 破碎区比重5%	无明显渗水或滴水	Ⅱ类	Ⅱ类	85~65
3#主洞室 0+053~0+078	未风化花岗片麻岩，节理稍发育，岩体较完整。局部少量岩脉入侵，围岩稳定性较好	潮湿， 局部线状流水	有风化层面， 破碎区比重45%	弱渗水区域	$Ⅲ_2$类	Ⅳ类	40~15
3#主洞室 0+107~0+082	未风化花岗片麻岩，裂隙较发育，岩体较破碎。局部有岩脉入侵，围岩稳定性差	干燥， 局部潮湿、渗水	裂隙数量较少， 破碎区比重35%	有破碎渗水区	$Ⅲ_2$类	Ⅳ类	40~15
3#主洞室 0+128~0+103	未风化花岗片麻岩，裂隙较发育，岩体较破碎。局部有岩脉入侵，围岩稳定性差	干燥， 局部潮湿、渗水	裂隙数量多， 破碎区比重80%	有破碎渗水区	$Ⅲ_2$类	Ⅳ类	40~15
3#主洞室 0+144~0+119	未风化花岗片麻岩，缓倾角节理发育，岩体较完整。围岩稳定性较好。	干燥， 局部潮湿	有风化层面， 破碎区比重5%	有破碎渗水区	$Ⅲ_2$类	Ⅳ类	40~15
3#主洞室 0+159~0+139	未风化花岗片麻岩，缓倾角节理发育，岩体较完整。围岩稳定性较好。	干燥， 局部潮湿	裂隙数量较少， 破碎区比重65%	无明显渗水或滴水	$Ⅲ_2$类	$Ⅲ_2$类	55~40
3#主洞室 0+178~0+158	未风化花岗片麻岩，缓倾角节理发育，岩体较完整。围岩稳定性较好。	干燥， 局部潮湿	裂隙数量较少， 破碎区比重55%	有破碎渗水区	$Ⅲ_2$类	Ⅳ类	40~15
3#主洞室 0+198~0+178	未风化花岗片麻岩，贯穿洞室节理稍发育，岩体较破碎。岩脉发育，局部发育有小型破碎带，围岩稳定性较差	潮湿，局部滴水、线状流水	裂隙数量较少， 破碎区比重20%	有破碎渗水区	$Ⅲ_1$类	$Ⅲ_2$类	55~40

续表

主洞室桩号	施工勘察资料		超前地质预报		工程地质分类	水文地质分类	WQ
	工程地质	水文地质	围岩情况	渗水情况			
3#主洞室 0+213~0+193	未风化花岗片麻岩，节理稍发育，岩体较破碎。岩脉密集发育，结合一般，围岩稳定性一般	干燥，潮湿，局部线状流水	裂隙数量较少，破碎区比重15%	有集中出水点	$Ⅲ_1$类	$Ⅲ_2$类	55~40
3#主洞室 0+053~0+078	未风化花岗片麻岩，节理稍发育，岩体较完整。局部少量岩脉入侵，围岩稳定性较好	潮湿，局部线状流水	有风化层面，破碎区比重45%	局部弱渗水	$Ⅲ_2$类	Ⅳ类	40~15
3#主洞室 0+233~0+253	未风化花岗片麻岩，节理稍发育，岩体较破碎。且有破碎带穿插，围岩稳定性一般	干燥，潮湿，局部线状流水	裂隙数量少，破碎区比重5%	无明显渗水或滴水	Ⅱ类	Ⅱ类	85~65
3#主洞室 0+261~0+281	未风化花岗片麻岩，裂隙较发育，岩体较破碎。洞段岩脉稍发育，结合一般~好，围岩较稳定	干燥，局部潮湿	裂隙数量多，破碎区比重50%	局部渗水或滴水	$Ⅲ_2$类	Ⅳ类	40~15
3#主洞室 0+290~0+315			裂隙数量少，但延伸长度大，破碎区比重15%	无明显渗水或滴水	$Ⅲ_1$类	$Ⅲ_1$类	65~55
3#主洞室 0+312~0+332	未风化花岗片麻岩，节理稍发育，岩体较破碎。局部岩脉侵入，围岩稳定性较差	干燥，局部潮湿、滴水	裂隙数量较少，破碎区比重55%	无明显渗水或滴水	$Ⅲ_2$类	$Ⅲ_2$类	55~40
3#主洞室 0+330~0+355	未风化花岗片麻岩，受F3断层影响，裂隙发育，岩体破碎，围岩稳定差	潮湿，局部滴水、线状流水	裂隙数量较少，破碎区比重55%	无明显渗水或滴水	$Ⅲ_2$类	$Ⅲ_2$类	55~40
3#主洞室 0+345~0+370			裂隙数量较少，破碎区比重55%	局部渗水或滴水	$Ⅲ_2$类	Ⅳ类	40~15
3#主洞室 0+365~0+390	未风化花岗片麻岩，受F3断层影响，裂隙发育，岩体破碎，围岩稳定差	潮湿，局部滴水、线状流水	裂隙数量较少，破碎区比重35%	无明显渗水或滴水	$Ⅲ_2$类	$Ⅲ_2$类	55~40
3#主洞室 0+388~0+413	未风化花岗片麻岩，裂隙发育，岩体较破碎，围岩较性差	潮湿，局部渗水	裂隙数量较少，破碎区比重20%	局部渗水或滴水	$Ⅲ_2$类	Ⅳ类	40~15
3#主洞室 0+414~0+444	未风化花岗片麻岩，裂隙发育，岩体较破碎，围岩较性差	潮湿，局部渗水	裂隙数量较少，破碎区比重20%	无明显渗水或滴水	$Ⅲ_2$类	$Ⅲ_2$类	55~40

在工程实践中，经过反复试验，最终确定围岩水文地质分类为Ⅳ类及以下，则需进行超前注浆。

第三节　动态设计技术创新

3.1　动态设计基础

3.1.1　动态设计的基本理论

新奥法作为现代地下工程开挖与支护的技术原理，在地下工程设计、施工中被广泛应用。在依据新奥法原理建设的现代地下工程中，按照设计规范规定，依据施工之前的地质调查、钻探及物探等地质资料，采取工程类比方法进行设计。由于地质条件的不确定性及复杂性，在施工过程中会遇到断层、节理裂隙、破碎带、高地应力、严重风化层、地下水等特殊地质条件，而仅仅依据施工前的地质勘探成果，是不能完全真实反映出来的，所以面对施工反馈的实际地质情况，必须进行有针对性的动态设计。

动态设计是在初步设计的基础上，对地下工程洞室布置、结构体型、支护方案、施工程序和方法等进行合理的修改，使其适应更为具体的围岩条件。动态设计的依据是施工过程中反馈的各种信息，包括地质超前预报、监控量测数据、掌子面的地质描述和实际存在的地质条件。通过分析与反分析所获得的这些信息，与预设计时的地质资料对比，根据地质变化情况，对洞室施工方法(包括特殊的、辅助的施工方法)、断面开挖步骤及顺序、支护参数等进行合理调整，以保证施工安全、围岩稳定、施工质量和支护结构的经济性，然后依据现行相关规范与项目规定的要求，经过原设计部门作出修改设计，由施工单位具体实施。在实施过程中，工程监理、监控量测、围岩判识、地质预报等单位，依据修改设计方案，进行监理、监测，再次获得信息，反馈到设计、施工单位，如此反复循环，直至工程完工交付使用为止。

动态设计的过程是正向设计与反向设计相互结合的过程，所谓正向设计是指从概念设计到详细设计，从而得到设计方案的自上而下的设计过程。而反向设计是指根据新获得的设计条件，结合原有的功能要求，对原有的设计方案进行设计修改优化的过程。

实现动态设计的关键技术主要有以下两点：

1)参数化技术。参数化设计为设计者提供了一个动态设计的环境。目前，地下工程设计和施工技术的参数化设计已经比较成熟，有大量的工程经验可供借鉴参考，这将使参数化方法引入动态设计成为可能。利用参数化技术，不仅可以实现对地下工程设计方案的动态设计修改，还可以通过修正模型定义变更关系，以一组变量的某种特定的形式或特征来表达变更关系，在设计方案的基础上参数化完成设计变更。

2)变量修正设计理论。变量修正设计理论是一种支持产品功能的设计理论，其主要特点有：(a)支持从上到下的参数化设计；(b)支持面向变量的产品设计；(c)支持动态修正设计。在动态设计中，参数化设计、变量综合设计、施工方案设计是三个相互交叉的过程，对概念设计产生的设计变量和设计变量约束进行记录、表达、转播，使各个阶段设计主要是在产品功能和设计者意图的基础上进行，它始终是在产品的功能约束下进行和完成的。其设计过程如图 5-16 所示。

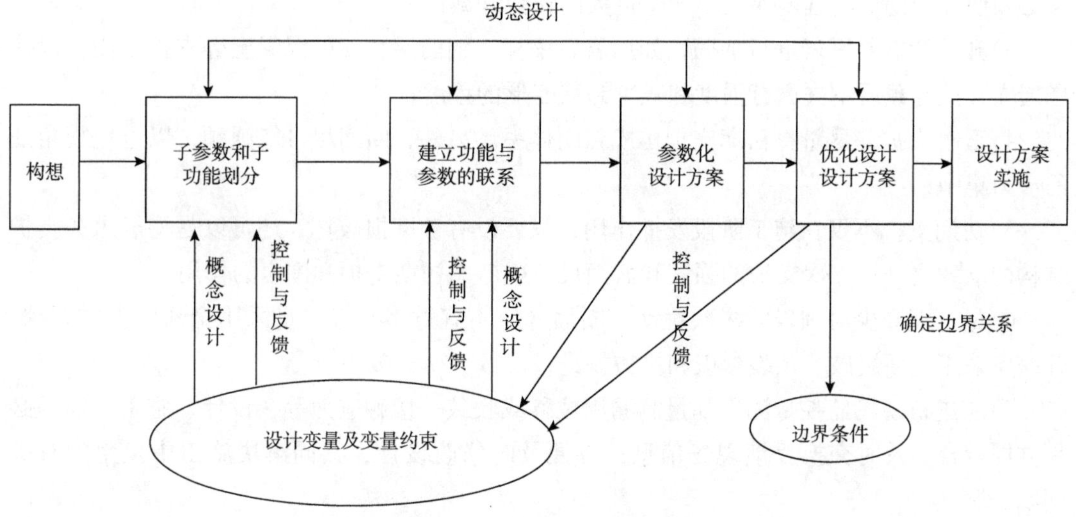

图 5-16 动态设计过程示意图

(1)地下工程动态设计的发展史

从现代信息论的角度，对于与地质条件密切相关的地下工程而言，在勘察和设计阶段对围岩等地质条件的认识是相当有限的，只能掌握其局部的有限信息，是一个灰色系统，此时的设计文件也是一个基于灰色系统的工程设计文件。显然，基于灰色系统的地下工程设计不可能十分精确合理，地下工程的设计不能做到一步到位，在开工建设后的开挖过程中，真实的地质条件逐步明朗，灰色系统逐步白色化。因此，在工程开工后，应将勘察、设计、施工、现场监测、超前地质预报以及信息反分析等作为一个整体，进行动态设计，即为动态设计方法或信息化设计方法。

地下工程动态设计归根于 20 世纪 30 年代奥地利学者拉布兹维起奇(L. V. rabcewicz)和缪勒(Muller)在总结当时隧道建造经验基础上提出的新奥法。动态设计思想起源于 20 世纪 40 年代晚期，跟随当时的岩土力学理论和岩土测试技术的进展，发展成为集预测、监控、评价和修正为一体的设计方法。

(2)新奥法与地下工程动态设计

新奥法是现代地下工程动态设计方法中运用的重要思想，其出发点是最大限度地发挥围岩的自承作用。喷射混凝土、锚杆加固和监控量测技术是新奥法的三大技术支柱，通过这三大技术支柱实现尽可能地保护围岩原有强度、容许围岩变形但又不造成过度松弛破坏、及时掌握围岩和支护结构变形状况等目标，使地下水封石洞油库开挖过程中，保持围岩的有限变形并与支护结构限制变形一致，实现支护结构的安全性和经济性。主要思想包括：

1）围岩是地下水封石洞油库的主要承载体，尽可能地保护围岩原有强度和变形特性；

2）围岩支护过程中，一方面允许围岩有一定的变形，以便产生受力环区，另一方面，又必须使围岩变形的程度保证不产生过大的松弛卸载；

3）开挖后需对围岩进行加固，如用岩石锚杆、钢筋网、喷射混凝土等支护手段，以使围岩在开挖卸载后不失原有强度和减少卸载变形的程度；

4）适时支护并尽量将初期支护构成封闭体系。另外，断面尽可能圆顺，以避免拐角处的应力集中；

5）初期支护不仅在施工阶段发挥作用，只要没有被磨损破坏，还可以是构成永久支护结构的承载之一，二次支护的强度和截面尺寸应考虑初期支护和围岩的作用；

6）尽可能减少对围岩的多次扰动，断面分块不宜过多，宜尽量采用全断面方式开挖，开挖应采用光面爆破、预裂爆破和机械掘进；

7）应进行现场监控量测，如量测洞周位移或收敛、接触应力等，设计、施工、监理必须共同配合，及时交换反馈现场信息，以便及时修改设计，共同解决施工中发生的有关问题。

新奥法的内涵已外延至勘测、设计、施工、监测、过程管理等各个方面，囊括了动态设计的大部分内容。实践证明，新奥法由于其较强的科学性而成为地下工程建设史上的一个里程碑式的成果，其技术经济效益在世界各地工程中均有较好体现。

3.1.2　动态设计发展趋势

随着现代科技的发展，地下工程反演理论、计算机数值计算技术、不连续介质力学、地质超前预报技术、工程优化原理及地下工程先进量测技术、先进施工机械的出现，地下工程动态设计方法涉及的专业更为丰富和完善，新奥法在先进理论和技术的支持下不断延续和发展。

在新奥法思想的统一下，地下工程理论计算与数值计算技术、现场监控量测与超前预报技术、反分析理论以及时变力学理论等共同构成地下工程动态设计体系的有机整体，并产生了互相促进的关系。

3.1.3　动态设计方法的基本内涵

动态设计理念是该地下水封石洞油库工程洞室群施工期开挖支护过程中，根据新奥法理论，从工程实际出发，在基础设计、施工阶段不断摸索、逐步提出和完善的，是工程建设的首要环节。就地下水封石洞油库洞室群开挖支护施工过程而言，动态设计理念具有如下内涵：

1）“基础设计”是“动态设计”基础。根据地下水封石洞油库工程建设相关规程规范编制并经上级主管部门审查的基础设计文件是动态设计的基础和依据，在此基础上进行的项目招标和施工图设计是设计工作的深化和细化工作。在工程建设过程中，施工的依据是设计蓝图，蓝图中的工程设计方案反映了设计人员对于工程所处地质条件的充分认识，反映了针对各种不同的围岩状况和局部不良地质条件所采取的工程措施，是前期勘察设计成果的一种深化和延续，动态设计不能背离这一基础。换言之，“动态设计”不是随心所欲的设计，而是围绕着基础设计这一中心在“动”。

2)“动态设计”与工程师自身技术水平有关，与现场设计工作的管理制度和管理效率有关。它要求设计人员必须深入生产一线，加强与相关方配合协作，及时了解情况，发现问题，并能快速反馈和处理；充分利用相关方提供设计平台、研究成果、信息反馈等，提高动态设计质量和效率；同时，工程技术人员必须充分尊重已有的经验和教训，汲取不同专家的不同意见和建议，具备综合分析判断的能力。管理制度上也要创造出群策群力的氛围，以扩大问题的认识面，提高问题的认识水平，以便合理地解决问题，推动工程建设。

3)“动态设计”要从工程现场实际出发，根据开挖揭示的地质条件和围岩监测及反馈分析成果进行及时调整，要以确保洞室群围岩稳定与工程安全为基点。工程地质、结构工程、监测技术、施工技术等多专业技术人员要精诚合作，及时发现问题，深入研究，快速反应和处理。

4)“动态设计”必须与“动态施工”相互协调、完美结合。设计是施工的依据，施工是设计的构想变成现实的唯一途径，再完美的设计没有施工水平和施工技能的支撑，也只能是纸上谈兵。所以，动态设计必须考虑现场实际施工工艺和水平，既要确保施工安全和质量，又要确保施工的方便快速，加快施工进度，从而又好又快地建设工程项目。

在该工程地下水封石洞油库开挖支护施工过程中，由于受到洞室规模大、地质构造复杂、岩体强度变化大、地下水位较高且要求保水施工等特殊因素影响，选择安全、经济、合理的洞室群开挖时序、围岩支护参数、断层及局部不良地质地段处理方案、适时支护、后注浆施工方案、施工程序等是工程设计面临的关键技术难题，洞室群开挖支护设计方案在基础设计阶段就作为工程重大关键技术问题之一备受关注。根据施工图阶段对于洞室群围岩问题的认识，设计院在进行洞室群开挖支护方案设计时提出并遵循了以下基本原则：a)以已建工程经验和工程类比为主、岩体力学数值分析为辅，充分汲取专家建议；b)发挥围岩本身的自承能力，优先选用柔性支护。以柔性支护为主、局部辅以刚性支护。以系统支护为主、局部加强支护为辅，并与随机支护相结合；c)对于有地质缺陷的局部洞段以及在结构和功能上有特殊要求的洞室，采用锚杆加密、加长等型式的喷锚支护和钢筋肋拱喷护相结合的复合式支护，即特殊部位特殊支护的设计原则；d)围岩支护参数根据施工开挖期所揭露的实际地质条件和围岩监测及反馈分析成果进行及时调整，即动态的支护设计原则。

上述原则反映了洞室群开挖支护设计的基本方法，同时考虑到岩石力学目前的学科理论发展水平和工程应用水平，以及具体工程实际，体现了新奥法的基本思想，蕴含了动态设计理念，适合于作为该工程设计的指导原则。

3.1.4 动态设计主要方法

(1)模糊数学方法

由于地下工程本身具有的复杂性和模糊性，加之某些方面理论研究的不完善，模型和对象之间有时是不精确和不确定的，有些情况下应用模糊模型更符合工程实际。近年来，模糊理论在岩土及地下工程岩体、围岩稳定性分类、方案优选和评判等也得到了广泛应用。模糊理论主要包括模糊模型识别、模糊聚类分析、模糊决策、模糊综合评判、模糊控制等。模糊模型是指模型是模糊的，即标准模型库中的模型是模糊的。模糊聚类分析就是用模糊数学方法研究和处理所给综合对象的分类。它建立起了样本对于类别的不确定性的描述，更能客观地反映现实世界。模糊综合评判就是用模糊数学对受到多种因素制约的对象做出一个总体评价。模糊决策理论就是通过比选方案和评价指标之间构造模糊评价矩阵，来进行方案优选的方法。模糊决策方法正成为决策领域实用的工具。

(2)工程类比法

工程类比法通常有直接对比法和间接类比法两种。在进行工程类比时，主要考虑工程条件和工程地质条件两个方面。前者包括工程类型、工程规模、工程形状与尺寸及施工方法等方面因素。而后者主要包括工程地质条件的复杂性、岩体强度和岩体完整性、地下水影响程度和地应力条件等因素。直接类比法一般是将新建工程的工程条件和工程地质条件两方面因素，与上述条件基本相同的已建工程进行对比，由此确定支护参数及衬砌结构参数，并对工程施工方案等进行相应调整。间接类比法一般是根据现行的规范确定主要设计参数。按上述两种类比方法都是从定性的角度，在工程设计中应用工程类比法。

(3)灰色系统理论法

灰色系统理论是研究系统分析、建模、预测、决策和控制的理论。灰色预测就是利用灰色过程中所显示现象既是随机的、杂乱无章的，也是有序的、有界的这一潜在规律，建立灰色模型对系统进行分析预测。灰色预测通常是指对在一定方位内变化的、与时间有关的灰色过程的预测。大型地下水封洞库工程影响因素较多，其周围环境、工程地质条件和施工条件等是模糊的、不确定的，所获得的信息也是有限的，具有灰色系统的特点，非常适合灰色理论的应用条件。近年来，灰色理论 GSA 逐渐被引入到岩土及地下工程中，主要用于系统的分析、预测、决策和控制等。

3.1.5 动态设计过程

(1)施工图设计

1)通过整理分析工程地质勘察、现场钻探与试验资料，认识地下工程地形地貌特征、地层岩性、地质构造、岩体风化特征及物理现象、水文地质条件、岩石(体)物理力学特性等，明确工程区主要地质问题和评价。

2)复核地下工程区总体布置和各洞室布置，进行围岩稳定复核分析和支护设计，提出施工技术要求，提供设计蓝图。

(2)动态设计要点

1)正确认识地质条件：岩性边界、断层、控制性结构面、软弱带分布特征(位置、产状及其与大型洞室群高边墙等的关系)，计算模型应与地质条件的动态更新而进行相应的更新；

2)正确认识高应力下硬质围岩的变形破坏机制，需要合适的力学模型和参数反映该特征和机制；

3)主动调控：开挖方案优化⇒减少开挖引起的应力集中和能量聚集程度、控制能量释放速率⇒尽可能减少开挖引起的损伤破坏程度；

4)合理的分析方法：自学习、全局优化、非线性模型、综合集成、快速动态更新；

5)地质、监测、设计与施工人员的密切配合，快速决策与及时实施。

3.2 实现动态设计创新的支撑

3.2.1 项目管理信息系统

随着现代计算机技术快速发展，数据分析信息交流的实时性、直观性变得日益简单和成熟，表明信息化方法有专门解决复杂问题的能力，能提供实时交流平台。

业主组织开发项目管理信息系统(DKPMS 系统界面见图 5-17)，该系统对项目管理过程中的九大领域进行全面管理，实现各个管理领域中的业务流程优化和简化，提高流转速度和效率，提供对成本、进度、质量、资料等统计和分析功能，降低数据整理和统计成本。形成大型洞库工程建设项目管理参考数据，为后续洞库建设过程中的项目管理提供数据依据。使项目管理规范、有序、高效，使工程建设信息化，提升工程建设速度和质量。图 5-18、图 5-19 图例为日常 DKPMS 上拮取的数据信息。

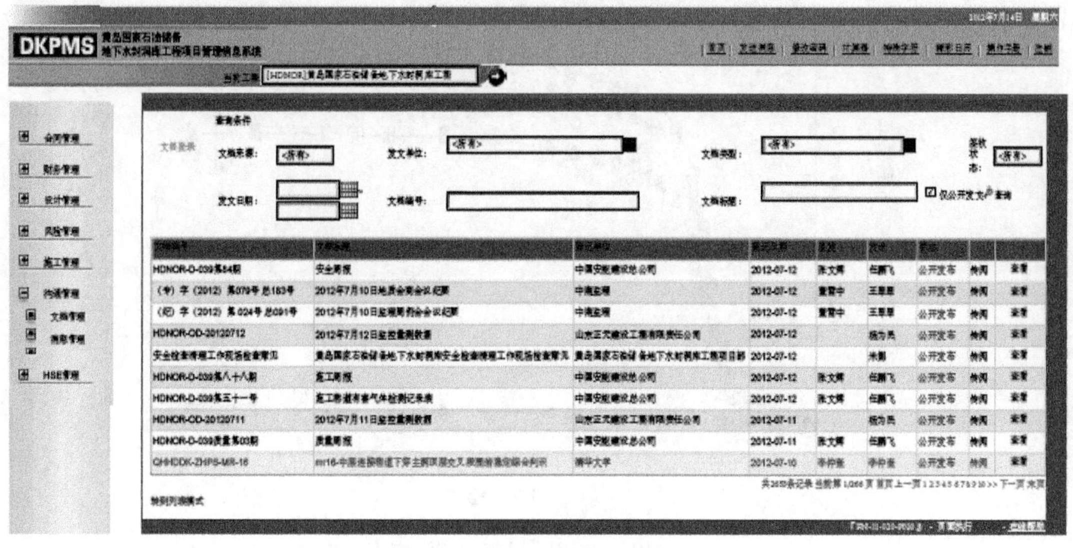

图 5-17 项目管理信息系统 DKPMS 界面

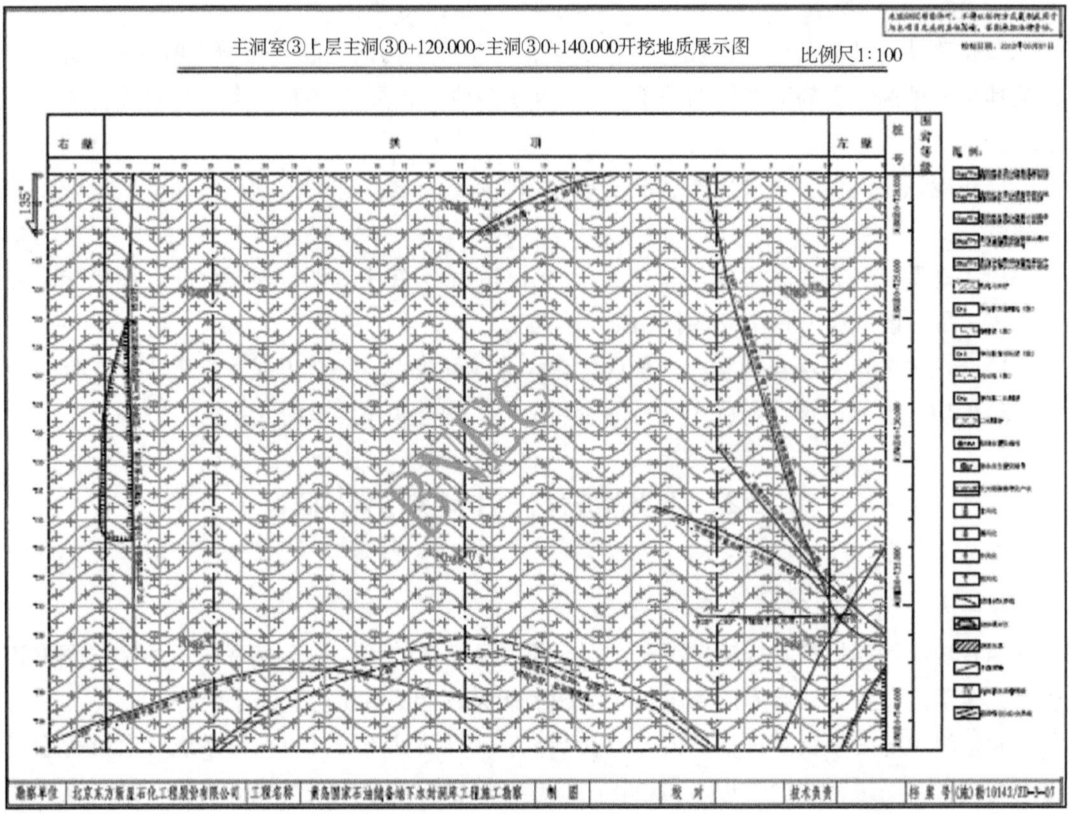

主洞室③上层主洞③0+120.000~主洞③0+140.000开挖地质展示图　比例尺1:100

右壁　拱顶　左壁　桩号　围岩等级

勘察单位　北京东方新星石化工程股份有限公司　工程名称　黄岛国家石油储备地下水封洞库工程施工勘察　制图　校对　技术负责　档案号　(地)新10143/ZD-3-07

图 5-18　DKPMS 发布的地质素描图

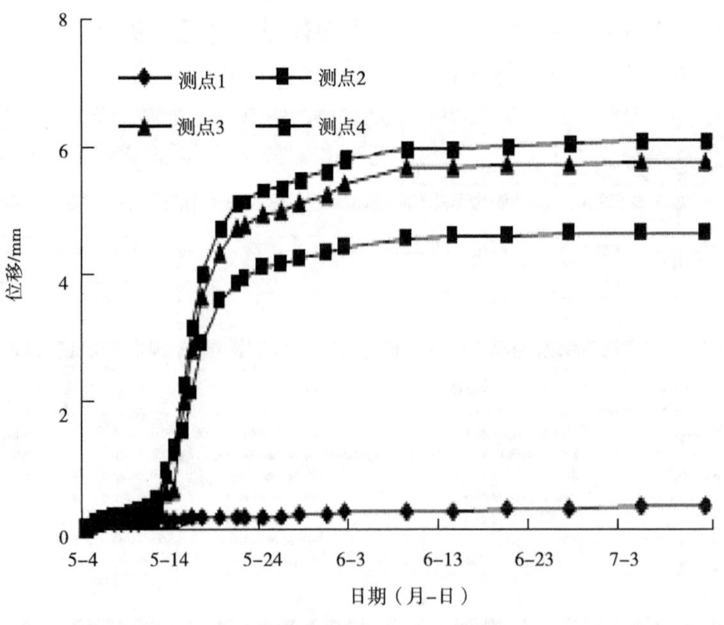

图 5-19　DKPMS 发布的监测图表

3.2.2 围岩稳定性判识系统

该系统可从勘测阶段的地质调查开始，全面有效地掌握地下水封石洞油库围岩地质条件，在初步设计阶段根据地质条件初步划分工程类别提出预设计，流程图见图5-20。在工程开工建设后，根据开挖时出现的应力、应变等监测数据分析评价围岩的状态，动态调整支护方案。流程图见图5-21。

从长远研制目标来看，该系统已作为全生命周期一体化系统的一部分，是地下石洞油库工程动态设计、动态施工软件开发研制的重要成果。

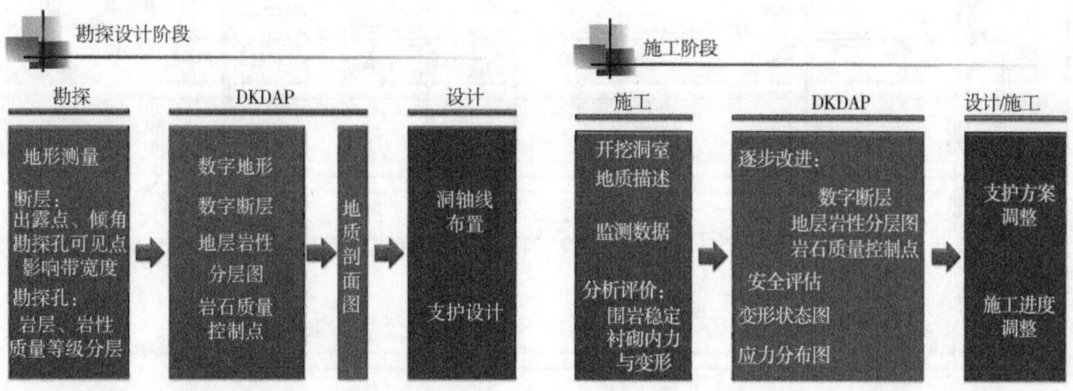

图5-20 DKDAP预设计流程图　　图5-21 DKDAP动态设计流程图

3.2.3 现场监控量测

现场工程监控量测主要解决以下问题：

1）围岩变形的发展变化状况，预测预报围岩的稳定情况，选择合理的支护时机和判断支护的实施效果；

2）了解围岩和支护结构的工作情况，检验支护设计的合理性、可靠性；为动态修改设计方案，调整支护参数和指导施工的进行及时提供有关的基础数据；

该洞库工程从详细设计阶段开始，即依据地质资料进行了专门设计（见图5-22），确定了监测项目、方法、方案及实施计划等内容。监测工作包括拱顶沉降、洞周收敛变形、围岩深部多点位移、岩体之间的渗透压力以及锚杆应力等，并充分分析洞库工程的特性，利用相关建筑物超前开挖面预埋设多点位移计等仪器，使所取得的数据能直接地反映围岩和支护结构的力学状态，监测结果便于反分析使用。

工程实践证明，配合监控量测手段是新奥法非常关键的一项内容，能使动态设计、动态施工达到更满意的效果，形成一套科学的、完善的监控量测地下工程信息设计方法，对指导地下工程施工、降低工程成本、加快施工进度、保证施工安全、具有重要的现实意义。

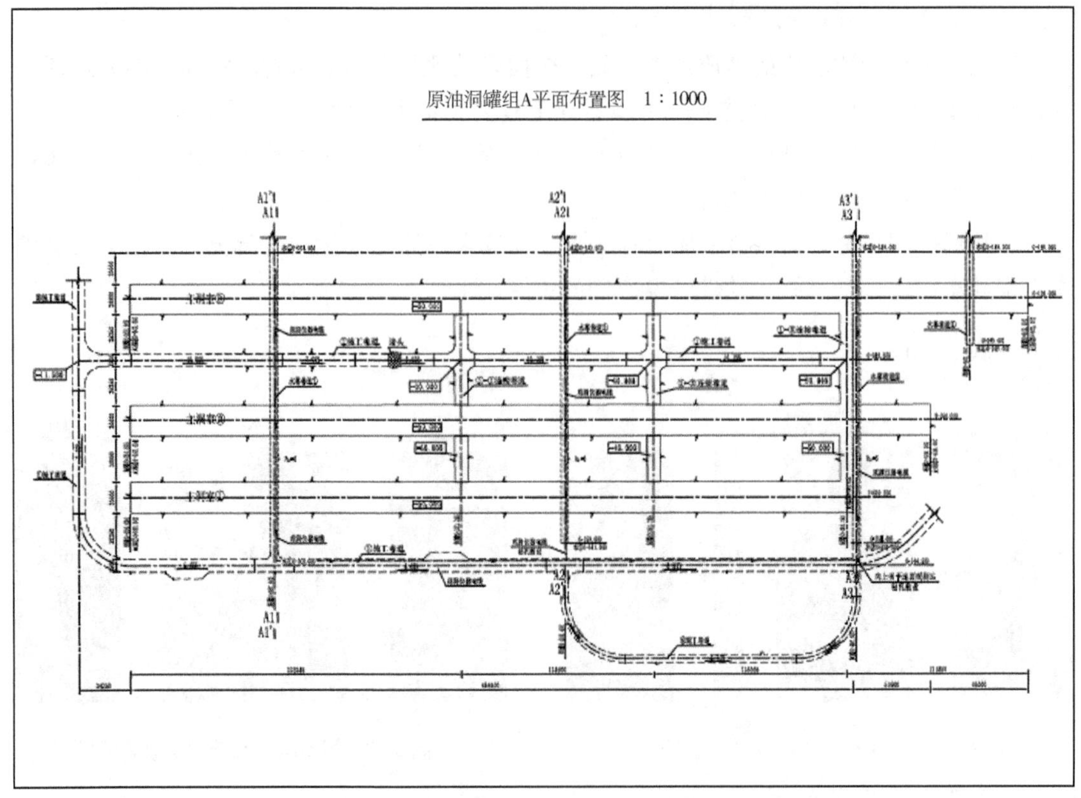

图 5-22 洞罐 A 监测仪器平面布置图

3.2.4 地质超前预报

从现代科技的发展，除利用经验丰富的地质专业工程师在地下工程实施阶段进行地质情况超前预报外，采用电子仪器进行地质超前预报技术在地下工程动态设计、动态施工中的作用也日趋重要，预报成果的准确与否，关系着能否安全施工以及施工期间对围岩性状的合理评价。本工程自开工起即引进隧道地震波探测(TSP)法和地质雷达(GPR)法相结合的地质超前预报法，扬长避短，达到优势互补，力争为工程实现准确的地质预报。

TSP 是利用地震波在不均匀地质构造中产生的反射波特性，采用应力波理论来准确预报地下工程掌子面 150m 远程范围内的地质条件和岩石特性变化，并提供岩石弹性模量、泊松比等力学参数，进一步预测围岩等级，更清晰地反映前方地质情况，为动态设计、施工提供可靠的围岩地质资料。本工程采用瑞士安伯格公司生产的最新型号的 TSP203 plus 系统，图 5-23 为系统布置示意图。图 5-24 为现场操作照片。

GPR 是一种非接触式的无损伤探测手段，利用无线电波探测地下介质分布和对不可见目标体或地下界面进行扫描，以确定其内部结构形态和位置的电磁技术，是一种超前掌子面 10～40m 的短程地质预报方法，原理见图 5-25。本工程采用型号为 SIR－3000 的美国地质雷达，天线主频 100MHz。探测成果展示见图 5-26。

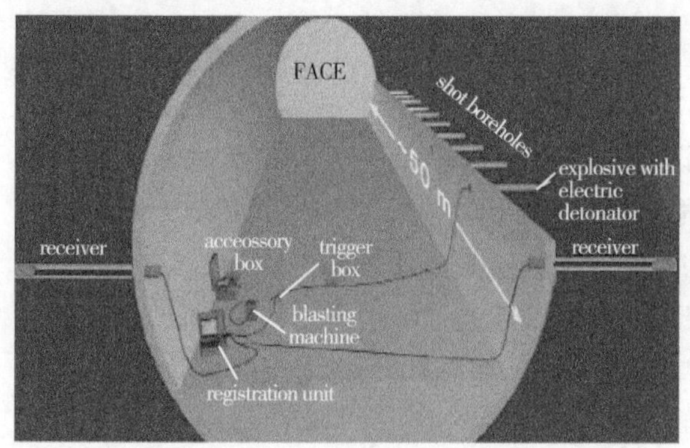

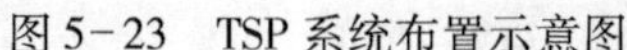

图 5-23　TSP 系统布置示意图

图 5-24　TSP 地质超前预报现场

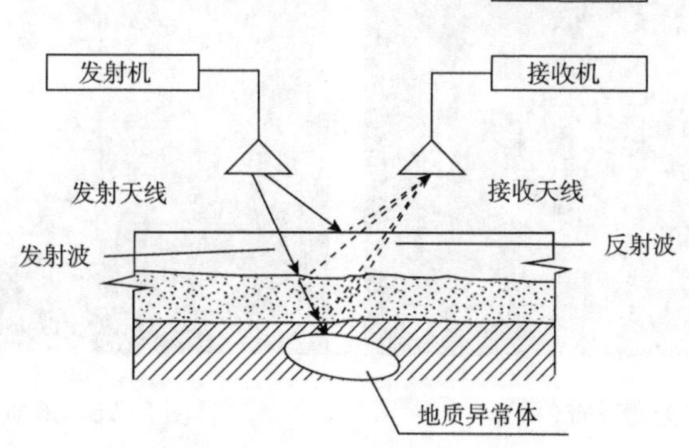

图 5-25　GPR 原理示意图

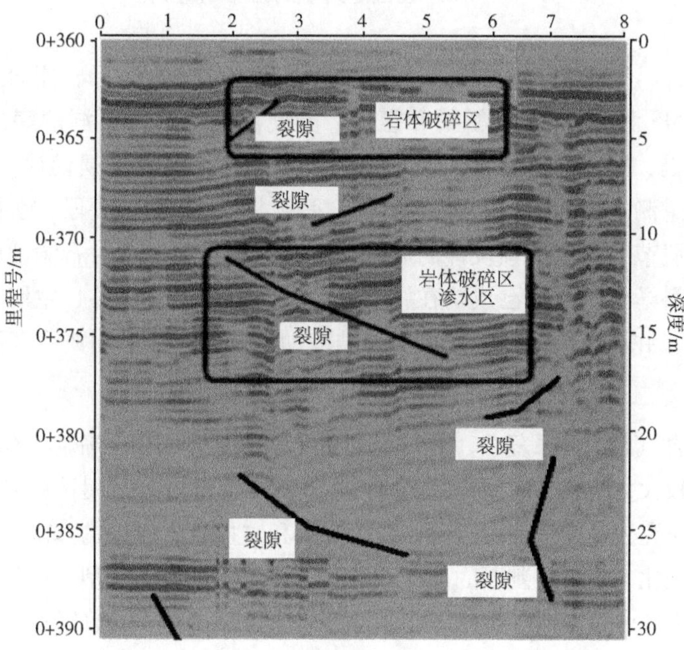

图 5-26　8#主洞室 0 + 360 ~ 0 + 390m 探测成果

3.2.5 地质会商制度

工程进入各主洞室进入全面开挖后，掌子面随即增多，一个主洞室出现几个工作面同时作业的情况。受时间和人力资源限制，设计人员无法掌握每个主洞室实时不良地质情况。地质会商制度的形成，不仅汇集了该洞库工程不良地质洞段最新地质情况，而且让所有参建单位能及时、详细掌握洞内不良地质洞段信息，使地质巡查(见图5-27和图5-28)更有针对性，为动态设计提供了信息保障；地质会商会上，各参建单位踊跃发言，提出对不良地质洞段支护方式的不同意见，集思广益，为动态设计迅速、有效的做出反应提供了重要的参考意见。

图5-27　地质会商巡查(一)

图5-28　地质会商巡查(二)

3.3 动态设计方法及应用

由勘察、设计、监理、施工及第三方技术服务(监测)等参建单位组合成动态设计相关方，以平台DKPMS和DKDAP为桥梁和纽带，融此次地下水封石洞油库工程现场监控量测、地质超前预报、围岩稳定性判识等理论和技术，实施信息反馈设计，采用经验借鉴、理论分析、现场量测、超前预报和反分析计算等相结合的方法、手段，解决经验与实际不符、理论与实际脱节、施工前预设计的局限性，实现大型地下水封石洞油库动态设计的信息化、智能化、科学化。目前已成功在施工巷道试验段、工艺竖井、主洞室等部位运用多种动态设计方法，并取得了良好的效果。现撷取动态设计方法应用典型案例加以说明。

3.3.1 典型工程类比——工艺竖井后注浆动态设计

地下工程的岩体本构关系复杂，力学参数和边界条件很难准确确定，有限元等分析计算受人为影响因素较大，结果具有一定的随机性，模拟计算方法有适用性和局限性。典型工程类比法是建立在研究大量工程实践经验、统计数据和监控量测成果的基础上，结合具体工程的地质条件，在类比、分析、判断的前提下进行新的工程设计。典型工程类比法是一种半经验半理论的设计方法，是由多种理论方法、专家群体经验、真实的数据资料与计算机技术组成，是应用于地下工程锚喷支护设计的一种动态设计方法，在该地下水封石油洞库工程地下水封石洞油库锚喷设计中经常应用该方法外，同时，将其扩展应用至后注浆堵水设计中。

此次地下水封石油洞库工程布置3组原油洞罐区，每组洞罐设有1组进、出油工艺竖井。在工艺竖井开挖过程中，要求工艺竖井在开挖时应根据水文地质超前预报和实际揭露的地质情况对竖井周围围岩进行超前预注浆，以保证洞库范围内的地下水位趋于稳定状态及为密封式施工创造条件。

3#工艺竖井从井口EL98.7m ~ EL72.0m以粘土覆盖层、强风化花岗岩，开挖过程中EL82.0 ~ EL72.0渗水量最大处约$36m^3/d$，通过初期锚喷、二次衬砌渗水降至$1.5m^3/d$(约合1L/min)。虽有渗水，但在可不灌浆封堵的范围之内。

随着3#工艺竖井往下掘进，受爆破震动影响，混凝土衬砌与竖井井壁围岩缝隙增大。挖掘至EL20.0m，位于EL72.0m混凝土衬砌段与喷混凝土支护接头处，渗水逐步增大，渗水量达到$28.8m^3/d$，此时需要进行后注浆堵水，避免洞库涌水量过大和地下水疏干的情况出现。

但井内混凝土衬砌混凝土段高约37m，且衬砌混凝土内钢筋密集，灌浆钻孔会破坏较多的受力钢筋，造孔难度较大。鉴于此，遂在动态设计中引进典型工程类比法：从整体井内壁检查，渗水大部分(后测得约占65%)集中在混凝土衬砌段岩体内，可采用井筒外围竖向后注浆封堵。经与水电行业常采用的防渗帷幕灌浆技术进行地质条件、工程参数进行典型工程类比，可采用比帷幕灌浆级别低等级深孔固结灌浆，其孔底钻至集中渗水区域以下数米，经注浆后在井筒外围集中渗水面以上形成阻水环。

首次竖向注浆阻水环底部钻孔至EL66.0m，注浆于2012年6月17日完成，结合缝渗水从井壁内外观看已全面封堵，效果良好。在对井筒进行全面检查、测量渗水量，渗水量已减至$10m^3/d$，渗水点多集中EL66.0m以下，在6月28日前完成对EL66.0m ~ EL50.0m、EL7.0m和EL2.0m较集中渗水点的井内水平钻孔后注浆，成果(见表5-13)。经7月1日井内渗水量测量，渗水量约为$2m^3/d$，达到不封堵标准。

通过以上案例可以看出，典型工程类比法不仅是适用于地下工程锚喷支护参数动态设计调整的方法，对于后注浆等也可扩展采用典型工程类比设计法，即可解决施工中难以解决的困难，减少相互干扰，也可保证后注浆的质量，更反映了现场实际信息收集、反馈对动态设计的重要性。

表5-13　3#工艺竖井后注浆成果汇总表

施工部位	孔数量/个	孔深/m	总孔工程量/m	孔径/mm	水泥用量		平均单位注入量/(kg/m)	灌浆时间		备注
					注浆/L	注灰/kg		开始 月-日	终止 月-日	
井口EL98.7 - EL66.0后注浆	43	32.7	1406.1	76	116637.14	60792.30	43.23	05-30	06-17	
井内EL50.0 - EL66.0后注浆	115	3.2	368.0	50	22326.0	9784.0	26.6	06-24	06-28	
③竖井后注浆综合统计			1774.1		138963.1	70576.3		05-30	06-28	

3.3.2 监控量测设计——洞口衬砌混凝土动态设计

在施工期的各个阶段，均进行围岩现场监控量测，提供准确可靠的量测信息，如洞室拱顶下沉量值、周边收敛值、围岩深部位移值等，并且及时反馈用来反分析计算，调整支护设计参数和指导施工

①、②施工巷道进洞口设计标高为58.00m，城门洞型，宽8.5m，高7.5m。巷道进口段初步设计采用“系统锚杆+挂网混凝土+型钢拱架+混凝土衬砌支护”：Ⅰ20工字钢拱架间距1.0m，长度4.5m的粘结型普通水泥砂浆锚杆间排距1m，挂钢筋网喷250mm厚混凝土支护，钢筋混凝土衬砌二次(长度28.5m)，衬砌厚度600mm(见图5-29)。开挖锚喷支护后巷道口(见图5-30)。

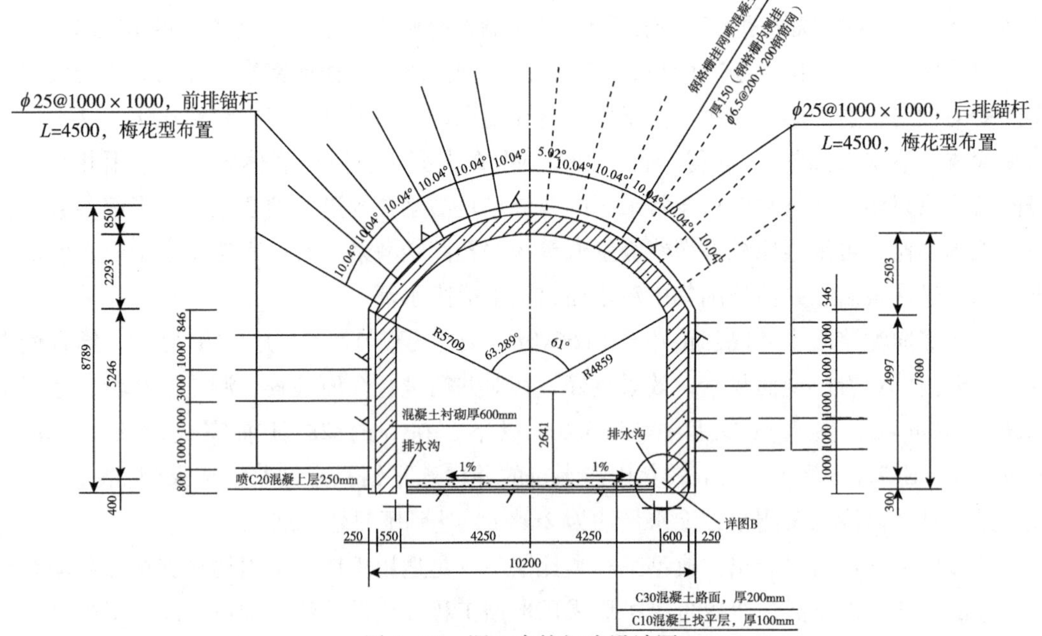

图5-29　洞口支护初步设计图

图5-30　初期支护后的洞口全貌

施工期间，第三方监控量测单位分别在①洞 0 + 004m、①洞 0 + 025m、②洞 0 + 004m、②洞 0 + 010m、②洞 0 + 025m 桩号布设收敛计，进行围岩收敛及顶拱沉降监测。

从图 5-31 ~ 图 5-34 可以看出：自监测之日开始，①洞 0 + 004 断面三条测线收敛值分别为 7. 122mm、 -3. 812mm 和 -8. 052mm，①洞 0 + 025m 断面三条测线收敛值分别为 2. 366mm、0. 387mm 和 0. 519mm，整体收敛值不大；拱顶沉降量分别为 1. 54mm 和 4. 84mm，沉降值较小。

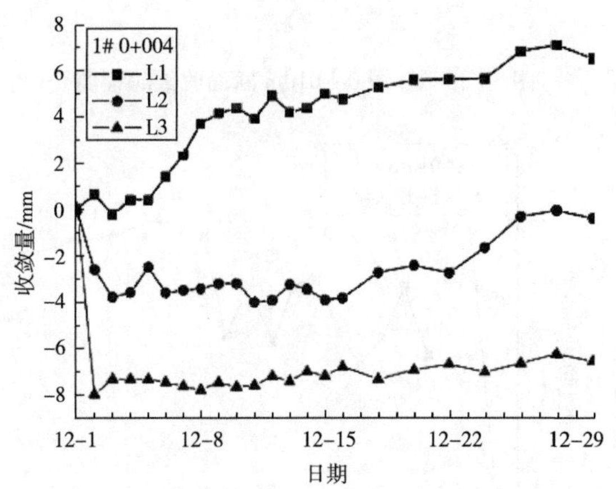

图 5-31　①洞 0 + 004m 断面收敛时程曲线

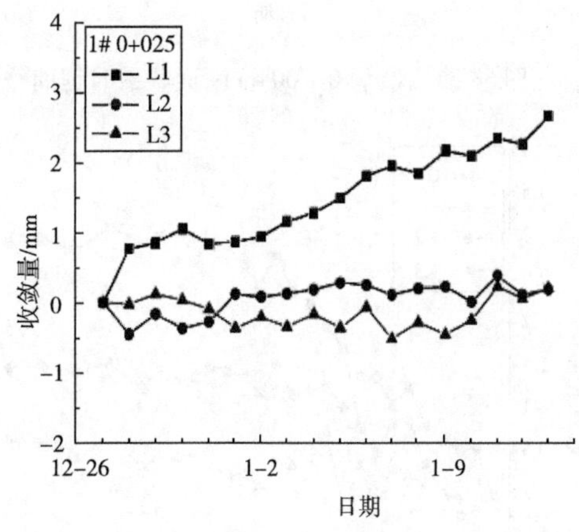

图 5-32　①洞 0 + 025m 断面收敛时程曲线

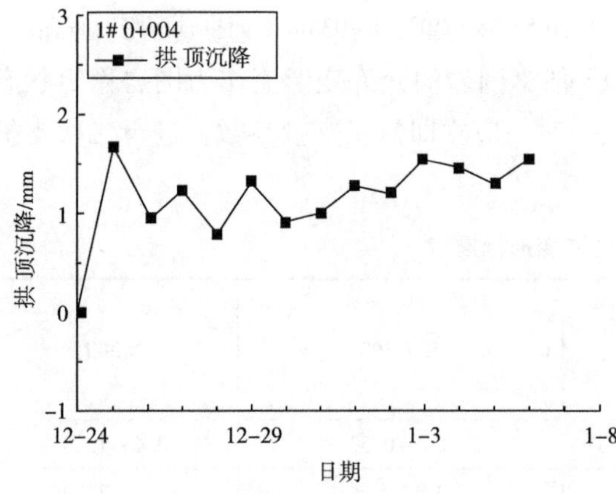

图 5-33　①洞 0 + 004m 断面拱顶沉降时程曲线

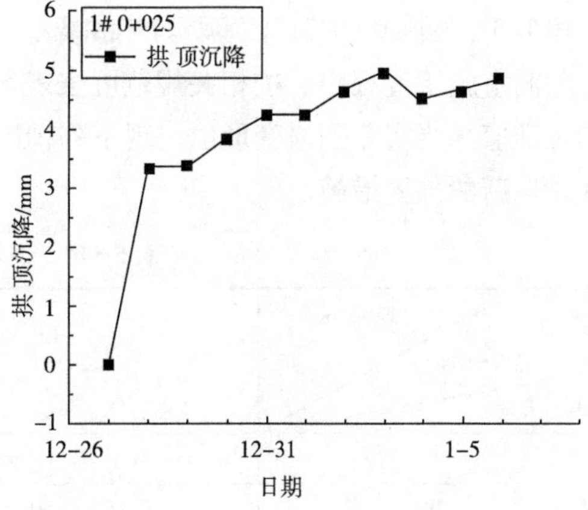

图 5-34　①洞 0 + 025m 断面拱顶沉降曲线

从图 5-35 ~ 图 5-38 可以看出：②洞收敛值也不大(-3. 162mm、0. 992mm)；②洞 0 + 025m断面三条测线收敛值分别为 2. 786mm、1. 518mm 和 0. 740mm，收敛值均较小；②洞0 + 025m 断面拱顶沉降值为 4. 00mm，沉降值较小。

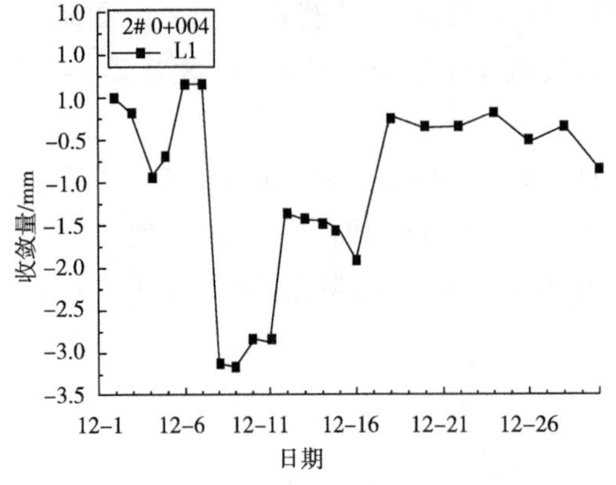

图 5-35　②洞 0 + 004m 断面收敛时程曲线

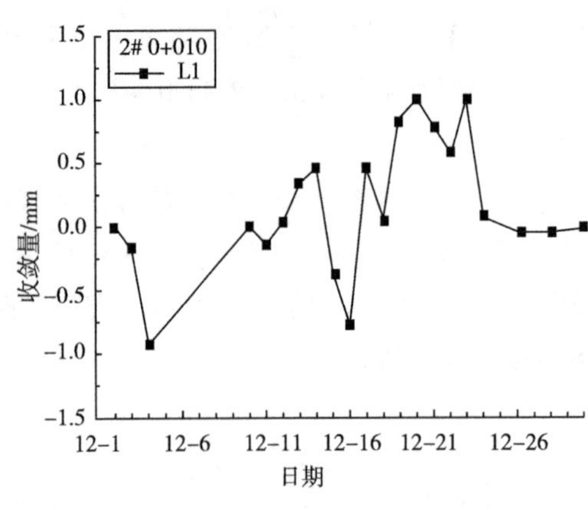

图 5-36　②洞 0 + 010m 断面收敛时程曲线

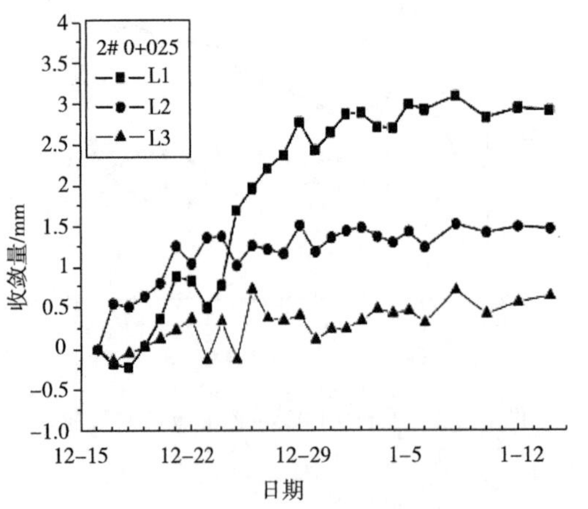

图 5-37　②洞 0 + 025m 断面收敛时程曲线

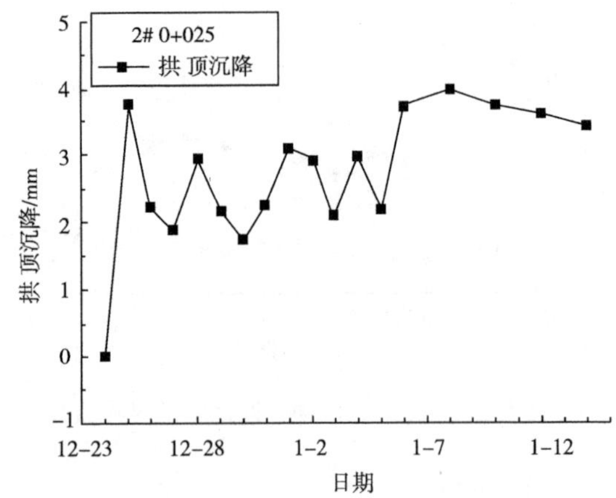

图 5-38　②洞 0 + 025m 断面拱顶沉降时程曲线

洞室施工过程中，按相关规范可按表 5-14 估算围岩的允许变形值作为围岩稳定状态的标准值。当实测围岩变形值出现下列情况之一时，应立即修正支护参数，进行二次支护和采取新的加固措施。

表 5-14　洞室允许变形标准值

埋深/m 允许值/% 围岩类别	<50	50 ~ 300	>300
Ⅲ	0.1 ~ 0.30	0.2 ~ 0.50	0.4 ~ 1.20
Ⅳ	0.15 ~ 0.50	0.4 ~ 1.2	0.8 ~ 2.00
Ⅴ	0.2 ~ 0.80	0.6 ~ 1.6	1.00 ~ 3.00

说明：1. 表中允许位移值用相对值表示，指两点间实测位移累计值与两测点间距离之比；

2. 脆性围岩取小值，塑性围岩取较大值；

3. 本表适用于高跨比为 0.8 ~ 1.2；Ⅲ类围岩开控跨度不大于 25m；Ⅳ类围岩开控跨度不大于 15m；Ⅴ类围岩开控跨度不大于 10m 的情况。

1）总变形量接近表 5-14 规定的允许值；

2）日变形量超过表 5-14 规定的允许值的 1/4 ~ 1/5。

从①、②施工巷道口的监控量测资料分析，3 个有效断面（①洞 0 +004m、①洞 0 +025m、②洞 0 +025m）自监测之日起的数据（约 0.05%）远小于表 5-14 中的数值；从近期监测的变形速率仅为 0.001mm/d，也小于规定的数值；且运行一年多来，对支护的外观进行观察未发现喷混凝土的外观出现裂缝，拱脚未发生变化。

通过上述案例可以看出，由于地下水封石洞油库的受力特点及复杂性，通过监控量测采集的数据及分析成果，为判断围岩稳定性与支护可靠性、加强支护甚至衬砌的合理施工作业时间、修改施工方法、调整围岩类别、变更支护设计参数等动态修正设计提供原始数据信息，同时将监控量测成果迅速反馈到设计、施工中去，可以提高洞库工程的安全性、经济性。

3.3.3 参数改进（施工巷道紧急停车带）

该项动态设计方法在施工巷道紧急停车带的支护设计中进行了应用试验。紧急停车带属断面突变增大，且应设在地质条件较好的洞室区间。初步设计中考虑在Ⅲ级围岩中应采用型钢拱架加强支护（见图 5-39、图 5-40、图 5-41），在实际施工中凸现施工难度大、进度慢及施工质量难以保证等弊端。

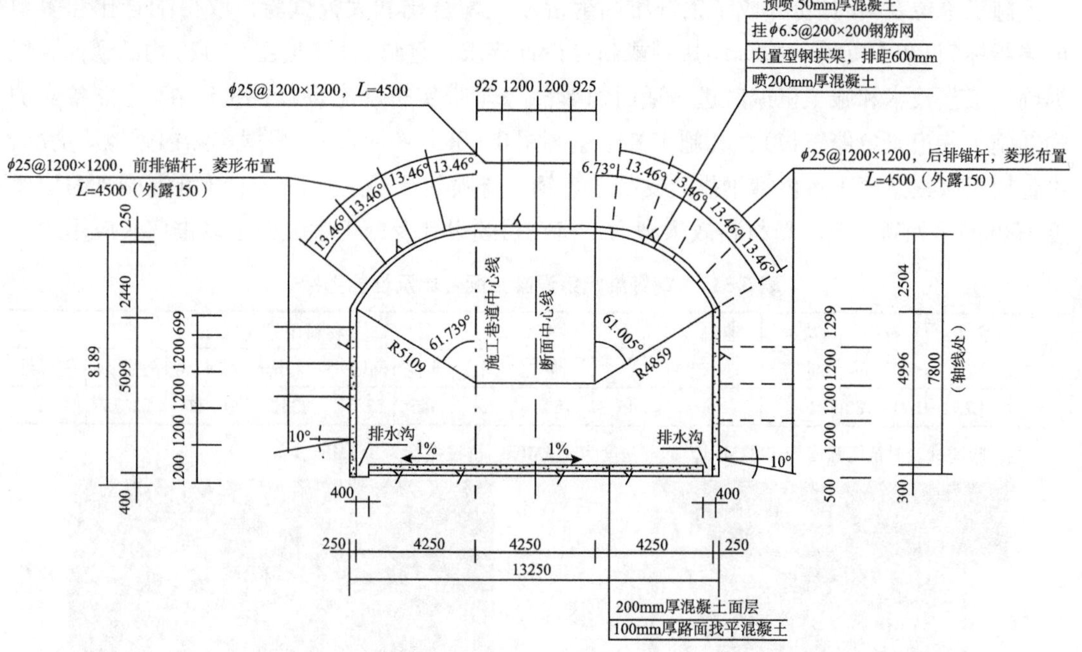

图 5-39 紧急停车带支护设计典型断面（Ⅲ级）

随着工程建设的顺利进展，积极推进新工艺、新技术的应用，降低施工难度，加快建设速度。设计院要求加快钢纤维喷射混凝土的试验工作，并提出钢纤维喷射混凝土的多项指标要求：

1)钢纤维喷射混凝土的设计强度等级不应低于 C25，抗拉强度不应低于 2MPa，抗弯强度不应低于 6MPa；

2)水泥强度等级不宜低于 42.5MPa；

3)骨料粒径不应大于 10mm；

4)钢纤维采用普通碳素钢，其抗拉强度在 600～1000MPa 之间(重要及关键部位采用较高的抗拉强度)，纤维的直径宜为 0.3～0.7mm，长度宜为 25～40mm，长径比在 55～100 范围内，掺量应在混合料重量的 3%～6% 范围内根据试验选定。

图 5-40　紧急停车带支护施工

图 5-41　支护后的紧急停车带

施工单位在 10 月份完成了钢纤维喷射混凝土配合比和大板试验，取得配合比和多项成果指标(见表 5-15)，指标均达到或超过设计要求，且喷射机(见图 5-42)均已到位。根据施工工艺技术和施工机械改进，适时对紧急停车带实行动态设计(图 5-43 为准备支护的③施工巷道紧急停车带)：③施工巷道紧 3 洞 0+085～0+120，根据实际揭露地质情况，设计同意该紧急停车带由型钢拱架支护改为钢纤维喷射混凝土支护，钢纤维混凝土喷层厚度 150mm。如新工艺、新材料效果满意，将在后续设计及施工中大力予以推广、应用。

表 5-15　钢纤维喷射混凝土配合比及性能指标

编号	强度等级	坍落度/mm	减水剂/%	速凝剂/%	水胶比	砂率/%	材料用量/(kg/m³)						
							水	水泥	砂	5～20mm	减水剂	速凝剂	钢纤维
1	C25	160～180	1.4	0.5	0.45	50	200	445	838	838	6.23	22.25	66

注：验证试验时抗压强度为 38.2MPa，抗弯强度为 8.5MPa、抗拉强度为 3.5MPa。

图 5-42　湿喷台车

图 5-43　准备支护的③施工巷道紧急停车带

3.3.4 综合信息化——主洞室灌浆动态设计

地下工程信息量大，类型复杂，并且是多源异构的，例如勘测资料、设计信息、施工过程、监测数据等；地下工程信息与时间相关，随着时间的变化信息在不断变化，例如施工过程、长期变形等；地下工程的地层数据源在工程活动前期非常有限，但又必须对复杂地质现象进行判断和分析，随着工程的进展，数据源又在不断增加；地下工程的长期运行和管理、防灾减灾都依赖于对前期数据的掌握。信息化设计与施工的核心是信息的采集、整理和反馈，以先进的信息化手段对地下工程建设过程中的勘察、设计、施工、监测等数据进行集中高效的管理，为地下工程的建设、管理、运行、维护与防灾提供信息共享和分析平台，最终实现一个地下工程全生命周期的数字化博物馆。

工程自进入主洞室开挖，就逐步进入了施工高峰期，在A组洞罐1#、2#、3#主洞室上层，C洞罐组7#、8#、9#主洞室上层开挖完成的情况下，为实现加强支护和灌浆工作的动态设计，除日常现场巡视检查、地质会商会确定局部区域外，大部分各类信息来自于DKPMS。图5-44为地质展示图信息DKPMS登记界面。

通过定期对大量诸如此类地质信息的分析，同时综合现场实际收集、反馈的信息，结合工程施工进展，分批分期地提供灌浆、支护的动态设计文件。

从信息化动态设计成果可看出，为更好达到后注浆效果，保证后注浆"一次成功率"，结合渗水位置地质素描图描述的岩脉、节理裂隙的倾向、倾角，以"主洞室后注浆图"为基础，在设计通知单中有针对性地布设后注浆孔孔深、孔向，给予施工单位更多的施工指导。

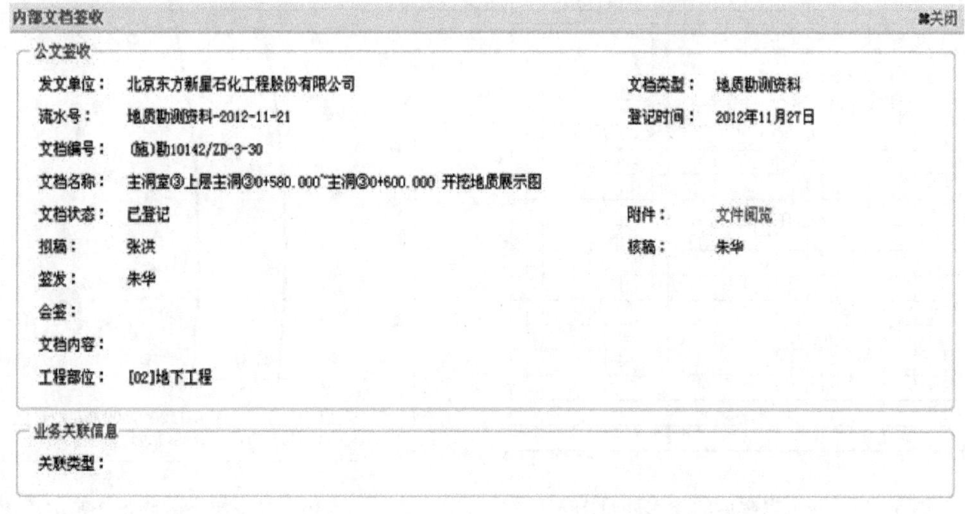

图5-44 地质展示图信息DKPMS登记界面

以上案例可以看出，信息化技术彻底改变了对地下工程的认识，解决问题的思维方法有了根本改变。本工程建设的信息化，提高了工程建设的效率与科学性，促进了地下石洞油库建设的进步。平台DKPMS和DKDAP的应用，使实现地下工程建设过程中的勘察、设计、施工、监测等数据集中高效管理和信息分析变成了现实，为综合信息化动态设计方法提供桥梁纽带作用。

以上叙述的都是本工程较常规的后注浆方式。由于岩石裂隙发育异同，施工过程中其他原因引起的一些特殊情况，也采用了不同后注浆参数。在9#主洞室0+360~0+385洞段，开挖揭露后洞室顶拱呈雨点分布，渗水量达129L/h(见图5-45)。针对此洞段渗水号设计通知单，明确注浆参数、位置，后注浆施工完成后满足设计要求。在完成此洞段后注浆后，再完成9#主洞室0+360~0+385洞段内破碎带9m锚杆加强支护后，沿破碎带出现集中渗水点，呈线性，渗水量达3L/min，设计及时调整注浆参数(图5-46)，按照设计提供的后注浆参数，施工单位立即对此洞段进行了后注浆施工，从完成后注浆施工情况看，取得了良好的效果。

通过上述案例可以看出，动态设计要从工程现场实际出发，各单位技术人员要精诚合作，及时发现问题，深入研究，快速反应和处理；动态设计和动态施工相互协调，完美结合。

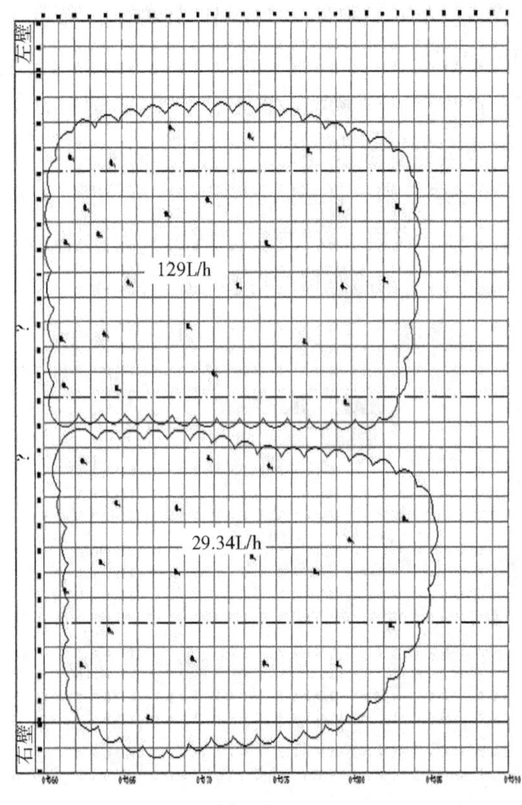

图5-45　开挖揭露后的渗水测量图

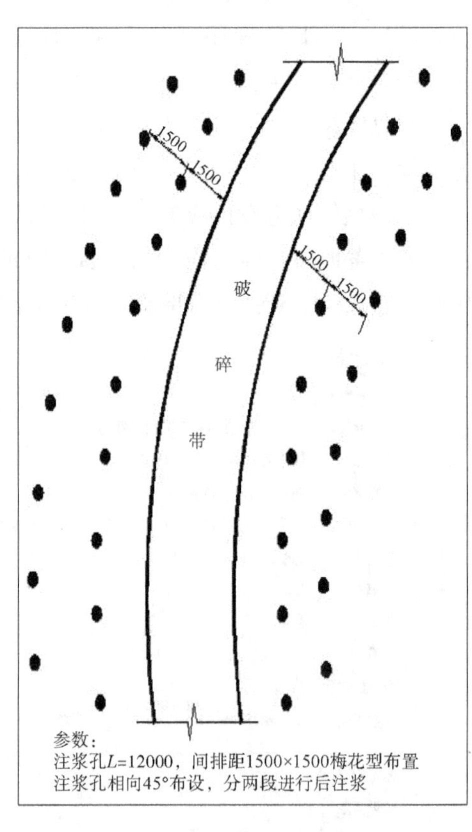

图5-46　9#主洞室破碎带注浆示意图

3.3.5　综合信息化——9#主洞室0+665~0+690后注浆动态设计

(1)地质描述

根据地勘单位地质展示图(见图5-47、图5-48)，9#主洞室上层0+665m~0+690m洞段围岩为Ⅲ1级，岩石整体性较好、强度较高，但横向节理、节理组特别发育，节理发育密集区高达 15 ~ 17 条/m，大部分节理被岩石碎屑、灰色硬质矿物、白色高岭土填充，此洞段大面积线状渗水。根据现场实测，位于右侧顶拱的两个集中渗水点渗水量达到 20 ~ 30L/min，造成地下水位急剧下降。

(2)先期后注浆过程

为不影响地下水位下降，针对右侧顶拱两个渗水量达 20 ~ 30L/min 的集中渗水点，在未完成系统支护的情况下，按照现场确定的孔位、孔深，先期进行随机后注浆封堵。在完成随机后注浆施工后，渗水量下降至 2 ~ 5L/min，集中渗水点得到有效封堵。

根据 9#主洞室系统支护情况，随后要求对 9#主洞室上层 0 + 665m ~ 0 + 690m 段按照设计图纸进行后注浆施工。在完成系统后注浆施工后，渗水点发生位置变化，且向节理发育密集区集中。根据上述规律，根据地质展示图描述的节理位置、走向、倾向、倾角布设了后注浆加密孔，并进行分段灌注，根据不同的节理倾角布设不同角度后注浆孔，但未取得理想效果。

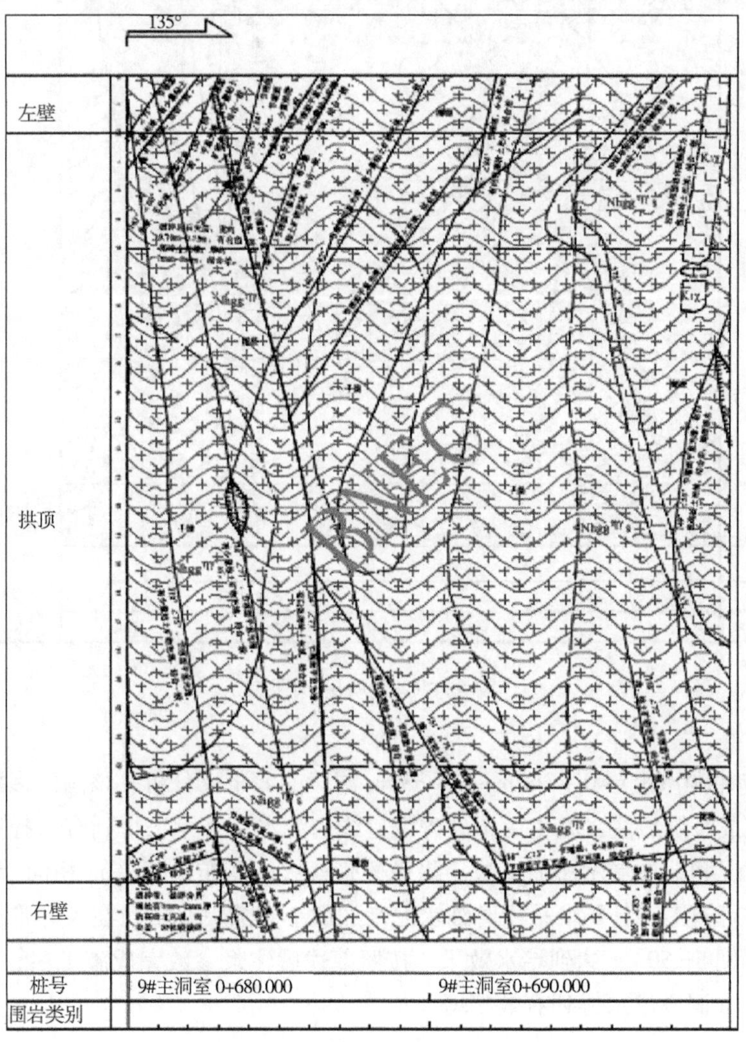

图 5-47　地质展示图一

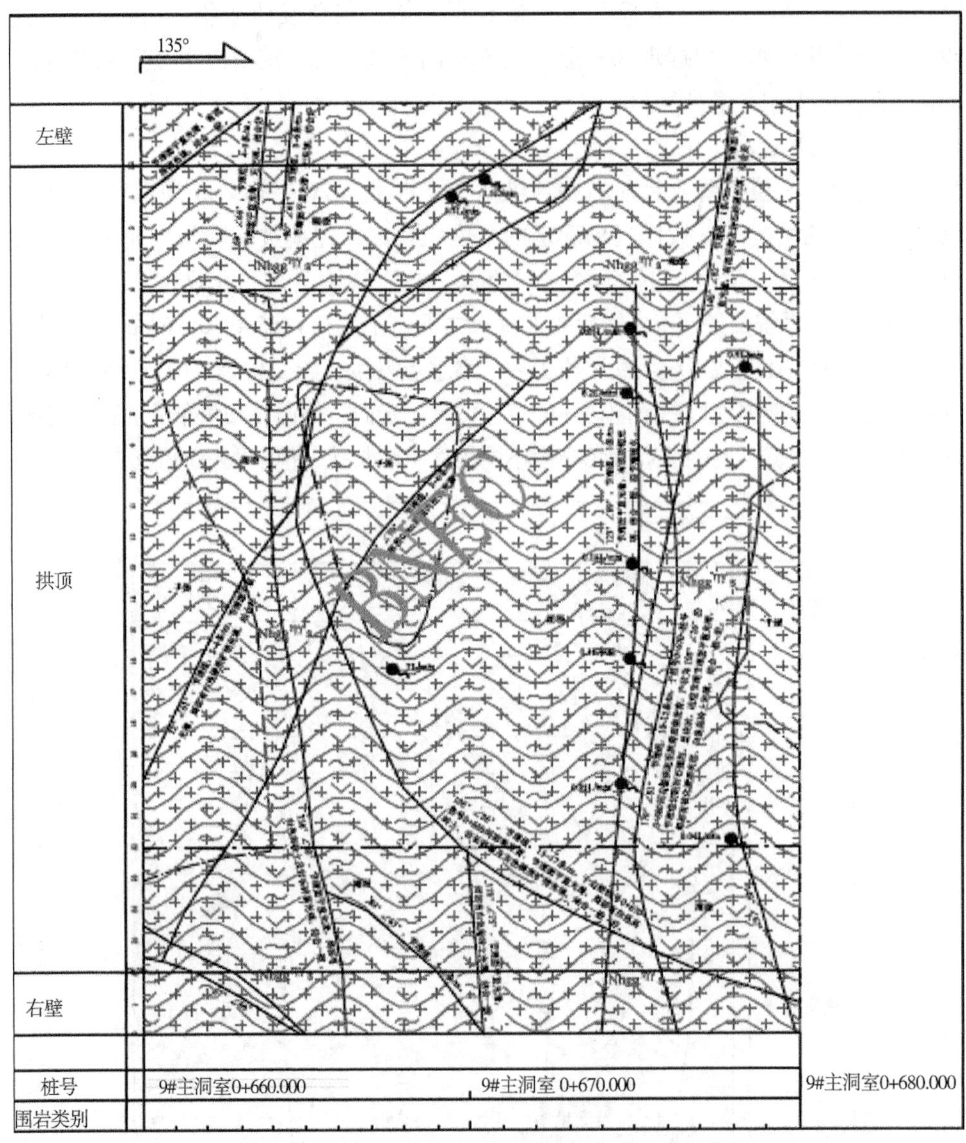

图 5-48　地质展示图二

根据在 9#主洞室上层 0 +360m ~0 +385m 洞段的灌浆反分析，该洞段多条破碎带横穿主洞室，在完成系统后注浆施工后，破碎带迹线内渗水一直无法得到有效控制；进一步查看现场围岩情况和地质展示图后，决定沿破碎带迹线两侧布设长 12m 相向 45°斜穿后注浆孔，分两段进行施工，且要求采用磨细水泥增加微小裂隙吸浆量，在破碎带上方形成帷幕（见图 5-49、图 5-50），达到堵水效果，按照上述后注浆参数完成施工后，9#主洞室 0 +360m ~0 +385m 洞段渗水得到有效封堵。

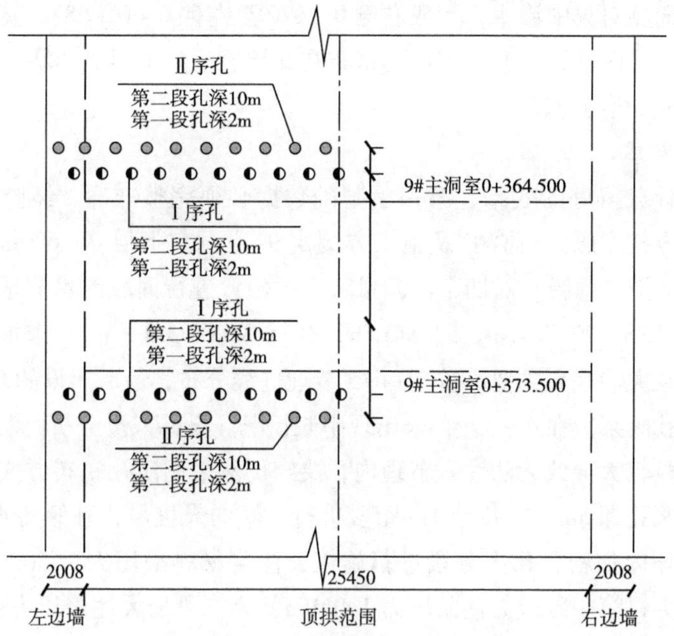

图 5-49　后注浆平面示意图

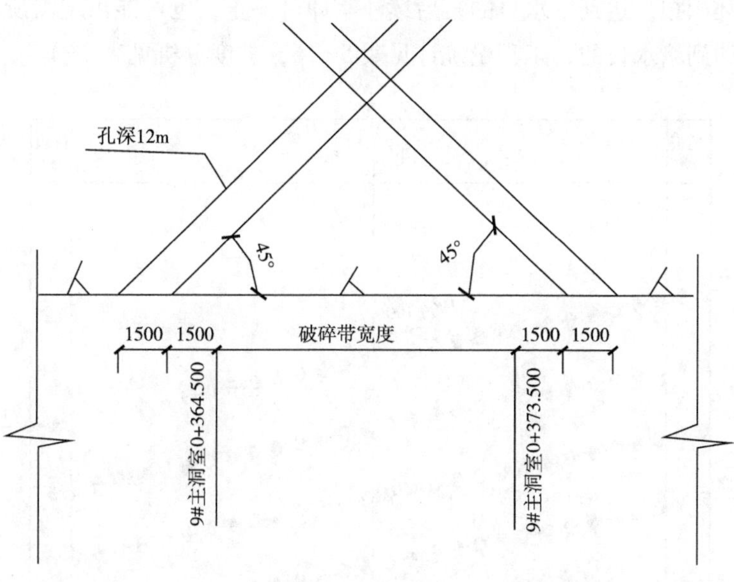

图 5-50　后注浆平面示意图

9#主洞室上层 0 +665m ~0 +690m 在经过孔深 6m、12m 且未进行喷混凝土支护的工况下注浆施工后，此洞段渗水仍未得到有效封堵。按照动态设计理念，同各参建单位交流、会商，将各方信息反馈、分析，确定采用浅孔密布的布孔方式，封堵表面节理为主。要求施工单位按照孔深 3m(垂直岩面深度)、间距 1.2m 进行后注浆施工。在进行上述参数施工前，先完成锚杆喷混凝土施工，增加盖重，采用注浆塞封堵孔口、采用磨细水泥进行灌注等措施。按照以上措施完成该遍后注浆施工后，渗水区域及渗水量有明显减少，且由大面积面域渗水转向相对集中渗水，形成右侧0+670至左侧0+0+683、宽6.0左右、斜交9#主洞室轴线的渗水区域，说明采用浅孔密布在此洞段达到了明显的堵水效果。

(3)补灌方案分析与比较

1)浅孔密布方案

要使动态设计获得好的效果，第一手基础数据必须完整准确。经监理组织业主、设计、地勘、第三方技术服务(监测)及施工方测定9#主洞室上层0+670m~0+683m渗水量，采用5m×5m塑料薄膜，对四个渗漏量较大的位置进行面域渗水测量，渗水量分别为52.92L/h、15.36L/h、29.76L/h、54.84L/h，合计36.69L/d·m²，未能满足设计要求。上述四个渗漏量较大渗水点主要沿着0+675节理迹线分布，最后布设的6m后注浆孔注浆施工过程中，单孔吸浆量在4~5kg，未出现串浆情况。设计人员分析此洞段以微小节理为主，磨细水泥颗粒较大导致无法注入节理内，决定仍然采用浅孔密布方式对此段进行后注浆施工，要求注浆孔深5m，间排距1m距段进行，倾向大桩号，外倾角45°向，按照设计图纸环间分序、环内加密、孔内分段进行施工，注浆材料采用大于5000目的超细水泥；同时提高注浆压力，第一段最大注浆压力1.0MPa，第二段最大注浆压力2.5MPa，并要求严格按照注浆程序施工，具体布设详见(图5-51~图5-55)。本后注浆方案看似施工工艺复杂，但是环环相扣，达到堵水目的，后续注浆即可停止，也可能出现需所有注浆孔后注浆的施工才能达到堵水目的，工程量统计见表5-16，进度分析见表5-17。

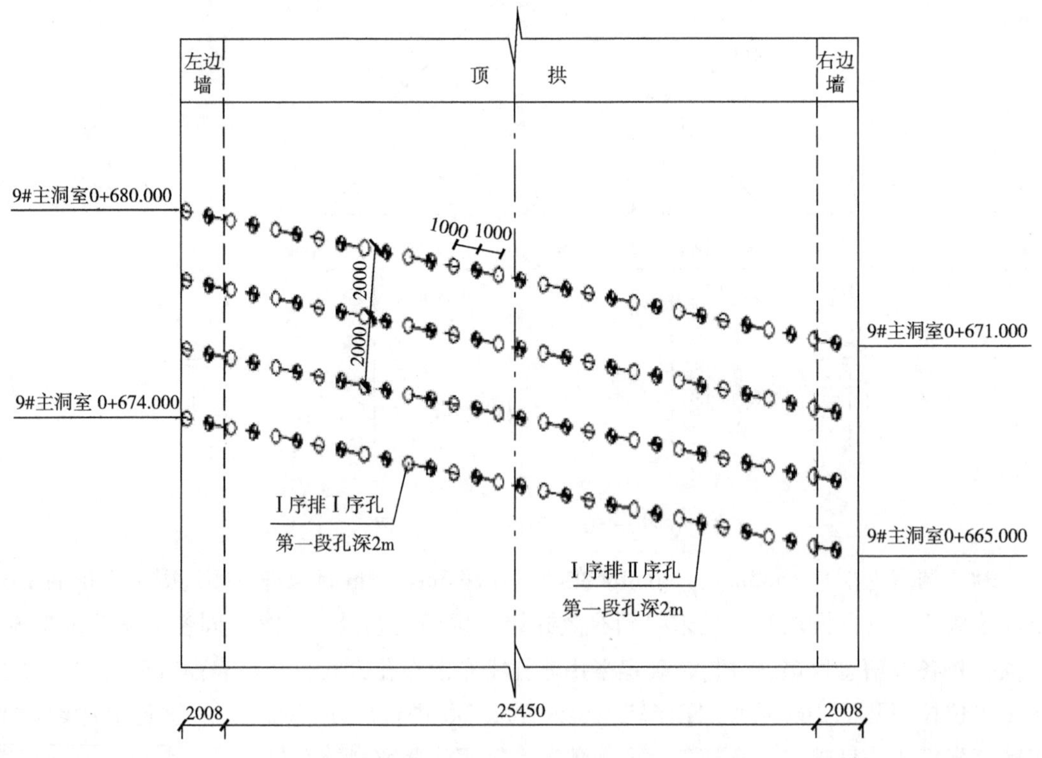

图5-51 后注浆平面示意图一

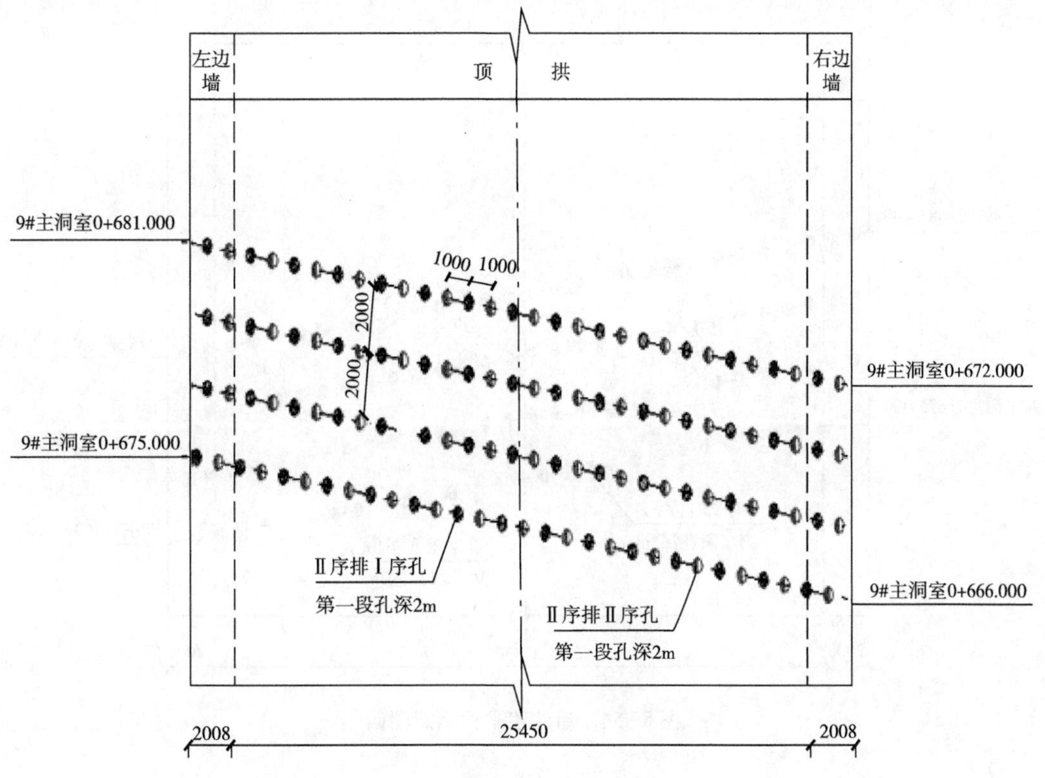

图 5-52 后注浆平面示意图二

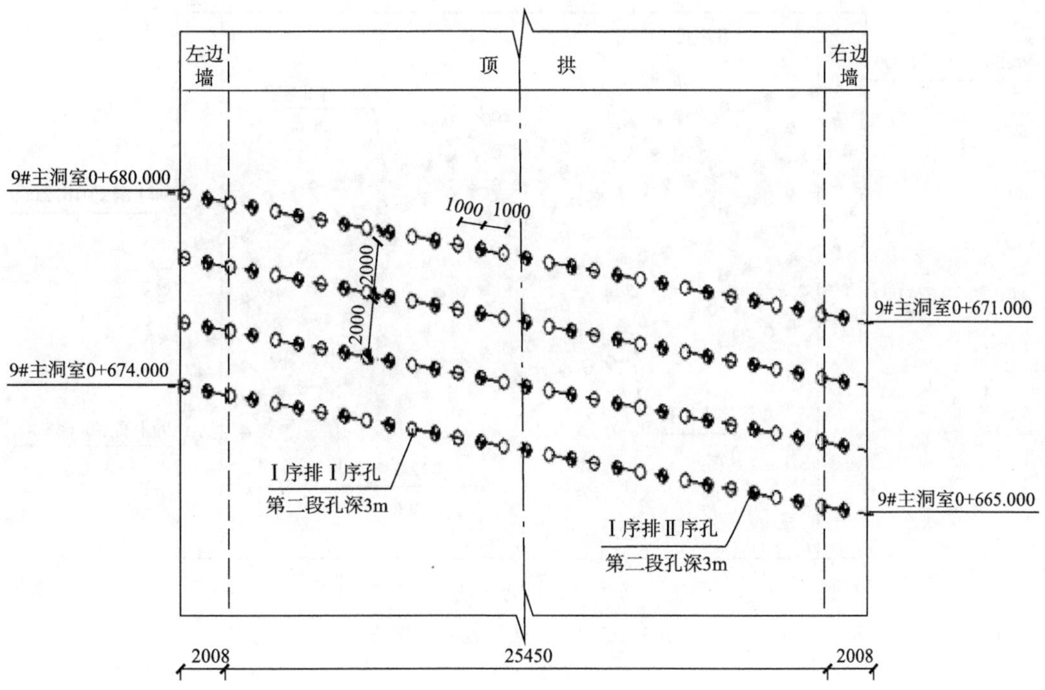

图 5-53 后注浆平面示意图三

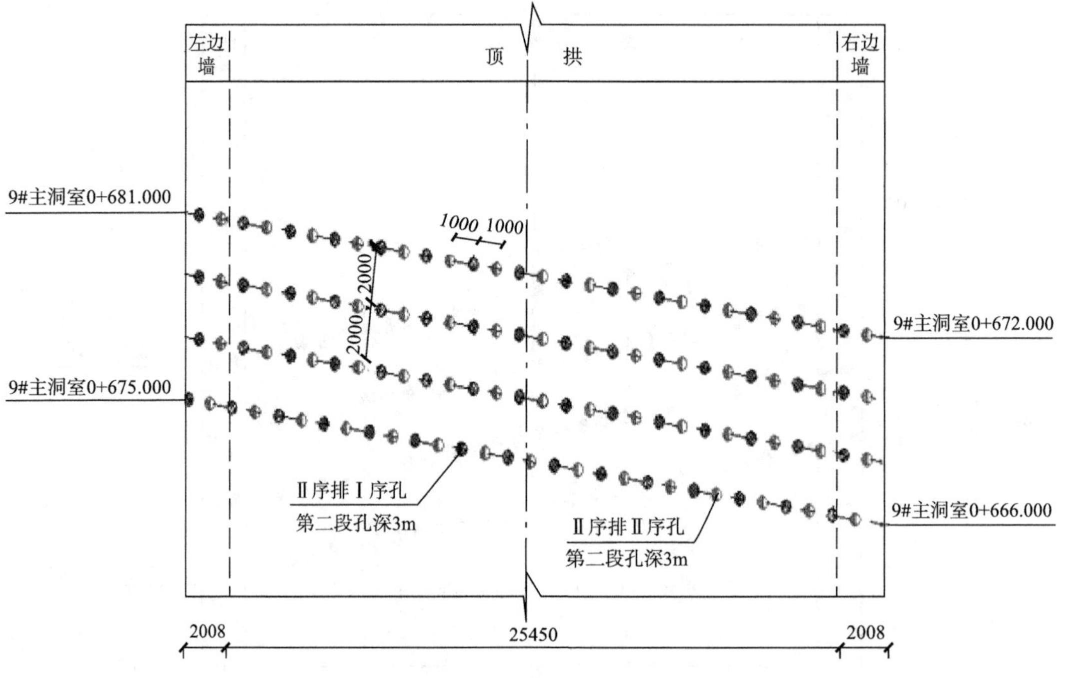

图 5-54　后注浆平面示意图四

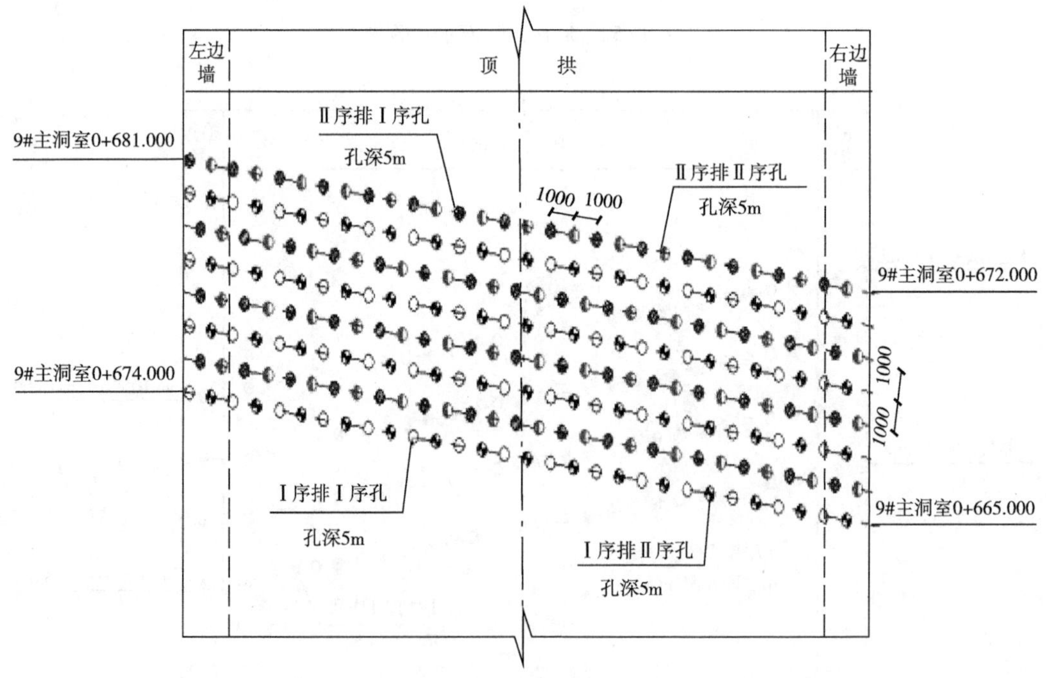

图 5-55　后注浆平面示意图五

表 5-16　分段分序布设总表

图号	孔序	段次	孔深/m	孔数/个	总长/m	单价/(元/m)	总价/万元	备注
图 5-51	Ⅰ序排Ⅰ序孔	第一段	2	60	120	570	13.7	如达到堵水目的即可停止后续注浆
	Ⅰ序排Ⅱ序孔	第一段	2	60	120			
图 5-52	Ⅱ序排Ⅰ序孔	第一段	2	60	120	570	13.7	如达到堵水目的即可停止后续注浆
	Ⅱ序排Ⅱ序孔	第一段	2	60	120			
图 5-53	Ⅰ序排Ⅰ序孔	第二段	3	60	180	570	20.5	如达到堵水目的即可停止后续注浆
	Ⅰ序排Ⅱ序孔	第二段	3	60	180			
图 5-54	Ⅱ序排Ⅰ序孔	第二段	3	60	180	570	20.5	达到注水目的
	Ⅱ序排Ⅱ序孔	第二段	3	60	180			
合计					1200		68.4	
图 5-55	分段分序布设总图，如在本环节达到堵水目的，将投资 68.4 万元							

此方案优势在于：因 9#主洞室上层 0+670～0+683m 已进行多次灌浆，此方案可随时在表 5-16 中所列阶段完成堵水目的后，暂停后续灌浆，减少投资、缩短工期。

2）水幕巷道注浆方案

由于 9#主洞室上层 0+665～0+690m 洞段反复后注浆施工，渗漏水量仍未满足设计要求，分析认为上述洞段节理发育主要为垂直节理，且呈“树状”分布，拟从⑤水幕巷道底板打斜孔至⑨上层 0+670～0+683m 洞段进行后注浆施工。

表 5-17　分段分序布设总表

图号	孔序	段次	孔深/m	孔数/个	总长/m	造孔耗时	注浆耗时	备注
图 5-51	Ⅰ序排Ⅰ序孔	第一段	2	60	120	12min	2h/m 孔	造孔 12 台时，注浆 60 台时
	Ⅰ序排Ⅱ序孔	第一段	2	60	120			造孔 12 台时，注浆 60 台时
图 5-52	Ⅱ序排Ⅰ序孔	第一段	2	60	120	12min	2h/m 孔	造孔 12 台时，注浆 60 台时
	Ⅱ序排Ⅱ序孔	第一段	2	60	120			造孔 12 台时，注浆 60 台时
图 5-53	Ⅰ序排Ⅰ序孔	第二段	3	60	180	12min	2h/m 孔	造孔 18 台时，注浆 60 台时
	Ⅰ序排Ⅱ序孔	第二段	3	60	180			造孔 18 台时，注浆 60 台时
图 5-54	Ⅱ序排Ⅰ序孔	第二段	3	60	180	12min	2h/m 孔	造孔 18 台时，注浆 60 台时
	Ⅱ序排Ⅱ序孔	第二段	3	60	180			造孔 18 台时，注浆 60 台时
图 5-55	分段分序布设总图，如在本环节达到堵水目的，造孔耗时 120 台时，注浆耗时 480 台时，24 小时施工，一个月左右可完成施工							

注：表中钻孔耗时、注浆耗时均取自主洞室注浆施工平均值，每序施工均按投入 2 把手风钻，2 台注浆设备计算。

从⑤水幕巷道底板打斜孔至9#主洞室顶拱超出0+683m桩号，至0+685左右，全面覆盖9#主洞室顶拱0+670~0+683m进行后注浆(相当于帷幕灌浆)施工，间距2m，单孔深68.1m左右，布孔覆盖范围为9#主洞室中轴线两侧各15m，总孔数29个，总孔深1975m；造孔单价740元/m左右，造孔投资146.2万元；每孔灌浆段长25m，总灌浆长度725m，灌浆单价预估380元/m，灌浆投资27.6万元；总投资约173.8万元。本方案灌浆孔造孔采用地质钻造孔，孔径110mm，造孔速度取0.6m度取，两台地质钻平行作业，24小时不间断施工，造孔耗时共计1646台时(69天)。按照规范要求，帷幕灌浆段长度宜采用5~6m，本方案每孔灌浆段长25m，宜分5段灌注，29个灌浆孔共分145段；每段注浆耗时取2h(估计每段耗时比现主洞室注浆施工平均值长，现取主洞室注浆施工平均值)，两台灌浆设备平行作业，24小时不间断施工，注浆耗时共计145台时(6天)。通过工程量、投资及施工工期核算，该方案均不占优势。但此方案可行最大优点在于：不占用主洞室施工工期；且可以在主洞室总涌水量超标的情况下再实施区域封堵；现行施工技术也能满足施工要求。

从上述分析比对看，按照浅孔密布注浆方案具有较大优势。经动态施工实践检验，浅孔密布注浆取得了很好的效果。

3.3.6 组合结构——5#主洞室0+400~0+465动态设计

工程中许多复杂结构是由多个子结构相互连接的组合结构，若将各子结构未经连接而构成的结构称为原系统，而将各子结构连接起来而构成的结构称为新系统，将各子结构作为设计变量，则新系统的动态设计就可看成在原结构基础上的修改，将原系统结构拆解，建立相应的优化设计模型，再采用优化方法计算求解，完成计算分析后，对子结构进行组合形成新的结构。

(1)地质描述

5#主洞室0+400.000~0+408.000开挖揭露为花岗片麻岩，岩石整体性较好，局部渗水，但横穿主洞室发育一条284露∠324破碎带，破碎带宽约1.5~3m，岩石强度低，蚀化严重，与母岩结合处有大量高岭土填充，结合差；内部节理极其发育，节理迹长较短，有大量高岭土填充，结合差，岩体呈碎裂状，局部呈散体状，围岩自稳能力差，易掉块。此洞段判定为Ⅲ2类围岩。

5#主洞室0+408.000~0+465.000开挖揭露为微风化、未风化残斑状二长花岗片麻岩，局部有煌斑岩脉发育，岩石强度高，节理裂隙发育；节理面内有大量白色黏土矿物质充填，结合差，岩体破碎，局部掉块，多处大量渗水，局部线状渗水，岩石自稳能力差。此洞段判定为Ⅳ类围岩。

(2)开挖、支护动态设计

根据上述揭露的地质情况，监理组织参建各单位进行了地质会商，进行综合反分析，建议维持原设计断面进行开挖，但是需缩短进尺，并及时完成超前系统支护，保证施工安全。原设计Ⅳ类围岩支护采用的钢筋格构梁能保证洞室围岩稳定，完成喷混凝土后较美观；但是也存在需提前加工、安装工序繁琐等缺点。拱肋支护是一种新型支护型式，安全可靠，既能缩短围岩支护时间及时进行支护，又有利于加快施工进度，不但能保证开挖支护的施工安全，还能保证永久安全，甚至能代替钢筋混凝土衬砌。为了让施工单位更好的理解设计意图，提高拱肋的支护质量和安装速度，在全面应用喷钢纤维混凝土加钢筋肋拱支护前，设代人员特加工了拱肋模型，进行了详细的设计交底。

(3)后注浆动态设计

5#主洞室 0 +400. 000 ~0 +465. 000 洞段，由于受地质条件影响，根据施工现场渗水量实测，上述洞段集中渗水和面域渗水较多，且多处呈线状渗水(见图 5-56)，远大于设计要求的集中渗水大于 2L/min 或面域渗水大于 $4L/m^2 \cdot d$ 的注浆要求。根据上述情况，为保证地下水位稳定，及时下发了后注浆设计通知单，采用浅孔密布、增大后注浆压力、使用超细水泥等参数的改变来控制后注浆的有效性。

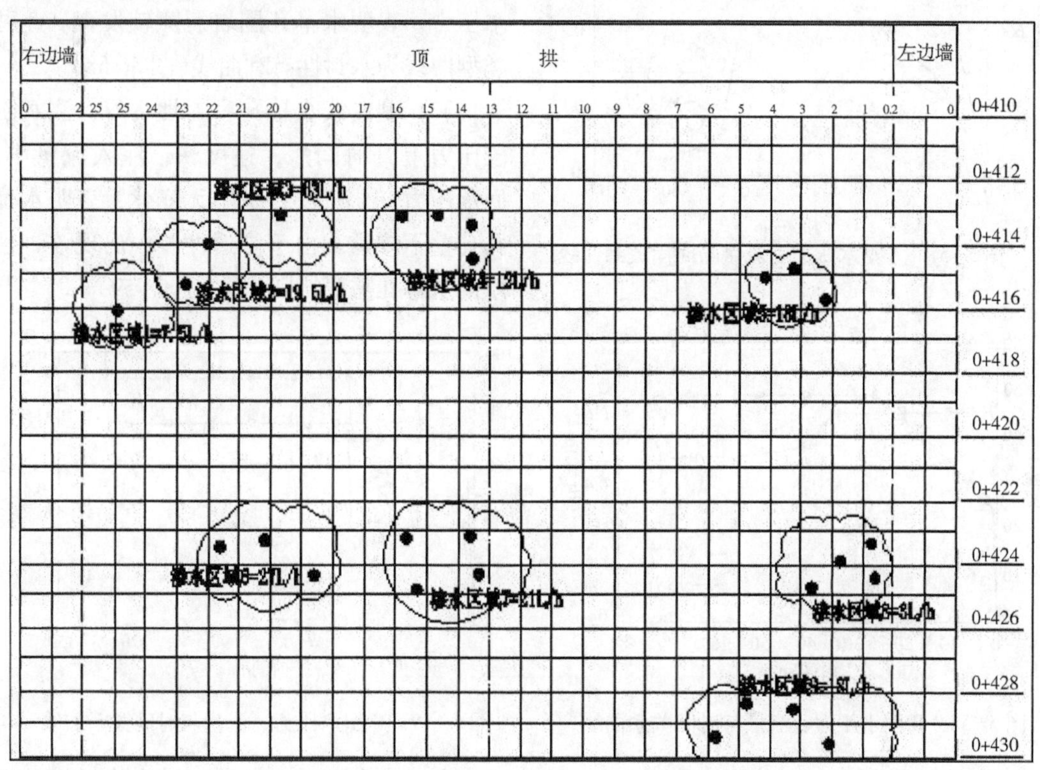

图 5-56　5#主洞室 0 +410 ~0 +430 洞段渗水实测图

3.3.7　变量化分析——水幕系统动态设计

变量化分析是在参数化、变量化造型和实验数据分析的基础上进一步发展而提出的一种面向设计的快速重分析方法，在设计早期或已完成部分工作量，进行设计验证和预测产品性能，减少工作过程反复。变量化动态分析是在结构布局、关键设计参数在一定范围内，经过已完成部分实验结果分析，以选择合适的结构布局和尺寸参数，提高结构的性能。

水幕系统按照设计图纸，已全部完成水幕巷道开挖和水幕系统注水孔造孔施工，第一阶段和第二阶段现场注水试验根据水幕试验及供水说明书也已经全部完成。水幕系统的现场注水试验分三个阶段进行：第一阶段为单一水幕孔注水—回落试验；第二阶段为水幕有效性试验；第三阶段为全面有效性试验。

(1)单一水幕孔注水—回落试验

根据已完成区域单一水幕孔注水—回落试验数据，分析试验曲线结果，可将水幕孔水压力、流量与时间的关系曲线分为以下三类：

1)A 型曲线回落压力为零，说明围岩极其破碎，稳定后水位在水幕孔以下(图 5-57)。

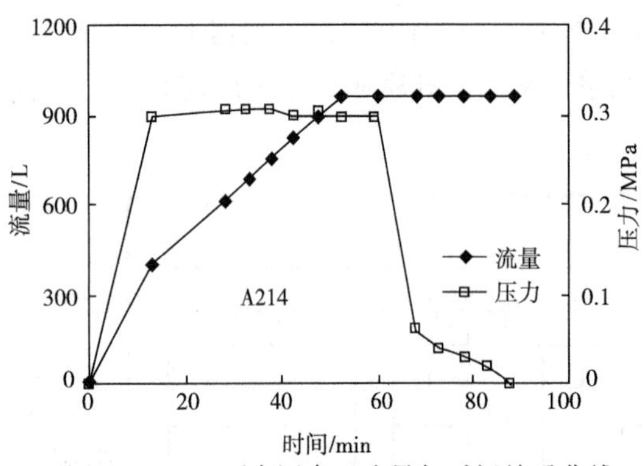

图 5-57 A 型水压力、流量与时间关系曲线

2)B 型曲线回落压力小于注水压力，但不为零。水幕孔注水阶段压力上升时间短，回落阶段，压力逐渐回落，回落压力小于注水压力，表明水幕孔围岩裂隙较发育。此种类型曲线为水封性有利曲线(图 5-58)。

3)C 型曲线水幕孔密封性良好，注水阶段压力上升时间短，速度快，注入流量小，回落压力变化很小，基本无变化，表明水幕孔孔壁不渗透。由于渗透性差，出现该种性质的水幕孔需要特别关注(图 5-59)。

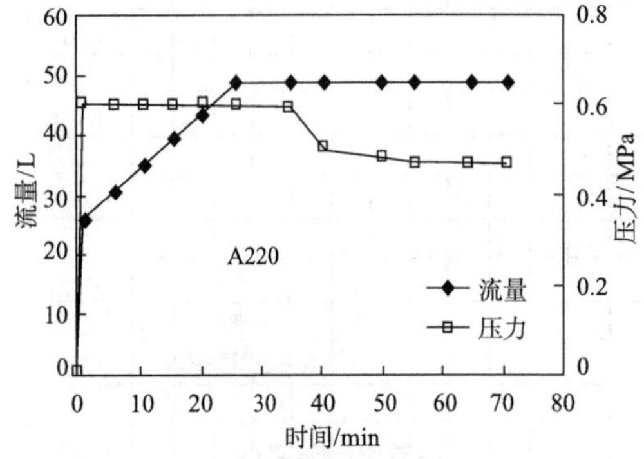

图 5-58 B 型水压力、流量与时间关系曲线

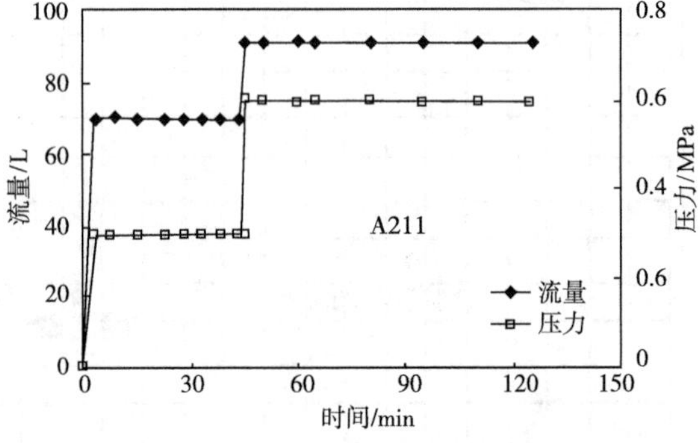

图 5-59 C 型水压力、流量与时间关系曲线

综合上述分析，从单一水幕孔注水—回落试验成果表中可看出，该区域内渗透性较好水幕孔 73 个，渗透性较差水幕孔 40 个。其中 A1 区 19 个注水孔中，渗透性较好注水孔有 5 个，较差有 14 个；A2 区 20 个水幕孔中，渗透性较好注水孔有 14 个，较差有 6 个；B1 区 19 个注水孔中，渗透性较好注水孔有 13 个，较差有 6 个；B2 区 18 个水幕孔中，渗透性较好注水孔有 16 个，较差有 2 个；C1 区 18 个注水孔中，渗透性较好注水孔有 14 个，较差有 4 个；C2 区 19 个注水孔中，渗透性较好注水孔有 11 个，较差有 8 个。综合分析，六个区域中 A1 区水幕孔围岩渗透性最差。

(2)水幕孔有效性试验(单孔渗透性分析)

取具代表性的 A2 区分析注水孔有效性试验第二阶段第一个水动力状态、第二个水动力状态试验数据，根据奇、偶数注水孔压力与时间的关系曲线图(图 5-60 和图 5-61)。向偶数孔 A202 ~ A218 中注水并保持压力为 0.6MPa，观测发现奇数孔 A207、A215、A217、A219 中水压力明显上升，说明这些注水孔渗透性较好，而奇数孔 A201 ~ A213中水压力基本不变，则表明其渗透性差。向奇数孔 A201 ~ A219 中注水并保持压力为 0.6MPa 时，发现偶数孔 A208、A212 ~ A216 在观测时间内孔内压力明显上升，说明其渗透性较好，而偶数孔 A202 ~ A206、A210、A218 中水压力基本不变，表明其渗透性差。

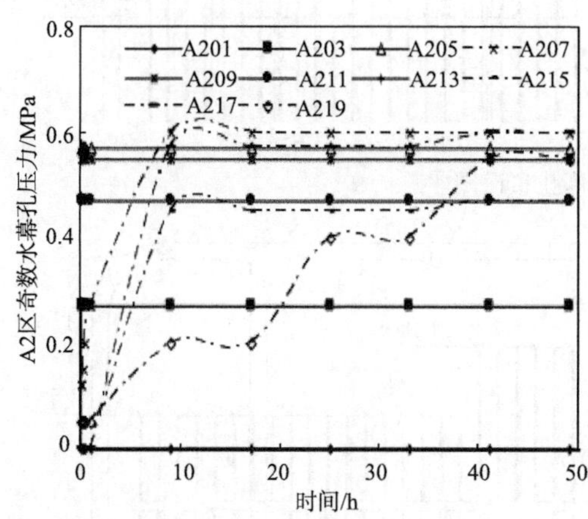

图 5-60　奇数注水孔压力与时间关系曲线

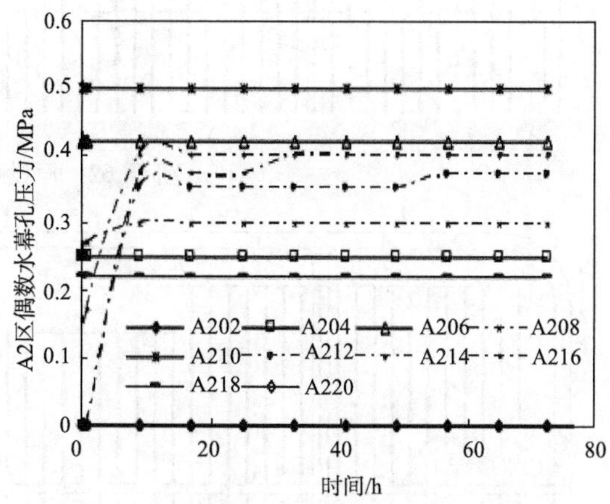

图 5-61　偶数注水孔压力与时间关系曲线

综合上述分析，从水幕有效性试验成果表可看出。在有效性试验过程中，压力不变的注水孔有 57 个，压力增大的有 56 个。其中 A1 区压力不变的注水孔有 17 个，压力增大的有 2 个；A2 区压力不变的注水孔有 12 个，压力增大的有 8 个；B1 区压力不变的注水孔有 9 个，压力增大的有 10 个；B2 区压力不变的水幕孔有 11 个，压力增大的有 7 个；C1 区压力不变的注水孔有 4 个，压力增大的有 14 个；C2 区压力不变的注水孔有 4 个，压力增大的有 15 个。

通过上述试验数据分析，按照水幕孔有效性判定原则：

1)凡在两个水力状态下连续实现水力联系的注水孔之间判定为建立了有效水力联系，不进行补充钻孔。

2)凡单侧实现水力联系，即判定其孔间建立了有效的水力联系，不进行补充钻孔。

3)凡一个水力状态显示注水孔间水力不连通，另一个水力状态无法判定期间有无水力连通的，判定为没有建立有效的水力联系，需进行补充钻孔。

4)凡两个水力状态均无法实现水力联系的，判定为没有建立有效水力联系，需进行补充钻孔。

根据上述水幕有效性判定原则，需对上述两区域局部注水孔补充钻孔，局部注水孔间距由原设计 10m 调整为 5m，加强各注水孔间围岩裂隙水力连通性，保证水封效果(见图 5-62和图 5-63)。

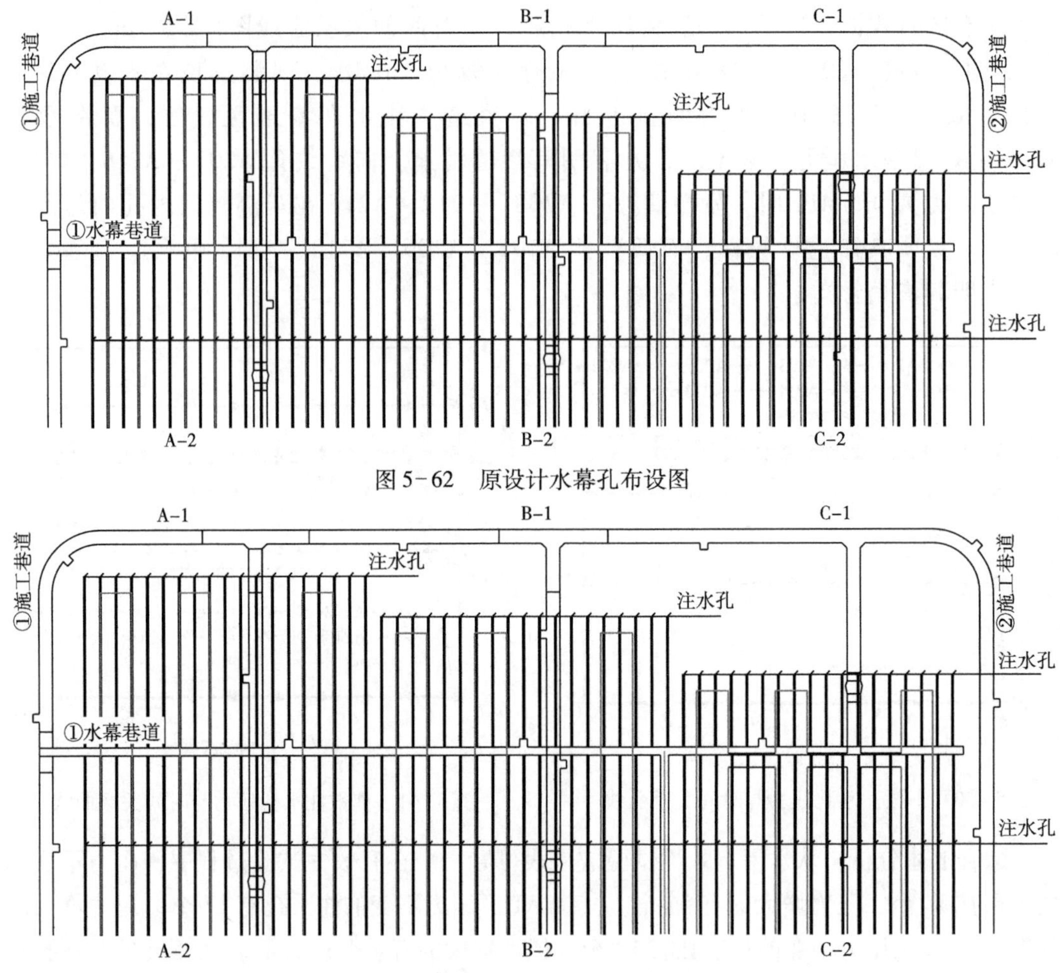

图 5-62　原设计水幕孔布设图

图 5-63　分析调整后水幕孔布设图

3.3.8　围岩支护动态调整——1#主洞室南端墙动态设计

支护方案的确定是一个复杂的过程，同时也是一个动态调整的过程，这主要基于以下三个原因：一是前期地勘资料所揭示的岩石结构面只能在宏观上评价该区域岩体基本的工程特性，而要准确的确定大型洞室围岩结构面和块体分布，基本上是在洞室开挖揭露后；二是岩体物理力学参数和地应力大小分布，也是很难准确确定的；三是开挖揭露后，各种施工、人为因素造成的围岩变形、掉块。因此，一个安全的、经济性的支护方案是建立在围岩稳定动态分析基础上的。

1#主洞室南端墙主要发育未风化花岗片麻岩，局部穿插煌斑岩脉，岩体强度较高，局部强度中等。节理裂隙较发育，局部发育，岩体较破碎，局部掉块，围岩稳定性较差。岩面潮湿，局部伴有渗水（见图 5-64）。

1#主洞室南端墙详细设计阶段，终止桩号为 1#主洞室 0 +484.400，由于受上述地质条件的影响，此处地质条件无法满足 1#工艺竖井密封塞设计要求。根据现场实际情况，将 1#主洞室终止桩号调整为 1#主洞室 0 +468.840，① - ③连接巷道结构作出相应调整（见图 5-65）。

图 5-64　1#主洞室南端墙

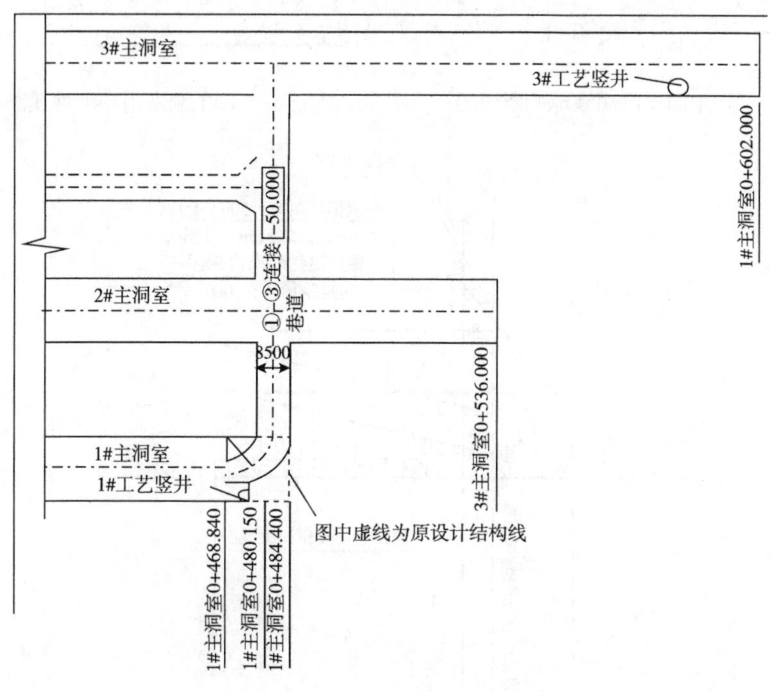

图 5-65　1#主洞室南端墙结构调整示意图

1#主洞室南端墙在进行下层开挖过程中，掌子面受平直、光滑、密集节理裂隙交错切割，且局部地下水少量顺节理裂隙渗出，部分结合面已具有一定张开度，在开挖爆破过程中爆破松动后剥落，局部形成“挑檐”(见图 5-66 和图 5-67)，围岩稳定性较差，在出渣过程中时有掉块现象发生。1#主洞室南端墙与①-③连接巷道相接，为 1#主洞室下层开挖石渣运输的必经通道，为保证施工安全，根据 1#主洞室南端墙测量数据，对 1#主洞室南端进行贴坡混凝土封闭处理(见图 5-68 和图 5-69)，既能满足 1#主洞室南端墙结构要求，又能保证施工安全，也显得更加美观(见图 5-70)。

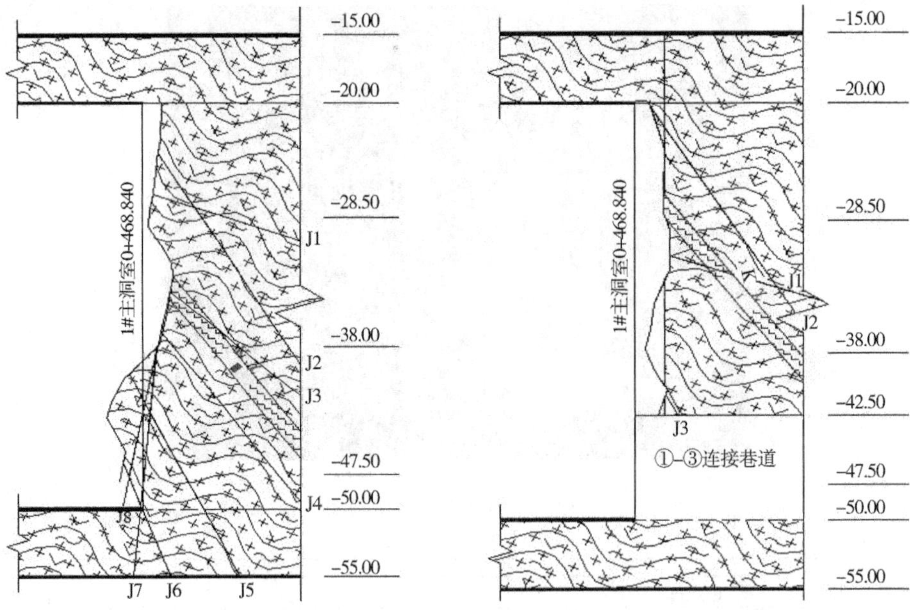

图 5-66　1#主洞室南端墙地质断面图　　图 5-67　1#主洞室南端墙地质断面图

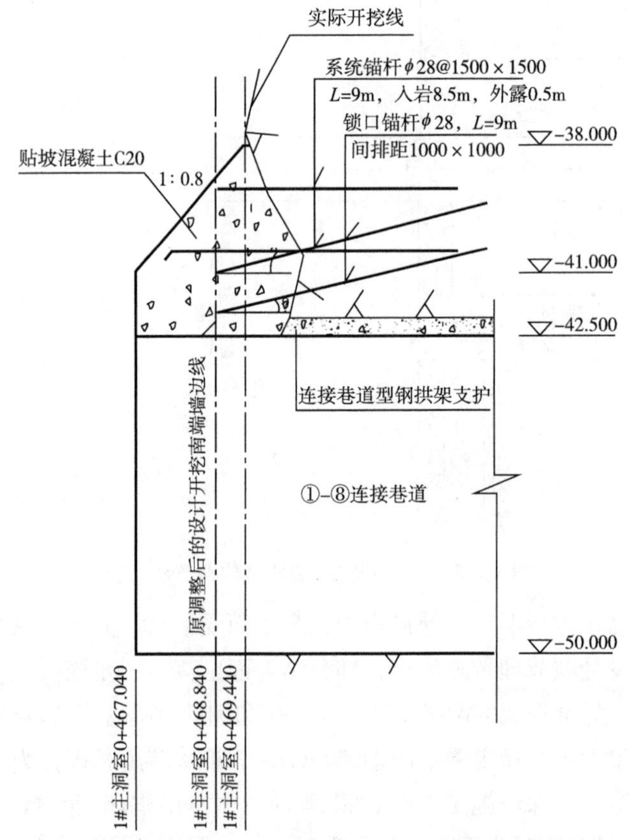

图 5-68　1#主洞室南端墙贴坡混凝土剖面图

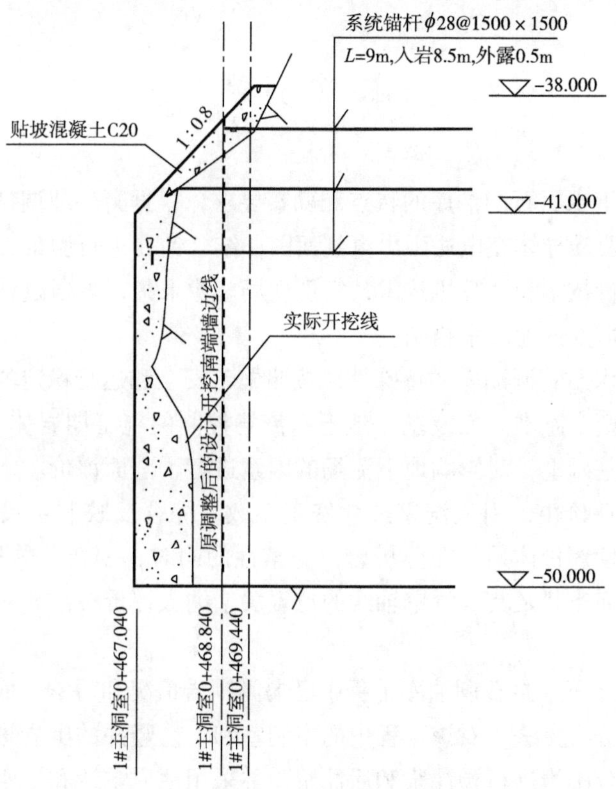

图5-69　1#主洞室南端墙贴坡混凝土剖面图

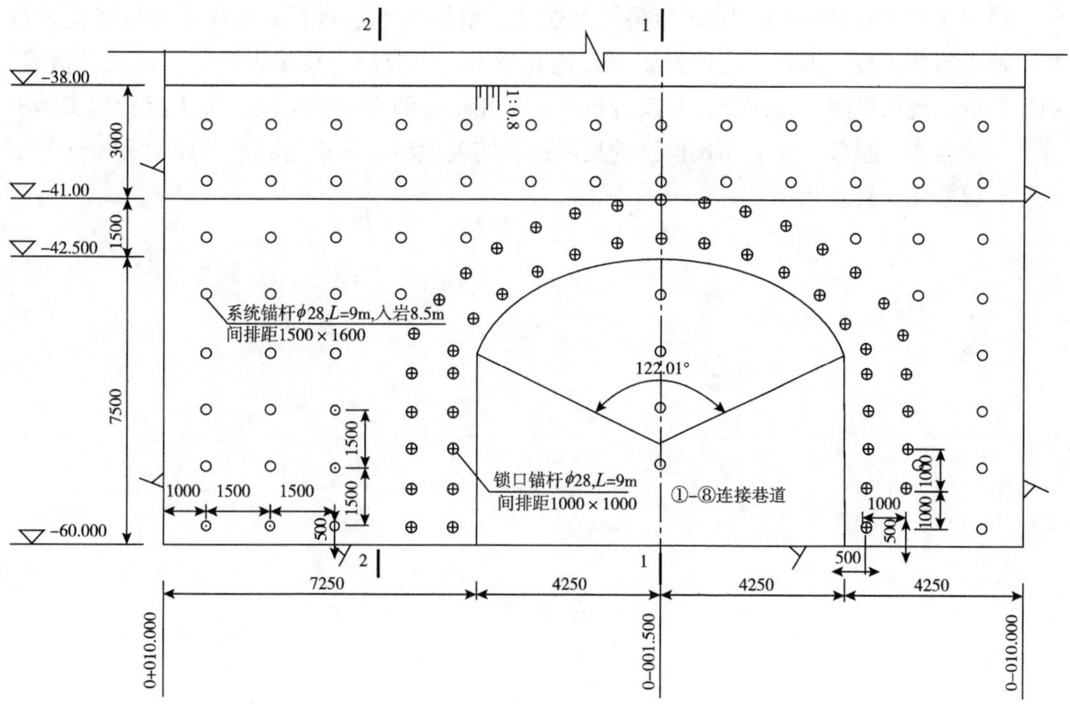

图5-70　1#主洞室南端贴坡混凝土立面图

本章小结

1)针对大型地下水封石洞油库的特点和勘察要求，根据野外地调判断断层破碎带的大概走向，通过定向驱动导体充电法画出电剖面图，结合钻孔进行验证，对其进行正确的解译。依据摄影与测量技术和计算机技术，实现现场影像采集，再通过计算机图像处理自动输出满足实际工程需要的地质素描图。

2)针对该地下水封石洞油库的特殊性，按照施工安全和运行稳定的要求，提出了针对岩体质量和导水性两个基本方面及基于地下水流场控制的施工期岩体水文地质分类方法，在保证围岩稳定的基础上，对影响地下流场的因素进行了全面评价。

3)在岩体质量评价中，引入洞室尺寸修正系数，综合反映洞室尺寸和施工扰动的影响；建立岩体导水性评价体系，在分析岩体完整性的同时，创新性的将结构面的连通率、张开度、优势结构面产状及其与洞室轴线的位置关系纳入评价标准，对地下水流场控制因素的分析更加全面。

4)综合分析该地下水封石洞油库工程中已揭露围岩情况和对掌子面前方岩体状态的预报，基于水文地质分类方法，对该工程中的主洞室和工艺竖井的围岩进行了重新判别，根据设计要求，对部分围岩进行预注浆和后注浆，并采用地质雷达和压水试验对注浆效果进行检验，结果表明注浆效果较好。

5)以平台 DKPMS 和 DKDAP 为桥梁和纽带，融该地下水封石洞油库工程现场监控量测、地质超前预报、围岩稳定性判识等理论和技术，实施信息反馈设计，采用经验借鉴、理论分析、现场量测、超前预报和反分析计算等相结合的方法、手段，解决经验与实际不符、理论与实际脱节、施工前预设计的局限性，实现大型地下水封石洞油库动态设计的信息化、智能化、科学化。

第六章　施工技术

第一节　开挖爆破关键技术

地下水封石洞油库开挖爆破具有如下的特点：1)由于洞库不衬砌，要尽量减少超欠挖，降低爆破影响深度；2)由于各种洞室布置紧凑、立体交错，因此爆破对本洞、邻洞以及上层水幕巷道的影响尤为明显；3)多洞室平行施工，开挖阶段的通风排烟困难；4)整个主洞室的施工都在水幕注水环境下进行，故还需要控制爆破对洞室水封性的影响。针对地下水封石洞油库开挖的特点和难点，需要解决和研究的主要关键技术问题包括：

(1)制定合理的爆破安全控制标准

结合现场爆破试验和数值计算，制定合理的爆破安全控制标准。该标准要求既能确保需保护对象安全，又能使工程按计划顺利实施。

(2)确定安全可行的爆破实施方案

开展不同爆破方案条件下的爆破试验，结合爆破振动测试、爆前爆后声波测试等监测手段，确定合理的爆破开挖程序和爆破参数，减小爆破振动对洞库围岩的影响。

(3)进行可靠的安全监测

采用智能化的监测仪器及有效的爆破振动监测手段，对爆破开挖过程进行有针对性的监控，并及时反馈指导施工。

(4)进行科学的安全评价

在全过程爆破安全监测基础上进行数值分析，对地下水封石洞油库群开挖爆破进行安全评价。

(5)有效地控制爆破有害效应

针对爆破振动对地下水封石洞油库围岩的影响规律，以及密集洞库群通风排烟困难、粉尘难以消散的特点，研发大规模地下洞室群开挖条件下爆破振动的综合控制技术和降尘控尘环保技术。

1.1　开挖爆破方案优化

合理爆破方案的选择是控制地下水封石洞油库洞室群施工期稳定及水封性的关键问题之一。

1.1.1 不同爆破方式对洞室围岩影响的对比分析

在大型地下水封石洞油库爆破开挖过程中，为适应快速及机械化施工要求，拱顶层以下各层通常采用深孔台阶爆破开挖，单次爆破规模大，而其轮廓面一般采用光面爆破或预裂爆破的方式成型。

(1)光面爆破与预裂爆破的比较

洞室岩体爆破开挖对边墙保留岩体的可能损伤，包括两方面：一是边墙设计轮廓面处的光面或预裂爆破本身对保留岩体产生的动力损伤；二是开挖区内的爆破作业诱发的振动荷载对保留岩体的动力损伤。

由于光面爆破中的光爆层厚度远小于预裂爆破中所需克服的抵抗线范围，故在光面爆破中，其炮孔间贯穿裂缝的过程中所需克服的垂直于缝面的正应力远小于预裂爆破的相应值。同时，与原始岩体相比，光爆层内的岩体参数因受主爆孔及缓冲孔的爆破损伤作用而有较大程度的劣化，这削弱了岩体对光面爆破孔孔间成缝的侧向约束。另外，炮孔内装药引爆后沿径向产生向外传播的压应力波，该波在自由面反射为回传的拉应力波；反射的拉应力波有利于缝面的形成与贯穿，并加速了炮孔空腔的膨胀。上述三方面共同作用，导致光面爆破中炮孔压力的衰减较预裂爆破的快。由此可见，光面爆破本身对围岩产生的损伤要较预裂爆破的小。

开挖区内的系列爆破作业诱发的爆破荷载也将对边墙保留岩体产生反复的动力损伤作用。对于光面爆破，由于其是在开挖区内的岩体爆破完成后再起爆，故该种爆破方式不能屏蔽开挖区内的爆炸荷载对承载保留岩体的反复的动力损伤作用；而预裂爆破是在主爆孔和缓冲孔前起爆，在形成一定宽度和延伸范围的裂缝的前提下，再进行主开挖区内的爆破作业，因此能较好地屏蔽这些炮孔爆破时产生的爆炸荷载对承载岩体的损伤作用。

(2)爆破方式对围岩动力响应的数值分析

为了更为直观地比较预裂爆破及光面爆破方案的优劣，这里针对主爆区采用深孔台阶爆破开挖的情况，采用 FLAC3D 数值分析方法，对预裂爆破和光面爆破对围岩的动力响应进行了研究。

首先根据各自爆破的特点，将预裂爆破和光面爆破的爆破动荷载概化为周边的预裂或光面爆破和后续的主爆孔输入两个阶段，见图 6-1、图 6-2。采用三角形荷载曲线反映一个爆破段的荷载施加过程，每个过程考虑为 10ms 的荷载上升段和 50ms 的荷载下降段。其中，预裂爆破的动荷载较大，主爆段的动荷载较小；而光面爆破中主爆孔的动荷载较大，最后起爆的光爆孔相对较小。具体的动荷载相对比例，可由典型实测预裂爆破和光面爆破的振动曲线进行估计。

其次，由于围岩塑性应变指数 *PSI* 能够较好地表征围岩在外荷作用下的塑性累积水平和卸荷损伤程度，建立如图 6-3 所示的一个两洞库相邻的模型，在模型中确定特征监测点位，对特征点位在爆破动载作用下的振速时程曲线和 *PSI* 指数变化规律进行分析。在爆区所在的洞库附近设置了 $A \sim E$ 共计 5 个监测点，分析 B 点、D 点和 E 点的振速时程曲线和 A 点、B 点和 C 点的 *PSI* 指数变化规律。其中 A 点位于本洞的起拱部位，B 点位于本洞的爆区边墙中部，C 点位于本洞的边墙底板附近，D 点位于本洞与邻洞的岩柱中间部位，E 点位于邻洞爆区对应部位。

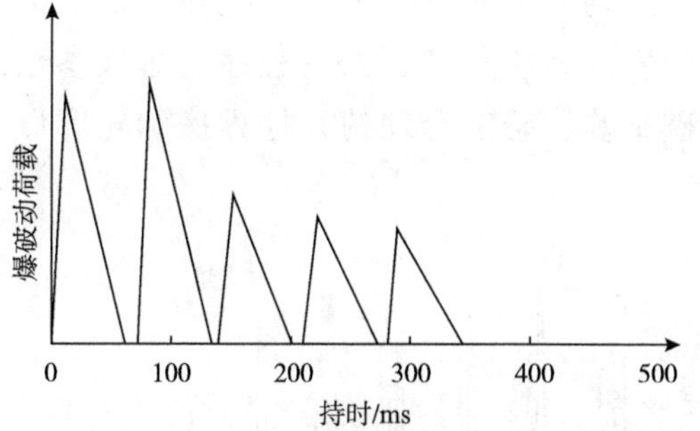

图 6-1　预裂爆破动荷载输入概化曲线

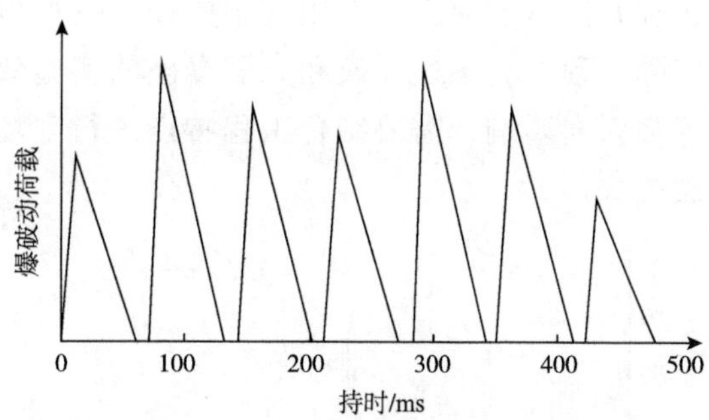

图 6-2　光面爆破动荷载输入概化曲线

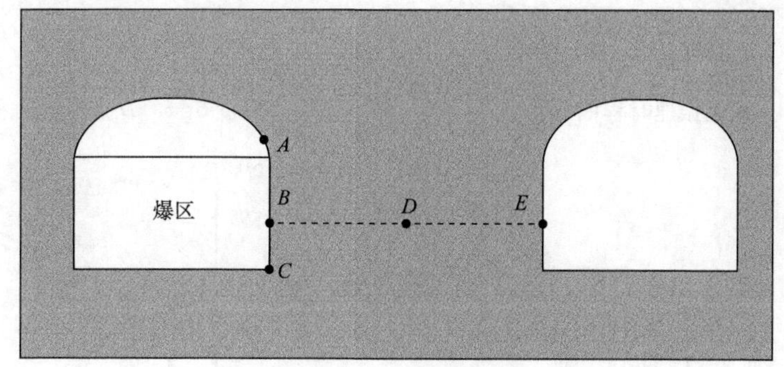

图 6-3　监测点布置

图 6-4～图 6-6 分别为 B、D 及 E 点的振速时程曲线。从图中可以看出：B 点位于本洞爆区边墙的中部，振速时程与输入动荷载具有较为明显的对应关系，其中光面爆破方案的峰值振速为 82cm/s，预裂爆破方案的峰值振速为 79cm/s；D 点位于本洞与邻洞岩柱中部，从振速时程来看，峰值振速与输入动荷载也具有较为明显的对应关系；E 点位于邻洞边墙，受到爆破地震波在本洞和邻洞边墙自由面反复反射的影响，振速分布较为离散。总体而言，对比两方案在本洞边墙、洞间岩柱和邻洞爆区所引起的岩体质点峰值振速，光面爆破方案稍稍大于预裂爆破方案。

图 6-7～图 6-9 分别为 A、B 及 C 点的 PSI 指数变化规律曲线。从图中可以看出，由于预裂爆破方案中的预裂爆破本身对岩体的损伤影响较为明显，故 A、B、C 三点均先是预裂爆破方案 PSI 增长较快，接下来，光面爆破方案主爆段对围岩的损伤影响逐渐积累，使得最终光面爆破方案的 PSI 量值稍稍大于预裂爆破方案。但总体而言，两种爆破方式对围岩的扰动影响相差不大。

综上所述：在近区，光面爆破方案岩体质点峰值振速稍小于预裂爆破方案，其主爆段的爆破振动明显大于预裂爆破方案。预裂爆破本身对岩体的损伤影响较为明显，但光面爆破方案主爆段对围岩的损伤的累积影响也较大。总体上，计算得到的两种爆破方案下爆破对围岩塑性累积的区别较小，即两种爆破方案下围岩的爆破影响相差不大。

目前预裂或光面爆破技术均已较成熟。一般情况下，对于大型地下水封石洞油库轮廓开挖爆破而言，选用其中的任意一种爆破方式均可能获得平整的开挖轮廓面。但实际工程中，预裂爆破和光面爆破的实施效果受岩体地质条件、开挖程序、爆破参数等多因素影响，需要结合工程特点进行现场爆破试验，确定合理的开挖程序和轮廓爆破方式。

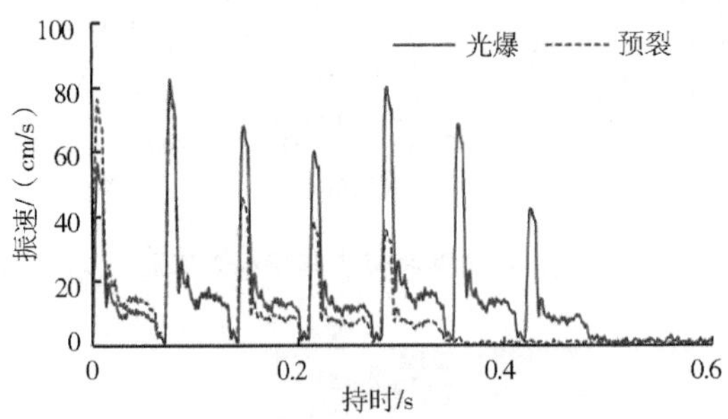

图 6-4　*B* 点振速时程曲线

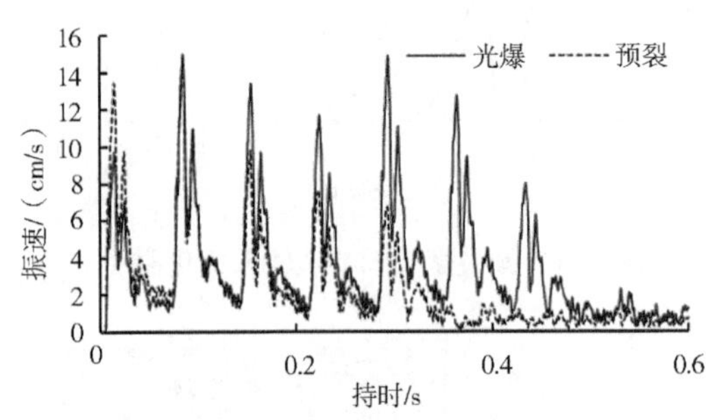

图 6-5　*D* 点振速时程曲线

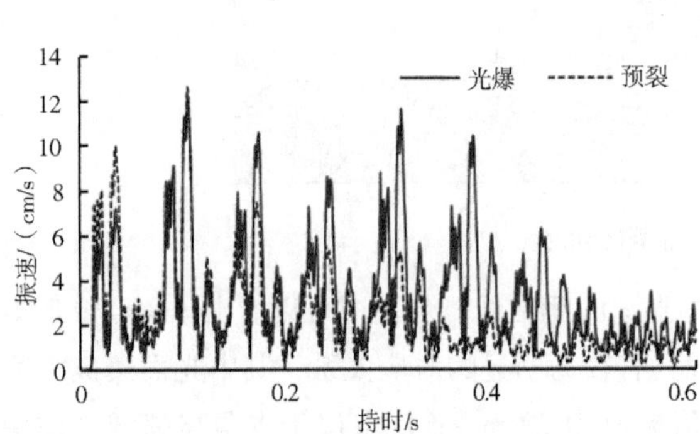

图 6-6　*E* 点振速时程曲线

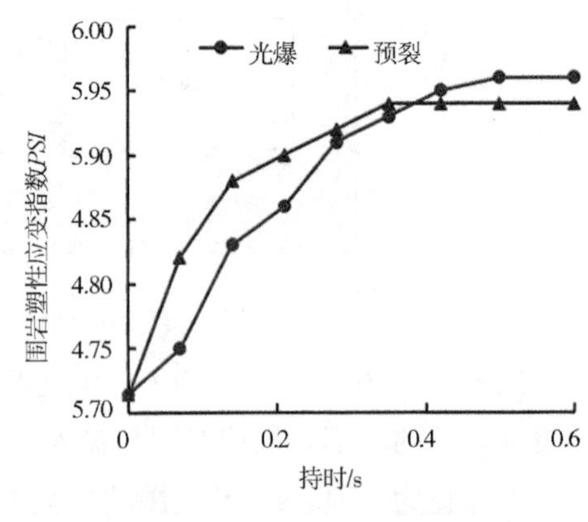

图 6-7　*A* 点 *PSI* 指数变化规律

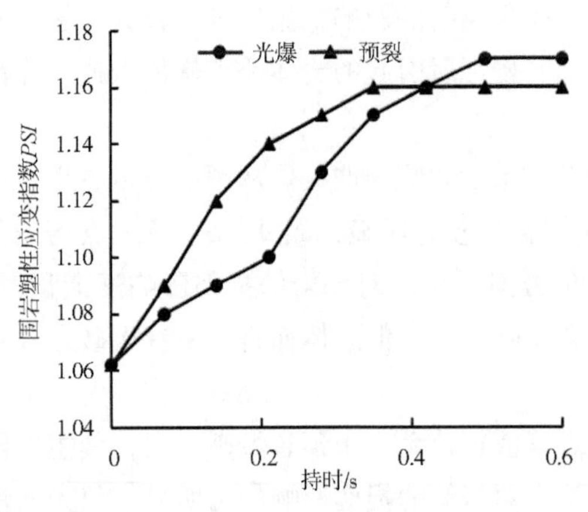

图 6-8　*B* 点 *PSI* 指数变化规律

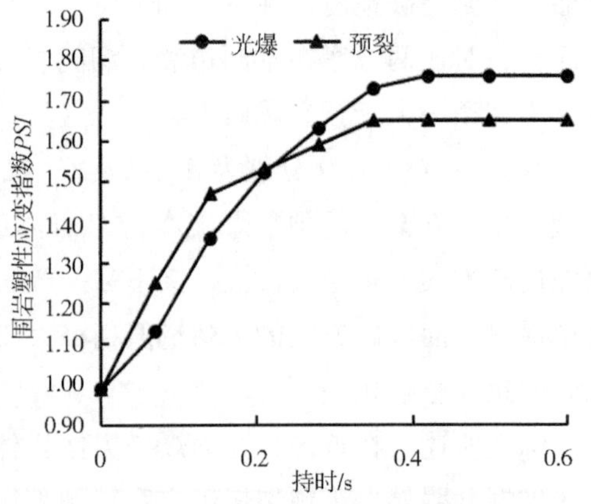

图 6-9　*C* 点 *PSI* 指数变化规律

(3)爆破试验方案选择

地下水封石洞油库开挖爆破具有施工环境十分复杂(多洞库平行施工及水平孔注水条件下施工等)、成型效果要求非常高、爆破振动大及损伤控制严格等特点。根据上层爆破开挖的经验，中下层爆破开挖过程中，中部小孔径水平浅孔爆破、轮廓面水平光面爆破的开挖方式可以满足爆破振动和损伤控制的要求，但是该方法开挖分层多、施工效率低。为了满足快速机械化施工的要求，中下层爆破开挖中需采用深孔台阶爆破。轮廓面若采用预裂爆破成型，可以较好地控制主爆孔对保留岩体的损伤以及爆破振动影响，但它本身对地下水封石洞油库围岩的损伤影响、预裂爆破在水封环境下成缝的难易程度等问题仍需进一步的研究。轮廓面若采用光面爆破成型，则主爆孔爆破对保留岩体及高边墙的振动响应和累积损伤等问题也需进一步的研究。因此，在主爆区采用深孔台阶爆破开挖的条件下，通过爆破试验来检验两种轮廓控制爆破方式对地下水封石洞油库洞室群开挖工程的适用性。

因此，主要进行了以“两侧预裂一次成型，中间台阶微差控制松动爆破”为设计原则的“深孔台阶 + 预裂爆破”试验和以“水平造孔中部抽槽微差控制松动爆破，两侧预留保护层光面爆破”为设计原则的“水平浅孔 + 光面爆破”试验，并结合施工进行了“深孔台阶 + 光面爆破”试验。

1.1.2 地下水封石洞油库洞室群中下层开挖爆破方案试验

(1)试验条件

如表6-1所列为试验段位置及基本地质条件。

表6-1 爆破试验段位置及基本地质条件

试验方案	试验洞库	围岩类型	岩体特性
深孔台阶 + 预裂爆破	1#主洞室	Ⅲ1类和Ⅲ2类	较完整，局部裂隙发育
水平浅孔 + 光面爆破	2#主洞室	Ⅱ类和Ⅲ1类	较完整
深孔台阶 + 光面爆破	8#主洞室	Ⅱ类和Ⅲ类	较完整

(2)试验参数

深孔台阶 + 预裂爆破方案：主爆孔孔径为90mm，孔距为2.5 ~ 3.0m；排距2.0 ~ 2.5m，预裂孔孔径76mm，孔距0.7m。该方案分为半幅开挖和全幅开挖两种方式。半幅爆破及全幅爆破均采用孔间微差起爆，半幅爆破采用不同段别雷管孔内分段起爆，全幅爆破为高段雷管入孔、孔外低段雷管接力分段起爆。

水平浅孔 + 光面爆破方案：主爆孔孔径42mm，孔距为1.0 ~ 1.5m，排距1.4 ~ 1.5m，光爆孔孔径42mm，孔距0.5m，采用孔间微差起爆网路。

深孔台阶 + 光面爆破方案，参数与预裂爆破相近，起爆网络有所差异。

(3)爆破成型效果

图6-10为不同爆破方案条件下爆破后轮廓面成型效果照片。通过爆破后观察和测量

可知，三种爆破方案的轮廓面成型效果均较好，半孔率均大于80%，部分试验的半孔率达到90%以上，3m直尺检查平整度小于15cm。由图6-10可知，相比之下，主洞室全幅深孔台阶+光面爆破(或深孔台阶+预裂爆破)方案的半孔率、平整度优于手风钻水平浅孔+光面爆破方案。

(a) 深孔台阶+预裂爆破方案

(b) 水平浅孔+光面爆破方案

(c) 深孔台阶+光面爆破方案

图6-10 典型爆破试验轮廓面成型效果

1.1.3 不同爆破方案下洞室群开挖爆破振动特性分析

(1)爆破振动测试成果分析

典型爆破振动监测数据见表6-2~表6-4，典型爆破振动波形及其频谱见图6-11~图6-13。

由表6-2~表6-4及图6-11~图6-13可知，在近区和中远区，三种方案的各段爆破振动波形分离均较为明显；在相同爆心距条件下，水平浅孔+光面爆破方案的爆破振动峰值要小于深孔台阶+预裂爆破方案及深孔台阶+光面爆破方案下的振动峰值。

表 6-2　深孔台阶 + 预裂爆破方案生产性爆破试验典型振动监测数据

测点编号	仪器编号	水平距离/m	最大单响药量/kg	水平垂直洞轴线		水平平行洞轴线		垂直方向	
				速度/(cm/s)	峰频/Hz	速度/(cm/s)	峰频/Hz	速度/(cm/s)	峰频/Hz
1#	YBJ7005	16	112.5	5.95	85	6.50	40	6.26	85
2#	YBJ2003	28	112.5	4.12	197	6.39	233	3.61	151
3#	YBJ1201	38	112.5	2.97	151	2.25	142	2.98	107
4#	YBJ1202	50	112.5	2.00	142	2.36	135	2.66	71
5#	YBJ1205	30	112.5	5.81	151	9.88	151	6.67	171

表 6-3　水平浅孔 + 光面爆破方案生产性爆破试验典型振动监测数据

测点编号	仪器编号	水平距离/m	最大单响药量/kg	水平垂直洞轴线		水平平行洞轴线		垂直方向	
				速度/(cm/s)	峰频/Hz	速度/(cm/s)	峰频/Hz	速度/(cm/s)	峰频/Hz
1#	YBJ1205	74	35.1	0.95	88	1.18	183	1.92	78
2#	YBJ1201	94	35.1	1.58	111	1.97	160	1.8	78
3#	YBJ2003	105	35.1	0.46	320	0.69	135	1.07	128
4#	YBJ7005	115	35.1	0.81	142	1.23	256	0.67	78
5#	YBJ2001	30	35.1	3.67	73	1.61	71	3.76	66

表 6-4　深孔台阶 + 光面爆破方案全幅生产性爆破试验典型振动监测数据

测点编号	仪器编号	水平距离/m	最大单响药量/kg	水平垂直洞轴线		水平平行洞轴线		垂直方向	
				速度/(cm/s)	峰频/Hz	速度/(cm/s)	峰频/Hz	速度/(cm/s)	峰频/Hz
1#	YBJ7005	97	90	2.76	512	2.12	151	1.99	512
2#	YBJ1205	112	90	1.7	99	1.84	151	1.42	107
3#	YBJ1202	124	90	2.2	83	2.35	427	1.54	71
4#	YBJ2001	134	90	2.01	107	4.63	233	2.21	62
5#	YBJ1301	42	90	10.38	135	11.04	171	10.11	183

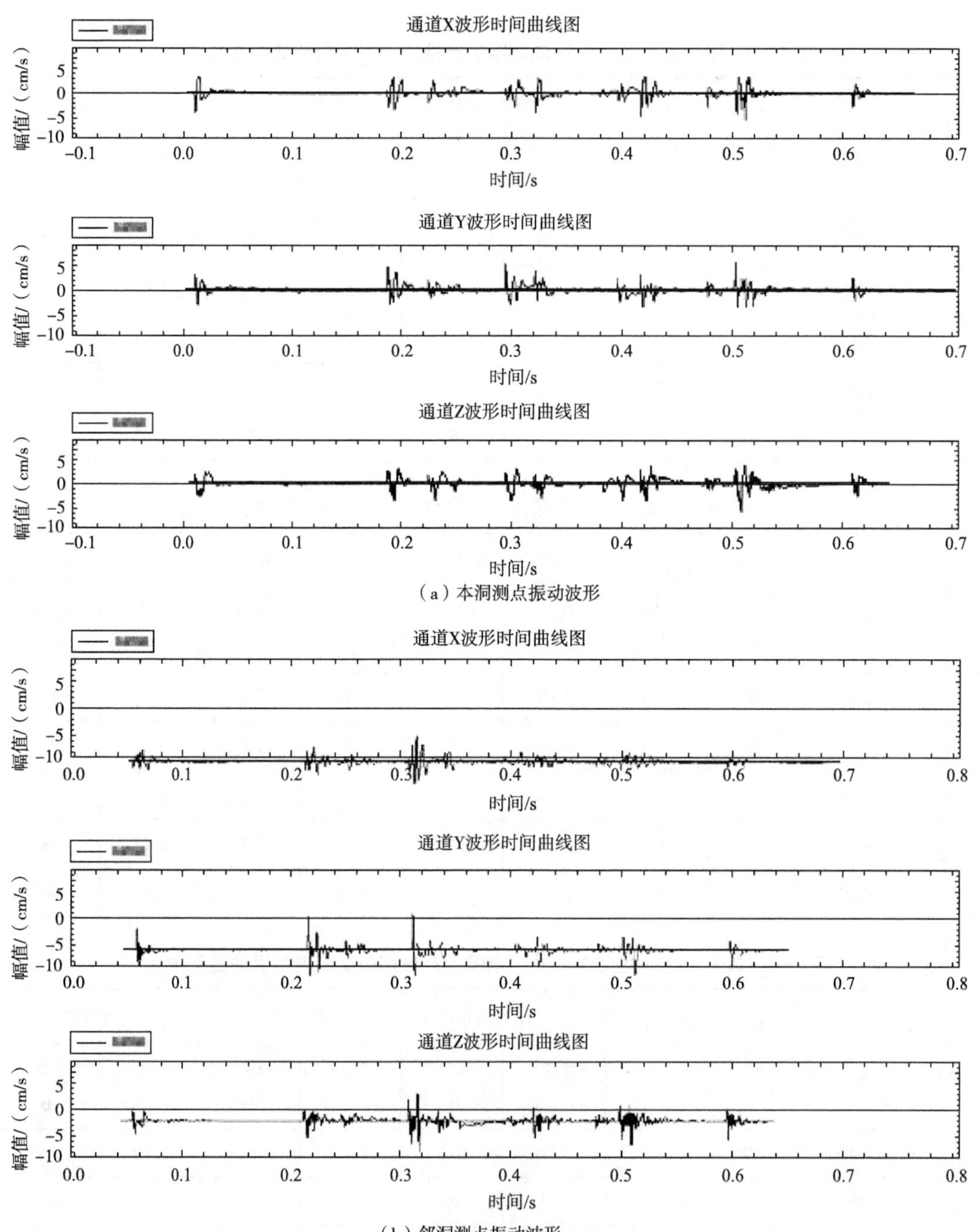

（a）本洞测点振动波形

（b）邻洞测点振动波形

图 6-11　深孔台阶＋预裂爆破方案爆破试验典型振动波形

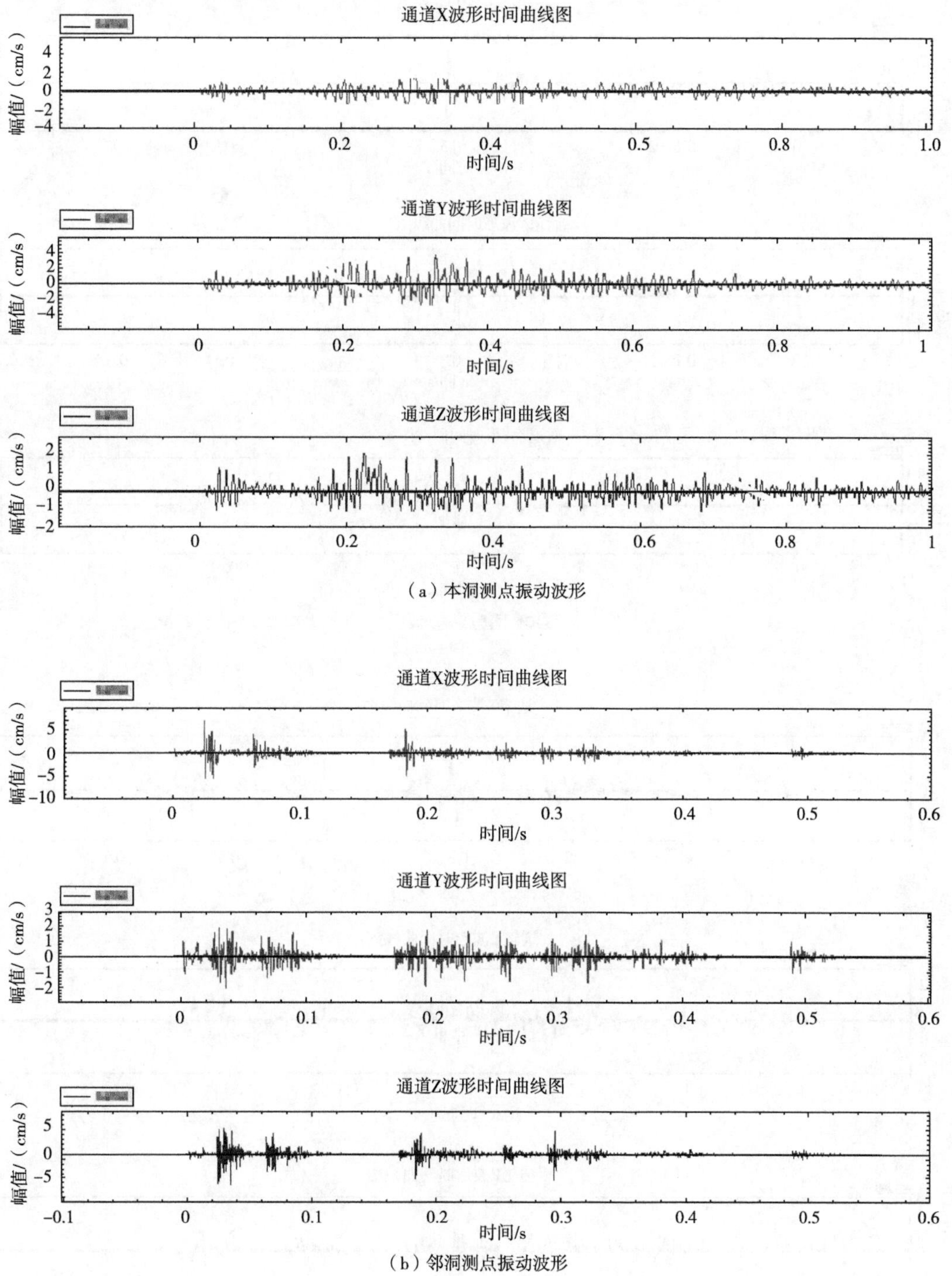

（a）本洞测点振动波形

（b）邻洞测点振动波形

图6-12　水平浅孔＋光面爆破方案爆破试验典型振动波形

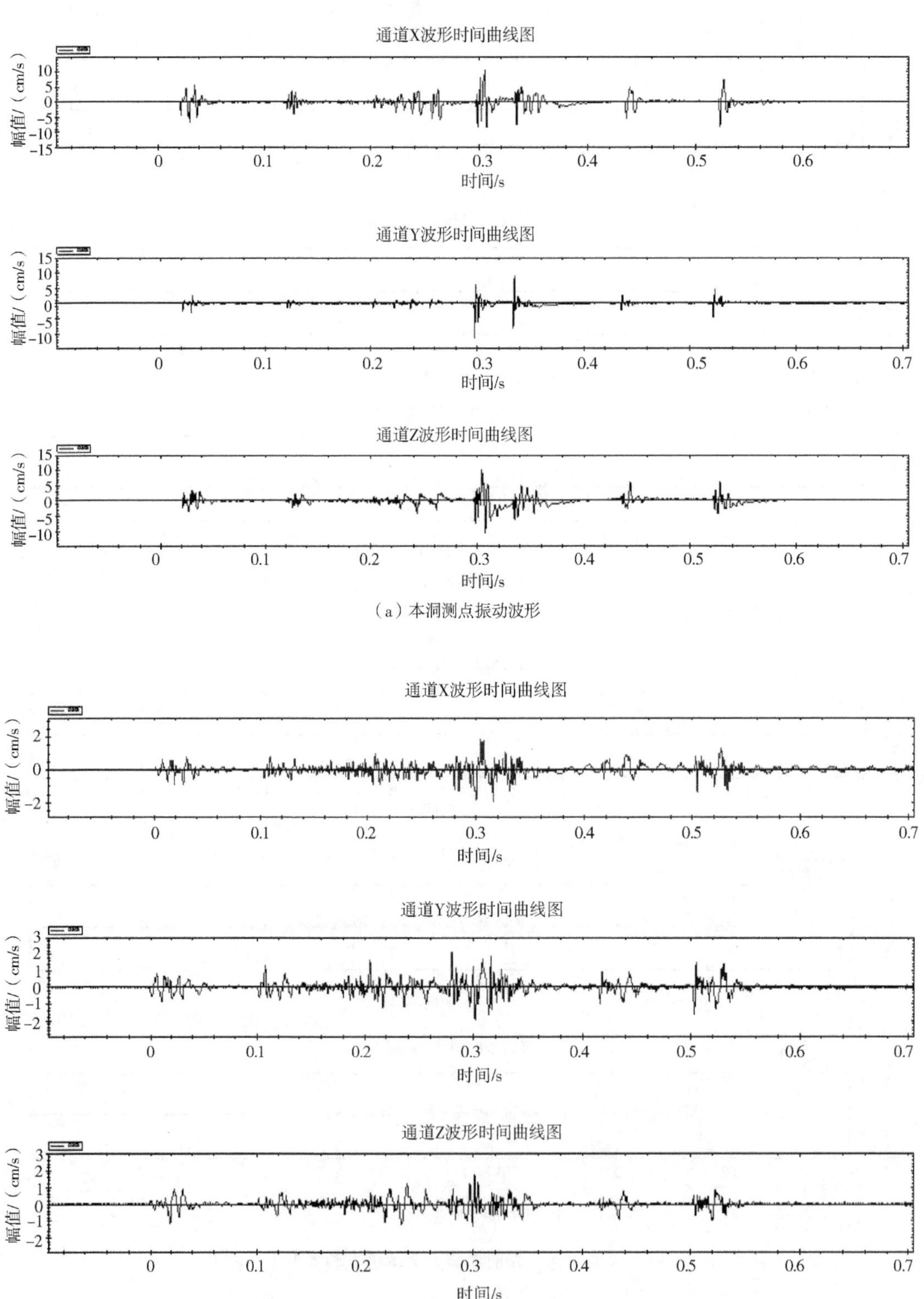

（a）本洞测点振动波形

（b）邻洞测点振动波形

图 6-13　深孔台阶+光面爆破方案爆破试验典型振动波形

(2)爆破振动衰减规律分析

工程中通常采用以炸药量和爆心距为主要影响因素的经验公式对质点峰值振速的衰减特性进行描述，其表达式为：

$$V=K_{\rho}^{\alpha} \qquad (6-1)$$

式中 V——质点峰值振速，cm/s；

ρ——比例药量，$\rho=Q^{1/3}/R$；

Q——最大单响药量，kg；

R——爆心距，m；

K——与岩石性质、爆破参数等有关的因子；

α——振动衰减系数。

由于预裂爆破的振动特性与主爆孔爆破振动特性具有一定的差异，故选择提取爆破试验的实测振动数据中的主爆段爆破振动峰值及对应的装药量和爆心距(爆心距取爆破段的中心到测点的距离)作为回归的数据。采用式(6-1)对这些振动数据进行回归分析，分别得到该三种方案下主爆孔爆破振动衰减规律经验公式见表6-5，从表中数据可以看出回归结果线性明显。

表6-5　三种爆破方案条件下爆破振动衰减规律回归结果

爆破方案		峰值振速衰减规律	数据组数	相关系数	F检验值	$F_{0.01}$
深孔台阶+预裂爆破	水平垂直洞轴线方向	$V_x=70.3\rho^{1.41}$	54	0.861	148.8	7.17
	水平平行洞轴线方向	$V_y=60.8\rho^{1.34}$	54	0.836	121.0	7.17
	垂直方向	$V_z=43.3\rho^{1.19}$	54	0.848	84.1	7.17
水平浅孔+光面爆破	水平垂直洞轴线方向	$V_x=41.2\rho^{1.07}$	10	0.833	18.1	11.26
	水平平行洞轴线方向	$V_y=30.6\rho^{1.14}$	10	0.859	22.6	11.26
	垂直方向	$V_z=27.0\rho^{1.01}$	10	0.822	16.6	11.26
深孔台阶+光面爆破	水平垂直洞轴线方向	$V_x=59.6\rho^{1.22}$	14	0.830	26.6	9.33
	水平平行洞轴线方向	$V_y=87.0\rho^{1.29}$	14	0.821	24.8	9.33
	垂直方向	$V_z=27.0\rho^{1.51}$	14	0.901	51.5	9.33

(3)三种爆破方案下爆破振动衰减规律比较

如表6-6所列为三种爆破方案下主爆段爆破振动衰减规律经验公式，并相应地作出峰值振速与$1/\rho$的关系曲线如图6-14及图6-15所示。

由表6-6可知，水平浅孔+光面爆破方案的K值和α值最小，故所有方案中，水平浅孔+光面爆破方案的振速最小，但衰减最慢。由于单响药量Q一定时，$1/\rho$与爆心距R正相关，因此由图6-14可知，在近区和中远区，深孔台阶+预裂爆破方案、水平浅孔+光面爆破方案均为水平垂直洞轴线方向振速最大，深孔台阶+光面爆破方案为竖直方向振速最大。从图6-15可以明显看出，深孔台阶+预裂爆破方案和深孔台阶+光面爆破方案在近区和中远区的峰值振速方面明显大于水平浅孔+光面爆破方案。深孔台阶爆破两种方案的水平垂直洞轴线方向的峰值振速衰减规律相差不大。而对于水平平行洞轴线方向及竖直方向的峰值振动，在单响药量 Q 相同的情况下，深孔台阶 + 光面爆破方案在近区和中远区峰值振速和衰减速度方面明显要大于深孔台阶 + 预裂爆破方案。因此，深孔台阶 + 光面爆破方案在近区和中远区引起的爆破振动最大，深孔台阶 + 预裂爆破方案次之，水平浅孔 + 光面爆破方案最小。

表 6-6　三种爆破方案条件下爆破振动衰减规律

爆破方案	水平垂直洞轴线方向	水平平行洞轴线方向	竖直方向
深孔台阶 + 预裂爆破	$V_x = 70.3\rho^{1.41}$	$V_y = 60.8\rho^{1.34}$	$V_z = 43.3\rho^{1.19}$
水平浅孔 + 光面爆破	$V_x = 41.2\rho^{1.07}$	$V_y = 30.6\rho^{1.14}$	$V_z = 27.0\rho^{1.01}$
深孔台阶 + 光面爆破	$V_x = 59.6\rho^{1.21}$	$V_y = 87\rho^{1.29}$	$V_z = 115.7\rho^{1.51}$

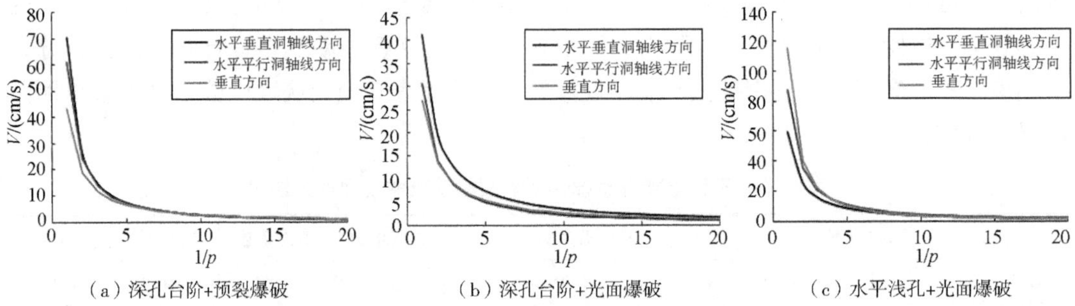

（a）深孔台阶+预裂爆破　（b）深孔台阶+光面爆破　（c）水平浅孔+光面爆破

图 6-14　不同方向的爆破峰值振速与 $1/\rho$ 的关系曲线

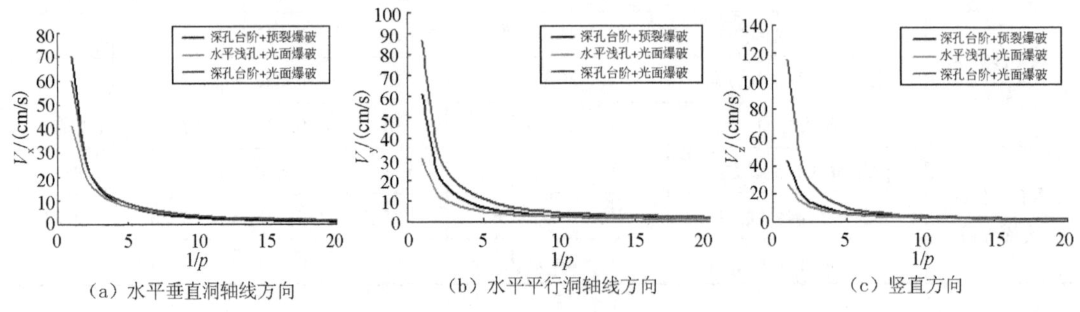

（a）水平垂直洞轴线方向　（b）水平平行洞轴线方向　（c）竖直方向

图 6-15　不同爆破方案条件下峰值振速与 $1/\rho$ 的关系曲线

1.1.4　不同爆破方案下洞室群围岩爆破影响深度分析

(1)声波检测

1)爆破试验时爆前爆后声波检测

为了比较深孔台阶 + 预裂爆破方案和水平浅孔 + 光面爆破方案对围岩的松动影响，在爆破试验过程中进行了多次声波测试。深孔台阶 + 预裂爆破方案半幅试验的声波测试成果见表 6-7。深孔台阶 + 预裂爆破方案全幅试验的声波测试成果见表 6-8。水平浅孔 + 光面爆破方案爆破试验的声波测试成果见表 6-9。

表 6-7 深孔台阶+预裂爆破方案下半幅爆破试验声波测试成果

序号	测试方法	测试部位	测线编号	松动深度/m		松动圈平均波速/(m/s)		变化率/%
				爆前	爆后	爆前	爆后	
1	跨孔法	左半幅第一次试验	BS1 - BS2	<0.25	<0.25	—	—	—
2			BS2 - BS3	0.50	0.50	4513	4232	-6.2
3		左半幅第二次试验	BS4 - BS5	0.25	0.25	3815	3706	-2.9
4			BS5 - BS6	<0.25	<0.25	—	—	—
5		左半幅第三次试验	BS7 - BS8	0.25	0.25	4941	4892	-1.0
6			BS8 - BS9	<0.25	<0.25	—	—	—
7		右半幅第一次试验	BS10 - BS11	0.75	0.75	3504	3209	-8.4
8			BS11 - BS12	0.25	0.50	3987	3614	-9.4
9			BS13 - BS14	0.50	0.50	3311	3086	-6.8
10			BS14 - BS15	0.25	0.25	3834	3345	-12.8
11		右半幅第二次试验	BS16 - BS17	0.50	0.50	4583	4539	-1.0
12			BS17 - BS18	0.75	0.75	3875	3605	-7.0

注：部分测线在测试范围内未发现明显的松动，故测线松动深度为<0.25m(0.25m 为最小测试深度)。

表 6-8 深孔台阶+预裂爆破方案下全幅爆破试验声波测试成果

序号	测试方法	测试部位	测线编号	松动深度/m		松动圈平均波速/(m/s)		变化率/%
				爆前	爆后	爆前	爆后	
1	跨孔法	全幅第一次	QS1 - QS2	0.50	0.50	3845	3708	-3.6
2			QS2 - QS3	0.25	0.25	4436	4201	-5.3
3			QS4 - QS5	0.50	0.50	3436	3145	-8.5
4			QS5 - QS6	0.50	0.50	3758	3440	-8.5
5		全幅第二次	QS7 - QS8	0.50	0.50	2828	2433	-14.0
6			QS8 - QS9	0.75	0.75	3845	3535	-8.1
7			QS10 - QS11	0.75	0.75	2627	2248	-14.4
8			QS11 - QS12	0.75	0.75	3350	3183	-5.0
9		全幅第三次	QS13 - QS14	<0.25	<0.25	—	—	—
10			QS14 - QS15	0.50	0.50	4708	4677	0.7
11			QS16 - QS17	0.75	0.75	2935	2599	-11.5
12			QS17 - QS18	0.75	0.75	3017	2789	-7.5
13		全幅第五次	QS19 - QS20	<0.25	<0.25	—	—	—
14			QS20 - QS21	<0.25	<0.25	—	—	—
15			QS22 - QS23	<0.25	<0.25	—	—	—
16			QS23 - QS24	<0.25	<0.25	—	—	—
17		全幅第七次	QS25 - QS26	0.25	0.25	4044	3470	-14.1
18			QS28 - QS30	0.25	0.25	4823	4670	3.2

注：部分测线在测试范围内未发现明显的松动，故测线松动深度为<0.25m。

表 6-9 水平浅孔 + 光面爆破方案下爆破试验声波测试成果

序号	测试方法	测试部位	测线编号	松动深度/m		松动圈平均波速/(m/s)		变化率/%
				爆前	爆后	爆前	爆后	
1	单孔法	0 + 85	S1	0.20	0.20	3279	3078	-6.1
2			S2	<0.20	<0.20	—	—	—
3			S3	0.40	0.40	4338	3829	-11.7
4			S4	<0.20	<0.20	—	—	—
5			S5	0.80	0.80	4386	4277	-2.5
6			S6	0.20	0.20	3614	3349	-7.3
7		0 + 60	S7	0.20	0.20	3360	3126	-7.0
8			S8	0.40	0.40	4429	3874	-12.5
9			S9	<0.20	<0.20	—	—	—
10			S10	0.40	0.40	4251	3752	-11.7
11			S11	0.20	0.20	3360	3126	-7.0
12			S12	0.20	0.20	3797	3532	-7.0

注：部分测线在测试范围内未发现明显的松动，故测线松动深度为 <0.20m(0.20m 为最小测试深度)。

2)生产性开挖爆后声波检测

为了比较深孔台阶 + 预裂爆破方案和深孔台阶 + 光面爆破方案爆破对围岩的松动影响，结合中层开挖的生产爆破，在围岩较好(均在Ⅱ类围岩)的区域进行了爆后声波测试。深孔台阶 + 预裂爆破方案下爆后声波测试成果见表 6-10。深孔台阶 + 光面爆破方案下爆后声波测试成果见表 6-11。

表 6-10　深孔台阶 + 预裂爆破方案下爆后声波测试成果

序号	测试方法	测试部位	测线编号	松弛深度/m	松弛层平均波速/(m/s)
1	跨孔法	0 + 315	YS1 - YS2	0.20	4687
2			YS2 - YS3	0.20	3571
3			YS4 - YS5	<0.20	—
4			YS5 - YS6	0.40	3279
5		0 + 305	YS7 - YS8	<0.20	—
6			YS8 - YS9	0.20	4167
7			YS10 - YS11	0.60	2872
8			YS11 - YS12	0.20	2841
9		0 + 295	YS13 - YS14	0.60	2955
10			YS14 - YS15	0.40	3425
11			YS16 - YS17	0.80	3875
12			YS17 - YQS18	0.20	2554

注：部分测线在测试范围内未发现明显的松动，故测线松动深度为 <0.20m(0.20m 为最小测试深度)。

表 6-11　深孔台阶 + 光面爆破方案下爆后声波测试成果

序号	测试方法	测试部位	测线编号	松弛深度/m	松弛层平均波速/(m/s)
1	跨孔法	0 + 625	GS1 - GS2	0.60	4697
2			GS2 - GS3	<0.20	—
3			GS4 - GS5	0.20	4491
4			GS5 - GS6	<0.20	—

注：部分测线在测试范围内未发现明显的松动，故测线松动深度为 <0.20m(0.20m 为最小测试深度)。

(2)基于声波检测的洞室群开挖爆破扰动评价

根据声波的波速(V_p) - 孔深(L)关系曲线特征，可以对检测部位岩体受到施工开挖扰动的程度进行定性评价。试验区域声波速度 V_p 值在 2800 ~ 6000m/s 之间，大部分测线平均波速集中在 4000 ~ 5000m/s 之间，符合试验区岩石特征，测试成果可以分为四类特征曲线。

1)第一类曲线

根据声波实测成果，诸如 QS22 - QS23、QS23 - QS24、S2、S4 和 S9 见图 6-16，声波波速曲线随测孔深度的增加基本保持不变，接近未开挖前岩体的波速。这说明岩体的完整性受开挖爆破和应力集中影响较小，可以认为开挖临空面的围岩受力仍在弹性变形范围内，开挖部位附近没有出现塑性破坏区。表明围岩受到开挖扰动的影响较小，开挖临空面附近的岩体力学参数没有出现劣化。

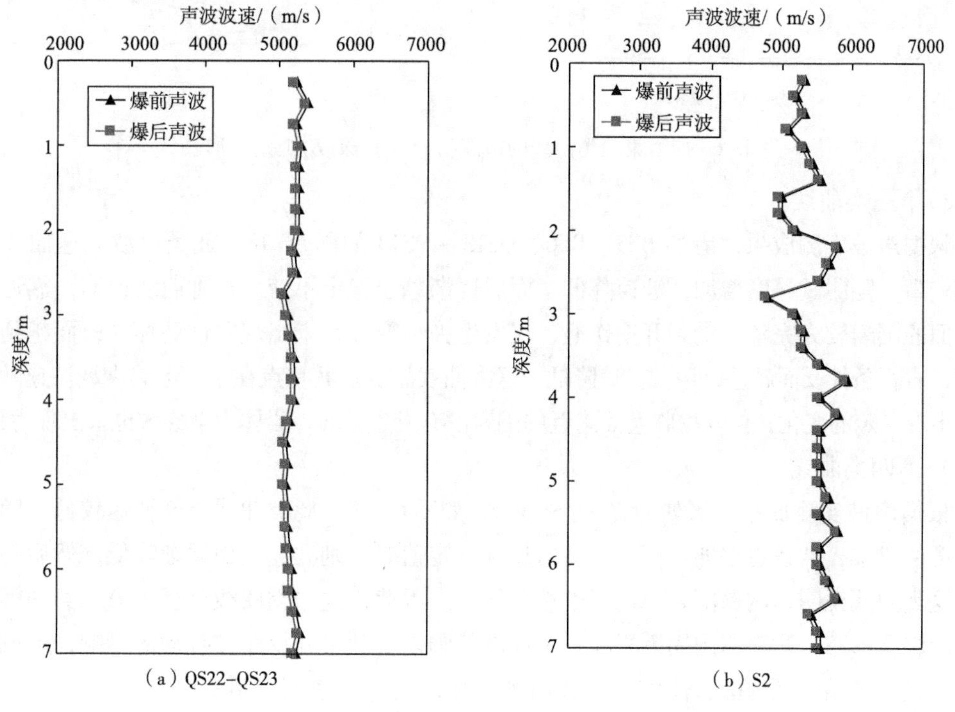

图 6-16　第一类曲线的声波(V_p) - 孔深(L)典型波形

2）第二类曲线

根据声波实测成果可知，诸如 QS5 – QS6、QS16 – QS17、QS17 – QS18、S1 和 S7 如图 6–17，声波波速曲线前部波速较低，随着深度增加，其波速也随之增加；但当波速增加到某一值后，不再有明显增加。该类曲线说明岩体靠近开挖面附近完整性降低，出现塑性破坏区，洞周围岩在一定深度范围内受到了开挖扰动的影响，形成了松动圈，且松动圈范围内的岩体力学参数出现劣化，使得波速值降低。实测资料显示这一类曲线所对应的松动圈范围在 1m 以内。

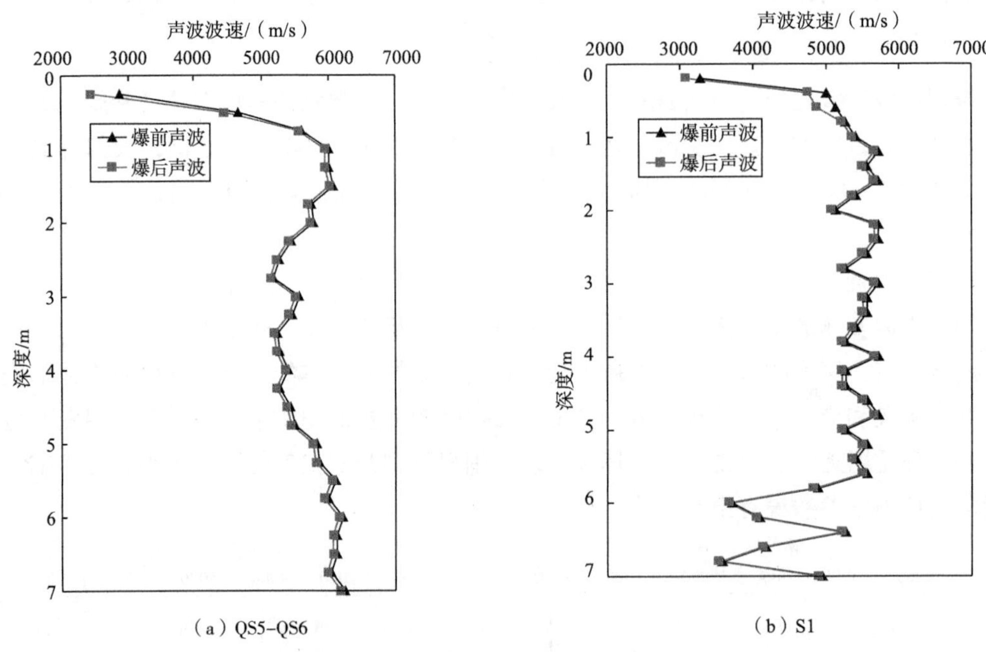

图 6–17　第二类曲线的声波（V_p）– 孔深（L）典型波形

3）第三类曲线

根据声波实测成果，诸如 BS5 – BS6、QS13 – QS14 如图 6–18，此类声波波速曲线前部波速较高，随测试深度增加，波速降低，而后逐渐趋于稳定不变。这种曲线说明，靠近开挖临空面的围岩较为完整，受到开挖作业，仅发生弹性变形，未出现塑性破坏区；而越到围岩内部，岩石条件反而越差，声波波速降低，这类曲线较少。其特点在于：虽然声波波速随深度增加出现一定的变化，但开挖临空面附近的围岩没有发生破坏，岩体力学参数也未出现劣化。

4）第四类曲线

根据声波实测成果，诸如 QS7 – QS8 和 S5 如图 6–19，此类曲线前部波速较低，随着测点深度的增加，波速也增加；但当深度增加到一定值时，则波速反而逐渐降低，然后趋于定值。这类曲线说明，洞壁围岩出现了塑性破坏区。因此，这一类曲线可视为第二类和第三类曲线的综合形态。这表明洞周围岩在一定深度范围内受到了开挖爆破扰动的影响，形成了松动圈，且松动圈范围内的岩体力学参数出现劣化，使得波速值降低；松动圈后为应力集中区，围岩力学参数没有出现劣化。据实测资料这一类曲线所对应的松动圈范围在 1m 以内。

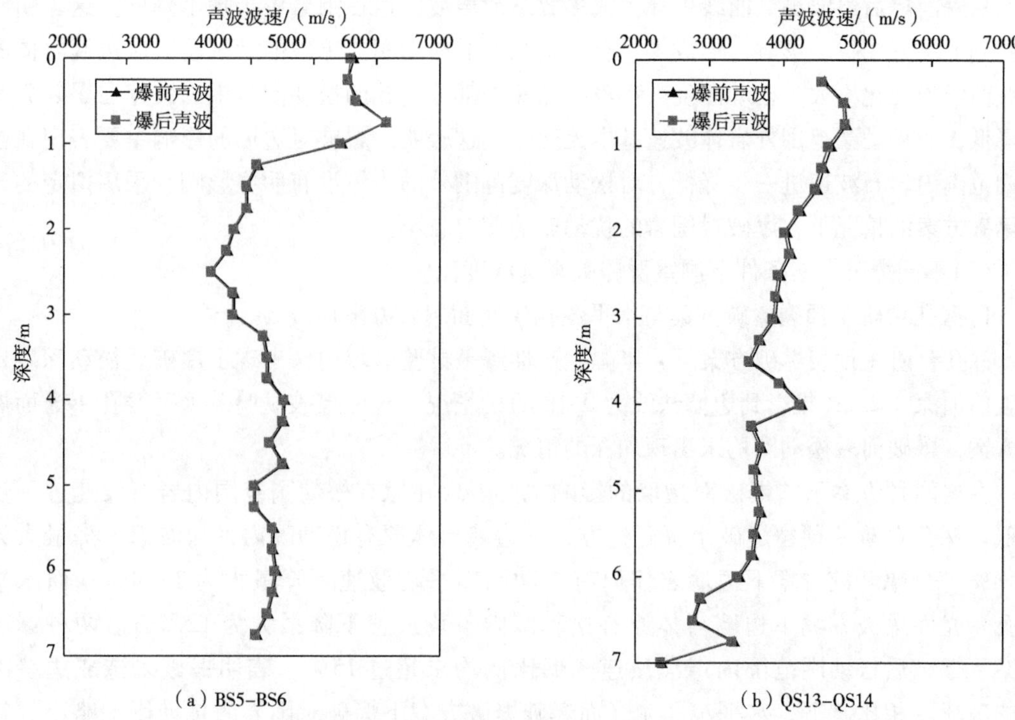

(a) BS5-BS6　　(b) QS13-QS14

图 6-18　第三类曲线的声波(V_p)-孔深(L)典型波形

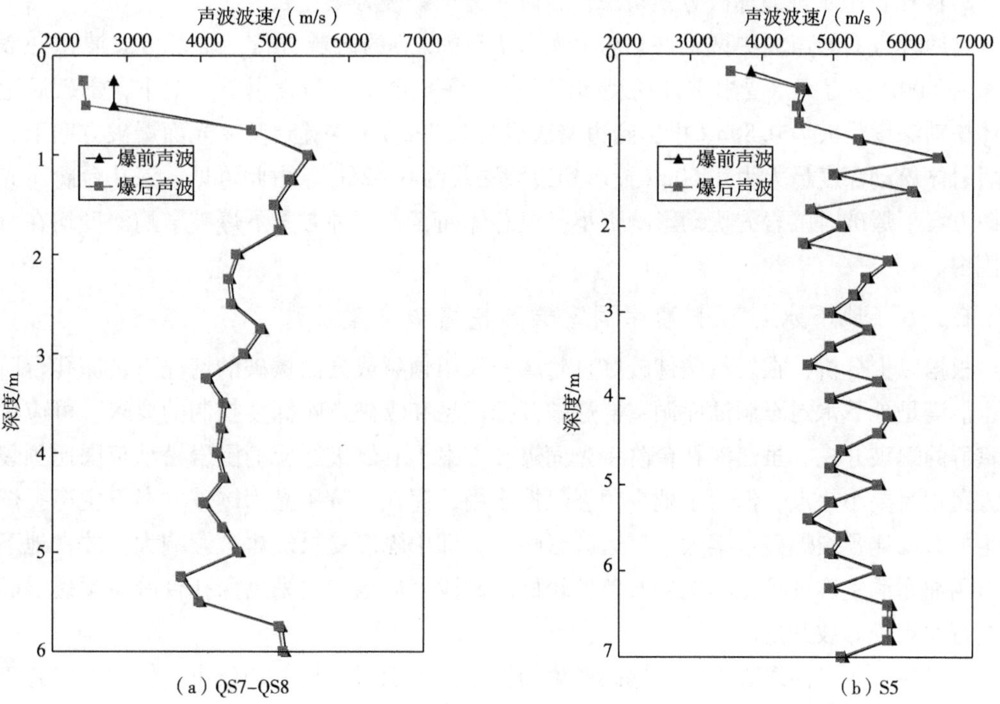

(a) QS7-QS8　　(b) S5

图 6-19　第四类曲线的声波(V_p)-孔深(L)典型波形

从爆前爆后声波测试曲线可知，大多数爆前声波波速在围岩中出现了降低。这表明围岩受到上层开挖扰动影响，形成了具有一定深度的松动圈。爆破前后试验区域边墙岩体的声波曲线均变化不大，松动深度大都没有加深。部分测孔的松动圈范围内波速在爆破后有所降低，而松动圈范围外岩体波速基本无变化，这表明，爆破对边墙的影响主要表现在松动圈范围内岩石波速进一步降低，对松动深度范围外的岩体没有明显影响，采用拟定的试验爆破方案的情况下，爆破对围岩的扰动影响相对较小。

(3)不同爆破方案条件下洞室群爆破影响深度比较

1)深孔台阶＋预裂爆破方案与水平浅孔＋光面爆破方案比较

深孔台阶＋预裂爆破方案下，半幅生产性爆破试验区域内，出现了爆破后松动深度比爆破前加深0.25m(投影到边墙法线为0.18m)的情况。全幅爆破试验及水平浅孔＋光面爆破方案，爆破前后松动圈均未出现加深的情况。

在这两种方案下，爆破对边墙的影响主要表现在原有松动圈范围内岩石波速进一步降低。深孔台阶＋预裂爆破半幅开挖方案下边墙岩体原有松动圈内平均波速下降最大为12.8%，全幅开挖方案下边墙岩体原有松动圈内平均波速下降最大为14.4%；而水平浅孔＋光面爆破方案下边墙岩体原有松动圈内平均波速下降最大为12.5%。两种爆破方案下爆破后松动圈范围内声波波速降低比例均未超过15%，表明爆破未造成边墙围岩的破坏。相比之下，水平浅孔＋光面爆破爆破方案下爆破对围岩的扰动影响略小，且更容易控制。

2)深孔台阶＋预裂爆破方案与深孔台阶＋光面爆破方案比较

这两种方案的声波测试均在岩性较好(Ⅱ类围岩)的区域进行，岩石声波波速一般在4500～6000m/s之间。受爆破开挖及卸荷影响，深孔台阶＋预裂爆破方案下，爆破后边墙岩体松动深度最大为0.80m(投影到边墙法线为0.79m)；深孔台阶＋光面爆破方案下，爆破后岩体松动深度最大为0.60m(投影到边墙法线为0.42m)。由此可见，深孔台阶＋光面爆破方案下爆破对围岩的扰动影响更小，但总体而言，两种方案下爆破影响深度均在可控范围内。

1.1.5 地下水封石洞油库洞室群开挖爆破方案优选

根据以上分析，在岩石条件较好且轮廓面采用预裂或光面爆破的情况下，深孔台阶爆破也能满足地下水封石洞油库洞室群爆破开挖成型和爆破影响深度控制的要求，可应用于洞室群的爆破开挖。虽然深孔台阶＋光面爆破方案下其爆破造成的围岩松动范围比预裂爆破方案相对要小一点，但由于缺少预裂隔振作用，深孔台阶＋光面爆破方案下主爆孔爆破产生的振动比预裂爆破方案大，对远区影响大，即中隔墙受重复爆破影响大。故在地下水封石洞油库洞室群开挖工程中岩石条件较好的洞段，应当优先采用深孔台阶＋预裂爆破方案进行大规模爆破开挖。

水平浅孔＋光面爆破方案下爆破产生的振动及对围岩的扰动均较小，但该方案施工效率较低，开挖层数多，不利于大规模施工，适合在岩体性质较差或爆破振动控制相对较严格的开挖区域中采用。

综合爆破试验的开挖效果、爆破振动特性以及爆破影响深度的分析，推荐在该地下水封石洞油库开挖工程中采用“深孔台阶 + 预裂爆破”方案和“水平浅孔 + 光面爆破”方案两种方案相结合的方式进行开挖。具体的推荐爆破方案及孔网参数如下：

(1)深孔台阶 + 预裂爆破方案

推荐采用全幅开挖的方式，主爆孔 2 ~ 3 孔一响，控制最大单响起爆药量不大于 89kg，孔外接起爆网路。炮孔布置及网路见图 6-20，爆破参数见表 6-12。

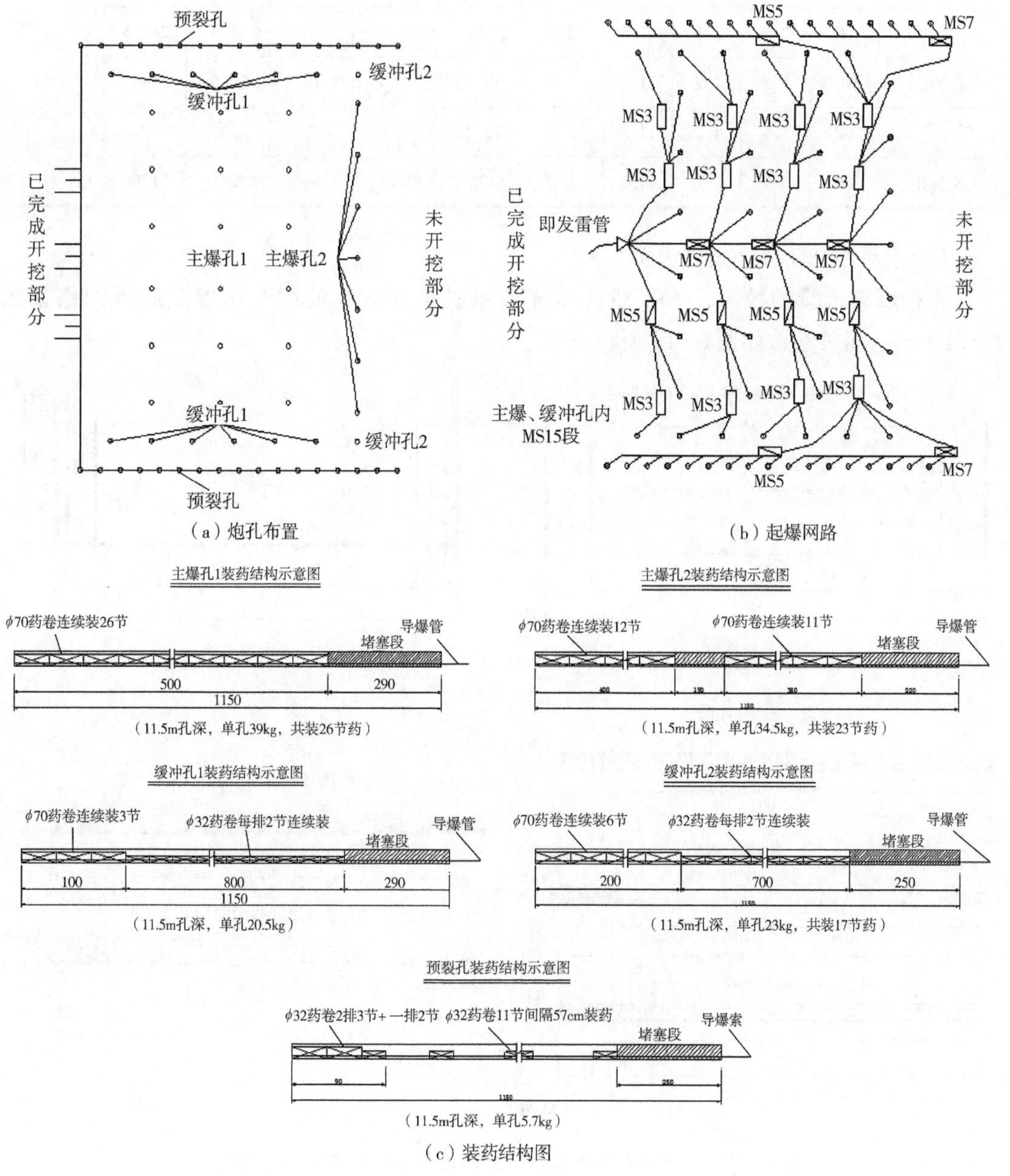

图 6-20 深孔台阶 + 预裂爆破推荐方案炮孔布置、起爆网路及装药结构图

表 6-12　深孔台阶 + 预裂爆破推荐方案爆破参数表

孔别	孔径/mm	孔距/m	排距/m	孔深/m	堵塞长度/m	药径/mm	平均线密度/(g/m)	孔数	单孔药量/kg	总药量/kg	平均单耗/(kg/m^3)
主爆孔 1	90	3.0	2.5	11.5	2.5	70	—	18	39	702	0.54
主爆孔 2	90	2.5	2.5	11.5	2.2	70	—	7	34.5	241.5	
缓冲孔 1	90	1.5	1.2	11.5	2.5	70/32	—	12	20.5	246	
缓冲孔 2	90	1.5	1.2	11.5	2.5	70/32	—	2	23	46	
预裂孔	76	0.7	—	11.5	1.0	32	440	34	5.0	170	

(2)水平浅孔 + 光面爆破方案

根据爆破试验的效果，水平浅孔 + 光面爆破推荐方案的炮孔布置及起爆网络如图 6-21所示，爆破参数如表 6-13 所示。

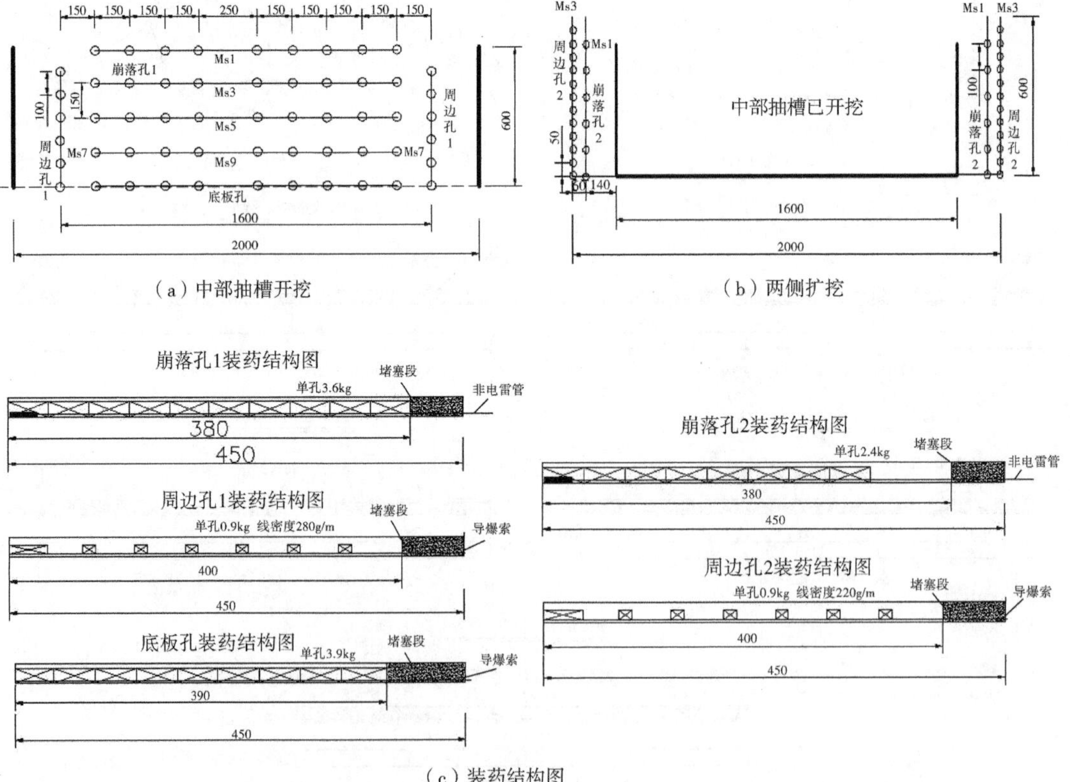

(a) 中部抽槽开挖

(b) 两侧扩挖

(c) 装药结构图

图 6-21　水平浅孔 - 光面爆破推荐方案炮孔布置及起爆网路图

表 6-13　水平浅孔-光面爆破推荐方案爆破参数

孔别	孔径/mm	孔数/个	药卷/mm	单孔药量/kg	线装药/(g/m)	间距/m	排距/m	装药量/kg	单耗/(kg/m³)	总药量/kg
崩落孔 1	42	36	32	3.6		1.5	1.5	129.6		
周边孔 1	42	12	25	1.26	280	1.0		15.1	0.45	179.8
底板孔	42	9	32	3.9		1.5		35.1		
崩落孔 2	42	12	32	2.4		1.0	1.4	28.8	0.5	50.4
周边孔 2	42	24	32	0.9	220	0.5		21.6	0.5	50.4

1.2　围岩及锚固系统爆破动力稳定性分析

爆破振动能否得到合理控制直接影响到洞库围岩的稳定性。因此，有必要通过爆破振动试验及施工过程中质点振动速度监测数据对比分析，科学评价爆破振动对洞库围岩及锚固系统稳定性安全影响程度，为提出爆破振动控制标准和选择合理的施工方法及爆破参数提供依据。为此，本章采用 FLAC3D 软件开展数值计算，主要开展以下三个方面的研究：

(1)地下水封石洞油库群工程区域的初始地应力特征分析；

(2)爆破动荷载作用下洞库群围岩振动影响范围研究；

(3)开挖爆破的岩体振动场反演与围岩动力稳定性分析。

1.2.1　地下水封石洞油库开挖区域初始地应力特征分析

岩体在长期的地质构造运动过程中，伴随着浅表层改造以及岩体变形破坏过程中应力的积累、释放和转移，形成了现存的地应力场。作为岩体的基本赋存条件和承受的主要荷载，地应力总是作为洞室群数值分析模型的初始条件，而且地应力对岩体介质的力学特征和变形破坏机制有着重要影响，常作为岩石地下工程布置的主要依据之一。本节通过对采用水压致裂地应力测量方法所获得的地应力实测资料进行综合解析，研究该地下水封石洞油库工程开挖区域地应力场的空间分布特征，为后续区域地应力场的反演和施工开挖爆破过程的三维数值仿真奠定基础。

(1)地应力测试数据综合分析

根据岩土工程勘察报告，在该工程洞库详细勘察阶段采用水压致裂平面应力测试法对 ZK002、ZK006 及 ZK008 三个钻孔进行了地应力测试。地应力测试报告的洞库建设场地地应力评价结果为：1)最大主应力(σ_H)为 -13 ~ -16MPa，最小水平主应力(σ_h) -6 ~ -9MPa，垂直应力(σ_v)为 -3 ~ -10MPa，三向主应力之间的关系表现为 $\sigma_H > \sigma_h > \sigma_v$，最大主应力为水平主应力；2)最大主应力方向为NWW向，优势方向为N73°W；3)最大地应力方向随深度增加具向西偏转趋势，最大地应力数值随深度增加具线性增大特征；4)水压致裂测试过程中获得钻孔孔壁岩石的原地抗拉强度一般为 -4 ~ -9MPa。将ZK002、ZK006及ZK008三个钻孔的测试结果列入表6-14，其中竖向应力分量 σ_v 是根据测点上覆岩层厚度和岩体密度估算得到，即 $\sigma_v = \gamma_H$。

表6-14　库址区域地应力水平面应力特征和侧压系数

钻孔编号	测点高程/m	水平面内主应力分量			竖向应力分量	侧压系数	
		σ_H/MPa	σ_h/MPa	σ_H 方向角/(°)	σ_v/MPa	σ_H/σ_v	σ_h/σ_v
ZK002	-30.92	-14.45	-9.87	N73°W	-9.64	1.50	1.02
	-65.12	-15.69	-10.31	N73°W	-10.55	1.48	0.98
ZK006	-31.73	-14.47	-8.77	N70°W	-7.67	1.88	1.14
	-30.88	-12.0	-7.43	N70°W	-5.21	2.30	1.42
ZK008	-42.92	-12.62	-7.55	N80°W	-5.53	2.28	1.37
	-48.89	-13.18	-8.11	N80°W	-5.68	2.32	1.42

从表6-14中可以看出，侧压系数 $\lambda_H(\sigma_H/\sigma_v)$ 介于1.48~2.32之间，$\lambda_h(\sigma_h/\sigma_v)$ 大都介于1.02~1.42之间。水平测试获得的地下水封石洞油库区域地应力状态总体上表现为 $\sigma_H > \sigma_h > \sigma_v$，最大水平主应力方向分布于N70°W~N80°W之间，进一步表明测试区地应力场以水平向构造应力为主。随深度增加，地应力水平面应力的大致变化规律是，埋深越小，λ_H 和 λ_h 量值越大；埋深越大，λ_H 和 λ_h 量值越小，即水平向最小主应力与竖向应力分量趋于接近。

(2)三维地质概化模型

为获得初始地应力场以及后续三维数值分析的需要，依据地质勘察资料和洞库群的覆盖区域，建立了三维地质概化模型，计算模型所取范围如图6-22所示。其中，模型坐标系的 X 轴平行于主洞室纵轴线，从1#主洞室0+000指向1#主洞室0+400为正；Y 轴垂直于主洞室纵轴线方向，从1#主洞室指向9#主洞室为正；Z 轴铅直向上。坐标系的原点位于1#主洞室桩号0+000处。在上述模型覆盖范围内剖分网格，建立地应力计算模型，见图6-23。洞库模型的覆盖范围尺寸为520m×700m×421m($X \times Y \times Z$)，单元总数为347328，节点总数为362780，模型内各岩层均采用实体六面体单元模拟。根据地质勘察成果，模型考虑了主要分布在主洞库区域的F3和F8断层，见图6-24。

地下水封石洞油库初始地应力计算采用的岩体力学参数取值方案为：山体表层风化区域内按照Ⅳ类和Ⅴ类围岩参数取值，下部岩体区域取为Ⅲ类围岩参数，断层根据Ⅴ类围岩参数取值。具体参数取值见表6-15。

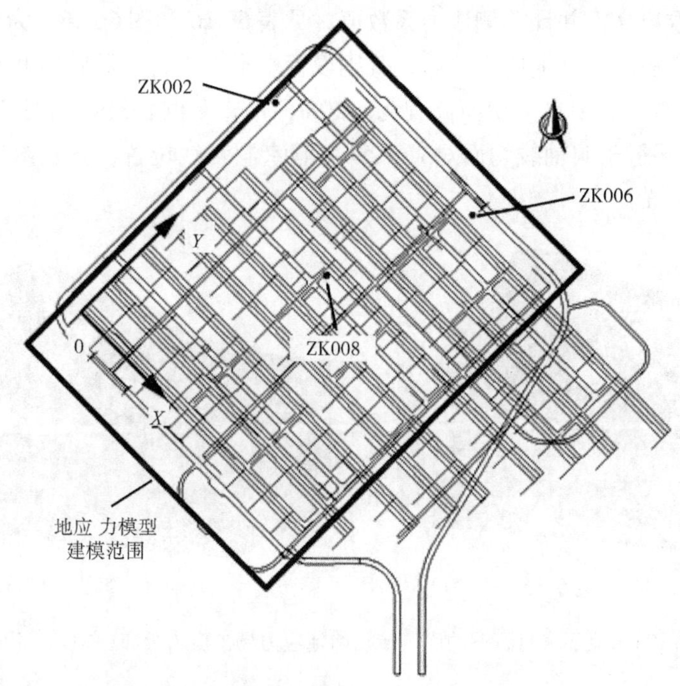

图 6-22　计算模型边界范围及地应力测试点位置示意

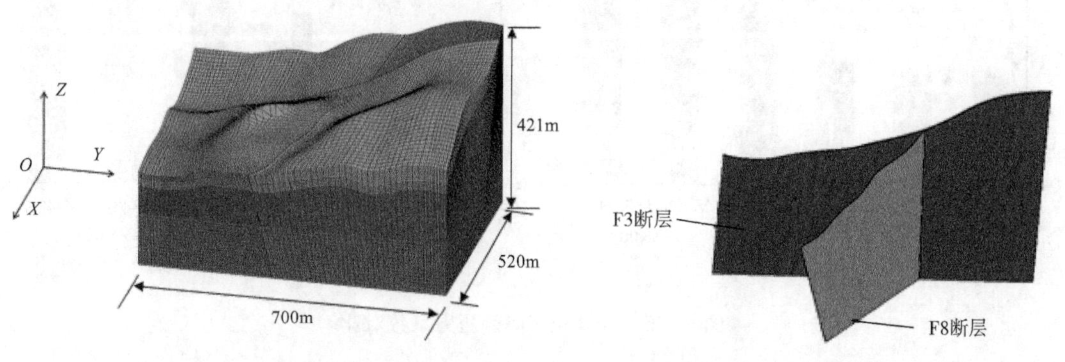

图 6-23　地应力计算模型网格

图 6-24　地质断层形态示意

表 6-15　初始地应力岩体物理力学性质指标建议值

岩体分级	变形模量/GPa	泊松比	重度/(kN/m^3)	内聚力/MPa	内摩擦角/(°)	抗拉强度/MPa
Ⅲ	7.2	0.26	25.1	0.8	41.2	4.5
Ⅳ	1.4	0.32	23.2	0.3	28.4	2.5
Ⅴ	0.8	0.36	22.3	0.05	24.1	1.5

(3)地下水封石洞油库区地应力场分布特征

采用侧压系数分析方法和三维数值计算模拟，获得地下水封石洞油库区域地应力场分布特征，如图 6-25 所示。进一步将 ZK002、ZK006 和 ZK008 测点在地应力计算模型中对应部位的应力提取出来，并计算侧压力系数值，见表6-16和图6-26。为分析地下水封石洞油库区域特征断面的初始地应力分布，分别设置水平、垂直于洞轴线和平行于洞轴线三个切面，见图6-27，其中水平切面高程为-30m，垂直于洞轴线切面对应于1#主洞室桩号0+200位置，平行于洞轴线切面对应于5#主洞室洞轴线位置，分别给出各个切面的主应力矢量与量值分布。

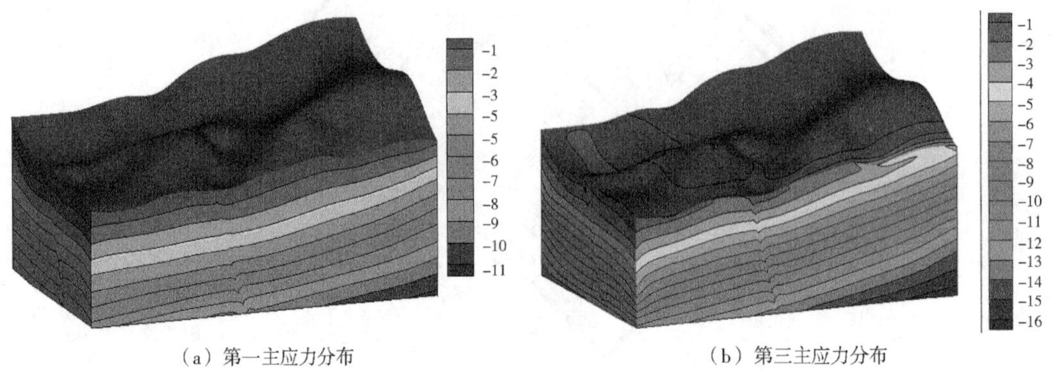

（a）第一主应力分布　　（b）第三主应力分布

图6-25　地下水封石洞油库区域初始地应力场主应力分布(单位：MPa)

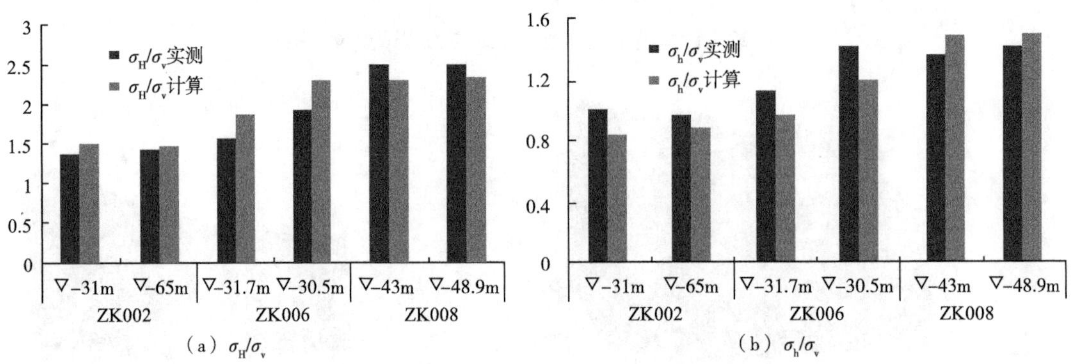

（a）σ_H/σ_v　　（b）σ_h/σ_v

图6-26　计算和实测侧压力系数对比

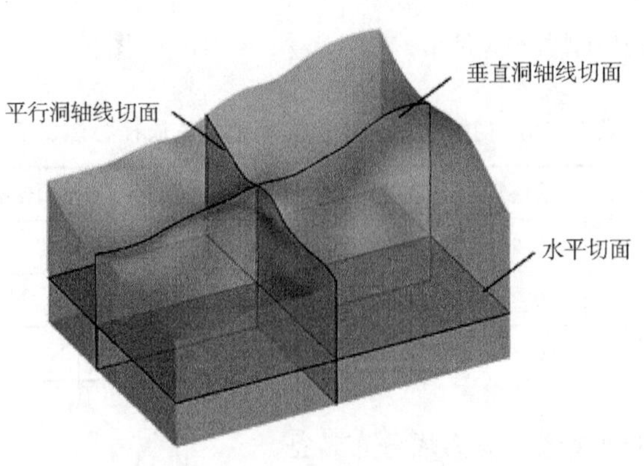

图6-27　特征切面设置

表 6-16 地应力测点的计算初始应力分量及测压系数

钻孔编号	测点高程/m	地应力测点的计算应力分量/MPa						计算侧压系数	
		σ_x	σ_y	σ_z	σ_{yz}	σ_{xz}	σ_{xy}	σ_H/σ_v	σ_h/σ_v
ZK002	-30.92	-12.27	-7.47	-8.70	-0.61	0.01	-0.07	1.37	0.83
	-65.12	-13.81	-8.68	-9.49	-1.02	0.01	-0.11	1.41	0.89
ZK006	-31.73	-10.94	-7.25	-7.16	-0.58	0.21	-1.08	1.57	0.97
	-30.88	-10.94	-7.25	-7.15	-0.60	0.21	-1.07	1.93	1.20
ZK008	-42.92	-13.10	-8.04	-8.67	-0.22	0.52	-0.75	2.48	1.49
	-48.89	-13.44	-8.32	-8.89	-0.22	0.57	-0.81	2.48	1.50

综合分析上述结果，可得如下结论：

1)地下水封石洞油库地应力模型的第一主应力分布在 -1 ~ -16MPa 之间，第三主应力分布在 -1 ~ -11MPa 之间；主应力等值线分布梯度总体较为均匀，但在断层穿过的部位呈现出锯齿形态，显示断层上下盘初始应力量值有所差异，表明地质断层对初始地应力的分布有一定的影响。总体来看，该影响仅限于断层穿过的部分单元，断层应力影响带的范围较小。

2)ZK002、ZK006 和 ZK008 不同高程测点的计算侧压力系数值，$\lambda_H(\sigma_H/\sigma_v)$介于 1.37 ~ 2.48之间，$\lambda_h(\sigma_h/\sigma_v)$介于 0.83 ~ 1.50 之间，显示最大主应力为水平面内的大主应力，且随埋深的变化规律与实测数据一致，量值差异较小。

3)图 6-28 为洞库群特征切面的平面应力矢量图，从中可以看出，水平切面内的大主应力方向与洞周纵轴线呈小夹角相交，并以逆时针趋势稍稍偏向 Y 轴正向，这与表 6-16 的地应力实测数据揭示的水平最大主应力方向角在 N70°W ~ N80°W 之间分布、优势方向为 N73°W 一致[见图 6-28(a)]；垂直于洞库轴线剖面的大主应力方向指向地势降低一侧[见图 6-28(b)]，这基本反映了地应力矢量随地势而变化的规律；平行于洞库轴线切面的大主应力方向在断面的变化不大，应力量值随着埋深的增加而不断增加[见图 6-28(c)]。综合上述三个特征断面内的主应力矢量分布规律，主洞室所在部位的矢量方向变化梯度均匀，规律性也较好，断层穿过的部位没有出现应力矢量方向的突变。

4)图 6-29 ~ 图 6-31 为特征切面主应力量值等值线分布规律，可以看出，各个断面内的第一和第三主应力等值线梯度分布都较为均匀，等值线的整体走向与山形地势走向吻合度较好，洞库群区域的应力量值分布的规律性也较好。受到 F3 和 F8 地质断层的影响，各个特征断面内的主应力等值线在断层穿过的部位都出现了一定程度的锯齿形分布特性，但影响区域仅限于断层结构穿过的部位，断层上下盘的应力量值差异较小，其影响带也不大。

5)将地应力模型覆盖范围内的 1# ~ 9#主洞室应力分布进行统计，见表 6-17，可以看出，在所考虑的桩号范围内，平行于轴线方向，即 1# ~ 9#主洞室垂直于端墙的应力分量 σ_{xx}分布在 -7.23 ~ -13.37MPa 之间；垂直于轴线方向，即 1# ~ 9#主洞室垂直于边墙的应力分量 σ_{yy}分布在 -4.72 ~ -9.00MPa 之间。从 1# ~ 9#主洞室，随着洞库埋深的不断增加，各洞室的应力水平都不断增加。

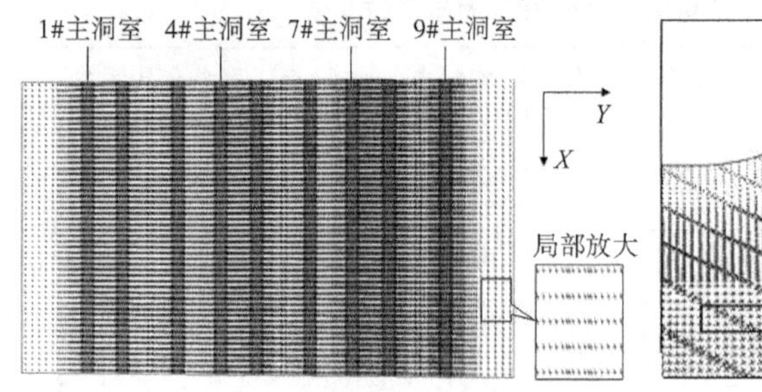

（a）高程-30m水平切面的平面应力矢量

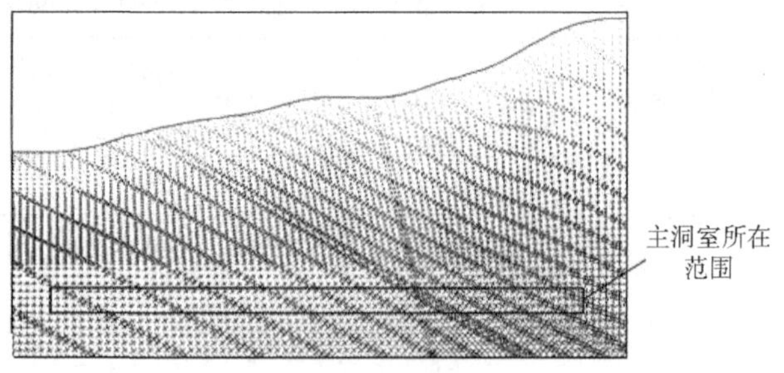

（b）垂直于洞库轴线剖面的平面应力矢量

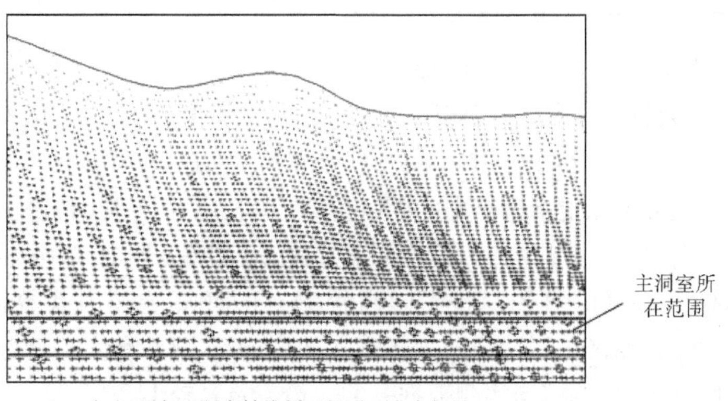

（c）平行于洞库轴线剖面的平面应力矢量

图6-28　洞库群特征切面的平面应力矢量

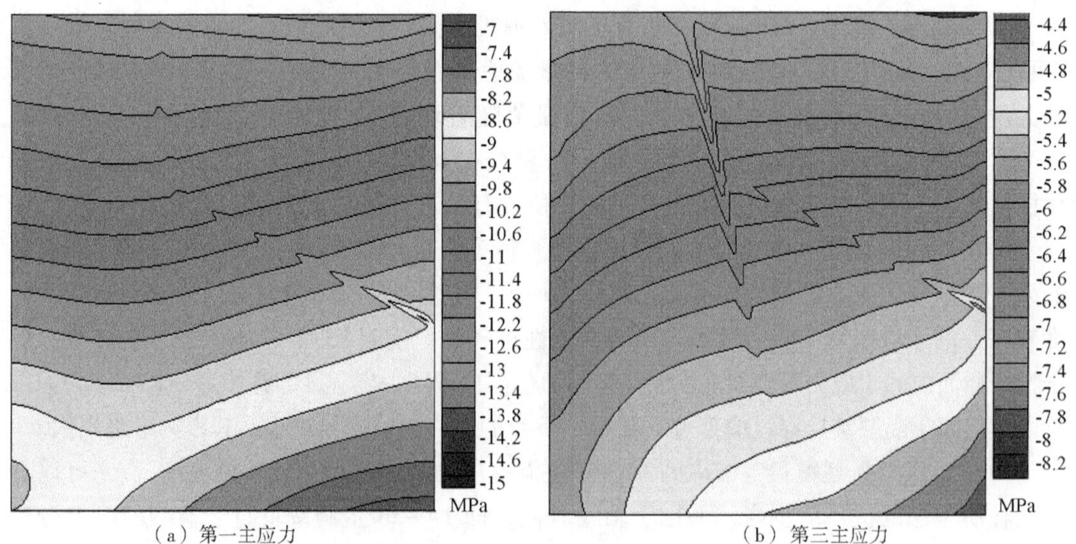

（a）第一主应力　　（b）第三主应力

图6-29　高程-30m平面主应力分布

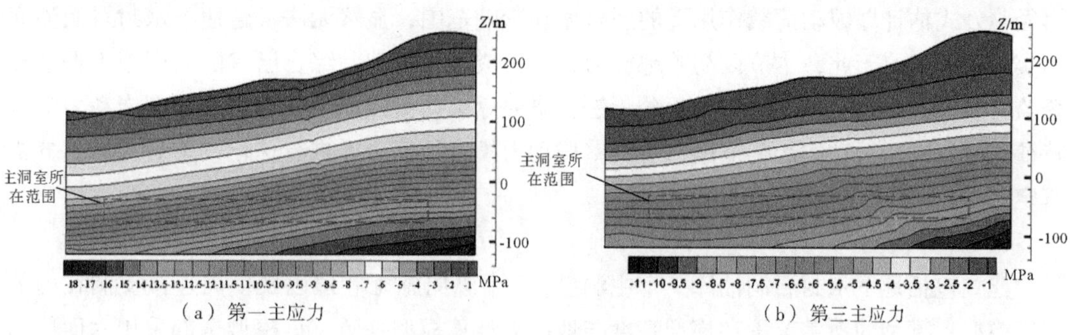

（a）第一主应力　（b）第三主应力

图 6-30　垂直于洞库轴线切面的主应力分布

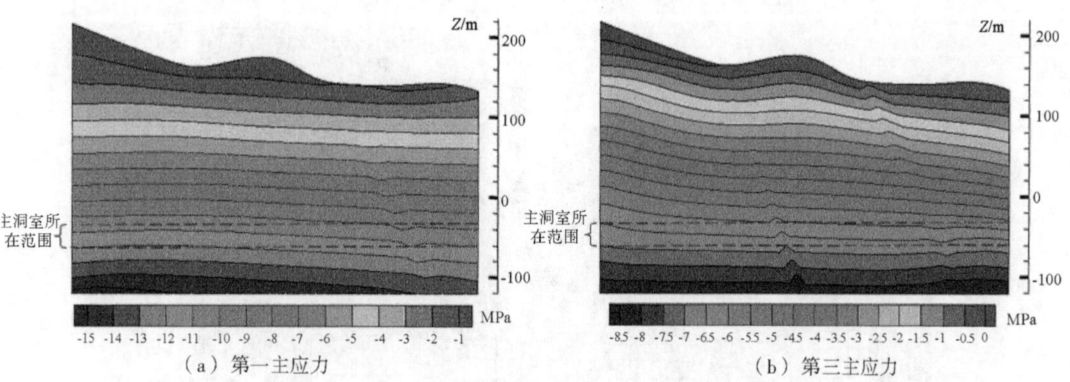

（a）第一主应力　（b）第三主应力

图 6-31　平行于洞库轴线切面的主应力分布

表 6-17　各主洞室应力分布范围统计

主洞室号	桩号范围	第一主应力	第三主应力	平行于轴线	垂直于轴线	竖直方向
		σ_1/MPa	σ_3/MPa	σ_{xx}/MPa	σ_{yy}/MPa	σ_{zz}/MPa
1#	0+000~0+400	-7.24~-9.60	-4.40~-6.15	-7.23~-9.38	-4.72~-7.58	-4.68~-6.27
2#	0+000~0+500	-7.70~-9.73	-4.57~-6.09	-7.70~-9.50	-5.01~-7.40	-4.60~-6.41
3#	0+000~0+500	-8.34~-10.24	-4.91~-6.13	-8.34~-10.06	-5.40~-7.46	-5.22~-6.76
4#	0+000~0+475	-8.73~-10.73	-5.13~-6.34	-8.77~-10.58	-5.71~-7.63	-5.45~-7.10
5#	0+000~0+475	-9.19~-11.19	-5.34~-6.58	-9.19~-11.05	-5.97~-7.84	-5.71~-7.43
6#	0+000~0+475	-9.98~-11.97	-5.82~-7.10	-9.98~-11.82	-6.38~-8.08	-6.29~-7.98
7#	0+000~0+440	-10.62~-12.56	-6.28~-7.59	-10.62~-12.40	-6.75~-8.18	-6.75~-8.41
8#	0+000~0+440	-11.15~-12.97	-6.59~-7.96	-11.15~-12.80	-7.05~-8.21	-7.09~-8.77
9#	0+000~0+440	-11.68~-13.47	-6.85~-8.54	-11.59~-13.37	-7.15~-9.00	-7.57~-9.15

1.2.2 爆破动荷载作用下洞室群围岩振动影响范围研究

在施工开挖爆破过程中，爆破动荷载将产生爆破地震波，既会对洞内已开挖并支护的围岩和锚固系统形成振动影响，也有在邻近洞室周围绕射传播的特性。地下水封石洞油库洞室群由主洞室、施工巷道和水幕巷道等多个洞室纵横交错组成，形成了复杂的临空面组合。由爆破荷载形成的爆破地震波在岩体内传播，必然在临空面处形成反射和折射，若采用经验公式估计爆破动荷载作用下的围岩振动影响范围，显然无法考虑地下水封石洞油库的实际条件。鉴于此，本节以初始地应力场分析成果为基础，综合已有的洞库施工振动安全监测成果的分析，采用动力时程分析法，研究爆破动荷载作用下的洞库群围岩动力响应特征，量化围岩振动的影响范围，对洞室群动力模型计算边界进行优化，为后续计算分析奠定基础。

(1)计算模型

建立包括地下水封石洞油库9个主洞室，3个纵向施工巷道以及横向连接支洞在内的洞库模型，模型的覆盖范围和模型高度与地应力计算模型一致，该模型全部采用六面体单元进行剖分，共计剖分了1006876个单元和1047174个节点，见图6-32。

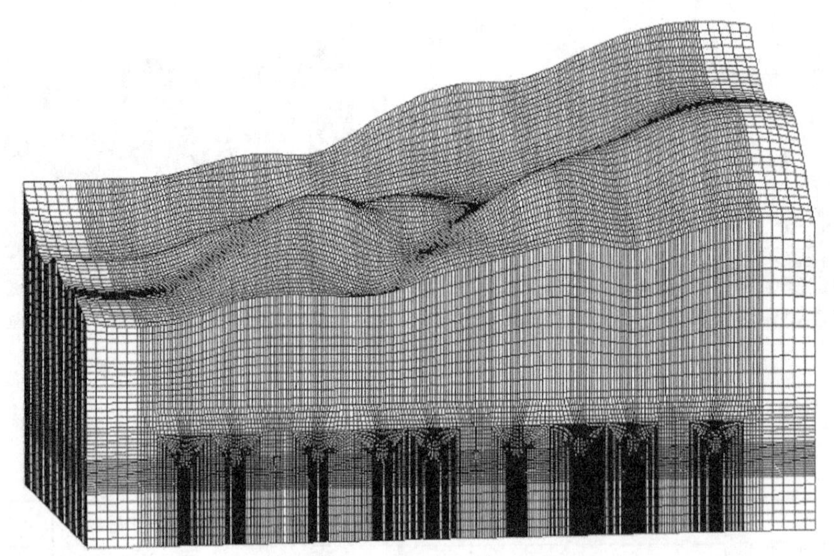

图6-32　岩体振动范围计算分析模型

(2)爆破荷载确定

从上层爆破开挖的实测振动数据，发现测点较大的实测爆破最大振动峰值，均是由最先起爆的掏槽爆破引发。因此，在数值分析爆破动荷载的岩体振动影响范围时，可仅考虑掏槽爆破引起的动荷载影响。

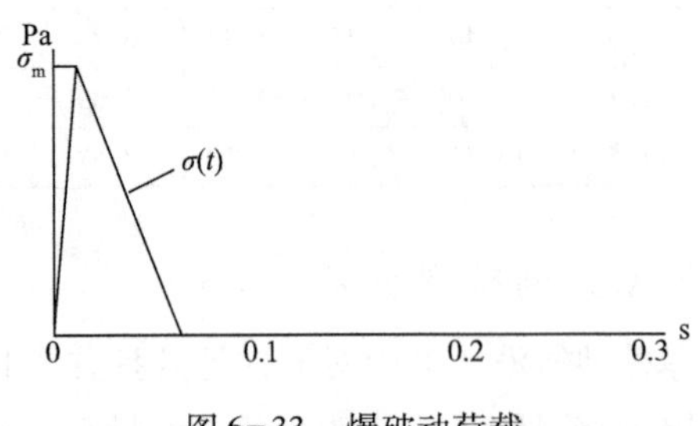

图6-33　爆破动荷载

根据相关爆破数值分析成果，单次爆破荷载作用可简化为具有线性上升和下降段的三角形荷载，其典型作用时间的上升段一般为8～10ms，下降段时间通常为上升段的5倍。结合本节动力分析模型网格的实际尺寸，取动力计算中的输入爆破动荷载为上升段10ms，下降段50ms的三角形荷载，计算时间取为0.3s。见图6-33。其中，σ_m为脉冲峰值，为爆破冲击波的初值峰值压力，通过爆轰波作用在炮孔壁上。脉冲峰值σ_m是一个与装药条件、装药密度、炸药爆速、药卷半径、炮孔半径和相关经验性参数有关的物理量。若将图 6-33 所示的波形函数定义为 $f(t)$，则爆破动荷载时程为：$\sigma(t)=\sigma_m f(t)$。

由于动力计算的目的在于量化评价爆破动荷载作用下的围岩振动影响范围，为后续的分析提供经济合理的动力模型建模范围，故仅上层爆破开挖的较大振动峰值监测成果为依据，通过不断调整 σ_m 值，得到不同的爆破动荷载时程 $\sigma(t)$，进而输入模型进行爆破计算，最终得到与实际监测峰值振速相符合的计算成果，从而确定爆破振动的影响范围。

(3)计算过程

根据上述分析，本节的具体计算步骤为：

1)初始地应力场计算：根据地应力数值分析时确定的侧压力系数，对图 6-32 所示的岩体振动范围计算模型计算初始地应力，得到该模型初始地应力场。

2)洞库开挖模拟：为反映爆破地震波被相邻洞室开挖面反射和折射的效应，如图 6-34，将三条纵向施工巷道全部开挖，将上层的 1# ~ 4#主洞室、6# ~ 9#主洞室在洞轴线方向上开挖一半，将起爆区域设置在位于整个洞库群中部的 5#主洞室中导洞部位，相应地对 5#主洞室也进行部分开挖。不考虑锚固支护措施，在地应力计算使用的岩体力学参数基础上，取爆破振动计算的内聚力、抗拉强度为静态模量的 30%，其余参数不变，见表 6-18。

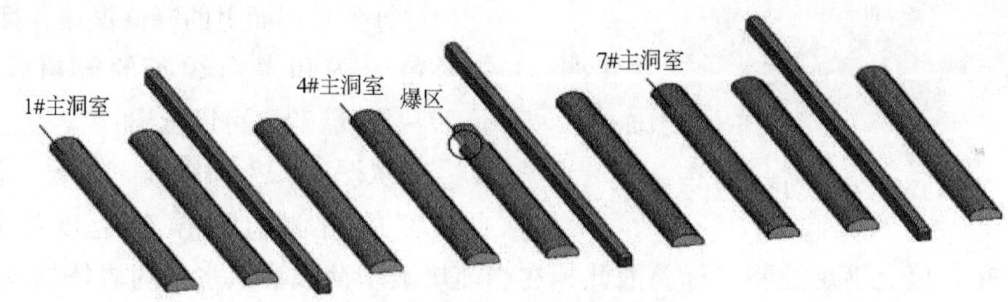

图 6-34　主洞室和施工巷道开挖部分

表 6-18　岩体振动计算的岩体力学参数取值

岩体分级	变形模量/GPa	泊松比	重度/(kN/m^3)	内聚力/MPa	内摩擦角/(°)	抗拉强度/MPa
Ⅲ	7.2	0.26	25.1	0.24	41.2	1.35
Ⅳ	1.4	0.32	23.2	0.09	28.4	0.75
Ⅴ	0.8	0.36	22.3	0.015	24.1	0.45

3)确定岩体振动幅度的上限：选择上层爆破开挖实测资料的较大峰值振速 12.3cm/s(对应的爆源距为 30m，测点部位在邻洞洞壁)作为爆破动荷载作用下岩体振动影响范围的上限标准。

4)输入爆破动荷载，进行动力时程计算：输入爆破动荷载时的模拟情况如图 6-35 所示，图中的灰色区域即是爆破动荷载的施加作用部位，包括了全部掌子面和紧邻的中导洞围岩(宽度为一个施工进尺)。

图 6-35　爆破动荷载施加示意：灰色区域为荷载施加区域

5)根据计算成果确定岩体振动范围：以“30m－12.3cm/s”作为“爆源距－峰值振速”控制目标，通过不断调整 σ_m 值大小，得到爆破动荷载时程 $\sigma(t)$，从而输入模型进行动力分析，以邻洞洞壁振动峰值达到12.3cm/s 左右作为接受标准，根据衰减规律进行优化分析，确定动力分析模型的合理范围。

(4)计算成果分析

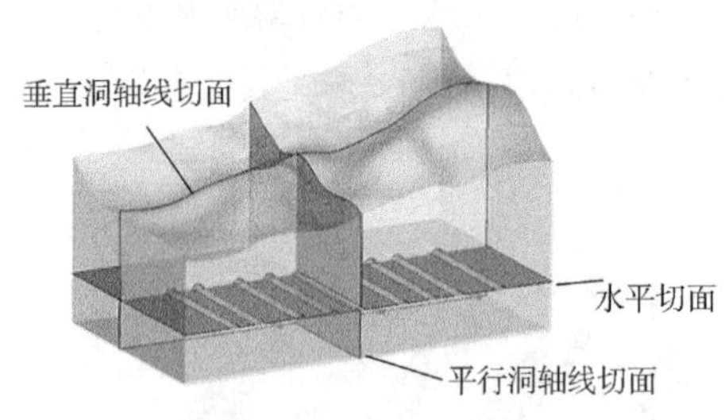

图 6-36　典型切面位置示意

分别沿着掌子面中部高程、5#主洞室的纵轴线以及掌子面所在的垂直于主洞室纵轴线三个方向，做三个典型切面，见图 6-36。

对每个平切面上的峰值振速，都分别绘制彩色云图和黑白线条的等值线，见图 6-37～图 6-39，可以看出：

1)从图 6-37 和图 6-38 看，位于 4#主洞室的右侧边墙振动速度峰值约为 12cm/s，在量值上满足控制目标。因此，在当前爆破动荷载输入水平的岩体振动范围计算成果，可用于确定动力分析模型的建模范围。

2)从岩体峰值振速等值线的分布规律看，位于爆源附近部位的峰值振速最大，爆破动荷载作用面的峰值达到 140cm/s 以上，但随着爆源距的增加，岩体峰值振速衰减较为明显。在垂直于洞轴线方向上，对 5#主洞室进行爆破动力计算分析的合理模型边界，可确定为 3#主洞室和 4#主洞室，以及 6#主洞室和 7#主洞室的岩柱中间部位，见图 6-37 和图 6-38中的虚线。

3)从图 6-39 的峰值振速分布来看，在平行于洞轴线方向，岩体振动随爆源距增加而衰减的幅度，因洞库是否开挖而有所不同。其中，在洞库尚未开挖一侧，岩体振动衰减相对较快，峰值振速为 3cm/s 所对应的爆源距为 76m；在洞库已开挖一侧，岩体振动衰减相对较慢，峰值振速为 3cm/s 所对应的爆源距为 100m。因此，在平行于洞轴线方向上，可确定未开挖岩体一侧 80m、已开挖洞库一侧 100m 为爆破动力计算分析的合理模型边界，见图 6-39 中的虚线。

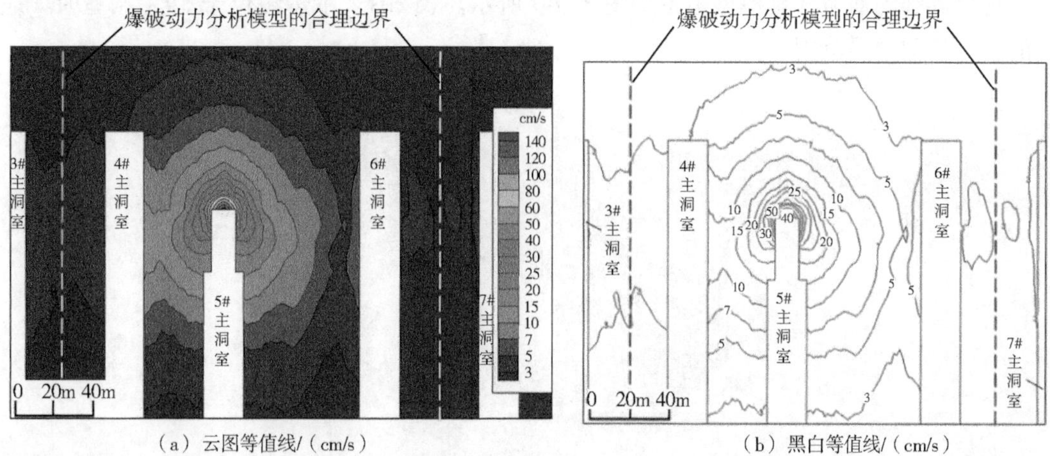

（a）云图等值线/（cm/s）　　（b）黑白等值线/（cm/s）

图 6-37　水平切面峰值振速等值线

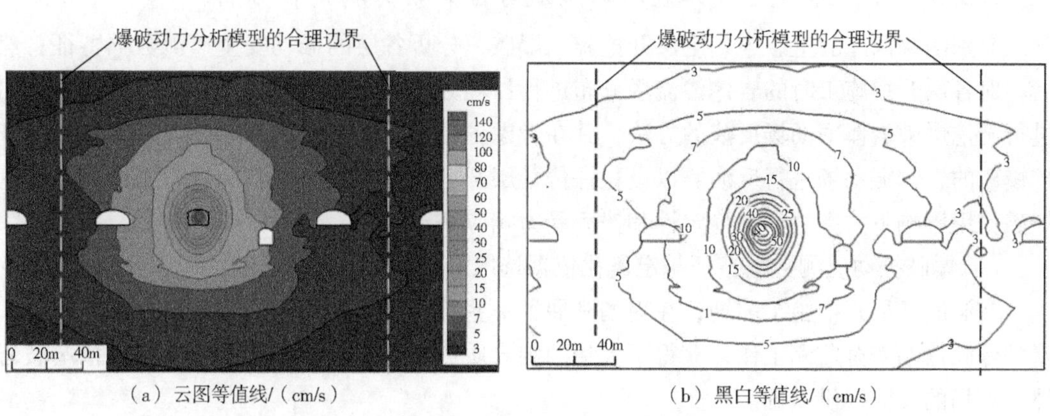

（a）云图等值线/（cm/s）　　（b）黑白等值线/（cm/s）

图 6-38　垂直洞轴线切面峰值振速等值线

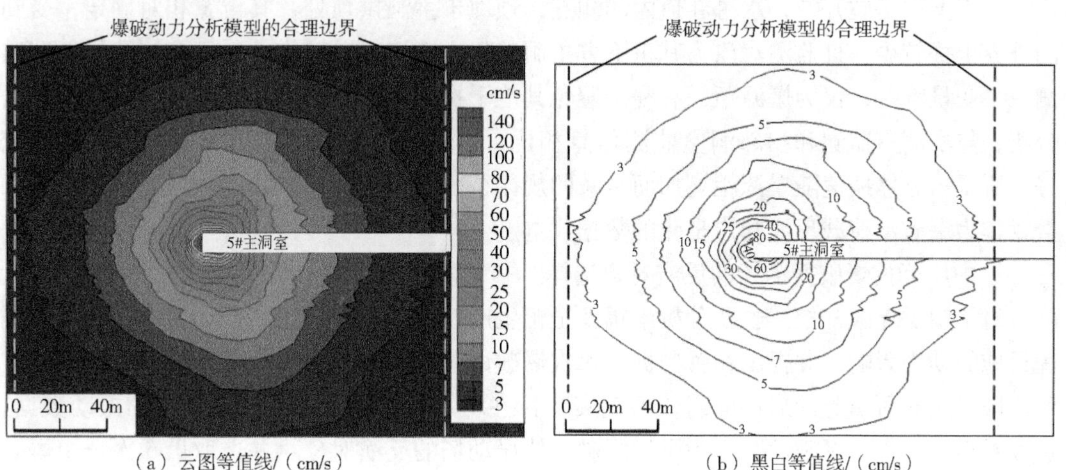

（a）云图等值线/（cm/s）　　（b）黑白等值线/（cm/s）

图 6-39　平行洞轴线切面峰值振速等值线

优化得到的动力计算模型范围如图6-40所示。（该图表示爆源位于5#主洞室时，应取的动力模型边界范围。）

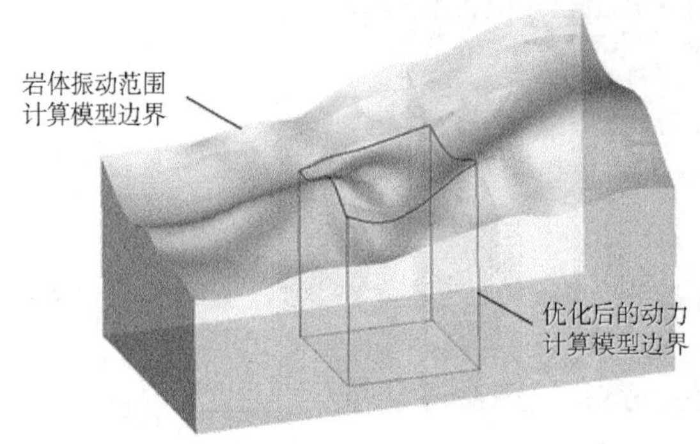

图6-40 确定的爆破振动计算动力模型边界范围

1.2.3 开挖爆破的岩体振动场反演与围岩动力稳定性分析

分别围绕洞库的上、中、下层开挖施工爆破，分析各层的振动安全监测数据特征；然后，对各层开挖施工时的岩体渗流场分布进行计算分析；接下来，针对各层的特点，给出进行开挖爆破岩体振动场反演的方法，并在考虑各层洞库开挖的渗流场基础上，对各层开挖爆破的岩体振动场进行反演，以量化评价各层开挖爆破的围岩振动特征；最后，对开挖爆破作用影响下的围岩动力稳定性和锚固受力响应进行分析。

(1)爆破振动监测数据特征与定量化依据选取

在洞库各层开挖施工前期，在现场开展了一些有针对性的生产性爆破试验，进行了大量的爆破振动安全监测工作，获得了大量的围岩质点振速时程和峰值资料，为开挖爆破岩体振动场的反演提供基础。

1)上层开挖爆破振动场的反演对象选择

对于上层爆破开挖，水幕巷道内的测点，预埋于主洞拱顶处，其位置相对固定，受到的外界干扰较少，且监测对象为其正下方主洞室的连续施工爆破作业，每个测孔的振速监测成果变量唯一，仅为爆源距，有利于避免其他干扰因素的可能影响。同时，经监测数据分析，与本洞室监测和相邻洞室监测信息相比，水幕巷道预埋测点监测数据分布规律较好，所揭示岩体振速随爆源距增加而衰减的规律特征也比较明显。故选择预埋测点的实测数据作为爆破动荷载反演和定量化的数据样本。

2)中层开挖爆破振动场的反演对象选择

对于中层爆破开挖，主要分析半幅及全幅生产性爆破试验的爆破振动对洞库围岩及锚固设施的动力影响，并提出相关判据。每次爆破试验的装药量、炮孔布置和起爆网络均有所不同，爆破所引起的后冲向岩体振动衰减特性均有所差异。根据爆破试验的振动数据，选取左半幅第3次爆破试验作为半幅爆破岩体振动场的反演对象，并选取第5次全幅爆破试验作为全幅爆破岩体振动场的反演对象。

3）下层开挖爆破振动场的反演对象选择

选择洞库的下层生产性爆破试验和爆破振动安全监测中起爆网络、装药结构和药量较为常见的爆破参数所对应振动监测成果，并将测点距爆源的水平距离与质点峰值振速的三向最大值绘入图6-41。可以看出，随着距爆源水平距离的增加，质点峰值振速呈现不断衰减的规律。

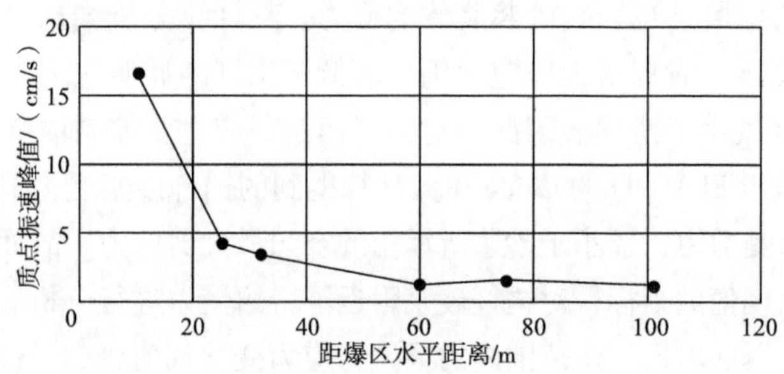

图6-41　质点峰值振速－距爆区水平距离的关系

（2）洞库上层开挖爆破的岩体振动场反演与围岩稳定性分析

针对洞库上层开挖，首先针对用于岩体振动场反演的监测数据样本的主要特征，给出上层爆破动荷载的反演方法；然后，采用所提出的方法，对洞库上层开挖爆破影响下的岩体振动场进行反演；最后，根据岩体振动场的反演成果，对围岩在洞库上层开挖爆破作用影响下的围岩稳定性进行计算分析。

对比分析爆破振动安全监测成果中的监测数据，发现爆源距相差不大时，中导洞两侧的扩挖爆破对岩体的振动效应要显著低于中导洞最先起爆的掏槽爆破效应。因此，扩挖爆破对围岩和锚固系统的影响也要显著小于掏槽爆破造成的影响。这里主要以中导洞掏槽爆破为研究对象，对洞库上层开挖爆破的岩体振动场进行反演和围岩稳定性分析。

1）上层爆破动荷载的反演

考虑到在进行洞库上层开挖爆破时，中导洞爆破所采用的起爆网络、装药结构和单孔药量等参数均基本相同，则可在开挖爆破岩体振动场的反演过程中，进一步对爆破动荷载进行更为精细的量化反演，即根据爆破荷载的经验公式，研究动荷载的数字特征，实现爆破效应的定量评价。根据前述对爆破振动监测数据的分析，实测较大的爆破振动峰值，基本都是由最先起爆的掏槽爆破引发。因此，以掏槽爆破为主要研究对象，根据选定的数据样本反演爆破动荷载，并实现其定量化描述。

2）上层开挖爆破荷载影响下的围岩稳定性分析

以地下洞室群的上层开挖为背景，分析1#主洞室的施工爆破引起的岩体振动对本洞和邻近洞室围岩和支护安全的影响。根据前述的岩体振动范围分析结论，当爆源位于1#主洞室时，在垂直洞轴线方向上应考虑爆破动荷载作用对邻近洞室的岩体振动影响。

对爆破荷载作用下的围岩稳定性和锚固系统安全性进行分析，可以看出：开挖爆破对围岩稳定性的影响：对比分析表征围岩稳定性的多个指标在开挖爆破作用下的变化规律，发现开挖爆破对围岩的塑性区、塑性应变指数 *PSI* 和围岩位移分布的影响均较小。爆区附近的围岩应力受到开挖爆破荷载影响较为明显，出现了量值较大的围岩压应力和拉应力。考虑到围岩的抗压能力远大于抗拉能力，且根据计算成果，爆破荷载作用下，围岩的时程最大拉应力更接近其抗拉强度，故而在开挖爆破过程中，对于洞库围岩的安全控制，应当主要控制其不发生拉坏。

开挖爆破对锚杆受力的影响：砂浆锚杆的杆体通过砂浆浆体与围岩粘结，开挖爆破即对锚杆的杆体受力有影响，也影响砂浆浆体的受力。从计算分析结论可知，锚杆杆体在开挖爆破作用下主要受压，时程最大压应力仍显著低于锚杆的屈服应力。锚杆砂浆则在开挖爆破作用下，在局部发生了滑移。因此，对锚杆而言，应主要控制锚杆的砂浆受力。

同时，注意到基于 FLAC3D 的 Cable 单元计算得到的锚杆砂浆受力成果，主要反映的是沿锚杆轴向的砂浆所受剪力，要小于砂浆所承担的空间最大剪应力。故而，进一步采用锚杆砂浆最大剪应力变化幅值的指标，对锚杆砂浆附近围岩的受力进行分析。经计算对比，发现在开挖爆破过程中，爆区附近一定范围内的最大剪应力变化幅值将超过砂浆剪切强度，可能使局部砂浆发生剪切破坏，而超过砂浆剪切强度的围岩区域，要大于计算所得的砂浆发生滑移的区域。这表明开挖爆破作用下，砂浆受到的空间剪切效应要大于沿锚杆轴向的剪切效应，在锚杆砂浆发生滑移前，浆体即已可能在空间最大剪应力的作用下发生剪切破坏。

综上，针对锚杆的爆破振动控制，应在控制砂浆受力的基础上，进一步明确为控制砂浆所承受的空间最大剪应力不超过其剪切强度。

开挖爆破对喷混凝土受力的影响：在开挖爆破作用下，喷混凝土的时程拉应力增加较为显著，对喷混凝土的拉应力影响范围要显著大于压应力的影响范围，更容易发生受拉破坏。考虑到混凝土材料的抗压能力远大于抗拉能力，对喷混凝土的爆破振动控制，应以拉坏控制为主。

3）洞库开挖爆破的主要控制对象

根据以上结论，可确定开挖爆破过程中，为保障围岩稳定性和锚固系统安全性而需要进行控制的具体内容，见表 6-19。

表 6-19　基于计算分析所确定的爆破振动控制对象

控制目标	控制内容	
保障围岩稳定性	控制围岩不发生拉坏	
保障锚固系统安全性	锚杆	控制锚杆砂浆不发生剪坏
	喷混凝土	控制喷混凝土不发生拉坏

这里需要强调的是，数值计算分析时，将锚杆和喷混凝土均考虑为即时支护，即中导洞掌子面推进、新开挖面出露后，便立即施加锚杆和喷混凝土。这样处理主要是为了利用数值仿真的方法，确定爆破振动对锚杆和喷混凝土的影响范围，并明确锚杆和喷混凝土受爆破影响的失稳和破坏机理，为爆破振动控制提供有针对性的建议。

从现场实际情况来看，洞库上层开挖时，锚杆和喷混凝土一般滞后中导洞掌子面 30m，而根据数值计算得到的围岩振动衰减特征，当距爆区水平距离大于 30m 时，锚杆和喷混凝土受到的影响均非常小。因此，在洞库上层开挖爆破过程中，应当重点关注开挖爆破对爆区附近的围岩稳定性造成的影响。从洞库上层开挖爆破计算分析来看，表征围岩稳定性的各项指标，均在材料强度允许的范围内，即洞库上层施工在既有的开挖爆破所方案条件下，围岩稳定性是基本有保障的。

(3)洞库中层开挖爆破的岩体振动场反演与围岩稳定性分析

围绕洞库的中层开挖，首先针对用于岩体振动场反演的监测数据样本主要特征，给出中层爆破动荷载的反演方法；然后，采用所提出的方法，对洞库中层开挖爆破影响下的岩体振动场进行反演；最后，根据岩体振动场的反演成果，对围岩在洞库中层开挖爆破作用影响下的围岩稳定性进行计算分析。

1)中层开挖爆破动荷载的反演方法

对于中层开挖爆破，分别选取左半幅第3次爆破试验和全幅第5次爆破试验所获得的振动监测数据作为岩体振动场反演数据样本。

中下层开挖时，考虑到起爆网络、装药结构和单孔药量等爆破参数可能根据现场实际条件进行了适当调整以保证爆破效果，且相同的爆破参数对不同洞段的爆破效果也存在微小差别，这里主要对开挖爆破引起的岩体振动效果进行反演，即在特定爆破振动荷载输入水平条件下，计算得到的质点振速衰减规律与监测反映的衰减规律基本相同时，就认为得到了岩体振动场的反演结果。

2)中层开挖爆破荷载影响下的围岩稳定性分析

在中层开挖爆破岩体振动场反演成果的基础上，进一步分析中层开挖爆破荷载影响下的洞库围岩稳定性。首先，分别对半幅和全幅开挖爆破的围岩稳定性计算成果进行分析；然后，对半幅爆破和全幅爆破对围岩稳定性的影响进行对比；最后，针对推荐的全幅爆破方案，给出对应的围岩拉应力和最大剪应力变化幅值分布，为确定洞库中层开挖爆破的主要控制对象提供依据。

(4)洞库下层开挖爆破岩体振动场反演与围岩稳定性分析

围绕洞库的下层开挖，首先针对用于岩体振动场反演的监测数据样本主要特征，给出下层爆破动荷载的反演方法；然后，采用所提出的方法，对洞库下层开挖爆破影响下的岩体振动场进行反演；最后，根据岩体振动场的反演成果，对围岩在洞库下层开挖爆破作用影响下的围岩稳定性进行计算分析。

1)下层开挖爆破动荷载的反演方法

根据洞库下层爆破振动的监测数据分析，采用与洞库中层开挖爆破动荷载相同的反演方法，对岩体振动场进行反演。

2)下层开挖爆破的岩体振动场反演成果

根据监测数据对岩体振动场进行反演。设置水平向 $A-A$ 和垂直向 $B-B$ 截面作为爆破峰值振速分布的监测断面，见图6-42。根据当前爆破桩号，确定围岩的爆破荷载施加作用面。动力分析时，以Ⅲ类围岩参数为计算方案，根据本洞后冲向测点的峰值振速分布，通过调整爆破荷载的大小，对岩体振动场进行反演。

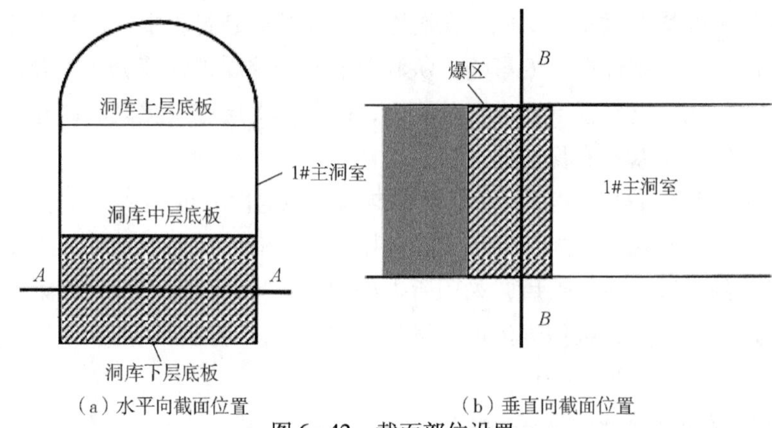

（a）水平向截面位置　　（b）垂直向截面位置

图 6-42　截面部位设置

图 6-43 为岩体振动的反演计算结果与监测值对比图，可以看到，计算得到岩体振动衰减特性与实测值在规律分布和量值上都较为吻合，且反演得到的岩体振动场反映了邻洞测点峰值振速显著的特征。进一步分析典型截面内的岩体峰值振速分布规律，记录模型每个节点振动波形的峰值振速，绘制典型截面的岩体峰值振速包络图，见图 6-44。可以看出，*A*-*A* 截面内爆源附近岩体的峰值振速分布在 30～65cm/s，*B*-*B* 截面内爆源附近岩体的峰值振速分布在 25～65cm/s。可以看出，洞库下层爆破引发的围岩振动水平与中层爆破相差不大。

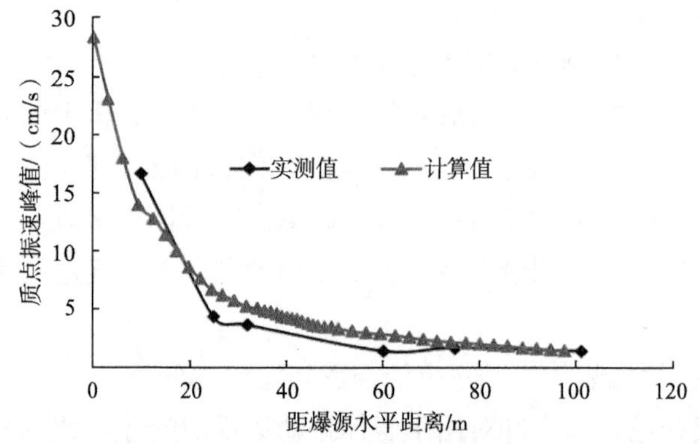

图 6-43 岩体振动的反演计算结果与监测值对比

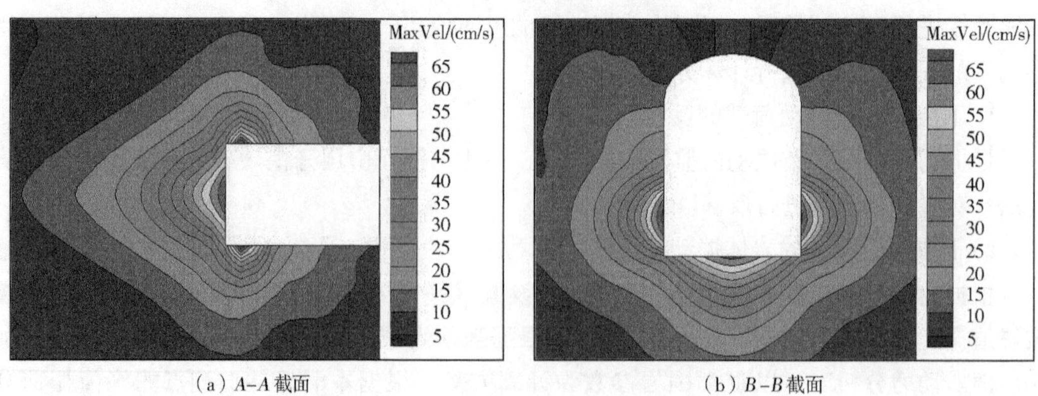

（a）*A*-*A* 截面　　（b）*B*-*B* 截面

图 6-44　反演得到的典型截面岩体振动峰值包络图

3)下层开挖爆破荷载影响下的围岩稳定性分析

爆破作用前后，截面内主洞室洞周的塑性区分布规律和塑性区深度基本一致，仅是在下层爆破直接作用的底板和右侧边墙部位出现了微小的塑性区扩展。总体来看，塑性区分布特征基本保持不变。进一步分析反映围岩卸荷损伤程度的塑性应变指数分布，可以看出，爆破作用前后，塑性应变指数大于0.1的区域基本一致，在靠近爆源的围岩边墙和底板区域，塑性应变指数也没有因爆破作用出现显著变化，这表明爆破作用对围岩的总体卸荷损伤影响较小。

综上，洞库下层施工开挖爆破，根据反演得到的岩体振动水平，为保障围岩安全而需要控制的几个主要指标，即围岩时程最大拉应力、锚杆砂浆体最大剪应力变化幅值和喷混凝土时程最大拉应力，均未超过其材料强度。表明在既有的下层开挖爆破方案条件下，洞库围岩稳定性和锚固系统安全性可以基本得到保障。

1.3 开挖爆破安全控制标准研究

1.3.1 地下水封石洞油库开挖爆破安全控制标准研究方法

在地下水封石洞油库开挖支护过程中，爆破振动控制是洞库工程施工的重点之一，爆破振动控制是否合理直接影响到地下水封石洞油库围岩的稳定及锚固设施的安全。为确保地下水封石洞油库工程施工期和运行期的安全，有必要制定各类需保护物的爆破安全控制标准指导爆破设计。

爆破安全控制标准研究主要有以下4种方法：采用标准法、工程类比法、理论及数值分析法及现场试验法。最简单的方法是查现有国家或行业标准来确定爆破安全控制标准；最方便的方法是工程类比法；最实用的方法是理论及数值分析方法；最可靠的方法是现场试验法。一般情况下都是针对工程特点采用多种方法进行综合分析确定相应的爆破安全控制标准。

(1)采用标准法

现行与地下水封石洞油库开挖有关的涉及安全爆破控制标准的国家和行业标准有：《爆破安全规程》(GB 6722—2003)、《水电水利工程爆破施工技术规范》(DL/T 5135—2001)和《水工建筑物岩石基础开挖工程施工技术规范》(DL/T 5389—2007)。具体内容见表6-20～表6-22。

表6-20 爆破振动安全允许标准(GB 6722—2003) (单位：cm/s)

序号	保护对象类型	安全允许振速
1	水工隧洞	7～15
2	交通隧洞	10～20
3	矿山巷道	15～30

续表

序号	保护对象类型		安全允许振速
4	新浇大体积混凝土龄期/d	初凝～3	2.0～3.0
		3～7	3.0～7.0
		7～28	7.0～12.0

注：①表列频率为主振频率，系指最大振幅所对应波频率。

②频率范围可根据类似工程或现场实测波形选取。选取频率时亦可参考下列数据：洞室爆破＜10Hz；深孔爆破10～60Hz；浅孔爆破40～100Hz。

③选取隧道、巷道安全允许振速时，应综合考虑构筑物的重要性、围岩状况、断面大小、深埋大小、爆源方向、地震振动频率等因素。

④非挡水新浇大体积混凝土的安全允许振速，可根据本表给出的上限值选取。

表6-21　允许爆破质点振动速度(DL/T 5135—2001规定值)　(单位：cm/s)

序号	部位	龄期/d			备注
		3	3～7	7～28	
1	混凝土	1～2	2～5	6～10	
2	预应力锚索(锚杆)	1	1.5	5～7	含锚杆

注：地质缺陷部位一般应进行临时支护后再进行爆破，或适当降低控制标准值。

表6-22　灌浆区与锚喷支护的爆破振动安全允许标准(DL/T 5389—2007)　(单位：cm/s)

序号	部位	龄期/d			备注
		3	3～7	7～28	
1	灌浆区		0.5～2.0	2.0～5.0	3天内不能受振
2	预应力锚索(锚杆)	1.0～2.0	2.0～5.0	5.0～10.0	锚杆孔口附近、锚墩
3	喷射混凝土	1.0～2.0	2.0～5.0	5.0～10.0	距爆区最近喷射混凝土上

注：地质缺陷部位一般应进行临时支护后再进行爆破，或适当降低控制标准值。

各类规范规定的安全爆破允许标准基本相同，仅灌浆区的允许振动值差别较大，现行的控制标准主要考虑的是爆破区的目标防护，一般按以下原则确定：一是在已知损坏临界值的基础上，考虑控制对象的特点及重要性再加上不同的安全系数提出来的；二是通过试验后检验得出控制对象未损坏的数值，GB/T 5389—2007中的规定值是根据试验成果确定。

通过最近几年《爆破安全规程》(GB 6722—2003)执行情况来看，对于爆破近区，《爆破安全规程》中提出的爆破振动安全允许值偏保守。此外，目前尚未形成一套适用于地下水封石洞油库开挖的爆破安全标准。

(2)工程类比法

最方便的方法是工程类比法。目前已完工的地下水封石洞油库工程的规模均还比较小，其爆破开挖也才刚刚起步，未对大型地下水封石洞油库工程爆破有害效应及其对围岩和锚固系统的影响进行系统研究。然而从大型地下水封石洞油库工程的设计来看，与水电工程的大型地下水封石洞油库开挖结构形式及开挖方式具有相似之处，因此，可参考水电工程的大型地下水封石洞油库开挖爆破安全控制标准以及实测资料制定大型地下水封石洞油库工程开挖时的爆破安全控制标准。

1)类似工程安全爆破控制标准

表6-23～表6-26分别为小浪底、东风、鲁布革、隔河岩和龙滩水电站地下工程开挖爆破的部分安全控制标准。从表中可以看出这些水电工程地下工程所提出的爆破安全控制标准，一般与《爆破安全规程》所提标准相差不大。部分工程的安全振速略大于《爆破安全规程》的规定值，表明这些工程围岩的抗震性能较好，可以略微放宽爆破安全控制标准，以提高施工效率。地下水封石洞油库工程一般建在岩性较好、岩体较为完整的山体中，也可以参考这些水电工程的安全控制标准。

表6-23　小浪底地下开挖爆破安全振速控制标准

防护对象名称	爆源距防护对象最小距离/m	允许振速/(cm/s)	备注
相邻洞	15	10	
本洞	15	10	

表6-24　东风地下厂房开挖爆破安全振速控制标准

防护对象名称	爆破时喷层混凝土龄期/d	允许振速/(cm/s)	备注
新喷混凝土	<3	<1.8	模拟试验与实测资料综合分析所得
	3～7	1.8～3.0	
	7～28	3.0～15.0	

表6-25　鲁布革地下开挖爆破安全振速控制标准

防护对象名称	爆源距防护对象最小距离/m	允许振速/(cm/s)	备注
所有保护物	未要求	25	

表6-26　清江隔河岩引水洞开挖爆破安全振速控制标准

防护对象名称	混凝土龄期/d	允许振速/(cm/s)	备注
新喷混凝土	<28	10.0	
	<7	5.0	
	<3	1.5	
灰岩	—	10	

2)类似工程实测资料

爆破振动测试和爆后的宏观调查能较直观地体现围岩在受到较大振动时是否产生破坏。表6-27为鲁布革地下厂房开挖爆破振动的实测资料。实测数据表明，在岩石中实测振速超过 37. 4cm/s 时才产生破坏，喷层混凝土实测值达到 32. 2 ~ 39. 2cm/s 未发现破坏（距离爆源 3. 1 ~ 6. 2m，反算 20m 处振速在 5cm/s 左右）。

表 6-27　鲁布革地下厂房开挖爆破实测质点振速资料

项目	测点部位	峰值振速/（cm/s）	测点方向	爆后情况	备注
厂房中部下层开挖对上层监测（860616）	距爆源中心 4. 7m 岩石（距边炮孔 1. 09m）	90. 6	竖直方向	破坏	爆破 3 次，单次最大单响药量 68 ~ 108kg，总装药量 231 ~ 391kg，平均单耗 0. 4kg/m³
		47. 3	垂直厂房轴线		
	距爆源中心 5. 5m 喷砼	30. 1	竖直方向	未破坏	
		26. 9	垂直厂房轴线		
		27. 3	平行厂房轴线		
	距爆源中心 12. 7m 岩锚梁顶部	30. 1	竖直方向	未破坏	
		26. 9	垂直厂房轴线		
		27. 3	平行厂房轴线		
厂房中部下层开挖对上层监测（860615）	距爆源中心最近 6. 2m 喷砼	21	竖直方向	未破坏	
		16. 6	垂直厂房轴线		
		32. 2	平行厂房轴线		
	距爆源中心 20. 2m 岩锚梁顶部	5. 2	竖直方向	未破坏	
		6. 8	垂直厂房轴线		
		11	平行厂房轴线		
厂房中部下层开挖对上层监测（860621）	距爆源中心最近 6. 2m 喷砼	29. 1	竖直方向	未破坏	
		14. 8	垂直厂房轴线		
		23. 2	平行厂房轴线		
	距爆源中心 20. 2m 岩锚梁顶部	16. 9	竖直方向	未破坏	
		32. 7	垂直厂房轴线		
		26. 9	平行厂房轴线		

（3）理论及数值分析法

1）爆破作用机理

爆破开挖对洞库围岩及锚固设施的影响主要有两类：

第一种是炸药爆炸有可能对紧邻爆区的围岩、喷层及锚杆产生直接破坏。其破坏是由应力波直接传入围岩中而产生的，可通过在轮廓面布置预裂爆破孔（或光面爆破孔）来降低直接破坏。

第二种是爆炸荷载使岩体中原生结构面和构造结构面扩展，并产生次生结构面、裂隙；由于爆破振动的反复作用，会导致爆破影响区域的岩体介质材料参数显著降低；这种劣化效应均会影响洞库的整体稳定性。当爆破规模较大时，爆破将引起高边墙、锚固设施等结构物的振动响应，即引起结构物的整体运动，如不对振动进行控制，有可能产生局部或整体破坏。

2）爆破应力波在围岩中产生的动应力估算

爆破应力波直接传入围岩，而产生较大的应力与应变。其应力值可以通过实测某一点的质点振动速度 V，按下式估算其拉应力 σ 和剪应力 τ 值：

$$\sigma = K_{o}\rho v_{P}c_{P} \tag{6-2}$$

$$\tau = K_{\tau}\rho v_{s}c_{s} \tag{6-3}$$

式中 K_{o}、K_{τ}——与场地特征有关的系数；

ρ——围岩的密度，kg/m^3；

c_{P}、c_{s}——围岩的弹性波速度，分别为纵波与横波波速，m/s；

v_{P}、v_{s}——与波传播方向一致、垂直的质点振速，m/s。

计算出的应力方向与实测振动速度方向一致。

洞库围岩一般抗压强度较高，动力破坏主要使围岩被拉坏或剪坏，即当围岩某一点的主控应力或最大剪应力大于其抗压强度或抗剪强度时，围岩就遭破坏。对某一类结构物而言，其力学指标 ρ、c_{P}、c_{s} 均已知，其结构尺寸及形状一定，K_{o}、K_{τ} 变化不大，一般可取1。从式(6-2)、式(6-3)可以看出，质点振动速度 v_{P}、v_{s} 可作为动力控制指标。

从强度理论可知，当某一点的应力 $\sigma_{max} \geqslant [\sigma_{d}]$，则材料被拉坏，而当剪应力 $\tau_{max} \geqslant [\tau_{d}]$ 时，则材料被剪坏。动力荷载作用下某一点应力 $\sigma = \sigma_{j}$（静应力）$+\sigma_{d}$（动应力），如果该点 $\sigma_{j} < 0$，允许抗拉强度相同的条件下该点能承受更大的动拉应力，亦即可承受较大的振动。

3）基于洞库围岩及锚固系统动力响应分析的爆破安全指标

计算机的进步及数值计算方法的飞速发展，目前数值计算方法以及能较好的模拟爆破作用下围岩及锚固系统的动力响应过程。因此通过数值计算，判断在爆破荷载作用下应力应变是否超限，并据此提出满足洞库围岩及锚固系统稳定及安全的爆破安全控制标准是一种更为有效的方法，并逐步在工程中得到推广应用。

（4）现场试验法

通过爆破试验时开展实时监测，从而来确定爆破安全允许值。围岩的破坏是由于应力应变超限引起的，由于在实际监测工作中应力应变测试较困难，且测试值规律性不好，所以对于洞库围岩来说还是以基础的质点振动速度值作为控制标准。因此爆破质点振动速度监测是现场试验法中很重要的一部分。

进行爆破振动速度测试时，每一个测点应布置竖直方向、水平径向和水平切向三个方向的传感器。为了获取爆破振动传播规律，应沿一条测线布置 5 个以上的测点，测点到爆源的距离应按近密远疏的对数规则布置。通过改变爆破规模、爆破方式及孔网参数，进行多次爆破试验，分析不同条件下爆破振动速度测试结果，得到测试区域的洞库围岩爆破振动响应规律。

除了进行爆破振动测试外，爆破试验时还需要进行宏观调查和爆破影响深度测试，对爆破破坏程度进行判断。

爆破宏观调查即通过观察、地质锤敲击等方法检测爆破试验区域围岩、喷混凝土、锚杆等在爆破前后有无变化，爆破后有无新增加新裂隙。爆破前后对围岩、喷混凝土、锚杆等保护对象整体情况，包括有无裂缝、裂缝位置、裂缝宽度及长度等进行详细的描述记录，必要时还应测图、摄影或录像。宏观调查时，采用的调查设备应前后一致。

爆破影响深度测试主要是采用声波法。声波测试方法，即采用同孔法或跨孔法，测试爆破试验区域爆破前后纵波波速降低或声波振幅衰减，以分析爆破影响深度。围岩受爆破开挖影响及应力卸荷影响，在自由面一定深度范围内有松弛现象。在一组声波测试孔内，声波波速在距孔口一定范围内有普遍降低现象，即为岩体松弛所致，松弛深度据孔深～波速曲线上拐点确定。爆破影响深度声波检测法破坏的判据主要根据同部位的爆后纵波波速与爆前纵波波速的变化率来衡量。若爆破后纵波波速降低比例≤10%，表明爆破破坏甚为或未破坏；爆破后纵波波速降低比例在10%及15%之间，表明爆破破坏轻微；爆破后纵波波速降低比例在>15%，则表明产生爆破破坏。由此可见第2节中，在本工程中进行的爆前爆后声波测试，爆破后松弛区声波波速降低比例均小于15%，故爆破试验过程中，爆破荷载均未对岩壁造成较大的破坏。

通过爆破试验，并对各种爆破测试进行综合分析，以确定造成爆破破坏的爆破质点振动速度，从而确定相应的爆破振动安全控制标准。由于条件限制，一般工程进行各种围岩条件下、各种爆破方案及参数下的现场试验的可能性不大，因此难以通过爆破试验确定完整的爆破振动安全控制标准。可以通过现场试验确定该场地的爆破效应规律，作为确定数值分析的输入荷载，进而对多种条件下的爆破振动场进行模拟，并对爆破试验的分析成果进行补充。

1.3.2　工程设计提出的爆破安全控制标准

根据《工程开挖及锚喷支护施工技术要求》，设计提出了该工程已开挖洞室、灌浆和锚喷支护等部位的安全质点振速，如表6-28所示。该爆破安全控制标准是参照国家标准《爆破安全规程》(GB 6722—2003)提出的。

表6-28　工程设计提出的爆破振动安全控制标准

序号	保护对象		控制标准/(cm/s)	备注
1	洞室、竖井		10.0	
2	软弱破碎基岩层		2.5～5.0	有裂缝张开可能
3	混凝土	0～3d	1.5～2.0	
4		3～7d	2.5～5.0	
5		7～28d	5.0～7.0	
6	锚杆	0～3d	1.0	
7		3～7d	1.5	
8		7～28d	5.0～7.0	

注：爆破区药量分布的几何中心至观测点或防护目标10m时的控制值。

1.3.3 地下水封石洞油库工程爆破振动安全控制标准研究

该工程是我国首个大型地下水封储油洞库，国家现行标准《爆破安全规程》(GB 6722—2003)对本工程并无针对性。水电工程中尚无与本工程规模相当的类比工程经验可用，无法成为制定标准的依据。因此，采用现场试验法与数值分析法相结合的方法，通过现场试验获取围岩振动及损伤监测数据，并通过动力数值计算对爆破荷载作用下洞库围岩及锚固系统进行安全评价，从而确定适合本工程特点的爆破安全控制标准。

(1)基本思路

在地下水封石洞油库的建设过程中，岩体开挖对围岩形成了卸荷效应，爆破对围岩造成了振动影响，锚固支护措施对围岩起到了加固的效果。从洞库施工开始至开挖完成，围岩体受到了岩体卸荷、爆破振动和支护加固等多种强烈工程作用的综合影响。从物理状态来看，洞库围岩经历了原岩→刚出露尚未支护围岩→完成支护围岩的几个阶段。

为了实现洞库开挖施工全过程的爆破振动安全控制，建立安全控制标准时应当考虑“刚出露尚未支护围岩”和“完成支护围岩”的实际区别。对于“刚出露尚未支护围岩”，只需控制影响围岩稳定性的主要指标，针对该指标与质点峰值振速的关系制定安全控制标准。对于“完成支护的围岩”，则需要综合考虑影响围岩稳定性和锚固系统受力的多个指标。

前面反演得到了洞库各层开挖的爆破动荷载输入，并以此为基础，通过爆破动力分析计算，评价了洞库各层在开挖爆破影响下的围岩稳定性，发现在当前洞库各层的爆破动荷载输入条件下，围岩的稳定性和锚固系统受力的安全性均能够得到基本保障。同时，根据分析成果，发现爆破过程中，围岩的时程最大拉应力是表征围岩稳定性各项指标中，最接近材料强度限值的关键指标；锚杆砂浆体在爆破过程中最易发生剪坏，其所承受的空间最大剪应力变化幅值，则是控制砂浆浆体不发生剪坏的关键指标；喷混凝土在爆破过程中最易发生拉坏，其时程最大拉应力是控制喷混凝土不发生拉坏的关键指标。

可以预见，无论是“刚出露尚未支护的围岩”，还是“完成支护的围岩”，只要逐渐增加爆破动荷载的输入，必然会使得上述几个控制围岩、锚杆和喷混凝土是否发生破坏的关键指标量值出现相应的增大。当某一关键指标达到其破坏的门槛值时，即表明其控制对象发生了特定类型的破坏。洞库的围岩－支护系统作为一个整体的承载系统和构筑物，为保障其稳定性，应确保在开挖爆破过程中，洞库任何部位的围岩和锚固支护均处于正常工作状态。因此，当爆破动荷载输入量值不断增加时，在洞库的任何部位，一旦有控制围岩、锚杆或喷混凝土的关键指标达到其破坏门槛值，即应停止继续增加爆破动荷载。此时，虽然洞库仅在局部有围岩或锚固系统进入破坏临界状态，但是，注意到洞库不同部位的质点振动具有一定的对应性，则可将当前爆破动荷载所引发的岩体振动场作为确定安全控制标准的基准振动场，每个部位的峰值振速，即可确定为旨在控制整个洞库围岩或锚固系统不发生破坏，该部位质点所允许达到的峰值振速上限，即该部位的振动安全控制标准。上述安全控制标准制定的基本思路见流程图6-45。

其中，考虑到围岩在开挖爆破过程中存在“刚出露尚未支护的围岩”和“完成支护的围岩”两种状态，而喷混凝土和锚杆支护的施加也存在一定顺序，这里分别针对围岩、喷混凝土和锚杆的振动安全控制，制定安全控制标准。

值得注意的是，若爆破振动达到或超过本爆破安全控制标准，则会引起围岩或者锚固系统的爆破破坏。施工过程中，若按该标准来进行爆破振动控制比较困难。因此本文方法所确定的爆破安全控制标准只能作为校核值，还需要根据该校核值，考虑一定的安全系数，提出爆破安全控制标准的设计值。实际工程应用中，按照设计值对爆破振动进行控制，一旦超过设计值，便发出警告，更改爆破设计。整个爆破施工中，必须将爆破振动峰值控制在爆破安全控制标准的校核值以内。

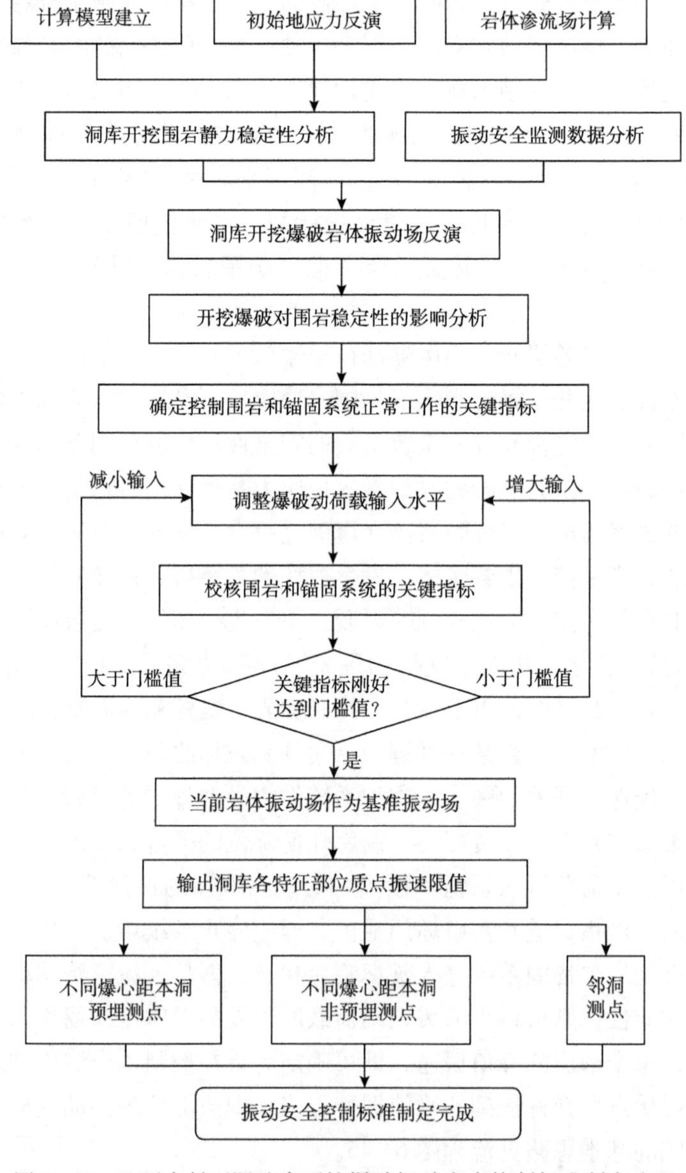

图 6-45　地下水封石洞油库开挖爆破振动安全控制标准制定流程

(2)洞库上层开挖爆破振动安全控制标准

1)概述

根据现场实际条件，锚固系统的施加一般要滞后于中导洞掌子面30m。当距爆区水平距离大于30m时，锚杆和喷混凝土受到的影响均非常小。因此，在洞库上层开挖爆破过程中，开挖爆破主要对爆区附近的围岩稳定性造成了影响，而对锚固系统受力的影响较小。

为了量化评价爆破动荷载作用下的喷混凝土和锚杆受到的影响，并给出相应安全控制标准，这里假定锚固措施为即时支护，即喷混凝土和锚杆的施加紧跟中导洞掌子面的推进，该假定与洞库上层开挖爆破计算分析时对锚固系统的处理方式一致。从洞库上层开挖爆破计算分析结论来看，对于围岩来说，表征围岩稳定性的各项指标，均在材料强度允许的范围内，即洞库上层施工在既有的开挖爆破方案条件下，围岩稳定性是基本有保障的。对于锚固系统来说，若喷混凝土和锚杆均紧邻爆区边缘，则距爆源一定水平距离范围内的喷混凝土会发生拉坏、锚杆砂浆所承受的空间最大剪应力变化幅值将超过其抗剪强度而发生剪坏。

综合上述对目前开挖爆破洞荷载作用下的洞库围岩稳定性和锚固支护受力的评价，可根据图6-45经下述步骤进行安全控制标准的制定：

围岩：逐渐增大爆破动荷载输入量值，并将围岩时程最大拉应力作为控制围岩稳定的关键指标进行监控校核，一旦该指标在洞库围岩的任一部位达到围岩的抗拉强度门槛值，表明洞库局部即将有围岩被拉坏，洞库围岩进入破坏的临界状态，则将当前爆破动荷载输入所产生的岩体振动场作为基准振动场，从而输出所关心部位的岩体峰值振速，作为控制围岩不发生拉坏的振动安全控制标准。

喷混凝土：逐渐降低爆破动荷载的输入量值，并将喷混凝土的时程最大拉应力作为关键指标进行监控校核，一旦该指标减小到喷混凝土的材料抗拉强度门槛值，即表明洞库喷混凝土进入临界状态，则将当前爆破动荷载输入所产生的振动场作为基准振动场，并进一步输出所关心部位的质点峰值振速，作为控制喷混凝土不发生拉坏的振动安全控制标准。

锚杆：逐渐降低爆破动荷载的输入量值，并将锚杆布设区域内的围岩空间最大剪应力变化幅值作为关键指标进行监控校核，一旦该指标减小到砂浆材料的抗剪强度门槛值，即表明洞库喷锚杆砂浆进入临界状态，则将当前爆破动荷载输入所产生的岩体振动场作为基准振动场，并进一步输出所关心部位的质点峰值振速，作为控制锚杆砂浆不发生剪坏的振动安全控制标准。

2)围岩安全控制标准的制定

根据以上分析，洞库上层开挖爆破作用下，对于Ⅲ类围岩，时程最大拉应力发生在中导洞顶拱附近，其值为1.53MPa，小于抗拉强度2MPa，将该指标作为控制围岩不发生拉坏、保障其稳定性的关键指标。通过不断调整爆破动荷载的输入量值，得到对应于不同爆破动荷载输入水平的围岩时程最大拉应力(见图6-46)。其中，爆破动荷载输入采用百分比形式表示，其中100%即为根据振动监测数据反演得到的实际爆破动荷载输入。当爆破动荷载输入为110%时，围岩最大拉应力达到2MPa，则此时的岩体振动场即为控制Ⅲ类围岩不发生拉坏、保障其稳定性的基准振动场。爆破动荷载输入与围岩的时程最大拉应力具有明显的线性关系，采用线性关系式进行拟合，可得：

$$[\sigma]_{history,max} = 4.7Input - 3.17 \tag{6-4}$$

式中 $[\sigma]_{history,max}$——围岩时程最大拉应力；

$Input$——爆破动荷载输入的百分比。

取Ⅰ类、Ⅱ类、Ⅲ类和Ⅳ类围岩的抗拉强度为3.0MPa、2.5MPa、2.0MPa和1.5MPa，代入式(6-4)，可得爆破动荷载输入上限，为131%、121%、110%和99%。紧邻爆区的中导洞拱顶围岩时程拉应力首先达到抗拉强度，在围岩拉应力达到抗拉强度时刻的质点振速，分别为156cm/s、144cm/s、131cm/s和118cm/s。

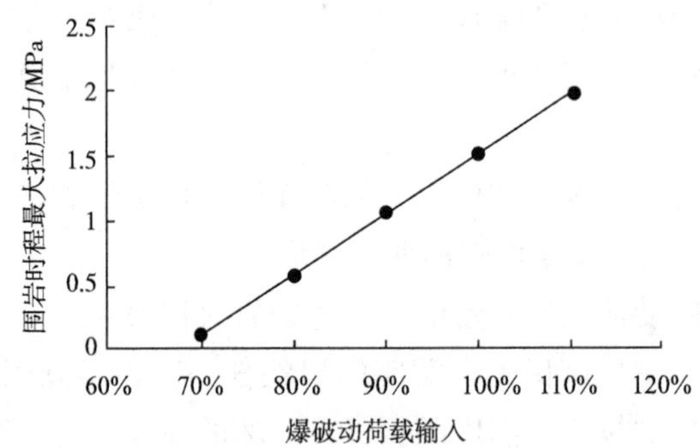

图6-46 爆破动荷载输入与围岩时程最大拉应力的关系

分别针对Ⅰ类～Ⅳ类围岩，根据所获得的基准振动场，提取洞库不同部位围岩的质点峰值振速，作为控制围岩不发生拉坏、保障围岩稳定性的安全控制标准。结合现场实际的振动监测测点布置，分别提取基准振动场中的拱顶预埋测点、本洞边墙墙角测点和邻洞测点的岩体质点峰值振速作为不同类型围岩的爆破振动安全控制标准的校核值，见表6-29～表6-31。

表6-29 上层洞库开挖本洞拱顶预埋测点(距拱顶1m)围岩的爆破振动安全控制标准

(单位：cm/s)

围岩类别	距爆区的水平距离/m							
	5	10	15	20	30	40	50	60
Ⅰ类围岩允许振速	48.58	35.52	27.24	23.59	16.75	13.36	11.39	9.55
Ⅱ类围岩允许振速	44.78	32.75	25.11	21.74	15.44	12.31	10.50	8.80
Ⅲ类围岩允许振速	39.60	24.82	19.03	16.49	10.04	7.74	5.86	4.71
Ⅳ类围岩允许振速	35.67	22.36	17.14	14.85	9.04	6.97	5.28	4.24

表 6-30　上层洞库开挖本洞边墙墙角围岩的爆破振动安全控制标准　（单位：cm/s）

围岩类别	距爆区的水平距离/m							
	5	10	15	20	30	40	50	60
Ⅰ类围岩允许振速	35.85	27.37	23.09	21.96	12.01	7.46	5.89	4.48
Ⅱ类围岩允许振速	33.05	25.23	21.29	20.24	11.07	6.87	5.43	4.13
Ⅲ类围岩允许振速	30.06	22.95	19.36	18.42	10.07	6.25	4.94	3.75
Ⅳ类围岩允许振速	27.08	20.67	17.44	16.59	9.07	5.63	4.45	3.38

表 6-31　上层洞库开挖邻洞围岩的爆破振动安全控制标准　（单位：cm/s）

围岩类别	允许振速
Ⅰ类	16.01
Ⅱ类	14.76
Ⅲ类	13.43
Ⅳ类	12.10

3）喷混凝土安全控制标准的制定

根据前面的分析，洞库上层开挖爆破作用下，喷混凝土的时程最大拉应力发生在中导洞爆区附近的顶拱部位，其值为 19.6MPa，已超过钢纤维混凝土的动态抗拉强度 16.5MPa，将该指标作为控制喷混凝土不发生拉坏的关键指标。通过不断调整爆破动荷载的输入量值，得到对应于不同爆破动荷载输入水平的喷混凝土时程最大拉应力（见图6-47）。

可以看出，当爆破动荷载输入为 84% 时，喷混凝土的最大拉应力达到 16.5MPa，则此时的岩体振动场即为控制喷混凝土不发生拉坏的基准振动场。在 84% 的爆破动荷载输入条件下，为紧邻爆区的中导洞拱顶喷混凝土时程最大拉应力首先达到材料的抗拉强度，该部位在拉应力达到抗拉强度时刻的质点振速为 99.9cm/s。结合现场实际的振动监测测点布置，分别提取本洞边墙和邻洞边墙测点的质点峰值振速作为爆破振动安全控制标准的校核值，见表 6-32 ~ 表 6-33。

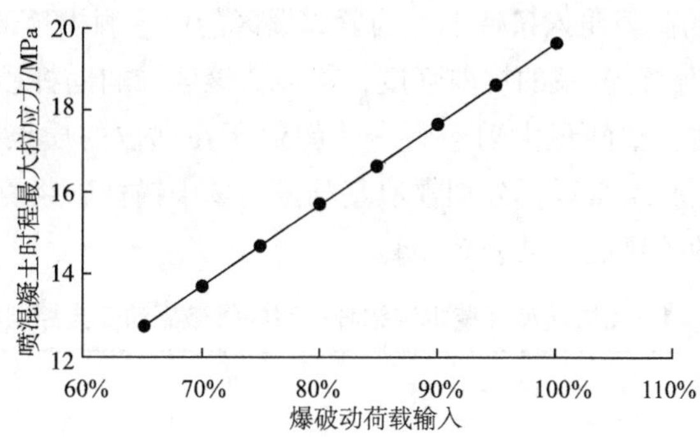

图 6-47　爆破动荷载输入与喷混凝土时程最大拉应力的关系

表 6-32　上层洞库开挖本洞边墙墙角处喷混凝土的爆破振动安全控制标准

距爆区的水平距离/m	5	10	15	20	30	40	50	60
允许振速/(cm/s)	22.93	17.50	14.77	14.04	10.49	6.29	4.99	3.85

表 6-33　上层洞库开挖邻洞边墙墙角处喷混凝土的爆破振动安全控制标准

控制对象	允许振速/(cm/s)
邻洞	12.49

4)锚杆安全控制标准的制定

根据前面的分析，洞库上层开挖爆破作用下，锚杆保持正常工作状态主要由砂浆受力控制，而邻近爆区的围岩在爆破过程中所产生的空间最大剪应力变化幅值较大，达到4.18MPa，超过了锚杆砂浆材料的抗剪强度，可能使局部浆体发生剪切破坏。因此，将锚杆附近的围岩空间最大剪应力变化幅值，作为控制锚杆砂浆不发生剪坏的关键指标。通过不断调整爆破动荷载的输入量值，得到对应于不同爆破动荷载输入水平的空间最大剪应力变化幅值(见图 6-48)。

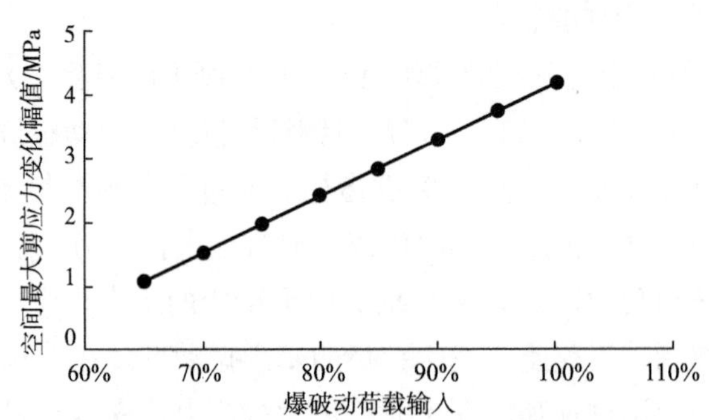

图 6-48　爆破动荷载输入与空间最大剪应力变化幅值的关系

可以看出，当爆破动荷载输入为 66% 时，邻近爆区的锚杆砂浆附近围岩的空间最大剪应力变化幅值达到 1.2MPa，则此时的岩体振动场即为控制锚杆砂浆不发生剪坏的基准振动场。在 66% 的爆破动荷载输入条件下，为紧邻爆区的中导洞拱顶部位围岩的空间最大剪应力变化幅值首先达到锚杆砂浆的抗剪强度，将导致该区域的锚杆砂浆进入即将发生剪切破坏的临界状态。此时，空间最大剪应力变化幅值所在部位的质点振速为 78.9cm/s。结合现场实际的振动监测测点布置，分别提取基准振动场中锚杆砂浆测点的质点峰值振速作为振动安全控制标准的校核值，见表 6-34。

表 6-34　上层洞库开挖本洞锚杆砂浆的爆破振动安全控制标准

距爆区的水平距离/m	5	10	15	20	30	40	50	60
允许振速/(cm/s)	18.10	13.82	11.66	11.09	6.07	3.77	2.98	2.26

(3)洞库中层开挖爆破振动安全控制标准

1)概述

采用所推荐的全幅爆破方案后，在爆破荷载作用过程中，围岩的时程最大拉应力出现在拱脚部位，尚未超过围岩的抗拉强度；已锚固区域内的最大剪应力变化幅值，发生在已锚固区域下部的爆区附近，但量值尚未超过砂浆浆体的抗剪强度；边墙和顶拱部位的喷混凝土时程最大拉应力均为爆区附近最大，但均未超过其抗拉强度。因此，对于洞库中层施工开挖爆破，根据反演得到的岩体振动水平，为保障围岩安全而需要控制的几个主要指标，即围岩时程最大拉应力、锚杆砂浆体最大剪应力变化幅值和喷混凝土时程最大拉应力，均未超过其材料强度。故而本节通过调整爆破动荷载的输入水平，分别针对围岩、喷混凝土和锚杆制定安全控制标准。

2)围岩安全控制标准的制定

洞库中层开挖爆破作用下，对于Ⅲ类围岩，时程最大拉应力发生在拱脚围岩附近，其值为1.76MPa，小于抗拉强度2MPa，将该指标作为控制围岩不发生拉坏、保障其稳定性的关键指标。通过不断调整爆破动荷载的输入量值，得到对应于不同爆破动荷载输入的围岩时程最大拉应力(见图6-49)。

可以看出，当爆破动荷载输入为115%时，围岩最大拉应力达到2MPa，则此时的岩体振动场即为控制Ⅲ类围岩不发生拉坏、保障其稳定性的基准振动场。爆破动荷载输入与围岩的时程最大拉应力具有明显的线性关系，采用线性关系式进行拟合，可得：

$$[\sigma]_{\text{history,max}} = 1.63 Input + 0.13 \qquad (6-5)$$

式中　$[\sigma]_{\text{history,max}}$——围岩时程最大拉应力；

$Input$——爆破动荷载输入的百分比。

取Ⅰ类、Ⅱ类、Ⅲ类和Ⅳ类围岩的抗拉强度分别为3.0MPa、2.5MPa、2.0MPa和1.5MPa，代入式(6-5)，可以得到不同围岩分类条件下的爆破动荷载输入上限，分别为176%、145%、115%和84%。在上述爆破动荷载输入条件下，均为紧邻爆区拱脚部位围岩时程拉应力首先达到抗拉强度，该部位在围岩拉应力达到抗拉强度时刻，爆区附近的质点振速分别为141 cm/s、116cm/s、92cm/s和67.2cm/s。

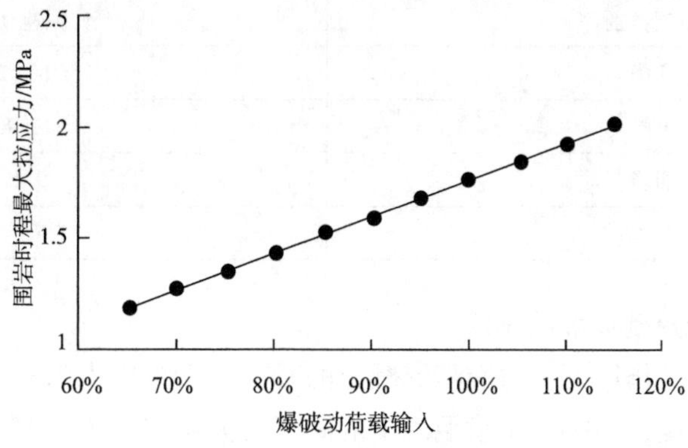

图6-49　爆破动荷载输入与围岩时程最大拉应力的关系

分别针对Ⅰ~Ⅳ类围岩，根据所获得的基准振动场，提取洞库不同部位围岩的质点峰值振速，作为控制围岩不发生拉坏、保障围岩稳定性的安全控制标准。结合现场实际的振动监测测点布置，分别提取基准振动场中的拱顶预埋测点、本洞边墙墙角测点和邻洞测点的岩体质点峰值振速作为不同类型围岩的爆破振动安全控制标准的校核值，见表6-35~表6-37。(其中，预埋测点位于水幕巷道下方、距洞库拱顶围岩1m的深处，本洞室边墙墙角测点位于本洞室中层底板高程附近的边墙墙角处，邻洞测点位于邻洞中层底板高程附近的边墙处。)

表6-35 中层洞库开挖本洞拱顶预埋测点(距拱顶1m)围岩的爆破振动安全控制标准 (单位：cm/s)

围岩类别	距爆区的水平距离/m							
	5	10	15	20	30	40	50	60
Ⅰ类围岩允许振速	13.69	12.58	11.46	10.26	8.82	8.32	7.97	7.56
Ⅱ类围岩允许振速	11.28	10.37	9.44	8.45	7.26	6.86	6.57	6.23
Ⅲ类围岩允许振速	8.95	8.22	7.49	6.70	5.76	5.44	5.21	4.94
Ⅳ类围岩允许振速	6.54	6.01	5.47	4.90	4.21	3.97	3.81	3.61

表6-36 中层洞库开挖本洞边墙墙角围岩的爆破振动安全控制标准 (单位：cm/s)

围岩类别	距爆区的水平距离/m							
	5	10	15	20	30	40	50	60
Ⅰ类围岩允许振速	33.00	29.22	25.08	22.39	17.11	12.67	10.03	8.45
Ⅱ类围岩允许振速	27.19	24.07	20.66	18.44	14.09	10.44	8.27	6.96
Ⅲ类围岩允许振速	21.56	19.09	16.39	14.63	11.18	8.28	6.56	5.52
Ⅳ类围岩允许振速	15.75	13.94	11.97	10.68	8.16	6.05	4.79	4.03

表6-37 中层洞库开挖邻洞围岩的爆破振动安全控制标准

围岩类别	允许振速/(cm/s)
Ⅰ类	14.52
Ⅱ类	11.96
Ⅲ类	9.49
Ⅳ类	6.93

3)喷混凝土安全控制标准的制定

洞库中层开挖爆破作用下，边墙喷混凝土的时程最大拉应力为6.47MPa，明显小于喷混凝土的动态抗拉强度；顶拱部位喷混凝土的时程最大拉应力为1.82MPa，仅略小于喷混凝土的静态抗拉强度。考虑到随着爆破动荷载输入的增加，拱顶和边墙部位的喷混凝土时程最大拉应力均可能超过材料的抗拉强度，则同时将这两个指标作为控制整个洞库喷混凝土不发生拉坏的关键指标，通过不断调整爆破动荷载的输入量值，得到对应于不同爆破动荷载输入的顶拱和边墙部位的喷混凝土时程最大拉应力(见图 6-50)。

可以看出，对于边墙部位的喷混凝土，即使当爆破动荷载输入达到 200% 时，喷混凝土的最大拉应力仍小于动态抗拉强度 16. 5MPa；对于拱顶部位的喷混凝土，当爆破动荷载输入达到 104% 时，喷混凝土的最大拉应力即达到静态抗拉强度 2MPa，则此时的岩体振动场即为控制喷混凝土不发生拉坏的基准振动场。在 104% 的爆破动荷载输入条件下，拱顶喷混凝土的时程最大拉应力首先达到材料的静态抗拉强度，该部位的质点振速相对较小，此时爆区附近喷混凝土的质点振速为 83. 2cm/s。

结合现场实际的振动监测测点布置，分别提取本洞边墙和邻洞边墙测点的质点峰值振速作为爆破振动安全控制标准的校核值，见表 6-38 ~ 表 6-39。

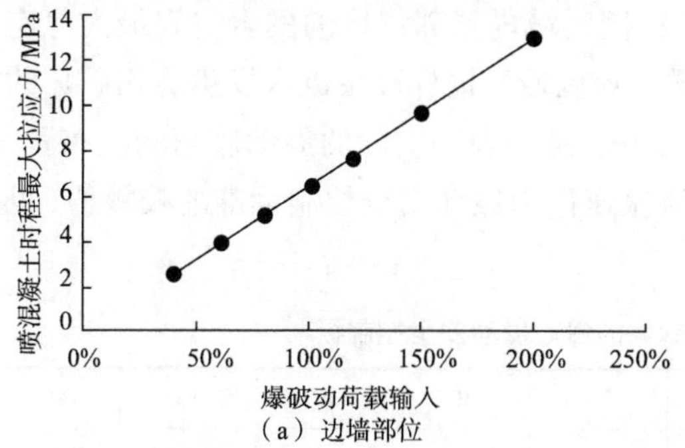

（a）边墙部位

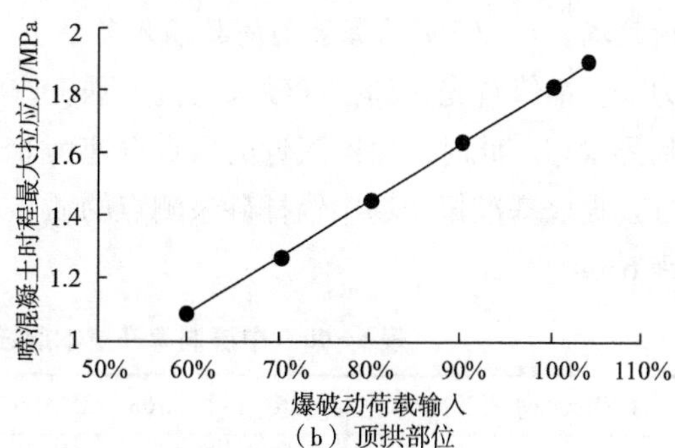

（b）顶拱部位

图 6-50　爆破动荷载输入与喷混凝土时程最大拉应力的关系

表 6-38　中层洞库开挖本洞边墙墙角处喷混凝土的爆破振动安全控制标准

距爆区的水平距离/m	5	10	15	20	30	40	50	60
允许振速/(cm/s)	19. 50	17. 26	14. 82	13. 23	10. 11	7. 49	5. 93	4. 99

表 6-39　中层洞库开挖邻洞边墙墙角处喷混凝土的爆破振动安全控制标准

控制对象	允许振速/(cm/s)
邻洞	12. 23

4) 锚杆安全控制标准的制定

洞库中层开挖爆破作用下，锚杆保持正常工作状态主要由砂浆受力控制，洞库上层已加固围岩范围内，邻近爆区部位围岩的空间最大剪应力变化幅值较大，达到 1. 14MPa，已接近了锚杆砂浆材料的抗剪强度。因此，将锚固支护已加固区域底部爆区附近的围岩空间最大剪应力变化幅值，作为控制锚杆砂浆不发生剪坏的关键指标。通过不断调整爆破动荷载的输入量值，得到对应于不同爆破动荷载输入的空间最大剪应力变化幅值，见图 6-51。

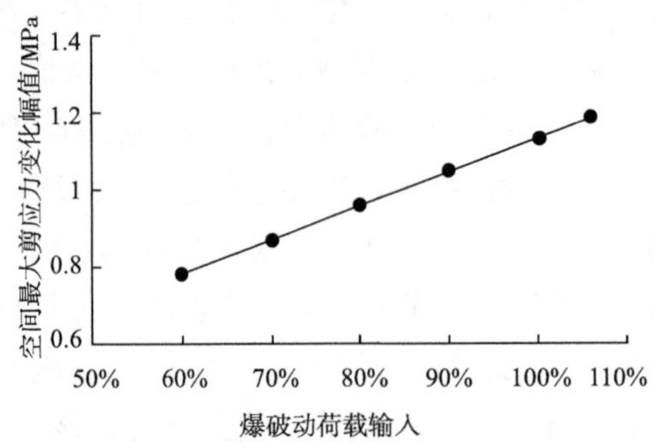

图 6-51　爆破动荷载输入与空间最大剪应力变化幅值的关系

可以看出，当爆破动荷载输入为107%时，邻近爆区的锚杆砂浆附近围岩的空间最大剪应力变化幅值达到1.2MPa，则此时的岩体振动场即为控制锚杆砂浆不发生剪坏的基准振动场。在107%的爆破动荷载输入条件下，已锚固区域内紧邻爆区的围岩空间最大剪应力变化幅值首先达到锚杆砂浆的抗剪强度，将导致该区域的锚杆砂浆进入发生剪切破坏的临界状态。此时，爆区附近的质点振速为85.3cm/s。结合现场实际的振动监测测点布置，分别提取基准振动场中锚杆砂浆测点的质点峰值振速作为振动安全控制标准的校核值(见表6-40)。

表 6-40　中层洞库开挖本洞锚杆砂浆的爆破振动安全控制标准

距爆区的水平距离/m	5	10m	15	20	30	40	50	60
允许振速/(cm/s)	19.99	17.70	15.19	13.56	10.36	7.68	6.08	5.12

(4)洞库下层开挖爆破振动安全控制标准

1)概述

根据反演得到的岩体振动场，在爆破荷载作用过程中，围岩的时程最大拉应力出现在拱脚，尚未超过围岩的抗拉强度；已锚固区域内的最大剪应力变化幅值，发生在已锚固区域下部的爆区附近，但尚未超过砂浆浆体的抗剪强度；边墙和拱顶部位的喷混凝土时程最大拉应力均在爆源附近的量值最大，但尚未超过材料的抗拉强度。因此，对于洞库下层施工开挖爆破，根据反演得到的岩体振动水平，为保障围岩安全而需要控制的几个主要指标，即围岩时程最大拉应力、锚杆砂浆最大剪应力变化幅值和喷混凝土时程最大拉应力，均未超过其材料强度。故通过调整爆破动荷载的输入水平，分别针对围岩、喷混凝土和锚杆制定安全控制标准。

2)围岩安全控制标准的制定

根据前面的分析，在洞库下层开挖爆破作用下，对于Ⅲ类围岩，时程最大拉应力发生在拱脚围岩附近，其值为1.95MPa，小于抗拉强度2MPa，将该指标作为控制围岩不发生拉坏、保障其稳定性的关键指标。通过不断调整爆破动荷载输入，得到对应于不同爆破动荷载输入的围岩时程最大拉应力，见图6-52。

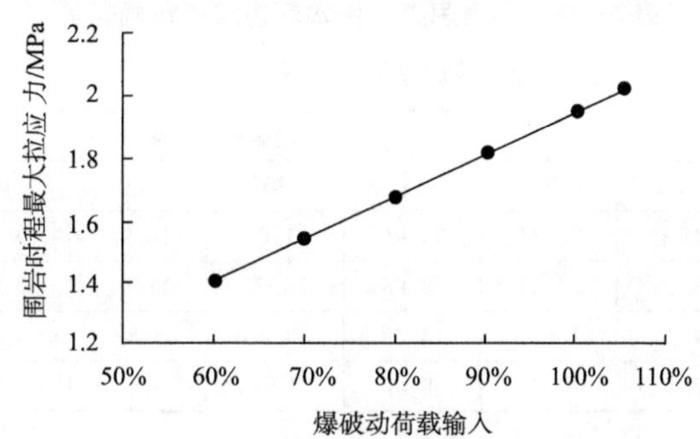

图 6-52　爆破动荷载输入与围岩时程最大拉应力的关系

可以看出，当爆破动荷载输入为 105% 时，围岩最大拉应力达到 2MPa，则此时的岩体振动场即为控制Ⅲ类围岩不发生拉坏、保障其稳定性的基准振动场。爆破动荷载输入与围岩的时程最大拉应力具有较为明显的线性关系，采用线性关系式进行拟合，可以得到：

$$[\sigma]_{\text{history,max}} = 1.35Input + 0.6 \tag{6-6}$$

式中　$[\sigma]_{\text{history,max}}$——围岩时程最大拉应力；

$Input$——爆破动荷载输入的百分比。

取Ⅰ类、Ⅱ类、Ⅲ类和Ⅳ类围岩的抗拉强度分别为 3.0MPa、2.5MPa、2.0MPa 和 1.5MPa，代入式(6-6)，可以得到不同围岩分类条件下的爆破动荷载输入上限，分别为 176%、141%、105% 和 67%。在上述爆破动荷载输入条件下，均为紧邻爆区拱脚部位的围岩时程最大拉应力首先达到抗拉强度，该部位在围岩拉应力达到抗拉强度时刻，爆区附近的质点振速，分别为 140cm/s、112cm/s、83cm/s 和 53.3cm/s。

分别针对Ⅰ类～Ⅳ类围岩，根据所获得的基准振动场，提取洞库不同部位围岩的质点峰值振速，作为控制围岩不发生拉坏、保障围岩稳定性的安全控制标准。结合现场实际的振动监测测点布置，分别提取基准振动场中的拱顶预埋测点、本洞边墙墙角测点和邻洞测点的岩体质点峰值振速作为不同类型围岩的爆破振动安全控制标准的校核值，见表 6-41～表6-43。（其中，预埋测点位于水幕巷道下方、距洞库拱顶围岩 1m 的深处，本洞边墙墙角测点位于本洞前冲向底板高程附近的边墙墙角处，邻洞测点位于邻洞底板高程附近的边墙处。）

表 6-41　下层洞库开挖本洞拱顶预埋测点(距拱顶 1m)

围岩的爆破振动安全控制标准　　（单位：cm/s）

围岩类别	距爆区的水平距离/m							
	5	10	15	20	30	40	50	60
Ⅰ类围岩允许振速	10.93	10.74	10.19	9.37	7.22	6.50	5.80	5.31
Ⅱ类围岩允许振速	8.71	8.55	8.12	7.46	5.75	5.18	4.62	4.24
Ⅲ类围岩允许振速	6.45	6.34	6.02	5.53	4.26	3.84	3.42	3.15
Ⅳ类围岩允许振速	4.14	4.07	3.86	3.55	2.74	2.47	2.20	2.02

表 6-42 下层洞库开挖本洞边墙墙角围岩的爆破振动安全控制标准 （单位：cm/s）

围岩类别	距爆区的水平距离/m							
	5	10	15	20	30	40	50	60
Ⅰ类围岩允许振速	32.76	28.31	24.96	21.05	14.96	9.98	8.68	7.18
Ⅱ类围岩允许振速	26.10	22.55	19.88	16.77	11.91	7.95	6.92	5.74
Ⅲ类围岩允许振速	19.34	16.71	14.73	12.43	8.83	5.89	5.13	4.25
Ⅳ类围岩允许振速	12.42	10.73	9.46	7.98	5.67	3.78	3.29	2.73

表 6-43 下层洞库开挖邻洞围岩的爆破振动安全控制标准

围岩类别	允许振速/(cm/s)
Ⅰ类	14.60
Ⅱ类	11.63
Ⅲ类	8.62
Ⅳ类	5.54

3)喷混凝土安全控制标准的制定

根据前面的分析，洞库下层开挖爆破作用下，边墙喷混凝土的时程最大拉应力为5.06MPa，明显小于喷混凝土的动态抗拉强度；拱顶部位喷混凝土的时程最大拉应力为1.23MPa，也小于喷混凝土的静态抗拉强度。考虑到随着爆破动荷载输入的增加，拱顶和边墙部位的喷混凝土时程最大拉应力均可能超过材料强度，则同时将这两个指标作为控制整个洞库喷混凝土不发生拉坏的关键指标，通过不断调整爆破动荷载的输入量值，得到对应于不同爆破动荷载输入的拱顶和边墙部位的喷混凝土时程最大拉应力(见图 6-53)。

可以看出，对于边墙部位的喷混凝土，即使当爆破动荷载输入达到 200% 时，喷混凝土的最大拉应力仍小于动态抗拉强度 16.5MPa；对于拱顶部位的喷混凝土，当爆破动荷载输入达到 143% 时，喷混凝土的最大拉应力达到静态抗拉强度 2MPa，则此时的岩体振动场即为控制喷混凝土不发生拉坏的基准振动场。在 143% 的爆破动荷载输入条件下，为拱顶喷混凝土的时程最大拉应力首先达到材料的静态抗拉强度，该部位的质点振速相对较小，此时爆区附近喷混凝土的质点振速为 114cm/s。

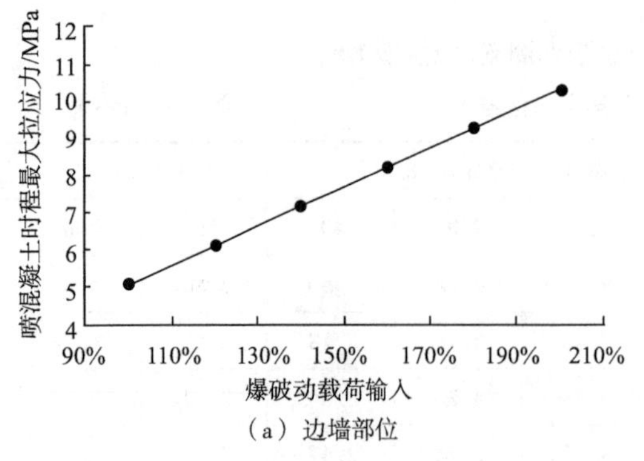

（a）边墙部位

喷混凝土时程最大拉应力/MPa
2
1.9
1.8
1.7
1.6
1.5
1.4
1.3
1.2
90%
100%
110%
120%
130%
140%
150%
爆破动载荷输入

（b）拱顶部位

图 6-53 爆破动荷载输入与喷混凝土时程最大拉应力的关系

结合现场实际的振动监测测点布置，分别提取本洞边墙和邻洞边墙测点的质点峰值振速作为爆破振动安全控制标准的校核值(见表6-44～表6-45)。

表6-44 下层洞库开挖本洞边墙墙角处喷混凝土的爆破振动安全控制标准

距爆区的水平距离/m	5	10	15	20	30	40	50	60
允许振速/(cm/s)	26.56	22.96	20.24	17.07	12.13	8.09	7.04	5.84

表6-45 下层洞库开挖邻洞边墙墙角处喷混凝土的爆破振动安全控制标准

控制对象	邻洞
允许振速/(cm/s)	14.48

4)锚杆安全控制标准的制定

根据前面的分析，洞库下层开挖爆破作用下，锚杆保持正常工作状态主要由砂浆受力控制，洞库上层和中层已加固围岩范围内，邻近爆区部位围岩的空间最大剪应力变化幅值较大，达到1.18MPa，已接近了锚杆砂浆材料的抗剪强度。因此，将锚固支护已加固区域底部爆区附近的围岩空间最大剪应力变化幅值，作为控制锚杆砂浆不发生剪坏的关键指标。通过不断调整爆破动荷载的输入量值，得到对应于不同爆破动荷载输入的空间最大剪应力变化幅值(见图6-54)。

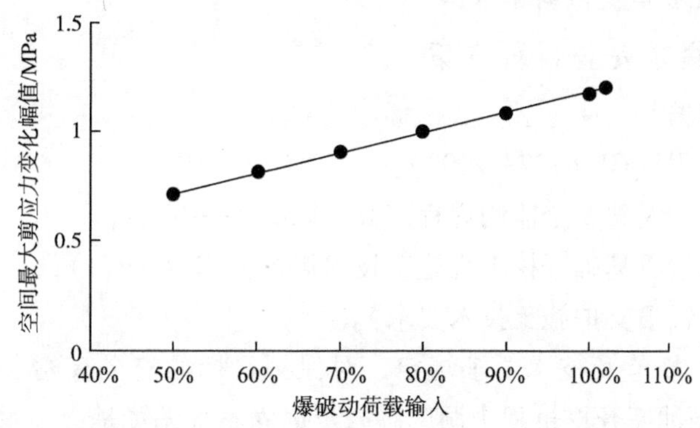

图6-54 爆破动荷载输入与空间最大剪应力变化幅值的关系

可以看出，当爆破动荷载输入为102%时，邻近爆区的锚杆砂浆附近围岩的空间最大剪应力变化幅值达到1.2MPa，则此时的岩体振动场即为控制锚杆砂浆不发生剪坏的基准振动场。在102%的爆破动荷载输入条件下，已锚固区域下方爆区附近的围岩空间最大剪应力变化幅值首先达到锚杆砂浆的抗剪强度，将导致该区域的锚杆砂浆进入发生剪切破坏的临界状态。此时，爆区附近的质点振速为81.6cm/s。结合现场实际的振动监测测点布置，分别提取基准振动场中锚杆砂浆测点的质点峰值振速作为振动安全控制标准的校核值(见表6-46)。

表6-46 下层洞库开挖本洞锚杆砂浆的爆破振动安全控制标准

距爆区的水平距离/m	5	10	15	20	30	40	50	60
允许振速/(cm/s)	19.01	16.43	14.48	12.22	8.68	5.79	5.04	4.18

综上所述，在近区所提的安全控制标准虽比设计方提出的标准要宽松，但是有很多研究表明当近区的质点峰值振速达到25cm/s时，岩体不会产生破坏。Bauer和Calder(1978)通过爆前爆后岩体中新增裂隙调查、声波对比测试，得到当质点峰值振速<25cm/s，完整岩石不会致裂。Mojitabai & Beattie(1996)的研究也表明，对于硬片麻岩，当质点峰值振速在23~35cm/s范围内时，爆破仅造成岩体轻微损伤，而不至于破坏。由此可见，在近区所提的爆破振动安全控制标准是合理的。

1.4 开挖施工期爆破安全监测研究

爆破振动是地下水封石洞油库爆破开挖产生的主要有害效应，有可能对正在进行开挖的洞室和相邻洞室围岩以及锚固系统产生一定的振动影响。因此，需要在施工期对爆破振动及其影响进行有效的安全监测。

爆破安全监测的要求：一是针对地下水封石洞油库爆破开挖的特点，进行全面、系统的爆破振动安全监测设计，做到既突出重点，又不漏项；二是选用先进、可靠的科学仪器设备及宏观调查等手段，以便对爆破产生的有害效应进行长期、有效的数据采集；三是利用有效的监测数据进行分析，科学评价地下水封石洞油库爆破开挖对洞库围岩及锚固系统产生的影响，为施工安全提供科学依据。

1.4.1 开挖爆破安全监测方案

(1)安全监测依据

1)《爆破安全规程》(GB 6722—2003)；

2)《水电水利工程爆破安全监测规程》(DL/T 5333—2005)；

3)《水工建筑物岩石基础开挖工程施工技术规范》(SL 47—94)；

4)《工程开挖及锚喷支护施工技术要求》。

上述有关规程、规范及技术要求规定，对保护目标的安全有要求时，应进行爆破监测。该地下水封石洞油库开挖过程中洞库围岩及锚固系统无疑是必须重点保护的目标。因此，该地下水封石洞油库开挖过程中应进行全过程动态安全监测。

(2)主要监测项目

由于质点振动速度与介质破坏的关系最为密切，且《爆破安全规程》、《水电水利工程爆破安全监测规程》等相关规程规范也采用质点振动速度作为安全控制标准，因此，地下水封石洞油库爆破开挖应采用质点振动速度作为安全控制标准，并进行相应的监测工作。主要监测项目有：

1)围岩及锚固系统：除依靠目视、耳听、手摸外，还应携带一些简单工具，如钢尺、地质锤、放大镜、石蕊试纸、照相机等进行宏观调查。

2)质点振动速度监测：在分析监测成果的基础上，对试验获得的控制标准进一步验证或修订，随着爆破开挖部位的改变，并对爆破振动预报进行修正。

3)声波测试：声波测试是确定爆破影响深度的主要手段。通过爆前爆后声波测试或者爆后声波测试，对爆破声波波速的变化规律进行分析，进而确定爆破影响深度。

(3)爆破安全监测部位及测点布置

1)重点监测断面

重点监测断面桩号和3条与洞室正交的水幕洞室轴线一致，在分别对2#、6#及8#主洞室的拱顶预埋三向质点振动速度传感器，爆区距测点水平距离小于50m范围内进行爆破(深孔台阶，以下类同)时，每次爆破均进行监测；在测点距爆区水平距离为50~100m范围内进行爆破时，每周进行2次爆破监测；测点距爆区水平距离为大于100m范围外进行爆破时，每月进行2次爆破监测。

重点监测断面前后30m范围内进行爆破时，在爆区后冲向洞壁、两侧相邻洞(或单侧相邻洞)布置测点，共4~5个测点进行监测，每一重点监测断面测试3~5次。重点监测断面测点布置如图6-55所示。其中预埋测点布置在主洞上方的水幕巷道的测孔里，仪器埋设在孔底，离下部开挖的主洞的拱顶1m。

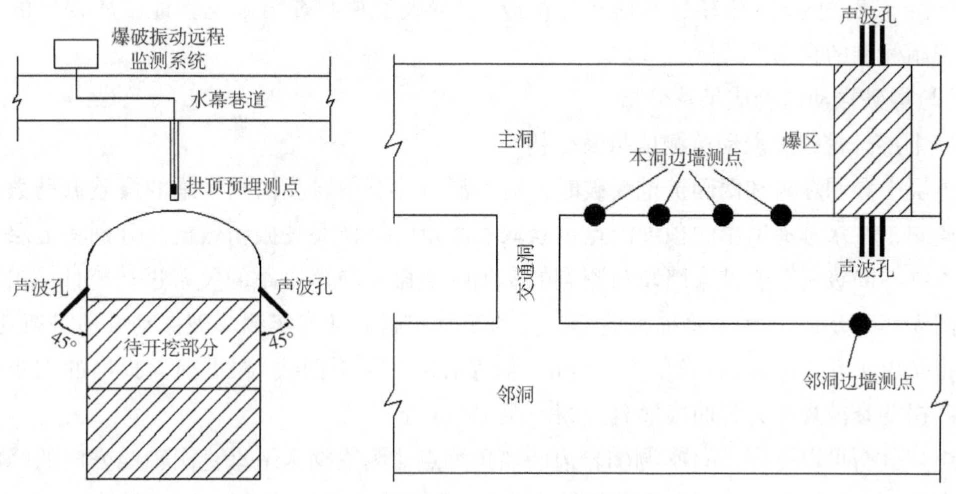

图6-55　爆破振动监测测点布置图

2)随机监测

定期对锚杆、锚索、喷混凝土层、灌浆区、相邻洞等进行监测，每次每类保护对象布置1~2个测点、每周监测2~3次。

3)围岩及锚固系统测点

为了客观地分析判断爆破振动的破坏影响，对爆区附近的围岩及锚喷设施进行爆破前后宏观调查，将调查结果与振动测点实测成果结合起来综合分析爆破振动影响情况。采用观察和敲击的方法，检查在爆破前后爆区附近的拱顶和洞壁处的围岩或喷混凝土有无掉块、拉裂的现象，据此以判定爆破是否对围岩和喷混凝土是否造成了影响。

4)声波测试测区

为了分析围岩的爆破影响深度，需要针对不同开挖方式及不同围岩类型，进行爆前爆后声波检测。本工程主要针对前期爆破试验在爆破区域边墙进行了爆前爆后声波测试，此外还在岩石条件较好的区域进行了爆后声波声波测试。为了研究爆破累积损伤的作用和卸荷的效应，还进行了长期声波测试。

(4)爆破振动安全监测系统

根据地下水封石洞油库开挖工程爆破开挖安全监测特点，主要选择 YBJ－Ⅲ远程微型动态记录仪和速度传感器作为爆破振动安全监测系统，此外还选择了加拿大生产的 Minimate blast 振动监测仪，编写了安全监测软件。

1.4.2 开挖爆破安全监测成果

(1)围岩及锚固系统监测成果

在进行振动测试时，若爆破振动过大时，便会对现场围岩、锚杆、锚索或混凝土喷层进行宏观调查。如中下层爆破开挖的实测数据表明，部分场次爆破的洞壁岩石处实测值达到 17.18cm/s 时未发现明显的破坏和掉块，而喷混凝土(龄期超过 28 天)实测值达到 16.6cm/s 未发现破坏(未超过所提允许振速)。爆破宏观调查结果也验证了所提出的爆破安全控制标准的合理性。

(2)爆破振动监测成果及分析

1)上层开挖爆破振动监测成果及分析

上层中导洞爆破和两侧扩挖爆破时，对本洞、邻洞围岩及锚固设施的爆破振动数据进行了监测，在水幕巷道中的预埋测点也获取了大量的拱顶爆破振动数据。分别将上层开挖爆破本洞不同级别围岩处边墙墙角测点的实测峰值振速与爆心距的关系进行统计(如图 6-56～图 6-58 所示)。为了将提出的爆破振动安全控制标准与实测爆破振动峰值进行比较，这里也做出了允许振速(校核值及设计值)随爆心距的关系曲线(根据前面提出的控制标准和爆破振动衰减规律，将曲线顺延到爆心距 100m 处)。

综合分析可以得到：a)本洞围岩边墙墙角测点监测数据水平垂直洞轴线方向的峰值振速分布在 0.1～2.69cm/s，水平平行洞轴线方向分布在 0.08～3.33cm/s，竖直方向上分布在 0.15～3.62cm/s；b)峰值振速—水平爆心距的关系图具有较大的离散性，表明振动峰值数据的影响因素较多，振动数据与爆心距的相关性较差；c)本洞边墙墙角测点峰值振速，均小于提出的随爆心距变化的爆破允许振速的校核值。仅一个测点的峰值振速大于爆破允许振速的设计值，经爆破前后宏观调查，并未发现明显的爆破破坏。

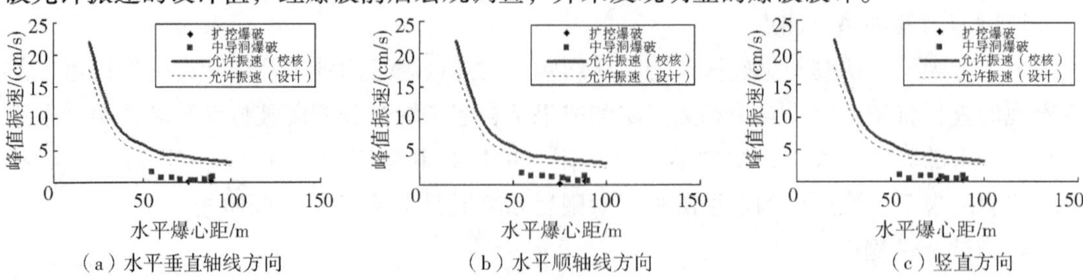

图 6-56 上层开挖爆破本洞边墙墙角测点(Ⅰ类围岩)峰值振速－水平爆心距关系统计

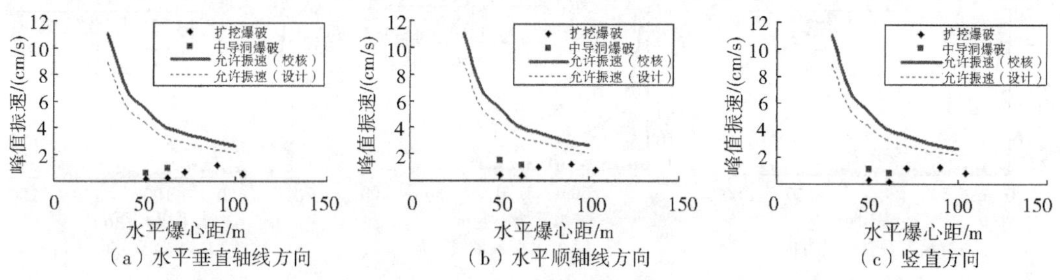

（a）水平垂直轴线方向　（b）水平顺轴线方向　（c）竖直方向

图 6-57　上层开挖爆破本洞边墙墙角测点（Ⅱ类围岩）峰值振速 - 水平爆心距关系统计

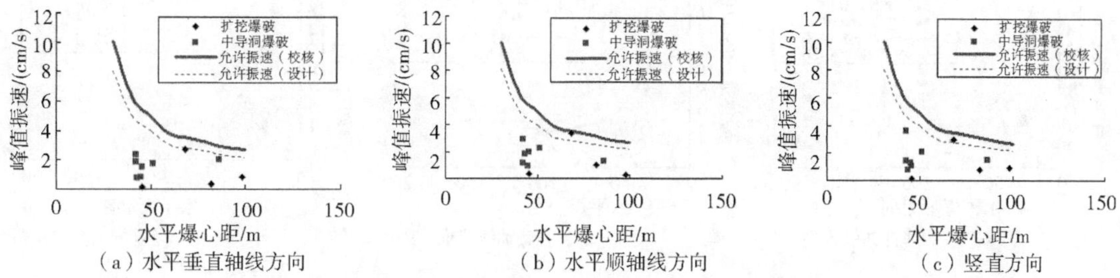

（a）水平垂直轴线方向　（b）水平顺轴线方向　（c）竖直方向

图 6-58　上层开挖爆破本洞边墙墙角测点（Ⅲ类围岩）峰值振速 - 水平爆心距关系统计

分别对上层开挖爆破预埋测点的峰值振速—水平爆心距关系进行统计，如图 6-59 ~ 图6-61所示。可以看出：a)预埋测点监测数据水平垂直轴线方向的峰值振速分布在 0.35 ~34.65cm/s，水平顺轴线方向分布在 0.08 ~31.86cm/s，竖直方向上分布在 0.3 ~35.71 cm/s；b)整体上看，随着水平爆心距的增加，振动速度峰值逐渐降低，即岩体振动随着远离爆源而逐步衰减。预埋测点振动数据分布比边墙墙角测点的规律要好，离散性更小，特别是Ⅰ类围岩和Ⅱ类围岩测点，其所揭示岩体振速随爆心距增加而衰减的规律特征非常明显；c)预埋测点中，中导洞爆破振动峰值分布的离散性比扩挖爆破的更小，这主要是由于中导洞爆破的爆破设计相对固定，而扩挖爆破的开挖部位及爆破设计变化较大；d)所有预埋测点峰值振速，均小于提出的随爆心距变化的爆破允许振速的校核值，仅少数测点的峰值振速大于爆破允许振速的设计值。位于爆源近区的预埋测点峰值振速最大达到 35.71cm/s，前面的数值计算中采用这些数据进行反演，并分析了围岩的振动响应特性，表明爆破作用仅对围岩形成了短时间、有限范围的应力扰动，并未对洞库围岩产生破坏。

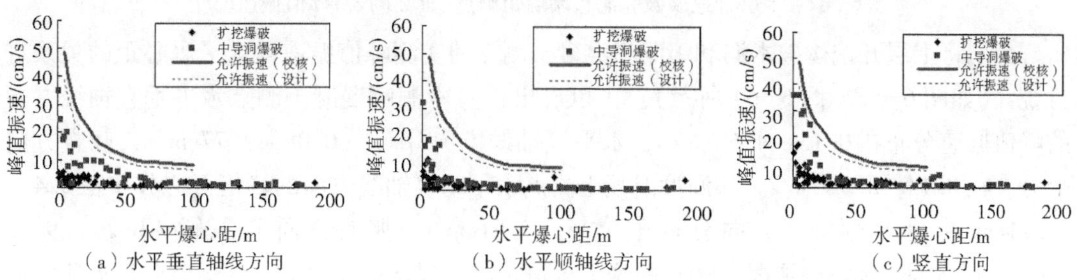

（a）水平垂直轴线方向　（b）水平顺轴线方向　（c）竖直方向

图 6-59　上层开挖爆破本洞预埋测点（Ⅰ类围岩）峰值振速 - 水平爆心距关系统计

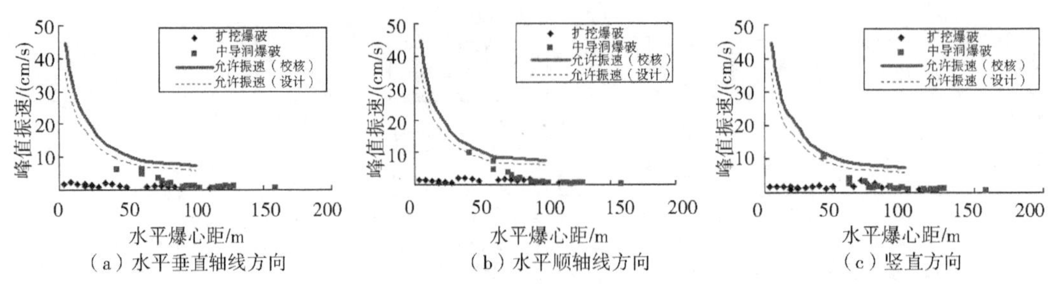

（a）水平垂直轴线方向　（b）水平顺轴线方向　（c）竖直方向

图6-60　上层开挖爆破本洞预埋测点（Ⅱ类围岩）峰值振速-水平爆心距关系统计

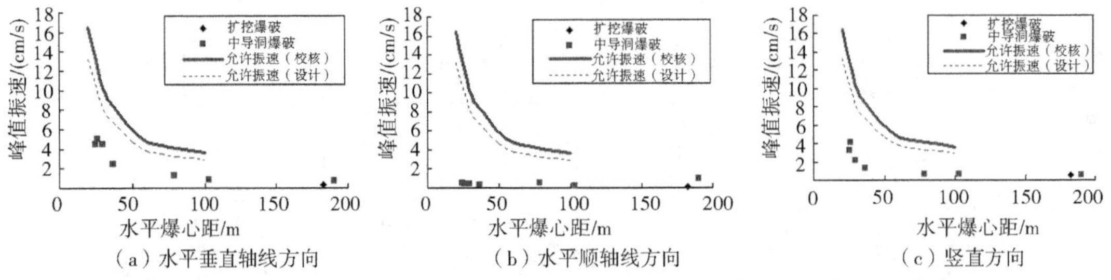

（a）水平垂直轴线方向　（b）水平顺轴线方向　（c）竖直方向

图6-61　上层开挖爆破本洞预埋测点（Ⅲ类围岩）峰值振速-水平爆心距关系统计

将上层开挖爆破邻洞边墙墙角测点（仅Ⅲ类围岩）的实测峰值振速进行统计（如图6-62所示）。由图6-62可知：a）邻洞边墙墙角测点监测数据水平垂直轴线方向的峰值振速分布在0.11～12.3cm/s，水平顺轴线方向分布在0.13～8.5cm/s，竖直方向上分布在0.1～10.6cm/s；b）邻洞边墙墙角峰值振速最大达到12.3cm/s，小于提出的邻洞边墙墙角的爆破允许振速的校核值。有三个测点的峰值振速大于爆破允许振速的设计值，经过爆后宏观调查，并未发现明显的爆破破坏。

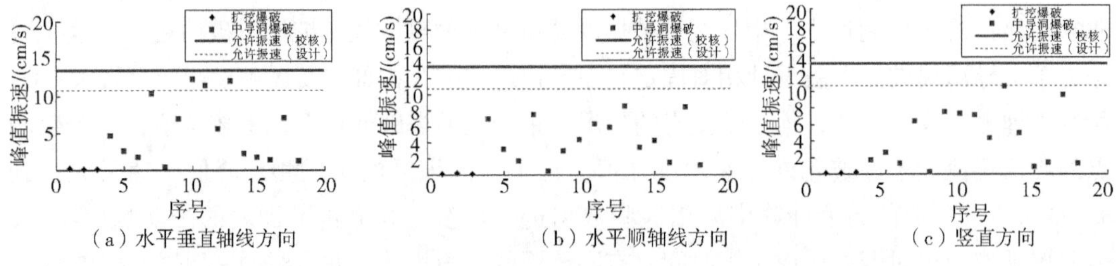

（a）水平垂直轴线方向　（b）水平顺轴线方向　（c）竖直方向

图6-62　上层开挖爆破邻洞边墙墙角测点（Ⅲ类围岩）峰值振速统计

分别将上层开挖爆破本洞和邻洞喷混凝土测点的实测峰值振速与水平爆心距的关系进行统计（如图6-63～图6-64所示）。可以看出：a）本洞喷混凝土测点水平垂直轴线方向的峰值振速分布在0.15～4.68cm/s，水平顺轴线方向分布在0.08～5.77cm/s，竖直方向上分布在0.14～3.52cm/s。邻洞喷混凝土测点水平垂直轴线方向的峰值振速分布在024～11.21cm/s，水平顺轴线方向分布在0.36～7.91cm/s，竖直方向上分布在0.29～9.25cm/s；b）本洞及邻洞喷混凝土测点的峰值振速，小于提出的喷混凝土的爆破允许振速的校核值。有两个测点的峰值振速大于爆破允许振速的设计值，经过爆后宏观调查，并未发现明显的爆破破坏。

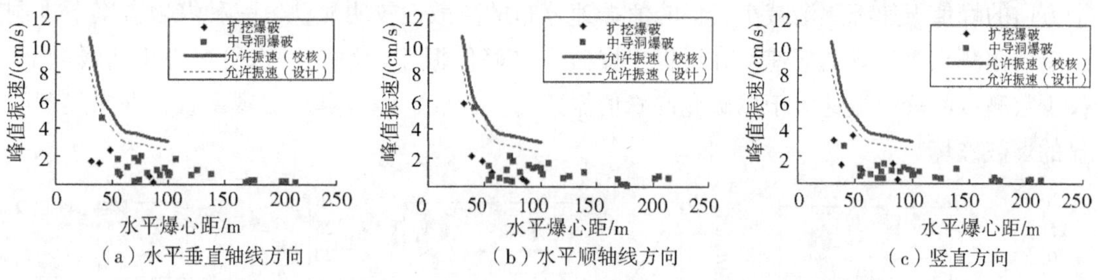

（a）水平垂直轴线方向 （b）水平顺轴线方向 （c）竖直方向

图 6-63 上层开挖爆破本洞喷混凝土峰值振速-水平爆心距关系统计

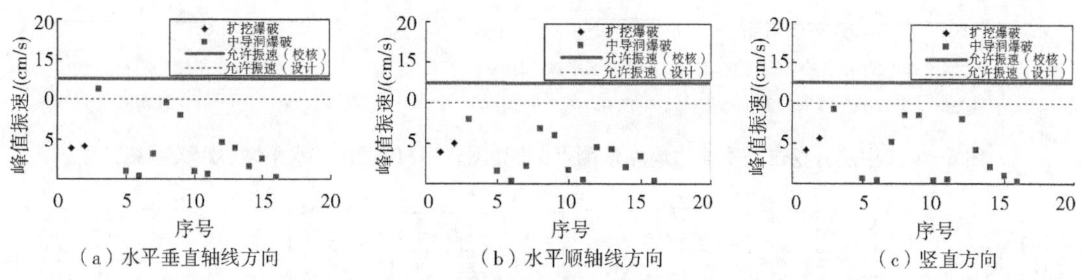

（a）水平垂直轴线方向 （b）水平顺轴线方向 （c）竖直方向

图 6-64 上层开挖爆破邻洞喷混凝土峰值振速统计

将上层开挖爆破锚杆测点的实测峰值振速与水平爆心距距的关系进行统计(如图 6-65 所示)。由图 6-65 可以看出：a)锚杆测点水平垂直轴线方向的峰值振速分布在 1.91 ~ 3.67cm/s，水平顺轴线方向分布在 3.26 ~ 4.9cm/s，竖直方向上分布在 2.72 ~ 6.14cm/s；b)两个锚杆测点的峰值振速均小于提出的爆破允许振速的校核值，但有一个测点略大于爆破允许振速的设计值。

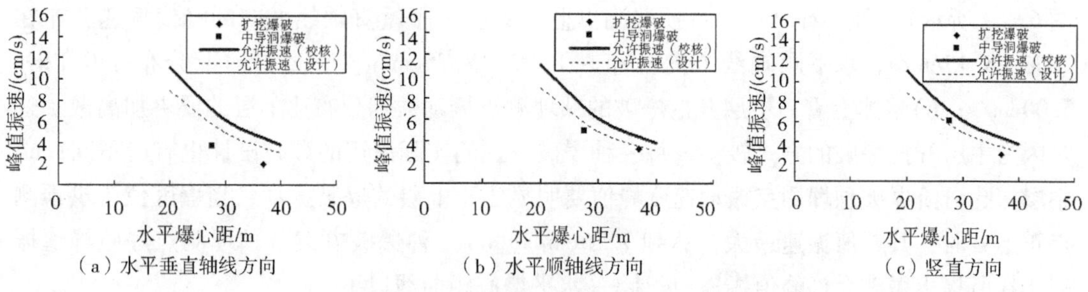

（a）水平垂直轴线方向 （b）水平顺轴线方向 （c）竖直方向

图 6-65 上层开挖爆破锚杆峰值振速-水平爆心距关系统计

2)中层开挖爆破振动监测成果及分析

针对中层三种爆破方案的爆破，对本洞、邻洞围岩及锚固设施的爆破振动数据进行了监测，在水幕巷道中的预埋测点也获取了大量的顶拱爆破振动数据。分别将中层开挖爆破本洞不同级别围岩处边墙墙角测点的实测峰值振速与水平爆心距的关系进行统计(如图 6-66 ~ 图 6-67 所示)。可以看出：a)中层开挖爆破本洞围岩边墙墙角测点监测数据水平垂直洞轴线方向的峰值振速分布在 0.35 ~ 9.42cm/s，水平平行洞轴线方向分布在 0.22 ~ 16.73cm/s，竖直方向上分布在 0.22 ~ 17.18cm/s；b)总体来看，随着爆心距的增加，三个方向的峰值振速都逐渐减小，但峰值振速分布的离散性较明显；c）三种爆破方案下本洞边墙墙角测点爆破峰值振速均在所提出爆破允许峰值振速（校核）—水平爆心距曲线以下。仅少数测点的峰值振速大于爆破允许峰值振速的设计值，经过爆后宏观调查，并未发现明显的爆破破坏。

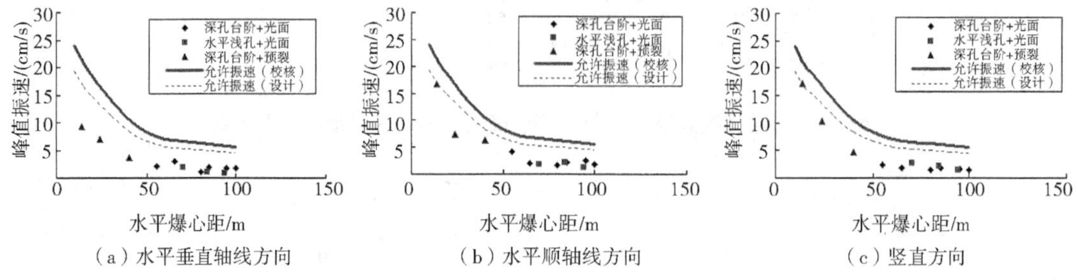

（a）水平垂直轴线方向　（b）水平顺轴线方向　（c）竖直方向

图 6-66　中层开挖爆破本洞边墙墙角测点（Ⅱ类围岩）峰值振速—水平爆心距关系统计

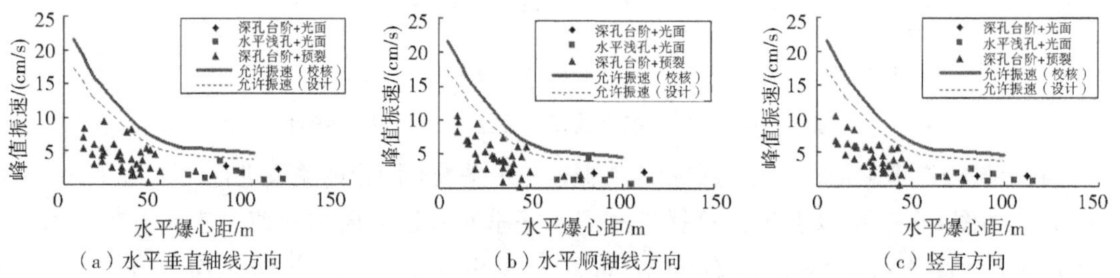

（a）水平垂直轴线方向　（b）水平顺轴线方向　（c）竖直方向

图 6-67　中层开挖爆破本洞边墙墙角测点（Ⅲ类围岩）峰值振速—水平爆心距关系统计

分别对中层开挖爆破的预埋测点的峰值振速 - 水平爆心距关系进行统计（如图 6-68、图 6-69 所示）。可以看出知：a）预埋测点监测数据水平垂直轴线方向的峰值振速分布在 0.06～5.45cm/s，水平顺轴线方向分布在 0.09～7.75cm/s，竖直方向上分布在 0.12～5.00cm/s；b）整体上看，中层开挖爆破的预埋测点振动数据分布比上层的要更加离散，这是因为中层开挖爆破的方式较多，每一种爆破方式的实际采用的爆破设计也有所不同；c）中层深孔台阶爆破预埋测点振动速度峰值要明显小于上层的爆破振动，当爆区位于拱顶测点正上方时，其峰值振速最大，达到 7.75cm/s；d）三种爆破方案下预埋测点爆破峰值振速均在所提出爆破允许峰值振速（设计）—水平爆心距曲线以下。

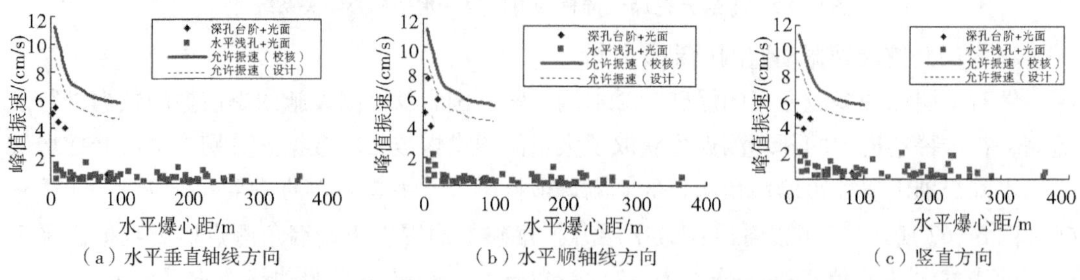

（a）水平垂直轴线方向　（b）水平顺轴线方向　（c）竖直方向

图 6-68　中层开挖爆破本洞预埋测点（Ⅱ类围岩）峰值振速—水平爆心距关系统计

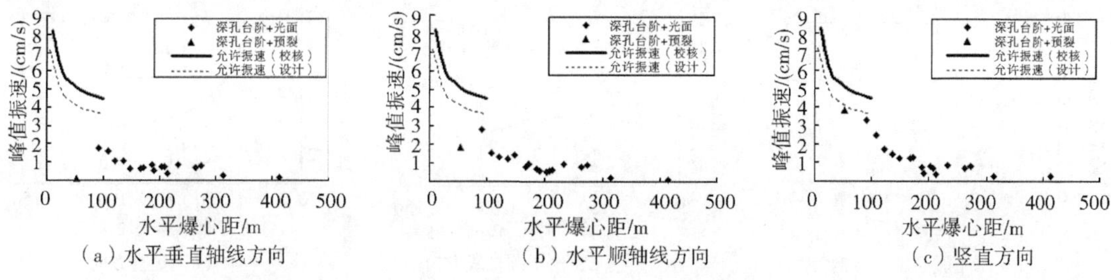

图 6-69　中层开挖爆破本洞预埋测点(Ⅲ类围岩)峰值振速—水平爆心距关系统计

将中层开挖爆破邻洞边墙墙角测点(Ⅱ类及Ⅲ类围岩)的实测峰值振速进行统计(如图 6-70、图 6-71 所示)。从中可以看出：a)邻洞围岩监测数据水平垂直轴线方向的峰值振速分布在 0.79 ~7.01cm/s，水平顺轴线方向分布在 1.06 ~4.64cm/s，竖直方向上分布在 2.08 ~6.48cm/s；b)邻洞边墙墙角测点峰值振速，均小于所提出爆破允许峰值振速的设计值。

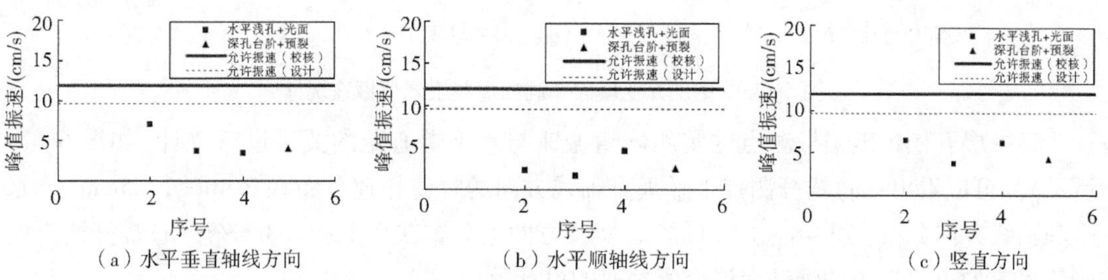

图 6-70　中层开挖爆破邻洞边墙墙角测点(Ⅱ类围岩)峰值振速统计

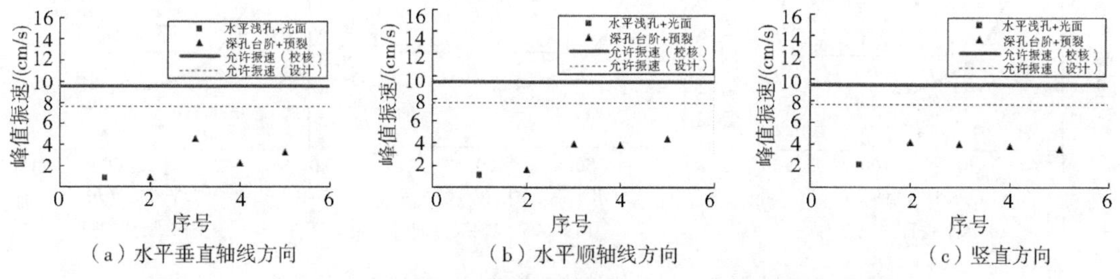

图 6-71　中层开挖爆破邻洞边墙墙角测点(Ⅲ类围岩)峰值振速统计

分别将中层开挖爆破本洞和邻洞喷混凝土测点的实测峰值振速与水平爆心距的关系进行统计(如图 6-72、图 6-73 所示)。可以看出：a)本洞喷混凝土测点水平垂直轴线方向的峰值振速分布在 0.45 ~4.15cm/s，水平顺轴线方向分布在 0.53 ~3.09cm/s，竖直方向上分布在 0.31 ~2.68cm/s，邻洞喷混凝土测点水平垂直轴线方向的峰值振速分布在 1.18 ~10.38cm/s，水平顺轴线方向分布在 1.31 ~ 11.04cm/s，竖直方向上分布在 2.47 ~ 10.11cm/s；b)本洞及邻洞喷混凝土测点的峰值振速，均小于提出的喷混凝土的爆破允许峰值振速的校核值。有一个邻洞测点的峰值振速大于爆破允许峰值振速的设计值，经过爆后宏观调查，并未发现明显的爆破破坏。

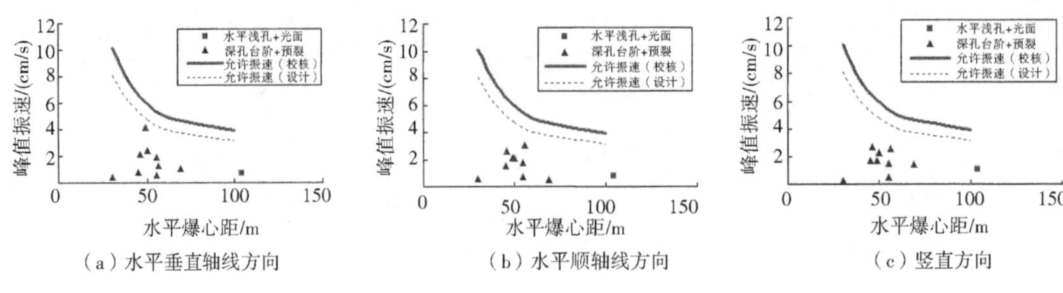

图 6-72　中层开挖爆破本洞喷混凝土峰值振速—水平爆心距关系统计

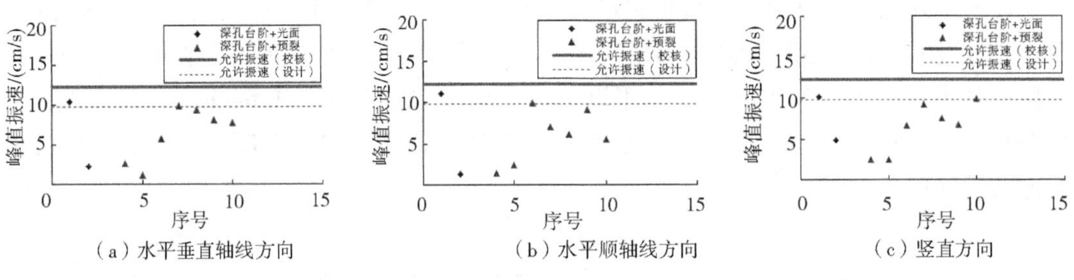

图 6-73　中层开挖爆破邻洞喷混凝土峰值振速统计

将中层开挖爆破锚杆测点的实测峰值振速与水平爆心距的关系进行统计(如图 6-74 所示)。可以看出：a)锚杆测点水平垂直轴线方向的峰值振速分布在 0.46～1.85cm/s，水平顺轴线方向分布在 0.48～1.63cm/s，竖直方向上分布在 0.3～1.53cm/s；b)锚杆测点的峰值振速均小于提出的爆破允许峰值振速的设计值。

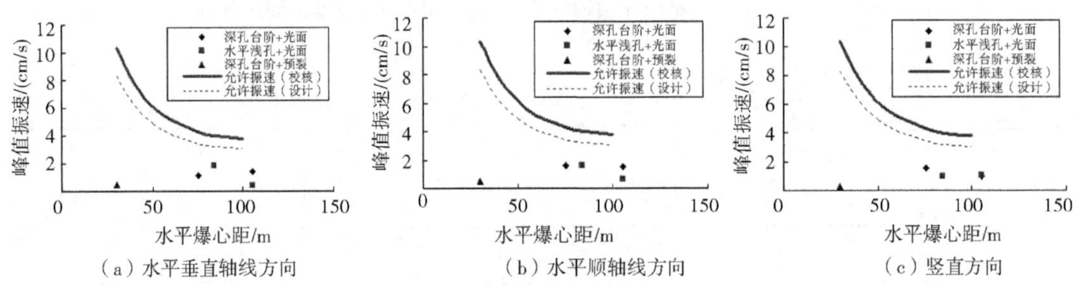

图 6-74　中层开挖爆破锚杆峰值振速—水平爆心距关系统计

3)下层开挖爆破振动监测成果及分析

主要针对下层深孔台阶两种方案的爆破，对本洞、邻洞围岩及锚固设施的爆破振动数据进行了监测。

分别将下层开挖爆破本洞及邻洞围岩处边墙墙角测点的实测峰值振速与水平爆心距的关系进行统计(如图 6-75、图 6-76 所示)。可以看出：a)下层开挖爆破本洞边墙墙角围岩测点水平垂直洞轴线方向的峰值振速分布在 1.38～4.16cm/s，水平平行洞轴线方向分布在 0.93～3.7cm/s，竖直方向上分布在 1.02～4.3cm/s。邻洞围岩监测数据水平垂直轴线方向的峰值振速分布在 1.45～3.37cm/s，水平顺轴线方向分布在 1.29～3.41cm/s，竖直方向上分布在 1.78～1.91cm/s；b)本洞及邻洞边墙墙角测点爆破峰值振速均小于所提出爆破允许峰值振速的校核值，仅一个测点的峰值振速大于爆破允许峰值振速的设计值，经过爆后宏观调查，并未发现明显的爆破破坏。

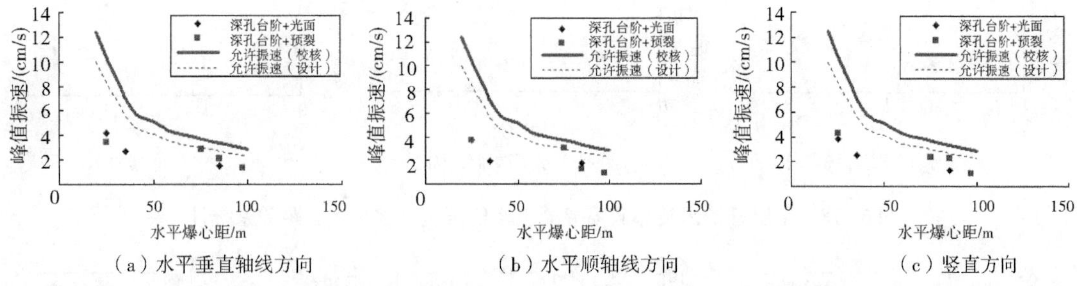

（a）水平垂直轴线方向　（b）水平顺轴线方向　（c）竖直方向

图 6-75　下层开挖爆破本洞边墙墙角测点（Ⅲ类围岩）峰值振速—水平爆心距关系统计

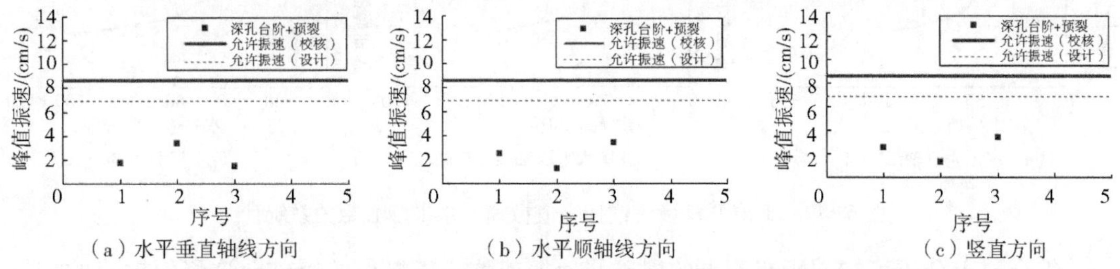

（a）水平垂直轴线方向　（b）水平顺轴线方向　（c）竖直方向

图 6-76　下层开挖爆破邻洞边墙墙角测点（Ⅲ类围岩）峰值振速统计

分别将下层开挖爆破本洞和邻洞喷混凝土测点的实测峰值振速与水平爆心距的关系进行统计（如图 6-77、图 6-78 所示）。可以看出：a）本洞喷混凝土测点水平垂直轴线方向的峰值振速分布在 1.31～9.76cm/s，水平顺轴线方向分布在 1.41～11.4cm/s，竖直方向上分布在 2.7～16.6cm/s，邻洞喷混凝土测点水平垂直轴线方向的峰值振速分布在 3.57～11.67 cm/s，水平顺轴线方向分布在 3.4～12.5cm/s，竖直方向上分布在 3.31～10.36cm/s；b）本洞及邻洞喷混凝土测点的峰值振速，均小于提出的爆破允许峰值振速的校核值，仅邻洞一个测点的峰值振速大于爆破允许峰值振速的设计值。

将下层开挖爆破锚杆测点的实测峰值振速与水平爆心距的关系进行统计（如图 6-79 所示）。可以看出：a）锚杆测点水平垂直轴线方向的峰值振速分布在 0.4～1.1cm/s，水平顺轴线方向分布在 0.28～1.23cm/s，竖直方向上分布在 0.35～1.79cm/s；b）锚杆测点的峰值振速均小于提出的爆破允许峰值振速的设计值。

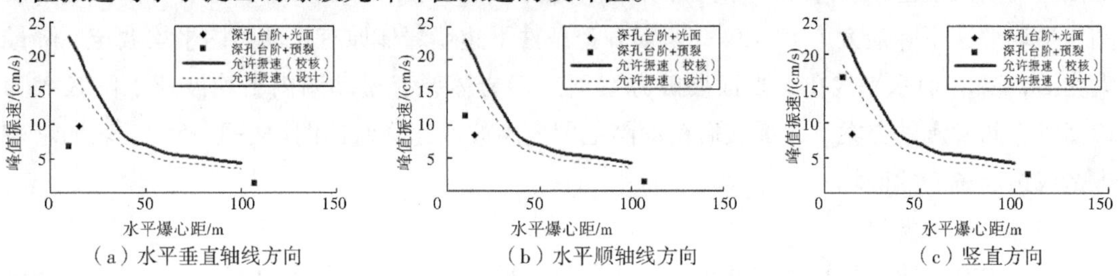

（a）水平垂直轴线方向　（b）水平顺轴线方向　（c）竖直方向

图 6-77　下层开挖爆破本洞喷混凝土峰值振速—水平爆心距关系统计

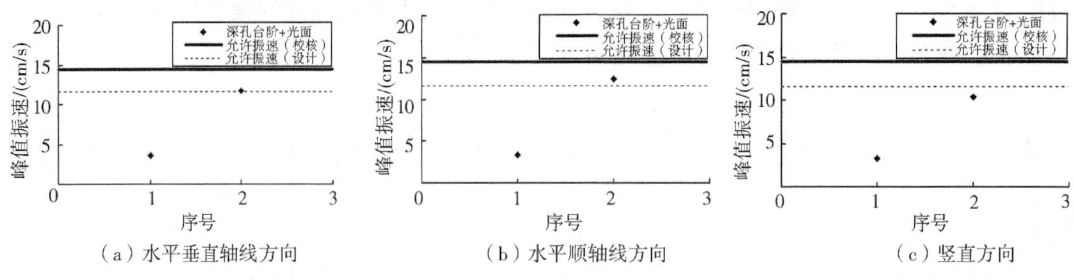

图6-78　下层开挖爆破邻洞喷混凝土峰值振速－水平爆心距关系统计

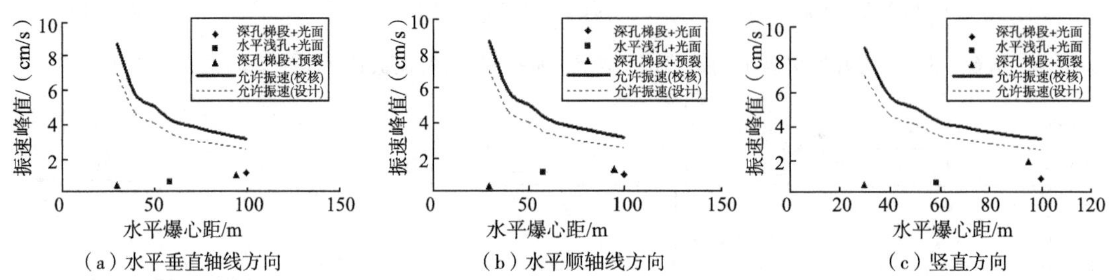

图6-79　下层开挖爆破锚杆峰值振速－水平爆心距关系统计

综合以上分析可知，所有测点的爆破峰值振速均小于提出的爆破允许峰值振速的校核值，仅少数测点的峰值振速大于爆破允许峰值振速的设计值。由此可见，提出的爆破安全控制标准，可以反映地下水封石洞油库开挖的爆破振动特性。采用设计值和校核值双重标准，完全可以满足爆破振动安全控制的要求。

(3)声波测试成果

针对不同的爆破开挖方式和岩石条件，进行了爆前爆后声波测试、爆后声波测试和长期声波测试，以下为其成果总结。

1)爆前爆后声波测试

针对深孔台阶＋预裂爆破方案与水平浅孔＋光面爆破方案进行了爆前爆后声波测试。测试过程中，绝大多数测点爆破前后松弛深度均未加深，仅深孔台阶＋预裂爆破方案下半幅生产性爆破试验的一条测线出现了爆破后松动深度比爆破前加深的情况，爆破松弛深度增加0.25m(投影到预裂面法线距离为0.18m)。爆破对边墙的影响主要表现在原有松动圈范围内岩石波速进一步降低。深孔台阶＋预裂爆破方案半幅开挖条件下边墙岩体原有松动圈内平均波速下降最大为12.8%，全幅开挖条件下边墙岩体原有松动圈内平均波速下降最大为14.4%；而水平浅孔＋光面爆破方案下边墙岩体原有松动圈内平均波速下降最大为12.5%。两种爆破方案下，爆破后松动圈范围内声波波速降低比例均小于15%，表明爆破未造成边墙围岩的破坏。

2)爆后声波测试

针对深孔台阶＋预裂爆破方案与深孔台阶＋光面爆破方案进行了爆后声波测试。受爆破开挖及卸荷影响，深孔台阶＋预裂爆破方案下，爆破后边墙岩体松动深度最大为0.80m

(投影到边墙法线距离为0.00～0.79m)；深孔台阶＋光面爆破方案下，爆破后岩体松动深度最大为0.60m(投影到边墙法线距离为0.00～0.42m)。总体而言，两种方案下爆破影响深度均不大，均处于支护系统的控制范围之内，爆破不会对围岩稳定性造成破坏性影响。

3)长期声波检测

为了研究爆破振动长期扰动对围岩的影响，针对深孔台阶＋光面爆破方案的下层爆破开挖的同一部位进行了长期的声波检测。一共进行了5次声波测试。前4次分别在距离20m、30m、40m、60m处下层爆破开挖后进行测试。第5次在N1～N3测孔区域进行灌浆试验后进行测试(此时爆破区域已经距离声波测试区域100m以外)。声波测试区域的围岩较为破碎，主要为Ⅲ2和Ⅳ类围岩，N4～N6声波孔注水后漏水较为严重。

下层爆破开挖长期声波测试成果见表6-47，岩石声波波速与深度关系曲线如图6-80所示。由表6-47及图6-80可知：声波测试区域岩石条件较差，岩石声波波速一般在2500～6500m/s之间。其中，N1～N3测孔区域孔口部分的岩石条件非常差，爆破后围岩最大松弛深度达1.6m(投影到边墙法线距离为1.13m)，内部的岩石比较好(深度>2.5m)。前4次声波测试的曲线变化不大，松弛深度不变，松弛区平均声波波速也变化不大(仅N1～N2测线第1次松弛区平均波速要大于第2～4次的)。对于第4次和第5次声波测试，围岩松弛深度减小，松弛区平均波速明显增大，由此可见灌浆的效果是较为明显的。N4～N6测孔区域内部(深度>3m)的岩石条件相对较差，比较破碎(注水后漏水严重)。爆破后围岩最大松弛深度达0.8m(投影到边墙法线距离为0.56m)。5次声波测试的曲线变化不大，松弛深度基本不变，松弛区平均声波波速也变化不大。

经过一个月连续5次声波测试，边墙围岩的声波波速变化不大，声波测区距离爆源20m以后，爆破并未对围岩造成进一步的损伤。灌浆试验的灌浆效果较为显著，灌浆深度(2m)范围内岩石波速得到一定的提高，松弛区深度减小。

表6-47　下层爆破开挖长期声波测试成果

序号	测试方法	测线编号	第1次深度/m	第1次波速/(m/s)	第2次深度/m	第2次波速/(m/s)	第3次深度/m	第3次波速/(m/s)	第4次深度/m	第4次波速/(m/s)	第5次深度/m	第5次波速/(m/s)
1	跨孔法	N1～N2	1.6	4059	1.6	3886	1.6	3871	1.6	3879	1.4	4146
2		N2～N3	0.5	3774	0.5	3868	0.5	3745	0.5	3852	*	*
3		N4～N5	—	—	—	—	—	—	0.4	3328	0.4	3290
4		N5～N6	0.8	2981	0.8	3060	0.8	3021	0.8	2987	0.8	2996

注：“—”表示未获取有效的孔口附近的声波速度，松弛深度难以读取；“*”表示由于灌浆将N3孔堵死，无法进行N2～N3测线的测试。

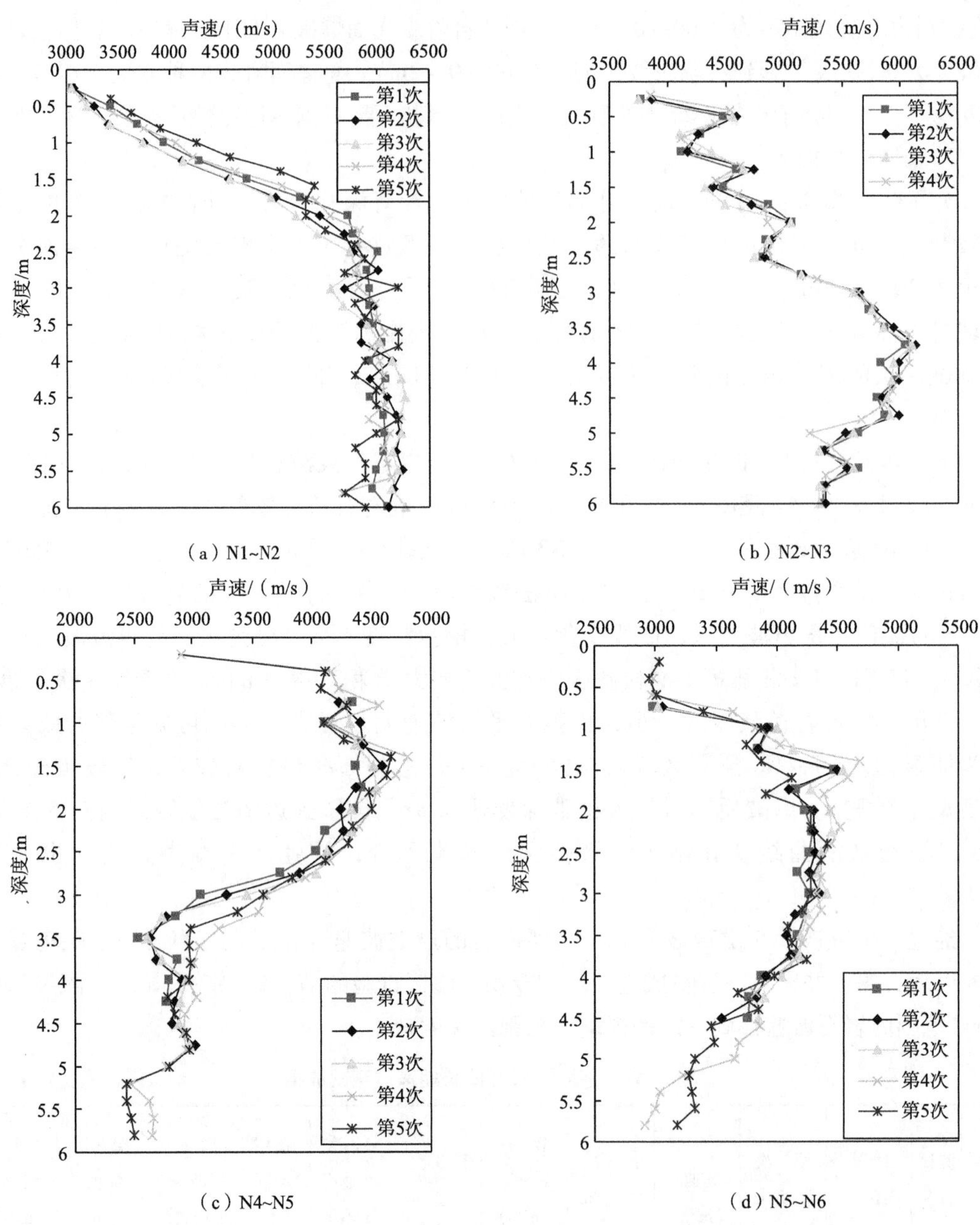

（a）N1~N2

（b）N2~N3

（c）N4~N5

（d）N5~N6

图6-80　下层爆破开挖长期声波测试波速（V_p）-孔深（L）关系曲线

综上所述，各种爆破方案下爆破并未对边墙围岩造成明显破坏。部分测线处爆破对边墙岩体造成的损伤影响也在锚固支护系统的控制范围内。通过在岩石破碎区域进行长期声波测试，未发现爆破累积作用对围岩造成进一步的损伤，该区域的围岩可以通过灌浆、加强支护等措施保证其稳定性。声波测试的成果也验证了提出的爆破振动安全控制标准的合理性。

（4）静、动力测试成果综合比较

为了研究爆破振动与地下水封石洞油库围岩应力及变形的关系，从静力观测资料中找出与爆破振动测值较大的动力测点距离最近静力观测断面测值在爆破前后变化率。选取典型的爆破振动峰值较大的测点如下：

1)2012 年 11 月 25 日 9#主洞室桩号 0 + 235 ~ 0 + 245m 段中层爆破

该次爆破采用的是深孔台阶 - 预裂爆破方案，测得最大峰值振速的测点为距离爆区 14m 处(0 + 221)边墙墙角岩石测点，其垂直向峰值振速为 17. 18cm。9#主洞室 0 + 232. 9 断面围岩收敛结果见图 6 - 81，拱顶沉降测试结果见图 6 - 82。可以看出：在本次爆破前，9#主洞室 0 + 232. 9 断面的水平收敛值及拱顶沉降已经分别稳定在 4. 6mm 和 2. 4mm 左右，这在当前的围岩和支护状况下，满足洞室周边位移相对值控制标准。爆破前后，水平收敛和拱顶沉降值并未发生明显变化，由此可见本次爆破实测的 17. 18cm/s 的爆破振动并未造成围岩太大的扰动和变形，不会对洞室的稳定性造成影响。

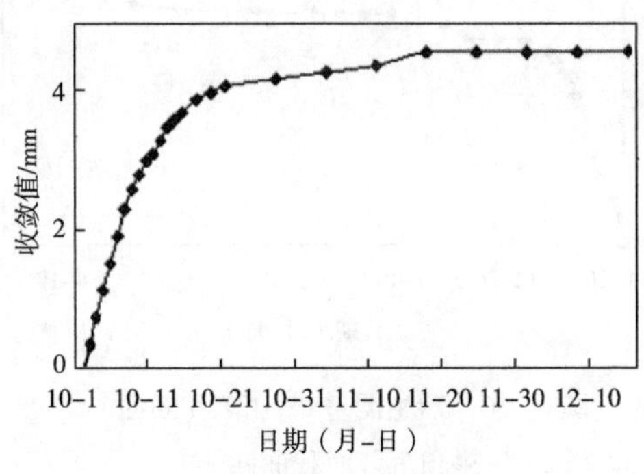

图 6 - 81 9#主洞室 0 + 232. 9 断面围岩水平收敛时程曲线

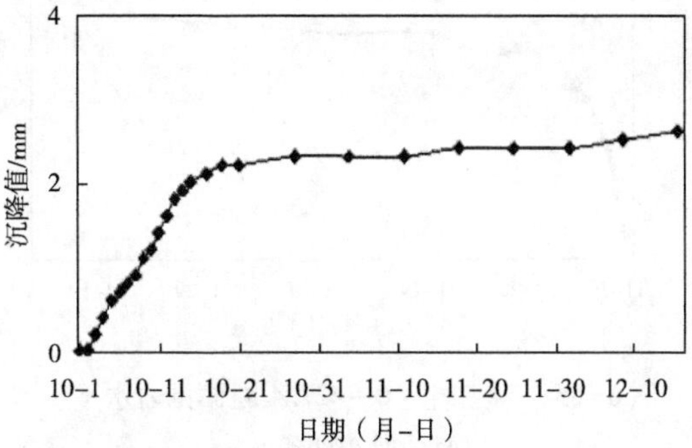

图 6 - 82 9#主洞室 0 + 232. 9 断面拱顶沉降时程曲线

2)2013 年 3 月 26 日 1#主洞桩号 0 + 348 ~ 0 + 360m 段下层爆破

该次爆破采用的是深孔台阶 - 预裂爆破方案，测得最大峰值振速的测点为距离爆区 10m 处(0 + 338)边墙墙角混凝土测点，其垂直向峰值振速为 16. 6cm/s。离本次爆区最近的静力检测断面为 1#主洞室 0 + 293. 9 断面，其围岩收敛结果如图 6 - 83 所示，拱顶沉降测试结果如图 6 - 84 所示。可以看出：1#主洞室 0 + 293. 9 断面的水平收敛值及拱顶沉降均较小，满足洞室周边位移相对值控制标准。爆破并未对水平收敛和拱顶沉降的变化趋势造成影响，由此可见本次爆破引起的围岩扰动和变形较小，不会对洞室的稳定性造成影响。

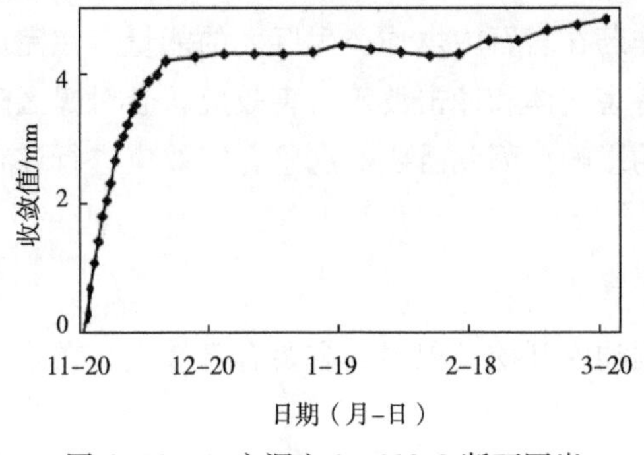

图 6 - 83 1#主洞室 0 + 293. 9 断面围岩水平收敛时程曲线

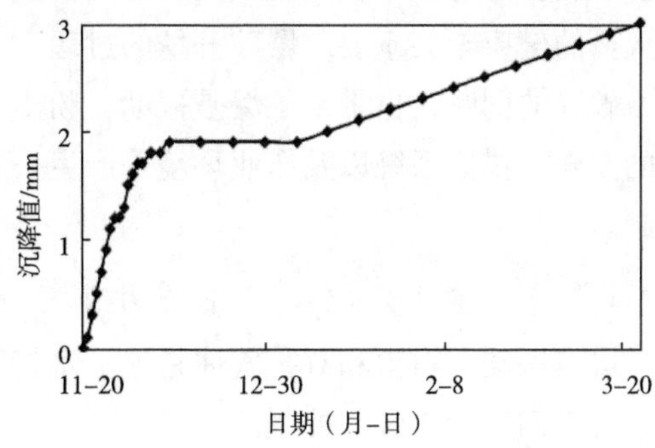

图 6 - 84 1#主洞室 0 + 293. 9 断面拱顶沉降时程曲线

3)2013 年 4 月 2 日 8#主洞室桩号 0 +490 ~0 +500m 段中层爆破

该次爆破采用的是深孔台阶 - 光面爆破方案，其邻洞 7#主洞室边墙测点最大峰值振速为 11.04cm/s，超过所提的邻洞爆破振动安全控制标准的设计值。离本次爆区最近的静力检测断面为 7#主洞室 0 +427.4 断面，其围岩收敛结果如图 6-85 所示，顶拱沉降测试结果如图 6-86 所示。可以看出：7#主洞室 0 +427.4 断面的水平收敛值及拱顶沉降均较小，满足洞室周边位移相对值控制标准。爆破前后水平收敛和拱顶沉降值变化幅度不大，本次爆破引起的围岩扰动和变形较小。

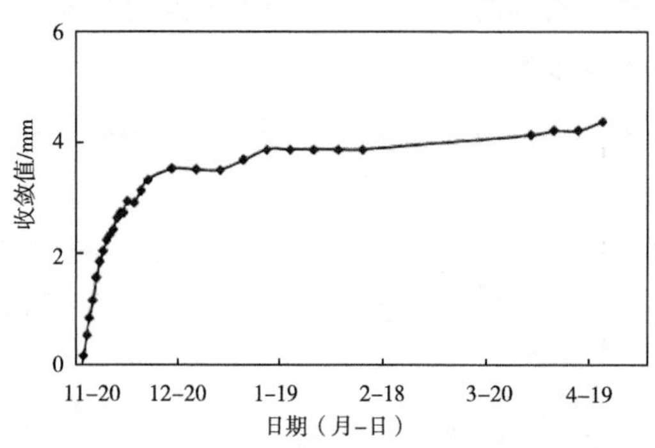

图 6-85　7#主洞室 0 +427.4 断面围岩水平收敛时程曲线

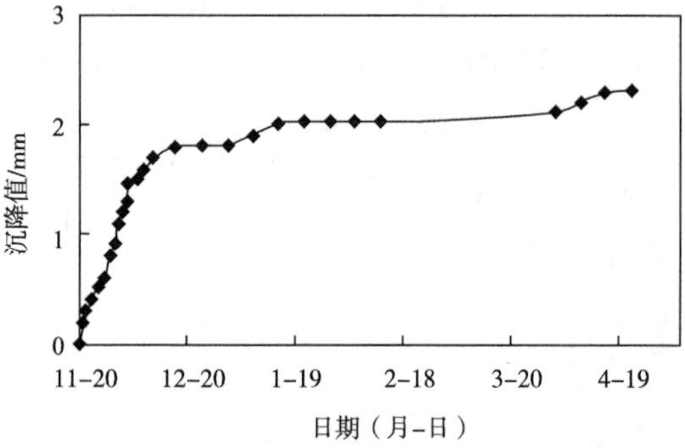

图 6-86　7#主洞室 0 +427.4 断面拱顶沉降时程曲线

综上所述，实测峰值较大的爆破振动，并未造成爆区附近围岩较大的变形。长期静力监测数据也表明，爆破开挖作用下，围岩的变形均在控制标准以内，未出现失稳的情况。由此可见，提出的爆破振动安全控制标准是合理的。

1.5　开挖爆破有害效应的综合控制技术

地下水封石洞油库在修建的过程中，受地形、地质、水封条件及施工条件的影响，确保施工期围岩和锚固系统的安全稳定十分重要。鉴于地下水封石洞油库工程开挖较多，常常多条洞室并行施工，作业人员长时间在这种环境下工作，如何确保作业环境的环保和作业人员的健康至关重要。爆破开挖的过程中，炸药在岩石中爆炸产生巨大的能量，在完成岩石破碎的同时，也带来了爆破振动、粉尘、有害气体和冲击波等有害效应，会对爆区附近的围岩、锚固系统以及作业环境等产生一定的影响。因此需要对这些有害效应进行综合控制。

1.5.1　地下水封石洞油库开挖爆破有害效应

爆破振动、粉尘和有害气体是地下水封石洞油库开挖过程中的主要有害效应。在施工期应对它们进行有效的控制。

(1)爆破振动

爆破振动就是炸药爆炸后在岩体介质弹性变形区内引起岩石质点的振动。它是爆破公害之首。如对爆破振动不加控制，可能会导致处于临界稳定状态的局部岩体动力失稳或邻近的建(构)筑物及设施设备的爆破振动破坏。

地下水封石洞油库洞室群，具有纵横交错、上下重叠、相邻洞室距离小以及爆破开挖与围岩支护交叉施工等特点。特别是对于大型水封洞室群的开挖，常常采用装药量较大的台阶爆破，台阶爆破引起的振动较大，可能会对上层拱顶及洞室边墙造成不利影响，出现掉块、开裂、坍塌、片帮、底鼓、冒水等现象；引起地下水封石洞油库岩石力学性质的劣化，如原有裂隙的张开与扩展，新裂隙的产生，岩体声波速度的降低，渗透系数的增大等，从而对洞室群的水封特性造成较大的影响。因此需要通过研究爆破振动的传播规律，制订爆破振动安全控制标准，并结合爆破振动监测反馈，来对爆破振动进行控制。

(2)爆破粉尘与有害气体

爆破的过程中会产生大量的爆破粉尘和一氧化碳(CO)、氧化氮(NO 和 NO_2)等有害气体，会对洞库内作业环境和作业人员造成较大的危害。

爆破粉尘具有浓度高、滞留时间长等特点。爆破瞬间可以产生数千 mg/m^3 浓度的粉尘。爆破粉尘具有颗粒小、质量轻的特点，很容易被侵入肺泡。长期在这种环境下作业，会让人患上尘肺。

在炸药爆炸产生的有害气体中，CO 主要对肺组织产生剧烈的刺激和腐蚀作用，形成肺水肿，并导致呼吸道收缩，降低其对感染的抵抗能力。氧化氮与碱性氧化物反应生成硝酸盐或亚硝酸盐而致癌。接触高浓度的 NO_2，还可能损害中枢神经系统。

地下水封石洞油库开挖具有由于洞室密集交错、并行施工较多的特点，爆破粉尘和有害气体不断产生，难以消散，其危害更加严重。因此需要采取有效的措施，降低爆后粉尘和有害气体的危害。

1.5.2 地下水封石洞油库开挖爆破振动的综合控制技术

在给定岩性和场地参数条件下，影响爆破振动的主要因素为单响药量。除此之外，它还与炸药特性、钻孔孔径及装药结构等因素有关。同等条件下，单响药量越大，爆破振动峰值越大；孔径越大，爆破振动衰减越慢；采用不耦合装药结构，可大大降低爆破振动峰值。在本项目中，综合采用以下这些控制手段，对爆破振动进行综合控制。

(1)采用毫秒微差起爆技术，控制最大单响药量

通过采用毫秒微差起爆技术，控制最大单响药量。当爆破规模增大时，必须采用分段起爆，可以保证在不影响爆破总装药量和爆破方量的条件下，降低每段爆破的药量，从而达到降低爆破地震波峰值的效果。

采用减小孔距、排距及装药直径的设计方案，降低爆破单孔装药量，从而控制最大单段起爆药量。为了更好的控制单响药量，对于岩体条件差的开挖段，采用水平光面爆破的方案，大幅减小单响药量，从而降低了爆破振动。

(2)合理选用微差间隔时间

选取合理的微差间隔时间，可以防止不同段间爆破振动的叠加，从而产生重段或串

段现象。本项目，主要是通过爆破试验确定合理的微差间隔时间，并提出适宜的起爆网络。

(3)采用预裂爆破技术

预裂爆破产生预裂缝的隔震作用，可以防止或降低主爆区爆破产生的爆炸应力波对围岩的破坏和损伤。预裂爆破在本工程开挖中，主要应用于中下层的深孔台阶开挖中，由于预裂缝的降震作用，台阶主爆破的振动量得到明显的衰减，从而减小本洞围岩以及邻洞岩体的振动效应。当一次设计的预裂面较大时，预裂爆破必然出现较大药量，这时应精心分段，确定合理的单响最大药量。

1.5.3 地下水封石洞油库洞室群爆破开挖的降尘控尘技术

爆破产生的粉尘中有一部分其粒度非常细微，能在空气中长期悬浮和飘移，在其表面会吸附富集多种有机物和无机物，并在颗粒表面发生一系列化学反应，有可能改变物质的化学形态和生物毒性，对劳动场所、环境和人体健康构成很大危害。

爆破粉尘的主要成分为SiO_2、黏土和硅酸盐类物质等，亲水性较强，因此采用湿式降尘会取得较好的效果。通过水袋布设在爆区合适的位置处，并在水袋下放入炸药，连接在起爆网路上，在水袋附近的孔外接力雷管起爆后且孔内雷管起爆前，引爆水袋中炸药，形成水雾吸附炮孔爆后产生的粉尘，从而达到降低粉尘的目的。

(1)洞外水雾降尘试验

采用的炸药量及水袋爆破形成的水雾作用时间的确定是水雾降尘试验的关键问题之一。为此进行了洞外水雾降尘试验。

洞外水雾降尘试验采用的水袋尺寸为5.6m×0.9m。试验前，将水袋开口端用沙袋垫高，并往水袋里注水，直到水深达到15cm。试验采用4个50g药包，每个药包连接即发雷管，将药包等间隔均匀地放入水袋下。采用高速摄像机拍摄水雾形成至消散的全过程。洞外水雾降尘试验的照片如图6-87所示。可以看出：本试验取得了较好的水雾效果，水雾的作用时间大约2s，作用范围大概是100m^2。爆破后水袋仍比较完整，仅放置药包出现较小的破损，水袋方便回收。

(a)水雾效果

(b)爆破后

图6-87 水雾降尘洞外试验

(2)地下水封石洞油库爆破开挖降尘试验

1)粉尘测试仪器

粉尘测试选用英国 CASELLA CEL 公司生产 Microdust pro 空气粉尘测试仪进行测试，该仪器的分辨率可达 0.001mg/m^3。此外，可拆卸的探头方便测量人难以靠近场所的粉尘浓度。Microdust pro 可以记录 32 次不同时刻的粉尘浓度，最多可记录 15700 个数据点。粉尘测试仪如图 6-88 所示。

图 6-88 Microdust pro 空气粉尘测试仪

2)降尘试验方案

根据洞外水雾降尘试验成果及洞库爆破施工条件，降尘试验步骤如下：

(a)采用 Microdust pro 空气粉尘测试仪对未采用降尘措施的爆后空气粉尘浓度进行测量。

(b)在同一洞室进行爆炸水雾降尘试验，爆破前将水袋布置在爆区靠近临空面的两排主爆孔之间，往水袋里注水。注满水后将四个 50g 的药包，等间隔的放入水袋下。

(c)采用 MS1 雷管或者采用导爆索将水袋下药包联入起爆网络，确保水袋下药包在水袋附近的孔外接力雷管起爆后并在主爆孔孔内雷管起爆前起爆。

(d)联网起爆。爆破后，采用 Microdust pro 粉尘测试系统对空气粉尘浓度进行测量，并与未采用降尘措施的爆后空气粉尘浓度进行比较，得到采用本降尘措施的降尘比例。

(3)水雾降尘试验成果分析

1)水雾降尘试验内容

在进行生产应用前，首先根据现场施工情况进行了两次地下水封石洞油库内的水雾降尘试验。两次试验采用的起爆网络相近，如图 6-89 所示。由图 6-89 可知，这两次试验均采用导爆索将四节炸药串联起来，并放置在水袋下面。根据该起爆网络特点，水袋内炸药在预裂孔起爆之后，第一排主爆孔起爆之前起爆。

两次试验主要的差别为水袋放置的位置，第一次试验水袋放置在第一排主爆孔和第二排主爆孔之间，第二次试验水袋放置在第二排主爆孔和第三排主爆孔之间。两次试验的水袋放置位置以及现场照片如图 6-90 所示。

2)爆破降尘试验成果分析

两次降尘试验爆破后爆堆附近的粉尘浓度测试结果，如图 6-91 及表 6-48 所示。可以看出，采用爆炸水雾降尘后，爆破后粉尘浓度明显降低，第一次降尘试验爆后 5 分钟的平均粉尘浓度降低 65.1%，爆后 15 分钟降低 53.6%，粉尘浓度降低到 10mg/m^3 以下，从粉尘浓度的变化趋势还可看出，爆后 15 分钟之后，粉尘浓度还在进一步降低，表明该降尘措施的降尘效果非常明显。而比较两次降尘试验，可知第一次降尘试验的降尘比例要大于第二次降尘试验，这表明水袋的位置离掌子面越近，降尘效果越明显。故将水袋放置在第一排和第二排主爆孔之间，可以达到较好的降尘效果。

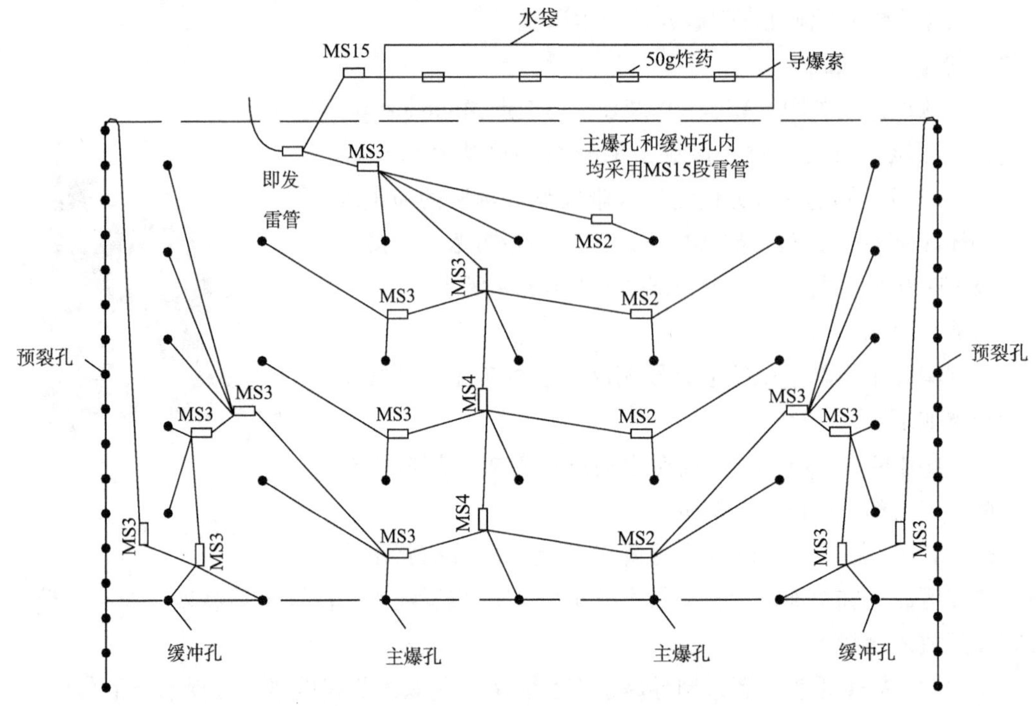

图 6-89　水雾降尘试验起爆网络

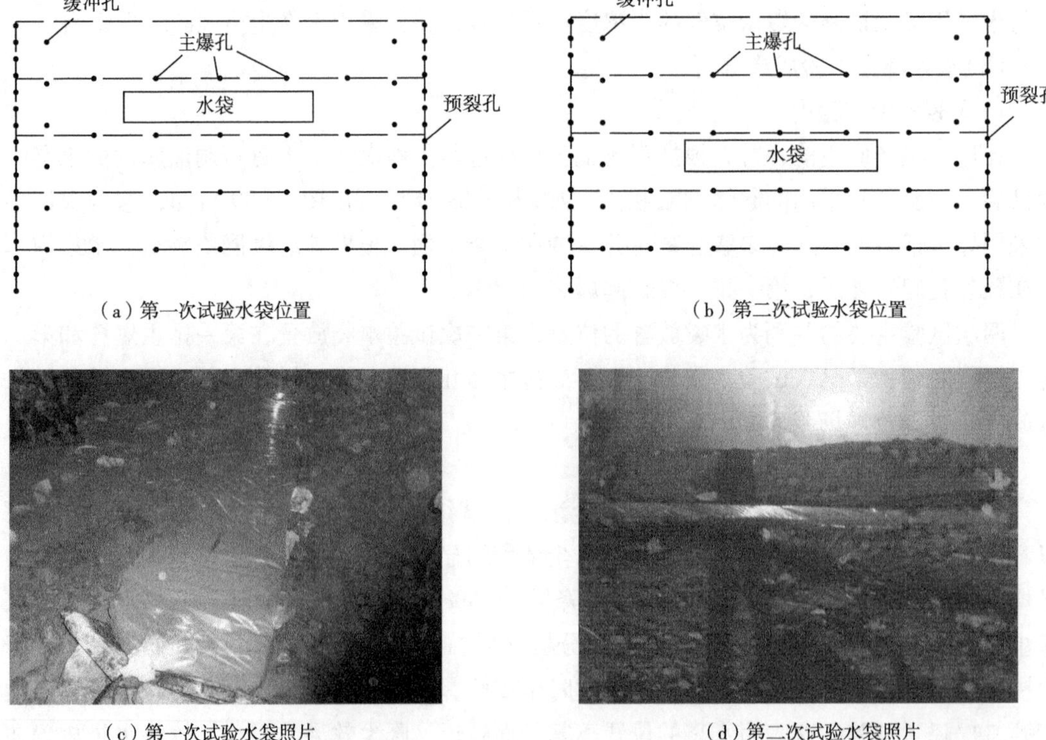

（a）第一次试验水袋位置　　（b）第二次试验水袋位置

（c）第一次试验水袋照片　　（d）第二次试验水袋照片

图 6-90　水袋放置位置以及现场照片

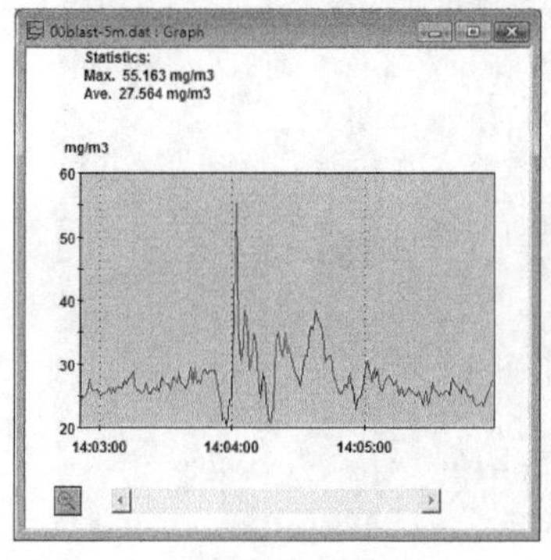

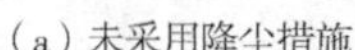
（a）未采用降尘措施

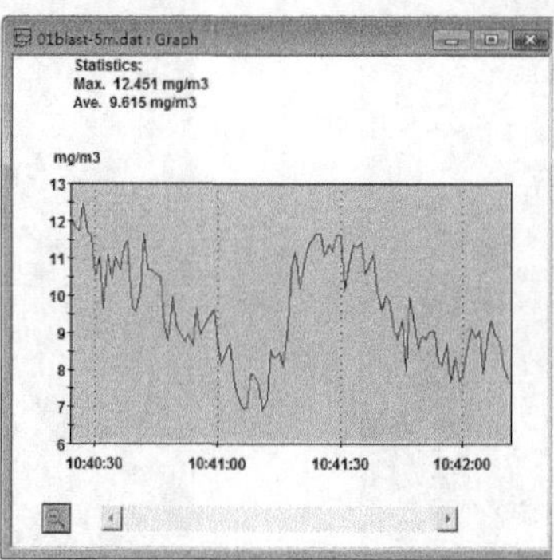

（b）第一次试验爆后5分钟

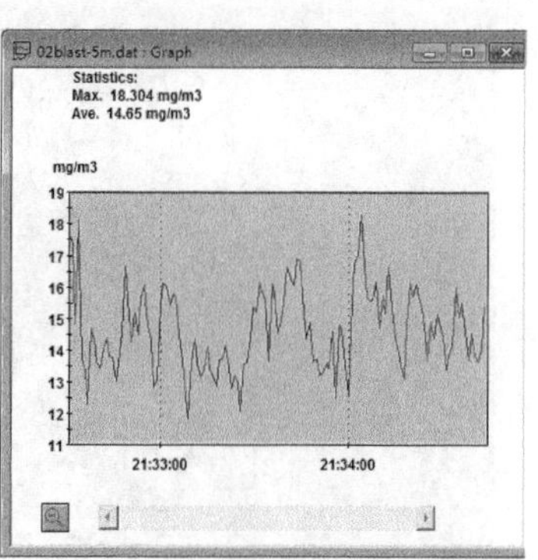

（c）第二次试验爆后5分钟

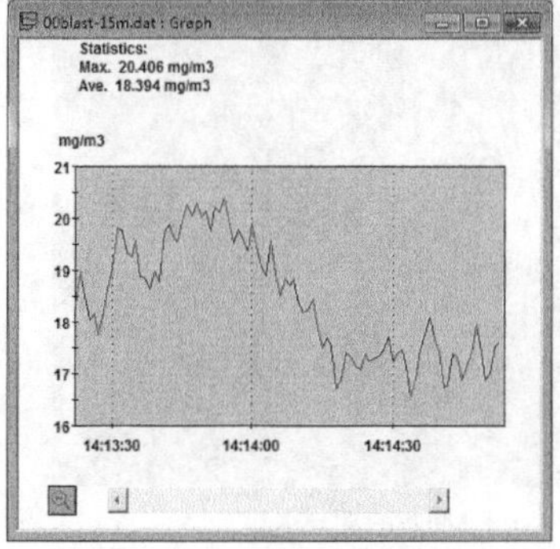

（d）未采用降尘措施

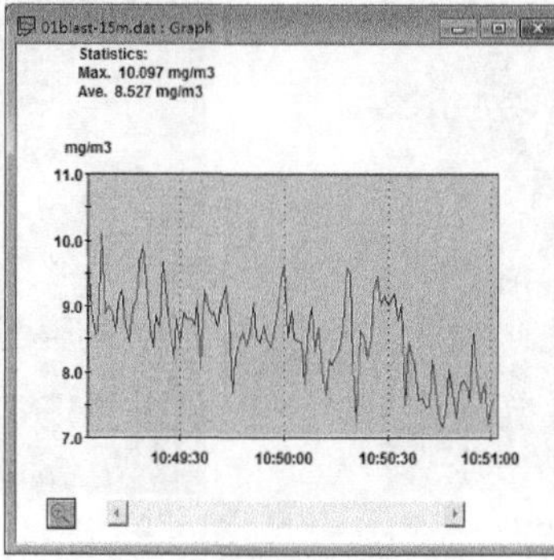

（e）第一次试验后15分钟

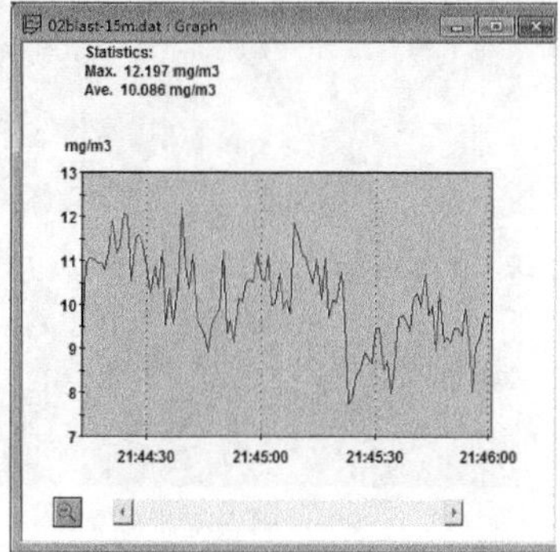

（f）第二次试验后15分钟

图 6-91　降尘试验爆破后爆堆附近空气粉尘浓度图

表 6-48　降尘试验与未采用降尘措施的爆破粉尘浓度比较

爆破试验	爆后 5min 平均粉尘浓度/（mg/m^3）	降低比例/%	爆后 15min 平均粉尘浓度/（mg/m^3）	降低比例/%
未采用降尘措施	27.564		18.394	
第一次降尘试验	9.615	65.1	8.527	53.6
第二次降尘试验	14.650	46.9	10.086	45.2

试验后在现场对爆堆、水袋以及壁面拍摄了照片（见图 6-92）。可以看到，爆后爆堆上大范围均有水，原来水袋放置的位置的壁面也有水。根据现场观察和估量，水袋较原来的位置大约前进了 5m；由于爆破气浪的作用，水雾作用范围比洞外水袋爆破试验要大。爆后水袋被部分石块压住，但仍在爆堆表面，比较容易找到，如图 6-92(c)所示。若作业人员配合挖机，很容易在现场回收全部的水袋。由此可见，本爆炸水雾降尘方法，相比泡沫降尘等其他降尘方式，其使用的材料更容易回收，更环保。

(a) 爆堆　(b) 壁面　(c) 爆后水袋位置　(d) 回收的部分水袋

图 6-92　爆后现场照片

1.6　开挖爆破综合管理信息系统

国家对爆破施工作业产生的安全及环境的影响高度重视，出台了多项强制标准与法规。《爆破安全规程》(GB 6722—2003)规定：A、B 级爆破、重要爆破以及可能引起纠纷的爆破，均应进行爆破效应监测。即将颁布执行的《民用爆炸物品管理条例》也要求各级爆破企业应配备必要的监测设备。

通过基于远程监测技术，建立起工程爆破振动效应远程监测信息管理系统，对工程爆破振动监测设备进行无线网络化实时监控。第一，可以对爆破进行无线网络化实时监控，在线实时获取爆破数据，及时调整爆破参数和施工方法，做到无公害爆破；第二，根据监测结果，进行爆破振动特性研究，通过对爆破振动波形幅值、周期、持续时间、爆源空间位置对爆破振动的影响分析，生成起爆网络示意图，从而确定各个炮孔间的起爆合理段间时差建议值，指导爆破安全作业，减少或避免爆破振动的危害作用，对爆破振动的安全控制具有重要的意义。

采用新一代信息技术中的物联网，对爆破方案审批、各测点的监测设备及监测资料等进行远程管理，建立“地下水封石洞油库工程开挖爆破管理信息系统”，本系统可独立运行，也可作为本工程安全管理信息系统的一个子系统运行。该系统依托 YBJ－Ⅲ远程微型动态记录仪及宽频带质点振动速度传感器进行爆破振动监测和数据的无线上传。

1.6.1 基于物联网的动态记录仪远距离实时传输技术

具有物联网实时传输功能的 YBJ－Ⅲ远程微型动态记录仪和配套的传感器作为现场控制级，该级别直接面对爆破现场监控点，是监测数据的基础。该级别的各种传感器和爆破远程记录仪形成一个无线传感器网络，通过无线网络技术，将采集到的信号依托互联网无线传输到爆破管理信息平台的数据中心，如图 6－93、图 6－94 所示。

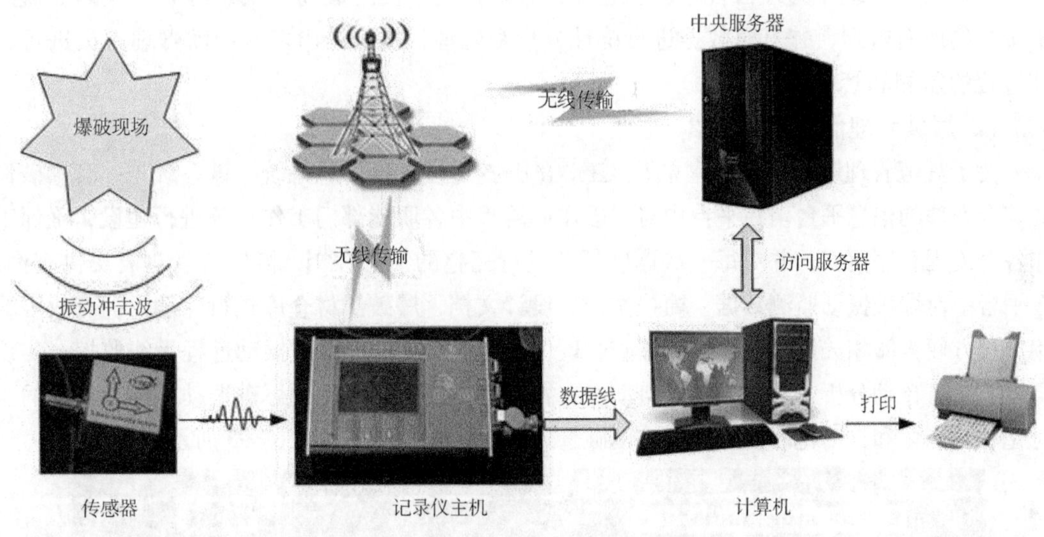

图 6－93　无线实时传输技术原理图

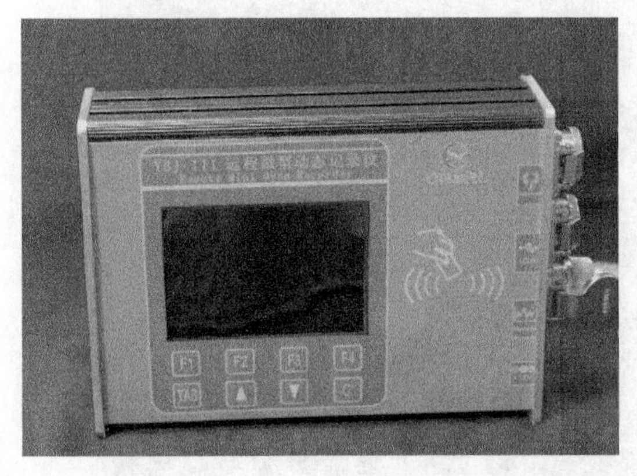

图 6－94　远程微型动态记录仪

1.6.2 基于大规模洞室群开挖的爆破综合管理信息系统

(1)爆破管理信息系统工作原理

地下水封石洞油库群开挖爆破动态管理信息系统按照施工监测对象的分层分布式监控系统进行设计，分层分布式系统是一种集散控制系统(DCS)，整个系统可以分为现场控制级、过程管理级和经营管理级，提供从爆破测振仪到数据传输和信息化管理一揽子解决方案。

该系统中，爆破测振仪的各种传感器作为现场控制级，该级别直接面对爆破现场，是所有数据信息的基础。通过传感器采集到的信号无线传输到记录仪主机中，将过程中振动记录数据进行数据采集和预处理，并将采集到的数据无线传输到记录仪主机。测振仪主机作为过程管理级，该级别通过接受现场控制级传来的信号，按照工艺要求进行控制规律运算，然后将结果作为控制信号发给现场控制级的设备，是集散控制系统的核心单元。爆破监测过程的各种工艺都需要它来设置、记录和调节，比如爆破记录阀值等参数的设置。

管理信息系统作为经营管理级，它作为集散控制系统的最高一层，可以监视爆破监测系统中的所有数据，并且对数据进行统计分析和处理，从全局出发，帮助管理人员进行爆破过程的监测和管理。

(2)爆破管理信息系统介绍

为了规范管理爆破作业，建立了该工程的开挖爆破管理信息系统。该系统是一套爆破作业综合管理的信息平台。在平台中对爆破作业流程中各职能部门工作任务进行建设，确保工作各个流程有序落实，并对每一次爆破任务进行完整的信息存档，随时为管理者提供查询；在平台中对爆破振动监测数据、简报文档、设计文档，爆破器材仓库进行管理，拥有权限的用户可方便查阅相关信息；借助该爆破管理信息系统，并结合爆破振动远程无线监控，实现自动监测、自动分析、自动上传、自动发布警告等先进功能，达到爆破振动监控和管理的实时化、智能化和自动化。该工程开挖爆破管理信息系统主界面如图6-95所示。

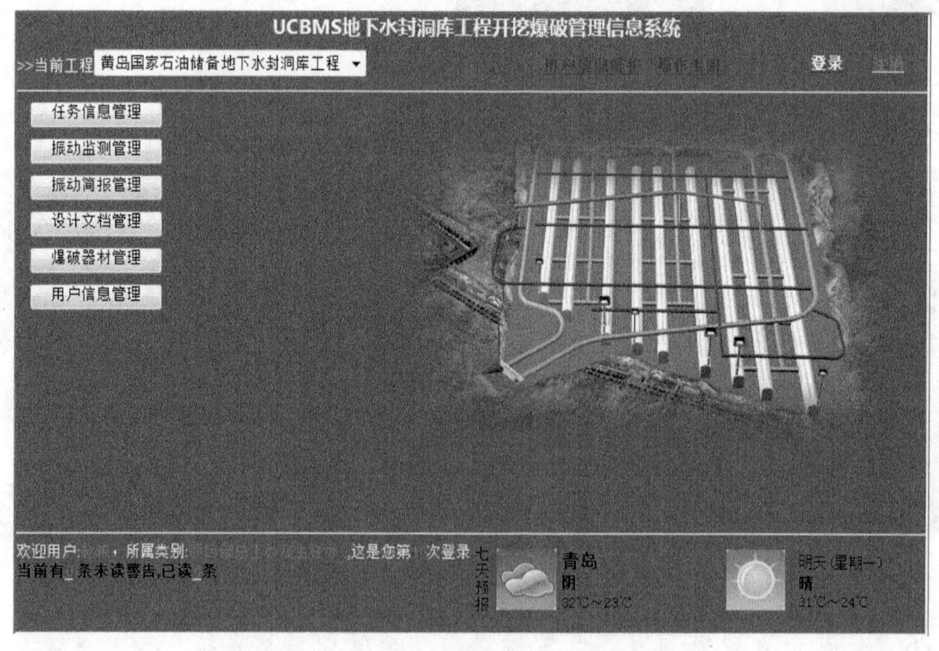

图6-95　爆破信息管理系统主界面

爆破信息管理系统的主要功能包括：任务信息管理、振动监测管理、振动简报管理、设计文档管理、爆破器材管理以及用户信息管理等。下面对爆破信息管理系统的主要功能分别予以介绍。

1)任务信息管理

进入到爆破任务信息管理界面后，可以进行爆破任务查看、爆破任务查询及爆破任务申请，如图 6-96 所示。

2)振动监测管理

进入该功能界面后，可以查看爆破监测数据信息表。该表列出了所有爆破监测数据的基本信息，可以查看数据详情，并删除无效数据(如远程监控系统上传的误触发数据)，如图 6-97 所示；爆破振动监测数据详情，包括爆破时间、仪器编号、传感器灵敏度系数、爆破振动波形图等信息，如图 6-98 所示。

爆破任务信息表　　登陆　主界面　退出

肩负　爆破任务申请　爆破任务查询

编号	任务申请时间	单元工程名称	爆破桩号范围	当前完成状态	当前执行状态	当前执行部门	任务处理	任务记录	任务删除
1	2013-04-17 11:23:38	1#主洞室	1#主洞室下0+226~0+214m	爆破任务申请	爆破任务审核	工程技术部	处理	进入	删除
2	2013-04-15 12:19:59	1#主洞室	1#主洞室下0+226~0+214m	爆破任务申请	爆破任务审核	工程技术部	处理	进入	删除
3	2013-04-13 11:43:40	1#主洞室	1#主洞室下0+244~0+256m	爆破任务申请	爆破任务审核	工程技术部	处理	进入	删除
4	2013-04-11 10:34:34	1#主洞室	1#主洞室下0+268~0+256m	爆破任务申请	爆破任务审核	工程技术部	处理	进入	删除
5	2013-04-09 11:30:37	1#主洞室	1#主洞室下0+268~0+280m	爆破任务申请	爆破任务审核	工程技术部	处理	进入	删除
6	2013-04-05 10:26:23	1#主洞室	1#主洞室下0+292~0+280m	爆破任务申请	爆破任务审核	工程技术部	处理	进入	删除
7	2013-04-03 11:22:45	1#主洞室	1#主洞室下0+292~0+304m	爆破任务申请	爆破任务审核	工程技术部	处理	进入	删除
8	2013-04-01 10:13:21	1#主洞室	1#主洞室下0+316~0+304m	爆破任务申请	爆破任务审核	工程技术部	处理	进入	删除
9	2013-03-31 11:55:20	1#主洞室	1#主洞室下0+316~0+328m	爆破任务申请	爆破任务审核	工程技术部	处理	进入	删除
10	2013-03-27 10:20:08	1#主洞室	1#主洞室下0+340~0+428m	爆破任务申请	爆破任务审核	工程技术部	处理	进入	删除

1 2 3 4

图 6-96　爆破任务信息表

爆破振动信息表　　登陆　主界面　退出

浏览...　上传

编号	记录时间	设备号	通道1峰值(cm/s)	通道2峰值(cm/s)	通道3峰值(cm/s)	操作	操作
1	2013-02-04 08:00:42	1202	0.610	0.690	0.620	查看详情	删除记录
2	2013-02-02 04:30:14	1202	0.540	0.610	0.560	查看详情	删除记录
3	2013-02-01 20:21:50	1202	1.240	1.870	1.460	查看详情	删除记录
4	2013-01-29 20:59:47	1202	1.650	2.120	1.930	查看详情	删除记录
5	2013-01-29 04:45:16	1202	0.140	0.160	0.250	查看详情	删除记录
6	2013-01-28 16:42:56	1202	0.470	0.320	0.460	查看详情	删除记录
7	2013-01-26 05:39:15	1202	0.570	0.650	0.580	查看详情	删除记录
8	2013-01-25 22:36:58	1202	0.720	0.810	0.730	查看详情	删除记录
9	2012-12-28 22:25:01	1202	0.140	0.120	0.130	查看详情	删除记录
10	2012-12-28 20:12:10	0127	1.130	0.890	2.110	查看详情	删除记录

1 2 3 4 5 6 7 8 9 10 ...

图 6-97　爆破振动信息表

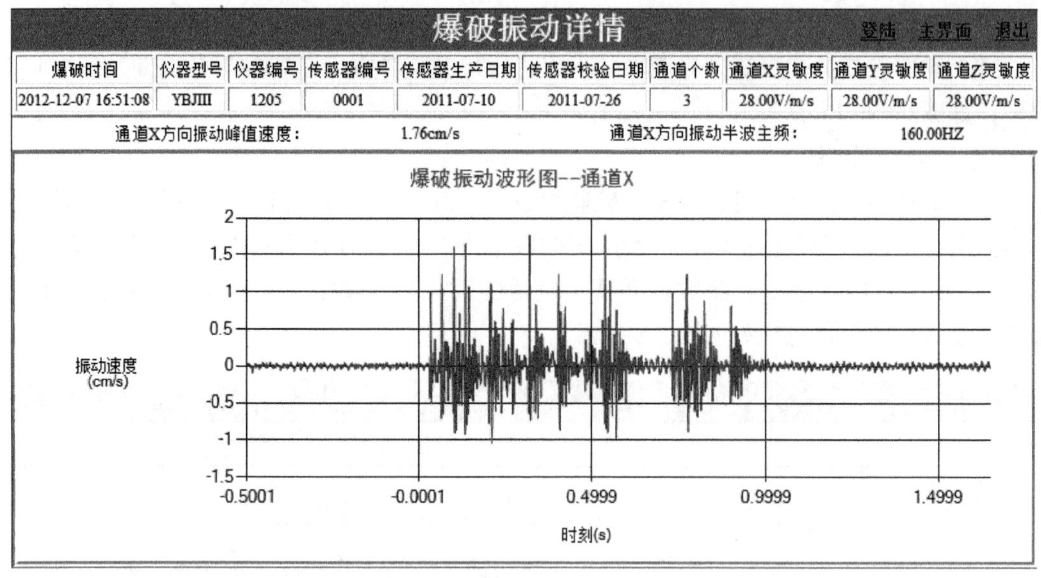

图 6-98　爆破振动信息表

3）振动简报管理

进入该功能界面后，可以查看振动监测简报信息表。包括简报上传日期、上传人员、简报名称、查看简报、下载简报及删除简报等信息，如图 6-99 所示。点击查看简报后，可以对爆破振动监测简报文档进行查阅和打印等。

振动监测简报信息表

编号	上传日期	上传人员	简报名称	操作	操作	操作
1	2013-01-05	监测部	黄岛简报54期12月26~12月29简报	查看简报	下载简报	删除简报
2	2013-01-04	谌林云	黄岛简报1（120410）	查看简报	下载简报	删除简报
3	2013-01-04	谌林云	黄岛简报2（120413）	查看简报	下载简报	删除简报
4	2013-01-04	谌林云	黄岛简报3（120416）	查看简报	下载简报	删除简报
5	2013-01-04	谌林云	黄岛简报4（120420）	查看简报	下载简报	删除简报
6	2013-01-04	谌林云	黄岛简报5（120422）	查看简报	下载简报	删除简报
7	2013-01-04	谌林云	黄岛简报6（120505）	查看简报	下载简报	删除简报

图 6-99　爆破简报信息表

4）设计文档管理

①爆破设计列表。可以查看爆破设计的相关信息和爆破设计，见图 6-100。

②爆破设计文档。包括爆破设计主要信息、相关参数、爆破设计相关图纸和申请审核审批等信息，可以对爆破设计文档进行打印和导出，见图 6-101。

爆破设计列表　　登陆　主界面　退出

编号	流水号	申请时间	单元名	桩号	详情
16	10:20:08.9876250	2013-03-27 10:20:08	1#主洞室	1#主洞室下0+340~0+428m	详情
17	10:55:20.6126250	2013-03-31 11:55:20	1#主洞室	1#主洞室下0+316~0+328m	详情
18	11:13:21.0657500	2013-04-01 10:13:21	1#主洞室	1#主洞室下0+316~0+304m	详情
19	11:22:45.4720000	2013-04-03 11:22:45	1#主洞室	1#主洞室下0+292~0+304m	详情

图 6-100　爆破设计列表

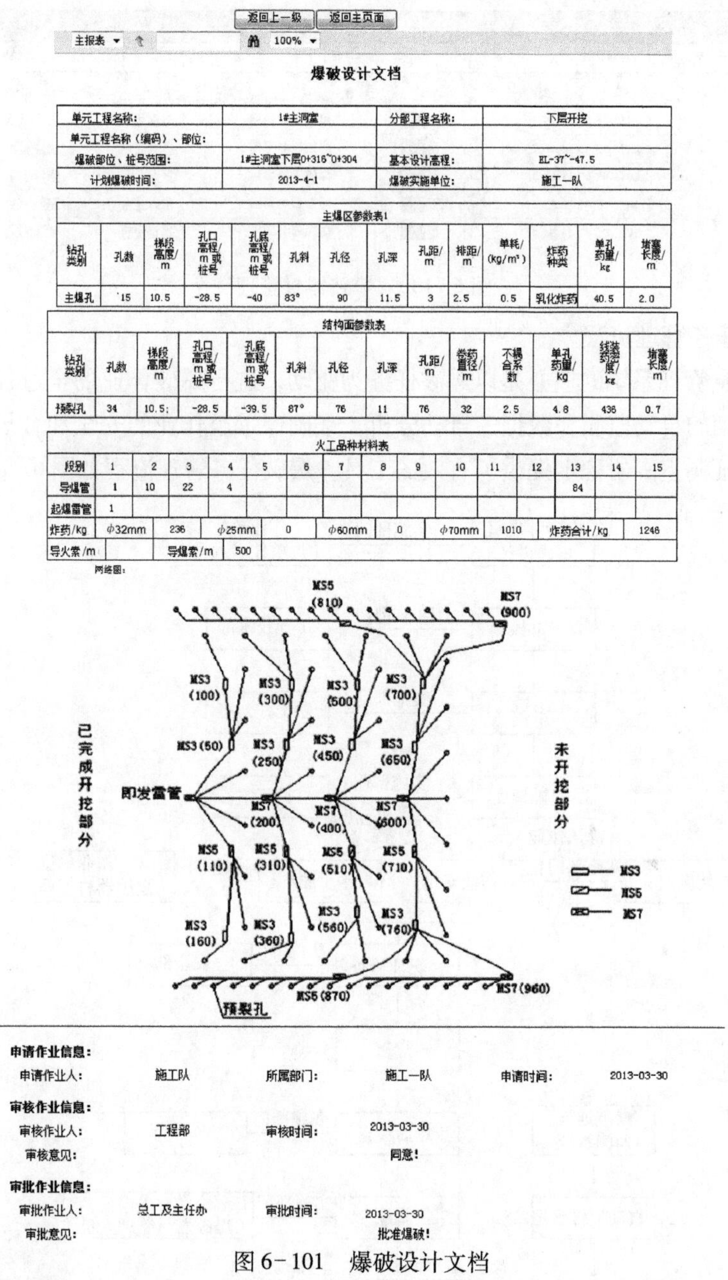

返回上一级 返回主页面

主报表 100%

爆破设计文档

单元工程名称:	1#主洞室	分部工程名称:	下层开挖
单元工程名称（编码）、部位:			
爆破部位、桩号范围:	1#主洞室下层0+316~0+304	基本设计高程:	EL-37~-47.5
计划爆破时间:	2013-4-1	爆破实施单位:	施工一队

主爆区参数表1

钻孔类别	孔数	梯段高度/m	孔口高程/m或桩号	孔底高程/m或桩号	孔斜	孔径	孔深	孔距/m	排距/m	单耗/(kg/m³)	炸药种类	单孔药量/kg	堵塞长度/m
主爆孔	'15	10.5	-28.5	-40	83°	90	11.5	3	2.5	0.5	乳化炸药	40.5	2.0

结构面参数表

钻孔类别	孔数	梯段高度/m	孔口高程/m或桩号	孔底高程/m或桩号	孔斜	孔径	孔深	孔距/m	卷药直径/m	不耦合系数	单孔药量/kg	线装药密度/kg	堵塞长度/m
预裂孔	34	10.5;	-28.5	-39.5	87°	76	11	76	32	2.5	4.8	436	0.7

火工品种材料表

段别	1	2	3	4	5	6	7	8	9	10	11	12	13	14	15
导爆管	1	10	22	4									84		
起爆雷管	1														

炸药/kg	φ32mm	236	φ25mm	0	φ60mm	0	φ70mm	1010	炸药合计/kg	1246
导火索/m		导爆索/m	500							

网络图:

申请作业信息:

申请作业人: 施工队 所属部门: 施工一队 申请时间: 2013-03-30

审核作业信息:

审核作业人: 工程部 审核时间: 2013-03-30

审核意见: 同意!

审批作业信息:

审批作业人: 总工及主任办 审批时间: 2013-03-30

审批意见: 批准爆破!

图 6-101 爆破设计文档

5) 爆破器材管理

主要是对爆破器材仓储信息查阅和管理。包括爆破器材入库、出库、退回、库存等信息，如图 6-102 所示。

6) 用户信息管理

可以对用户信息进行管理，查看用户的基本信息。可以添加新用户，包括用户名、密码、姓名、联系电话、单位部门、二级部门、用户身份等，对于爆破器材管理人员，还应填写身份证号和上传身份证。

爆破器材仓储

爆破器材入库 | 爆破器材出库 | 爆破器材退回 | 爆破器材库存 | 入库记录 | 出库记录 | 退回记录

编号	日期时间	负责人	爆破器材操作	操作	操作
1	2013-05-07 15:09:19	赵	爆破器材退回	查看详情	删除记录
2	2013-05-07 14:09:29	李	爆破器材退回	查看详情	删除记录
3	2013-05-07 11:09:35	赵	爆破器材出库	查看详情	删除记录
4	2013-05-07 10:53:52	王	爆破器材退回	查看详情	删除记录
5	2013-05-07 09:54:41	李	爆破器材出库	查看详情	删除记录

图 6-102　爆破器材管理

(3)爆破任务管理流程

本爆破信息管理系统的核心是以爆破任务为驱动，进行爆破作业的全过程的管理，以及通过对爆破振动的自动监测和数据的自动分析，来确保爆破作业的安全和合规，为提高工程管理效率和保证洞室围岩稳定提供了有效的工具。爆破任务管理流程如图 6-103 所示。

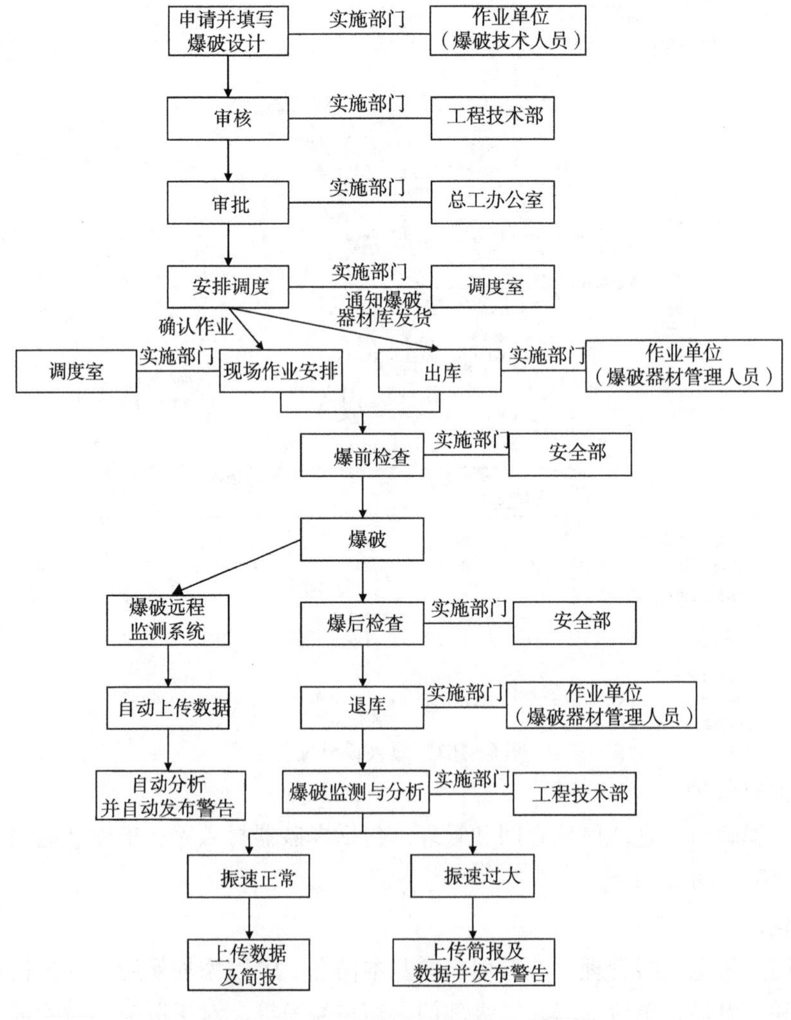

图 6-103　爆破信息管理系统管理流程图

(4)爆破远程自动化监测预警系统

除了监测部进行的爆破振动监测外，在进入自动监测测点的监测范围内时，该类测点同时会自动读取爆破振动数据，并通过无线网络自动上传到服务器，自动分析数据，当爆破振动值过大时，将主动向各责任部门发布警告短信，提醒相关各级管理人员查处原因，调整爆破方案。下面对爆破远程自动化监测预警系统进行详细介绍。

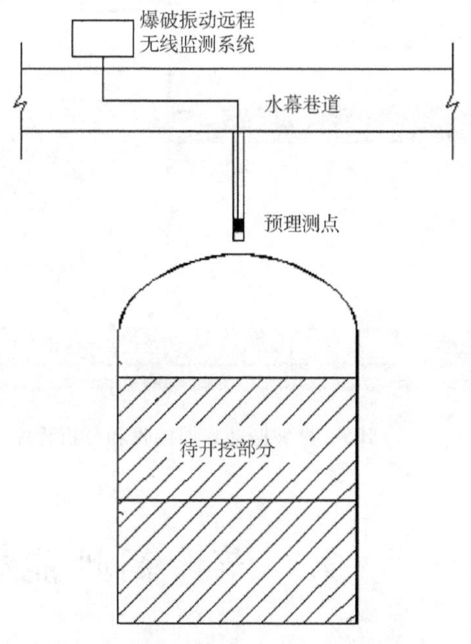

图 6-104 爆破监测预埋测点示意图

1)在工程开挖施工前，将负责自动监测的传感器从水幕巷道预埋至主洞室顶拱以上 1m 的围岩内，如图 6-104 所示。在本管理系统运行前，将预埋的自动监测测点的编号、空间坐标、测点附近的围岩类别等信息上传至爆破管理信息系统平台(服务器)的数据中心，并将所提出的随距离变化的顶拱预埋测点的爆破振动控制标准也储存在数据中心。

2)当爆破振动值超过该自动监测测点设置的触发阈值后，该测点便会采集数据并将之读入 YBJ－Ⅲ远程微型动态记录仪。然后通过无线网络技术，将采集到的爆破振动信号依托互联网无线传输到爆破管理信息平台(服务器)的数据中心。

3)爆破管理信息平台采用如图 6-105 所示的爆破数据接收及分析程序，自动接收传输过来的爆破振动数据，并自动对爆破振动数据进行分析：通过读取振动波形的最大幅值，获取其峰值振速，通过傅立叶变换获取其频谱和主频，并将分析结果储存起来。

4)将数据中心接收到的爆破振动数据的记录时间与爆破任务管理系统中记录的爆破实际起爆的时间对应起来，并将自动监测测点的位置与爆破任务申请时记录的爆破桩号进行比较，获取测点到爆区的距离，并结合该测点的爆破振动安全控制标准，对本次爆破进行自动评价。

5)若所测的爆破峰值振速大于爆破振动安全控制标准的设计值，通过如图 6-106 所示的短信收发客户端，自动向事先设置好的各责任部门负责人的手机发送警告短信。短信内包括超过爆破振动安全控制标准设计值的警告、实测爆破振动峰值振速以及该测点处爆破振动安全控制标准等信息。

本爆破远程自动化监测预警系统，密切结合了爆破管理信息系统以及所提出的随距离变化的爆破安全控制标准，可以对爆破振动进行自动测试、自动分析、自动预警，从而更好的对爆破振动进行控制，确保了洞库施工期的安全和稳定。

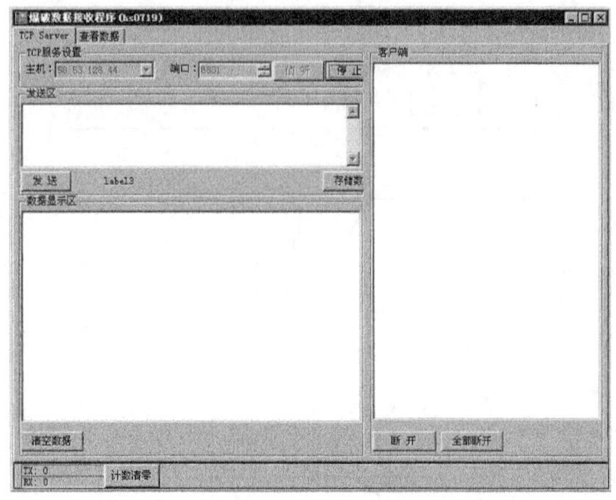

图 6-105　爆破振动数据接收和分析程序

图 6-106　短信自动收发客户端

第二节　高性能喷射混凝土研制与应用

喷射混凝土层作为大型地下水封石洞油库中关键支护层，其性能将决定油库的顺利建设以及后期的安全运行；在水封石洞油库建设中采取有效的技术手段努力提高水封石洞油库的力学性能、抗裂性能以及耐久性能等综合指标，是保障其施工顺利进行以及后期运行经济、稳定、安全的有利举措。

2.1　原材料性质与混凝土配合比试验设计

2.1.1　原材料性质试验

(1)水泥

采用 42.5 普通硅酸盐水泥。检验结果表明，试验水泥的基本性能指标符合《通用硅酸盐水泥》(GB 175—2007)42.5 普通硅酸盐水泥的有关规定。

(2)粉煤灰

采用Ⅰ级粉煤灰。粉煤灰的 XRD 图谱见图 6-107。检验结果表明，所用粉煤灰的主要性能指标均达到电力行业标准《水工混凝土掺用粉煤灰技术规范》(DL/T 5055—2007)对Ⅰ级粉煤灰的要求。

(3)硅粉

所用的硅粉学成分见表 6-49。检测结果表明，所用硅粉性能指标满足《高强高性能混凝土用矿物外加剂》(GB/T 18736—2002)标准要求。

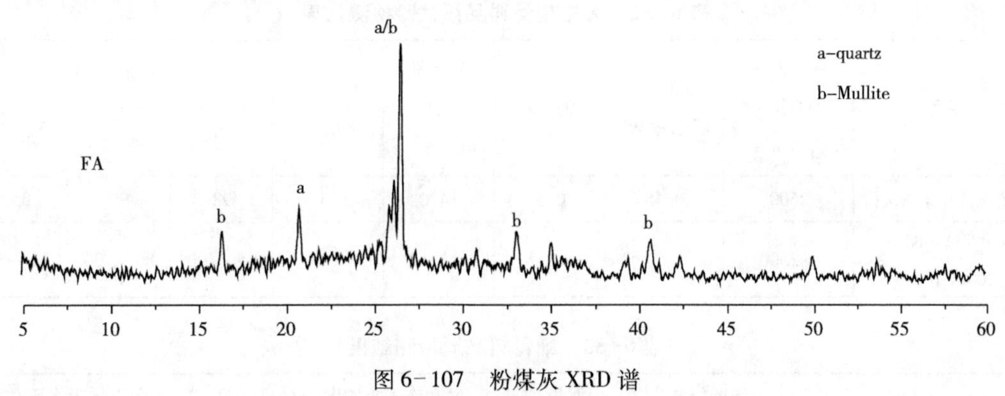

图 6-107　粉煤灰 XRD 谱

表 6-49　硅粉的化学组分(%)

化学组分	SiO_2	CaO	Al_2O_3	MgO	SO_3	Fe_2O_3	K_2O	Na_2O
含量实测值	96.07	0.74	0.12	0.95	0.34	0.04	1.17	0.18

(4)矿渣

采用 S95 级矿渣。矿渣的化学组分见表 6-50，物理性能见表 6-51。检验结果表明，所用矿渣的主要性能指标均达到《用于水泥和混凝土中的粒化高炉矿渣粉》(GB/T 18046—2008)对 S95 级矿渣的要求。

表 6-50　矿渣的化学组分(%)

化学组分	SiO_2	CaO	Al_2O_3	MgO	SO_3	Fe_2O_3	K_2O	Na_2O
含量实测值	32.02	41.40	14.70	7.06	2.27	0.26	0.63	0.33

表 6-51　矿渣的物理性能

矿渣	密度/(kg/m^3)	比表面积/(m^2/kg)	玻璃体含量/%	流动度比/%	三氧化硫/%	氯离子/%	烧失量/%	活性指数/%	
								3d	28d
实测值	2910	459	>95	103	0.12	0.0057	0.5	85	108
GB/T 18046—2008	2800	400	≥85	95	≤4.0	≤0.06	≤3.0	≥75	≥95

(5)外加剂

采用的外加剂包含萘系减水剂、速凝剂、聚羧酸盐类减水型减缩剂和消泡剂。减水剂为萘系高效减水剂。聚羧酸盐类减水型减缩剂和消泡剂作为改善喷射混凝土抗收缩及抗裂性的手段进行了探索性研究。速凝剂为 HQ-3 型无碱速凝剂，固含量 38%。

(6)骨料

粗骨料采用现场破碎的晚元古界花岗片麻岩人工碎石，粒径范围为 5~15mm，品质检测结果见表 6-52。细骨料采用天然砂，品质检测见表 6-53，颗粒级配见表 6-54，筛分图见图 6-108，颗粒级配曲线见图 6-109。

表 6-52 人工粗骨料品质试验检测结果

品种	饱和面干表观密度/(g/cm³)	饱和面干吸水率/%	含泥量/%	松散堆积密度/(kg/m³)	针片状含量/%	累计筛余/%		
						2.36	4.75	9.5
花岗片麻岩米石	2600	0.45	0.7	1470	14	98	90	35
GB/T 14685—2001(Ⅱ类)	>2500		<1.5	>1350	<15	95~100	85~100	30~60

表 6-53 细骨料品质检测结果

品种	细度模数	含泥量/%	饱和面干表观密度/(g/cm³)	饱和面干吸水率/%
天然砂	2.62	4.5	2.6	3.3
GB/T 14684—2001		<5	>2.5	

表 6-54 天然砂颗粒级配

各孔径筛累计筛余量/%						细度模数(*FM*)
5mm	2.5mm	1.25mm	0.63mm	0.315mm	0.16mm	
4.8	15.5	30.4	51.2	82.3	94.4	2.62

图 6-108 天然砂颗粒筛分图

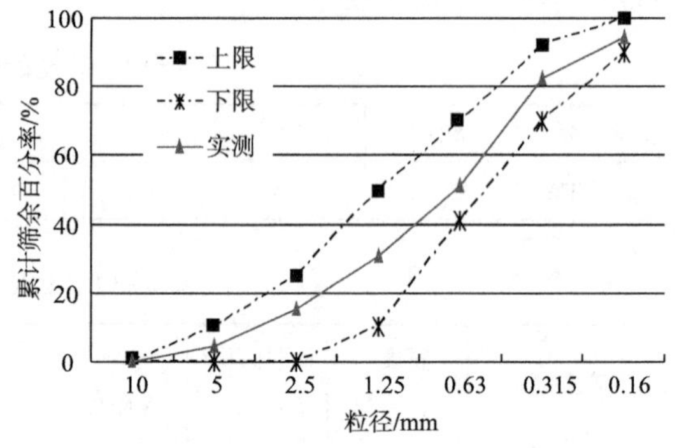

图 6-109 天然砂颗粒级配曲线

2.1.2 喷射混凝土配合比设计

通过提高喷射混凝土的抗渗等耐久性能和粘结等力学性能，使喷射混凝土突破其传统意义上的临时支护作用，从而能够长期、有效的减小洞室的渗水速率和渗水量，并提高支护长期安全性，达到节约后期维护成本的目的。

已有研究表明：(1)矿物掺合料的火山灰活性能有效改善混凝土的孔结构、封闭混凝土内部连通孔，从而改善混凝土的抗渗性能；(2)低水胶比混凝土比高水胶比混凝土致密，拥有更好的抗渗性；(3)单方水泥用量过大的混凝土，由于水泥水化产生自身体积变形较大，易使混凝土开裂，降低混凝土的抗渗性。混凝土配合比设计从以上三点加以考虑。

考虑到喷射混凝土早强特性，并考虑降低回弹量提高粘结力的要求，特在配合比设计时固定总胶凝材料用量，并重点研究了活性较大的矿渣及矿渣与粉煤灰复掺的效果。在实验室研究了7组配合比，分别为：(1)工地配合比复演，编号C1－1。(2)甲基纤维素材料系列，编号C2－1。(3)单掺矿粉材料系列，编号C3－1，C3－2，C3－3。(4)复掺矿粉和粉煤灰材料系列，编号C3－4，C3－5。(5)单掺硅粉材料系列，编号C4－1，C4－2。(6)配合比优化，编号C5－1。(7)减水型减缩剂(SRA)体系，编号C6－1、C6－2和C6－3。各组配合比见表6-55。

2.1.3 主要试验方案

(1)速凝剂与矿物掺合料适应性检测

试验测定速凝剂与矿物掺合料初凝时间和终凝时间，并与空白组(胶凝材料仅为水泥)的凝结时间进行对比，给出矿物掺合料对喷射混凝土凝结时间的影响。

(2)混凝土拌合物工作及力学性能检测

获得混凝土坍落度、含气量等拌合物拌合性能，并观察混凝土的泌水情况。将各组混凝土成型为100mm×100mm×100mm的立方体试块，测定其3d和28d龄期的抗压强度和劈裂抗拉强度，最后根据坍落度及力学性能，选出工作性符合施工要求、力学性能较好的混凝土配合比。

(3)混凝土干缩性能检测

以选出的配合比成型混凝土干缩试验试件，测量其干缩值。试验设备采用混凝土全自动干缩测试仪，采集频率为10min/次，连续记录混凝土28d的干缩值。

(4)混凝土渗透性能检测

以选出的混凝土配合比成型混凝土渗透试验试件，成型后将各组混凝土试件放入标准养护室，养护28d后，测定其渗透性能。渗透试验分为压水试验和氯离子渗透试验，测试标准参考《普通混凝土长期性能和耐久性能试验方法标准》(GB/T 50082—2009)。

(5)混凝土油气腐蚀性能

水封石洞油库洞室中，喷射混凝土难免会与原油接触，而国内还无相关测试混凝土油气腐蚀性能标准，考虑到混凝土宏观性能直接反映混凝土的好坏，混凝土微观性能又是混凝土宏观性能的直接导致原因，试验采取宏观性能检测和微观性能检测相结合的方法研究混凝土的油气腐蚀性能。测定其抗压强度及内部柴油浸入深度，同时在混凝土中选取经原油(柴油)浸泡过的水泥浆体，采用XRD及热重分析(TG)方法研究其成分变化。

(6)室内混凝土粘结性能表征

本试验意在研究不同胶凝体系混凝土与岩石粘结性能的差别。考虑到双杠杆式电动抗折试验仪的力学特点(中底部受拉)，见图6-110，用不同胶凝体系砂浆的抗折强度表征不同胶凝体系混凝土与岩石粘结性能的区别。试件尺寸为40mm×40mm×160mm的立方体，试件分为两个部分，一部分为相同胶凝材料成型的基准砂浆，另一部分为所研究胶凝材料成型的试验砂浆，见图6-111。

(7)混凝土微观结构特征

所研究微观结构特征包含：不同材料体系混凝土界面过渡区(ITZ)形貌、不同材料胶凝体系的水化特征和不同材料体系混凝土表面孔结构特征。不同材料体系混凝土界面过渡区(ITZ)形貌采用扫描电镜(SEM)进行分析，主要观察3d及28d龄期不同材料体系混凝土界面过渡区和浆体区中胶凝材料水化形貌及其发育程度。不同材料胶凝体系的水化特征采取热重分析和水化热分析来进行研究，主要研究不同材料对水泥水化特征的影响，试验仪器为8通道水泥水化热仪和Q600综合热分析仪。

表6-55 水封洞室喷射混凝土试验配合比表

编号	砂率/%	水胶比	混凝土材料用量/(kg/m^3)									减水剂掺量/%	减水剂种类
			水泥	纤维素	矿渣	粉煤灰	硅粉	砂	石	水	减水剂		
C1-1	60	0.43	465	—	—	—	—	960	642	200	6.51	1.40	FDN
C2-1	60	0.43	465	4.65	—	—	—	960	642	200	6.51	1.40	FDN
C3-1	60	0.43	372	—	93	—	—	962	641	200	6.51	1.40	FDN
C3-2	60	0.43	325	—	140	—	—	960	640	200	6.51	1.40	FDN
C3-3	60	0.43	279	—	186	—	—	957	638	200	6.51	1.40	FDN
C3-4	60	0.43	279	—	140	46	—	955	637	200	6.51	1.40	FDN
C3-5	60	0.43	279	—	46	140	—	951	634	200	6.51	1.40	FDN
C4-1	60	0.43	442	—	—	—	23	962	642	200	6.51	1.40	FDN
C4-2	60	0.43	428	—	—	—	37	959	640	200	6.51	1.40	FDN
C5-1	56	0.41	465	—	—	—	—	923	725	190	6.51	1.40	FDN
C6-1	56	0.41	465	—	—	—	—	923	725	190	18.60	4.00	SRA
C6-2	56	0.41	325	—	140	—	—	916	720	190	18.60	4.00	SRA
C6-3	56	0.41	325	—	93	47	—	914	718	190	18.60	4.00	SRA

注：①FDN为萘系减水剂，SRA为减水型减缩剂。

②掺SRA时，需同掺消泡剂，消泡剂掺量为SRA掺量的2‰。

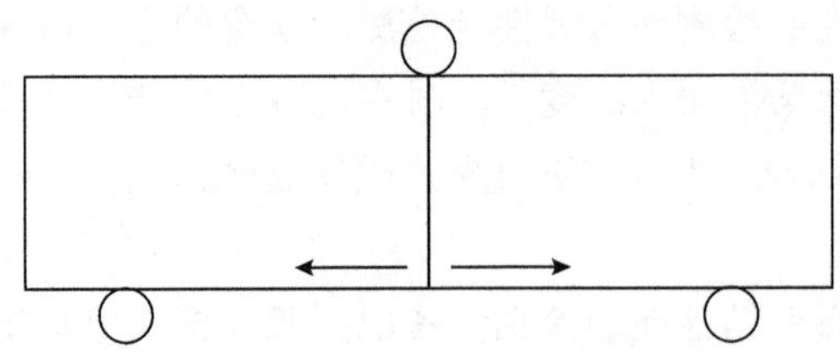
图6-110 抗折试件受力示意图

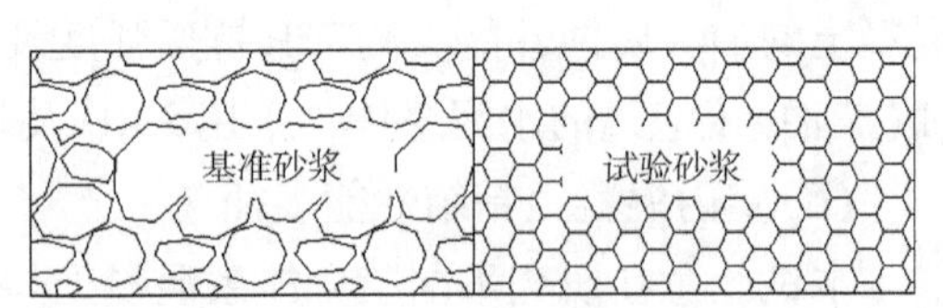

图6-111 试验试件示意图

不同材料体系混凝土表面孔结构特征主要研究28d龄期混凝土中大于10μm以上的孔，明确不同材料体系对混凝土孔结构的影响，为抗渗性能的提高提供理论支撑。孔结构分析采用武汉大学水工结构实验室的VHX-600E型超景深数码显微镜，参考标准《水工混凝土试验规程》(DL 5150—2001T)。

2.2 高性能喷射混凝土室内试验与研究

2.2.1 掺合料适应性试验

喷射混凝土与普通混凝土的主要区别在于喷射混凝土需掺入一定量速凝剂，速凝剂使混凝土迅速胶凝，产生一定的早期强度，用于支护岩石洞室、隧道和矿井巷道等地下工程。早期强度是决定喷射混凝土优良的指标之一，研究了不同胶凝体系材料在速凝剂作用下的凝结时间，不同胶凝体系材料凝结时间结果见表6-56，依据标准《喷射混凝土用速凝剂》(JC—2005)进行试验。

表6-56 不同胶凝体系材料凝结时间结果

编号	材料用量/g					速凝剂掺量/%	初凝/s	终凝/s
	水泥	水	矿渣	粉煤灰	硅粉			
SJ-0	400	160				7	251	425
SJ1-1	320	160	80			7	298	570
SJ1-2	280	160	120			7	320	745
SJ1-3	240	160	160			7	348	892
SJ2-1	240	160	120	40		7	286	806
SJ2-2	280	160	80	40		7	280	782
SJ2-3	240	160	40	120		7	571	938
SJ3-1	380	160			20	7	168	402
SJ3-2	368	160			32	7	130	348

(1)矿渣掺量对凝结时间的影响

凝结时间随矿渣掺量变化的试验结果见图6-112，可知随着矿渣掺量的增加胶凝体系的初凝时间和终凝时间均有所增加。掺20%矿渣水泥(SJ1-1)、掺30%矿渣水泥(SJ1-2)和掺40%矿渣的水泥(SJ1-3)与纯水泥(SJ-0)初凝时间差分别为47s、69s和97s，终凝时间差为145s、320s和467s。可见，矿渣对掺有速凝剂胶凝体系终凝时间的影响大于对其初凝时间的影响，但在矿渣掺小于40%时，胶凝体系的初凝时间小于6min，终凝时间小于15min。

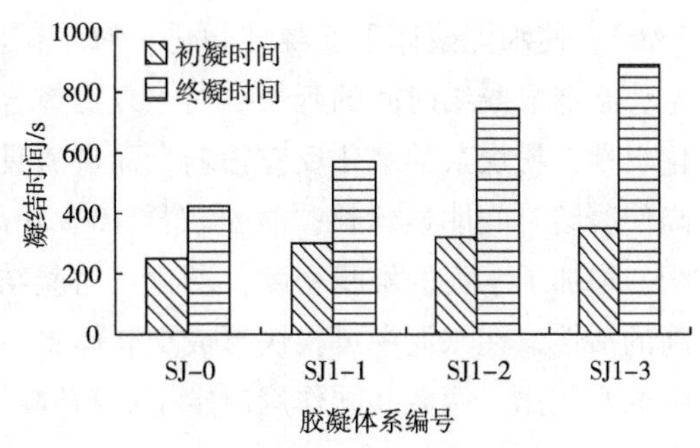

图6-112 矿渣掺量对凝结时间的影响

(2)复掺掺合料对凝结时间的影响

复掺掺合料对凝结时间的影响见图6-113，与掺矿渣的胶凝体系一样，复掺掺合料均延长了胶凝体系的初凝时间和终凝时间。但掺30%粉煤灰和10%矿渣(SJ2－3)的胶凝体系初凝时间明显增加，比纯水泥的初凝时间延后一倍，终凝时间大于15min。掺30%矿渣和10%粉煤灰及掺20%矿渣和10%粉煤灰的胶凝体系对初凝时间的影响小于掺矿渣胶凝体系，分别仅比纯水泥延长35s和29s，终凝时间差也有所减小。

(3)硅粉对凝结时间的影响

凝结时间随硅粉掺量变化的试验结果如图6－114，可见，硅粉加速了掺速凝剂胶凝体系的凝结时间，硅粉掺量越大加速效果越明显。与纯水泥凝结时间相比，掺5%硅粉和8%硅粉的初凝时间减少83s和121s，终凝时间减少23s和77s。可以认为，掺入硅粉可提高胶凝体系的早强性能。

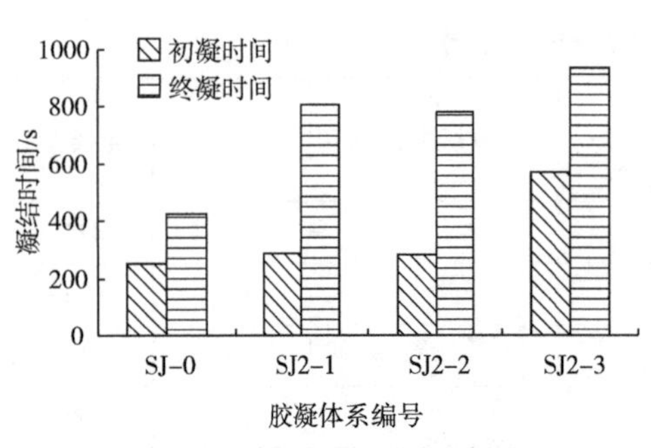

图6－113 复掺掺合料对凝结时间的影响

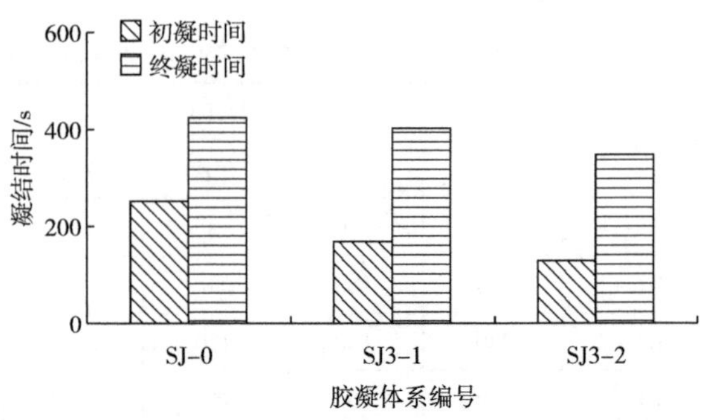

图6－114 硅粉对凝结时间的影响

综上所述，掺合料的掺入会影响胶凝体系的凝结时间。矿渣和粉煤灰均增加初凝和终凝时间，但对终凝时间的影响小于对初凝时间的影响，相对纯水泥初凝时间延长0.5～1.5min，终凝时间延长2～7min，而硅粉可以有效减小胶凝体系的初凝和终凝时间，此外，粉煤灰在大掺量下严重影响胶凝体系初凝时间。

掺合料对胶凝体系凝结时间影响的不同主要归结于掺合料的活性和级配，本实验所用的速凝剂是无碱速凝剂，其作用机理主要是促进水泥中铝酸三钙(C3A)水化成钙矾石(Aft)，使水泥浆体迅速凝结硬化。对于矿渣体系，因矿渣的活性小于水泥，增加矿渣掺量势必造成凝结时间的延长。对于复掺掺合料体系，粉煤灰的活性小于水泥和矿渣，在水化早期，粉煤灰的水化反应很弱，而矿渣具有一定早期水化活性，进而造成粉煤灰掺量过高使凝结时间明显延长；对于仅掺10%粉煤灰胶凝体系，因粉煤灰与矿渣形成良好的级配，增加了水泥的堆积密度，弱化了对凝结时间的影响。对于硅粉体系，硅粉本身具有很高的活性，在水泥中可很快形成交联体系，此外，硅粉需水量较大，实际降低了水泥浆体中的水灰比，两者共同作用决定了硅粉胶凝体系良好的凝结性能。

2.2.2 混凝土拌合物工作性试验

混凝土拌合物的工作性能直接影响混凝土的现场施工条件，对其后期的强度及耐久性也有一定影响，一般用塌落度表征混凝土的工作性能。现场施工要求喷射混凝土坍落度在18～20cm，考虑到运输过程中坍落度损失，出仓喷射混凝土坍落度宜在20～22cm。

掺合料在混凝土中的均匀性一定程度上影响混凝土工作性能和后期强度增长，本实验特对混凝土拌合工艺进行改进，如下：掺有掺合料混凝土先预拌砂、石、胶凝材料60s，然后加水拌合3.5min，出仓。混凝土拌合物工作性能试验如图6-115，试验结果见表6-57。

表6-57表明，掺合料对混凝土的含气量影响不大，除掺甲基纤维素混凝土含气量大于4%，各组混凝土的含气量均保持在3%~4%之间。但不同种类掺合料和外加剂对混凝土坍落度影响不同。

(1)掺合料对混凝土工作性能的影响

混凝土拌合物坍落度随掺合料种类及掺量变化。混凝土拌合物工作性能随矿渣掺量的提高而提高，矿渣掺量在20%(C3-1)、30%(C3-2)及40%(C3-3)时，坍落度比空白组混凝土拌合物(C1-1)分别增大0.4cm、1.4cm及2.6cm，混凝土拌合物均保持22~24cm之间，说明矿渣能改善混凝土的工作性能。

复掺混凝土矿物掺合料时，混凝土拌合物工作性能也有所改善。掺30%矿渣和10%粉煤灰(C3-4)及掺30%粉煤灰和10%矿渣(C3-5)混凝土拌合物坍落度分别比空白组混凝土拌合物(C1-1)增大1.5cm和2.1cm，与掺30%矿渣对混凝土拌合物坍落度的影响相当，混凝土拌合物均保持22~23.5cm之间。但相互对比可知，粉煤灰在改善混凝土拌合物工作性能上要优于矿渣。

硅粉对混凝土拌合物坍落度的影响较大，基本表现为硅粉掺量越大，混凝土坍落度越低。掺5%硅粉(C4-1)和8%硅粉(C4-2)混凝土拌合物坍落度比空白组混凝土拌合物坍落度降低2.9cm和6.2cm，分别为18.3cm和15cm。

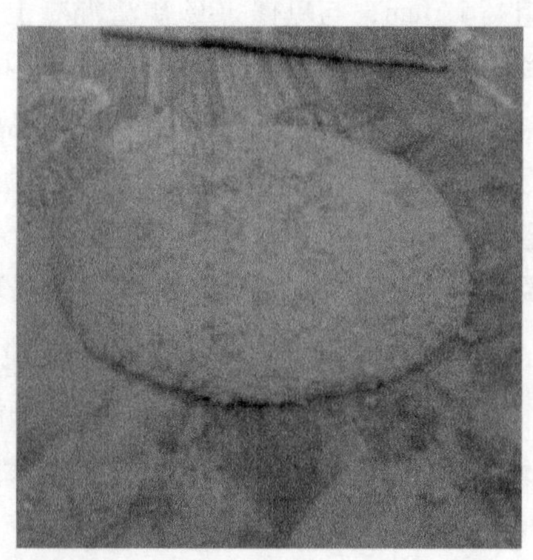

图6-115　混凝土拌合物工作性能检测

表6-57　混凝土拌合物工作性能检测结果

编号	砂率/%	水胶比	含气量/%	塌落度/cm
C1-1	60	0.43	3.8	21.20
C2-1	60	0.43	4.2	19.80
C3-1	60	0.43	3.3	22.60
C3-2	60	0.43	3.5	23.00

续表

编号	砂率/%	水胶比	含气量/%	塌落度/cm
C3 - 3	60	0.43	3.9	23.80
C3 - 4	60	0.43	3.7	22.70
C3 - 5	60	0.43	3.8	23.30
C4 - 1	60	0.43	3.1	18.30
C4 - 2	60	0.43	3.2	15.00
C5 - 1	56	0.41	3.6	20.50
C6 - 1	56	0.41	3.4	22.50
C6 - 2	56	0.41	3.2	23.00
C6 - 3	56	0.41	4.0	23.20

(2)外加剂对混凝土工作性能的影响

掺甲基纤维素混凝土拌合物(C2 - 1)坍落度比空白组(C1 - 1)坍落度低，但仍达到19.8cm，满足工程需要。优化配合比的混凝土(C2 - 1)拌合物坍落度也低于空白组(C1 - 1)坍落度，但降幅仅有0.7cm，达20.5cm，与空白组相当。

SRA可改善混凝土拌合物的工作性能。仅掺SRA混凝土(C6 - 1)拌合物坍落度比空白组高1.3cm，与单掺30%矿渣混凝土(C3 - 2)相当。同掺30%矿渣(C6 - 2)及掺20%矿渣和10%粉煤灰(C6 - 3)时，混凝土拌合物坍落度明显较空白组(C1 - 1)高，分别高出1.8cm和2.0cm，与单掺30%矿渣混凝土(C3 - 2)相当。

综上，矿渣和粉煤灰均有利于混凝土拌合物工作性能提高，掺量越大改善效果越好；硅粉在一定程度上降低了混凝土拌合物的工作性能，掺量越大降低越明显；SRA可改善混凝土拌合物的工作性能，与矿渣及粉煤灰同掺时效果更好。

2.2.3 混凝土基本力学性能试验

不同胶凝体系混凝土基本力学性能见表6-58。由表可见，各组混凝土3d抗压强度基本在20MPa以上，28d抗压强度基本在45MPa以上，劈裂抗拉强度与抗压强度存在一定的对应关系。

(1)矿渣掺量对混凝土基本力学性能的影响

3d龄期时，混凝土的抗压强度和劈拉强度随着矿渣掺量的增加而降低。掺20%、30%及40%矿渣的混凝土抗压强度分别较未掺矿渣混凝土(空白组)抗压强度低3.7%、9.4%和10.7%，但抗压强度的绝对值仅相差0.9MPa、2.3MPa及2.6MPa，且抗压强度均大于21MPa。劈拉强度与抗压强度表现出相同的规律，劈拉强度降低率均在20%以下，绝对值相差最大为0.5MPa。

28d龄期时，混凝土的抗压强度和劈拉强度随着矿渣掺量的增加而增加。掺20%、30%及40%矿渣的混凝土抗压强度分别较未空白组混凝土抗压强度高1.7%、3.2%和

4.5%。劈拉强度与抗压强度表现出相同的规律。可见，矿渣对混凝土28d龄期强度的影响要低于对3d龄期强度的影响。

表6-58 不同胶凝体系混凝土基本力学性能结果

试件编号	抗压强度/MPa		劈裂抗拉强度/MPa	
	3d	28d	3d	28d
C1-1	24.4	46.5	2.61	4.12
C2-1	23.6	44.3	2.12	3.71
C3-1	23.5	47.3	2.42	4.21
C3-2	22.1	48.0	2.12	4.23
C3-3	21.8	48.6	2.23	4.32
C3-4	21.9	44.3	2.11	3.91
C3-5	18.7	38.6	1.84	3.62
C4-1	25.4	50.2	2.51	4.33
C4-2	26.9	52.8	2.58	4.94
C5-1	27.4	48.1	2.63	4.53
C6-1	26.3	49.7	2.55	4.42
C6-2	24.9	50.2	2.52	4.81
C6-3	24.1	48.2	2.43	4.73

(2)复掺矿渣和粉煤灰对混凝土基本力学性能的影响

掺有掺合料的混凝土强度(抗压强度和劈拉强度)略小于未掺掺合料的混凝土。3d龄期的同掺30%矿渣和10%粉煤灰及30%矿渣和10%粉煤灰混凝土抗压强度比空白组混凝土抗压强度低2.5MPa和5.7MPa，降低率为10.2%和23.4%，可知掺有粉煤灰的混凝土较大程度上影响了混凝土的3d龄期的抗压强度，其值也小于20MPa。同掺30%矿渣和10%粉煤灰混凝土与单掺40%矿渣混凝土的抗压强度降低率基本一样。劈拉强度的规律与抗压强度一致。28d龄期时，同掺30%粉煤灰和10%矿渣混凝土强度最低，抗压强度低于40MPa。同掺30%矿渣和10%粉煤灰的抗压强度任低于空白组混凝土，但仅降低2.2MPa，抗压强度降低率为4.7%，低于3d龄期其对混凝土抗压强度的影响。

(3)硅粉对混凝土基本力学性能的影响

掺入硅粉后，混凝土3d和28d龄期抗压强度和劈拉强度均有提高，且掺量越大，强度提高幅度越明显。3d龄期时，掺5%硅粉和8%硅粉的混凝土抗压强度比空白组混凝土高4.1%和10.2%，其抗压强度均高于25MPa。28d龄期掺5%硅粉和8%硅粉的混凝土抗压强度比空白组混凝土高8.0%和13.5%，高于硅粉在3d龄期对混凝土抗压强度的贡献。

(4)外加剂种类对混凝土基本力学性能的影响

在两种水灰比(0.43和0.4)条件下，对比甲基纤维素和减水型减缩剂对混凝土基本力学性能的影响。3d龄期时，掺甲基纤维素和减水型减缩剂混凝土的抗压强度和劈拉强度均低于空白组混凝土，抗压强度降低率为3.3%和4.0%，劈裂强度降低率为19.2%和3.8%。在本实验掺量下，两种外加剂对混凝土抗压强度的影响基本一致，但甲基纤维素对水灰比为0.43的混凝土劈拉强度的影响较大。28d龄期时，掺甲基纤维素混凝土的抗压强度低于空白混凝土，降低率为4.7%，但抗压强度高于44MPa。而掺减水型减缩剂混凝土的抗压强度有所提高，提高约3.3%。

(5)优化配合比混凝土基本力学性能

3d龄期优化后空白混凝土(C5－1)的抗压强度明显高于空白组混凝土抗压强度(C1－1)，提高约12.3%，28d龄期时约提高34.4%。在优化配合比中对比单掺SRA、复掺SRA＋矿物掺合料对混凝土强度的影响可以发现，单掺SRA(C6－1)、复掺SRA＋30%矿渣(C6－2)、复掺SRA＋20%矿渣＋10%粉煤灰(C6－3)，3d龄期的抗压强度依次降低，较优化后空白混凝土(C5－1)分别降低4.0%、9.1%和12.0%，但抗压强度值均高于24MPa；28d龄期时，掺有SRA的混凝土的抗压强度均高于优化后空白组混凝土抗压强度，但提高程度有所不同，分别为3.4%、4.4%和0.2%。劈拉强度规律与抗压强度规律基本一致。

综上所述，矿渣虽降低混凝土的早期强度(3d龄期)，但能保持混凝土后期(28d龄期)强度的持续增长，掺量越高，降低后增加程度越高；由于粉煤灰早期活性低于矿渣，复掺20%矿渣＋10%粉煤灰混凝土强度3d和28d龄期均有所降低；硅粉可提高混凝土3d和28d龄期的强度，掺量越大，提高程度越明显；经配合比优化，混凝土的强度提高，掺SRA有助于混凝土强度的发展。

2.2.4 混凝土干缩性能试验

混凝土的体积变化可伴随混凝土整个服役寿命，当其收缩变形过大或产生的拉应力超过其极限抗拉强度时，混凝土即发生开裂，严重影响其耐久性和力学性能。根据不同胶凝材料体系凝结时间、混凝土拌合物工作性能及混凝土3d和28d龄期基本力学性能，选取胶凝材料对凝结时间影响较小、混凝土拌合物工作性能较好及具有较好力学性能的混凝土组作为研究对象，依次选择如下配合比：

空白组混凝土(C1－1)、掺甲基纤维素混凝土(C2－1)、单掺30%矿渣混凝土(C3－2)、复掺30%矿渣和10%粉煤灰混凝土(C3－4)、单掺5%硅粉混凝土(C4－1)和优化配合比后所有混凝土(C5－1、C6－1、C6－2、C6－3)。

将推荐配合比成型混凝土(C1－1、C2－1、C3－2、C3－4、C4－1)和优化配合比成型混凝土(C5－1、C6－1、C6－2、C6－3)干缩率分别比较(见图6-116)，可见掺硅粉混凝土干缩率最大，复掺矿物掺合料混凝土干缩率最小。28d龄期时混凝土的干缩率由大到小的次序为：单掺5%硅粉混凝土(C4－1)＞空白组混凝土(C1－1)＞掺甲基纤维素混凝土(C2－1)＞单掺30%矿渣混凝土(C3－2)＞复掺30%矿渣和10%粉煤灰混凝土(C3－4)，其中空白组混凝土与掺甲基纤维素混凝土干缩率相当，单掺30%矿渣混凝土与复掺30%矿渣和10%粉煤灰混凝土干缩率相当。

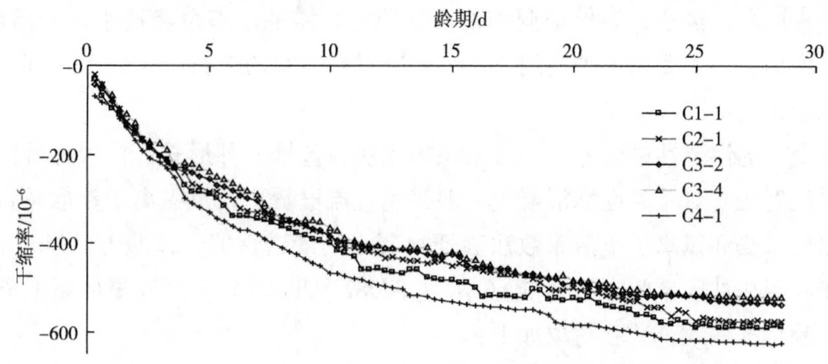

图 6-116　推荐配合比成型混凝土收缩率随时间的变化曲线

优化配合比成型混凝土干缩率随时间的变化曲线见图 6-117。掺有 SRA 混凝土(C6-1、C6-2、C6-3)干缩率明显小于未掺 SRA 混凝土(C1-1、C5-1)干缩率，优化空白混凝土(C5-1)干缩率明显小于推荐空白混凝土(C1-1)干缩率。28d 龄期时，从绝对干缩率考虑，掺有 SRA 混凝土(C6-1、C6-2、C6-3)干缩率均小于 450×10^{-6}，未掺 SRA 混凝土(C1-1、C5-1)干缩率均大于 500×10^{-6}；从相对干缩率考虑，掺 SRA 混凝土干缩率比推荐空白混凝土干缩率减小 30% 左右，优化空白混凝土干缩率比推荐空白混凝土干缩率减小 6.8%。但是，在掺 SRA 混凝土中掺矿物掺合料对混凝土干缩性能的改善不大，单掺 SRA、同掺矿物掺合料和 SRA 混凝土干缩率基本一致，干缩率差值基本保持在 2% 以内。此外同掺 SRA 和矿物掺合料对混凝土干缩性能的改善要优于单掺矿物掺合料。

综上，硅粉增大混凝土的干缩率，矿渣和粉煤灰减小混凝土的干缩率。不同混凝土在 7d 龄期时干缩率的差异最大，有必要加强混凝土早期养护(7d 龄期以内)，尤其是对硅粉混凝土的养护；此外，优化配合比及掺 SRA 均可减小混凝土的干缩率，其中以掺 SRA 效果最好，28d 龄期时，可减小干缩率 30% 左右。

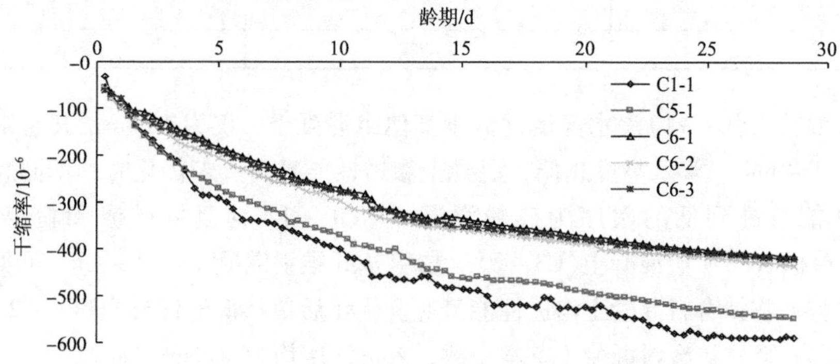

图 6-117　优化配合比成型混凝土收缩率随时间的变化曲线

2.2.5　混凝土渗透性能研究

混凝土的渗透性能是混凝土一项重要的物理性质，直接影响到混凝土的耐久性。喷射混凝土在该水封石洞油库洞室工程中的功能主要包括保持围岩的稳定性和提供一定的防渗功能。水封洞室的工作原理是基于洞室外水压始终大于洞室内油压而达到储油目的，这样会导致水一直向洞内渗透，为保证洞内油面的稳定，需抽出多余渗透水，若渗流量过大，抽水费用的增加会加大后期维护费用。不同胶凝材料体系的混凝土，由于内部孔结构的不同，渗透性能也会不同。

常规混凝土的渗透性试验方法一般采用透水法，包括三种形式：抗渗标号法、渗透系数法及渗水高度法。对于高性能混凝土一般采用直流电量法以及氯离子扩散系数法。本试验采用抗渗标号法和氯离子扩散系数法表征混凝土的渗透性能，试验方法基于《普通混凝土长期性能和耐久性能试验方法标准》(GB/T 50082—2009)。不同胶凝体系混凝土选择标准与干缩试验标准一致，试验对象如下：

空白组混凝土(C1－1)、掺甲基纤维素混凝土(C2－1)、单掺30%矿渣混凝土(C3－2)、复掺30%矿渣和10%粉煤灰混凝土(C3－4)、单掺5%硅粉混凝土(C4－1)和优化后空白混凝土(C5－1)、优化后单掺30%矿渣混凝土(C6－2)。所用混凝土成型后放入标准养护室，28d龄期时取出进行渗透性能检测实验。

(1)混凝土抗渗性试验

不同胶凝体系混凝土抗渗等级和渗水高度见表6－59。可见，除两组空白混凝土外，其它混凝土抗渗等级试验压力均超过仪器量程。优化后空白混凝土(C5－1)的抗渗等级为W36，比空白组混凝土(C1－1)抗渗等级W29高出7个等级，渗透性能较好。

表6－59　不同胶凝体系混凝土抗渗等级

试件编号	渗水高度/mm	抗渗等级
C1－1		W29
C2－1	63	＞W38
C3－2	57	＞W38
C3－4	45	＞W38
C4－1	16	＞W39
C5－1		W36
C6－2	47	＞W39

掺硅粉混凝土(C4－1)渗水高度远低于其他组混凝土，仅为16mm，其它组混凝土渗水高度均大于40mm。渗水高度越低，混凝土渗透性能越高。未优化时，不同胶凝体系混凝土渗透性能有高到低的次序为硅粉混凝土(C4－1)＞复掺矿渣和粉煤灰混凝土(C3－4)＞单掺30%矿渣混凝土(C3－2)＞掺甲基纤维素混凝土(C2－1)，可见，除硅粉混凝土外复掺矿物掺合料混凝土渗透性能最好。优化后单掺矿渣混凝土(C6－2)的渗透性能与未优化复掺矿物掺合料混凝土基本一致，渗透深度均为46mm左右。

(2)氯离子渗透实验

由渗透性试验可知，所研究混凝土大部分渗透等级超过仪器量程，氯离子渗透实验可较好的表征其渗透性能。不同胶凝材料体系测得的混凝土氯离子渗透系数见图6－118。可见，全部试验混凝土Cl^-渗透系数均低于$5\times10^{-12}m^2/s$，硅粉混凝土的Cl^-渗透系数最小，仅为$2.1\times10^{-12}m^2/s$，明显低于其它组混凝土。Cl^-渗透系数越低，混凝土抗渗性能越好。

综上所述，渗透性试验和 Cl⁻渗透试验显示，掺矿物掺合料及优化混凝土配合比都可提高混凝土抗渗透性能，其中以硅粉混凝土最优，复掺矿物掺合料混凝土次之。原因在于掺合料拥有二次水化效应，二次水化产物可堵塞混凝土中的连通口、减小孔隙率，进而使混凝土较未掺矿物掺合料更为密实，抗渗性能更为优越。

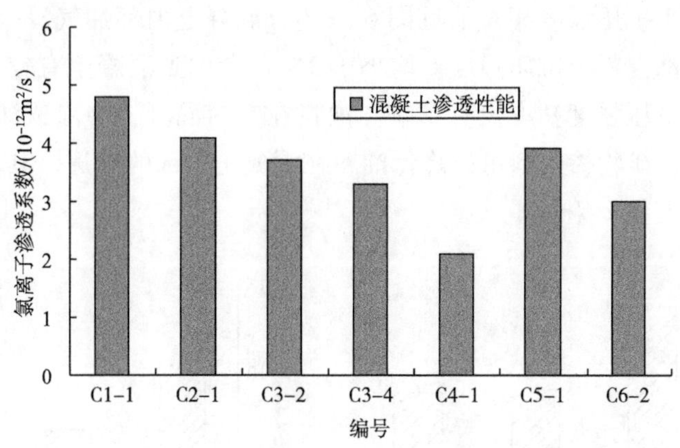

图 6-118　不同胶凝体系混凝土渗水高度 Cl^- 渗透系数

2.2.6　混凝土耐油气腐蚀性能研究

水封洞室中喷射混凝土会与原油油气接触，长期处于这种环境，喷射混凝土的渗透性能、力学性能等需慎重考虑，本试验采用宏观与微细观相结合的手段，分别研究油气对不同胶凝体系混凝土性能的影响。试验方法如图 6-119 所示。

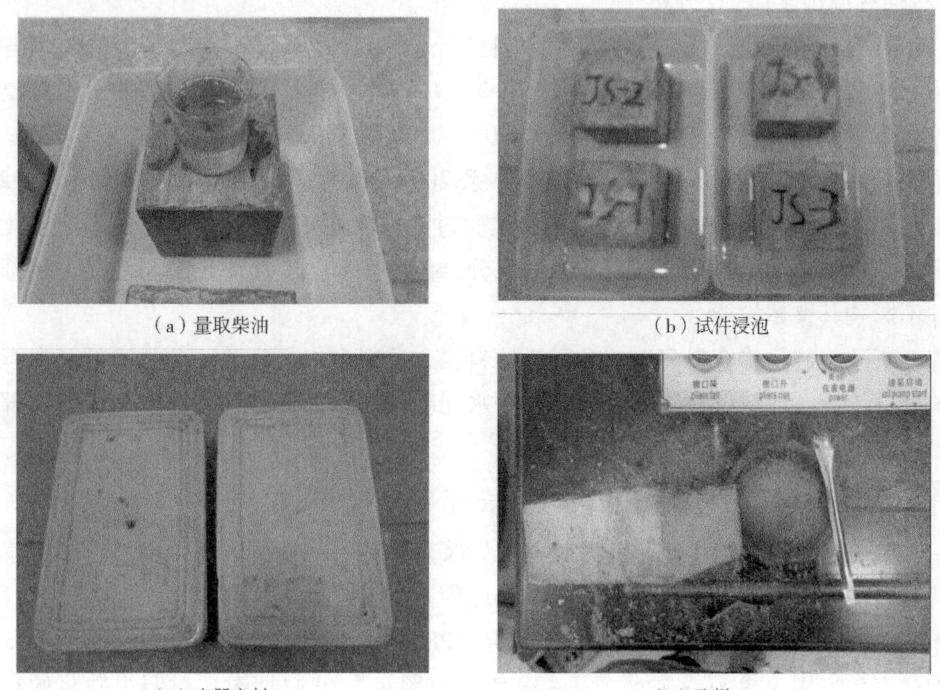

（a）量取柴油　（b）试件浸泡　（c）容器密封　（d）取样

图 6-119　油气腐蚀混凝土试件安放、浸泡及取样

(1)油气腐蚀混凝土抗压强度及油气浸入深度试验

作为混凝土最重要的力学性质，抗压强度一直是衡量混凝土质量的最主要指标，也经常被用来评价混凝土的耐久性，这是因为一般人们都认为强度越高，混凝土的渗透性就越低，其耐久性也就越好。

油气腐蚀混凝土抗压强度相对值见图6-120，混凝土内部油气浸入深度见图6-121。可见，未浸油和浸油混凝土抗压强度差均小于3%，考虑到混凝土有较大离散性，可以推断油料对混凝土的抗压强度基本没有影响。油料在空白混凝土中渗透深度达10.7mm，远大于其它组混凝土，矿物掺合料可以降低油料在混凝土内部的渗透，其中以复掺矿渣和粉煤灰最佳，渗透深度仅2.7mm。

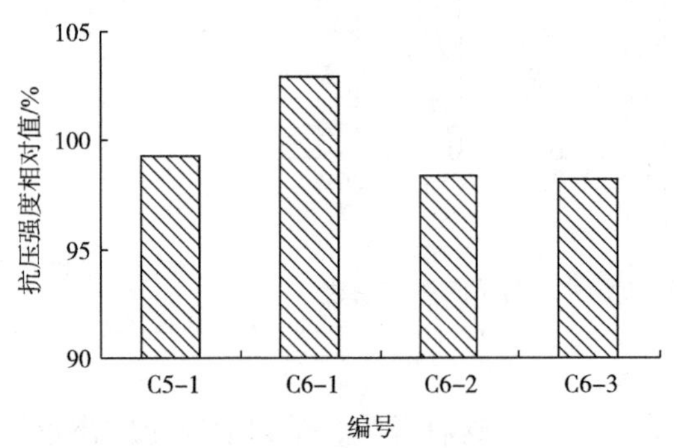

图6-120 油气腐蚀混凝土抗压强度相对值

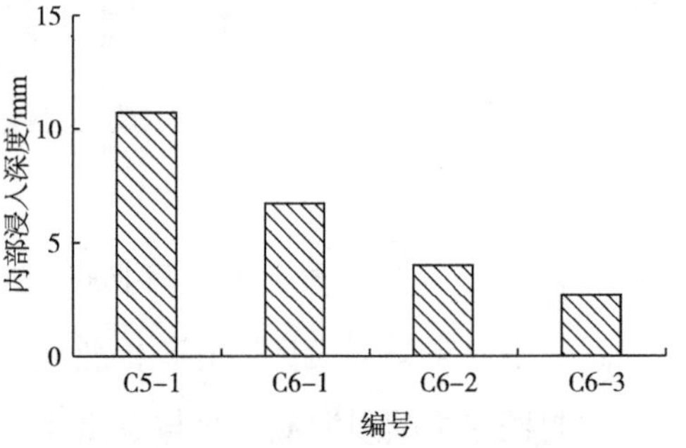

图6-121　混凝土内部油气浸入深度

(2)油气腐蚀浆体TG分析

对不同胶凝体系浆体浸油料和未浸油料进行TG-DSC分析可知，未浸油料的各组胶凝体系发生明显热效应温度范围均在200~300℃、400~500℃及500~700℃，而浸油料各组胶凝体系发生明显热效应温度范围为100~200℃、400~500℃及500~700℃，油料改变了胶凝体系热效应温度范围，使胶凝体系200~300℃强热效应峰平移到100~200℃或被100~200℃强热效应峰掩盖。考虑到实验过程中仅油料为变量及一般挥发和气化过程均需吸热，可推断油料改变了胶凝体系的组分，但由上节强度检测可知，混凝土局部浸入油料并不影响其整体性能。

综上所述，矿物掺合料可以有效阻止油料浸入混凝土内部，并可有效降低其在混凝土内部的渗透深度；油料可在一定程度上改变水泥胶凝材料水化产物相，但混凝土局部浸入油料中，其抗压强度基本不受影响。

2.2.7　混凝土粘结性能室内试验表征研究

室内混凝土粘结性能用试验砂浆与基准砂浆直接的粘结性能表征，而考虑到砂浆抗折强度检测时的受力情况，砂浆之间的粘结强度用其抗折强度表征。

不同胶凝材料体系砂浆扩展度、3d龄期和28d龄期的粘结强度和抗压强度见表6-60，基于上述现象，用单掺FDN砂浆(NJ-1)作为对照组。3d龄期时，对照组砂浆的粘结强度最低，掺甲基纤维素和FDN砂浆(NJ-2)、掺30%矿渣和FDN砂浆(NJ-3)、复掺

20%矿渣和10%粉煤灰及FDN砂浆(NJ-4)、单掺SRA砂浆(NJ-5)的粘结强度分别比单掺FDN砂浆(NJ-1)高出3.6%、10.3%、25.8%、12.9%，复掺矿渣和粉煤灰砂浆效果较好，单掺矿渣砂浆其次。28d龄期时，单掺SRA砂浆粘结强度最高，其它胶凝体系砂浆粘结强度与对照组砂浆粘结相差不大，差异小于1.7%。

综上所述，矿物掺合料并未降低砂浆间的粘结强度，相反，3d龄期时有助于粘结强度的提高，以复掺矿渣和粉煤灰效果最佳；28d龄期时，单掺SRA砂浆粘结强度高于对照组砂浆，掺有矿物掺合料砂浆粘结强度低于对照组砂浆，但相差不大。不同胶凝材料砂浆的粘结强度与其扩展度和抗压强度正相关。

表6-60 不同胶凝体系砂浆性能检测结果

编号	扩展度/mm	粘结强度/MPa		抗压强度/MPa		备注
		3d	28d	3d	28d	
NJ-0	10.5	0.82	1.23	26.55	39.81	空白
NJ-1	18.0	3.88	5.90	36.92	49.42	掺FDN
NJ-2	17.8	4.02	5.98	37.02	50.21	掺甲基纤维素+FDN
NJ-3	20.5	4.28	5.80	36.25	51.09	掺30% slag+FDN
NJ-4	22.0	4.88	5.88	36.26	52.83	掺20% slag+10% FA+FDN
NJ-5	26.0	4.38	6.83	38.39	50.68	掺SRA

注：slag为矿渣，FA为粉煤灰，FDN为萘系减水剂，SRA为减水型减缩剂。

2.2.8 混凝土微观结构特征研究

(1)不同胶凝材料体系水化热分析

不同胶凝材料热流曲线见图6-122，试验水胶比为0.43，胶凝体系包括纯水泥体系(C1-1)、掺20%矿渣体系(C3-1)、掺30%矿渣体系(C3-2)、掺40%矿渣体系(C3-3)、复掺30%矿渣和10%粉煤灰体系(C3-4)、复掺10%矿渣和30%粉煤灰体系(C3-5)、掺5%硅粉体系(C4-1)及掺8%硅粉体系(C4-2)。可见，各放热曲线上均出现两个强峰，第一个强峰代表水泥水化峰(以下称为第一水化峰)，第二个强峰代表水泥与矿物掺合料水化峰(以下称为第二水化峰)，其中后者的峰强要大于前者。分别从单掺矿渣、复掺矿渣和粉煤灰及单掺硅粉的角度分析不同胶凝材料水化热的异同。

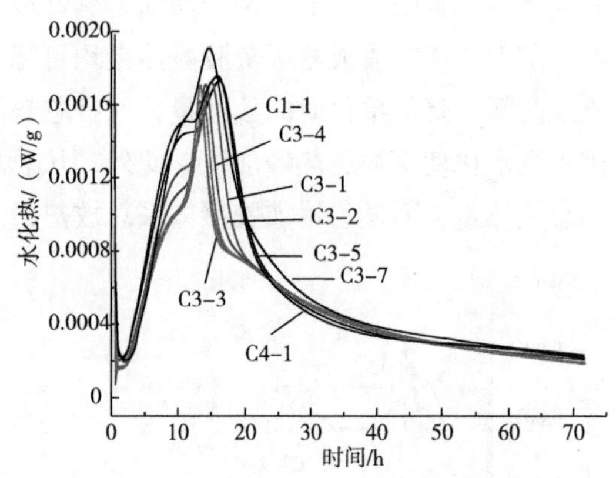

图6-122 不同胶凝材料热流曲线

1)矿渣掺量对水化热的影响

不同矿渣掺量水化热曲线见图6-123。第一个水化峰峰强随着矿渣掺量的增加而明显下降；第二个水化峰峰强在不同矿渣掺量下基本保持不变，不随矿渣掺量改变，但矿渣掺量越大，峰强出现时间变短，说明矿渣活性较高。此外，随着矿渣掺量的增加，峰宽变窄，即胶凝体系大量放热持续时间缩短，这有助于热量的扩散，减小累计放热量。

2)复掺矿物掺合料对水化热的影响

复掺矿物掺合料水化热曲线见图6-124。复掺矿渣和粉煤灰对水化热的影响与单掺矿渣影响基本一致，可降低第一水化峰，缩短第二水化峰出现时间，使主放热峰峰宽变窄。由于复掺掺合料取代量为水泥的40%，导致第一个水化峰峰强与单掺40%矿渣水化峰峰强一样。但可明显降低第二水化峰峰强，降低总水化热。

3)硅粉对水化热的影响

硅粉水化热曲线见图6-125。掺硅粉胶凝体系水化热曲线明显区别于掺矿渣和粉煤灰胶凝体系。掺5%硅粉胶凝体系(C4-1)水化热曲线基本与纯水泥体系(C1-1)一致，而掺8%硅粉胶凝体系(C4-2)增大了第一水化热和低二水化热峰强，并使第二水化热峰出现时间提前，这说明硅粉可有效促进水泥水化，使总水化热有增高趋势，且本身活性较高。

4)不同胶凝体系累计放热量

不同胶凝体系累计放热量曲线见图6-126。掺矿渣或粉煤灰胶凝体系的总放热量明显低于掺硅粉和纯水泥胶凝体系总放热量。掺8%硅粉胶凝体系累计放热量最高，其次为掺5%硅粉和纯水泥胶凝体系；复掺矿物掺合料凝结体系累计放热量最低，其次为单掺矿渣胶凝体系，且随着矿渣掺量的增加，累计放热量降低。

综上，掺矿渣或粉煤灰胶凝体系均可降低水泥水化放热峰，缩短水泥与掺合料水化峰出现时间，降低单位时间放热量，这种趋势随掺量的增大而增加，但掺硅粉胶凝体系可促进水泥水化使水泥放热峰加强。此外，从总放热量上考虑，掺矿渣或粉煤灰可降低胶凝体系总放热量，而硅粉增加胶凝体系总放热量。

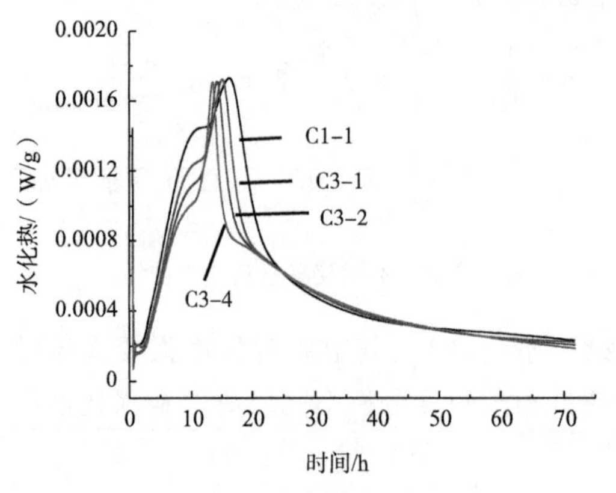

图6-123　不同矿渣掺量水化热曲线

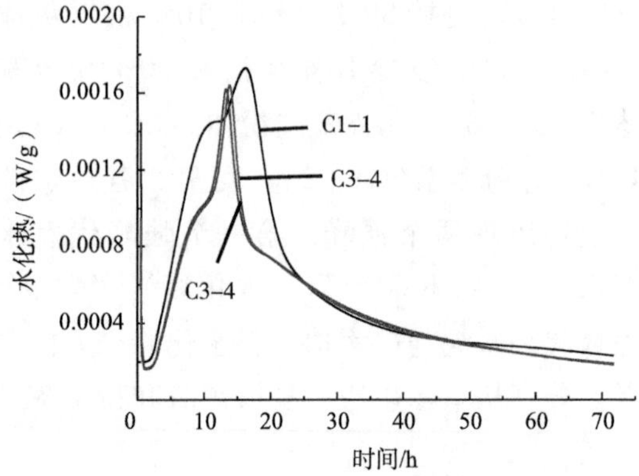

图6-124　复掺矿物掺合料水化热曲线

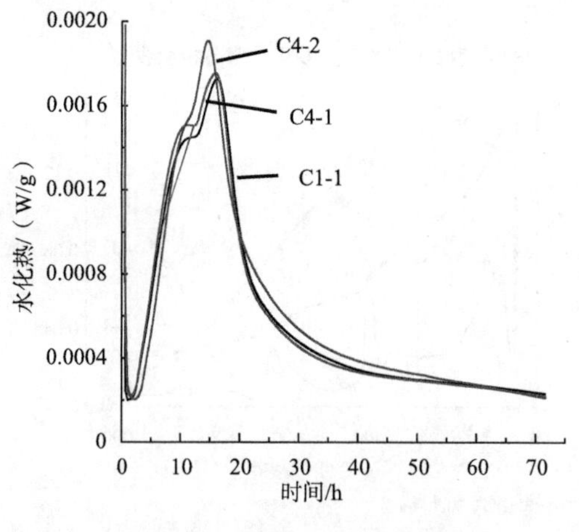

图 6-125 硅粉水化热曲线

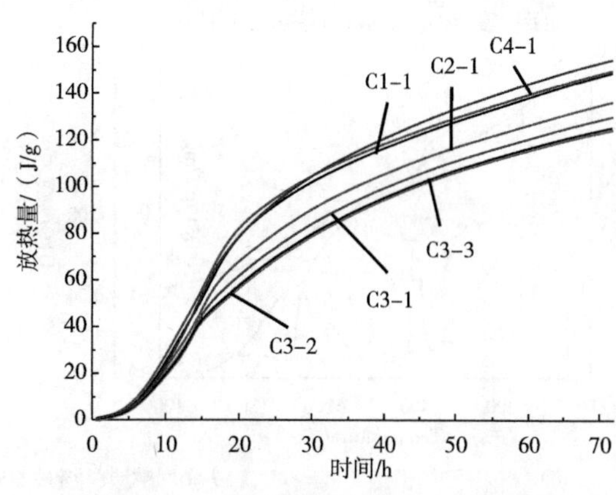

图 6-126 不同胶凝体系累计放热量曲线

(2)不同胶凝材料体系热重分析

利用热重分析仪对不同胶凝材料 3d、28d 龄期水化产物进行分析，以确定不同胶凝体系的水化程度，不同胶凝体系典型的热重分析曲线见图 6-127，试验水胶比为 0.43。图中 TG 表示热重法分析结果，DTG 为差热重量分析结果，DSC 为差示扫描热法分析结果。温升速率为 10℃/min，升温范围 50～1000℃。

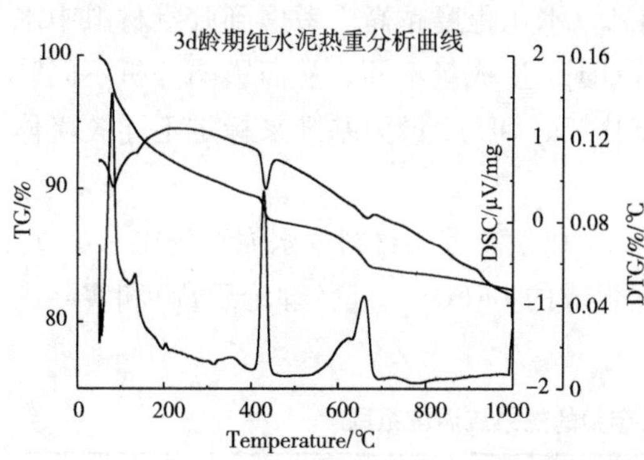

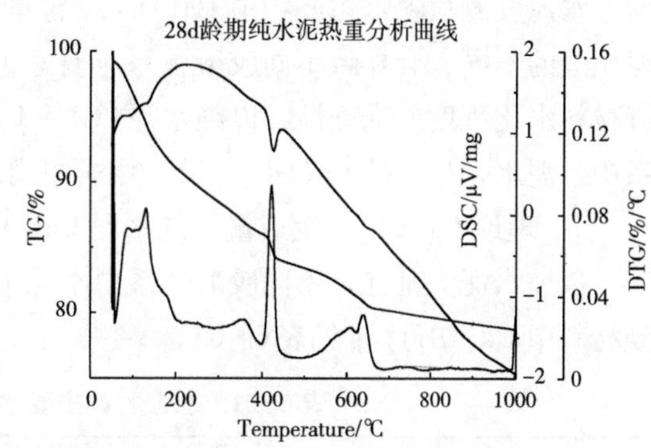

(a) 不同龄期纯水泥热重分析曲线

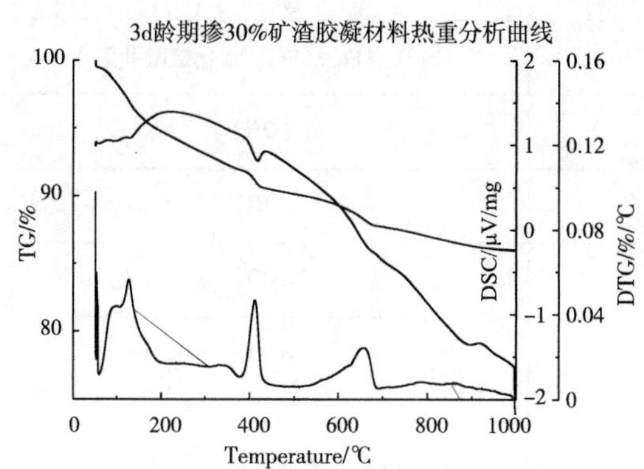

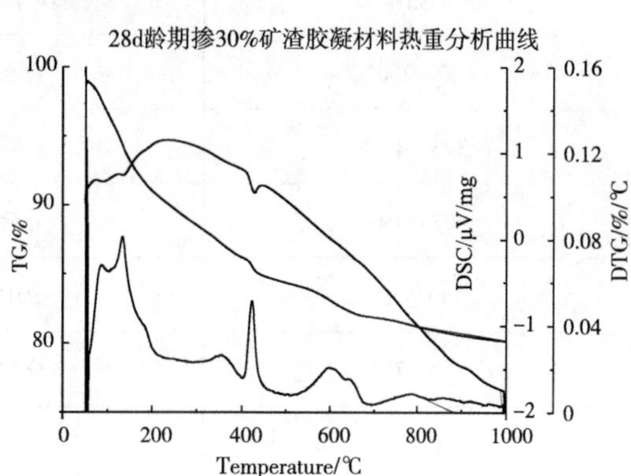

(b) 不同龄期掺30%矿渣胶凝材料热重分析曲线

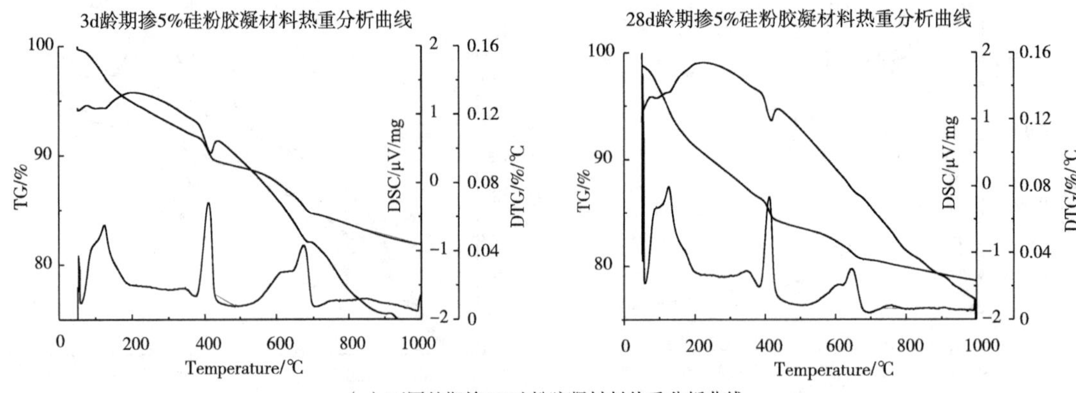

（c）不同龄期掺5%硅粉胶凝材料热重分析曲线

图6-127　不同胶凝材料水化产物热分析曲线

胶凝材料主要水化产物的热效应温度范围列于表6-61。TG-DSC图中曲线显示出三个明显吸热峰-矿物脱水、氢氧化钙分解和碳酸钙分解，根据图中相应的放热峰、吸热谷温度范围所对应的TG值，计算出水化产物的含量。为确定不同胶凝体系的水化程度，仅考虑氢氧化钙和碳酸钙含量，而混凝土胶凝材料本身是不含碳酸钙的，需标定成氢氧化钙，计算结果列于表6-62。

水泥胶凝材料水化产物中$Ca(OH)_2$含量越高，水化程度越高。考虑到胶凝材料中水泥用量的不同，会导致不同胶凝体系本身总$Ca(OH)_2$生成量不同，从而影响分析不同胶凝材料水化程度的准确性，以纯水泥（C1-1）组中$Ca(OH)_2$量为基准来标定不同胶凝体系中水泥水化生成的$Ca(OH)_2$量，算式如式(6-7)：

理论$Ca(OH)_2$生成量=纯水泥$Ca(OH)_2$生成量×胶凝材料中水泥百分比　(6-7)

以纯水泥为基准，不同胶凝体系中水泥水化生成的$Ca(OH)_2$量（理论质量）和实际胶凝材料中$Ca(OH)_2$量见表6-63。

表6-61　胶凝材料主要水化产物的热效应温度范围

温度范围/℃	热效应性质	水化产物种类
20～200	脱水	CSH、AFt、AFm、水化铝酸盐等
323～403	分解	$Mg(OH)_2$
403～480	分解	$Ca(OH)_2$
540左右	分解	$MgCO_3$
560～750	分解	$CaCO_3$
870～905	晶形转换	CSH

注：总$Ca(OH)_2$质量为通过$Ca(OH)_2$分解质量和$CaCO_3$分解质量折算后原水化产物中$Ca(OH)_2$质量。

表 6-62　不同胶凝体系氢氧化钙与碳酸钙含量

试验编号	$Ca(OH)_2$ 分解失重/%		$CaCO_3$ 分解失重/%		总 $Ca(OH)_2$ 质量/%	
	3d	28d	3d	28d	3d	28d
C1-1	1.99	2.32	3.26	3.37	4.40	4.82
C3-1	1.82	1.93	3.32	2.57	4.28	3.83
C3-2	1.54	1.48	2.51	2.00	3.39	3.13
C3-3	1.21	1.14	2.19	1.81	2.82	2.48
C3-4	1.14	0.99	1.94	1.45	2.57	2.22
C3-5	1.35	1.10	2.96	2.38	3.53	2.86
C4-1	2.52	2.38	4.54	2.95	5.88	4.57
C4-2	1.87	1.14	3.47	2.57	4.43	3.04

表 6-63　胶凝体系中水泥水化生成 $Ca(OH)_2$ 量

试验编号	实际 $Ca(OH)_2$ 质量/%		理论 $Ca(OH)_2$ 质量/%	
	3d	28d	3d	28d
C1-1	4.40	4.82	4.40	4.82
C3-1	4.28	3.83	3.42	3.06
C3-2	3.39	3.13	2.37	2.19
C3-3	2.82	2.48	1.69	1.49
C3-4	2.57	2.22	1.54	1.33
C3-5	3.53	2.86	2.12	1.72
C4-1	5.88	4.57	5.59	4.34
C4-2	4.43	3.04	4.08	2.80

1）矿渣掺量对胶凝材料水化的影响

掺矿渣胶凝材料 3d 和 28d 龄期实际 $Ca(OH)_2$ 质量和理论 $Ca(OH)_2$ 质量见图 6-128。可见，随着矿渣掺量的增加，生成的 $Ca(OH)_2$ 质量减小，而理论值减小程度大于实际值，说明矿渣可提高水泥的水化程度。对比实际 $Ca(OH)_2$ 质量和理论 $Ca(OH)_2$ 质量，掺 20%、30% 和 40% 矿渣胶凝材料实际 $Ca(OH)_2$ 质量和理论 $Ca(OH)_2$ 质量差值分别为 0.86%、1.02% 和 1.13%，说明随着矿渣掺量的增加，水泥水化程度增加。

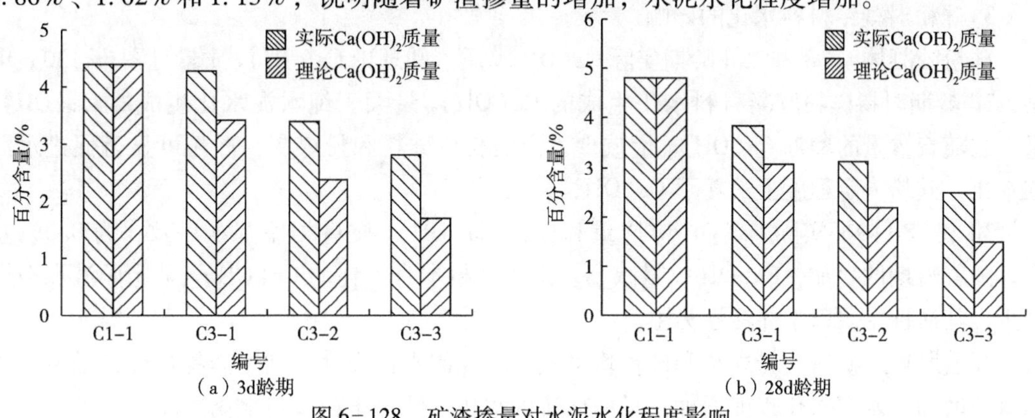

图 6-128　矿渣掺量对水泥水化程度影响

纯水泥28d龄期$Ca(OH)_2$生成量大于3d龄期$Ca(OH)_2$生成量，而掺矿渣胶凝体系$Ca(OH)_2$生成量小于3d龄期$Ca(OH)_2$生成量，掺20%、30%和40%矿渣胶凝材料28d龄期$Ca(OH)_2$生成量分别减小0.45%、0.26%和0.34%，说明矿渣消耗了水泥水化产生的$Ca(OH)_2$，但$Ca(OH)_2$消耗量与矿渣掺量没有直接关系。

2）复掺矿物掺合料对胶凝材料水化的影响

复掺矿物掺合料胶凝体系3d和28d龄期实际$Ca(OH)_2$质量和理论$Ca(OH)_2$质量见图6-129。可见，与单掺矿渣对胶凝材料水化程度影响一致，复掺矿物掺合料可促进水泥水化。但复掺30%矿渣和10%粉煤灰胶凝材料（C3-4）水化生成的$Ca(OH)_2$量小于复掺10%矿渣和30%粉煤灰胶凝材料（C3-5）水化生成的$Ca(OH)_2$量，说明矿渣的活性大于粉煤灰，矿渣消耗的$Ca(OH)_2$量大于粉煤灰消耗的$Ca(OH)_2$量。

3d龄期复掺30%矿渣和10%粉煤灰胶凝材料（C3-4）及复掺10%矿渣和30%粉煤灰胶凝材料（C3-5）实际生成$Ca(OH)_2$质量与理论$Ca(OH)_2$质量差值分别为1.03%和1.41%，28d龄期时差值分别为0.89%和1.14%，说明在水化过程中矿物掺合料能消耗一部分水泥水化生成的$Ca(OH)_2$。此外，C3-4胶凝体系28d消耗的$Ca(OH)_2$量为0.14%小于C3-5消耗的$Ca(OH)_2$量0.27%，说明粉煤灰后期反应活性要高于早期反应活性。

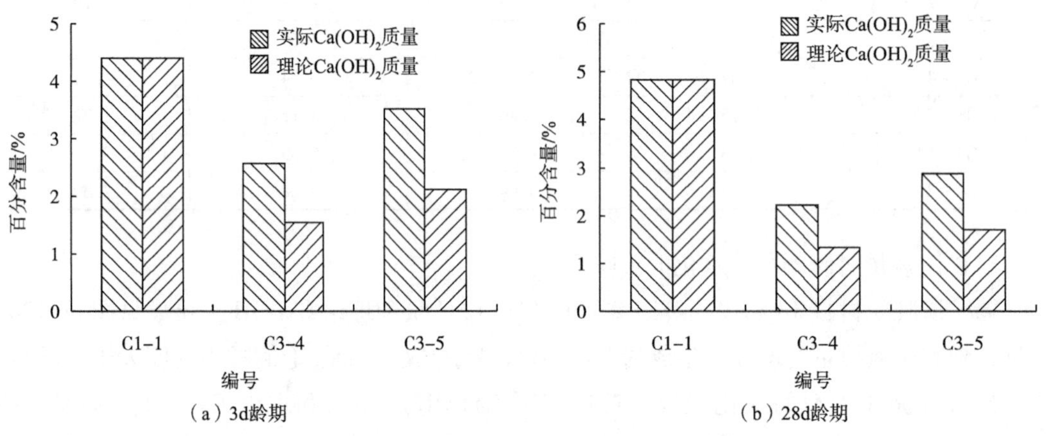

图6-129 复掺矿物掺合料对水泥水化程度影响

3）硅粉对凝结材料水化的影响

硅粉胶凝体系3d和28d龄期实际$Ca(OH)_2$质量和理论$Ca(OH)_2$质量见图6-130。可见，3d龄期时掺硅粉胶凝材料水化生成的$Ca(OH)_2$量大于纯水泥水化生成的$Ca(OH)_2$量，且随着掺量的增加$Ca(OH)_2$量减少，说明相比硅粉和粉煤灰，硅粉可显著促进水泥的水化，硅粉一定程度上消耗了$Ca(OH)_2$。

3d和28d龄期实际$Ca(OH)_2$质量和理论$Ca(OH)_2$质量相差基本一致，为0.3%左右，随着龄期的增加，$Ca(OH)_2$量减小，说明硅粉本身消耗的$Ca(OH)_2$量比矿渣和粉煤灰少，其活性主要以本体活性为主。

综上所述，矿渣、粉煤灰和硅粉均可提高水泥的水化程度，其中硅粉最优；随着矿渣掺量的增加，水泥水化程度增加，早期矿渣的水化活性大于粉煤灰水化活性。

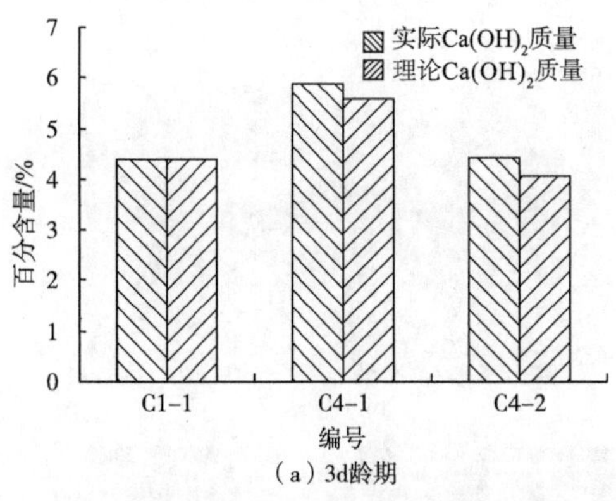

（a）3d龄期

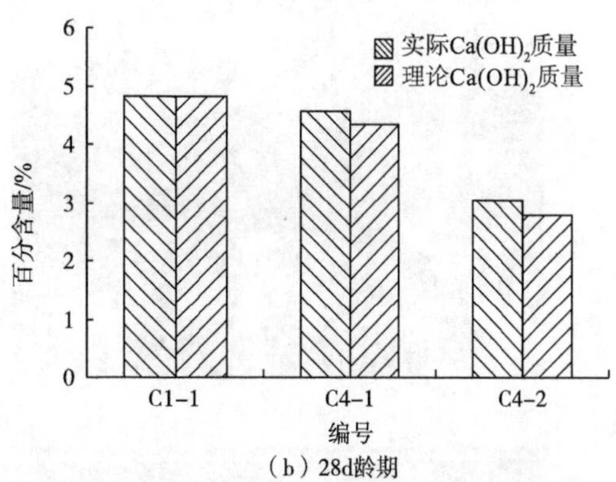

（b）28d龄期

图 6-130　硅粉对水泥水化程度影响

（3）不同胶凝体系混凝土孔结构分析

混凝土中的孔结构对混凝土本身的强度及耐久性影响很大，是混凝土内部传质的主要通道，一般大于 50nm 的毛细孔隙对混凝土强度和渗透性产生有害影响，而大于 10μm 的大孔会严重影响混凝土的强度及渗透性，本试验主要统计大于 10μm 的大孔。试验选取的胶凝体系为：空白组混凝土（C1－1）、掺甲基纤维素混凝土（C2－1）、单掺 30% 矿渣混凝土（C3－2）、复掺 30% 矿渣和 10% 粉煤灰混凝土（C3－4）、单掺 5% 硅粉混凝土（C4－1）和优化后空白混凝土（C5－1）。

如图 6-131 所示为混凝土孔结构分析过程。试验对不同胶凝体系混凝土的总孔数、平均弦长和面空隙率进行了统计，每组混凝土统计面积为 $128mm^2$，优化配合比和掺入矿物掺合料可有效减小混凝土中大于 10μm 孔隙，其中掺硅粉效果最好。表 6-64 所列为不同胶凝体系孔结构相关参数，结果表明：掺 5% 硅粉混凝土（C4－2）面孔隙率仅为 1.51%，比纯水泥（C1－1）混凝土面孔隙率低 1.41%；掺 30% 矿渣（C3－2）和复掺 30% 矿渣及 10% 粉煤灰（C3－4）混凝土面孔隙率相当，分别为 2.25% 和 2.30%，相对纯水泥混凝土面空隙率降低 0.67% 和 0.62%；优化配合比后混凝土的面孔隙率也有所下降，但仅减小 0.34%。此外，掺甲基纤维素混凝土的面空隙率与纯水泥混凝土基本一致，其改善孔结构的性能小于矿物掺合料。

优化配合比及掺入矿物掺合料对混凝土大于 10μm 孔数和平均弦长的影响规律与对面孔隙率影响规律大体一致，但并不存在绝对的相关性。纯水泥混凝土在统计范围内孔数大于 200，掺矿物掺合料、优化配比及掺外加剂孔数均低于 200，掺硅粉混凝土最低，仅为 160。而平均弦长除硅粉混凝土为 72μm，其他胶凝体系混凝土均保持在 100μm 左右。

综上所述，矿物掺合料可有效改善混凝土的孔结构，其中以硅粉性能最佳，此结果与相应胶凝材料混凝土强度和渗透性能存在较好的对应关系。

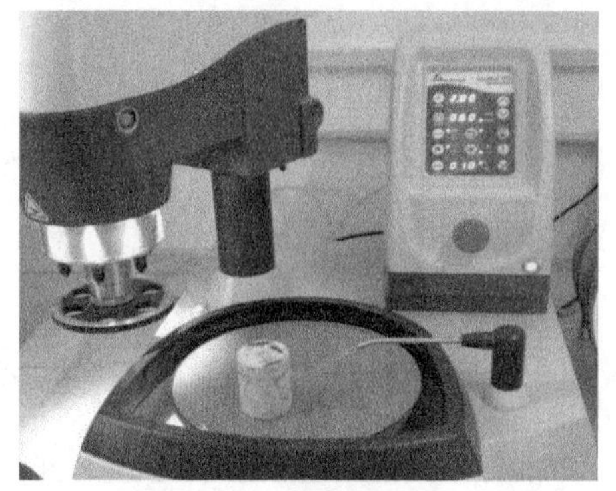

(a)打磨

(b)分区

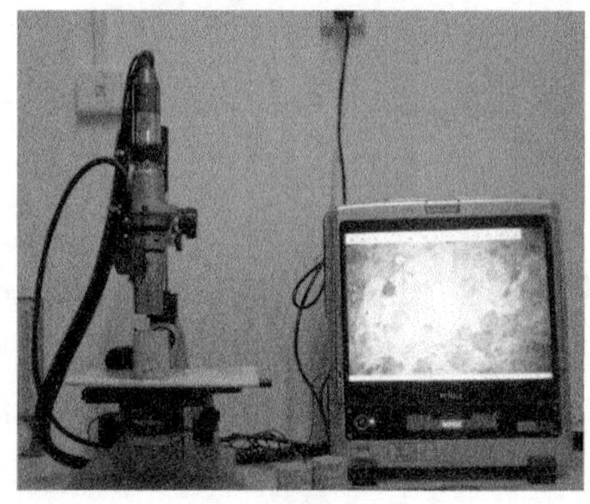

(c)观察

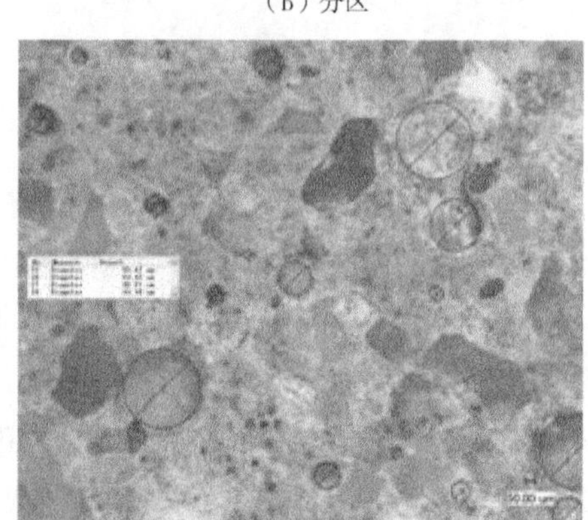

(d)统计

图6-131 混凝土孔结构分析过程

表6-64 不同胶凝体系孔结构相关参数

编号	总孔数/个	平均弦长/μm	面孔隙率/%	备注
C1-1	232	95	2.92	空白
C2-1	185	102	2.77	掺甲基纤维素
C3-2	180	87	2.25	掺30% slag
C3-4	172	90	2.30	掺30% slag+10% FA
C4-2	160	72	1.51	掺5%硅粉
C5-1	192	98	2.58	优化空白

注：slag为矿渣，FA为粉煤灰，面孔隙率为孔面积占统计面积的百分数。

(4)不同胶凝体系混凝土SEM分析

混凝土的宏观性能是其细微观性能发展、耦合及叠加的结果，是细微观性能的综合体现，探讨混凝土宏观性能劣化机制须以细微观性能为切入点。扫描电子显微镜技术(SEM)是研究混凝土微观性能的有效测试手段之一，能在微组构尺度上分辨出材料各单个离子聚集成物质的方式。本试验选取四种胶凝体系混凝土。不同胶凝材料混凝土3d、28d龄期SEM观察结果(放大倍数均为5000倍)见图6-132。考虑到速凝剂材料主要生成物，方便研究不同胶凝体系对主要生成物的影响，四种胶凝体系混凝土均给出C-S-H、AFt和$Ca(OH)_2$图片。

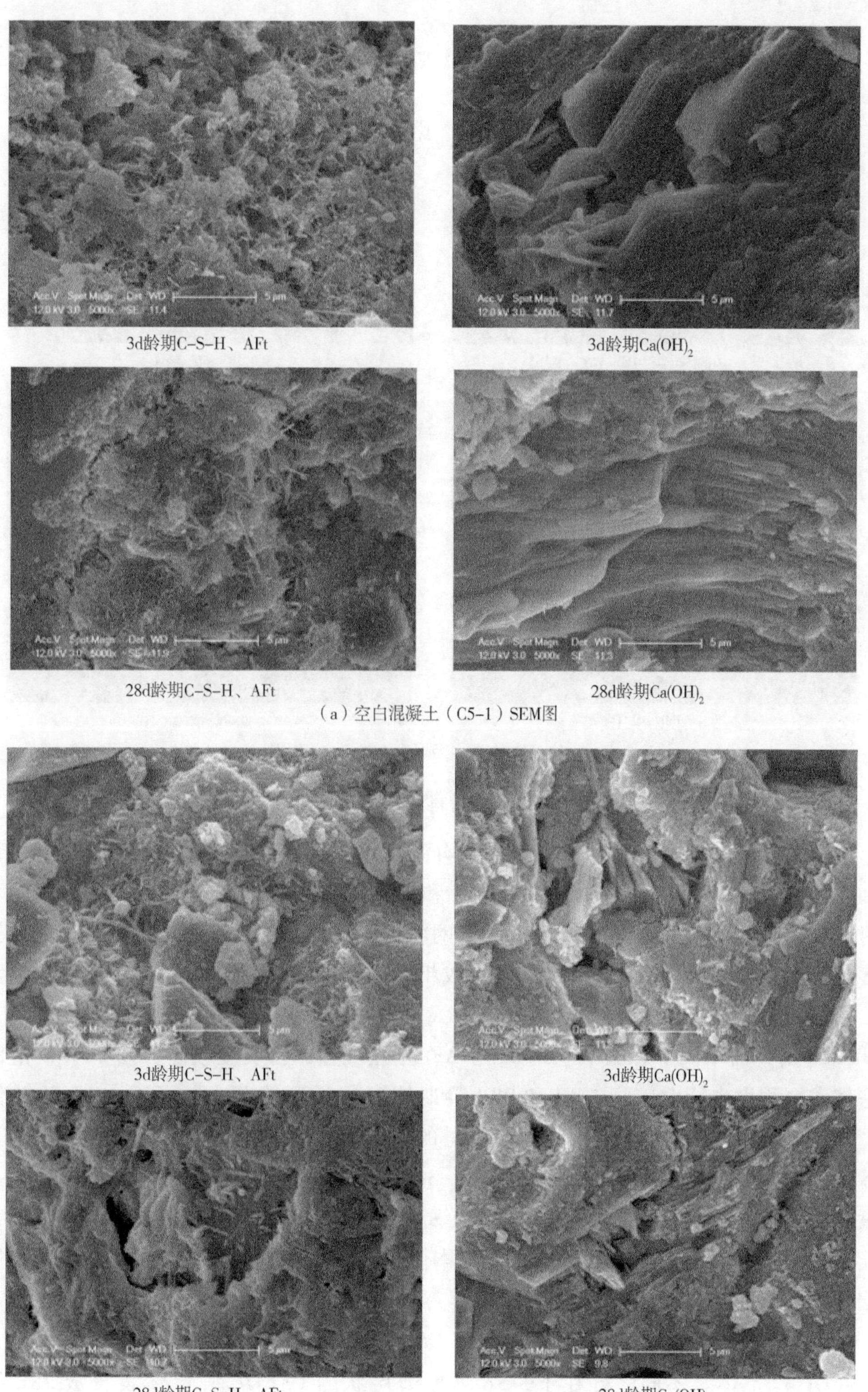

3d龄期C-S-H、AFt　　3d龄期$Ca(OH)_2$

28d龄期C-S-H、AFt　　28d龄期$Ca(OH)_2$

（a）空白混凝土（C5-1）SEM图

3d龄期C-S-H、AFt　　3d龄期$Ca(OH)_2$

28d龄期C-S-H、AFt　　28d龄期$Ca(OH)_2$

（b）单掺SRA混凝土（C6-1）SEM图

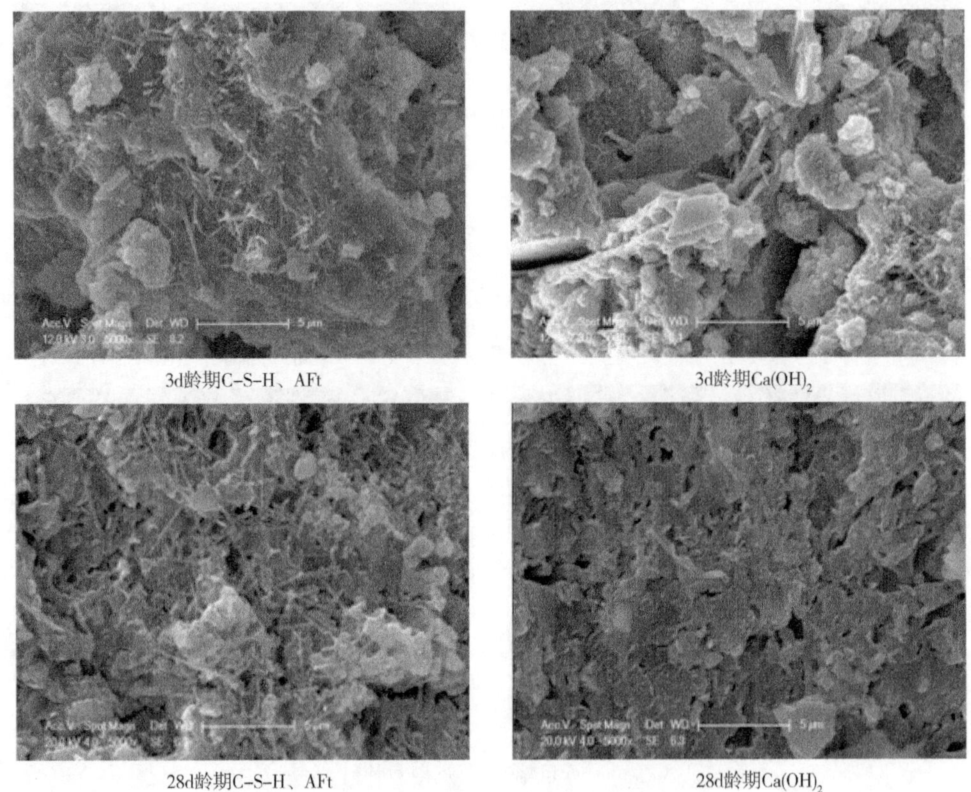

3d龄期C-S-H、AFt　3d龄期$Ca(OH)_2$

28d龄期C-S-H、AFt　28d龄期$Ca(OH)_2$

（c）掺30%矿渣混凝土（C6-2）SEM图

图6-132　不同胶凝材料混凝土SEM图（×5000）

如图所示，四种胶凝体系中3d、28d均可看到明显的AFt和$Ca(OH)_2$，但其发育程度和浆体的密实度不尽相同。以C-S-H和AFt形貌考虑，空白混凝土(C5-1)3d龄期时AFt较为细小，且与Ⅰ针刺状和Ⅱ型网状C-S-H相互交织，还可观察到结构较为多孔，而到28d龄期时，AFt生长发育成粗大的针棒状晶体，周围布满Ⅲ型的等大粒子C-S-H；与空白混凝土对比，单掺SRA混凝土C-S-H和AFt的成熟度较高，在3d和28d龄期时不同形态的C-S-H与AFt相互堆叠，密实度较高；掺30%矿渣混凝土浆体发育程度也相对较高，3d和28d龄期均发现Ⅲ型的等大粒子C-S-H胶体育AFt交织，28d龄期浆体较为破碎；奇怪的是复掺20%矿渣和10%粉煤灰混凝土(C6-3)几乎没发现较大针棒状AFt晶型，3d龄期可观察到$Ca(OH)_2$与浆体均用一定程度的腐蚀，28d时浆体变的密实。从C-S-H和AFt形貌上研究发现不同胶凝体系可影响C-S-H和AFt形貌，并影响水泥基本体的密实度，这从微观层面一定程度上解释了宏观力学性能的差异。

以$Ca(OH)_2$形貌考虑，空白混凝土(C5-1)3d和28d均可观察到较大的六方层状$Ca(OH)_2$晶体，不同之处在于，3d龄期薄层状的$Ca(OH)_2$晶体发育成28d的板状$Ca(OH)_2$晶体；而单掺SRA混凝土(C6-1)3d龄期时虽也发现了板状$Ca(OH)_2$

晶体，但晶体尺度明显偏小，28d 龄期是板状 $Ca(OH)_2$ 晶体进一步生长，可知 SRA 并不消耗 $Ca(OH)_2$ 可影响其生长；与以上两种胶凝体系不同的是掺 30% 矿渣混凝土（C6－2）3d 龄期 $Ca(OH)_2$ 晶体细小且分布较为离散，到 28d 龄期时未发现有 $Ca(OH)_2$ 晶体；掺 20% 矿渣＋10% 粉煤灰浆体（C6－3）表现出相同趋势，28d 任发现有薄层状的 $Ca(OH)_2$ 晶体，但晶体明显偏小。从 $Ca(OH)_2$ 形貌上研究发现，不同胶凝材料很到程度上影响了 $Ca(OH)_2$ 形貌，矿物掺合料能明显消耗 $Ca(OH)_2$，SRA 并不影响 $Ca(OH)_2$ 生长。

综述，不同胶凝体系中 C－S－H、AFt 和 $Ca(OH)_2$ 的形成和发育差异较大，且对 $Ca(OH)_2$ 晶体的影响严重。矿物掺合料能明显吸收 $Ca(OH)_2$ 板状晶体，改善水泥浆体孔结构，在一定程度上解释了宏观力学性能和渗透性能的差异机理所在。

2.3 高性能喷射混凝土现场试验与应用研究

2.3.1 混凝土喷射施工及现场取样方法

（1）喷射工艺

拌合楼拌合完成试验用混凝土，通过搅拌车运送至 8#主洞室，运输过程大约为 5min，每次试验量为 $3m^3$；到达预定施工地点后，立即将混凝土送入喷锚台车，混凝土保持了良好的流动性，非常有利于喷射混凝土施工。

操作手控制喷锚台车机械手臂进行喷射施工，喷射时依据《锚杆喷射混凝土支护技术规范》（GB/T 50086—2001）规定的喷射施工技术要求，“先墙后拱，自下而上”的喷射原则：喷边墙时，在划定的区段内，喷射作业从墙脚开始，自下而上分片进行，喷头到受喷面的距离为 0.8～1.2m；喷拱顶时，在划定的区段内，喷射作业从拱脚向拱顶分片进行，喷头到受喷面的距离为 0.8～1.2m，喷射施工时喷头与受喷面尽量垂直，喷头以左右摇摆方式扫射，如图 6－133（a）、（b）所示。喷射层厚度控制在 5～8cm 范围内，喷射后依岩石表面形态的喷射混凝土层状态较为平整，如图 6－133（c）、（d）所示。

（a）边墙喷射施工

（b）拱顶喷射施工

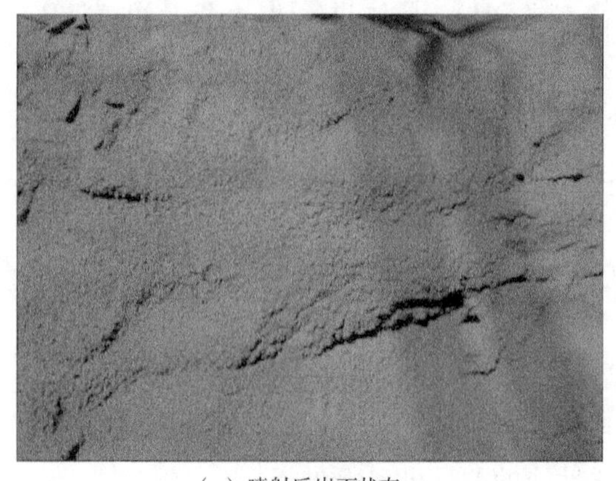
（c）喷射后岩面状态

（d）喷射混凝土表面状态

图 6-133　现场喷射施工

(2)现场取样方法

喷完边墙后，将试模以 60°～80°角(与水平面的夹角)置于边墙脚。控制机械手加喷头移至试模正上方位置，保持喷头与试模的距离为 1m 左右，由下而上，向试模内喷满混凝土。每组混凝土成型试模包含抗压强度大板试件、与岩石粘结强度大板试件以及用于抗渗性测试的大板试件，如图 6-134 所示。将大板试件在工地试验室养护 1d 后脱模，置于标准养护室养护 28d 后测试其相应物理性能。

（a）现场喷射混凝土试样制作过程

（b）成型后喷射混凝土试样

图 6-134　现场试样成型

2.3.2　高性能喷射混凝土现场试验结果分析

(1)回弹率测试

喷射过程中进行混凝土回弹率测试顺序为：先边墙后拱顶。为充分收集回弹物，喷射前，在受喷面正下方铺设 1 张宽 4m 的塑料苫布，苫布覆盖整个受喷面在地面的投影，并尽量避免地面积水流淌到苫布上。喷射结束后，用塑料桶收集回弹物，用电子秤标定正好装满情况下每桶回弹物质量，之后在回弹物装满塑料桶时只计算桶数，在回弹物不足以装满塑料桶时用电子秤标定，记录并计算全部回弹物质量。

不同胶凝材料喷射混凝土边墙及拱顶的回弹率试验结果见图 6-135。可见，掺 5% 硅粉喷射混凝土(GD-2)边墙及拱顶的回弹率最低，分别为 9.7% 和 14.6%，其次为掺 SRA 喷射混凝土(GD-3)、降水泥用量喷射混凝土(GD-4)及掺 30% 矿渣喷射混凝土(GD-1)，但所研究的四种喷射混凝土边墙回弹率基本在 10% ~14% 之间，拱顶回弹率基本在 15% ~19% 之间。以 GD-4 组喷射混凝土为基准混凝土评定不同胶凝体系对回弹率的影响，与基准喷射混凝土对比，掺 5% 硅粉喷射混凝土(GD-2)和掺 SRA 喷射混凝土(GD-3)的边墙回弹率分别降低 2.7% 和 1%，拱顶回弹率降低 3.2% 和 0.5%，而掺 30% 矿渣喷射混凝土(GD-1)边墙回弹率和拱顶回弹率分别提高 1.1% 和 1.5%，但总体相差不大。

综上所述，硅粉和 SRA 均可降低喷射混凝土的回弹率，其中以硅粉性能较佳，而矿渣可提高喷射混凝土的回弹率，但相差并不明显，仅提高 1% 左右，基本原因在于矿渣延长了水泥胶凝体系的初凝时间。

(2)不同胶凝材料体系喷射混凝土抗压强度

在工地实验室检测不同胶凝材料体系喷射混凝土抗压强度。试验前，对养护 7d 后的大板进行切割，为避免喷射混凝土大板试件在成型时的边缘不密实，切割过程中先切割掉距宽度方向边缘 1 ~4cm 的部分和距离成型顶面 1 ~2cm 的部分，再按要求切割出 6 块 100mm × 100mm × 100mm 的立方体试块，置于标准养护室养护至 28d 后，测试其抗压强度。

不同胶凝体系喷射混凝土抗压强度试验结果见图 6-136。可见，28d 龄期时，四种胶凝体系喷射混凝土抗压强度均大于 40MPa，其中掺 5% 硅粉喷射混凝土(GD-2)抗压强度最高，达 47.6MPa，降水泥用量喷射混凝土(GD-4)抗压强度最低，但也达到 41.4MPa。说明现场加入矿渣、硅粉及减水型减缩剂(SRA)均可在一定程度上提高喷射混凝土的抗压强度。

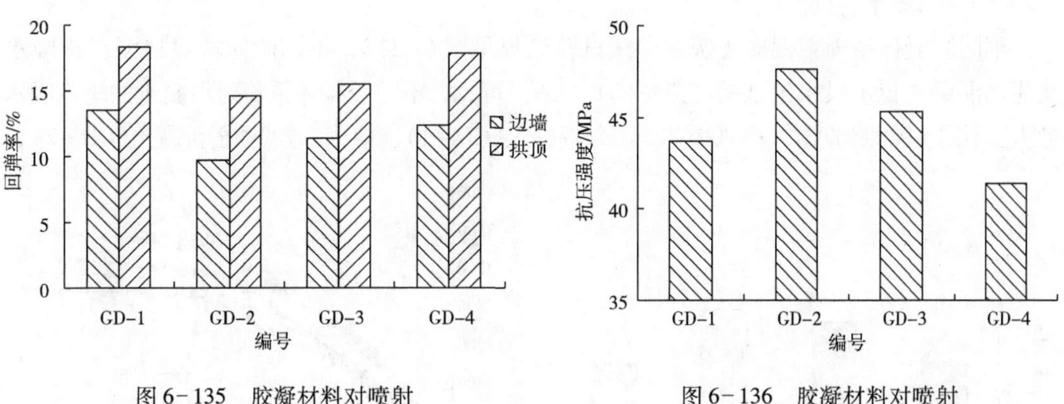

图 6-135 胶凝材料对喷射混凝土回弹率的影响

图 6-136 胶凝材料对喷射混凝土抗压强度的影响

与室内抗压强度对比，现场基准喷射混凝土抗压强度降低 14%，掺 5% 硅粉喷射混凝土抗压强度降低仅 1.1%，掺 SRA 喷射混凝土降低 8.9%，掺 30% 矿渣喷射混凝土降低 13.0%。

综上所述，矿渣、硅粉及 SRA 均可改善喷射混凝土的抗压强度，其中以硅粉性能最佳，SRA 次之；此外，优化混凝土配合比后，与室内抗压强度相比，现场喷射混凝土抗压强度降低率较小，保持在10%左右。

(3)不同胶凝材料体系喷射混凝土粘结性能

喷射混凝土与岩石黏结强度试验结果见图6-137。28d龄期时，四种胶凝体系喷射混凝土与岩石粘结强度均在1.1~1.7MPa之间，其中掺SRA喷射混凝土(GD-3)粘结强度最高为1.61MPa，其次为掺5%硅粉喷射混凝土混凝土(GD-2)为1.52MPa；掺30%矿渣(GD-1)和降水泥用量(GD-4)喷射混凝土粘结强度较低，粘结强度数值相当，分别为1.21MPa和1.19MPa。说明SRA和硅粉可显著提高喷射混凝土与岩石粘结强度，矿渣对喷射混凝土与岩石粘结性能无显著影响。

综上所述，减水型减水剂(SRA)和硅粉均可提高喷射混凝土与岩石的粘结强度，矿渣对粘结强度无不利影响，此结论与室内试验结论一致。

(4)不同胶凝材料体系喷射混凝土渗透性

混凝土的渗透性能表征着混凝土的传质(如水份、气体及一些具有腐蚀性的离子等)能力。一般表征混凝土渗透性能的指标有气体渗透系数、水渗透系数及导电性，每种指标对应相应的实验检测手段。考虑到本工程主要关注混凝土的水渗透能力，实验采用吸水系数表征混凝土的渗透性能，并比较分析不同胶凝材料对混凝土渗透性能的影响趋势，给出能获得良好渗透性能的混凝土配合比。

吸水系数反应混凝土的吸水能力，一定程度上反应混凝土的渗透性能。一维方向上混凝土的吸水系数可表示为：

$$A = \Delta W / t^{-0.5} \tag{6-8}$$

式中：A——吸水系数，$g/(m^2 \cdot h^{0.5})$；

ΔW——混凝土的单位面积吸水量，g/m^2；

t——吸水时间，h。

不同胶凝体系喷射混凝土吸水曲线试验结果见图6-138，不同时间段喷射混凝土吸水性能及混凝土稳定吸水量试验结果见图6-139。可见，不同胶凝体系喷射混凝土的稳定吸水量明显不同，90d龄期时，掺30%矿渣喷射混凝土(GD-1)、掺5%硅粉喷射混凝土(GD-2)、

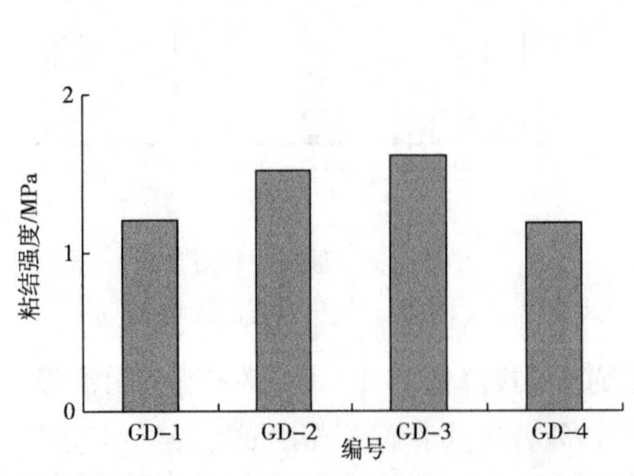

图6-137　胶凝材料对粘结强度的影响

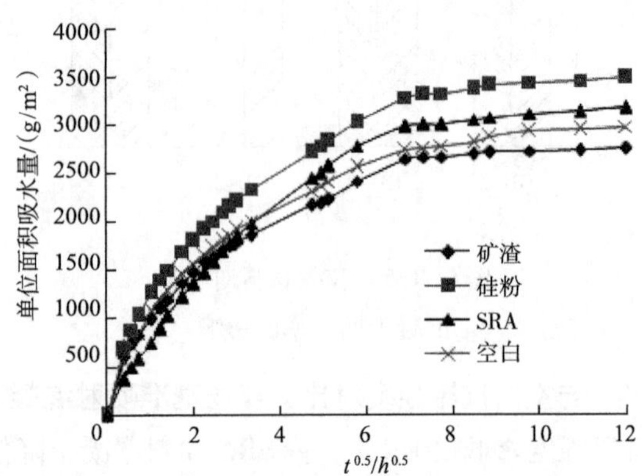

图6-138　不同胶凝体系喷射混凝土吸水曲线

掺 SRA 喷射混凝土(GD－3)和降低胶凝材料空白混凝土(GD－4)的稳定吸水量分别为 $2640g/m^2$、$3280g/m^2$、$2980g/m^2$ 和 $2730g/m^2$，表明掺 30% 矿渣喷射混凝土(GD－1)的稳定吸水量最小，而掺 5% 硅粉喷射混凝土(GD－2)稳定吸水量最大。其原因在于在试验配合比下硅粉一定程度降低喷射混凝土的工作性能，使硅粉喷射混凝土喷射过程中过于干涩，密实程度降低，而矿渣一定程度增加了喷射混凝土的工作性能，可说明较早的凝结硬化会使混凝土自身密实性能下降，渗透能力下降。以空白混凝土(GD－4)为对比组，矿渣在一定程度上降低了喷射混凝土的吸水性，提高了混凝土的密实程度。

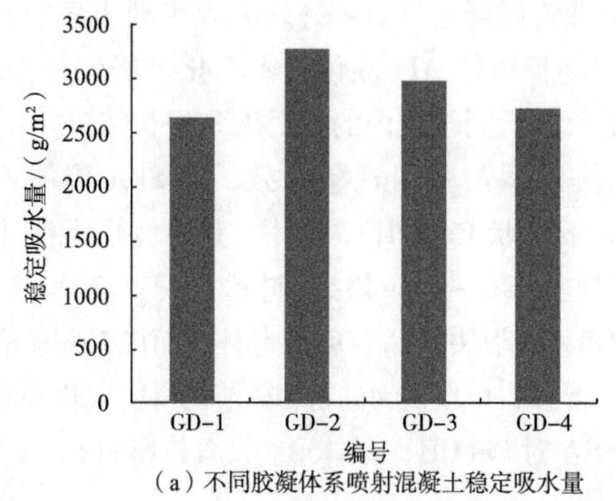

(a) 不同胶凝体系喷射混凝土稳定吸水量

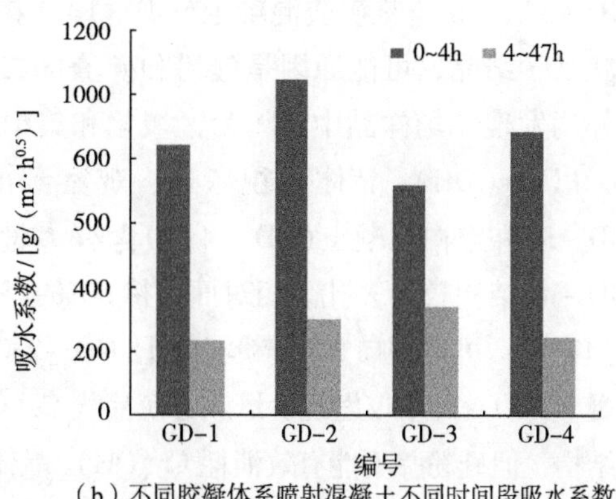

(b) 不同胶凝体系喷射混凝土不同时间段吸水系数

图 6-139　不同胶凝体系吸水特征系数

从图 6-138 中可观察到吸水曲线上包含两个明显的吸水过程，0～4h 快速吸水阶段和 4～47h 慢速吸水阶段。利用公式(6-8)计算不同胶凝体系喷射混凝土的吸水系数，以空白混凝土(GD－4)为对比组，0h－4h 快速吸水阶段时，掺 SRA 喷射混凝土(GD－3)的吸水系数均小于对比组，仅为 $714g/(m^2 \cdot h^{0.5})$，而掺 30% 矿渣喷射混凝土(GD－1)和掺 5% 硅粉喷射混凝土(GD－2)均大于对比组，分别为 $846g/(m^2 \cdot h^{0.5})$ 和 $1049g/(m^2 \cdot h^{0.5})$，但矿渣仅增大 5.2%，而硅粉增大了 17.6%。4～47h 慢速吸水阶段时，掺 30% 矿渣喷射混凝土(GD－1)在四种胶凝体系喷射混凝土中的吸水系数降为最低，为 $226g/(m^2 \cdot h^{0.5})$，而掺 SRA 喷射混凝土(GD－3)的吸水系数最高，为 $336g/(m^2 \cdot h^{0.5})$，导致这种结果的可能原因在于不同胶凝体系喷射混凝土中的大小毛细孔含量不同，一般而言，小毛细孔的吸水能力要高于大毛细管的吸水能力。同样以空白混凝土(GD－4)为对比组，矿渣喷射混凝土与对比组的吸水系数相当，而掺 SRA 和硅粉的喷射混凝土吸水系数较高。

综上所述，矿渣在一定程度降低喷射混凝土的稳定吸水量和吸水系数，即矿渣可改善喷射混凝土的抗渗性能。在过低的掺有速凝剂的喷射混凝土中，由于硅粉较高的吸水率和反应活性，使喷射混凝土难以自密实，导致抗渗性能下降。

(5) 不同胶凝体系喷射混凝土微观特征

根据性质和状态，速凝剂大致可以分为碱性粉状、无碱粉状、碱性液态和无碱液态 4 大类，本工程所有速凝剂为无碱液体速凝剂。对胶凝材料水化产物中的钙矾石、C－S－H 和 $Ca(OH)_2$ 物相进行分析，试验样品均取自现在喷射混凝土中，样品从工地运回实验室后，在标准养护室中养护质28d龄期后取样。样品分别为掺30%矿渣混凝土(GD－1)、掺5%硅粉混凝土(GD－2)、掺SRA混凝土(GD－3)和空白混凝土(GD－4)，与室内试验相同，只观察C－S－H凝胶、AFt和$Ca(OH)_2$板状晶体。不同胶凝体系混凝土SEM试验图片见图6－140。

与室内试验SEM图片对比，现场掺速凝剂的混凝土SEM图片显示出较大的差异性。现场样品中AFt结晶生长较大，对于C－S－H凝胶而言，仅发现少量早期的卷箔状Ⅰ型和网状ⅡC－S－H凝胶，不规则等大粒子型Ⅲ型C－S－H凝胶与AFt相互交织和堆叠。实验图片中还可发现空白混凝土(GD－4)中AFt结晶较大，其次为掺SRA混凝土(GD－3)，掺30%矿渣混凝土(GD－1)、掺5%硅粉混凝土(GD－2)均未观察到明显的针棒状AFt结晶，可能原因是硅粉和矿渣的二次产物覆盖了AFt晶体，密实化了浆体结构。此外均发现现场样品中AFt为区域化和集中化生长，不同于室内的相对均匀生长情况。

以$Ca(OH)_2$晶体形貌考虑，观察到的晶体基本与室内现象一致，掺SRA混凝土(GD－3)和空白混凝土(GD－4)中含有大量六方板块状$Ca(OH)_2$晶体，其中空白混凝土(GD－4)结构较为多孔。相对而言掺30%矿渣混凝土(GD－1)、掺5%硅粉混凝土(GD－2)较为密实，可发现掺5%硅粉混凝土(GD－2)有大量六方板块状$Ca(OH)_2$晶体，而掺30%矿渣混凝土(GD－1)中仅发现少量六方薄片状$Ca(OH)_2$晶体，可以认为硅粉和矿渣均可密实化混凝土结构，但硅粉并不能有效消耗$Ca(OH)_2$晶体，SRA对$Ca(OH)_2$晶体形貌及含量影响不大。

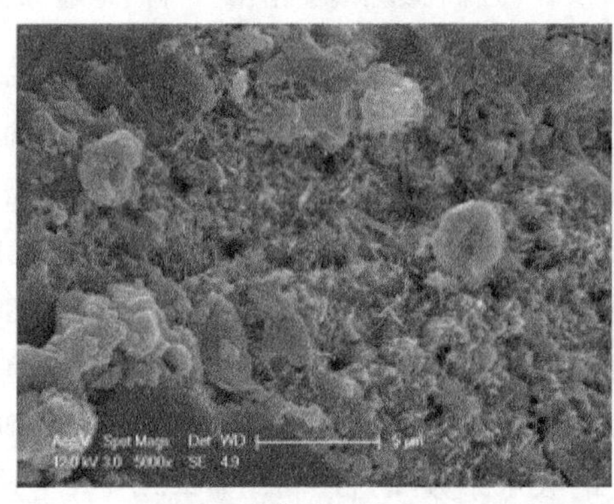

C-S-H、AFt

$Ca(OH)_2$

（a）掺30%矿渣混凝土SEM图

C-S-H、AFt

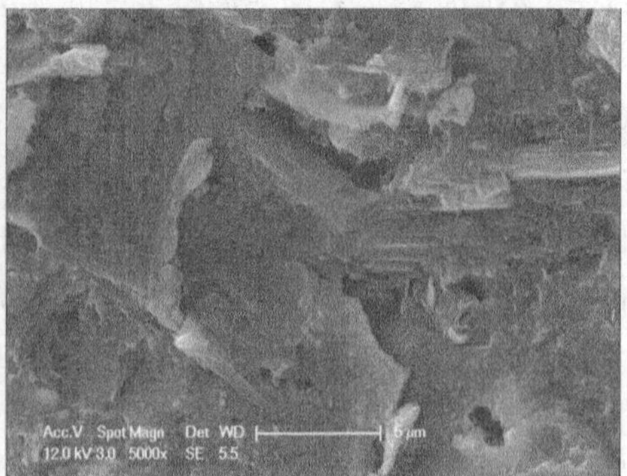

$Ca(OH)_2$

（b）掺5%硅粉混凝土SEM图

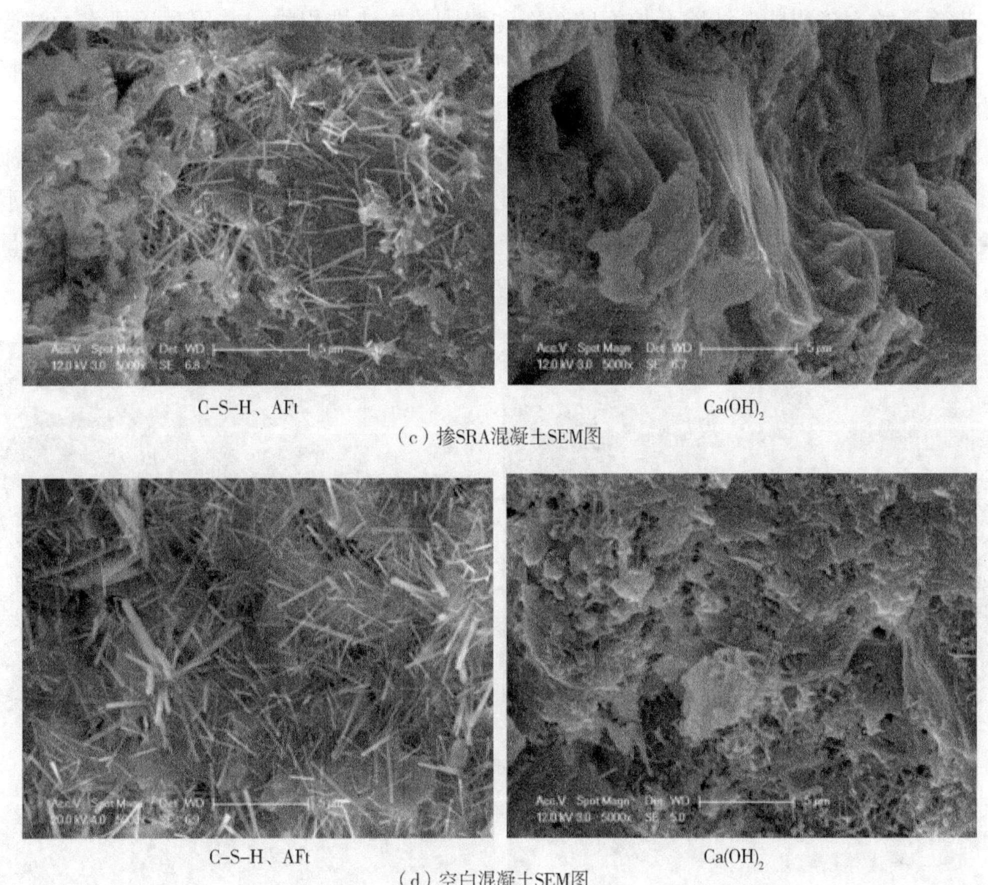

图 6-140　不同胶凝材料喷射混凝土 SEM 图

综上所述，速凝剂 AFt 呈区域化结晶生长，硅粉和矿渣可有效改善混凝土孔结构，SRA 不影响混凝土生成产物的相貌和数量，但硅粉并不能有效消耗 $Ca(OH)_2$ 晶体，这与室内微观实验和热学实验得出的结论一致。

2.3.3　高性能喷射混凝土应用

选用化学外加剂和矿物掺合料改善喷射混凝土基本力学性能和长期耐久性能均具有可能。在对掺矿渣、硅粉以及 SRA 等喷射混凝土进行了现场喷射试验，并取样进行了基本力学性能试验和渗透性等耐久性试验，结果表明，与不掺任何矿物外加剂和化学外加剂的喷射混凝土相比，掺矿渣、硅粉以及 SRA 等喷射混凝土在工作性能、基本力学性能、耐久性等方面均有不同程度的改善。但同时可以明确的一点是：掺加不同的矿物外加剂和化学外加剂在喷射混凝土原材料成本及生产成本上却有较大的差别。对比了本工程周边原材料取材条件和运输条件后认为掺加矿渣是符合经济性与性能提升两条原则的最优选择。

根据实际工程进度，选择 5#主洞室 0 + 485 ~ 0 + 495 段作为掺矿渣混凝土的应用段，试验断面岩石层为Ⅱ类围岩，受喷面包括洞室的拱顶和边墙。对拱顶和边墙喷射区域标定后，拆除受喷面障碍物，清除开挖面的浮石和墙脚的岩渣堆积物，并用高压风水冲洗受喷面。采用的喷射混凝土水胶比为0.41，砂率为56%，使用矿渣30t，喷射混凝土拌合物总量约为200m^3。喷射混凝土出拌合楼坍落度控制在18～20cm，速凝剂掺量6%。

图6-141为应用现场喷射混凝土情况，从搅拌车混凝土工作来看，具备了较大流动性、黏聚性较好的特点，完全符合喷射混凝土施工的要求。图6-142为应用现场喷射混凝土情况，无论是在边墙还是拱顶喷射过程中，喷射混凝土与基层的粘结较牢靠，回填量较小。并对喷射混凝土现场取样，进行后续强度试验和渗透性试验。

图6-141　应用现场喷射混凝土工作状态

图6-142　应用现场喷射混凝土喷射状态

第三节　超长水平水幕系统施工关键技术研究及应用

为了提供水封条件，水幕孔要覆盖整个洞库。水幕孔深度多数在100m左右，远长于水电工程锚索钻孔，同时该工程要求水幕孔的方位角偏差不大于2°，孔斜向下偏差小于孔深的5%，施工作业仅在横断面尺寸5m×4.5m廊道内进行，而在如此超长水平孔钻进中保证偏斜精度，采用现有的钻进设备是难以达到的。

为解决超长水平钻孔的偏斜控制技术，经过深入研究，研制出了钻进主动纠偏钻杆定心装置、潜孔钻机监测仪及数显调控系统，建立了一整套钻孔偏斜控制方法，提升了钻机工作效率和精度，并将此技术运用于该工程水幕孔钻孔施工中。通过每个钻孔不同深度偏斜检验、水幕孔注水检验，验证了钻孔偏斜控制技术可以保证成孔精度并形成了有效的水封效果。

3.1 超长水平水幕钻孔偏斜控制技术研究

3.1.1 超长水平钻孔偏斜控制关键设备

(1)气动滑移跟进式钻杆定心装置

针对本工程要求，钻具采用反循环冲击器与双壁钻杆和钻头，结合水平孔研发的钻杆气动滑移定心跟进器(图 6-143)，此器具是利用钻机钻进初期 5～10m 的稳定精度形成的孔洞导轨，将机身稳定向孔内前移，缩短钻头与机身间钻杆长度引起的弯矩和柔度导致钻进偏差。这种约束器能充分消除偏斜，同时在钻杆气动滑移定心跟进器与机身间对钻杆按 2m 一个加装滑动式扶正器进行约束，以此避免因长深度钻杆自重而引起摆动，从而达到精度要求。

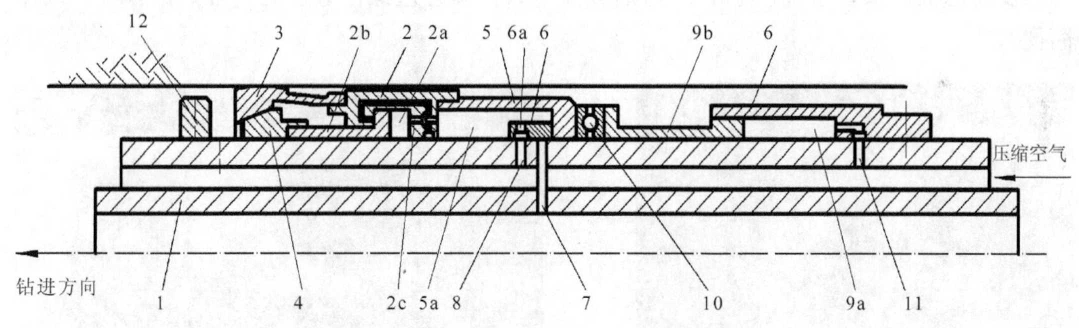

图 6-143 气动滑移定心跟进器示意图

1—双壁钻杆；2—驱动气缸；2a—驱动腔；2b—驱动缸杆；2c—通气孔；3—定心爪；4—锥型环；5—控压腔体；5a—控压腔；6—引气滑环；6a—径向气孔；7—第一泄气孔；8—第一引气孔；9—复位气缸；9a—复位腔；9b—复位缸杆；10—轴承；11—第二引气孔；12—限位环

另外，为了适应水幕巷道断面小、钻机体型和自重较大、交通不便的特点，同时考虑满足钻机稳固需求高的要求，提高施工效率，保证造孔排渣的环保性以及合理控制钻进过程并进一步改进监控措施，开发研制了水幕孔钻孔专用设备(图 6-144)。

(2)潜孔钻机运行参数监测系统

研制出角度传感器、磁钢感应测速传感器、磁位移传感器与潜孔钻机一体化结构，开发出各传感器数显系统，便于钻孔参数读取和定量设定，消除凭经验操作和人工读数带来误差，提升了钻机工作效率和精度。

图 6-144　水幕孔造钻孔设备

1）角度传感系统

钻机调平的传统方法是由一人操作罗盘另一人控制水平尺来完成，然后调整钻孔角度到设计角度。但是，由于环境等因素会导致操作存在一定误差，并且操作过程繁琐。而采用角度传感器和数显系统（图 6-145）后只需一人，即可边操作边控制，且数据直观、操作简便。

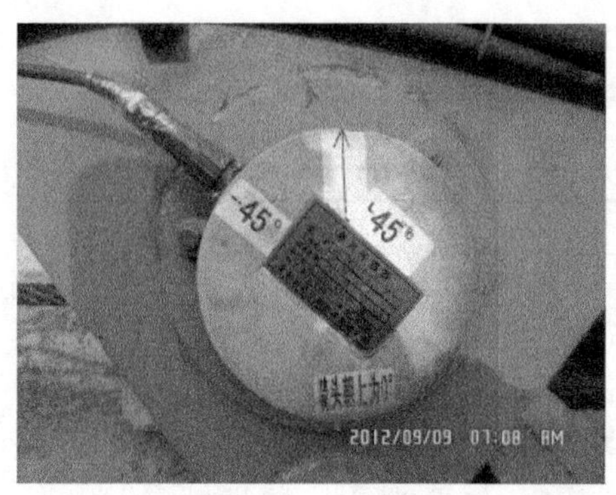

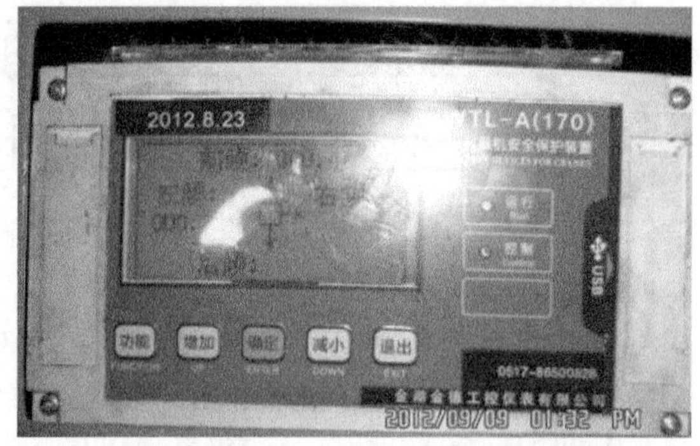

图 6-145　角度传感器

2）转速控制系统

主轴转速对孔的成形有着重要的影响，不同的岩层、不同的深度、不同大小的孔径都有不同的的转速与之对应。在传统钻机中，转速的控制都是由操作工人凭经验及肉眼观察来调整，这样就导致钻孔的精度很难控制。而加入了转速数显系统（图 6-146）后，只要在钻孔工程中对第一个孔试钻时对转数进行调整，观察数显表并做好记录，这批孔就可参考此记录对主轴转速进行较准确的定位，并减少了调整的时间。如此可大大提高钻孔精度，减少对工人经验的要求。

图 6-146　转速传感器和数显系统

3）钻孔深度磁位移传感系统

在传统的钻机中，确定深度靠的是工人数钻杆计算确定。这个过程大大加重了工人的工作量且容易出错。采用了磁位移钻孔深度数显系统（图 6-147）后，磁位移传感器通过跟随动力钻头同进、同退，来记录其钻进值，在数显表上显示并累计，从而反映出孔深的准确值。

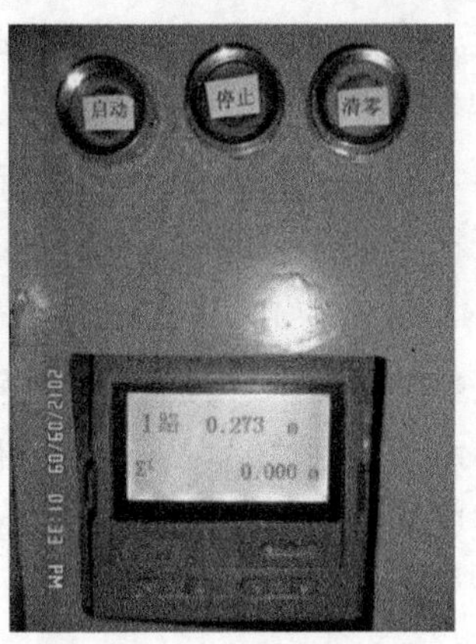

图 6-147　磁位移传感器和数显表

3.1.2　超长水平钻孔偏斜控制方法

为有效控制超长水平水幕孔钻孔钻进过程中的偏斜，经过认真分析钻孔偏斜主要影响因素后，结合工程实践，通过工程开工前与施工中的反复试验、分析和改进，建立了一套较完整并能有效控制钻孔偏斜的综合方法，其关键技术要点有以下几个方面。

（1）提高钻孔机械的稳定性

钻孔机械的稳定性与成孔精度密切相关，采取以下措施增加钻孔机械稳定性：采用履带式行走加大钻机自重，钻进前采用油缸支撑的方式将钻机与洞壁围岩固定，在钻机上增设调平装置。

（2）钻机的固定与钻孔倾角、方位角的定向

严格控制测量放样，精度应达到毫米级；采用岩石锚固、油缸支撑等措施，将钻机牢固地固定在岩石上，钻机在工作振动时，不得发生位移；钻机就位固定后，将孔位点和后视点人工连线，通过微调液压杆，使该线与钻杆轴线重合，并采用全站仪检查校核，按设计要求调整好倾角与方位角。

(3)合理配置钻具

针对不同的岩层条件、钻孔直径和深度，能否合理配置钻具(包括钻具扶正器、钻杆、冲击器和钻头、定心器)对控制造孔过程中的偏斜率有重要影响。针对直径120mm的钻孔，采用直径110mm、耐磨性高的扶正器，其中在钻孔至1.0m左右，将一个扶正器置于紧邻冲击器的后端，当钻孔深度大于20m时，将另一个扶正器置于离前一扶正器约6～7m的钻杆上，利用支点纠偏原理，导正钻具钻进，并抑制钻杆的弯曲变形。钻杆采用长度1.5m、壁厚8.0mm、直径89mm的钻杆，这种钻杆刚度大，可减小长钻杆的弯曲变形，并能承受较大的扭矩。冲击器选用ϕ98中风压气动冲击器和ϕ115mm中风压凹心潜孔锤钻头。凹心潜孔锤钻头具有顶锥导向作用。定心器利用最初钻进的5～6m段钻孔的稳定精度，形成导向孔，放入定心器，利用气压将定心器顶紧，使之与孔壁紧密结合，钻杆通过定心器中心滑移钻进；定心器自身长度2m，当钻杆通过定心器向前推进超过2m后，定心器泄压，并自动向前滑移至钻头附近，然后再次通过气压降定心器与孔壁顶紧，以达到使钻杆定心的目的，继续钻进，如此循环往复。

(4)适时调整钻进工艺参数

本工程岩层条件为较坚硬的花岗岩。为使选用的钻进参数既有利于控制钻孔倾斜，又有利于提高钻进效率，一般宜采用钻压6～10kN、钻具钻速为30r/min、风压为0.9～1.1MPa、风量为15m^3/min钻进。钻进中，当发现岩层变化时，需要减压，减速钻进，并适当调整推进力。遇岩层稳定性较差地段，利用低压、低速、小推进力钻进；遇裂隙水发育的富水带，则关闭高压水泵，利用孔内流水降尘，低压、低转速、高推进力钻进；遇破碎带层应低压、高钻速、高推进力钻进。

(5)及时测量钻孔偏斜率

在钻孔钻进过程中，当钻至5m、10m、20m、30m、40m、50m、60m、80m、100m及孔底时，采用测斜仪进行钻孔偏斜测定(图6-148)。若在终孔前的过程中，测得的成孔精度已接近于设计要求的偏斜率时，则要调整相关钻进参数；若测得的钻孔精度不满足设计要求，则立即封孔、重新开孔。

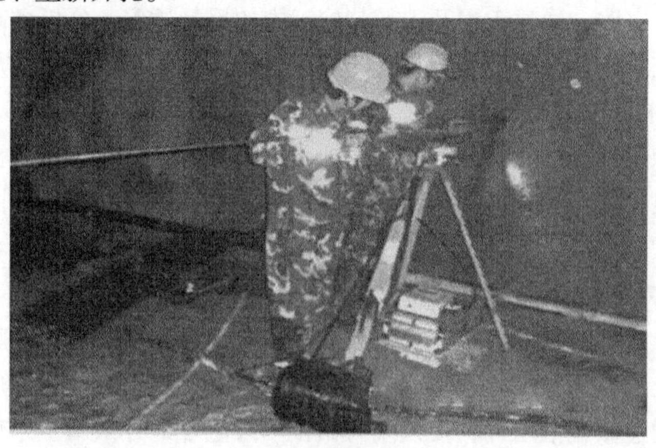

图6-148　测斜跟进

(6)利用钻孔成像掌握孔内岩石结构及岩性状况

成孔后，利用钻孔电视成像(图 6-149)可清晰掌握钻孔长度范围内不同区段的岩石结构及岩性状况。据此，与钻孔内各区段钻进时所采用的钻压、钻速、推进力等工艺参数对照比较，以进一步优化钻进工艺参数。

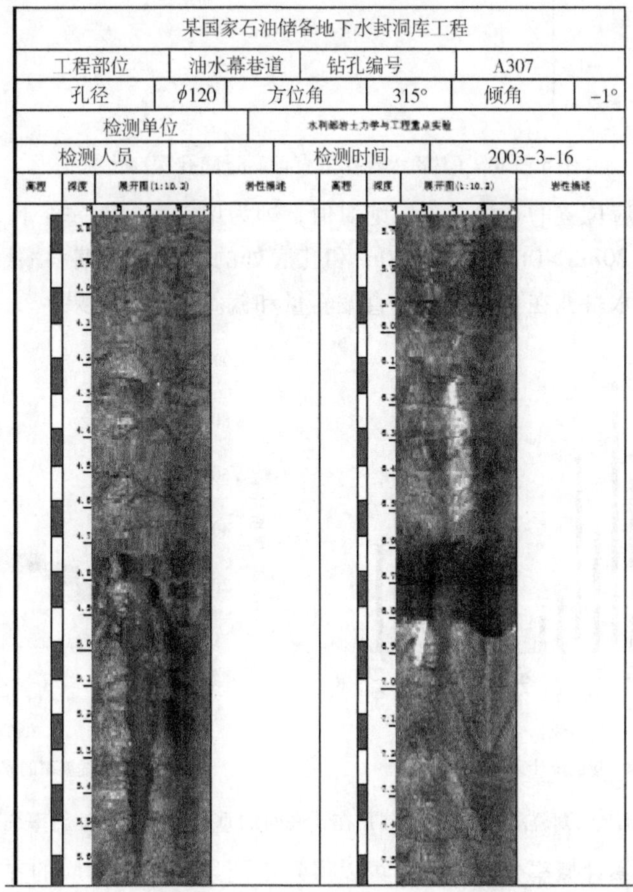

图 6-149　1#水幕 A307 水幕孔孔内成像

3.2　超长水平水幕钻孔技术应用效果及评价

在水幕孔施工前和施工中，通过对超长水平钻孔偏斜控制技术的试验研究，遵循试验-分析-改进的技术路线，使钻孔精度逐步提高。

3.2.1　垂直偏斜量

对每一个钻孔，都依据测斜结果绘制了图 6-150 所示的水幕孔垂直偏斜量随孔深的变化关系曲线，每一个孔都是在前面约 20m 段向上偏斜，然后随着孔深增加，钻头在自重作用下下垂，钻孔的垂直偏斜量由向上偏斜逐渐变为向下偏斜，而且向下偏斜幅度逐渐加大。

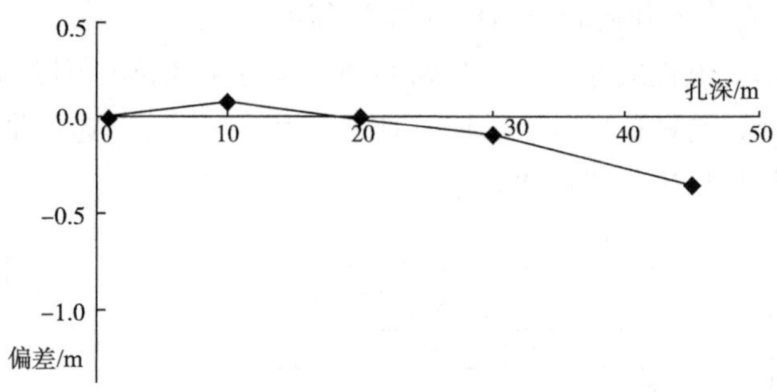

图 6-150　C108 水幕孔垂直偏斜量随孔深变化曲线

偏斜量除以对应位置的孔深，再取绝对值，即为偏斜率。对每个孔，都依据测斜结果计算出了其在孔深 20m、40m、60m、80m 和孔底处的偏斜量和偏斜率，如图 6-151 所示为①水幕巷道中的水幕孔在孔底时的垂直偏斜量和偏斜率统计结果。

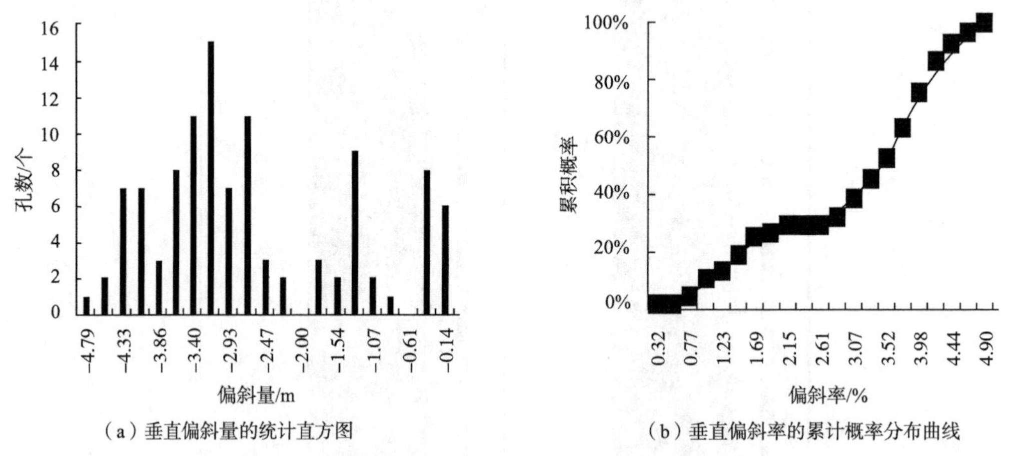

（a）垂直偏斜量的统计直方图　　（b）垂直偏斜率的累计概率分布曲线

图 6-151　①水幕巷道中的水幕孔在孔底时的垂直偏斜量和偏斜率统计结果

依据偏斜率的累计概率分布曲线，可以得到不同累计概率对应的界限值。表 6-65 给出了各个区间的水幕孔在钻至不同孔深时，累计概率 50% 和 75% 所对应的偏斜率界限值。依据表 6-65 中的统计结果可以合理地评价水幕孔的垂直偏斜精度。水幕孔的垂直偏斜可以达到如下精度：

(1) 长 20m 的钻孔偏斜率可控制在 0.45%

当钻孔深度到达 20m，绝大部分钻孔的偏斜率均小于 0.45%。本工程超过 75% 的水幕孔在钻进至 20m 时，其倾斜率都能保持这一精度。与国内外同等长度水平钻孔的偏斜控制精度相比，该技术属国内外领先水平。

(2) 长 40m 的钻孔偏斜率可总体控制在 0.9% 的范围内

在①、②、③水幕巷道钻孔时，75% 以上的钻孔在孔深 40m 时的垂直偏斜率都控制在 1.2% 以内；经过钻孔工艺的进一步改进，钻孔精度进一步提高；后面的④、⑤水幕巷道及增补钻孔，有 75% 以上的钻孔在孔深 40m 时的偏斜率都能控制在 0.9% 以内。该钻孔偏斜精度同样达到国内外相同长度钻孔偏斜控制的领先水平。

(3)长60m钻孔的偏斜率总体控制在2%以内

在①、②、③水幕巷道钻孔时，75%以上的钻孔在孔深60m时的垂直偏斜率都控制在2.4%以内；后面的④、⑤水幕巷道中的钻孔及增补钻孔，有75%以上在孔深60m时的偏斜率都能控制在2%以内。偏斜率超过了三峡永久船闸高边坡锚固工程对端头锚钻孔偏斜率的要求，达到国际上同等长度钻孔偏斜控制的先进水平。

(4)长80m钻孔的偏斜率总体控制在3%以内

在①、②、③水幕巷道钻孔时，75%以上的钻孔在孔深80m时的垂直偏斜率都控制在3.5%以内；④、⑤水幕巷道中的钻孔及增补钻孔，有75%以上在孔深80m时的偏斜率都能控制在3%以内。该钻孔偏斜率能满足该水封石洞油库工程对水幕孔偏斜的控制精度要求。由于未见国内外相近长度水平钻孔偏斜的报道，因此暂时无法对本课题长度为80m左右水平孔钻孔偏斜率的先进水平做出确切评价。

(5)长95.5～105.5m钻孔的偏斜率总体控制在4%以内

钻孔长度对钻孔偏斜率有重要影响。当钻孔长度大于60m，则钻孔偏斜率有明显上升的趋势；当钻孔长度达95.5～105.5m时，多数钻孔偏斜率在3.5%左右，有75%以上的钻孔的偏斜率能控制在4%以内。该钻孔偏斜率也满足该工程对水幕孔偏斜的控制精度要求。

表6-65　不同累计概率对应的垂直偏斜率/%

孔深/m	累计概率	垂直偏斜率分位值					
		①水幕巷道	②水幕巷道	③水幕巷道	④水幕巷道	⑤水幕巷道	新增钻孔
20	50%	0.4	0.4	0.4	0.05	0.4	0.05
	75%	0.44	0.4	0.4	0.4	0.4	0.4
40	50%	0.7	0.7	0.9	0.9	0.9	0.9
	75%	1.1	1.1	1.16	0.9	0.9	0.9
60	50%	1.77	1.62	1.9	1.77	1.77	1.77
	75%	2.22	2.14	2.33	1.78	1.92	2.05
80	50%	2.45	2.24	3.18	2.74	2.74	2.64
	75%	2.9	3.07	3.5	2.85	2.93	2.88
孔底	50%	3.43	2.98	3.43	1.33	3.5	3.55
	75%	3.98	3.97	4.16	1.78	3.7	3.85

3.2.2　水平偏斜量

水平偏斜由于不受钻头和钻杆自重影响，带有更大的随机性，而不是像垂直偏斜那样具有明显的趋势性和规律性。表6-66中给出了部分水幕孔在不同孔深处方位角的实测结果，从中可以看出，随孔深增加，方位角总体是在最初设定的初始方位角的基础上左右波动，而且波动幅度普遍小于2°。

表 6-66 水幕孔在不同孔深处方位角实测结果示例

孔深/m	各个孔在不同孔深处的方位角/(°)										
	A101	A102	A104	A105	A106	A108	A109	A110	A111	A112	A113
1	315	314	315	314	314	315	314	314	315	315	314
10	314	315	314	315	315	315	315	315	314	314	315
20	313	315	313	314	314	314	314	313	313	313	315
30	314	315	315	315	315	315	313	314	314	314	315
40	315	316	316	316	316	313	314	315	315	315	316
60	315	315	315	315	315	315	315	315	315	315	315
80	316	314	314	314	314	316	315	316	316	316	314
100	315	314	314	314	314	316	316	316	315	315	314

依据方位角的实测结果，可以绘制各水幕孔在平面投影图上的实际延伸情况。图 6-152 给出了①水幕巷道内部分水幕孔在水平面上的实际投影图，如图中的粗黑线所示，可以看出，水幕孔的水平偏斜量很小，能够达到该水封石洞油库工程对水幕孔水平偏斜的控制精度要求。

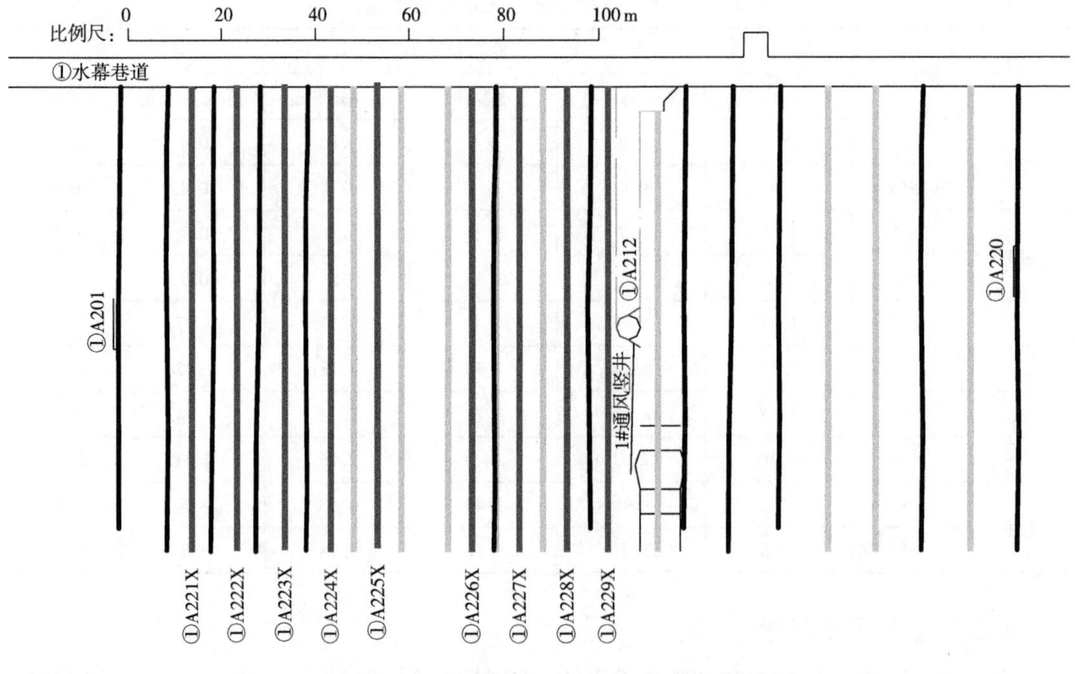

图 6-152 部分水幕孔在水平面上的实际投影图

3.2.3 国内外规范对比

与现行国内外岩土锚杆规范进行比较，钻孔长度在 60m 区段内，水幕孔偏差角比规范规定的偏差角度将近少一半。

表 6-67 水幕钻孔与其他相关规范中钻孔偏斜允许值的比较

序号	名称	孔深/m	偏斜	备注
1	水幕钻孔	0~20	±25′	据表 6-65 偏斜率计算
		20~40	±50′	
		40~60	±1.1°	
		60~80	±1.7°	
		80~100	±2.3°	
2	(美)《岩土预应力锚杆指南》	全孔深度	≤±2°	预应力混凝土协会(PTI)
3	(英)《岩土锚杆实施规范》	全孔深度	≤±2.5°	BST(1989 年)
4	(日)《岩土锚杆设计施工规程》	全孔深度	±2.0°	该规程“指南(2001 年)”
5	国际预应力混凝土协会《岩土锚杆规范》	全孔深度	±2.5°	不大于钻孔长度的 1/30
6	中国《锚杆喷射混凝土支护技术规范》	全孔深度	≤3.0°	(GB 50086—2001)

第四节 施工期通风技术

对于大型地下水封石洞油库来说，施工通风技术直接影响地下水封石洞油库施工环境和施工进度。施工中通风设计不当，往往会给施工增加不必要的投入，降低施工效率，影响施工进度，造成通风效果差，导致施工空气恶劣，严重危害施工人员的健康。因此，为了创造良好的作业环境，保障施工人员的健康与安全，保证工程进度，需要采用科学的理论方法和先进的技术手段对地下水封石洞油库施工通风问题进行分析研究，论证并优化通风方案。

4.1 技术路线与通风数学模型

4.1.1 研究方法及技术路线

利用计算流体力学(CFD)仿真技术，建立了该工程的通风数学模型，研究了风速及有害气体浓度等变量在地下水封石洞油库的动态变化规律，验证施工通风设计方案，根据模拟结果进行适当优化。主要研究内容如下：

(1)建立基于 $k-\varepsilon$ 紊流模型的三维非稳态数学模型，采用单相流模型来模拟隧洞内有害气体运移过程；

(2)将通风数学模型应用于地下水封石洞油库，对洞库不同通风期通风方案进行数值模拟研究，对比分析各方案通风效果，提出优化改进通风措施；

(3)风筒最佳布置方式研究；

(4)新型压入式通风风管出口渐缩段研究，延长风流有效射流长度；

(5)有限附壁射流附壁研究，提出以回流断面平均风速确定的风流有效作用长度，有利于对于风筒更合理布置，达到最优的通风效果。

技术路线如图 6-153 所示：

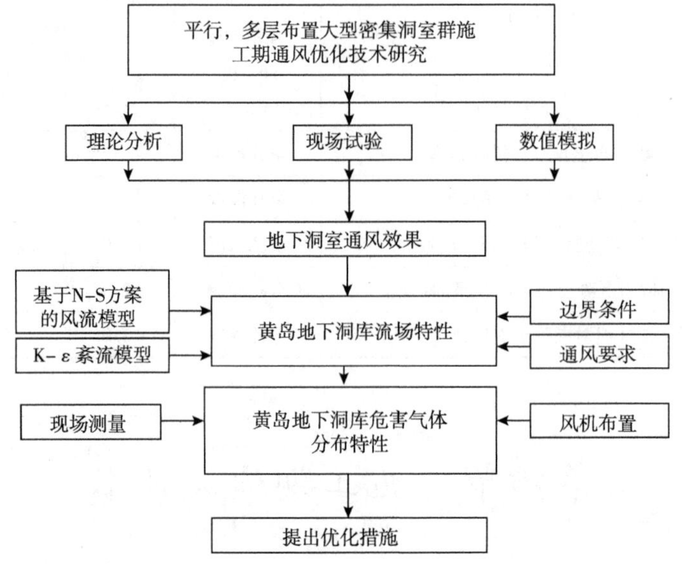

图 6-153　技术路线示意图

4.1.2　控制方程

通风时洞室内空气处于湍流状态，满足非稳态的 Navier-Stokes 方程。应用雷诺平均法对湍流进行数值模拟，控制方程包括：

连续方程：

$$\frac{\partial}{\partial x_{\mathrm{i}}}(u_{\mathrm{i}}) \tag{6-9}$$

动量方程：

$$\frac{\partial(\rho u_{\mathrm{i}})}{\partial t}+\frac{\partial(\rho u_{\mathrm{i}}u_{\mathrm{j}})}{\partial x_{\mathrm{j}}}=-\frac{\partial p}{\partial x_{\mathrm{i}}}+\frac{\partial}{\partial x_{\mathrm{j}}}\left[\mu\left(\frac{\partial u_{\mathrm{i}}}{\partial x_{\mathrm{j}}}+\frac{\partial u_{\mathrm{j}}}{\partial x_{\mathrm{i}}}\right)\right]-\rho\,\overline{u'_{\mathrm{i}}u'_{\mathrm{j}}} \tag{6-10}$$

其他变量 φ 的输运方程：

$$\frac{\partial(\rho\varphi)}{\partial t}+\frac{\partial(\rho u_{\mathrm{j}}\varphi)}{\partial x_{\mathrm{j}}}=\frac{\partial}{\partial x_{\mathrm{j}}}\left(\Gamma\frac{\partial\varphi}{\partial x_{\mathrm{j}}}-\rho\,\overline{u'_{\mathrm{j}}\varphi'}\right)+S \tag{6-11}$$

式(6-9)~式(6-11)中，下指标 i 和 j 分别取值是{1，2，3}，ρ 为密度，t 为时间，u_{i} 为时均速度，p 为压力，μ 为动力黏度，S_{i} 是动量守恒方程的广义源项，Γ 为广义扩散系数。方程(6-10)中关于湍流脉动值的雷诺应力项 $-\rho\,\overline{u'_{\mathrm{i}}u'_{\mathrm{j}}}$ 是新未知量，为使方程封闭，采用 $k-\varepsilon$ 紊流模型：

湍流动能 k 方程：

$$\frac{\partial(\rho k)}{\partial t}+\frac{\partial(\rho k u_{\mathrm{i}})}{\partial x_{\mathrm{i}}}=\frac{\partial}{\partial x_{\mathrm{j}}}\left[\left(\mu+\frac{\mu_{\mathrm{t}}}{\sigma_{\mathrm{k}}}\right)\frac{\partial k}{\partial x_{\mathrm{j}}}\right]+G_{\mathrm{k}}-\rho\varepsilon \tag{6-12}$$

湍流耗散率 ε 方程：

$$\frac{\partial(\rho\varepsilon)}{\partial t}+\frac{\partial(\rho\varepsilon u_i)}{\partial x_i}=\frac{\partial}{\partial x_j}\left[(\mu+\frac{\mu_t}{\sigma_\varepsilon}\frac{\partial\varepsilon}{\partial x_j})\right]+\frac{c_1\varepsilon}{k}G_k-c_2\rho\frac{c_1\varepsilon^2}{k} \tag{6-13}$$

式中 $G_k=\mu_\tau(\frac{\partial u_i}{\partial x_j}+\frac{\partial u_j}{\partial x_i})\frac{\partial u_i}{\partial x_j}$，经验常数 c_μ、c_1、c_2、σ_k 和 σ_ε 由表6-68中给定的经验常数确定。

表6-68 经验常数

c_μ	c_1	c_2	σ_k	σ_ε
0.09	1.44	1.92	1.0	1.3

4.1.3 边界条件

模型是在满足如下假设的前提下提出的。等温通风；流体不可压缩，满足 Boussinesq 假设；风筒进口风速分布均匀；爆破后初始状态有害气体均匀分布。模型满足如下边界条件：

(1)进口边界：风管进口边界采用风速分布均匀的假定，$V_{in}=Q/A$，Q 为风管进口流量，A 为风管截面积；紊流动能 $k_{in}=\alpha_{in}V_{in}^2$，紊流动能耗散率 $\varepsilon_{in}=C_\mu k_{in}^{3/2}/0.015D_e$，其中 C_μ 为实验常数，取0.09，α_{in} 取0.005，D_e 为风管水力直径；

(2)出口边界：采用压力出口边界；

(3)固体壁面：隧洞外边壁及工作面均为无滑动壁面边界，采用标准壁函数法。

4.1.4 初始条件

钻爆法是洞室开挖的常用手段，爆破后产生大量气体，其中CO和氮的氧化物具有剧毒，因CO的化学和物理性质远比氧化氮稳定，故在通风计算中以CO为衡量指标(氧化氮的生成量则以1∶6.5的比例折算成当量CO)。

(1)炮烟抛掷长度 l_{OT} 与炸药量 G 的关系可以近似表示为：$l_{OT}=15+G/5$，经计算炮烟抛掷长度为148m。

(2)爆破后掌子面的炮烟平均浓度 C_0 可计算为：$C_0=(G\cdot b/l_{OT}/S)\%$，$b=40\text{L/kg}$ 为爆破后产生的有害气体体积(折合CO计算)；S 为巷道断面积，经计算炮烟平均浓度为 1054.2×10^{-6}。

4.1.5 通风要求

根据《水工建筑物地下开挖工程施工技术规范》(DL/T 5099—1999)的相关规定提出洞内通风要求与标准。

4.1.6 有害气体容许浓度

按规范规定，施工过程中，洞内氧气按体积计算不应小于20%，有害气体应满足表6-69的标准。

有害气体中CO对人体伤害最大，为保护人员安全，规定在高CO含量环境作业时需严格控制单次作业时间。具体如下：作业时间在1h以内，需控制空气中CO浓度最高含量不超过 50mg/m^3；作业时间在 0.5h 以内，不超过 100mg/m^3；作业时间在 20min 以内，不超过 200mg/m^3；同一人员需反复进入高 CO 含量环境作业时，前后两次间隔时间不少于 2h。

表 6-69　空气中有毒物质的容许含量

名称	最高容许浓度	
	体积分数/%	质量分数/(mg/m^3)
二氧化碳(CO_2)	0.5	
甲烷(CH_4)	1	
一氧化碳(CO)	0.0024	30
氮氧化合物换算成二氧化氮(NO_2)	0.00025	5
二氧化硫(SO_2)	0.0005	15
硫化氢(H_2S)	0.00066	10

4.1.7　风速与温度

按规范规定，洞内平均温度不应超过 28℃，根据温度不同，按表 6－70 调节洞内风速。

表 6-70　温度与风速关系

温度/℃	<15	15～20	20～22	22～24	24～28
风速/(m/s)	<0.1	<1.0	>1.0	>1..5	>2.0

洞内最小风速不得小于 0.15m/s。

4.2　新型压入式风筒出口形式研究

4.2.1　问题的提出

在通风工程中，常常把送风口贴壁布置，造成射流的贴壁现象。假设壁面对射流的摩擦阻力可以略去不计，那么由于壁面处不可能混入静止空气，也就是卷吸量减少了，所以贴附射流的射程比自由射流更长。鉴于壁面阻力的存在，贴壁射流的长度会与自由射流的长度不同，当壁面阻力较大时，贴壁射流的长度会减小。

苏联学者认为，压入式通风射出风流到达巷道侧壁时就受阻碍而转变其流向，如图 6-154所示，因此转向点到风管出口的距离就是射流有效作用长度

$$L = (4 \sim 5)\sqrt{A} \tag{6-14}$$

在国外，以地下工程施工技术比较先进的日本为例，施工通风中压入式风管出风口距开挖面的距离存在多种计算或取值方法，根据风管不同的安装位置(见图 6-155)给出了比较明确的计算公式。

(1)风管安装位置在隧道中央时：

$$L = 5.56D_e \tag{6-15}$$

(2)风管安装位置在隧道拱顶中央时：

$$L = 6.67D_e \tag{6-16}$$

(3)风管安装位置在隧道下拐角处时：

$$L = (6.0 \sim 9.0)D_\varepsilon \tag{6-17}$$

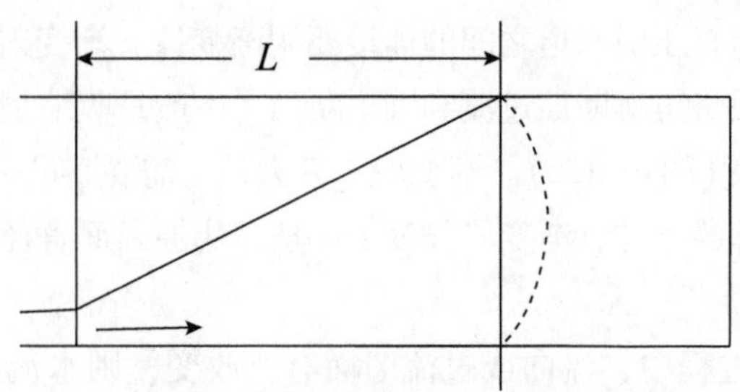

图 6-154　射流有效作用长度示意图

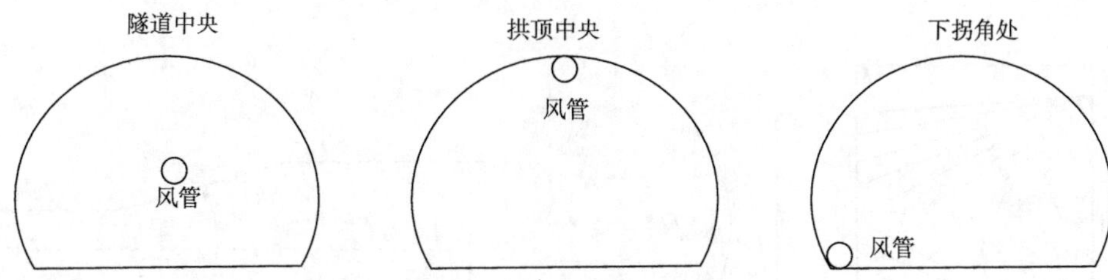

图 6-155　压入式风管布置示意图

以该工程施工巷道开挖断面为例，风管安装位置在隧道拱顶中央，按式(6-14)和式(6-16)计算的压入式风管管口射流有效射程 L 如表 6-71 所示。

表 6-71　计算参数

隧道断面 A/m^2	隧道周长 U/m	隧道当量直径 D_e/m	L/m	
58.14	29.04	8.01	前苏联公式(6-14)	日本公式(6-16)
			30.50 ~ 38.12	53.42

由计算结果可以看出，根据式(6-14)和式(6-16)压入式风管管口射流有效射程 L 的计算结果，压入式风管管口距掌子面的距离分别不应超过 38.12m 和 53.42m。若距离过远，则开挖面处于涡流区中，该处有害气体有效排除效率降低。但是若管口太靠近掌子面，又容易被爆破飞石损毁。施工通风实践中，在对风管采取合理、有效的保护措施，降低风管损毁率的前提下，应尽量合理地将压入式风管管口接近开挖面。

然而根据工程经验，风管管口一般布置在距掌子面 80m 处。这样风管管口至离开挖面的距离超过了风流有效作用范围，掌子面附近处于风流的涡流区，有害气体排除缓慢。为了提高有害气体的排除效率，在风管管口至掌子面距离不变的情况下，只能尽可能提高风管管口射流有效作用长度 L。

4.2.2 渐变射流口设计的考虑因素

(1)进口的轮廓

在水力发电建筑物中，有压进水口的体型设计，一般应考虑水头损失、应力状态、设备布置及施工的方便性。为平顺水位、减小损失，进水口边界宜采用流线型曲线，进口形状一般都采用矩形喇叭口，与有压引水道之间的连接要用渐变段，渐变射流口的设计参考水力渐变段的设计思想。渐变段将矩形断面过渡到圆形断面，一般是收缩型的。立面上的收缩角一般取6°~8°，以7°为最优(图6-156)。渐变段不宜太长，需要满足一定的出流面积，也不能太短，需要满足平顺流体的条件，渐变段长度L一般选为原断面直径D的1~1.5倍。

(2)局部水头损失

流体在管道中流动过程中，流向或过流断面有所改变，则水流内部各质点的流速、压强也都要改变，常常会造成边界层的脱离，发生漩涡，从而调整水流的内部结构。断面逐渐缩小的情况如图6-157所示。

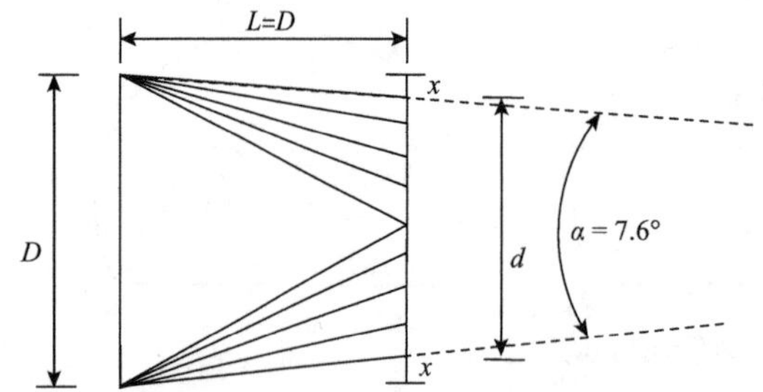

图6-156 渐变段及其变化规律

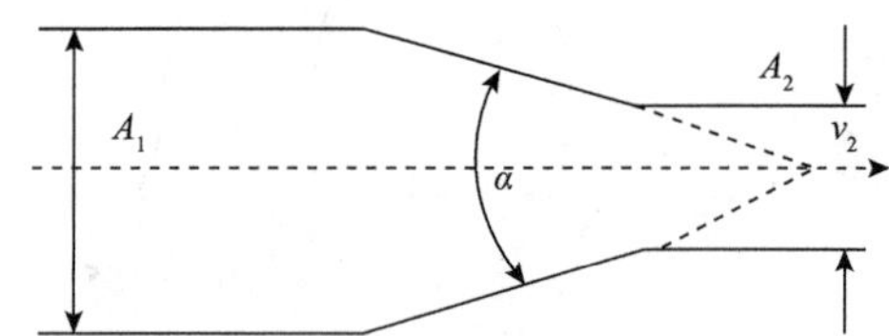

图6-157 圆形渐缩管示意图

用小管出口的断面平均流速v_2来衡量水头损失，则断面逐渐缩小的局部水头损失h_j为：

$$h_j = \zeta \frac{v_2^2}{2g} \tag{6-18}$$

其中ζ为局部水头损失系数，取值见图6-158。

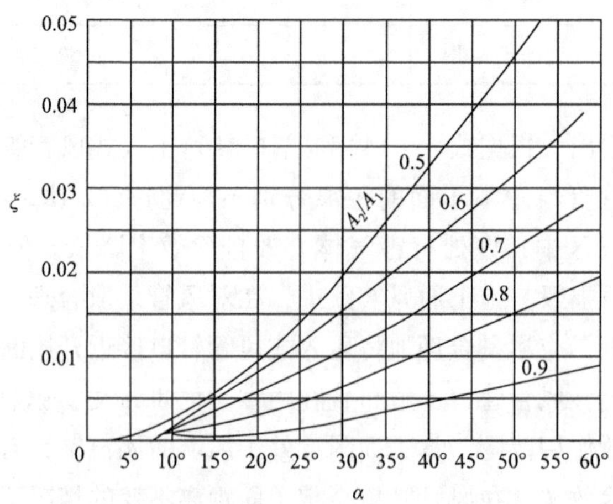

图6-158 局部水头损失系数ζ查询表

4.2.3 研究内容

(1)收缩角 α 设定

为了增长贴壁射流的射程，在风管管口接上一段渐变收缩管，如图 6-157 所示。接上收缩管后，管口射流流速 v_2 相比原来的流速 v_1 将有所提高，按式(6-19)计算。

$$v_2 = \frac{A_1}{A_2} v_1 \tag{6-19}$$

表 6-72 给出渐变段长度 L 为原断面直径 D 的 1 倍时，不同收缩角对应的面积收缩比。在 4.2.2 节中，进水口渐变段的收缩角 α 一般取 6°～8°，这样风管出口面积 A_2 就减小为原出口面积 A_1 的 73.99%～80.14%。取收缩角为 7.6°，这样风管出口面积 A_2 为 A_1 的 75%，既不过分缩小出风口面积，又增长贴壁射流的射程。

当收缩角 α 为 7.6°时，查询图 6-158 可知，此时局部水头损失系数为 0.0005，此时局部水头损失很小，可忽略不计。

表 6-72 面积收缩比

收缩角 α	6°	7.6°	8°
A_2/A_1	80.14%	75.20%	73.99%

(2)出口型式设定

1)直线型

设计如图 6-159 所示，圆弧半径按直线规律变化，收缩角为 7.6°。如表 6-73 所列，收缩后出口断面直径 d 为原出口断面直径 D 的 0.87 倍，即 d = 0.87D。

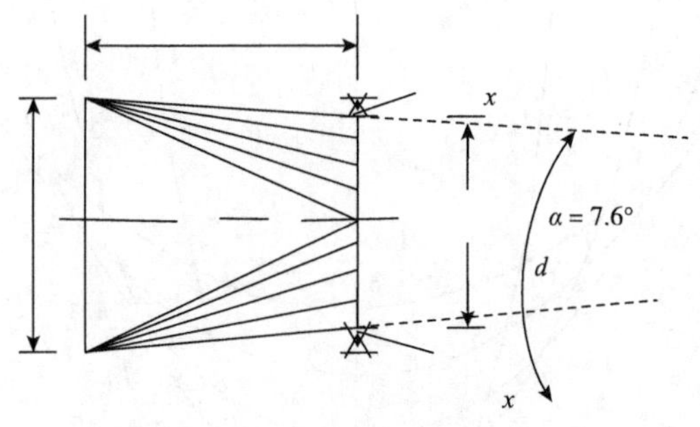

图 6-159 收缩渐变段示意图

表 6-73 面积收缩比

原出口断面直径	渐变段长度 L	收缩角 α	x	收缩后出口断面直径 d
D	D	7.6°	0.065D	0.87D

2)椭圆形

选择收缩出口形式时应考虑其阻力损失，尽管收缩出口阻力损失较小，但不同的进口形式，其阻力损失存在着差别，一般曲线出口形式的阻力系数最小，椭圆曲线进水口是水工上常用的一种进口形式。椭圆线形收缩渐变段如图 6-160 所示。

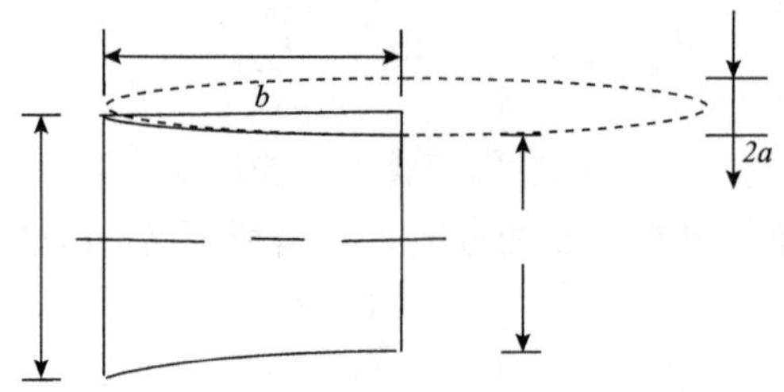

图 6-160　椭圆线性收缩渐变段示意图

椭圆方程：

$$\frac{x^2}{a^2}+\frac{y^2}{b^2}=1 \tag{6-20}$$

式中 a 和 b 取值见表 6-74。

表 6-74　椭圆线性收缩渐变段尺寸表

原出口断面直径	渐变段长度 $L=b$	a	收缩后出口断面直径 d
D	D	$0.065D$	$0.87D$

3)悬链线

悬链线是一种曲线，它的形状与悬在两端的绳子因均匀引力作用下落下的形状相似而得名，如图 6-161 所示。

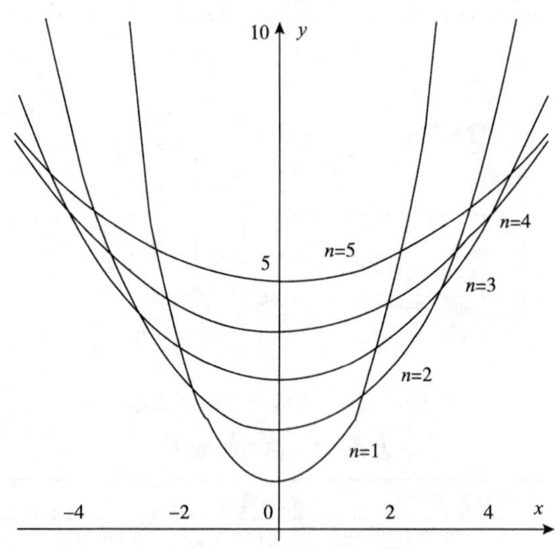

图 6-161　不同的悬链线

适当选择坐标系后，悬链线的方程是一个双曲余弦函数：

$$y=a\cdot\cosh\left(\frac{x}{a}\right) \tag{6-21}$$

式中 cosh 是双曲线余弦函数，a 是悬链系数，由绳子本身性质和悬挂方式决定：

$$a = \frac{T_0}{g\lambda} \tag{6-22}$$

式中 g 为重力加速度，λ 为线密度(假设绳子密度均匀)，而 T_0 为绳子上每一点处张力的水平力量，它取决于绳子的悬挂方式。

若绳子两端在同一水平面上，则下面的方程决定了 T_0：

$$\frac{c}{a} = \sinh\frac{b}{a} \tag{6-23}$$

式中 c 为绳子总长的一半，b 为端点距离的一半。

将悬链线应用于风管出口渐变段，结果如图 6-162 所示。

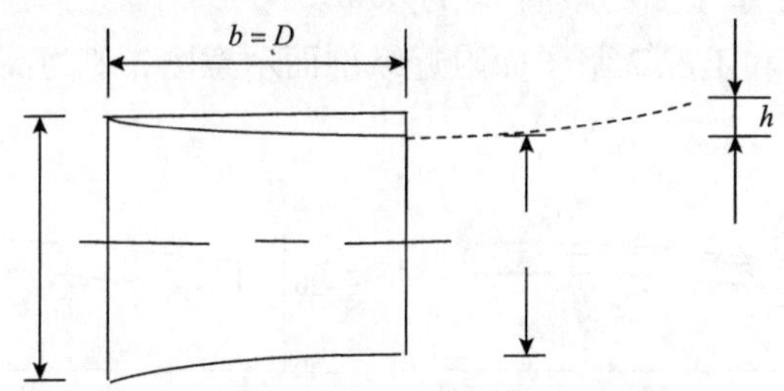

图 6-162　椭圆线性收缩渐变段示意图

端点距离的一半 b 取为原出口断面直径的长度 D，悬链线下垂的高度 x 取为 $0.07D$ 与直线型渐变段一致，

$$b = D \tag{6-24}$$

$$h = 0.065D \tag{6-25}$$

将式(6-24)和式(6-25)代入式(6-21)可以得到：

$$0.07D = a \cdot \cosh\left(\frac{D}{a}\right) \tag{6-26}$$

对式(6-26)通过试算法进行计算，可以得到 a 与 D 的关系式，从而得到 a 的计算值，将 a 代入式(6-22)可以得到悬链线上每一点的坐标值，进而确定曲线。上述三种出口的长度均为 D，出口面积一致，可选用一种试用。

4.3　风流有效作用长度研究

4.3.1　问题的提出

洞室施工期间，工作面附近会产生大量有害气体。如果通风布置不当，很容易引起洞室内有害气体滞留。恶劣的空气状况不仅会危害施工人员的健康，还会影响洞室的掘进速度。本节主要研究洞室内压入式通风中流速的发展情况和风流有效作用长度，这与通风的效率以及迅速排除洞室内的有害气体直接相关。建立了长巷道洞室通风数学模型，并对回流有效作用长度进行了研究。

4.3.2 典型工况

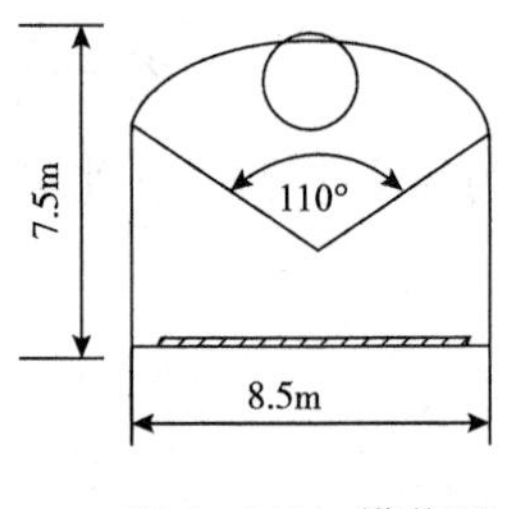

图 6-163 横截面

①施工巷道是长为 1100m 的长隧道，风筒布置在巷道拱顶中央，如图 6-163 所示，施工巷道宽 8.5m，高 7.5m，风筒直径为 2.2m。

掌子风筒出口至掌子面的距离 L_0 是影响通风效果的一个关键参数，既要考虑到初始炮烟的分布长度、风流有效射流长度，还要考虑到施工现场的实际情况。为了比较不同 L_0 对风流流场的影响，选择两种工况来进行数值模拟。

工况 1：风筒出口距掌子面的距离 L_0 为 40m；

工况 2：风筒出口距掌子面的距离 L_0 为 80m。

图 6-164 为工况 1 和工况 2 掌子面附近纵剖面示意图，Z 为高程，L 为断面至掌子面的距离。

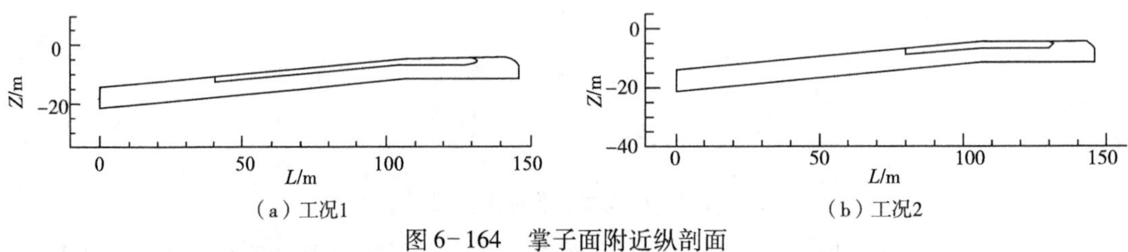

图 6-164 掌子面附近纵剖面

4.3.3 回流断面平均流速发展规律

图 6-165 为回流断面平均流速 $\bar{u}$ 的变化规律，v_0 为风筒出口风速，x 为风筒出口断面至研究断面的距离，d_0 为风筒出口直径。回流的风向与射流相反，由掌子面向出口方向流动。无量纲化后，在回流充分发展的主体段（$x/d_0 = 0 \sim 16$），两种工况在风筒出口风速不同时表现出的变化规律具有较大的相似性。$\bar{u}$ 自掌子面开始不断增大，$x/d_0 = 4.55 \sim 16$ 的区段增长得最快，在 $x/d_0 = 4.55$ 时达到最大值，之后开始减小。

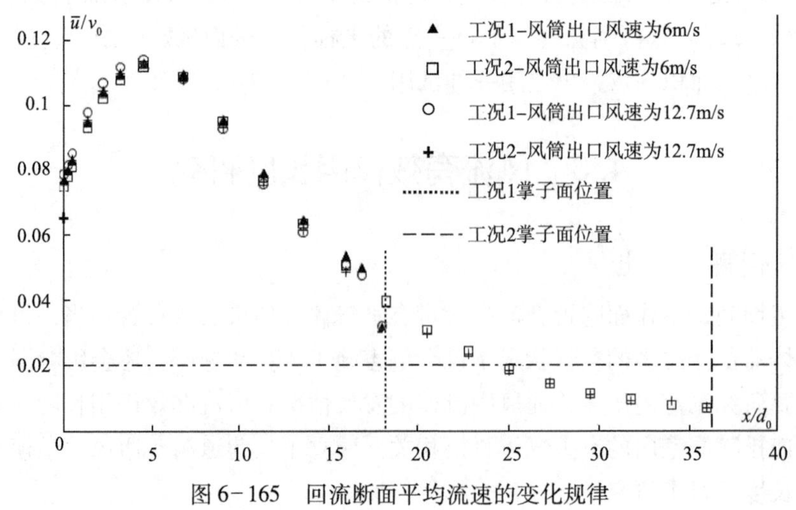

图 6-165 回流断面平均流速的变化规律

根据《水工建筑物地下开挖工程施工技术规范》的规定：掌子面附近的最小风速不应小于0.15m/s；当风筒出口风速 v_0 为6m/s时，最低风速不应低于 v_0 的2.5%；当风筒出口风速为12m/s时，最低风速不应低于 v_0 的1.3%。

由图6-165可知，工况1中掌子面距离风筒出口较近，处于$\bar{u}$增长最快的区段，该工况中掌子面附近的$\bar{u}$很快便增长到 v_0 的2.5%以上，形成较强的风流。而工况2中掌子面距离风筒出口过远，处于$\bar{u}$增长缓慢的区段，在掌子面附近 $x/d_0=28\sim36$ 的范围内，$\bar{u}$均低于 v_0 的1.3%，掌子面附近的回流较弱，将导致有害气体排出缓慢。

4.3.4 风流有效作用长度

回流对有害气体的排送在压入式通风中占极重要的位置。如果回流较弱，风流对于掌子面附近有害气体的推送作用也会大为降低。由图6-165可知，风筒出口至掌子面的距离 L_0 不同，掌子面附近回流流速增长的快慢也不同。因此为了提高掌子面附近回流的流速，需要将风筒出口布置在至掌子面合适的距离内。对于长距离通风，提出当回流断面$\bar{u}$等于与洞内最小风速要求0.15m/s时，断面至风筒出口断面为风流的有效作用长度 $L_{e,v}$。

回流平均流速确定的风流有效作用长度 $L_{e,v}$ 考虑了风筒出口风速对射流有效作用范围的影响，因此可通过调整风速来调节风筒出口距掌子面的距离对风流有效作用范围的影响，对风筒布置更有参考性。风流有效作用长度计算可参考表6-75。

表6-75 风流有效作用长度计算

断面面积 A/m^2	周长 U/m	当量直径 D_e/m	L/m		$L_{e,v}/m$	
			前苏联公式(6-14)	日本公式(6-16)	$v_0=6m/s$	$v_0=12m/s$
58.14	29.04	8.01	30.50~38.12	53.42	48.61	61.95

4.4 施工阶段通风三维数值模拟及其应用

针对地下工程施工特点，施工阶段通风总体分为三个阶段：第一阶段，通风竖井贯通前，主要采用压入式通风方式；第二阶段，通风竖井贯通后，但工艺竖井尚未贯通；第三阶段工艺竖井贯通后，与通风竖井一同工作。

4.4.1 一阶段通风数值模拟与优化

(1)建立三维模型

如图6-166所示，选择①施工巷道作为研究对象，利用GAMBIT建立其无通风竖井工况下的数学模型。掌子面的桩号为1洞1+100.000，洞室内顶部有一个直径为2m的风筒，从巷道进口到掌子面附近。

(2)工况简介

工况1：此工况选取出口到掌子面的距离为40m；

工况2：风筒出风口距掌子面为80m。

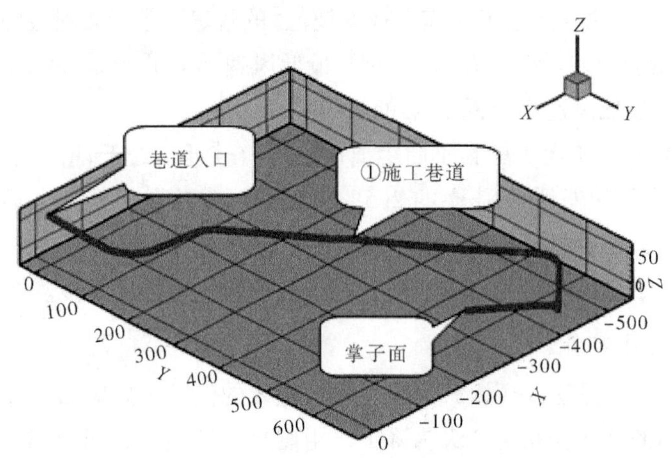

图 6-166　一阶段通风①施工巷道三维模型

(3)掌子面附近风速分布对比

图 6-167 为掌子面附近纵剖面(沿①施工巷道掌子面附近正中顶部下切)风速分布，Z 为高程方向，L 为到掌子面的距离。由图 6-167(a)可知，工况 1 中新鲜空气从风筒出口射出，沿巷道顶壁形成贴壁射流。当风流到达掌子面($L=0$)后沿工作面由上向下流动，在工作面处形成冲击贴附射流。由于受到巷道有限空间地限制和风流的连续性，在掌子面附近形成了与射流方向相反的回流，回流会将危害气体从掌子面附近吹送出去。距掌子面 40m 后的施工巷道内，风场已经趋于均匀，风速值一般为 0.6m/s 左右。由图 6-167(b)可知，工况 2 中由于风筒出口距掌子面距离较远，超出压入式通风风流有效作用长度，因此当风流到达掌子面($L=0$)时，风速已经大为减弱，与工况 1 比较降低很多，掌子面的炮烟很难在减弱的风流的直接推移作用下迅速有效地排出。

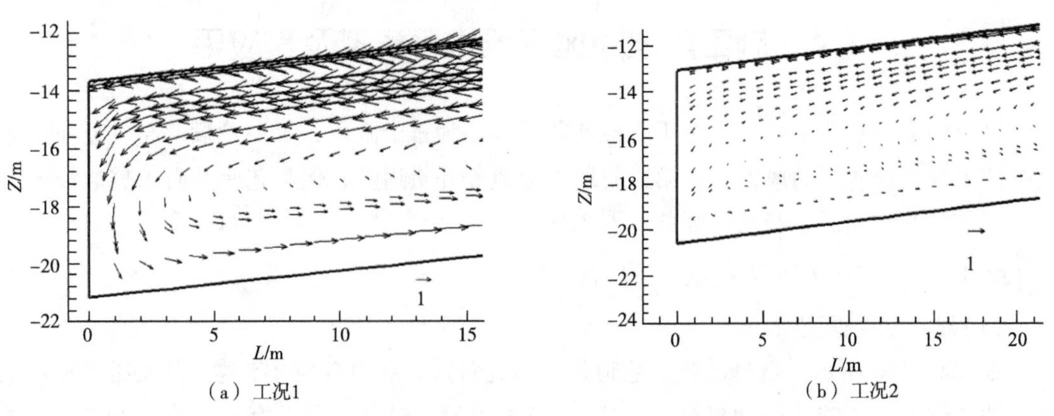

(a) 工况1　　(b) 工况2

图 6-167　掌子面附近流场分布(右下角图例单位为 m/s)

(4)掌子面附近 CO 排除速度对比

图 6-168 为通风 350s 后掌子面附近 CO 浓度分布，可以看出经过 350s 后，工况 1 掌子面附近的 CO 浓度已经降低到标准允许范围以下，而工况 2 掌子面附近危害气体浓度降

低得较为缓慢，掌子面附近的 CO 浓度仍然较高。

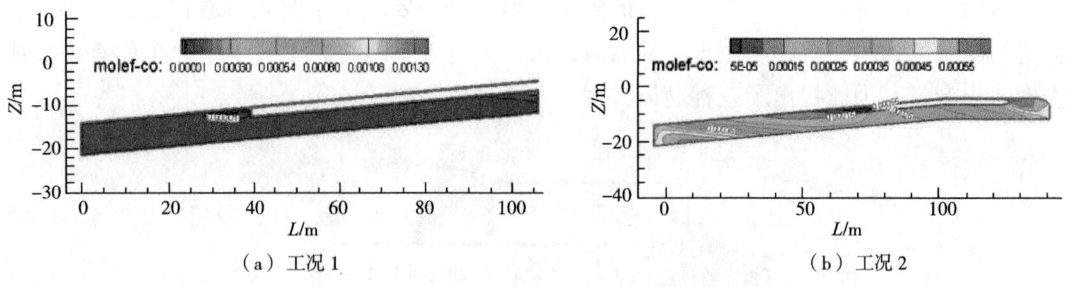

（a）工况 1　　（b）工况 2

图 6-168　①施工巷道通风 350s 后掌子面附近 CO 浓度分布

(5)工程应用

通过数值模拟，可以很方便地获得污染物气体在洞内的分布、运移规律，特别是最高浓度污染物的排出速度。

第一阶段通风模拟中，①施工巷道单独施工，工况 1 风筒出口距掌子面的距离为 40m，结果显示掌子面附近通风状态良好，通风 400s 后掌子面附近 CO 浓度已降低到规范浓度值以下；工况 2 风筒出口距掌子面的距离为 80m，模拟结果显示掌子面附近危害气体存在滞留现象，排烟缓慢，通风 950s 后掌子面附近的 CO 浓度才降低到规范浓度值以下。应尽量将风筒出口设置在射流有效作用范围以内。第一阶段通风时段以通风竖井和施工巷道贯通为分界，施工的部位有通风巷道和通风竖井、主洞室竖井、施工巷道、水幕巷道，通风设备特性见表 6-76 所示。

表 6-76　第一阶段通风系统主要设备一览表

通风机编号	型号	排风量/(m^3/min)	台数/台	通风方式	布置位置	风管		送风距离/m
						管径/mm	长度/m	
1# ~ 2#	AVH140 132kW	2400	3	压入通风	①、②施工巷道洞口各 2 台、1 台	2000	3300	2100
3# ~ 4#	XAVH90. 90 90kW	1074	4	压入通风	①、②施工巷道洞口各 2 台	1200	4400	1400
5# ~ 7#	SDDY - Ⅲ - 125 2 × 110kW	2000	3	压入通风	1#、2#、3#通风巷道口各 1 台	2000	1200	600
8# ~ 15#	SDDY - Ⅲ - 80 30kW	500	6	压入通风	主洞室竖井各 1 台	800	1100	200
合计	1656kW		18					

4.4.2　第二阶段通风 - 洞罐 C 数值模拟与优化

(1)建立三维模型

选择洞罐 C(7#、8#、9#主洞室)、②施工巷道、2#通风竖井为研究对象。三维模型见

图6-169。所模拟的洞罐最长达717m，通风有一定难度，因此检验施工过程中洞室内有害气体能否迅速有效排除，对于健康的施工环境十分必要。由于通风通道较长，需要在洞内进行高效的通风布置，利用现有的通风资源，更有效率地将施工过程中产生的有害气体及时排出洞室，为此提出了三种通风方案。

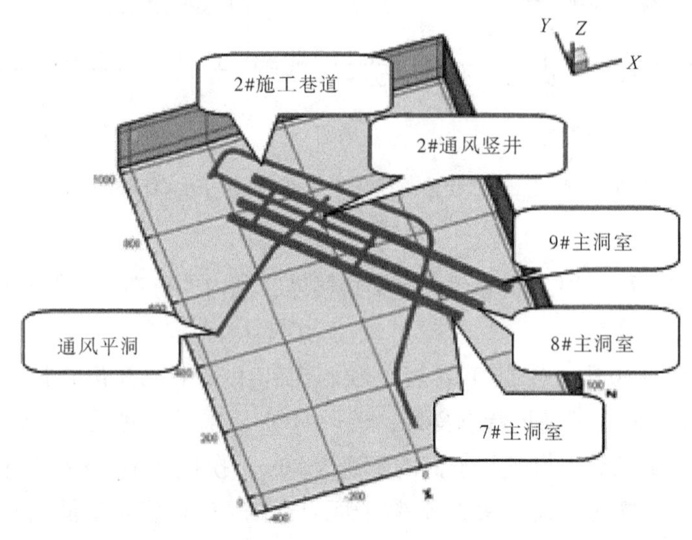

图6-169　三维模型

(2)工况简介

工况1：共有4台风机(型号AVH180.315.4.10三台，型号AVH140.132.4.8一台)投入使用，其中三台(型号AVH180.315.4.10两台供8#、9#主洞室通风，型号AVH140.132.4.8一台供7#主洞室通风)为压入式通风机，一台(型号AVH180.315.4.10)为吸出式通风机。四台风机均布置在2#通风竖井底部，三台压入式通风机将竖井中的新鲜空气卷吸至风筒内，风筒沿着施工巷道分别伸入7#、8#、9#主洞室，风筒出口在各主洞室掌子面附近，为工作面输送新鲜空气；一台吸出式通风机将竖井底部附近的有害气体卷吸至风筒内，风筒沿着2#通风竖井伸至竖井出口处，将有害气体送至洞外。竖井底部封闭，将施工巷道中的有害气体与通风竖井中的新鲜空气隔绝，保证三台压入式通风机输送进洞的为新鲜空气，吸出式通风机排出的为有害气体。

工况2：共有三台风机(型号均为AVH180.315.4.10)投入使用，三台风机均为压入式通风机。风机布置在2#通风竖井出口处，风筒沿着竖井进入施工巷道，然后分别伸至7#、8#、9#主洞室掌子面附近，输送新鲜空气。

工况3：共有三台风机(型号AVH180.315.4.10两台，型号AVH140.132.4.8一台)投入使用，均为压入式通风机，放置在竖井底部，竖井底部封闭，风筒沿着施工巷道分别伸至7#、8#、9#主洞室掌子面附近，输送新鲜空气。此工况为工况1的对比工况。通风系统主要设备见表6-77。

表 6-77　二期通风系统主要设备一览表

通风机编号	型号	排风量/(m^3/min)	台数/台	通风方式	布置位置	风管		送风距离/m
						管径/mm	长度/m	
1#～2#	AVH140 132kW	2400	3	压入通风	①、②施工巷道洞口各2台、1台	2000	3300	2100
3#～4#	XAVH90.9090kW	1074	4	压入通风	①、②施工巷道洞口各2台	1200	4400	1400
8#～15#	SDDY-Ⅲ-80 30kW	500	8	压入通风	主洞室竖井各1台	800	1100	200
16#～24#	AVH180.315	5792	9	压入通风	1#、2#、3#通风竖井井口各3台	2000	8000	1000
合计			24					

(3)主洞室掌子面附近 CO 浓度变化对比

图 6-170(a)所示为 7#主洞室距掌子面 10m 处 CO 浓度随时间变化不同工况对比图，工况 2 该截面处 CO 浓度排出的比工况 1 和工况 3 缓慢。工况 1 该截面处 CO 浓度在通风 900s 后达到规范要求，工况 3 该截面处 CO 浓度在通风 894s 后达到规范要求，而工况 2 该截面处 CO 浓度在通风 1496s 后达到规范要求。

图 6-170(b)为 8#主洞室距掌子面 10m 处 CO 浓度随时间变化不同工况对比图，工况 2 该截面处 CO 浓度排出的比工况 1 和工况 3 迅速。工况 1 该截面处 CO 浓度在通风 1667s 后达到规范要求，工况 3 该截面处 CO 浓度在通风 1607s 后达到规范要求，而工况 2 该截面处 CO 浓度在通风 1256s 后达到规范要求。

图 6-170(c)为 9#主洞室距掌子面 10m 处 CO 浓度随时间变化不同工况对比图，工况 2 该截面处 CO 浓度排出的比工况 1 和工况 3 迅速。工况 1 该截面处 CO 浓度在通风 1635s 后达到规范要求，工况 3 该截面处 CO 浓度在通风 1689s 后达到规范要求，而工况 2 该截面处 CO 浓度在通风 1256s 时已经达到规范要求。

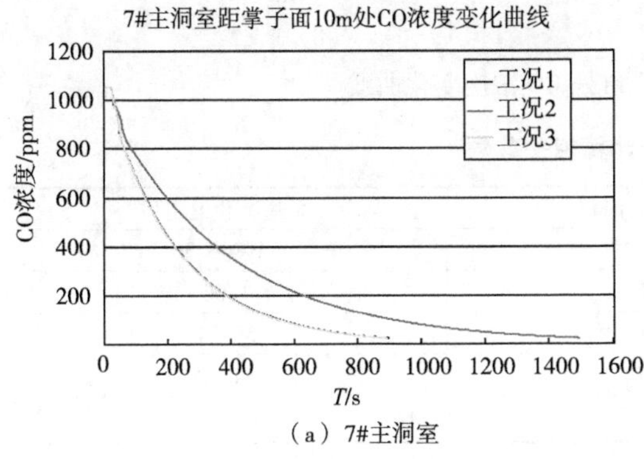

(a) 7#主洞室

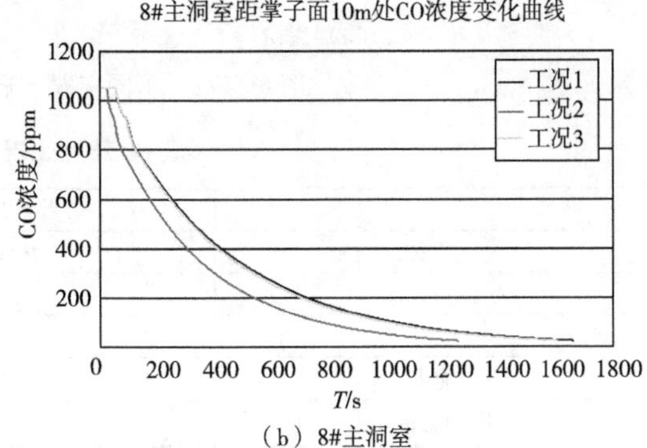

(b) 8#主洞室

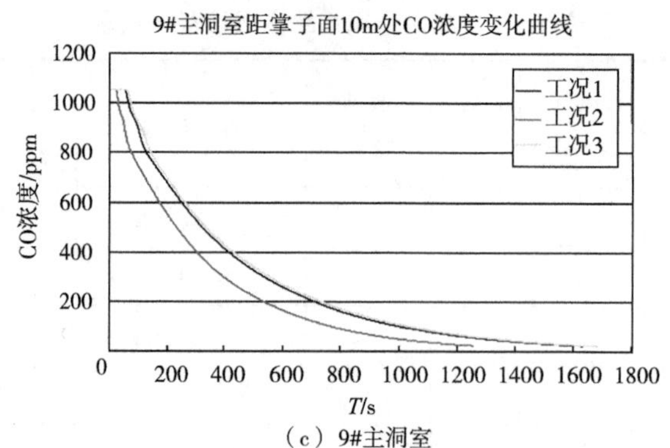

（c）9#主洞室

图 6-170　各主洞室距掌子面 10m 处 CO 浓度变化不同工况对比

(4)通风出口处 CO 浓度变化对比

图 6-171 为不同工矿下不同截面处 CO 浓度变化对比图。利用比较通过两截面处的 CO 总通量，来比较两个排烟通道的效果。通过截面的 CO 总通量 Q 由下式计算：

$$Q = C \cdot V \cdot S \tag{6-27}$$

式中　C——截面 CO 浓度对时间变化的曲线所包围的面积；

V——断面平均流速；

S——断面面积。

表 6-78 和表 6-79 分别为工况 1 及工况 2 的排烟效果比较。可以看出，工况 1 中，吸出式风筒与②施工巷道排烟总量比值为 1∶1.61，吸出式风筒较好地分担了②施工巷道的排烟压力。工况 2 中，通风竖井与②施工巷道排烟总量比值为 1∶3.65，通风竖井分担了部分②施工巷道的排烟压力。工况 3 中，②施工巷道承担了全部的排烟压力。

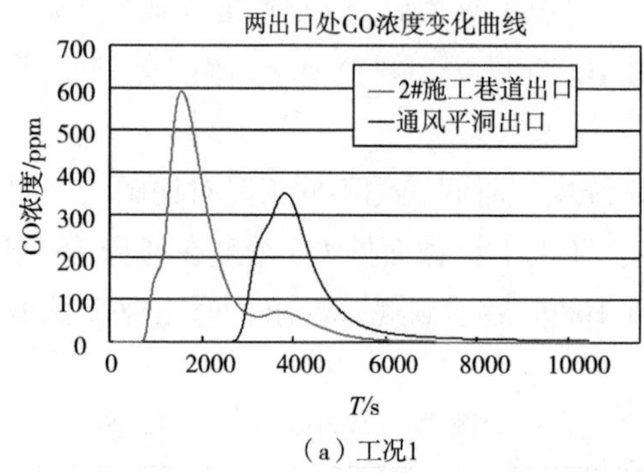

（a）工况1

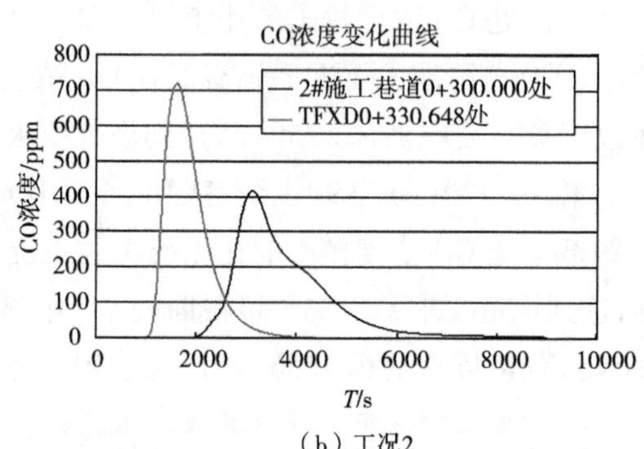

（b）工况2

图 6-171　不同工况下通风口处 CO 浓度变化曲线

表 6-78　工况 1 计算相关参数

	竖井抽风筒出口	②施工巷道出口
C/ppm	736564.48	559846.36
V/(m/s)	7.68	1.06
S/m²	3.80	58.14
CO 总通量/ppm	21.51	34.62
排烟总量比	1∶1.61	

表 6-79 工况 2 计算相关参数

	TFXD0 +330.648	②施工巷道 0 +300.000
C/ppm	637785.40	648166.70
V/(m/s)	0.39	1.23
S/m^2	51.03	58.14
CO 总通量/m^3	12.64	46.17
排烟总量比	1:3.65	

(5)工程应用

工况 1：主要优点是增加向外抽风风机，加快废气排放，可以极大的改善施工巷道空气质量。但是该方案有以下缺点：增加抽风风机，且通风竖井底部封闭，抽风风机须经常运行，方可保证空气质量，成本昂贵；通风机布置于井底，空间狭小，不便于散热和检修，洞内噪音也较大。

工况 2：虽然通风距离长，通风机布置工程量大，但它具备一定的技术可行性，能够满足设计需风量要求，也具有经济合理性，同时也保留了通风竖井的排烟功能。所以最终选择了方案二。

工况 3：技术不可行，通风时间较长，施工巷道排烟压力大，影响施工效率，也对洞内交通运行不利。

4.4.3 第三阶段通风 - 洞罐 A 数值模拟

4.3.3.1 三阶段通风洞罐 A 数值模拟 - 连接巷道

(1)三维计算模型

选择洞罐 A(1#、2#、3#主洞室)、①施工巷道、1#通风竖井和 1#、3#工艺竖井为研究对象。由于通风通道较长，洞室内通风较为复杂，主洞室之间是否有连接巷道连通，对于周围的风流分布以及有害气体的排出有重要影响。通风系统主要设备参数见表 6-80。

表 6-80 通风系统主要设备一览表

通风机编号	型号	排风量/(m^3/min)	台数/台	通风方式	布置位置	风管		送风距离/m
						管径/mm	长度/m	
1# ~2#	AVH140 132kW	2400	3	压入通风	①、②施工巷道洞口各 2 台、1 台	2000	3300	2100
3# ~4#	XAVH90.90 90kW	1074	4	压入通风	①、②施工巷道洞口各 2 台	1200	4400	1400
16# ~24#	AVH180.315 315kW	5792	9	压入通风	1#、2#、3#通风竖井井口各 3 台	2000	8000	1000
合计			16					

图6-172为考虑两种工况下的三维模型图。工况1考虑1台压入式风机(型号AVH180.315.4.10)布置在1#通风竖井出口处，风筒沿着竖井进入施工巷道，然后伸至2#主洞室最北端。工作面在①-②连接巷道处，①-②连接巷道与1#、2#、3#主洞室均连通。工况2考虑风机布置、工作面与工况1相同，不同的是此工况在1#、2#主洞室之间增添了一个连接巷道。

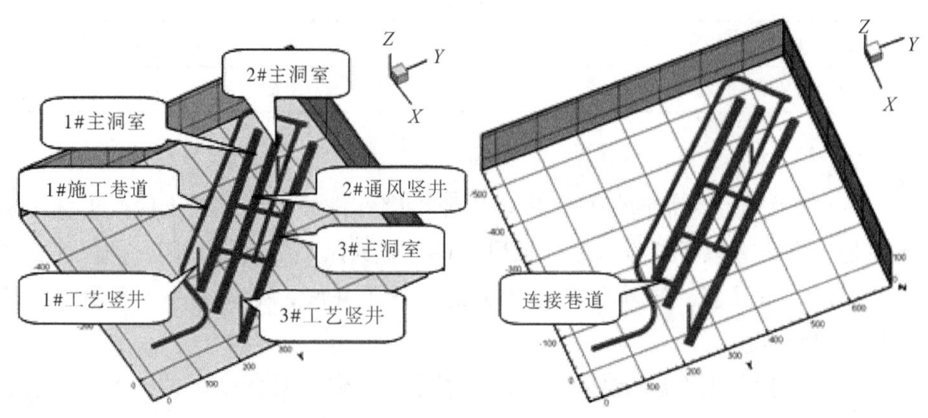

图6-172 不同工况的三维模型

(2)有害气体滞留情况分析

图6-173是通风6250s后洞室中CO浓度分布图。由图可以看出，工况1此时洞室内1#主洞室及2#、3#主洞室的部分区域的有害气体浓度已经降低到规范要求的安全浓度0.0024%以下，但是2#主洞室南端仍然有危害气体滞留，浓度没有达到规范要求的安全浓度。工况2洞室内大部分地方的有害气体浓度已经降低到规范要求的安全浓度0.0024%以下，但2#主洞室最南端的一角仍然有些许危害气体残留。

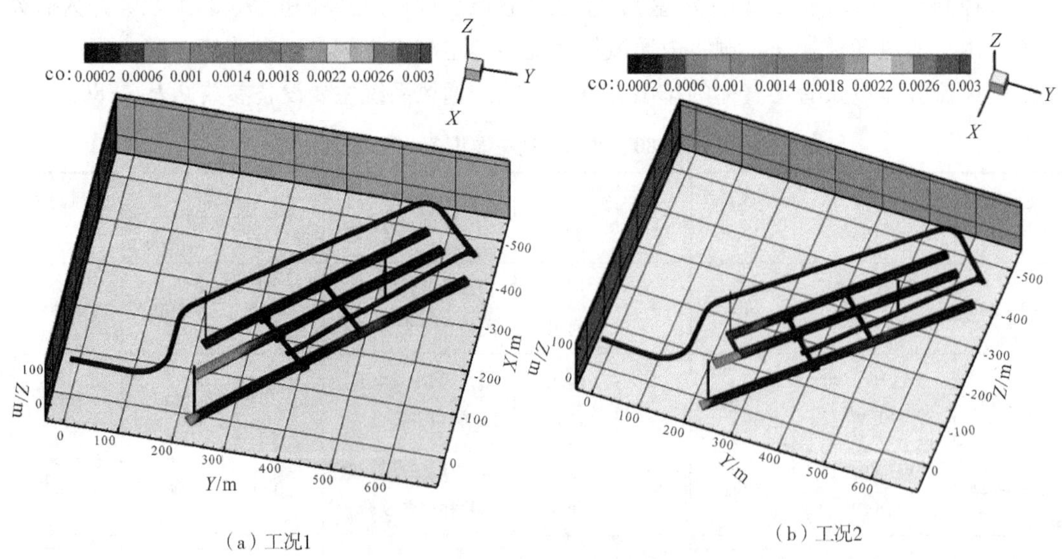

图6-173 通风6250s后CO浓度分布

(3)工程应用

方案选定：工况一相对工况二安装费增加约45万元，但运行费降低60万元，且2#、5#、8#主洞室每次爆破后必要通风时间缩短了60分钟，消除了通风死角，有利于加快施工进度。同时新增通风连接巷道也可以增加油库有效容积，经过经济技术分析，选择工况二。

4.3.3.2 三阶段通风洞罐A三维数值模拟－风筒布置

(1)工况简介

此次三阶段通风模拟中，选择洞罐A(1#、2#、3#主洞室)、①施工巷道、1#通风竖井和1#、3#工艺竖井为研究对象。三个主洞室空间状况如图6－174所示。

由于洞室长，洞室内通风较为复杂，风筒的布置方式对于周围的风流分布以及有害气体的排出有重要影响。以1#主洞室为研究对象，此次研究主要有以下两种工况：

工况1：主洞室第二层两端同时爆破，风筒出口布置在①－①连接巷道与1#主洞室连接口处，如图6－175(a)所示；

工况2：主洞室第二层两端同时爆破，风筒出口在①－②连接巷道与1#主洞室连接口处接一个风筒分叉布，两个风筒出口分别布置在两个掌子面附近如图6－175(b)所示。

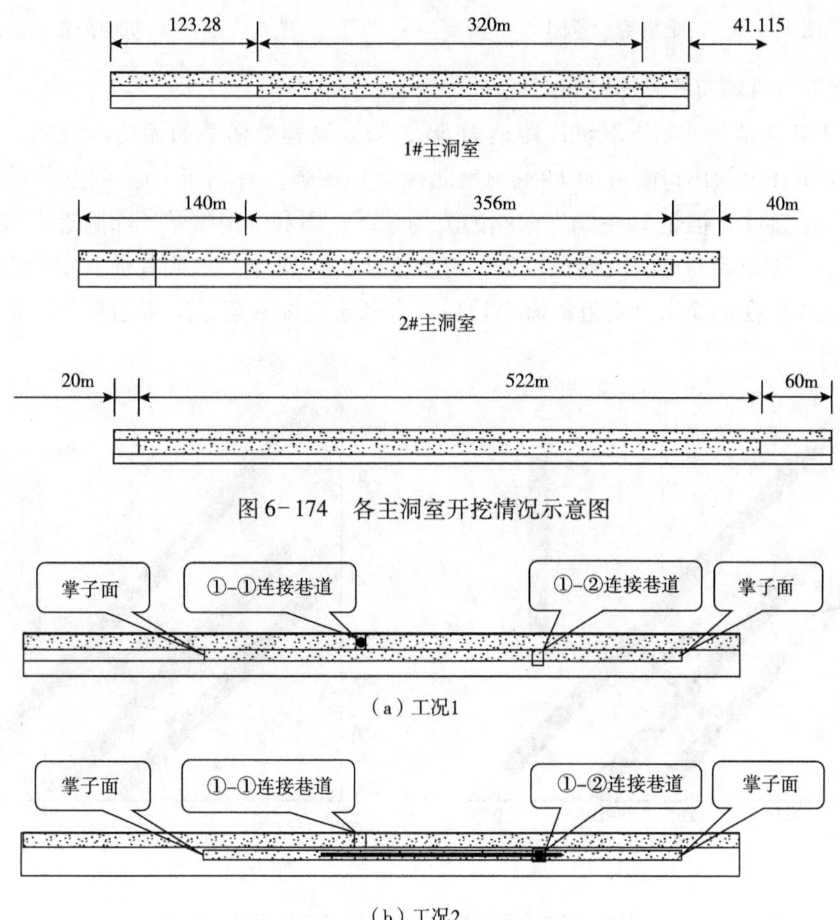

图6－174 各主洞室开挖情况示意图

(a)工况1

(b)工况2

图6－175 不同工况示意图

(2)模拟-风筒布置模型建立与计算

选择洞罐A(1#、2#、3#主洞室)、①施工巷道、1#通风竖井及1#、3#工艺竖井为研究对象，利用GAMBIT建立工况1的三维模型。图6-176为3D模型图，1#、2#、3#主洞室均开挖了第二层，洞底高程为-40m。①-①连接巷道与1#、2#、3#主洞室第一层连通，①-②连接巷道与1#、2#、3#主洞室第二层连通。通风竖井直径为5m，共有1台压入式风机(型号AVH180.315.4.10)投入使用，风机布置在1#通风竖井出口处，风筒沿着竖井进入施工巷道。爆破后，洞室中CO初始分布如图6-177所示。

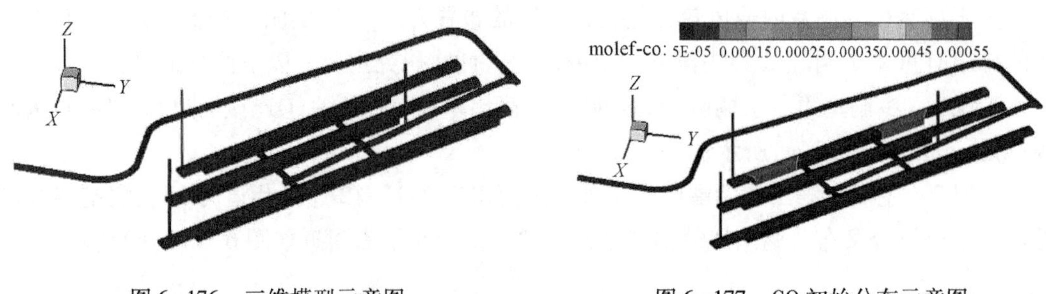

图6-176　三维模型示意图　　图6-177　CO初始分布示意图

(3)模拟-风筒布置风速分布对比

图6-178为地下水封石洞油库距地面5m，35m高程处横截面流场示意图。由图可以看出，工况1在风筒出口附近的1#主洞室北端流场较强，有利于1#主洞室北端掌子面附近有害气体的排除；但是1#主洞室南端的流场较弱，不利于南端掌子面附近有害气体的迅速排除；①-①连接巷道中流场也较强，有利于从1#主洞室扩散到其他洞室的有害气体的排除。工况2中在风筒出口附近的流场较强，有利于主洞室第二层两端掌子面附近有害气体的排除。

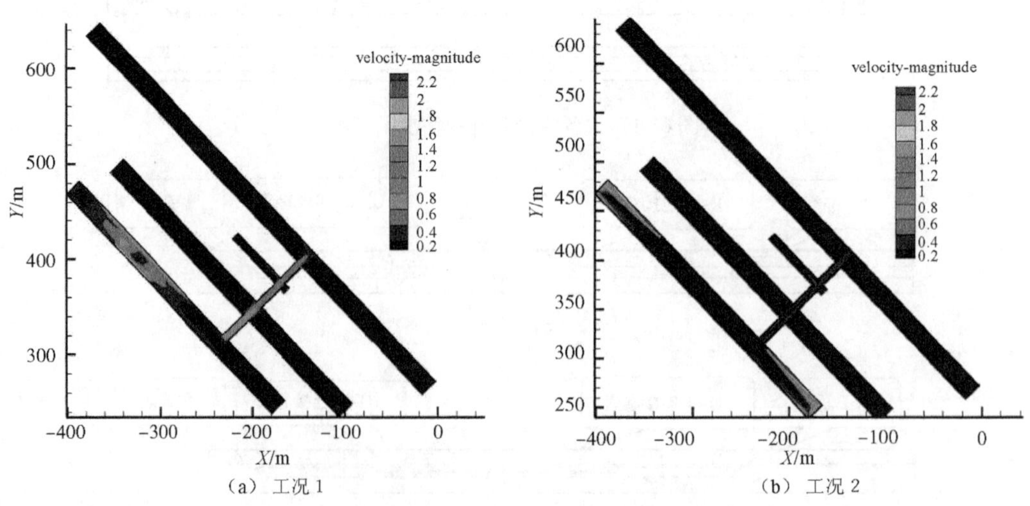

图6-178　距底面5m高度处风流场示意图

(4)模拟－风筒布置沿程不同断面 CO 浓度随时间的变化

在 1#主洞室中选取 4 个截面(如图 6-179)为研究对象来研究主洞室中 CO 浓度随时间的变化规律，如图 6-179 所示，*A*－*A* 截面距 1#主洞室第一层北端 60m，*B*－*B* 截面距 1#主洞室第二层北端掌子面 10m，*C*－*C* 截面距 1#主洞室第二层南端掌子面 150m，*D*－*D* 截面距 1#主洞室第二层南端掌子面 10m。

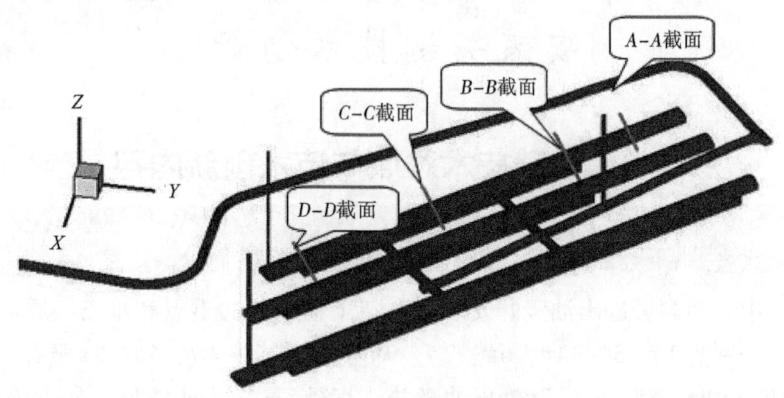

图 6-179　截面示意图

图 6-180 为 4 个截面处 CO 浓度随时间的变化曲线。由图可知，工况 1 中 *A*－*A* 截面 CO 浓度在通风 9000s 后仍然持续高于规范要求的安全浓度，说明 1#主洞室北端流场过弱，有害气体从北端掌子面扩散到此处附近形成了滞留。由于风筒出口距离 *B*－*B* 截面和 *C*－*C* 截面较近，所以两截面附近流场较强，CO 排除得较快，通风 5200s 后 *C*－*C* 截面 CO 浓度降低到安全标准以下，通风 7886s 后 *B*－*B* 截面 CO 浓度降低到安全标准以下。*D*－*D* 截面距风筒出口较远，此截面附近流场较弱，CO 排出的较慢。

与工况 1 相比，工况 2 中 *A*－*A* 截面附近有害气体没有形成滞留，CO 浓度一直随着通风时间在下降。掌子面附近，*B*－*B* 截面和 *D*－*D* 截面有害气体排出的较快，通风 6700s 后 CO 浓度已经下降到安全浓度以下。*C*－*C* 截面有害气体也没有形成滞留，CO 浓度持续降低。

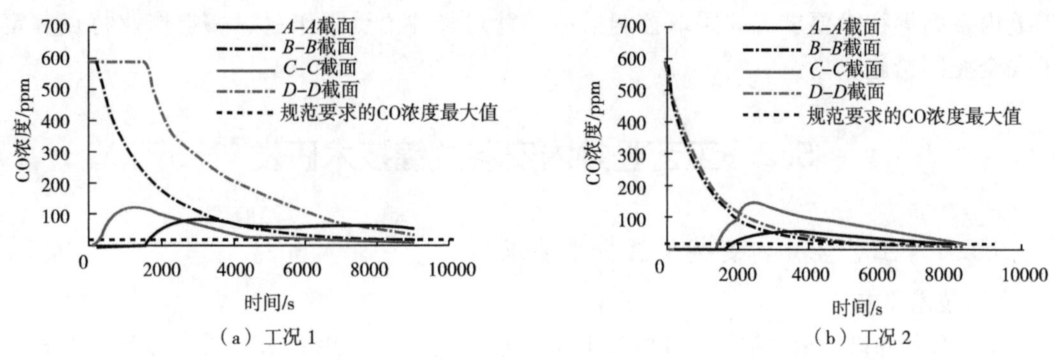

（a）工况 1　　（b）工况 2

图 6-180　不同截面处 CO 浓度随时间变化曲线

虽然工况 2 中风流被一分为二，风筒出口流速比工况 1 小了一半，但是风筒出口延伸至掌子面附近，增强了掌子面附近的风流，有利于爆破产生的有害气体较快排出，因此建议采用工况 2 为通风方案。

第五节 地下水封洞库工艺竖井安装关键技术创新

5.1 关键技术难点与技术创新内容

5.1.1 大型地下水封洞库工艺竖井内安装工程简介

洞库工程中原油洞罐进出油竖井安装为安装工程施工的重点和难点。原油洞罐区共 6 口工艺竖井，分别为 1#、3#、4#、6#、7#、9#竖井，其中 1#、4#、9#竖井为进油竖井，直径 3m，深度 150m；3#、6#、7#为出油竖井，直径 5m，深度 157m。竖井安装工程设施分 4 个系统：主系统(管道、设备、仪表、阴极保护)、支撑导向系统(井口承重支架、井内导向支架、泵坑钢结构)、密封系统(密封塞混凝土、密封塞底模钢结构、井口密封钢筋混凝土盖板)、井口附属设施系统(临时井架等工装)。

5.1.2 关键技术难点简述及技术创新

工艺竖井安装工程关键技术控制目的是为实现进出油系统的平稳运行，其中关键技术有：第一，保证竖井支承及导向系统同心度避免和减少潜没泵运行震动；第二，控制工艺管道圆度、垂直度、管段对接错边量、焊缝内余高以保证潜没泵及自控仪表能顺利安装和运行；第三，控制潜没泵导电管与泵管之间的绝缘、导电参数及控制泵管之间、导电管之间严密性；第四，仪表安装调试技术；第五，安装全过程的安全控制技术。针对以上五个关键技术自主研发“竖井施工用装备及工装”，针对设备安装技术要求，设定了承重及导向系统同心度、工艺管道椭圆度、垂直度、对接错边量、焊缝内余高等技术要求，并采取控制措施，针对竖井内受限作业、高空作业特点制定了安全控制措施。

5.2 工艺竖井内安装关键技术研发

5.2.1 工艺竖井内安装关键技术要求

(1)技术要求

工艺竖井井口为承重结构、井内每 10m 一层导向结构，共 10 层，为保证导向结构的导向作用和效果，每两层之间的导向结构上任意两点同心度偏差不超过 5mm，总体同心度偏差不超过 10mm。

工艺管道中潜没泵套管、仪表套管受泵安装技术条件影响，管道加工要求：管道内径不允许出现负偏差，管道椭圆度不超过2mm，管道加工垂直度不允许超过2mm(每根12m长)，管道焊接完成后整体垂直度不超过20mm，管道焊接完成后内焊缝余高不超过1mm保证泵管在套管内顺利穿过。

(2)潜没泵安装导电、绝缘、及严密性关键技术要求

潜没油泵内导电管导电测试、导电管和泵管壁之间的绝缘测试、每节泵管之间、导电管之间的严密性测试满足制造厂技术参数要求。

(3)安全控制关键要求

竖井工程为井内受限空间及高空作业，存在高空坠落、物体打击、安全用电、中毒窒息、机械伤害等各种危险源，安全控制要求高、难度大。

5.2.2　关键安装技术及控制措施

(1)自主研发竖井安装专用提升系统，其主要组成为：井架、卷扬机、吊篮、吊盘等。

1)井架结构的设计、制造、安装

井架(制造图见图6-181)结构自行设计，由专业制造厂制造，检验合格并防腐后运至安装现场进行安装。井架顶部平台主要作为管道组对找正、固定管道和吊装作业的操作平台；平台顶部预留穿管孔洞，其中*DN*500及以上的管道设置4个可调节顶紧螺栓进行对口调节和固定管道用。顶部平台护栏高度为1.2m，平台板为可调式，以满足穿管作业的需求。井架安装到位图见图6-182。卷扬机安装到位图见图6-183。

2)吊篮、吊盘(见图6-184)按最大吊运重量进行设计，并由专业制造厂进行制造。制造完毕检验合格后进行出厂前负荷试验，试验合格安装到提升系统。安装后的吊篮及吊盘图见图6-185。

3)提升系统安装完成并检查合格后，吊篮、吊盘分别进行空载升降试验，空载升降合格后再进行负荷试验，负荷试验的重量为额定负荷的1.5倍，吊篮在井口以上2m处设置高度限位器。负荷试验及其他试验合格后，整个提升系统投入使用。系统平面布置图和系统运行图见图6-186和图6-187。

(2)竖井内导向支架结构同心度控制措施

1)井口承重结构安装及控制措施

在管道施工和强度试验过程中井口结构起承重作用，所有的管道自重及试验用水重量全部靠井口结构承重，井口承重结构的位置作为竖井内支架结构同心度检测的起点，按照设计图纸要求，偏差不允许超过5mm。

2)井内导向结构安装及控制措施

(a)井内标记出设计支撑的生根中心位置，通过移动井内操作平台，以完成井内深度方向的所有标记点的标记，并反复检查校正，确保无误。确定导向支架安装基准标高及方位。

以地面的安装基准标高及方位为基准，利用吊盘由上而下划出每层导向支架的安装标高及方位。

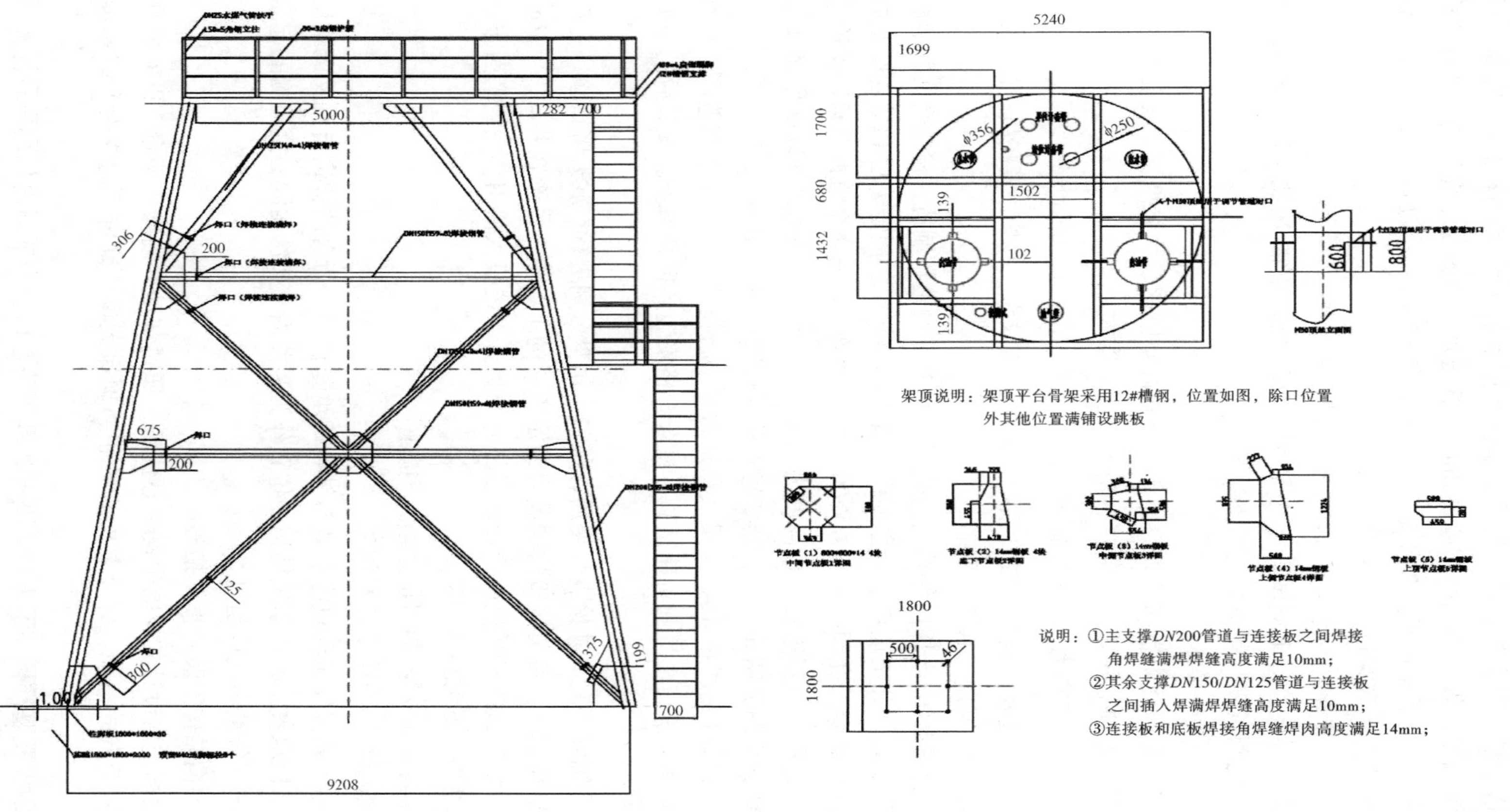
5000
1282
700
306
200
675
200
125
300
375
199
100
700
9208
5240
1699
1700
680
1432
φ356
φ250
1502
139
102
139
600
800
架顶说明：架顶平台骨架采用12#槽钢，位置如图，除口位置
外其他位置满铺设跳板
1800
500
46
1800
说明：①主支撑DN200管道与连接板之间焊接
角焊缝满焊焊缝高度满足10mm；
②其余支撑DN150/DN125管道与连接板
之间插入焊满焊焊缝高度满足10mm；
③连接板和底板焊接角焊缝焊肉高度满足14mm；

图6-181　井架制造图

图 6-182　井架安装到位

图 6-183　卷扬机安装到位

（a）吊篮

（b）吊盘

图 6-184　吊篮和吊盘图

图 6-185　安装后的吊盘、吊篮

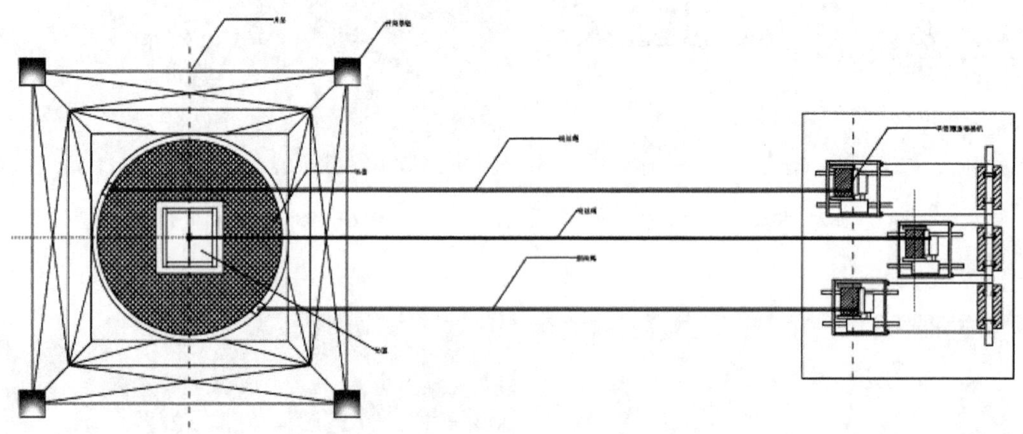

图 6-186　系统平面布置图

(b)对每层导向支架在预埋件上进行编号，编号后测量每层导向支架主梁的实际长度，每层主梁应做出与预埋件相同的唯一编号。所有主梁按照实际测量的长度进行下料预制，并做出明显的编号标识。

(c)经过验收合格的导向支架结构防腐后运至井底。

井内导向支架结构由上至下逐层进行安装：

a)将吊盘移到最上一层导向支架安装位置下方 1.2m 处。

b)利用吊篮将作业人员由井口送到吊盘上。

c)利用吊盘上互相垂直的 4 个可调整顶紧螺栓将吊盘进行横向固定。

d)将吊篮提升到井口摘下放置在地面上。

e)利用吊篮的卷扬机将井底对应编号的最上一层导向结构吊到安装位置，利用挂在井

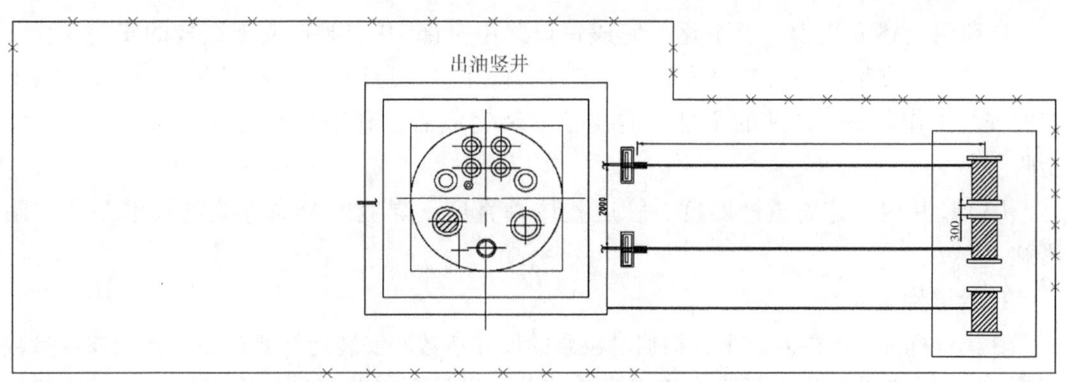

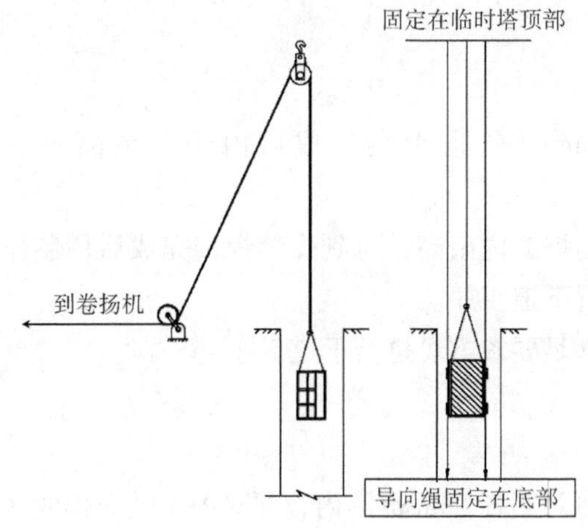

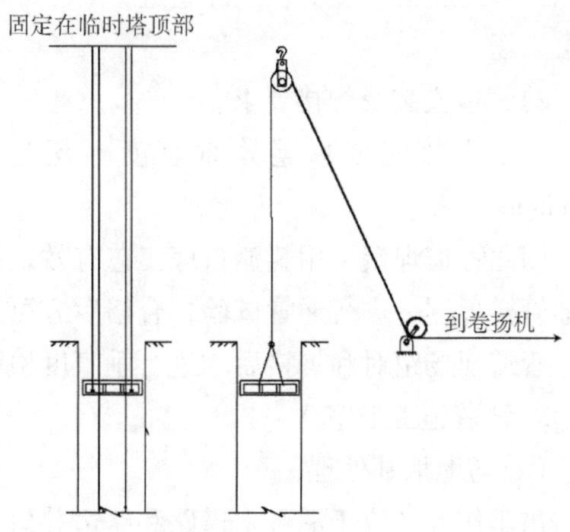

图 6-187　系统运行图

口承重结构上的吊带挂上 2t 手拉葫芦协同吊篮卷扬机进行导向结构主梁的安装。

f)所有导向结构的构件点焊完毕，由专职检查员进行检查，检查合格后进行焊接。

g)焊接完毕由专职检查员进行焊接质量检查，检查合格进行焊接处的防腐工作。

h)焊接处防腐检查合格后，将下一层安装主梁挂手拉葫芦用的吊带挂在主梁上（见图 6-188）。

图 6-188　井内主梁吊装

i)松开吊盘上的 4 个可调整顶紧螺栓。

j)利用吊篮将作业人员吊到地面。

k)将吊盘下降 10m，移到下一层导向支架安装位置下方 1.2m 处，进行下一层导向支架结构的安装。

l)利用上述方法由上至下逐一完成每口井中全部10层导向支架结构的安装工作。

全部导向支架结构安装完成后，在井底拆除吊盘，运到洞库外用于下一口井导向支架的安装工作。每一口井的全部导向支架安装完成后，利用吊篮进行导向支架的整体验收。

(3)竖井内工艺管道椭圆度、管道整体垂直度、焊缝内余高等关键技术要求控制措施

1)管道加工

在执行标准规范的基础上，根据潜没泵的尺寸参数和安装运行要求提出新的技术参数要求：潜没泵工艺管道内径不允许出现负偏差；潜没泵工艺管道椭圆度偏差不允许超过2mm；管道加工垂直度不允许超过2mm(每根12m长)；管道入场前逐一进行验收合格后方可入场。

2)管道安装及焊接要求

管道焊接完成后整体垂直度不超过20mm，管道焊接完成后内焊缝余高不超过1mm。

因此管道焊接采用氩弧打底工艺有效地控制焊缝内余高，每到焊缝焊接完成后用制作的通管样板逐一进行通管试验，合格后方可进行下道工序。

管道现场组对和焊接后均进行垂直度检测满足要求方可进行下道工序。

3)管道施工工序

(a)场地地基处理：

吊车作业区位于混凝土道路和路边井口东西两侧各10m范围内，须对吊车站车作业区域进行地基处理。地基处理采用换填法，吊车站位区域向下挖深1.5m(挖到基岩或原土)，基坑底部压实后，下层铺设400mm碎石、压实，中间层铺设800mm毛石，上层铺设100mm级配砂石，顶层200mmC30砼地面硬化。

(b)管道吊装挠度计算(以*DN*100管道为例进行计算)：

经过计算*DN*250及以上管道吊装采用双机吊，*DN*100/150管道三机吊装。(见图6-189~图6-191)

(c)工艺管道组焊：

焊接采用氩弧焊打底手工焊填充盖面，*DN*400及以上管道由2个焊工同时对称焊接。

(d)管道无损检测：

焊接完成外观检验合格后进行无损检测(NDT)。

(e)竖井内工艺管道热处理及硬度检测及防腐补口。

(4)潜没泵安装导电、绝缘、严密性试验

潜没泵安装导电、绝缘、严密性试验见图6-192~图6-196。

图 6-189　管道穿管

图 6-190　管道吊装

图 6-191　管道吊装就位

图 6-192　泵管和泵头注油

图 6-193　泵管和泵头严密性试验

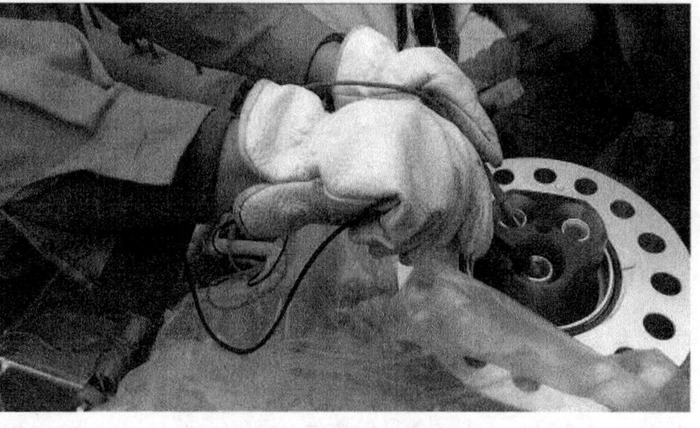

图 6-194　泵内导电管导电试验

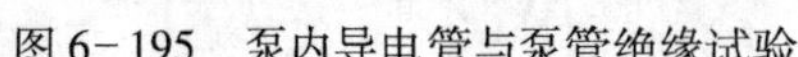

图 6-195　泵内导电管与泵管绝缘试验

图 6-196　泵管居中环安装

(5)安全控制措施

1)钢丝绳、吊篮、吊盘的受力计算

钢丝绳、吊篮、吊盘受力满足安全系数要求，吊篮、吊盘上升过载保护，吊篮增加限位器具备限位连锁停机功能。

2)井内与井口通讯联系

以可视电话为主，对讲机为辅的通讯方式。井内安装监控，监控画面位于井口卷扬机房内。

3)井内焊接作业排风和气体检测

井内焊接作业前和施工每间隔 4 个小时进行一次气体成分检测，当井内粉尘烟雾较大时，启动井底的排风机进行井内通风。

4)井口作业专人监督

5)卷扬机操作人员培训及操作规程

制定操作规程，对操作人员培训及操作规程的交底，卷扬机操作人员持证上岗。

6)吊管吊耳核算、井口支撑核算

井口支撑设计经过计算在图纸中明确，吊耳选择标准吊耳并经过核算。

7)井内照明保证及防触电措施

井内照明采用隔离变压器保证照明亮度同时防止触电。井内安装应急照明灯，保证停电照明。井内照明线路、焊机把线选择远离吊盘钢丝绳的位置牢固固定于井壁上

8)井内作业时防高空坠落措施

井口围护、井内结构吊装采用从底向上吊装顺序有效控制了高空坠落危险。井口平台采用镀锌钢格栅板封闭，格栅板下面铺设钢丝网(孔径 3 ~ 5mm)。井内施工过程中井口专人看护，执行受限空间作业许可制度。井内焊接导向支架时，井底严禁站人。

9)井内焊接作业电焊机用电防触电、电焊钳误操作破坏钢丝绳

焊接作业时送电、焊接作业完成后立即焊机停电。吊篮、吊盘钢丝绳、导向绳在焊接操作作业区 2m 高度范围内外套直径 ϕ50mm 绝缘蛇皮管，防止焊把触碰钢丝绳造成危险。在吊盘内焊接一个专门放置焊把的工具盒，内铺设胶皮绝缘。

10)吊篮升降过程中卡盘

保证吊篮的升降空间(吊篮边距离结构大于 400mm)。

本章小结

本章系统介绍了大型地下水封石洞油库爆破、喷射混凝土制备、水幕孔造孔、通风和竖井设备安装等施工关键技术。

1）对不同开挖方案条件下地下洞库爆破破坏特征进行了试验研究，提出了深孔台阶爆破可用于大型密集水封洞室群开挖，但轮廓面应采用预裂或光面爆破，并严格控制钻孔精度、单段起爆药量、药包直径以及装药结构等；对爆破作用下地下水封洞室群围岩及锚固系统动力稳定性进行了分析，并参考设计标准、水电地下工程经验以及实测资料分析提出了适合地下水封油库开挖爆破的安全控制标准；研究了地下水封洞库开挖爆破振动安全监测方案，并对实测资料进行了分析和统计；介绍了地下水封洞库开挖爆破有害效应的综合控制技术，并对水雾降尘进行了现场试验，降尘效果可达45%以上；研发了地下洞库群开挖爆破动态管理信息系统，该系统可实现在线申报、审批爆破方案，远程测振、爆破器材仓储管理等。

2）提出基于功能组分协同匹配设计方法、适应地下水封石洞油库工程特殊需要的低回弹、高粘聚、喷射致密高性能喷射混凝土胶凝材料体系。发现并利用增黏、增密组分与速凝剂的协同匹配效应，开发了适合大型地下水封石洞油库特殊工程特点的高性能喷射混凝土，实现支护材料立面连续结构与喷射混凝土－岩体整体结构，可保证施工喷射进度、喷射致密且形成与基岩紧密粘结结构，使得喷射强度与室内试验强度相当，且抗渗性能大幅提升，确保大型地下水封石洞油库安全、稳定运行。

3）研制出气动滑移跟进式钻杆定心装置及角传感器、磁钢感应测速传感器、磁位移传感器与潜孔钻机一体化结构，开发出各传感器数显调控系统，建立了以“严格把关钻具、精细操作钻机、及时监控偏斜、动态调整钻孔参数”为技术要点的一整套钻孔偏斜控制方法，将研制装置和提出方法运用于该工程，60m 范围内钻孔偏差角比现行国内外岩土锚杆规范规定的偏差角将近少一半，100m 范围内钻孔偏差角度总体控制在 ±2.3°以内，成孔精度高于 ±2.86% 的设计标准。

4）提出了地下水封石洞油库分期通风方案，建立了三维通风数学模型，模拟和优化了不同施工时期通风系统方案，获得了技术可行、经济合理的高效通风方案。

5）针对设备安装技术要求，设定承重及导向系统同心度、工艺管道椭圆度、垂直度、对接错边量、焊缝内余高等技术要求并采取控制措施，针对竖井内受限作业、高空作业特点制定安全控制措施，自主研发“竖井施工用装备及工装”，形成了大型地下水封石洞油库工艺竖井安装关键技术。

第七章　关键设备国产化

第一节　地下石洞油库大型液下泵国产化

液下泵作为大型地下水封石洞油库的关键设备，掌握其设计和制造的关键技术具有重大意义，主要体现在以下几个方面：1)为大型石油地下洞库及其他应用领域提供安全、可靠的设备，替代国外进口产品，加快石油地下洞库及其他应用领域关键设备的国产化进程，提高石油地下洞库及其他应用领域关键设备的国产化水平；2)通过该产品的研制，完善大型潜没式泵的设计、制造、检验和测试能力，为以后该类型产品的国产化设计、制造、应用方面提供相应的依据；3)随着地下油气石洞储库的不断发展，液下泵组的需求量必将越来越大。国产化的潜没泵组产品和国外同等使用要求下泵组价格仅为国外品牌的三分之二，企业采用国内产品已经是大势所趋，这必将给企业带来极大的经济效益，给社会带来可观的社会效益。

1.1　开发内容

1.1.1　总体目标

(1)瞄准国际先进水平，结合国内泵制造行业的实际情况，针对大型洞库潜没泵的大流量、高扬程、高效率、耐强腐、长周期安全运行的技术难点进行研究开发。

(2)产学研相结合，科研机构、设计单位、制造厂、检测及标定单位、使用单位协同研发，共同对潜没泵主要部件的选型、材料选用以及冷却水系统等关键技术研究分析。

(3)从输送介质为水的潜没泵做起，依次向原油、成品油、丁烷、丙烷等介质，逐步推进。结合该地下水封石洞油库选用潜没泵的性能参数进行研究开发，尽快拿出产品进行试用、考核，在产品通过国家鉴定的前提下，再进行潜没泵的系列开发。

(4)通过研究开发，掌握潜没泵的设计、制造、检测、调试的关键技术。

1.1.2　研究内容

(1)潜没泵的材料选择，包括材料的耐腐蚀能力、强度、疲劳寿命等。

(2)潜没泵的设计计算，包括电磁设计、电机热平衡计算、泵的水力设计、轴向力的平衡、转子动力学计算(包括临界转速、固有频率等)，承压部件的应力分析等。

(3)潜没泵的结构设计，包括泵的水力和整体结构布置设计、导电铜管的高压电传输结构设计、轴承、机械密封的选型设计、高压电机的散热冷却结构设计以及安装工装和整个泵组的运行安全可靠性结构设计等。

(4)制造技术，包括高压、浸没式电机的制造、细长轴的加工、泵体等承压部件的铸造技术以及双相不锈钢的焊接技术等。

(5)检验和试验技术，包括材料的无损检测技术、泵的各项性能测试技术以及测试泵组运行安全可靠性的耐久试验技术等。

1.1.3 主要技术性能指标

关键技术指标见表7-1：

表7-1 潜没油泵关键技术指标

设计寿命	30年		
首次无故障工作时间	5年		
流量 $Q=1200m^3/h$	扬程 $H=180m$	泵效率 =81%	转速 =1480r/min
振动 <3.0mm/s	噪音 <85dB	电机功率 =800kW	

1.1.4 关键核心技术

由于潜没泵要通过套管才能安装及维修，因此潜没泵的结构均为立式多级离心泵，外形尺寸受套管尺寸的制约。潜没油泵安装在液下没有足够的介质冷却，会缩短潜没泵的使用寿命。随着功率的增加，电机以及传输高压导电铜管的耐温要求增高，此外由于安装潜没泵的套管深埋地下，维修费用高。所以该项目的关键技术为：

(1)为了确保设备运行的可靠性，在设计制造中采用国际先进标准。如 API、ASME SectionⅧ、ASTM，IEC 的标准要求，如承压件的设计计算(包括腐蚀余量)按照 ASME SectionⅧ及 API610 的要求，结构设计上严格遵守 API610 的标准要求，电气设计严格按照 IEC 标准族的规定。

(2)导电铜管的 6000V 高压电传输结构设计、制造、测试技术。

(3)为了确保潜没油泵的运行可靠性和使用寿命，还采取了以下技术：

1)在标准允许的范围内加大动静部件的间隙以确保无动静部件的摩擦引起的失效；

2)严格工艺纪律，特别要确保电机的密封与清洁度；

3)各金属部件按照 30 年寿命设计；

4)非金属件采用国际知名品牌并监控其检验过程。

(4)双相不锈钢的铸造，一方面要求铸造表面具有较高的光洁度，另一方面要求其内部无缺陷或者满足 ASME 的要求，在制造过程中对铸造件供应商的工艺进行评定，并对其生产和检验进行见证。双相不锈钢材料的焊接，严格按照已经评定过的工艺进行。

(5)电机运转时产生的热量，包括电机定、转子产生的热量和轴承产生的热量，主要通过以下几个途径来进行冷却：一是通过电机封液的循环带走一部分热量；二是通过电机外部散热片由流经电机的介质带走。电机封液的循环动力由安装在地上的油站提供，电机封液的循环方向是由提拉管内部向下，在电机的下部进入，经过整个电机内部后由三根内部中空的导电管返回地面油站。

（6）机械密封进行了专门的设计，确保了在使用工况下机械密封的可靠性和低泄漏量。摩擦副采用低温烧结 SiC，金属件采用哈氏合金，确保其使用寿命。

（7）通过以下方式减少轴向力，减轻推力轴承的载荷：一是叶轮采用前后密封环加平衡孔的结构，减少叶轮运行时产生的轴向力；二是利用电机转子和定子磁中心不对中可以产生轴向力的特性，合理设计转子和定子的错位，减少轴向力。

（8）泵的水力设计和电机的电磁设计，借鉴已有的水力模型和电磁结构，并加以优化和调整，以满足设计要求。

（9）通过以下控制机组的振动：

图 7-1　机械密封

1）转子设计为刚性转子，尽量减小悬臂长度，转动部件动平衡按照 API610 的 2.5 级标准；

2）合理选择轴承游隙；

3）通过控制加工精度以控制动静部件间隙的均匀程度；

4）适当加大提拉管的直径以提高其强度和刚度。

安装和计算结果见图 7-1 ~ 图 7-8。导电铜管对接试验见图 7-9。

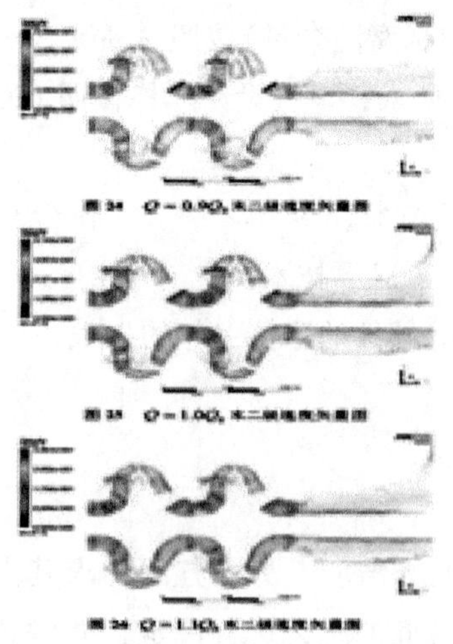

图 7-2　采用 CFD 流场计算优化泵的水力设计

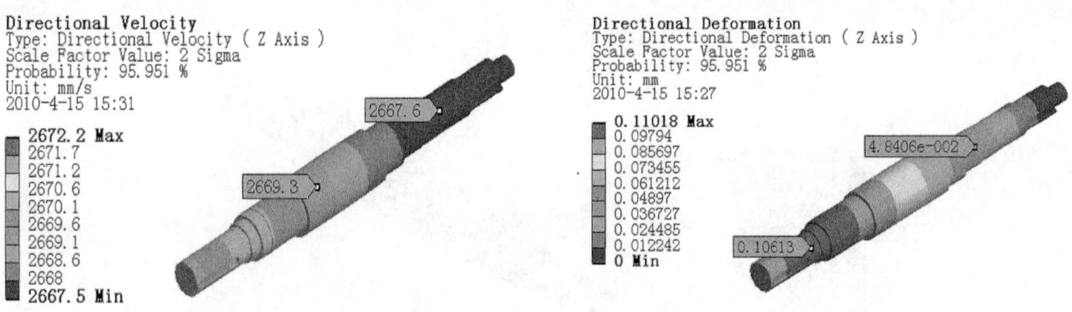

图 7-3　利用 ANSYS 计算轴系振动特性

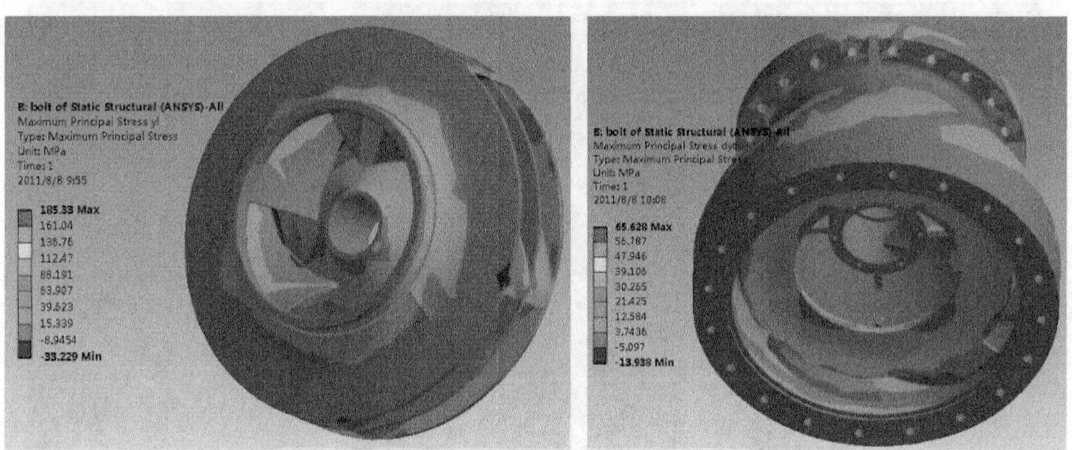

图 7-4　叶轮、泵体有限元计算的主应力云图

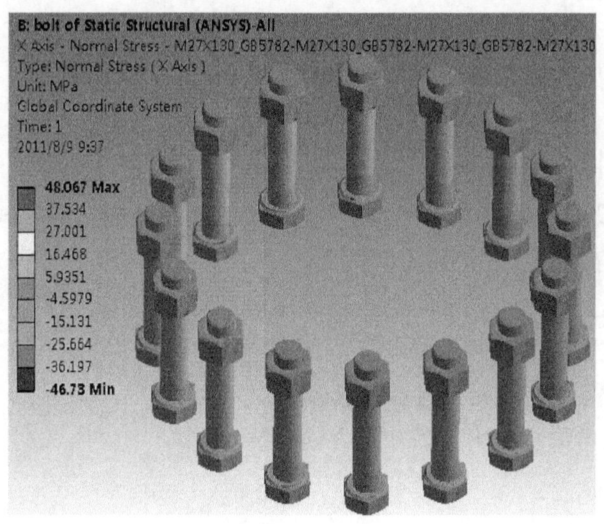

图 7-5　螺栓有限元计算的应力云图

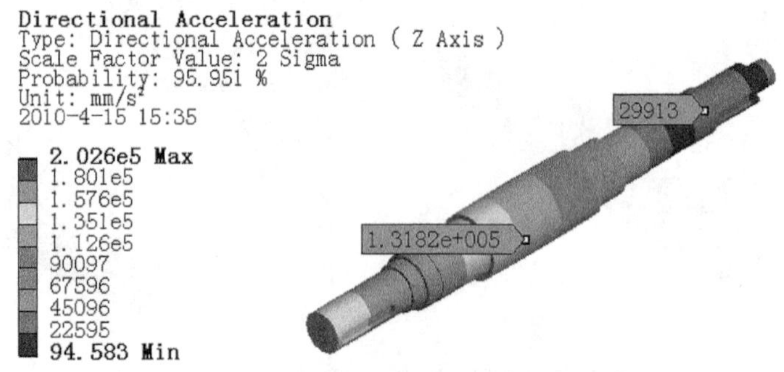

图 7-6　轴有限元计算的应力云图

图 7-7　导电铜管公头

图 7-8　导电铜管母头

图 7-9　导电铜管公、母头对接试验

1.2　形成的专有技术与主要创新点

1.2.1　专有技术

研究开发的潜没油泵是国内第一次成功研制的大功率高电压潜没式电泵，具有自主知识产权，其具体内容包括：

(1)大功率高电压潜没式电泵的电磁设计和水力设计技术；

(2)大型潜没式电泵的热平衡技术；

(3)大型潜没式电泵结构可靠性验证技术；

(4)大型潜没式电泵轴向力平衡和推力轴承技术。

1.2.2　专利技术

提出了兼具导电和冷却回路功能的导电管设计、制造、安装、测试技术，获得国家发明专利。

1.2.3 创新点

(1)大功率高电压油浸式潜没油泵，国内首次研发，通过大量采用先进的研究手段，如CFD与传热流动分析，ANSYS强度与转子动力分析，ANSYS电磁分析，MATLAB编程热传导计算等等，在分析的同时进行实验验证，如水力设计的实验验证，电磁设计的实验验证等。

(2)采用水力和电磁的方法平衡泵组产生的轴向力。在电泵设计中第一次采用该方法，实际运行效果表明该方法有效地提高了轴承运行的可靠性。

(3)兼具有冷却润滑回路作用的导电管结构，国内首次设计应用到电泵中，从而在泵组中替代了高压动力电缆。

1.2.4 主要技术指标对比

潜没油泵组主要的技术难度体现在：1)标准要求高；2)输送介质复杂；3)防爆等级高；4)使用寿命长。根据以上难点就潜没油泵组运行条件、外型及重量、系统构成、泵组性能、结构强度与可靠性、材料方面，对德国KSB、美国FLOWSERVE(德国Pleuger)、挪威的Framo与上海凯泉的国产化潜没油泵泵进行对比分析。通过比对，上海凯泉制造的潜没油泵在各方面已经优于或达到国际品牌产品的水平。

表7-2 国产液下泵与国外产品主要技术指标对比

(1)运行条件对比

运行条件	KSB	FLOWSERVE	Framo	上海凯泉
		1 介质条件		
1.1 最高温度	25℃	27℃	20℃	35℃
1.2 最大黏度	33.2cP	37.5cP	30cP	45cP
1.3 pH值	无说明	无说明	无说明	3~12
1.4 进口压力	0.01~0.25MPa	无说明	无说明	0~0.6MPa
1.5 固体物含量	无说明	无说明	无说明	1%
1.6 固体物最大粒径	无说明	无说明	无说明	6mm
		2 电源条件		
2.1 电压	3相6000V	3相6000V	3相6000V	3相6000V±10%
2.2 频率	50Hz	50Hz	50Hz	50Hz±5%

(2)外型及质量对比

项 目	KSB	FLOWSERVE	Framo	上海凯泉
最大外径	770mm	1020mm	830mm	830mm
长度	6635mm	8301mm	泵段3352mm	5535mm
总质量	5450kg	8910kg	13967kg	11250kg

(3)系统构成对比

系统构成	Framo	上海凯泉
	1 泵与电机	
泵与电机的联接	同轴，无联轴器	同轴，无联轴器
电机的冷却方式	外加强制液压油循环冷却	外加强制液压油循环冷却
机组运行的监测	压力、液位、温度监测	监测电机温升、机组振动和电机的水位
	2 管路与安装	
2.1 排出管径	ϕ400	ϕ400
2.2 法兰标准	ANSI B16.5	ANSI B16.5 RF 300lbs
2.3 定心装置	无说明	有
2.4 止回阀	无说明	上海凯泉设计制造
2.5 辅助冷却管路系统	液压油站	液压油站
2.6 接管载荷	API 610 标准	API 610 标准的 2 倍
	3 电缆	
3.1 动力电缆(液压油站)		
导线面积:	无说明	35mm^2
隔爆要求	EExe Ⅱ T6	Exd Ⅱ BT6
耐水耐油性能	须耐水耐油	水油中大于 5 年寿命
压力等级	无说明	1.0MPa
3.2 信号电缆		
隔爆要求	EExe Ⅱ T6	Exd Ⅱ BT6
耐水耐油性能	无说明	水油中大于 5 年寿命
压力等级	无说明	1.0MPa
	4 接线盒	
动力电缆接线盒隔爆等级	EExe Ⅱ T6	Exd Ⅱ BT6
信号电缆接线盒隔爆等级	EExe Ⅱ T6	Exd Ⅱ BT6

(4)泵组性能对比

泵组性能	KSB	FLOWSERVE	Framo	上海凯泉
		1 泵性能		
1.1 设计点性能				
$Q=1200\text{m}^2/\text{h}$, $H=180\text{m}$ 泵效率	79.5%	68%	80%	81%
NPS_{Hr}	6.5m	7m	11m	6.5m

续表

泵组性能	KSB	FLOWSERVE	Framo	上海凯泉
轴功率	740/651kW	625kW	700/630kW	695/627kW
1.2 关闭点				
关闭压力	234m	236m	无说明	230m
1.3 最大流量点				
流量	1800m²/h,	1450m³/h	1430m³/h	1600m³/h
扬程	104m	152m	160m	180m
功率	770/680kW	775/700kW	无说明	782/690kW
NPS_{Hr}	9.6m	10m	13.5m	9.5m
2 电机性能				
额定功率	800	880	800	800
额定电流	103A	111A	103A	103A
效率	91.1%	89%	无说明	90.5%
功率因素	0.82	0.86	0.18(堵转情况)	0.84
启动电流倍数	3.45	4.8	4	4.5
启动力矩(最大/最小)	1.7/0.7	2.38/0.98		1.8/0.75
额定电压下启动时间	0.95S	无说明	1.5S	1S
电机温升	60℃	无说明	无说明	50℃
冷却介质	水	水	液压油	液压油
3 机组特性				
振动	3mm/s(设计点)	无说明	无说明	3mm/s(设计点)
噪音	85dB(A)	无说明	无说明	85dB(A)

(5)结构强度与可靠性对比

结构强度与可靠性	KSB	FLOWSERVE	Framo	上海凯泉
1 承压件的强度寿命和安全性				
1.1 承压件的设计压力	无说明	无说明	2.5MPa	4MPa
1.2 承压件的设计制造检验规范	无说明	无说明	无说明	ASME Sec Ⅷ
1.3 承压件的设计寿命	20 年	25 年	20 年	30 年
2 转动部件的力学特性				
2.1 转子刚性				
临界转速	无说明	无说明	无说明	3513r/min
轴的最大挠度	无说明	无说明	无说明	0.05mm

续表

结构强度与可靠性	KSB	FLOWSERVE	Framo	上海凯泉
2.2 机组自振频率	无说明	无说明	无说明	58Hz
3 静密封材料、结构和使用寿命				
静密封结构	O 形圈	O 形圈	O 形圈	O 形圈
静密封材料	丁腈橡胶	无说明	无说明	氟橡胶
使用寿命	无说明	无说明	无说明	3 年(室外), 5 年(室内)
4 动密封材料、结构和使用寿命				
动密封结构形式	单端面非平衡型	单端面非平衡型	单端面非平衡	单端面平衡型
摩擦端面	SiC/SiC	SiC/SiC	SiC/SiC	SiC/SiC
O 形圈	丁腈橡胶	无说明	无说明	氟橡胶
冷却润滑方式	强制冷却水	强制冷却水	液压油强制 循环冷却	油润滑
密封介质压力	约 1.5MPa	约 1.5MPa	约 1.5MPa	基本为 0
使用寿命	无说明	无说明	无说明	5 年 (每年运行 5000h)
5 轴承的可靠性和使用寿命				
5.1 推力轴承				
结构形式	分块调心式	分块调心式	滚动轴承	滚动轴承
材料	SiC/SiC	无说明	—	
冷却润滑方式	液体动压	液体动压	液压油强制循环	液压油强制循环
可接受最大载荷	无说明	无说明	无说明	175000N
实际载荷	无说明	无说明	无说明	19000N
使用寿命	无说明	无说明	无说明	1000 次启动次数 时寿命 2 万 h, 500 次启动时寿 命为 5 万 h
5.2 径向轴承				
结构形式	滑动轴承	滑动轴承	滚动轴承	滚动轴承
材料	SiC/SiC	无说明	—	滚动轴承
使用寿命	无说明	无说明	无说明	1000 次启动次数 时寿命 5000h, 500 次启动时寿 命为 5 万 h

续表

结构强度与可靠性	KSB	FLOWSERVE	Framo	上海凯泉
6　轴向力的平衡方式				
轴向力的平衡方式	口环+平衡孔	口环+平衡孔	口环+平衡孔	口环+平衡孔
7　机组的使用寿命和免维护运行时间				
机组的使用寿命	20年	25年	无说明	30年
机组免维护运行时间	3年	18个月	无说明	3~5年

(6)材料对比

材料	KSB	FLOWSERVE	Framo	上海凯泉
1　泵的材料				
1.1 承压件的材料				
泵壳	1.4517 equ. ASTM A351： CD4MCu	双相不锈钢	22Cr. 双相不锈钢	00Cr22Ni5 Mo3N
1.2 功能件的材料				
叶轮	1.4408 equ. ASTM　A 743：CF8M	双相不锈钢	22Cr. 双相不锈钢	00Cr22Ni5 Mo3N
密封环	1.4138/1.4462	无说明	无说明	CD-4MCu
轴	1.4462 equ.　ASTM S31803	无说明	34CrNiMo6	2Cr13
2　电机材料				
机壳	无说明	双相不锈钢	无说明	00Cr22Ni5 Mo3N
联轴器	1.4517 equ. ASTM A351： CD4MCu	无说明	无	无
电机轴	C45+N	无说明	同轴	同轴

1.3　制造技术

(1)锻件、铸件毛坯的制造技术

潜没油泵水力部分零件多为铸造毛坯，为了保证铸件质量，铸件由专业公司进行固溶处理，铸件经加工后表面PT无损检测完全合格；采用高精度HRPS-Ⅳ型激光快速成形仪制造叶轮铸件模型，并应用腊模精铸，保证了叶片几何形状制造精度，符合叶轮水力性能的要求；潜没油泵电机轴、电机定子端盖法兰、吸入筒体法兰、出口联接管法兰等零件采用锻件毛坯，由专业公司提供的锻造热处理后的毛坯。潜没油泵的锻件毛坯进厂经复检，一次合格率100%。

(2)焊接技术

潜没油泵制造中需焊接的有电机定子、吸入筒体、出口连接管、导电提拉管等零件，涉及到的材料有奥氏体不锈钢1Cr18Ni9Ti和双相不锈钢S31803、S32750、CD3MN等。焊接工艺工程师依据相关焊接工艺评定，设计了相应零件的焊接工艺规程，保证了零件的焊接要求。

(3)机械加工技术

潜没油泵导流壳体、吸入段和吐出段材料为CD3MN双相不锈钢铸件，零件尺寸公差与形位公差要求严格。对铸件首先是安排了打磨工序，特别是过流部位表面的打磨，表面粗糙度值达到了*Ra*3.2以下，可以有效地减少铸件表面粗糙度对水力性能的影响。此类零件的车加工都是安排在KVL－1600ATC＋C－Ⅱ高精度数控立式车铣中心完成。在零件粗加工后安排了水压试验工序，以减小由于精加工后出现铸造缺陷而无法补救的可能性。在数控立式车铣中心一次装夹完成钻孔、攻丝、车削等工序，有效地保证了零件的形位精度要求。

叶轮进行流道打磨，线切割对称双键槽，最后按要求做整体转子G2.5级动平衡试验。

(4)电机制造技术

潜没油泵的电机是该泵的核心部件。电机工作电压为6000V，电机运行时内部充满满足GB 11120—2011标准的L－TSA46#涡轮机油(A级)，因此对电机的电磁线绝缘性能，抗老化性能要求很高。采用矿用泵系列电机，由于有耐油抗老化的要求，因此在原有电磁线外表敷上一层进口绝缘耐高压、耐油、抗老化的聚四氟乙烯塑料层(图7－10)，按电机的要求检测，耐高压的绝缘性能完全符合技术规格书的要求。

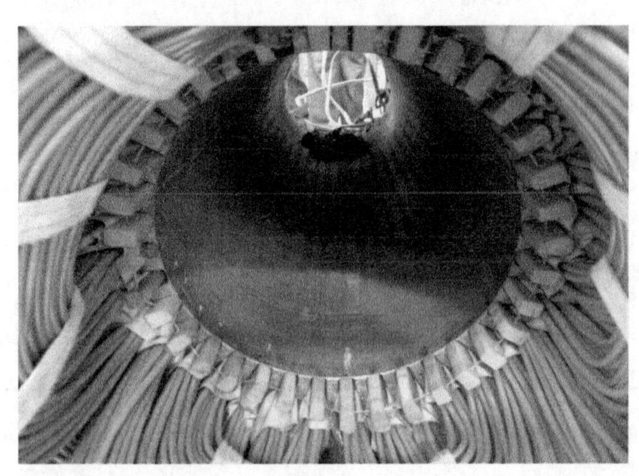

图7－10　绕组采用杜邦的敷膜，保证在高温油中30年的寿命

潜没油泵电机为细长轴转子，转子总长3245mm，最细部位直径56mm，质量达1000kg，属于局部加重的细长轴，加工难度较大。转子部件的加工过程为：锻造毛坯(热处理)粗车－去应力热处理－半精车－铣键槽－压装硅钢片、穿铜条、焊端环－半精车－粗磨－半精磨－铣键槽(对称双键槽)－精磨－动平衡试验。由于转子采用对称的双键槽，

如果加工时对称度要求不能保证，装配时叶轮就无法安装到位。为此，设计了铣对称键槽的专用工装，在高精度的数控镗铣床加工键槽，经三座标测量仪检测，加工的键槽完全满足图纸的对称度要求。

(5)装配关键过程控制

潜没油泵在测试时完全浸没在水中，为了保证电机安全可靠的运行，必须保证电机各密封面不得有任何的渗漏，因此，整机的水压试验就成了装配过程中的一个关键过程。针对泵的特殊结构，设计了装配各个阶段的压力试验工装，保证装配的各部件及整机都按图纸要求做 3.0MPa 的水压试验(图 7-11)。

图 7-11　整机的水压试验

潜没油泵的电机腔和提拉管内全部充满 L-TSA46#涡轮机油(A 级)，且三相导电管之间的距离基本是按最小安全距离设计的，如果电机腔和提拉管内有任何的导电杂质，都可能会引起电机相间的短路。因此，装配时的清洁是一个很重要的环节。在装配之前，用干净的 L-TSA46#涡轮机油对包括电机定子内部、电机转子、导电管、提拉管内部、导电管支撑板等零件进行了认真的清洗。同时对准备注入的 L-TSA46#涡轮机油进行了耐高压试验，经试验，L-TSA46#涡轮机油的耐压达到 25000V。

潜没油泵的体积、质量较大，吸入筒体需先安装到测试台架上，再将电机泵体部分装入到吸入筒体内，由于电机泵体提拉管部分装在一起后长度达 5m 以上，且重量达 6000kg，因此，设计了安全可靠的吊装工装，可以很方便地将电机泵体部分平稳可靠地装入吸入筒体内。

(6)结论

潜没油泵的制造工艺及制造过程证明该产品的材料，铸造、锻造、焊接、热处理、机加工、装配等工艺及所需的设备等均能满足设计的各项要求。设计的工艺及工装保证了加工及装配的技术要求，各种工艺规程全过程指导生产，完全满足了潜没油泵的试制要求，也满足了首台工业应用泵组的要求，为下一步潜没油泵的批量生产打下了坚实的基础。

第二节 原油油气回收技术

2.1 设施规模与装置规模

2.1.1 油气回收设施规模的确定

水封石洞油库油气回收装置规模的确定与洞罐设计最小气体容积、洞罐设计压力、操作压力、洞库收油方式和油气回收装置投资等因素有关。

1)洞罐设计最小气体容积

根据《地下水封石洞油库设计规范》(GB 50455—2008)，洞罐的装量系数不宜大于0.95。对于水封石洞油库，原油洞罐的装量系数可取0.95。

对于水封原油洞罐，通常采用直墙圆拱式断面，一般断面宽度为15～25m，高度为18～30m。通常采用固定水垫层储油工艺，洞罐底部一直存有0.5m高度的水垫层。水垫层断面面积与洞罐断面面积比值一般为0.01～0.02，可认为水垫层容量占洞罐容积的0.01～0.02。

根据以上所述，通常洞罐设计最小气体容积为洞罐容积的0.03～0.04。洞罐设计最小气体容积越大，油气处理装置的规模可越小。

2)洞罐设计压力和操作压力

洞罐设计压力和操作压力越大，洞罐内油气储存量越大，油气处理装置的规模可适当减小。但洞罐设计压力和操作压力大，洞罐的埋设深度也相应大，导致洞罐的建造费用、潜油泵和潜水泵的设备投资及其运行费用相应增大。因此，洞罐设计压力应根据项目的具体情况确定，一般可设为0.1～0.3MPa。

3)洞库收油方式

洞库收油一般有以下路线：油品码头油轮→洞库；油品码头油轮→中间地面油库→洞库。

a)油品码头油轮→洞库

该路线受卸船条件的限制，一般卸船流量较大，可达6000～9000m^3/h，甚至更大。洞库油气回收装置的规模与卸船流量和相邻两船之间的时间间隔有关。

b)油品码头油轮→中间地面油库→洞库

该路线洞库收油来自地面油库，地面油库的库容量大小、输油泵的流量和数量、操作方式(连续还是间断，两次输油时间间隔等)决定了洞库油气回收装置的规模。

4)油气回收装置投资

油气回收装置规模越大，其投资也会越大。根据项目的具体情况，采用憋压储气、均衡处理、间隔控制的油气储存和处理工艺技术，可减小油气回收装置的规模，降低油气回收设施部分的投资。这种工艺技术在洞罐不充油时需要有继续提供吸收液的设施，需根据项目的具体情况确定。

2.1.2 洞库油气回收装置规模的确定

1)基础数据和技术条件

(a)该洞库设计原油总库容量 $300\times10^4m^3$，洞库实际总容量 $320\times10^4m^3$。

(b)每座洞罐原油装量系数为 0.95，水垫层高度 0.5m，洞室横断面计算面积 $570m^2$，水量系数为 0.0175，最小油气空间体积系数为 0.0325。

(c)进库流量 1500 ~ $3000m^3/h$，每批次进油量按 $30\times10^4m^3$ 考虑，每月进油 2 批次。

(d)每批次进油开始时洞罐内油气压力为 0.02MPa，每批次进油结束时洞罐内油气压力不允许超过 0.1MPa。

2)油气回收装置规模的最终确定

按照 5 ~ 10 年周转一次原油，周转频率低，为了提高油气处理设施的投资效率，油气回收设施的处理规模宜越小越好。另外，给该洞库供油的地面油库输油泵流量为 $1500m^3/h$，考虑到油气回收装置规模与其匹配，为便于操作和管理，该洞库油气回收装置规模确定为 $1500m^3/h$。

2.2 工艺路线与主要设备

2.2.1 工艺初选

大型地下原油洞库原油油气回收具有 3 个明显的特点：一是处理规模大，设备投资较大，因此宜采用投资尽量低的方式；二是油气浓度相对较低，小分子气体含量高，应考虑选择适宜低浓度油气的处理方法；三是可利用的公用工程少，应选择对外部依赖少的处理方式。

1)吸附法

活性炭吸附烃的能力很强。对于烃含量和乙烷含量最高的 T30 组分(科威特原油)，计算的活性炭吸附情况如表 7-3(吸附量按 $1500m^3/h$ 计，温度 20℃，压力 0.1MPa)。

吸附饱和的活性炭需要再生，再生采用抽真空方式，生成的富油返回至地下库。

可见活性炭的用量不是很大，并且价格低，吸附法是可选的技术方案。

表 7-3 活性炭吸附量表

组分	组分流量/(kg/h)	吸附能力/(g 烃/100g 炭)	吸附效率/%	装填量/(t/h)
C_2	243.39	2.2	60	18.48
C_3	907.95	9.5	70	13.65
C_4	769.67	30.0	75	3.42
C_5	296.04	42.0	80	0.89
C_6	65.90	52.0	85	0.15
小计	36.59t 活性炭，约 $90m^3$			

2)膜法

膜对不同烃分子的分离能力与活性炭的分离情况类似，也是大分子容易透过膜，小分子不容易透过。对于烃含量和乙烷含量最高的 T30 组分，估算膜的用量为 1500m^2，考虑到膜的价格高，膜部分的投资已经数倍于吸附法。考虑到单纯膜法的投资太高，因此不作为可选方案。

3)吸收法

通过模拟计算，单纯以吸收法不能达到排放限值，计算以 T01 油作为吸收液和 T01 油气作为原油气参数，吸收压力按洞库操作压力 0.2MPa，温度按 20℃进行。主要的计算结果见表 7-4。

从表中的数据看，在吸收油量达到 200t/h 以后，尾气中烃的含量基本不再下降，而最终油气浓度也不能降低到 300g/m^3 以下。因此单纯的吸收法不作为可选方案。

表 7-4　吸收效果表

序号	吸收油量/(t/h)	排放气/(g/m^3)
1	4000	321.0
2	3000	321.5
3	2000	322.0
4	1000	322.9
5	500	325.8
6	400	328.4
7	300	333.9
8	200	345.1
9	100	395.4
10	75	427.1
11	50	459.6

4)冷凝法

通过模拟计算，单纯以冷凝法可以达到排放限值，但需要深冷级水平。计算以 T01 油气作为原油气参数，冷凝压力按洞库操作压力 0.2MPa 进行。主要的计算结果见表 7-5。

表 7-5　冷凝效果表

序号	冷凝温度/℃	排放气/(g/m^3)
1	-30	418.4
2	-40	332.2
3	-50	251.3
4	-60	180.4

续表

序号	冷凝温度/℃	排放气/(g/m³)
5	-70	122.6
6	-80	79.6
7	-90	49.9
8	-100	30.2
9	-105	23.1
10	-110	17.4

从表中数据看，如果要确保达到排放指标，需要制冷到-110℃的水平，虽然制冷设备能够达到这一水平，但需复杂的复叠制冷，并且深冷的能耗很高，导致投入高，能耗高。因此，单纯的制冷方式不作为可选方案。

5)吸附+吸收法

吸附+吸收法与吸附法的区别是，吸附+吸收法是将再生出的气体进入以原油为吸收剂的吸收塔进行吸收；吸附法将再生出的气体返回至地下库，由库内原油完成对再生气的吸收。吸附法减少了吸收塔及相关设备，但增加库内管道及气体分配的投资，最终的投资应相差不大，并且库内吸收为一次相平衡吸收，而吸收塔可以通过增加塔盘数量来完成多次吸收。

因为原油油气烃浓度在400~500g/m³，仅略高于吸收法能达到的油气排放水平，因此采取先吸收后吸附的方式不合理，而应采取先吸附后吸收的工艺顺序。

吸附+吸收法的效果更理想，并且增加的吸收工艺在油库中更容易实现，因此吸附+吸收工艺作为可选方案。

6)冷凝+吸附法

单纯的冷凝法，在冷凝温度-30℃(不考虑更低的温度需复叠制冷)时，冷凝后的油气浓度是418g/m³。因此，采取先冷凝后吸附的方式不合理，而应采取先吸附后冷凝的工艺顺序。但冷凝过程负荷加载慢，而活性炭再生切换一般不超过30min，这意味着制冷压缩机需要频繁地进行负荷加载和减载。根据对制冷机调查，将油气从+30℃降低到0℃大约需要10min，进一步降低到-30℃大约需要30min，说明用冷凝方式处理再生气这样流量频繁变化的气体不合适。因此，冷凝+吸附法不作为可选方案。

7)吸收+膜法

采用先吸收后膜分离的方法时，因为吸收的效果差，导致进膜的油气浓度没有明显的降低，因此膜的使用量仍然很多，投资过高，不合理；采用先膜分离后吸收的方式，仍然是使用很多的膜，同样投资高，不合理。因此吸收+膜法不作为可选方案。

8)冷凝+膜法

采用先冷凝后膜分离的方法时，冷凝后的油气浓度仍然较高，导致进膜的油气浓度没有明显的降低，因此膜的使用量仍然很多，投资过高，不合理；采用先膜分离后冷凝的方式，仍然是使用很多的膜，同样投资高，不合理。因此冷凝+膜法不作为可选方案。

各种油气回收对于原油油气的适应情况见表7-6。

其他方法由于或不能达到排放限值、或设备运行不适宜气体负荷变化、或投资高而不适合大型的原油油气回收装置。因此经过初步选择，可选的工艺方案为吸附法和吸收+吸附法。

表7-6　原油油气适应情况表

项目	吸附	膜	冷凝	吸收	吸附+吸收	吸附+冷凝	膜+吸收	膜+冷凝
投资	较少	一般	较高	少	一般	一般	高	较高
排放控制	能	能	能	不能	能	能	能	能
公用工程	一般	少	一般	少	较高	高	较少	较高
能耗	少	较少	高	少	一般	一般	高	较高

2.2.2　工艺选择

对吸附法和吸收+吸附法两种方法从达标排放能力、建设投资和运行、维护的方便性方面进行了详细的比较见表7-7。

表7-7　油气回收方法比较表

项目	吸附法	吸附+吸收法
达标排放能力	强	强
建设投资	地面投资少，地下投资多，总体相差不大	地面投资多，地下投资无，总体相差不大
运行、维护方便性	因涉及地下部分，略显不便	集中操控，方便

吸附法虽然比吸附+吸收法节省了吸收塔，但增加了地下部分管道铺设和洞库内气体分配管道的铺设，因此在投资上并没有优势。而吸收+吸附法设备集中布置，在操作和维护上更便利，因此采取吸附+吸收法的油气回收工艺。

根据大型地下水封石洞油库油气回收工艺过程特点、油气性质、操作条件，结合国内外油气回收装置实际应用中已经证实的先进可靠的吸附剂和吸收液，选用适合大型地下水封石洞油库油气回收的吸附剂和吸收液。该洞库工程采用煤基活性炭做吸附剂、本库储存的原油做吸收液。

主要工艺参数的确定：

1)油气压力

洞库内是存在一定压力的，通常在0.01～0.1MPa之间。油气成分在不同的压力下会有所不同。油气处理设备进气需要具有一定的压力，以便提供通过管道和吸附床层的动力，通常0.02MPa的压力即可满足要求。以T30组分和T30原油为基准，计算分析了油气压力在0.01～0.1MPa之间的情况见表7-8。

表 7-8 压力-油气性质表

压力/MPa	浓度/(g/m^3)	吸附烃总量/(kg/h)
0.01	512.8	512.8
0.02	603.0	603.0
0.03	693.4	693.4
0.04	770.5	770.5
0.05	803.1	803.1
0.06	861.9	861.9
0.07	870.1	870.1
0.08	921.2	921.2
0.09	972.4	972.4
0.10	1023.6	1023.6

提高库内压力可以提高油气分压，降低油气中烃的摩尔含量，但因为压力升高，使得总的气量增加，最终随氮气带出的烃反而增多。从数据上看，随着压力的提升，吸附负荷持续上升。因此在不影响库区运行的情况下，库内压力应该尽量降低。

2)吸收油量

以 T01 油气组分模拟了吸收+吸附工艺，按 0.02MPa，1500ACTm^3/h(1107Nm^3/h)进气量，排放达标计算。主要结果见表 7-9。

从计算数据看，吸收油量超过 82.5t/h 后，循环气量降低效果不再明显；低于 45t/h 时，解吸气中烃含量甚至高于再生气烃含量，吸收效果很差。因此应采取 45~80t/h 的吸收油用量。活性炭吸附在此吸收油量时，增加约 3%~15% 的负荷。

考虑到实际运行过程中气体成分的变化和原油性质的变化，在选取吸收油泵时，应考虑到 90t/h 的水平。

表 7-9 吸附+吸收结果

序号	吸收油量/(t/h)	循环气量/(Nm^3/h)	再生气烃含量/(g/m^3)	解吸气烃含量/(g/m^3)	备注
1	15	1552.4	2011	2074	
2	22.5	1054.0	1945	2019	
3	30	782.8	1911	1982	
4	37.5	589.0	1905	1952	
5	45	447.9	1911	1916	
6	48.75	384.0	1919	1892	
7	52.5	328.0	1927	1862	
8	60	232.8	1948	1781	
9	67.5	155.0	1977	1675	

续表

序号	吸收油量/(t/h)	循环气量/(Nm³/h)	再生气烃含量/(g/m³)	解吸气烃含量/(g/m³)	备注
10	75	94.1	2011	1523	
11	82.5	58.6	2035	1325	
12	90	47.2	2043	1231	

3)切换时间

选择切换时间主要考虑两个因素：一个是适合的操作性，切换过于频繁，对于活性炭的寿命、切换阀的寿命和容器的寿命均不利，切换时间过短也不利于提高设备的弹性范围，因此建议切换时间不低于15min；另一个是经济性，在活性炭和容器价格不高的情况下，应适当加长切换时间。以每小时进气1500m³/h，T30组分为基准的活性炭装填量见表7-10。

表7-10　活性炭装填量表

组分	组分流量/(kg/h)	吸附能力炭/(g/100g)	吸附效率/%	装填量/(t/h)
C_2	264.09	2.2	60	20.10
C_3	909.23	9.5	70	13.65
C_4	769.95	30.0	75	3.45
C_5	296.10	42.0	80	0.9
C_{6+}	66.00	52.0	85	0.15
小计				38.25

采用不同切换时间需要的单塔活性炭装填量见表7-11。考虑到设备公路运输的要求，活性炭罐直径取为3.0m。根据活性炭厂商要求，吸附过程中最大气速为0.05m/s，活性炭罐长径比一般控制在2~4。切换时间小于20min时长径比达不到2，切换时间大于60min时长径比超过4。因此建议切换时间取20~30min。

表7-11　不同切换时间需要的单塔活性炭装填量

切换时间/min	实际活性炭量/t	装填高度/mm	设备规格/mm
10	6.4	2300	3000×3600
15	9.5	3400	3000×4600
20	12.8	4600	3000×6500
30	19.2	6800	3000×8000
60	29.0	14000	3000×16000

4)再生压力

活性炭的吸附容量是由不同压力下的吸附能力差值决定的，因此越低的再生压力会获得越好的吸附容量。但过低的再生压力使设备增大，能耗增加。由真空泵工况表7-12可以看出，在压力低于 10kPa 后，真空泵入口流量急速增加，因此不宜将再生压力低于 10kPa。温度上看，压力低于 25kPa 时，真空泵排气温度高，需要优质润滑油，从这方面看，再生压力也不宜太低。

表 7-12 真空泵工况表

压力/kPa	入口流量/(m^3/h)	轴功率/kW	压缩比	出口温度/℃
5	6452	45. 0	25	173
10	3223	34. 1	12. 5	143
15	2147	28. 0	8. 3	126
20	1610	23. 9	6. 3	113
25	1286	20. 7	5. 0	104
30	1071	18. 2	4. 2	96

2. 2. 3 主要设备的确定

吸附 + 吸收工艺的主要设备有吸附罐、吸收塔、真空泵、油泵，油泵为工业常用设备。

(1) 吸收塔

吸收塔多种多样，主要有填料式吸收塔和塔盘式吸收塔，填料又分为散堆填料和规整填料，塔盘分为浮阀和筛板。原油洞库油气回收的吸收剂采用的是原油，原油具有黏度高(相对于其他油品)、易起泡的特性，这种情况应优先采取筛板塔，其次可考虑液通量高的规整填料塔。吸收塔不需要很高的分离效果，根据计算机模拟计算，只需要 4 块理论板即可达到分离效果。因进塔的气量比较稳定，所以建议采取筛板，塔板数量为 6 ~ 8 块。因液滴进入吸附罐会影响到活性炭寿命，因此塔顶至少需留有 1. 5m 的气液分离空间，并宜设除沫器。塔底液体直接返回库内，因此不需考虑存留过多液体，塔底容积确保 5min 液体停留时间即可。塔盘应设有泪孔，以保证装置停车后，塔盘上所有液体流向塔底。

(2) 吸附罐

吸附罐直径较大，内部采取支撑结构时较复杂，因此建议采取瓷球装填底部，既可保证支撑的可靠性，又可保证流通空间。吸附罐空塔气速不应超过 0. 05m/s。活性炭至少考虑 300mm 的富余装填高度。吸附罐建议的结构见图 7-12。鉴于吸附罐再生阶段为负压状态，在意外状况时，可能会导致塔内为负压，因此塔顶应设有负压保护设备，或塔器按负压容器设计。

(3) 真空泵

真空泵有液环式、活塞式、螺杆式等，现在普遍应用的主要有液环式和螺杆式。吸收 + 吸附方式油气回收的抽真空系统，负荷频繁变化，每 15 ~ 20min 进行一次负荷加载和减载，甚至需要停机，因此所采用的真空泵能够容易进行负荷变化调节。

液环式真空泵是通过偏心叶轮带动工作液旋转，叶轮与工作液之间形成由大到小的空

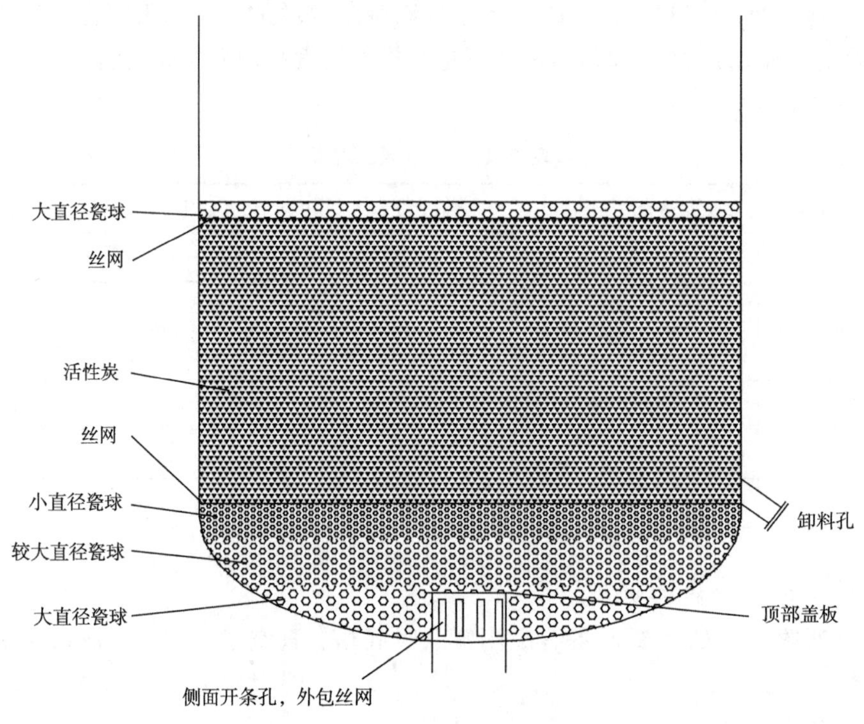

图 7-12　吸附罐结构

腔，达到抽取气体的效果；螺杆式真空泵是利用齿轮传动同步反向旋转的相互啮合而不接触的左螺杆与右螺杆作高速转动，利用泵壳和相互啮合的螺旋将螺旋槽分隔成多个空间，形成多个级，气体在相等的各个槽内进行传输运动，达到抽取气体的效果。液环式真空泵因为工作液的蒸汽压限制，在真空度较高时效率降低很快，通常在 25kPa 以下压力时不宜采用。螺杆式可以达到 1kPa 以下的压力，因此可以获得很好的再生效果。但螺杆泵提供很高的压缩比，导致排气温度高，造成机械长期运行故障较多。

液环式与螺杆式真空泵的性能比较见表 7-13。

表 7-13　真空泵性能比较表

项目	液环式	螺杆式
达到的真空效果	25kPa 以下效率低	0. 5kPa 以下效率低
效率	低	高
压缩比	一般 4	可以达到 100 甚至更高
排气温度	工作液取走大量热，温度升高十几摄氏度	压缩比 4 时升高 80℃；压缩比 25 时升高 150℃
噪声	约 50dB	80 ~ 90dB
负荷调节性	不能变频调速，调节能力差	可以大范围调速，调节能力佳
长期可靠性	高	故障较多，尤其是大型号

2.3 攻克两项技术难点

2.3.1 吸收塔雾沫夹带问题

油气回收装置联调结束后进行了负荷(进油气)试车，过程中出口尾气频繁出现油气浓度高报警情况，经监测分析，系统处理效果远未达到排放指标(25g/m^3)。为解决这个问题，多次组织供货商及国内外专家对装置运行情况从工艺、设备、吸附剂等方面进行检查分析，经过分析确认系统尾气不合格原因为系统运行时吸收塔发生“雾沫夹带”现象。

针对“雾沫夹带”这一现象，从设备、工艺方面进行了分析，确定了主要由于吸收塔设备的原因，针对分析结果，对吸收塔结构及内件进行了四点优化。经过装置负荷试车，油气回收装置处理能力及处理效果均达到设计水平。

2.3.2 吸收油防堵塞问题

系统运行过程中出现吸收原油去真空泵的冷却支线过滤器堵塞问题，导致冷却油支线过滤器压差高报警、系统频繁停机，严重的影响了系统连续稳定运行。

为解决这一问题，我们探索了对冷却液(原油)进行梯级过滤、加热及更换更合适的真空泵腔体冷却液等方法，系统稳定运行。

本章小结

1)液下泵作为大型地下水封石洞油库的关键设备，掌握其设计和制造的核心技术具有重大意义。本章介绍了依托工程建设，开展液下泵的研发工作。开展了系统的计算分析和检验试验，开发形成了大型潜没式电泵电磁设计、水力设计、热平衡设计、可靠性验证、轴向力平衡和推力轴承等多项专有技术和一项发明专利。研发的液下泵主要技术指标超过或达到国际先进水平，在该地下水封石洞油库工程一次试运成功，实现了地下水封石洞油库核心设备国产化。

2)油气回收装置采用活性炭吸附、真空再生和原油吸收工艺技术，吸附+吸收工艺的主要设备有吸附罐、吸收塔、真空泵、油泵。油气回收需要极高的自动化控制程度和安全连锁保护系统，采用安全可靠和技术先进的应用软件。油气回收控制系统选择小型 PLC 或 DCS 系统为主。

3)作为国内第一套原油油气回收装置，在油气回收装置运行方面，攻克了吸收塔雾沫夹带和吸收油堵塞二个技术难点。

参考文献

[1]钱七虎．国家石油储备库应建于地下，科学时报．2007 http：//news. sciencenet. cn/ htmlnews/ 2007314112615492174733. html.

[2]蔡美峰，何满潮，刘东燕．岩石力学与工程．北京：科学出版社，2002.

[3]武强，徐华．三维地质建模与可视化方法研究．中国科学：地球科学，2004，34(1)：54－60.

[4]孙广忠．岩体结构力学．北京：科学出版社，1998.

[5]Siekfo S，Robert H，Van Knapen B，et al. A method for automated discontinuity analysis of rock slope with 3D laser scanning. Proceedings of the 84th Annual Meeting of Transportation Research Board. Washington D. C.，2005：187－208.

[6]Feng Q，Sjogren P，Stephansson O，et al. Measuring fracture orientation at exposed rock faces by using a non-reflector total station. Engineering Geology，2001，59(1－2)：133－146.

[7]Hammah RE，Curran JH. Fuzzy cluster algorithm for the automatic identification of joints sets. International Journal of Rock Mechanics and Mining Sciences，1998，35(7)：889－905.

[8]洪子恩，冯正一，吴宗江．应用三维激光扫描于岩坡露头位能的量测．水土保持学报，2007，39(3)：247－267.

[9]董秀君，黄润秋．三维激光扫描技术在高陡边坡地质调查中的应用．岩石力学与工程学报，2006，25(s2)：3629－3635.

[10]王凤艳，陈剑平，付学慧，等．基于 VirtuoZo 的岩体结构面几何信息获取研究．岩石力学与工程学报，2008，27(1)：169－175.

[11]刘昌军，丁留谦，孙东亚．基于激光点云数据的岩体结构面全自动模糊群聚分析及几何信息获取．岩石力学与工程学报，2011，30(2)：358－364.

[12]周维垣，杨延毅．节理岩体力学参数取值研究．岩土工程学报，1992，14(5)：1－11.

[13]陈志坚，卓家寿．样本单元法及层状含裂隙岩体力学参数的确定．河海大学学报，2000，28(1)：14－17.

[14]何满潮，薛廷河，彭延飞．工程岩体力学参数确定方法的研究．岩石力学与工程学报，2001，20(2)：225－229.

[15]盛谦，黄正加，邬爱清．三峡节理岩体力学性质的数值模拟试验．长江科学院院报，2001，18(1)：35－37.

[16]李世海，汪远年．三维离散元计算参数选取方法研究．岩石力学与工程学报，2004，23(21)：3642－3651.

[17]杨学堂，哈秋舲，张永兴，等．裂隙岩体宏观力学参数数值仿真模拟研究．水力发电，2004，30(7)：14－16.

[18]丁秀丽，刘建，白世伟，等．岩体蠕变结构效应的数值模拟研究．岩石力学与工程学报，2006，25(增2)：3642－3649.

[19]张玉军．节理岩体等效模型及其数值计算和室内试验．岩土工程学报，2006，28(1)：29－32.

[20]周火明，孔祥辉．水利水电工程岩石力学参数取值问题与对策．长江科学院院报，2006，23(4)：36－40.

[21]胡波，王思敬，刘顺桂，等．基于精细结构描述及数值试验的节理岩体参数确定与应用．岩石力学与工程学报，2007，26(12)：2458－2465.

[22]钟登华，李明超，杨建敏．复杂工程岩体结构三维可视化构造及其应用．岩石力学与工程学报，2005，24(4)：575－580.

[23]Wu Q，Xu H，Zou XK. An effective method for 3D geological modeling with multi－source data integration. Computer Geoscience，2005，31(1)：35－43.

[24]李邵军，冯夏庭，王威，等．岩土工程中基于栅格的三维地层建模及空间分析．岩石力学与工程学报，2007，26(3)：532－537.

[25]Louis C. A study of groundwater flow in jointed rock and its influence on the stability of rock masses. London：Imperial College of Science and Technology，London，UK. 1969.

[26]Long J C S，Remer J S，Wilson C R，Witherspoon P A. Porous media equivalents for networks of discontinuous fractures. Water Resources Research，1982，18(3)：645－658.

[27]田开铭，万力．各向异性裂隙介质渗透性的研究与评价，学苑出版社，1989.

[28]Moreno L，Neretnieks I，Eriksen T. Analysis of some laboratory tracer runs in natural fissures. Water Resources Research，1985，21(7)：951－958.

[29]Abelin H，Birgersson L，Widksen T. Analysis of some labriments in crystalline fractured rocks. Journal of Contaminant Hydrology，1994，15(3)：129－158.

[30]Bourke P J. Channelling of flow through fractures in rock. UKAEA Atomic Energy Research Establishment Chemistry Division，1987.

[31]Dverstorp B，Anderson J. Application of the discrete fracture network concept with field data：Possibilities of model calibration and validation. Water Resources Research，1989，25(3)：540－550.

[32]于青春，刘丰收，大西有三．岩体非连续裂隙网络三维面状渗流模型．岩石力学与工程学报，2005，24(4)：662－668.

[33]于青春，武雄，大西有三．非连续裂隙网络管状渗流模型及其校正．岩石力学与工程学报，2006，25(7)：1469－1474.

[34]Sagar B，Runchal A. Permeability of fractured rock：Effect of fracture size and data uncertainties. Water Resources Research，1982，18(2)：266－274.

[35]倪绍虎，何世海，汪小刚，吕慷．裂隙岩体渗流的优势水力路径．四川大学学报(工程科学版)，2012，44(6)：108－115.

[36]刘才华，陈从新，付少兰．剪应力作用下岩体裂隙渗流特性研究．岩石力学与工程学报，2003，22(10)：1651－1655.

[37]蒋宇静，王刚，李博，等．岩石节理剪切渗流耦合试验及分析．岩石力学与工程学报，2007，26(11)：2 254－2 259.

[38]薛禹群．地下水动力学(第二版)．北京：地质出版社，2003.

[39]仵彦卿．岩土水力学．北京：科学出版社，2009.

[40]周志芳．裂隙介质水动力学原理．北京：高等教育出版社，2007.

[41]王媛，徐志英．复杂裂隙岩体渗流与应力弹塑性全耦合分析．岩石力学与工程学报，2000，19(2)：177－181.

[42]朱珍德，郭海庆．裂隙岩体水力学基础．北京：科学出版社，2007.

[43] Neuman S P, Depner J S. Use of variable – scale pressuretest data to estimate the log hydraulic conductivity covariance and dispersivity of fractured granites near Oracle. Journal Hydrology, 1988, 102: 475 – 501.

[44] Sudicky E A, McLaren R G. The Laplace TransformGalerkin technique for large – scale simulation of masstransport in discretely fractured porous formations. Water Resources Research, 1992, 28(2): 499 – 514.

[45] Cacas M C, Ledoux E, de Marsily G et al. Moedling fracture flowwith a stochastic discrete fracture network: Calibrationand validation, 1. The flow model. Water Resources Research, 1990, 26(3): 479 – 489.

[46] 陈崇希．岩溶管道 – 裂隙 – 孔隙三重空隙介质地下水流模型及模拟方法研究．地球科学 – 中国地质大学学报, 1995, 20(4): 361 – 366.

[47] 仵彦卿．岩体水力学基础(六) – 岩体渗流场与应力场耦合的双重介质模型．水文地质工程地质, 1998, (1): 43 – 46.

[48] 王恩志, 王洪涛, 孙役．双重裂隙系统渗流模型研究．岩石力学与工程学报, 1998, 17(4): 400 – 406.

[49] 柴军瑞, 仵彦卿．岩体渗流场和应力场耦合分析的多重裂隙网络模型．岩石力学与工程学报, 2000, 19(6): 712 – 717.

[50] 王环玲, 徐卫亚, 余宏明．岩溶地区岩体裂隙网络渗流分析．岩土力学, 2005, 26(7): 1080 – 1084.

[51] 王恩志, 孙役, 黄远智, 等．三维离散裂隙网络渗流模型与实验模拟．水利学报, 2002, (5): 37 – 40.

[52] 尹尚先, 武强, 王尚旭．范各庄矿井地下水系统广义多重介质渗流模型．岩石力学与工程学报, 2004, 23(14): 2319 – 2325.

[53] 张奇华, 邬爱清．三维任意裂隙网络渗流模型及其解法．岩石力学与工程学报, 2010, 29(4): 720 – 730.

[54] Aberg B. Model tests on oil storage in unlined rock caverns. Proceedings of the First International Symposium on Storage in Excavated Rock Caverns. Stockholm, 1977: 517 – 530.

[55] Goodall D C. Containment of gas in rock caverns. Berkley: University of California, 1986.

[56] Suh J, Chung H, Kim C. A study on the condition of preventing gas leakage from the unlined rock cavern. Helsinki, Finland: 1986: 725 – 736.

[57] Rehbinder G, Karlsson R, Dahlkild A. A study of a water curtain around a gas store in rock. Applied Scientific Research, 1988, 45(2): 107 – 127.

[58] Kim T, Lee K K, Ko K S. Groundwater flow system inferred from hydraulic stresses and heads at an underground LPG storage cavern site. Journal of Hydrology, 2000, 236(3 – 4): 165 – 184.

[59] Li Z, Wang K, Wang A, et al. Experimental study of water curtain performance for gas storage in an underground cavern. Journal of Rock Mechanics and Geotechnical Engineering, 2009, 1(1): 89 – 96.

[60] 杨明举, 关宝树．地下水封储气洞库原理及数值模拟分析．岩石力学与工程学报, 2001, 20(3): 301 – 305.

[61] 杨明举, 关宝树．地下水封裸洞储存 LPG 耦合问题的变分原理及应用．岩石力学与工程学报, 2003, 22(4): 515 – 520.

[62] 李仲奎, 刘辉, 曾利, 等．不衬砌地下水封石洞油库在能源储存中的作用与问题．地下空间与工程学报, 2005, 1(3): 350 – 357.

[63] 许建聪, 郭书太．地下水封石洞油库围岩地下水渗流量计算．岩土力学, 2010, 31(4): 1295 – 1302.

[64] 时洪斌, 刘保国．水封式地下储油洞库人工水幕设计及渗流量分析．岩土工程学报, 2010, 32(1): 130 – 137.

[65] 时洪斌．黄岛地下水封石洞油库水封条件和围岩稳定性分析与评价(博士论文)．北京: 北京交通大学, 2010.

[66]宋琨，晏鄂川，杨举，等．基于正交设计的地下水封石洞油库群优化．岩土力学，2011，30(11)：3503－3507.

[67]蒋中明，冯树荣，曹铃，等．水封石洞油库地下水位动态变化特性数值模拟．岩土工程学报，2011，33(11)：1780－1785.

[68]张振刚，谭忠盛，万姜林，等．S水封式LPG地下储库渗流场三维分析．岩土工程学报，2003，25(3)：331－335.

[69]张彬，李卫明，封帆，等．基于COMSOL的地下水封石洞油库围岩流固耦合特征模拟研究．工程地质学报，2012，20(5)：789－795.

[70]张正宇、张文煊，等．现代水利水电工程爆破，北京：水利水电出版社，2003.

[71]刘殿中，工程爆破实用手册，北京：冶金工业出版社，2000.

[72]GB 6722—2003　爆破安全规程．

[73]DL/T 5389—2007　水工建筑物岩石基础开挖施工技术规范．

[74]DL/T 5135—2001　水电水利工程爆破施工技术规范．

[75]GB 50455—2008　地下水封石洞油库设计规范．

[76]陈祥．黄岛地下水封石油洞库岩体质量评价及围岩稳定性分析．博士学位论文，北京：中国地质大学(北京)，2007.

[77]张玉升．黄岛地下水封石洞油库洞室群合理主轴线方位探讨．勘察科学技术，2011，(4)：43－45＋59.

[78]Hsin Yu Low，Hong Hao. Reliability analysis of reinforced concrete slabs under explosive loading. Strutural Safety，2001，23：157－178.

[79]赵东平，王明年．小净距交叉隧道爆破振动响应研究．岩土工程学报，2007，29(1)：116－119.

[80]石洪超，丁宁，张继春．爆破动力作用下小净距隧道围岩振动效应分析．爆破，2008，25(1)：74－78.

[81]张欣，李术才．爆破荷载作用下青岛胶州湾海底隧道覆盖岩层稳定性分析．岩石力学与工程学报，2007，26(11)：2348－2355.

[82]刘国华，王振宇．爆破荷载作用下隧道的动态响应与抗爆分析．浙江大学学报(工学版)，2004，38(2)：204－209.

[83]王文龙．钻研爆破．北京：煤炭工业出版社，1984.

[84]卢文波，杨建华，陈明，等．深埋隧洞岩体开挖瞬态卸荷机制及等效数值模拟．岩石力学与工程学报，2011，30(6)：1089－1097.

[85]许洪涛，卢文波，周小恒．爆破振动场动力有限元模拟中爆破荷载的等效施加方法．武汉大学学报(工学版)，2008，41(1)：67－71.

[86]赵晓勇．软岩隧道钻爆法施工扰动范围的研究．硕士学位论文，北京：北京交通大学，2008.

[87]范俊余，方秦，张亚栋，等．岩石乳化炸药TNT当量系数的试验研究．兵工学报，2011，32(10)：1243－1249.

[88]乔小玲，胡毅亭，彭金华，等．岩石型乳化炸药的TNT当量．爆破器材，1998，27(6)：5－8.

[89]曾新华．岩石爆破损伤影响范围研究．硕士学位论文，天津：天津大学，2003.

[90]刘殿中，译．矿岩爆破物理过程．北京：冶金工业出版社，1980.

[91]Hustrulid W A. Blasting principles for open pit mining. Brookfiled：A. A. Balkema Publishers，1990.

[92]Esen S，Onederra I，Bilgin H A. Modellingthesize of the crushed zone around a blasthole. International Journal of Rock Mechanics and Mining Sciences，2003，40(4)：485－495.

[93] Fracis A O. Elastic Modules, Poissons Ratio and Compressive Strength Relations at Early Ages. ACI Material Journal, 1991, 88(1): 3 - 10.
[94] 朱伯芳. 再论混凝土弹性模量的表达式. 水利学报, 1996, (3): 89 - 96.
[95] 马怀发, 陈厚群, 黎保琨. 混凝土试件细观结构的数值模拟. 水利学报, 2004, (10): 1 - 10.
[96] 余宗明. 按混凝土强度龄期曲线推算混凝土早期强度. 施工技术, 1994, (10): 5 - 8.
[97] GB 5001—2002 钢筋混凝土结构设计规范.
[98] 唐晓丽, 秦宇航, 屈文俊. 混凝土低龄期抗压与粘结强度时变规律试验研究. 建筑结构学报, 2009, 30(4): 145 - 150.
[99] 卢文波. 新浇筑基础混凝土爆破安全振动速度的确定. 爆炸与冲击, 2002, 22(4): 327 - 332.
[100] McVay Y M K. Spall damage of concrete structures. Technical Report SL - 82 - 22. Vicksburg: Army Cops of Engineers, Waterways Experiment Station, 1998.
[101] 中国工程建设标准化协会标准. CECS 38: 92 钢纤维混凝土结构设计与施工规程.
[102] 韩嵘, 赵顺波, 曲福来. 钢纤维混凝土抗拉性能试验研究. 土木工程学报, 2006, 39(11): 63 - 67.
[103] 陈明, 胡英国, 卢文波, 等. 深埋隧洞爆破开挖扰动损伤效应的数值模拟. 岩土力学, 2011, 32(5): 1531 - 1537.
[104] Bischoff P H and Perry S H. Compressive behaviour of concrete at high strain rates. Materials and Structures, 1991, 24(144): 425 - 450.
[105] 肖诗云, 林皋, 王哲, 等. 应变率对混凝土抗拉特性影响. 大连理工大学学报, 2001, 41(6): 721 - 725.
[106] 齐春风, 刘乙, 丁田兴运, 等. 不同环境下钢纤维混凝土抗压强度随龄期变化的对比试验研究. 工业建筑, 2010, 40(增): 879 - 881.
[107] 杨勇, 任青文. 钢纤维混凝土力学性能试验研究. 河海大学学报(自然科学版), 2006, 34(1): 92 - 94.
[108] 王林, 胡秀章, 黄焱龙, 等. 钢纤维混凝土动态抗拉强度的实验研究. 振动与冲击, 2011, 30(10): 50 - 53 + 81.
[109] 焦楚杰, 孙伟, 高培正, 等. 钢纤维混凝土抗冲击试验研究. 中山大学学报(自然科学版), 2005, 44(6): 41 - 44.
[110] 刘晓军、朱传统. 鲁布革水电站地下厂房第Ⅱ台阶及母线洞爆破围岩松动范围及振速监测(第三阶段报告), 长江科学院 1990 年 10 月.
[111] 赵根. 清江隔河岩 2#、4#引水洞开挖爆破振动监测报告, 长江科学院 1992 年 10 月.
[112] 季月伦. 大广坝水电站地下厂房开挖爆破对已建成建筑物影响的观测, 长江科学院、水利水电爆破咨询服务部 1992 年 8 月.
[113] 朱传统. 鲁布革水电站地下厂房第 I 台阶爆破围岩松动范围及振速监测, 长江科学院 1986 年 3 月.
[114] 张正宇、张文煊、吴新霞. 东风水电站地下工程爆破振动影响及爆破对混凝土喷层作用的试验研究, 水利水电爆破咨询服务部、长江科学院、中国水利水电第九工程局 1993 年 8 月.
[115] GB 50455—2008 地下水封石油洞库设计规范.
[116] SY/T 0610—2008 地下水封石洞油库岩土工程勘察规范.
[117] DL/T 5331—2005 水电水利工程钻孔压水试验规程.
[118] GB 50086—2001 锚杆喷射混凝土支护技术规范.
[119] 土质工学会. 日本地层锚杆设计施工基准. 东京: 新日本印刷株式会社, 1990.
[120] Post Tensioning Institute. American Code PTI. Recommendations for Pre - stressed Rock and Soil Anchors.

Phoenix, USA: [s. n.], 1986.

[121]British Standards Institution. DDRI: 1982 Code of Practice for Ground Anchorages: Draft for Development. [s. l.]: British Standards Institution, 1982.

[122]The Institute of Architects and Engineers. Recommendation for the Design and Construction of Pre - stressed Ground Anchorage . Landon: FIP Publications, 1991.

[123]海工英派尔工程有限公司、中国水电顾问集团中南勘测设计研究院．主洞室及水幕廊道施工技术要求(文件号: S09004D0301).

[124]GEOSTOCK 地下开挖工程通用规范 GSU - 14. 水幕, GKF/H/D/0003.

[125]张有天．岩石水力学与工程．北京: 中国水利水电出版社, 2005.

[126]毛昶熙, 段祥宝, 李祖贻, 等．渗流数值计算与程序应用．南京: 河海大学出版社, 1999.

[127]周创兵, 陈益峰, 姜清辉, 等．复杂岩体多场广义耦合分析导论．北京: 中国水利水电出版社, 2008.

[128]程良奎, 范景伦, 韩军, 等．岩土锚固．北京: 中国建筑工业出版社, 2003.

[129]张秀山．地下油库岩体裂隙处理及水位动态预测．油气储运, 1995, 14(4): 24 - 27

[130]高翔, 谷兆祺．人工水幕在不衬砌地下贮气洞室工程中的应用．岩石力学与工程学报, 1997, 2(2): 178 - 187.

[131]张桢武, 李兴成, 徐光详．利用定压力非稳定流压水试验求水文地质参数．岩石力学与工程学报．2004, 23(15): 2543 - 3546.

[132]荣冠, 周创兵, 王恩志．裂隙岩体渗透张量计算及其表征单元体积初步研究．岩石力学与工程学报, 2007, 26(4): 740 - 746.

[133]王玉洲, 盛连成, 方浩亮．地下水封岩洞储油库水封条件与地下水控制工程勘察．2010, 增(1): 757 - 761.

[134]李术才, 平洋, 王者超, 等．基于离散介质流固耦合理论的地下石油洞库水封性和稳定性评价．岩石力学与工程学报, 2012, 31(11): 2161 - 2170.

[135]于崇, 李海波, 周庆生．大连地下石油储备库洞室群围岩稳定性及渗流场分析．岩石力学与工程学报, 2012, 31(11): 2161 - 2170.

[136]张奇华, 邬爱清．随机结构面切割下全空间块体拓扑搜索一般方法．岩石力学与工程学报, 2007, 26(10): 2043 - 2048.

[137]张奇华, 邬爱清．边坡及洞室岩体的全空间块体拓扑搜索研究．岩石力学与工程学报, 2008, 27(10): 2072 - 2078.

[138]张奇华, 边智华, 余美万．采用全空间块体搜索技术初步研究岩体完整性．岩石力学与工程学报, 2009, 28(3): 507 - 515.

[139]张奇华, 徐威, 殷佳霞．二维任意裂隙网络的裂隙 - 孔隙渗流模型的两种解法．岩石力学与工程学报, 2012, 31 法 3): 507 - 515. 7

[140]刘锦华, 吕祖珩．块体理论在工程岩体稳定分析中的应用．北京: 水利电力出版社, 1988.

[141]张奇华．岩体块体理论的应用基础研究．武汉: 湖北科技出版社, 2010. 12.

[142]蒋中明, 冯树荣, 赵海斌, 等．惠州地下水封石洞油库三维非恒定渗流场研究．地下空间与工程学报, 2012, 8(2): 334 - 338.

[143]犹香智, 陈刚, 胡成．黄岛地下储油库渗流场模拟．地下水, 2010, 32(2): 140 - 142.

[144]梁维天, 邹万鹏, 韩凯, 等．浅析钻孔偏斜的若干问题．矿业工程, 2009, 7(2): 65 - 67.

[145]郭冬生. 三峡永久船闸高强锚杆施工与锚杆应力分析. 岩石力学与工程学报, 2002, 21(2): 257-260.

[146]张孝松, 禹喜. 龙滩电站洞室群围岩锚固中的新材料和新工艺. 水力发电, 2006, 32(3): 60-62.

[147]Barton N, Bandis S, Bakhtar K. Strength, deformation and conductivity coupling of rock joints. Int. J. Rock Mech. Min. Sci., 1985, 22: 121-140.

[148]Berkowitz B. Characterizing flow and transport in fractured geological media: A review. Advances in Water Resources, 2002, 25: 861-884.

[149]Blessent D, Therrien R, Gable C. Large-scale numerical simulation of groundwater flow and solute transport in discretely-fractured crystalline bedrock. Advances in Water Resources, 2011, 34: 1539-1552.

[150]Castaing C, Genter A, Bourgine B, et al. Taking into account the complexity of natural fracture systems in reservoir single-phase flow modelling. Journal of Hydrology, 2002, 266: 83-98.

[151]Levena C, Sauterb M, Teutschc G, et al. Investigation of the effects of fractured porous media on hydraulic tests-an experimental study at laboratory scale using single well methods. Journal of Hydrology, 2004, 297: 95-108.

[152]Mustapha H. Finite element mesh for complex flow simulation. Finite Elements in Analysis and Design, 2011, 47: 434-442.

[153]Outters N, Shuttle D. Sensitivity analysis of a discrete fracture network model for performance assessment of Aberg. Swedish Nuclear Fuel and Waste Management Co., 2000.

[154]Selroos J, Walker D, Strnsitivity analysis of a discrete fracture network model for performance assessment of Aberg. Swedish Nuclear Fuel and Waste Manageme

[155]Shi G H. Producing joint polygons, cutting joint blocks and finding key blocks from general free surfaces. Chinese Journal of Rock Mechanics and Engineering, 2006, 25(11): 2161-2170.

[156]Wang M, Kulatilake P. H. S. W, Panda B B, et al. Groundwater resources evaluation case study via discrete fracture flow modeling. Engineering Geology. 2001, 62: 267-291

[157]Goel R K, Singh B, Zhao J. Underground Infrastructures: Planning, Design, and Construction. London: Butterworth-Heinemann, 2012, 173-197.

[158]Jing L, Hudson J A. Numerical methods in rock mechanics. International Journal of Rock Mechanics & Mining Sciences, 2002, 39(3): 409-427.

[159]Sakurai S, Akutagawa S, Takeuchi K, Shinji M, et al. Back analysis for tunnel engineering as a modern observational method. Tunnelling and Underground Space Technology, 2003, 18(2): 185-196.

[160]杨志法, 王思敬, 等. 岩土工程反分析原理及应用. 北京: 煤炭工业出版社, 2003.

[161]王芝银. 岩石力学位移反演分析回顾及进展. 力学进展, 1998, 28(4): 488-498.

[162]中国公路学会隧道工程分会, 中国土木工程学会隧道及地下工程分会, 中国岩石力学与工程学会地下工程分会. 2008年全国隧道监控量测与反分析专题研讨会论文集. 重庆: 重庆大学出版社, 2008.

[163]和再良, 陈刚, 王琦. 宜兴地下水封石洞油库收敛变形成果的反分析计算. 地下空间与工程学报, 2006, 2(6): 946-949.

[164]朱合华, 张晨明, 王建秀, 等. 龙山双连拱隧道动态位移反分析与预测. 岩石力学与工程学报, 2006, 25(1): 67-73.

[165]Sharifzadeh M, Daraei R, Broojerdi M. Design of sequential excavation tunneling in weak rocks through findings obtained from displacements based back analysis. Tunnelling and Underground Space Technology,

2012, 28(5): 10 - 17.

[166]吕爱钟, 蒋斌松. 岩石力学反问题. 北京: 煤炭工业出版社, 1998.

[167]Guan Z, Deng T, Huang H, Jiang Y. Back analysis technique for mountain tunneling based on the complex variable solution. International Journal of Rock Mechanics & Mining Sciences, 2013, 59(3): 15 - 21.

[168]Sakurai S, Takeuchi K. Back Analysis of Measured Displacements of Tunnels. International Journal of Rock Mechanics & Mining Sciences, 1983, 16(3): 173 - 180.

[169]李立新, 石程云. 岩土工程位移反分析方法综述. 沈阳建筑工程学院学报, 1996, 12(3): 354 - 358.

[170]冯夏庭, 周辉, 李邵军, 等. 岩石力学与工程综合集成智能反馈分析方法及应用. 岩石力学与工程学报, 2007, 26(9): 1737 - 1744.

[171]Yang L, Zhang K, Wang Y. Back Analysis of Initial Rock Time - Dependent Parameters. International Journal of Rock Mechanics & Mining Sciences, 1996, 33(6): 641 - 645.

[172]江权, 冯夏庭, 向天兵, 等. 大型洞室群稳定性分析与智能动态优化设计的数值仿真研究. 岩石力学与工程学报, 2011, 30(3): 524 - 539.

[173]Tezuka M, Seoka T. Latest technology ofunder ground rock cavern excavation in Japan. Tunnelling and Underground Space Technology, 2003, 18(5): 127 - 144.

[174]陈秋红, 李仲奎, 张志增. 松动圈分区模型及其在地下工程反馈分析中的应用. 岩石力学与工程学报, 2010, 29(增1): 3216 - 3220.

[175]李宁, 段小强, 陈方方, 等. 围岩松动圈的弹塑性位移反分析方法探索. 岩石力学与工程学报, 2006, 25(7): 1304 - 1308.

[176]Yang Z, Lee C F, Wang S. Three - dimensional back - analysis of displacements in exploration adits - principles and application. International Journal of Rock Mechanics and Mining Sciences, 2000, 37(9): 525 - 533.

[177]Ghorbani M, Sharifzadeh M. Long term stability assessment of SiahBisheh powerhouse cavern based on displacement back analysis method. Tunnelling and Underground Space Technology, 2009, 24(5): 574 - 583.

[178]谭恺炎. 地下水封石洞油库施工安全监测的设计与实施. 水力发电, 2008, 22(5): 81 - 84.

[179]李宁, 陈蕴生, 陈方方, 等. 地下水封石洞油库围岩稳定性评判方法新探讨. 岩石力学与工程学报, 2006, 25(9): 1941 - 1944.

[180]朱维申, 孙爱花, 王文涛, 等. 大型洞室群高边墙位移预测和围岩稳定性判别方法. 岩石力学与工程学报, 2007, 26(9): 1729 - 1736.

[181]周洪波, 付成华. 地下工程围岩稳定性分析方法及失稳判据评述与展望. 四川水力发电, 2008, 27(3): 89 - 94.

[182]邵国建, 卓家寿, 章青. 岩体稳定性分析与评判准则研究. 岩石力学与工程学报, 2003, 22(5): 691 - 696.

[183]刘会波, 肖明, 陈俊涛. 岩体地下工程局部围岩失稳的能量耗散突变判据. 武汉大学学报(工学版), 2011, 44(2): 202 - 206.

[184]王东林. 基于安全系数法的地下水封石洞油库围岩稳定评价方法研究. 西北农林科技大学, 2012.

[185]钟登华, 郝才伟, 李明超, 等. 基于工程地质三维精细模型的高拱坝坝肩处理可视化分析. 岩石力学与工程学报, 2008, 10(6): 2052 - 2057.

[186]卓家寿. 小浪底工程地下密集型洞室群结构的研究策略. 河海科技进展, 1993, 13(3): 83 - 86.

[187]伍文锋. 溪洛渡水电站特大型地下厂房洞室群开挖质量控制. 水利与建筑工程学报, 2012, 10(6): 138 - 142.

[188]杨臻，郑颖人，张红，等．岩质隧洞围岩稳定性分析与强度参数的探讨．地下空间与工程学报，1990，9(1)：11－21.

[189]裴觉民，石根华．水电站地下厂房洞室的关键块体分析．岩石力学与工程学报，1990，9(1)：11－21.

[190]刘享羊，朱珍德，孙少锐．块体理论及其在洞室围岩稳定分析中的应用．地下空间与工程学报，2006，8(2)：1408－1412.

[191]谢晔，刘军，李仲奎，等．在大型地下开挖中围岩块体稳定性分析．岩石力学与工程学报，2006，25(2)：306－311.

[192]于学馥，郑颖人，刘怀恒，等．地下工程围岩稳定分析．北京：煤炭工业出版社，1983.

[193]Benoit Mandelbrot. How Long Is the Coast of Britain? Statistical Self－Similarity and Fractional Dimension．Science，New Series，1967，1563(3375)：636－638.

[194]谢和平．分形—岩石力学导论．北京：科学出版社，1996.

[195]谢和平，陈志达．分形(fractal)几何与岩石断裂．力学学报，1988，20(3)：264－271.

[196]谢和平，高峰，周宏伟，等．岩石断裂和破碎的分形研究．防灾减灾工程学报，2003，23(4)：1－9.

[197]王志国，周宏伟，谢和平．深部开采上覆岩层采动裂隙网络演化的分形特征研究．岩土力学，2009，30(8)：2403－2408.

[198]吴中如，潘卫平．分形几何理论在岩土边坡稳定性分析中的应用．水利学报，1996，(4)：79－82.

[199]管志勇，路卫卫，戚蓝，等．建筑物地基沉降曲线的分形特征分析．岩土力学，2008，29(5)：1415－1418.

[200]胡显明，晏鄂川，周瑜，等．滑坡监测点运动轨迹的分形特性及其应用研究．岩石力学与工程学报，2012，3(31)：570－576.

[201]陆明心．顶煤位移曲线的分形特征．矿山压力与项板管理，2002，29(4)：1415－1418.

[202]李业学，刘建锋．基于R/S分析法与分形理论的围岩变形特征研究．四川大学学报(工程科学版)，2010，42(3)：43－48.

[203]樊晓一．滑坡位移多重分形特征与滑坡演化预测．岩土力学，2011，32(6)：1831－1837.

[204]钟明寿，龙源，谢全民，等．基于分形盒维数和多重分形的爆破地震波信号分析．振动与冲击，2010，29(1)：7－11.

[205]龙源，晏俊伟，娄建武．基于分形理论的爆破地震信号盒维数研究．科技导报，2007，18(4)：27－31.

[206]王炳雪，史忠科，吴方向．时间序列曲线盒维数的一种快速算法．系统工程，2000，18(4)：68－72.

[207]乔忠云．基于Matlab复合材料磨损表面形貌W－M分形模型及其模拟．煤矿机械，2007，28(10)：37－38.

[208]Hurst H E. long－term storage capacity of reservoirs：An experimental study．Transactions of American Society of civil Engineers，1951，100(B1)：770－808

[209]Mandelbrot B. Statistical Methodology for Nonperiodic Cycles：Fractional Brownian motion fractional noises，and applications. Annals of Economic and Social Measurement，1972，1(12)：259－290

[210]牛奉高，刘维奇．分数布朗运动与Hurst指数的关系研究．山西大学学报(自然科学版)．2010，42(3)：380－383.

[211]Mandelbrot B. Fractional Brownian motion fractional noises，and applications．SIAM Review，1968，10(4)：422－437.

[212]徐绪松，马莉莉，陈彦斌．R/S分析的理论基础：分数布朗运动．武汉大学学报(理学版)．2004，42(3)：547－550.

[213]王恩元，何学秋，刘贞堂．煤岩破裂声发射实验研究及 R/S 统计分析．煤炭学报，1999，24(3)：270－273.

[214]YANG Yong－guo，YUAN Jian－fei，CHEN Suo－zhong. R/S Analysis and its Application in the Forecast of Mine Inflows. J. China Univ. of Mining&Tech.（English Edition），2006，16(4)：425－428.

[215]贺可强，孙林娜，王思敬．滑坡位移分形参数 Hurst 指数及其在堆积层滑坡预报中的应用．岩土工程学报，2009，28(6)：1107－1115.

[216]李远耀，殷坤龙，程温鸣．R/S 分析在滑坡变形趋势预测中的应用．岩土工程学报，2010，42(3)：43－48.

[217]Hendrik J. Blok. On the Nature of the Stock Market：Simulations and Experiment．Vancouver：University of British Columbia. 1995.

[218]赖道平，吴中如，周红．分形学在大坝安全监测资料分析中的应用．水利学报，2004，(1)：100－104.

[219]唐红宁．RMR 围岩分级方法在隧道施工现场的应用．隧道建设，2008，28(6)：665－667.

[220]师伟，史彦文，韩常领，等．RMR 围岩分级法与中国公路隧道围岩分级方法对比．中外公路，2009，29(4)：383－386.

[221]秦峰．公路隧道围岩分级中存在问题的探讨．现代隧道技术，2009，46(5)：51－55.

[222]魏云杰，陶连金．煤矿巷道围岩稳定性快速评价方法研究．地下空间与工程学报，2009，5(4)：691－697.

[223]刘东，商力．挪威掘进法中的 Q 分类法及其应用．世界采矿快报，1993，(12)：6－7.

[224]肖春华．岩体质量指标 Q 分类法在汕头 LPG 工程中的应用．隧道建设，2002，22(8)：4－9.

[225]方大德．推广回弹仪测试在水电工程中的应用．云南水力发电，1991，(3)：31－36.

[226]黄扬一．万安工程建基岩体回弹仪测试结果．大坝观测与土工测试，1993，20(3)：39－42.

[227]Aydin A，Basu A. The Schmidt hammer in rock material characterization．Engineering Geology，2005，81(1)：1－14.

[228]Adnan Aydin. ISRM Suggested method for determination of the Schmidt hammer rebound hardness－Revised version. International Journal of Rock Mechanics & Mining Sciences，2009，46(3)：647－634.

[229]邓华锋，李建林，邓成进，等．岩石力学试验中试样选择和抗压强度预测方法研究．岩土力学，2011，32(11)：3399－3403.

[230]Saptono S，Kramadibrata S，Sulistianto B. Using the Schmidt Hammer on Rock Mass Characteristic in Sedimentary Rock at Tutupan Coal Mine. Procedia Earth and Planetary Science，2013，(6)：390－395.

[231]吴卿．点荷载试验野外应用．云南水力发电，1991，(4)：49－52.

[232]段伟强，张小强．现场岩石点载荷试验分析研究．工程勘察，2009，增刊(2)：66－70.

[233]黄了平，佴磊，张振营．岩石抗压强度点荷试验与回弹试验相关性研究．路基工程，2008，140(5)：70－71.

[234]张林洪．结构面抗剪强度的一种确定方法．岩石力学与工程学报，2001，20(1)：114－117.

[235]İ ramadibrata，Budi Sulistianto. Using the Schmidt Hammer on Rock Mass Characteristic in Sedimentary Rock at Tutupan Coal Mine. Procedia Earth and Planetary Sci2001，20(1)：114－117.

[236]Demirdag S，Yavuz H，Altindag R. The effect of sample size on Schmidt rebound hardness value of rocks．International Journal of Rock Mechanics & Mining Sciences，2009，46(4)：725－730.

[237]Buyuksagis I S，Goktan R M. The effect of Schmidt hammer type on uniaxial compressive strength prediction of rock．International Journal of Rock Mechanics & Mining Sciences，2007，44(2)：299－307.